www.osram.com.cn
100 YEARS OF INNOVATION OSRAM
OUT: IN:
CCG ECG
欧司朗
德国照明专家
ECG
CCG

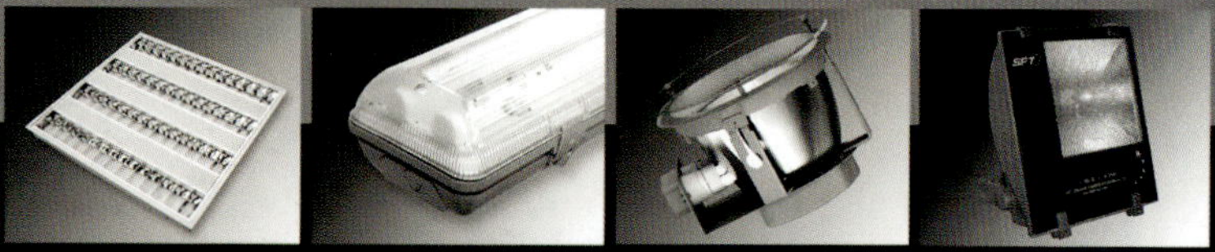

*精于心 简于形

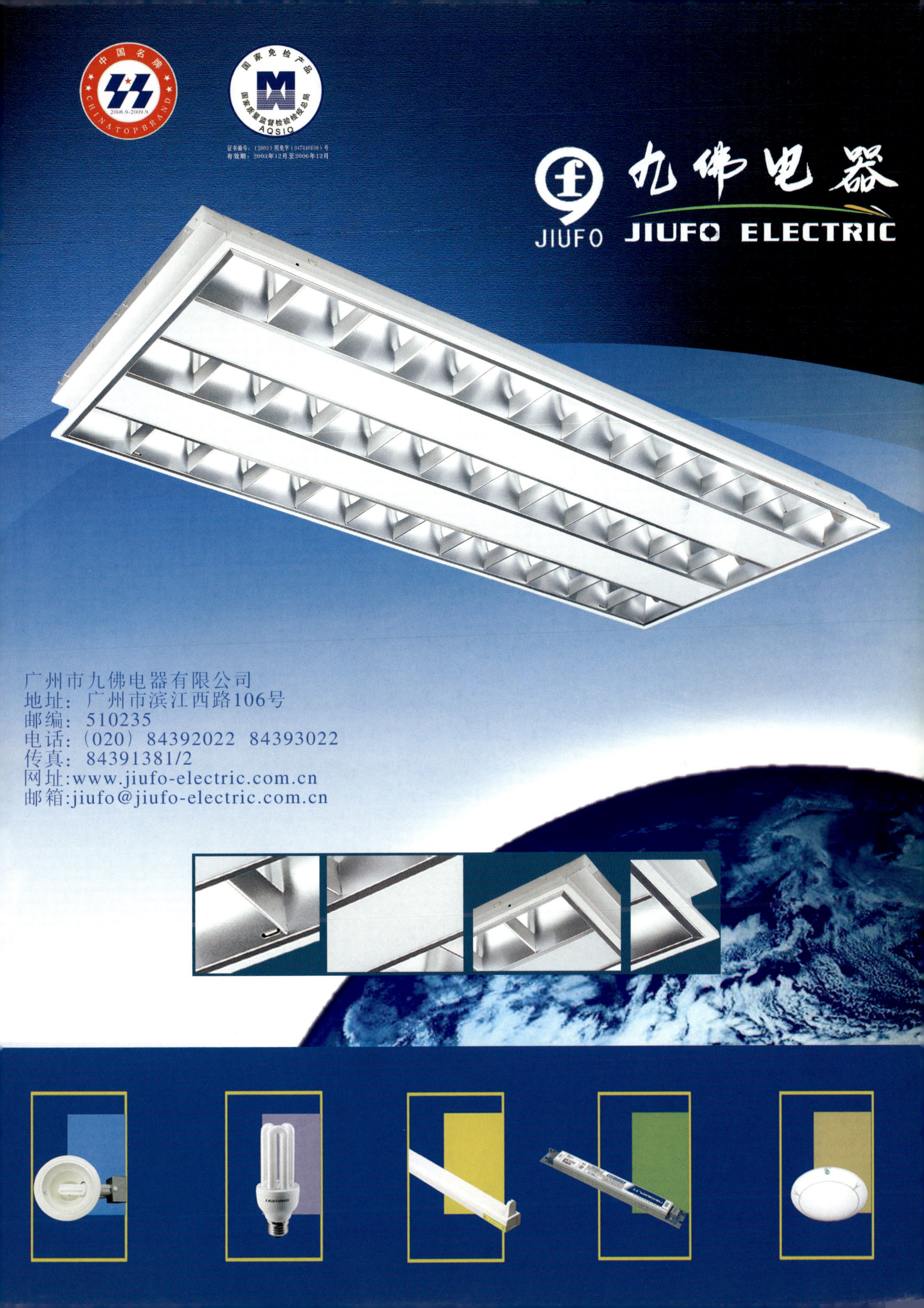

中国名牌
CHINA TOP BRAND
2006.9-2009.9
国家免检产品
国家质量监督检验检疫总局
AQSIQ
有效期：2003年12月至2006年12月
九佛电器
JIUFO
JIUFO ELECTRIC
广州市九佛电器有限公司
地址：广州市滨江西路106号
邮编：510235
电话：（020）84392022 84393022
传真：84391381/2
网址:www.jiufo-electric.com.cn
邮箱:jiufo@jiufo-electric.com.cn

首刊典藏版

2006
中国照明工程年鉴

YEARBOOK OF CHINA LIGHTING ENGINEERING

中国照明学会
《中国照明工程年鉴》编委会

中国电力出版社
www.cepp.com.cn

内 容 提 要

中国照明学会主办的《中国照明工程年鉴》(2006) 是第一部全面反映我国照明工程建设全貌的大型专业年刊,旨在全面记载我国照明工程建设史实,集中展示我国照明工程成就,《年鉴》内容涉及照明基础知识、优秀企业介绍、优质产品展示、聚焦国家级及省市级重大、著名、典型照明工程,汇集我国及国外照明工程发展重要文献,集中展示我国照明工程行业建设成就与经验,填补了我国照明工程建设基础资料的空白。

《年鉴》积极促进照明工程的经验交流,普及照明工程的科技知识,传播优秀的照明理念,为各级政府、市政建设部门、各类建筑、企事业单位及各领域的照明工程决策提供最权威的照明工程技术指导。

图书在版编目(CIP)数据

中国照明工程年鉴.2006/中国照明学会,《中国照明工程年鉴》编辑委员会编.-北京:中国电力出版社,2007

ISBN 978-7-5083-4914-5

Ⅰ.中… Ⅱ.①中… ②中… Ⅲ.照明设计-中国-2006-年鉴 Ⅳ.TU113.6-54

中国版本图书馆 CIP 数据核字(2006)第 124422 号

中国电力出版社出版发行
北京三里河路 6 号　100044　http://www.cepp.com.cn
策　　划:周　娟　　责任编辑:齐　伟
责任印制:陈焊彬　　责任校对:罗凤贤
北京地大彩印厂印刷·各地新华书店经售
2007 年 1 月第 1 版·第 1 次印刷
787mm×1092mm · 1/16 · 46.625 印张 · 1150 千字 · 6 插页
定价:198.00 元(1DVD)

题词

实施绿色照明
保护生态环境

周光召

二〇〇六年八月

中国科学技术协会名誉主席、中国科学院院士　　周光召

题词

贺中国照明工程年鉴首刊发行

精选优秀照明工程

装点美化社会环境

丙戌之秋於北京

陈士能

全国人民代表大会常务委员会委员、中国轻工业联合会会长　陈士能

题词

賀中國照明工程年鑒創刊

燈輝大地

光彩中華

甘子光

二〇〇六年九月

中国照明学会名誉理事长　甘子光

企业鸣谢

品能光电技术(上海)有限公司
飞利浦照明(中国)有限公司
欧司朗(中国)照明有限公司
佛山电器照明股份有限公司
北京星光影视设备集团公司
江苏史福特照明电器有限公司
澳大利亚邦奇电子工程有限公司
碧谱照明设计有限公司
锐高照明电子(上海)有限公司
广东东松三雄电器有限公司
金超霸照明科技(上海)有限公司
环球迈特照明电子有限公司
广州市九佛电器有限公司
易禾永颐环境艺术设计工程有限公司
浙江正泰建筑电器有限公司
北京维特佳照明工程公司
大连路明光电科技有限公司
浙江中企实业有限公司
路创电子有限公司
上海园园航标光源有限公司

中国照明学会
《中国照明工程年鉴》编委会
中国照明工程年鉴
YEARBOOK OF CHINA LIGHTING THE ENGINEERING
2006
首刊典藏版
中国电力出版社
www.cepp.com.cn

序言

大约 250 万年前，人类诞生于非洲热带地区，以后发展遍及全球。白天，人类依靠太阳光，通过视觉系统（眼睛和视神经）感知五彩缤纷的万物世界。进入茫茫的黑夜，人们需要通过照明装置营造一个空间光环境，来延伸其活动的时间和空间。

人类采用火炬、烛光、油灯等原始照明方式，度过了漫长的悠悠岁月。直至 1879 年美国发明家爱迪生发明了白炽灯，人类开始进入到电光源的照明时代。随着科学技术的进步，电光源得到不断发展：1931 年发明低压钠灯，1936 年发明荧光灯和高压汞灯，1959 年发明卤钨灯，1964 年发明金属卤化物灯，1965 年发明高压钠灯，1973 年发明三基色荧光灯，1980 年发明紧凑型荧光灯，1991 年发明高频无极灯，面世于 20 世纪 60 年代，最近几年得到迅速发展的半导体光源（LED）等。电光源是构成照明系统的核心和主体，品种繁多的优质电光源产品的诞生，为人类营造高质量的照明环境，创造了良好的条件。

与此同时，与照明光源和照明工程建设配套的照明灯具、灯用电器附件、控光器件和照明控制系统等都得到了相应的快速发展。

照明的水平和质量是人类经济和文化发展的最为直观的体现。随着经济的发展和文化艺术的提升，照明的设计理念和表现形式与时俱进，现代的物质文明和精神文明得以充分体现。

2004 年世界知名设计大师爱伦—佛朗希斯科（Francesco Iannone）到上海讲学，他认为从 20 世纪中叶到 21 世纪初，不同历史时期，对城市室外空间环境照明有不同的考虑：1945～1950 年——功能性照明；1950～1970 年——专业性照明；1970～1980 年——市政建设照明；1980～1990 年——景观性照明；1990～2000 年——强调色彩照明；此后，至 2004 年，随着科学技术的迅速发展和人们生活水平的进一步提高，从而追求“诗情画意”，进入了更新的美学创意和更高品位的照明设计境界。

在 20 世纪 80 年代后期，我国照明工程建设事业逐步开始发展，但远远落后于国际先进国家的水平，直到 90 年代中后期才得到迅速发展。当时，为了适应室内、外环境照明的要求，相继成立了许多照明工程公司，主要服务于室内、外环境照明设计和施工。经过近 10 年的照明工程建设的实践，我国涌现出一批优秀的照明工程设计成果和涌现出一批能独立或合作进行照明工程美学创意和照明工程技术设计的卓越设计者。

序 言

但同时，应现实地看到，我国自行设计施工的能与世界媲美的优秀照明工程成果，仍是屈指可数，寥寥无几。而能获得世界认同的世界级知名设计大师仍是空白（台湾地区除外）。

随着2008年奥运会和2010年世博会的临近以及城市建设进程的加快，对照明工程建设如何贯彻国家保持可持续发展的节约能源、保护环境的战略，充分体现以人为本并积极发展和推广高科技照明电器产品的应用，是照明领域刻不容缓的大事。由中国照明学会主办的《中国照明工程年鉴》终于诞生了。它是一部反映我国照明工程建设的大型专业年刊，旨在记载我国照明工程建设的历史真实和基本情况，内容力求集中展示我国富有时代性、创新性、开拓性、前瞻性、导向性、科学性和典型性的优秀照明工程项目和相关成果，积极促进我国照明工程建设事业的阔步前进和健康发展。

《中国照明工程年鉴》共分七篇，主要内容包括：综述篇——主要汇集了中国照明学会和照明电器工业发展的基本情况，中国照明工程建设发展综述以及绿色照明工程等；照明技术基础篇——主要涵盖照明名词术语及照明技术、照明电器产品概述及照明工程设计软件等；法规政策规范篇——内容涉及绿色照明工程规划纲要、CIE出版物及国内有关照明标准或规范等；照明工程案例篇——包括室内、外照明工程，体育场馆照明工程，影视舞台照明工程，医院和学校照明工程，以及商业和博物馆照明工程等。此外，还包括了照明工程建设论述篇、地区发展篇、照明相关机构介绍篇等内容。

该《年鉴》填补了我国照明工程建设基础资料的空白，为各级政府机构、各类照明企事业单位及相关部门了解中国照明工程现状及发展，进行照明工程决策提供强力有效的技术支撑。

《中国照明工程年鉴》编委会

主任 甘子光

2006年8月28日

前言

由中国照明学会主办的《中国照明工程年鉴》(2006)的正式出版、公开发行,这是中国照明界的一件大事,我们应为她的诞生感到无比喜悦。

《中国照明工程年鉴》是一部全面系统反映中国照明工程实况的专业年刊,她以详实的资料和准确的统计数据,客观公正地反映中国照明工程最新动态及科技发展状况,集中展示了中国照明工程建设成就与经验,将为我国各级政府机构、各类照明企事业单位了解中国照明工程建设状况和进行照明工程建设决策提供强有力的技术支持和指导。

为推进我国照明工程建设的发展,认真贯彻全面建设小康社会战略目标的要求,近年来,中国照明学会积极推进照明设计师职业资格认证,设置中照照明奖,并决定组织编撰《中国照明工程年鉴》。因此,《中国照明工程年鉴》的出版,将进一步带动我国照明工程建设向着科学、健康、有序的方向发展。

在《中国照明工程年鉴》编撰过程中,得到了照明工程、建设主管部门,市政管理部门有关负责人,照明企事业单位、有关高等院校,以及研究、检测部门广大科技工作者的大力支持,他们积极为年鉴撰稿、提供资料,借此,向他们表示诚挚的谢意。

我们相信,在广大照明科技工作者的关心支持下,《中国照明工程年鉴》一定会越办越好,将为我国实施绿色照明工程,建设资源节约型、环境友好型的社会主义和谐社会做出有益的贡献。

中国照明学会

理事长 王锦燧

2006 年 8 月 28 日

编辑说明

创建繁荣昌盛的和谐社会，照明行业承担着相当重的责任。总结多年来照明工程科技成果和实践经验，使之成为照明行业科技创新、工程建设进步及未来发展的参考借鉴，树立优秀照明企业品牌，提高行业的整体水平，意义十分巨大。正是在这个背景下，由中国照明学会主办的《中国照明工程年鉴》（以下简称《年鉴》）正式出版了。

2006年版《年鉴》的整个编辑工作，得到了有关领导、中国照明学会及所属分会，各地方照明学会、照明领域专家、企事业单位的大力支持和帮助，在此，致以衷心的感谢！

在本《年鉴》编辑过程中，我们始终重视基础研究论述与优秀工程案例展示相结合，设计理论与工程实践相结合，学术品位与文化含义相结合，使之充分反映科技进步及标准制定推动照明工程的实践过程，使《年鉴》成为一个光辉的历史记载。

由于筹备时间匆促，在资料征集方面还不够完整。其中，许多的优秀工程和大型工程负责人对于项目完工后的总结整理、资料保存重视不够，项目的基本数据和照片保存不整；同时，计划中的许多优秀的项目资料、论文、工程案例没有收集到，因此给编辑工作带来重重的不便和难度。我们希望在今后的《年鉴》编撰工作中，能够得到更多优秀项目的设计方、工程方、产品应用企业的大力支持，收集到工程各环节所掌握的资料，使优秀工程得到全面和充分展示。

本《年鉴》所刊登广告的企业是经过了的严格筛选。《年鉴》对企业品牌树立的作用和地位相当重要，希望照明企业给予真正的重视。

我们在技术审查、文字校对、编辑制作等方面还难免出现错误及疏漏，诚望批评指正，我们在今后的编辑中加以改进和提高。敬请各位领导、专家和企业对《年鉴》工作继续予以大力支持和指导，使《年鉴》成为中国照明工程界共同的财富！

《中国照明工程年鉴》编委会

执行主编、编辑部主任 张剑霖

2006年8月28日

《中国照明工程年鉴》(2006)编委会名录

《中国照明工程年鉴》(2006)编委会名录

35	杨正名	委员	教授	东南大学电子工程系
36	杨臣铸	委员	教授级高工	中国计量科学研究院
37	杨春宇	委员	教授	重庆大学建筑城规学院
38	汪　猛	委员	电气副总工/教授级高工	北京市建筑设计研究院
39	沈　茹	委员	高工	南京照明学会
40	沈天行	委员	教授	天津大学建筑学院
41	肖辉乾	副主编、委员	教授、总工	中国建筑科学研究院建筑物理研究所
42	邴树奎	副主编、委员	高工	总后建筑设计研究院
43	陈大华	委员	教授	复旦大学光源与照明工程系
44	陈仲林	委员	教授	重庆大学建筑城规学院
45	陈超中	委员	高工	上海市照明灯具研究所
46	陈遐举	委员	教授级高工	中国计量科学研究院
47	周　链	委员	教授	美国碧谱照明设计有限公司
48	周太明	委员	教授	上海复旦大学电光源研究所
49	屈素辉	委员	高工	北京电光源研究所
50	庞蕴繁	委员	高工	深圳市照明学会
51	林若慈	委员	教授级高工	国家建筑工程质量监督检验中心采光照明工程质检部(中国建筑科学研究物理所)
52	范世福	委员	教授	天津大学建筑学院
53	郑惠玲	委员	原会长	香港照明学会
54	俞丽华	委员	教授	同济大学建筑与城市规划学院视觉与照明艺术研究中心
55	洪元颐	委员	电气总工/教授级高工	北京建筑设计研究院
56	胡德霞	委员	教授级高工	北京电光源研究所
57	姚仁恭	委员	照明设计师	中国台湾
58	赵达尊	委员	教授	北京理工大学光电工程系
59	赵国柱	委员	主任	天津市夜景灯光管理中心
60	赵建平	委员	研究员	中国建筑科学院物理所
61	郝允祥	委员	教授	北京师范大学天文系
62	郝洛西	委员	教授	同济大学建筑与城市规划学院视觉与照明艺术研究中心
63	钟信才	委员	高工/总经理	佛山照明电器股份有限公司
64	钟景华	委员	电气总工/教授级高工	中国电子第十设计研究院
65	徐　华	委员	高工	清华大学建筑设计研究院
66	徐长生	委员	教授级高工	中科院建筑设计院
67	袁万军	委员	处长	重庆市市政管理委员会照明灯饰管理处
68	贾建平	委员	工程师	北京市市政管理委员会夜景照明处
69	高　飞	副主编、委员	副主编	中国照明学会《照明工程学报》
70	崔一平	委员	教授	东南大学电子工程学院
71	崔元日	委员	教授	解放军测绘学院
72	章海骢	副主编、委员	教授级高工	上海东升电子股份有限公司
73	曾耀章	委员	高工/名誉会长	中国照明电器协会
74	詹庆旋	副主编、委员	教授	北京清华大学建筑学院
75	戴德慈	委员	研究员	清华大学建筑设计研究院

目录

目录

目 录

第五篇　地区发展篇

第六篇　照明相关机构介绍篇

第七篇　照明工程案例篇

目 录

Part 1 Overview

Part 2 The Foundation of Lighting Technology

Part 3 Laws, Policies and Specifications

Part 4 Selected Papers Related to Scientific Research of Lighting Engineering Construction

目 录

目录

Part 5 Regional Development

Part 6 Introduction of Lighting-related Organizations

目 录

第一篇 综述篇

我国照明电器工业的产销状况

中国照明电器协会理事长　陈燕生

1　行业发展状况

改革开放以来，特别是近10年来，照明电器行业一直是持续、稳定、快速地发展。2005年全行业销售额已达到人民币1400亿元，出口额达80亿美元。

目前全国照明电器企业约1万家。企业的特点是数量多、民营企业多、中小企业多。企业在全国的分布主要集中在珠江三角洲和长江三角洲这两个地区，这两个地区的企业数量和产品销售额均超过全国总量的80%。

2　产品状况

照明电器行业的产品包括：电光源、灯具、电器附件、灯头灯座、专用材料等。其中灯头灯座和专用材料是为电光源和灯具配套的。因此主要产品为电光源、灯具、电器附件。

2.1　电光源

电光源的主要产品包括：普通照明白炽灯、卤钨灯、荧光灯、高强度气体放电灯(HID)，以及其他特种用途灯等。

(1)普通照明白炽灯2004年产量41.6亿只。近年来普通白炽灯的产量基本维持在40亿只左右，没有更多的增长。生产企业相对比较集中，其中年产量在1亿只以上的8家企业占到全国总产量近60%。其他类型白炽灯如机动车辆用白炽灯及12V以下白炽灯等还有大量企业在生产。

(2)卤钨灯包括双端卤钨灯、单端卤钨灯(含MR16)年产量在10亿只左右。另外还有汽车卤钨灯，年产量也在10亿只左右。以上两类卤钨灯大部分出口到国外。

(3)荧光灯,包括直管荧光灯、环型荧光灯和紧凑型荧光灯是近年来发展最快的电光源产品。2004年荧光灯产量为24亿只,其中直管荧光灯9.4亿只,环型荧光灯0.6亿只,紧凑型荧光灯14亿只。在直管荧光灯中T8约占47%,T4和T5约占16.5%,以上数据说明近年来T8和T5荧光灯呈快速增长趋势,同时紧凑型荧光灯也正在以较高的速度增长,紧凑型荧光灯出口约占全部产量的80%。

(4)高强度气体放电灯(HID)也是近年来发展较快的电光源产品,包括高压汞灯、高压钠灯、金属卤化物灯。主要原因是:高压汞灯国外已较少生产,转移到中国生产以降低成本;高压钠灯和金卤灯是由于国内市场需求旺盛,且出口量大幅增长所致。2004年高压汞灯产量为5200万只,高压钠灯2300万只,金属卤化物灯1800万只,同比分别增长5.6%、19.5%和30.6%。

2.2 灯具

灯具产品近年来发展较快,由于灯具产品的特点没有确切的产量统计数字。灯具的销售额约900亿人民币。其中室内装饰类灯具品种繁多,满足了国内外市场的需求。主要产地集中在珠江三角洲,以中山、东莞为主,突出的代表是中山古镇。该镇有数千家灯具生产企业,被称为“中国灯饰之都”。室内荧光灯具主要市场在国内,大量用于办公楼、商场以及家居照明。产品包括格栅灯、支架、吸顶灯、筒灯等。主要产地在广东顺德、南海等地。室外灯具发展近年来也明显加速,适应国内各地道路、市政工程以及住宅小区、城市景观建设需求,路灯、庭院灯、草坪灯、埋地灯等产品十分畅销,使一部分原来只做出口的企业转向国内市场。主要产地在浙江宁波一带以及江苏常州等地。

灯具产品还包括圣诞灯、汽车灯具等一些特殊用途的灯具。灯具产品中有将近一半出口到国外,圣诞灯一类的产品几乎全部出口。中国灯具出口额占全球灯具贸易额的三分之一。

2.3 电器附件

这里电器附件是指与光源和灯具一起工作的配套照明电器附件,主要包括:镇流器、触发器、启辉器、灯用变压器等。2004年全国生产独立式荧光灯镇流器(不包括紧凑型荧光灯镇流器)5亿多只,其中电子镇流器2.5亿只、电感镇流器2.6亿只,HID灯镇流器约2000万只。荧光灯镇流器近年来的发展趋势是电子镇流器增长速度明显加快,国内目前电子镇流器与电感镇流器的产量已不相上下,如果将十多亿只紧凑型荧光灯的电子镇流器计算在内,则电子镇流器的比例远远超过电感镇流器。HID灯镇流器目前仍以电感镇流器为主,但电子镇流器也已进入实用阶段。预计未来也将会有较快增长。卤钨灯变压器以往是以电感为主,近年来的趋势是电子变压器的比例不断上升。综上所述,照明电器附件的电子化是一种必然趋势,其优势在于节约电能,同时有利于调光和照明控制。

2.4 专用材料

电光源的专用材料包括:玻管、玻壳、荧光粉、钨钼材料等,随着我国电光源产业的发展,刺激了各类专用材料的发展。在玻璃材料方面,由于欧盟RoHs指令,使得无铅玻管得到快速发展,以满足紧凑型荧光灯的需求。石英玻管的质量不断提高,羟基含量明显降低,硬料玻壳的生产能力扩大、质量提高,满足了HID灯的需求。

钨钼材料方面,2004年全国钨细丝产量170亿m,钨粗丝和钨杆产量约1500 t,钼细丝约50亿m,钼粗丝和钼杆约940 t。另外,杜镁丝产量约3200 t。

荧光粉方面,2004年全国荧光粉产量约5280 t。其中卤磷酸钙荧光粉3300 t,三基色荧光粉1600 t,彩粉和特粉约380 t。随着紧凑型荧光灯,T4、T5荧光灯以及T8三基色荧光灯的发展,对三基色荧光粉的需求持续增长。

3 产品进出口状况

由于我国照明产品约45%出口到世界各地,因此有必要把握照明产品的进出口状况。

3.1 出口(见图)

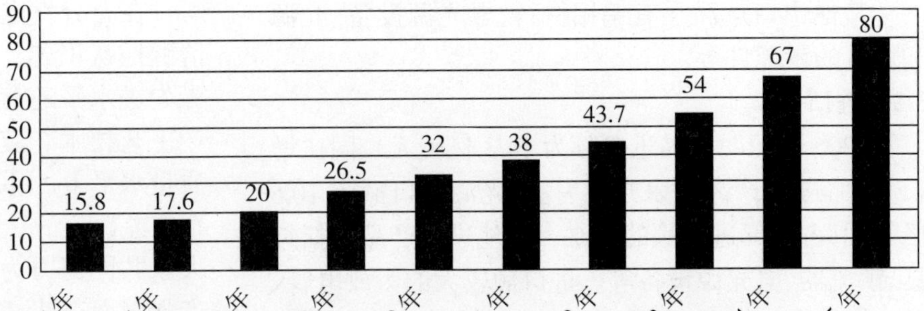

图 我国照明产品出口数量增长状况

近10年来我国照明产品出口均以两位数增长，2005年出口额已达80亿元。

3.1.1 电光源

2005年电光源产品出口额为20.5亿美元。其中白炽灯出口基本与上年度持平，卤钨灯略有增长，荧光灯和HID等增幅较大。荧光灯出口量达13.7亿只，出口额为9.7亿美元，分别比去年增长19.9%和24.9%。荧光灯出口中主要为紧凑型荧光灯，紧凑型荧光灯出口量已超过12亿只。主要出口国家和地区为：美国、印度尼西亚、巴西、日本、德国、韩国、波兰、加拿大、墨西哥、土耳其等。

HID灯2005年出口额为2.1亿美元，同比增长102%，而出口量增长9%。分析其中原因主要是金卤灯和高压钠灯出口量增多，金卤灯和高压钠灯价格是高压汞灯的几倍。HID灯主要出口国家和地区为：美国、韩国、德国、巴西、阿联酋、加拿大以及中国台湾地区和中国香港地区等。

3.1.2 灯具

2005年灯具出口额为53亿美元。其中室内外灯具为35亿美元、圣诞灯具为8.5亿美元、汽车灯具1.8亿美元、手提灯具2.6亿美元。室内外灯具出口额同比增长19.6%。灯具出口的主要国家和地区为：美国、德国、英国、日本、西班牙、加拿大、比利时、荷兰、意大利和中国香港地区等。

3.1.3 镇流器

2005年镇流器出口额为5.6亿美元，其中电子镇流器为4.3亿美元，电感镇流器为1.3亿美元。电子镇流器的出口量与出口额分别比2004年增长12.8%和40%，电感镇流器同比分别增长15%和28.4%。主要出口国家和地区是：美国、德国、墨西哥、日本、波兰、荷兰以及中国台湾地区和中国香港地区等。

其他出口产品还有钨钼材料、电光源设备、光源和灯具的零配件等。

3.2 进口

2005年照明产品进口额为14.3亿美元，同比增长43%，进口产品中以光源为主，光源进口额为10.5亿美元，占全部进口额的73%。其他进口产品包括灯具、镇流器、电光源设备等。进口额较大的为放电管、HID灯和汽车灯具。

3.2.1 放电管

值得引起注意的是放电管，进口量同比增长194%，进口额同比增长131%，达4.3亿美元，这是各类进口产品中额度最大的一项，且最近两年大幅增长。分析其中原因认为是国内企业进口电弧管组装金卤灯、陶瓷金卤灯及UHP灯所致。

3.2.2 HID灯

HID灯进口额同比增长32%，达2.4亿美元。进口增长主要来自日本，增幅近50%，其他还有比利时、德国和中国台湾地区。

3.2.3 汽车灯具

汽车灯进口2005年比2004年大幅减少，减幅为30%，主要减少了来自日本和韩国的进口，而德国和中国台湾地区进口与上年持平。

3.3 LED进出口状况

上述进出口数据中未包括LED，为便于分析LED进出口状况，将LED单独列出。

3.3.1 出口

2004年LED出口额为6.4亿美元，2005年出口额为12.6亿美元，几乎翻了一番。

3.3.2 进口

2005年LED进口额为25.6亿美元，同比增长24.2%。主要进口国家和地区是：日本、韩国、马来西亚、德国、美国以及中国台湾地区和中国香港地区等。

4 结束语

近年来我国照明电器工业得到持续快速地发展，为国民经济发展和人民生活水平的不断提高做出了应有的贡献，同时产品大量出口到世界各地，受到国外消费者的欢迎。纵观照明电器行业，产品品种齐全，产品质量不断提高，企业规模不断扩大，总体发展是健康的。

在充分肯定我们所取得成绩的同时，我们也应清醒地认识到，中国的照明电器工业总体水平与世界先进水平还存在相当的差距。这些差距体现在生产工艺技术、装备的机械化自动化程度和原材料的质量水平上。用一句话说，是我们的自主创新能力还存在差距，而这也正是我们未来努力的方向。让我们大家共同努力为把我国由照明产品生产大国变为生产强国而奋斗。

深化改革　开拓创新　促进发展

为我国照明科技事业的进步和发展做出贡献

——中国照明学会创建以来的历史回顾

中国照明学会理事长　王锦燧

中国照明学会成立于1987年6月1日,是中国科协的组成部分。其成员中,拥有一大批国内照明领域的专家、学者,主要从事照明技术的科研、设计、生产、开发以及推广应用工作。学会目前设有7个工作委员会和11个专业委员会,他们根据各自的业务范围,积极开展各种活动,为我国照明科技事业做出了积极的贡献。

中国照明学会于成立当年,即以中华人民共和国照明委员会的名义加入国际照明委员会(CIE),积极参加CIE组织的各项活动,并在其中积极发挥作用,现有8位中国专家分别成为该组织的执委会和分部委员会的成员。

学会成立以来,在中国科协的领导下,在挂靠单位的关心和支持下,认真落实科学发展观,坚持以经济建设为中心,积极开展学术交流活动,宣传和普及照明科学知识,促进国际民间科技交流与合作,努力建设"科技工作者之家",各项工作取得很大成绩,并于1999年和2003年被中国科协授予"先进学会"荣誉称号。

在《中国照明工程年鉴》出版之际，现将中国照明学会的工作简要回顾如下：

1 加强学会组织建设，努力建设“科技工作者之家”

1.1 制定和完善中国照明学会章程

《中国照明学会章程》是学会的组织规程和行为准则。学会成立后，即制定了学会《章程》。《章程》的制定，对指导和规范历届理事会的各项工作，促进照明事业的发展起到了十分重要的作用。为了适应形势发展需要，二届、三届理事会都对章程做了部分修改。为认真贯彻党的十六大精神和中国科协“六大”提出的各项任务，学会第四次全国会员代表大会对《章程》作了进一步修改和补充。修改后的《章程》不仅保持了《章程》的连续性和稳定性，同时从实际出发，坚持独立自主，民主办会的原则，体现了时代特征和与时俱进的精神，有利于学会工作的开展和改革工作的深入进行。

1.2 理事会换届改选工作按时进行

学会成立以来，按照《章程》规定，根据中国科协制定的《全国性学会召开全国会员代表大会及理事会换届工作办法》的有关要求，按时进行了理事会的换届改选工作。1987 年学会成立之初，选举原国家轻工业部康仲伦副部长为学会第一届理事会理事长，王大珩院士为名誉理事长。副理事长有蔡祖泉、李澄和、张绍纲、胡德霞(女)、王时煦、王鉴(兼秘书长)等。第一届理事会运作近 7 年，于 1994 年 3 月选举产生第二届理事会领导成员，原中国轻工总会副会长傅立民当选为理事长，甘子光任常务副理事长兼秘书长，叶关荣、张绍纲、杨公侠、胡德霞(女)、詹庆旋为副理事长，并聘请王大珩院士和蔡祖泉教授为名誉理事长。1999 年 11 月学会进行换届改选，选举产生第三届理事会领导班子，甘子光当选为理事长，王锦燧为副理事长兼秘书长，叶关荣、肖辉乾、钟信才、章海骢、詹庆旋为副理事长，同时聘请陈士能、傅立民为名誉理事长。2003 年 12 月学会第四届理事会成立，王锦燧当选为理事长，副理事长由朱绍龙、李景色、邴树奎、郝允祥、钟信才、崔一平、章海骢、戴德慈(女)等同志担任，刘世平任秘书长，并聘请陈士能、甘子光为名誉理事长，傅立民、蔡祖泉为名誉顾问。19 年来，历届理事会认真履行学会章程规定的职责，艰苦奋斗，开拓进取，按照自主活动，自我发展，自我约束的改革思路，积极开展学会章程规定范围内的各种活动，扩大对外影响，不断增强学会的凝聚力和实力，使学会走上了良性循环的发展道路，为我国照明事业的发展做出了重要贡献。

1.3 建立和健全学会各分支机构

为调动广大照明科技工作者的积极性，开展各种学术交流活动。第一届理事会成立后，就积极组建各分支机构，成立了组织、学术、国际交流、科普、编辑、咨询等六个工作委员会及视觉和颜色、计量测试、室内照明、交通运输和光信号、室外照明、电光源、灯具以及舞台电影电视照明等八个专业委员会。第二届理事会除对上述各工作、专业委员会进行了换届工作，并根据形势发展需要，新组建了光生物和光化学专业委员会。第三届理事会在以上分支机构基础上，为了与国际照明委员会(CIE)工作上的衔接，决定成立图象技术专业委员会，并得到民政部的审查批准。第四届理事会成立以来，根据照明技术发展需要，经民政部批准，学会增设了教育与培训工作委员会和霓虹技术专业委员会。目前为止，中国照明学会共设有七个工作委员会和十一个专业委员会。为充分发挥各分支机构的作用，规范对各分支机构的指导、监督和管理，学会于 2004 年 9 月 19 日召开的学会四届二次理事会上，审议通过了《中国照明学会所属分支机构、代表机构管理办法》。上述各分支机构都根据《管理办法》的要求，制定了各自的工作条例，按照各自的业务范围，积极开展工作。

1.4 建立和完善会员管理和服务制度

学会成立以来，紧紧围绕学会改革的总体目标，逐步建立和完善学会会员管理和服务制度。学会从 1994 年开始，首批发展团体会员 105 家，之后团体会员得到了大力发展。为确定以会员为主体，从三届理事会开始，实行包括高级会员、普通会员、团体会员、赞助会员以及外籍会员等多元结构，分级分类管理的会员组织体制，建立和健全了学会个人会员登记号，开始建立了个人会员技术档案，而且在合理制定会费标准的基础上，对不同类别会员的收费实行分类管理。到 2005 年底，学会设有个人会员 8100 多名，高级会员 247 名，学生会员 143 名，外籍会员 4 名，团体会员 531 家。

1.5 建立照明技术专家库

为充分发挥学会会员在国家经济建设和社会发展中的作用，学会从 2000 年开始，逐步建立和完善我国照明科技专家技术档案工作,建立了中国照明技术专家库,并积极组织和推荐有关专家参与学会和社会上的各种活动,承担学会的各种咨询和评审任务。同时,采取各种措施加强会员服务,实行民主办会,建立定期向会员征询意见制度、接受会员的监督,努力把学会办成照明科技工作者之家。

2 积极开展学术活动,努力提高学术交流的质量和水平

为充分发挥学会学术交流主渠道作用,学会成立以来,积极创造条件,瞄准照明领域的热点问题,组织学术交流活动,为照明科技工作者提供良好的学术环境。学会开展的主要学术活动如下:

2.1 组织召开中国照明学会学术年会

1987年,中国照明学会成立之际,于6月1~3日在北京召开了第一届学术年会。会上交流学术论文153篇,其中大会邀请报告3篇,分会场交流论文67篇,张贴论文86篇。会议交流学术论文内容包括照明光源和灯具,室内室外照明技术,舞台影视照明技术以及测试技术等方面,取得良好效果。

为迎接国际照明委员会(CIE)第26届大会在中国召开,学会于2005年9月25~27日在上海召开题为“走近CIE-26th中国照明学会学术年会”的学术会议。会议共征集论文128篇,参照国际会议模式分邀请报告、分会场报告和专题报告。会议还展示了14篇张贴论文。此次会议不仅对照明领域的各个方面最新进展状况进行了交流与探讨,同时也为中国照明学会举办CIE第26届大会奠定了良好基础。

2.2 举办第一届亚太地区照明学术会议(LUX PACIFICA)

由中国、日本、美国、澳大利亚等国家照明学术团体发起的第一届亚太地区照明学术会议(LUX PACIFICA)于1989年4月17~19日在上海举行。220余名代表出席了会议,其中来自国外以及中国台湾地区和中国香港地区的代表近50名,中国科协副主席王大珩院士亲临大会并作指导,会上发表学术论文50多篇并对论文内容进行了热烈而深入的研讨,此次会议进一步增进了国内外同行之间的友谊和相互了解。

2.3 召开四届全国电光源科技研讨会

1991年5月9~11日,中国照明学会电光源专业委员会和中国照明电器协会电光源专业委员会在广东省佛山市共同召开“第一届全国电光源科技研讨会”,与会代表280名,征集论文124篇。此次会议召开,对推进我国电光源的研究与开发起到了积极的作用。

1997年11月25~26日,“第二届全国电光源科技研讨会”在上海举行,与会代表200名,会议共收到论文42篇,会议以紧凑型荧光灯、电子镇流器、琉灯、准分子光源等照明领域中的最新技术为主题广泛开展交流,取得很好效果。

“第三届全国电光源科技研讨会”于2003年11月15~18日在广州市举行,与会代表共197名,会议共安排专题报告论文29篇,内容涉及电光源科技和照明电器产业的现状和发展,特别对近年来陶瓷金卤灯、LED照明和微波光源等新型光源的研究和进展进行了介绍。

由中国照明学会电光源专业委员会、中国照明电器协会电光源专业委员会和复旦大学电光源研究所共同主办的“2005全国电光源科技研讨会”于2005年12月3~5日在上海复旦大学召开。出席会议代表共450余名,有28位专家在大会上作了报告,内容涉及电光源科技的各个方面,这次会议对照明界共同关注的学术理论和工艺技术进行广泛交流,同时又是对2007年在复旦大学召开的LS-11会议的一次全面模拟,受到照明界的广泛重视。

2.4 举办四次照明灯用电器附件及其配套电子元器件科技研讨会

为促进灯用电器附件,特别是电子镇流器和照明控制系统中主要电子元器件质量的提高和推广应用,加快我国绿色照明工程的实施,中国照明学会与有关单位共同举办了四次专题学术研讨会。

1996年6月27~28日,由中国照明学会主办、中科院北京振中电子集团协办的“灯用电子镇流器科技研讨会”在北京召开,与会代表143名,会议邀请有关专家作了专题报告,此次会议对正确引导我国电子镇流器研究和生产起到积极的作用。

1998年6月10~11日,由中国照明学会策划和组织的“98照明灯用电器附件配套电子元器件科技研讨会”在南京市举行。此后,学会与有关单位合作,共同举办的第二届、第三届“照明灯用电器附件及其配套电子元器件科技研讨会”分别于2000年6月7~9日和2002年6月12~14日在杭州市举行。会议期间安排了邀请报告和专题报告,征集到的论文编

印成《专题报告文集》。两届研讨会期间，还举办了精品展示会，以多种形式相互交流，学术气氛活跃，与会者普遍反映收获很大。

2.5 配合原国家经贸委等部门成功举办了四届“中国绿色照明国际研讨会”

“绿色照明”是20世纪80年代全球环境浪潮所掀起的绿色运动的组成部分。1991年美国环保局首先提出实施绿色照明计划。我国政府积极借鉴国际经验，于1996年启动实施了中国绿色照明工程。为进一步推动中国绿色照明工程的进展，原国家经贸委有关司局主办，中国照明学会参与协办，分别于1996年10月10～11日、1997年11月10～11日和1998年10月8～9日在北京召开了三届“中国绿色照明国际研讨会”。会议得到联合国开发计划署(UNDP)北京代表处的关注和支持，会议除大会和分组交流外，还举办了小型展览会。会议的召开，为我国推进绿色照明工程事业揭开了新的篇章，也为国家制定“九五”、“十五”计划提供了依据。

在联合国开发计划署和全球环境基金积极参与和资助下，第二期中国绿色照明工程促进项目于2001年9月正式启动。项目进展顺利，为了总结和交流中国绿色照明工程实施以来取得的各项经验成果，由国家发改委主办，中国照明学会等单位承办的“2005中国绿色照明国际会议”于2005年5月9～11日在上海召开。会议以“高效照明”为主题，围绕照明产业发展现状及未来发展前景广泛开展交流，会议的举办将对中国在今后的照明节能领域的发展带来深入持久的影响。

2.6 为配合北京奥运工程建设，积极组织召开有关照明技术研讨会

为认真总结近年来我国城市夜景照明和体育运动场馆照明技术的最新成果，配合北京奥运工程的建设，及时介绍国外照明技术的先进经验，促进市政建设的发展，学会与北京市市政管理委员会等部门合作，分别于2001年5月、12月，2002年10月以及2004年9月在北京召开了“室内外环境照明工程与技术研讨会”、“首届运动场馆照明工程设计与新技术研讨会”、“2002城市夜景照明和体育运动场馆照明技术研讨会”和“2004城市夜景照明及体育运动场馆照明技术研讨会”。每次会议都吸引了全国各地、港台地区的许多代表参会。会议围绕室内外照明技术与体育运动场馆照明技术为主题，就有关照明设计、标准，照明实施及配套光源，照明控制及新技术新产品的应用以及各种典型工程案例等展开深入的研讨，会议对今后的城市照明环境的建设起到很好的导向作用，并将对2008年北京奥运会体育运动场馆的建设起到积极的推动作用。

2.7 召开中国照明学会成立十周年学术报告会

中国照明学会成立十周年学术报告会于1997年6月24～26日在南京东南大学举行。来自学会理事、各工作、专业委员会和团体会员、各地方照明学会的代表共123人出席了会议，会议共征集学术论文50余篇，会议安排了三个特邀报告，并对学会十年来的工作进行了回顾。部分代表在会上宣读了论文，会议学术气氛浓厚，与会代表就照明领域中感兴趣的学术问题进行了充分交流，对我国照明事业充满信心。会议期间，对中国照明学会先进集体和先进个人作了表彰并颁发了获奖证书。

2.8 联合主办两次国际半导体照明论坛

为促进我国半导体照明工程快速有效地实施，国家半导体照明工程协调领导小组办公室、中国照明学会等单位分别于2004年3月23～25日在上海，2005年4月13～14日在厦门联合主办了两次“中国国际半导体照明论坛”，来自全国各地、港台地区以及美国、日本、韩国等地的半导体照明界的代表踊跃参加了会议。会议安排了主题报告和技术、应用专题报告，分别就当前半导体照明技术、产业化发展方向、技术水平及其前景等问题进行了深入的探讨。会议的召开对我国半导体照明产业的发展起到积极的推动作用。

2.9 成功举办了十三次海峡两岸照明科技与营销研讨会

中国照明学会与中国台湾地区照明灯具输出业同业公会自1994～2006年连续13年举办了十三届海峡两岸照明科技与营销研讨会。

1994年7月，中国台湾地区照明灯具输出业同业公会代表团访问上海、北京，并与中国照明学会就加强两会间的交流与合作方面进行了商谈。双方商定两会从1994年开始，每年召开一次海峡两岸照明科技会议。“海峡两岸首届照明科技与营销研讨会”在两会积极筹备下，于1994年12月20～22日在北京举行。与会代表106名，其中中国台湾地区代表28名。首届会议上，海峡两岸的照明专家、学者对大陆与中国台湾地区照明产业现状和发展等问题做了专题报告,会场气氛十分活跃和热烈,会议自始至终充满了友谊与理解,代表们对今后的接触与合作充分交换了意见。之后,两会分别于1995～2006年在杭州、深圳、台北、西安、昆明、福州、大连、南京、珠海、宁波、重庆和南昌等地召开了12次研讨会。

每次会议的与会代表包括来自大陆和中国台湾地区的专家、学者、企业家以及高层次的管理专家。每次会议征集的学术论文都编辑成《专题报告文集》。同时,在多次的研讨会期间还举办了"照明技术成果展示会",为会议的召开起到了沟通信息,交流情况,相互学习,取长补短,共同发展的积极作用。

2.10 其他有关学术活动

中国照明学会成立以来,除开展上述主要学术活动外,学会还与有关单位合作,举办了"天然采光学术会议","未来照明科技研讨会","光导纤维及光导管在照明领域应用科技研讨会"等多次学术研讨会。学会各分支机构也都按照各自的业务范围,每年都积极组织各种学术活动。据不完全统计,学会成立以来,各分支机构共开展各种学术研讨会和活动达145次,每次活动都取得良好效果,不仅进一步增强了学会的活力,而且也积极为中国照明科技事业的发展做出了有益的贡献。

3 积极促进国际和港台地区民间科技交流与合作

学会成立以来,积极组团参加了国际照明委员会(CIE),亚太地区照明学术会议和国际电光源研讨会等国际照明领域的各种专业学术会议,组团赴国外及港台地区开展民间科技交流活动,同时多次接待国外和港台地区照明界专家学者来访和讲学。通过这些活动,促进了我国照明事业的发展,同时也增强学会的影响力和知名度。

3.1 组团出访美国,考察绿色照明

应美国环保局(EPA)邀请,中国照明学会考察团于1996年11月23日至12月5日对美国实施的"绿色照明(Green Lights)"进行了考察。考察期间,参观访问了美国环保局、ICF国际咨询公司、加州大学劳伦斯—伯克国家实验室能源与环境处及有关照明企业。考察团与40多位从事绿色照明工程的组织者、科技人员进行了座谈,还实地考察了通过实施绿色照明工程取得成效的商场、办公大楼、生产车间。对美国绿色照明的组织实施、宣传教育、技术培训、节能产品技术的研究开发以及推行绿色照明计划的经验和经济、社会效益有了较具体的了解。此次考察,对推动我国绿色照明工程的发展,起到了很好的借鉴作用。

3.2 组团参加亚太地区照明学术会议和国际电光源科技研讨会

由中国照明学会和其他有关国家照明学术团体共同发起的亚太地区照明学术研讨会自1989年4月成立以来,每四年召开一次研讨会,至今已先后在泰国、日本、印度和澳大利亚又召开了四次会议。中国照明学会都积极组团出席会议。每次会议都围绕在科研、设计、开发、教育等方面取得的新成果和新技术进行了广泛的交流,同时还就加强亚太地区照明领域的交流与合作进行了探讨。中国代表团出席会议期间,还参观和考察了会议承办国的有关照明企业,收集有关技术资料,同时也扩大了对外的影响。

国际电光源研讨会(LS会议)是国际上唯一专注于光源科技的最高层学术会议,每届会议都紧跟世界电光源科技发展的最新动态,对促进光源科技的繁荣做出了不可磨灭的贡献。中国光源界代表于1979年4月9～12日首次出席了在荷兰举行的第二届会议。之后,每次LS会议都有中国代表出席并发表学术论文。中国照明学会成立后,学会蔡祖泉副理事长于1989年8月20日～9月4日率代表团应邀出席了在英国约克理工大学举行的第五届LS会议,进一步加强了中国光源界在国际上的影响。2004年8月在法国吐罗斯大学举办的第10届LS会议期间,根据中国代表团的申请,大会一致同意第11届LS会议将于2007年在中国复旦大学举行。

3.3 赴台考察照明技术,促进海峡两岸交流与合作

学会成立以来,应台湾地区照明灯具输出业同业公会的邀请,中国照明学会代表团先后于1996年12月10～14日及2001年2月12～17日访问台湾地区。访台期间,两会有关负责人就加强两岸照明领域的交流与合作广泛交换了意见,并取得共识。两次访问中,还参观了有关照明企业以及考察了台湾地区有关建筑和城市照明设施。代表团所到之处都受到热情接待,访问取得圆满成功。

3.4 应邀赴欧亚有关国家考察照明技术并接待来访

中国照明学会考察团先后于1999年5月、2001年8月、2002年6月、2003年11月、2004年6月应飞利浦照明邀请,访问了荷兰飞利浦照明总部,并先

后考察了荷兰、法国、奥地利、德国、韩国等有关照明企业和城市的夜景照明设施。

应日本照明学会的邀请，中国照明学会代表团于2004年5月20~25日赴日进行工作访问。访问期间，两会就加强两国照明艺术和科技领域的交流与合作方面签订了友好合作协议，并考察了日本有关照明企业与城市照明设施。

学会成立以来，还接待了许多国家及港台地区照明企业界和专家学者的来访，他们有来自美国、英国、德国、荷兰、日本、澳大利亚、加拿大和印度等国以及中国香港和中国台湾的照明界朋友们。尤其是2001年11月北美照明学会前主席 Jemcs.E.Jewell 先生访华时，就中国照明学会与北美照明学会之间达成了加强合作的意向，并拟订了双方关于促进在照明艺术、科学和业务等领域加强合作的议定书，由双方主席（理事长）签字后于2002年5月16日开始生效。协议书的签订，将有利于进一步加强双方的合作与交流，促进国际民间科技交流的开展。

3.5 组团参加国际照明委员会（CIE）各项活动，申办CIE大会取得成功

中国照明学会成立后，经批准即以中国国家照明委员会的名义申请加入国际照明委员会(CIE)。1987年6月16~25日，以蔡祖泉副理事长为团长的中国照明学会代表团出席在意大利威尼斯召开的CIE第21届大会，CIE执委会一致通过接纳中国为该组织的会员国。之后，中国照明学会都组团出席了CIE的历届大会，积极参加CIE组织的各种活动，并在其中积极发挥作用，现有8位专家分别为其执委会和分部委员会成员。几年来，有33名中国专家因对照明事业做出贡献受到CIE的表彰。

经国务院批准，中国科协同意，中国照明学会于2003年5月21日~6月2日，出席了在美国圣迭戈市举行的CIE第25届大会。在5月25日CIE召开的执委会上，中国代表团申请2007年在中国举办CIE第26届大会获得通过。目前中国照明学会正在积极筹备，决心把CIE第26届大会办成CIE历史上最成功的盛会之一。

4 积极开展科普活动，普及照明知识

中国照明学会成立以来，把积极开展科普宣传活动作为学会工作的重点，并组织有关科普活动，取得一定效果。

（1）结合我国节能和环保工作的深入开展，受国家经贸委/UNDP/GEF中国绿色照明工程促进项目办公室的委托，2002年学会组织有关专家，针对广大消费者、照明电器产品经销商和制造商，分别撰写了四期《绿色照明科普宣传资料系列》，共12分册，刊发数量达3.6万册，其内容涵盖了在推广绿色照明工作中，对经销商、制造商的要求，并引导消费者正确选用优质、节能的照明电器产品。中国科协主席周光召院士还为资料主页题词“绿色照明，耀我中华”。

（2）2002年5月、2004年7月、2005年5月和9月，中国照明学会还组织参加了由科技部、中国科协和中国科学院主办的科技周、科普宣传日活动。活动期间组织有关专家和照明企业向公众宣传绿色照明知识，演示节能、高效、环保的照明电器产品，并发放科普宣传材料，取得了良好的效果。在中国科协2005年组织的全国科普日活动中，中国照明学会被评为“全国科普日活动”先进单位。

（3）为配合科普教育，多年来学会及其各专业委员会还举办了多种形式的科普讲座和培训班，取得良好效果。其中学会光生物和光化学专业委员会于2001年5月20~22日在北京举办了以研究阳光、关注健康为主题的学术会议，以展示方式向公众宣传科普知识。舞台电影电视照明专业委员会举办了多次舞台灯光技术及布光技巧和有关调光性能及技术方面的培训班。受中国绿色照明工程促进项目办公室的委托，学会于2003年8月在北京举办了“北京市大型照明用户绿色照明工程培训班”。培训班的举办，对学员进一步了解绿色照明理念和正确选用电光源、灯具和电器附件具有重要的参考作用。

5 努力办好学术期刊和《中国照明网》

（1）学会成立以来，十分重视学术期刊在学术交流中的作用。1992年1月30日《照明工程学报》经批准正式创刊，至今学报共出版发行64期，对照明科技的发展和进步起到了重要的导向作用。根据国家新闻出版署的要求，学报从2000年第一期开始进行了改版，采取了国际流行的大16开版，还对学报的封面进行了重新设计，并采取多种措施提高办刊的质量和水平，办出特色，扩大影响。办刊以来，在全国学术期刊中影响力不断提高。

（2）根据广大会员、会员单位的建议和要求，2000

年1月20日,《中国照明学会简讯》创刊,至2005年已出版24期。《简讯》的编辑出版对沟通信息,加强各分支机构之间以及学会与会员、会员单位之间的联系起到积极的作用。

(3)1997年6月,中国照明学会与河东计算机网络系统有限公司合作,共同建立的《中国照明网》正式运行。网站运行以来效果良好,还实现了与国际照明委员会、中国科协公众科技网及台湾区照明灯具输出业同业公会网站的友情链接。目前该网站已成为照明领域中著名的信息网站,多次受到中国科协的表扬,网站建立对促进信息交流起到了积极的作用。

(4)为集中展示我国照明工程成就,积极促进照明工程建设的经验与交流,由中国照明学会主办的《中国照明工程年鉴》于2005年9月13日正式启编。《年鉴》将是首部全面反映我国照明工程建设实践和发展的大型专业年刊,计划于2006年下半年正式发行。《年鉴》的出版将对我国照明工程建设提供有力的技术支持。

(5)学会积极参与中国科协组织的学术活动。除积极参加中国科协主办的学术年会外,2004年开始,学报编辑部积极参与《中国学术期刊文摘》的撰写工作,努力提高文摘的质量,同时还参加了中国科协组织的首届全国性学术期刊优秀科技论文评选活动。由中国照明学会推荐,在《照明工程学报》上发表的一篇论文获中国科协首届"百篇优秀论文"奖。除此之外,中国照明学会对中国科协主办的《科学发展蓝皮书》及《中国科学技术协会年鉴》,从创刊伊始便积极组织投稿。此举对展示学会在学术领域中的新成果,扩大学会对外影响将起到积极的作用。

6 做好展览和展示工作,努力为会员单位服务

中国照明学会自成立以来,十分重视通过组织照明科技工作者和会员单位积极参与展览和展示活动。通过这些活动的开展,学会进一步了解了国内外照明技术的最新成果,促进照明领域新技术、新产品的交流。学会除在有关学术研讨会期间,举办小型精品展示会外,还与有关单位合作,共举办了18次照明专业展览会,对促进科技交流,开拓市场起到了积极的作用。

(1)1994年11月7~19日,中国照明学会与有关单位合作,在广州市举办了"'94中国舞台灯光音响与乐器博览会暨'94中国建筑装饰灯具及建筑装饰电器订货会",拉开了学会举办有关展览展示活动的序幕。此后,学会于1995年和1996年在北京举办了"国际现代照明电器展览会",还分别于2000年7月~2005年3月期间,每年在北京举办"新世纪首届照明电器国际博览会"和第二、三、四、五、六届"中国(北京)国际照明电器博览会",1998年~2003年11月在广州举办了第三至第八届"广州照明展览会"。展览会的举办,对我国照明事业的发展起到了促进作用。

(2)从2000年开始,中国照明学会与远大国际展览有限公司合作,每年都组织国内有关照明企事业单位的科技人员、企业家和营销人员参观和参加在德国法兰克福举办的"法兰克福国际照明技术及建筑展览会"和在美国拉斯维加斯、旧金山和纽约举办的"国际照明博览会"。近些年来,由于我国照明电器产品的产量在世界同类产品中占有很大的份额和地位,产品质量不断提高,学会组织有关单位在展示会上设置展台,展示我国照明电器的最新产品和技术,也体现我国照明企业参与国际市场竞争的意识和能力不断增强。

7 积极开展科技咨询和中介项目,努力为经济建设服务

随着我国经济政治体制改革的深化,政府职能的转变,多年来,学会发挥自身的优势积极开展科技咨询活动,同时还探索开展新的中介服务项目,努力为经济建设服务,取得一定成效。

(1)受政府有关部门和单位的委托,中国照明学会从2000年开始组织有关专家对有关城市照明、园林景区照明方案及建筑单体照明设计开展咨询工作,组织参与了有关部门的项目评审,并协助有关部门编制照明设计指南及重大项目组织和实施意见书等,有力地支持了国家的经济建设。其中,主要完成的项目有"唐山市中心区夜间景观设计","青岛市迎奥运亮化规划总体方案"的修订,"北京市中关村科技园区夜景照明规划方案审定","颐和园景区照明规划设计",《公路大型桥梁照明设计指南》编制,"关于'十一五'半导体照明下游产业重大项目的组织和实施意见书"及"'十一五'期间半导体照明示范工程建议书"等。

(2)从2003年5月1日起,国家开展对部分照明电器产品进行强制性认证工作,学会根据自身的有利条件和优势,正式向国家认证认可监督管理委员会申

请强制性代理申办机构的注册工作并得到批准。学会还受中国节能产品认证中心的委托承担照明产品的节能认证申请的受理业务及市场开拓工作。这些工作的开展，为国内外企业的市场拓展创造条件。

(3)2005年7月6日，国家科技奖励工作办公室正式批准中国照明学会设立“中照照明奖”。“中照照明奖”的设立，对促进中国照明科技事业的发展，提高中国照明电器产业的制造和应用水平，加快中国和国际照明领域的接轨步伐具有深远的意义。该奖项的评奖颁奖活动于2006年正式启动。

(4)为贯彻落实《中共中央、国务院关于进一步加强人才工作的决定》，中国照明学会从2005年开始积极进行“照明设计师”职业资格认证的申报工作。目前，“照明设计师”作为国家的一种新职业获得国家劳动和社会保障部的正式批准，学会正着手进行照明设计师资格评定的有关准备工作。“照明设计师”职业资格证书制度的建立，对提高照明领域技术人员的专业素质，加强专业技术岗位的管理，规范专业技术人才市场等方面将起到极大的推动作用。

(5)中国照明学会从2003年开始，与有关单位合作，共同策划组织召开照明企业OEM合作及交流订货会。此项活动每年组织一次，至今已经召开三届洽谈订货会，取得较好效果。这项活动的开展，对促进照明企业OEM合作的开展，降低生产成本，提高专业化生产水平，整合生产资源，优化产品结构，开拓国际市场空间，保证产品的质量起到了积极的作用。

8　深化学会改革，增强自我发展能力

多年来，中国照明学会把全面推进学会改革作为学会的一项重点工作来抓，并取得初步成效。

(1)学会在深入学习中国科协《关于推进所属全国性学会改革的意见》精神基础上，认真总结学会成立以来的办会经验，于2002年制定了《中国照明学会深化改革方案》和《中国照明学会关于深化学会改革的实施意见》，并获学会三届六次常务理事会一致通过后上报中国科协。

(2)为把学会办成具有中国特色、充满生机和活力的现代科技社团组织，实现学会的改革目标，改革方案提出，在认真做好各项工作的同时，逐步实现学会工作的两项精品项目：

①配合北京举办2008年奥运会，围绕体育运动场馆和城市照明为主题，组织系列学术活动，为我国城市照明迈入世界先进行列做出贡献。从2002年开始，学会围绕这一主题共组织召开了4次学术研讨会，取得了良好效果。

②努力创造条件，以申办2007年国际照明委员会(CIE)第26届大会为契机，加强对外民间科技往来与合作，树立学会在国际照明领域中的形象。2003年5月，中国照明学会申办2007年CIE第26届大会在中国北京举行取得成功，并在2005年5月CIE召开的中期会议上，中国关于CIE第26届大会筹备方案获得通过。在此期间，中国照明学会还与日本照明学会签订了友好合作协议，双方表示为办好CIE第26届大会共同做出努力。

(3)中国照明学会的改革工作得到中国科协的肯定，在2004年8月中国科协召开的全国性学会改革工作研讨会上作了大会发言，得到与会代表的好评。

(4)2004年，根据中国科协的决定，中国照明学会作为中国科协的改革试点单位。为实现学会改革的总体目标，突出重点，注重实效，学会于2004年7月制定了《中国照明学会改革试点方案》并上报中国科协。根据试点方案的要求，除做好学会活动的两个精品项目外，还就建立和完善学会会员管理和服务制度及深化学会办事机构改革等方面进行试点。目前，学会正按改革试点方案的要求逐项落实，争取试点工作目标的实现。

以上是对中国照明学会成立以来工作的简要回顾。学会自成立以来，已经历了19年的发展历程，学会发展初期，是在十分艰难的环境中求得了生存和发展，但我们受益于国家改革开放给学会的发展带来的难得的机遇。经过历届理事会全体理事及会员、会员单位的共同努力，使学会得到逐步壮大和成长，并在中国科协系统中享有一定的声誉，在我国照明科技领域中具有一定的影响，在全体会员和照明企事业中的声望不断提高，凝聚力和影响力不断增强。当我们回顾学会所经历的历程时，我们对今后的工作充满信心。我们相信，在中国科协的正确领导下，在党的十六大精神指引下，以邓小平理论和“三个代表”重要思想为指导，牢固树立科学发展观，开拓创新，求真务实，扎实工作，我们一定会在学会改革与发展的征程中，不断取得新的更大的成绩。

中国照明工程建设发展综述

——照明工程建设的发展、现状和走向

中国建筑科学研究院建筑物理所　肖辉乾

引　言

随着社会主义建设事业的发展，特别是改革开放大潮的推动，我国照明工程建设发展十分迅速，成效显著，倍受世人关注，同时也存在一些问题。为了总结经验，探讨问题，促进我国照明工程更快、更好地持续发展，本文就照明工程的定义和分类，照明工程建设发展的回眸、现状分析和今后的走向，抛砖引玉地谈点初浅之见。不当之处，恳请同行和读者赐教指正。

1 照明工程的定义和分类

1.1 照明工程的定义

照明工程(Illuminating Engineering)既是一门科学,又是具体照明工程的称谓。它的定义在国内外辞书中各不一样,比如国际照明委员会(CIE)和国际电工委员会(IEC)联合编写的国际照明辞典称照明工程也称照明技术,定义为照明在各种工程中的应用[1]。北美照明学会(IESNA)的《照明手册》称照明工程(Lighting Engineering)为人工光(光源和灯具)和天然采光在各类工程中的应用技术[2]。日本《照明手册》称照明工程为"处理辐射(光、紫外辐射、红外辐射)与电的相互转换和以照明为目的辐射的应用科学技术体系。照明工程以利用昼光(阳光和天空光)及人工光为目的而发展起来。它的基础不仅与电工学,而且与建筑学、生理学、心理学、人类工程学(也称人类功效学,译注)有密切关系,并与这些领域进一步地结合,正向广泛的体系化发展[3]。"在我国大百科全书(建筑、园林和城市规划卷)中将建筑照明取名为建筑光学,其定义为"研究天然光和人工光在建筑中的合理利用,创造良好的光环境,以满足人们工作、生活、审美、保护视力和心身健康的应用科学,是建筑物理的组成部分[4]"。

在分析研究国内外有关"照明工程"的定义的基础上,从照明工程建设的角度考虑,本年鉴第二篇的第一章的照明名词术语 1.1.1 中,把照明工程(Illuminating Engineering)定义为"根据室内外环境空间的照明功能,进行照明美学创意和照明技术综合设计以及在此基础上进行施工设计和对照明设施进行安装调试,并通过检测、验收的最终付诸实施达到预定要求的系统工程"。

1.2 照明工程的分类

由于照明工程的种类繁多,世界各国对照明工程的分类也不一样,通常把照明工程分为人工光照明工程(也称人工照明工程,电气照明工程)和天然光照明工程(也称天然采光工程)两大类。对人工照明工程而言,又可分为室内照明工程和室外照明工程两类。不论是天然采光工程,还是人工照明工程,从城市到乡村,从陆地到空中和海洋,照明工程涉及各行各业,分布面非常广,难以一一阐述。从目前我国照明工程建设情况分析,主要集中在建筑物和城市照明工程两个方面。

按建筑采光设计标准(GB/T 50033—2001)的规定,目前我国建筑采光工程主要有八大类:

①居住建筑采光工程;②办公建筑的采光工程;③学校建筑的采光工程;④图书馆建筑的采光工程;⑤旅馆建筑的采光工程;⑥医院建筑的采光工程;⑦博物馆、美术馆和展览馆建筑的采光工程;⑧各类工业建筑的采光工程。此外还有交通建筑(航空港的候机楼、火车或汽车站的候车楼和港口的候船楼建筑)、体育建筑、商业建筑、影剧院建筑和地下及无窗建筑的采光工程。

关于人工照明工程的分类,根据照明对象和照明要求的不同,按建筑照明设计标准(GB50034—2004)、地下建筑照明设计标准(CECS45:1992)、城市道路照明设计标准(CJJ45—1991)和城市夜景照明设计标准(JGJ×××—××—2007)的规定,建筑物照明工程主要有居住建筑照明工程、公共建筑照明工程、工业建筑照明工程和地下建筑照明工程等四大类;城市照明工程主要有功能照明工程、夜间景观照明工程和广告标识照明工程三大类。建筑照明和城市照明的主要种类,详见图 1 和图 2。

2 照明工程建设发展的回眸

2.1 推动照明工程发展的因素和作法

人类从发现火和用火驱赶黑夜进行照明到照明工程学的建立,经历了一个漫长的历程。回眸照明工程的发展,人们自然会想到爱迪生,是他在 1879 年发明白炽灯泡,使照明工程科学进入了一个崭新的时代。随后荧光灯、低压钠灯、汞灯、高压纳灯、金属卤化物灯、LED 半导体光源以及品种繁多的灯具在照明工程中的推广应用,照明工程发展十分迅速。回顾过去,概括起来主要有图 3 所示的三种因素和四种作法在推动着照明工程的发展[5]。

2.1.1 推动照明工程发展的因素

(1)社会政治、经济和文化的发展是影响照明工程建设的第一个因素。20 世纪前 50 年发生了二次世界大战,国际照明学术活动就停顿了约 20 年,1973 年开始出现的世界能源危机和 2003 年出现的用电紧缺都直接影响照明工程的建设。照明和建筑一样受到社会文化思潮(民族文化、地域文化与外来文化)的影响。至于经济的影响就更明显了。有人说照明工程建设的发展是以富足的经济为前提。经济是推动照明工程建设的杠杆。

(2)客观需求,如城市建设和建筑业的发展以及

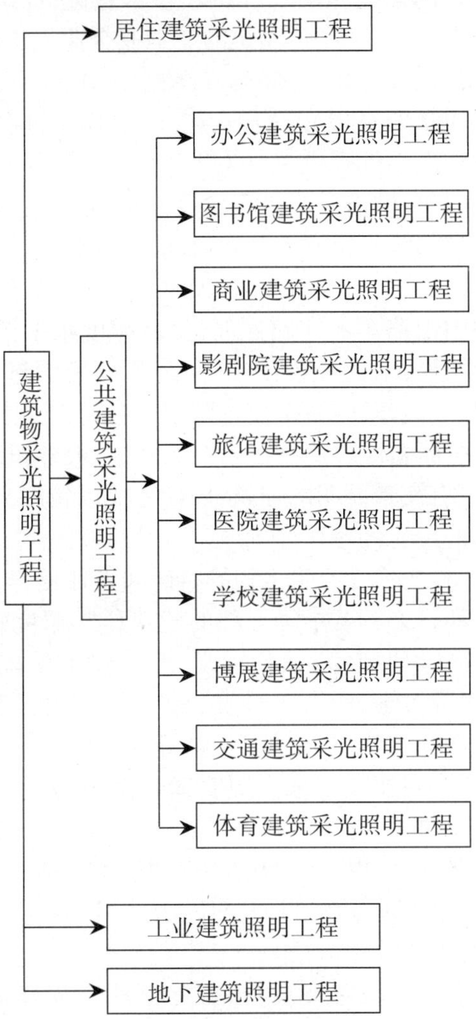

图1 建筑采光照明工程的种类

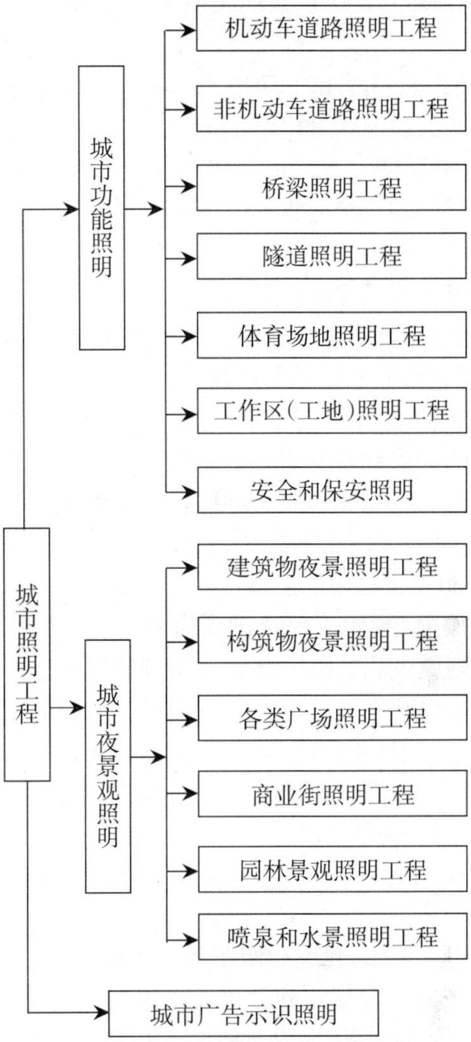

图2 城市照明工程的种类

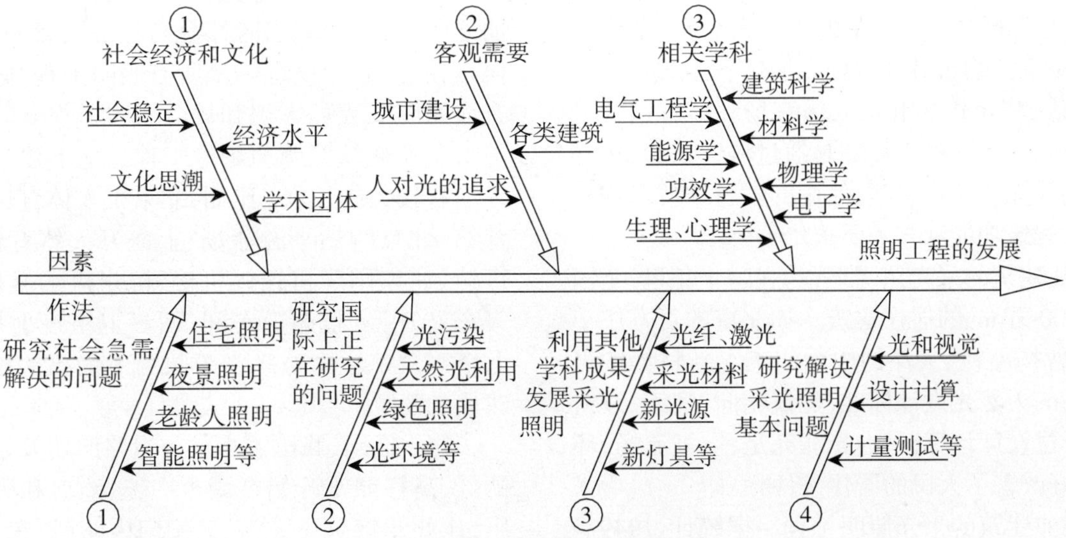

图3 推动照明工程发展的因素和作法

人们对光的追求，无疑是推动照明工程建设的主要因素。

(3)相关自然科学和工程技术的进步，特别是和照明密切相关的建筑学和电学的发展，如果没有建筑和电，也不会有照明。有人把照明工程科学视为建筑学和电气工程学的一个分支而发展起来的，并起着主导作用。

2.1.2 发展照明工程建设的作法

概括地说，一是研究解决社会急需解决的照明问题；二是跟踪研究解决国际上正在探讨的照明热点问题；三是在照明工程中及时推广应用其他学科所取得科技成果；四是重视研究照明工程相关的基础课题。通过这些问题的研究和解决，无疑是发展照明工程建设的好作法，具体案例在下节中介绍。

2.2 我国照明工程建设的发展

我国解放前，照明工程建设项目甚少，对照明工程科学研究则更少。自1949年新中国成立后，几乎是从无到有逐步得到发展，特别是近20年在改革开放大潮的推动下，我国照明工程建设发展迅速，成效显著，令世人瞩目。回顾我国照明工程将近60年的发展历程，大体上可分为四个阶段。

第一阶段：1949～1960年照明工程建设起步和开创阶段。

解放后的头十年，我国照明工程建设随着社会主义建设事业开展，在城市建设和建筑业发展的带动下，开端良好，成效显著，有开创性。

(1)公共建筑的采光和照明工程。在这阶段，全国各地兴建了大量的公共建筑，这些建筑的采光照明工程中，有代表性的案例是北京的人民大会堂、革命历史博物馆、军事博物馆、民族宫、农展馆、美术馆、火车站、民族饭店、华侨饭店和工人体育场和体育馆的采光照明工程。而且这些工程都是通过科学试验，精心设计确定的采光或照明方案，使用的器材和技术均较好地满足了建筑功能和艺术要求[6~11]。

(2)居住建筑的采光照明工程。在这十年里，全国兴建了16300万 m^2 的居住建筑，如北京的百万庄小区、上海的曹杨新村、天津的中山门工人新村等按当时的前苏联的天然光设计标准，建筑朝向、间距、开窗面积均进行过设计计算，室内光线充足、空气流畅、环境优美，较好改善了人民的居住条件[12~13]。

(3)工业建筑的采光照明工程。据统计，1949～1958年全国建成投产的大型工厂就有1200多个。这些工厂的采光照明工程，按“技术先进，经济合理”的建设方针和1956年制定的“工业企业人工照明暂行标准”(标准—106—56)进行精心设计，工厂的照明水平和质量明显提高，对改善工人工作条件，保护工人视力和身心健康成效显著[14~15]。

(4)在城市照明工程建设方面，北京、上海、天津、广州和部分省会城市开始启动道路照明工程，如北京的长安街、上海的南京路、天津的和平路和解放路、广州的中山路等的道路照明，虽然照度水平低，照明器材较简易，对人们夜间出行、美化夜景均起了较好的作用。这阶段的城市夜景照明工程甚少，除特大城市的一些标志性建筑有夜景照明外，一般建筑均无夜景照明。有夜景照明的建筑，照明方式以轮廓为主，而且只在重大节日才开灯[16]。

(5)这阶段照明工程的科研和人才培养工作也开始启动，1958年原建工部的建筑科学研究院成立了建筑光学研究室；清华大学、北京建工学院、天津大学、同济大学、南京工学院、重庆建工学院、西安冶金建工学院和哈尔滨建工学院等大学成立了建筑物理教研室，并建立了采光照明试验室；开展了相应的建筑物理的学术交流。1960年还成立了全国建筑物理学术委员会。以上组织的建立和学术活动的开展对建筑采光照明工程的科研工作、人才培养和学术交流均产生了重要的影响[9]。

第二阶段：1961～1980年照明工程建设重点发展阶段。

20世纪60～70年代，我国经历了三年经济困难和10年文化大革命。这个阶段的照明工程建设和其他工程一样，受到当时社会与经济因素的影响较大。但是在这20年里也不是所有照明工程都停止建设。有些照明工程如影视和舞台照明工程、体育、交通和国防工业建筑照明与采光工程、地下建筑照明工程等均有较大的发展。比如，北京工人体育馆和首都体育馆、北京陶然亭游泳场、上海万人体育馆、辽宁体育馆、北京国际机场候机楼、杭州机场候机楼、天津火车站、一大批超净车间、西昌卫星发射场、郑州二七塔以及毛主席纪念堂等照明工程都是在这个阶段建成的[17~19]。

这一期间，我国不少城市道路照明开始使用高压钠灯、高杆照明开始在城市广场、港口和码头推广使用，比如北京东长安街、建国门内路段、车公庄大街、上海延安路、天津的南京路的道路照明改造工程、北京火车站和南京中央门广场的高杆照明工程，为迎接国庆30周年，北京天安门广场照明改进工程等都是在这个阶段完成的[17~19]。

在这阶段，先后成立了北京照明学会和上海照明学会，文革期间停止活动16年的全国建筑物理学术委员会于1978年恢复学术活动，中国建筑学会于1979年组团首次赴日本参加国际照明委员会第19届大会，1980年全国道路照明情报站的成立等有力地推动着我国照明事业，特别是照明工程建设的发展[20]。

第三阶段：1981～1999年照明工程建设全面发展阶段。

1976年10月文化大革命结束，1979年12月中共11届三中全会提出改革开放，把工作重心转移到全面建设社会主义现代化上来。在改革开放大潮的推动下，随着建设事业的蓬勃发展，我国照明工程建设进入了全面发展的新阶段。

2.2.1 建筑照明工程建设的全面发展

这阶段建筑照明工程的建设，不仅数量和种类之多前所未有，而且照明的技术和艺术水平、文化品位、工程档次和质量明显提高，其中不少建筑的照明达到甚至超过了世界先进水平。在公共建筑照明方面，这阶段初期建设的照明工程主要集中在宾馆饭店、办公、交通和体育建筑方面，如北京的香山饭店、建国饭店和国际饭店、上海宾馆、广州白天鹅宾馆、深圳的国贸大厦、南海大饭店、北京京广大厦和京城大厦写字楼、北京亚运村、西客站、广州天河体育中心、天津世乒赛体育馆等公共建筑的采光照明工程。随后建设的商业、学校、博物馆、图书馆和影剧院等公共建筑和居住建筑，如北京王府井的新东安商城、上海浦东新世纪商厦、北京炎皇艺术馆、上海博物馆、陕西历史博物馆、北京图书馆、上海大剧院、上海东方明珠电视塔、上海金茂大厦以及全国3000个住宅小区，总建筑面积共达数10亿m^2的居住建筑的采光和照明工程，经调查，采光照明的方法，不仅改变以前比较单一的作法，同时还吸取了国外不少新的方法和技术，采光和照明的数量和质量指标均比过去的标准有大幅度的提高，不少照明工程达到国际照明委员会规定的标准，照明工程使用的光源、灯具和控制设备也都相当先进，照明效果优良，特别是光纤、导光管和LED半导体光源在工程中开始应用，得到业主和使用者的称赞[20~22]。

2.2.2 城市道路照明工程的全面发展

改革开放以来，城市道路照明工程发展十分迅速，这一阶段，据不完全的统计，1983年全国路灯过万盏的城市只有21个，总计路灯48万盏。到1999年路灯过万盏的城市达63个，路灯总数达146万盏，上升了两倍。这阶段城市道路照明工程技术和管理水平得到全面提升。首先是照明光源和灯具的品种、质量和款式大幅度地提高和增多，照明效果明显改善，不少城市路灯供电电缆入地，混凝土灯杆换成钢材灯杆，路灯照明的控制由手工操作或时控、光控发展到集中遥控，并开始采用先进的通信技术进行管理[22]。

2.2.3 城市夜间景观照明的全面发展

这阶段的城市夜间景观照明工程大体上又可分为两个阶段：

第一阶段：1980～1989年分散建设阶段，也就是这时期建设的建筑工程、市政设施和旅游景点，其中不少就已设计安装了夜景照明，如深圳的国贸大厦、世界之窗、锦绣中华、珠海的圆明新园和银都大酒店等夜景照明工程，北京、上海、天津、广州和重庆等不少城市在这一阶段也都分散建设了一些城市夜景照明工程[23]。

第二阶段：1989～1999年集中建设阶段。这阶段的城市夜景照明工程的建设是从1989年上海率先在外滩和南京东路景区集中实施城市夜景照明工程的改造和建设开始的。随后北京、天津、重庆、广州、深圳、珠海、大连、青岛、杭州等许多城市进行了景区区域性的夜景照明工程的集中建设[23]。

在集中建设阶段，1997年为迎接香港回归和1999年国庆50周年，全国不少城市，特别是北京、上海、天津、重庆和全国的省会城市，以此为契机，结合城市改造、市容整治，对一些重点景区和重大建筑物有计划地进行了城市夜景照明的建设。辉煌而靓丽的城市夜景吸引着成千上万的市民和观光者。人们为之欢呼跳跃，为祖国和自己的城市而自豪，同时也反映出城市照明夜景照明工程建设的意义和影响[24,47]。

2.2.4 城市广告标识照明异军突起，发展迅速

自1979年以来，我国广告业发展十分迅速。到1993年底，全国广告经营单位猛增到3.1万家，从业人员达47万，经营额达273亿人民币。1996年经营广告单位又上升到5.28万家，从业人员为51.2万，年经营额达366亿人民币。到2003年中国广告经营额突破1000亿元，其中室外广告又是所有广告媒体中增幅最大的一家（增速每年均在2位数以上），达到126亿人民币，经营室外广告的单位达6.3万家，作品

达 208 万个(件),发展态势十分惊人[23]。

笔者对国内外广告标识比较集中的若干地区,如商业街、城市干道或广场等调查发现,一是无照明的广告标识越来越少;二是霓虹灯广告面临其他广告照明的挑战;三是外投光照明和灯箱广告大幅度增多;四是外投光、自发光和内透光广告为广告照明的主流;五是显示屏、光纤、导光管、LED 光源和隐形广告照明迅速崛起。各式各样的广告标识照明成为夜间景观的重要组成部分[23]。

2.2.5 照明工程的学术活动、科研和人才培养得到全面发展

(1)中国照明学会于 1987 年正式成立,并于同年以中国国家照明委员会的名义加入了国际照明委员会（CIE)。中国照明学会成立后，据不完全统计，1987～2002 年组织了全国性学术活动 304 次，大型国际学术交流 6 次,1994～2005 年海峡两岸学术交流 12 次,并创办了《照明工程学报》。这对我国照明科技事业的发展,推动照明工程建设的进步,促进国内和国际照明的学术活动的开展等诸多方面将产生重大而深远的影响[21]。

(2)1989 年中国照明电器协会正式成立,这对加强照明电器行业的管理,照明电器产品的发展和水平的提高和规范照明行业市场。诸多方面意义重大,影响深远。

(3)1980 年成立了全国“道路照明技术情报总站”为我国道路照明的学术交流,道路照明行业管理,道路照明工程建设和照明器材产品水平的提高的提高搭建了平台[22]。

(4)1984 年上海复旦大学创办“光源与照明工程系”,在 1984～1999 年期培养了近千名光源和照明工程专业人才;在这阶段,清华大学、天津大学、同济大学、浙江大学、重庆建工学院、北京建工学院、北京工业大学、哈尔滨建工学院、沈阳建工学院、西安交大、华南理工大学、中国建筑科学院和轻工部有关部门等单位培养了上百名建筑光学(建筑采光照明)硕士或博士研究生。

(5)在这阶段,我们先后编制了多本照明方面的国家和行业标准或规范[25]。

《民用建筑照明设计标准》GBJ133—1990。《工业企业采光设计标准》GBJ133—1991。《城市道路照明设计标准》CJJ45—1991。《地下建筑照明设计标准》CECS45:1992。《民用建筑电气设计规范》(含电气照明)JGJ/T16—1992。

《城市居住区规划设计规范》GB50180—1993 的居住建筑日照标准。《建筑照明术语标准》JGJ/T119—1998。文物办发[2000]064 号(博物馆照明设计规范)以及大量的照明电器产品的国标和行标(目录略)。

(6)由于照明工程建设的全面展开,巨大的照明市场吸引国际上众多著名的照明公司和设计大师参入了这阶段照明工程的设计和建设。他们带来了国际上先进的产品、技术和照明方法及理念[26]。

(7)1996 年国家经贸委、国家计委、科技部、建设部等 13 个部委和单位共同组织实施了“中国绿色照明工程”,并将其作为节能领域的一项重大决策。随着“中国绿色照明工程促进项目”的实施,不仅为国家节约了大量的用电,而且也有力地推动我国照明工程建设的全面发展[27]。

在这一阶段通过大量的照明学术活动、科研工作、人才培养、照明标准的制订与实施,国际著名照明公司及设计人员的参入,特别是中国照明学会的成立和富有成效的活动,从而有力地推动了我国照明工程建设的全面发展和水平的提高。

第四阶段:2000～2006 年照明工程建设可持续发展阶段。

这阶段照明工程建设的指导思想是以科学发展观统领照明工程建设的规划、设计、施工和管理工作,处理好功能照明和景观照明、日景和夜景、整体和局部、光和影、明与暗、白光和彩光、传统和创新、照明建设和环保节能、投资与管理、高科技和常规技术的应用、规划设计和工程实施等诸方面的关系[28],使照明工程建设实现可持续发展。为实现这一目标,国家发改委和建设部等政府部门以及中国照明学会、中国建筑学会等学术团体分别或联合开展了一系列富有成效的活动，有力地推动了照明工程建设的可持续发展。

(1)国家发改委和建设部先后联合或分别发布了以下四个有关照明工程建设方面的文件:

①建设部和国家发改革委文件:建城[2004]204 号:关于加强城市照明管理,促进节约用电工作的意见。

②建设部文件:建城[2004]97 号:关于实施《节约能源—城市绿色照明示范工程》的通知。

③建设部文件:建城函[2005]234 号:关于进一步加强城市照明节电工作的通知。

④建设部文件:建办城[2006]48号:十一五城市绿色照明工程规划纲要。

以上文件对贯彻落实节约资源和保护环境的要求,提出了城市照明健康、高效、安全、科学发展的指导原则、工作目标、重点和落实的措施,成为实施绿色照明工程的依据,有力推动着我国城市照明工程建设的可持续发展。

(2)在这阶段建设部先后组织编写了或正在编写的有以下七个照明设计标准或规范:

①国标GB/T50033—2001:建筑采光设计标准(2001-07-1发布,2001-11-01实施)。

②国标GB50034—2004:建筑照明设计标准(2004-06-18发布,2004-12-01实施)。

③待批行标CJJ××—××××:城市道路照明设计标准(上报待批)。

④正在编写的行标:JGJ××××—××:体育场馆照明设计及检测标准(已完成标准征求意见稿)。

⑤正在编写的行标:JGJ××××—××:城市夜景照明设计标准(已完成标准征求意见稿)。

⑥正在编写的《城市照明总体规划的规范》(已完成规范初稿)。

⑦正在修编JGJ/T119-1998:建筑照明术语标准。

以上标准的编制、发布和实施,对提高建筑采光和照明设计水平,节能和环境保护,实现照明工程建设可持续发展将产生重要的影响和推动作用。

(3)2000年以来,中国照明学会、中国建筑学会、建设部城建司和绿色照明工程促进项目办公室等单位联合或分别围绕照明工程建设的热点问题,特别是照明节能问题、城市照明、2008北京奥运工程的采光照明、国家大剧院照明和上海2010世博会照明工程等开展了形式多样的学术或展示交流活动。

(4)为了提高我国照明工程技术人员,特别是照明设计师的设计水平,经国家民政部批准,2005年9月30日中国照明学会下属的教育与培训工作委员会正式成立。接着中国照明学会向国家劳动和社会保障部申报的"照明设计师"资格认证的建议书获得批准并通过初审,这标志着中国照明领域的教育与培训及照明设计师的资格认证工作在不断地完善和加强,无疑对提升照明工程技术人员,特别是照明设计人员的素质将产生重大影响。

(5)中国照明学会申请并经国家科技奖励办正式批准,2006年中国照明学会设立的"中照照明奖"正式启动。中照照明奖的设立,对促进中国照明科技事业的发展,提高照明工程建设水平将具有重要的作用和影响。

(6)2005年9月13日中国照明学会首次正式启动《中国照明工程年鉴》的编写工作,《年鉴》是一部全面反映我国照明工程建设实践和发展的大型专业年刊。《年鉴》的编写、出版和发行对实现我国照明工程建设的可持续发展也定将产生深远的影响。

通过以上四个发展阶段的回眸,我国照明工程建设发展迅速,成效显著,并令世人瞩目,同时在发展中也还存在一些问题,但是我们有决心和信心把我国照明工程建设不断推向前进!

3 照明工程的案例和现状

3.1 照明工程案例征集、审查和筛选

年鉴收录的工程案例为2000~2005年建成的室内外照明工程。其中包括室内和室外照明工程两部分。

室内照明工程有公共建筑物、机场候机楼、办公大楼(大型会场、办公室照明)、工业建筑、医疗卫生单位及其他特殊照明、休闲设施(大型剧场影院和舞台照明、音乐舞厅、酒吧、体育运动场馆,大型高档俱乐部)、学校教室及图书馆、商用建筑(超市及一般商场照明),艺术场所(博物馆、美术馆照明),旅游设计(宾馆饭店酒楼照明),居住建筑(住宅、公寓、别墅),大型停车、展览展示、展示馆照明工程等。

室外照明工程主要有城市景观照明工程建设,包括:城市标志性建设物、楼宇、广场、立交桥、重要节点、休闲场所以及城市各种功能分区的照明,如:工业区、商业区、政府机构区、文化区、居民区、水域区照明等;机场、港口、码头、车站、体育场馆、大型桥梁等的典型照明工程建设;古建和园林照明工程等。

对照明工程案例总的要求是能充分体现富有时代性、科学性、创新性、前瞻性、导向性和典型性的室内和室外照明工程。具体要求如下:

①照明工程项目名称和背景简介;②项目承担者,包括设计者、实施者及其他相关的单位或个人;③照明工程设计施工的依据:包括法律、法规、技术标准等;④照明工程创意设计、功能及工程技术设计(包括所使用的设计计算软件)施工设计和工程实施等的必要文字说明和图表;⑤照明工程的配电和控制系统(包括耗电量);⑥照明工程中所使用的主要照明电器产品(包括光源、灯具、灯用电器附件及控制系统和器件的品牌和

主要性能参数)；⑦项目的验收：包括验收者及相关的数据和最终的照明工程实景照片；⑧获奖情况。

照明工程案例的征集和审查工作由中国照明学会的室外照明专业委员会、室内照明专业委员会和照明咨询工作委员会负责。从2005年9月照明工程年鉴编写工作启动以来，经过近一年的案例征集、审查和筛选，共筛选出案例46个，其中室外照明工程案例40个，室内照明工程案例6个。室外照明工程案例中，建筑物夜景照明工程18个，构筑物夜景照明工程5个，广场照明工程2个，园林(含水景)景观照明工程5个，城市道路、桥梁、隧道及室外体育场照明工程10个。室内照明工程6个案例中，公共建筑照明工程5个，居住建筑照明工程1个。

3.2　透过案例看现状

这次年鉴收录的46个工程案例的基本情况，详见表1。尽管这次收录的案例不够全面，只能说基本上反映了我国照明工程建设的现状。

(1)照明工程建设更富理性，而不是初期只求照亮，很少考虑技术和艺术水平、文化品位。表1所列的46个案例的照明方式，选用的光源和灯具，照明的照度或亮度水平、光影效果、彩色光的应用和总耗电量和初期照明工程比，进步显著。不少案例的规划、规模、照明的明亮程度不是相互攀比，而是从实际出发，按国家或国际标准理性地加以确定。照明工程建设的规模、水平和速度基本上和当地实际情况，特别是当地的经济水平相适应，相互协调发展。

(2)重视按规划进行照明工程的建设，以往照明工程建设由于无规划指导，建设单位自发行事、各自为之，以致城市照明中，该亮的不亮，不该亮的反而很亮，整个城市照明缺乏特色，总体照明效果差，表中所列工程案例的设计说明中，几乎都把按城市照明规划或建筑照明标准进行设计作为一条原则写入文本。这样不仅单体照明效果较好，而且和该地区到整个城市的景观也比较为协调。建设部和发改委[2004]204号文要求各城市先要做好城市照明规划，另外2003年建设部规划司把编制城市照明总体规划的规范列入计划。城市照明总体规划规范和各城市照明规划的编制与实施将使城市照明工程建设有法可循，步入法制的建设轨道。

(3)照明工程的设计水平迅速提高。照明设计人员设计理念逐步更新，忽视与规划师、建筑师及管理人员沟通合作现象开始得到改变，简单模仿或照搬照抄其他照明设计现象逐步减少。照明手法的多元化，照明设计的创意观念更强了，彩色光的应用水平的提高以及高新科技使用的增多等，导致照明总体效果明显提升。

年鉴录用的案例中首先有60%强调以人为本，不论是室外景观照明，还是室内外的功能照明，均十分重视满足观赏者或使用者的需求；其次注重东西文化和设计理念的融合，比如上海F1国际赛车照明，南中轴路夜景照明，北京新天文馆的照明，蓬莱滨海东路夜景照明，重庆人民大礼堂夜景照明和长春世纪城的照明等都能根据各自景区或景物的特点和文化内涵，建筑风格环境的差异来确定照明方式和格调；第三是照明方式较单一的情况有较明显的改变。第四是不少案例中使用LED、光纤、导光管、储能发光器、反射式和RGB灯具以及智能控制等高新科技含量显著增大。

(4)照明工程的施工质量明显提高，由于施工人员的质量意识的提高和严格执行施工的国家标准、规范和规程的观念的增强，精心组织施工，严格按设计图纸施工，认真做好施工工程的验收工作等，使工程质量明显提高。

(5)照明工程建设节能和保护环境成效显著，2001年以来通过继续实施“绿色照明示范工程”有力地促进照明工程的节能工作。1996~2004年，中国实施绿色照明工程9年中，累计节电450亿kW·h，相当于900万kW的装机规模，削减了大量电网峰荷，减少发电二氧化碳排放130万t，同时也减少了照明产生的光污染，保护了环境，有力地促进了照明工程建设的可持续发展。

(6)照明工程建设的管理逐步实现科学化和法制化，在照明工程建设全面发展的初期，管理机构和机制不健全，管理人员短缺，管理法规空白，出现的管理无序的现象逐步减少。经多年实践人们开始认识到管理工作的重要性，并采取措施，组织上建立相应机构，有专人从事管理工作，同时制订相应的管理法规和办法，技术上推广应用智能化控制管理系统，从而使照明工程建设管理开始走上科学化和法制化轨道。

(7)存在问题。我国照明工程建设进步不小，一个又一个优秀案例为人们创造出一个安全、优美、宜人的光环境，对美化城市、丰富人的夜生活、促进消费和旅游业的发展起了重要的作用。然而，由于技术、经济、管理和宣传误导等诸多因素，以致在照明工程建设的过程建设的过程中也存在一些问题[29,47]。

表 1 2000～2006 年照明工程案例基本情况一览表

类别	序号	案例名称	照明方式	光源名称	使用灯具	总耗电	照度或亮度/(lx,cd/m²)	光影效果	色彩应用	提供者
建筑物的夜景照明工程案例	1	天坛夜景照明工程	远程投光	金卤灯	16×2000W、4×1000W、64×400W 投光灯	55.2kW	45 cd/m²	较好	显色性好	平年照明公司
	2	北京南中轴路永定门城楼照明	局部投光内透光	金卤灯	投光灯、光纤照明器、埋地灯	29.5kW	屋顶 102 lx	屋顶较好,斗拱不均	符合建筑特征	平年照明公司
	3	北京天文馆老馆照明	投光照明,点自发光	金卤灯和 LED 光源	墙面:投光灯具,球顶:LED 灯具	21.3kW	墙面 185 lx	较好	显色性好	八番竹照明公司
	4	北京天文馆新馆的照明	内透光	金卤灯和 T5 荧光灯	投光灯具、T5 荧光灯具、埋地灯	—	入口 38cd/m²	虚实协调	蓝色使用效果较好	八番竹照明公司
	5	北京中国人民大学仁达科研楼的照明	外投光、内透光、点发光	金卤灯和 LED 光源	投光灯具 400W 和 2000W,埋地灯、1～5WLED 灯具	68.2kW	墙面平均 29cd/m²	光影上下退韵效果好	搭配较好	香港皇家城市照明公司
	6	重庆人民大礼堂立面夜景照明	外投光、自发光点	金卤灯、LED 光源、节能灯	低功率投光灯具、1.2WLED 灯具	—	斗拱部分 33cd/m²	光影层次和韵律感强	彩色搭配较好	易禾永颐照明公司
	7	上海财富广场大楼照明	内透光	氙灯、金卤灯	90×1800W 变色灯具	162kW	—	光影退韵好	变色效果好	锐丰音响公司
	8	上海南站候车楼照明	局部投光内透光	金卤灯和 LED 灯	投光灯灯具(特制—)	—	柱 43cd/m²	光影效果好	较好	广茂达照明公司
	9	上海浦东财富广场照明	点式自发光	LED 光源	3W LED 灯具 560 套	1.68kW	光点明亮	光影有韵律	搭配较好	品能光电公司
	10	扬州火车站候车楼照明	内透光为主加外投光	金卤灯	400W 金卤灯灯具室内功能照明灯灯具	85kW	—	光影不明显	搭配较单一	惠州雷士工业公司
	11	广州会展中心大楼照明	内透光为主加外投光	金卤灯	1000W 和 400W 金卤光灯灯具	68kW	34cd/m²	光影不明显	搭配较单一	李洪轩
	12	宜兴云溪楼夜景照明	局部投光加轮廓灯	LED 光源和金卤灯	0.2W、1W 单个 LED 投光灯具和灯串(带)	28kW	瓦面 28cd/m²	光影效果好	较好	品能光电公司
	13	江苏省第三届园博会主温室照明	内透光为主	金卤灯	400W 和 1000W 投光灯灯具	—	—	光影和环境协调	显色性好	北京东芝照明公司
	14	上海复旦大学江湾区大门照明	自发光照明	LED 光源	大功率 LED 光带和投光灯具	8kW	墙面 19cd/m²	光影效果好	搭配比较好	品能光电公司
	15	南京奥体中心主体育场建筑夜景照明	投光照明和内透光照明	金卤灯和 LED 光源	不同功率的投光灯灯具和 LED 灯	—	主立面 31cd/m²	光影效果好	以自光为主表达红拱的本色	邓励组稿
	16	拱北海关综合楼夜景照明	投光照明	金卤灯等	投光灯具、埋地灯等	71.1kW	主立面 29cd/m²	光影效果不明显	色光搭配较好	浙江中企实业
	17	宁波艺术中心夜景照明	自发光照明	LED 光源	LED 灯具(点式和带式)	1.5kW	—	光影显目	光色较好	品能光电公司
	18	星海航海博物馆照明(大连)	投光照明和自发光	金卤灯	投光灯灯具	270kW	亮度偏高	光影显目	光色效果好	大连路明公司

续表

类别	序号	案例名称	照明方式	光源名称	使用灯具	总耗电	照度或亮度/(lx,cd/m²)	光影效果	色彩应用	提供者
构筑物夜景照明	1	沈阳世博园百合塔照明	内透光为主加外投光	LED 光源加金卤灯	1000W、400W、175W 金卤投光灯具,6-8WLED灯具和空中玫瑰灯	80kW	塔面平均 29cd/m²	光影层次感强	变色效果好	大连路明公司
	2	唐山抗震纪念碑照明	外投光	金卤灯、节能灯	投光灯灯具、埋地灯灯具、节能灯具	—	碑体 31cd/m²	浮雕光影效果较好	较好	北京甲尼照明公司
	3	天津金汤桥引桥照明	局部投光	LED 光源	0.2W 嵌槽 LED 灯具	2.7kW	5 lx 达标准要求	较好	较好	北京维特佳公司
	4	郑州黄河二桥照明	外投光	T5 荧光灯、LED 灯	GE Miriner T5 灯具和蓝色 LED 灯带	—	桥塔 34cd/m²	过亮、光影不明显	淡雅	北京东芝照明公司
	5	郑州金水桥 107 国道立交桥照明	局部投光	T5 荧光灯	护栏照明灯具	56kW	桥侧面 19cd/m²	光影效果较好	淡雅	北京东芝照明公司
广场和水景照明	1	常州怀德广场照明	局部投光	金卤灯	投光灯具、埋地灯具	—	下沉广场 9 lx	较好	显色性好	北京东芝照明公司
	2	青岛海信广场照明	自发光	LED 灯	LED 灯带和显示屏	—	—	轮廓灯显目性好	彩屏混色好	品能光电公司
	3	郑州会展中心大型水景照明	外投光	氙灯、金卤灯	探照灯 60 台,变色灯 30 台、电脑灯 18 台和水下灯具	228kW	水柱亮度高	光影效果好	变色效果好	北京东方光大公司
园林景观照明	1	天津水上公园的照明	投光照明、轮廓灯照明等	金卤灯、LED 灯、数码管等	投光灯具、埋地灯具、LED 光带、光管、T5 灯具、导光管、光纤灯及自制非标灯具等	—	亮度偏高	建筑和构筑物光影层次不显明	光色搭配较好	深圳名家汇公司
	2	安庆长江外滩的照明	功能照明灯	14W 节能灯	太阳能光伏发电系统灯具 300 只,灯高 3m	25.2kW	路面 5 lx	光影不明显	一般	张秋云等
	3	长春长影世纪城夜景照明(园区共有功能各异的九个景点)	照明方式多元化(投光照明等 5 种)	金卤灯、LED 光源和节能灯	投光灯具 1000 套,LED 灯带 15000m 与特种效果灯具等	580kW	出入口:150lx,干道 72lx,支路 36lx	建筑过亮,但光影效果较好	各景点的彩色光搭配较好	深圳名家汇
	4	蓬莱海滨东路夜景照明	多元化	金卤灯、LED 灯、储能灯、激光等	投光灯具、自发光灯具、导光管柱灯等	照明功率密度为	0.295W/m²	达夜景照明标准要求	光影层次感较强	光色搭配较好
室外功能照明(路、桥、隧道和体育场等)	1	104 国道道路照明工程	双侧对称布灯	40W 和 80W 无极灯	H2L010 路灯灯具(配太阳能电池)	240k Wh/天	路面照度平均 4 lx	照度偏低,不够均匀	光色较好	皇明公司光电事业部
	2	西安小寨过街天桥照明	局部投光、低位护栏照明	LED 光源金卤灯和节能灯	带状 LED 护栏灯具、LED 装饰灯具及低功率投光灯具	—	桥面平均照度 6 lx	桥下过亮,光影不明显	光色搭配较好	施贝特设计公司
	3	南京奥体中心主体育场照明	投光照明	大功率金卤灯和卤钨灯	2kW 灯具 150 套,应急灯具 1000W16 套,71 套 400W 观众席照明灯具	足球赛 4763,田径赛 794.6(指国际比赛)	≥1500 lx 1000 lx ULR 为 2%,GR 为 46.3	功能照明达到国家和国际标准	光源显色性达国家和国际标准	邓励组稿
	4	南京奥体中心田径训练场照明	4 塔投光照明	大功率金卤灯	RAY2kW 投光灯灯具 160 套	4 塔总功率 320kW	达国标和国际标准要求	达国标和国际标准要求	光源显色性好	邓励组稿
	5	南京奥体中心网球中心照明	挑蓬投光照明	大功率金卤灯	RAY2kW 投光灯具 44 套	116kW	达标准要求	达标准要求	光源显色性好	邓励组稿
	6	天津泰达足球场照明	投光照明	金卤灯	投光灯灯具 4809 套	1056kW	国内比赛 E_{hav}=2888	达 GAISF 与 FIFA 标准	光源显色性好	码斯柯公司

续表

类别	序号	案例名称	照明方式	光源名称	使用灯具	总耗电	照度或亮度/(lx,cd/m²)	光影效果	色彩应用	提供者
室外功能照明(路、桥、隧道和体育场等)	7	广东奥体中心体育场照明	投光照明	金卤灯	投光灯灯具396套	792kW	足球场 E_{hav}=2370	达FIFA要求	光源显色性好	飞利浦公司
	8	昆明滇池高尔地人球场照明	投光照明	金卤灯	投光灯灯具373套	559.5kW	发球台照度200～250 lx	达标准要求	光源显色性好	玛斯柯公司
	9	深圳聚豪会高尔夫球场照明	投光照明	金卤灯	投光灯灯具341套	551kW	发球台照度200～250 lx	达标准要求	光源显色性好	玛斯柯公司
	10	上海F1国际赛车场照明(赛道入口和主楼功能照明)	建筑化照明局部投光间接照明	金卤灯、LED灯和T5荧光灯	西科特反射照明灯具(1000W和2000W投光灯)LOTO莲花灯	—	入口平均84 lx达标赛车标准要求	光影适度,照明均匀度高,无眩光	红色加黄色色光搭配较好	深圳创先照明公司
室内照明案例(公共建筑五个,居住建筑一个)	1	北京中国银行总部大楼照明	建筑化照明(间接照明)	金卤灯、荧光灯、卤钨灯等	西科特反射照明灯具、投光灯灯具等	—	达CIE照明标准	光影效果应用较好	色光和被照面彩色搭配好	贝氏事务所
	2	中国动物博物馆照明	多元照明方式(建筑化照明)	金卤灯、荧光灯、卤钨灯等	西科特反射照明灯具、投光灯灯具等	—	达博物馆照明标准要求	光影效果较好	光源显色性好	佑昌西科特
	3	南京奥体中心体育馆照明	投光照明(均匀布光)	金卤灯	带格栅投光灯具(主馆为光带)	195kW	达国际和国家标准要求	照明均匀度好、无眩光	光源显色性好	邓励组稿
	4	广州国际会展中心室内照明	投光照明为主	金卤灯、荧光灯、节能灯	投光灯灯具、格栅灯具、筒灯、射灯等	—	500 lx 均匀度>0.8	光影效果好,无眩光	光色应用较好	李洪轩
	5	义乌福田大厦照明	均匀照明	荧光灯、卤钨灯、金卤灯	格栅灯、筒灯、射灯、埋地灯等共7000套	350kW	达国家标准要求	光影效果不明显	光色应用一般	伊厦房地产公司
	6	万生园别墅家居照明	分区照明	卤钨灯、节能灯、荧光灯	吸顶灯具、筒灯和射灯等	—	达国家标准要求	光影利用较好	光色搭配较好	总参第43设计院

①重景观、轻功能照明。46个案中室外照明工程案例40个,占86%。而室外景观照明工程案例30个占整个室外照明工程案例75%,而功能性照明案例,如道路、桥梁、隧道和体育场照明案例只有10个,占整个室外照明工程案例的22%。另外6个室内照明案例中,人们最为关心的家庭照明工程案例和宾馆照明工程案例只有1个,还有建筑物的天然采光工程案例为零。这种情况和案例征集工作有关外,明显反映出照明工程建设中重景观,轻功能照明的现象应引起我们的高度重视。

②景观照明过亮。30个室外景观照明案例有60%超过国际照明委员会规定的照度或亮度标准值。个别建筑立面平均亮度竟然高达45cd/m²,建筑立面每平方米的用电高达25W/m²之多,把光似洪水般冲洒在建筑立面上,而且几乎都是从正面投光,所以建筑立面只见一片光亮,建筑物的立体感、墙面的色彩和不少高级装饰材料的质地均难辨认,照明艺术效果就更无从谈起。相反,因照明设备增多,费资费电,照明眩光、光污染等问题不少,照明的负面效应突出。我国在2003年以来许多城市出现拉闸限电的现象,说明我国的电力能源还比较缺乏,即使到电力供应充足时,在景观照明的建设过程中也应该十分注意节约能源,保护环境,切记“城市景观照明并非越亮越好”!

③照明的方式和方法较单一。由表1看出,不论是室外照明,还是室内照明案例的照明方式较单一,其中景观照明更为突出。使用多种的照明方式的案例不多。以致不少建筑物虽然照得很亮,但是照明缺少层次,立体感差,照明总体效果较差。还有玻璃幕墙建筑的景观照明的方法问题,不少地方不考虑玻璃幕墙的特性,在设计景观照明时也采用大功率泛光灯照明,结果既浪费了大量的电能,又收不到应有的照明明效果,玻璃幕墙还是漆黑一片;相反,泛光灯把室内照得很亮,产生光污染,严重地干扰室内人员的工作和休息,需特别加以注意!

④彩色光的应用问题。彩色光在建筑景观照明中的应用问题，在国际照明委员会（CIE）的技术文件中一再强调，应持慎重态度。其原因是彩色光一是具有很强的感情色彩；二是涉及的技术问题和影响因素较多。若使用不当，往往会歪曲建筑形象，降低甚至破坏建筑的功能和景观照明效果。为实现照明工程的可持续发展，针对目前照明工程使用彩色光较为混乱的情况，特别是一些中小城市的部分建筑景观照明随意使用彩光的问题，应引起我们高度重视和注意。

⑤管理问题。照明工程建设的管理渗透到工程的招投标、规划、设计、施工、验收和工程完工后的维修等各个环节。一是照明工程招投标时，经常出现非本专业的专家参加评标；二是照明工程建设的规划和设计缺少总体规划的指导，千篇一律，有意无意地提高或降低标准；三是设计、施工、监理、验收经常缺少应有的审定程序和资格认证；四是重建设轻管理，特别是照明工程竣工后，照明设施的维修和制度不健全，工作未跟上，以致不少工程亮灯率低，照明效果急剧下降等。

4 照明工程建设走向的预测

4.1 照明工程建设总走向的预测

预测照明工程建设走向是一个复杂的技术和社会学问题。它涉及的因素很多，如社会发展趋势、经济科技水平、人口、资源、环境和社会文化等。只有对社会、城市、建筑、企业和人员结构的变化作出科学的分析，按照明工程适应社会发展的原则，方能作出较科学的预测，表2是根据河本康太郎教授所作的分析，对未来照明工程总走向的预测[30~31]。

4.2 人工照明工程走向的预测

正如图1和表2所示，随着社会、经济和文化结构的变化，相关学科，特别是建筑科学的进步和人们的物质与精神生活水平的迅速提高，加上信息时代的前进步伐将越来越快，传统经济遭到网络知识经济的强有力的挑战，人们的工作和生活追求灵活、高效和舒适。这样人们对照明的要求越来越高，传统的建筑照明受到了时代的强烈冲击，思考照明工程建设的走向，迎接新的挑战，把我国人工照明工程建设推向一个新的台阶。

4.2.1 照明节能，保护环境是未来的主要任务

国际照明委员会（CIE）照明发展委员会主席、捷克V.Dvoracek先生曾预测，从1990年到2000年人的年平均耗电量逐年上升，而照明耗电总能耗的比例将由1990年的12%下降到2000年的10%，同时耗电量大的低光效白炽灯用量逐年减少，发光效率高的荧光灯和高强度气体放电灯的用量将不断增多。

照明节电，可减少因火力发电所产生的污染环境

表2 未来社会结构变化和照明工程发展走向的预测

对象的划分	社会结构变化的预测	社会结构变化的背景	相关照明工程的走向
社会	循环型网络知识经济体系的建立	节能和废弃物再利用法，节能法的修改，COP-3，垃圾的处理和利用	光源的节能技术 照明和采光系统的节能技术 光源、照明灯具和再利用技术 天然光利用技术
城市和建筑	城市与建筑的现代化，管理的网络化和智能化	城市与建筑法规和管理法规的制订与实施	城市的建筑、道路、广场、公园、绿地和公用设施的照明技术 光污染防治技术
企业	环境风险的增大，加强环境管理越来越引起重视	ISO14000（环境管理标准）废弃物处理法，环境影响评价法，有害化学物质去向登记卡制度，环境基本法，大气污染防治法，水质污染防治法的制订与实施	UV（紫外线）环境技术 UV（紫外线）净化技术 光触媒体利用技术 利用光处理有害物质的技术
人员	人们生活方式和观念的变化。人群结构的变化，周平均工作时减少，休闲时间增多	出生率下降，儿童减少的社会，老人增多，高龄化社会，人员（老人、儿童、残疾人、病人等）保险法，终身雇员法的修改	高龄人（老人）的照明技术 光环境设计技术 安全照明技术

的物质。当今节能和保护环境已成为世界各国普遍关注的社会问题,并直接关系到社会的持续发展。从20世纪70年代后,人们在照明节能方面已作了很大努力,特别是20世纪90年代美国率先实施绿色照明计划后,包括中国在内的许多国家也相继实施了这一计划,所取得的成绩令世人注目。为了珍惜利用地球有限的能源资源,保护环境,造福后人,照明节能工作不能停顿。最近欧盟委员会拟订了在欧盟各国实施绿色照明计划。同时国际上一些金融机构,如全球环境基金会(GEF)通过世行和联合国开发计划署在世界各国资助了多个开发高效照明项目。我国绿色照明工程促进项目办公室正在启动第二期"绿色照明"项目,预计2001~2010年间,实现累计照明节电1033亿kW·h,实现照明节电10%,相当于减少CO_2排放1.4亿t,进一步从照明产品、照明设计、照明管理、天然光利用等方面挖掘照明节能潜力,以节约能源,保护人们的生存环境[32~35]。

4.2.2 防治照明的光污染成为21世纪照明工程建设的重要课题

随着玻璃幕墙建筑的大量出现和大功率气体放电灯在城市照明中的应用,玻璃幕墙反射刺眼的阳光和城市泛光照明、霓虹灯、广告照明等产生的溢散光和歌舞厅的彩色闪光灯所形成的光污染(也称光干扰、光害),对人、环境和天文观察造成了严重的危害,成为21世纪照明界有待研究解决的重要课题[36]。自20世纪80年代以来,国际照明委员会、各国政府和有关学术团体对光污染问题十分重视,先后公布了一系列技术文件、标准和法令、控制光污染,以求尽快解决这个问题。我国已公布了限制玻璃幕墙建筑的光污染标准,但在解决城市照明产生的光污染方面,只能说提出了问题,也看到了问题的严重性,但是没有专门的研究和采取相应的措施。因此,需要呼吁政府和有关科研部门从速对这一事关环境保护的重大课题开展实质性研究,提出对策,努力把这个问题解决好[37]。

4.2.3 住宅和老年人的照明问题日趋突出

据统计,自1994年以来,我国城乡住宅建设量,每年一直保持10亿m^2以上,2003年城镇新建住宅达13.02亿m^2。2004年是社会住宅建设投资为13465.10亿元,占国内生产总值的9.8%,占全国社会固定资产投资总额的19.1%,房产占家庭总资产比重达47%之多,人们对于居住环境要求越来越高,特别是住宅建筑的日照和天然采光越来越受到重视[38]。

人口老龄化是当今世界各国面临的又一个重大社会问题,并引起国际社会的广泛关注。我国人口老龄化发展迅速,据1999年统计,我国60岁以上的老年人口达到1.26亿,占总人口的10%,按国际通行标准,我国人口年龄结构已进入老龄化阶段[39]。

目前世界上不少国家对老龄人口的照明问题,如老年人视觉特性,老年人活动环境的照明标准、照明方法,照明器材和管理进行了一系列的研究[40]。在这方面,重庆大学刘炜等对老龄人住宅照明光环境的研究值得重视[41]。我们应急需对老龄人的照明进一步开展研究,为老龄人创造一个良好的采光照明环境,在实现我国老龄工作会议提出的让老龄人"老有所养,老有所医,老有所教,老有所学,老有所为,老有所乐"的工作目标作出我们照明工作者应有的贡献。

4.2.4 城市照明将继续发展

随着城市建设的迅速发展,人们生产方式的变化,业余时间的增加,夜生活要求越来越高,全球性旅游观光业的兴起等,城市照明发展迅速。CIE先后出版了几个相关技术文件,1995年在日本召开了有600多人参加的规模空前的国际夜景照明大会。2001年上海国际夜景照明研讨会以及CIE今年9月21~24日在雅典召开的城市夜景照明大会引起世界上的数十个国家的照明工作者的关注和参入。

在我国,尽管因能源和资金的制约,总的说城市照明工程的建设规模和速度有所调整,但是随着城市化的进程不断加快,我国城市照明工程建设将继续向前发展,前景十分广阔。

(1)发展城市照明首先要树立正确的观念。按建设部和国家发改委文件提出的我国城市照明的三原则:

一是坚持以人为本,全心全意地为城市居民服务;二是坚持经济实用,节约用电和保护环境;三是坚持城市照明建设的规模和速度应与当地经济水平相适应。

按以上原则,在城市照明建设中,首先应以人为本、功能优先、兼顾景观、协调发展。在夜景观照明工程规划和设计中应高度重视人文景观和自然景观因素,倡导建设人文、自然、和谐协调、富有地方特色,不一般化和文化品位高的夜景观[47];同时建立高效节能的城市照明体系,通过节能新技术与新产品的应用,从管理和政策上突破影响城市照明节能的瓶颈成为发展城市照明的当务之急[42]。

(2)按发改委和建设部[204]号文的要求,重视城市照明规划的指导作用，要求在2008年前以城市总体规划为依据，抓紧编制城市照明的专项规划。对已完成编制规划工作的城市，要检查是否符合城市发展需求和节约用电、保护环境的原则，对规划修改完善。使规划成为建设城市照明的依据和指导城市照明建设的可持续发展。

(3)在建设城市照明的过程中，应重视城市照明技术和设备的更新，提倡照明方式方法的多样化，在发扬已取得的成就和经验的同时，要注意克服本文前面提到的目前存在的五个问题。

4.2.5　照明设计理念正在发生变化

长期以来，照明设计一直是以照明的照度、亮度、均匀度、立体感、眩光、显色性指数和物体的颜色参数等物理量为标准进行设计和照明效果的评价。随着经济和人们的物质与精神生活水平的提高，对照明环境和不仅在数量指标方面应达到标准的要求，更希望在一个适合、明亮并富有艺术魅力的照明环境里工作和生活。大量的视觉试验成果表明，在实际环境中照明质量似乎控制着数量，并决定着感觉的评价。因此，我们的设计和研究重点也将向体现人和环境相互关系的非定量评价照明质量方面转移[43]。

CIE召开的有关舒适、灵活和个性化照明专题研讨会，后来又召开了照明质量的专题研讨会，人们都认为照明质量的定量和非定量的评价是一个十分复杂、涉及因素甚多的问题。但是一个优秀的照明设计既要满足(或达到)科学实验已验证过的量化指标要求，更要充分考虑影响照明质量的非定量因素[44]。英国Loe博士提出的人对整个光环境总体效果评价的设计战略，也就是综合考虑人的视觉特性、舒适感、建筑和照明艺术和节能等因素，从光文化高度，以人为本，把艺术和科学融为一体，最后求得高水平、高质量和高效能的照明效果[45]。

目前，利用模糊数学方法，对照明质量进行综合的评价，全面考虑影响照明质量的定量和非定量因子，最后评价照明优劣的工作[46]，值得关注和进一步研究。

4.2.6　建筑化照明在不断发展

20世纪50年后，国际上流行的建筑化照明，将照明与建筑融为一体，把照明设备作为一个建筑构件和建筑相关部分如顶棚、柱、墙壁、门、窗和室内家俱等进行统一设计，创造建筑师所追求的灯光和艺术效果。半个世纪以来，随着建筑和照明科技的进步，新光源、新灯具不断出现，为建筑化照明设计提供了有利条件，加上建筑师和照明工程师合作，在工程上创造了许多优秀的建筑化照明实例，使建筑化照明不断发展。建筑照明大师，建筑照明设计技术的创立者R. Kelly在这方面的贡献卓著。

2000年日本照明学会杂志第3期出版的建筑化照明特刊，共发表了以下九篇论文，对目前和今后建筑化照明作了全面阐述。①村上公一的“建筑空间和建筑化照明”；②岩井达弥的“建筑化照明空间的艺术效果；③若松素明的“墙面、顶棚和建筑化照明”；④恩贺勇的“表现建筑空间的建筑化照明”；⑤松枝京二等的“建筑中庭的建筑化照明设计”；⑥吉田隆弘的“和建筑一体化的照明灯具”；⑦横山正博等的“建筑构造梁的建筑化照明的设计”；⑧菊烟茂欠马等的“利用光导纤维的建筑化照明设计艺术”；⑨饭塚千惠里的“有光导纤维作建筑化照明”。这些论文也预示室内人工照明发展的走向。

在城市夜景照明工程，特别是建筑物的夜景照明中使用建筑化夜景照明方式的优越性突出，效果也十分显著，值得关注和推广应用，预计未来的建筑化照明将有新的更大发展。

4.2.7　智能照明的飞速发展

美国著名的未来学家埃·托夫勒(Alvin Tofler)先生在《未来学家谈未来》一书中，他系统地分析了当今社会，指出人类正处在一个无声的以计算机和通信技术为代表的信息革命过程之中。这场革命对整个人类社会的重大影响将远远超过由于蒸汽机的发明而出现的动力革命。

由于世界经济结构向国际化和高增值型方向发展，信息行业和计算机软件猛增，OA、FA、HA的不断出现，办公事务要求高效化等因素而促使美、英、日、德等不少国家兴建了大批“智能建筑”，特别是智能办公大厦的出现，使建筑要求与设计方法跟传统的办公楼比，大为不同。作为建筑的一个不可缺少的照明部分也在发生深刻的变化。这就是所谓“智能照明”技术随之出现，并迅速地向前发展，以致形成照明发展又一个重要趋势。

预计人工智能技术在建筑与照明中的应用趋势将会进一步扩大。正如英国的Glasgow市报指出：“Glasgow正在成为一个研究和发展太空时代智能建筑的国际组织的神经中枢。在智能建筑中的智能照明、供热、空调、通信及办公设备将全部由电子计算机进行控制与管理”。

面对这一发展趋势，开发了不少智能照明设计，如智能灯具，智能照明控制与管理系统，包括在照明方面的计算机硬件和软件。此外计算机在照明设计和测试方面也得到广泛应用。俄罗斯开发的智能照明管理系统，日本的智能照明建筑，特别是网络化智能照明控制技术，现代化办公室的智能照明技术和推广PSALI照明控制技术等都值得我们研究与借鉴。

4.2.8 非视觉照明将迅速扩大和发展

过去的十年里，非视觉照明或称辐射的应用技术即CIE第六部分，光化学和光生物学的发展很快。从这个分部召开的几次学术会议的情况看，CIE第六分部有二十多个技术委员会正在富有成效地工作，特别是黑瘤和荧光照明的关系，光与辐射对动植物的影响以及有关建筑物的辐射量的评价等问题的研究均与保护人体健康，促进动植物生长，防止辐射对建筑物，特别是古建筑的影响均具有十分重要的意义[48]。日本养原善和与岩属宪三在第22届日本照明大会上报告中详细介绍了近十年光辐射应用的动向和进展，并用光照良好的动物或植物工厂养殖各类动植物，取得了很大成绩。杨铭和郝允祥教授的“日光和人工光对人的每日及季节变换的影响研究进展概况”的论文对CIE第6分部TC6-11，TC6-16和TC6-17的工作的介绍[49]和上海交通大学杨世光教授通过对室内环境和健康照明的调查，提出了运用光和照明科技，改善室内环境，提高人们健康水平的设想值得关注[50]。预计非视觉照明是将会出现一个更大发展的趋势。以前在我国虽然在这方面研究不多，有些方面还是空白。现在中国照明学会已成立了光化学和光生物学专业委员会，借鉴CIE第六分部的作法，积极开展研究和学术活动，以促进我国非视觉照明的发展。

4.2.9 采光和照明标准及测试设备在不断更新

笔者曾统计在1981～1990年间，日本、美国、前苏联、英国、法国、德国和中国发表的标准、规范和指南共237件，CIE到目前为止发表的技术文件达200件之多。而且对标准及时进行修改更新。这对建筑采光照明的发展产生了很大的促进作用。

在照明计量测试技术方面，笔者统计1981～1990年发表的论文将近1000篇之多，另外，近两届CIE和AIC大会上发表的论文之多和测试设备的更新速度之快，特别是计算机科学、光电子学和数字技术的进步有力地推动着测光技术的迅速发展，并成为趋势。

预计在21世纪采光照明标准和测试技术将不断发展。CIE数十个技术委员会的工作成果将陆续以技术文件形式发表，在照明测试方面，除了继续完善与改进现有的计量基础标准外，光电子计量学，智能计量设备，新型传感器，如超导传感器，光纤和半导体传感器等的应用技术，动态计量技术等将会有更大的发展。

4.2.10 推出采光照明新产品，新技术的时间越来越短

从近年照明媒体介绍和国内外主要建筑与照明博展会参展的新产品与新技术分析，不难看出，20世纪90年代以来，推出采光照明的新材料，新光源，新灯具和新技术的时间越来越短[52]，其中光纤、导光管、激光、微波硫灯、LED光源，介质阻挡放电的平面光源、超细管形荧光灯、太空灯球、变色霓虹灯、采用ELDACON技术的照明灯具、网孔板灯具、RGB灯具、超级铝反射板（窗）、光触媒技术、光致电致采光玻璃和人造“月亮”技术等等，几乎都是这几年推出的。其中：

（1）全反射采光板（窗），以以色列Polygal公司生产的双层聚碳酸脂采光板（窗），利用这种板作采光窗，夏天太阳高度角大，直射阳光辐射被全反射掉；冬天太阳高度角小，阳光可照入室内，真是使房间冬暖夏凉。

（2）光触媒技术，将二氧化钛TiO_2涂在光源或灯具表面形成防污和净化环境的膜层，利用它在光线的照射下对有机物产生分解的作用，即光催化作用的原理，实现灯具和光源防污和净化环境的技术，此技术在日本开始应用，效果良好[51]。

（3）光致（电致）采光玻璃，在玻璃中添加氧化银和碱金属卤化物，并引入少量的氧化铜或氧化镉等配合而成，在强光照射下，产生深色效应；光线减弱后玻璃又恢复原状；用薄膜材料的电致变色特性，将薄膜吸附在玻璃表面上，形成调节阳光的玻璃，并开始在建筑采光中应用。

（4）人造“月亮”就是前面提到的不夜城计划，也称在太空利用反射镜照射阳光的技术。在20世纪60年代就有人提出将一巨大的反光镜送入太空，在晚上利用它反射太阳光进行照明，这就是所谓的人造月亮。几十年来这只是设想，最近据英国《泰晤士报》介绍，将一面直径75ft的反光镜送入太空，实现多年来的设想。试验时，伦敦晚上将有5min沐浴在一片3mile宽的光线之中。实施人造月亮计划，需利用不少新材料和新技术，也存在诸多问题，而且众人看法不一，值得探讨。

（5）纳米材料和技术是把纳米（$1nm=10^{-9}m$）微粒

或材料添加到传统材料或吸附在其他物体表面,可得到十分独特的功效。如阳光和大气中存在对人体或文物有害的紫外线,而纳米微粒就具有吸收紫外线的特征和功效。比如在光源灯具或玻璃表面涂上纳米材料膜层,不仅可吸收紫外线,而且还有防污与自洁的作用,任何粘在表面上的油污、有机物或细菌在光线照射下由于纳米材料的催化作用,可分解为气体或易于清洗的物质。纳米材料添加到外墙涂料后,涂料的洗刷性由原来的1000多次可增至1万多次, 老化时间可成倍延长[53]。

前面提到的其他产品和新技术,因同行们比较熟识而从略。

4.3 天然采光工程建设走向的预测

总的走向的预测:天然光的利用越来越引起人们的重视。

20世纪70年代能源危机后, 能源和环境问题举世瞩目,建筑物如何充分利用天然光,节能照明用电,引起国际建筑和照明界的高度重视。自1983年以来, 国际照明委员会就先后召开了四次国际建筑采光学术会议,1998年在德国Bregenz召开的照明大会(Licht'98)上,与会700多人,特别是建筑师对建筑采光十分关注。又如英国建筑设备注册工程师协会(CIBSE)和英国照明学会(ILE)于2000年7月9~11日联合召开的“2000年国际照明学术会议”,大会上发表的26篇论文中,就有9篇是建筑采光的论文[54]。

笔者通过参加或查阅以上几次大的国际会议的资料,感到建筑采光工程建设的走向有四个方面:

4.3.1 天然光资源(光气候)研究不断深入

天然光是取之不尽,用之不竭的能源。为了有效的利用它, 自1991年国际照明委员会牵头组织进行了全球天然光资源的调查和观测,也就是CIE的IDMY计划(International Daylight Measurement Programme)全球各地约50个光气候观测站(包括我国北京、重庆2个观测站), 经过长期的观测, 积累了大量数据资料,现在正在分析整理。CIE的三个出版物:建筑采光(Daylighting in Architecture)、天然光在建筑中的作用(Daylight Performance of Buildings)和建筑物的天然光设计(Daylight Design of Building)将陆续问世。这些成果为天空亮度分布模型的建立、建筑物的采光设计与计算提供了依据。光气候的研究是一项长期工作,日本、英国、澳大利亚、加拿大、美国和中国香港地区最近计划进一步开展这方面的研究。预计21世纪建筑物的天然采光将有更大的发展[55]。我国北京、重庆2个光气候观测站的工作应继续下去,对已有观测数据应加以分析、整理和利用。

4.3.2 天空亮度分布数字模型越来越接近实际

为了在建筑采光工程更充分有效地利用天然光资源,国际照明委员会(CIE)自1955年提出标准全阴天空亮度分布的数字模型后,1973年又提出了标准全晴天的亮度分布数字模型, 并于1997年将以上二种天空亮度分布的数字模型集中在一起形成了国际标准组织和国际照明委员会标准文件:ISO/CIE全阴天和全晴天空的天然采光亮度的空间分布(ISO15469:1997/CIE S003-1996:Spatial Distribution of Day light-CIE Standard Overcast Sky and Clear Sky 1997)。

由于世界各地的绝大部分实际天空度分布,既不属于全阴天空,也不属于全晴天空。为了便于确定天然采光计算所需的实际天空状况,人们先后提出了中间天空和平均天空等各种不同的天空亮度分布的数字模型。1994年公布了CIE 10-1994号技术报告:CIE的各种参考天空的天然光亮度的空间分布(CIE 110-1994 Spatial Distribution of Daylight-Luminance Distribution of Various Referance Skies)。

随后CIE和国际标准化组织ISO联合将各种不同的天空的亮度分布的数字模型进行了系统的整理,最后归纳为15种不同的一般天空,见表3,并形成ISO和CIE标准文件:ISO/CIE的一般天空的天然采光亮度的空间分布(ISO 15469:2004/CIE S 011:2003:Spatial distribution of daylight-CIE standard general sky)。

4.3.3 新型采光方法和材料不断出现

建筑中如何有效地利用天然光,近年来国内外建筑采光工作者提出了不少利用天然光的采光方法和设想,归纳起来主要有两类:直接利用法和间接利用法[56]。

直接应用法主要有六种:

(1)使用平面反光镜的一次反射法。用反光镜一次将太阳光反射到室内需要采光的地方。这种方法对向北房间的采光和提高侧窗采光的均匀度具有较明显的效果。

(2)导光管法。用导光管将太阳集光器收集的光线传送到室内需要采光的地方,如中国建筑科学院已通过鉴定的无窗厂房和地下建筑天然采光研究成果,就是用此法进行天然采光的。

表 3 CIE 标准一般天空的参数

分类	系数 *a*	系数 *b*	系数 *c*	系数 *d*	系数 *e*	天空亮度分布
1	4.0	–0.70	0	–1.0	0	CIE 标准全全在空(近似值),朝向天顶亮度发生急剧渐变,但各方位相同
2	4.0	–0.70	2	–1.5	0.15	全云天空的亮度发生急剧的渐变,朝向太阳的一侧稍亮
3	1.1	–0.8	0	–1.0	0	全去天空的亮度发生平缓的渐变,但各方位相同
4	1.1	–0.8	2	–1.5	0.15	全云天空的亮度发生平缓的渐变,朝向太阳的一侧稍亮
5	0	–1.0	0	–1.0	0	均匀天空
6	0	–1.0	2	–1.5	0.15	部分存在云的天空,朝向天顶无渐变
7	0	–1.0	5	–2	0.30	部分存在云的天空,太阳的周边较亮
8	0	–1.0	10	–3.0	0.45	部分存在云的天空,朝向天顶无渐变,但有明显的光环
9	–1.0	–0.55	2	–1.0	0.15	部分存在云的天空,看不见太阳
10	–1.0	–0.55	5	–2.5	0.30	部分存在云的天空,太阳的周边亮
11	–1.0	–0.55	10	–3.0	0.45	白色晴天空,有明显的光环
12	–1.0	–0.32	10	–3.0	0.45	CIE 标准晴天空,清澄在气
13	–1.0	–0.32	16	–3.0	0.30	CIE 标准晴天空,浑浊大气
14	–1.0	–0.15	16	–3.0	0.30	无云浑浊天空,大范围光环
15	–1.0	–0.15	24	–2.8	0.15	白色混浊晴天空,大范围光环

(3)棱镜组多次反射法。用一组传光棱镜将集光器收集的太阳光传送到需要采光的部位。如美国加州大学的贝克利试验室提出用于解决一座十层大楼的采光问题的方法;澳大利亚用这种方法把光送到房间10m 进深的部位进行照明;在英国用于解决地下和无窗建筑的采光等,都收到了比较好的采光效果[59]。

(4)光导纤维法。此法是采用高透光率的光导纤维将光线引到需要采光的地方,如日本阳光大楼的中庭采光,就是用这种方法,通过一组光纤把阳光引入室内,照明中庭的绿色植物,照明效果很好。

(5)卫星反射镜法。用高空卫星反射镜把太阳光反射送到需要光线的地区。如美国计划用一卫星反射镜解决整个纽约地区的夜间照明。这就是不夜城的照明计划,实现此计划有三个问题需要解决:即经费问题,环境影响问题,卫星轨道位置问题。

(6)高空聚光法。用反光镜把太阳光聚集在高空,形成新的高亮度光源供夜间照明用。

间接应用法主要有三种:

(1)光—热—电—光转换法。用太阳光辐射产生的热发电供照明使用,也就是用太阳光集光器将吸收的光转化为热能产生的蒸汽,用蒸汽驱动汽轮机发电,作为照明电源。

(2)光电效应法。根据光电效应把太阳光直接变成电能供照明使用,太阳能电池就属于这类换能器件。目前常用的硅太阳能电池,它的换能效率可达 13%~20%。这种电池在航标灯,道路照明,尤其是在无电的边远地区、高山、沙漠和农村使用,优点十分突出。

(3)太阳能高空发电法。把太阳能电池安装在卫星上,将光变为电能,而后用微波方式送到地球接收天线上,地面接收站再把微波转换为电能,供照明和其他方面使用。

4.3.4 利用阳光的采光设计和采光窗的多样化

以往的建筑采光设计都是假定天空是阴天,不考虑直射阳光。这样的采光设计计算简单,对阳光多变带来的采光不稳定,过热、眩光和阳光的光化作用等问题都回避掉了。随着科学技术的发展,特别是节能的影响，人们对晴天和平均天空采光设计与计算进行了大量研究，并初步提出了一套设计方法。国际照明委员会的天然采光技术委员会也专门组织各国专家对近年取得的采光设计经验和科技成果进行了总结，编写了《国际采光指出》，为设计、科研、教学和有关人员提供了设计依据和标准。利用晴天采光计算方法设计采光，约可减小15%的开窗面积，具有重要的节能和经济意义。另外直射阳光进入室内，不仅可给人们提供时间信息，多变的阳光和客观存在内植物装饰，可增加室内视环境的情趣，赋于人有大自然的感受，可产生一种独特的艺术效果。

采光窗作为建筑构成的一个元素，功能上要考虑光、热与隔声的问题，在艺术上应和建筑风格协调一致，在视觉上要求舒适，无眩光。建筑师根据不同建筑要求设计采光窗。目前除常见的侧窗和天窗外，天穹式采光窗、带反射挡光板的采光窗、薄膜采光窗、阳光凹井采光窗、带跟踪阳光的镜面格栅窗和全反射采光窗使用也不少，呈现出采光窗多样化的发展趋势[57]。

在当今世界里，居住人口达1000万的城市已超过20个。然而，在高密度城市中，设计出与自然环境相和谐的建筑并不容易。随着城市建筑密度的急剧增长，合理解决日光照明和自然通风已成为建筑设计中的一个新的挑战。香港中文大学恩融教授从回顾性研究香港天然采光的规范和标准出发，通过大量的实地光学测量，以及广泛的评估当地居民对室内光环境的要求，发展出一个以[室外无遮挡面积]（UVA）为基础、利用理论模型和计算机光学摹视技术为精确的计算天然采光设计技术值得关注[58]。

4.3.5 结束语

纵观综述照明工程建设的发展、现状和走向，艰难的发展里程，喜人的现状，生机勃勃的走向，令人深感任重道远！展望未来，机遇和挑战在召示我们，抓住机遇，迎接挑战，以科学发展观为指导，发扬“献身、创新、务实、协作”精神，为实现我国照明工程建设可持续发展而共同努力。

参考文献

1 CIE & IEC. No.17.4－1987. International lighting vocabulary. 4 thed
2 The IESNA《Lighting Handbook》. Ninth Edition,2000
3 日本照明学会编.照明手册(中译本).北京:中国建工业出版社,1985
4 《中国大百科全书》(建筑·园林·城市规划卷).232页.“建筑光学”.中国大百科全书出版社,1988年
5 肖辉乾.世纪之交的建筑采光与照明.照明技术与管理.2000年№.4
6 赵冬日等.国庆十大建筑.建筑学报,1959年№.9-10
7 中国建筑科学院物理所光学室. 从建筑光学研究人民大会堂的照明.建筑学报,1960年№.1
8 吴华庆. 从建筑角度谈照明风格. 建筑学报,1961年№.9
9 中国建筑学会建筑物理学术委员会《第一届学术会议论文集》1960年,北京
10 詹庆旋.中国美术馆的采光设计.建筑学报,1962年№.8
11 Xiao Huiqian etc., A Few Problems on the Lighting of Large Public Buildings, LD+A(美)1986 №.2
12 陆风鸣.居住建筑日照和采光的初步研究.建筑学报,1958年№.4
13 沈天行.天然采光.北京:科学出版社,1955
14 北京工业建筑设计院五室.工业厂房天然采光的研究.建筑学报,1960年№.5
15 邱舜华. 单层工业厂房采光的探讨. 建筑学报,1963年№.4
16 詹庆旋编. 建筑光学. 清华大学印刷厂发行组.1963
17 中国建筑学会建筑物理学术委员会.第二届建筑物理学术会议论文集.北京:中国建筑工业出版社,1965年.北京
18 中国建筑学会建筑物理学术委员会《第三届建筑物理学术会议论文集》.1978年.北京
19 邹德侬著.中国建筑史图说(现代卷).中国建筑工业出版社,2001
20 中国建筑学会建筑物理学术委员会《第4届建筑物理学术会议论文集》.1983年.北京
21 中国照明学会编.《中国照明学会成立十五周年大事记》(1987.6～2002.6)
22 王庆余. 第十届年会暨情报总站成立25周年回顾.道路照明.205年№.2
23 肖辉乾.城市夜景照明的规划、设计和实录.中国建筑工业出版社,2000
24 肖辉乾主编.城市夜景照明技术指南.北京:中国电力出版社,2004

25 建筑照明设计标准编制组.建筑照明设计标准培训讲座.中国建筑工业出版社,2004
26 中国室内建筑师品牌材料手册. 照明产品分册2006~2007.中国建筑工业出版社,2006
27 张绍纲主编.绿色照明工程实施手册.中国建筑工业出版社,2003
28 詹庆旋.城市照明的科学发展观——论城市照明建设的十大关系.《中国城市照明国际研讨会论文集》2004.北京
29 马剑等.2004 全国地级城市照明现状调查简报.中国城市照明国际研讨会论文集.2004.北京
30 浦山隆. 河本康太郎等.21 世纪に向けた照明技术の展望.《照明学会志》2000 年№.1
31 肖辉乾.詹庆旋.张绍纲.建筑采光和照明技术的进展.照明工程学报,1988 年№.1
32 刘虹.高飞.近年国内外绿色照明的新进展.照明工程学报,2006 年№.2
33 K. Fujime(日).从能源和环境角度看 21 世纪.《照明工程学报》1992 年№.1~2
34 J. E. Jewele(美).照明设计和节能的历史回顾和未来的展望.《照明工程学报》1992 年№.1~2
35 任元会. 未来十年照明节能的预测.《照明工程学报》1992 年№.1~2
36 肖辉乾. 郝允祥."光污染的危害、动向与防治方略".照明技术与管理.2003 年№.1
37 肖辉乾.CIE 防治光污染标准的背景和依据.天津第二届城市光文化论坛.2006 年 8 月
38 祁国平等.我国住宅产业的发展现状和特点比较.住宅科技.2006 年№.4
39 高度重视老龄问题. 切实加强老龄工作. 人民日报,2000 年 8 月 29 日
40 北见守. 高龄者にやさい照明.《エレケトロヒート》1999 年№.106
41 刘炜等.老年人住宅照明光环境.照明工程学报,2001 年№.2
42 郝洛西等.高效节能与城市照明.照明工程学报.2006 年№.2
43 杨公侠.郝洛西.视觉环境的非量化概念.《光源与照明》1999 年№.1
44 詹庆旋.照明质量评价——定量与非定量的(摘要). 第六届海峡两岸照明研讨会《专题报告文集》.1999 年 11 月
45 D. L. Loe and E. Rowland. The Art and Science of Lighting: A Strategy for Lighting Design.《Int. Light Res. Technol.》(英)1996,№.4, P153-164.
46 张耀根等. 住宅光环境综合评价方法.《照明工程学报》2000 年№.1
47 詹庆旋.我国城市照明的回顾与展望.照明技术与管理.2004 年№.2
48 杨公侠. 照明的非视觉作用.《照明工程学报》,1989 年№.2
49 杨铭.郝允祥.日光和人工光对人的每日及季节变换的影响研究进展概况.照明工程学报,2000 年№.4
50 杨世光. 室内环境与健康照明. 照明工程学报,2004 年№3
51 齐藤明子. 光触媒 (酯化チタソ).《照明学会志》2000 年№.3
52 陈燕生.照明行业现状和发展趋势.照明,2005 年№.8
53 李斌等.近来纳米何以席卷全球.北京晚报,2000 年 9 月 4 日
54 CIBSE 巨 ILE《Proceedings of the Lighting 2000 Conference》, 2000 年 7 月
55 Nancy Ruck,21 世纪的建筑采光.《Lighting》(澳)2000 年№.1
56 肖辉乾.节能促进了建筑采光技术的发展.照明工程学报,1992 年№.4
57 Intelligente Architektur nutzt Tageslicht. Licht, 1999 年 №.6
58 吴恩融.浅析高密度城市环境中的天然采光设计.照明工程学报,2003 年№.1
59 (美)玛丽·古佐夫斯基著.可持续建筑的自然采光.汪芳等译.北京:中国建筑工业出版社,2004

十年耕耘，换来照明新天地

中国绿色照明工程实施十年回顾与展望

国家发展和改革委员会能源研究所 刘 虹

摘 要 本文对中国绿色照明工程实施十年所取得的成效和经验进行了总结，分析了当前的照明节电形势，对今后进一步开展绿色照明工程提出了若干建议。

关键词 绿色照明 成效 经验

1 引言

中国绿色照明工程是我国能源领域一项跨世纪的节能工程，1996 年由原国家经贸委联合国家 13 个部委共同发起，目的在于发展和推广高效照明产品，节约用电、保护环境，为全社会提供高效、安全、舒适、经济的照明环境，促进我国照明电器工业的发展。迄今为止，工程已实施整整十年，跨越国家三个五年计划，一直被列为国家级重点节能示范工程。该工程的实施得到了各级政府的大力支持和社会各界的积极参与，取得了显著的社会经济效益，成为了落实我国可持续发展战略的一项重要措施。

当前，在党中央全面号召建设节约型社会，提高人民群众生活质量的宏观环境下；在高效照明技术日益发展，人们对照明环境和质量提出更高要求的新形势下，绿色照明工程正处于承前启后、开拓创新的关键时期。

2 中国绿色照明工程实施十年回顾

2.1 成绩与贡献

（1）高效照明产品市场不断扩大，照明节电的社会经济效益显著。

在中国绿色照明工程推动下，我国高效照明产品市场需求量日益扩大，销售量大幅度增长，高效照明产品市场占有率逐年提高，照明节电成效显著。抽样调查显示，2004 年紧凑型荧光灯（俗称节能灯）的国内销售量由 1995 年的 2700 万只增加到 4.44 亿只；T8 双端荧光灯国内销售量由 1995 年的 1800 万只增加到 2.62 亿只；超高效 T5 双端荧光灯于 2000 年前后进入国内市场，到 2004 年销售量已达 8400 万只。2004 年我国高效照明产品保有量占全社会照明产品保有量的比例达 47.0%，用户普及率超过 75%，达到了较高水平。专家测算，1996～2005 年，中国绿色照明工程累计实现节电 550 亿 kW·h，相当于 1000 万 kW 的装机规模，削减大量峰荷电力，相当于减少二氧化碳（碳计）排放 1452 万 t。

（2）照明电器工业发展迅速，行业技术水平和国际竞争力大大增强。

为全方位实施中国绿色照明工程，有关政府部门加大了对照明行业和企业的政策支持和资金投入，促进了我国照明电器工业的快速稳步发展。目前，我国已具备比较完整的照明工业体系，过去十年间，通过引进国外先进技术、消化吸收和自主开发，我国照明电器行业的总体技术装备水平有了明显提高，具有制造不同类型电光源产品的能力，并逐步由原来的手工、半自动化操作转向机械化、自动化流水线生产，照明电器产业规模不断扩大，产品结构趋于优化，产品质量不断提高，涌现出一批知名品牌，成为世界高效照明产品生产大国。2004 年，我国电光源产量约 110 亿只，居世界第一位，其中荧光灯产量 23.7 亿只，占电光源总产量的 22%。在荧光灯中，紧凑型荧光灯产量 13.9 亿只，占全球产量的 70%以上。电光源产品生产结构逐步向节能型、优质型转变，荧光灯与普通白炽灯的比例由 1995 年的 1:6.25 上升到 1:1.8；2003 年紧凑型荧光灯的产品产量合格率由 1998 年的 49.5%提高到 95.1%；平均光效 lx/W 提高了 5～8 lx/W；平均寿命提高了 4000h。1996 年以来，照明电器工业出口贸易持续增长，年均增幅超过 20%，2004 年出口额达到 66.5 亿美元，产品生产与加工在世界照明领域占有重要的地位。

(3)高效照明产品标准体系逐步完善,产品市场步入规范化发展轨道。

1996年以前,我国高效照明产品市场秩序相对比较混乱,产品质量良莠不齐,产品性能和能效标准处于空白状况。绿色照明工程启动后,重点加强了照明产品的标准体系的建设,共组织开展了十多项照明电器产品安全标准、性能标准和产品能效标准、照明设计标准的研究和制定工作,使我国照明产品的生产和照明设计的标准体系不断完善。与此同时,加强产品检测部门的能力建设,组织产品质量监督抽查,开展产品节能认证活动,产品认证和市场监督体系基本形成。到2005年,已有26家企业400多种规格的高效照明产品取得了节能认证,促进了我国照明产品市场向优质化、规范化方向发展。新颁布的国家照明设计标准对主要建筑物照明场所的照明用电设定了强制性定额条款,从源头上把住了照明设计和照明产品的能效水平,对提升我国照明节电效率水平具有非常重要的意义。

(4)新机制示范工程全面铺开,为建立照明节电的长效机制奠定了基础。

中国绿色照明工程先后在全国二十多个省市组织开展了形式多样的照明节电推广活动,为建立可持续性高效照明发展机制进行了有益的探索。示范工程包括:在北京、山西等8个省市和铁道部开展高效照明产品大宗采购示范活动,以大宗采购方式在65家示范用户推广60.5万只高效照明产品;在上海市和河北省采用电力需求侧管理运作方式,为78个用户安装了68万只高效照明产品,开展电力需求侧管理示范活动;选择有资质的节能服务公司和照明产品生产商,推行合同能源管理机制,开拓和实施了一批照明节电项目;在南京、哈尔滨等8个城市选择有影响力的灯饰城作为示范点,开展高效照明产品质量承诺活动;在湖北,宁夏等全国8个省市结合各地节能工作的特色组织地方推广活动。示范工程全面带动了各地绿色照明活动的开展,也为今后持续开展照明节电活动摸索了一些实践经验。

(5)公众的照明节电意识普遍提高,照明质量和照明环境得到较大改善。

为树立全社会照明节电的良好风尚,绿色照明工程开展了大规模的公众媒体宣传和信息传播工作。通过利用广播、电视、报纸、网站等普及照明节电知识,编写、出版、散发各类宣传材料和刊物,组织各种展览会、研讨会、培训班和科普讲座,召开现场新闻发布会,举办大型国际、国内会议进行学术交流、技术交流、成果经验交流,组织宣传队伍进社区、进学校,极大地增强了公众的节能环保意识,提高了广大照明用户对高效照明产品的认知率和使用信心。市场抽样调查显示,2004年我国公众对高效照明的认知率由2001年的59%上升到68%。科学的照明设计理念,先进的照明技术,与绿色照明工程一起进入千家万户和政府各个部门。新型高效照明产品和技术在室内外照明工程中的广泛应用,不仅带来了节电效益,还提高了照明质量,改善了人们工作、学习和生活的照明环境,对繁荣各地的经济和丰富群众的文化生活起到了积极的促进作用。

(6)照明节电的交流与合作广泛深入,赢得了相关部门的积极响应和大力支持。

由于政府部门的高度重视和大力的宣传号召,绿色照明工程引起了社会各界的广泛关注,各级节能主管部门、节能协会,广大照明用户,照明电器生产企业、行业协会和学术团体,设计院、大中小学、研究机构等相关部门纷纷响应,投入人力、物力,积极开展推广活动,使绿色照明工程成为在我国有一定声势的社会节电工程。工程每年都组织不同规模的照明节电政策、技术分析、经验推广等方面的国际国内交流会,展览会、研讨会,极大地促进了照明电器行业整体技术发展,加强了国内外信息沟通与项目合作,工程先后争取到联合国开发计划署、全球环境基金等国际组织900多万美元的资金援助,为全面推进中国绿色照明工程做出了积极贡献。2005年第六届国际高效照明大会在我国成功举办,是绿色照明工程扩大交流与合作的重大成果,也说明国际社会对我国绿色照明工程和照明工业发展的充分肯定。

2.2 经验与不足

(1)坚持政府引导,市场化运作是绿色照明工程健康发展的基本保证。领导重视,加强政策引导是绿色照明工程取得成效的前提,政府的宣传与号召能够调动社会各界参与绿色照明的积极性。而市场化运作是绿色照明工程持续健康发展的基础,推行与市场经济相结合节能新机制,目的是使照明节电活动成为既有社会效益又有经济效益的行为,成为全社会的自觉行动,以保证绿色照明工程的健康和持续发展。

(2)采取综合措施是推进照明市场向高效型转变的有效途径。中国绿色照明工程实施采取的是完善法规政策、制定标准、规范市场、宣传教育、技术咨询、示范推广、产品认证、市场监督、市场调查、跟踪评估和推动技术进步等一整套综合措施,对高效照明市场采取的是市场需求拉动和技术进步推动相结合的策略，有力地推动了照明产品市场向高效型方向的转变。事实证明综合措施的整合效应对高效照明市场的扩大发挥了很大作用。

(3)加强宣传与交流是促进技术进步和开拓创新的重要手段。绿色照明工程通过开展技术咨询和技术研讨，分析解决高效照明产品生产工艺中存在的共性问题和主要元器件、原材料的质量问题，增进了我国照明电器行业的技术进步和规模发展，保证了高效照明产品的技术含量、质量水平和市场供应。通过开展教育培训，组织国际交流与合作，学习和借鉴国外经验，不仅互通信息有无，增进交流与合作，还能不断丰富绿色照明的内容和开拓新的实施领域，推动了相关工作的深入开展。

(4)推动绿色照明发展的激励政策和技术法规仍然不够完善。虽然不少地方出台了一些利用公共财政或节能专项资金鼓励高效照明产品推广的资金补贴措施，可是国家一级还缺少鼓励高效照明产品生产、使用的财政、税收优惠政策，许多照明企业研发投入明显不足，技术水平上不去。由于照明系统改造工程相对规模较小，难以引起融资机构对这类项目的兴趣和重视，因此，推广高效照明产品还缺乏有效的投融资渠道和激励机制。

(5)照明电器行业整体技术水平有待进一步提高，照明市场还需进一步规范。目前，我国电光源行业技术水平与国际先进水平相比还有较大差距，缺乏有自主知识产权的关键技术和设备，原材料和配件发展不协调，生产的中低档产品偏多。另外，国内照明产品市场还需进一步规范。尽管制定了多项照明产品的安全、性能、能效标准，但由于实施配套法规不完善，缺乏有效的市场监管，标准的执行情况并不理想，甚至扰乱了企业间的良性竞争，优质产品反而受到劣质产品的市场冲击，损害了消费者的利益，影响了高效照明产品的形象。

(6)宣传推广的力度还需加大，实施范围和推广领域还需进一步拓宽。绿色照明工程实施以来，仍有一些尚未覆盖和开拓的领域，比如，照明产品各类标准在大量中小企业的宣传贯彻力度不够，提高照明质量和效率的教育普及在广大边远和农村地区明显不足，照明企业自觉开展绿色照明社会公益的积极性不大等。在加大高效光源推广力度的同时，还需注重配套灯具和相关电器附件、设施效率水平的提高，加强室内外照明设计环节的天然采光、太阳能光电一体化，光导传输等照明新技术、新材料的推广和宣传，应有系统的技术政策引导。

3　绿色照明工程面临的新形势

(1)国家对节能工作的高度重视对进一步深化绿色照明工作非常有利。近年来，我国电力短缺现象非常严重，随着中国经济的高速发展，这种局面将会是长期的。照明用电已占到全社会总用电量的12%，因此照明节电是解决中国电力短缺现象的一个突破口，需要政府和全社会加大对高效照明事业的支持。按照我国《节能中长期专项规划》要求，绿色照明已被列为“十一五”全国十大重点节能工程之一，照明节电仍将是今后一段时期我国节能工作的重点领域。规划明确了今后五年的工作重点是在公用设施、宾馆、商厦、写字楼、体育场馆、居民住宅中推广高效节电照明系统、稀土三基色荧光灯，对高效照明电器产品生产线进行自动化改造，五年内要求实现照明节电 290 亿 kW·h。

(2)照明行业的技术进步为绿色照明工程的发展提供了新的机遇。当前国际照明行业新技术发展迅速，新一代半导体照明革命正在兴起，我国目前相关的技术标准和推广政策仍处于空白状况，需要尽快填补，力争在产业发展早期就给予正确引导，扶持和规范，促进国内在标准，政策和质量管理上与世界发展同步而行，避免重复以往推广高效节能灯具过程中出现的市场不规范问题。因此，当前半导体照明的技术突破将为绿色照明提供更为广阔的发展空间。

(3)经济全球化浪潮和环境日益恶化的趋势给绿色照明工程带来新的挑战。随着我国高效照明产品产量和使用量的迅速增加，产品生产、销售和使用(回收)中的环境污染问题日益突出，行业内汞污染现象已日益引起人们的重视，出口产品受到国外一些环保法令的制约。我国作为世界照明电器生产大国，必须高度重视可能由此带来的环境污染问题，制定相应的环保政策，采取环境治理措施，解决产品回收和循环利用问题，努力保证生态环境的自然回归，以维护我国照明工业长期的可持续发展。

4　“十一五”开展绿色照明工程的建议

(1)完善现行的有关照明节电的政策法规、建立有利于高效照明电器行业发展的融资和激励机制。绿色照明工程的开展今后要协助中央和地方各级政府，制定、修改和完善有关法规政策，创建有利于绿色照明工程可持续发展的政策环境。根据各地区和各行业的实际情况，研究制定有利于照明节电的激励政策。

可参照国内外已有的成功经验和做法,如采用可选择电价、节电和用电挂钩、节电奖励等各种经济手段,鼓励用户主动参与照明节电活动,刺激社会对高效照明电器产品的需求。为疏通和拓宽投、融资渠道,克服高效照明电器产品生产商和消费者面临的资金障碍,要敢于改革和突破,消除政策瓶颈,出台与新的融资机制相适应的激励政策,以利于多渠道筹集用于支持推广高效照明电器产品的资金。

(2)继续建立和完善以标准、认证和标识为基础的高效照明市场的监管体系和运行机制。我国照明产品能效标准和节能认证的标识体系已有雏形,新颁布的国家建筑照明设计标准增加了部分照明场所强制性的节能用电指标。但是我国照明电器产品标准和照明设计标准体系仍然不够完善,仍有许多照明产品缺乏能效标准,许多照明设施和场合尚未制定明确的节电标准和设计规范。另外,我国高效照明相关标准的执行和监督力度相对薄弱。因此,应在不断完善高效照明标准体系的同时,依靠技术监督部门和工程项目监管部门,加强各类标准的执行力度,制定严格的产品市场准入制度,工程质量保证制度和市场监管制度,保证我国照明能效水平的整体提高。

(3)扩大全国各地方高效照明电器产品的新机制、新途径的运用规模。绿色照明工程已在全国十多个省市和行业部门运用市场经济的手段开展了照明节电机制示范,其中包括大宗采购、政府采购,电力公司按照需求侧管理方式开展照明节电,能源服务公司采用合同能源管理机制开展照明节电项目等,现已积累了一些经验和自主开拓项目的能力。今后,中国绿色照明工程可在一些条件和经验比较成熟的省市,扩大新机制的应用范围,由地方相关部门组织落实,根据实际情况研究制定相配套的实施管理办法,结合贯彻建筑照明节能设计标准,在市政照明、宾馆饭店、机关学校、写字楼、体育场馆和居民住宅中加大推广力度。

(4)促进照明产业的技术进步,加大照明新技术产品研发和推广力度,提高我国照明电器行业竞争力水平。为了推动我国从照明电器大国向照明电器强国迈进,提升我国照明电器产业的综合实力,政府可从资金方面扶持一些重点企业,鼓励企业通过联合、兼并以及合资、推动结构重组和产业升级,不断扩大高效照明产品的生产比重,提高照明电器行业的整体竞争力。针对生产线自动化水平低、原材料和原器件配套质量差等问题,应帮助和鼓励企业技术创新,促进照明电器行业整体技术水平不断提高。当前,以半导体发光二极管(LED)为主要代表的新一代光源技术,被公认为是当今最具发展潜力的节能环保技术,绿色照明可继续采取“抓推广应用,促技术发展”的方针,带动这一照明新技术的发展。

(5)重视照明电器行业的环境保护,鼓励照明产品的清洁生产和清洁消费。一些高效照明产品内存在有害物质,生产和使用过程均可能造成环境污染,要依靠技术进步和先进的管理手段,加强照明技术清洁替代产品、替代技术的研发和利用;加强对生产环节的管理,从源头上降低污染源的使用;实行生产许可证制度,制订行业环境保护的强制性标准,定期对生产企业的生产环境进行检测和环境影响评估;实行生产责任延伸制度,明确报废照明电器的回收责任,完善废旧灯具的回收体系,建立完善废旧照明产品回收利用体系,扶持现有废旧灯管处理企业的发展;同时加强用户的普及教育,鼓励社会各界支持配合有关环境问题的治理,倡导照明电器产品清洁化和人性化的生产和消费。

(6)建立绿色照明的信息交流和发布系统,继续加大宣传和教育力度,加强国际交流与合作。

绿色照明的宣传和教育应该是一项常抓不懈的工作,建议利用现有的媒体和网络渠道,投入一定资金,建立绿色照明的信息交流和发布系统,及时宣传和发布绿色照明的最新信息,可以以热线咨询电话和动态网络交流的形式开展信息咨询服务,提高了绿色照明在公众中的知名度,并且增强群众的节能和环保意识。要利用多种渠道向社会各界展示中国绿色照明工程取得经验成果,大力宣传示范项目的经验和典型案例,以点带面,逐步推广,使广大照明用户随时能感受到绿色照明总在他们身边。

参考文献

1 中国绿色照明工程促进项目办公室. 中国绿色照明发展报告(2004).北京:中国电力出版社

2 “大力推广绿色照明.努力建设节约型社会”–赵家荣在中国绿色照明国际会议暨第六届国际高效照明会议上的讲话.2005 中国绿色照明国际会议暨第六届国际高效照明会论文集.上海,2005,5

3 刘虹.“中国绿色照明实施展望”. 照明工程学报,2004,15(3):30

4 中洁蓝天咨询管理有限公司. 中国绿色照明工程促进项目子课题“绿色照明可持续发展行动方案研究报告”

采用DSM推动照明节电

国家发展和改革委员会能源研究所　韩文科　杨志荣
北京华夏正天国际信息咨询有限公司　何翠英

摘　要　DSM照明节电示范项目是在政府节能主管部门支持下首次采用市场化运作，由市场配置节电资源的DSM节电示范工程，取得了明显的节电效果、经济效果和环保效果，它的成功运作为可持续的照明节电活动提供了有价值的经验。

关键词　DSM（需求方管理，需求侧管理）　运作机制　能源服务　能效市场　市场转型

DSM是20世纪90年代国际上广泛推行的一种先进的节能管理技术和节电运作新机制，它适合市场经济体制，主要应用于终端用电领域。

DSM是指在政府法规和政策支持下，采取有效的激励和诱导措施以及适合的运作方式，通过电力公司、能源服务公司、社会中介组织、高效产品供应商、电力用户等的共同协作，提高终端用电效率和改善用电方式，在满足同样用电功能的同时减少电量消耗和电力需求，达到节约资源和保护环境，实现社会效益最好、各方受益、最低成本能源服务所进行的管理活动。

世界上有30多个国家和地区在不同的程度上运用DSM推动用户节能节电和污染减排，合理有效地配置能源资源，提高能源利用的经济效果，以期使人们能够在优质、高效、干净的生活环境前提下分享经济增长的利益。经过了近30年的探索和实践，取得了显著的社会效益和群体效益。时至今日DSM已风靡全球，成为可持续发展能源战略的一种重要支持手段。

1992年DSM被介绍到中国，原国家计委、国家经贸委、国家科委、电力工业部等政府主管部门和有关科研机构、高等院校、社会团体做了大量的推动性工作，并在区域电网和企业电网进行了多项的试点研究，不断探索应用DSM的具体方法和途径。

DSM照明节电示范项目是由中国政府与联合国开发计划署共同发起的中国绿色照明工程促进项目中的一个子项目，是在政府节能主管部门支持下首次采用市场化运作，由市场配置节电资源的DSM节电示范工程。该项目自2003年7月在上海市和河北省两个示范地区正式启动，在实施过程中，国家发展和改革委员会环资司和地方政府给予了多方支持和帮助，在项目办的指导下先后完成了宣传培训、用户调查、政策激励、竞价采购、展示展销、产品安装、跟踪服务、用户验收、数据统计、效果评估、项目验收等工作。项目已于2004年10月结束，取得了明显的示范效果。

电力照明是现代社会物质与精神文明的象征，与各行各业和千家万户息息相关。照明产品是低值易耗品，照明节电的投资少、见效快、易于操作，是国际上起步最快和影响面最广的DSM节电项目，至今仍然是DSM能效项目的首选目标。DSM照明节电示范项目的成功运作，为可持续的照明节电活动提供了有价值的经验。

1 DSM照明节电示范项目

DSM照明节电示范项目的目标和任务的依据是：中国政府与UNDP签署文件的精神和国家发展和改革委员会中国绿色照明工程促进项目办公室招标文件等的有关规定。

1.1 项目的总体目标

项目的目标总括起来有四个：

(1)采用DSM运作机制，由市场配置节电资源，为应用DSM开展节能节电提供经验。

(2)进一步提高照明产品的质量水平，进一步开拓照明能效市场，拉动高效照明产品的市场需求。

(3)降低用户照明用电开支，实现最低成本的能源服务，提高用户参与绿色照明的积极性。

(4)节约能源资源，减少污染排放，改善环境质量。

1.2 项目的主要任务

(1)示范规模：通过招标，选择两个省市作为项目的示范地区，中选的地区是上海市和河北省。

(2)照明产品的数量：采购和安装60万只高效照明电光源和电子镇流器。

(3)照明电光源的种类：以自镇流荧光灯为主，还包括双端荧光灯(T5、T8)、高压钠灯和金属卤化物灯。

(4)采用DSM机制进行市场化运作。任何一种创新的理论和方法都有在实践中不断完善和发展的过程，有的几十年，有的要上百年，DSM也不例外，从总体上观察它还处于继续探索和不断调整的成长阶段。鉴于DSM是在法制环境和市场经济体制基础上培植起来的一种先进的节能管理技术和节电运作新机制，以及各国、甚至一个国家的不同地区所处条件的差异，在应用过程中都要进一步探索克服操作障碍方面的有效办法。

我国还没有DSM节电市场化运作的经验，因此要在借鉴国际经验的基础上，结合中国照明市场的现状和示范地区的具体条件，采取参与各方能接受的运作方式将DSM照明节电落实到终端。

2 采用新的节电运作机制，克服能效市场障碍

2.1 推动市场转型

一般来讲，产品的技术优势不等于经济优势，更不等于市场优势。既有使用价值又有经济价值的高效节电技术产品，才能有进入市场参与竞争的机会，当它被需求方的消费者接受以后才能转化为节电资源，起到需求方资源替代供应方资源的作用。

DSM节电的市场化运作，要采取技术、诱导、财政、行政等多种DSM手段，适度地干预能效市场，克服能效市场障碍，推动市场转型，最终目的是建立一个以市场驱动的能效市场。

2.2 照明能效市场的主要障碍

质量、价格、诚信、回扣是照明能效市场的主要障碍。

2.2.1 产品质量没有保障，伪劣产品充斥市场

从节能减排角度来看，照明电光源的质量除安全性能外，主要是它的光效(lm/W)和寿期(h)。光效高和寿期长，才有可能达到节电又省钱的使用效果，提高它的市场占有率。

伪劣产品充斥国内市场和真假优劣难辨是照明能效市场的一大障碍。购置者无法度量和判定市场上的哪些产品达到了市场准入的条件，哪些是符合国家标准的高效产品，不太清楚怎么选购适合他们需要的产品。自镇流荧光灯是中国绿色照明活动的主要电光源，但它的市场抽检合格率仅在50%左右，从市场反映观察，质量风险大是它替代普通白炽灯的一个主要障碍。

2.2.2 产品价格高，得不到用户的广泛响应

价格信号是市场调节的主要手段，价格高是优质高效产品进入市场的另一个主要障碍。在零售市场上，一只优质高效的三基色自镇流荧光灯的价格相当于一只普通白炽灯价格的10～20倍，一只优质高效的三基色双端荧光灯是一只普通卤粉双端荧光灯价格的3～5倍，这就使得高价位的优质高效产品难以被众多用户接受。再加上低价位的劣质低效产品冲击照明能效市场，形成了质量和价格的恶性循环，极大地降低了优质高效电光源的市场竞争力。

2.2.3 诚信淡漠的市场环境，用户对产品怀着戒心

广告式宣传不能有效地解决消费者的心理障碍，尤其是直接面对广大用户的照明零售市场的销售人员素质普遍不高，既缺少照明的基本知识，又缺乏咨询本领，再加上夸大其词的促销宣传，往往使准备购置优质高效照明产品的用户望而却步。售后服务不到位，遇到质量问题难以协商，还要增加额外的花费，谁还愿意去自讨苦吃和自寻烦恼呢?

2.2.4 暗箱回扣，干扰正常竞争环境

折让是批量购置照明产品常用的一种市场促销手段，暗箱回扣则是损公肥私的一种权钱交易。暗箱回扣这一顽症不但虚抬物价，降低供货质量和服务水平，也增加了正常交易的优质高效产品进入市场的难度。

2.3 克服照明能效市场障碍的主要措施

DSM照明节电示范项目在实施过程中全程透明操作，并从认识上、技术上、经济上、信息上等方面采取了多种措施克服市场障碍，取得了明显的示范效果。

2.3.1 借助照明能效标准和节能认证，开拓优质高效照明市场

把高效节电产品作为推广的指定产品是国际上DSM能效项目的一种通常做法，如美国大都把“能源之星”的高效节电产品作为DSM的指定产品。

光效达到国标节能评价值的电光源作为DSM照明节电示范项目的指定产品，它比国标能效限定值的市场准入标准的光效要高10%～20%。同时，把经国家节能认证的高效电光源作为DSM照明节电示范项目优先采购的产品。

能效标准和节能认证的作用在于它对市场的渗透性。示范项目首次把电光源国家能效标准和节能认证纳入DSM节电运作，一方面显示了标准和认证对照明节电的推动作用，另一方面也促使照明产品供应商提高产品质量和参与认证的积极性，同时对用户参与示范项目更具吸引力。

2.3.2 实行集中竞价采购，降低用户初始投资

为保证产品供应质量和降低用户的照明节电投资，给更多的照明产品供应商提供参与DSM照明节电示范项目的机会，示范项目通过媒体公告招商和自愿申报，遵守公开、公平、公正的原则，采用集中竞价采购办法，激发了产品供应商参与的热情和协作精神。中选的供应商包括民营、国营和合资企业，达17家之多。

根据两个示范地区的特点和条件，河北省采用代理制，一次集中采购；上海市采用自购制，分期批量采购。与通常的批量采购相比，示范项目的采购价格降低幅度平均在10%～15%。

通过社会宣传把示范项目的信息传递到用户，用户自愿参与和自主选择他们需要的指定范围的产品，然后与供应商签订商务合同。

2.3.3 采用经济激励，提高用户照明节电的参与率

示范项目采取了约束机制和激励机制相结合、以鼓励为主的照明节电政策。

经济激励是DSM开拓能效市场最主要的市场工具，其中折让鼓励是最直接、最有效、易于操作的措施，也是DSM照明节电示范项目采取的唯一激励方式。

折让以价格补贴的方式给予产品供应商，从而相应地减少用户的照明初始投资。补贴的办法有两种：一种是按每只灯购价的百分比予以折让，另一种是按每只灯的固定金额给予折让。

项目支持的补贴金额共30万美元，平均每只产品0.5美元。河北省还从DSM政府基金中拨出76万元资助该省的DSM照明节电示范项目。运作结果是：上海

市的项目补贴率为 20.84%；河北省的项目补贴率为 29.93%，包括省政府资助后的补贴率为 48.26%。

2.3.4 采用质量承诺制，做好售后服务

为了降低用户产品安装后的质量风险，DSM 照明节电示范项目采用了供应商质量承诺制，讲究诚信和售后服务。主要包括电光源的光效和寿期，承诺期为 1 年，失效免费更换，使用户没有后顾之忧。

在安装后使用过程中，曾有一个品牌的几只灯出现了质量问题，供应商及时进行了批量召回和更换，使用户感到政府主导的 DSM 照明节电示范项目是可靠的，同时也提高了销售商的市场信誉度。

2.3.5 采用展示展销方式向市民开放，使示范产品进入零售市场

展示展销的目的是向难以批量采购的广大居民用户提供参与示范项目的机会，并使他们在亲身参与示范活动过程中培育自己的节电环保意识。

展销的产品是适用于民宅的自镇流荧光灯。河北省向社区居民发放了节能灯“推广普及卡”，每卡 5 只，在河北省“DSM 展示展销中心”折价展销不同品种和规格的示范产品，使展示、零售、宣传一体化。上海市与商厦联手，在照明柜台向市民展示和折价零售示范产品，充分发挥了零售商在项目示范中的助推作用。上海市和河北省这种集中采购与展示零售相结合，示范宣传与折让鼓励相结合的方式，在一定程度上扭转了民众节电不省钱的固有观念。

3 DSM 照明节电示范项目的节电效果

DSM 能效项目的效果评估也是示范项目管理的一个重点。经模型设计、数据采集、统计分析和效果计算后的主要结果简介如下。

3.1 参与用户

上海市和河北省两个示范地区参与用户的示范面都很大，除居民外，还包括工业企业、商业服务业、公用事业等，共 78 家。

3.2 市场拉动

3.2.1 数量和种类

电光源和镇流器共 68.27 万只，超过了项目要求 60 万只的 13.8%。其中：工业企业占 11.3%，商业服务业占 11.0%，公用事业占 61.9%，居民占 15.8%。

自镇流荧光灯占 64.25%，双端荧光灯占 27.15%，高压钠灯占 1.54%，金属卤化物灯占 0.06%，镇流器占 7.00%。

3.2.2 安装功率

安装功率共 14486.87kW。其中：自镇流荧光灯占 35.7%，双端荧光灯占 31.5%，高压钠灯占 20.2%，金属卤化物灯占 1.0%，镇流器占 11.6%。

3.2.3 购置费

产品购置费共 1010 万元。其中：自镇流荧光灯占 56.2%，双端荧光灯占 16.8%，高压钠灯占 5.5%，金属卤化物灯占 0.3%，镇流器占 21.2%。

3.3 节电减排

3.3.1 寿期可避免电量

寿期可避免电量为 1.19 亿 kW·h。其中：自镇流荧光灯占 61.0%，双端荧光灯占 3.9%，高压钠灯占 29.1%，金属卤化物灯占 0.7%，镇流器占 5.3%。

3.3.2 可避免峰荷

削减电网峰荷 14382kW。

3.3.3 寿期污染减排

减排 CO_2–C 3.56 万 t，SO_2 1126t，NO_X 948t。

3.3.4 寿期收益

项目平均单位节电成本 0.1 元，相当于照明平均电价的 16%。包括项目补贴在内减少用户寿期照明用电开支 6805 万元，是购置费的 6.7 倍。每节电千瓦时的项目平均激励补贴（不包括地方政府补贴）平均 1.8 分，占照明平均电价的 2.8%。

4 结论

对参与示范活动的照明产品供应商和照明示范用户的问卷调查显示：通过照明节电示范活动，在很大程度上增强了民众的节电意识、环保意识和参与意识，提高了照明供应商的服务意识和参与照明节电活动的积极性。

DSM 照明节电示范项目的实践表明：采用 DSM 节电运作机制能够在克服市场障碍、开发节电资源、节约能源资源、减少污染排放、改善环境质量、实现最低成本能源服务等方面发挥积极有效的作用。

参考文献

1 杨志荣.劳德容.需求方管理(DSM)及其应用(M).北京：中国电力出版社，1999

2 何翠英.中国绿色照明工程 DSM 照明节电示范项目经验初探(J).电力需求侧管理，2004

重大科技突破和照明事业发展

香港照明学会 前理事长 郑惠玲

科学技术突飞猛进，未来10年以下10个方面的科技突破，将对人类的生活产生重大影响。同时照明事业也将与时俱进，得到迅速发展。对人类未来生活有10个方面的影响：

①移动通信技术；②网络体系；③纳米级芯片技术；④中文信息处理技术；⑤人类功能基因组学；⑥生物制药技术；⑦生物信息学；⑧蛋白质组学；⑨农作物新品种培育技术；⑩纳米材料与纳米技术。

信息、生物、新材料将是21世纪前30年发展最快、最热门的三大领域。

在信息方面，过去10年，移动通信技术完成了由第一代模拟通信技术向第二代数字通信技术的过渡。当前正处于由其巅峰状态向第三代(3G)移动通信技术过渡的进程中。世界发达国家纷纷投入力量进行第三代及下一代移动通信标准、技术和产品的开发。

（1）移动通信：国际电信联盟(ITU-T)批准为3G的三大标准分别是欧洲的WCDMA，美国高通公司的CDMA2000和中国大唐电信的TD-SCDMA。3G已在全球30多个国家开始商用。

（2）增强型3G（Enhanced 3G）：为了克服3G技术不能很好支持流媒体等业务的不足，国际电信联盟已在制定增强型3G技术标准。专家预测，增强型3G技术将进入商用。

（3）4G（或Beyond 3G）：下一代移动通信即所谓超3G（以下统称Beyond 3G）技术的研究是国际上的热点。Beyond 3G具有更高的速率与更好的频谱利用率。欧盟、日本、韩国等国家已开始4G框架的研究，预期Beyond 3G技术可望在2010年后开始商用。

在生物方面，我国人类功能基因组学研究的研发水平比领先国家落后5年左右，若能高度重视，充分利用我国已有的技术和资源优势，未来10年我国可能实现人类功能基因组学研究的跨越发展。在世界未来研究重点包括：

（1）功能基因组研究。重点开展植物功能基因组研究、人类功能基因组研究和重要病原微生物及特殊微生物功能基因组研究。

（2）蛋白质组学研究。蛋白质组学是一个新生领域，目前还处于初期发展阶段，仍有许多困难有待克服。

（3）生物信息技术。研究重点集中在生物信息数据库的构建、生物信息的开发、加工、利用及生物信息并行处理方面。

(4)生物芯片技术及产品。通过微加工技术和微电子技术在固体芯片表面构建的微型生物化学分析系统,以实现对细胞、蛋白质、DNA 以及其他生物组分的准确、快速、大信息量的检测。常用的生物芯片包括基因芯片、蛋白质芯片、生化反应芯片和样品制备芯片等。生物芯片的主要特点是高通量、微型化和自动化。我国生物芯片研究紧跟国际前沿,它将对我国生命科学研究、医学诊断、新药筛选具有革命性的推动作用,也将对我国人口素质、农业发展、环境保护等做出巨大的贡献。

(5)生物制药被称为生物技术的"第一次浪潮",其诱人前景引起了全世界各国政府、各科技界、企业界的高度关注。在过去的 30 年间,全球生物技术取得了令人瞩目的成就。2005 年全球生物技术产业营收达 560 亿美元。目前已有 190 余种生物技术产品获准上市。

(6) 生物信息学的发展已经将基因组信息学、蛋白质的结构计算与模拟以及药物设计有机地连接在一起,它将导致生物学、物理学、数学、计算机科学等多种科学文化的融合,造就一批新的交叉学科。

(7)农业生物技术领域研究中最活跃的是育种技术——应用现代分子生物学和细胞生物学技术进行品种改良,创造更加适合人类需要的新物种,获得高产、优质、抗病虫害新品种。

在新材料方面,国内集中在纳米材料和技术,目前已建成 100 多条纳米材料生产线,产品质量大都达到或接近国际水平。估计未来国际上将在以下四个方面有所突破。

(1)IT 产业(芯片、网络通信和纳米器件)。

(2)生物医药领域应用纳米生物传感的早期诊断和治疗。

(3)显示和照明(纳米光纤、纳米微电极)。

(4)纳米材料技术与生物技术相结合(基因修复和标记各种蛋白酶)。

人类的生存离不开阳光,自然光昼夜复始地更叠控制着人体生物钟,使我们的生命节奏保持平衡。日光制造维生素和众多迄今未知的营养物质,使我们的机体生生不息,保持健康。

传统单以照度评量照明系统概念已不能完全适应全新的照明设计理念。如今要求照明系统效率高、均匀度佳、演色性好及造型美观、大方、简洁等。另外,数字信息时代,使用便利性需求度越来越高。同时,因为人工照明的普及化,光对于动植物生态、人类生态、心理之影响,越来越引人关注,近五年来光污染、光与健康等议题每年都在国际会议展开讨论。

回顾一下,最近若干年来,在照明科技领域取得了以下的进展和成果:

(1)视觉功效——为了获得良好的功效,制定了合理的照明标准。

(2)对眩光效应——提出预测眩光的方法,制定了防止眩光的措施。

(3) 光色及光源显色性——为适应不同地区,不同民族, 不同文化背景的人群对光色爱好的不同要求,在理念设计和实践方面取得了可喜进展。

电光源显色性能与自然光的差异是由于电光源光谱能量组成显色性能与日光不同而造成。技术可以制造不同冷、暖和中性光色。世界各国提出了评估照明质量的各类定量指标,制定并逐步完善了照明设计的标准,法规或建议。国际照明委员会(CIE)和国际标准化组织(ISO)最近联合制定的《室内工作照明标准(草案)》提出统一照度(E),统一眩光等级(UGR)和一般显色指数(*Ra*)三项定量指标作为照明设计的依据,使照明设计更科学化,规范化。

在照明工程设计以下几点值得我们注意:

(1)先进设计工具——开发计算机仿真的设计工具能真实、细微地模拟建筑物在天空光和日照下的造型效果,以及各种模型实验可以准确预测天然采光的照度水平。

(2)透光材料——生产并掌握了各种透光材料。

(3)导光管系统——能把自然光输送到地下和任何光线不足的地方。

(4) 第三代光源——发光二极管、无极灯(QL灯)、微波灯等第三代光源的应用。

(5) 智能化照明——电子技术应用到照明器件,可大幅度拓展照明的灵活性和多样性。

(6)创新建筑照明手法——如变色灯照明、激光照明、光纤照明、导光管照明、二次反射照明(间接照明)等形式。

在照明工程设计中,如何正确运用色光至关重要,以下就这方面谈一些个人的体会。

人造照明设备的广泛应用,使人们对自然光的依赖越来越少,也使人们渐渐偏离了自然的生理规律。但是,尽管照明技术不断的发展和进步,人们依旧无法改变对自然光的应用。

自工作场所形成以来,人们就开始了人性化照明的研究,但是绝大多数都是关于照明强度与视觉舒适度的问题,很少涉及到彩色光对人类生理和心理上的影响。因为设备和软件上的限制,这样的研究以前几乎无法进行,现在随着科技的发展和多方面多领域对这个课题的日益关注,一个涉及光、环境、健康的综合课题终于开始进行。它的目标是,通过模拟现场环境,探索和研究可见光谱与提高人体机能和影响情绪变化之间的关系。

人类的趋光性与自然光谱有直接关系。自然光不仅依赖于时间变换,而且与季节、云层运动和太阳活跃程度等有直接关系。研究已经表明,光的强度、色彩,以及色彩的再现指数都给人们在感觉、情绪和理性判断上有相当大的影响。

色光与健康有着密切的关系,数百年来,人们一直利用色光来治疗疾病,如:

光代谢——传统中医和流传久远的古印度健康理论,还有瑜珈,都认为人体具备7种内在的具有支配能力的神秘的能量,人类受7种宇宙射线的影响,而且我们的人体细胞也存在7种射线,基于Chakra色光理论,彩虹中的每一种色彩均存在于我们的细胞中。1975年由德国生物物理学家发现,光确实存在于人体细胞中。他们的发现改变了我们对人体的理解和认识。尽管这些研究成果到今日仍存在一些疑问,但自1975年以来,生物物理学家们已经开始使用术语“生化射线”来描述和定义人体拥有的可测量的“内光”事实。著名的生化科学家已经将一个称为“人体形态结构”的概念融入到生化物理学中。大约20年前,日本科学家和维也纳的IBF(生物控制和反馈研究所)也成功的发现了在人体脊柱线的电势测量中存在电势的突跃现象,这个现象可以用来说明“内光”事实和位置的存在。

生命力疗法——生命能量和生命力疗法是一个高度发展的并且经过长期试验验证的人体能量疗法,它通过平衡、协调和转换身体能量。这种肉眼看不到的生物能维护着人体活力和健康。通过使用色光如红色、橙色、绿色、黄色、蓝色和紫色对患病部位或整体进行照射对身体受影响部分施加生物能或生命力,加快康疗的速度,是这个疗法的基本康复原理。这个概念在20世纪初得以发展,它通过对人体皮肤的大面积色光照射,利用12种色光,用于治疗糖尿病、高血压、支气管炎、急性皮肤病、哮喘、过敏反应和免疫系统紊乱、心血管病、精神紧张和失眠等疾病。

色彩心理学——在社会流行病学和职业病学的领域中,已经证明缺乏阳光照射将引发事实上的疾病和精神紊乱。例如,在季节更替,工作调班和“时差反应”,都将产生生物节律的波动,对人类的健康产生不利的影响。在这个基础上,证实了冠心动脉的流通指数,身体生长机能,皮肤和骨质的新陈代谢,以及精神和心理倾向性,都可以通过适当的光线照射及色彩的运用取得积极的影响。现代的照明设计理念必须更加高效和科学。尽管色彩学家很久以前就已经了解了其中的重要性,但在建筑设计学和人类环境规划学的方案中仍然没有足够引起重视。例如:红光将加快人体心脏的跳动和呼吸的频率,而短波段的蓝光则起到相反的作用。在内分泌学和眼科学也发现了与颜色相关的生理反应,例如,蓝色光对视网膜的神经细胞的影响,会引起松果体中褪黑素的分泌,从而使人产生朦胧睡意。

色光《和谐性》——每种色光都有各自的波长和频率,瑞士科学家在和谐性领域的研究利用地球自转(23小时56分4秒)周期而计算和推导的出一个频率值(194.71Hz),通过这个频率值与8度音阶之间的数学计算,可以得到一个1428000Hz的结果,这恰恰与橙色光波长700nm相符。橙色光波再与一个8度音阶值进行计算,便可以得到人体DNA的共振频率。由此证明了橙色光、人体DNA和地球三者之间的平衡与和谐关系。基于这些理论,我们可以确认色光具有刺激并促进人体新陈代谢的功能。

今后,更多的研究将会证明,色光不仅会刺激我们的工作氛围,而且也影响我们的身心健康。

总之,光是生命的源泉,光是人居环境的要素,人类的生活天天与光相伴,夜幕降临时,人们仍留恋着日光带来的光明,利用人工光源延续自己活动的空间和时间。为人类居住的建筑和城市创造明亮、舒适、优美的光环境是建筑师、规划师义不容辞的责任。新世纪需要光亮、宜人、典雅、优美、更富个性、创意新颖,既没有光污染,又节约能源的光环境。

时代的发展和对高质量生活环境的期盼,愿我们共同努力,为照明工程建设事业的发展作出贡献!

×025—2003 02 年 CIE 光和颜色感受和测量的时间和空间特性研讨会论文集,2002 年 8 月（也有 CD-ROM 版本）

×025—2003 Proceedings of the CIE Symposium '02 on Temporal and Spatial Aspects of Light and Colour Perception and Measurement, August 2002 (also available on CD-ROM)

×026—2005 04 年 CIE LED(发光二极管)光源研讨会论文集：物理测量和视觉以及光生物的评价,2004 年 6 月 7~8 日,日本东京

×026—2005 Proceedings of the CIE Symposium '04 on LED Light Sources: Physical Measurement and Visual and Photobiological Assessment, 7-8 June 2004, Tokyo/Japan.

×027—2004 04 年 CIE 光与健康研讨会论文集:非视觉效应,2004 年 9 月 30 日~10 月 2 日,奥地利,维也维

×027—2004 Proceedings of the CIE Symposium '04 on Light and Health: non-visual effects, 30 Sep.-2 Oct. 2004, Vienna, Austria

×028—2005 05 年 CIE 中间视觉条件下的视觉和照明研讨会论文集,2005 年 5 月 21 日,西班牙,里昂

×028—2005 Proceedings of the CIE Symposium '05 "Vision and Lighting in Mesopic Conditions", 21 May 2005, Leon, Spain.

四、国内照明标准

1 《建筑照明设计标准》GB 50034—2004
2 《建筑采光设计标准》GB 50033—2001
3 《建筑照明术语标准》JGJ/T 119—1998
4 《室内照明测量方法》GB 5700—1985
5 《室外照明测量方法》GB/T 15240—1994
6 《视环境评价方法》GB/T 12454—1990
7 《颜色术语》GB 5598—2001
8 《视觉工效学原则.室内工作系统照明》GB 13379—1992
9 《光源显色性评价方法》GB 5702—1985
10 《城市道路照明设计标准》CJJ45—2006
11 《城市夜景照明设计标准》在编 JGJ××××—××××
12 《体育场馆照明设计及检测标准》在编 JGJ××××—××××
13 《应急照明设计指南》中国照明学会第 1 号技术文件
14 《绿色照明工程技术规程》北京市标准 DBJ 01—607—2001
15 《重庆市城市夜景照明技术规范》(试行)重庆市市政管理行业标准 COSZ 04—2002
16 《天津市城市夜景照明工程技术规范》DB29—71—2004,天津市建设管理委员会
17 上海市地方标准:《城市环境（装饰）照明规范》DB31/T 316—2004
18 北京市《城市夜景照明技术规范》2006 年 5 月

五、国内照明标准和手册

标准

1. 国际照明委员会,《室内工作场所照明》CIE S 008/E—2001
2. 国际照明委员会,《室内工作场所照明》CIE S 015/E—2005
3. 《美国照明标准》,IESNA,照明手册,2000
4. 《日本照度标准》,JIS Z 9110-1979
5. 《欧盟照度标准》,即德国 DIN 5035-1900
6. 《俄罗斯天然采光和人工照明标准》,СНиП 23-05-1995
7. 《美国建筑物能量》标准中的照明功率密度值,ASHRAE/IESNA,90.1.1999
8. 《日本节能法》中的照明功率密度值,1999
9. 《俄罗斯建筑节能量标准》中的照明功率密度值,MTCH 2.01-1998

手册

1. 美国:《Lighting Handbook》,IESNA.2000
2. 日本:照明ハンドブック(第 2 版),日本照明学会,オーム社,2003
3. 俄罗斯:Справочная Книга по Светотехике
4. 德国:Handbuch Für Beleuchtung, ecomed, 2003

第二篇　照明技术基础篇

照明名词术语及照明技术

中国照明学会　甘子光

1　照明名词术语

1.1　照明工程(illuminating engineering)

根据室内外环境空间的照明功能,进行照明美学创意和照明技术综合设计以及在此基础上进行施工设计和对照明设施进行安装调试,并通过检测、验收的最终付诸实施达到预定要求的系统工程,通常称为照明工程。

1.2　光环境(lighted environment)

光环境是指由各种反射与透射光所构成的符合人们生理、心理要求的视觉空间环境。

1.3　照明(lighting; illumination)

人类的生活时刻离不开光。光辐射引起人的视觉,人才能看清其所处的周围环境。人从外界获得的信息有80%来自光和视觉,所以,无论是白天还是夜间,舒适的照明对人类的活动至关重要。

一般室内外利用光线进行照明,依其所利用之光源不同,分为自然采光、人工照明及两者综合的方式。

天然采光是利用太阳作为光源,因此又称为天然光照明或昼光照明。人工照明是指利用电光源照明。为节约能源,有的情况下,采用电光源辅以天然采光照明。

照明一般具有两个目的:一是辨别物体;二是增进环境气氛。良好的照明应充分满足人的生理和心理要求。

照明应包括的一些基本要求:

光度——照度和亮度的大小及分布状态等;色度——色温、显色性等;眩光的控制;阴影的利用;控制系统的稳定性、可靠性和安全性;照明设施(如灯具等)外形美观与周围环境协调匹配;经济性;照明系统维护管理的方便性等。

1.4　绿色照明(green lights)

绿色照明是指通过科学的照明设计,采用效率高、寿命长、安全和性能稳定的照明电器产品(电光源、灯用电器附件、灯具、配线器材、调光控制设备和控光器件),充分利用天然光,来最终达到高效、舒适、安全、经济、有益环境和改善提高人们工作、学习、生活条件和质量,以及有益于人们身心健康并充分体现现代文明的照明。

1.5　天然采光(daylighting)

天然采光又称为昼光照明。在采光设计中,我们提到昼光主要是指天空光,它是建筑采光主要光源。直射日光强度极高,变化很快,为防止眩光或避免房间过热,工作房间常需要遮蔽日光,所以在采光计算中一般不考虑直射日光的照度。不过,室内适量的直射日光也有积极的作用,变化不定的光影会增添室内环境的情趣,使人有接触大自然的感受,同时光影的移动也给人时间的信息。

将适当的昼光引进室内照明,让人能透过窗户看室外的景物,既可促进人的工作效率的提高,又可使人身心舒适。近年来的许多研究表明,太阳的全光谱辐射,是人们在生理上和心理上长期感到舒适愉快的关键因素。建筑物充分利用昼光照明的意义,不仅在于获得较高的视觉功效、节约能源和费用,而且还是一项长远的有益于人体健康的措施。

1.6　人工照明(artificial lighting)

人工照明是利用人工光源达到作业环境照明的需求。人工照明所使用的光为电光源。

1.7　昼光(daylight)

昼光是自然环境中最主要的光源,而所有的昼光均直接或间接来自太阳光。昼光包含直射的日光、大气层的天空光与地物反射光的总合。

1.8　日光(sunlight)

由太阳所射出的可见辐射线,即为日光,亦称为直射日光。

1.9　天空光(skylight)

日光在通过地球大气层时由于被空气中的尘埃和气体分子扩散结果，白天的天空呈现出一定的亮度,这就是天空光。

1.10　辐射和光(radiation and light)

1.10.1　光学辐射(optical radiation)

波长在向X射线过渡区($\lambda \approx 1nm$)和向无线电波过渡区($\lambda \approx 1mm$)的电磁辐射。

1.10.2　可见辐射(visible radiation)

能直接引起人眼视觉的光学辐射称之为可见辐射。

可见辐射的光谱范围没有明确的界限,因为它取决于到达视网膜的辐射功率和观察者的响应度,下限一般在360~400nm之间,上限在760~830nm之间。

1.10.3　红外辐射(infrared radiation)

波长比可见辐射长的辐射,称为红外辐射。通常将波长范围在780nm和1mm之间的红外辐射细分为:

IR-A　780~1400nm

IR-B　1.4~3μm

IR-C　3μm~1mm

1.10.4　紫外辐射(ultraviolet radiation)

波长比可见辐射短的辐射，称为紫外辐射。通常将波长范围在100nm和400nm之间的紫外辐射细分为:

UV-A　315~400nm

UV-B　280~315nm

UV-C　100~280nm

1.10.5　电磁辐射与光波之波长范围

见表1。

表1

电磁辐射种类		波长范围
无线电波		0.1m以上
红外线		780nm以上
可见光	红	640~780nm
	橙	590~640nm
	黄	550~590nm
	绿	492~550nm
	蓝	430~492nm
	紫	380~430nm
紫外线		10nm以上,380nm以下
X射线		0.005nm以上,100nm以下
γ射线		0.0005nm以上,0.1nm以下
宇宙射线		比γ射线更短

1.11　光的度量

1.11.1　测光量(photometric quantities)

光学计算上所需要的光度学的量值，称为测光量。照明工程中有关测光量单位及关系(如图1所示)。

1.11.2　辐射通量(radiant flux)或辐射功率(radiant power)

以辐射的形式发射、传播或接收的功率。

1.11.3　光通量(luminous flux)

光通量也可称为光束,是按照国际约定的人眼视觉特性评价的辐射通量。光通量可以由辐射通量及比视感度函数(光谱光视效率)$V(\lambda)$导出:

$$\Phi = K_m \int \Phi_{e,\lambda} V(\lambda) d\lambda$$

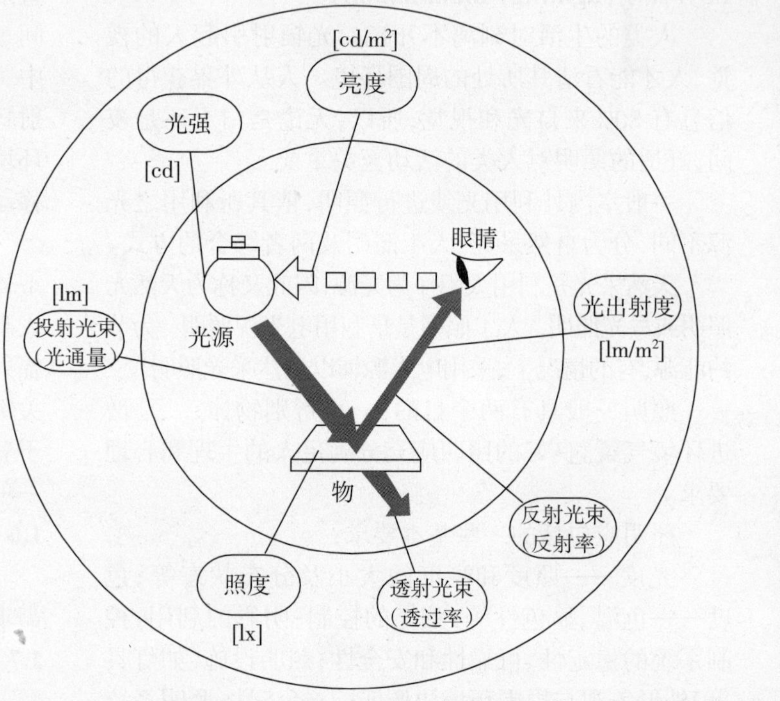

图1　测光量单位关系

式中 Φ——光通量(lm);

$\Phi_{e,\lambda}$——波长为 λ 的光谱辐射通量(W/m);

$V(\lambda)$——CIE 标准光度观测者明视觉比视感度函数(光谱光视效率);

K_m——最大视感度(lm/W)。

光通量的单位是流明,符号为 lm。在国际单位制和我国规定的计量单位中,它是一个导出单位。1 lm 是发光强度为 1cd 的均匀点光源在 1sr(球面度)的立体角内发出的光能量。

在照明工程中,光通量是说明光源发光能力的基本量。例如,一只 40W 普通照明白炽灯发射的光通量约为 470 lm; 一只 40W 荧光灯发射的光通量约为 2800 lm,比白炽灯多 6 倍多。

1.11.4 流明(lumen;lm)

光通量的单位。均匀发光强度为 1cd 的点光源,在单位立体角内所发射的光通量为 1 lm。

1.11.5 光量(quantity of light)

某时间内发散或通过之光之总和称为光量,即表示某时间内光通量之总和,亦即光通量之时间积分,代号 Q。光量的单位为 lm·h 及 lm·s。照相摄影所使用之闪光灯若不使用本单位无法规定其大小(效果)。

$$Q=\int_0^1 F\mathrm{d}t$$

1.11.6 流明-小时(lumen-hour)

光量的单位,等于以 1 lm 光通量,在 1h 内所发射或接收的光量。

1.11.7 流明-秒(lumen-second)

光量的单位,等于以 1 lm 光通量,在 1s 内所发射或接收的光量。

1.11.8 光强(luminous intensity)

光强又称为光强度, 点光源在某方向的光强,是光源在这一方向上立体角元内发射的光通量与该立体角元之商。符号为 I,单位是坎德拉(cd)。

$$I=\frac{\mathrm{d}F}{\mathrm{d}W}$$

如果在有限立体角 Ω 内传播的光通量 Φ 是均匀分布的,上式可写为:

$$I=\frac{\Phi}{\Omega}$$

式中 Ω——立体角。

其概念说明 (见图 2)。以任一锥体顶点 O 为球心,任意长度 r 为半径作一球面,被锥体截取的一部分球面面积为 S,则此锥体限定的立体角 Ω 为:

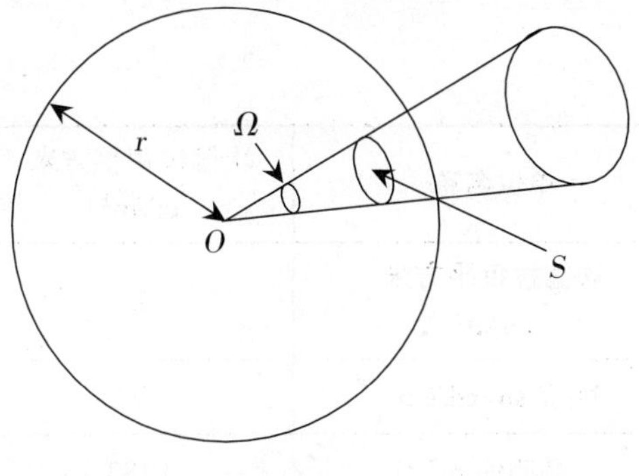

图 2 立体角定义

$$\Omega=\frac{S}{r^2}$$

立体角的单位是球面度(符号 sr)。当 $S=r^2$ 时,Ω=1sr,因为球的表面积为 $4\pi r^2$,所以立体角的最大数值为 4π 球面度。

光强的单位是坎德拉,符号 cd。1cd=1 lm/sr。

光强常用于说明光源和照明灯具发出的光通量在空间各方向或在选定方向上的分布密度。

1.11.9 坎德拉(candela;cd)

1948 年万国度量衡总会之决议在国际上对于光强的单位规定使用 cd,即国际烛光,又称之为坎德拉。

坎德拉是国际 SI 制的基本单位之一, 其他光度量单位都是由坎德拉导出的,1979 年 10 月 10 届国际计量大会通过的坎德拉定义如下:“一个光源发出频率为 540×10^{12}Hz 的单色辐射, 若在一定方向上的辐射强度为 1/683W/sr, 则光源在该方向上的发光强度为 1cd”。

1.11.10 烛光(candle-power)

光强的单位,符号为 candle。参见坎德拉。

1.11.11 亮度(luminance)

光源在某一方向的光亮度(简称亮度)$L(\varphi,\theta)$是光源在该方向上的单位投影面在单位立体角中发射的光通量, 如在微小的面积 dS 和微小的立体角 dΩ 内的光通量为 d$\Phi(\varphi,\theta)$,则亮度为:

$$I_{\varphi,\theta}=\frac{\mathrm{d}^2\Phi(\varphi,\theta)}{\mathrm{d}\omega\cdot\mathrm{d}A\cdot\cos\theta}$$

式中 $\mathrm{d}^2\Phi(\varphi,\theta)$——通过给定点的束元传输的并包含给定方向立体角 dΩ 内传播的光通量;

dA——包括给定点的辐射束截面积;

θ——辐射束截面积与辐射束方向的夹角,该量的符号为 L, 单位为坎德拉每平方米 ($\mathrm{cd\cdot m^{-2}=1mm^{-2}\cdot sr^{-1}}$)。

表 2 各种亮度单位的换算

单位名称	坎德拉每平方米 cd/m^2	熙提 $sb=cd/m^2$	毫朗伯 mL	英尺-朗伯 ft·L	阿波熙提 $asb=cd/m^2\cdot\pi^{-1}$
坎德拉每平方米 cd/m^2	1	0.0001	0.3142	0.2919	3.142
熙提 $sb=cd/cm^2$	10000	1	3142	2919	31416
毫朗伯 mL	3.183	0.0003183	1	0.929	10
英尺-朗伯 ft·L	3.426	0.0003426	1.076	1	10.76
阿波熙提 $asb=cd/cm^2\cdot\pi^{-1}$	0.3183	0.00003183	0.1	0.0929	1

亮度的单位有多种，除国际单位坎德拉每平方米（$cd\cdot m^{-2}$）外，曾经还用熙提（sb）、阿波熙提（asb）、英尺-朗伯（ft·L）等，各种亮度单位的换算见表 2。

1.11.12 阿熙提（apostilb；asb）

阿熙提为亮度单位，等于万分之一朗伯。亦称布兰德尔。

1.11.13 熙提（stilb；sb）

熙提为亮度之单位

熙提=烛光/平方公分（$1sb=1cd/cm^2$）

英制时使用 $1cd/in^2=0.155sb$

1.11.14 朗伯（lambert；l）

亮度的单位，等于每平方公分 π 分之一坎德拉，或者等于全漫射每平方公分发射或反射 1 lm 光通量时漫射面的均匀亮度。

1.11.15 英尺朗伯（footlambert；fl）

英尺朗伯为亮度之单位。1 footlambert=$3.426cd/cm^2$

1.11.16 视亮度（brightness）

对于一个固定光谱成分的光，在不同适应亮度条件下，其感觉亮度与实际亮度不同，或者在同一亮度条件下，不同光谱成分的光，其亮度感觉也不同，即客观的（计量）亮度与感觉到亮度之间有差异，为此，引进了一个“主观亮度”的概念，称之为“视亮度”。

人眼知觉一个区域所发射光的多寡的视觉属性称为视亮度，它受适应亮度水平和视觉敏锐度的影响，没有量纲，假如一个表面具有 $300cd/m^2$（100 英尺-朗伯）的亮度，当人们的眼睛适应于 $300cd/m^2$，它的视亮度为 100。

1.11.17 光照度 E（illuinance）

光照度（简称照度）是表征表面被照明程度的量，它是每单位表面接受到的光通量，如微小的面积 dS 上受到光通量为 dΦ，则此被照表面的照度为：

$$E=\frac{d\Phi}{dA}$$

该量的符号为 E，单位为勒克斯（lx），$1\ lx=1\ lm/1\ m^2$。

照度的单位除了勒克斯（lx）外，在北美地区使用英尺烛光（fc），1 fc=10.76 lx。在工程上还曾经用过辐透（ph）、毫辐透（mph）等，各种照度单位的换算见表 3。

1 lx 的照度是比较小的，在此照度下仅能大致地辨认周围物体，要进行区别细小零件的工作则是不可能的，为了对照度有些实际概念，现举几个例子：晴朗的满月夜地面照度约为 0.2 lx，白天采光良好的室内照度为 100～500 lx，晴天室外太阳散射光（非直射）下的地面照度约为 1000 lx，中午太阳光照射下的地面照度可达 100000 lx。

表 3 各种照度单位的换算

单位名称	勒克斯 $lx=1\ lm\cdot m^{-2}$	辐透 $ph=lm\cdot cm^{-2}$	英尺烛光 $fc=1\ lm\cdot ft^{-2}$
勒克斯 $1\ lx=1\ lm\cdot m^{-2}$	1	0.0001	0.0929
辐透 $ph=1\ lm\cdot cm^{-2}$	10000	1	929
英尺烛光 $fc=1\ lm\cdot ft^{-2}$	10.76	0.001076	1

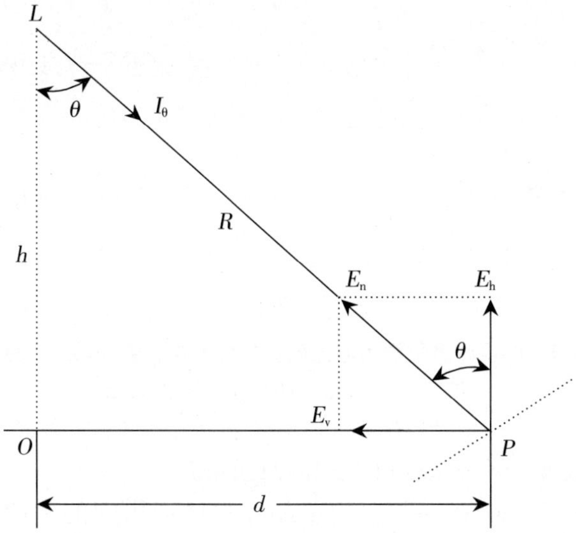

图 3　平面照度的种类

1.11.18　水平面照度(horizontal illuminance)

照度按照考虑的面，可分为水平面照度，垂直(面)照度和法线(面)照度三种。

水平(面)照度 E_h(见图 3)：

$$E_h=E_n\cos\theta=\frac{I_\theta}{R^2}\cos\theta=\frac{I_\theta}{h^2}\cos^3\theta=\frac{I_\theta}{d^2}\sin^2\theta\cdot\cos\theta$$

1.11.19　垂直面照度(vertical　illuminance)

垂直面照度 E_v：

$$E_v=E_n\sin\theta=\frac{I_\theta}{R^2}\sin\theta=\frac{I_\theta}{h^2}\cos^2\theta\cdot\sin\theta=\frac{I_\theta}{d^2}\sin^3\theta$$

1.11.20　法线面照度(normal illuminance)

法线面照度 E_n 为光线在与光线方向垂直的平面上的照度(见图 3)。

法线面照度 E_n：

$$E_n=\frac{I_\theta}{R^2}$$

1.11.21　光出射度 M

光源表面上某一微小面元 dS 向半个空间发出的光通量为 dΦ,则此面元的光出射光 M 为：

$$M=\frac{d\Phi}{dA}$$

对于任意大小的发光表面 A,若发射的光通量为 Φ,则表面 A 的平均光出射度 M 为：

$$M=\frac{\Phi}{A}$$

可见,光出射度就是单位面积发出的光通量,单位为 lm/m²。光出射度和照度具有相同的量纲,其区别在于光出射度是表示发光体发出的光通量表面密度,而照度则表示被照物体所接受的光通量表面密度。

对于因反射或透射而发光的二次发光表面,其出射度是：

反射发光　　$M=\rho E$

透射发光　　$M=\tau E$

式中　ρ——被照面的反射系数(反射比)；

τ——被照面的透射系数(透射比)；

E——二次发光面上被照射的照度。

1.12　眩光(glare)

由于视野中的亮度分布或亮度范围的不适宜,或存在极端的对比,以致引起不舒适感觉或降低观察细部或目标的能力的视觉现象。

1.12.1　眩光的种类

对于室内外照明而言,主要有：

(1)直接眩光(direct glare)。由视野中,特别是靠近视线方向存在的发光体所产生的眩光。

(2)反射眩光(glare by reflection)。由于反射,特别是反射像出现在被观察物体相同或邻近方向时所产生的眩光。

(3)光幕反射(veiling reflection)。视觉对象的镜面反射,它使视觉对象的对比度降低,以致部分地或全部地难以看清细部。

(4)不舒适眩光(discomfort glare)。产生不舒适感觉,但不一定降低视觉对象的可见度的眩光。

(5)失能眩光(disability glare)。降低视觉对象可见度的眩光。

其中不舒适眩光是衡量照明质量的一个重要指标,因此,在国际照明委员会及世界各国的照明设计指标中均将它作为照明质量指标以规定,并用相应的计算数据和图表进行评价。

1.12.2　不舒适眩光的评价

自 20 世纪 50 年代以来,最早评价不舒适眩光使用了英国的眩光指数评价法（GI 法），到 20 世纪 60 年开始使用美国的视觉不舒适概率法(VCP 法)。

由于以上两个方法都是单个眩光源的眩光感觉的累加影响，照明灯具配光等因素尚未考虑，这样 CIE 根据 Bodmann 和 Fisher 等人的研究成果推出了预测灯具产生的不舒适眩光的亮度限制曲线法,我国原《工业企业照明设计标准》(GB50034—1992)和原《民用建筑照明设计标准》(GBJ133—1990）采用 CIE 的亮度限制曲线法。

进一步研究表明以上三种评价方法相互的相关系数低，1983 年 CIE 曾使用过 Einhorn 提出的改进眩光指数 CGI 法，因此法使用起来不便，1982 年 Sorensen 在 CGI 法基础上提出了统一眩光值 UGR 法，并被 CIE 所采用，我国现行《建筑照明设计标准》（GB50034—2004）也采用了此法。

1.12.3 统一眩光值 Unified Glare Rating（URG）

统一眩光值是度量处于视觉环境中照明装置发出的光对人眼引起不舒适主观反应的心理参量，它是 CIE 评价直接眩光的最新方法，用来取代以前或目前正在使用的各种方法。

1.12.4 照明场所的统一眩光值（UGR）计算

（1）UGR 应按式（1.12.1）计算：

$$\mathrm{UGR}=8\lg\frac{0.25}{L_b}\sum\frac{L_a^2\cdot\omega}{P^2} \qquad (1.12.1)$$

式中 L_b——背景亮度（cd/m²）；

L_a——观察者方向每个灯具的亮度（cd/m²）；

ω——每个灯具发光部分对观察者眼睛所形成的立体角（sr）；

P——每个单独灯具的位置指数。

（2）式（1.12.1）中的各参数应按下列公式和规定确定：

①背景亮度 L_b 应按式（1.12.2）确定：

$$L_b=\frac{E_i}{\pi} \qquad (1.12.2)$$

式中 E_i——观察者眼睛方向的间接照度（lx）。

此计算一般用计算机完成。

②灯具亮度 L_a 应按式（1.12.3）确定：

$$L_a=\frac{I_\alpha}{A\cdot\cos\alpha} \qquad (1.12.3)$$

式中 I_α——观察者眼睛方向的灯具发光强度（cd）；

$A\cdot\cos\alpha$——灯具在观察者眼睛方向的投影面积（m²）；

α——灯具表面法线与观察者眼睛方向所夹的角度（°）。

③立体角 ω 应按式（1.12.4）确定：

$$\omega=\frac{A_p}{r^2} \qquad (1.12.4)$$

式中 A_p——灯具发光部件在观察者眼睛方向的表观面积（m²）；

r——灯具发光部件到观察者眼睛之间的距离（m）。

④古斯位置指数 P 应按图 4 生成的 H/R 和 T/R 的比值由表 4 确定。

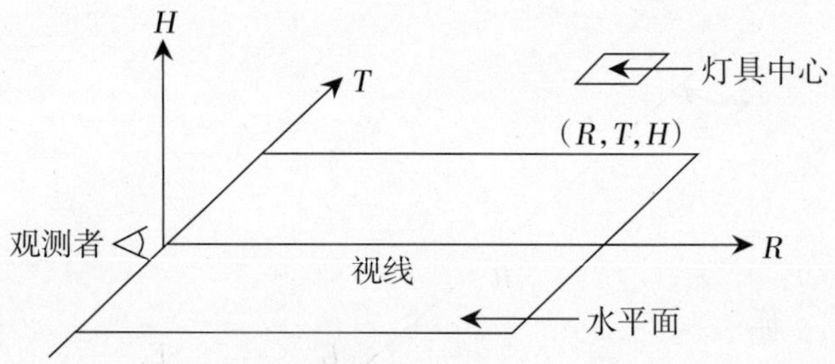

图 4 以观察者位置为原点的位置指数坐标系统（R,T,H），对灯具中心生成 H/R 和 T/R 的比值

1.12.5 统一眩值（UGR）的应用条件

（1）UGR 适用于简单的立方体形房间的一般照明装置设计，不适用于采用间接照明和发光天棚的房间；

（2）适用于灯具发光部分对眼睛所形成的立体角为 0.1sr>ω>0.0003sr 的情况；

（3）同一类灯具为均匀等间距布置；

（4）灯具为双对称配光；

（5）坐姿观测者眼睛的高度通常取 1.2m，站姿观测者眼睛的高度通常取 1.5m；

（6）观测位置一般在纵向和横向两面墙的中点，视线水平朝前观测；

（7）房间表面为大约高出地面 0.75m 的工作面、灯具安装表面以及此两个表面之间的墙面。

1.12.6 室外眩光的评价

CIE 的室外眩光评价方法为眩光指数（GR）法。

它是度量室外场地和体育场照明装置对人眼引起的不舒适感主观反应的心理参量。

（1）室外场地和体育场地的眩光值（GR）计算

①GR 的计算应按式（1.12.5）计算：

$$\mathrm{GR}=27+24\lg\frac{L_{v1}}{L_{ve}^{0.9}} \qquad (1.12.5)$$

式中 L_{vl}——由灯具发出的光直接射向眼睛所产生的光幕亮度（cd/m²）；

L_{ve}——由环境引起直接入射到眼睛的光所产生的光幕亮度（cd/m²）。

②1.12.5 式中的各参数应按下列公式确定：

由灯具产生的光幕亮度应按式（1.12.6）确定：

$$L_{v1}=10\sum_{i=1}^{n}\frac{E_{eyei}}{\theta_i^2} \qquad (1.12.6)$$

表 4 古斯位置指数表

T/R \ H/R	0.00	0.10	0.20	0.30	0.40	0.50	0.60	0.70	0.80	0.90	1.00	1.10	1.20	1.30	1.40	1.50	1.60	1.70	1.80	1.90
0.00	1.00	1.26	1.53	1.90	2.35	2.86	3.50	4.20	5.00	6.00	7.00	8.10	9.25	10.35	11.70	13.15	14.70	16.20	—	—
0.10	1.05	1.22	1.45	1.80	2.20	2.75	3.40	4.10	4.80	5.80	6.80	8.00	9.10	10.30	11.60	13.00	14.60	16.10	—	—
0.20	1.12	1.30	1.50	1.80	2.20	2.66	3.18	3.88	4.60	5.50	6.50	7.60	8.75	9.85	11.20	12.70	14.00	15.70	—	—
0.30	1.22	1.38	1.60	1.87	2.25	2.70	3.25	3.90	4.60	5.45	6.45	7.40	8.40	9.50	10.85	12.10	13.70	15.00	—	—
0.40	1.32	1.47	1.70	1.96	2.35	2.80	3.30	3.90	4.60	5.40	6.40	7.30	8.30	9.40	10.60	11.90	13.20	14.60	16.00	—
0.50	1.43	1.60	1.82	2.10	2.48	2.91	3.40	3.98	4.70	5.50	6.40	7.30	8.30	9.40	10.50	11.75	13.00	14.40	15.70	—
0.60	1.55	1.72	1.98	2.30	2.65	3.10	3.60	4.10	4.80	5.50	6.40	7.35	8.40	9.40	10.50	11.70	13.00	14.10	15.40	—
0.70	1.70	1.88	2.12	2.48	2.87	3.30	3.78	4.30	4.88	5.60	6.50	7.40	8.50	9.50	10.50	11.70	12.85	14.00	15.20	—
0.80	1.82	2.00	2.32	2.70	3.08	3.50	3.92	4.50	5.10	5.75	6.60	7.50	8.60	9.50	10.60	11.75	12.80	14.00	15.10	—
0.90	1.95	2.20	2.54	2.90	3.30	3.70	4.20	4.75	5.30	6.00	6.75	7.70	8.70	9.65	10.75	11.80	12.90	14.00	15.00	16.00
1.00	2.11	2.40	2.75	3.10	3.50	3.91	4.40	5.00	5.60	6.20	7.00	7.90	8.80	9.75	10.80	11.90	12.95	14.00	15.00	16.00
1.10	2.30	2.55	2.92	3.30	3.72	4.20	4.70	5.25	5.80	6.55	7.20	8.15	9.00	9.90	10.95	12.00	13.00	14.00	15.00	16.00
1.20	2.40	2.75	3.12	3.50	3.90	4.35	4.85	5.50	6.05	6.70	7.50	8.30	9.20	10.00	11.02	12.10	13.10	14.00	15.00	16.00
1.30	2.55	2.90	3.30	3.70	4.20	4.65	5.20	5.70	6.30	7.00	7.70	8.55	9.35	10.20	11.20	12.25	13.20	14.00	15.00	16.00
1.40	2.70	3.10	3.50	3.90	4.35	4.85	5.35	5.85	6.50	7.25	8.00	8.70	9.50	10.40	11.40	12.40	13.25	14.05	15.00	16.00
1.50	2.85	3.15	3.65	4.10	4.55	5.00	5.50	6.20	6.80	7.50	8.20	8.85	9.70	10.55	11.50	12.50	13.30	14.05	15.02	16.00
1.60	2.95	3.40	3.80	4.25	4.75	5.20	5.75	6.30	7.00	7.65	8.40	9.00	9.80	10.80	11.75	12.60	13.40	14.20	15.10	16.00
1.70	3.10	3.55	4.00	4.50	4.90	5.40	5.95	6.50	7.20	7.80	8.50	9.20	10.00	10.85	11.85	12.75	13.45	14.20	15.10	16.00
1.80	3.25	3.70	4.20	4.65	5.10	5.60	6.10	6.75	7.40	8.00	8.65	9.35	10.10	11.00	11.90	12.80	13.50	14.20	15.10	16.00
1.90	3.43	3.86	4.30	4.75	5.20	5.70	6.30	6.90	7.50	8.17	8.80	9.50	10.20	11.00	12.00	12.82	13.55	14.20	15.10	16.00
2.00	3.50	4.00	4.50	4.90	5.35	5.80	6.40	7.10	7.70	8.30	8.90	9.60	10.40	11.10	12.00	12.85	13.60	14.30	15.10	16.00
2.10	3.60	4.17	4.65	5.05	5.50	6.00	6.60	7.20	7.82	8.45	9.00	9.75	10.50	11.20	12.10	12.90	13.70	14.35	15.10	16.00
2.20	3.75	4.25	4.72	5.20	5.60	6.10	6.70	7.35	8.00	8.55	9.15	9.85	10.60	11.30	12.10	12.90	13.70	14.40	15.15	16.00
2.30	3.85	4.35	4.80	5.25	5.70	6.22	6.80	7.40	8.10	8.65	9.30	9.90	10.70	11.40	12.20	12.95	13.70	14.40	15.20	16.00
2.40	3.95	4.40	4.90	5.35	5.80	6.30	6.90	7.50	8.20	8.80	9.40	10.00	10.80	11.50	12.25	13.00	13.75	14.45	15.20	16.00
2.50	4.00	4.50	4.95	5.40	5.85	6.40	6.95	7.55	8.25	8.85	9.50	10.05	10.85	11.55	12.30	13.00	13.80	14.50	15.25	16.00
2.60	4.07	4.55	5.05	5.47	5.95	6.45	7.00	7.65	8.35	8.95	9.55	10.10	10.90	11.60	12.32	13.00	13.80	14.50	15.25	16.00
2.70	4.10	4.60	5.10	5.53	6.00	6.50	7.05	7.70	8.40	9.00	9.60	10.16	10.92	11.63	12.35	13.00	13.80	14.50	15.25	16.00
2.80	4.15	4.62	5.15	5.56	6.05	6.55	7.08	7.73	8.45	9.05	9.65	10.20	10.95	11.65	12.35	13.00	13.80	14.50	15.25	16.00
2.90	4.20	4.65	5.17	5.60	6.07	6.57	7.12	7.75	8.50	9.10	9.70	10.23	10.95	11.65	12.35	13.00	13.80	14.50	15.25	16.00
3.00	4.22	4.67	5.20	5.65	6.12	6.60	7.15	7.80	8.55	9.12	9.70	10.23	10.95	11.65	12.35	13.00	13.80	14.50	15.25	16.00

式中 E_{eyei}——观察者眼睛上的照度，该照度是在视线的垂直面上，由第 i 个光源所产生的照度(lx)；

θ_i——观察者视线与第 i 个光源入射在眼睛上的方向所形成的角度(°)；

n——光源总数。

由环境产生的光幕亮度应按式(1.12.7)确定

$$L_{ve}=0.035L_{av} \quad (1.12.7)$$

式中 L_{av}——可看到的照射场地的平均水平亮度(cd/m²)。

平均亮度 L_{av} 应按式(1.12.8)确定

$$L_{av}=E_{horav}\cdot\frac{\rho}{\pi\Omega_0} \quad (1.12.8)$$

式中　E_{horav}——照射场地的平均水平照度(lx)；

ρ——漫反射时区域的反射率；

Ω_0——1个单位立体角(sr)。

(2)眩光值(GR)的应用条件

①本计算方法用于常用条件下，满足照度均匀度的室外体育场地的各种照明布灯方式；

②视线方向低于眼睛高度；

③背景是被照场地；

④眩光值计算用的观察者位置可采用计算照度用的网格位置，或采用标准的观察者位置；

⑤一定数量角度间隔(5°～45°)转动选取一定数量观察方向。

1.13　闪烁(flicker)、频闪效应(srtoboscopic effect)

电光源的光通量随着交流电源电压的周期性交变而变化，特别是气体放电光源比白炽灯变化更大，光通量变化引起的照明忽亮忽暗形成了照明的不稳定，给人的视觉带来不舒适感，从而影响工作，这一因亮度或光谱分布随时间波动所引起的不稳定的视觉印象就称为闪烁。

这一现象若作用于照明运动的物体则产生频闪效应，即在以一定频率变化的光的照射下，观察到物体运动显现出不同于其实际运动的现象。

1.14　颜色(colour)

1.14.1　(知觉)色，颜色(perceived colour)

由有彩色成分或无彩色成分任意组成的视知觉属性。该属性可由黄、橙、棕、红、粉、红、绿、蓝、紫等彩色名或由白、灰、黑、等无彩色名表征，还可以明亮、亮、微暗、暗等词来修饰，也可用上述各种词的组合词进行描述。

1.14.2　物体色(object colour)

被人感知为某一物体所具有的颜色。

1.14.3　表面色(surface colour)

被人感知为某一漫反射或发射光的物体表面所呈现的颜色。

1.14.4　光源色(colour of light source)

由光源发出的光对视觉感知的色刺激。

1.14.5　色调(hue)

表面呈现出类似知觉颜色红、黄、绿、蓝、的一种或其中两种色组合的视觉属性。

1.14.6　彩度(chroma)

在相同照明条件下，比照呈现白色或高透明表面的视亮度来判断出一个表面色浓度。

1.14.7　色品，色度(chromaticity)

用CIE1931标准色度系统所表示的颜色性质。

1.14.8　色表(colour appearance)

与色刺激和材料质地有关的颜色的主观表现。

1.14.9　色温、相关色温、显色性和显色指数(见本篇第二章照明电光源2.1.3)

1.14.10　暖色(warm colour)

光源色的色温小于3300K时的颜色。

1.14.11　中间色(intermediate colour)

介于冷色和暖色之间的颜色。光源色的色温介于5300～3300K时为中间色。

1.14.12　冷色(cool colour)

光源色的色温大于5300K时的颜色。

2　照明技术

2.1　照明方式和种类

2.1.1　一般照明(general lighting)

为照亮整个场所而设置的均匀照明。

2.1.2　局部照明(local lighting)

特定视觉工作用的、为照亮某个局部而设置的照明。

2.1.3　混合照明(mixed lighting)

由一般照明与局部照明组成的照明。

2.1.4　常设辅助人工照明(permanent supplementary artificial lighting 缩写为PSALI)

当天然光不足和不适宜时，为补充室内天然光而日常固定使用的人工照明。

2.1.5　直接照明(direct lighting)

由灯具发射的光通量为90%～100%部分，直接投射到假定工作面上的照明。

2.1.6　半直接照明(semi-direct lighting)

由灯具发射的光通量为60%～90%部分，直接投射到假定工作面上的照明。

2.1.7　一般漫射照明(general diffused lighting)

由灯具发射的光通量为40%～60%部分，直接投射到假定工作面上的照明。

2.1.8　半间接照明(semi-indirect lighting)

由灯具发射的光通量为10%～40%部分，直接投射到假定工作面上的照明。

2.1.9　间接照明(indirect lighting)

由灯具发射的光通量为10%以下部分，直接投射到假定工作面上的照明。

2.2 照明计算

2.2.1 总光通量(total flux)

光源在 4π 球面立体角内的光通量总和。

2.2.2 下半球光通量(downward flux)

光源或灯具在水平面下的 2π 立体角内的总光通量。

2.2.3 上半球光通量(upward flux)

光源或灯具在水平面上的 2π 立体角内的总光通量。

2.2.4 直接光通量(direct flux)

表面上直接得到来自照明装置的光通量。

2.2.5 间接光通量(indirect flux)

表面上由其他表面反射之后所得到的光通量。

2.2.6 参考平面(reference surface)

测量或规定照度的平面。

2.2.7 工作面(working plane)

在其表面上进行工作的参考平面。

2.2.8 利用系数(utilization factor)

投射到参考平面上的光通量与照明装置中的光源的额定光通量之比。

2.2.9 室空间比(room cavity ratio)

表征空间几何形状的数值。其计算公式为:

$$\mathrm{RCR}=\frac{5h(a+b)}{a\cdot b}$$

式中 RCR——室空间比;

a——房间宽度;

b——房间进深;

h——灯具计算高度。

2.2.10 维护系数(maintenance factor)

照明装置在使用一定周期后,在规定表面上的平均照度或平均亮度与该装置在相同条件下新装时在规定表面上所得到的平均照度或平均亮度之比。

2.2.11 维持平均照度(maintained average illuminance)

规定表面上的平均照度不得低于此数值。它是在照明装置必须进行维护的时刻,在规定表面上的平均照度。

2.2.12 照度均匀度(uniformity ratio of illuminance)

规定表面上的最小照度与平均照度之比。

2.2.13 利用系数法(method of utilization factor)

根据房间的几何形状、灯具的数量和类型确定工作面平均照度的计算法。

2.2.14 逐点法(point method)

利用灯具的光度数据,算出面上各点照度的计算方法。

2.2.15 照明功率密度(lighting power density)

单位被照面积上所安装的照明功率,单位为 W/m^2。

2.3 采光技术

2.3.1 采光系数(daylight factor)

在室内给定平面的一点上,由已知其亮度分布的天空光产生的照度与同一时刻该天空光在室外无遮挡水平面上产生的照度之比。

2.3.2 窗地面积比(ratio of glazing to floor area)

窗洞口面积与地面面积之比

2.3.3 采光均匀度(uniformity of daylighting)

假定工作面上的采光系数的最低值与平均值之比。

2.3.4 光气候系数(daylight climate coeffcient)

根据光气候特点,按年平均总照度值确定的分区系数。

2.3.5 晴天方向系数(orientation coefficient of clear day)

计算采光系数时,考虑因晴天时不同纬度地区和不同朝向的窗使室内采光系数增加的系数。

2.3.6 日照时间(sunshine duration)

在一定的时间段内(时、日、月、年),投射到与太阳光线垂直平面上的直接日辐射量超过 $120W/m^2$ 的累计时间。

2.3.7 可照时间(某一特定地点)(possible sunshine duration at a particular location)

在一定的时间段内,太阳光照射在建筑物上的累计时间。

2.3.8 日照率(relative sunshine duration)

在同一时间段内,日照时间与可照时间之比。

2.3.9 日照间距(sunshine spacing)

两平行建筑间的相对的两墙面之间,由前栋建筑物计算高度、太阳高度角和后栋建筑物墙面法线与太阳方位所夹的角确定的距离。

2.3.10 最小日照间隔(minimum sunshine spacing)

为保证得到规定的日照时间,前后两栋建筑物间的最小间距。

2.3.11 日照间距系数(coefficiedt of sunshine spacing)

日照间距与前栋建筑物计算高度之比值。

2.4 材料的光学特性和照明测量

2.4.1 反射比(reflectance)

在入射辐射的光谱组成、偏振状态和几何分布给定的条件下,反射的辐射通量或光通量与入射通量之比,符号为 ρ。

2.4.2　透射比(transmittance)

在入射辐射的光谱组成、偏振状态和几何分布给定的条件下,透射的辐射通量或光通量与入射通量之比,符号为τ。

2.4.3　漫射体(diffuser)

主要靠漫射现象改变辐射的空间分布的器件。如果漫射体所反射或透射的全部辐射是漫射的,则可称为全漫射体,它与反射和透射是否各向同性无关。

2.4.4　照度计(illuminance meter)

测量照度的仪器。

2.4.5　光谱光度计 分光光度计(spectl photometer)

在相同波长上,测量一种辐射量的两个值之比的仪器。

2.4.6　亮度计(luminance meter)

测量亮度的仪器。

2.4.7　反射计(reflectomerer)

有关光反射量的测量仪器。

2.4.8　色度计(colorimeter)

测量色三刺激值和色度坐标等色度量的仪器。

2.4.9　光电池(photocell)

吸收光辐射而产生电动势的光电探测器。

照明电器产品

中国照明学会　甘子光

1　照明电光源

近250万年前,人类诞生于非洲热带地区,以后发展遍及全球。白天,人类依靠太阳光,通过视觉系统(眼睛和视神经)感知五彩缤纷的万物世界。进入到茫茫的黑夜,人们需要通过照明装置营造一个空间环境,来延伸其活动的时间和空间。

人类采用火炬、烛光、油灯等原始照明方式,经历了悠悠的漫长岁月。直至1879年美国发明家爱迪生发明了白炽灯,人类才开始进入到电光源的照明时代。随着科学技术的进步,电光源不断发展:1931年发明低压钠灯,1936年发明荧光灯和高压汞灯,1959年发明卤钨灯,1964年发明金属卤化物灯,1965年发明高压钠灯,1973年发明三基色荧光灯,1980年发明紧凑型荧光灯,1991年发明高频无极灯等。电光源是构成照明系统的主体,127年来有了很大的发展,目前品种规格繁多的优质电光源产品的诞生,为人类营造高质量的照明环境,创造了良好的条件。

1.1　照明电光源的分类

照明电光源一般分为三类,即白炽灯、气体放电灯、其他电光源(见图5)。

1.2　照明电光源的工作原理,特点和应用

照明电光源一般分为白炽灯、气体放电灯和其他电光源三大类,在照明工程中,可根据具体情况,选择各种光源。

1.2.1　白炽灯(incandescent lamp)

白炽灯是根据热辐射原理,使电流通过由钨丝制成的灯丝发热到白炽状态而发光的光源。白炽灯又分为普通照明白炽灯和卤钨灯。

(1)普通照明白炽灯(genel lighting incandescent lamp)。即一般常用的白炽灯泡。

特点:显色性好(Ra=100)、响应时间短、可连续调光、结构简单、价格低廉,但寿命短、光效低。

用途:居室、客厅、大堂、客房、商店、餐厅、走道、会议室、庭院。

运用方式:台灯、顶灯、壁灯、床头灯、走廊灯。

(2)卤钨灯(tungsten halogen lamp)。卤钨灯是在灯的填充气体内添加少量卤族元素或卤化物的充气白炽灯。具有普通照明白炽灯的全部特点,光效和寿命比普通照明白炽灯提高一倍以上,且体积小。

用途:会议室、展览展示厅、客厅、商业照明、影视

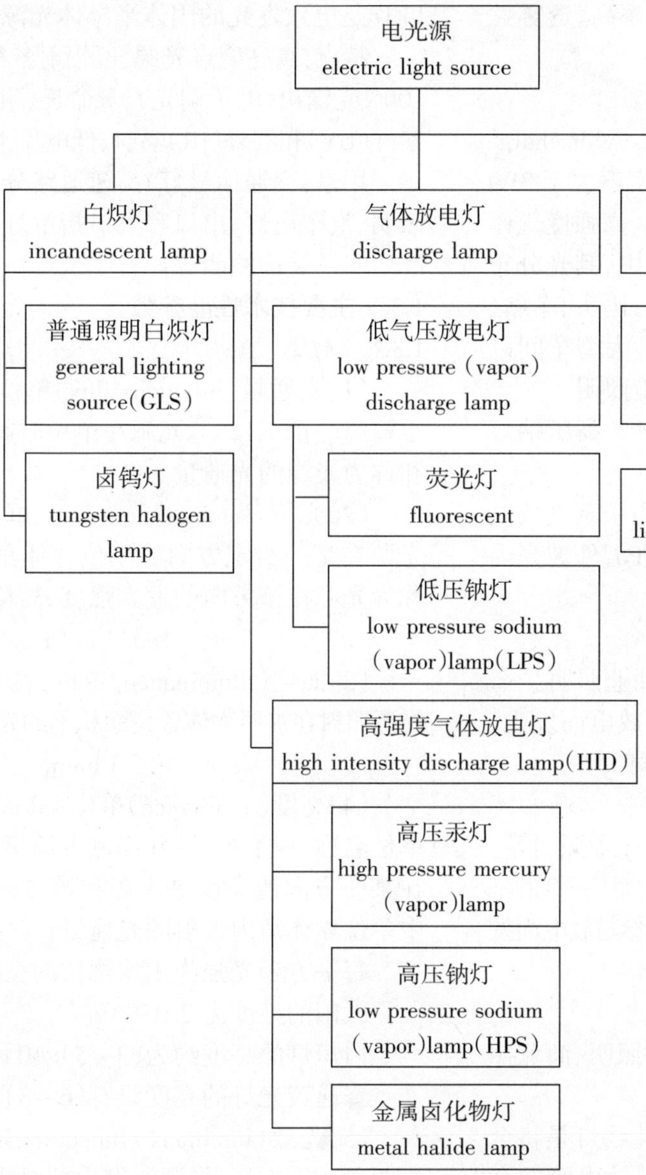

图 5 照明电光源的分类

舞台、仪器仪表、汽车、飞机以及其他特殊照明。

1.2.2 气体放电灯(discharge lamp)

利用气体放电发光原理制成的灯称为气体放电灯。气体放电时灯又分为有低气压放电和高强度气体放电灯。

(1)低气压放电灯[low(vapor)pressure discharge lamp]。放电灯的放电管内的气体总压强不超过几百Pa(相当于1%~4%个大气压)的灯称为低气压放电灯,有荧光灯、低压钠灯、冷阴极灯、霓虹灯、氖灯等。

①荧光灯(fluorescent lamp)。荧光灯习称日光灯,属低气压放电灯。它是利用低压汞蒸气放电辐射出的短波紫外线(波长为253.7nm)激发荧光粉而发出可见光。

特点:光效高、寿命长、光色好。

荧光灯有直管型、环型、紧凑型等,是应用范围十分广泛的节能照明电光源。

用直管型荧光灯取代白炽灯,节电70%~90%,寿命长5~10倍;

对直管型荧光灯进行升级换代,节电15%~50%;

用紧凑型荧光灯取代白炽灯,节电70%~80%,寿命长5~10倍。

②低压钠灯[low(vapor)pressure sodium lamp]。低压钠灯是由钠蒸气的分压强为0.7~1.5Pa的压力下,辐射出波长为589.0mm和589.6mm的黄橙光的低气体放电灯。

特点：光效特高、寿命长、光通维持率高、透雾性强，但显色性差。

用途：隧道、港口、码头、矿场等照明。

（2）高强度气体放电灯（high intensity discharge lamp-HID）。放电管的单位面积的电力密度大于 3W/cm^2 的气体放电灯称为高强度气体放灯。高强度气体放电灯效率高、寿命长，发光体相对较集中，其光分布状态便于光学控制，可应用于广场、港口、码头、车站、机场、道路、街道、体育场馆、园林、庭院、大型车间以及建筑物立面等各种场所的室内、外环境照明。

高强度气体放电灯有：荧光高压汞灯、高压钠灯和金属卤化物灯。

①荧光高压汞灯。荧光高压汞灯是由汞蒸气放电而发光，汞蒸气的分压强达到或大于 10^5Pa，外玻壳内壁涂有荧光物质的放电灯。

特点：寿命长、成本相对较低。

用途：道路照明、室内外工业照明、商业照明。

②高压钠灯。高压钠灯是由钠蒸气放电而发光，灯内钠蒸气的分压强达到 10^4Pa 的放电灯。

特点：寿命长、光效高、透雾性强。

用途：道路照明、泛光照明、广场照明、工业照明等。

③金属卤化物灯。金属卤化物灯是在高压汞灯的基础上添加金属卤化物，使金属原子或分子参与放电而发光的气体放电灯。

特点：寿命长、光效高、显色性好。

用途：工业照明、城市功能及装饰性照明、商业照明、体育场馆照明以及道路照明等。

④陶瓷金属卤化物灯。陶瓷金属卤化物灯是将金属卤化物灯的石英放电管改成陶瓷材料放电管的金属卤化物灯。

特点：性能优于一般金卤灯。

用途：商场、橱窗、重点展示及商业街道照明。

1.2.3 其他电光源（others）

（1）高频无极灯（electrodeless lamp）。高频无极灯系高频电能通过灯内的感应线圈，产生交变电磁场，使放电管内的汞蒸气放电产生的紫外线激发管壁的荧光粉而发出可见光。

特点：超长寿命（40000～80000h）、无电极、瞬间启动和再启动、无频闪、显色性好。

用途：公共建筑、商店、隧道、步行街、高杆路灯、保安和安全照明及其他室外照明。

（2）发光二极管——LED（light emitting diode）。LED 是电致发光的固体半导体光源。

特点：高亮度点光源、可辐射各种色光和白光、0～100%光输出（电子调光）、寿命长、耐冲击和防震动、无紫外（UV）和红外（IR）辐射、低电压下工作（安全）。

用途：交通信号灯、高速道路分界照明、道路护栏照明、汽车尾灯、出口和入口指示灯、桥体或建筑物轮廓照明及装饰照明等。

1.3. 主要技术性能参数

1.3.1 光度

（1）光通量（luminous flux）单位：流明（lm）（详见本篇第一章 1.12）。光源在单位时间内发出的光量总和称为光源的光通量。

（2）光强（luminous intensity）单位：坎德拉（cd）。光源在某一给定方向的单位立体角内发射的光通量称为光源在该方向的发光强度，简称光强。

$$1cd=1\ lm/sr$$

（3）照度（illuminance）单位：勒克斯（lx）。照度是光源照射在被照物体单位面积上的光通量。

$$1\ lx=1\ lm/m^2$$

（4）亮度（luminance）单位：cd/m^2，尼特（nt）是旧的单位名称，现不再采用（详见本篇第一章 1.12）。光源在某一方向的亮度是光源在该方向上的单位投影面中单位立体角内发射的光通量。

每平方米光强为 1 坎德拉的亮度为 1cd/m^2

太阳的亮度为 2×10^9cd/m^2

白炽灯的亮度约为（3～5）$\times10^6$cd/m^2

普通荧光灯的亮度只有（6～8）$\times10^3$cd/m^2

（5）光效（luminous efficacy of light source）单位：流明/瓦（lm/W）。光源所发出的总光通量与该光源所消耗的电功率（瓦）的比值，称为该光源的光效。

（6）平均寿命（average life）单位：小时（h）。指一批灯燃点，当其中有 50%的灯损坏不亮时所燃点的小时数。

1.3.2 色度

（1）色温（CT——colour temperature）。当光源所发出的光的颜色与黑体在某一温度下辐射的颜色相同时，黑体对应的温度就称为该光源的色温，用绝对温度 K（kelvim）表示。

黑体辐射理论是建立在热辐射基础上的，所以白炽灯一类的热辐射光源的光谱能量分布与黑体的光谱能量分布比较接近，都是连续光谱，用色温的概念完全可以描述这类光源的颜色特性。

(2)相关色温(CCT——correlated colour temperature)。当光源所发出的光的颜色与黑体在某一温度下辐射的颜色接近时,黑体对应的温度就称为该光源的相关色温,单位为K。

由于气体放电光源一般为非连续光谱,与黑体辐射的连续光谱不能完全吻合,所以都采用相关色温来近似描述其颜色特性。

色温(或相关色温)在3300K以下的光源,颜色偏红,给人一种温暖的感觉;色温超过5300K时,颜色偏蓝,给人一种清冷的感觉。通常气温较高的地区,人们多采用色温高于4000K的光源,而气温较低的地区则多用4000K以下的光源。

(3)显色指数(*Ra*)(colour rendering index)。太阳光和白炽灯均辐射连续光谱,在可见光的波长(380~760nm)范围内,包含着红、橙、黄、绿、青、蓝、紫等各种色光。物体在太阳光和白炽灯的照射下,显示出颜色,我们认为是它的真实颜色,但当物体在非连续光谱的气体放电灯的照射下,颜色就会有不同程度的失真。我们把光源对物体真实颜色的呈现程度称为光源的显色性。

为了对光源的显色性进行定量的评价,引入显色指数的概念。以标准光源为准,将其显色指数定为100,其余光源的显色指数均低于100。显色指数用*Ra*表示,*Ra*值越大,光源的显色性越好。

1.4 主要光源的技术指标(见表5)

2 照明灯具

能传递光能并改变其分布状态的器具,我们把它叫做灯具。灯具一般由除光源外的所有与光源配套的电器附件(如变压器、镇流器、启动器等)和光学、机械零部件以及供电和控制电源所必要的配线器件和灯具壳体所组成。

随着科学技术的进步,人类物质文明和精神文明得到不断提高,照明已远远不是一般概念的满足一定的光度、色度(或者说亮、暗和颜色)的要求,简单地照亮某一个空间环境的问题,而是要根据某一特定环境的特性,赋予一定的艺术、文化内涵或表达出某种特定意义。

光源无疑是实现环境照明的主体,但裸露的光源,无论如何也达不到上述的高质量、高水平、高品味的照明效果。因此,近代品种规格繁多、性能和质量优良的照明灯具的诞生,正是适应了这一个客观形势需要。

概括地说,灯具的作用是:

(1)功能性:将光能(或光信号)传递到所需照明(或光信号)的环境(或场所);

(2)装饰性;

(3)功能性+装饰性。

总之,灯具是实现近代化科学照明的不可或缺的重要组成部分。

表5 主要光源的技术指标

光源种类	光效/(lm/W)	显色指数/*Ra*	色温/K	平均寿命/h
普通照明白炽灯	15	100	2800	1000
卤钨灯	25	100	3000	2000~5000
普通荧光灯	70	70	全系列	10000
三基色荧光灯	93	80~98	全系列	12000
紧凑型荧光灯	60	85	全系列	8000
高压汞灯	50	45	3300~4300	6000
金属卤化物灯	75~95	65~92	3000/4500/5600	6000~20000
高压钠灯	100~120	23/60/85	1950/2200/2500	24000
低压钠灯	200		1750	28000
高频无极灯	55~70	85	3000~4000	40000~80000
白光LED	25~50	75	全系列	20000~50000

2.1　照明灯具的分类

照明灯具的分类方法很多，如按用途分类，按CIE推荐的根据光通量分配比例分类和防尘、防潮、防触电等级分类等。

2.1.1　用按途分类

按用途一般可分为室外照明、室内照明和其他照明(见图6)。

2.1.2　按国际照明委员会(CIE)推荐的灯具分类(室内照明)

根据国际照明委员会(CIE)的建议，灯具按光通量在上下空间分布的比例分为五类：直接型、半直接型、全漫射型(包括水平方向光线很少的直接——间接型)、半间接型和间接型。

(1)直接型灯具(direct lighting luminaire)。此类灯具绝大部分光通量(90%～100%)直接投照下方，所以灯具的光通量的利用率最高。

(2)半直接型灯具(simi-direct lighting luminaire)。这类灯具大部分光通量(60%～90%)射向下半球空间，少部分射向上方，射向上方的分量将减少照明环境所产生的阴影的硬度并改善其各表面的亮度比。

(3)漫射型或直接—间接型灯具(diffused lighting luminaire)。灯具向上向下的光通量几乎相同(各占40%～60%)。

最常见的是乳白玻璃球形灯罩，其他各种形状漫射透光的封闭灯罩也有类似的配光。这种灯具将光线均匀地投向四面八方，因此光通利用率较低。

(4)半间接灯具(simi-indirect lighting luminaire)。灯具向下光通占10%～40%，它的向下分量往往只用来产生与天棚相称的亮度，此分量过多或分配不适当也会产生直接或间接眩光等一些缺陷。

图6　照明灯具的分类

上面敞口的半透明罩属于这一类。它们主要作为建筑装饰照明，由于大部分光线投向顶棚和上部墙面，增加了室内的间接光，光线更为柔和宜人。

(5)间接灯具(indirect lighting luminaire)。灯具的小部分光通(10%以下)向下。设计得合理时，全部天棚成为一个照明光源，达到柔和无阴影的照明效果，由于灯具向下光通很少，只要布置合理，直接眩光与反射眩光都很小。此类灯具的光通利用率比前面四种都低。

2.1.3 按防触电保护分类

为了电器安全，灯具所有带电部分必须采用绝缘材料等加以隔离。灯具的这种保护人身安全的措施称为防触电保护。根据防触电保护方式，灯具可分为0，Ⅰ，Ⅱ和Ⅲ4类，但0类现已取消。每一类灯具的主要性能及其应用情况都有详细的说明(见表6)。

从电气安全角度看，0类灯具的安全程度最低，Ⅰ、Ⅱ类较高，Ⅲ类最高。在照明设计时，应综合考虑使用场所的环境、操作对象、安装和使用位置等因素，选用合适类别的灯具。在使用条件或使用方法恶劣的场所应使用Ⅲ类灯具，一般情况下可采用Ⅰ类或Ⅱ类灯具。

2.1.4 按防护IP(Ingree protection)分类

按国际电工委员会标准IEC529—598和国标GB700—1986规定，根据水和异物的侵入的防护程度进行分类。如IP65，其中第一位数字与表7中等级6对应，表示完全防尘。而第二位数字与表8中等级5对应，表示防止喷水进入，其余依此类推。

(1)防异物(见表7)。

(2)防水(见表8)。

2.2 典型高效照明灯具(typical high efficiency luminaire)

2.2.1 高效格栅灯具(一般用途)(louver lighting luminaire-general)

(1)特点。光源采用高效荧光灯；反射器采用专用

表6 灯具的防触电保护分类

灯具等级	灯具主要性能	应用说明
0类	保护依赖基本绝缘——在易触及的部分及外壳和带电体间的绝缘	适用安全程度高的场合，且灯具安装、维护方便。如空气干燥、尘埃少、木地板等条件下的吊灯、吸顶灯(0类现已取消不用)
Ⅰ类	除基本绝缘外，易触及的部分及外壳有接地装置，一旦基本绝缘失效时，不致有危险	用于金属外壳灯具，如投光灯、路灯、庭院灯等，提高安全程度
Ⅱ类	除基本绝缘，还有补充绝缘，做成双重绝缘或加强绝缘，提高安全性	绝缘性好，安全程度高，适用与环境差、人经常触摸的灯具，如台灯、手提灯等
Ⅲ类	采用特低安全高压(交流有效值小于50V)，且灯内不会产生高于此值的电压	灯具安全程度最高，用于恶劣环境，如机床工作灯、儿童用灯等

表7 灯具IP分类防异物等级

特征等级	防护等级	
	简述	防护细节
0	无防护	无特殊防护要求
1	防止大于50mm异物进入	防止大面积的物体进入，例如手掌等
2	防止大于12mm异物进入	防止手指等物体进入
3	防止大于2.5mm异物进入	防止工具、导线等进入
4	防止大于1.0mm异物进入	防止导线、条带等进入
5	防止小于1.0mm异物进入	不严格防尘，但不允许过量的尘埃进入以致 使设备不能满意的工作
6	完全防尘	不准尘埃进入

表8 灯具IP分类防水等级和程度

特征等级	防护等级	
	简 述	防护细节
0	无防护	无特殊防护要求
1	防止水滴进入	垂直下滴水滴应无害
2	防止倾斜150°的水滴	灯具外在正常位置到倾斜150°角时垂直下滴水滴应无害
3	防止洒水进入	与垂直650°角处洒下的水应无害
4	防止泼水进入	任意方向对灯具封闭体泼水应无害
5	防止喷水进入	任意方向对灯具封闭体喷水应无害
6	防海浪进入	防止强力喷射的灌水或进入量不损害灯具
7	防浸水	以一定压力和时间将灯具浸在水中时,进入水量不有害于灯具
8	防淹水	在规定的条件下灯具能持续淹没在水中而不受影响

高纯阳极氧化铝;光输出效率高、耐久性好。

(2)适用场所。大空间办公室、个人办公室、会议室、接待室、商场和专卖店、学校、展览展示厅。

2.2.2 格栅灯具(特殊用途)(louver lighting luminaire-specil)

(1)特点。结构与一般格栅灯具类似,但带有高透明度的防护盖板。

(2)适用场所。电子元器件厂、制药厂、食品厂以及其他洁净度等级要求100~10000的工业照明。

2.2.3 吊灯(suspended luminaire)

(1)特点。集功能性与装饰性于一体;适用于紧凑型荧光灯、卤钨灯或普通白炽灯、陶瓷金卤灯、高频无极灯等。

(2)适用场所。商业大楼、大堂入口、专卖店、展览展示中心、百货商场。

2.2.4 嵌入式筒灯(投光灯)(recessed luminaire)

(1)特点。适用于紧凑型荧光灯、卤钨灯、小功率陶瓷金卤灯;采用高反射率反射器,效率高、耐久性好。

(2)适用场所。大堂入口、饮食店、服装店、展示中心、百货商场、银行、零售店、会议室、报告厅等。

2.2.5 高天棚投光灯(high-bay luminaire)

(1)特点。电器箱采用高压铸铝成型,散热性好。反射器采用高纯氧化铝,配有安全防护玻璃(或高质量的PMMA雅克力);适用于高压钠灯、金卤灯、高频无极灯等多种光源;可做成宽光束、中光束和窄光束的多种配光。

(2)适用场所。工业厂房、体育馆、超市、高天棚的工业、商业及展示中心照明。

2.2.6 泛光灯具(floodlight luminaire)

光束发散角大于100°的投光灯,称为泛光灯。其形状有圆型和方型。

(1)特点。结构——高强度压铸成型的灯体外壳,高纯铝反射器,1.6~3mm厚的钢化玻璃和硅橡胶密封圈密封,具有不锈钢的安全防护网罩;光源采用400W、1000W、2000W的金卤灯,400W、1000W高压钠灯。

(2)适用场所。体育运动场馆、高层建筑物立面泛光照明和机场、港口、码头、广场照明。

2.2.7 道路照明灯具(luminaire for road lighting)

(1)特点。结构——灯体外壳由压铸铝成型,高强度钢化玻璃透光罩,采用硅橡胶密封,反射器采用经阳极氧化处理的高纯铝板成型。

(2)适用场所。高速公路、城市干道、桥梁、港口等。

2.2.8 庭园灯(courtyard luminaire)

为了适应城市环境照明工程的需要,庭园灯最近几年来得到了迅速发展,除传统形的直接式照明型外,反射式的间接照明型得到越来越广泛的应用。

(1)直接式照明型(direct)。特点:结构——采用模块化设计,灯具可由不同反射器、遮光罩、安装支架和灯杆灵活组合;集功能性与装饰性于一体;可选用多种光源。

适用场所:庭园、城市绿化区、步行街、广场、商场购物区等户外开放空间。

(2)反射式的间接照明型(indirect)。特点:光源置于灯柱下端,通过光导材料的反射与漫射,使灯柱本身成为一个柔和的发光体;光源电器附件和反射器部分置于灯柱下端,维护方便;上端的带装饰性的光输出反射器可设计成各种形式;光源一般采用金卤灯。

适用场所:庭园、城市绿化区、步行街、广场、商场购物区等户外开放空间。

2.3 在照明工程灯具的选择原则

(1)在满足眩光限制的条件下,宜选用开启式(敞开式)灯具。

(2)在采用带格栅或保护罩的灯具及嵌入式灯具时,应采用灯具效率高的产品。推荐值:

①荧光灯灯具的效率见表9;

②高强度气体放电灯灯具效率见表10;

③用作间接照明的灯具(荧光灯或高强度气体放电灯),其灯具效率不宜低于75%;

④投光灯的灯具效率随光束角大小不同而异,对宽光束灯具其效率不宜低于55%。

(3)应按室空间比(RCR)选用配光合理的灯具(见表11)。

(4)应选用具有光维持率高的灯具,灯具的反射材料和透射材料宜采用反射比和透射比高、耐久性好的材料。

(5)宜选用便于维修和易于更换光源的灯具。

(6)应选用经国家授权或国外权威的检测认证机构对产品进行过检测认证的灯具。

表9

灯具光输出口形式	敞开式	带铝片格栅	带保护罩(玻璃或塑料)	
			光滑透明或带棱齿形	磨砂
灯具效率	75%	60%	65%	55%

表10

灯具光输出口形式	敞开式	带格栅或透光罩
灯具效率	75%	55%

表11 灯具配光的选择

室空间比 RCR	灯具最大允许距高比	配光种类
1~3	1.5~2.5	宽光束配光
3~6	0.8~1.5	中光束配光
6~0	0.5~1.0	窄光束配光

2.4 家居照明灯具

随着生活水平的提高和人们个性化的追求,对室内照明灯具的功能性和装饰性的要求越来越精益求精,新型照明的家居照明灯具不断涌现,以适应各种不同爱好、不同经济条件的人们的需要,但从推进绿色照明工程发展角度来看,家居照明应首先选用高效电光源(如直管形、环形和紧凑型荧光灯、卤钨灯等)及与之匹配的高效灯具,还可以选择光导纤维和发光二极管(LED)等作为局部点缀性的装饰。尽可能注意减少眩光和特别注意照明电器的使用安全。对于阅读文件、书刊及学生作业,最好在大面积背景照明情况下,选用40W左右的白炽灯或10~15W高质量的荧光灯灯具做为局部照明。

2.5 主要技术性能参数

2.5.1 灯具效率(luminaire efficiency)

灯具输出的总光通量与灯具内所有光源发射出的总光通量之比,一般用百分数表示。

2.5.2 灯具的配光或光强分布(distribution of luminous intensity)

用曲线或表格表示灯具在空间各方向的光输出强度分布值称为灯具的配光曲线或光分布曲线,它是表征灯具的重要特性参数。

2.5.3 光束角(beam angle)

对称于光束主轴(或光轴),在两相反方向的发光强度恰为其最大值的50%所形成的夹角。

2.5.4 截光(cut-off)

为遮挡人眼直接看到高亮度的发光体,以减少眩目作用的技术方法。

2.5.5 截光角(灯具的)(cut-off angle of a luminaire)

在灯具垂直轴与刚好看不见亮度的发光体的视线之间的夹角。

2.5.6 遮光角(shielding angle)

截光角的余角。

3 灯用电器附件

为保证不同类型电光源(白炽灯和气体放电灯)在电网电压下正常可靠工作而配置的电器件统称为灯用电器附件。如低压白炽灯(包括低压卤钨灯)需配用变压器,而气体放电灯需配用镇流器、触发器或启动器,半导体照明光源(LED)要求在低压直流状态工作,在某些情况下,要求产生动态效果,因此,需配用驱动和控制的电器附件等。

3.1　灯用电器附件的分类

3.1.1　按用途分类(见图 7)

3.1.2　按工作原理分类(见图 8)

3.2　启动器(启辉器)starter

启动荧光灯的附件。它使灯的阴极得到必须的预热,并与串联的镇流器一起产生脉冲电压使灯启动。

3.3　触发器 ignitor

产生脉冲高压(或脉冲高频高压)使放电灯启动的附件。

3.4　镇流器 ballast

为限制稳定气体放电灯电流而与放电灯一起使用的器件。镇流器可以是电感式、电容式、电阻式或这些的组合方式,也可以是电子式的。

3.4.1　镇流器的分类

镇流器按结构一般分为铁心式镇流器和电子(式)镇流器,根据其用途和性能的不同,又可分为不同的类型见图 9。

(1)铁心式镇流器

①传统电感镇流器(conservation inductance ballast)。在用铁磁材料的硅钢片叠成的"铁心"上,绕以线径、匝数适宜的铜线绕组即构成电感镇流器。将电感镇流器串接在点灯回路中,就能限制电流。对于荧光灯,为了使灯启动还必须在灯丝回路中串接启辉器。同时,回路中还可跨接一个补偿电容,以提高电路的功率因率。对于 HID 灯不用启辉器,但需外接一个能产生约 3~5kV 高压脉冲的外加触发器以保证灯的启动。

②节能电感镇流器(energy saving inductance ballast)。采用低耗的材料可设计和制造比普通电感镇流器更节能的镇流器,比如可采用环形或双 C 形高级硅钢片叠成铁心,并将铜线绕组均匀分布在整个磁路上。

③半谐振式节能电感镇流器(semiresonance inductance ballast)。在电感镇流器设计中接入谐振电

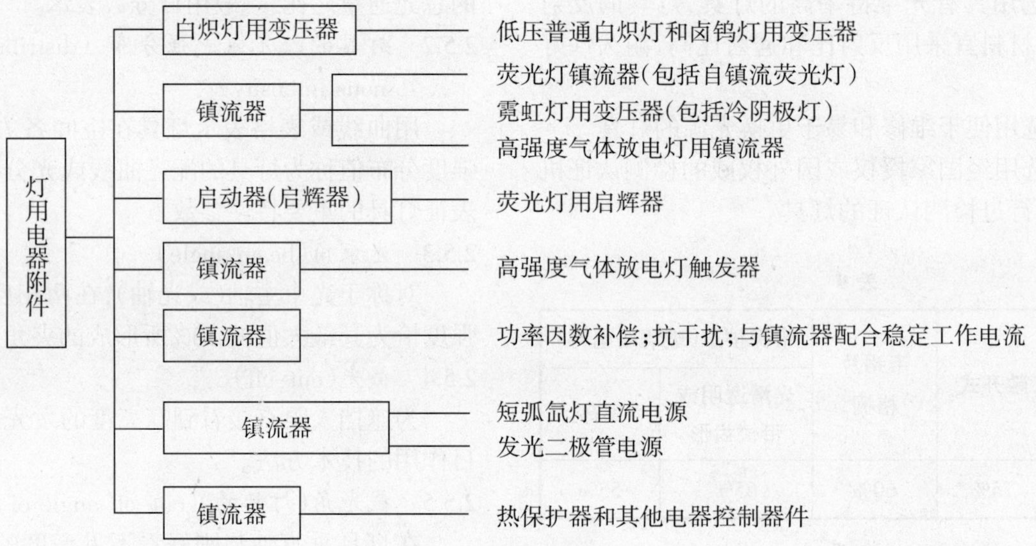

图 7　按用途分类

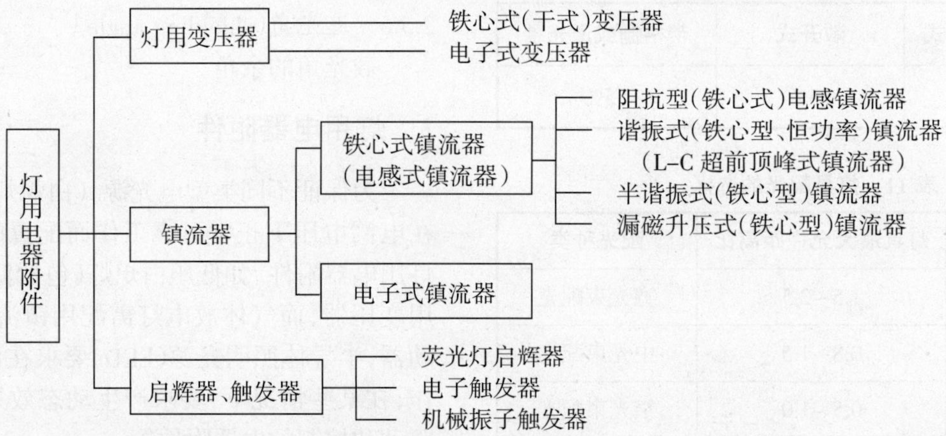

图 8　按工作原理分类

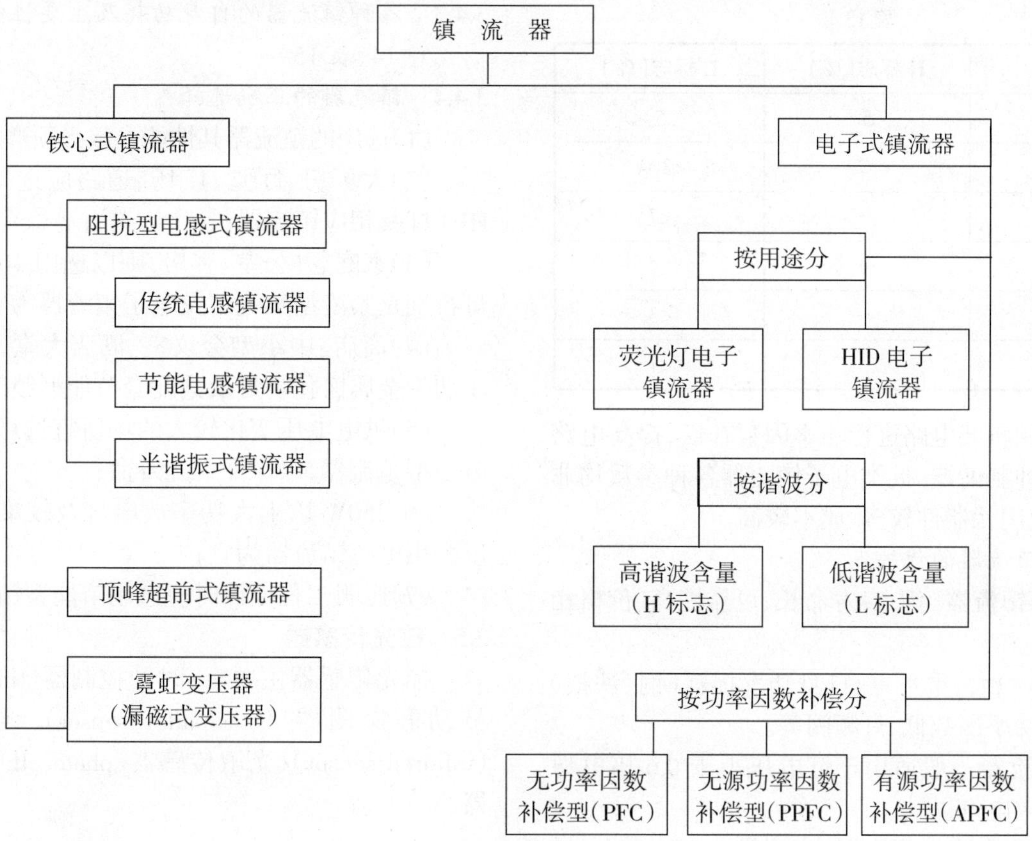

图 9　镇流器的分类

容使镇流器输出高压将灯启动,可省去启辉器,提高功率因数并进一步降低能耗。

④顶峰超前式镇流器。用于 HID 灯,并可省去触发器。

⑤漏磁升压式镇流器。用于供电电压为 110V 区域的荧光灯、带有辅助启动电极的 HID 灯以及霓虹灯的镇流器。

(2)电子镇流器(electronic ballast)

电子镇流器由电子器件组成,将 50～60Hz 电流变换成 20～100kHz 高频电流供给放电灯的镇流器。由于其可设计在灯启动时输出足够高的灯管启动电压,不需外接启辉器,同时电子镇流器可包含功率因数校正电路,故不需外接补偿电容器。

电子镇流器可按用途、性能参数或功能不同进行分类。

①按用途分类见表 12。

②按谐波分类(λ 为功率因数值)。

分为高谐波含量(标示为“H”)和低谐波含量(标示“L”)两种见表 13。

③按功率因数补偿情况分类。

a. 无功率因数补偿电子镇流器(without power factor compensation)

工频电源整流滤波后通过频率转换电路变为高频或低频源点灯,其功率因数低,谐波含量高。

b. 无源功率因数补偿电子镇流器 PPFC(with passive power factor compensation)

利用逐流电路或高频反馈泵式电路提高电路功率因数并抑制谐波。但灯电流波峰系数较大。

c. 有源功率因数补偿式电子镇流器 APFC(with active power factor compensation)

表 12

荧光灯电子镇流器(高频)				HID 灯电子镇流器						霓虹灯电子变压器
直管形荧光灯	紧凑型荧光灯			钠灯		金卤灯		UHP 灯		霓虹灯、冷阴极灯
	插拔式	分体式	整体式	高频	低频	直流	低频	直流	低频	高频

表 13

谐波	H 标志(%)	L 标志(%)
2 次	5	5
3 次	<37λ	<30λ
5 次	—	<7
7 次	—	<4
9 次	—	<3
11~39 次	—	<1

利用高频斩波电路进行功率因数补偿,提高电路功率因数并抑制谐波。此类电子镇流器各种参数均非常理想,但使用元器件较多、成本较高。

3.4.2 各类镇流器的优缺点

(1)电感镇流器。优点:寿命长、可靠性高、价格相对低廉。

缺点:体积大、重量重、自身功率损耗(铜、铁损)大、有噪声、功率因数低、灯频闪等。

电感镇流器一般适用于灯电压小于 0.6 倍电源电压的气体放电灯。

目前,我国电感镇流器的应用量占 90%左右,最近几年,节能型电感镇流器得到了迅速发展,仍具有较大的发展前途。

(2)电子镇流器。优点:节能——自身功耗低、具有高功率因数、高频点灯提高灯效率。

重量轻、体积小。

启动可靠。

无频闪、无噪声。

荧光灯电子镇流器可实现调光,允许电源电压变化范围大。

缺点:价格相对较高,可靠性、一致性相对较差。

原则上适用于各类气体放电灯,但对荧光灯特别是紧凑型荧光灯的应用发展更为迅速。

(3)超前顶峰式镇流器。优点:灯功率基本恒定,输出功率因数高达 0.9 以上,灯启动电流小。

缺点:体积大,价格高。

超前顶峰式镇流器为目前我国大部分金属卤化物灯的专用镇流器。

(4)霓虹灯变压器(漏磁式变压器)。优点:适用于灯管电压高于电源电压的气体放电灯,可靠性高。

缺点:体积大,重量重,效率低,噪声大,适用于特殊光源,如霓虹灯、冷阴极灯、紫外线灯等。

3.4.3 各种镇流器的自身功耗及主要性能比较(见表 14、表 15)

3.4.4 镇流器的正确选择

(1)选用的镇流器其性能参数必须严格与灯匹配;

(2)大厂房、厅堂、广场、道路应选择中、大功率 HID 灯及相应镇流器;

(3)家庭、办公室、客房,则以选用 40W 以下放电灯特别是紧凑型荧光灯及电子镇流器为宜;

(4)商店、中小型会议室、酒店大堂,则以选用中小功率金属卤化物灯及其配套节能型镇流器为宜;

(5)供电电压变化较大的场所宜选用恒功率型或电子型镇流器,以保证光源寿命;

(6)250W 以上大功率放电灯及较难维护场所则以配用电感镇流器为宜;

(7)照明工程设计时应选用节能型镇流器。

3.5 控光传感器

控光传感器主要有:时钟控制器(time clock)、人员动静探测器(occupancy sensor)、红外传感器(infrared sensor)、光敏传感器(photocell)和声控传感器(MIDI)等。

表 14 镇流器的功耗占灯功率的百分比(%)

灯功率	电感镇流器		电子镇流器
	传统型	节能型	
<20W	40~50	20~30	10~11
30W	30~40	~15	~10
40W	22~25	~12	~9
100W	15~20	~11	~8
250W	14~18	~10	<8
400W	12~14	~9	~7
>1000W	10~11	~8	

表 15 主要性能比较

	电感型		电子型
	传统型	节能型	
节能	耗电	节电	很节能
频闪	严重	严重	无
重量	重	较重	轻
可靠性	高	高	较高
售价	廉价	中等	较贵

3.5.1 时钟控制器

时钟控制器通过预设置的时间表来开启、关闭照明系统或启动不同的灯光场景。目前照明控制系统内的时钟控制器基本上都是电子式。其主要功能为：

(1) 可按照每一天的时间表来编制记忆场景，可设置周末、节假日时的特殊场景；

(2)具有天文时钟的修正，即根据时钟所在地区的经度、纬度来自动判断一年四季内日出/日落的时间的变化，从而自动调整和变更控制时间表来作补偿，这多用于室外照明系统的控制；

(3)时钟多有内置驱动器，可采用弹簧机械或电池，保障时钟在供电系统断电时继续工作；

(4)时钟对于关闭状态具有倍乘功能，当有些区域被临时使用时，能保证可由局域开关开启照明设备，并能自动恢复到预制的时间表状态；

(5)复杂的场景顺序编排；

(6)有的时钟控制器能在照明系统关闭前，通过控制灯具的闪烁来预告。

在室内照明中，时钟控制器通常用于人员使用时间段较固定的区域，例如商店、工厂等。对于办公室，则需要利用其关闭状态的倍乘功能，保证在有人加班时开启照明系统。

在室外照明中，时钟控制器广泛地用于工厂、码头以及建筑物的立面照明、广场照明等领域的控制系统中。

3.5.2 人员动静探测器

人员动静探测器通过探测人的运动而产生如下功能：当有人进入室内，开启照明系统；当室内有人，保持照明系统的正常；当人都离开，关闭照明系统。

动静探测器主要采用以下几种技术：一种是无源红外探测器(passive infrared，简称 PIR)，通常将一个或多个探头置于特殊的穿红外透镜的后面，其最大灵敏度为波长 9.4μm 处，即对应的人体能量的峰值处，通过探测运动的人发出的能量(热量)变化而产生信号，但该种探头在应用时需要保证人的动作信号进入探头时不被障碍物阻挡；另一种是超声波探测器(ultrasonic，简称 ULT)，该种探头发射和接收由室内表面反射的超声波信号（频率范围 25kHz~40kHz），当室内有人员活动时会导致反射频率的改变，该种探测器可以探测微小的运动，但过高的敏感度有时也会产生误信号；采用双重技术传感器(dual technology)，即采用 PIR 和 ULT 技术结合，以确保工作的可靠性。

人员动静探测器特性参数：①灵敏度，②观察区，③覆盖区，④覆盖模式，⑤延时。

人员动静探测器可安装于墙壁开关面板处、室内天花的中央或者房间高处的角落里。人员动静探测器适合用于使用状况不规律和不易预期的区域，例如：私人办公室、复印间、贮藏室、教室、卫生间、走廊和仓库等。在这些区域采用人员动静探测器后，节能效果显著，表 16 表示了在不同应用区域采用人员动静探测器后的节能百分比。据美国的调查报告显示，采用人员动静探测器的成本回收期为一年半至三年。

3.5.3 光敏传感器

光敏传感器根据环境灯光的变化，将信号转化为电信号，以控制照明环境的照度水平。

光敏传感器多设有延时装置，以免天空中云彩的变化带来天然采光的变化，而导致照明系统控制的频繁变化。

采用单个光敏传感器设置其控制区域时，应注意如下事项：

(1)控制区内作业活动内容、照度要求和环境相同；

(2)控制区内天然采光的条件基本相同；

(3)控制区域连续，没有隔断或墙体阻挡。

在室内，光敏传感器的安装方式有四种：一是可以直接安装于工作面上，但需要保证探头不被作业设备损伤；二是可以安装在天花上，朝向作业面；三是安装位置可以朝向采光窗，直接测量天然采光；四是安装在灯具内，成为灯具的一部分，也可以装在远离所控制的灯具回路的天花上。

当光敏传感器用于室外环境中时，在北半球多朝向北方，以避免太阳光的直射。此外，由于室外光敏传感器的灵敏度和可调节性比较低，所以不能与室内的光敏传感器互换。

3.5.4 红外遥控传感器

红外遥控传感器通常有红外遥控器和红外信号

表 16 不同应用区域采用人员动静探测器后的节能百分比

应用区域	节能
私人办公室	13%~50%
教室	40%~46%
会议室	22%~65%
休息室	30%~90%
走廊	30%~80%
贮藏室	45%~80%

接收器-红外探头组成。通过操作遥控器,产生红外信号,为红外探头接收,并将信号传递到照明控制系统。

红外遥控传感器通常具有如下功能:

(1)发送信号改变灯光场景;

(2)通过改变整个场景的明暗来对场景灯光作调整,并具有相应的记忆功能;

(3)控制照明回路灯光;

(4)接收器往往具有信号接收的LED指示灯,接受到信号时会闪烁。

由于红外遥控传感器系通过一定的红外频率工作,所以一般不允许其周围区域存在近似频率工作的电子仪器,以免引起错误动作。

3.5.5 声控传感器

通常有两类产品,一类是利用电子元件,将声音信号转为电信号,当音量超过一定值时,就会开启灯光回路,并随声信号的消失,加一定延时后关闭,这种元件比较简单,一般只有on/off两种状态;另一种是用将音乐信号输入,输出DMX512的信号,根据音量的变化,激发不同程度的灯光场景,从而产生随音乐同步变化的灯光效果,这多见于舞台照明与酒吧间的照明中。

3.6 主要技术语性能参数

3.6.1 功率因数PF(power factor)

线路输入镇流器的有功功率(real power)与视在功率(apparent power)之比称为功率因数,电网要求功率因数应大于0.85。高功率因数电子镇流器能使供电系统的能力得到充分的利用,从而使供电系统的损耗降低。

3.6.2 谐波HW(harmonic wave)

电路中元器件的非线性效应引起的与基波(输入的正弦波)频率不一致的波称为谐波,其中的3、9、15等奇次谐波在三相供电电路中相位相同、形成较大的中线电流,易酿成事故,应严加限制。

3.6.3 频闪效应(stroboscopic effect)

工业频率(50Hz/60Hz)点燃的荧光灯在电源极性变换、电流过零时,亮度下降约三分之一,由于周期性变化,输出光呈100Hz或120Hz的明暗变化,造成频闪。高频(数十千Hz)点灯时,电流过零瞬间的亮度下降不足2%,不出现影响人眼视觉的频闪现象。

3.6.4 灯管电流波峰系数LCCF (lamp current crest factor)

LCCF为灯电流的最大峰值与有效值之比,过高的峰值电流对阴极寿命不利,为避免损伤阴极,标准规定LCCF不得超过1.7。

3.6.5 镇流器的流明系数BF(ballast factor)

BF=被测镇流器与基准灯配套点燃时的光输出/基准镇流器与基准灯配套点燃时的光输出。

标准规定电子镇流器的流明系数实测值不得低于制造商声称值的95%。

3.6.6 镇流器的能效系数BEF(ballast energy factor)

BEF是评定镇流器和灯的组合体能效水平的参数,该参数为镇流器流明系数与线路功率的比值。

3.6.7 浪涌电流(surge current)

电子镇流器开机时由于对电容充电产生的镇流器的较大的输入脉冲电流,称为浪涌电流。浪涌电流过大时可能烧毁保险丝或使过流保护装置动作。在输入回路中串接负温度系数的热敏电阻(NTC)可以改进。

3.6.8 高频电磁干扰EMI (high frequency electric magnetic interference)

EMI是指镇流器工作时产生的电磁骚扰引起的设备、传输通道或系统性能的下降。一般电子镇流器产生的EMI比电感镇流器要大。

3.6.9 电磁兼容性EMC(electric magnetic compatibility)

EMC是指设备或系统在其电磁环境下能正常工作,且不对环境中任何事物构成不能承受的电磁骚扰的能力。

4 结束语

本文在编写过程中,得到了杨正名、周太明、肖辉乾、张绍纲诸位教授提供的资料并对文章进行审查、补充、修改和润色,对他们付出的辛勤劳动,深致谢意。

参考文献

1 照明辞典. 中国台湾地区照明灯具输出业同业公会印行,1991年1月

2 国家经贸委/UNDP/GEF中国绿色照明工程促进项目绿色照明科普宣传资料系列. 中国照明学会,2002年

3 高效照明系统设计指南.绿色照明丛书,2003年

4 绿色照明工程实施手册,2003年

5 中华人民共和国国家计量技术规范.JJF1032—2005,《光学辐射计量名词术语及定义》

6 中华人民共和国国家标准.GB/T2009.65—2004,《电工术语 照明》

照明软件概况

飞利浦(中国)投资有限公司 姚梦明
通用(中国)电气照明有限公司 解全花
索恩照明(北方区)有限公司 姚 萌
北京八番竹照明设计有限公司 马 晔
中国建筑科学研究院物理所 罗 涛
中国建筑科学研究院物理所 张耀根

1 照明软件基本分类

在照明领域中使用的计算机软件主要为通用软件和照明专业软件两大类。这里指的通用软件并不是专门为照明领域开发的软件，如 3D MAX 和 PHOTOSHOP 等工具软件，其主体自然不是为照明服务，但许多从事照明工作的实体仍用这类软件对室内、外空间的照明效果进行渲染和艺术加工。照明专业软件是专门为照明领域中的研究、设计、能源管理和经济分析等工作开发的软件。这类软件专业性强、计算精度高、功能较全，能够解决目前照明领域中出现的问题，得到用户的好评和广泛使用。这类软件主要可以分为三种：

(1)照明设计软件。该类软件主要用于室内、外空间的照明设计、结果分析和方案比较等。除了各大专业照明公司，如 PHILIPS，THORN，GE，MUSCO 等拥有自己开发的照明设计软件外，许多商品化的照明设计软件，特别从网上下载的免费软件得到大量使用，这些软件中主要有

AGI32,DIALUX,LUMEN DISGNER,RADIANCE 等,其中也包括照明设计公司(实体)自编软件。

(2)灯具设计软件。该类软件主要用于灯具反射器、折射器和/或光学系统的设计和分析。该类软件除了照明公司自备该类软件外，著名的设计软件有 Photopia 和 TracePro LC 等。在 2005 年,Photopia 软件号称为世界头号灯具设计软件,业已引入我国,并在深圳发挥作用。

(3)其他照明软件。除了上述两种软件以外的专业照明软件均归于此列。由于这种软件专业性、针对性很强,又称作特种软件,主要用于照明科学研究,实验数据处理,照明能源管理,照明经济分析,光度与色度仪器专用配套等广阔的照明领域,甚至跨学科的其他领域。如美国的 WinITL 软件(Indepenent Testing Laboratories Inc.) 主要用于 C 型和 B 型测角仪自动数据采集和光度报告生成。不难看出,这种类型的软件并不是所有从事照明工作的企业和单位必须具备的。

综上所述，第一种软件应该是使用频率最高,用途最广。也是大多数照明公司(实体)必备的基本工作手段和工具之一。

2　照明软件现状和问题

2005 年是照明计算机软件使用最活跃的一年。在 2005 年,全国大规模的市政建设对众多照明商家不仅提供更多商机和提出更高的要求，也增加了市场竞争激烈的程度，促使照明商家采用最先进的手段(包括计算机软件),投入高素质人才进行市场运作;另外,深圳市将举办下届世界大学生运动会;济南市将承接下届全运会;尤其北京市的 2008 年奥运会进入倒计时阶段,各体育场馆的建设,包括配套的照明工程全面铺开，给照明工作者提出更高的技术要求。这些符合国内和国际高标准的大型工程的展开也进一步为国内、外著名的照明厂商提供了展现才华的平台和提升形象的好机会。技术含量高的计算机软件成为表现照明企业技术水准和形象的主要手段之一。

2.1　现状

(1)进入自主开发照明软件的新阶段。2005 年又有两套由清华大学和中国建筑科学研究院编制的采光和日照软件通过建设部组织的鉴定会并投入使用。建筑采光、日照设计和分析工作完全可以使用具有自主知识产权的国产软件,这为当前我国积极推广绿色照明,充分利用太阳创造条件。我国照明业界自编的人工照明计算机软件早已在照明设计中应用,但仍未形成与世界水准接轨的完整的照明软件体系,这也是我国照明软件业要追赶和实现的目标。

(2) 计算机软件已成为照明企业的重要技术支撑点。直到 2005 年,所有在册的照明公司(实体)均配置了各种功能强大的照明软件,早已从单一的景观照明步入到照明的各个领域,包括道路照明,大面积泛光照明,隧道照明和体育场馆照明等;另一方面,像 TCL 等大型制造企业也进军照明领域。没有照明计算机软件的技术支持,很难参与照明市场的激烈竞争。照明计算机软件彻底改变了照明公司(实体)的工作方式,技术水准和企业形象。

(3)照明企业中计算机软件与人才之间的关系日趋合理。使用照明计算机软件需要人才,有了人才不仅提高企业形象,也提升软件的应用水平和开发能力。目前,由于计算机软件的大量使用,企业引进人才的速度加快,不仅需要大批高素质照明设计人才,也需要计算机软件、建筑学、电气,甚至包括市场营销等方面的专业人才。每制作一份投标文件、PPT 文稿或三维动画光盘都凝聚了这些人才的才华和合作精神。

(4)计算机软件已成为照明产品制造业质量控制最重要的手段之一。仅就灯具而言,直至 2005 年大型灯具制造企业从灯具设计到成品下线基本上均由计算机控制。计算机软件,包括灯具设计软件、反射器加工软件、零部件数控加工和灯体精密铸造与测绘软件以及灯具光度测量软件等对灯具的质量控制和大规模生产起着决定性作用。

2.2　存在问题与展望

(1)引进的计算机软件仍占主导地位。拥有自主知识产权,特别是人工照明的软件并不多见。由于引进的计算机软件价格昂贵,如 Photopia 灯具设计软件销售价大约 10 万元人民币;AGI32 软件仅销售价(不包括其他服务费)1 万元人民币以上，一定程度上限制这类软件推广使用。反之,正版与翻版软件并存的局面,随着拥有自主知识产权的照明软件不断投入市场才会彻底改善。因而,开发拥有自主知识产权、功能齐全、人机界面友善和操作简便的照明软件已是众望所归,也是照明产业技术发展的象征。

(2)计算机软件使用与人员的专业技术培训仍需提高。一方面仍需继续提高计算机熟练使用的程度,使软件的功能发挥最大效能;另一方面,照明知识更新较快,照明专业人才基本上通过实践培养,因途径不同存在各种差异,特别在掌握照明的基本知识上有不同程度的反映。目前,照明计算机软件尚不能代替人进行照明设计方案运筹与思考,提高照明人才的专业技术水准仍需关注。

(3)常用照明软件交流使用经验的力度不够。计算机软件的使用者不一定是软件的开发者,对于使用者而言,只有通过不断地使用、学习和交流才能掌握软件的全部功能。由于照明公司(实体)之间即使使用同样的照明软件,彼此也很少交流使用经验,客观上进入封闭状态或不必要的"保密"误区。现在有些照明软件可以从网上免费下载,问题就是如何提高使用熟练程度,甚至进行二次开发。

(4)照明产品设计与制造方面的软件投入不够。在重大照明工程中,如积极参与2008年北京奥运工程的照明项目的投标主体仍然是常年活跃在国际照明舞台上的著名照明厂商。我国照明业界与他们的主要差距反映在照明产品,如光源和灯具的研究、设计、生产和质量控制等诸方面。目前,我们还不能做到计算机控制生产的全过程。尽管在2005年我国有些照明产品制造厂商已引进先进的照明软件和制造设备,加大投入力度。但从设计到生产,从选材到加工整个系统工程的改进决非一日之事。

3　常用软件简介

3.1　软件类别:照明计算软件

软件名称:DIALux

作者:德国DIAL股份有限公司(DIAL GmbH)

相关链接:http://www.dialux.com

简要介绍:DIALux由德国DIAL股份有限公司在多家世界知名照明厂商(如Philips、BEGA、THORN、ERCO、OSRAM、BJB、Meyer、LouisP oulsen等)的支持下开发并提供相关技术服务。该软件为免费软件,可在其网站上自由下载,具有英语、中文等多种语言平台,当前版本为4.1.3,兼容Windows XP SP2。该软件可以进行室内、室外、道路和天然采光等光环境的计算和三维光分布效果模拟,可以输出包括照度/亮度值的等值线和数据分析报表、灯具配光、统一眩光指数(UGR)、照明场景功率密度等数据,在安装了其自带的POV Ray插件后,DIAL可以按照用户定义的模式对其所计算的光环境进行光线渲染操作,并可输出简单的照明效果图。该软件自身仅含有较少的灯具配光文件,多数计算过程是依靠各个照明厂商提供的灯具数据库插件来进行不同灯具的选择,照明厂商的数据库插件可以从厂家网站上免费下载获得。值得一提的是:国内知名企业雷士照明作为第一个与DIAL进行合作的国内照明厂商,为DIALux提供了第一个也是目前唯一的中文数据库插件。软件兼容.IES,.LDT等配光文件格式,兼容PDF虚拟打印机输出,通过.dxf、.sat等文件格式与AutoCAD兼容相关电子版图纸。

特点:由专业照明工程师开发并维护的综合性照明计算软件,各计算物理量设置合理,使用灵活。计算结果中计入了建筑表面对光线的第一次反射效果。允许用户自行搭建室内、外照明场景,包括输入灯具外观模型、家具模型等,渲染后可以手动方式动态观看三维照明模拟效果;具有专业的道路照明模版,配合多种照明标准要求;天然采光计算预制了世界各主要城市的纬度数据和万年历。在同一种布灯方式的情况下可以计算多种开关灯模式形成的不同照明效果。

构建复杂的建筑模型不方便;不适于计算体育照明等需要对灯具瞄准角度进行复杂调整的场景;没有考虑材料的镜面反射特性;天然光计算功能较差;对计算机的CPU、内存、显卡等硬件要求较高,计算复杂场景时系统资源消耗较大。

3.2　软件类别:照明计算软件

软件名称:Agi32

作者:美国照明分析家有限公司(Lighting Analysts,Inc)

相关链接:http://www.agi32.com

简要介绍:Agi32是一个用Microsoft Visual Basic编写的大型综合性照明计算软件,当前版本号为1.84。该软件为商业软件,开发和服务相对独立,自身不附带任何灯具配光文件和数据库,但兼容.IES等配光文件格式。由于是商业软件,安装过程较为复杂,但软件兼容性较好,运行较稳定。软件开放性强,在各照明厂商的灯具配光文件支持下可以进行任何一种应用方式的照明计算,并可以选择在计算时是否计入建筑结构对光分布的影响,加入建筑模型后,可渲染出虚拟光分布效果图。软件界面亲和,秉承了AutoCAD以及Microsoft Office系列软件的操作风格。可计算的参数包含照度、亮度、眩光指数(GR)、功率密度分析等，可以通过直接打印报表以及导出为AutoCAD兼容的.dxf文件等方式输出。

特点：可通过散点、直线、曲线、空间平面等多种方式布置照度计算点，可以计算相对于摄像机的垂直照度、最多10个观察位置上的眩光指数(GR)、照度梯度和区域功率密度等参数。由于采用类似AutoCAD的操作界面，实时调整灯具瞄准点十分简便，非常适合进行体育场馆的照明计算。

由于开放性较强，在灯具布置和计算点布置上智能化不够，操作较繁锁，上手较慢。对于布灯较为规则的室内和道路照明来说显得不太方便。

3.3　软件类别：天然采光计算软件

软件名称：radiance

作者：Lawrence Berkeley national laboratory

相关链接：http://btech.lbl.gov/tools

简要介绍：Radiance是物理真实模拟光环境的工业标准光能传递引擎，最早由美国能源部出于节能研究的需要资助开发，后由瑞士联邦政府提供资金，用于对光和天然光利用效率的研究，同时强调心理量和物理量的精确。它对天然光的模拟十分强大，先进的表面反射模型可以在复杂的场景内正确地模拟漫反射与镜面反射，基于光能传递算法的漫反射计算，使它能分析像遮光板之类的间接光学系统，人工光源的模型可通过由生产商提供的光度分布数据建立。Radiance的目的是预测照度和渲染具有心理真实性的虚拟建筑图，在建筑完成前提高照明设计质量，真实感的图片只是一个副产品，图像的精确才是基本的目的。这个程序中，加入了互动漫反射计算和类似于光能传递的组件，同时也能处理流行的CAD系统的数据并能在可以接受的时间内得出结果。

特点：计算精度高，可同时模拟人工照明和天然采光，可自由下载。

Radiance作为一个UNIX应用程序，使用上过于复杂。

3.4　软件类别：日照计算软件

软件名称：建筑日照软件V2.0

作者：清华大学建筑学院　王诂教授

相关链接：

简要介绍：该软件使用AutoCAD的ObjectARX技术开发，可以挂靠在AutoCAD软件上运行。它向用户提供了多种日照分析手段，包括“天空图法”、“日照圆锥面法”、“日照等时线法”、“返回光线法”、“逆日影法”及“极限容积”六种方法。这些方法可以对单栋建筑或建筑群体作全面的日照分析，能够处理复杂的建筑形式和布局，能预测规划地段的极限容积形体和容积率。软件还提供了玻璃幕墙一次反射光计算模块和太阳热辐射计算模块。程序中采用了计算机图形学中的解析计算方法、动态搜索方法和遗传算法，并对计算过程进行了加速处理，较好地提高了日照分析的速度和精度。该软件考虑了国家规范和各地区地方法规的特殊要求。用户可以在AutoCAD中建模或直接采用其他建筑软件的建筑设计图纸文件进行计算，计算结果可以以图纸形式、数字文件或数据库形式输出。该软件可用于日照分析和计算，遮阳辅助设计及玻璃幕墙反射光分析计算。

特点：计算精度高、计算速度较快、能处理各种复杂的建筑形体。

3.5　软件类别：日照计算软件

软件名称：三维日照分析软件Sunlight

作者：中国建筑科学研究院建筑工程软件研究所

相关链接：http://www.pkpm.cn

简要介绍：Sunlight软件建立在自主版权的中文三维图形平台上，参照国家及地区有关日照的相关标准及规范，以三维实体体量作为分析数据的依据、采用太阳位置计算公式，日影原理，光线返回法，阴影轮廓法等技术，提供日照基本数据设置和日影计算方法。

该软件可对任意复杂建筑模型及场地进行单点、多点分析，日照等时线计算，阴影轮廓区域计算，瞬时阴影轮廓，建筑遮挡计算，坡地日照计算，玻璃幕墙反射计算，遮阳装置形状优化计算等，解决了复杂建筑模型日照计算，任意平面等时线分析计算及实景阴影现状模拟分析等问题。该软件可生成三维彩色数据结果表现图，日照等时线图。显示变换功能可使用户在透视角度下观察任意位置日照情况。该软件还可以生成瞬时阴影渲染图，整日日照时段阴影动画等，直接真实地表现出建筑日照情况。

Sunlight软件适合在Windows 2000，Windows XP等操作系统下运行。

特点：采用自主版权的中文三维图形平台，计算精度较高、计算速度快、能处理各种复杂的建筑形体。

3.6　软件类别：日照计算软件

软件名称：鸿业日照评估与分析软件

作者：上海鸿业同行信息科技有限公司

相关链接:http://www.hyinfo.com.cn

简要介绍:该软件包含日照评估与分析软件两大模块。

评估部分主要有若干功能组成:①生成三维控制体。凡在三维控制范围内的建筑均能满足日照间距的各项技术规定要求(即合法性)。②绘制等高线,在此基础上可以标注等高线,并可以统计不同高度下最大的可建面积。③绘制临界线。考虑到实际因素有时需要控制三维体的阴影范围,绘制临界线。超出临界线的地方进行比例切割。④退界比例切割。⑤建筑间距计算。⑥建筑容积率计算。

分析部分的功能是:①城市信息。系统收录了国内主要的大中型城市的经纬度信息。②建筑分类。根据各建筑在日照分析中所处的地位将建筑分为主体建筑、客体建筑和拟建建筑。③单、多点分析。根据所设定的遮挡建筑的不同,计算出单点或多点的日照时间,包括该点的连续日照和累积日照时间。④布置窗户。⑤单体分析。该功能可以对直平面、圆弧面、空间直线、空间平面进行日照分析。⑥满窗计算。⑦辅助分析。包括角度分析、高度分析、位置分析和尺寸分析,使方案有一个最佳的调整办法。

特点:符合目前国内大多数城市的建筑方案审批过程中对日照分析的需要。功能较全,精度较高。

3.7 软件类别:专业照明计算软件

软件名称:LUMEN DESIGNER

作者:Lighting Technologies Inc

相关链接:http://www.lighting-technologies.com/products/lumendesigner/overview.htm

简要介绍:该软件是室内外、道路及复杂工程的照明设计辅助工具,支持大多数操作系统,包括WindowsNT4.0、Windows2000或Windows XP。软件提供了Radiosity和hybrid两种不同的计算方法,根据需要进行选择,根据变化及时重新计算;软件内置IESNA PR-8道路设计标准,可以快速简单进行道路照明计算;软件可以计算不同平面上的各种类型照度,如水平照度、垂直照度、半柱面照度和柱面照度等;软件具有AutoCAD操作界面,可对自建或输入的任何复杂模型进行随意编辑;可对输入的DWG文件作为底图或输入的DXF、3D文件进行随意编辑,并拥有类似AutoCAD图层管理器和材质贴图功能。软件的灯具数据库输入了70余家制造商的20000种灯具配光资料,支持其他多种配光格式文件,如IES、LDT、Elx、BUL、TM4、CIB、CIE和LTL等;并可对自定义灯杆式样进行修改和存储,随时调用;可以对自定义的灯具图标根据图纸比例进行缩放。输出功能方面有:快速输出计算表格,输出DWG格式文件(平面图、立面图、剖面图等),DXF和3D格式(效果图);输出HTML格式文件与客户进行远程沟通;输出VRML、QuickTime格式文件可以更直接看到设计效果;还可输出灯具资料(包括配光曲线、型号等),维护计划和经济分析等资料。

特点:拥有简单易用的Windows操作界面,充分的功能解说和超文本连接的电子手册,便于初学者使用。

3.8 软件类别:灯具设计软件

软件名称:Photopia

作者:Lighting Technologies Inc

相关链接:http://lighting-technologies.com/products/photopia/photopia.htm

简要介绍:这是一种非成像光学系统性能评估的快速、精确光度分析软件,允许花一点时间和少许物理模型的代价来产生虚拟的灯具。软件中除了包含75种以上光源类型的真实模型外,还包括各种透射和反射材料的数据库。此外,可由CAD软件或内嵌CAD系统根据需要自建光源模型。灯具模型可以以DXF文件格式输出,也可以在Pro/Engineer,SOLIDworks,ACAD MDT或SDRC建立后输入Photopia使用。该软件以光线示踪法(raytrace)为核心完成快速精确的计算,不限制面元数,可处理复杂的光学系统,并提供光强分布、灯具效率、利用系数与区域光通等参数。该软件还可以根据配光曲线等参数自动产生反射器形状,利用对话方式快速更新设计形状;制作3D圆形灯具和对称/非对称挤压成形的灯具;各种光源和非镜面材料均可适用。该软件利用折射模块为3D折射片塑造模型以及为挤压成形的透镜、菲涅尔(Fresnel)透镜、光纤、导光管等进行设计和提供精确的LED模型(包括光在空间与角度的正确分布。软件的材料库内包含了2000个以上的常见光源真实形状和光度分布;150种以上材料的BRDF/BTDF资料;包含许多厂商,如3M、ACA、Alanod、Daume-Jordan、Lorin、Preshinished Metals提供的反射或透视材料。

照明设计软件比较综述

北京清华城市规划设计研究院 荣浩磊 何佳明

摘 要 本文简述了照明设计软件对于照明设计的重要辅助作用，分析了照明设计软件的主要应用和评价指标，以四种常见照明设计软件为例，进行了物理精确性的分析比较，对其他应用较广的照明软件也作了概述。

关键词 照明设计软件 物理精确性

当前，随着设计专业分工的进一步细化，越来越多的人们开始将照明设计视为一种独立的职业，相应对设计的要求也在不断提高。业主总希望在方案阶段就能预知目标空间的光环境指标，乃至视觉效果，以判断该空间照明效果的好坏。依靠人工计算，无法或很难满足这种要求。20 世纪 90 年代以后，随着计算机硬件与照明软件的迅速发展，为解决这类问题提供了可能。

1 辅助设计需要专业照明设计软件

人工照明计算方法或计算量过于庞大，或计算条件过于简化而缺乏普适性，为得到全面准确的照明分析结果，设计师只能求助于计算机。

但并非计算机得出的结果，就一定是准确的，计算机渲染出来的图像，就一定是真实的。实际上，在物理量指标计算方面，受硬件设备和时间的限制，许多软件无法提供足够准确的计算结果；在视觉效果模拟方面，大多数照明设计软件的光反射模型并不完备，输入参数并不能得到物理真实的结果，在很多情况下，绘图者以出色的画面效果为目的，他们先在头脑中根据想象和经验组成一幅画面，然后用各种技巧来接近它，来绘制具有“照片真实感”的图像，这些图像可以用来打动客户，但并不能预示真实的场景，有时甚至是一种误导。

另外，有些照明设计软件是由规模较大的灯具生产商开发的，只支持该公司自身的产品，开放性很差，在使用上有很大的局限性，难以满足独立照明设计师同时选用多种品牌灯具。一般，此类软件主要由这些灯具开发商的技术支持人员使用，不具有普适性。

因此，照明设计软件能否为设计师提供真正意义上的帮助，能否准确地预示方案的实施效果，需要对多个指标如物理精确性，易操作性，兼容性等进行评价和比较分析，选择合适的专业软件。

2 照明软件的主要评价指标

好的照明设计软件应以帮助设计者迅速获取最佳方案为最终目标。因此它应能够把设计中牵涉的各个环节有机的组织起来;它应能同时处理人工光和天然光的计算;它应具备快速有效的算法,比如说计算网格的大小能随照度分布变化率的变化而变化;它应能够处理任意形状的房间并布置家具;它应能够支持市场上的诸多光源和灯具品牌;它应能够计算任何方向上的发光强度、任何表面上的照度以及任意方向上的眩光;它的输入格式应易于掌握,包含几何模型;它的最后输出格式应包含数字,图表,彩图以易于理解(见表1)。

表1 照明设计软件的主要评价指标

支持用途	是否支持室内照明、室外照明、道路照明、天然光照明
系统配置	是否支持 Windows 操作系统,个人微机,系统要求是否过高
分析类型	是否支持点照度计算、平面照度计算、直接照度计算、多次相互反射计算、平均照度计算(流明法,利用系数法)、眩光计算、经济分析、照明单位功率密度
计算功能	是否能自动布置灯位、是否支持 CAD 界面、能否处理任意房间形状、支持的最多计算区域数量、最多灯具类型数量、最多灯具数量
用户界面	是否易操作,是否支持列表输入、图形输入、是否有在线帮助
输出类型	是否支持逐点数字、等照度曲线、伪彩色图、真实效果模拟、打印及绘图仪输出
光度数据	数据管理是否可编辑并创建相关文件以保证兼容性和开放性、能否与主程序分开独立、光强分布图形能否在屏幕显示
数据库	光源、灯具(型号、规格、性能指标、尺寸、图解、厂家价格)、照明附件(镇流器、控制器、调光器)
物理精确性	详见下一节

3 照明设计软件的物理精确性比较

显然,照明设计软件作为辅助设计和研究工具,其使用者的主要目的就是要预见真实,软件应致力于科学的虚拟再现,即输入的物理数据越完备,越准确,得到的结果也就应越真实。物理精确性是照明软件最重要的评价指标,从这个要求出发,比较标准为:

(1)场景描述的全面性和物理准确性,模型能提供的光源种类和材料特性,后者与光反射模型的物理机制相关。

(2)整体光照明模型的完备性。一个完整的模型应考虑到所有可能的光传播方式。

(3)模拟的精确度,使用者控制精确度的可能性。系统应能提供在精确度和处理时间中平衡的控制,精度和时间密切相关。

(4)用户界面和结果输出系统的易用性。

在我们能得到的软件中,Radiance(ver2.5)、Lightscape Visualization system(LVS3.2)、DIALux(4.01 CN Edition)、和 AGI32(1.73 EDU Edition)在算法原理方面具有一定的代表性,实际应用面也较广,因此本文以这四种软件为例,进行物理精确性的比较。同时需要指出的是,这四种软件所要求的硬件和软件环境不同,因此不可能在相同的软硬件环境中完全比较,Radiance 在工作站上的 Unix 环境下运行,LVS、DIALux 和 AGI32 均在 Celeron 2.53GHz,256M 内存,Windows XP SP2 环境下运行。本文所涉及的数据是一种相对的比较,可以大致说明其物理精确性的差异。

3.1 场景描述的全面性和物理准确性

场景描述的全面性和物理准确性主要包括模型能提供的光源种类和材料特性(见表2)。

3.2 整体光照明模型(算法)的完备性(见表3)

3.3 模拟的精确度

Radiance 有很多控制选项影响模拟精度(镜面反射与漫反射的次数,某一点发出的光线数量等)如何用好这些参数相当困难;LVS 模拟精度的控制决定于照明分布面细分和光源面细分,划分是自适应的,照度变化越剧烈,划分越细,划分面大小的极值由用户决定。DIALux 可分为一般模式和精确模式(精确模式按内存占用又分为高中低三类);AGI32 可通过设定直接光计算和间接光计算两种模式,并且可设定光线反射次数来控制精度。

俄罗斯的 Andrei B. Khodulev 与 Edward A. Kopylov,曾作过一个理想试验,比较 Radiance 与 LVS 的精确度,试验用场景是一个简单的正方盒(尺寸为

表 2　光源种类、材料特性和反射模型的比较

软件名称	光源与灯具	天然光	材质	反射模型
Radiance	定义灯具的唯一方法是自发光的面，不支持抽象的点光源，能将 IES 格式光源数据转化为 Radiance 描述格式	支持产生特定时间特定地点的 CIE 标准天空	有多种材料模式，不同材料模式采用不同的反射模型，而不是用一堆参数描述材料，有的材料模式是对光照模型的补充（镜子和棱镜），有些是对应不同的反射模型（塑料，金属和透明物体）	使用的基本反射模型同时考虑了一个面的规则反射和漫反射，支持菲涅尔定律和 BRDF（甚至对各向异性的表面），规则反射时，对 BRDF 只考虑直射光的影响。支持各向异性的反射比，使用椭圆形高光定向
LVS	只支持点光源，线光源与面光源。可直接引入 IES 格式定义的光度分布	支持模拟天然光，要求输入方向，经纬度，时间	支持自发光物体和纹理，材料定义包括镜反射颜色和漫反射颜色，材料特性决定于镜反射与漫反射成分的组合，镜反射在光线跟踪中引起反射效果，漫反射颜色决定透明物体阴影的颜色	采用相当简单的局部反射模型，只支持理想漫反射体（朗伯体）和理想镜面反射（透射）体，对混合反射并不支持。由于对光线传播的整体和局部机制的不完整和不准确，以及缺乏由此产生的精度控制，LVS 在光学模拟，尤其是在工业用途方面，有很大的限制
DIALux	只支持按协议提供插件厂商的成品灯具	高版本（4.0 以上）支持产生特定时间特定地点的 CIE 标准天空	分塑料与金属两种材料模式，可定义颜色、反射率、透明度、粗糙程度等参数。不同材料模式采用不同的反射模型	物理量计算不支持镜面反射与透射，场景渲染借助外挂光线追踪方式 POV-Ray 渲染器，可生成多种特效。天然光计算功能较弱
AGI32	可支持按协议提供插件厂商的成品灯具。也可直接引入 IES 格式定义的光度分布	支持产生特定时间特定地点的 CIE 标准天空	分塑料、金属和镜面材料三两种材料模式，可定义颜色、反射率、粗糙程度等参数。不同材料模式采用不同的反射模型	支持规则反射与漫反射

表 3　四种软件的算法特点及相应优缺点比较

软件名称	算法	优缺点
Radiance	使用反向蒙特卡洛光线跟踪算法进行渲染，它将面分解成小块，对每一小块求出一点的照度，对其他点用插值求出。计算点的密度对应于环境照度变化的剧烈程度做出调整。计算间接照度时（直接照度单独计算），Radiance 从计算点半球内均匀发出数百根光线，反复进行此反射取样过程，可以指定反射次数和发出光线的数目，每次内部反射后，发出光线的密度下降	精度高，但建模能力差，对硬件要求很高，计算复杂场景时，如想获得足够的精确度，系统资源消耗极大，需耗费大量计算时间，有时甚至无法忍受
LVS	使用辐射度算法，模拟了环境中能量的传播，控制基于渐进的辐射度算法，最后用反向光线跟踪算法得到渲染结果	渲染图效果较好，但物理指标计算精度较低。该算法缺少对漫折射的支持，对镜反射与漫反射混杂的情况无法处理。如场景中漫反射体被镜子反射的光线照亮的情况
DIALux	采用光线跟踪算法，但只支持一次间接反射	建模能力差；难以精确设定灯具瞄准目标；对硬件要求较高，计算复杂场景时系统资源消耗较大。计算精度较高，但渲染效果与真实效果差距较大
AGI32	结合使用两种算法，在室外停车场，泛光照明，道路或工业应用方面，AGI32 提供快速的直接照明（direct component）计算引擎，该模式考虑场景内物体的阴影效果，提供空间任意面的逐点照度。对于室内等场景，AGI32 的完整计算模式能够考虑场景光线多次反射运用光能传递引擎的计算生成出色的效果图。AGI32 1.7 开始加入了光线追踪，可以在光能传递基础上生成更生动的阴影，更好地表现镜面材质如瓷砖、镜子、玻璃等	建模能力较强，渲染效果较好，物理指标计算精确，可精确设置灯具瞄准目标。但操作较繁琐，难以迅速掌握

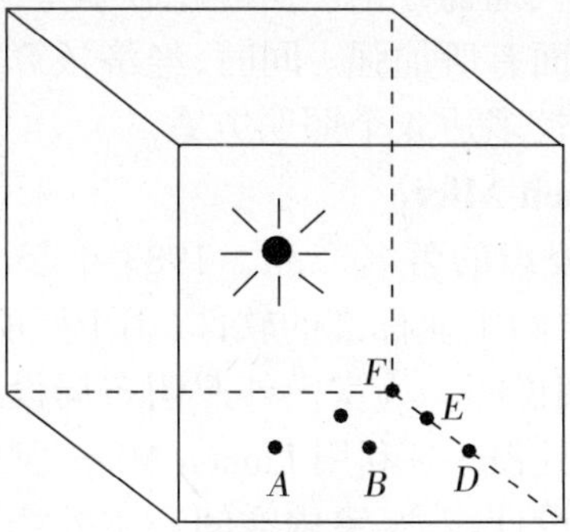

图 1 试验用场景

表 4 代表性点的理论值

计算点	坐标(x,y)	亮度/nit	备注
A	(0,0)	892.8	面中心
B	(0,0.5)	768.7	
C	(0.5,0.5)	686.6	
D	(0,1)	565.1	边中心
E	(0.5,1)	522.4	
F	(1,1)	388.4	角点

10m×10m×10m，中心有一个理想点光源，亮度为 50000cd,内壁材料为白色漫反射材料,反射比为 2/3)，见图 1。

对于这样的简单场景我们可以手动精确求出理论上的亮度值,以检验软件的精确性。因为场景的对称性,我们选取了六个代表性的点来求出理论值,计算结果见表 4,软件模拟计算结果见表 5。

分别使用 Radiance、LVS、DIALux 和 AGI32 进行模拟计算,结果如下:

由表 6 可得出以上四种软件物理精度比较图(见图 2)。

由上述表格可以得出结论：作为辅助设计工具，上述四种软件在照明计算的物理精确性的各项指标上各有优劣。

(1) 场景描述的全面性方面:AGI32>DIALux>LVS>Radiance;

(2) 整体光照明模型的完备性方面:AGI32>Radiance>DIALux>LVS;

表 5 四种软件模拟计算得到的代表点数据比较

软件名称	计算点						计算参数
	A	*B*	*C*	*D*	*E*	*F*	
Radiance	891.2			566.8		391.9	精度控制参数为-dt 0 –lw 0 –lr 12 –ad 1024,反射次数为 10 次
LVS	881.7	758.2	650.9	589.6	546.6	378.3	划分面(Subdivision range)设为 0.3–1
DIALux	891.4	770.4	692.0	565.7	523.1	392.4	使用精确计算模式,标准计算过程(占内存高)
AGI32	892.4	769.5	686.2	565.7	523.4	389.6	间接光照明方式,反射次数为 10 次

注: 由于 Radiance 对于软硬件环境较高,且模拟计算时间较长,故选取 3 个有典型代表的点予以比较。

表 6 四种软件模拟计算得到的代表点数据误差比较

软件名称	计算点						计算参数
	A	*B*	*C*	*D*	*E*	*F*	
Radiance	–0.2%			0.3%		0.9%	0.3%
LVS	–1.2%	–1.4%	–5.2%	3.3%	4.6%	1.0%	0.4%
DIALux	–0.2%	0.2%	0.8%	0.1%	0.1%	1.0%	0.7%
AGI32	–0.04%	0.1%	–0.1%	0.1%	0.2%	0.3%	0.09%

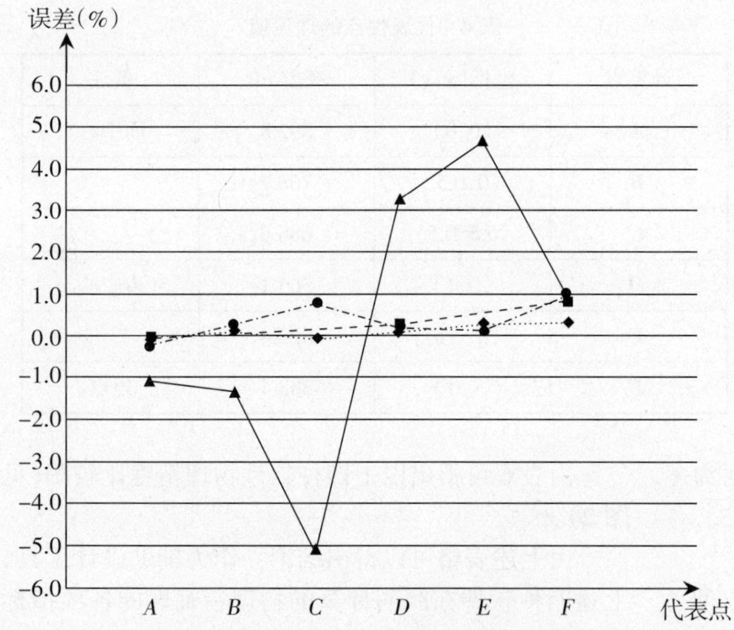

图 2　四种软件物理精度比较图

-■- Radiance；　—▲— LVS；　-·●- DIALux；　···◆·· AGI32.

（3）模拟的精确度方面：AGI32>DIALux>Radiance>LVS；

（4）用户界面和结果输出系统的易用性方面：DIAlux>AGI32>LVS>Radiance。

4　其他常用照明软件概述

除以上分析所举四种软件外，还有很多其他的常用照明设计软件，以下列举了部分比较常用的照明设计软件。

4.1　Simply Lighting

Simply Lighting 是 LTI 公司基于 windows 而开发的照明分析软件，用于迅速而准确地生成照明解决问题。无渲染功能。其最大特点是操作简单，每一步都有自带的引导提示。该软件分成五个相对独立的部分，分别用于室内照明、室外照明、道路照明、经济核算和光度学计算。可对于照明标准自动生成照明方案，同时配以经济成本和光度学数据处理功能，自带数据库，有 IES，CIBSE，EULUMDAT 和 70 多个灯具厂商提供数据支持。但是计算面无法完全自由设置。支持报表输出。能较好地解决人工光的模拟计算问题。主要用于室内照明、室外照明（不含道路照明）、泛光照明（体育照明）。能对点照度、面照度、光能传递、平均照度计算（流明法，利用系数法）、经济分析、照明单位功率密度量化分析。支持英语、西班牙语、法语、葡萄牙语。在最新版本里，对于室外照明方面有所加强。同时，经济核算方面可以同时比较多达 4 个照明方案。

4.2　Lumen Micro

LTI 公司的著名产品。1983 年起，Lumen Micro 最早的工业标准的软件，用于照明设计，分析，详细说明。为室内外照明布局设计和模拟提供工具程序。利用 Lumen Micro 强大的计算机辅助设计能力，室内空间和室外场地都能方便的建模。轻松点击就能获得精确的数字或图像结果。为设计者提供了独立于制造商的，可靠的，易于使用的工具软件，并经实测证明为十分精确。

支持彩色渲染；输入输出 DWG/DXF 格式（包括 AutoCAD2000），可输出 HTML 文件；可利用庞大的 LTI 产品库。

WINDOWS 用户界面；CAD 用户界面，包含 70 个制造商大约 20000 种产品的光域网文件库，预制家具库，和 lightscape3.2 兼容，自定义灯头，路灯设计，等值线（伪彩色图）输出，无限制计算网格，自定义输出格式，按所需照度水平自动确定灯具数量，统计表格，用于天然光分析的世界地图，有灰度和彩色的虚拟表现图，能在 CAD 环境下任意角度观看灯光设计效果，支持多视口，可使用定期更换的 LTI 产品数据库（含 70 个制造商大约 20000 种品的光度文件）含图片、线描图、描述文字。是少数可建立天然光精确模型的软件。可输出等照度线、伪彩色图、数据输出、计算网格可任意定、对体育照明可轻松点击定位、输出专业报表、支持 HTML 输出。

支持的灯具格式包括 IES LM-63-95，CIBSE TM14 1988，EULUMDAT，CI 和 LTL-I。Lumen Micro 支持 DXF/DWG 文件导入，拥有内置家具库；内置世界各地日照数据；使用的太阳和天空模型为 IESNA 和 CIE 所承认。

4.3　Lumen Designer

Lumen Designer 是 LTI 公司继 Lumen Micro 之后推出的产品。两者有共同的相似之处，比如很好地继承了 Lumen Micro 的光能传递计算方式，同时也有了进一步的改进，能方便地创建计算网格点，增加建筑材质库，并支持材质编辑器；操作简单实用；Lumen Designer 的照明计算基础是光能传递和光线追踪，有强大的渲染功能；自身附带自然光数据；可计算照度、均匀度、光源数量、功率等数据;支持灯具总能耗计算;可比较色温;附带内置照明搜索引擎(eLumit),支持三维模型,模型可进行分层编辑;支持AutoCAD(DFX和DWG格式),另外有强大的帮助文件和插件支持。

4.4 Rayfront

Rayfront是由Georg Mischler为主开发的照明效果(包括天然照明)模拟软件,可用于Unix系统与Windows系统。它是一个独立的调试平台,为照明模拟软件radiance提供用户图形接口,也可作为autocad或intellicad的扩展模块,也可以单独使用。

Radiance是物理真实模拟光环境的工业标准光传递引擎。其主要用途是预测照度和渲染具有心理真实性的虚拟建筑图,图片未必真实,但图像很精确,虽然能自由下载,但作为一个UNIX应用程序对普通建筑师来说过于复杂。而Rayfront拓展了个人计算机的应用层面。Rayfront对天然光和人工照明都适用,对几何模型的尺寸及复杂程度都没有限制,内含各种天然光的细节数据,包括地理位置,太阳角度(高度)等参数设定,可详细地设置模拟质量、反射次数、半影参数、渲染采样点密度等,能生成精细准确的天然光和人工照明的模拟图,但所需时间较长。

4.5 Visual

Visual是一个照明设计软件,分为基础版和专业版。基础版能快速分析和计算光学参数,采用点对点的光线计算模型,然后汇总统计;能够很好地建立办公室、教室、仓库等室内场景,并且有Lumen Method Tools等插件提供建模支持;能随意添加、修改、删除灯具;最后能出结果报表。专业版具备基础版的全部功能,并且加强了3D建模和计算功能。新增加了灯具选型列表,计算隔栅设置,报表导出。与AutoCAD兼容(能导入2004/2005的DWG/DXF格式,2000/R14的DXF格式)。基础版是免费软件,专业版需要付费使用。

4.6 Light Beams

GE照明为商业客户提供了的照明设计工具。Light*Beams提供了一个必要的照明信息(桌面工具)。Light*Beams是定向照明表现软件。软件的一个功能就是帮助设计师交互式选择合适的GE产品,包括R,PAR,MR或ER灯,满足各种照明的需要。使用Light*Beams可以准确计算所选光源所产生的烛光数据。Light*Beams通过制定点计算得出目标表面光分布的烛光曲线图或锥体图。选择光源,然后定义它到工作面的距离和出光角,其余的事情由Light*Beams来完成。如果不确定要选何种灯,Light*Beams包含一个Lamp*Scout,能够根据设计师的要求来选择合适的光源和灯具。

5 结束语

照明设计软件发展至今,功能日益扩大,计算模型日益完善,模拟结果日益接近真实环境,已经成为照明设计师不可或缺的工具。但各种照明设计软件有着各自的优缺点,虽然现在多数软件都能同时兼顾物理量计算和场景模拟两种功能,但是由于其物理模型的不同,其适用范围各有偏重。因此只有根据功能要求,选择合适的照明设计软件,才能使照明设计师的工作事半功倍。

同时,照明设计软件所模拟计算的只是一种相对理想环境下得到的结果,现实环境中影响照明效果的因素很多,有些无法在计算机中很好的体现。因此照明设计软件虽然能有效的协助照明设计师,提高工作效率,但毕竟只是一种辅助工具,无法完全替代照明设计师具有创造性的工作。

目前在国内,照明设计软件的运用还不十分广泛,国内灯具厂商对于软件的支持相当有限。随着照明事业的蓬勃发展,势必会有更多的照明设计师运用软件进行辅助设计,也会有更多的灯具厂商提供技术支持。随着计算机软硬件技术的发展,照明设计软件也会随之向前发展,其物理精确性,使用的易操作性、视觉效果的真实表达,智能化设计等方面都会相应完善和提高,可以预见在将来,照明设计软件的运用会越来越广泛,使得设计工作更加精确,表现方式更加完整,产品更加美观。

参考文献

1 胡国剑,郝洛西.照明计算软件Dialux与Agi32的比较分析.照明工程学报,2005,16(3)

2 章卓力.照明行业用软件介绍.光源与照明.2003,1

3 Andrei B. Khodulev, Edward A. Kopylov, Physically Accurate Lighting Simulation in Computer Graphics Software, Moscow 1996

第三篇　法规政策规范篇

中华人民共和国建设部

“十一五”城市绿色照明工程规划纲要

根据《国民经济和社会发展第十一个五年规划纲要》和建设事业“十一五”规划的要求，为贯彻落实节约资源和保护环境的要求，我部组织编制了“十一五”全国城市绿色照明工程规划纲要。本纲要主要阐明城市照明健康、高效、安全、科学发展的指导原则，提出工作目标和重点以及落实的措施，是各地实施城市绿色照明工程的依据，是推动我国城市照明行业持续发展的规划蓝图。

1　持续推进城市绿色照明工程的重要性

随着我国经济建设的发展，城市化进程的加速，城市照明得到了长足发展。针对城市照明发展中的能源需求和消耗不断加大，以及光污染等问题，建设部会同国家发改委、科技部等部门，在总结“绿色照明工程”工作经验的基础上，在城市照明行业大力推进绿色照明工程，在“十五”期间取得了积极的进展：明确了城市绿色照明的管理部门；进一步完善城市照明节电管理体制；城市照明法规、绿色照明标准体系建设不断加强；“城市绿色照明示范工程”活动积累了有益的经验；积极推广和采用高效照明电器产品；城市照明日常维护管理工作得到新的加强。“十五”期间，城市绿色照明工作基本上完成了“完善法规、规范市场、典型示范、宣传教育、国际合作”的主要任务，取得了显著的经济效益和社会效益。

但是，从总体看，城市绿色照明工作还刚起步，发展不平衡，还存在不少问题和薄弱环节。如城市照明的宏观指导还不够有力，相关的配套制度还不完善，市场监管制度还不够健全，低效率、高能耗、光污染等问题仍然较为突出，全社会节约用电、保护环境的意识有待进一步加强。

“十一五”期间是全面建设小康社会的关键时期。国家确定了“十一五”时期单位国内生产总值能源消耗降低20%的目标，强调要落实节约资源和保护环境的要求，建设低投入、高产出、低能耗、少排放、能循环、可持续的国民经济体系和资源节约型、环境友好型社会，并把“绿色照明——在公用设施、宾馆、商厦、写字楼以及住宅中推广高效节电照明系统等”列为十大节能重点工程之一。发展城市绿色照明事业面临着艰巨的任务，也面临着极好的机遇。

2　指导思想、遵循原则和主要目标

2.1　指导思想

全面推进城市绿色照明工程，要以科学发展观统领全局，认真贯彻落实节约资源和保护环境的要求，认真贯彻落实我国“十一五”规划纲要明确的任务和要求。坚持以人为本，坚持节能优先，以高效、节电、环保、安全为核心，以健全法规标准、强化政策导向、优化产业结构、加快技术进步为重点，以依法管理为保障，解放思想，创新机制，健全法规，完善政策，强化管理，加强宣传，努力构建绿色、健康、人文的城市照明环境，切实提高城市照明发展质量和综合效益。

2.2　遵循原则

(1)立足科学发展，建立健全政策、法规、标准，规范市场竞争，完善管理机制，规范“规划、设计、建设、验收、养护、监控、器材、销售”等管理环节。

(2)坚持以人为本，努力建立适宜、和谐、友好的照明环境，切实改善人居环境质量，提高公共服务水平，保障社会治安，统筹城乡区域协调发展。

(3)优化照明产业结构，强化政策导向，优化市场秩序，鼓励使用高效照明器材，实现结构节能。

(4)着眼于建设资源节约型社会，以提高资源利用效率为核心，探索推进可再生能源研究与规模化应用，在生产和使用中，做到节能、节电、节材、环保。

（5）坚持科技创新，大力推进技术进步，加强国际交流合作，积极开发推广节能技术，实现技术节能。

2.3 主要目标

（1）以2005年底为基数，年城市照明节电目标5%，5年（2006～2010年）累计节电25%。

（2）在城市照明建设、改造工程中，全面推行专业管理机构规划、设计论证、专项验收制度。

（3）2008年前，完成城市照明专项规划编制。

（4）完善功能照明，基本消灭无灯区。新改扩建的城市道路装灯率达100%，公共区域装灯率达98%以上。

（5）严格执行照明功率密度值标准。

（6）灯具效率在80%以上的高效节能灯具应用率达85%以上。

（7）高光效、长寿命光源的应用率达85%以上。

（8）使用的高压钠灯能效指标达到或超过GB19573—2004标准，达到或超过节能评价值GB19573—2004标准。

（9）高压钠灯镇流器能效指标能效因素（BEF）达到或超过GB19574—2004标准，倡议达到或超过节能评价值GB19574—2004标准。400W高压钠灯镇流器能效指标能效因素（BEF）不低于0.235。

（10）通过气体放电灯电容补偿，功率因素不小于0.85。

（11）道路照明主干道亮灯率达98%，次干道、支路亮灯率达96%。

3 工作重点

3.1 加强法制建设，理顺管理体制

修订《城市照明管理规定》，完善规划、设计、施工、材料、验收、安全等方面的监管内容，配套完善实施细则。结合城市照明社会公益性和无偿性的特点，切实加强专业管理。积极推进改革，逐步放开作业市场，严格单位资质管理与个人作业资格管理，修改出台设计施工养护资质，规范市场竞争。坚持建设改造与维护管理并重，进一步理顺完善管理体制，积极将城市照明建设、管理统一到一个部门，集中行使管理职能。专业管理机构要会同有关建设行政主管部门对城市绿色照明初步设计、施工图文件实行动态管理、协同管理，严格执行“三同时”制度，在规划立项、方案设计、建设改造、验收检测、器材选用等各环节中，建立完善联动协调的工作机制。

3.2 深入推进城市绿色照明及节电改造示范工程活动

要在认真总结经验的基础上，深入广泛开展城市绿色照明示范工程活动。通过评价指标、活动原则、具体形式的不断优化，提高示范工程质量，进一步扩大示范效应。同时在一些城市开展现有路灯、景观照明的节能改造，针对城市照明中存在的单纯追求亮度、追求豪华、能耗密度超标、道路照明过多装饰、光污染严重、采用低效能照明器材等问题，积极实施节电改造示范工程，对光源灯具、整个照明供配电系统在内的道路照明和景观照明系统进行全面改造。

3.3 推广采用高效照明电器产品

定期或不定期制定高效照明工艺、技术、设备及产品的推荐目录，适时公布落后工艺、技术、设备及产品的淘汰目录。认真落实国家发展改革委和财政部颁布的《节能产品政府采购实施意见》。在政府采购中，要优先采购绿色产品目录中的产品，优先采购通过绿色节能照明认证、经过专业检测审核或通过环境管理体系认证的企业的产品，通过政府的绿色采购正确引导社会消费意识和行为。努力规范市场行为，帮助扶持城市照明优质、高效电器产品生产企业提高科技水平，鼓励引导他们自主创新，注重提高产品的科技含量，增强市场竞争力。

3.4 加强城市照明产品能效标准体系建设

认真总结实施“中国绿色照明促进项目”经验，建立健全制订能效标准、节能认证、能效标识的工作协调机制。跟踪照明行业新产品的研发与应用情况，加快研究、起草、制订、完善各类新光源、新灯具等照明产品的能效标准。开展照明产品关于能效标准实施与监督机制的专题研究。切实推进城市照明电器领域能效标识、节能认证的市场监督管理机制，尽快建立能效领域的市场准入制度，引导用户使用优质、高效、节能的照明产品，为城市绿色照明提供物资器材保障。

3.5 抓好专项规划编制工作

要从实际出发，坚持“以人为本、突出重点、保证功能、经济实用、节约能源、保护环境”的原则，抓紧编制城市照明专项规划，以求2008年全面完成。做到合理布局、主次兼顾、重点突出、特色鲜明，明确节电的指标和措施。对不符合城市发展需求和节约用电、保护环境的城市照明专项规划，要抓紧修改。全面推行规划评审和规划管理，突出城市照明专项规划引导资源节约的前瞻性和权威性的作用，从源头上把好资源节约和有效利用关。从严确定规划强制性内容，并实行长效管理。

3.6 提高信息网络化水平，增强科技支撑能力

建设和不断完善绿色照明信息网络平台、绿色照

明管理业务应用平台和信息资源服务平台。深入开展绿色照明新型节能产品、新工艺、新技术等战略与理论研究。增强自主创新能力,加强重大关键技术的科技攻关、技术开发和应用,加快相关制造业的产业升级。积极引进、消化、吸收国际先进理念和技术。加强科技创新基地和国家重点城市照明专项实验室及检测技术中心建设,重点培养和选拔一批学术或技术带头人,充分发挥科技专家的咨询和技术支持作用,为绿色照明建设管理提供人才保障。

3.7　加大宣传力度,提高全社会绿色照明意识

广泛深入持久开展绿色照明宣传,提高全民的资源忧患和节约意识,增强全社会的照明节能意识和可持续发展意识。要充分利用新闻出版、广播影视、文化教育等各种社会宣传阵地,积极开展绿色照明宣传,大力宣传“节约资源和保护环境是基本国策”,大力宣传实施城市绿色照明的意义、目标和任务,大力宣传绿色照明示范工程的成效和经验。要通过知识讲座、经验交流、举办宣传周、现场参观等各种生动活泼的宣传教育活动,吸引社会各界广泛参与,使绿色照明逐步成为全社会的共识。要建立绿色照明宣传专项资金。

4　保障措施

4.1　健全法规及标准体系,完善管理机制

切实履行政府职能,强化政策导向。健全和完善法规、标准。规范作业市场管理,结合照明行业实际,统筹道路照明和景观照明,整合资源,节约资源。发挥政府资金的功效,建立统一管理体制,使城市照明规划设计更专业、建设施工更规范、运行监控更科学、产品器材选用更合理。坚持依法管理。充分运用国家现有的质检网络和机制,加强器材市场管理。使各环节科学运作,各参与主体协调配合,整个照明相关产业积极联动。

4.2　建立完善节能评价体系,加强节能目标考核

各城市应根据实际建立完善适应本地实际的城市绿色照明节能评价体系,科学综合考虑评价节能效果。要尽快建立健全城市照明节能管理统计、监测制度,严格执行设计、施工、管理等专业标准和单位能耗限额指标,实行城市照明消耗成本管理。建立城市绿色照明、节能目标责任制。把绿色科学合理照明、节能考核指标、装灯普及率目标、专项经费投入使用情况纳入城市建设管理、生态园林城市等考核内容。通过普查、自查、专项查等不同形式,查找问题,制定落实整改措施,充分挖掘节能潜力,提高各地开展绿色照明的主动性和创造性。

4.3　推进城市绿色照明节能产业化

以市场为导向,建立推动和实施节能措施的新机制,推动城市照明节能的产业化进程,提高能源利用效率。按照规范选择确定专业服务机构,不断提升专业服务机构的能力。通过合同能源管理等方式,聘请专业服务机构参与城市照明节能改造,提供能源效率审计、节能项目设计、采购、施工、培训、运行、维护、监测等综合性服务,并通过与客户分享节能效益赢利,实现滚动发展和双赢发展。

4.4　综合运用各种手段,加强政府引导与市场调节合力

积极完善政府主导、市场推进、公众参与的城市绿色照明机制。综合运用各种手段,特别是价格、税收等经济手段,促进节约使用和合理利用资源。总结地方实践经验,加强政府引导扶持,探索建立节能奖励政策,加强政府节能采购管理,鼓励市场主体参与高效节电照明产品的研发和生产,推动节能市场化运作,形成节能项目的效益保障机制,提高效率,降低成本,促进节能产业化,保证绿色照明工程的持续推进。

4.5　增加投入,保障城市绿色照明工程顺利推进

充分调动各级政府和社会的积极性,采取多渠道筹措资金的办法,积极整合多方面资源,不断加大投入力度,深入推进城市绿色照明工程。将公共公益性城市照明所需经费,纳入公共财政体系;城市照明专项经费做到足额专款专用,为推进城市绿色照明工程提供资金保障。各地要探索建立健全专项照明节能资金,在节能资金中发挥节能效应,在节能效益中扩大资金基数,形成节能的良性互动。

4.6　加强组织领导,努力开创城市绿色照明工作新局面

抓好城市绿色照明工作,是市政公用事业贯彻科学发展观的必然要求,各地要切实加强对城市绿色照明工程的组织领导,把这项工作摆上重要议事日程,纳入城市建设和管理的工作部署,认真制订实施方案,明确职能部门,落实有效措施,建立目标管理责任制。要加强调查研究,加强检查督促,及时协调解决实施过程中的问题,保证城市绿色照明工作的顺利推进。

中华人民共和国建设部

关于进一步加强城市照明节电工作的通知

建城函[2005]234号

各省、自治区建设厅，北京市，重庆市市政管理委员会，上海市建委，市容环境卫生管理局，天津市市容环境管理委员会：

为贯彻落实国务院《关于做好建设节约型社会近期重点工作的通知》精神，建立城市照明节电机制，强化城市照明节电的政策导向，促进城市照明健康发展，现就加强城市照明节电工作的有关问题通知如下：

1　切实提高对城市照明节电工作的认识

城市照明是城市公共设施的组成部分，其质量和水平反映了社会进步和现代化程度的一个标志。改革开放以来，我国城市照明发展很快，对完善城市功能、改善城市环境、提高人民生活水平发挥了重要的作用。但城市照明的过快发展加大了能源的需求和消耗，尤其是一些城市单纯追求高亮度、多色彩、大规模、超豪华，建设和配置不切合实际的、不科学的照明工程，浪费了能源，也造成了光污染，影响了居住和生态环境的和谐与平衡，加剧了供用电紧张。各地城市照明主管部门一定要树立和落实以人为本全面协调可持续的发展观，认真贯彻国务院《关于做好建设节约型社会近期重点工作的通知》精神，充分认识抓好城市照明节电工作的重要性。要把大力加强城市照明的节约用电，切实提高城市照明能效，改善城市照明质量，建立优质高效、经济舒适、安全可靠、生态环保的城市照明环境，作为一项重要工作抓实抓好。

2　进一步做好城市照明的规划设计和建设管理工作

各地要从实际出发，坚持“以人为本、突出重点、保证功能、经济实用、节约能源、保护环境”的原则，抓紧编制城市照明专项规划；对不符合城市发展需求和节约用电、保护环境原则的城市照明专项规划，要抓紧进行修改完善；要明确不同道路的照明等级、要求和标准；提出并控制景观照明的重点、数量和分布，做到合理布局、主次兼顾、重点突出、特色鲜明，严格控制景观照明的范围和景观照明的亮度和能耗密度指标；明确节电的指标和措施。

城市照明工程的设计和施工要严格执行规划、设计和工程专业资质管理制度，规范城市照明设计建设市场秩序。城市照明工程项目设计方案应组织专家论证，将节电及宜居、环保等作为论证内容。要认真按照《建筑法》、《建设工程质量管理条例》，以及强制性标准的规定，做好城市照明工程施工图审查、工程招投标、工程质量监督和工程验收工作。

3　在城市照明建设与改造中，要保证以道路照明为主的功能照明，严格限制装饰性的景观照明

各地要根据城市建设和电力供应情况，紧紧围绕城市社会生活和经济发展的需要，优先发展和建设城市功能照明，严格限制发展和建设景观照明。功能照明建设项目要严格按照照明设计标准和照明能耗密度标准进行设计和建设。各城市应实施城市照明集中管理、集中监控和分时控制模式，努力降低电耗。在用电紧张时要确保城市道路、广场等功能照明的正常运行，保证人民群众夜间出行的安全，科学合理地安排照明开关时间。

4　大力推广节电新技术新产品，努力降低城市照明电耗

城市照明的光源、灯具和控制系统的使用，应优先选择通过认证的高效节能产品。鼓励使用太阳能道路照明、庭园照明等绿色能源照明。积极推广高压钠灯、金属卤化物灯、半导体发光二极管(LED)、T8、T5荧光灯、紧凑型荧光灯(CFL)、大功率紧凑型荧光灯等高效照明光源产品。功能照明的灯具选用，要严格遵守功能为主装饰为辅的原则，不得在城区主干道大范围使用多光源装饰性庭园灯。景观照明严禁使用强力探照灯、大功率泛光灯、大面积霓虹灯、彩泡、美耐灯等高亮度高能耗灯具。要根据景观元素的要点、照明载体的形体特征、材质特性、艺术特点等选择科学合理的照明方法；慎用大面积泛光照明；合理使用内透光照明、轮廓照明等高效节电照明技术和方法。

5　积极开展城市绿色照明及节电改造示范工程

各地要根据《关于实施〈节约能源——城市绿色照明示范工程〉的通知》(建城[2004]97号)的要求，结合“十一五”十大重点节能工程之一的城市绿色照明工程的实施，继续做好城市绿色照明示范工程，广泛开展对酒店、商厦、写字楼、体育馆场的照明节能改造项目和道路照明及景观照明节电改造。要及时总结推广城市绿色照明示范工程和节电改造示范工程经验，宣传城市绿色照明工程和节电改造工程示范城市。

6　加快建立健全城市照明标准体系

要加快建立健全城市照明标准体系的工作步伐，加强城市照明产品能效研究工作，为城市照明节电提供技术服务。要尽快编制《城市照明规划规范》，完善《城市道路照明设计规程》、《城市道路照明施工及验收规程》，加快制订《城市景观照明设计标准》，组织研究城市照明强制性能耗技术要求，加强城市照明产品能效标准体系建设。

7　加大城市照明节电宣传力度

各地要建立城市照明节电宣传的长效机制，大力提高城市照明节电意识，加大绿色照明公众宣传力度。各行业协会也要积极参与宣传、教育活动，帮助公众和生产企业提高城市照明节能环保意识。

中华人民共和国建设部
二零零五年八月九日

中国照明电器协会

照明电器工业“十一五”规划纲要

1　前言

照明电器行业的管理范围包括：电光源、灯头灯座、灯具、电器附件、专用材料以及照明工程。

照明电器行业在国民经济中具有特殊的地位和作用，因为人们的日常生产和生活均离不开照明，照明产品几乎无处不在，工厂、矿山、文化体育设施、商店、医院、学校以及几亿家庭住宅，均需要照明。各种机动车辆、船舶、飞机以及大量仪器、设备均须配备相应的照明装置。因此照明产品是国民经济发展和人民生活的必需品，随着国民经济的发展和人民生活水平的提高，对照明产品的需求也在不断的增长。

2　行业发展状况

2.1　行业现状

改革开放以来，特别是近10年来，照明电器行业一直是持续、稳定、快速的发展。2004年全行业销售额已突破1200亿人民币，出口额达67亿美元。

2.1.1　企业状况

企业状况呈以下特点：数量众多，规模扩大，国退民进。

(1)数量众多。根据第二次工业普查数据，截止到2001年底，全国照明电器企业8972家，其中电光源企业2001家，灯具企业4644家，灯头灯座企业686家，电器附件企业1085家，其他照明产品企业556家。经分析，这8972家的统计并不完全，全部企业要上万家。

(2)规模扩大。虽然近万家企业中大部分为中小型企业,但近年来已有部分企业逐步发展壮大。体现在销售额上，目前销售额超过亿元的企业已逾百家。另外企业的生产经营出现多元化,相当一部分企业既生产光源又生产灯具,同时生产镇流器,这也是规模扩大的原因之一。另外,还有一些知名家电企业进入照明行业,这些企业原有规模就很大,利用其资金、技术和市场优势进入照明行业,规模扩张迅速。

(3)国退民进。以往国内电光源企业是国营企业为主,灯具生产企业以国营和集体为主。随着企业产权制度改革的深化,目前国营企业所剩无几,而民营企业则得到迅速发展,其中一部分民营企业已度过了原始资本积累的阶段,正在寻求进一步的发展。

最近两年多来，受原材料和能源价格上涨的影响,企业经济效益有所下滑。

2.1.2　行业布局结构

行业布局结构在原有基础上,近年来又有新的变化。生产企业更多地集中在珠江三角洲和长江三角洲两个地区。原有全国各省分布较均匀的电光源企业近年来变化较大,尤其是在东北、西北、西南等地,企业在逐渐萎缩。原来只有西藏、海南、宁夏三省区无光源生产企业,现在已增加到10余个省市。主要生产企业集中在广东、江苏、上海、浙江、福建等沿海省市,并且形成了一些产品特色区域。

2.1.3　产品状况

主要产品为电光源、灯具和电器附件。产品品种齐全,产品质量总体上有所提高。

(1)产品结构调整取得显著成效,高效节能电光源产品得到迅速发展,如紧凑型荧光灯、T8直管荧光灯、T5直管荧光灯和环管荧光灯、高压钠灯、金属卤化物灯等。荧光灯与普通白炽灯的比例达到1:1.8,已提前超额完成“十五”计划(“十五”计划为1:3.5)。白炽灯、汽车灯、卤钨灯等传统产品呈平稳增长态势。

(2)灯具产品近年来发展较快,主要体现在:室内装饰类灯具花色品种繁多,满足了内、外销市场的需求。主要产地集中在珠江三角洲,以中山、东莞为主,突出的代表是古镇。室内荧光灯具在国内市场十分畅销,包括格栅灯、支架、筒灯等,广东是主要产地。室外灯具近年来发展速度明显加快,适应国内各地道路建设,路灯及灯杆企业生意兴隆,产地在浙江宁波一带比较集中。另外庭院灯、草坪灯也由出口为主转变为内、外销并举。因为国内城市建设中公园、绿地、小区景观等环境照明需求增大。

(3) 电器附件。2004年全国生产独立式镇流器(不包括紧凑型荧光灯镇流器)5亿多只，其中荧光灯电子镇流器2.5亿只,电感镇流器2.6亿只,另外有约1700万只HID镇流器。荧光灯镇流器近年来发展趋势是电子镇流器增长较快，国内目前电子镇流器与电感镇流器的产量已不相上下,如果将10多亿只紧凑型荧光灯的电子镇流器计算在内，则电子镇流器的比例将远远超过电感镇流器。出口产品中电子镇流器多于电感镇流器。

2.1.4　产品进出口状况

(1)出口。2004年全年出口额67亿美元。1994年出口额为9.8亿美元,与10年前相比,增长幅度之大是非常可观的。

电光源产品出口除传统的白炽灯、汽车灯、卤钨灯外,近年来增长较快的是荧光灯和HID灯,而荧光灯中又以紧凑型荧光灯为主。2004年荧光灯出口量达11.4亿只,创历史新高。

灯具方面,据欧洲独立机构统计,全球60个主要国家灯具进出口额,2002年分别为124亿美元和116亿美元,其中中国进出口额分别为1.6亿美元和33.3亿美元。中国的出口额占全球的28.7%，而在1997年,中国仅占到18.3%。2004年中国灯具出口额约占全球出口额的1/3。从中国出口的国家和地区分析,明显可以看出不均衡,出口美国占到30%。因此我们的灯具出口企业要认真分析研究国际市场的需求，开拓更加广阔的市场，例如东欧和南美等地区。在统计的60个国家和地区中,进口中国灯具居进口国排名第1位的有26个,第2位的12个,第3位的9个。

镇流器方面,2004年中国出口电子镇流器12508万只,出口额3亿美元;出口电感镇流器7836万只,出口额1亿美元。在电子镇流器出口中,大部分为独立式电子镇流器,其中也有一些为紧凑型荧光灯配套的电子镇流器,主要出口到印度、韩国、波兰等国。

(2)进口。2004年全行业进口额10亿美元,其中电光源占8亿美元。进口产品中以电光源为主。在进口电光源产品中占有较大比例的是汽车灯类产品和高档HID灯,原因是国内汽车工业发展迅速,且轿车大量采用进口汽车光源，高档HID灯包括陶瓷金卤灯等。灯具和镇流器进口约2亿美元。

自改革开放20多年来,照明电器工业一直保持持续稳定快速增长的发展趋势，产品品种规格齐全，质量稳定，基本满足了国民经济发展和人民生活水平提高的需求，为我国国民经济的发展做出了应有的贡献。

2.2 存在的主要问题和差距

2.2.1 存在的主要问题

（1）行业存在的突出矛盾。企业技术装备落后，生产效率低，产品价格下跌，质量不高，经济效益低是行业存在的突出矛盾。这些突出矛盾反映出我国加工工业的普遍问题，是与我国工业目前所处阶段有关，同时也与行业的基础和现有企业素质有关，需要在发展中逐步解决。

（2）产品结构，技术结构，企业组织结构，区域布局结构的问题。产品结构调整在取得明显成效的基础上，仍需大力发展高效节能产品，除发展荧光外，要发展高压钠灯、金卤灯等，同时应注重新产品的开发。

技术结构存在的问题是企业对研究开发重视不够，新产品开发力度不大；工艺技术受设备的制约，由于设备机械化、自动化水平低，人为因素影响产品质量和一致性。灯具的问题主要在设计方面，目前国内灯具企业正在从单纯仿制向自行设计过渡阶段，企业应加大自行设计方面的投入。

企业组织结构方面存在的问题是企业规模小，少数国有企业面临产权制度改革。企业面临新一轮的兼并、重组。

区域布局结构上，近年来生产企业越来越集中在长三角和珠三角两个区域，今后的发展应逐渐向中西部地区转移，应鼓励东西部企业合作。

产品质量问题是一个需长期努力解决的问题，市场竞争激烈，价格下跌在一定程度上影响到产品质量。产品质量问题需要全面抓，包括产品设计、工艺技术、生产设备、原材料质量等多个方面。

2.2.2 主要差距

我国照明电器行业与国际先进水平比较，优势在于总产量大、劳动力成本低、产品价格低。差距主要在于研究开发水平、技术装备水平和产品质量水平方面。

在研究开发方面，由于我国企业规模较小，企业经济效益水平不高，影响到研究开发的投入，包括研究人员、研究开发资金、设备等等，均与国外存在较大的差距。但目前已出现可喜的现象，部分有实力的企业开始重视研究开发工作，并已经开始建立企业的技术开发中心。

在技术装备方面，国内照明产品生产设备相对比较落后，大部分生产企业处于半手工半机械生产阶段。少数企业采用机械化自动化生产线，但与国际先进水平存在一定差距，主要差距在于生产速率较低，手工操作所占比例较大。提高我国照明行业生产机械化、自动化水平是我们面临的一项长期重要任务。

产品质量方面，电光源产品在光效和寿命方面存在一些差距，灯具的差距则体现在设计和工艺上，自行设计少，仿制较多，工艺水平略显粗糙，不够精细。考虑外观造型多，考虑照明效果少。

3 国内外市场预测及行业发展趋势

3.1 国际市场分析预测

由于发达国家产业结构的调整，加之中国加入WTO，近10年来中国的照明电器工业得到飞速发展，产品大量出口到世界各地，在后面表中列出了近10年出口额的增长情况。

照明电器产品的国际贸易额以每年5%左右的速度增长，我国照明产品出口额的增长，10余年来保持在两位数。由于中国的照明电器产品在国际市场有价格优势，近年来产品质量也在逐步提高，因此未来5~10年，出口增长潜力仍然很大，国际市场需求仍会持续。美国是第一大照明产品进口国，其次为欧盟、东南亚和中东，近年来我国与南美贸易增长较快，东欧市场也在逐步打开，呈现国际市场需求多元化。

3.2 市场需求分析预测

随着国民经济的发展和城市化进程的加快，城市基础设施建设步伐也在加快，机场、车站、广场、道路

表 中国照明电器工业产品近10年以来的出口额情况

年度	1994	1995	1996	1997	1998	1999	2000	2001	2002	2003	2004
出口额/亿美元	9.8	13.6	15.8	17.6	20	26.5	32	38	43.7	54	67

等室外照明需求不断增长；城市景观照明也更加兴旺;学校、商场、医院、宾馆等公共设施的照明由于有了新的建筑照明标准,照明水平均有所提高;商业照明需求也是一个重要领域;另外涉及几亿家庭的家居照明将随着人们居住条件的改善成为另一个巨大的市场。随着人民生活条件的改善,对家居照明提出了更高的要求,照明行业要适应这种市场需求,开发更多更好的产品。因此我们有理由对未来5～10年国内照明市场持乐观态度。

3.3　行业发展趋势

3.3.1　国际上本行业发展水平及技术发展趋势

电光源产品代表国际先进水平的是三大公司,即PHILIPS、GE和OSRAM。三大公司的产品品种齐全,产品质量一流,生产工艺和设备先进,生产自动化程度高。三大公司在国际市场的占有率接近60%。电光源方面的另一个发展趋势是LED照明越来越引起人们的关注,三大公司也分别投入人力和资金开展LED照明的研究开发。节约能源和保护环境也是未来发展的一大趋势。

灯具方面，功能类灯具以德国公司比较领先,他们用材考究,工艺精湛。装饰类灯具则是意大利和西班牙的公司在国际上处于领先水平,他们的灯具设计独具匠心,灯具既讲究外观造型,又讲究照明效果,装饰类灯具的发展趋势是在满足照明要求的前提下多样化、个性化。

照明设备电子化也是发展趋势之一,荧光灯电子镇流器将逐步取代传统的电感镇流器,照明控制装置的发展也是极具潜力的。

3.3.2　国内行业发展趋势及技术发展方向

电光源产品国内近年来发展较快的是荧光灯,特别是T8、T5和紧凑型荧光灯,这种趋势在未来5年中仍会继续。这种趋势符合节能高效的国际潮流。同时符合我国的节能政策,国家发改委在“十一五”十大节能措施中将开展“绿色照明工程”列为其中之一。高压钠灯和金属卤化物灯的发展在最近5年也相当惊人。未来5～10年中汽车金卤灯、陶瓷金卤灯、超高压汞灯(UHP)、无极荧光灯、微波硫灯等新开发的产品会有不同程度的发展。同时,LED在信号灯、汽车灯、建筑装饰照明方面将会有更加广泛的应用，但LED进入普通照明市场还要经历一个过程。改进生产设备,提高生产效率和产品质量将是一个趋势。

灯具产品近年来的发展要快于光源,功能类灯具和装饰类灯具均可满足国内市场需求，并大量出口。趋势是由仿制转向自行设计，有实力的企业采用CAD/CAM，配备相应的检测设备，如分布式光度计等,同时改进现有生产设备,以便提高工作效率和产品质量。

电子镇流器的快速发展,使荧光灯电子镇流器逐步占据主导地位，而HID灯电子镇流器将是未来的发展趋势。

“十一五”期间,根据国内能源紧缺的现状,国家大力提倡节约能源,国家发改委陆续出台了“节能大纲”和十大节能工程,均涉及照明节能,十大节能工程就包括了绿色照明工程。因此无论是光源、灯具还是电器附件,高效节能都将是发展趋势。

重视环境保护是未来产业发展和产品发展的又一趋势,随着欧盟RoHs指令的实施,国内对环境保护、清洁生产、循环经济等可持续发展的政策会加大力度,具体到照明行业,目前面临的主要问题是气体放电灯汞含量的控制，产品中铅等重金属的控制,以及废旧气体放电灯回收处理等。

3.3.3　相关行业发展对本行业的影响

与本行业相关的产业如建筑业,无论是基础设施建设,包括机场、车站、码头、道路等,还是住宅建设均对照明产品存在大量需求,建筑业的发展必将带动照明产业发展。例如2008年北京奥运会和2010年上海世博会均会对照明产品存在大量需求。

汽车工业的发展与照明工业也存在密切关系,近年来,国内汽车工业发展迅速,每辆汽车平均要用几十只灯泡,因此汽车行业的发展也为照明产品提供了一个市场。

同时,建筑装饰照明和汽车照明也是LED的市场。

4　行业规划的基本思路和发展目标

4.1　指导思想和原则

认真贯彻中央十六届五中全会精神,树立科学的发展观。照明电器行业要为建立资源节约型和环境友好型社会做出积极的贡献。

以国内外市场需求为导向,紧紧依靠技术进步和技术创新,加速调整产品结构,努力提高产品质量,满足国民经济发展和人民生活水平提高的需要,同时为国际市场提供优质产品。

4.2　规划年限和预期目标

本规划“十一五”,即2006～2010年,同时提出至2020年的轮廓设想。

长远目标:将我国由目前照明电器生产大国逐步发展成为照明电器产品生产强国。

"十一五"期间的主要目标为:

(1)发展规模和增长速度。年平均增长率10%;2010年全行业销售额2000亿(以2005年1300亿计算)。

(2)出口创汇。全行业出口创汇平均增长8%;2010年出口创汇总额100亿美元(以2005年出口创汇70亿美元计算)。

(3)用国际标准的采标率达70%。

(4)产品抽样合格率80%以上。

4.3 行业调整和发展方向

4.3.1 产品结构

积极发展节能产品,荧光灯与普通白炽灯的比例从2004年的1:1.8上升到2010年的1:1.2。努力开发新产品,力争在陶瓷金卤灯和汽车金卤灯方面有所突破,同时提高高压钠灯和金属卤化物灯的产品质量,以满足国内外市场需求,积极开发LED照明应用产品。

在灯具设计和生产上,要更加重视产品的照明效果,积极开发各类功能性灯具,提高灯具的效率,以满足不同场合的照明需求。

4.3.2 企业组织结构及规模

基本完成国有企业的产权制度改革,培育10家以上年销售额超过10亿元人民币的企业或企业集团。鼓励有条件的企业上规模、上水平。鼓励有实力的企业打造自主品牌,鼓励企业之间通过兼并、重组等方式扩大规模,增强实力。

4.3.3 技术结构

电光源领域主要是提高装备水平,"十一五"期间重点解决紧凑型荧光灯生产线、T8荧光灯生产线,改造普通白炽灯生产线,改造高压钠灯和金属卤化物灯生产设备。灯具方面则是从仿制向自行设计转变,推广灯具CAD和照明工程CAD。鼓励企业建立技术开发中心,建立自己的实验室。

4.3.4 区域结构

行业的生产布局目前集中在沿海,尤其是江苏、浙江、上海、广东、福建等省市。今后应有意识地鼓励劳动密集型生产向中西部地区转移,沿海地区侧重发展高新技术产品和出口产品。

4.3.5 环境保护

提高全行业环境保护意识,贯彻可持续发展的方针,积极推广清洁生产工艺。制定汞污染排放和气体放电灯回收处理两项标准,并贯彻执行。积极鼓励开发无铅玻璃、无铅焊锡,汞齐和其他固态汞。加强循环经济意识,积极开展气体放电灯回收处理工作。

4.3.6 积极开发新产品

新型电光源将对未来照明产生深远影响,我国应跟踪国外新技术,目前已有企业正在开发陶瓷金卤灯、汽车金卤灯、超高压汞灯、无极荧光灯、微波硫灯等等。希望在"十一五"期间,这些产品能够形成规模。HID灯电子镇流器也是目前开发的热点,希望在"十一五"期间能够批量进入市场。

LED照明是当前又一热点,要跟踪国外的技术发展,结合我国国情开发相应的LED照明产品,同时密切关注大功率白光LED的发展动态,积极推动LED进入普通照明领域,努力做好LED照明标准化的工作。

5 措施和政策建议

(1)建议政府有关部门制定相应政策,鼓励引导照明企业生产高效节能产品,积极推广应用节能产品。

(2)依靠技术进步,加速企业技术改造步伐。积极支持国内企业研究开发新装备。希望政府有关部门对引进必要的国外先进设备提供便利。

(3)积极支持民营企业发展,形成多种所有制共同发展的局面。政府有关部门应对民营企业产品出口、人员出国考察、参展等提供必要的便利。

(4)充分发挥行业协会在行业发展中的作用,在标准制定、产品质量监督、认证认可等方面更多的发挥行业协会的作用,以利于行业的发展。

(5)加速人才培养,更新知识结构,以适应技术进步的需要,要用高新技术改造传统产业,培养不同层次的技术人员充实生产一线是十分必要的。要加强职工的全员培训。

(6)建议政府质量技术监督部门,加强打击假冒伪劣产品的力度,创造企业公平竞争的环境。

(7)积极开展国际交流与合作,与国外同行建立更加紧密的合作关系。

(8)认真应对国外的反倾销,努力维护产业安全。

(9)针对人民币汇率调整——人民币升值的问题,组织出口企业认真研究应对措施。

国际照明委员会(CIE)出版物

中国建筑科学研究院建筑物理研究所 张绍纲

一、出版物

01—1980 减少靠近天文台附近城市天空光最小化指南,(IAU/CIE 联合出版)

01—1980 Guide lines for minimizing urban sky glow near astronomical observatories (Jointpublication I-AU/CIE)

13.3—1995 光源的显色性的测量和规定的方法,新版(包括光盘 D008)

13.3—1995 Method of measuring and specifying colour rendering of light sources New edition (including Disk D008)

15.3—2004 色度学,第三版

15.3—2004 Colorimery,3rd ed

16—1970 昼光

16—1970 Daylight

17.4—1987 国际照明辞典,第四版(IEC/CIE 联合出版)

17.4—1987 International lighting vocabulary,4th ed. (Joint publication IEC/CIE)

18.2—1983 物理光度学基础,第二版

18.2—1983 The basis of physical photometry,2nd ed

19.2.1—1981 描述照明参数对视觉功效影响的分析模型,第二版,第 1 卷,技术基础

19.2.1—1981 An analytic model for describing the influence of lighting parameters upon visual performance,2nd ed.,Vol.1.:Technical foundations

19.2.2—1981 描述照明参数对视觉功效影响的分析模型,第二版,第 1 卷,概要和应用指南

19.2.2—1981 An analytic model for describing the influence of lighting parameters upon visual performance, 2nd ed.,Vol.1:Summary and application guidelines

23—1973 机动车道照明的国际建议

23—1973 International recommendations for motorway lighting

31—1976 道路照明装置的眩光和均匀度

31—1976 Glare and uniformity in road lighting installations

32—1977 需特殊处理时的照明(道路照明中)
32—1977 Lighting in situations requiring special treatment (in road lighting)

33—1977 装置的光衰减及其维护(道路照明中)
33—1977 Depreciation of installation and their maintenance (in road lighting)

34—1977 道路照明灯具和装置的数据:光度、分类和功效
34—1977 Road lighting lantern and installation data: photometrica, classification and performance

38—1977 材料的辐射度和光度特性及其测量
38—1977 Radiometric and photometric characteristics of materials and their measurement

39.2—1983 视觉信号的表面色的建议,第二版
39.2—1983 Recommendations for surface colours for visual signalling, 2nd ed

40—1978 室内照明计算:基本方法
40—1978 Calculations for interior lighting: Basic method

41—1978 作为确实可视量的光:测量原理
41—1978 Light as a true visual quantity: Principles of measurement

42—1978 网球场照明
42—1978 Lighting for tennis

43—1979 泛光的光度测量
43—1979 Photometry of floodlights

44—1979 反射测量的绝对方法
44—1979 Absolute methods for reflection measurements

45—1979 滑冰场照明
45—1979 Lighting for ice sports

46—1979 材料反射标准的特性和反射值的文献综述
46—1979 A review of publications on properties and reflection values of material reflection standards

47—1979 潮湿条件下的道路照明
47—1979 Road lighting for wet conditions

48—1980 道路交通控制的光信号
48—1980 Light signals for road traffic control

49—1981 建筑物内部应急照明指南
49—1981 Guide on the emergency lighting of building interiors

50—1979 CIE 京都大会论文集,1979
50—1979 Proceedings of the CIE session in kyoto, 1979

51.2—1999 昼光模拟器色度质量的一种评价方法(附补充出版物 1-1999)
51.2—1999 A method for assessing the quality of daylight simulators for colorimetry (with supplement 1～1999)

52—1982 室内照明计算:实用法
52—1982 Calculations for interior lighting: Applied method

53—1982 辐射计和光度计功能的特性化方法
53—1982 Methods of characterizing the performance of radiometers and photometers

54—1982 逆向反射:定义和测量
54—1982 Retroreflection: Definition and measurement

55—1983 室内工作环境的不舒适眩光
55—1983 Discomfort glare in the interior working environment

56—1983 CIE 阿姆斯特丹大会论文集,1983
56—1983 Proceedings of the CIE Session in Amsterdam, 1983

57—1983 足球场照明
57—1983 Lighting for football

57—1983 体育馆照明
58—1983 Lighting for sports halls

59—1984 偏振光:定义和术语、偏振仪
59—1984 Polarization:Definitions and nomenclature, instrument polarization

60—1984 视觉和视觉显示单元工作站
60—1984 Vision and the visual display unit work station

61—1984 隧道入口照明:确定临界区亮度的基本问题的述评
61—1984 Tunnel entrance lighting: A survey of fundamentals for determining the luminance in the threshold zone

62—1984 游泳池照明
62—1984 Lighting for swimming pools

63—1984 光源的光谱辐射度测量
63—1984 The spectroradiometric measurement of light sources

64—1984 光辐射探测器的光谱响应的测定
64—1984 Determination of the spectral responsivity of optical radiation detectors

65—1985 光辐射电校准热探测器(绝对辐射计)
65—1985 Electrically calibrated thermal detectors of optical radiation (absolute radiometers)

66—1984 路面和照明(CIE/PIARC 联合技术报告)
66—1984 Road surfaces and lighting (joint technical report CIE/PIARC)

67—1986 体育照明装置的光度规定和测量指南
67—1986 Guide for the photometric specification and measurement of sports lighting installations

69 照度计和亮度计的特性化方法:功能、特性和技术规范
69 Methods of characterizing illuminance meters and luminance meters:Performance,characteristics and specifications

70—1987 绝对发光强度分布的测量
70—1987 The measurement of absolute luminous intensity distributions

71—1987 CIE 威尼斯大会论文集(1~2 卷),1987
71—1987 Proceedings of the CIE Session in Venice, Vol.1~2,1987

72—1987 逆向反射器的夜间特性和应用指南
72—1987 Guide to the properties and uses of retroreflectors at night

73—1998 道路标记的视觉特性(CIE/PIARC 联合技术报告)
73—1998 Visual aspects of road markings(joint technical report CIE/PIARC:French translation:Aspects visuels des marquages routiers is available from PIARC)

74—1988 道路标志
74—1988 Roadsigns

75—1988 基于单色点光源视亮度匹配的光谱光视效率函数,2°和 10°视场
75—1988 Spectral luminous efficiency functions based upon brightness matching for monochromatic point sources,2°and10°fields

76—1988 荧光材料(总)光谱辐亮度因数测量的比对
76—1988 Intercomparison on measurement of (total) spectral radiance factor of luminescent specimens

77—1998 电光源:发展现状-1987
77—1998 Electric light sources: State of the art-1987

78—1988 视亮度和光亮度的关系:分类文献
78—1988 Brightness -luminance relations:Classified bibliography

79—1988 道路交通灯光设计指南
79—1988 A guide for the design of road traffic lights

80—1989 特殊同色异谱指数:变更观察者
80—1989 Special metamerism index:Change in observer

81—1989 中间视觉的光度学:历史、特殊问题和实用解决方法
81—1989 Mesopic photometry:History,special problems and practical solutions

82—1989 CIE1913～1988 历史
82—1989 CIE History 1913～1988

83—1989 体育比赛中的彩色电能和电影照明指南
83—1989 Guide for the lighting of sports events for colour television and film systems

84—1989 光通量测量
84—1989 Measurement of luminous flux

85—1989 太阳的光谱辐照度
85—1989 Solar spectral irradiance

86—1990 CIE 1988 年的明视觉光谱光视效率函数,又见核(校)注
86—1990 CIE 1988 spectral luminous efficiency function for photopic vision. See also:Correction Note

87—1990 自发光显示的色度测量文献目录
87—1990 Colorimetry of self-Luminous displays-A bibliography

88.2—2004 隧道和地下通道照明指南
88.2—2004 Guide for the lighting of road tunnels and underpasses

89—1990 1990 年技术选集
89—1990 Technical Collection 1990

89/1 CIE 探测器响应比对结果
89/1 Results of a CIEdetector response intercomparison

89/2 阳光灯的光生物效应
89/2 Photobiological effects of sunlamps

89/3 光学辐射对博物馆展示品的损害
89/3 On the deterioration of exhibited museum objects by optical radiation

89/4 地下矿井照明测量指南
89/4 Guide for the measurement of underground mine lighting

90—1991 遮阳性能检测(紫外线 B 波段)
90—1991 Sunscreen testing(UV.B)

91—1992 CIE 墨尔本大会论文集,1～2 卷,1992
91—1992 Proceedings of the CIE Sessin in Melbourne Vol.1～2,1992

93—1992 作为提高安全手段的道路照明
93—1992 Road lighting as an accident countermeasure

94—1992 泛光照明指南
94—1992 Guide for floodlighting

95—1992 对比度和可见度
95—1992 Contrast and visibility

96—1992 电光源:发展现状-1991
96—1992 Electric light sources-State of the art-1991

97.2—1992 室内电气照明系统的维护
97.2—1992 Maintenance of indoor electric lighting systems

98—1992 对人的紫外辐射剂量
98—1992 Personal dosimetry of UV radiation

99—1992 照明教育
99—1992 Lighting education

100—1992 司机夜间驾驶时的视觉工作基础
100—1992 Fundamentals of the visual task of night driving

101—1993 参变量对色差评价的影响
101—1993 Parametric effects in colour-difference evaluation

102—1993 灯具光度数据的电子转换用的推荐的文件格式
102—1993 Recommended file format for electronic transfer of luminaire photometric data

103 1993 技术选集
103 Technical Collection 1993

103/1 色貌分析
103/1 Colour appearance analysis

103/2 工业照明和工作安全
103/2 Industrial lighting and safety at work

103/3 对人类不同皮肤类型所产生的紫外辐射照射导致的红斑和色素淀积的参考作用光谱
103/3 Reference action spectra for ultraviolet induced erythema and pigmentation of different human skin types

103/4 卤钨灯灯具桌面照明的生理有效辐射和潜在危害
103/4 Biologically effective emissions and hazard potential of desk-top luminaires incorporating tungsten halogen lamps

103/5 室内照明维护的经济学
103/5 The economics of interior lighting maintenance

103/6 维持照度和相关名词的说明
103/6 Clarification of maintained illuminance and associated terms

104—1993 汽车白天行驶灯光(DRL)
104—1993 Daytime running lights (DRL)

105—1993 脉冲光辐射光源的光谱辐射测量
105—1993 Spectroradiometry of pulsed optical radiation sources

106—1993 CIE 光生物和光化学选集(1993)
106—1993 CIE Collection in photobiology and photochemistry (1993)

106/1 紫外线作用光谱的确定
106/1 Determining ultraviolet action spectra

106/2 光角质化作用
106/2 Photokeratitis

106/3 光组合作用
106/3 Photoconjunctivitis

106/4 导致人类皮肤产生红斑的参考紫外作用光谱
106/4 A reference action spectrum for ultraviolet induced erythema in human skin

106/5 植物生长中的光生物效应
106/5 Photobiological effects in plant growth

106/6 有害的黑素瘤与荧光灯照明
106/6 Malignant melanoma and fluorescent lighting

106/7 关于环境光照射的定量化——风险效益比概念的局限性
106/7 On the quantification of environmental exposures: limitations of the concept of risk-to-benefit ratio

106/8 关于具有植物光复合作用的辐射的术语
106/8 Terminology for photosynthetically active radiation for plants

107—1994 关于信号光颜色的 CIE 正式建议的述评
107—1994 Review of the official recommendations of the CIE for the colours of signal lights

108—1994 推荐的昼光测量实施指南(包括光盘)
108—1994 Guide to recommended practice of daylight measurement (including disk)

109—1994 在不同色度和照度适应下相应颜色的预测方法
109—1994 A method of predicting corresponding colours under different chromatic and illuminace adaptations

110—1994 昼光的空间分布—各种参考天空的亮度分布
110—1994 Spatial distribution of daylight-Luminance distributions of various reference skies

111—1994 可变信息标志
111—1994 Variable message signs

112—1994 室外体育和区域照明的眩光评价系统
112—1994 Glare evaluation system for use within outdoor sports and area lighting

113—1995 逆向反射道路标志的夜间可见度保持
113—1995 Maintained night-time visibility of retroreflective road signs

114—1994 CIE 光度学和辐射度学的技术文集
114—1994 CIE Collection in photometry and radiometry

114/1 用于检测光谱光度计和色度计性能的基准材料概览的测试
114/1 Survey of reference materials for testing the performance of spectrophotometers and colorimeters

114/2 透射比测量的国际比对——结果和结论报告
114/2 International intercomparison on transmittance measurement-Report of results and conclusions

114/3 HPMV 灯光通量测量的比对
114/3 Intercomparison of luminous flux measurements on HPMV lamps

114/4 分布温度和比温度
114/4 Distribution temperature and ratio temperature

114/5 非选择性探测器的术语
114/5 Terminology relating to non-selective detectors

114/6 热敏灯的光度学
114/6 Photometry of thermally sensitive lamps

115—1995 机动车道和步行道照明的建议
115—1995 Recommendations for the lighting of roads for motor and pedestrian traffic

116—1995 工业色差评价
116—1995 Industrial colur difference evaluation

117—1995 室内照明的不舒适眩光
117—1995 Discomfort glare in interior lighting

118—1995 CIE 颜色与视觉文集
118—1995 CIE Collection in colour and vision

118/1 光泽表观特性的评价
118/1 Evaluation of the attribute of appearance called gloss

118/2 异色主观(视)亮度匹配模型
118/2 Models of hetero-chromatic brightness matching

118/3 主观(视)亮度与光亮度的关系
118/3 Brightness-luminance relations

118/4 对色貌模型应用于印刷反射图像与自发光显示图像的比较时的评估:CIE 协作研究指南
118/4 CIE guidelines for co-ordinated research on evaluation of colour appearance models for reflection print and self-luminous display image comparisons

118/5 色貌模型测试:协作研究指南
118/5 Testing colour appearance models:Guidelines for co-ordinated research

118/6 色差文献报告
118/6 Report On colour difference literature

118/7 工业色差评价:今后协作研究的 CIE 指南
118/7 CIE guidelines for co-ordinated future work on industrial colour-difference evaluation

119—1995 CIE 23 届大会论文集,新德里,1995,第一卷
119—1995 Proceedings of the 23rd Session of the CIE,New Delhi 1995,Vol.1

120—1996 CIE 23 届大会论文集,新德里,1995 第二卷
120—1996 Proceedings of the 23rd Session of the CIE,New Delhi 1995,Vol.2

121—1996 灯具的光度学和变角光度学
121—1996 The photometry and goniophotometry of luminaires

122—1996 计算机控制的阴极射线管(CRT)显示器的数字与色度数据之间的关系
122—1996 The relationship between digital and colorimetric data for computer-controlled CRT displays

123—1997 低视力(还有 CD-ROM 版本)
123—1997 Low vision (also available on CD-Rom)

124—1997 CIE 颜色和视觉选集
124—1997 CIE Collection in colour and vision, 1997

124/1 色符号和色序系统
124/1 Colour notations and colour order systems

124/2 关于失能眩光的作用及其对视觉分散的特性
124/2 On the course of the disability glare function and its attribution to components of ocular scatter

124/3 工业色差评价的下步工作——关于色差研究会议的报告
124/3 Next step in industrial colour difference evaluation-Report on a colour difference research meeting

125—1997 红斑剂量标准
125—1997 Standard erythema dose

126—1997 降低天空亮度指南
126—1997 Guidelines for minimizing sky glow

127—1997 发光二极管(LED)测量
127—1997 Measurement of LEDs

128—1998 露天采矿照明指南
128—1998 Guide to the lighting for open-cast mines

129—1998 室外工作区照明指南
129—1998 Guide for lighting exterior work areas

130—1998 测量反射比和透射比的实用方法
130—1998 Practical methods for the measurement of reflectance and transmittance

131—1998 CIE 1997 室内色貌模型（简化版),CIE CAM97S
131—1998 The CIE 1997 Interim colour appearance model (simple version), CIECAM97S

132—1999 道路照明设计方法
132—1999 Design methods for lighting of roads

133—1999 CIE 华沙大会论文集,1999 年（也有 CD-ROM 版本）
133—1999 Proceedings of the CIE Session 1999 in Warsaw (also available on CD-ROM)

134—1999 CIE 光生物和光化学选集,1999
134—1999 CIE Collection in photobiology and photochemistry, 1999

134/1 UV-A1、UV-A2 和 UV-B 术语标准化
134/1 Standardization of the terms UV-A1, UV-A2 and UV-B

134/2 眼睛的紫外辐射防护
134/2 UV protection of the eye

134/3 关于灯的光生物安全的建议——标准综述
134/3 Recommendations on photobiological safety of lamps. A review of standards

135—1999 CIE1999 年视觉、颜色及光和辐射的物理测量文集
135—1999 CIE Collection in vision and colour and in physical measurement of light and radiation, 1999

135/1 失能眩光
135/1 Disability glare

135/2 显色性,TC 1-33 的最后说明
135/2 Colour rendering (TC 1-33 closing remarks)

135/3 对 CIE51-1981 的补充出版物 1-1999：用于 CIE D50 照明体模拟器质量评价的虚拟同色异谱试样
135/3 Supplement 1-1999 to CIE 51-1981: Virtual

metamers for assessing the quality of simulators of CIE illuminant D50

135/4 色差评价的近年发展
135/4 Some recent developments in colour difference evaluation

135/5 对复杂亮度分布的视觉适应
135/5 Visual adaptation to complex luminance distributoin

135/6 压缩聚四氟乙烯(PIFE)粉末的45°/0°光谱反射因子
135/6 45°/0° spectral reflectance factors of pressed polytetrafluoroethylene (PTFE) powder

136—2000 城区照明指南
136—2000 Guide to the lighting of urban areas

137—2000 复杂背景下交通标志的醒目性
137—2000 The conspicuity of traffic signs in complex backgrounds

138—2000 CIE 光生物和光化学 2000 年文集
138—2000 CIE Collection in Photobiology and Photochemistry, 2000

138/1 蓝光光化学的视网膜危害
138/1 Blue light photochemical retinal hazard

138/2 光致癌作用光谱(非黑素瘤皮肤癌)
138/2 Action spectrum for photocarcinogenesis (non-mel-anoma skin cancers)

138/3 光致癌作用的安全检测的标准化协议
138/3 Standardized protocols for photocarcinogenesis safety testing

138/4 建议的全球 UV 指数
138/4 A proposed global UV index

139—2001 天然光和人工光对人类状态每天和季节的变化的影响—参考书目(也有光盘版本)
139—2001 The influence of daylight and artificial light on diurnal and seasonal variations in humans-a bibliography (also available as disk)

140—2001 道路照明计算
140—2001 Road lighting calculations

141—2001 光度学补充系统测试
141—2001 Testing of supplementary systems of photometry

142—2001 工业色差评价的改进
142—2001 Improvement to industrial colour difference evaluation

143—2001 对运输设备的颜色视觉要求的国际建议
143—2001 International recommendations for colour vision requirements for transport

144—2001 路面和道路标志的反射特性
144—2001 Road surface and road marking reflection characteristics

145—2002 视觉模型与视觉功效模型的相关性
145—2002 The correlation of models for vision and visual performance

146/147—2002 CIE2002 年眩光文集
146/147—2002 CIE Collection on Glare 2002

146—2002 CIE 失能眩光公式
146—2002 CIE equations for disability glare

147—2002 小、大和复杂光源的眩光
147—2002 Glare from small, large and complex sources

CIE 148—2002 可调谐激光皮肤光照作用光谱学
CIE 148—2002 Action spectroscopy of skin with tunable lasers

CIE 149—2002 钨丝灯作为副基准光源的应用
CIE 149—2002 The use of tungsten filament lamps as secondary standard sources

CIE 150—2003 关于限制由室外照明装置产生的干扰光效应的指南
CIE 150—2003 Guide on the limitation of the effects of obtrusive light from outdoor lighting installations

CIE 151—2003 太阳紫外辐射的光谱权重
CIE 151—2003 Spectral weighting of solar ultraviolet radiation

CIE 152—2003 CIE 第 25 届大会论文集，圣迭戈，美国，2003 年 6 月 25 日～7 月 2 日
CIE 152—2003 Proceedings of the 25th Session of the CIE, San Diego, USA, 25 June–2 July 2003

CIE 153—2003 高压钠灯光通量测量的比对报告
CIE 153—2003 Report on an intercomparison of measurements of the luminous flux of high-pressure sodium lamps

CIE 154—2003 室外照明系统的维护
CIE 154—2003 Maintenance of outdoor lighting systems

CIE 155—2003 紫外线空气消毒杀菌
CIE 155—2003 Ultraviolet air disinfection

CIE 156—2004 色域映射算法评价指南
CIE 156—2004 Guidelines for the evaluation of gamut mapping algorithms

CIE 157—2004 光学辐射对博物馆展品损害的控制
CIE 157—2004 Control of damage to museum objects by optical radiation

CIE 158—2004 眼睛光照对人的生理和行为的效应
CIE 158—2004 Ocular lighting effects on human physiology and behaviour

CIE 159—2004 用于颜色管理系统的色貌模型：CIECAM02
CIE 159—2004 A colour appearance model for colour management systems：CIECAM02

CIE 160—2004 色适应变换综述
CIE 160—2004 A review of chromatic adaptation transforms

CIE 161—2004 被遮光的内部区域的照明设计方法
CIE 161—2004 Lighting design methods for obstructed interiors

CIE 162—2004 比较软拷贝与硬拷贝图像时，混合照明条件下的色适应
CIE 162—2004 Chromatic adaptation under mixed illumination condition when comparing softcopy and hardcopy images

CIE 163—2004 图像媒体特性化中的荧光效应
CIE 163—2004 The effects of fluorescence in the characterization of imaging media

CIE 164—2004 空心导光管技术及应用
CIE 164—2004 Hollow light guide technology and applications

CIE 165—2004 CIE 10°明视觉光度观察者
CIE 165—2004 CIE 10degree photopic photometric observer

CIE 166—2005 认知色
CIE 166—2005 Cognitive colour

CIE 167—2005 推荐应用的颜色计算用的光谱数据表
CIE 167—2005 Recommended practice for tabulating spectral data for use in colour computations

CIE 168—2005 扩展色域颜色编码的评价指标
CIE 168—2005 Criteria for the evaluation of extended-gamut colour encodings

CIE 169—2005 用于彩色电视和电影的体育比赛照明实用设计指南
CIE 169—2005 Practical design guidelines for the lighting of sport events for colour television and filming

CIE 171—2006 评价照明计算机程序精确度的测试
CIE 171—2006 Test cases to assess the accuracy of lighting computer programs

二、CIE 标准

ISO/CIE 10526 S001—1991:CIE 标准色度照明体
CIE standard colorimetric illuminants
ISO/CIE 10527 S002—1991:CIE 标准色度观察者
CIE standard colorimetric observers

ISO/CIE 15469—1996:昼光的空间分布—CIE 标准全阴天空和全晴天空
Spatial distribution of daylight CIE standards overcast sky and clear sky
CIE S004/E—2001:光信号的颜色
Colour of light signals

ISO 10526/CIE S065—1999:测色用 CIE 标准照明体
CIE Standard illuminants for colorimetry

ISO 16508/CIE S006—1999: 道路交通灯—直径 200mm 的圆形信号灯的光度特性
Road traffic light-200mm Roundel signals photometric properties

ISO 17166/CIE S007—1999: 红斑的参考作用光谱和标准红斑照射剂量
Erythema reference action speetrum and standard erythema dose
ISO 8995—2002/CIE S008—2001:室内工作场所照明
Lighting of indoor work places

CIE S009—2001:灯和灯系统的光生物安全性
Photobilogical safety of lamps and lamp systems

ISO 23539:2005(E)/CIE S010/E:2004:光度学—CIE 物理光度学系统
Photometry-The CIE System of physical photometry

ISO 15469:2004/CIE S011:2003:昼光空间分布—CIE 标准一般天空
Spatial distribution of daylight-CIE Standard general sky

ISO 23603:2005/CIE S012/E:2004: 从视觉感受和颜色能量角度评价昼光模拟器光谱质量的标准方法
Standard method of assessing the spectral uality of daylight simulators for visual apprisal and measurement of colour

CIE S013:2003:全天空太阳紫外辐射指数的国际标准
International standard global solar UV index

CIE S015/E:2005:室外工作场所照明
Lighting of outdoor work places

CIE S016/E:2005:室外场所照明:安全和保安的照明要求
Lighting of outdoor places -Lighting requirements for safety and security

三、CIE 大会和研讨会论文集

×003—1989 昼光和太阳辐射测量 CIE-WMO 研讨会论文集,柏林 1989.10.9~11
×003—1989 Daylight and solar radiation measurement (CIE -WMO Symposium Proceedings, Berlin, 9 ~11 Oct.1989)

×004—1981 81 年光和辐射测量研讨会论文集,Hajduszoboszlo (CIE 匈牙利国家委员会)
×004—1981 Symposium on light and radiation measurement '81, Hajduszoboszlo (CIE-Hungarian NC)

×005—1992 92 年 CIE 光和照明计算机程序讨论会文集
×005—1992 Proceedings of the CIE Seminar '92 on Computer programs for light and lighting

×006—1991 91 年 PRAKASH 日本 CIE 会议
×006—1991 Japan CIE Session at PRAKASH 91

×007—1993 93 年 CIE 高等光度学研讨会论文集
×007—1993 Proceedings of the CIE Symposium '93 on Advanced Colorimetry

×008—1994 城市的天空光,天文学的烦恼(1994)
×008—1994 Urban Sky Glow, a Worry for Astronomy (1994)

×009—1995 94 年 CIE 光度学进展研讨会论文集—CIE 光度学 70 年,1994 年 12 月 1~3 日,CIE 中共局,维也纳

×009—1995 Proceedings of the CIE Symposium ’94 Advances in Photometry-70 Years of CIE Photometry 1~3 December 1994,CIE Central Bureau,Vienna

×010—1996 96 年 CIE 图像技术颜色标准研讨会论文集

×010—1996 Proceedings of the CIE Symposium ’96 on colour standards for image technology

×011—1996 CIE 23 届大会特殊论文卷,新德里,1995 年 11 月 1~8 日迟到论文

×011—1996 Special volume 23rd Session of the CIE, New Delhi,November 1-8,1995,Late papers

×012—1997 NPL 论文集——CIE 英国会议:视觉标度(1997)

×012—1997 Proceedings of the NPL-CIE-UK Conference: Visual Scales (1997)

×013 CIE 97 年 LED(发光二极管)研讨会论文集:规定和测量 LED 特性的标准方法

×013 Proceedings of the CIE LED Symposium ’97 on Standard methods for specifying and measuring LED characteristics

×014 CIE 97 图像技术颜色标准专家研讨会论文集

×014 Proceedings of the CIE Expert Symposium ’97 on colour standards for imaging technology

×015—1998 CIE 第一届照明质量研讨会论文集

×015—1998 Proceedings of the First CIE Symposium on Lighting Quality

×016—1998 光学辐射危害的测量(1998)

×016—1998 Measurement of Optical Radiation Hazards (1998)

×017—1999 CIE 24 届大会特殊论文卷,华沙

×017—1999 Special volume: 24th Session of the CIE, Late papers

×018—1999 99 年 CIE 光度学 75 周年研讨会论文集(也有 CD-ROM 版本)

×018—1999 Proceedings of the CIE Symposium ’99 “75 Years of CIE Photometry” (also available on CD-ROM)

×019—2001 CIE 关于道路照明指标三个专题研讨会论文集

×019—2001 Proceedings of three CIE Workshops on Criteria for Road Lighting

×020—2001 2001 年 CIE 研讨会论文集:光学辐射测量不确定度分析方法中的不确定度评估

×020—2001 Proceedings of the CIE Symposium 2001 “Uncertainty Evaluation-Methods for Analysis of Uncertainties in Optical Radiation Measurement”

×021—2001 2000 年 CIE 专家研讨会论文集:扩展范围的颜色空间

×021—2001 Proceedings of the CIE Expert Symposium 2000 “Extended Range Colour Spaces”

×022—2001 CIE 第二届 LED(发光二极管)测量专家研讨会论文集:规定和测量 LED 和 LED 组件特性的标准方法,2001

×022—2001 Proceedings of the 2nd CIE Expert Symposium on LED Measurement “Standard Methods for Specifying and Measuring LED and LED Cluster Characteristics” (2001)

×023—2002 CIE 关于道路照明装置光度测量系统两个专题研讨会的论文集

×023—2002 Proceedings of 2 CIE Workshops on Photometric measurement systems for road lighting installations (1994,Poitiers 1996)

×024—2002 CIE/ARUP 视觉环境研讨会论文集,2002 年 4 月(也有 CD-ROM 版本)

×024—2002 Proceedings of the CIE/ARUP Symposium on Visual Environment,April 2002 (also available on CD-ROM)

×025—2003 02 年 CIE 光和颜色感受和测量的时间和空间特性研讨会论文集,2002 年 8 月(也有 CD-ROM 版本)

×025—2003 Proceedings of the CIE Symposium '02 on Temporal and Spatial Aspects of Light and Colour Perception and Measurement, August 2002 (also available on CD-ROM)

×026—2005 04 年 CIE LED(发光二极管)光源研讨会论文集:物理测量和视觉以及光生物的评价,2004 年 6 月 7~8 日,日本东京

×026—2005 Proceedings of the CIE Symposium '04 on LED Light Sources: Physical Measurement and Visual and Photobiological Assessment, 7-8 June 2004, Tokyo/Japan.

×027—2004 04 年 CIE 光与健康研讨会论文集:非视觉效应,2004 年 9 月 30 日~10 月 2 日,奥地利,维也维

×027—2004 Proceedings of the CIE Symposium '04 on Light and Health: non-visual effects, 30 Sep.-2 Oct. 2004, Vienna, Austria

×028—2005 05 年 CIE 中间视觉条件下的视觉和照明研讨会论文集,2005 年 5 月 21 日,西班牙,里昂

×028—2005 Proceedings of the CIE Symposium '05 "Vision and Lighting in Mesopic Conditions", 21 May 2005, Leon, Spain.

四、国内照明标准

1 《建筑照明设计标准》GB 50034—2004
2 《建筑采光设计标准》GB 50033—2001
3 《建筑照明术语标准》JGJ/T 119—1998
4 《室内照明测量方法》GB 5700—1985
5 《室外照明测量方法》GB/T 15240—1994
6 《视环境评价方法》GB/T 12454—1990
7 《颜色术语》GB 5598—2001
8 《视觉工效学原则.室内工作系统照明》GB 13379—1992
9 《光源显色性评价方法》GB 5702—1985
10 《城市道路照明设计标准》CJJ45—2006
11 《城市夜景照明设计标准》在编 JGJ××××—××××
12 《体育场馆照明设计及检测标准》在编 JGJ××××—××××
13 《应急照明设计指南》中国照明学会第 1 号技术文件
14 《绿色照明工程技术规程》北京市标准 DBJ 01—607—2001
15 《重庆市城市夜景照明技术规范》(试行)重庆市市政管理行业标准 COSZ 04—2002
16 《天津市城市夜景照明工程技术规范》DB29—71—2004,天津市建设管理委员会
17 上海市地方标准:《城市环境(装饰)照明规范》DB31/T 316—2004
18 北京市《城市夜景照明技术规范》2006 年 5 月

五、国内照明标准和手册

标准

1. 国际照明委员会,《室内工作场所照明》CIE S 008/E—2001
2. 国际照明委员会,《室内工作场所照明》CIE S 015/E—2005
3. 《美国照明标准》,IESNA,照明手册,2000
4. 《日本照度标准》,JIS Z 9110-1979
5. 《欧盟照度标准》,即德国 DIN 5035-1900
6. 《俄罗斯天然采光和人工照明标准》,СНиП 23-05-1995
7. 《美国建筑物能量》标准中的照明功率密度值,ASHRAE/IESNA, 90.1.1999
8. 《日本节能法》中的照明功率密度值,1999
9. 《俄罗斯建筑节能量标准》中的照明功率密度值,MTCH 2.01-1998

手册

1. 美国:《Lighting Handbook》,IESNA.2000
2. 日本:照明ハンドブック(第 2 版),日本照明学会,オーム社,2003
3. 俄罗斯:Справочная Книга по Светотехике
4. 德国:Handbuch Für Beleuchtung, ecomed, 2003

照明工程领域的相关参考资料

中国照明学会 高 飞

1. 室内环境设计原理 同济大学出版社
2. 21世纪超级灯光设计 上海人民美术出版社
3. 舞台灯光与音响技术 中国广播电视出版社
4. 半导体照明入门必读——半导体照明 辽宁科技出版社
5. 半导体制造技术 电子工业出版社
6. 室外景观照明 天津大学出版社
7. 城市照明设计 辽宁科学技术出版社
8. 住宅照明 复旦大学出版社
9. 城市照明与景观设计 中国知识出版社
10. 规化建设管理标准与财务经费核算编制手册 固体照明导论 化学工业出版社
11. 现代家居照明设计 机械工业出版社
12. 景观照明创意和设计 机械工业出版社
13. 照明设计与空间效果智能化照明设计建筑照明设计标准 国家标准
14. 城市夜景照明技术指南 中国电力出版社
15. 间接照明 中国建筑工业出版社
16. 城市建筑景观照明 福建美术出版社
17. 照明灯光设计 北京理工大学出版社
18. 照明设计入门 中国建筑工业出版社
19. 光源原理与设计 中国电力出版社
20. 电气照明技术 中国电力出版社
21. 城市夜景照明规划设计与实录 中国建筑工业出版社
22. 电子镇流器的设计与调光控制 科学出版社
23. 建筑照明设计及案例分析 机械工业出版社
24. 电光源实用手册 中国物资出版社
25. 光源与照明(第四版) 复旦大学出版社
26. 建筑照明设计标准 中国建筑工业出版社
27. 电气照明的工程预算编制入门 中国计划出版社
28. 体育场馆照明设备设计安装——新技术与国内外最新标准实务全书 银声音像出版社
29. 照明设计与空间效果 贵州科技出版社
30. 建筑灯具与装饰照明手册 中国建筑工业出版社
34. 现代建筑照明
32. 供电照明设计与施工分册 安微文化音像出版社
33. 城市景观照明与景观设计规划建设管理标准与财务经费预算编制手册 中国知识出版社
34. 欧美电视制作实用手册——影视照明技术 中国传媒大学出版社
35. 中小学校电气设计的探讨 建筑照明 中国建筑工业出版社
36. 夜景艺术照明规范设计与安装维护实用手册 安徽文化出版社
37. 建筑装饰照明设计 中国电力出版社
38. 最新园林供电照明工程施工组织设计与施工概预算及施工质量 中国知识出版社
39. 建筑供电与照明 中国建筑工业出版社
40. 现代体育场馆照明指南 中国电力出版社
41. 城市照明(灯饰)工程规划设计与施工技术实用手册 安徽文化音像出版社
42. 艺术照明与空间艺术 中国建筑工业出版社 2001.12
43. 景观照明工程 中国建筑工业出版社
44. 建筑电气设计实例图册——体育照明篇 中国建筑工业出版社
45. 半导体照明 辽宁科学出版社
46. 荧光灯系列国家标准宣贯教材 中国标准出版社 2003.4
47. 高压钠灯及其镇流器国家标准宣贯教材 中国标准出版社 2004.10
48. 灯的控制装置系列国家标准及金属卤化物灯相关能效国家标准宣贯教材 中国标准出版社 2005.4
49. 建筑电气工程安装图集 物价出版社 1993
50. 建筑电气设计实例图册 中国建工出版社 1998.8
51. 照明设计手册 中国水电出版社 1998.10
52. 建筑电气设计实例图册 中国建筑工业出版社 2000.11
53. 建筑电气通用图集 Q2DQ6
54. 照明装置 2002 华北地区通用标准
55. 建筑电气设计实例图册(医院篇) 中国建筑工业出版社 2004.1
56. 建筑电气设计实例图册 中国建筑工业出版社 2004.1
57. 特殊灯具安装 03D702—3 国家标准图集 2004.4
58. 建筑电气通用图集 92DQ13—1 华北地区通用标准 2005
59. 照明设计手册 中国水电出版社 2006.8
60. 绿色照明实施手册 中国建筑科学出版社 2003.4
61. 高效照明系统设计指南 复旦大学出版社 2003～2004
62. 办公室照明 复旦大学出版社 2003～2004
63. 学校照明 复旦大学出版社 2003～2004
64. 餐馆照明 复旦大学出版社 2003～2004
65. 商店照明 复旦大学出版社 2003～2004
66. 住宅照明 复旦大学出版社 2003～2004
67. 道路照明 复旦大学出版社 2003～2004
68. 中国绿色照明发展报告 2002 中国电力出版社 2003.4
69. 中国绿色照明发展报告 中国电力出版社 2003.4
70. 中国照明电器企业指南 中国商业出版社 2003.11

第四篇 照明工程建设论述篇

提高照明能效 认真实施《建筑照明设计标准》

中国航空工业规划设计研究院　任元会

1　关于《建筑照明设计标准》的编制概况

1.1　标准的由来

原国家标准——《民用建筑照明设计标准》(GBJ133—1990)和《工业企业照明设计标准》(GB50034—1992)实施已十多年，随着国民经济快速发展，这两项国家标准已经不能适应当前工程建设的要求，建设部于2002年夏季下达任务，对两项国标进行修订，并合并为一项标准。由中国建筑科学研究院主编，中国航空工业规划设计研究院等单位参编，新标准定名为《建筑照明设计标准》。

与此同时，国家经贸委所属(现国家发改委所属)中国绿色照明工程项目办公室下达编制《建筑照明节能标准》的任务，由同一主编单位负责编制。

在编制过程中，考虑到以上两项标准能够更好地统一，便于在设计中实施，经两个主管部门同意，合并为一项标准。

经过近两年的编制，新标准于2004年4月通过审查，5月报批，2004年6月18日经建设部批准发布，标准号为GB50034—2004，并从2004年12月1日起实施。该标准批准如此之快，是因为两主管部门跟踪了解了编制的主要过程，也说明了需要尽早实施该标准的重要意义。

1.2　标准编制的原则

(1)反映近十多年我国国民经济发展和科技进步的状况；

(2)适应21世纪全面建设小康社会目标的需要；

(3)全面实施绿色照明工程，贯彻节约能源、保护环境的重大方针。

1.3　主要依据

(1)对我国各类建筑照明状况的普查和重点调查实测；

(2)对我国原标准，国际照明委员会(CIE)新标准，美、德、俄、日等国有关标准及其他资料的分析，吸取有益部分，有条件时，尽量采用或参考应用CIE新标准；

(3)考虑我国现在的照明器材(光源、灯具、镇流器等)的实际状况及未来几年的发展趋势；

(4)广泛听取设计、科研及其他有关单位的意见。

1.4　新标准的特点和主要变化

(1)照度水平有较大幅度提高，适应了当前生产、工作、学习和生活的需要；

（2）照明质量有更新更高的要求，有利于改善视觉条件；

（3）反映照明科技进步，有利于优质、高效照明器材的发展和推广应用；

（4）突出了节能，抓住了源头，运用强制性条文，限制照明功率密度，促进了照明系统能效的提高；

（5）增加了照明管理与监督的内容，有利于设计方案的优化，标准的实施。

1.5 实施新标准与绿色照明的关系

新的《建筑照明设计标准》内容比较全面、系统，规定了工业与民用建筑的照度水平、照明质量和常用场所的照明功率密度限值；而绿色照明工程并不只是照明节能，而是在有益于提高人们生产、工作、学习效率和生活质量，保护身心健康的基础上达到节约能源、保护环境的目的，是一个全面、系统的工程。要从行政、立法、技术、经济等多方面采取措施，包括宣传、教育、培训、组织推广应用等工作，而新标准则是对设计中的技术立法。两者的目标是相同的，内容是完全统一的。

2 照度标准

GB50034—2004 和原来标准（GB50034—1992、GBJ133—1990）相比，有以下主要变化：

（1）照度标准有较大提高。如一般办公室，GBJ133—1990规定的中值为 150 lx，新标准为 300 lx。

（2）原标准对每个房间或场所的照度标准值规定了高、中、低三个值，而新标准只规定一个值。这个值大体上相当于原标准三个值的中值；至于高值与低值的应用，在新标准的第 4.1.3 条和第 4.1.4 条明确规定了提高一级和降低一级的条件。

（3）对工业场所，原 GB50034—1992 对较高照度要求的场所，规定了混合照明照度标准值（包括了局部照明提供的照度，同时规定其中的一般照明照度值取混合照明照度值的 5%～15%），有的还同时规定了单用一般照明照度标准值，而新标准则只规定一般照明的照度标准值，需要局部照度的，还要另外按一般照明照度的 1～3 倍增加。

（4）新标准所规定的照度标准值，是指作业面照度要求；对作业面以外 0.5m 范围的邻近区域的照度允许适当降低：作业面照度为 300～750 lx 时，可降低一级；照度为 200 lx 及以下时，则不应再降低。这个规定符合实际需要，利于节能。

（5）一部分相同用途的房间或场所按不同要求规定了 2 档，甚至 3 档、4 档照度标准，如办公室分“一般”和“高档”，照度为 300 lx 和 500 lx；商店营业厅也分“一般”和“高档”；试验室、检验室等分“一般”和“精细”规定两档照度等。这是考虑到不同地区、不同行业、不同规模等条件，设计时应按需要选取。

（6）新标准规定，照明设计计算的照度值和照度标准值比较，可以有-10%～+10%的偏差，也就是说，实际计算照度，不应小于标准值太多，也不应大于标准值太多。但对于灯数很少（如灯具数少于 10 个）的较小房间，允许超过这个偏差值。

（7）鉴于我国地域辽阔，城乡差别、东西部差距大，大中小城市不同条件，建筑标准高低相差甚大，所以新标准规定了当建筑等级和功能要求较高或较低时，规定的照度标准值还可以提高或降低一级，以适应不同需要。

3 照明质量

3.1 眩光限制

新标准除对直接型灯具按光源平均亮度大小规定了最小遮光角外，更主要的是引用了 CIE 关于眩光的评价方法。对公共建筑和工业建筑经常有人工作的房间或场所采用统一眩光值（UGR）评价不舒适眩光。按不同要求规定各类房间的 UGR 最高限值，分别不应大于 16、19、22、25、28 等数值。而 UGR 值的计算给出了一个公式，包含背景亮度（Lb）、观察者方向每个灯具的亮度（La）等四个参数，这些参数与灯具产品的技术参数有关，也与房间尺寸和灯具位置等诸多因数有关。这个评价方法比较科学，但设计中计算比较繁杂，一般由计算机完成。

另外，对室外体育场所则按 CIE 文件，用眩光值（GR）评价不舒适眩光，规定了 GR 的最大允许值不超过 50，同样给出了 GR 的计算式。

3.2 照明光源的色表

（1）光源色表分组：按光源的相关色温（Tcp）分为三组：暖色（<3300K）、中间色（3300～5300K）、冷色（>5300K）。

（2）光源色表的选用：一般说，应根据建筑光环境所要形成的气氛选择光源的色表。荧光灯、金卤灯等在室内使用最多的光源，都有多种色温的产品可供选择。通常，暖色光源适用于较低照度（如 200～300 lx 以下）的场所或寒冷地区，如住宅、旅馆客房、病房、咖啡厅、酒吧、餐厅等；冷色光源适用于高照度（如 750 lx 以上）

场所或热带地区，如体育场馆等；中色温光源适用于中等照度（如 300～1000 lx 左右）场所，这类照度要求的场所很普遍，应用最广，如办公室、设计室、阅览室、教室、诊室、检验、控制室、机加工、仪表装配等。

（3）设计应用中存在的问题：据了解，有些照明设计不重视光源色温的选用；有的设计图纸没有规定光源色温，任由工程承包或施工单位购买，甚至是随意采购；有的规定了光源色温，但选用冷色者为多。有些设计者承包或施工方，误认为色温高的灯管比较亮、效率高，导致选用的荧光灯（包括直管和紧凑型）多数为 6200～6500K 的高色温灯管，一方面与气氛并不相宜，另一方面导致灯管光效下降。一般而言，荧光灯的色温高而光效要低一些，特别是卤磷酸盐荧光粉直管灯更为明显。对大多数场所，当照度在 200～750 lx 范围时，适宜选用中色温荧光灯。

3.3 显色性

（1）意义：光源显色性良好，能更真实地显现建筑装饰的艺术色彩和被视物件的颜色，更好地体现人的气色和良好的精神面貌。所以对于建筑装饰和要求清晰辨别颜色的生产、工作，以及美术品展示、商业营业场所等，良好的光源显色性是很重要的。对一般工作场所，要获得同样视觉效果，显色性不好的光源比显色性好的光源需要更高一些的照度。

（2）显色性标准：用一般显色指数（*Ra*）表示显色性能，新标准按 CIE 新标准，删去了 IA、IB、Ⅱ、Ⅲ、Ⅳ等五个类别，但仍规定五个等级的 *Ra* 值，即不小于 90、80、60、40、20。

新标准规定：长期工作或停留的房间或场所，光源的 *Ra* 值不宜小于 80。也就是说以不小于 80 为基色要求，对于不连续工作的场所可以降低 *Ra* 值；对于灯具安装高度大于 6m 的工业场所，*Ra* 也可低于 80。

这个规定既考虑了生产、工作和人们生活的需要，也考虑了更好的视觉效果和节能，同时也顾及了当前和未来几年光源的可能条件，如应用广泛的、光效很高的三基色荧光灯和陶瓷金卤灯，*Ra* 都达到 80 以上。

3.4 照度均匀度

新标准规定的照度均匀度是规定表面上的最小照度与平均照度之比。要求比值不小于 0.7。这里是指作业区域内的一般照明均匀度，而不一定要求整个房间或场所都达到这个均匀度，这样有利于降低照明功率密度值。新标准规定作业面邻近周围的均匀度可降低到 0.5；还规定房间或场所内的通道和其他非作业区域的一般照明照度值可以降低，不低于作业区照度的 1/3 即可。

4 照明器材的选择

正确、合理地选用照明器材是关系到建筑照明系统的使用安全可靠、技术先进、运行经济、高效节能和创造良好的照明环境的重要因素。设计中应按上述原则选取。

照明器材主要包括光源、灯具和镇流器、控制器等。我国生产（包括合资、外商独资生产）的光源等器材，具有多种类型、品种，不乏高效产品，可供照明工程应用。下面叙述如何根据场所需要合理选择照明器材。

4.1 照明光源选择

（1）选用原则。

①发光效率高；

②显色性好，即显色指数高；

③使用寿命长；

④启点可靠、方便、快捷；

⑤性价比高。

（2）具体选用意见。按照新标准要求和上述原则，建议按以下意见选用光源。

①灯具安装高度较低的场所用荧光灯。荧光灯包括直管荧光灯和紧凑型荧光灯（CFL），都具有光效高、寿命长、显色性较好等优点；但前者比后者光效更高，寿命更长，光通维持率高，性价比更优。因此，除有装饰性要求场所外，一般情况下（如办公、教室、阅览室、生产车间等）都应选用直管荧光灯。进一步要求下面再分析。

②灯具安装高度较高的场所适宜用金卤灯，也可用中显色高压钠灯；对于显色性要求高的场所，可以用陶瓷金卤灯（*Ra*>80）；对于没有显色性要求的工业场所，可以用光效更高、寿命更长的高压钠灯（*Ra*>20）。

③安装高度高，且不易维护的场所（如高厅堂、烟囱障碍灯、航标灯、桥的悬索灯等），宜选用高频无极荧光灯。其主要特点是使用寿命长（达 5～6 万 h），并且光效高（60～70 lm/W）、显色性好（*Ra* 达 80），起点快捷、可靠。

④不应选用荧光高压汞灯。金卤灯是在汞灯基础上发展的，其光效比汞灯约提高 60%（400W 为例），显色指数高，寿命更长，所以新设计中不应再选用荧光高压汞灯，更不应选用光效更低的自镇流荧光高压汞灯。

⑤限制热辐射光源(普通照明用白炽灯、卤钨灯)的应用:其优点是显色性好,起点快速,便于调光;但由于光效低,寿命不长,所以要限制使用。除要求调光(荧光灯也可调光)、开关频繁和暂短工作以及特殊装饰要求等场外,不应采用。

(3)直管荧光灯的应用。直管荧光灯是除钠灯外光效最高、性价比最优的光源,应用最广泛;同时在近20多年发展很快,灯管的类型、品种、规格多,实际应用中也存在不少问题,影响了照明质量和能效的提高,有必要特别说明其应用。20多年的发展和进步,主要有三个方面:

①管径变小:传统的T12灯管直径38mm,到20世纪70年代末推出T8管直径26mm,光效提高10%,寿命更长;到90年代又研制了更细管径的T5管,直径16mm。管径小,节省了汞和荧光灯用量,有利于环保;同时也节省了制灯材料,缩小了尺寸,有利于节能;小管径有利于提高灯具效率。鉴于此,新标准明确规定应选用管径26mm及以下灯管。

②20世纪80年代成功研制了稀土三基色荧光粉,比使用了几十年的卤磷酸盐荧光粉有重大进步:使灯管的显色指数从57~75左右提高到85,光效有较大幅度提高(约高15%~30%),寿命延长(提高约50%),这对于贯彻新标准,实施绿色照明工程,提高照明能效具有极其重大意义。可惜对其优异性还不大了解,或者是认为其价格太贵,而不愿选用。经论证:尽管其价格高,但因其优质高效的性能,最终是实惠的。

③电子技术的应用:如荧光灯使用高频点灯,配套电子镇流器,研制新型的高频无极荧光灯、电磁感应荧光灯、微波硫灯等,都对提高光效、提高使用寿命带来新的发展。

直管荧光灯的技术经济性能比较:选取四种T8直管荧光灯,两种卤粉管(比较不同色温)和两种三基色管(比较不同功率)比较其技术性能和经济性,计算结果列于表1。

按表1的分析,提出对T8直管荧光灯的选用意见:

①选用三基色灯管,具有明显优势,除显色性好(*Ra*>80)外,同是36W管,年运行费低,而且初建费也低,虽其价贵,但由于光效高,少用了灯具、镇流器,节省费用足以弥补灯管多花的钱。

②选用中间色温(4000K左右)灯管比冷色温管光效高,卤粉灯管更为明显,所以降低了初建费,也节省了电费。

③同样是三基色灯管,用36W比18W的初建费和年运行费都更低,因小功率灯管光效比较低。因此,使用T8灯管,对于办公室、教室、生产车间等,在满足照度均匀度条件下,应选用36W灯管,而不应选用小功率管这样既节能,又降低初建费。

(4)选用光源的经济技术评价。一般说优质高效的光源往往价格较贵,甚至贵很多,如果设计者或使用单位用价格贵而不敢选用,就阻碍了高效节能光源的推广应用,不利于提高能效。因此,需要引入经济评价方法。

表 1 四种 T8 直管荧光灯的主要参数和经济技术比较

灯管主要技术参数						同房间、同照度时设计的灯管数	初建费用(元)(不含配电部分)				年运行维护费(元)			
类型	功率/W	相关色温/K	Ra	光通量/lm	平均寿命/h		灯管费用	灯具(含镇流器)费用	合计	比较/%	电费/元	灯管更换费	合计/元	比较/%
卤粉灯管	36	6200	72	2500	8000	100	800	15000	15800	100	8640	400	9040	100
同 上	36	4100	63	2850	8000	88	704	13200	13904	88	7603	352	7955	88
三基色灯管	36	4000	85	3350	12000	75	1350	11400	12750	80.7	6480	450	6930	76.7
同 上	18	4000	85	1350	12000	185	2405	18600	21005	132.9	8436	806	9242	102.2

注:本表编制条件(参考值):

1.灯管价:卤粉管每支 8 元,36W 三基色管 18 元,18W 三基色管 13 元。

2.按双管灯具,含电子镇流器及安装费,每套 300 元,2×18W 的每套 200 元。

3.电价(含基本电费):0.6 元/kW·h。

4.年利用小时数:4000h。

5.灯管加电子镇流器功率:36W 管按 36W,18W 管按 19W。

①在相同条件(同样房间、相同照度)下,选用不同光源时,对其初建费和运行费作比较,结果如表 1 所列。此法较简易,但两种费用不能简单相加,因初建费是一次性的,运行费是每年的,况且初建费是建设时投入的,运行费是随使用期间逐年逐月支付的,并不等价。

②全寿命期综合费用法:国际上常使用 TOC 法(Total Owning Cost),是综合计算了初建费和运行费,并且将在全寿命期内逐年发生的运行费经贴现到初建时的等值费用,而后和初建费相加,按所得总费用高低来评价其经济性。TOC 法被 IEC 287-3-2:1995《电力电缆截面的经济最佳化》标准所应用;美国用 TOC 法评价变压器的经济效益,并制定了工业标准。

4.2 灯具选择

(1)选用灯具的原则。

①使用安全:防触电和防火、防爆以及其他环境条件引起的危险;

②限制眩光;

③提高能效:选用灯具效率高、灯具配光和场所条件适应,以及光通维持率高的灯具;

④合理考虑功能性(良好的照明效果)、装饰性(美观、协调)、经济性(性价比高)和能源效益的结合。

(2)重视灯具防触电的新要求。国标《灯具一般安全要求与试验》(GB7000.1—2002)系等同采用 IEC60598—1:1999。标准对灯具的防触电保护分类,共有四类,即"0"类、Ⅰ类、Ⅱ类和Ⅲ类。其防触电的主要特征简要描述如下:

"0"类:仅依靠基本绝缘。

Ⅰ类:不仅依靠基本绝缘,还有附加安全措施,即外露导电部分联结到保护地线。

Ⅱ类:不仅依靠基本绝缘,还有附加安全措施,例如双层绝缘和加强绝缘。

Ⅲ类:电源电压为安全超低电压(SELV),不会产生高于 SELV 的电压。

可见,Ⅰ类、Ⅱ类和Ⅲ类灯具安全比较有保证,而"0"类灯具仅有基本绝缘,一旦基本绝缘失效,就只能依赖环境条件,容易导致触电。

IEC 新标准 IEC60598-1:2003 已经删除了"0"类灯具,只剩Ⅰ类、Ⅱ类和Ⅲ类灯具,这是为更加保证安全进行的重要修改。为此,我国也立即修订了 GB7000.1 国家标准并已报批,预计将于 2006 年或 2007 年实施。当前,我国灯具产品中"0"类灯具占有很大比重,灯具生产企业面临灯具改型的重任,而照明设计者和使用者面临如何选用灯具及如何实施保证防触电的安全措施。

(3)重视提高灯具效率和利用系数。要提高照明系统能效,除选用高效光源外,灯具也是不可忽视的一环。从照明能量转换示意图(见图 1)看,人工照明从电能转换为作业面接受的有效光,经过光源、灯具两个环节,决定能效转换效率有三个因素:一是光源光效 η_S($\eta_S=\dfrac{\Phi}{p}$);二是灯具效率 η_L($\eta_L=\dfrac{\Phi_L}{\Phi}$);三是从 Φ_L 到有效光通量 Φ_e,由与房间室形指数、室内各

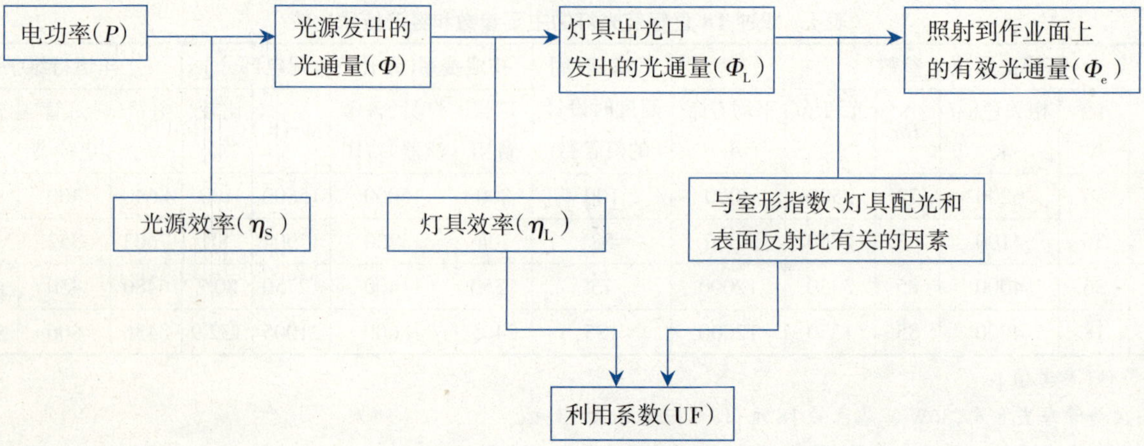

图 1 照明能量转换示意图

表面反射比以及灯具配光有关的系数组成。后两者综合起来就是利用系数 UF(UF=$\frac{\Phi_e}{\Sigma\Phi}$)。

要提高利用系数 UF,就要选用灯具效率(η_L)高、配光适合房间室形条件的产品。一般地说,房间的室形指数(*RI*)大,即大而低矮的房间,应选用宽配光灯具;而 *RI* 小,即小而高的房间,应选用窄配光灯具。

4.3 镇流器选择

镇流器是耗能器件,并对照明质量和电能质量有很大影响,因此,应给予关注。

(1)选用要求。

①运行可靠,使用寿命长;

②自身功能低;

③频闪小,噪声低;

④谐波含量小,电磁兼容性符合要求;

⑤性价比高。

(2)镇流器的类型。过去来气体放电灯多配用电感镇流器,虽然性能较好,但功耗大。为了降低功能,近 20 多年研制了两种类型的镇流器:一是高效节能型电感镇流器,是对原产品材料、工艺的改进;另一种是用半导体电路制成的电子镇流器。两者都有节能的优点,但仍有很多其他性能的差异。

(3)直管荧光灯镇流器的选用。以 T8 型 36W 为例,将传统电感型、节能电感型和电子型镇流器(又分 H 级、L 级)的主要性能比较列于表 2。

新国标指出,不应选用传统电感镇流器,要按不同条件选用电子或节能电感型镇流器两者各有其优点,但从发展看,电子镇流器以更好的能效、无频闪、无噪声、功率因数高等优势而获得更广泛的应用。选用电子镇流器,宜用谐波含量低的 L 级产品,并且应对谐波含量,特别是 3 次谐波含量提出具体限值。

(4)自镇流荧光灯(紧凑型)镇流器选用。这种灯自带镇流器,以小功率(<25W)灯居多。目前我国产品绝大多数配套的是电子镇流器,几乎没有选择余地。但应注意,由于 GB17625.1—2003 标准对 25W 以下产品的谐波限值很宽(规定 3 次谐波不超 86%),选用时务必注意。如果确实达到这么大的 3 次谐波,使用量大时,

表 2 直管荧光灯(T8、36W 为例)几类镇流器性能比较

镇流器类型	镇流器功耗/W	灯管光效比(%)	系统能耗比(%)	重量比(%)	谐波含量比(%)	功率因数	频闪	噪声	调光	使用寿命/年	价格
传统电感型	9	100	100	100	<10	0.5	有	有	不可	15~20	低
节能电感型	4.5~5.5	100	92	150	<10	0.5	有	小	不可	15~20	中
电子式(H 级)	3.5~4	110	80	30~40	<40	>0.9	无	无	可	4~5	中
电子式(L 级)	3.5~4	110	80	40~50	<30	>0.95	无	无	可	8~10	高

必将对中性线产生很大危害。

(5)金卤灯和高压钠灯镇流器选用。这两种灯同样开发了节能电感型和电子镇流器，其性能比较，和前述直管荧光灯镇流器比较差不多，不过有些金卤灯电子镇流器并不是高频电流，有的仅几百 Hz 频率，仍存在频闪。

这两类灯一般功率较大，电子镇流器制造难度大，还要有一个稳定提高的过程，需要在试用中总结经验，目前还是以应用节能电感镇流器为主。

5　照明配电及控制

5.1　关于灯具的接地

关于灯具的接地要求，设计规范缺乏明确规定，有的规范规定灯具离地面高度小于 2.4m 时应接地。实际上绝大多数灯具都没有接地。

灯具的接地要求，应按灯具产品防触电分类来确定。本文 4.2 节引述了国标 GB7000.1—2002 的分类，和 IEC60598—1:2003 最新标准取消“0”类灯具后，只有Ⅰ、Ⅱ、Ⅲ类灯具的新规定，其接地要求如下：

(1)Ⅰ类灯具的外露导电部分应接地：这是Ⅰ类灯具的附加安全措施要求所决定的；如果不作接地，就等于退回到“0”类灯具，安全缺乏有效保证。

(2)Ⅱ类灯具不需要接地：因为它的附加安全措施不是靠接地，而是靠双层绝缘或加强绝缘来保证。

(3)Ⅲ类灯具不允许接地：因为它是用安全超低电压(SELV)，低电压应使用隔离变压器与高电压隔离，并不应接地。

在新修订的国标 GB7000.1—200X 实施后，从立法上取消了 0 类灯具；而实际应用的灯具，大多数是Ⅰ类，所以应作接地。这对设计来说这是一个很大的变化。

5.2　关于照明配电线路的中性线

现在使用的绝大多数气体放电灯，存在谐波电流，尤其是配用电子镇流器，谐波含量可能会比较大。特别是 3 次谐波和 3 的奇次倍数谐波电流，在中性线上叠加，使其电流增加很多。应按国标 GB16895.15—2002 的附录规定的方法计算和选择导体截面。

5.3　关于照明控制

为了方便使用，为了节能，应重视照明控制设计。不单是注重自动化系统、自动控制一类的大课题，而且要注重那些很小的开关，那些最常见的、几乎应用到每个房间的开关。应该按以下要求设计照明自动控制和手动开关：

(1)有利于利用天然光：如办公室、教室、生产车间等接近窗户和远离窗户分组开关灯；走廊、楼梯间、厕所等按天然光有无或强弱分组就地开关灯或远控。

(2)有利于无人时自动关灯：如旅馆客房、住宅楼梯间等。有条件时，可延伸到个人办公室。

(3)便于管理，集中或自动定时开关灯：如候机室、候车室、商场、体育场馆、剧场、展厅等公共建筑，以及办公楼、旅馆等公用场所。

(4)大房间应便于部分人或区段工作时能分组开关灯。

(5)有利于按工作需要合理分组开关灯：如报告厅、多功能厅、电化教室等应满足靠近讲台暗光或关灯的要求。

6　严格限制照明功率密度(LPD)值，提高照明能效

6.1　意义

新标准规定了七类建筑的最常用、量大面广的房间或场所的 LPD 最大限值，并作为强制性条文(不包括住宅的 LPD 值)发布，对建筑照明领域内提高能效、节约能源有很重大的意义。

我国能源不足，电力供应紧张，节能是一个重要方针，必须坚决贯彻。能坚持这一点，电力供应紧张的局面也许会宽松，乃至有节余，但即使到那时也仍然需要节能，因为这是长远方针，关系到降低有害物质的排放和保护环境的大事。

有人提出：规定 LPD 限值给设计了增加难度，有些场所难以达到。这个规定要求限制能耗，肯定会增加一些困难，但是只要积极采取措施，优化方案，完全可以达到规定的要求。如果某些场所难以达到，也应从技术上想办法，调整装饰要求，以服从节能大局。

6.2　LPD 值的计算

LPD 限值是规定一个房间或场所的照明功率密度最大允许值，设计中实际计算的 LPD 值不应超过标准规定值。计算式如下：

$$\mathrm{LPD}=\frac{\Sigma P}{S}=\frac{\Sigma(P_{\mathrm{L}}+P_{\mathrm{B}})}{S} \tag{1}$$

式中　P——单个光源的输入功率(含配套镇流器或变压器功耗)(W)；

P_{L}——单个光源的额定功率(W)；

P_{B}——光源配套镇流器(或变压器)的功耗(W)；

S——房间或场所的面积(m^2)。

6.3 设计程序和应用

照明设计时,应逐个房间或场所按使用条件确定照度标准,初选光源、灯具、镇流器的类型、规格,计算平均照度,使之符合规定的照度标准值,并使计算照度偏差不超过±10%,再按(1)式计算 LPD 值,和规定的 LPD 值(现行值)对比,不超过规定即符合要求。如果超过规定,应调整方案,直至符合规定为止。

有人要把以上程序倒过来,即不作照度计算,将规定的 LPD 限值当作单位面积安装功率,倒推算出光源数量,这是不对的。这样设计的结果是,虽符合 LPD 限值标准,但却不知道照度是多少。有两种极端的状态:一种是选用的光源等器材效率低,照度达不到标准,甚至相差甚远;另一种是选用了很高效的光源等器材,计算照度可能超过标准值很多,甚至可以超过 50%~60%,这样就大大浪费了能源。

6.4 设计中降低 LPD 值的措施

引用平均照度 Eav 的计算式如下:

$$E_{av}=\frac{N\cdot\Phi\cdot UF\cdot K}{S} \tag{2}$$

式中 N——光源个数;

Φ——单个光源的额定光通量(lm);

UF——利用系数;

K——维护系数;

S——房间或场所的面积(m^2)。

光源的光效 η_S(含镇流器)为:

$$\eta_S=\frac{\Phi}{P} \tag{3}$$

将式(1)和式(3)代入式(2),经变换得出:

$$LPD=\frac{E_{av}}{\eta_S\cdot UF\cdot K} \tag{4}$$

从式(4)可以清楚地看出,要降低 LPD 值应采取以下措施:

(1)首先要提高光源的光效 η_S,包括降低镇流器功耗;

(2)另一个重要的措施是提高利用系数 UF,就是要选用效率高的灯具,以及和房间室形相适应的灯具配光,并注意合理提高房间顶棚、墙壁的反射比;

(3)合理确定照度标准值。设计中,计算照度尽量控制在标准值范围内,不要超过 110%。

只要精心设计,优化设计方案,一定能实现规定的 LPD 指标,为节能做出贡献。

中国的建筑照明节能标准的制定

中国建筑科学研究院　赵建平　张绍纲　李景色
中国航空工业规划设计研究院　任元会

由原国家经贸委经中国绿色照明工程项目办公室下达的关于编制国家建筑照明节能标准的任务，现已完成。建设部已于6月发布公告，自2004年12月1日起开始执行。除居住建筑外，办公、商业、旅馆、医院、学校和工业等6类建筑的照明节能标准作为强制性条文严格执行。

标准的制订主要依据大量的照明重点实测调查和普查的数据结果，并参考一些发达国家的照明节能标准，结合我国照明产品性能指标，经过周密论证和综合经济分析制定的。

标准根据我国能源形势和环境保护的总要求，在建筑照明领域必须提高能效，最大限度地节约能源，减少有害气体排放，以保护环境。同时标准也反映了我国当前电光源、灯具和电气附件的新发展和新水平，如三基色稀土荧光灯、金属卤化物灯等优质高效光源，电子和节能型电感镇流器的大量生产和推广应用、科学合理的优化设计以及加强监督管理等，都将促进我国绿色照明的实施。现将7类建筑的照明功率密度值分述如下。

表1　居住建筑每户照明功率密度值

房间或场所	照明功率密度/(W/m²)		对应照度值/lx
	现行值	目标值	
起居室	7	6	100
卧　室			75
餐　厅			150
厨　房			100
卫生间			100

1　居住建筑

居住建筑每户照明功率密度值不宜大于表1的规定。

2　办公建筑

办公建筑照明功率密度值不应大于表2的规定。

表 2 办公建筑照明功率密度值

房间或场所	照明功率密度/(W/m²)		对应照度值/lx
	现行值	目标值	
普通办公室	11	9	300
高档办公室、设计室	18	15	500
会议室	11	9	300
营业厅	13	11	300
文件整理、复印、发行室	11	9	300
档案室	8	7	200

表 3 商业建筑照明功率密度值

房间或场所	照明功率密度/(W/m²)		对应照度值/lx
	现行值	目标值	
一般商店营业厅	12	10	300
高档商店营业厅	19	16	500
一般超市营业厅	13	11	300
高档超市营业厅	20	17	500

表 4 旅馆建筑照明功率密度值

房间或场所	照明功率密度/(W/m²)		对应照度值/lx
	现行值	目标值	
客 房	15	13	—
中餐厅	13	11	200
多功能厅	18	15	300
客房层走廊	5	4	50
门 厅	15	13	300

3 商业建筑

商业建筑照明功率密度值不应大于表 3 的规定。

4 旅馆建筑

旅馆建筑照明功率密度值不应大于表 4 的规定。

5 医院建筑

医院建筑照明功率密度值不应大于表 5 的规定。

表 5 医院建筑照明功率密度值

房间或场所	照明功率密度/(W/m²)		对应照度值/lx
	现行值	目标值	
治疗室、诊室	11	9	300
化验室	18	15	500
手术室	30	25	750
候诊室、挂号厅	8	7	200
病 房	6	5	100
护士站	11	9	300
药 房	20	17	500
重症监护室	11	9	300

表 6 学校建筑照明功率密度值

房间或场所	照明功率密度/(W/m²)		对应照度值/lx
	现行值	目标值	
教室、阅览室	11	9	300
实验室	11	9	300
美术教室	18	15	500
多媒体教室	11	9	300

6 学校建筑

学校建筑照明功率密度值不应大于表 6 的规定。

7 工业建筑

工业建筑照明功率密度值不应大于表 7 的规定。

8 结束语

标准已颁布，即将实施，但还有待于我们在全国宣传贯彻及政府部门的监督实施，才能起到积极有效的影响，在这方面还需作许多工作。此外，进一步补充完善建筑照明节能的工作摆在我们面前，如图书馆、影剧院、博物馆、展览馆、体育建筑、交通建筑以及其他工业主要车间的照明节能标准也亟须制订，还须我们努力完成未尽事业，为取得最后的成功作贡献。本标准由中国建筑科学研究院主编，包括北京、东北、西北、西南、华东、广州等各大区建筑设计院以及高等院校、国内外知名照明企业共计 16 个单位参加编写。在此表示衷心的感谢。

表7　工业建筑照明功率密度值

房间或场所		照明功率密度/(W/m²)		对应照度值/lx
		现行值	目标值	
通用房间或场所				
试验室	一　般	11	9	300
	精　细	18	15	500
检　验	一　般	11	9	300
	精细,有颜色要求	27	23	750
计量室、测量室		18	15	500
变、配电站	配电装置室	8	7	200
	变压器室	5	4	100
电源设备室、发电机室		8	7	200
控制室	一般控制室	11	9	300
	主控制室	18	15	500
电话站、网络中心、计算机站		18	15	500
动力站	风机房、空调机房	5	4	100
	泵　房	5	4	100
	冷冻站	8	7	150
	压缩空气站	8	7	150
	锅炉房、煤气站的操作层	6	5	100
仓　库	大件库(如钢坯、钢材、大成品、气瓶)	3	3	50
	一般件库	5	4	100
	精细件库(如工具、小零件)	8	7	200
车辆加油站		6	5	100
机、电工业				
机械加工	粗加工	8	7	200
	一般加工公差≥0.1mm	12	11	300
	精密加工公差<0.1mm	19	17	500
机电、仪表装配	大　件	8	7	200
	一般件	12	11	300
	精　密	19	17	500
	特精密	27	24	750

续表

房间或场所		照明功率密度/(W/m²)		对应照度值/lx
		现行值	目标值	
电线、电缆制造		12	11	300
线圈绕制	大线圈	12	11	300
	中等线圈	19	17	500
	精细线圈	27	24	750
线圈浇铸		12	11	300
焊 接	一 般	8	7	200
	精 密	12	11	300
钣 金		12	11	300
冲压、剪切		12	11	300
热处理		8	7	200
铸造	熔化、浇铸	9	8	200
	造 型	13	12	300
精密铸造的制模、脱壳		19	17	500
锻 工		9	8	200
电 镀		13	12	300
喷 漆	一 般	15	14	300
	精 细	25	23	500
酸洗、腐蚀、清洗		15	14	300
抛 光	一般装饰性	13	12	300
	精 细	20	18	500
复合材料加工、铺叠、装饰		19	17	500
机电修理	一 般	8	7	200
	精 密	12	11	300
电子工业				
电子元器件		20	18	500
电子零部件		20	18	500
电子材料		12	10	300
酸、碱、药液及粉配制		14	12	300

注：房间或场所的室形指数值等于或小于1时，本表的照明功率密度值可增加20%。

《城市夜景照明技术规范》的编制

北京照明学会　王大有　戴德慈　赵建平

摘　要　北京市地方标准《北京城市夜景照明技术规范》于 2005 年 9 月送审，2006 年 4 月按系列标准格式修改，预计 2006 年可实施。本文阐述了该标准编制的必要性和基本原则，介绍了编制过程及编制中对几个主要技术问题的分析、探讨与决策。

关键词　夜景照明　规范　指标　节能　光污染

1　规范编制的必要性

北京市自 20 世纪 50 年代，特别是 1997 年长安街及其延长线和市重点区域实施夜景照明工程以来，各级领导对北京的城市夜景照明十分重视，北京市市政管理委员会在 1999 年开展了“北京城市夜景照明优秀景点(景区)评比活动”、成立了夜景照明处、制定了许多相关政策，对全市夜景照明加大了管理力度，从而推动了北京城市夜景照明的建设。近几年来，每年市、区、县都有新的夜景照明景区出现。北京城市夜景照明展示首都历史文化名城和国际化大都市的风貌，促进了北京的经济发展和城市建设，成为首都夜生活环境中不可缺少的重要组成部分。

北京城市夜景照明建设取得了巨大的成绩，深受广大市民的欢迎。但是尚存在一些问题亟待改进：

(1)夜景照明的艺术水平、科学技术水平有待进一步提高；

(2)个别业主在设置夜景照明时盲目攀比，追求亮度，总体规划相对滞后；

(3)有的照明设施产生的眩光、干扰光、溢散光较大，有的单位滥用强投光灯向空中投射，造成光污染，对此须严格控制以保护环境；

(4)夜景照明的能耗须采取措施进一步降低；

(5)部分照明设施存在安全隐患、干扰公益设施的正常使用，甚至危及交通安全；

(6)城市夜景照明的总体监控方式相对落后。

北京城市夜景照明总体规划、相关标准、规范的制定滞后于城市夜照明的发展，是形成上述问题的原因之一。为了有效地把握北京夜景照明的总体效果，有利于建设舒适和谐的城市夜环境、建设可持续发展的北京城市夜景照明体系，须尽快出台相应地方标准。

2　北京市地方标准《城市夜景照明技术规范》的格式、构成以及适用范围

本标准最终以《城市夜景照明技术规范》系列标准格式报批，格式变更的原因详见本文第四部分：规范的编制过程。

城市照明是一个城市的基础设施，它包括两大部

分：即保障市民夜间出行安全的基本照明和构成城市景观的夜间景观照明（简称夜景照明）。两者都是城市的基础设施。

本“标准”采用系列标准格式，适用于城市照明的第二部分即城市夜景照明。

本“标准”的第 1 部分　总则　规定了城市夜景照明设计要求和建设与管理要求；

本“标准”的第 2 部分　规定了城市夜景照明的照明指标和照明方式要求；

本“标准”的第 3 部分　规定了夜景照明干扰光限制、溢散光控制及其他限制要求；

本“标准”的第 4 部分　规定了夜景照明的照明功率密度值、照明光源、灯具、电器附件及其他节能要求；

本“标准”的第 5 部分　规定了夜景照明的一般场所照明、室外水池照明安全要求；

本“标准”的第 6 部分　规定了夜景照明的供配电与控制要求；

本“标准”的第 7 部分　规定了夜景照明的施工与验收要求；

本“标准”的第 8 部分　规定了夜景照明的运行、维护与管理要求。

本标准的适用范围是：北京市所属实行城市化管理范围内的除室内照明、道路照明、建筑工地、体育场地等基本照明之外的构成城市景观的夜间景观照明，即前述城市照明中的第二部分。

考虑到室内照明、道路照明、建筑工地、体育场地等基本照明已有相关国家标准，北京市对户外广告、标识的设置另有法规性文件做了规定，故本标准不涉及上述照明。

3　规范编制的原则

制定地方标准的目的是提高北京市夜景照明的总体效果和艺术水平，节约资源，保护环境，保护文化遗产，保证城市安全、促进旅游和城市经济建设发展，创建与北京政治文化中心地位相协调的、适应和谐社会需要的、可持续发展的夜景照明体系。为此须遵循如下原则：

（1）标准的条款应注重以人为本，创建和谐社会、节约型社会的原则。

（2）数据的确定即要考虑与国际接轨，又要考虑符合我国和北京市的国情、民俗习惯及已有夜景照明的具体现实情况；既要考虑 2008 年北京奥运会和重大政治活动的特殊需求，又要考虑会前会后和平日的一般需求；既要对设计师有约束力，又要让设计师具有创新、发挥的空间的原则。

（3）“标准”条文应科学严谨、通俗易懂、便于操作，明确说明该做什么、不该做什么，既要适应当前的技术水平，又要具有前瞻性、指导性的原则。

（4）突出强调节约能源、保护环境、保护文物古迹、保障安全提高夜景照明艺术效果，严格控制光污染。

（5）鼓励科技创新、采用新理念、新产品、新技术，以科学的发展观进行夜景照明设计。

（6）应符合北京城市照明标准体系及长远发展的需要。

4　规范编制的过程

北京市地方标准《城市夜景照明技术规范》是北京市市政管理委员会和北京照明学会提出，北京市市政管理委员会立项申报，北京市质量技术监督局于 2005 年 4 月批准立项，由北京市市政管理委员会夜景照明处和北京照明学会共同编写。

2005 年初由 15 名对全市夜景照明设计、建设、管理了解较全面，又熟悉相关标准、规范、政策的科技人员组成编委会。聘请肖辉乾、詹庆旋、吴初瑜、孙维绚、柳冠中五位教授为顾问。

编委会成立后将下列资料作为编委会编制“标准”的参考依据：

（1）我国现行国家、地方的相关标准、规范以及政策规定；

(2)CIE 以及相关国际标准、技术文件、指南等资料;

(3)北京市市政管理委员会夜景照明处和北京照明学会在北京城市夜景照明建设的实践过程中,积累的大量设计资料和数据;

(4)上海市、天津市、重庆市等城市的地方标准;

(5)国内出版的"城市夜景照明技术指南"、论文集等相关资料。

2005 年初学会组织专家在国家电光源检测中心站(北京)、中国建筑科学研究院物理研究所的配合下再次对北京市部分重点街区、建筑进行检查、测量取得数据。

编委标准的部分章节分工分头起草。经多次调研、分析、、研讨、汇总,编委会历时 7 个月四易其稿,形成了《城市夜景照明技术规范》的征求意见稿。

按编制地方标准的程序规定,编委会用 2 个月时间向包括大专院校、科研院所、行政管理、业务主管、建设施工等 72 个单位的科技工作者,广泛征求对《城市夜景照明技术规范》的征求意见稿的修改意见。

编委会认真研究分析了全部反馈意见,将《城市夜景照明技术规范》的征求意见稿修改为《城市夜景照明技术规范》的审查稿,2005 年 9 月 9 日报北京市市政管理委员会和北京市质量技术监督局进行审查。

格式变更说明:

本"标准"是 2004 年底由北京市市政管理委员会提出并开始申请立项北京照明学会组织专家准备实施,2005 年初启动编制工作。2005 年 4 月北京市质量技术监督局正式批准立项。

2005 年 6 月北京市市政管理委员会开始在进行在北京市科学技术委员会立项的《市政行业标准体系》的研究,北京照明学会承接了该课题的子项目《城市照明标准体系研究》。在 2005 年 10 月"体系"开始编写草稿时,本"标准"已经形成审查稿,送北京市市政管理委员会科技处待审。

2006 年 4 月 19 日应北京市质量技术监督局要求,北京市市政管理委员会科技处召开本"标准"编委会, 要求按 2006 年 4 月 5 日经北京市科学技术委员会、北京市质量技术监督局、北京市市政管理委员会已验收的《城市照明标准体系研究》课题中《北京城市照明标准体系》的序列更改"标准"格式,按系列标准格式改写,应达到如下要求:

符合 GB/T1.1 国标中系列标准格式以及"北京城市照明标准体系"的序列要求。

原"标准"的名称不变,条款内容已广泛征求意见可基本不变,需归纳、拆分为八个部分,每部分是同一个标准序列中的单独标准,可适当增减内容。

标准中不应出现地域和政府文件名称,凡涉及者采用相应形式更替。

格式变更后的"标准"审查稿应在 2006 年 5 月底通过审查。

5　对几个主要问题的讨论

5.1　北京城市夜景照明的艺术性

夜景照明的艺术性涉及各界人士的艺术爱好,不易做硬性规定。本标准仅在"一般规定"和其他章节的相关条文中做了原则性要求,力求使设计者在把握好基本要求的前提下具有较大的发挥空间,创造出群众喜爱的、具有引导性的艺术效果。

5.2　照明指标

(1)关于城区不同环境亮度区域的划分。在"标准"中关于城区环境亮度区域的划分,参考了 CIE 干扰光技术委员会(CIE/TC5-12)《限制室外照明干扰光影响指南》等相关技术文件的规定(见表 1)。

表 1　城市环境(背景)亮度的区域划分

环境亮度类型	低亮度背景	中亮度背景	高亮度背景
对应的区域	居住区、休闲区	一般公共区	城市中心区、商业中心区

CIE 相关文件中将环境亮度根据区域性质划分为四级:

暗环境的 E1 区域(如自然风景区);

低亮度环境的 E2 区域(如工业区或乡村、居住区);

中亮度环境的 E3 区域(如工业区域或近郊居住区);

高亮度环境的 E4 区域(如城市中心区或商业区)。

结合北京特点,标准将北京的城市划分为三个环境亮度区域,现将三个区域的含义试释如下:

对应于 E2 的是:居住区、休闲区;(泛指居民区、公园、等休息、休闲的场所)。

对应于 E3 的是: 一般公共区;(泛指一般的办公、展览、商业、院校等公共场所)。

对应于 E4 的是:城市中心区、商业中心区;(指天安门地区、北京的两个轴线、主要商业和娱乐区等重要场所)。

对应于 E1 的应是处于北京市远郊的自然风景区,不在本规范的适应范围内。

(2)关于建筑物立面平均照(亮)度值。北京的人口和自行车密度远大于国外大城市，重大庆典和国事活动较多,民俗特点喜欢喜庆气氛,因此相对而言需要的照(亮)度适当高一些。标准中的数值是根据北京特点和现实情况参考 CIE 及相关国家资料给出的。其数值高于国际标准,而低于其他城市地方标准和北京市的现值，以引导城市夜景照明的总体亮度降低。

5.3 光污染的限制

随着生活水平的提高,人们对夜生活环境舒适性的要求、对夜景照明艺术效果的追求也在不断提高。严格控制、限制光污染是本标准的重要内容。

参照 CIE 技术文件限制住宅干扰光的要求列于表 2。

表 2 住宅干扰光控制

	居住区非临街侧		居住区临街侧	
	23 时前	23 时后	23 时前	23 时后
窗户上的垂直照度/lx	<10	<2	<25	<5
直接看到发光体的光强/cd	<2500	<1000	<7500	<2500

强调了投射到被照物之外的溢散光不应超过灯具输出总光通的 25%；玻璃幕不应采用投光照明;不宜采用大面积投光将被照物均匀照亮;严格控制使用探照灯、窄光束投光灯、空中玫瑰等强投光灯具和激光灯向天空、人群投射等易造成光污染的照明方式、方法。

5.4 照明节能

节能是相对的，若不设置夜景照明则不消耗能源。夜景照明的设置应根据夜景照明效果的艺术要求,采用合理先进的设计,选用最少的照明器材,达到最佳的照明艺术效果。

条款规定:要采用合理、先进的控制方法;符合能效标准的照明器材;不应采用白炽灯、卤钨灯、自镇流高压汞灯等高耗能光源;限制建筑物夜景照明的单位面积用电量如表 3。

5.5 照明安全

夜景照明的安全,是保障人身、交通安全和设施自身安全的措施:如防烫伤、防触电、防对机动车辆的眩光、防雷、防水、防盗、保彰安全供配电的基本要求等。

5.6 供配电系统

北京是首都,规范特别强调:“具有重大社会影响的区域如天安门地区、人员大量密集活动区用电负荷为一级负荷”；夜景照明要安装独立计量表；要有平日、节日、重大节日三种照明效果,具有联网集中遥控的接口及其相应的控制方式。

6 结束语

北京市地方标准《城市夜景照明技术规范》的八个部分已编制完成,形成报批稿,预计 2006 年开始实行。我们深信,“标准”对提高北京城市夜景照明的技术、艺术水平将起到积极的作用。同时“标准”尚须在北京城市夜景照明的实施过程中对其内容进一步考核验证,修改与完善。

参考文献

1 北京市市政管理委员会,北京照明学会编.城市夜景照明技术指南.北京:中国电力出版社
2 肖辉乾,黄仑翻译.李景色校对.城市照明指南.国际照明委员会技术报告(CIE 第 92 号出版物)

表 3 建(构)筑物夜景照明的照明功率密度(LPD)值

反射比(%)	低亮度背景		中亮度背景		高亮度背景	
	对应照度/lx	照明功率密度/(W/m²)	对应照度/lx	照明功率密度/(W/m²)	对应照度/lx	照明功率密度/(W/m²)
70~85	50	3	100	5	150	7
45~70	75	4	150	7	200	9
20~45	150	7	200	9	300	14

注:重点地区在重大节日时不受此表限制。

城市道路照明的标准和设计

中国建筑科学研究院　李铁楠　李景色

1　城市道路照明的现状和问题

城市道路照明的作用是为行人以及各种车辆的驾驶人员创造良好的视看环境，从而达到保障交通安全、提高交通运输效率、方便人民生活、降低犯罪率和美化城市环境的目的。

目前，城市建设和市政道路的快速发展，也促进了道路照明的大力建设，我国许多城市每年都要完成大量的道路照明工程。可以说这些工程为城市的运行和经济的发展，城市环境的改善，交通出行的便利起到了很大的作用，但是我们也应该看到，由于在道路照明认识上的偏差，照明设施质量上的参差不齐，对照明技术、照明设计以及照明标准法规的不够重视，导致了许多负面问题的出现，比如：

（1）许多城市的主干路所选择的照明亮度过高，甚至超过照明标准的要求，这不仅对提高交通运输效率没有帮助，反而造成了严重的光污染和能源浪费；

（2）在城市中的次干路或支路上，照明亮度安装调试得过低，根本无法满足正常的使用需求；

（3）众多人行道的照明却又只重装饰、轻视功能，有些人行道采用了很高的照度，其目的却不是为了功能需求，而是为了做一条“景观路”或“形象路”，这样的人行道照明往往会造成很强的眩光；有些人行道的照明目标不清楚，仅仅考虑水平照度，却很少考虑空间的或竖向的照明，无法达到此种道路所需要的照明要求；有些人行道照度极低甚至不设照明，导致出行不便，甚至会形成安全隐患；

（4）对于城市道路中最为重要的区域——交会区的照明重视不够，或是简单地沿用常规道路区段上的照明方式与照明标准，或是灯具以及照明方式选择得不合理，给交会区造成了严重的眩光干扰；

（5）道路照明灯具质量低下，光效低、灯具耐候性差、寿命低，一个反光器配用多个光源甚至多种光源、配光不够合理、甚至根本不进行光学设计，这样的灯具既无法满足照明效果要求，又会影响道路周边环境，还造成了大量的能源浪费。可以说，目前城市道路照明中，的许多问题是由质量低劣的灯具造成的；

（6）装饰照明或广告灯光严重干扰机动车驾驶员的视觉；

（7）道路照明的光线，侵扰道路周边环境和居民住宅，影响市民的生活。

这些问题的存在，导致了我们的道路照明水平普遍偏低，不能有效地满足道路使用者的需要，同时又造成了大量的能源浪费和光污染、光干扰。所以，规范道路照明的设计和建设是一个亟待解决的问题。

道路照明设计标准，是进行道路照明设计和建设的基础，因此，编制一本既具有世界先进水平，又符合中国国内具体情况的道路照明设计标准是十分必要的，我国原来的标准是 1991 年颁布的，经过了十余年之后，有许多内容需要修改和补充，以满足目前的使用需要。

在此次标准的修编中，重点做了以下几方面的修改：完善照明标准的规定；借鉴国外道路照明的研究成果，使我国的标准与国际先进水平靠拢；增加道路交会区和人行交通道路的照明规定，增加节能标准和指标，提出对影响道路交通的，非功能性照明的限制等内容。

2 主要修编内容及意义

城市道路分为不同的级别，每类道路都有其针对性的照明标准。照明标准包括数量方面的等级和质量方面的指标，在设计道路照明时，需要全面予以考虑。国际照明组织和一些发达国家进行了大量的研究和试验，制定了比较科学、完善的标准，比如，CIE 和 IESIN 对常规道路制定的照明标准见表 1、表 2、表 3、表 4。

这些标准及其研究成果，为我们正确认识道路照明及进行标准的编制提供了良好的基础和依据。同时，制定国内的道路照明标准，还需要考虑国内的现状、人们的认识水平、技术能力等。综合各种因素所提出的我国机动车交通道路照明标准值如表 5 所示。

此次修编标准，以路面亮度为主来进行机动车道路照明的规定，既与国际标准统一，也更符合实际情况。此外，根据我国经济发展不平衡，以及技术力量差异等实际情况，在标准中又同时规定了照度指标。

总均匀度规定为 0.4，这是一个保证道路使用的合理数值，国外的标准与此数值相仿，在具有普通宽度的道路上，达到这一指标要求并不困难，但在我们国内，由于有许多非常宽的道路，在这样的道路上，要达到总均匀度指标相对来说有此困难，但是，这些道路往往又是城市的主干路等重要道路，其照明质量指

表 1 CIE 道路分级

道路描述	照明等级
双向车行道之间有中间分车带分隔、无平面交叉、出入口完全控制、车辆高速行驶的高速路、快速路 交通密度和道路布局复杂程度(1)：高 中 低	 M_1 M_2 M_3
高速行驶道路、双向行驶道路交通控制(2)和不同类型道路使用者(4)分隔(3)状况：差 好	M_1 M_2
重要的城市交通干线、辐射道路、地区级分流道路交通控制和不同类型道路使用者分隔状况：差 好	M_2 M_3
不太重要道路的联络道、局部分流道路、居住区主要道路。提供直接进出红线并通向联络道的道路 交通控制和不同类型道路使用者分隔状况：差 好	 M_4 M_5

表 2 CIE 道路照明标准规定

照明等级	应用范围				
	各种道路	各种道路总均匀度	各种道路阈限增量	很少或无交叉口的道路纵向均度	有人行道、但人行道的照明达不到 P_1~P_4 级的道路环境比
	维持的最小平均值 $\bar{L}$/(cd/m²)	最小值 U_0	初始最大值的(%) TI	最小值 U_L	最小值 SR
M_1	2.0	0.4	10	0.7	0.5
M_2	1.5	0.4	10	0.7	0.5
M_3	1.0	0.4	10	0.5	0.5
M_4	0.75	0.4	15	—	—
M_5	0.5	0.4	15	—	—

表 3 IESIN 标准——照度方法推荐值

道路和行人交汇区		路面类型(最小维持照度平均值)			照度均匀度	光幕亮度比
道路	行人交汇区	R_1/lx	R_1 或 R_2/lx	R_4/lx	E_{av}/E_{min}	L_{vmax}/L_{av}
A 类高速路		6	9	8	3	0.3
B 类高速路		4	6	5	3	0.3
快速路	高	10	14	13	3	0.3
	中	8	12	10	3	0.3
	低	6	9	8	3	0.3
主干路	高	12	17	15	3	0.3
	中	9	13	11	3	0.3
	低	6	9	8	3	0.3
集散路	高	8	12	10	4	0.4
	中	6	9	8	4	0.4
	低	4	6	5	4	0.4
地区性道路	高	6	9	8	6	0.4
	中	5	7	6	6	0.4
	低	5	4	4	6	0.4

注:1.R_1、R_2、R_4——分别为不同类型的路面; 2.E_{av}——路面平均水平照度; 3.E_{min}——路面最小水平照度;
4.L_{vmax}——最大亮度; 5.L_{av}——平均亮度。

表 4 IESIN 标准——亮度方法推荐值

道路和行人交汇区		平均亮度 L_{av}/(cd/m²)	亮度均匀度(允许的最大值) L_{av}/L_{min}	亮度均匀度(允许的最大值) L_{max}/L_{min}	光幕亮度比(允许的最大值) L_{vmax}/L_{av}
道路	行人交汇区				
A 类高速路		0.6	3.5	6.0	0.3
B 类高速路		0.4	3.5	6.0	0.3
快速路	高	1.0	3.0	5.0	0.3
	中	0.8	3.5	5.0	0.3
	低	0.6	3.0	6.0	0.3
主干路	高	1.2	3.0	5.0	0.3
	中	0.9	3.0	5.0	0.3
	低	0.6	3.5	6.0	0.3
集散路	高	0.8	3.0	5.0	0.4
	中	0.6	3.5	6.0	0.4
	低	0.4	4.0	8.0	0.4
地区性道路	高	0.6	6.0	10.0	0.4
	中	0.5	6.0	10.0	0.4
	低	0.3	6.0	10.0	0.4

表 5 我国城市道路中的机动车交通道路照明标准值

道路级别	路面亮度			路面照度		眩光限制（最大初始值）TI(%)	环境比 SR（最小值）
	平均亮度（维持值）L_{av}/(cd/m²)	总均匀度 U_o（最小值）	纵向均匀度 U_L（最小值）	平均照度 E_{av}/lx（维持值）	均匀度 U_E（最小值）		
快速路、主干路、迎宾路、通向政府机关和大型公共建筑的主要道路、市中心或商业中心的道路	1.5/2.0	0.4	0.7	20/30	0.4	10	0.5
次干路	0.75/1.0	0.4	0.7	10/15	0.35	10	0.5
支路	0.5/0.75	0.4	—	8/10	0.3	15	—

注：1.表中所列的平均照度仅适用于沥青路面。若系水泥混凝土路面，其平均照度值可相应降低约 30%；
2.表中各项数值仅适用于干燥路面；
3.表中对每一级道路的平均亮度或平均照度给出了两档标准值，用××/××表示，"/"的左侧为低档值，右侧为高档值。

标是必须得到保证的，因此，就需要在照明设计或灯具设计等方面多下功夫，通过合适的产品及有针对性的设计来达到照明要求。

纵向均匀度也是十分重要的一项照明指标，良好的纵向均匀度，能避免路面上形成明显的明暗条纹。此外，用阈值增量来评价失能眩光要更为科学和严谨。

3 道路交会区的照明规定

在城市道路中，除了普通的道路之外，还有很多的交叉口、道路出入口、人行横道等区段，通常把它们称为道路的交会区。在道路交会区，由于有大量的车辆之间的交叉、交会、出入道路，车辆与行人交叉，道路的型式或方向改变，驾驶员的观察距离变短等原因，使得车辆与车辆之间、车辆与行人之间、车辆与固定物之间发生碰撞的可能性大大增加。因此，这些区段是交通事故的多发区段，所以，其照明质量十分重要。国外的道路照明标准尤其重视交会区的照明，比如，CIE 的技术文件就将此区段的照明作了相应的提高，如表 6 所示。

本次修编国内的照明标准时，增加了道路交会区的照明规定（如表 7 所示）。交会区的照明应全面展示该区段的整体情况，包括路面、路缘、路标、道路线形等，强化道路的诱导性，有效展示位于该区段的车辆和行人的位置及移动趋向。

4 人行交通道路的照明规定

此次修编标准时增加了人行交通道路的照明规定，体现了以人为本的原则。人行交通道路照明与机动车交通道路照明有着很大的区别。人行交通道路需要从行人的角度来考虑照明配置，需要强调对被照目标的表面特征识别、看清楚路面上的障碍物、看清楚路边缘、不应有过于黑暗的死角等，基于这样的考虑，

表 6 CIE 技术文件中在交会区域对照明的要求

照明等级	整个使用表面上最小维持平均照度($\bar{E}$)	最小照度均匀度 $U_0(E)$
C0	50	0.40
C_1	30	0.40
C_2	20	0.40
C_3	15	0.40
C_4	10	0.40
C_5	7.5	0.40

表 7 我国道路照明标准中的交会区照度规定

交会区类型	平均水平照度（维持值，lx）	照度均匀度
与主干路交会	30/50	0.4
与次干路交会	30/20	0.4
与支路交会	20/15	0.4

注：两条道路交会时，交会区的照度值按其中级别高的道路选取。

表 8 人行交通道路照明标准值

夜间行人流量	区域	平均水平照度/(维持值,lx)	最小水平照度/(维持值,lx)	最小垂直照度/lx
流量大的道路	商业区	20	7.5	4
	居住区	10	3	2
流量中的道路	商业区	15	5	3
	居住区	7.5	1.5	1.5
流量小的道路	商业区	10	3	2
	居住区	5	1	1

注:最小垂直照度为道路中心线上距路面 1.5m 处高度,垂直于路轴平面的两个方向上的最小照度。

在照明标准中提出了路面平均水平照度、路面最小水平照度以及垂直照度等指标要求,如表 8 所示。

5 节能标准

道路照明是室外照明中耗电量很可观的项目,因此节能的要求十分重要。在标准中,针对不同等级道路所规定的照明数量指标,是针对驾驶作业的要求以及人们的视觉特点而确定的,而且经过了科学试验验证是合理的数值。这样的照明标准值完全可以满足机动车道路上的驾驶作业要求,如果再去提高路面亮度,对视觉功能来说没有实质性的帮助。所以,按照标准进行照明设计是一项应该遵守的原则。但目前国内的现状却存在很多问题,许多城市的道路照明设计亮度很高,在我们的调查中发现,有一些道路的照明甚至超过规定的标准值的 5~6 倍,存在着一种"越亮越好"的观点,或者把高亮度的道路照明作为塑造城市形象的一种手段,这种做法既没有科学道理,又造成了能源浪费。为了从标准法规的角度来扼制这种不正确的做法,在此次标准修编中,增加了限制路面照明用电功率的内容,这一内容是在所有道路照明标准中首次引入,期望以此来限制在道路照明中"亮度攀比"的做法。对各级道路分别规定其路面上的照明功率密度(LPD)值,见表 9。除此之外,还在标准中提出了一系列的节能措施。

6 防止光污染和光干扰

防止道路照明的光污染和光干扰是保护城市环境、保障居民生活,同时也是有效保障机动车交通道路视觉环境的一项主要原则。在本次标准修编中,在许多条款内容的规定中都体现了这一原则,比如:

在"灯具及附属装置选择"条款中规定:装饰性灯具的上射光通比应≤25%;在"上跨道路和下穿道路的照明"中规定:下穿道路的灯具不应给上跨道路造成眩光影响;在"桥梁照明"中规定:桥梁照明的灯具在必要时,应安装挡光板或格栅;在"天文台附近道路的照明"中规定:路面亮度降低一级;必须采用上射光通量为零的灯具;在"居住区道路照明"中规定:此区域照明的灯杆位置、光源灯具及照明方式要进行恰当选择,光线照射角度应进行有效控制,最大限度地减弱射入住宅居室内的光线,使其达到相关标准的要求。同时,在条文说明中对所应依据的标准、限制数值作了进一步的说明;在新增加的条款"道路两侧设置非功能性照明的要求"中,提出了防止干扰驾驶员视觉的一些条款和内容等。

这些内容和规定对规范道路照明设计、保护城市环境以及提高交通效率都具有重要的意义。

此次修编的标准基本上做到了与国际标准接轨,同时又根据国内的现实状况作出了一系列有针对性的规定,兼顾了技术先进性和标准的实用性。

表 9 各级机动车交通道路的照明功率密度值

道路级别	车道数/条	照明功率密度 LPD 值/(W/m²)	对应的照度标准/lx
快速路 主干路	≥6	1.05	30
	<6	1.25	
	≥6	0.70	20
	<6	0.85	
次干路	≥4	0.70	15
	<4	0.85	
	≥4	0.45	10
	<4	0.55	
支路	≥2	0.55	10
	<2	0.60	
	≥2	0.45	8
	<2	0.50	

注:本表仅适用于高压钠灯,当采用金属卤化物灯时,应将表中对应的 LPD 值乘以 1.3。

建筑物的建筑化夜景照明初探

中国建筑科学研究院建筑物理所　肖辉乾

摘　要　文章简要地介绍了建筑物的建筑化夜景照明。全文由引言、建筑化夜景照明的优点、建筑化夜景照明的方法和结论四部分组成。论文重点阐述了建筑化夜景照明的十种照明方法、典型实例和应注意的问题。

关键词　建筑物　夜景照明　建筑化夜景照明

20世纪50年代开始就有室内建筑化照明的报道。建筑物的建筑化夜景照明方法则是笔者在室内建筑化照明的启发下，根据多年从事建筑夜景照明工程设计的实践和大量建筑夜景工程案例的调查资料归纳出的一种建筑夜景的照明方法。

建筑物的建筑化夜景照明是将照明光源或灯具与建筑立面的墙、柱、檐、窗或墙角等建筑结构融为一体的夜景照明方法。这种照明方法的出现，主要原因是建筑夜景照明越来越引起社会各界的重视，以致建筑和照明设计人员（建筑师和照明工程师）在建筑方案的构思与设计时，就开始考虑用什么样的灯光来表现自己作品的夜间形象，而不是只考虑日光照射下的日景情况。预计建筑化夜景照明将是今后建筑夜景照明的主要照明方法之一，特别是一些新的大型公共建筑工程都将会首选这种照明方法。

1　建筑化夜景照明的优点

建筑化夜景照明的优点如图1所示，主要有如下六点。

1.1　较理想地实现了照明和建筑的有机结合

照明方案能较好（或较准确）地体现建筑师的构思创意和建筑物的特征。如果建筑物建成后，再增设夜景照明，照明工程师很难做到这一点。目前，国内外不少现有建筑，新增夜景照明的效果不佳，甚至脱离了建筑师的创意或扭曲了建筑物的形象。

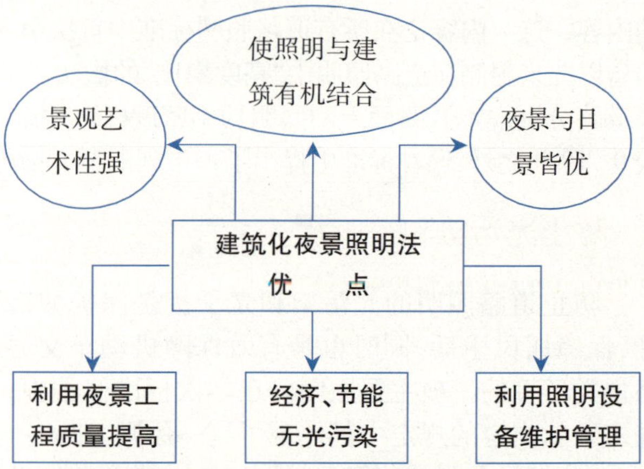

图1　建筑化夜景照明的优点

1.2 夜景的装饰艺术性强

建筑化夜景照明巧妙地利用照明的光、色和阴影,特别是灯具的优美造型来装饰建筑立面,不仅具有很强的装饰性,而且还可赋予建筑物一定的文化或艺术内涵或意境,以体现建筑物的风格,达到增强建筑艺术的美感为准则,最终使观赏者从中获得美的享受和视觉,心灵上的满足。

1.3 景观效果是夜景和日景皆优

建筑化夜景照明的灯具经过了精心设计,外观造型与色彩完全和建筑融为一体, 照明与建筑和谐统一。景观的艺术装饰效果好,可达到夜景和日景皆优的景观效果。

1.4 有利于施工和工程质量的提高

这种照明方法的设备安装与建筑施工同步进行,安装简便,省时省力,特别有利于防止工程质量问题的出现。这种施工,不存在专为夜景照明设备安装搭架,在墙上打洞和在地面挖沟的问题。

1.5 可降低工程造价,节约能源,减少光污染

建筑化夜景照明用灯的单灯功率较低,光源光效高,用灯量也较少,而且都是安装在建筑物立面上。这对照明节能,特别是对减少电气线路的管线长度和照明的能耗成效显著;另外,由于照明设备安装较简便,工作量相对减少,可节约工程造价。

1.6 有利于夜景照明设施的维护管理

由于建筑师和照明工程师在设计夜景照明时,就考虑了照明设备的检修与管理的问题,并采取了相应的措施,如预留检修通道或楼梯等,为检修创造了条件,使建筑化夜景照明设备的检修都比较方便。

2 建筑化夜景照明的方法

由于建筑形式的多样化,建筑化夜景照明的方法也就多种多样。由于建筑和照明技术的迅速发展,特别是高新技术的不断应用,使建筑化夜景照明的方法越来越多。经初步调查统计,归纳起来主要有如图 2 所示的十种方法。现对这些照明方法的特征、做法和使用时的注意事项简述如下。

2.1 建筑化角灯照明法

在高大挺拔的建筑立面的外墙转角处,将装饰性的角灯灯具和墙角组合为一体,利用角灯灯具的优美造型和科学的光学设计形成的光影效果,来美化建筑立面和塑造建筑物的夜间形象。

角灯一般由上射灯和下射灯两部分组成。上射灯灯具外表面亮度均匀明亮;下射灯反光器采用抛物面,以提高下射光束光斑的长度。比如美国纽约四季饭店的建筑化角灯夜景照明就是一例,又如青岛建青大厦和上海福山大厦也使用了这一照明方法,均收到了较好的效果。

使用此法时应注意:

(1)装饰性角灯适用于高大建筑,不宜在低小建筑中使用;

(2)角灯设计时,下射光束和光斑要鲜明,方能表现建筑高大挺拔的特征;

(3)角灯造型、用料和色彩应尽量和建筑风格协调一致;

(4)角灯构造和安装要求坚固,防水、防尘性能好,检修方便。

2.2 建筑化屋檐灯照明法

在建筑立面的檐口处,将装饰性屋檐灯和建筑物的檐口组合为一体,利用灯具优美造型和均匀柔和的发光体的形态,达到装饰美化建筑立面,塑造建筑夜间形象的效果。

屋檐灯造型和建筑风格一致,灯具一般做成内透光灯箱或自发光形式。灯具由光源、灯箱支架和彩色漫射透光板组成。比如:北京远洋大厦和北京国家电力公司大楼的建筑化檐口灯的夜景。这都是建筑师在设计时,将灯和建筑立面一并考虑的两个较好建筑化夜景照明方案,其特点是将屋檐灯和建筑屋檐结合为一体,两者的造型、结构、尺度和色彩和谐统一,效果独特,而且白天和夜晚的景观效果皆优,得到了市民、专家和业主的好评。

使用此法时应注意:

(1)屋檐灯的造型、用料和色彩要和建筑立面,特别是外檐造型协调一致;

(2)屋檐灯表面亮度均匀柔和,不能有直射或反射眩光;

(3)屋檐灯光源的寿命要长,表面亮度不宜过高,一般选用 T5 或 T8 细管径荧光灯;

(4)由于屋檐灯检修较困难,设计时注意采取相应措施,为检修创造条件。

2.3 建筑化光斑灯照明法

建筑师或照明工程师在建筑外立面的墙上,设计或利用装饰性光斑灯,并把灯和建筑融为一体,形成建筑化夜景照明。灯具内装有特制的棱镜或漫透射体,可形成弧形、带状或三角形等不同光斑,以此来美

化建筑夜景。

在光斑灯的光学系统中，光源位置要准确，光源发光体的尺寸越小越好，以保证光斑形状的准确性和一致性。比如：北京大北窑桥下的建筑化光斑灯夜景不错；又如日本冈山 NTT Credo 大厦裙楼建筑化光斑灯夜景照明效果十分成功，该夜景工程曾获 2000 年国际照明设计大奖。

使用此法时应注意：

(1)设计灯的造型时，应注意光斑灯产生的光斑与灯的外形尽量一致；

(2)由于光斑灯灯具体积小、温度高，应注意采取散热措施，以延长光源的使用寿命；

(3)光斑灯检修时，特别注意保持光源的设计位置，以防止改变光斑的大小和形状。

2.4　建筑化线性灯饰照明法

一般做法是将高亮度白炽或 LED 美耐灯或通体发光光纤，有时也用霓虹灯等线性发光条或带嵌装在建筑立面需要做夜景装饰的部位，以形成和建筑一体的线性内透光发光条；另一种做法是把发光条做在装饰面板里，再用面板拼成各种图案，来美化建筑立面夜景。比如：北京中粮广场、新世纪大楼和北京超五星级圣·罗杰斯饭店立面的建筑化内透光发光条夜景照明的效果都是比较成功的实例。

使用此法时应注意：

(1)注意装饰的部位和图案要和建筑立面的特征协调一致，有别于一般轮廓灯的照明；

(2)线性灯饰器材的表面亮度应高，而背景的亮度应低，提高光的对比度；

(3)嵌装线性灯饰的光条(带)构造的防水性要好，还要检修方便；

(4)动态变光图案的变光速度不要过快，防止出现闪光现象。

2.5　建筑化发光盒照明法

这种发光盒有正方形、矩形或圆形等几种，光盒内一般装荧光灯或低功率 HID 灯。建筑师和照明工程师设计时，将光盒嵌装在建筑立面需重点装饰的部

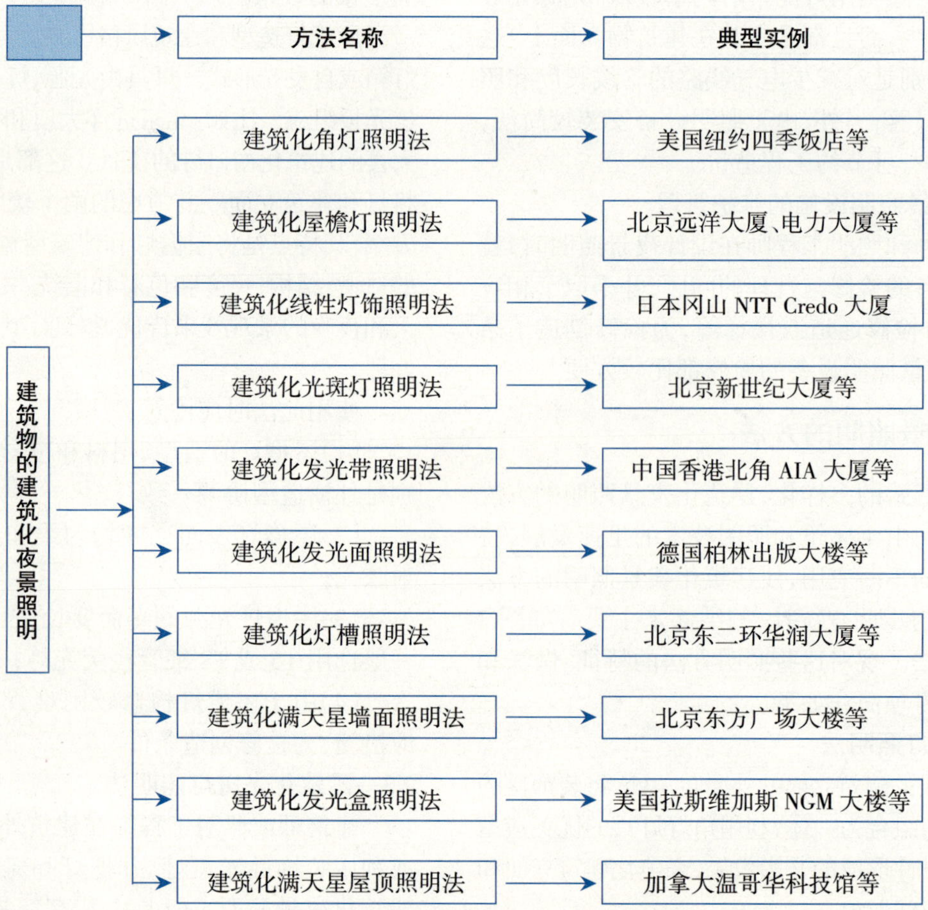

图 2　建筑物的建筑化夜景照明的方法与实例

位,与建筑结合成一体,来美化建筑立面夜景。光盒的尺寸由建筑师按需而定,因此成品灯具盒较少。香港AIA大楼和上海浦东八百伴百货大楼使用建筑化发光盒美化建筑立面的夜景,均收到了独具特色,日景和夜景双优之功效。

使用此法时应注意:

(1)内透光或自发光光盒的形状、大小、色彩和位置应与建筑立面相协调;

(2)光源应选光效高、寿命长的大功率紧凑型节能荧光灯或低功率HID灯;

(3)发光盒构造的防水防尘性能要好,检修方便。

2.6 建筑化发光带照明法

这种发光带是在发光盒的基础上形成的,做法是将发光盒排在一起成为光带。有时建筑师和照明工程师根据建筑立面的情况和建筑构造专门设计光带,将光带和建筑组合为一体,来美化建筑立面的夜景。光带一般使用T5或T8荧光灯管做光源,出光口用漫透射的聚碳酸板封闭。德国柏林的联邦新闻出版联合会总部大楼和德国柏林"Quartier206"大楼的建筑发光带照明效果出色,已引起国际照明界的重视。

使用此法时应注意:

(1)内透光发光带的使用的注意事项,基本上和建筑发光盒一样,只是光源以T5或T8荧光灯管为宜,在寒冷地区使用的,应注意低温启动光源问题;

(2)光源出光口的透光材料的漫射性要好,并应有防止紫外线照射的老化措施;

(3)发光盒表面亮度应均匀,注意防止暗区的出现。

2.7 建筑化发光面照明法

这种发光面类似灯箱,一般用透光的乳白聚碳酸酯板做成,光源一般使用T5荧光灯管,均匀排列。有时用灯具,也有不用灯具的,由建筑师据建筑立面构造确定。发光面的大小和形状,也由设计师按立面特征和需做夜景装饰的部位来决定。

这种发光面的最大特点是明亮均匀,光线柔和不刺眼,而且显目性较好,若加上变色装置还可变色,夜景和日景效果皆优。比如北京华润大厦楼顶的建筑化变色发光面照明;拉斯维加斯Imperiel ralace的建筑化发光面照明和日本丰桥购物中心建筑化内透光发光面照明夜景均是比较成功的例子。

使用此法时应注意:

(1)设计时要认真听取建筑师和业主的意见;

(2)特别注意发光面的使用位置、大小、形状及用料应和建筑立面特征协调一致,使用时还应注意和其他照明方法相结合;

(3)发光面的表面亮度应尽量均匀,若改变发光面的颜色,变色速度不要过快;

(4)发光面结构设计,应充分考虑设备检修的应用方便性。

2.8 建筑化外墙灯槽照明法

利用外墙上部或中部挑出的壁檐或横向勒线位置设计暗灯槽,将光源、灯具隐藏在暗槽中并照射墙面,形成均匀明亮的光带,以装饰建筑夜景。这种照明方法的特点是无眩光,见光不见灯,光线柔和。比如北京东方广场壁檐暗灯槽照明是比较有代表性的实例,建筑师把它作为建筑立面的一部分加以设计,在大楼上部利用暗灯槽形成一圈亮带,见光不见灯,白天和夜晚景观双优。由于暗槽宽大,检修也十分方便,只是暗槽的反光面有一定的定向反射,以致出现光源的光斑,但不太明显。

使用此法时应注意:

(1)壁檐暗槽灯的设计应注意听取建筑师的意见,应和建筑风格协调一致;

(2)使用点光源还是线光源,应据暗槽情况定;防止暗槽反光面出现定向反射现象;布灯应注意防止出现暗区,设计时应有照明设备检修措施;

(3)暗槽灯形成的亮带,表面亮度应均匀,注意防止暗区的出现;

(4)使用的光源灯具除满足一般暗槽灯的功能要求外,还应注意其防水防尘性能和便于检修的要求。

2.9 建筑化满天星墙面照明法

建筑师和照明工程师设计时将点光源,如卤钨灯、LED灯、端点出光的光纤(出光口带灯具)和小的发光盒等发光体和墙面组合在一体,形成类似满天星的建筑立面。光点的分布视建筑立面和构造而定,如大片墙面,一般均匀布置光点,对网架结构的墙面,光点一般布置在网架节点位置。

这种满天星状墙面,光点好比满天星斗,明亮、闪烁,有时光点发生有规律地变化,形成独具特色的动态夜景效果。比如美国拉斯维加斯MGM娱乐城的建筑化满天星墙面照明夜景和比利时ALG公司大楼利用端头出光的光纤灯形成的建筑化夜景,又如北京国贸大厦B楼裙楼立面的建筑化满天星照明夜景也是比较好的实例。

使用此法时应注意：

（1）注意墙面发光点的数量、部位及白天的外观与色彩应和建筑立面协调一致，不要破坏建筑物白天的立面景观效果；

（2）满天星墙面使用的光源、灯具及做法在技术上不仅要先进，而且要充分考虑设施检修与管理问题，为检修创造好条件。

2.10 建筑化满天星屋顶照明法

满天星屋顶照明的结构和做法，跟墙面的情况类似。设计时，要考虑屋顶照明施工和维修都比较困难，使用的照明器材应有光效高、寿命长、维修方便的优点。发光点分布的密度或图案，根据屋顶材料和结构确定。光源一般使用端头发光的光纤灯或LED灯。

这种屋顶夜景照明法效果独特：一是较好地体现出建筑物的特征；二是发光点好比群星落在屋顶上，富有诗意；三是从高、中、低不同视点观看，都有较好的效果。比如：加拿大温哥华科技馆和北京国家大剧院满天星状屋顶的夜景，又如夜景北京天文馆（老馆）的夜景等都是比较成功的实例。

使用此法时应注意：

（1）发光点选用的光源应技术先进，特别是寿命要长，亮度要高；

（2）若使用LED光源，灯具设计时，应注意光源发光方向性，应做到从不同视角（点）观赏时，均能获得良好的景观效果；

（3）由于屋顶高而且不易上去，设计时应考虑照明设施检修的方便性。

3 结束语

（1）正如前面所述，建筑化夜景照明有不少优点，并带有一定的方向性。以上十种建筑化夜景照明方法，只是笔者据工作实践和调查的案例所归纳出的基本作法，实际上建筑物的建筑化夜景照明的方法很多，可以说是千变万化。

（2）随着照明科技的迅速发展，新光源、新灯具和新发光器件的不断出现，建筑化夜景照明定将出现更多更好的方法和作品，比如上海品能和加拿大TIR公司推出的LED系列发光器件，日本推出的光纤灯装饰构件，美国Hydrel公司的户外建筑化灯具，还有我国云南恒艺环境建筑有限公司推出的专利产品，内发光景观建筑构件技术等，在夜景工程中应用后的夜景与日景效果都不错。这些器材和技术对推动建筑化夜景照明的发展将产生重要影响，也预示着建筑化夜景照明将有更大的发展。

（3）建筑化夜景照明的设计，一方面要求建筑师熟识照明的基本知识，另一方面也要求照明设备工程师掌握一些必要的建筑知识，并配合建筑师做好设计。只有建筑师和照明工程师紧密合作，相互配合方能创造优秀的建筑化夜景照明作品。最后让我们共同努力，将建筑化夜景照明技术不断推向前进，创造出更多建筑化夜景照明佳作。

参考文献

1 肖辉乾. 建筑化照明的发展. 照明技术与管理，2000（4）：4

2 IES（美国）Lighting Handbook. Second Edition，1952

3 肖辉乾主编.城市夜景照明技术指南.北京：中国电力出版社，2004

4 村上公一.建筑空间和建筑化照明.日本照明学会杂志，2000（3）

5 P.Cialdella and C.D. Powell. The Great Illuminator. Richard Kelly Transformed a Nascent Technology into Lighting Design Profession. LD+A，1993（5）

建筑物夜景照明设计若干问题的思考

中国建筑科学研究院　朱　红　赵建平　刘小红

摘　要　文章简要介绍了在新形势下建筑物夜景照明的设计方法。重点阐述了建筑物夜景照明应与环境协调统一、照度(亮度)标准的确定、照明光源和灯具的选用、照明方式与计算、夜景照明控制与安全及照明节约能源、保护环境,实施绿色照明与光污染等问题。

关键词　照度(亮度)标准　照度计算　控制与安全　节能　光污染

建筑物夜景照明作为一种光文化,强调照明的科学性、艺术性和视觉上的舒适性,注重照明对象的景观形象的塑造是这几年夜景照明设计思想的重大更新。调查发现,目前不少已完工的夜景照明工程,有的照度不够,而有的却又过亮,甚至滥用彩色光。这不仅达不到夜景照明的目的,而且还破坏了视觉适应的平衡,导致视觉中心和亮度层次的缺失,不能形成美感,反而造成眩光甚至光污染,浪费能源。不切实际地攀比,不加分析地认为"越亮越好"、"到处都要亮"的观念也是错误的。夜景照明的质量指标有的严重偏离标准或规范的规定数据,甚至有少数设计人员对夜景照明标准知之甚少或不了解,从而影响到夜景照明的设计水平的提高。

1　建筑物夜景照明应与周围环境协调统一

城市建筑物是城市特色的重要识别要素之一。处理好城市建筑物的夜景照明会丰富和完善城市整体识别,从而达到烘托城市形象的目的。

城市建筑物的夜景照明一定要分析其所处地理环境简况及其建筑构造特征,要根据建筑的个性特征,强调建筑的层次感和立体感,将建筑的整体宏观构图与局部微观刻画相结合,进一步增强该建筑物在夜间的艺术魅力,借以充分表达该建筑的性格,并根据其构造特点确定夜景照明设计。表1为国际照明委员会(CIE)第150:2003号技术报告中对不同环境下照明区域与光环境的划分。

表 1 环境照明区域分类

区域	周围环境	光环境	举例
E1	自然	天然黑夜	自然公园，保护区
E2	乡下，乡村	低区域亮度	工业或居住性的乡村
E3	郊区	中区域亮度	工业或居住性的郊区
E4	城市	高区域亮度	城市中心，商业区

根据上述分类，在进行建筑物夜景照明设计时，应根据建筑物所处的不同环境区域内的光环境而有所不同，要考虑到建筑物周围环境本身的亮度，达到与环境协调统一。

2 建筑物夜景照明标准

建筑物夜景照明就是通过运用灯光真实地再现城市建筑物夜间的特色和风貌，突出建筑物的整体轮廓，强调具有层次感和立体感。建筑物夜景照明的目的是渲染气氛、美化环境、标志人类文明。这就自然涉及到一个"怎么照，照多亮"的问题。夜景照明的照度值与建筑物外装材料、周围环境明暗程度、建筑物性质和特点等因素有关。目前我国还没有专门的夜景照明设计标准，现在主要是参照国际照明委员会（CIE）的有关文件。表 2 为《民用建筑电气设计规范》（JGJ/T16—1992）给出的参考值。

3 建筑物夜景照明光源与灯具的选用

夜景照明光源和灯具的质量与合理选用是保证其照明效果的首要条件。

3.1 选用高光效光源

光源的节能主要取决于它的发光效率，但又不能单纯地从光效出发，应以光效为主，综合考虑光色，如显色指数、光谱组成和色品参数等；灯的电参数，如灯的启动、再启动、工作的电流、电压等参数；灯的寿命及价格等相关因素，选用性能价格比最好的光源。同时，应尽量减少光效低、能耗大的白炽灯、美耐灯和自镇高压汞灯的用量。

3.2 选用高效优质、配光合理和安全可靠的灯具

灯具性能对节能至关重要，主要是指灯具效率和配光的作用。灯具效率同灯罩材料的反射比与透射比成正比，敞开式灯具的效率取决于灯具开口面积 S_0 与反射面积 S 的比值及反射罩的形状。为了尽量减少灯光在灯具内的损失，S_0/S 越大越好。对灯具的要求主要包括：光学特性、机械特性、电气性能。表 3 说明了按光束角分类的灯具和应用范围。

另外，灯具外形应美观，表面颜色要和环境协调，体积要小、重量要轻，便于安装、维护和管理。在确保照明效果的前提下，应避免眩光的影响。尤其首层灯具，灯架可能会较低或者落地安装，灯具的遮光角很难保证不对行人或汽车司机产生眩光影响。

4 建筑物夜景照明方式与计算

4.1 夜景照明方式

采用何种照明方式并无固定模式，最重要的是在分析被照对象的功能、特征、风格、周围环境条件、观看的最佳视点和视距的基础上，根据被照对象的结构形式和所要表达的内涵来确定照明方式。目前主要有泛光照明、轮廓照明、内透光照明和特种照明等几种方式。

表 2 夜景照明照度参考值

建筑物或构筑物表面特征		周围环境特征	
		明	暗
外观颜色	反射系数（%）	照度值/lx	
白色（如白色、乳白色等）	70～80	75～100～150	30～50～75
浅色（如黄色等）	45～70	100～150～200	50～75～100
中间色（如浅灰色等）	20～45	150～200～300	75～100～150

注：根据《民用建筑电气设计规范》（JGJ/T 16—1992）中第 11.9.10.8 条中的规定：
当建筑物外立面材料的反射系数<20%时，设置泛光照明不甚经济。此时可以采用其他景观照明办法，比如轮廓照明手法、内透光照明手法及特种光照明手法等。

表 3 灯具分类

灯具类型	光束角	应用场所
窄光束灯具	<30°	从地面照射高层建筑的顶部
中光束灯具	30°～70°	从地面照射高层建筑的中部
宽光束灯具	>70°	从地面照射高层建筑的下部

注:各种不同光束角灯具的配合使用,以产生相应的艺术效果。

4.2 夜景照明照度的计算

建筑物夜景照明是技术与艺术相结合的产物。在追求合适的照明艺术表现形式的同时,也需进行一些必要的照度(亮度)计算。夜景照明的照度计算通常有两种方法:一是平均照度计算法,用以计算被照面上的平均照度;另一种方法是逐点计算法,它可以精确的计算出某一点的照度。

4.2.1 平均照度计算法

运用公式(1)可以计算出灯具的数量。

$$N=EA/\eta FK \qquad (1)$$

式中 N——灯具的数量(个);

E——建筑物上面平均照度(lx),由表 1 查得;

A——被照面面积(m^2);

η——灯具的效率;

F——光通量(lm);

K——维护系数,取 0.7～0.8。

平均照度计算法应用比较普遍,主要用于照度的估算,比较适合方案或初步设计。

4.2.2 点光源逐点计算法

采用计算机软件进行逐点计算。泛光灯的尺寸与其照射的距离相比要小得多,因此泛光灯可被当作点光源,一盏灯具照度计算的数学模型如式(2)所示:

$$E_\Phi=[\cos_\alpha\pm(D/h)\sin\alpha]E_h=\psi E_h \qquad (2)$$

式中 E_h——一盏灯照射到建筑物垂直立面上产生的平均照度(lx);

ψ——系数,$\psi=\cos\alpha\pm(D/h)\sin\alpha$。

E_h 用式(3)计算:

$$E_h=(I_\theta\cos\theta)/R^2 \qquad (3)$$

式中 I_θ——θ 角照射方向的光强(cd);

R——光源至被照面间的距离(m);

h——光源至垂直立面的垂直计算距离(m);

D——R 在垂直立面上的投影(m);

α——建筑物斜面与水平面的夹角(°);

θ——灯具光束中心与水平面的夹角(°);

式(2)不仅适合于垂直立面的照度计算,也可以用于斜面的照度计算。如果建筑物立面都是垂直立面,可以只用式(3)计算。

对于多个点光源的照度计算,可采用下式求得:

$$E_\Phi=\Sigma\psi_I E_h I \qquad (4)$$

5 建筑物夜景照明控制系统与安全措施

5.1 夜景照明控制系统

一般在建筑物总配电室设置夜景照明总控制柜便于集中控制,夜景照明由楼宇自控系统自动集中控制。另外,部分建筑物夜景照明还有手动控制和时钟、光控等智能控制方法。

夜景照明灯具一般安装于户外,需承受种种不利气候的影响,如风吹、日晒、雨淋等,很容易使灯具受机械损伤和绝缘下降而导致事故发生。各支路均采用具有剩余电流动作保护功能的低压断路器,其额定漏电动作电流宜为 30mA, 此时剩余电流动作保护器(RCD)的脱扣时间应≤100ms。这样可以保证人不会出现电击死亡事故。

照明供电采用放射式与树干式相混合的方式,这种方式便于维护和管理,并可节约投资。灯光的开启采用分项、分组控制,可根据不同要求开启不同数量的灯具。

5.2 夜景照明安全措施

建筑物夜景照明的安全措施主要是防雷和接地系统。

5.2.1 夜景照明系统防直接雷击伤害的措施

(1) 安装在已设置防雷系统的建筑顶部或上部时,应将全部外露可导电部分与该建筑防雷系统可靠连接;

(2) 安装在未设置防雷系统的建筑顶部或上部时,应根据实际情况重新确定该建筑的防雷等级及相应的措施;

(3)在平均雷暴日大于 15d/a 的地区,高度在 15m 及以上的独立灯杆、灯架等宜设置防直击雷措施;

(4)凡由室内引出之配电线路均应按规范要求设置防雷击电磁脉冲侵害的相应措施。

5.2.2 夜景照明系统的接地系统

夜景照明的接地系统可以分为两类:一类是具有等电位联结的场所, 这种情形灯具一般安装在屋面上、裙房顶、屋檐上、女儿墙上的室外部分等部位，其特点是灯具安装处可以很方便进行等电位联结，因此，这时夜景照明可采用与建筑物内部一样的接地系统。一般采用 TN-S 和 TN-C-S 接地系统。

但当灯具远离建筑物本体，灯具处不具备等电位联结条件时，电源由建筑物本体引入，此时夜景照明接地宜采用 TT 接地形式，同时设漏电保护。若夜景照明仍采用 TN-S 系统，当建筑物内某电气设备发生单相碰壳故障，而故障回路又不能及时切除，则 PE 线上带危险电压，此时夜景照明灯具及户外其他灯具外壳或金属支架与 PE 线相连，造成非故障的室外灯具外壳或其金属支架上也带危险电压。这种情况是很危险的，因为即使室外灯具回路设有剩余电流动作保护器（RCD）也不能对人身安全起到保护。国家标准《低压配电设计规范》GB50054—1995 中第 4.4.11 条规定：如果采用 TT 接地系统，由于电源地和室外灯具外壳接地是分开的，PE 线不相通，可以保证室内外故障不会沿着 PE 线互串，避免此类故障的发生。当然采用 TT 接地系统通常同时应采用剩余电流动作保护器（RCD），以便满足 TT 接地的条件，即满足式（5）要求。

$$Ra \cdot I_a \leqslant 50V \tag{5}$$

式中 Ra——外露壳导电部分的接地电阻和 PE 线电阻（Ω）；

I_a——保证保护电器切断故障回路的动作电流（A）。

当采用过电流保护电器时，反时限特性过电流保护电器的 I_a 为保证在 5s 内切断的电流；采用瞬时动作特性过电流保护电器的 I_a 为保证瞬时动作的最小电流；当采用剩余电流动作保护器时，I_a 为其额定动作电流 $I_{\Delta n}$。

可以得出，当剩余电流动作保护器（RCD）额定漏电动作电流为 30mA 时，$R \leqslant 1666.7\Omega$。因此，采用"漏电+TT"方式，对负荷侧接地电阻要求非常宽松，很容易实现。当然，剩余电流动作保护器（RCD）的脱扣时间应≤100ms。

6 建筑物夜景照明节能与光污染问题

6.1 节约能源、保护环境，实施绿色照明

城市夜景照明并非越亮越好，其亮度要以满足人们活动需要为原则，并体现观赏间距的光亮感觉与节能之间的优化，因此一个好的城市夜景观是表达对象亮与暗关系的艺术性配合。照度（亮度）水平即是将照明对象的照度（亮度）进行数值量化以使表达对象当亮则亮，当暗则暗，而对象的形态结构也通过亮与暗的关系得到整体体现。因此照度（亮度）水平是对夜景观效果的总体把握。照度（亮度）水平的概念既有宏观意义，也有微观意义。对单体建筑而言，照度（亮度）水平即建筑四个面有明有暗，以保证建筑鲜明的体积、轮廓不被亮化"消蚀"；对某一建筑群而言，照度（亮度）水平是综合考量该区域功能、美学特征后对照度（亮度）水平的总体安排：有明有暗，泾渭分明。照度（亮度）水平也蕴含绿色照明设计寓意。不同的照度（亮度）水平使现代城市建筑物的亮度有一个合理的分配，是亮度与节能、亮度与功能、亮度与对象形态结构的优化配合。

根据中华人民共和国建设部关于实施《节约能源——城市绿色照明示范工程》评价指标（建城［2004］97 号）的要求，需注意以下三个方面：

（1）居住建筑窗户上的照度和室内直接看到发光体（光源或灯具）的光强不得超过表 4 的规定值；

（2）建筑或构筑物使用泛光照明灯具的上射光通量和总光通量比值（ULR）在风景区为零；城市低亮度（≤4cd/m²）区为 5%；城镇中等亮度（≤6cd/m²）区为 15%；城市中心的亮度（12cd/m²）区——商业区等为 25%；

（3）建筑夜景照明的单位功率限值（W/m²）规定：

目前，城市照明（指景观照明和功能照明的统称）的年用电量约占全国总发电量的 4%～5%，2002 年我国总发电量为 16758.2 亿 kW·h，城市照明年耗电约为

表 4 住宅建筑控制干扰光的照度、光强和亮度

	朝向居住区内侧的住户		朝向居住区外侧的住户	
	23 时前	23 时后	23 时前	23 时后
窗户上的垂直照度/lx	10	2	25	4
直接看到发光体的光强/cd	7500	1000	7500	2500
墙面亮度/（cd/m²）	10	10	25	25

612.8 亿 kW·h，相当于在建三峡水力发电工程投产后的发电能力(840 亿 kW·h)，是 1998 年前用电量的 3~4 倍。为此，城市照明节电具有重要意义。

单位面积安装功率标准，于 1975 年首先由美国国家标准协会(ANSI)，美国采暖、制冷和空调工程师学会(ASHRAE)和美国照明工程学会(IES)共同提出和制定。该标准名为 ASHRAE 标准 90-75，其中规定了建筑物被照场所的照明功率限值(W/m^2)，目的在于控制建筑照明总的用电量，以节约能源。

关于建筑立面夜景照明的单位安装功率，美国规定为 $2.69W/m^2$，公共停车场照明为 $1.94W/m^2$，公用车道、人行道照明为 $1.61W/m^2$，花园、公园和风景区照明为 $1.10W/m^2$。我国北京市绿色照明节能地方标准规定为 $3.5W/m^2$，比美国略有提高。

鉴于建筑立面夜景照明的表面照度或亮度与表面的反射比及洁净程度有关，同时随背景即环境亮度的高低发生变化，因此，建筑立面夜景照明单位面积安装功率也同样受立面反射比、洁净度和环境亮度这三个因素的影响。使用单一的单位面积功率指标反映不出变化情况，而且和照度或亮度难以统一。所以建议使用表 5 规定建筑立面单位面积安装功率标准。

6.2 夜景照明光污染问题

我国防治光污染工作比较零散，并没有引起有关单位，特别是环保部门应有的重视，而且有的人还误认为城市夜景照明越亮越好，从而导致浪费能源，破坏环境和光污染的后果。因此，防治光污染成为当前我国发展城市夜景照明急需解决的重要问题。建议在国家或地区性环境保护法规中增加防治光污染的内容。

目前，在我国没有这方面的标准和规范的情况

表 5 建筑立面夜景照明单位功率限值(W/m^2)

立面反射比(%)	暗背景		一般背景		亮背景	
	照度/lx	安装功率/(W/m^2)	照度/lx	安装功率/(W/m^2)	照度/lx	安装功率/(W/m^2)
60~80	20	0.87	35	1.53	50	2.17
30~50	35	1.53	65	2.89	85	3.78
20~30	50	2.21	100	4.42	150	6.63

注：1.假设美国现有的单位面积安装功率(W/m^2)是一般背景和立面反射比为 30%~50%(中等反射比)的情况下的数据；

2.表中暗和亮背景的照度引自 2000 年 IESNA 照明手册第九版，而一般背景亮度栏的照度为暗和亮背景照度的中值。

表 6 国际照明委员会（CIE）限制光污染（干扰光）的标准

光度指标	适用条件	环境区域			
		E1	E2	E3	E4
窗户垂直面上产生的照度 E_v/lx	夜景照明熄灭前：进入窗户的光线	2	5	10	25
	夜景照明熄灭后：进入窗户的光线	0^{*1}	1	5	10
灯具的最大光强/cd	夜景照明熄灭前：适用于全部照明设备	2500	7500	10000	25000
	夜景照明熄灭后：适用于全部照明设备	0^{*2}	500	1000	2500
上射光通比（ULR）的最大值（%）	灯的上射光通量与全部光通量之比	0	5	15	25
建筑物或标志表面亮度 L/（cd/m²）	由被照面的平均照度和反射比确定	0	5	10	25
	由被照面积的平均照度和反射比确定或是对自发光标志的平均亮度	50	400	800	1000
阈限增量（T1）	在机动车道路上看到的投光灯所产生的眩光	15%（L_A=0.1）	15%（L_A=1）	15%（L_A=2）	15%（L_A=5）

注：1.本表光度指标引自 CIE 干扰光技委会（CIE/TC5-12）限制室外照明干扰光影响指南（Guide on the limitation of the effects of obtrusive light from outdoor lighting installations, January 2003）。

2.环境区域：E1、E2、E3、E4 分类如表 1 所示。

3.*1 如果使用公共（道路）照明灯具，此值可提高至 1lx；*2 如果使用公共（道路）照明灯具，此值可提高至 500cd。

4.阈限增量（T1）中的 LA 为适应亮度（单位为 cd/m²），0.1 为无道路照明时，1 为 M5 级道路照明；2 为 M4/M3 级道路照明；5 为 M2/M1 级道路照明。道路分级详见 CIE115-1995 号出版物。

下，建议参照国际照明委员会（CIE）和发达国家有关规定和标准来防治光的污染（详见表 6）。同时，强调城市夜景照明要严格按照标准设计，改变认为夜景照明越亮越好的错误看法。设计时，合理选择光源、灯具和布灯方案，尽量使用光束发散角小的灯具，并在灯具上采取加遮光罩或隔片的措施，将防止光污染的规定、措施和技术指标落实到工程上，严格限制光污染的产生。

7 结束语

城市建筑物夜景照明设计不仅要求设计人员较好地掌握照明技术知识，用光用色技巧和具有一定的艺术修养，而且还要对建筑学、美学和电学有所掌握，可谓是一项综合性很强的工作。我国的夜景照明工作起步较晚，但随着社会整体科学技术的快速发展与进步，在照明行业内不断涌现出新材料、新产品，我们只要能够在实践中及时总结经验，认真借鉴国内外现有的经验教训，就能持续不断地推动我国夜景照明走上科学化、规范化、系统化和艺术化的轨道。可以预见，未来其城市夜景观表现形式将更为丰富多彩，也将为城市景观特色的营造做出更大贡献！

参考文献

1 民用建筑电气设计规范 JGJ/T16—1992. 北京：中国计划出版社，1993

2 建筑照明设计标准 GB50034—2004.北京：中国建筑工业出版社，2004

3 肖辉乾主编.城市夜景照明技术指南.北京：中国电力出版社，2004

4 绿色照明工程项目办公室、中国建筑科学研究院编.绿色照明工程实施手册.北京：中国建筑工业出版社，2003

5 国家标准低压配电设计规范 GB50054—1995.北京：机械电子工业出版社，1996

6 参考国际照明委员会（简称 CIE）的有关城市夜景照明技术文件

Ⅰ.CIE Publication №94 Guide for floodlighting（泛光照明指南）.（1993）

Ⅱ.CIE Publication №136 Guide to the Lighting of Urban Areas（城区照明指南）.（2000）

7 CIE 第 150:2003 号技术报告：限制室外照明装置干扰光影响指南

城市美化照明和人的情感

(荷兰)飞利浦照明 Wout Van Bommel

1 导言

在20世纪初，室外照明只关注于乘车人的可见度。到了50年代，de Boer作为第一批研究者之一，将视觉舒适度添加到道路照明的可见度范围内。道路舒适程度之所以如此重要，是基于这样一个事实：驾车者们经常利用舒适的高速公路来进行长途旅行。同时，交通安全在大众的意识里已成为潜在的准则，而对视觉舒适的重视使新的道路照明更加令人感到愉悦。所以，一直到20世纪70年代后期，包括在城市环境中的道路照明一直与自动化交通相联系。Canminada和Van Bommel成为最早系统研究城市道路上机动车与行人各自需求的二位学者，其研究重点是个人和社会安全，并于1980年出版其研究成果，他们总结道：为了提高安全度，道路照明必须保证行人在一个安全的距离外，即在面对面之前就能相互识别。

除了交通安全和社会安全的功能外，人们开始重视室外照明对建筑的美化以及对建筑物价值的提升。而且几乎是经过一个短暂的误区过程——“室外照明越亮越好”之后，人们的认识又有了新的飞跃：如果能够创造一个全新的夜间景观，将更加有趣且富有挑战性。正是由于照明可以成为美化城市夜间环境的有效手段，我们便可以使用“城市美化”这个词。

真正的城市美化并不是一件单纯的事情。在一个区域或城市中，住宅照明、道路照明和建(构)筑物、纪念碑的美化照明都必须进行统一的规划设计，以对该区域的形象产生正面的效应。这个形象包括内在和外在两方面的内容，外在因素涉及到游客对这个区域的良好印象，照明可以帮助提升该区域的形象，吸引更多的游客，产生商业价值；内在因素涉及到照明对居民的影响，赋予该区域个性识别特征，带给居民自豪感。因此，对于游客和居民，照明效果与情感有很大的关联，这就意味着只有在清楚理解照明的情感效应后，才能设计出最恰当的城市美化照明。

2 照明与情感

日出日落、光明和黑暗，都会影响我们的情感，这种情感可以从愉快到失望，甚至害怕。日光的“质量”对情感也有很大的影响，我们常常会觉得在阳光明媚的天空下会比在多云的天空下心情要好很多。不仅如此，情感的影响似乎是瞬间产生的，比如我们的心情会随着太阳的升起而改变；人工照明也会产生类似的情感效应，在室内和室外都是如此。在晚上，由于黑暗的天空构成了全黑的背景，对比度更加大，这样，我们在室外比在室内可以更容易地营造情感的效应，可以创造出比室内更强烈的情感影响。图1表现了采用两种完全不同的照明方式的同一个教堂。我们在这里想说明的并不在于哪一种效果更好，而是我们感受到了两种完全不同的感觉。图1(a)的教堂是使我们看起来感到愉悦的照明效果；图1(b)效果则可以用使人害怕来形容。这就是通过不同的明暗对比获得的完全不同的情感效应。

另一个可以帮助创造情感效应的技巧是利用白光的阴影。在室内照明中，我们知道：低色温(暖白色)会比高色温(冷白色)的照明产生更加积极的主观评价；在道路照明中，黄色光(钠灯)与白光相比，可以产生完全不同的情感效应。在室外环境中使用高饱和度的颜色光也会有不同的情感效应。我们特别喜欢日光是因为它的动态特性，即它的光强和成分(包括光的方向、阴影、颜色、洁净度和漫射)会不断变化，特别是在阳光明媚的日子里。动态的人工照明是我们在夜晚激发强烈情感效应的另一个技巧。

(a)

(b)

图1 不同照明方式产生的不同的情感效应

3 明和暗

明和暗包括两方面：明暗程度和两者之间的对比度。例如，图1(a)的教堂比图1(b)的亮很多，这本身就是一种情感效应，但是图1(a)强烈的明暗对比产生了更强的情感效应。当然我们也意识到，强烈的明暗对比在产生强烈情感效应时，也会掩盖一些富有吸引力的细节，因此在照明工程的初始阶段，设计人员要和业主一起仔细研究、决定所需要的最终效果。为了能清晰地看到那些有趣的细节，入射的光线方向应当产生柔和的阴影，强调出这些细节的三维特性，这将有助于产生额外的情感效应。我们常常可以看到一些建筑物和纪念物被简单地用高亮度泛光照明淹没，不产生任何的阴影和对比，图1(a)的教堂就是一个很好的例子。图2中的建筑照明有着精心设计的阴影、明暗创造出和谐有趣的画面，使观看者浮想联翩。这些图片也说明了高亮度并不能保证一定被接受，相反，它却会增加光污染的可能性。

图 2 光与影的微妙处理

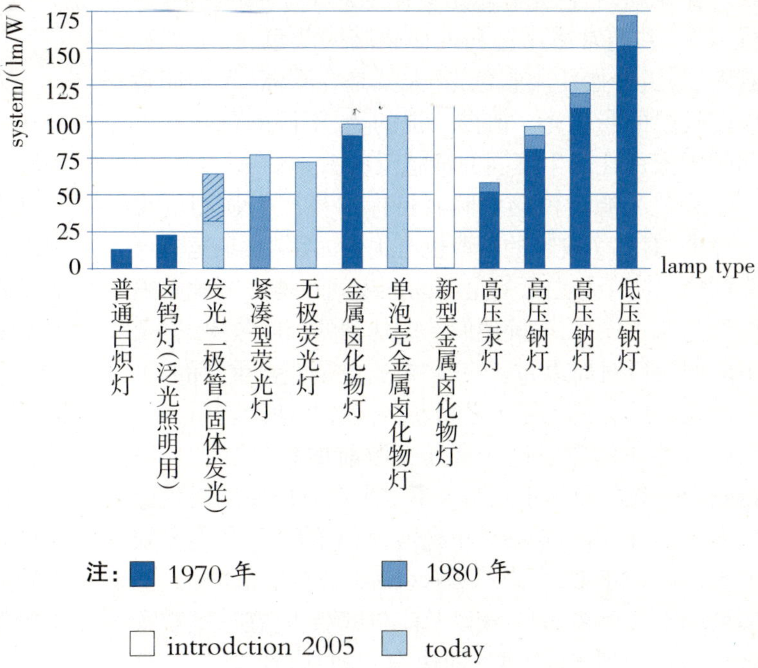

图 3 应用于室外照明的光源的系统光效

4 白光光源

1881 年巴黎世界博览会上推出了新型白炽灯，并逐渐替代煤气灯，这两种灯都能发出具有良好显色性和白色色表的光。一直到 1932 年，都没有出现新型的电光源，这意味着人们在夜晚已适应一个白色光的室外环境。1932 年，第一盏气体放电灯被安装使用。这种低压钠灯（其系统光效已经可以超过 175 lm/W，见图 3）是一种在经济和技术方面都很理想的路灯光源。同年，人们推出了第二种气体放电灯——高压汞灯。相比之下，低压钠灯会使周围环境呈现出黄色，显色性很差，而光效较低的高压汞灯（最大系统光效为 60 lm/W，见图 3）才可能为室外照明提供白光色，尽管它的显色性不理想，但还是被大量应用于新建的区域。虽然如此，道路照明的发展仍然需要更加经济的光源。而这个问题直到 20 世纪 60 年代后期发明出高压钠灯后才得到解决。这种发黄白色光的光源具有一定的显色性指数（*Ra* 在 20 左右）、较高的光效（系统光效在 100～120 lm/W之间，见图 3），使用寿命长。在 20 世纪 70 年代的能源危机之后，高压钠灯成为新建区域的标准路灯光源，所以，现代夜晚的室外照明也呈现出黄白色。

在照度要求不高的道路上，能源危机后开发出的紧凑型荧光灯才能被接受（系统光效为 75 lm/W 左右，见图 3）。人们一般都喜欢这种用白色光照明的室外环境，这可能是因为白色能够激发人们积极的情绪。而我们所需要的是一种高效可靠，并且能够对整个建筑区域进行照明的自然的白光光源。金卤灯，一种在汞灯中加入金卤添加剂的能产生高显色性和白光的光源应运而生。但是到目前为止金卤灯也不能让人们非常满意，这主要是因为与钠灯相比，金卤灯寿命较短，所以在道路照明方面无法取代钠灯。不过，在体育场馆照明和其他泛光照明方面，由于每年使用的时间要比道路照明少得多，因此金卤灯的使用效果非常理想。

2005 年，我们幸运地看到一种全新的、革命性的金卤灯被开发出来，这使得我们的室外环境有可能从黄白色恢复为自然的白色。这个系列的灯（Cosmopolis）依赖于高压钠灯的技术，并且使用了特定比例的金卤添加剂，它不仅光效高（根据介绍，系统光效超过 100 lm/W，见图 3），而且有着接近高压钠灯的长寿命（90%的灯能够达到 12000～16000h 的寿命），其 140W 光源的光效甚至比 150W 的高压钠灯还要高。由于光源外形紧凑，配光容易控制，可以进一步提高灯具的出光效率。因此，这种新型的光源将会真正改变夜晚室外环境的色表。

5 彩色光源

有意思的是，彩色光在建筑物和纪念碑的泛光照明上的使用，似乎是取决于过去的经验以及文化背景。在亚洲，彩色光源总是被用来对某个照明目标进行强调，并通常采用饱和度比较高的颜色；在美洲和欧洲，最近开始使用彩色光，尤其是在欧洲，人们通常使用较淡的彩色光。值得一提的是，不同的色彩在不同的国家往往产生不同的情感反应。

彩色光源不仅会对照明目标本身产生强烈的视觉冲击，对整个夜晚的环境也有很大的影响，甚至有可能创造出一个与白天完全不同的夜间环境。因此必须详细与业主探讨，明确他们希望达到的照明效果，以及采取照明后对周边邻居的影响。这点是非常重要的，可以避免日后与其他邻居之间发生误解与纠纷。

以往人们常通过在常规光源前加彩色滤光片以得到彩色光并应用于照明，不过现在可以使用彩色金属卤化物灯，由于省去了滤光器，产生的饱和彩色光效率更高。近年来，发光二极管(LED)，也叫固体发光光源被用于彩色装饰、节庆以及广告牌照明。在这里观察者是直接看到光源本身(即作为一种"信号"光源)，这就意味着可以采用功率较低的发光二极管。现在，高功率的发光二极管也已被开发成功，其具有高光通量、高光效的特性，可以实用于泛光照明中。高级 LED 具有多种光色，包括白色光，且使用寿命长，而且可以很方便地在 0～100%之间进行调光。所有作为泛光照明的LED 灯具都由许多配备微型反射器的单颗 LED 组成，这些很小的光学配件可以产生过去无法实现的窄光束。图 4 就是非常典型的能够发出近乎平行光线的线型 LED 灯。因为它能够发出非常窄的光束，所以它可以安装在离照明目标非常近的地方甚至倚靠着目标安装。这就提供了另外一种产生特殊效果的可能性，因为入射的平行光可以更好地表现结构材料的纹理和特性。相对来说 LED 的安装更加简单、经济，也更利于维护，产生光污染的可能性也大大的降低。图 5 展现的是采用线型 LED 倚靠安装的烟囱效果。

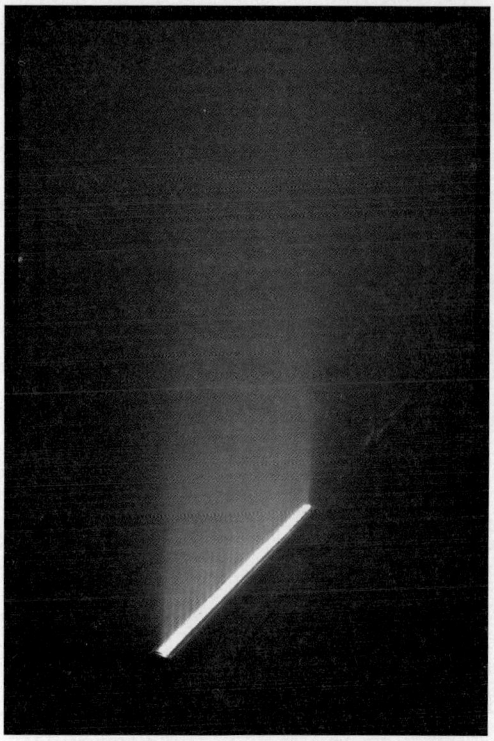

图 4　发出近似平行光的 LED 线型灯具

图 5　采用 LED 线型灯具的泛光照明

6　动态照明

人们喜爱自然光的一个重要原因是自然光在不断变化，是动态的。因此人们非常自然地将动态灯光引入到城市美化工程之中。在节日装饰照明和广告照明中，借助连续不断、快速变化的光色与亮度，吸引过路人的眼球。目前，LED 非常适合作为动态照明光源，因为它们非常容易进行调光，并且只需要相对简单的技术，就能够实现各种色彩产生不断变化的效果。如 LED 显示屏，它产生的亮度在白天也足以看清楚。而色彩和亮度缓慢的渐变则是动态照明更加微妙的一种用法，这种缓慢的动态照明往往在不经意之间吸引路人，探究其变化的视觉映像。如今，越来越多其实例中利用动态照明作为相互沟通的方式，它可以显示时间、温度、天气预报及某些设施的开放状态，甚至，用户可以在邻居家通过因特网来控制某些设备的照明场景。

7　光污染控制

城市美化照明一定会带来干扰光，它是人们不想要的、不需要的光。干扰光是溢散光，会直接降低照明系统效率，更糟糕的是它会激起强烈的负面情感并且阻碍交通安全。业余天文爱好者和专业的天文学家也

时常抱怨,天空辉光使自然星空“消失”,这也被称为光污染。幸运的是,这些城市美化所导致的负面边缘效应,都可以通过技术和组织管理来避免或达到最小化。为此,2003 年 CIE 出版了《关于限制室外照明干扰光的指南》,如果正确地采用该指南中的建议,不仅可以减少“溢散光”,甚至还可以提高整个照明系统的效率。该指南对一些由照明装置产生的重要光学参数作了严格限制,包括在周围建筑物上的垂直照度、在可能会影响到居民的发光方向上的最大光强、向上光输出比(以限制天空辉光)。所有的限制都基于以下两个方面:

(1)该区域现有的背景光亮度(在 CIE 规范中称为“光环境”);

(2)照明装置工作的时间(傍晚、深夜)。

如果一个环境的光亮度较低,那么产生干扰光的可能性则会较高,因此对这些区域内照明的照度和亮度的要求会更加严格。而在高亮度的背景中,干扰的可能性较小,所以对于照度和亮度的要求也会相应宽松。在右上表中表示了从 E_1～$E_4$4 种不同背景亮度的环境,其中 E_1 的要求最高、最严格。

为了在照明用户和周围居民之间达到较好的平衡,对每一类环境规定了两组限制值。

8　结束语

照明能够影响人的情感,而我们的目标是产生积极的情感效应,因此我们必须深层次地了解一些潜在原因。这方面的研究还应当进行下去,进一步的研究成果可以为将来正确设定提供有力依据。许多新的产品,如 LED、新的金属卤化物灯以及更紧凑的灯具,为以后的城市美化照明开辟了崭新的思路,为在晚间营造出一个高质量的生活环境提供了更可靠的保证。

参考文献

1　van Bommel, WJM; de Boer, JB; “Road Lighting”, Kluwer Technical Library(1980)

2　Caminada, JF; van Bommel, WJM; “New lighting considerations for residential areas”, International Lighting Review(1980)

3　Caminada, JF; van Bommel, WJM; “New lighting criteria for residential areas”, Journal of IES(1984)

4　Albea Ortiz de la Tabla, M; “La luz blanca en el alumbrado exterior”, Congreso International de Illuminacion, Leon(2005)

5　CIE Technical Report 150:2003; “Guide on the limitation of the effects of obtrusive light from outdoor lighting installations”, (2003)

6　Narisada, K; Schreuder, D; “Light pollution handbook”, Springer(2004)

光环境建设在城市整体规划中的意义

天津市电视技术研究所　倪孟麟
天津市城市规划设计院　孟繁利

摘　要　文章论述了光环境建设在城市整体规划中的价值，涉及了夜间照明所带来的正、负两方面的影响，指出了应将光环境建设进一步科学化、数量化，从科学实验中、从实测数据中分析夜间天空光污染的成因，运用高科技手段把城市光环境建设推向更高的水平。

关键词　光环境　夜景照明　道路照明　光污染

1　光环境建设是城市整体规划的重要组成部分

随着科学技术的发展和人民生活水平的提高，城市基础设施建设与城市环境保护在城市总体规划中占有越来越重要的位置。当前世界科技发展趋势的核心之一是追求环境质量的改善和未来可持续的发展，衡量一个城市是否现代化，关键是看城市基础设施建设是否现代化，是否重视城市环境保护。因此如何进一步改善城市环境质量是体现以人为本的重要举措，也是构成城市整体规划的重要组成部分。

城市环境包括生态环境、大气环境和物理环境等方面，几者之间互相联系、互相制约。生态系统系指生物群与非生物环境所构成的整体。城市生态系统是以城市人群为主体，包括自然环境和经济社会环境之间相互作用、制约依赖的复合系统。城市生态与环境保护规划的最终目标是要建设生态城市，要把城市建设成为一个可以自动组织和调节的自然、城与人共生共荣的系统，要讲究生态伦理，树立生态意识。

"建筑环境"一词的含义相当广泛，它既包括物理的、化学的、生物的因素，也包含社会的、文化的和心理的精神因素。这些因素交织在一起，构成了人类所处的环境空间。

物理环境包括光、热、色、声等物理因素，这些因素与人们的身心健康、工作效率、生活质量息息相关，人类的生存离不开这些物理因素。科学实验证明人类接受外界信息中，80%以上来自视觉器官，因此城市的光环境建设更应占有极为突出的位置。

城市光环境的建设应包括白天的景观建设与夜

间灯光景观的建设。

白天景观建设从某种意义而言是建筑学的扩展与延伸。古今中外的建筑历史是人类文明的最好见证,从埃及金字塔到中国的万里长城,从巴黎圣母院到北京故宫,这些不朽的建筑杰作闪烁着人类文化不朽的光芒。在城市规划与建设中经常用色彩来加强城市建筑的表现力,任何一种色彩都具有独特的作用和效果。色彩的实验证明:人们在观察建筑时,首先引起视觉反映的就是色彩,色彩最能引起人的注意力,同时可以弥补造型的不足并加强造型的印象。在城市中由天然光或人工光源照射到城市空间的各个表面上,使土地、树木、建筑物等显示出不同的颜色构成城市的色环境,它能满足城市空间中各种占有物的功能要求,美化城市面貌,为居民提供欣赏的景观。

由于电光源的可控性,晚间景观照明在源于自然的基础上可以达到高于自然的境界,然而也带来了对生态环境的冲击。我们必须认真权衡它的正负作用,才能扬利抑弊,才能在城市整体规划中使景观照明健康地发展。

2 景观照明建设的发展和重要意义

夜景照明在改善人类生活环境的同时,也提升了城市夜间形象,提高了城市的知名度,为商家延长了营业时间,促进了商业经济的发展,对吸引外资,促进旅游业的发展非常有利。因此开展和加强城市光环境建设是社会发展的需要,是人民享受美好生活的需要。

夜景照明建设自古就有。"去年元夜时,花市灯如昼。"、"袨服华妆着处逢,六街灯火闹儿童"等诗句生动地反映了我国古代的灯光文化建设。夜景灯光反映了我国人民的思想、愿望和丰富多彩的生活,灯光夜景的繁华程度常与社会安定、经济兴盛紧密联系在一起。

在古代,每逢盛大节日,人们就会张灯结彩,创造出灯影流光,美不胜收的景象。与灯光联系最紧密的莫过于中国传统的"灯节"。北京的灯节始于明代,在东华门以东至米市大街、灯市大街及灯市口一带方圆两里多的地方举办,明代《帝京景物略》记载,灯市繁华热闹以致"人不得顾,车不能旋"。

过去,人们最直接的照明光源是火。到了19世纪,电灯的出现为夜景照明史上开辟了一个新纪元,从此把人类带进了一个崭新的光电世界。人们的生活发生了巨大变化,人们开始用电光源取代焰火、蜡烛和油灯对建筑的临时性照明,使灯光技术与建筑装饰艺术结合起来,获得了前所未有的辉煌的都市场景,例如20世纪30年代美国纽约的夜景照明已经相当普及。

回首城市、建筑和照明的发展历程,我们可以清楚地看到光技术和光文化同城市和建筑同步发展的足迹,也可以看到采光照明的技术进步对现代城市生活和建筑文化产生的重要作用。

3 景观照明建设应突出城市的特点

城市景观照明建设是城市整体规划中的一个重要组成部分。我们认为城市亮化工程绝对不能千篇一律、千城一面,应该体现出城市的特色。如天津有着开放、包容、多元的海河文化底蕴,有着不断创新和与时俱进的文化品格,有着中西文化交融汇合的历史特色,突出天津市沿海河两岸逐渐形成的地理特色,突出海河两岸的开发和建设,突出五大道风貌建筑。光环境、光文化的规模建设、重点建设都应该在这些有长远保留价值的载体上,花大力气才有可能形成有传世价值的光文化精品。应结合海河两岸的发展,对两岸建筑及花坛、水景、雕塑等光环境进行测量与研究并作技术升华。天津市的光环境建设今后还要围绕开发海洋经济下大功夫,发展海洋经济,从海洋中提取财富是天津市的地理优势。

4 运用高科技手段提高城市景观照明建设的水平

实践证明,干扰性以及过量的光辐射所造成的光污染均会对人体健康和人类生存环境造成不良影响。

首先,其直接影响人类大脑松果体对褪黑激素的分泌,俄罗斯生物学家在对人类松果体的研究中发现,褪黑激素的分泌左右着人类夜间深睡的时间并直接影响人类的寿命。

其次,强光直接杀死昆虫,影响植物与动物共存。奥地利科学家发现一只小型广告灯箱一年可杀死35万只昆虫。而许多植物是靠昆虫传播花粉的,如果没有昆虫,必将导致严重的生态灾难。昆虫的减少又使鸟类失去食物,植物授粉又受到进一步破坏。美国鸟类学家统计每年都有400万只鸟因撞上高楼的广告灯而死亡。

另外,过度的城市夜景照明将危害正常的天文观测,且已使全世界五分之一的人对"只闻银河水声响,不见银河天上来”。

在城市整体规划中，我们应当使用高科技手段制定高起点、高标准、高水平的城市亮化工程发展的总体规划。

4.1　光环境的建设应更加科学化、数量化

光环境是光源、灯具和被照射物组合后的整体光色效果，并应该包括与此相关的背景及夜间天空的亮度与色度。

要提升光环境水平首先要科学、准确地表达和描述光环境。据感(知)觉实验的结果显示，人眼可以分辨出十万种以上的不同明度、色调、饱和度的物体，自然光的亮度由 10^{-4}～10^{4}cd/m^2 以上，即使是再丰富的语言也无法确切描绘这五彩缤纷的世界。大家有时用同一语言表达不同的颜色，有时又用不同的语言来表达同一颜色，但是用语言确实无法对客观世界做出确切的描绘和表达，实际上失掉了进一步讨论、提高和改进夜景照明的必要和真实的前提。

对照明工程色度的评估与测量实际上比评估亮度更为复杂，也更为重要，因为夜景照明下的景物绝对不应该是死气沉沉的黑白世界，而应该是五彩缤纷、充满活力的世界。

作为造型的艺术，建筑更离不开色彩的参与，可以说照明建筑本身就是不可分割的艺术整体。古往今来，色彩为建筑艺术增添了巨大的魅力，为城市增添了无数光彩。可以设想，如果一个城市到处都是单一的灰色，千楼一面，怎么能体现出城市的活力？只有彩色丰富、鲜艳夺目，才会使人感到兴旺昌盛，欣欣向荣。可见，色彩所创造的心理效应和社会效益是多么重要。

颜色是主客观相结合的概念，在客观上取决于光源和物体在可见光波段上的光谱特性，在主观上取决于人眼视网膜上红锥、绿锥、兰锥细胞对外界光的感受特性。因此，色度学是一门涉及到物理光学、视觉生理、视觉心理、心理物理等的学科。国际照明委员会色度学分技术委员会在大量实验的基础上，经计算提出了定量表示颜色的计算公式：

$$X=\int_{380\text{nm}}^{780\text{nm}} S(\lambda)P(\lambda)\bar{x}(\lambda)d\lambda$$

$$Y=\int_{380\text{nm}}^{780\text{nm}} S(\lambda)P(\lambda)\bar{y}(\lambda)d\lambda \qquad (1)$$

$$Z=\int_{380\text{nm}}^{780\text{nm}} S(\lambda)P(\lambda)\bar{z}(\lambda)d\lambda$$

$$x=\frac{X}{X+Y+Z} \qquad y=\frac{Y}{X+Y+Z} \qquad (2)$$

式中　$S(\lambda)$——照明光源在可见光波段 380～780nm 的光谱分布；

$P(\lambda)$——被照体在可见光波 380～780nm 的光谱分布；

$\bar{x}(\lambda)$ $\bar{y}(\lambda)$ $\bar{z}(\lambda)$——标准色度观察者光谱三刺激值；

X、Y、Z——三刺激值；

x、y——色度坐标。

上述公式可以使我们用数字和色度图定量确切地表达光源和物体的颜色。

光学与色度学的发展才使我们可以用数据与图形对我们生活的自然界做出定量的描绘并提供科学参数，也为改进现有的照明设计打下了必要的科学量化基础。这是提高光环境、光文化品位的关键因素。

正如马克思所说：“一种科学只有在成功地运用数学时，才算达到了真正完善的地步。”

4.2　分析光污染的成因，使景观照明更有目的性

例如，道路照明是为了照亮路面，为了减少交通事故，因此要减少水平方向及上射方向的光量。入夜，城市中华灯齐放，异彩纷呈，给城市带来了生机与活力，但是，由此引起的光污染、光泛滥使夜空发亮到影响天文台观测。

我国对夜晚天空光的色度测量基本还处于空白状态。为此我们测量了夜空的亮度和色度，数据见表 1。

测量位置：距地面 18.5m，按仰角 45°安放仪器，以便与人们观察到的夜空的实际情况相一致。

表中的数据说明，随着各种晚间照明的开启，天空色度值发生明显变化。测试结果表明，6 月份、7 月份变化发生在 20:00 之后；而 3 月份则发生在 19:00 之后，这恰恰是晚间照明开启的时间，说明各种晚间照明确实给天空带来了影响。

夜间天空光由自然夜间天空光和各种夜间人工照明的泄露光组成。实测结果表明，城市夜间天空光亮度已明显大于自然夜间天空光 2.1×10^{-4}cd/m^2 的亮度。

表中的数据说明，23:00 以后即各种景观照明均已关闭的深夜，夜间天空的亮度及色度依旧受到同样的影响，依旧存在着光污染。深夜，仅有道路照明，夜间天空的色度数据也更加趋向于高压钠灯色度坐标 x=0.516，y=0.389 的标称值。

需要说明的是，夜天空的亮度、色度与阴晴状况、大气浑浊度、月相等天文、气象条件有关，对不同城市夜天空污染程度的横向评估，更需要预先约定测试的几何条件，同时需要制定相关的标准和测量方法，这

表 1　夜晚天空光亮度色度测量数据表

测量时间	色度坐标		亮度/(cd/m²)
	x	*y*	***Y***
20:02	0.224	0.254	0.661
20:03	0.227	0.253	0.491
20:04	0.232	0.252	0.423
20:05	0.243	0.260	0.267
20:08	0.252	0.273	0.233
20:10	0.262	0.275	0.186
20:12	0.277	0.295	0.151
20:14	0.294	0.306	0.1255
20:15	0.315	0.316	0.1195
20:20	0.368	0.343	0.097
20:22	0.377	0.348	0.088
20:23	0.382	0.351	0.0817
20:25	0.399	0.360	0.0788
20:28	0.404	0.362	0.0773
20:30	0.422	0.372	0.074
20:35	0.434	0.380	0.0715
20:40	0.440	0.385	0.0704
20:45	0.444	0.385	0.0702
20:50	0.443	0.387	0.0696
21:00	0.443	0.387	0.0683
21:05	0.444	0.386	0.0662
21:10	0.444	0.387	0.0658
21:20	0.445	0.386	0.0652
21:30	0.447	0.387	0.0646
21:40	0.445	0.386	0.0636
21:50	0.448	0.384	0.0636
22:00	0.450	0.384	0.0636
22:10	0.450	0.389	0.0616
22:20	0.450	0.390	0.0593
22:30	0.451	0.391	0.0567

续表

测量时间	色度坐标		亮度/(cd/m²)
	x	y	Y
22:40	0.458	0.393	0.0528
22:50	0.465	0.393	0.0486
23:00	0.475	0.398	0.0478
23:10	0.468	0.396	0.0476
23:20	0.475	0.398	0.0475
23:30	0.475	0.399	0.0474
23:40	0.480	0.399	0.0473
23:50	0.479	0.399	0.0468
0:00	0.478	0.398	0.0468
0:30	0.480	0.398	0.0466
1:00	0.486	0.397	0.0460
1:30	0.488	0.398	0.0461
2:00	0.491	0.397	0.0456
2:30	0.500	0.396	0.0460
3:00	0.502	0.396	0.0465

注： 测量日期为 2003 年 7 月 22~23 日。

是一个浩大的工程，不是一篇论文可以囊括的。本文只是从时间的因素来揭示和分析景观照明、道路照明与夜天空污染的关系，讨论了与照明工程最密切的要素。2003 年 3 月 22 日、6 月 14 日、16 日，7 月 19 日、21 日、22 日，我们对夜晚天空的光亮度、色度进行测量和复核（见表 1 所示）。实验数据表明，前半夜各种景观照明只占泄露光的较少部分，因季节、时间、气候、地点环境而略有不同。在阴历初一测量晴朗的夜空，其亮度比表中的数据要低。但 6 次实验均表明，在景观照明关闭后的深夜，来自道路上密集的高压钠灯使城市天空的溢散光仍然很强，这是导致夜空发亮的主要原因。测量结果还表明，这种影响因地而异，离市中心较远的地区夜天空的亮度为 10^{-3}cd/m²。

明视觉曲线 $V(\lambda)$ 适用于 1cd/m² 以上的亮度水平；暗视觉 $V'(\lambda)$适用于 0.001cd/m² 以下的亮度水平；在明视觉与暗视觉之间的亮度水平为中间视觉，中间视觉既有锥体细胞参加，也有杆体细胞参加，夜天空的亮度水平基本处于中间视觉，因此对夜天空色度的观测是一个更为复杂、困难而重要的工作。

目前，有相当一部分高压钠灯在水平及上射方向上有相当多的光量，在高压钠灯斜上方向俯视测得高压钠灯有可观的亮度，说明其上射光线占全部出射光量的百分比没有受到应有的限制，有些庭院灯上射光线根本未加抑制，从而使真正用于路面照明的有效光量只占总光量的较少部分。道路照明是城市交通的安全保障，但是大量高压钠灯等造成的泄漏光是现阶段夜天空发亮的主要原因，应从灯具上予以改进，在光源外应装有性能优良的反光板，使上方不漏光，降低高压钠灯的 UWLR（UWLR 是灯具直接射上天空的光线占全部出射光线的百分比，该值越大则电能浪费越多），加大真正用于路面照明的光量占光源总量的有效百分比，并根据时间调节光量，使路面照明更科学、更有效。这样，不仅可以减少光泛滥造成不良影响，还可以节约大量电能。

泛光照明是美化城市的风景线，高大建筑物的顶部应保证足够的亮度，里光外透、轮廓照明等景观照明的表现方式是实现城市现代化的有效手段。我们应主动、充分采用现代化工具与务实的科研意识和方法，才能不断发现、分析、甄别产生问题的真正原因，不断改进和提高，使各种晚间照明上升到更高的境界与水平。

4.3 结合节能开展深层次的科学实验

我们建议用下列公式作为对泛光照明、自发光照明及内透光照明的评估依据之一，因为这最符合夜景照明工程的实际情况，并与能源损耗相连，即：

光环境实测平均亮度×被照面或发光面积/所耗电能

得出的数值越高说明其综合指标越好，因为它包括了电光转换、光能利用率、照明光源与被照面色彩和谐程度等多方面因素。因此较大的有实力的设计公司也应有自己的测量仪器，以便对照明工程做出自我考核。

我们认为应该从科学实践中，从实测结果中不断总结、完善评估夜景照明的标准。同时我们认为，城市夜景照明应与城市规划紧密结合，成为城市规划的一个组成部分。城市整体规划中不仅要重点抓好反映一个城市特征的标志性亮化工程建设，而且要把城市景观照明与功能性照明规划建立在高起点和深层次的科学实验基础上。

参考文献

1 倪孟麟.科研专著.彩色电视的彩色还原(一)(二).电视技术通信专刊，1979，2～3

2 荆其诚等.色度学.北京：科学出版社，1979

3 肖辉乾.目前城市夜景照明中值得注意的几个问题.照明工程学报，1997(2)

4 张绍纲译.天然光的空间分布—各种参考天空的亮度分布.CIE 第 110 号出版物.照明工程学报，1998(1)

5 倪孟麟.数字图像系统的色度测定及颜色校准.IBA'94 国际电视会议报告.世界广播电视，1995(7)

6 谭满清，郝允祥.北京夜间天空亮度的研究.照明工程学报，1994，1～2

7 倪孟麟，倪泽成.彩色电视色度测试中的量值的统一.制定相关国家标准的技术基础.世界广播电视，2000(12)

8 肖辉乾.夜间室外照明光污染及其防止.照明科技论坛(天津)，2003

9 倪孟麟，陈大庆.夜景照明光色效果的检测与评估.照明科技论坛(天津)，2003

10 倪孟麟.彩色电视的彩色复现.2001 年'全国电视灯光技术及布光技巧'授课讲稿.电视技术论坛.中国中央电视台，2001

11 倪孟麟，倪泽成.光文化的历史渊源和可持续发展的主题.中国(天津)首届现代城市光文化论坛，2004

12 赵海天，向东.城市灯光环境规划方法——广义光污染概念的提出与对策.照明工程学报，2003(2)

13 陈仲林，杨春宇.限制泛光照明中光污染的研究.灯与照明，2003(2)

14 倪孟麟，张英林.光文化是自然科学与人文科学发展的结晶.中国(天津)首届现代城市光文化论坛，2004

15 Heinweg Lang，Farbmetrik und Farbfernsehen，1978

极少主义对我国景观照明工程设计的启示

天津大学建筑学院　张玉芳　马　剑

摘　要　极少主义起源于19世纪,这种哲学思想对于艺术界影响颇深,影响了雕塑界、建筑界、园林设计、室内设计等很多领域,其主题是以尽可能少的手段与方式感知和创造,即要求去除一切多余和无用的元素,以简洁的形式客观性的反映事物的本质。本文通过挖掘极少主义的艺术内涵,分析了景观照明设计的极少主义趋势和极少主义艺术本质,并展示了几例有极少主义特征的优秀景观照明案例。这类理性的艺术创作思想和作品对于当前中国的景观照明设计具有一定的借鉴意义。

关键词　景观照明　极少主义艺术　作品　理性

1　前言

现在困扰着人类的一个最主要的难题就是喧嚣,我们经常为各种烦乱的景象所困扰,景观照明设计必须克服这种困扰。这意味着照明设计需要简单、明晰;这还意味着无须更多不必要的装饰元素,取而代之的是经过谨慎选择的必要元素。

"理性"、"洁净"、"清晰"、"优雅"——景观照明设计的极少主义艺术。

2　极少主义

2.1　极少主义的来源

极少主义起源于19世纪,哲学家柯布希耶认为人越有修养,对装饰的追求就越少,而哲学家卢梭则提出了他更加激进的观点——"装饰就是罪恶"。与卢梭同时生活在维也纳的哲学家维特根斯的哲学思想就是极少主义思想的典型:功能主义、优雅和完善主义。后来,这种哲学思想对于艺术界尤其是建筑界影响颇深。

极少主义(Minimalism)艺术,有些书上也译成最低限艺术,可以说从蒙德里安和现代主义建筑革命时期就暗藏着,但是直到20世纪60年代,极少主义艺术开始在美国盛行。"少就是多",早在1959年,著名建筑师路德维希·密斯·凡德罗就用这几个字来形容他的一项现代设计。他认为,与繁琐相比,简洁更具有表现力,它代表了一种具有重要意义的态度,即摒弃作品中丰富多彩的具体内容,而偏向纯净和几何学,创作手段极为简约。这类艺术作品的具体特征有杜绝干扰、简洁纯净、整体统一,以此去抗争混乱无序等。

2.2 极少主义的内涵

所谓"极少",并不是单纯节俭的直接结果;相反,它恰恰是丰富的集中统一,是复杂性的升华。极少主义少的是手段,而并非缺少艺术;同样极少主义也决不意味着简陋,极少主义是一种经过精心抉择的少,而不是因为少得没法选择。

极少主义具有一种广泛的、超越人的背景和经历的魅力。它具有现代的形象,但并不只为年轻一代所欣赏,因为它的宁静和朴实是植根于不同年代和不同文化的传统中的。极少主义将其灵感中的一部分归因于远东文化中的冥想式宗教,在极少主义中蕴藏着一些本质上与人们对幸福、健康与活力的向往相一致的内容。

3 景观照明设计新理念——极少主义

3.1 景观照明设计是一种艺术

1690年,法国诗人、童话作家和批评家查尔斯·佩罗于,在其《美术陈列馆》一书中提到的"美的艺术"包含有8门"艺术",即修辞学、诗歌、音乐、建筑、绘画、雕塑、光学、机械学。17世纪的"光学"演变到今天就是"照明学",它是一种艺术形式。景观照明是利用光的特性创造艺术环境,使建筑夜景观成为时间和空间的四维艺术。

在德国卡尔斯鲁厄大学教授约瑟夫·泰西穆勒提出的"光的建筑"理论中,阐述了他对建筑照明艺术的探寻:"建筑中的光可以转变为光的建筑。这是因为有了光,而且只有凭借光,特殊的建筑艺术效果才能创造出来。因为光,建筑艺术效果在任何一个时刻既可以出现也可以消失"。

3.2 景观照明设计中的"极多主义"

随着经济的发展,科学技术的进步,人们的生活已由白天延伸到夜晚,从室内扩展到室外,景观照明已越来越成为一种社会发展的标志,成为一种衡量城市文明程度的指标。随着"让城市亮起来"口号的提出,各个城市先后展开了大规模的亮化工程建设。作为城市主要组成元素的建筑被大规模的亮化起来,建筑物的亮化装饰不再局限于商业性建筑、纪念性建筑,其他性质的建筑物,例如行政办公建筑、学校建筑、医疗建筑、甚至住宅类建筑都成为夜间亮化的对象,多元化的亮化方式和高科技手段更是景观照明亮化的助推器。

但是有些地区,景观照明设计存在很大的盲目性,在不知不觉中走入了"极多主义"的误区,认为城市夜景照明应追求灿烂夺目的效果,片面追求"亮",滥用色调。针对城市大规模亮化建设,日本照明设计大师面出薰在他的《照明设计》一书序言中提到"在我的眼里照明设计这种行为,现在越来越变得轻率和'危机'了,它好像和便宜的季节性商品一样,可以用了就扔掉。现在很多的照明设计师在经济高速发展的上海竞争,而其结果却使上海的街道成为了没有操控的'光的垃圾场'。还有,我们一旦掌握了能自由地选择光颜色的LED光源,街道的所有地方就都成为了有色光放肆运用的场所"。

这种"极多主义"景观照明带来的后果是光污染现象严重,城市上空不见了星辰,刺眼的灯光让人紧张,人工白昼使人难以入睡等等。欠佳的景观照明不仅没有起到改善夜间环境、提高生活品质的作用,反而损害了人的生理健康和心理健康,并且带来了能源浪费、资金消耗、环境污染等一系列问题。

3.3 景观照明设计极少主义趋势

20世纪60年代,雕塑界和建筑界出现了极少主义的风潮,后来这股风潮又影响了园林设计和室内设计。但是景观照明设计领域中,至今为止,人们还没有将这一意识形态上升到艺术原则的高度加以研究。

"辩证法认为否定是发展的环节,经过否定之否定,虽然从形式上看又回复到了原点,但并不是简单的重复,而是螺旋式的上升。"建筑中这种简化倾向一定程度上就是对装饰主义和繁复主义的否定,顺应时代和技术的要求,并日渐成为一种文化上的进步,从而上升为一种艺术原则。今天极少主义建筑以已发展成为一种强有力的趋势,越来越多的建筑师加入到这一行列中来,艺术作品呈现出明显的向"简约"回归的现象。极少主义是一种持久的强有力的趋势,和整个社会政治文化与信仰的节奏合拍,在不同时期以不同技术手段和不同形式反复出现。景观照明是一种艺术,必然会遵从艺术这个客观事物发展的规律。与建筑紧密联系的景观照明设计也应该意识到这一"简约"的回归趋势。这种"简约主义"和"极少主义"趋势存在的必然性,会随着景观照明发展的成熟逐渐显现出来。

3.4 景观照明设计极少主义艺术本质

20世纪初,美国美学家帕克在他《艺术的本质》一文中指出"用想象中产生的满足、社会的意义以及和谐的形式三种特性来界定艺术共有的本质"。极少主义艺术主题是以尽可能少的手段与方式感知和创造，即要求去除一切多余和无用的元素，以简洁的形式客观性的反映事物的本质。

建筑夜景观的美是通过人工光表现出完全不同于白天的美的，具有很强的艺术性。景观照明并不是景物或建筑的简单再现，而是美的再创造，因为它可以将原来景物或建筑的优点再突出出来，而把缺点淹没在黑夜中，同时也能把景物或建筑的属性、特征进一步表现出来。“极少主义”砥砺繁琐美学，摒弃粗放和奢华的修饰以及琐碎功能，强调简洁通畅来疏导世俗生活，观照人文层面。

极少主义景观照明从艺术本质上来说，就是反对去寻找表面上的美丽和矫揉造作的丰富感，取而代之的是寻找洁静的、诚实的、直截了当的美；极少主义景观照明从表现形式上来说，就是用光理性慎重、恰到好处，亮度和色彩适宜。

4 景观照明设计中极少主义的运用

4.1 德国慕尼黑宝马集团汽车中心照明设计

图1设计获得了国际照明设计师协会2004年度照明设计奖，地点在Erlenplatz 2, D-80995, Munich, Germany，照明设计师为Gerd Pfarré。本案照明设计用光极为简单纯粹，展现了“高度理性化，从不过量”的设计风格，是典型的“极少主义”照明设计。在色彩上，白色荧光灯发出的冷白色光与在建筑外观上形成视觉上的一致，非常有原则性。低调的张扬之中，让人们感受到德国人严谨、认真的性格特点，也展现了宝马公司成功、信誉的品牌形象。

4.2 日本长崎原子弹核战争死难者纪念馆照明设计

图2的照明设计师是日本著名照明设计大师面出薰的作品，精致的照明设计让原本普通的建筑具有独特的表现力。设计师关注建筑本身的性质和用途，照明设计赋予了整个建筑生命力，建筑表面70000个光纤照明发出的柔和而颤动的光代表了人们对核战争死亡者的哀悼和对和平的希望，道路上的端发光光纤给人们遐想的空间，堪称唯美与现实结合。本设计反映了极少主义“否定”“减少”、“净化”的思维，作品含蓄、理性、纯净、简洁，形成了一个安宁、平静的空间，从而达到了彰显建筑功能和视觉双重作用的目的。

4.3 美国纳什维尔乡村音乐名人纪念馆和博物馆照明设计

图3的照明设计是美国田纳西州纳什维尔乡村音乐名人纪念馆和博物馆照明设计，本设计获得2003年IALD“Accepts Award”。总体的照明气氛和建筑、展示空间的气氛相协调，创造了一个类似表演后台的场所，人们在这里可以再次体验到艺术家公共作品的魅力，并且还展示了各年的大事记。照明设计用光“吝惜”，几乎没有天际线照明，但是天际线却反而显得更加突出。在夜间，整个建筑更是散发着柔和而迷人的光芒，形象优雅、流畅、清晰，给人一种和谐的感觉。整个照明设计的追求就是对设计语言的追求，

图1 德国慕尼黑宝马集团汽车中心照明设计

图2 日本长崎原子弹核战争死难者纪念馆照明设计

图 3　美国纳什维尔乡村音乐名人纪念馆和博物馆照明设计

在乎其空间、光影、色彩的感受，用光收敛，恰当的反映了照明对象的性质。

通过对以上几个实例的分析，不难发现，这一类带有极少主义倾向的照明设计具有明显的共同特征。它们都强调照明设计的整体统一并趋向简洁，空间品质趋向纯净。

5　结论

景观照明设计理念——极少主义。它看似简单，却蕴藏着精致与复杂，并且极具象征意义。它既能为城市形成完美而不张扬的夜景观，又能使城市充满活力，并把空间及光影有机结合。“理性”、“洁净”、“清晰”、“优雅”，这就是景观照明设计中的极少主义。

参考文献

1　H.H.阿森纳.西方现代艺术史.邹德侬.巴竹师.高军译.第二版.天津：天津人民美术出版社，1994

2　费菁. 极少主义绘画与雕塑. 世界建筑，1998(1)：79～83

3　马剑，沈天行.论夜景照明规划.照明工程学报.6(1)

4　哈拉尔德·霍夫曼.傅磊.光线与照明——建筑的第四维空间.世界建筑，2000(6)：22～26

5　彭一刚.建筑空间组和论.北京：中国建筑工业出版社，1983

6　面出薰.LIGHTING DESIGN 序

城市夜景观照明的文化性和地方特色

——照明的艺术表现力

清华同方股份有限公司人工环境工程公司　牟宏毅

随着城市建设的发展，经济水平的增长，以及人们生活水平和知识层面的提高，单纯的功能性照明和了无新意、千篇一律的景观建筑照明，已无法满足当代社会城市形象展示和大众审美需求。这就需要我们将自然科学的高科技工业化成果，与人文科学中人性化浪漫的艺术化作品水乳交融的完善结合。因此，我们在设计。

1　梦

如果没有梦那么对于一个建筑设计师而言，注定他的作品将是平庸的设计。没有梦的艺术家只是一个平凡的匠人。光是一种景色，它是照明设计师的梦。

1.1　完成这个梦我们要多懂一点

光环境要求照明设计师拥有广博的知识面，不仅仅是进行光学物理研究，还要有强烈的求知欲，扎实的建筑知识和良好的美术修养。必须具备对建筑甚至机械一丝不苟的理性和严谨的科学设计能力。同时还拥有对绘画的色彩、雕塑的造型、音乐的旋律、唯美感性艺术创作的感染力等多重性格。

1.2　需要至臻至善，追求完美的敬业精神

当现代科技为我们提供先进的、专业和系列化的、日臻完美的、科技含量越来越高的光源与灯具时，我们便拥有了实现梦想的工具。至臻至善，追求完美的敬业精神是实现照明艺术品质的保证。

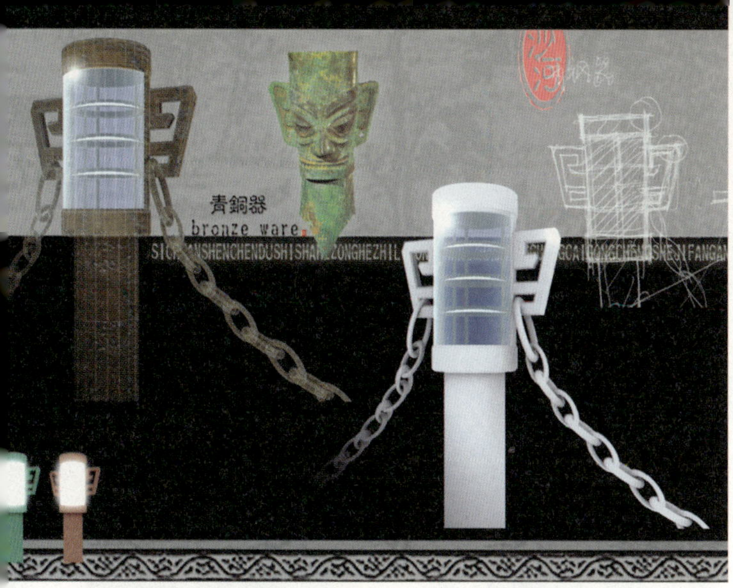

2 照明艺术

困惑了笔者很久的一个问题是：什么是照明艺术？很多时候甚至于将它和建筑、光学、哲学、诗歌、美术、音乐混为一谈。在灯光设计领域经过了感性-理性-感性不断往复地探索、学习与实践过程后，逐渐从幼稚无意识的灯光设计状态对照明艺术按照自己的视角给出了定义：照明艺术是多学科综合性艺术。

2.1 追求光的艺术表现形式

当照明摆脱了功能性照明的束缚，光环境设计的主体性和艺术特征便日益凸显。笔者先是对西方油画深深感染，慢慢领会国画的博大精深，但优秀的艺术精华所在是超出画外的意境。这就是我想说照明设计的主题，一个工程中照明设计的最终目的。

2.2 照明设计的主题性

让日落后的城市与建筑物展现夜的魅力，照明与建筑和城市三者之间不可分割的紧密联系和光学物理已不用再做赘述，而光环境设计的艺术特征成为最终获得照明设计的最高成果。

让心灵为光而感动，设计师需要的不仅是建筑师的理性与严谨，还需要感性再多一些，需要敏锐的眼光，需要对自然、对生活的感动，保持心灵的纯净，陶醉自己才能获得感动。

照明设计中我们会看到什么？光是色彩、绘画、韵律、音乐、空间、时间……

照明带给我们光与色，犹如画家手中被随意挥洒的颜料，不单纯是日常和商业功能性的照明，同样具有艺术欣赏性。运用灯光设计原理，照明成为建筑师和灯光设计师不可或缺的建筑材质。

如何表达你的情感，如何营造氛围？夜有性格，好的灯光是夜色中的情感，好的灯光是夜色中的妩媚。这一切不仅仅是一个构思，让那种景色出现在我们的眼前，它的色彩进入我们的眼睛，让我们的手指感受到它。

3 原创精神设计的成熟

3.1 利用与优化到原创设计

我们承认像一切引进的先进技术与设计一样，我们与国外有一定的差距。但这并不表示我们要一味的去模仿再模仿，引进再引进。不掌握核心的技术叫做加工，没有原创精神的照明设计不是艺术，而只是抄袭的工业化产品。

3.2 照明设计的成熟过程与系统性

我国灯光设计自古有之，历史悠久，汉代的长乐宫灯只是其中的杰出代表之一。至 20 世纪 90 年代，国内外照明技术都进入了高速发展阶段，传统的光源得到长足发展，新的光产品不断出现，并且日益成熟，

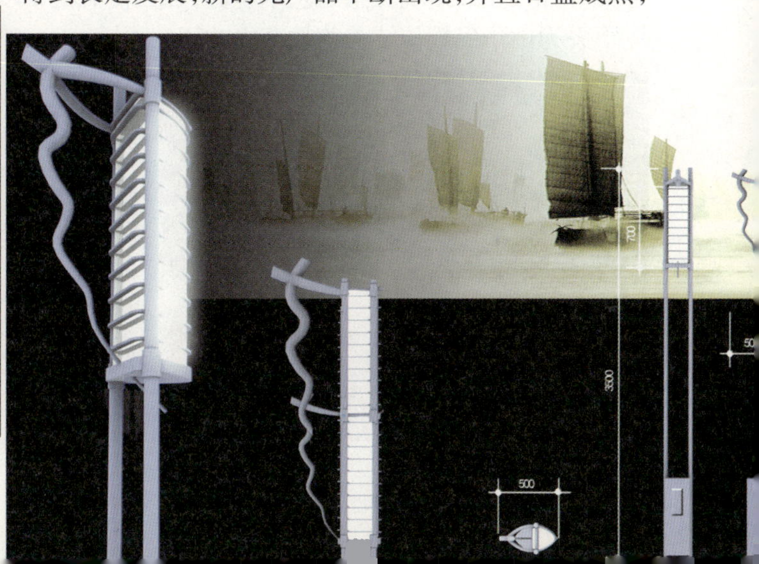

实用性大大增强。我国的照明技术与产业也在此期间大大增强了研究经费与设计力度，研究与设计队伍人员素质快速提高，逐渐向国际水平靠拢。

3.3 照明设计的创新性与前瞻性

和悠久辉煌的中华文化历史相比，长期以来，我们的照明产品和设计都大量存在借鉴或模仿国外照明产品和设计的状况。这与我们这个光源生产和进行大规模城市夜景观建设的国家不相匹配，光产品设计的创新性将是我们走向照明强国的必经之路。

3.4 城市夜景观照明的文化性和地方特色

度：审慎每一个项目，就像一块未经雕琢的璞玉，有自己的特定品质，也需要合理而又匠心独具的巧思，弃其糟粕存其精华，否则如东施效颦，成为一个个全国统一的样板工程。

融：和谐自然适宜，师法自然。

3.4.1 人性化

人性化体现在各个角度，以满足人们生活习惯、地域特征、欣赏、娱乐、集会、体育锻炼等综合性多功能要求，适合人机工程学提供在心理、身体各方面最大舒适度。

3.4.2 民族化

座畔花香留客饮，壶中茶浪拟松涛，一杯香茗把客留，抒情造意，情境交融的艺术境界，独具寓意的情境不失为中华民族传统美德教育之功用。

3.4.3 光影

光与影的温馨亲和力，光与影的欢乐互动性，光与影的亲身参与感。

4 让我们开始设计

4.1 光与世界

光是塑造建筑、景观、城市的材质，而灯具是塑造光的工具。现代光源是与建筑、景观、城市环境不可分割的组成元素。光环境的整体性、一体化已成为特征。

4.2 环境

如果环境需要黑暗那就让它存在吧，黑暗也能给你安全感，不要失去静谧的空间。光与影同时存在，设计光就是设计黑暗，是用光去适应黑暗，而不是消灭它。有效的协调二者之间的关系，就像完成一幅画，你

可以让它流光溢彩，色彩斑斓，也可以宁静而恬美。与周围环境相适应，便是光与影存在的理由。

4.3　城市灯光的整体规划

夜晚，灯光具有改变城市和建筑的能力；城市夜景观照明规划是城市未来的长远照明建设的依据，可增加城市的美誉度，增强旅游、经济、居住环境的吸引力；合理的城市灯光整体规划使夜间的城市同样可以生机盎然，优美协调。

4.4　好的灯光是夜色中的生命

考鲁·门德(Kaoru Mende)这样说："正像某些人白天是无生命的，到了晚上却又活了，仅仅在夜里，城市的某些区域变得活跃，也就是在那个时候许多不同的交流开始了。"

4.5　光环境体现城市性格

每一个城市都有与其他城市相同之处，但仍然有它的不同之处，这就是城市的性格。找到它并把握它的性格并且成功的创造与城市性格相匹配的境界，是我们设计城市夜景照明的最终目的。

4.6　光环境决定景观氛围

灯光应该在一个场所内营造出一种状态和氛围，以满足人们的需求和期望，比如喜庆的、庄严的、温馨的、正式的、事务性的、廉价的、朴素的、犹豫不决的、尊贵的、有魅力的、友好的等等。

4.7　光环境结合建筑个性

建筑照明是构成城市夜景观的重要组成部分，实施建筑照明可以塑造城市形象和建筑所有者的标识知名度，提高夜间环境质量。对城市整体建筑群而言，应确定重点建筑(高度、历史、职能、交通位置等等)，分清层次，使整个城市的夜间景观照明既富于秩序感，又具有丰富感和识别性。对单体建筑而言，则以强调刻划其独到的建筑特征(建筑、美学、体量)和对外立面的表现价值部分的照明。

4.8　光环境对生态的保护

不能与自然环境相协调的光环境是不应该存在的，所以照明设计的一个要求是最少的耗能得到最佳的光环境。

4.9　灯光的地标性

重点照明位于重要的景观节点，如：相对具有一定控制性高度的地标性建筑，或用照明加强体现其独特的建筑语言也可以增强该建筑的地标特色。

4.10　灯光的尺度感

灯光的尺度感是对大到城市小至建筑的夜间体量再现。照明在城市建筑的使用频度和密度，包括对建筑的体量构成的城市轮廓线，是城市的尺度感也是灯光的尺度感。

4.11　古韵再现

新建？重建？改造？保护！为什么要丢掉历史？存在就有它的道理！

灯光对保护性建筑的处理方式要以尊重、继承和保护传统文化为目的。通过技术手段创新而不要去破坏，思考着如何在历史的痕迹和现代的技术之间找到一个最佳平衡点，最终找到最佳的处理方式。

4.12　灯光对植物的表达方式

照明针对不同的植物对象，根据植物的生理特点，如针叶、阔叶、乔木、灌木选择与其生长环境、周边景观相适合的照明方式。并注意减少光污染和光干扰。

4.13 灯光对山体、水体的表达方式

4.14 灯光对建筑、景观、城市环境的再塑造

4.15 用光塑形

光是一种既抽象又具象的方式。光可以利用夜色黑暗深邃的空间作舞台，有选择的突出它要表达的对象。

5 结束语

5.1 发芽

我们在成长，如同照明事业在国内的起步,发展,成熟,照明设计也在成熟完善。在国外有专业的或国家认证的照明设计师,而我国还没有类似的专业照明设计师认证。正如詹庆旋先生所说：专业照明设计师需要具备建筑学,光学,电气,照明技术等多方面的知识和深厚的艺术素养以及综合处理问题的能力。而这一新兴的设计科目受到教育片面化的限制,当前我们要做的是:扬长补短,尽快地完善自身专业知识,全面综合良性成长。

5.2 积累

没有期盼今天就会诞生经典之作,积累今天的收获、经验、失误、甚至失败,都是我们的财富。

5.3 需要一点坚持

对品质要坚持,对于专业照明设计师还有很多要坚持,包括引导非专业人士对照明艺术欣赏品位的提高。不只是拒绝和顺从,这也是赋予专业照明设计师的义务和责任。

我们做得不错,但设计还缺乏精练,我们还要做得更好。

5.4 光与景观功能有机结合

5.5 灯光与多介质的结合

雕塑也有光,光也是雕塑,好的灯光是夜色中的艺术品。

5.6 灯光设计在施工中的实现与完善

照明设计的完美与否取决于设计师和施工单位对照明工程精品意识,传承价值的认知度。施工现场细节的调整不可避免，质量的检查和审查施工都是工作的一部分,包括工程不同阶段灯光效果的模型试验。

城市光污染及其防治措施

天津大学建筑学院　邵力刚　刘　蓓

摘　要　城市道路照明、室外景观照明的建设应在正确理念的指导下有秩序地进行，否则会带来一系列的负面效应，特别是光污染及能源的浪费。科学研究表明，光污染会对人类、动物、植物造成不良影响。本文仅从城市光污染的角度来分析，并提出对其限制的建议和措施。

关键词　城市照明　光污染　危害　防治

1 前言

光污染(Light Pollution)广义地说,是过量的光辐射,包括可见光、紫外辐射与红外辐射对人体健康和人类生存环境造成的负面影响的总称。本文主要介绍夜间室外照明的光污染,它是指夜间室外照明,如建筑或构筑物的景观照明、道路与交通照明、广场或工地照明、广告标志照明和园林山水景观照明等所产生的溢散光、天空光、眩光和反射光对人体健康、交通运输、天文观察、动植物生长及生态环境的维护产生的负面影响的总称,如图1所示。

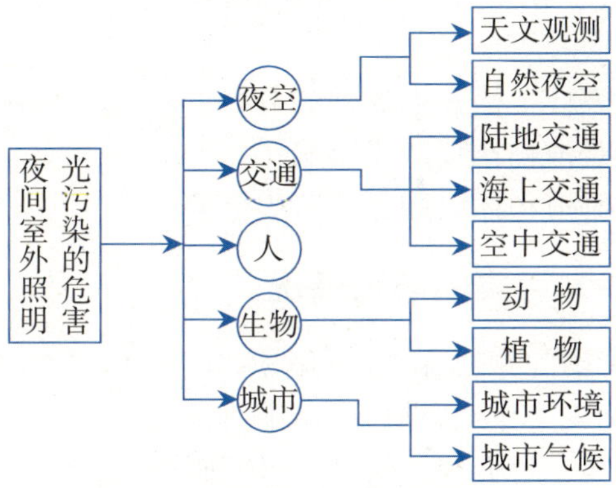

图1 夜间室外照明光污染的危害

2 光污染的分类

2.1 白亮污染

"白亮污染"是指阳光照射强烈时,城市里的玻璃幕墙、釉面砖墙、磨光大理石和各种涂料等反射的光线,因明晃白亮、眩眼夺目,被称为白亮污染。

2.2 人工白昼

"人工白昼"是指夜幕降临后,商场、酒店的广告灯、霓虹灯闪烁夺目,泛光照明令人眼花缭乱,有些强光束甚至直冲云霄,使得夜晚如同白天一样,称为人工白昼;

2.3 彩光污染

"彩光污染"是指舞厅、夜总会安装的黑光灯、旋转灯以及闪烁的彩色光源所造成的污染即彩光污染。

本文所指的光污染主要是指人工白昼,以及人工白昼对夜空、交通、人、生态环境以及城市造成的危害。

3 光污染的危害

3.1 破坏夜空环境,严重影响天文观测

夜空亮度升高对天文观测的影响,主要是指造成望远仪器系统的观测能力下降。据相关研究表明,灵敏度极高的天文望远镜可观测到100亿光年(1光年等于9.66×10^{12}km)外星球的光域,一组闪烁于30km以外的霓虹灯,就可以干扰或掩盖从遥远天体传来的微弱光线。因此,夜空亮度的提高会轻易地使原来4m口径的望远镜的观测能力降低为1m口径望远镜的能力。按照大型望远镜造价和口径的3次方成比例的规

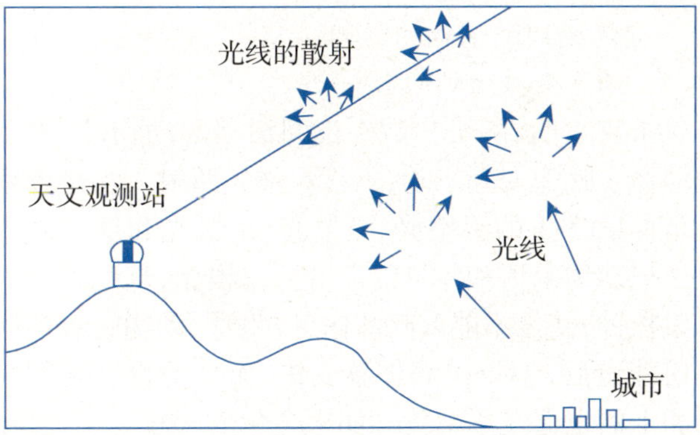

图2 天空光对天文观测影响的示意图

律计算,这就意味着造价约5亿元的望远镜贬值为不足1000万元的1m口径的望远镜了。天空光对天文观测的影响如图2所示。

受城市照明污染的影响,以致许多地区无法进行天文观测,迫使原来的天文台搬迁新址。如上海天文台、云南天文台和南京紫金山天文台都在选择新址。日本东京天文台虽多次搬迁仍觉天空亮度过高,最后选择在夏威夷的基纳莫亚建立新台,安装8m口径的望远镜。

3.2 干扰人的生理节律,危害人体健康

夜间室外照明,特别是建筑物的景观照明产生的干扰光,有的直射到人的眼睛造成眩光,有的通过窗户照射到室内,把房间照得很亮,影响人们的正常工作、休息和生活,扰乱了人体生物钟规律,危害人体健康。

德国巴伐利亚市通过对200位市民的调查发现,其中有1/3的人抱怨晚间睡眠受到室外灯光,特别是

过亮的霓虹灯的干扰，有2/5的人反映不能入睡，而且感到头昏、眼花、耳鸣、咳嗽乃至哮喘。

3.3 光污染对交通的影响

城市照明产生的光干扰特别是眩光，对汽车或火车司机的视觉作业造成的不良影响，降低了司机的工作效率，甚至引发交通事故；对旅客的正常视觉活动，如走路，识别路标、障碍及周围环境状况等也会造成影响；此外，还会影响为交通运输作业提供视觉信息的信号灯、灯塔和灯光标志等的正常工作。随着电子技术的发展，尽管在车辆上安装了不少先进的视觉采集设备，但是大量的信息还是靠人眼观察，因此，排除干扰光对交通信息源的影响，成为解决光污染对交通影响的重点。

3.4 光污染对动植物的影响

3.4.1 光污染对动物的影响

研究表明，除极少数在夜间活动的动物外，大多数动物在晚上安静不动，不喜欢强光照射。可是夜间城市照明产生的天空光、溢散光、干扰光和反射光却往往把动物生活和休息的环境照得很亮，打乱了动物的生物钟，使之不能入睡和休息。例如，动物吸收照明辐射能量后，不仅引起体温变化，而且动物细胞的电场和生活也会发生变化。如把金鱼放入磁场中，磁场强度越强，鱼就越不想吃鱼饵。

值得注意的是，夜间过亮的室外照明，会使不少益虫和益鸟直接扑灯而丧命（昆虫的趋光性及与之相关的因素如图3、图4所示）。如法兰克福游乐场的霓虹灯每晚要烤死数万只有益昆虫。美国杜森市夏夜蚊虫多的原因之一是和该市上千组霓虹灯"杀害"了无数食蚊虫的益虫和益鸟有关。

3.4.2 光污染对植物的影响

植物生长的周期性和光的波长区域如图5所示。光污染对植物的影响主要有以下三方面：

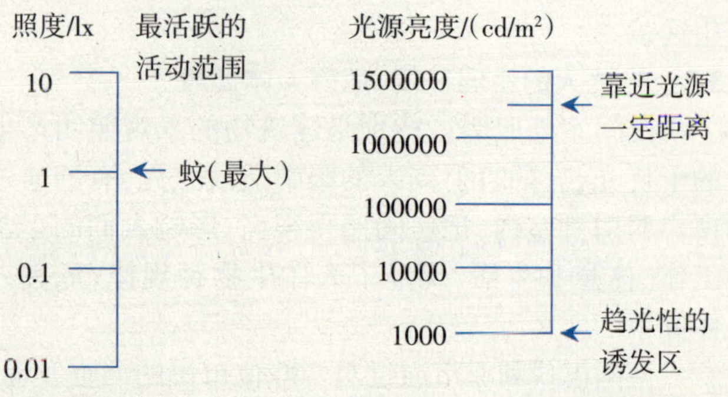

图3 昆虫的最佳趋光性和照度、光源亮度

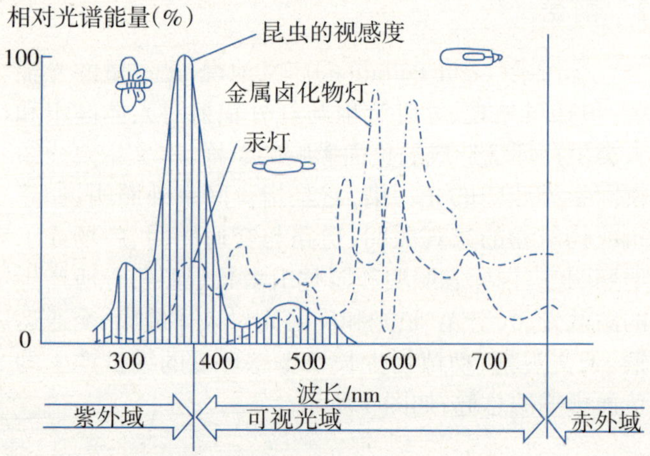

图4 光源光谱与昆虫的趋光性

（1）破坏了植物生物钟的节律；

（2）对植物花芽造成影响；

（3）对植物休眠和冬芽造成影响。

4 国外光污染的防治情况

光污染问题早在20世纪70年代（1978年）就引起了国际天文学会（IAU）和国际照明委员会（CIE）的重视，并联合对大气光污染进行了研究。此后，再有国际暗天空协会（IDA）等学术团体联合或单独对光污染进行了研究，或召开专题研讨会，发布了多项研究成果。2003年CIE完成了《对室外照明装置的干扰光控制指南》最终稿。此外，CIE的68号出版物《室外工

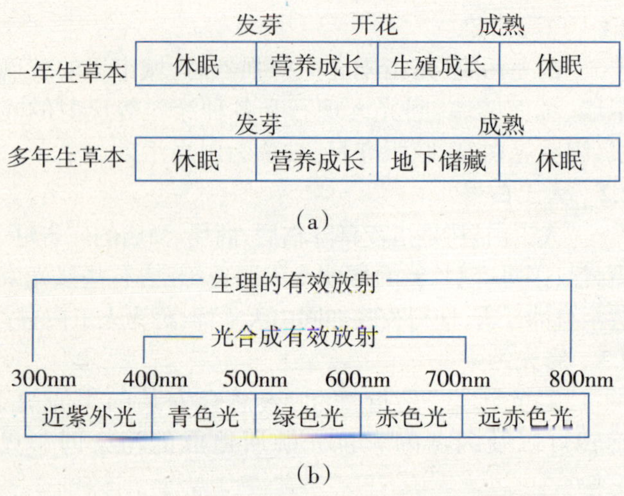

图5 植物生长的周期性和光的波长区域

(a)植物生长的周期性；(b)对植物有效光辐射的波长区域。

作区照明指南》、126—2000 号出版物《城区照明指南》、94 号出版物《泛光照明指南》等技术文件，从不同角度对防治光污染作了相应规定。

日本和欧美等区域控制光污染的工作进行得较早，日本早在 1987 年在日本环境厅的统一领导下，开始对日本全国性夜间天空光进行普查，绘制了日本全国夜间天空光的等值区域图。2002 年，日本灯具工业会为减少光污染，编写了《合理使用灯具指南》一书，对道路、街道、公园、广场和投光灯具的合理使用分别作了规定。

美国自 1994 年在亚利桑那州 Tucson 市通过相关防治光污染的条例开始，已经有 100 多个城市、乡村实施条例。自然夜空保留得较好的加拿大，将位于 British Columbia 的 McDonald Park 等作为特有的国家公园，更名为暗天空公园。

在欧洲，防治光污染条例化发展最快的国家是意大利和希腊。在意大利，防治光污染作为国家的法律被审议，因成为世界唯一的实例而备受关注。在意大利所属的 20 几个区域中，已经有 6 个区域制定了防治光污染条例。

5 光污染防治的建议

防治光污染的总体方略：以防为主，防治结合，在开始规划和建设城市夜景照明时就应该考虑防止光污染的产生，从源头防治光污染，实现建设城市照明，保护夜空的战略目标。

5.1 提高防治光污染的意识

大力宣传夜景照明产生光污染的危害，加强人们对防治光污染的意识，引起有关领导和工作人员的重视。对那些正在计划建设城市照明的城市，务必敦促其在计划时就考虑防治光污染问题，做到未雨绸缪，防患于未然；对已产生光污染的城市，应立即采取措施，把光污染消除在萌芽状态。

5.2 调查研究

组织力量对我国部分有代表性的城市的光污染问题进行调查和测量，摸清我国光污染状况并总结该地区防治光污染的措施、办法、经验和教训。

5.3 制定标准

尽快着手制定我国防治光污染的标准和规范，同时建议在国家或地区性环境保护法规中增加防治光污染的内容。目前，在我国还没有这方面的标准和规范的情况下，建议参考国际照明委员会和发达国家有关规定与标准来防治光污染。同时，强调城市照明要严格按照照明标准设计，改变那种“城市照明越亮越好”的错误认识。设计时，合理选择光源、灯具和布灯方案，并在灯具上采取加遮光罩或隔片的措施，将防治光污染的规定、措施和技术指标落实到工程上，严格限制光污染的产生。

5.4 建立和健全监管机制

建立和健全监管机制，认真做好防治光污染的监督与管理工作。为此，有关城建、环保和城市照明建设管理部门要建立相应制度，制定相应的管理和监控办法，做好照明工程的光污染审查、鉴定和验收工作，达到建设城市照明，减少光污染的目的。

参考文献

1 肖辉乾，赵建平等编. 城市夜景照明技术指南.北京:中国电力出版社
2 魏明，冯海亮.浅谈光污染与人类健康.灯与照明，2004
3 杨春宇，刘炜，陈仲林.城市问题，2002

城市夜景照明工程实施的有关问题

徐州市路灯管理处、徐州市景观照明管理处　熊志强

摘　要　文章对夜景照明工程建设实施的法规、政策、标准和规范以及行业管理等有关问题进行了探讨。

城市夜景照明工程的实施是指依据国家有关法律、法规的规定，贯彻城市夜景照明总体规划意图，按照总体规划和相关技术标准、规范的要求，并在此基础上对城市夜景照明实行艺术创造的过程，是城市夜景照明管理工作的重要内容，是确保城市夜景照明工程质量和实现夜景照明设计效果的关键环节。

城市夜景照明作为一个新的行业，近年来发展很快。与此同时，我国目前对于城市夜景照明的法律、法规和规章制度还不健全，城市夜景照明的相关标准和技术规范也不完善，城市夜景照明的行业管理不能适应行业自身健康、有序的发展要求。这是十分突出的矛盾。笔者从分析城市夜景照明工程实施的现状入手，在对上述存在的有关问题进行了初步探讨的基础上，提出了解决现在问题的措施和方法。

1　关于完善法规依据

城市夜景照明工作是政府的职能，城市夜景照明工程的实施也应有相应的法规、政策作为依据。虽然我国目前尚无关于城市夜景照明管理的法规和规章，但是由于城市夜景照明建设和管理工作的需要，一些城市已经或者正在出台城市夜景照明管理的地方性法规或规章制度，用以指导和规范城市的夜景照明建设及管理工作。城市夜景照明管理法规或规章的内容包括：城市夜景照明工作的目的、范围；城市夜景照明的规划、建设和管理责任人的职责、义务和权利；违反法规或规章的法律责任等等。其中，对于实施夜景照明工程建设的规定包括了对夜景照明工程建设企业的资质、工程建设质量、安全、节能、环保等进行监督、指导、检查和验收等内容。

同时，还有不少城市由于没有国家关于夜景照明管理上的法规或者规章作为依据，加上政府对夜景照明工作的重视程度不够，还未将这项工作提上日程，使得城市的夜景照明工作无法可依，更谈不上规范城市夜景照明工程的建设实施，严重影响了城市夜景照明工作的开展。

笔者认为，国家应尽快制定城市夜景照明管理的法规依据，出台相关的法律、法规或者规章，规范来指导全国各城市的夜景照明工作。在国家相关法律、法规或者规章出台之前，为便于夜景照明工作的开展，各城市应当结合各地实际情况，制定城市夜景照明管理的法规或规章制度，使城市夜景照明的规划、建设和管理活动走上法制化的轨道。

2　关于制定相关政策

城市夜景照明工程的实施，主要是靠政府投资，尤其是公益性的夜景照明更是如此。许多城市夜景照明工作的实践证明，政府为此投入大量资金建设的夜景照明工程，有力地推动了城市夜景照明事业的发展，而由此带来的经济效益和社会效益也是非常可喜的。因此，政府应当把公益性的夜景照明建设资金列入财政支出计划，提供资金保证。

另一方面，社会投资建设的夜景照明设施作为城市夜景照明的组成部分，对于城市夜景照明的整体效果起到非常重要的烘托和补充作用。但是，由于各建设单位在对夜景照明建设的认识上存在差距，其各自的效益和资金情况也参差不齐，在实施夜景照明工程建设时，相对公益性的夜景照明建设要有较大的困难。要提高城市夜景照明的整体水平，提升城市的现代化形象，政府应制定相关优惠政策，鼓励社会投资进行夜景照明建设。例如，对社会投资的夜景照明建设单位，根据具体情况，减免相应的建设规费、给予适当的补贴和实行夜景照明用电优惠政策等等。

3　关于制定标准和规范

随着城市夜景照明和相关产业的不断发展，新技术、新材料、新工艺、新产品等不断出现，同时，假冒伪劣照明电器产品也随之流入市场。近年来，城市夜景照明建设中出现的光污染现象、能源浪费现象十分严重，在有些城市已经成为"电荒"的主要原因之一。因此尽快制定城市夜景照明规划建设标准、夜景照明设施设置技术规范、控制光污染以及节能环保的规定，已成当务之急。这些标准和规范，应对城市夜景照明的规划、设计、施工各个方面具有政策指导性和技术约束性，引导城市夜景照明向"高效、节能、环保、健康"的方向发展。

4　关于加强行业管理

由于目前全国还没有一个统一的夜景照明工程专业承包资质的管理规范，出现了施工企业鱼龙混杂、良莠不齐的局面。有的企业内部管理混乱，缺少必要的资金、技术、人员和设备，不具备施工资质；有的企业为追求经济利益，采用种种不正当的竞争手段，以次充好、偷工减料、低价竞销、粗制滥造，严重影响城市夜景照明工程质量，造成极大浪费，甚至留下严重的安全隐患。同时由于市场机制的变化、经济问题的差异等原因，使得各厂家在体制、价格、质量等方面存在不公平竞争的因素，制约了夜景照明行业的健康发展，亟待规范和解决。

建设部和国家发展改革委员会《关于加强城市照明管理　促进节约用电工作的意见》(建城[2004]204 号文件)作为我国城市照明工作的第一个规范性文件，明确提出了加强城市照明建设市场管理的要求："要按照《招标投标法》、《建筑法》、《建设工程质量管理条例》的有关规定，加强对城市照明工程的市场管理，城市照明单项工程要严格执行城市及道路照明工程专业承包资质管理制度，严禁无证承包。"这一规定的出台，对于规范城市照明建设市场，营造公平竞争的氛围，保证城市夜景照明工程质量具有十分重要的意义。

目前，相对于大面积的城市夜景照明建设市场，真正具备照明工程专业承包资质的企业为数并不多。一方面，这些具备照明资质的企业(主要是路灯行业)从事的大多为"道路照明"工程，较少参与夜景照明工程建设；另一方面，众多参与夜景照明工程建设的企业又不具备资质条件。究其原因，主要是城市的功能照明和夜间景观照明虽然同为"照明"，但实际上差异很大。从现行的城市及道路照明工程专业承包企业资质标准来看，其对于资质的主要要求是规模，是资金，是路灯行业的技术、人员和设备条件等等。而这些，则是夜景照明工程施工企业不完全具备或不需要完全具备的，同时，目前对城市夜景照明工程的专业承包资质又没有统一的标准和要求，这是一个非常普遍、突出的矛盾。

实际上，相对于道路照明而言，城市夜景照明涉及范围较广，技术要求较高，再加上资金投入不足，尤其是由于管理机制还不完善，所以实施难度较大。因此，更需要尽快制定和完善符合我国城市夜景照明建设实际的夜景照明工程专业承包企业资质标准(如夜景照明工程施工资质标准、霓虹灯安装施工资质标准等)，对从事城市夜景照明工程施工企业的资金、设备、专业技术和管理人员提出相应的要求和规定，严格进行管理和规范。这样，既保证了合法经营企业的正当权益和城市夜景照明工程的质量，又从源头上遏制了不正当竞争的行为。

5　关于夜景照明工程的竣工验收

城市夜景照明工程竣工后，管理部门应当根据城市夜景照明设计规划和具体方案的要求，按照相关标准和规范的规定，组织专业管理、技术人员对工程进行验收。验收的内容包括工程的质量、安全、节能、环保、工期、效果和造价等等。对不符合有关规定和要求，存在质量、安全等问题隐患的夜景照明工程，应依法责令施工单位限期整改，以确保夜景照明工程质量，发挥城市夜景照明应有的功能效益。

城市夜景照明的规划和工程建设工作还在探索之中。只要政府充分重视这项工作，城市的夜景照明主管部门和相关部门充分发挥各自的职能，认真探索，积极实践，就一定能够不断提高城市夜景照明规划编制的质量和水平，促进我国城市夜景照明行业健康、协调、可持续地发展。

延安市
城市夜景规划

摘　要　文章通过对延安市城市现状的调查分析，提出了城市夜景规划框架，并对重要节点、视廊提出了规划概念设计。
关键词　夜景　规划

上海同济城市规划设计研究院　汪幼江　石　海
延　安　市　政　养　护　处　徐树栋

提起延安，人们就会想起滚滚延河水、巍巍宝塔山……这座地处陕北腹地、黄河中游的小城山河相映、历史悠久、人杰地灵，不仅仅是中国革命的圣地，还是一座自然与人文和谐、现实与历史一脉相承的国家级历史文化名城，让到过那里的人们久久难以忘怀。

延安市位于陕北黄土高原南部，属黄河中游地区。东隔黄河与山西省吕梁、临汾地区相望；西以子午岭为界与甘肃庆阳地区相接；北靠榆林地区；南连渭南、铜川、咸阳。延安城是历代郡、州、府的所在地。“延安”之名约始于隋大业三年（公元 607 年）设立的延安郡，距今已有 1393 年历史，是国务院首批公布的 24 个历史文化名城之一，同时又是全国爱国主义教育、革命传统教育和延安精神教育的三大教育基地。

改革开放以来，经过二十余年的建设，延安发生了巨大变化。经济实力大幅增强，城市风貌发生了明显的变化。随着国民经济的发展，人民物质生活、精神生活水平改善了，对城市空间环境的要求也日益提高，城市灯光环境作为城市环境的基本构成要素已引起人们的重视。对于像延安这样一座以山水与城市景观共生共融为特点的历史文化名城，应当以展现城市特色为灯光夜景的出发点，而不是盲目的亮化。目前，在一些城市存在着该亮的亮不起来，不该亮的亮得刺眼，以及该亮的亮得没有章法，甚至面临光污染等种种灯光景观方面的弊端；因此，对城市物质景观构成进行综合整治和科学的、艺术的系统规划，编制整个城市的灯光景观规划显得十分必要。

1　现状基础分析

城市夜景观总体规划作为城市总体规划指导下的一个专项，是建立在对延安现状及近、远期规划了解和理解的基础上进行的。同时，作为一项与城市的物质空间环境密切相关的规划，对于城市空间形象、形式的分析、理解是灯光景观系统规划的重要前提。

城市性质：中国革命圣地，国家级历史文化名城，面向全国的“三大教育”基地，以发展旅游、工业、商贸、文化教育为主的陕北现代化中心城市，独具特色的优秀旅游城市。

1.1　自然景观特征

延安市区为陕北黄土高原丘陵沟壑区，属华北陆台鄂尔多斯地台的一部分。地貌以黄土高原、丘陵居主导地位。全年气候变化受制于季风环流，属于暖温带半湿润易干旱气候区。全市气候的总特征为：春季干燥少雨，气温回升迅速，气候多变，有大风扬沙；夏季炎热多雨；秋季降温迅速，湿润，多阴雨大雾天气；冬季雨雪稀少，晴朗干冷，多西北风。昼夜温差大，气温升降快，季节变化明显。主要植被类型有暖温带落叶林、暖温带针叶林、暖温带灌丛群落。延安在历史上一向是陕北地区的政治、经济、文化和军事中心，是中华民族的发祥地之一。几千年历史的演变经久不衰，留下了珍贵的历史文化遗产和黄土风情文化。城市周围青山层叠、民风淳朴，民间文化丰富多采，具有浓郁的地方特色，是一块难得的风水盛地。

1.2 人文景观特征

(1)城市形态：延安市区地处延河、南川河交汇，宝塔山、凤凰山、清凉山三山夹持的河谷地区，城市沿河向东北、西北、南三个方向呈"Y"形延伸，构成了城市的三条支线。城市风貌独特，城市景观有着丰富的背景层次。

(2)街道空间：由于地形限制，城市用地呈带形，街道顺河流方向延伸。传统的田园空间作为革命文物建筑有效保留，但市内多为新建街道，大尺度、空间线型宽直、空间界面连续，封闭感较好，基本上是一座现代化的新建城市。

(3)开放空间：开放空间较少，主要为中心区绿地广场、桥边绿地、汽车站广场等，尺度大小不一，界面开敞。

(4)建筑：新建建筑基本上属于现代风格，轮廓线相当丰富；旅游区多为具有黄土高原风情的窑洞，文物古迹众多。

(5)园林：延安除了拥有独一无二的三山"绿心"——宝塔山、凤凰山、清凉山以外，周围还有群山环绕，其中比较著名的有万花山。山势依延河、南川河呈带形发展，因而整个城市堪称园林城市，这是延安不同于其他城市的明显风格特征。

(6)主要对景和视线走廊：以三山景区为核心，河道空间提供了三大宽阔的视觉走廊。

2 基于运动感受的分析

运动感受的分析是指根据人的活动心理和运动特征来分析夜间城市意象要素。

(1)主要的公共活动场所：如三山中心区、汽车站、滨河绿带等。大片绿地既提供了良好的夜间休闲环境，又阻隔了噪声；

(2)主要的公共活动路径：大部分城区交通沿线居民区与办公、商业建筑混杂，开放空间少。但某些地块，如西北川南部建筑分区明确、街道轮廓线清晰、城市空间开阔而疏朗，拥有比较好的夜景设计物质基础；

(3)主要的地标：宝塔、山体、大桥、标志性建筑物，无论白天晚上都应是最显眼的；

(4)主要的区域边界：北川南部滨河建筑景观和河两岸的风景景观实体形成了延安最占据中心地位的城市风貌的主体。

3 灯光景观现状分析

三山是城市的制高点，在山上可鸟瞰延安整个城区：西北川用地宽阔，空间界面连续，河道形态较好，桥梁多而且造型好，高低错落的建筑组群构成的天际线跌宕起伏。景观层次丰富，空间形象完整，是现代化延安景观的代表性区域。相对而言，南关有特色的高建筑较少，很难形成连续的景观节点；同样，东关地区建筑以多层为主，二者仅仅是北关的空间上景观的呼应和延续，在延安空间景观特征表现上构成的比重较轻。

4 规划原则

创造良好的灯光环境，关键在于合理地选择和组织电光源，使其有效发挥照明作用。

(1) 保证各种城市功能和活动所需的照度水平，满足视明要求；

(2)与建筑群、街道广场、水体绿化等空间要素协调配合，塑造优美的城市夜景观；

(3)保证城市标志、交通标志的诱导性不受干扰；

(4)避免光污染；

(5)选择经济适用的电光源，并合理选择灯的安装位置，以免影响白天的景观。

5 夜景总体规划架构

随着延安经济和城市建设的发展，旅游环境的重要性日益显现。夜景观作为城市景观环境的构成要素已引起政府部门极大重视。灯光环境的优劣直接影响旅游环境、投资环境和居民夜生活质量。结合新一轮的城市规划，我们以中心风貌区为核心，辐射全城，选取重要路段，对景点、节点进行了夜景观设计，构成完整的城市夜空间脉络，满足不同层面和功能的需求，使延安悠久的历史、丰富的文物古迹，特别是为数众多且保留完整的革命旧址体系和改革开放二十余年的成就得以全方位展现。

夜景总体规划由中心风貌区、三条视廊、河道边界、六大景观节点构成。以中心风貌区为核心辐射全城。重要性等级分为重要区域、次重要区域、一般区域。总体照明控制采用分区设置控制点和政府集中控制相结合的方式，见图 1、图 2。

图 1

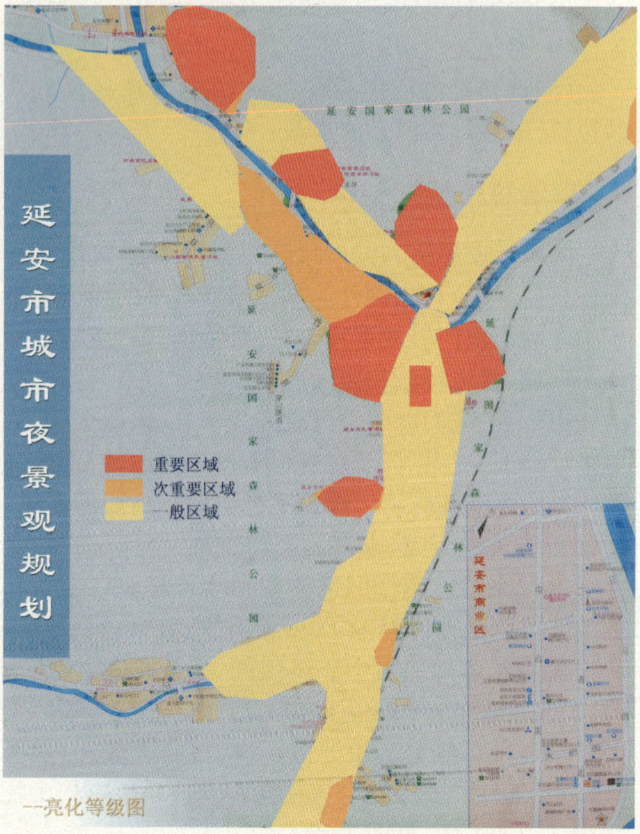

图 2

5.1 中心风貌区

三山构成了延安中心风貌区的三大景观节点。

宝塔山是延安的重要标志和象征，“几回回梦里回延安，双手搂定宝塔山”讴歌了宝塔山在中国人民心目中的神圣地位。山上历史和现代革命文物星罗棋布，交相辉映。宝塔山已做了灯光设计，取得了一定效果。我们认为子山山体部分所做的亮化已基本到位，无须再对作为背景的母山山体做更多渲染，山体轮廓可通过连点的上山庭院灯含蓄地勾勒出来；同时，宝塔的立体感尚需加强，我们用蓝色光将塔身的每个龛洞照亮，与金黄色的塔身形成对比，使形象更为饱满突出，见图 3。

清凉山位于延安城东北，隔延河与宝塔山、凤凰山相望。以宋代石窑群为主的历史文物遍布全山。有万佛寺、报社、中央印刷厂、新华通信总社、范公祠等。八景环山，古迹荟萃，石窟艺术世间稀有，集历史文物、革命文物和自然景观为一体。清凉山上众多的文物古迹是灯光的良好载体，不同光色、不同功率灯具的灵活穿插使整座山层次丰富，雕塑感强，更突出了清凉山的文化特色，见图 4。

凤凰山满山草木葱茏，苍翠欲滴，山上有观景亭和革命旧址。凤凰山以自然景观为主，与宝塔山、清凉山形成对比，成为中心风貌区的“安静”部分。在许多

图 3

图 4

大城市，已经很难用肉眼看到夜空中的星星了。有一系列数字可以表明：1956 年，北京夜间天空亮度值为 $5\times10^{-4}cd/m^2$，相当于原始森林夜天空，可看到繁星点点；到了 1994 年，北京夜间天空亮度值为 $5\times10^{-3}cd/m^2$，还能够看到一些星星；而到了 2004 年，同一地点的夜间天空亮度值为 $24\times10^{-2}cd/m^2$，只能看到一、两颗星星。现代照明的理念应当是追求科学照明，不要过度照明。过度照明产生的光污染不仅严重破坏了天文科学观测的条件，也使世界上半数以上的人们失去了繁星点点的夜空和视觉进化环境，还会对人体健康、动植物和生态环境造成破坏，甚至形成对交通安全的危害。同时，过度照明也是对宝贵能源的浪费。延安的夜景照明应当避免其他城市走过的弯路。结合这一点，山上只采用少量的灯光，大大减轻了由于眩光造成的光污染，使凤凰山成为延安夜景最佳鸟瞰点，给城市居民留下一块能够自然观星的宝地。

5.2　三条视廊

（1）西北川。这里可分为三个景观层次。北部是重要的革命旧址聚集地，基本保持了原有的田园村舍风貌，是延安革命传统的代表性区域。王家坪、杨家岭、枣园景点串连构成了最具特色的旅游线。夜景设计朴实温馨，窑洞的灯光仿佛穿透了岁月的长河，映射在人们的心底。北川南部是市区腹地最宽阔的一块商贸区，高楼林立，主要沿中心街和二道街分布，是延安现代化气息的代表性主线。这片高楼改变了中心风貌区的原有尺度，在灯光设计中，既要表现出现代化的延安新貌，又要尽量减轻对于中心区经典景观构成的压力。因此我们对其中靠近中心区的建筑减少了泛光的使用，结合光带和内光外透，强调顶部的标志性和特色，展现出这一带丰富的天际线。夜景观中的线通过一系列建筑节点的串联来实现：在道路交叉口，视野开阔，适宜对建筑进行灯光处理构成夜景观节点；而街道中段，由于空间窄小而且动态较强，视线集中在道路两侧较低的区域，往往通过对特色街灯、绿化的处理来丰富夜景层次，同时将各个节点串联成线；离开中心区稍远的区域，我们将一系列建筑物侧面和屋顶打亮，再加上河道边界的灯光处理，使从山顶观看时有完整、连续的界面来触及视线，有意识地营造这条空间视廊的观赏性；点、线、面的结合和穿插展现了清晰夜景观脉络，加强了夜景空间的可识别性，强化了北关在延安夜景观中的主景地位。南川、东川的建筑景观节点的延续处理，协同构成了延安整体夜景观，见图 5、图 6。

图 5

图 6

（2）南川。南川用地绵长，北段比较繁华，有办公、商贸、居住等建筑。其中体育馆、财税大厦、新闻大楼、革命旧址延安大礼堂等建筑比较有标志性。尤其是在原体育馆基础上新扩建的 2008 年奥体中心，使用性质和造型都比较特别，而且拥有良好的鸟瞰夜视点，夜景将会吸引较多的视线关注，是南川乃至整个城市的重要夜景观节点，见图 7。

南川南端分别往七里铺、马家湾两个方向延伸。马家湾已接近郊区，城市气息逐步减退；而位于七里铺的杜甫祠是颇富盛名的文物古迹，是一个重要的旅游景点。火车站位于七里铺南端，80%的旅客由此进入延安市，是延安的南大门。南川这条视廊可分为两个表现层次：其一，夜景灯光的处理使南关街形成连

图7

图8

续跳跃的空间景观节点，利用连续街景灯光串连，形成相对完整的夜景观线。部分路段已经进行了街景处理，但缺乏地方特色；其二是一般的河滨路建筑节点与未来滨河绿带灯光处理相结合构成的夜景观线（见图8）。

（3）东川。东川通过"百米大道"和西包公路至飞机场。"百米大道"绿化较好，靠近中心区有一些文化、办公建筑，造型有一定特色。建筑照明使广电、邮电、文化艺术中心等建筑成为"百米大道"上的景观节点，利用绿化灯光串连，形成相对完整的夜景观线（见图9）。南侧延河的西包公路整体较空旷，建筑节点少，但从延安飞机场出来后，位于西包公路入口处，沿山体向上新建的窑洞风味住宅组团很有特色，通过灯光的处理使其更具标志性，形成由机场入城的第一印象。在以后的建设中，西包公路可与滨河绿化带改造结合构成东川的另一夜景观线路（见图10）。

图9

图 10

5.3 河道边界

（1）河道边界是通过纳入视野的建筑景观、两岸建筑界面、桥、两岸的绿化景观的照明、河水倒影总和形成的线形空间表现出来的。建筑对景构成局部河道空间限定。北川河道界面比较完整，建筑界面连续，滨河绿化景观有一定基础。远处，彩虹桥形成了视廊的对景，限定了这一区域。在南川、东川，河道两岸综合整治尚需时日，目前还难以构成完整美观的河道夜空间边界（见图 11）。

（2）桥是连接河两岸的纽带，宝塔桥、延河大桥、嘉岭大桥、彩虹桥等都是展现延安河景的最佳灯光载体，构成一系列河道景观节点。我们针对桥体的不同结构特色、采取金黄色与蓝色、绿色泛光对比及 LED 光带变色等手法，形成五彩桥系列，热烈而不失宁静；如果生态环境逐步改善，河水碧波荡漾，倒影流光溢彩，将构成非常动人的河道夜景观（见图 12）。

5.4 景观节点

有的点是线路上的景观节点，有的是道路终点的景观对景。这些点分布在城市的不同地方，形成一定区域内的休闲活动中心，夜景的设计使这些点具有吸引力和亲和力，同时丰富了夜景层次（见图 13、图 14）。

综上所述，通过对延安市空间形态的现状分析，我们提出了延安市夜景规划框架：中心风貌区、三条视廊、河道边界、六大景观节点。我们通过高、中、低三个视点对各个景观区域的分析，提出了各区域夜景规划的设计思路与方法。随着延安城市建设的不断发展，整个城市夜景将会逐步完善。它必将带动整个延安市的旅游发展和经济建设，展现延安的新形象，使延安成为光彩夺目的“西北明珠”。

参考文献

1　同济大学主编.城市规划原理

2　照明科技论坛（上海）论文集，2002

3　本文图片由上海同济大学城市规划设计研究院提供

图 11

图 12

图 13

图 14

山城重庆夜景照明规划与夜景经济

重庆大学 严永红 姚晓力
重庆市政管委会 袁万军
重庆市设计院 邓申君

摘 要 文章对山城重庆的夜景照明规划及规划实施后的效果进行了简要的介绍，并对重庆夜景与旅游、观景、餐饮相结合所取得的巨大收益进行了介绍和分析，指出城市夜景规划的编制必须结合当地旅游、消费的特点进行考虑才能收到良好的效果。

关键词 山地城市夜景规划 餐饮旅游 夜景经济

1 重庆夜景照明总体概况介绍

山城重庆是我国中西部唯一的直辖市，著名的“山城”，下辖40个区、县，面积82000km²，人口3090万。

重庆古为巴国首府，距今已有3000多年的历史。重庆在抗战时期还是著名的“陪都”，为当时全国的政治文化中心。如今，重庆已成为西南地区最大的工商业重镇，国家西部大开发战略的实施和三峡工程的顺利进行，使重庆逐渐发展为长江上游的经济中心城市。

早在抗战时期，“万家灯火”就已成为山城夜景的真实写照。进入90年代，随着城市建设的飞速发展，山城夜景也进入了一个新的发展阶段。自1995年起开始实施了第1期的城市“光彩工程”，至今已完成了11期“光彩工程”；为迎接2005年即将在重庆召开的全国市长峰会，第12期“光彩工程”目前正抓紧进行。

在1999年以前，城市“光彩工程”尽管已完成了7期的建设，投入了大量的资金，取得了一定的成绩，但由于缺乏宏观规划和指导，总体效果不尽如人意。因此，2000～2001年，根据市政府部署，由重庆大学、重庆市市政管委会的教授、专家们组成课题组,完成了重庆主城区第一个区域性城市夜景照明规划——“重庆市南山一棵树视线范围内夜景照明规划”,并以此对今后几期的“光彩工程”进行指导。通过几年的实践证明:“重庆市南山一棵树视线范围内夜景照明规划”是切合实际并且有效的。

2　重庆城市布局特点与夜景规划

重庆城市布局较为独特——“凿岩为城,沿江为池”,多中心,组团式布局模式(也有规划专家将其称为星座状布局模式);主城区两江环抱,山势起伏,包括渝中区、江北区、渝北区、沙坪坝区、九龙坡区、大渡口区、巴南区、南岸区等8个区,其中渝中区是重庆主城区的政治、文化、商业中心,也是主城各区中最具条件进行夜景建设的区域。

渝中区形似半岛,建筑依山而建,道路傍水而行,半岛上集中了陪都遗址、大礼堂人民广场、三峡博物馆、解放碑商业步行街、朝天门广场、珊瑚公园、枇杷山公园、鹅岭公园、佛图关公园等著名的城市旅游景点,景点分布,相对集中,具有得天独厚的区位优势。此外,自70年代以来,枇杷山公园红星亭、鹅岭公园两江亭就已成为半岛夜景著名的观景点,具有相当的影响力和知名度。因此,以渝中半岛作为重庆主城区的第一个区域性城市夜景照明规划试点是经过充分考虑的。

由于重庆主城区地形起伏大,在主城区范围内存在许多可以饱览渝中半岛全景的观景点,但无论从观景距离、高度,还是从可容纳的游客数量来看,位于南岸区的南山较之其他观景点都远胜一筹。早在制订本规划前,由南山“泉水鸡一条街”所带动的“南山一棵树”观景台就已形成了,因此,把“南山一棵树观景台”作为渝中半岛照明规划的主视线方向来对半岛进行重点规划是切实可行的。

除一棵树为最佳的全景观景点以外,与渝中半岛隔江相望的南岸滨江路则是最佳的江景观景带。因此,此次规划除重点突出渝中半岛外,对南岸区的相关观景点、观景带,及观景路线也进行了全面的规划。

3　重庆城市夜景照明规划特色与原则

“重庆市南山一棵树视线范围内夜景照明规划”根据山城的特点,将处于主城区中心带的渝中区、南岸区13条道路及其沿街建筑、3个片区建筑及沿江趸船、重要的广场、公园、景点、制高点等都纳入了重点规划范围,突出了主城区中心带的地形特点和城市风貌。

我们将主城区中心带城市夜景照明规划特色确定为以下五个部分:

3.1　立面分层

从一棵树观景台来看,可将主城区中心带城市形态分为五个明显的层次:

第一层次:渝中半岛天际线;

第二层次:解放碑及陕西路沿线住宅组团;

第三层次:沿长滨路建筑群;

第四层次:长滨路、长江大桥、沿江趸船及滨江公园、珊瑚公园沿线(水际线);

第五层次:南坪、上新街、弹子石片区。

3.2　平面分区

根据渝中半岛功能分区对夜景照明的影响,我们将渝中半岛划分为11个平面分区,并在各片区中确定了须重点进行照明设计的地标性建筑物、道路、桥梁、水体、趸船等,突出了各平面片区的照明特色。

3.3　亮度分级

在夜景照明规划设计中我们采用了视亮度来衡量照明效果,根据各区域照明的不同功能来确定其亮度水平,从而在整体上产生合理的明暗关系以及良好的艺术效果,避免由于亮度一致造成单调、呆板的感觉。各功能分区的亮度、单栋重点建筑的上部、中部及下部的视亮度大小也不相同，从而形成整体上有重点、区域中有亮点有主、有次的良好的夜间景观。

在规划中，我们将整个规划范围内的节点亮度分为十个等级，最高为10、最低为1，最高等级10代表市中心夜景标志物即解放碑碑顶的亮度。10级的对应亮度绝对值为48cd/m²，9级、8级、7级、6级、5级、4级、3级、2级、1级对应的亮度绝对值分别为43cd/m²、38cd/m²、34cd/m²、29cd/m²、24cd/m²、19cd/m²、14cd/m²、10cd/m²、5cd/m²（亮度等级对应的亮度控制值是指在此亮度区内所有建筑物最高亮度的限定值）。

3.4 用光分类

针对各片区的功能及在整体画面中的地位来进行用光分类，使各片区在照明方式、光色控制、明暗分布等方面各具特点。此外，通过对用光进行分类，使整体画面在协调统一的同时更加丰富。

3.5 管理中控

为了解决“有灯无光”的尴尬局面，对规划范围内的各夜景景点进行统一控制，采用中心智能控制系统，实现城市夜景的分级控制与动态照明效果管理，以节约大量的人力物力。

4 重庆夜景照明规划与夜景旅游经济

自1995~2002年4月，重庆主城区共计建设灯饰项目1700余项，总投资2.5亿元。其中，2000年底~2002年4月，在“重庆市南山一棵树视线范围内夜景照明规划”的指导下，有计划、有重点地对主城区中心带进行了夜景建设，投入资金7448万元，取得了良好的效果。

在“重庆市南山一棵树视线范围内夜景照明规划”一期重点工程完成后，重庆卫视播放的“鸟瞰山城”的记录片；2000年“两会”期间，央视新闻联播播放的长达一分多钟的山城夜景。这无疑都为山城夜景作了很有影响力的广告，吸引了来自全国各地的旅游者。此外，“AAPP”会议在重庆的顺利召开，也为中外嘉宾欣赏山城夜景、了解重庆提供了良好的机会。

主城区夜景建设的成功，带动了重庆社会经济的发展，特别是为重庆旅游业、餐饮业的发展直接注入了新的活力。

目前，重庆各旅行社为市区旅游推出了数条旅游线路，其中，不少线路的终点站都在一棵树、枇杷山、鹅岭公园、南滨路等夜景观景处。“看夜景到一棵树，看江景到南滨路”已成为重庆市民夜间休闲的一种方式。

“南山一棵树观景台”是餐饮、旅游与夜景建设相互影响相互带动的一个最好的实例。最初，南山镇只是一个鲜为人所知的小镇，随着“南山泉水鸡”品牌的形成和规模的扩大，“游南山，吃泉水鸡”成为市民休闲的一种习惯，也使“一棵树”观景点人气急升，由最初一个普普通通的小山头，发展成为现在的拥有600m² 停车场、视野开阔的观景台和观景塔的重要观景点。

“南山泉水鸡一条街”现有餐馆近 200 家，规模在20～250 席不等。即使是规模较小的餐馆，在旅游旺季的日营业额也在万元以上；“一棵树”观景点的门票为 10～15 元/人，其收入也是非常可观的；此外，还有公交、出租车、停车场的收入。因此，餐饮、旅游与夜景建设的互动在这里得到了最直接的体现。

南滨路“美食一条街”的崛起则更可以说是重庆夜景经济创造的一个奇迹。在 2001 年以前，南滨路还只是一条以解决快速交通为目的的城市高架路，周边既无居民住宅区，也无成型的商业区，沿街只有一排简陋的一至两层的临时门面。但随着渝中半岛夜景建设和“两江游”规划的成功实施，南岸区政府大胆地提出了建设南滨路“灯光美食一条街”的想法。为了打消商家的顾虑，区政府实施了一系列减免税收的政策，从全国范围内引进了多家餐饮名店，经过短短的几个月的时间，南滨路就迅速成长为重庆最具特色的餐饮一条街。到 2002 年 4 月，南滨路的日营业额已达到 150 万元（其中 2/3 的营业额是在夜晚实现的），年营业额达 1.4 亿，而政府用于南滨路夜景的投资仅为 100 万。同时，南滨路绚丽而富创意的各式店招也成为极具吸引力的一个因素。生意的火爆使南滨路成为各餐饮名家的必争之地，目前的规范已远远不能满足更多商家进驻南滨路的要求，“僧多粥少” 成了一个大问题。因此，2003 年起，南岸区政府决定重新进行规划设计，对临时门面进行拆除，进行大规范的建设，以满足更多商家的要求。通过餐饮与夜景建设的结合，也反过来促进了“两江游”等旅游项目，在游船上观南滨路灯光也成为观光旅游的一个热点。

此外，夜景规划对重庆市区旅游、商业的促进作用还体现在各景点、商业街的营业收上。据重庆百货公司的统计，现在晚上 7～10 点的营业额与白天已基本持平，不少临街商场的晚间营业额大有超过白天的势头。2002 年上半年，与上年同期相比，到重庆旅游的国内外游客总体增长 20.6%，国外组团的游客则翻了一番，其中一半以上的游客是专门为观赏夜景而来的。2001～2004 年，国外游客的数量继续呈增长的趋势。

5 总结

综上所述，夜景照明规范必须结合当地的经济情况、文化特色，充分挖掘当地的旅游资源，才能真正作到城市夜景建设与城市经济发展的互动，形成良性循环，取得良好的效果。

参考文献

1 陈仲林.杨春宇.严永红.重庆市南山一棵树视线范围内夜景照明规划

2 重庆市政管委会.美丽的重庆夜景简介

3 重庆市政管委会.重庆夜景灯饰情况介绍

4 袁万军.注重规划建设，提升灯饰景观档次.重庆市政管委会

福州市夜景规划设计

同济大学　肖　辉　俞丽华

图　福州夜景规划总图

摘　要　文章详细地介绍了历史文化名城福州市夜景规划的总体方案，并以闽江夜游为重点，体现特色的灯光效果。借以探索有关夜景规划的设计思路和方法。

关键词　夜景规划　特色照明

近年来，随着全国各地城市建设的发展，对城市夜景的要求越来越高，不仅要求"照亮"，更强调"美化"。因此，照明同行们与规划、建筑、园林、景观各专业人士一道，通过对整个城市的夜景进行总体规划和设计，突出重点，避免杂乱无序、亮度过高、光污染等现象产生。于是，城市夜景规划与设计作为一门边缘学科孕育而生。笔者有幸参与了其间许多的工作，借此机会以"福州夜景规划"的实践来与大家一同探讨和研究。

1　夜景规划概述

1.1　历史风土文化景观

福州市是国家历史文化名城，素有"海滨邹鲁"之美称，名胜古迹众多，"三山两塔一条江"是福州城市地貌的高度概括，也是构成福州山川形势与人文景观的六大构件。

1.2　自然与环境景观

福州市"群山环抱、一江横陈"。旗山、鼓岭山脉形成城市东、西、北三面屏障，是城市景观重要的背景、远景要素，犹如一幅优美的国画；城内的乌山、于山和屏山是城市自然景观的重要元素，为特有的景观驻足点。

福州水系发达，有大川、内河、支流、内港、大小水库等，景观形态各异，可以形成点、线、面的水文化景观体系。

1.3　江河与滨水环境

以闽江为代表的诸多江河，是未来城市最优美的景观带，是城市总体形象的代表。同时，它是城市艺术文化的载体，是蓝色文明与建筑艺术的完美结合。

1.4 福州夜景的现状

经过多年的建设,福州市的夜景已形成一定的规模。具体而言,包括:以五一、五四路为代表的高层建筑的泛光照明群体;以闽江两岸南、北闽江公园为主体的园林景观照明地带;以五一广场、台江步行街为主的广场照明区域,以及星罗棋布的公园、广场、中高层建筑的夜景照明,见图1、图2。

通过对福州市进行大量的调研,我们做了全面的分析,经过不断地修改,最终确定了总体规划方案。

2 夜景规划的设计依据

(1)《福州市总体规划(1995—2010)》(福州市人民政府1998.12);

(2)《福州年鉴2001》;

(3)CIE技术报告 136—2000号出版物《城区照明指南》;

(4)CIE技术报告 94—1993《泛光照明指南》;

(5)《上海市城市环境(装饰)照明规范》。

3 夜景规划的总体方案

3.1 总体目标

(1)提升省会形象,展现经济发展实力和城市现代化水平;

(2)营造"历史悠久、人文荟萃、风光旖旎"的历史文化名城的夜景;

(3)策划闽江夜游,体现"群山环抱、沿江滨海、河池遍布"的独特山水城市的光环境,实现"人与自然"的对话;

(4)力求通过夜景照明促进旅游、商业的发展,带来社会效益和经济效益。

图1 福州夜景现状(一)

图2 福州夜景现状(二)

3.2 规划原则

(1)坚持高起点设计、高标准建设,强调以人为本,努力创造精品。

(2)科学性、合理性和可操作性相结合的原则。科学、合理地设计灯光布局,以闽江夜游为主线,突出重点。同时,兼顾夜景现状,统一设计,分步实施,确保规划方案具有可操作性。

(3)可持续发展原则。充分利用城市现有景观,合理取舍,使整个光环境的营造与城市建设相适应,逐步实现经济、社会、资源和环境的协调发展。

(4)"绿色照明"的生态原则。强调节能和环保,夜景的照度和亮度不宜过高,以免造成光污染;尽量依山形、水势布灯,做到"见光不见灯",使福州真正成为现代化的山水园林名城。

3.3 立意与构思

以"历史人文,山水园林,时代精神"为宗旨,贯穿始终。

(1)福州市是一座历史文化名城,于山文化是城市发展的文化底蕴和灵魂。夜景规划紧紧围绕这一中心展开。同时,于山、乌山、屏山、八一七街构成的"三山两塔一条街"是主要的历史文化景点，要通过夜景灯光突出展现其丰厚的历史文化积淀；

(2)福州市是一座具有独特自然山水景观环境的城市：山在城中，城在山中，水在城中。因此，“显山露水”、山水园林的设计构思，是夜景灯光的建设的另一主题；

(3)福州市依托城市主体，以海港、空港为导向，东进南下西拓，沿江向海，有序滚动，是未来东南沿海经济贸易中心之一及海峡西岸繁荣带的重要组成部分。未来的商务中心宜选择在闽江两岸。可见，闽江夜游将是城市时代精神和现代气息的展示，意义重大；

(4)闽江两岸景观的开发，夜间景观的组织，应具有其独特的主题：“人与大自然(城市与河流)的亲和与默契。”

3.4 总体框架

一纵一横夜景轴线；两个中心景观区域；

十条特色景观视廊；十一个主题景点；

组合成点、线、面结合的综合夜景体系，见图3。

其中，一纵：以“三山两塔一条街”为中心的历史文化轴线，见标题图。

一横：以闽江为中心的景观发展轴线，见图3。

夜景中心区域：“三山鼎立、二塔耸峙”，营造了福州古城区的秀丽风光，为夜景的中心区域之一；“闽江——东方莱茵河及两岸的区域(从洪山大桥至光明港)”，人与大自然在这里亲和着、默契着，是夜景的中心区域之二，见图3。

十条特色景观视廊——即特色街区、特色河流，见图3。

八一七路：历史人文景观视廊，突出福州深厚的历史文化底蕴。

五一、五四路：交通干道，突出现代写字楼、高雅商业街的氛围。

杨桥东路、东街、东大路：交通干道，突出快捷流畅的时代特征。

华林路：行政、办公街区，突出福州省会的形象。

乌山路、古田路、福马路：突出历史与现代的交融。

中亭街、台江路：商业街，突出民风民俗、现代商业的活跃气氛。

湖东路：金融街，突出商贸中心的形象。

晋安河、白马河：自然滨水休闲景观带，突出滨水景观的自然性和近水、亲水性。

十一个主题景点见图3。

于山——文化丰碑：以白塔为核心，表现福州的过去(古文化)与未来。

乌山——文化档案：以乌塔与古庙群的灯光为核心，表现以“石文化”为特色的古城风景园林。

屏山——文化摇篮：以华林寺、镇海楼(恢复)、屏山公园的灯光为核心，突出表现屏山之“绿文化”。

西湖——山水盆景：以西湖八景的灯光为核心，突出表现福州自然景观之秀美，显示“水文化”的特色。

烟台山——山地古迹(压轴南障)：以烟台山公园的灯光为核心，突出表现近代建筑与外来文化的特色风貌。见图4。

金牛山——以金牛山公园的灯光为核心，突出表现自然景观。

金鸡山——以金鸡山公园的灯光为核心，突出表现自然景观。

东入口——严复塑像环岛、福马路至五里亭立交桥。此段主要体现福州为发达的对外开放沿海城市，自然与人文景观合一，“人杰地灵”。见图5。

西入口——洪山大桥、洪甘公路入城段。

南入口——福泉高速与则徐大道相交。

北入口——南浦路、五四路交叉(琴亭高架)与城市南北主干道相接。

图 4　主题景点——“山地古迹烟台山”

图 5　主题景点——“东入口五里亭立交桥”

4　特色夜景——闽江夜游策划

闽江是福州具有传奇色彩的河流，自西向东穿越整个市区，成为景观特征的关键要素。而乘坐游船夜游闽江，视野开阔，视觉效果最好，因此，闽江夜游是福州夜景的重点，可谓独具魅力。

4.1　整体效果控制

（1）景观概念与夜景主题：人与大自然（城市与河流）的亲和与默契。

（2）夜景构成元素：桥梁泛光照明、滨河高低柱庭院灯（护堤灯）、水体照明、休闲绿地照明、滨江大道路灯、滨江建筑物及构筑物的泛光照明、广告照明。见图 6、图 7。

（3）沿线河堤光色控制：白色光（暖色调）。

（4）夜景设计总则：保持水岸整体的自然性、亲水性、连续性，同时融入现代化的气息。

图 6　锦江园夜景

图 7　江心公园夜景

图 8　台江码头夜景

图 10　大桥夜景

图 9　沿江建筑泛光照明

图 11　江滨大道夜景

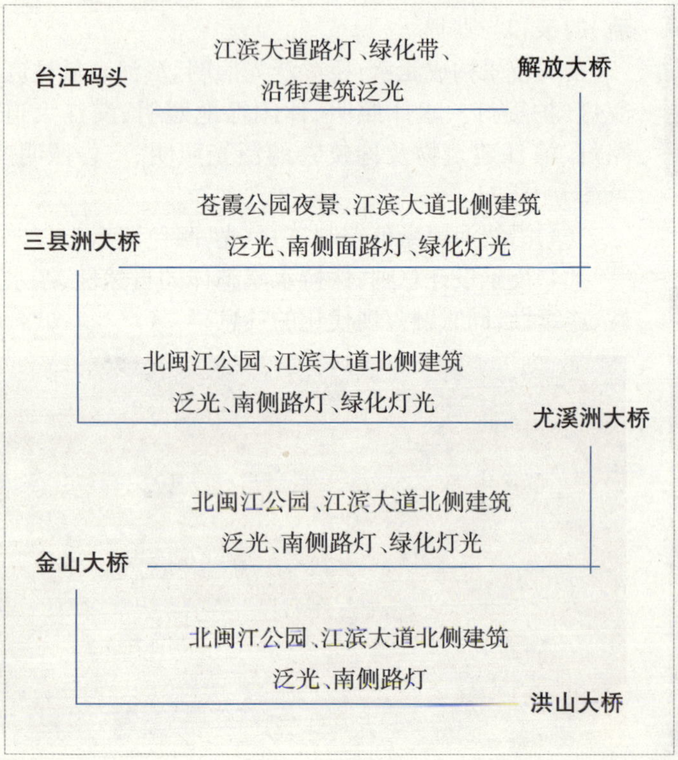

4.2　闽江夜游景观的组织

闽江夜游景观的组织见图 8、图 9、图 10、图 11。

5　总结

福州市的夜景照明规划无论从规划的范围和规划的深度而言，都使我们在对古城的夜景规划和设计领域做了又一次的深入探索，积累了新的经验和教训。

撰写此文，与同仁们交流，以期为我国的照明事业做出自己的贡献。

参考文献

1　俞丽华.电气照明.第二版.上海：同济大学出版社，2002

2　肖辉乾.CIE 技术报告第 92 号出版物.城区照明指南简介.室外照明与建筑采光学术研讨会论文集，2002

3　福州夜景照明设计方案报审稿，2003

哈尔滨 城市夜景照明规划

深圳市名家汇城市照明研究所　陈秋萍

1　工程概况

哈尔滨是一座以冰雪旅游、避暑度假为主要特色的多功能旅游名城。它不仅以松花江的秀丽、太阳岛的妩媚闻名遐迩,更以其独特的城市建筑风貌被誉为"东方的莫斯科"和"东方的小巴黎"。

随着哈尔滨市城市建设的发展,城市面貌已焕然一新。城区的改造、城市广场的建设、城市道路的整治翻修、临街建筑物的"着装"整治,美化了哈尔滨城市形象,提高了城市环境质量。而哈尔滨城市灯光夜景建设却明显滞后于城市建设的发展,为了同步建设夜环境,提高夜环境质量,城市灯光夜景规划设计已迫在眉睫。

2　规划设计背景与目的

受哈尔滨市规划局委托,我们从宏观上按点、线、面相结合的原则,针对哈尔滨的城市风貌、建筑风格及人文景观进行总体规划。借鉴国内外城市夜景建设的成就、经验,结合哈尔滨市的地域、气候及冰雪文化等特点,通过科学地、系统地规划,并根据我国近年来城市夜景的发展规律,确立由"亮化"到"美化"到具有"风格的、特色的"城市夜景的指导原则。以达到提高城市品位,完善城市夜空间环境质量,塑造良好的城市整体形象,创造愉悦、宜人的具有哈尔滨特色的城市夜景环境的目的。规划、确立对哈尔滨市夜景观的总体布局,并通过分项规划控制道路、建筑、绿化、广告、公共设施、营造景观等夜景构成要素的亮化。

3　自然环境、城市格局、城市建筑分析

哈尔滨具有本土文化和西方文化交汇重叠的文化特色,是一座近代中西文化交融的历史文化名城。冰雪文化驰名中外,文物古迹、历史街区、城市格局、自然景观等构成了独具特色的城市风貌。

哈尔滨市城市总体规划(1996~2010年)中明确规定了哈尔滨市的城市性质为:"黑龙江省会、国家历史名城,我国东北北部经济、政治、贸易、科技、文化、旅游事业的现代化城市"。

同时,哈尔滨市城市风貌的基本骨架是以松花江水域和马家沟河为主体的滨江绿带体系;以太阳岛为主体的休闲、旅游、观光、渡假风景区;以经纬街—红军街—中山路,东西大直街—学府路为主体的景观主轴线体系构成。

城市建筑风格:哈尔滨是座中西文化交融的历史文化名城,以俄罗斯式、新艺术运动风格、折衷主义建

筑为基调。经过改革开放以来的开发建设，市区内高层建筑也鳞次栉比。因此，如何融合高层建筑物与中西建筑风格上的差异、大型广场和桥梁的视觉资源，是规划中需要着重考虑的问题。

4　城市灯光环境分析

城市的发展和建设是一个循序渐进的过程，不可能一挥而就，城市灯光夜景建设也一样，也需要一个过程。据统计数据，到目前为止，已有1000多幢建筑、26条街路、45个景点、13座桥体做了亮化，这些灯光景观的建设为哈尔滨市的夜晚带来了现代化城市的生机和氛围，也为哈尔滨市未来的灯光景观建设提供了经验和借鉴。

哈尔滨城市道路系统规划为“两轴、四环、十射”两轴：东西大直街与中山路、红军街、经纬街；四环：内环、二环、三环、公路环；十射：哈伊、哈大、哈双北线、哈中线、哈双南线、京哈公路、哈五公路、哈阿公路、哈成公路、哈同公路。经现场调查分析，两轴道路路面质量良好，均设置有新颖路灯，且照度均已达到国家标准；但经纬街照度不够，而且有眩光，两轴旁建筑物只有轮廓灯或投光灯，建筑物照明比较单一。二环道路功能照明尚健全，但有部分路段照度不均匀，如南直路。道路两侧建筑物使用功能较复杂，主要有公建、住宅、商业建筑等，并且各类建筑无明显分区，功能混杂。这些道路附属灯光夜景设施主要是广告灯和霓虹灯，如霓虹灯广告、牌匾广告、路灯灯杆广告、屋顶灯箱广告、公交站台灯箱广告等。

根据以上的调查和分析，哈尔滨城市街道夜景主要有以下问题：①缺少统一的规划。灯光夜景没有与城市规划同步，照明的单位各自为政，自发行事，缺乏整体性和与城市内涵的和谐，没有自己的特色；②照明方法单一，缺少统一标准和依据，相关管理法规、条例和管理制度尚不健全；③灯光隐蔽性不强，能源浪费明显。照明设计艺术性和功能性的结合弱；④照明光源、灯具和附属设备品种少，质量也有待提高。

5　规划设计范围及依据

本次规划设计范围为哈尔滨市区内主要城市路径、节点范围内的道路、桥梁、广场、绿地、建筑物、构筑物等城市景观设施的灯光设计。

规划设计的主要依据为：①设计任务单；②哈尔滨市城市总体规划；③相关规范及技术标准。

6　哈尔滨市灯光环境总体构想

6.1　创建哈尔滨市第二轮廓线景观

根据城市自然格局和建筑风格的特点，白天以绿化、整洁与美化构成第一轮廓线景观；夜晚以灯光夜景构成第二轮廓线景观。灯光的配置可以反映建筑的轮廓，强化优美，淡化不足，同时也表现出个性特色。因此，可以通过灯光使新老建筑在夜晚焕发出新的生命力，给人以美感。

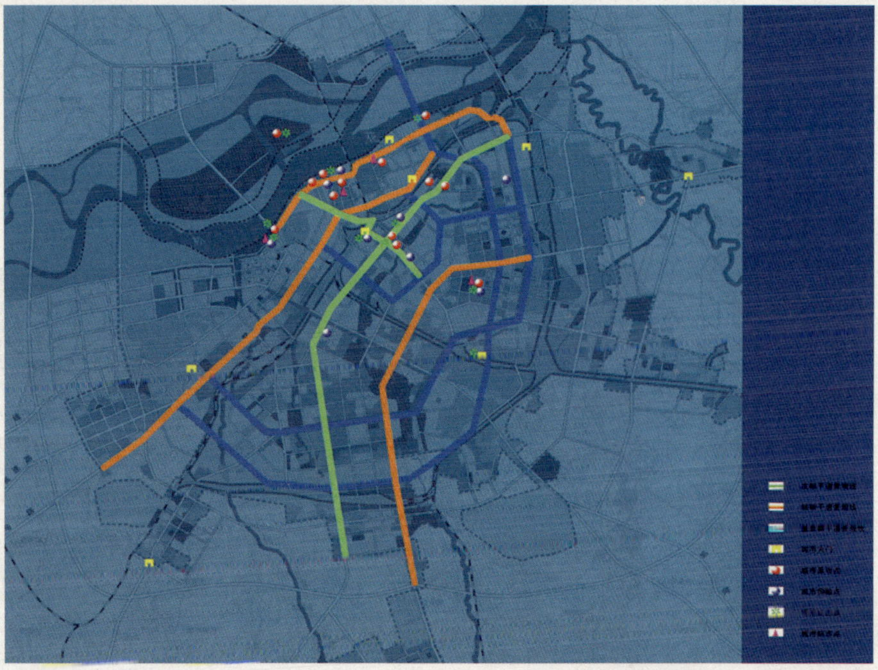

6.2　繁荣城市文化、促进城市文明

滨江风光、冰雪风光、冰雪文化、欧风建筑成为哈尔滨市的城市特色，灯光景观应发挥这一城市格局的特点，展示城市风貌和自然景观，使城市的夜晚增添新的魅力。

6.3　坚持高起点、高品位有序建设

哈尔滨市灯光景观建设应在“有序”原则指导下进行，即根据不同区域的自然环境与建筑形态确定各自的表现主题，在制定实施的技术方案中应突出主题、围绕主题。这些表现主题一方面控制了灯光景观的基本品位和色彩取向；另一方面，也能有效地避免

在表现方法和表现效果上的雷同与层次混淆。哈尔滨市灯光景观建设应采用新技术，时刻注意防止“光污染”。

6.4 哈尔滨市灯光环境总体定位

根据以上构想，哈尔滨市夜晚灯光环境的建设应立足于高起点，着眼于21世纪，融高科技、文化艺术、信息广告及灯光色彩于一体，体现文化品位，使市民和游人在夜晚置身于浓郁的艺术或商业氛围之中。

6.5 哈尔滨市灯光景观建设原则

(1)设计理念创新化；

(2)表现手法艺术化；

(3)灯光景观信息化；

(4)光源选择多元化；

(5)灯光环境有序化；

(6)灯光控制集中化；

(7)灯光设施现代化；

(8)总体效果美观和谐。

7 哈尔滨市灯光环境区域划分

7.1 区域划分依据

划分依据为《哈尔滨市城市总体规划》和哈尔滨市建成区的现有功能，确定各景观区域的划分和区域性的标志性建筑，并进一步确定表现主题，给出语义明确的表述。

7.2 经过对主要区域和主要线路的实地勘察，确定哈尔滨市灯光环境

7.2.1 主要景观区域

主要景观区域为特殊功能区域（大型旅游景点、窗口景点、开放式公园等），如斯大林公园、太阳岛公园、冰雪大世界、文化公园等。

7.2.2 主要景观广场

主要景观广场为城区中心的大中型广场，如火车站广场、红博广场、新阳广场、母亲广场等。

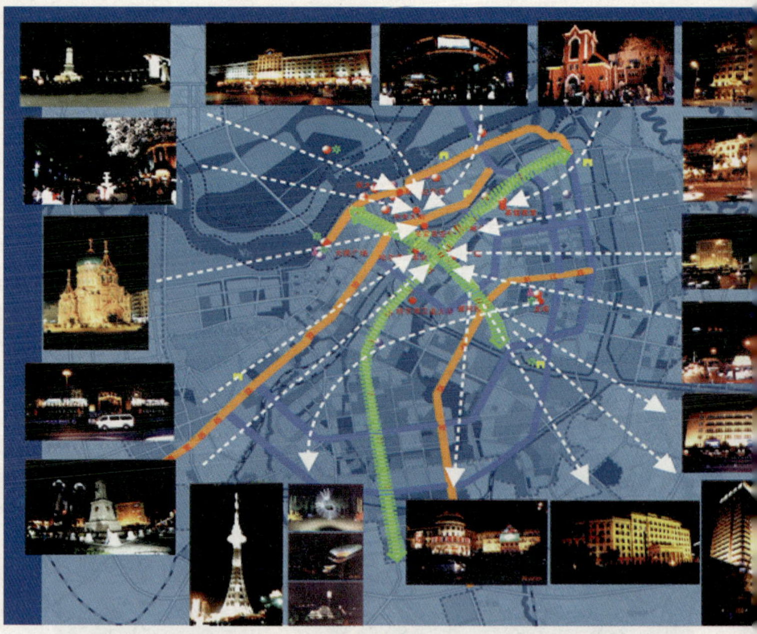

7.2.3 主要景观路线

以经纬街—红军街—中山路，大直街—学府路为主体的景观主轴线。

7.2.4 主要景观节点

主要景观节点为城市出入口，包括具有观赏价值和造景功能的城市自然、人工环境，它们是防洪纪念塔、太阳岛、松花江公路大桥、斯大林公园、兆麟公园、中央大街、红军街、靖宇街、地下商业街、中外边贸市场、国贸大厦、极乐寺、文庙、二十道街、江桥桥头广场等。

7.2.5 主要景观建筑

主要景观建筑为沿上述区域两侧的若干建筑，它们的位置与实景已被编号并被标于附图，它们组成了本规划的基本设计元素。

7.2.6 哈尔滨市灯光景观区域性表现主题（见表1）

表1

主题	温馨典雅	气派绚丽	吉祥新奇
区段	沿江南岸	东西大直街	经纬街-学府路
编号	(01)	(02)	(03)
主题	繁华亮丽	现代风貌	亮丽华贵
区段	中央大街	新阳路	和平路
编号	(04)	(05)	(06)
主题	精致秀气	古朴典雅	
区段	友谊路	景阳大街、靖宇大街	
编号	(7)	(08)	

8 哈尔滨市灯光景观建设总则

鉴于国家目前对城市灯光景观建设尚无明确的规范，下述条文应在哈尔滨市灯光景观建设中得到全面遵守：

(1)所有大厦之立面照明不得显现出内部杂乱的空间。除置于地面的灯光装置外，在任何地平视点上均不应露出清晰的灯光设备（不包括线形光源）之痕迹；

(2)在掌握性能的条件下，应注意多采用高新技术及产品，增加大直街、中央大街等繁华地域灯光的高科技含量；

(3)提倡采用动感画面灯箱，用非锈蚀性硬质材料制作，霓虹灯广告牌要及时维护；

（4）为保护光环境，设置的地面灯具宜以光源位于地表下的地面灯为主，特别是在休闲广场前，水平视线内不应有刺眼的光源存在，以保证游人的行、坐不受障碍；

（5）对于高层建筑立面，低于 10m 的裙房部分，如用泛光照明，其表面照度平均值应不大于 200 lx，不均匀度不应大于 1/2，不得使用机械闪烁灯具；

（6）高层建筑立面不宜采用红、绿、蓝等高饱合度光色直接投光照射，泛光照明的光色以光源的自然光色为主；

（7）各高层建筑塔楼立面装饰应严格限制霓虹灯、彩虹管的使用，如设计中要求必须使用线型光源，宜用光纤作替代物；

（8）所有灯光设备的安装、运行必须确保安全（电气安全、机械安全）；

（9）大厦灯光环境设计应考虑节能措施，灯光灵活控制。宜设置节假日及平时两种控制模式；

（10）单体建筑的灯光控制方式应为今后采用集中控制预做相应准备；内外照明时间应协调，应建立全市集中的灯光控制中心，实现遥控并逐步遥测；

（11）高层办公楼临街的房间，逐步实现在午夜前30%以上的室内开灯率；

（12）条件许可时，道行树木应设置地面灯照明；

（13）建立规范、齐全的工程设计文件与施工档案。

9 哈尔滨市灯光管理控制中心主要功能

（1）统一管理与指挥全市的灯光景观的创建及灯光设备的启动与运行；

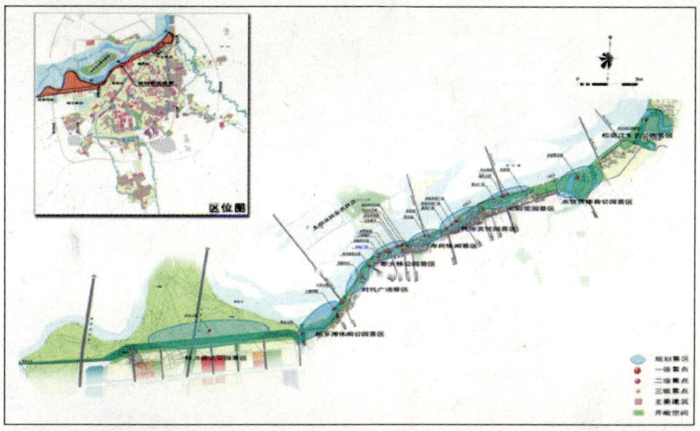

（2）扩展全市的灯光景观的范围，完善设施、维护设备、提高艺术水平与运行水平；

（3）保证城市道路照明系统的可靠备用；

（4）组织审查新建（规划）区域的灯光景观规划与设计；

（5）监督灯光污染问题，对光污染进行定期监测并提出对策；

（6）监督检查有关城市灯光法规的实施；

（7）城市夜晚安全监控辅助功能；

（8）与其他相关的监控系统的数据共享。

城市照明规划中夜景观的意象与表达
——汕头市城市照明的文化表象

北京工业大学城市照明规划设计研究所　李　农　范彦波

摘　要　城市照明在经历了单一追求“亮化”后,已经向“文化”和“绿色”的方向发展。文章通过对汕头市城市照明规划中夜景观的意象与文化表达手法的介绍,一方面阐明城市照明规划中景观照明规划部分的重点;另一方面为其他城市的照明规划设计提供一定的参考。

关键词　城市照明　照明规划　夜景观　光文化

虽然夜幕已经降临,但人们并不会马上进入梦乡,在从天黑到入睡这4个小时左右的时间内,城市作为人们的活动场所,除应具有功能性的照明外,还应有其亮丽的一面。这4个小时是照明设计师的舞台,更是照明设计师的一份责任。城市照明在经历了一味追求“亮化”的阶段后,正向着“文化”和“绿色”的方向发展。本篇介绍的汕头市城市照明规划中就充分表现了上述发展趋势。

汕头素有“华南要冲,岭东门户”的美誉。由此可见,汕头拥有的不仅仅是美丽。由于其位于广东省东部、韩江三角洲南端,使之成为粤东、赣南、闽西南一带的重要交通枢纽。汕头还是我国著名的侨乡及全国五大经济特区之一。历史上,潮汕多元文化的氛围,使现代的汕头承载着具有潮汕特色的地域文化和传统文化。汕头城市照明规划的编制就是在充分调研的基础上展开的。

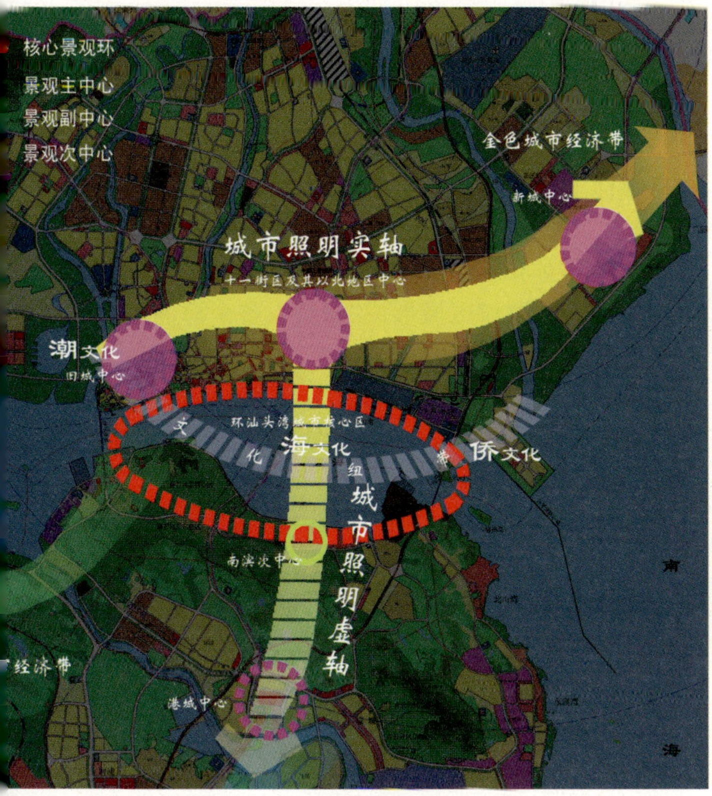

图 1　汕头城市照明区域关系

1　明晰城市功能与格局

汕头市城市照明规划将中心城区的景观照明区域划分为“三个主中心、一个副中心、一个次中心”，构成 T 字形格局(如图 1 所示)。“主中心”于北岸一字排开，以金砂路为主贯穿构成城市照明实轴；“副中心”与“次中心”均位于南城，与主中心隔海、隔山相对，在空间上形成城市照明虚轴，并重点突出汕头内海湾的地理优势，体现海滨城市的文化内涵，对内海湾南北两岸及海湾大桥、礐石大桥、礐石风景名胜区以及海滨路沿岸标志性建筑的城市照明进行了系统控制性的规划，形成山、海、城相映成辉的夜景观环境。另外，运用灯光重点表现出北岸贯穿新老城区的横向景观主轴（金鸿路—金砂路—杏花路—火车路—民族路）和各区域与之相交的纵向景观轴，并强调城市的内在逻辑和秩序感。这就是汕头市城市照明总体规划的主要结构。

2　梳理城市肌理与脉络

城市的每一条道路都是城市发展的见证者，而由城市道路以及一些区域所组成的“城市肌理”也在宏观上传承着一个城市的发展历程。在编制汕头市城市照明规划时，设计人员有选择性地给一些街道和区域添加适当的景观照明，除了考虑街道和区域的功能外，展现“城市肌理”是另一个重要的目的。

满足城市道路照明，功能性要求是规划必须做到的。在汕头市城市照明规划编制过程中，设计师深入调查了汕头的发展历史、现状，将构成城市脉络的部分道路进行了重点规划。这些道路经过功能照明和景观照明的综合处理，构成了汕头市城市夜景观明晰的“肌理”。汕头市城市照明结构图清晰地显示出组成汕头市城市照明总体意象的框架道路、景观区域、景观节点以及景观水系和海域。设计师在做规划时并不是盲目的，人们无论穿行于这些框架道路还是从高空鸟瞰整个城市，都能通过城市照明所传达出的意象与符号感受到汕头城市夜晚所特有的夜景观“肌理”(如图 2 所示)。

图 2　汕头城市照明结构

3　亮出城市文化与品位

一些城市的照明规划对各类照明载体的照明设计只有设计导则，缺少对单体设计的有效控制，经常导致规划成为空谈。在汕头市城市照明规划的编制过程中，照明总体规划、控制性规划与单体建筑照明概念设计同步进行，最大程度地保证了实施后的理想照明效果。显然，载体的照明设计应该在照明规划的指导下进行，才能促成照明规划的有效控制，两者是相辅相成的关系。设计人员依据规划做了很多细节处的照明概念设计，这些细节又使规划思想表达得更为清晰。

通过细节来表现规划：在每一处细节的设计上都按照城市照明总体规划的要求，以形成最终城市照明大意象为出发点，同时达到让照明有细节可看，照明“以人为本”的目的。

随着经济水平的不断提高，城市建设越来越重要，但却呈现出千篇一律的发展趋势，城市照明更是如此。作为具有独特历史和地域文化的城市，汕头应该怎样亮才能亮出城市的文化特色，已经成为照明规划设计师最倾注心血的问题。在汕头市城市照明的整体规划中，规划者充分考虑了地域文化的表现。下面就以最具典型意义的汕头市内海湾照明规划为例进行说明。

汕头是我国内陆地区唯一有内海湾的城市，汕头市内海湾具有很大的景观价值，是汕头市的骄傲。在城市照明规划中由内海湾北侧的海滨路、南侧的南滨路以及海湾大桥和礐石大桥所围合而成的景观环境是照明的重中之重。

环汕头湾海岸线的夜景观是一个完整的体系，应该从整体上来把握。汕头古时称为“鮀岛”，俯视汕头内海湾，其平面呈梭形，中间大、两端小、神似鱼形；礐石大桥整体形象构成端部扩大的“鱼尾”，妈屿岛、海湾大桥等入海口区域形成“鱼首”，整个海湾形态看起来像一条硕大的即将遨游出海的“鮀鱼”。鱼首朝向汕头外海湾——广阔的中国南海，蓄势待发。在对海湾岸线周围的性质、状况进行充分分析的基础上，通过归纳、演绎，最后采用遨游出海的“鮀鱼”构思来打造汕头内海湾，构成汕头特有的“明鮀万里”的夜景观效果，同时与“汕”的古意不谋而合，创造了属于汕头市的城市夜景观图腾。同时将海湾中的德州岛、草屿岛、龟岛协同考虑，照亮岛屿的东端，构图上形成大鱼、小鱼“你追我赶”、自西向东游向大海的动感效果(如图3所示)。

为了突出大“鮀鱼”的轮廓，海湾堤岸的防浪墙采用统一的白色泛光照明。但由于海岸线较长，为了避免单调乏味，必须进行分段分主题的照明设计。因此在护栏及堤岸平台的绿化部分依照不同的照明设计主题采取不同的照明方式。只有处理好整体与部分的辩证关系，才能营造出一个气势磅礴的海湾夜景观。

沧海桑田。自汕头港湾的形成孕育了汕头市之后，

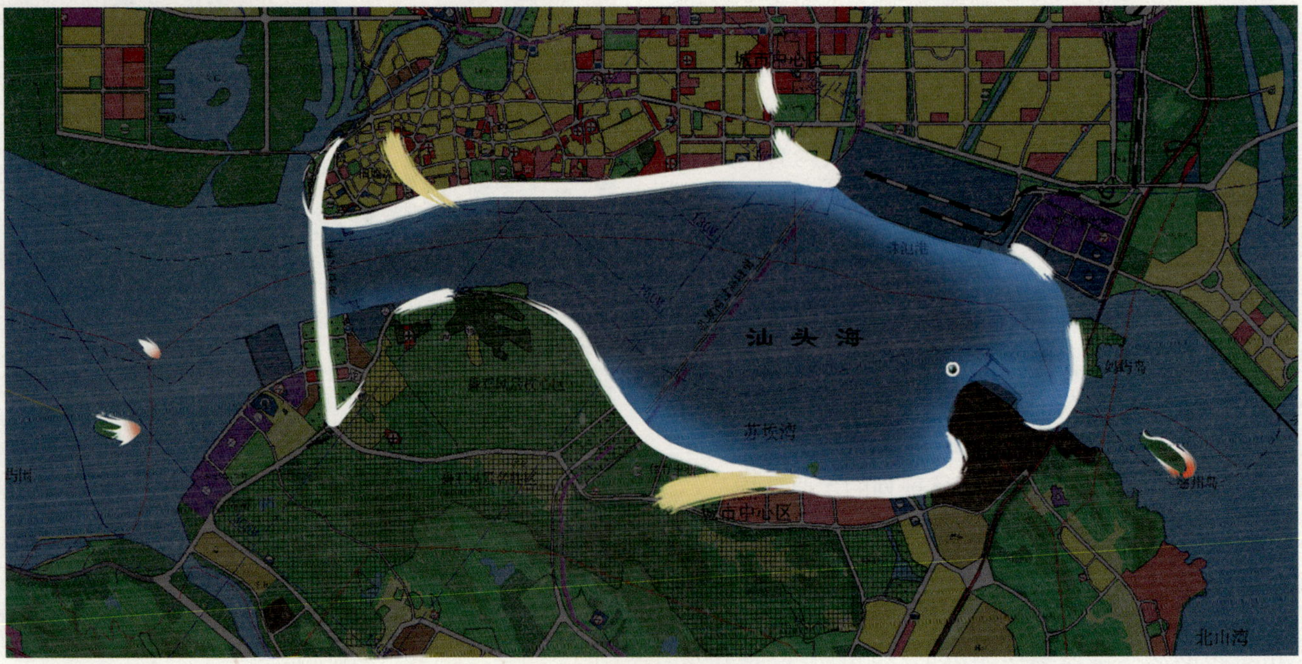

图3　海湾照明意象

城市的发展方向便随着港湾的发展经历了一个自西向东,然后跨海向南岸开拓空间的过程,这期间走过了辉煌与沉静、发展与繁荣的复杂历程。而汕头湾则像一面镜子,映衬出城市发展的春夏秋冬。因此,将"春生夏长,秋收冬藏"这一大自然永恒的规律赋予汕头湾的夜景观,使夜色中的汕头湾更具魅力。在照明规划设计中根据海岸线的性质、特征,将其分为4段,分别以"春"、"夏"、"秋"、"冬"4个照明主题来表现汕头湾美丽的容颜。

整个汕头湾的照明设计紧扣汕头市地域特点和文化特色,一改千篇一律的照明方式,将国内唯一的内海湾城市的美景表现得淋漓尽致(如图4所示)。

4 结束语

没有暗也就不存在亮,亮在暗的基础上生存。然而中国的城市照明曾经进入一个误区,认为城市或建筑物照明越亮越好,直至现在,这种误区依然存在。汕头市城市照明规划自始至终都本着亮暗适度的原则,决不滥用光线。

汕头市城市照明规划设计从开始调研,历经无数次的讨论与调整,到最后成文将近1年的时间,设计师的心血终于换来了硕果。既然我们要在这4h的舞台上"表演",就应该明确自己的责任——为人们带来有特色、有美感、健康无污染的"光之交响曲"。

参考文献

1 北京工业大学城市照明规划设计研究所等. 汕头市城市照明总体规划 2005~2020
2 汕头市城市照明控制性规划 2005~2020

图4 "春"、"夏"、"秋"、"冬"照明主题意象

湖州市夜间景观照明设计

湖州市规划设计院　赵　洪

摘　要　文章介绍了湖州市夜间景观照明设计的思路及具体的实施方法。

关键词　夜间景观照明　光源及灯具的选择　照度计算　光污染

1　前言

随着社会的发展，城市夜间景观照明(亮化工程)建设已在全国迅速开展起来。城市夜间景观照明是一种渲染气氛，美化城市的装饰性照明，是城市文化内涵、科技水平和经济实力的一种体现。湖州市夜间景观照明工程于2000年启动，经过几年来的实践和总结，具有湖州特色的夜景照明展现在市民眼前，它极大地丰富了广大群众的文化生活，受到了广大市民的称赞。笔者拟通过湖州市夜间景观照明工程的实施及应用，进一步探讨和完善中小城市夜间景观照明设计的方法。

2　城市概况及总体布景

2.1　城市概况

湖州市是一座具有悠久历史的城市，整个城市河流环绕，有着"江南水乡"的美称。城区既有许多古色古香的园林式建筑，也有不少具有浓郁时代气息的现代化建筑，繁华热闹的商业网点遍布市区，"小桥流水"式的休闲场所点缀其间。我们对市区300多个景点进行了综合考察，提出了夜间景观照明方案。方案涉及的主要街道有：南街、东街、红旗路、人民路；主要公园：湖滨公园、飞英公园、太湖乐园有；主要建筑有：市行政中心、博物馆、科技馆、体育馆等各建筑物、标志物等。夜间的景观照明采用各种不同的灯光、色彩，对建筑物、标志物、桥梁、建筑小品、树木以点、线、面结合的方式投光，突出各类建(构)筑物的特点，使整个城市在黑夜降临之后光彩夺目，淋漓尽致地表现出其特有的风格，从而体现出湖州繁荣华丽的现代化城市的氛围；湖滨富有水乡韵味的沿市河景观照明，在现代繁华之中突显了湖州悠久富庶的江南特色，进而给城市带来巨大的经济效益和社会效益。

2.2　总体布景

一个城市的夜间景观照明是一项系统工程，要进行统一规划，使各类建(构)筑物夜景照明协调、有机地组合在一起，才能形成和谐优美的夜景。湖州市统一规划、统一设计、分期实施，从宏观上划定了各个景点夜间照明的艺术风格、照明水平及照明色调，组成了一套完整的夜间景观照明体系。各类景观照明的特点如下：

(1)标志性的建筑物要重点突出其建筑特征与艺术效果，给人留下深刻的印象，从而提高城市的知名度。高大雄伟的具有现代特点的建筑物如：市行政中心、浙北大厦、国际大酒店、体育馆、建设银行等；典雅精致具有地方特色的古典建筑物如:湖笔馆、飞英塔、潮音桥等。

(2)沿街的商业网点要体现繁华热闹、多姿多彩的特点。利用彩色光的感情特征,激发人们的兴趣,从而达到吸引顾客、促进消费、提高经济效益的目的。

(3)公园、桥、树木、花草,要体现人与自然的和谐,灯光亮暗的有机结合给人们提供了休闲散步的好去处。

(4)我们尽量采用暖色调的光,给人以温暖的感觉,而较少使用那些在晚间引起人们不安与消极被动情绪的蓝、紫色光;在商业性建筑及娱乐性设施中,我们适当采用彩色的光,以达到美化环境、调节气氛的目的;在公园或喷泉等处,我们用绿色光配上少量的白色光,可以给人以安祥宁静之感,使人们在公园休闲玩耍的时候更加放松。

3 设计要点

3.1 光源及灯具的选择

3.1.1 光源的选择

选择合适的光源与灯具对投光照明是至关重要的,选择时应仔细考虑投光灯的光强、光束角、配光曲线、光源的额定光通、光输出比(灯具效率)等。

近年来,我国的光源技术取得了突飞猛进的发展,为我国的夜景照明提供了有利条件。目前,建筑物的夜景照明常用的光源有白炽灯、荧光灯、金属卤化物灯、高压钠灯、中显色高压钠灯等,这些光源各有特点,应根据不同的使用环境和要求综合考虑,选择合适的光源。当然,我们应该考虑优先选用节能光源。常用夜景照明光源的主要特性如表1所示。

3.1.2 灯具的选择

灯具是用来固定和保护光源,并调整光源的光线投射方向,以获得照明环境的合理光分布的一种器具。对灯具的要求主要包括:光学特性、机械特性以及电气性能。

光学特性:根据光束峰值光强、光束角度、截光角度、光束效率、光强分布曲线及被照建筑物的体形、被照面面积、要达到的效果及灯具安装位置、高度等选择合适的灯具。

机械特性:灯具应便于在水平及垂直方向进行调节,并具有牢固可靠的锁紧装置;应具有良好的耐腐蚀性能,灯具的防尘、防水等级应高于IP55。

电气特性:建筑物夜景照明的灯具大多安装在室外,往往高度较低,灯具必须具有良好的防触电保护,使灯具与保护接地连接起来。

另外,灯具外形应美观,体积要小,重量要轻,便于安装维护和管理。

3.2 照明方案

3.2.1 照明方式

建筑物的夜景照明方式很多,常用的方法主要有泛光照明、轮廓照明和内透光照明。

(1)泛光照明。采用泛光灯直接照射被照建筑物

表1 夜景照明常用光源的主要特性

光源类型	功率/W	光效/(lm/W)	色温/K	显色指数 *Ra*	寿命/h	冷启动时间/min	热启动时间/min	是否需要配件	适用范围
白炽灯	15~1000	10~20	2800~3200	100	1000~2000	瞬时	瞬时	否	轮廓照明
荧光灯	15~40	40~55	3000~6500	50~90	3000~5000	<3	<3	是	内透光;轮廓线
金卤灯(白)	75~2000	70~90	4000~6500	60~80	5000~8000	5~8	15~20	是	显色要求高的表面
金卤灯(蓝)	175~1000	60~70			2000~3000	5~8	15~20	是	局部照明
金卤灯(绿)	175~1000	60~70			2000~3000	5~8	15~20	是	树木、植物
金卤灯(紫)	175~1000	60~70			2000~3000	5~8	15~20	是	局部照明
金卤灯(红)	175~1000	60~70			2000~3000	5~8	15~20	是	红色表面
中显色钠灯	100~140	70~85	2100~2300	60	10000	5~8	10~15	是	褐色、黄色面
高压钠灯	50~1000	85~120	1600~2100	16~29	12000	5~8	10~15	是	褐色、黄色面

表面的方面，使被照面亮度高于周围亮度。

使用光源：气体放电灯。

特点：显示建筑物体形，突出建筑物全貌，层次清楚、立体感强。灯具的安装位置及投射角度很重要，否则光干扰很严重。

适用场所：适用于表面反射较高的建筑物。

(2)轮廓照明。采用将光源沿被照建筑物特定的轮廓安装的方法，勾勒出建筑物外形。

使用光源：白炽灯、荧光灯、霓虹灯。

特点：突出建筑物的外形轮廓，不能反映建筑物外表的特点。

适用场所：适用于桥梁及较大型建筑物，可作为泛光照明的辅助照明。

(3)内透光照明。采用将光源安置在建筑物内部，利用玻璃或玻璃幕墙向外透射出光线的方法。

使用光源：荧光灯、白炽灯。

特点：在某些特定的情况下效果较佳，节约投资，方便维护。

适用场所：适用于玻璃较多或大面积的玻璃幕墙建筑、标志和广告。

具体照明方式的选择应结合相应建筑物的特点，采用多种照明方式相结合的办法，以实现人们预期的效果。

3.2.2 泛光照明照度的确定

目前，我国还没有泛光照明设计的照度标准和评价方法。由于我国还是一个发展中国家，电能比较紧张，应该根据当地的实际情况选择照度值。

泛光照明的照度与建筑物表面的装修材料的反射系数有关。同样的照度值投射到不同的建筑物立面材料上，其效果显然是不同的：材料表面光滑、清洁，其反射系数就高，相同照度下其亮度就大，效果就好；反之，材料表面粗糙，反射系数就低，同样的照度下其亮度就显得暗淡，效果自然就差。各种建筑材料的反射系数如表 2 所示。

所以，选择反光照明的照度值时，要依据建筑物的反射系数与照度参照值，结合我国的国情以及地方的实际情况合理选定。一般来说，照度值取 50～100lx 左右，用电负荷比较适宜。

3.2.3 照度计算

根据建筑物的投射面积及期望达到的照度值，可以计算泛光照明所需的泛光灯具的数量。主要计算方法有流明法，适用于大面积投光的建筑物立面泛光照明。

表 2 各种建筑材料的反射系数

建筑材料	条件	反射系数
红砖	脏	0.05
水泥和石头(浅颜色)	很脏	0.05～0.10
花岗石	很清洁	0.10～0.15
水泥和石头(浅颜色)	脏	0.25
黄砖	新的	0.35
水泥和石头(浅颜色)	很清洁	0.40～0.50
伪造水泥(颜色)	清洁	0.50
白色大理石	很清洁	0.60～0.65
白砖	清洁	0.80

流明法是常用的泛光计算方法，其公式如下：

$$\sum\Phi=EA/u$$

式中 $\sum\Phi$——使被照立面达到要求的照度值所需要的光通量(lm)；

A——被照立面的总面积(m^2)；

E——被照立面上所要求的照度值(lx)；

u——利用系数。

其中，利用系数 u 考虑到光源所产生的光通量受建筑材料反射系数的影响而减光、灯具使用一段时间后光通量衰减及灯具的清洁程度等情况的影响，故实际计算中的平均利用系数 u 取 0.25～0.35。根据求得的 $\sum\Phi$ 和单台泛光灯的光通量 Φ_0 值（可由产品样本查得），可求出所需泛光灯的数量，即：

$$N=\sum\Phi/\Phi_0$$

现以湖州市建设银行项目为例予以说明。

湖州市建设银行大楼共 21 层，裙楼(商场)3 层，4～21 层为办公楼。要求建筑物沿街立面设计泛光照明。裙楼沿街立面总面积为 88×12.5(高)=1100(m^2)。取照度平均值为 80 lx，平均利用系数 u 取 0.25，则裙楼的立面部分所需光通量计算公式如下：

$$\begin{aligned}\sum\Phi&=EA/u\\&=(80\times1100)/0.25\\&=352000\ \text{lm}\end{aligned}$$

选用飞利浦 SWF330 型泛光灯具，内配 SON—T400W 高压钠灯光源，每盏灯具的光通量 Φ_0 为 47000 lm，则需要灯具台数为：

$$N=\sum\Phi/\Phi_0$$
$$=352000/47000$$
$$=7.49$$ 台(取 8 台)

4～21 层沿街立面(三个立面)总面积为 90×38(高)=3420(m^2),则 4～21 层立面部分光通量计算如下:

$$\sum\Phi=(E\cdot A)/u$$
$$=(80\times3420)/0.25$$
$$=1094400\ \text{lm}$$

选用飞利浦 HNF207 型泛光灯具, 内配 SON—T1000W 高压钠灯光源, 每盏灯具的光通量 Φ_0 为 125000 lm,则需要灯具台数为:

$$N=\sum\Phi/\Phi_0$$
$$=1094400/125000$$
$$=8.25$$ 台(取 9 台)

该建筑物立面泛光照明需飞利浦 SWF330 型泛光灯具(400W)8 台,飞利浦 HNF207 型泛光灯具(1000W)9 台,并在下述位置布置:

(1)沿街人行道旁绿化带花丛中设四组,每组(2×400W);

(2)在 3 层裙楼屋面处设置 9 组(1×1000W)泛光灯具(上投光)。

3.2.4 灯具的安装位置和投射角度

建筑物的夜景照明要突出建筑物的层次,显示立面的立体感,因此必须考虑建筑物的主要观察点,并在这个优选的观察点布置灯位。阴影可以突显建筑物立面的立体感,但是阴影的大小取决于建筑物表面凹凸的程度和光线的投射角度,与建筑物表面法线成 45°的角度,可以认为是光线平均最小的投射角度(如图 1 所示)。当凸面特别低的时候应增加该角度。光线投射方向与观察者方向二者之间的角度应≥45°。

为了说明建筑物夜景照明灯具安装位置和投射方向,下面列举几种常见的几何形状建筑物的布灯方式。

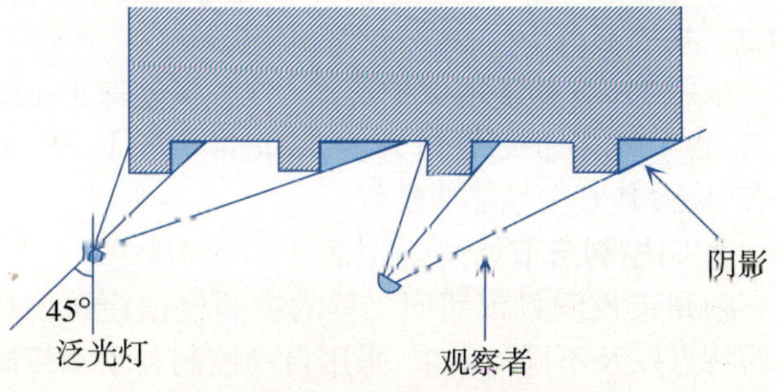

图 1 灯具的安装位置和投射角度

(1)圆柱形建筑。当照射距离 d 较近,建筑物本身直径 D 较大时(即 $d<D$),可采用 3 组灯具照射,如图 2(a)所示;当照射距离 d 较远,建筑物本身直径 D 较小时(即 $d>D$),可采用 2 组灯具照射,如图 2(b)所示。亮度方面,在建筑物表面的水平方向上,亮度变化必须是连续的;在沿垂直方向上,亮度必须尽量保持一致,有时上部亮度要略高一些,可在下面采用暖色光,上部采用冷色光,效果更佳。

(2)多边形建筑物。矩形和六边形建筑物通常可以从两个方向照明,但在大多数情况下,应根据场地的具体情况和要求而定。原则上,为了突出多边形建筑物的层次,其相邻表面的亮度不应相同,或者在颜色上应有差异。

(3)屋顶。屋顶是建筑物的重要组成部分,一些建筑物的特征及风格都反映在屋顶上, 因此屋顶夜景照明的处理非常重要。由于屋顶处于建筑物的顶部,受到高度等条件的限制,照明处理比较困难。比如,将灯具放在离建筑物很近的地方时,通常照不到屋顶,如果将灯具放在屋顶上,就必须很好地将灯具隐蔽起来,以免影响建筑物白天的美观。为此,在建

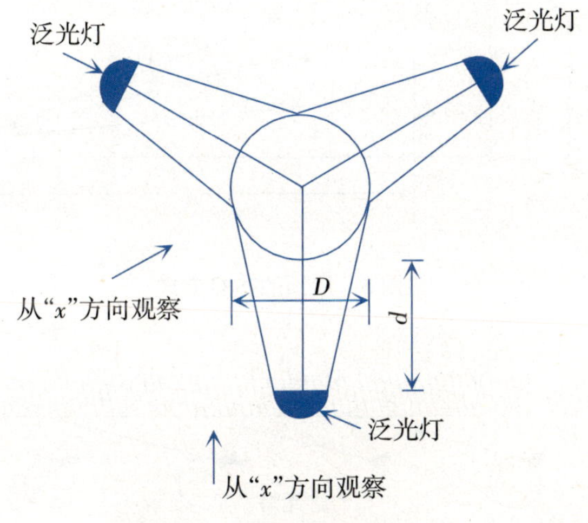

图 2(a) 圆柱形建筑布灯方式一

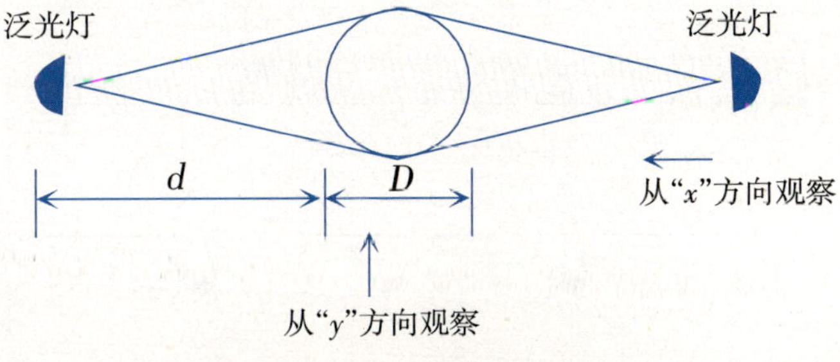

图 2(b) 圆柱形建筑布灯方式二

筑物较多的地方，可以将灯具放在临近的建筑物上，有时也可以将灯具放在一个较高的杆子上。此外，天窗、门窗、通风口、烟囱及其他结构都是灯具很好的隐蔽之处。

当灯具安装位置与建筑物的距离（d）大于建筑物高度（h）的2倍时，灯光可以使屋顶显露出来（如图3所示）。

（4）柱廊。柱廊的照明通常有两种方式：一种是照亮立柱的背景，通过亮度对比在背景上显示立柱的影子，如果背景和立柱的亮度对比太强，可采用低亮度的灯具照射立柱（如图4（a）所示）；另外一种是利用光束角较小的灯具照射每根柱子，在暗或暗淡的背景下显示出柱子（如图4（b）所示）。选择何种方案主要取决于背景的总体环境、被照目标的相对位置及所要达到的照明效果等。

（5）阳台和内走廊。采用泛光灯照射时，建筑物阳台和内走廊的投影在墙面和立面上会产生阴影，而且灯具位置越近，阳台伸出立面的距离以及内走廊的深度越大，阴影就越严重。此时应通过调整灯具的位置及投射方向来降低亮度对比，减少阴影（如图5所示）。

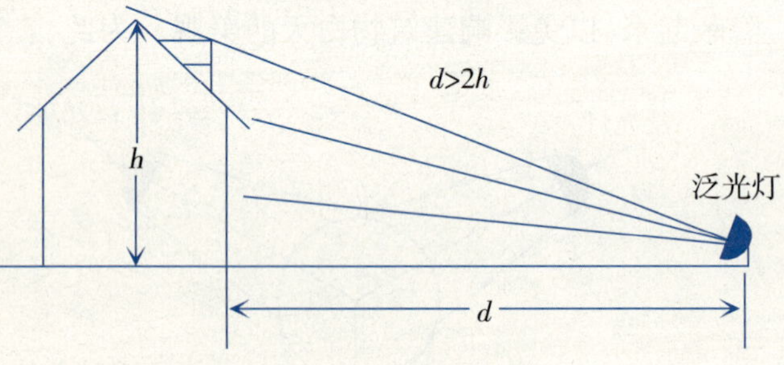

图3 屋顶的布灯方式

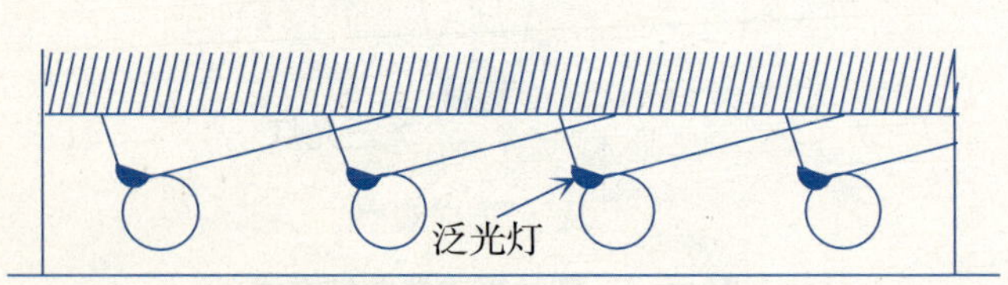

图4（a） 柱廊照明的布灯方式一

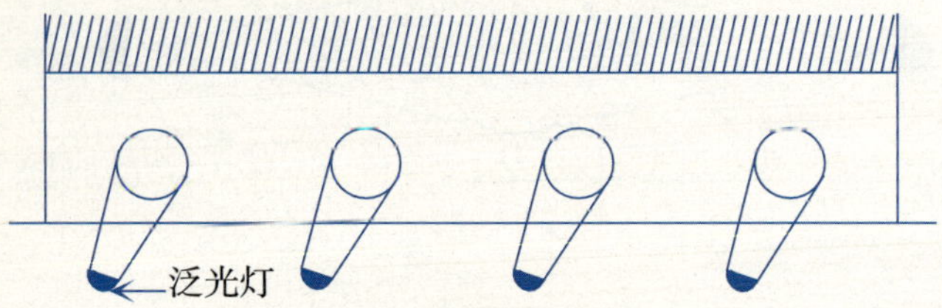

图4（b） 柱廊照明的布灯方式二

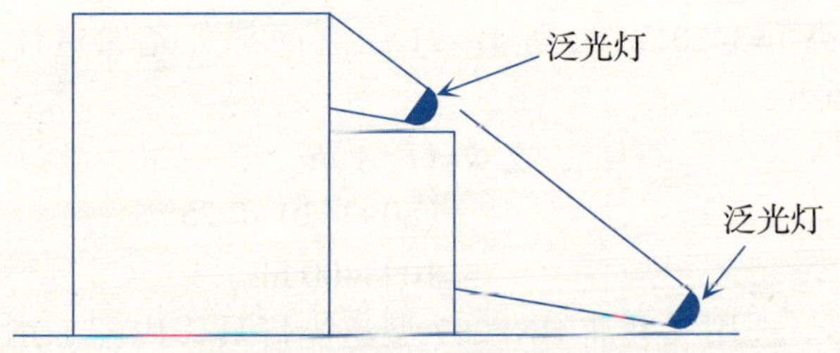

图5 阳台和内走廊照明的布灯方式

有时可以通过阳台上下立面照明的颜色的差异来突出建筑物的特征。

3.3 配电方案的选择

3.3.1 电源的选择

电源采用三相四线制380/220V电压供电。泛光照明的电源根据建筑物自身的特点及配电方便的原则，选择以下两种电源中的一种：

（1）采用城市景观照明专用变压器供电。能够保证供电的可靠性和供电质量。

（2）利用建筑物本身的配电装置。对于一些晚上基本不用电的建筑物，该建筑物自身的夜间景观照明可以利用建筑物自身的配电装置，以合理利用电能。

3.3.2 配电方式

（1）城市景观照明供电一般采用放射式与树干式相结合的方式，根据实际情况选择不同的方式，以便于维护和管理，并可以节约投资。

（2）注意导线截面的选择。由于气体放电灯的功率因数较低，在计算导线截面时，要考虑到无功损耗，另外考虑到投光灯非线性负荷较多（如气体放电灯等），线路中含有以三次谐波为主的高次谐波电流，故中性线应按照最大一相的相电流来选择。一般相线与中性线等截面。

3.3.3 接地形式

采用TN-S的接地保护形式。这种接地保护系统的N线与PE保护线是分开的，在正常情况下，PE线没有电流，其安全性能非常好。

3.4 照明控制与节能

湖州市夜间景观照明工程的控制根据建筑物自身的特点以及不同的需求，采用自动控制与手动控制相结合的控制方式。

3.4.1 自动控制

由计算机统一控制，其集中控制机房设在市建委大楼内，市内各景点通过专用无线电遥控箱控制，其控制范围能够达到方圆 $5km^2$。对于城外(风景点)及公园等采用定时控制，在节假日期间可以方便地控制城市的亮化照明。

3.4.2 手动控制

根据建筑物自身的特点以及用户的不同需求，可以采用手动切换控制方式。

3.4.3 节能

(1)对于不同用途的建筑物，采用不同的控制方式，或者多种控制方式相互结合，从而在控制层面上达到节能的效果。

(2)选择高效率的灯具，低能耗的镇流器；选用高功率因数的气体放电灯产品，或者根据实际情况增设补偿装置，一般要求功率因数在 0.85 以上。

(3)城市夜间景观照明的计量均采用专门的计量方式。

4 主要事项

4.1 光污染

光污染可分为眩光与干扰光两种。前者常用于对车辆、行人造成影响的评价；而后者较多地用于对居民日常生活造成影响的评价。

(1)眩光。刺眼的路灯和沿途灯光广告及标志所产生的眩光，会使汽车司机感到刺眼紧张，容易造成严重后果。

(2)干扰光。城市夜间景观照明所用的高功率投光灯或路灯的光透过窗户，将室内照得通亮，使人昼夜不分，晚上难以入睡，正常的生活规律被打乱，严重影响和干扰了人们正常的工作和生活。

干扰光的产生通常有两种情况，一是来自泛光照明产生的溢出光，据有关人士推算，泛光照明中有 1/3 的光线溢散到空中或射入室内；二是城市夜景照明中各种灯光通过建筑物墙面及地面产生的反射光。所以夜景照明设计中的照度和亮度的确定、光源的选择、灯具的选型与布置等都与干扰光的产生有着密切的关系。对光污染的控制可参照 CIE（国际照明委员会）的相关规定(如表 3 所示)。

4.2 安全性

(1)在灯具的选择上，我们优先选用高安全性的灯具。

(2)接地系统采用 TN-S 系统，并在必要的部位做等电位联结及漏电保护。水下的泛光照明均做局部等电位联结，以降低其接触电压，使之达到规定的安全值。

(3)防雷处理：城市夜景照明的防雷处理按照建筑物的防雷标准设置，一般采用独立的引下线防雷，或者利用建筑物原有的防雷系统进行防雷。

参考资料

1 赵建平，朱红.建筑物的夜景照明设计.建筑电气，1996,8(1)

2 黄玉华.建筑物泛光照明设计.《建筑电气》1997,65(4)

3 俞丽华编著.电气照明 .第二版.上海：同济大学出版社

表 3 对于控制干扰光(光污染)的光度参数最大值的建议

光度参数	计算或测量使用的判据	建议的最大值		
		商业或混合居住区	居住区	
			亮的环境	暗的环境
垂直面照度(E_v)	用在设施所在场地的边缘，与有关边缘平行的垂面上，建议的最大值为照度的直接分量	50 lx	20 lx	10 lx
灯具发射的光强(I)	用在看到灯具明亮表面的方向，那里很可能对邻近的住户或使用者造成麻烦，并不包括短时间或瞬时看到的	2500cd	2500cd	2500cd
照明增量(T_1)	计算只根据设施本身的影响，不包括在此区城内现有照明的影响，限制只适用于道路上看到的有关位置和方向	适应亮度为 $10cd/m^2$ 的 25%	适应亮度为 $1cd/m^2$ 的 25%	适应亮度为 $0.1cd/m^2$ 的 25%

深圳市中心区及周边区域景观照明设计实践

天津大学建筑学院　王立雄

摘　要　深圳市中心区及其周边地区，是深圳市未来的行政和文化中心。区域内建有大量高等级公寓、商务写字楼、学校、医院、酒店、展览馆等建筑。天津大学建筑学院于2003年9月参与该区及周边区域景观照明概念设计投标，获得第一名并最终中标。该项景观照明设计包括37组建筑(群)，主要以莲花山为观赏点，兼顾新洲路、彩田路和深南路等行车路线。工程立意于高品味的景观照明，塑造国际化城市夜景形象。设计上十分注重以人为本，绿色照明的理念，在创作景观照明的同时，充分尊重建筑自身造型，以及与中心区已有建筑的景观照明互相协调；把握总体上的统一性和单体的个性特色。同时，注意区分不同功能建筑的照明要求。

关键词　中心区　景观照明　规划设计

改革开放20年，深圳特区飞速发展，目前已成为具有600万人口的国际化大都市。最初形成的罗湖区中心地带已几近饱和，发展空间十分有限。根据深圳市的地形为沿海由东向西各区连续排布的特点，城市未来中心区将向西移动至莲花山以南的福田区内。现在这个区域内已建成包括市民中心、图书馆、音乐中心等一大批公建设施，同时区域内还建有大量的高等级写字楼宇和住宅组群，这个区域的城市景观环境也是深圳市的重点工程。

1　工程概况

这项工程位于深圳市中心区及其周边地区，是深圳市未来的行政和文化中心。工程涉及区域内的高等级公寓、商务写字楼、学校、医院、酒店、展览馆等共计37组建筑(群)。因而，这个区域的城市景观规划和设计要充分体现高起点、高品位，以与中心区的地位相匹配。作为城市景观重要组成部分的夜景观照明的规划、设计和建设也具有十分重要的意义。工程立意于高品位的夜景观照明，精心塑造国际化城市夜景形象。工程建设主要以莲花山为观赏点，兼顾新洲路、彩田路和深南路等行车路线，对中心区及其周边区域的高层楼宇进行精心的照明装饰，为深圳市增添新的照明景区。

2　设计原则

城市夜景观规划概念设计解决城市夜间景点的分布、景点之间的联系、主次的确立、性质特征及照明技术和人文活动的宏观问题。设计方案依据《深圳经济特区照明景观系统规划》及深圳市中心区规划设计中对景观照明的要求。照明景区的规划设计与中心区已有建筑的景观照明互相协调。把握总体上的统一性和单体的个性特色。同时，注意区分不同功能建筑的照明要求，并归纳为以下设计指导原则：

(1)符合城市总体规划的要求；

(2)通过夜景观照明规划创造城市整体美；

(3)尊重建筑自身造型及与环境协调；

(4)以人为本，在夜景观照明建设的同注重环境保护，避免形成光污染；

(5)注重以绿色照明理念指导设计。

3 夜景观照明概念设计方案

在大量实地调研与分析的基础上,我们将区域内的建筑依所居位置,划分成四个夜景观照明景区,即中心区景区、新洲路灯光长廊、滨河新洲立交景区、彩田路景区。

根据区域的功能、定位以及目前的现状,总体设计体现简洁、大方、高雅、亮度适中的主题。由于各区域内办公楼、住宅楼交错分布,夜景观照明设计特别注意区别对待不同功能的楼宇,根据各景区自身的特点进行相应设计,同时与整体相互协调。对于住宅景区,重点对其顶部进行装饰照明,利用在实墙部位的连续点光源刻画建筑轮廓,注意控制亮度;对于办公楼,除了在顶部设置适当的装饰照明外,相应其立面进行适当照明装饰,创造独具特色的夜景观照明。图1为夜景观景区的分布与不同建筑的设计重点的示意图。

3.1 中心区地带夜景观照明

在中心区中注意住宅建筑群的顶部造型特色和色调,通过照明刻画加强其建筑群在夜景中的易识别性。光色选择上主要运用暖色光源装饰顶部,局部使用线光和点光的组合方法,营造出亲切宜人的照明效果。以下重点介绍区域中几个具代表性景区的夜景观照明设计概念。

黄埔雅苑:这是中心区中最大的住宅建筑群,通过一致均衡的照明装饰体现建筑的群组气势。屋顶排架部分使用金卤光源泛光灯从下向上照亮,中间最高处塔顶、飘板处重点照明使用暖色调高压钠光源照明,檐口处使用白色调线光增强建筑顶部结构轮廓。

城中雅苑:建筑群组高低错落有秩,建筑顶部工整大气,是中心区很有特色的楼盘。照明装饰设计以暖色光为主,照亮屋顶排架部分。最顶层阳台板处依据其饰面颜色不同,分别使用小功率暖色投光灯及宝石蓝色投光灯,提亮外面作为顶部照明的第二个层面。墙面框架梁外侧安装双向投射金卤灯形成特色效果,角部用点光源纵向装饰建筑。

这一区域中还有一些很有特色的住宅景区,如:雅颂居、深业花园、天健世纪花园、风华盛世、中海华庭等,夜景观照明设计上也基本以顶部标志构件的照明为主,同时依据建筑的特色,在墙面或阳台等部位使用各具特色的点光源灯具照明,以表达组团的夜景观特色。

这个区域中公建建筑物在夜景观照明概念设计上注意用光与建筑功能协调,同时注意与周围建筑物的光色和谐。光色选择上主要运用高色温白光作主体装饰,局部加色光的设计方法。因篇幅限制,下面介绍的是这个区域内具有突出特点的几个建筑的夜景观照明设计。

深圳国际商会中心:顶部使用白色金卤灯加强照明檐口处,形成国际商会中心的特色夜景标识。塔身处在四个朝向玻璃幕墙中间处内部檐口安装T5荧光灯内透光源,角部玻璃幕墙处内部檐口逐层安装T5荧光灯内透光源,在每个设备层下方三层的幕墙处内部檐口连续交圈安装T5荧光灯内投光源。主体外框使用高功率窄光束角金卤投光灯照亮。

丰立大厦:顶部在第一与第二层檐口中间处安装暖光色荧光灯防水支架,作线光装饰,四边凹角处及墙面使用高压钠光投射,角部加强照度,凹窗部位于窗台处安装小功率金卤灯照亮内口,形成明暗对比。主体建筑部分:于四个凹角处安装大功率金卤投光灯刻画整座建筑轮廓,在立面凹窗部位于窗台处安装小功率金卤PAR灯照亮内口,中间金属显框玻璃幕墙处使用宝石蓝色线光照亮框条刻画幕墙。

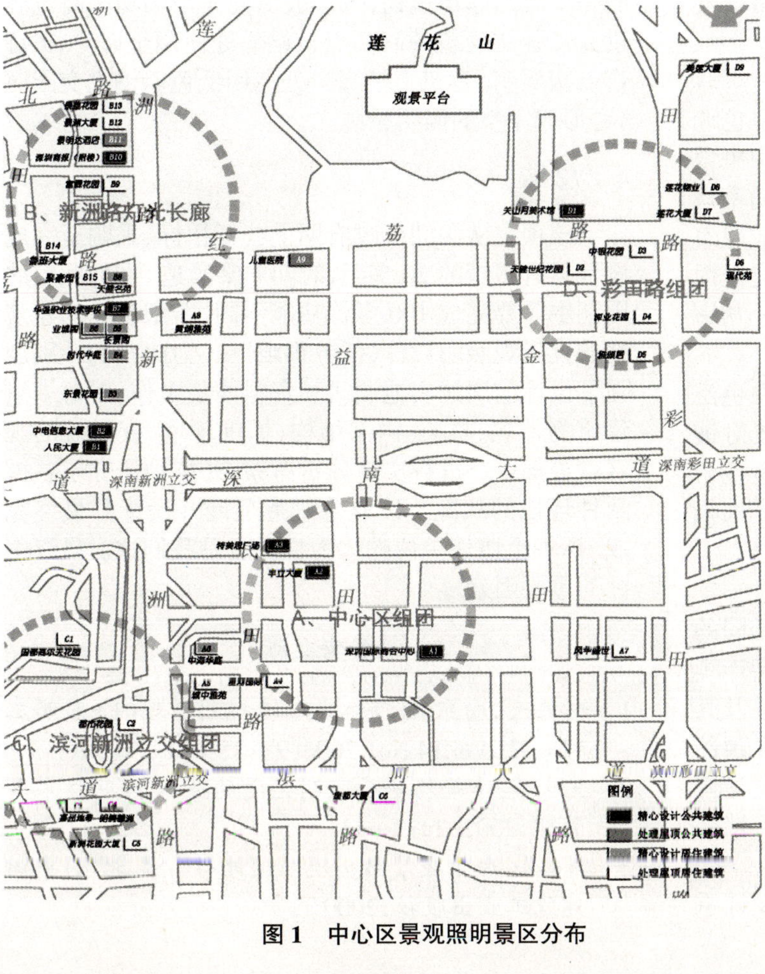

图1 中心区景观照明景区分布

关山月美术馆：建筑立面以高压钠光源泛光作均匀铺光照明，体现建筑外墙材料的色调与质感，檐口处下部内侧连续安装线光源，塑造建筑顶部轮廓，并在其附近墙面形成退晕光层。在坡屋顶根部依次安装小功率金卤光色泛光灯做屋顶的铺面照明，以加强高视点处建筑的光照体量。入口处于柱脚地面安装高压钠光地埋灯，增加入口处照度。

3.2 新洲路西侧夜景观照明长廊景区

该地段夜景观照明景区集中为两个照明部分：红荔路北部分；深南大道至红荔路部分。以下重点介绍其中代表性建筑的概念设计。

天健名苑：充分利用该住宅建筑物沿街侧顶部外挑框架的造型，使用彩色点光源描述框架轮廓，形成该建筑组团夜景照明的识别特色。建筑顶部中央设备间外墙用金卤光色灯铺面照亮，两幢建筑空中连接的天桥使用金卤色泛光灯整体照亮，增加建筑群的夜景特色。侧面空中绿化阳台处外侧使用泛光处理。

时代华庭：建筑顶部造型丰富，照明设计分三个层次，顶部最上部柱形设备间外使用低色温泛光灯交圈照明；中间层次：外侧隔栅结构外部用高色温泛光灯铺光照亮；最外层次：四个立面顶上穿插的格板外侧使用高压钠光色照明，内侧使用金卤光色照明形成光色对比。

中电信息大厦：根据建筑功能，照明装饰主色调以高色温白色为主，顶部以泛光灯照亮排架和中央设备间，沿新洲路一侧立面利用安装在每层的小功率点光源着重刻画延伸至转角处的每层外框架，形成建筑照明特色，北侧大尺度框架外投金卤色泛光，光框内使用高压钠光形成层次。下方格栅窗口处使用小功率金卤 PAR 灯主格照亮。

人民大厦：顶部檐口处安装下投光高色温白色泛光灯照亮顶部檐口，建筑墙身大面积以金卤泛光灯铺光照亮表达建筑体量。建筑顶部凸出部分使用暖色调泛光照亮，前后两楼相间处同样使用暖色调泛光加强建筑的层次感。

3.3 滨河新洲立交景区

国都高尔夫花园：建筑群为三幢造型基本相同的高层公寓。设计方案主要采用低色温荧光灯支架连续勾绘出其顶部交圈的檐口部分；顶部半圆形壁柱及其上部造型使用高色温光色泛光灯提亮，增加其在顶部的视觉效果。建筑上端实墙部分，使用低色温泛光灯均匀照亮。主体建筑上段可考虑用安装在每处实墙部位暖色调点光源来充实建筑的体量感。

都市花园：建筑顶部为双重檐形式，照明设计重点刻划顶部，在下层檐口处上边缘连续交圈运用小功率高压钠光色泛光灯做墙身铺光，第二层檐口上方连续安装低色温荧光灯支架照亮最上层檐口，形成照明层次。建筑上端侧面墙上花格窗处使用金卤色投光灯提亮，营造出建筑照明标识。

嘉州地带：建筑顶部造型丰富，阳台曲线优美是照明装饰的重点。顶部突出部分建筑，正面使用金卤光色泛光灯照明，两侧处使用高压钠光泛光灯照亮加线光源增强体量的刻画，建筑檐口处连续使用小功率暖色泛光灯照明，产生照明的整体效果，沿街外墙曲线阳台板处安装线光源，表达出建筑的特色，同时辅助使用点光源增强立面照明效果。

皇都大厦：主体为两段式双塔高层公寓。设计方案主要采用低色温荧光灯支架，连续勾绘出其顶部交圈的檐口部分；顶部半圆形壁柱使用高色温光色泛光灯提亮，增加其在顶部的视觉效果；顶部外墙使用低色温泛光灯均匀照亮。主体建筑上可考虑用每层安装在阳台板外的点光源组成序列来表达建筑。

新洲花园大厦：建筑群为三幢相同高层公寓，顶部造型丰富是照明设计的重点。主光色为低色温钠光照亮中间凸起建筑物，上部坡檐处使用小功率高色温投光灯强调建筑的制高点，梁头处使用金卤 PAR 灯作点缀照明。建筑上端檐口处使用低色温钠光交圈照亮，形成完整的照明轮廓。

4 总结

该项目从深圳市政府网上公开招标、采购至完成设计只有短短的 20 多天，时间非常紧迫。在如此短的周期中需要完成 100 多栋功能不同、造型各异的建筑物的夜景观照明设计，任务很艰巨。为此我们特别加强了设计前期的实地调研和资料搜集工作，对每一组建筑物外观、材质、内部结构，周围环境，夜景观的观赏点等都一一进行实地分析考察，并特别研究了昼夜两种环境的状况，以此基础逐项展开设计并最终完成。深圳市协作单位的大力配合也是我们这次最终中标的重要因素。

参考文献

1 赵海天，向东.城市灯光环境规划原理(1).照明工程学报，Vol.14.No1.2003(3)：35～41
2 王大有.建筑物轮廓照明光源的探讨.照明技术与管理，2002(2)：9～11
3 肖辉乾.城市夜景照明规划设计与实录.北京：中国建筑工业出版社，2000

海河综合开发灯光照明工程

天津市发展海河经济领导小组办公室 任 岩 杨春国

2002年10月，天津市委、市政府做出了实施海河两岸综合开发建设的战略决策。计划用3~5年的时间，重点完成上游市区段的基础设施建设，用10~15年完成上游区的两岸整体开发建设，将海河建设成为独具特色、国际一流的服务型经济带、景观带和文化带。像巴黎的塞纳河一样，海河是一条穿越市中心的河，两岸有大量的历史建筑和商业中心，因此海河两岸的照明对构筑天津成为一个生机勃勃的、吸引游客的城市和人民为之自豪的城市具有重大意义。海河上游区域不仅突出主题地区的文化特征，并且用现代的灯光语言把它们夜色的美展示出来，更清晰了城市结构，突出了开放空间和河岸空间，以及城市规划的重点部分，鼓励人们夜间活动。

海河综合开发灯光夜景工程是海河基础设施建设中重要的一部分，是十大基础设施建设项目之一。是由多家国际著名景观设计单位规划设计以及境内外知名专家论证、研讨，从而制定的具有国际水平的规划方案。灯光照明规划结合海河两岸重要节点和标志性建筑，确定重点照明区、照明段和层次，确定照明的总体色彩、风格和形式，形成多层次的灯光夜景，成为海河夜景的特色。

海河工程的照明设计，总体上突出表现天津城市夜景的景观文化和城市底蕴，既满足功能要求，又要考虑到市民夜晚活动的便利性和安全舒适性，体现“以人为本”的设计理念。照明技术和艺术有机结合，在表达城市“肌理”的同时，也充分体现天津作为国际化大都市的城市空间形象和历史文化特色，同时注重节能与环保。

我们从两个方面来阐述海河照明工程，一方面按规划分区是传统文化商贸区、都市消费娱乐区、中央金融商务区和智慧城四个区域的照明布局；二是海河沿岸建筑、道路、堤岸、桥梁等各个专项的照明设计特点。

1 海河开发四个主题区域的照明布局

根据海河沿岸历史文化特点，我们将上游区域两岸地段划分为四个功能区：一是北洋桥至南马路地段为“传统文化商贸区”（CHD）；二是南马路至赤峰道地段为“都市消费娱乐区”（CRD）；三是赤峰道至奉化道地段为“中央金融商务区”（CBD）；四是奉化道至外环线地段为“智慧城”（STD）。

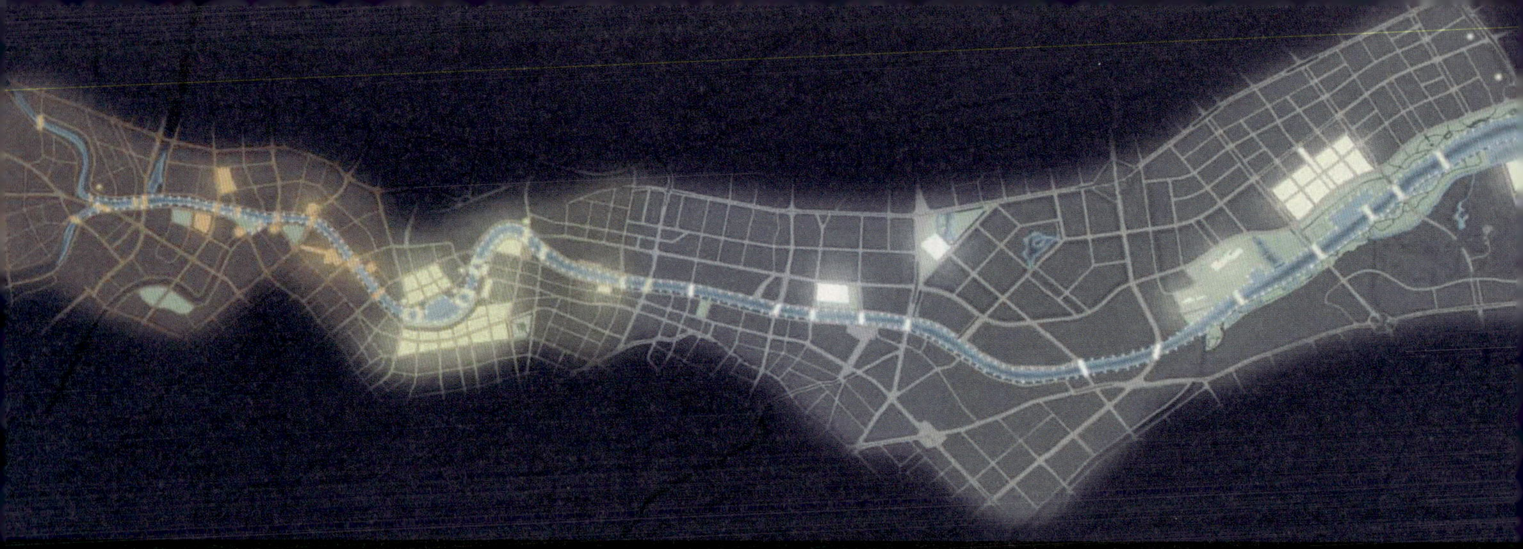

在照明设施上，根据不同地区特性来选择不同类型的照明设施，从而加强主题区域的特色，在白天和夜间都表达出区域风格。既要体现出高水平，又代表着节能和环保的先进理念，严格控制灯具的设置，杜绝光污染，力图实现“见光不见灯”。

1.1 传统文化商贸区

传统文化商贸区有着丰富的文化遗产，由于历史背景、天津文化和作为城市发展的起点，该地区被认为是旅游的中心，人们生活舒适、安逸祥和。我们使用暖色调的灯来创造欢迎旅游者的气氛，高亮度和高的光影对比度能够营造出怀旧、欢快和节日的氛围。在照明设备上，以采用具有中国传统照明设备作为参考，突出古典风格。时尚巧妙的外型和技术创新，表现出紧跟时代步伐的特色。同时，结合条状商业旗杆来烘托出节庆的氛围，如金汤桥至北安桥的海河东路。灯笼加上配套的高射灯，对于建筑和植物的修饰起到极佳效果，在简单中表达出典雅的文化神韵。

1.2 都市消费娱乐区

都市消费娱乐区含有各种类型的城市活动，从零售商店到休闲步道等，都会吸引各种旅游和市民踊跃参加丰富的夜间生活。该区的灯光应相对较少明亮色泽，比较柔和一些，以营造舒适和熟悉的氛围。较低的亮度和光影对比度使环境变得愉悦。

在这个富有租界色彩的地区，选择欧洲风格的照明设施。车道照明用装在高柱子上的不眩目灯罩，人行道用安装于较矮柱子上的中等高度装饰性灯具，在广场等特殊景点，则采用多灯球的灯柱，营造一种强烈的欢快气氛。

1.3 中央金融商务区

中央商贸金融区是城市中的重要景点，拥有崭新的、高耸的现代化大厦和国际游客，代表着城市的第一印象。照明能烘托出宏伟和自信，该区使用冷色调的灯光来迎合现代化的建筑风格，对比度低，亮度高，营造大气和自信的氛围，以达到城市结构的顶峰。

通过高科技、高格调设计风格的照明设备，来体现现代化、国际化的大都市形象，流畅、轻柔的线条，明亮的金属色，细致的建筑外型，低亮度的灯光效果等。用于车道照明的高度敏锐的光度测量系统，人行道上柔和的漫射型照明系统创造了一种轻松休闲的氛围，来营造出商务区的舒适环境。各种类型灯具的规则使用，更可以营造出商务区华丽、尊贵的环境。

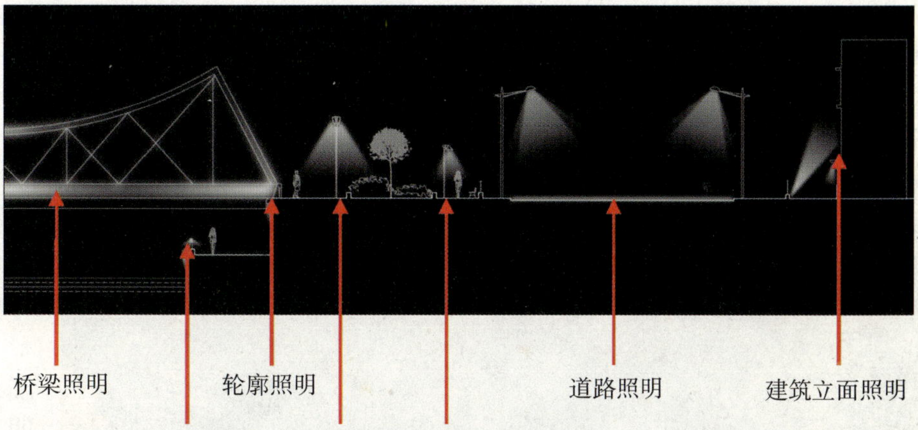

1.4　智慧城

智慧城的商业和住宅区与自然环境相协调，自然景观和堤岸采用清新的照明，营造安逸、写意的散步环境。在该区维持冷色调，以创造轻松的环境，突出自然景观的清新。河岸风景区灯光离地面相对近一点，创造浪漫和休闲的氛围。在照明设施上，选择高水平设计来显示区域特性，作为新科技形象标志，用“软”材料表现该主题地区新世纪的生态景象。

为实现各主题区域照明规划，控制城市中现有和未来的照明环境很重要。如广告灯箱和私人照明也是夜景中重要组成部分，有时会破坏整体的统一性，每个区采取不同的照明指导，通过控制灯光的颜色、反射度、亮度、透视度等来统一照明氛围。照明还可作为“软体”来推动城市的发展，推动每个主题区开展特色活动，例如传统文化区的灯笼节、都市娱乐区的灯展、商务区的歌剧、智慧城的烟火庆祝活动等。

2　海河各个专项的照明重要节点

2.1　海河沿岸建筑照明

对于现代风格的高层建筑，采用冷白色的灯光照明，突出简洁的外观设计及高科技的建筑材料。对于住宅与办公楼等建筑，不需对每个立面都打上光柱，只需对建筑的特色部分，如屋顶、塔楼以及标志等加以照明。低层的建筑及旧式的纪念性建筑，采用较为柔和的灯光，以提供更为人性化的尺度与友

好的氛围，更容易与古旧黯淡的建筑形式协调，并利用灯光强调建筑细部设计。

在照明设计中，对于重要的建筑物与构筑物需进行独特的照明设计。同时充分考虑建筑物的背景资料，包括历史、相关的轶事、地理位置等。

2.2　沿岸历史古迹与公共艺术照明

海河沿岸中的主要历史古迹、纪念标志和公共艺术采用照明加以点缀，显示出古迹和作品的文化底蕴及历史。照明方式突出表现历史古迹的结构特征，以及在城市景观和城市历史中的地位与意义。对于古迹和公共艺术照明，整合各自的外观色彩、材料、历史和重要程度等元素，进行单独设计。

对于岸边的照明目标，不仅考虑陆地方向，还要考虑河道方向的照明，保证人们从船上和对岸都可欣赏到立面和倒影。对于复杂外观项目，需进行个别的详细的照明研究，可制作模型以获得最佳的照明设计，采用小型的、精致的聚光灯，如光纤灯、LED 灯等，分布在适当位置，以突出照明目标的细部设计。

2.3　海河沿岸机动车道与人行道照明

为了安全起见，路灯的光照等级应符合相关标准要求。路灯用作城市交通网络的照明，采用不同照明策略，如亮度、灯具来控制不同地区在整个区域的统一。照明灯具的选择须体现出所在区域的个性特征。为保持道路的一致性与连贯性，采用高柱照明设施，选择专用光度测量系统，创造舒适的视觉效果。

对次要街道和步行街的路灯细部处理，强调环境对行人的舒适感和安全感。在机动车道与人行道中，不同的道路等级确定相应的照度和均匀度，以保证道路的安全环境。对人行道采用高显色性和温暖、欢快的色温照明，提高夜间的可见度，增加安全感，创造温馨和谐的气氛。

2.4　海河沿岸开放空间照明

海河沿岸开放空间代表着特色区域的核心空间，也是海河区域个性与特征的重要体现。照明在塑造开放空间的氛围上起着主导性的作用。不同照度和灰度的组合设计，引导人们的空间走向。

照明多用于空间的绿色植栽，植物上采用的光源要非常谨慎地选择与确定，尽量体现植物自然、清新的本质色彩。尽可能地把灯具设计在公众不可达的地方，不仅有助于美观，还能保证设施的安全性，以避免受破坏。

在公园里，不同等级的照明对保证行人的安全性很重要，可以防止犯罪行为的发生，增加视觉舒适性和安全感。通过合理的照明等级，为人们进出公园创造一个友好而安全的环境。对不同道路与步行道，通过照度、灰度、灯柱位置、灯具外形、数量和分布，形成一个鲜明的照度等级。

对于尺度较大的开放空间有明确的照明层次，通过不同类型的照明装置产生的亮度和照度，会让人们感到安全和舒适，使人们自然的到达景点中心。

2.5　河面与堤岸照明

包括堤岸的平面、立面、滨水空间、水景和水面等。根据堤岸设计方案，通过不同的照明方式加强光与水的关系，河岸采用连贯照明来增强河道与城市景观的对应。

沿线的堤岸区域风格不同，采用不同的照明表现形式，各采用一致的照明灯具，以创造绚丽而延绵的河岸夜景，为河岸步道提供功能照明，在河面上创造丰富多彩的反射效果，并考虑倒影与生态环境的影响。海河岸边滨水区域要满足人们的安全需要，在交界处提高照明，可以分清边界。同时避免出现照明死角，营造宽松安全的环境。使用特色庭院柱灯，既发挥了照明的实用功能，也起到了景观效果。

沿着整个海河装置高亮度的照明设施，加上装饰效果的水中倒影，增强了渲染效果，使整个河岸成为一条闪烁着珍珠的锦带。不同区域的灯光材料保持统一性与连贯性，如特别设计新型照明设施以赋予海河崭新的特色。灯具注重需满足防水的要求。

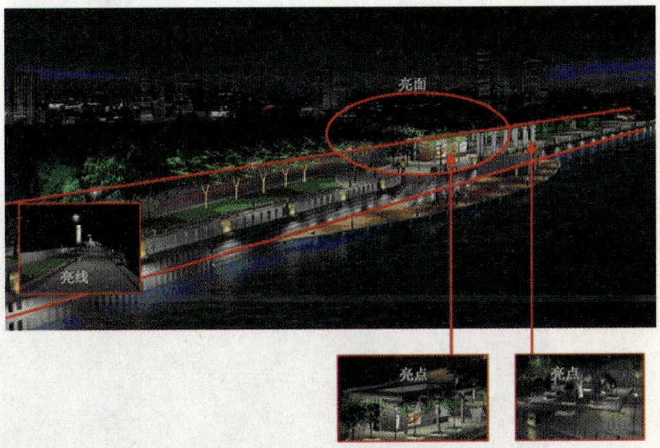

标准段照明剖面

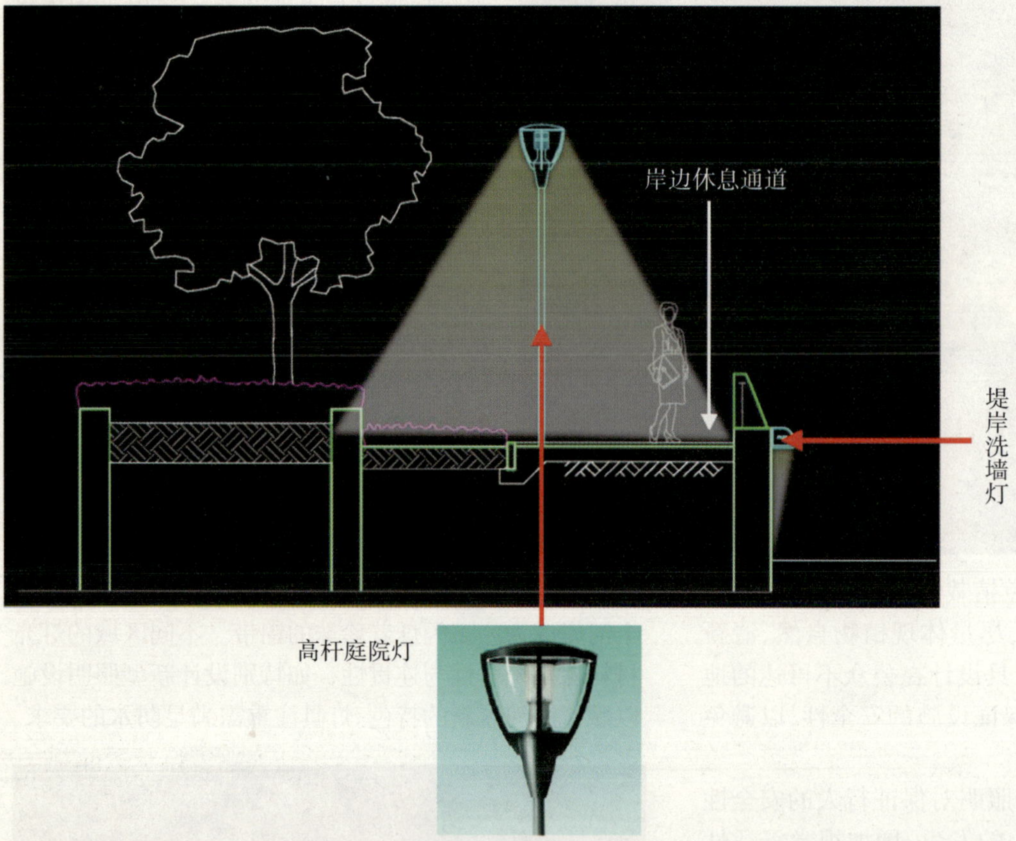

例如大沽桥至大光明桥堤岸细化设计:堤岸的照明立体网格由照明亮点、亮线和亮面构成。亮线由堤岸步行主通道的高杆庭院灯连续等间隔布置,构成第一道亮线,由堤岸立面照明等间隔布置构成第二条亮线。亮点由堤岸小型装饰的建筑、雕塑、小品构成,普遍照度高于环境照明3倍左右,可以构成明显的标记。亮面由各种大小的广场构成,是人们聚集的场所。

带码头的标准段照明剖面

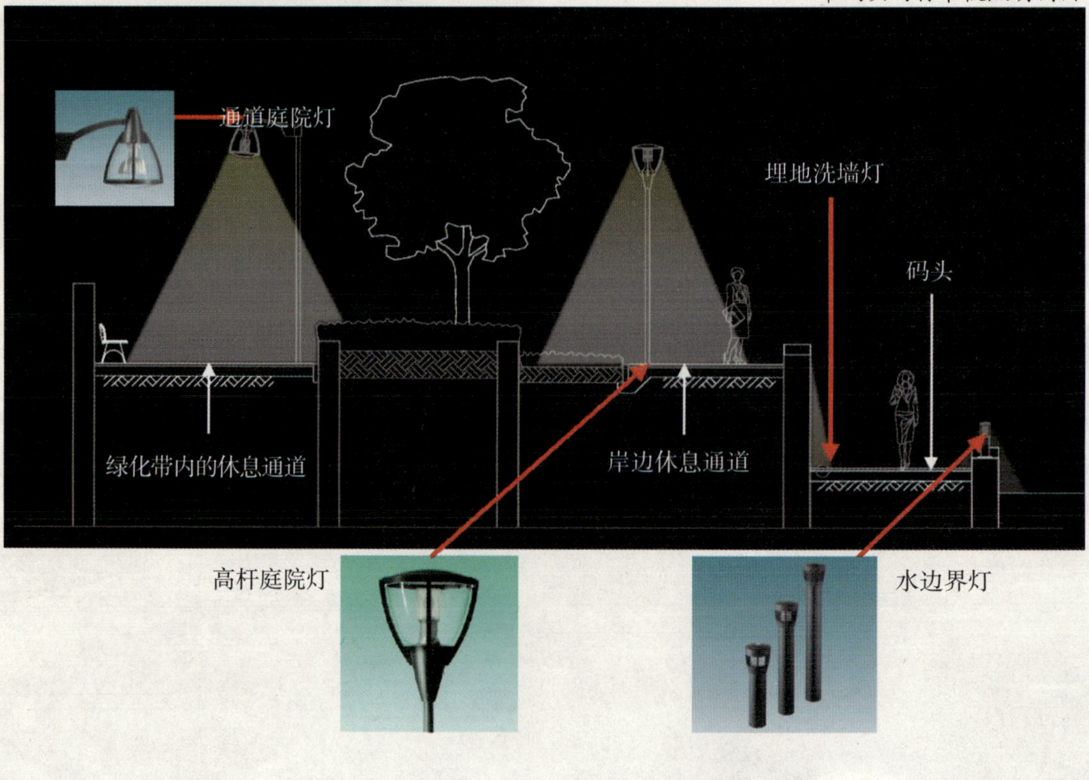

实景

大光明桥至光华桥段堤岸

狮子林桥至金汤桥段堤岸

2.6 码头照明

码头是人、水交接点，也是人群聚集区，强调功能照明以满足安全需要。码头不但是夜晚，也是白天重要的观光、旅游和休息场所，因此照明不但要满足夜间功能与美观，还要满足灯具外观与环境的融合。照明量化，达到节能目的。在灯具布置上，灯具排列有一定的规律性，对某些非功能照明、非规则照明有另一番风情，灯具的排列对减小眩光影响有着非常重要的作用。

2.7 桥梁照明

在桥梁照明中，与整体的照明规划相融合，体现出桥梁特点，并将其美化，桥梁路面的照明还要符合相应的国家标准。

按照海河灯光照明总体规划要求，各个专项照明节点注重整体效果，保持风格统一。照明设施既要高质量，也要易维护。在夜景整体时空分布上，呈现出时间上的三级控制原则：平日景观、一般节假日景观（周末景观）和重大节庆日景观。在控制眩光上，合理选用

防眩光器件的灯具,采用合理的方式布置灯具,控制照明光束角、较少溢出光,选用合理的光源功率,照明设计适度等控制方法来控制眩光,以满足人们的舒适和安全感。

海河是天津的母亲河,是天津的标志。她记载着天津的历史,孕育了天津的现代文明。它像一条巨龙,使天津充满了活力,扮靓了整个天津。将海河建设成为独具特色、国际一流的服务型经济带、景观带和文化带。当前海河正在建设期,经过各参建单位和全体参建人员的努力,海河开发已初见成效,白天和晚上海河尽显美景,欢迎各界人士到海河参观,感受海河创造的魅力!

注: 文中所引用资料和图片,为参加海河综合开发工程项目设计方案单位提供,因设计单位过多,篇幅有限,各相关单位不一一列举。

金汤桥

现代灯光辉映下的千年古城

——苏州环古城景观照明工程的规划、设计和施工

苏州市城市照明管理处/苏州市城市照明工程公司　叶　峰

摘　要　文章对苏州环古城景观照明工程的科学规划、精心设计和优质施工作了全面的总结和思考，此项工程在第28届"世遗大会"期间，受到中外各界人士的好评。

关键词　景观照明　规划　设计　施工　总结

1　前言

"月落乌啼霜满天，江枫渔火对愁眠，姑苏城外寒山寺，夜半钟声到客船。"当年唐代诗人张继的一首"枫桥夜泊"，让拥有2500年悠久历史的苏州古城名扬天下。

而今日的苏州，当夜幕降临，钟声依然悠扬，只是再没有令人愁绪万千的幽幽渔火，代之以灯影交错，光华典雅的璀璨夜景，让人感受到苏州既是一座历史文化名城，又是一座充满活力的现代化城市。

随着社会的进步、经济的繁荣、城市的发展以及人们对生活质量要求的不断提高，城市照明的重要性日益突出。城市照明在夜间不仅满足了人们在夜间工作生活的基本需求，而且其美化环境、丰富人们生活和带动经济繁荣的作用也成为了一种实际需求。

为改善苏州的人居环境和迎接第28届世界遗产大会，苏州市投入大量的人力、物力和财力，实施了环古城风貌保护工程，这是一项集城市交通、城市防洪、

生态绿化、景观、旅游等功能为一体的综合性工程。该项工程在景观方面立足于白天看景、晚间看灯,景观照明工程得到了当地领导和各方面的高度重视。经过科学的规划、精心的设计和高要求高质量的施工,最终取得了较好的效果,在世遗大会期间受到了中外各界人士的一致好评。

2 工程简介

环古城风貌保护工程的规划范围是沿环城河(长15.3km),内侧约100m,外侧约150m,用地面积约391.4hm^2。工程的功能定位是根据苏州城市形态,秉承苏州历史文化特色及"真山真水园中城"的传统格局,整体上形成联系古城内外绿化系统、河道水系的一条环带,使之成为城市的水陆文化长廊、饱含绿色的生态区域,并带动周边旅游及商业的发展。景观照明作为工程的重要组成部分,与驳岸改造工程、绿地工程、景点景观建设工程一起进行总体规划、综合设计、配合施工。根据传承历史、科学创新的原则,构筑了展现迷人姑苏风韵的夜景灯光,为营造有地方特色的城市夜景观积累了很多宝贵的经验。

3 灯光规划

灯光规划作为工程总体规划的组成部分,与总体规划相辅相成,工程总体规划是形成一条凸显苏州历史文化、展示苏州园林和东方水城特色的绿色项链、景观精品和历史画廊。因此灯光的总体规划要求是与

化，将交通换乘空间与环古城开敞空间相接，并通过排列有序的灯光和有充分照度的集散环境，展现和提升了城市门户的景观形象。

三是以“城市山林、枕河人家”为主的东部和南部地区，以绿化和居住为主要功能，塑造理想人居环境，用优雅和富有情趣的灯光，创造了亲水和城市山林的休闲与居住空间。

4 设计原则

在本次景观照明设计中，一个贯穿全过程的基本原则是：紧紧抓住苏州市的历史、人文和地理特点，处理好传统与创新、自然与人工、功能与装饰的关系，根据具有前瞻性的规划方案，运用与城市文化内涵相符的设计理念，采用先进的技术，塑造出一个传承历史又面向未来的园林城市苏州。

在该工程中所设计的灯光以在景观工程中所处的地位而言，主要分为两大类：一类是以景物为主体，灯光作为辅助照明有效地衬托出景物在夜色中迷人的另一面；另一类是没有合适的景物可衬托或景物缺乏在垂直空间上的尺度，则灯光作为一种表现主体，成为光的艺术品。

在色彩和亮度方面，灯光设计主要根据相应的照明知识，遵循色彩和亮度在不同环境下所具有的视觉效果，以及所产生相应的心理变化等等的规律，对不同景观的照明设施采取相应的处理手段。既要避免产生光污染，更要避免出现“幽幽鬼火”的现象。

在灯具的选择和安装中，以隐蔽和安全为首要原则。虽然与驳岸、绿化、道路、房屋建筑等各施工队伍的协调和配合工作很复杂，但基本做到了能预埋的配合其他工种同步施工，不能预埋的在后期施工中注意隐藏。管线和灯具的隐蔽，既能保证美观，也为日后运行的安全性提供了很好的保障。

在光源的选择中，大量选用了目前发展迅速的LED，不仅运用了大量现成的LED灯具产品，也根据现场的具体情况，开发和改造了不少LED灯具。

在配电系统的设计中，考虑到景观灯光灯型繁复，数量较大，为便于维护管理，设计原则为网络结构清晰、层次分配合理、修改扩展方便。同时特别注意在安全性方面的问题，按照明法律、法规和工程建设强

苏州“小桥、流水、人家”的城市风格相适应，以淡、素、雅为主基调，在夜间用灯光表现出苏州建筑和园林景观精细秀美的特色。

灯光的总体规划方案要求做到色调优雅、动静结合、明暗有致、以人为本、绿色照明。同时根据各个区域的不同特色，将整个工程划分为三大区域：

一是以“金阊十里、盘门水城”为主的西部功能区。在该区域内保留了很多历史文化遗存，恢复了阊门至金门一线的古城墙与护城河风貌；同时为强化商业气息，营造旅游氛围，保留部分原有的民居与商贸，并建设部分与整体风貌相协调的建筑，包括作为第28届世遗大会会场的规划展示馆。在这个区域内夜景灯光主要是突出粉墙黛瓦的典型民居与古朴沧桑的老城墙。

二是以“吴门商旅、都市驿站”为主的北部功能区。以车站和码头为中心，通过道路的调整和增加绿

制性标准进行设计,防止因设计不合理而导致安全事故的发生。

5 典型景观介绍

环古城灯光工程就如一串珠链,在黑夜中光彩熠熠,而各个节点就如同一颗颗夜明珠,散发出各自迷人的风采。

5.1 觅渡揽月

环古城河东南角的觅渡揽月节点是以三水汇合之处的水中倒影为景,欣赏波光粼粼之中的古桥、明月、长亭、迴廊,岸景水影相映成趣。因此在这个节点上,重点是做好水边的文章。特别强调的是各种灯光在水中的映象,同时,又因为是一个游人较多的码头,因此防止眩光的问题以及近水和水下灯光的安全问题特别引起重视。

5.2 规划展示馆

环古城河西部的规划展示馆是第28届世遗大会的主会场,其建筑特色是汇集了苏州建筑的精华元素,将苏州的过去、现在和将来展示出来。在这里的灯光设计中,古代馆和现代馆的灯光在表现其高低错落的飞檐翘角是相一致的,但在建筑立面的表现手法上又有明显的区别。古代馆表现的是温文典雅的传统特色,而现代馆表现的是传承创新的现代风格。这里的点睛之作是两条五彩斑斓的锦鲤,白天淡淡的白色鱼影映在墙上;夜间在特殊灯具的照射下,呈现出令人惊奇的光彩。

5.3 江海扬华

在环古城东北部的娄门大桥西南堍,有一座五重门楼、高约13m的巨型牌坊,该牌坊正面对着护城河,正中题词为"江海扬华",因为苏州城内河流通过娄门流向娄江,通长江而达东海,"江海扬华"所表达的就是这个意思。牌坊宏伟壮观、气势不凡,其斗拱飞檐结构精巧复杂,如果用普通的常规照明方式,不是效果不理想就是破坏白天景观。在经过多次与园林和古建的设计人员研究和探讨后,决定在牌坊四角安装四基仿古的宫灯。将飞利浦的投光灯具安装在灯臂上,不同位置的灯具光束角也作相应调整。考虑到与整个环境相一致,灯具尽量做到不引人注目,以使照

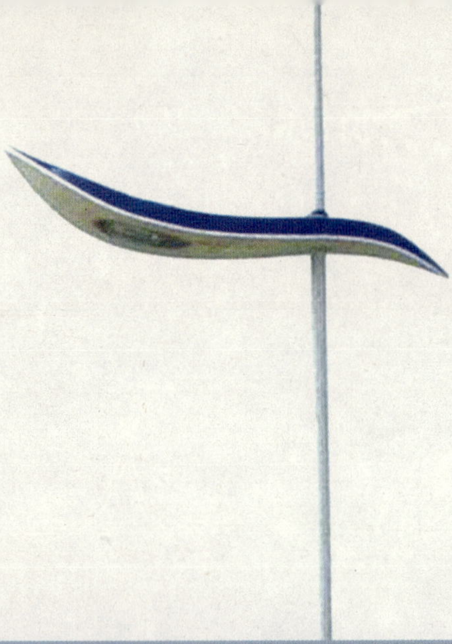

明效果更为理想，同时也没有将管线或灯具安装在牌坊上，以免破坏其白天的形象。

5.4　旧城堞影

旧城堞影是在古城墙遗址上恢复起来的一段城墙，其周边的地势平坦空旷，因此对于城墙和角楼我们用较为均匀的泛光将其整体烘托出来，即使在较远的地方也可以从多个方向看到，其已成为一个标志性的建筑。整体色调较为清淡，冷冷的高色温金卤灯投射在灰白的旧城城砖上，所表现出来的是古城墙凝重的历史沧桑感。

5.5　映水兰香

映水兰香是苏州园林中亭、台、廊、阁、轩的综合表现，充分体现了东方江南水城的风韵，将闻名于世的苏州园林艺术、建筑特色完美地表现出来。作为一个生活情趣的体现，在这里除了传统民居的常规表现手法之外，我们设计了一款红灯笼型的庭院灯，安装在临水的木栈道上，水声潺潺、灯影婆娑，产生了富有生活气息的效果，令不少市民流连忘返。

6　苏州城市道路照明介绍

国内路灯与国外路灯的最大差别是更看重路灯的造型，如何将路灯的装饰性和功能性有机地结合起来，使其除了晚间能满足道路照明的要求外，白天看起来也是一道风景，这是一直困扰着路灯同仁们的难题。对于苏州而言，路灯不仅要体现传统的文化内涵，还要表现出苏州更是一个现代化的城市。

苏州市路灯管理处设计人员根据苏州的传统文化，将苏州园林和古建中具有代表性的元素提炼出来，结合现代灯具，在厂家的大力配合下研制出具有苏州传统特色的宫灯型路灯。从外观而言，这些灯和园林里的宫灯并不区别，精致柔美，总共有 9 种不同的造型。但是作为路灯，就要保证一定的照度，于是在这些宫灯式路灯里嵌入了名厂优质的配光器，光源按路幅不同分别为 SON 250～400W，这样，漂亮的宫灯式路灯就具有了道路照明的使用功能，我们又在宫灯的上部装了一只暖白色的 25W 节能灯，即使在夜晚也能看到宫灯的形状。这些灯具既与苏州悠久的历史文化相谐调，又与现代灯具巧妙结合，充分考虑了光学性能的匹配。在白天体现了古典的纯朴与柔美，在夜晚又成为现代世界精准、规模化的缩影，更为车辆和行人提供了很好的照度。改建后原来的道路不但更美了，而且更亮了。

6.1　南环高架道路

南环高架道路是苏州市区南部的一条快速主干道，道路全长 4.4km，标准路幅 26m，路灯安装在中央防撞护栏上，灯间距为 35m，此灯名为“展翅腾飞”，是飞利浦公司专门为苏州推荐的灯型，象征着苏州正在腾飞的发展景象，该灯采用的灯具为 SGS306 型，光源为 SON-T 400W，安装后的照明效果很好，平均照度为 73 lx，照度均匀度为 0.55，无明显眩目感。

6.2　沪宁高速公路西出入口

西出入口主线工程起点为沪宁高速公路苏州西互通收费广场南边线，终点为北环路交叉口，路线全

长约 5.1km，是苏州的西大门，高架总长度约为 3.5km。主线北段采用 4 车道标准，路基总宽为 21m。南段采用 6 车道标准，路基总宽为 28.5m。

高架道路在外侧防撞栏上安装新型灯具“飘”，这款灯具是我们在生产厂家的大力配合下，根据飞利浦公司设计的灯具效果图研制的，该灯线条流畅，如一片柳叶飞舞于空中，结构轻巧，路面照度与均匀度也相当好，赢得了不少赞誉。

该条道路路灯采用双排对称排列，灯对地 11m，灯间距为 30～35m。光源为 SON-T400，灯具仰角为 15°，采用 PHILIPS 828 配光器。根据道路现场测量报告，平均照度为 64 lx，照度均匀度为 0.45，无明显眩光感，完全符合设计要求。

6.3 苏州中新工业园区现代大道

现代大道全长约 20km，是贯通园区东西最长的主干道景观。路幅东段为 100m，其中央绿化带 6.8m，两侧各有机动车道 10.8m，分隔带 3m，非机动车道 4m，绿化带 5m，另在两侧各有 23.8m 的景观绿化带。在这条路上，苏州市路灯管理处根据澳大利亚设计师提供的路灯效果图，与灯具生产商经过多次试验，研制生产出这款船型灯具。该灯长 2m，上部为金属光泽，下部为佛青色，灯臂尾部有蓝色 LED 尾灯，在夜间烁烁放光，颇为美观。该灯内倾 3°，行驶其中，有一种特殊的亲和感。

该条道路路灯采用双排对称排列，灯高 13m，灯间距为 35m 左右。光源为 2 套 SON-T250，内嵌名厂优质配光器，灯具仰角为 14°。所采用的灯具反射器使用高纯铝材料，并经过阳极化处理，其反射率较高，衰减较低；透光罩使用 PMMA 材料，有较高的透光率，因此整个道路的照明效果较好。根据道路现场测量报告，平均照度为 54 lx，照度均匀度为 0.42。

7 结束语

在这次亮化工程的规划、设计和施工过程中，我们体会到景观灯光照明一定要根据城市规划所确定的要求，结合本地区历史文化内涵，运有先进现代技术，准确把握各个区域的具体特点后进行设计和实施。通过与规划师、建筑师、园林设计师、电气和照明工程师的密切配合，才能创造出既丰富城市夜景，又宜人舒适的环境。

幻彩咏香江——维港灯光照明工程

香港机电工程署　陈德嘉　王志亮

1　前言

维港是香港的珍贵资产，点亮维港有如为香港注入生生不息的动力。维港夜景本已举世闻名，誉满全球。为了以崭新方式展现维港充满活力的一面，并进一步发挥这项资产的效益，旅游事务署于2004年1月推出“幻彩咏香江”多媒体灯光音乐汇演。汇演每晚透过香港岛的18幢私人和公共建筑物的互动灯光及音乐效果，展示维港充满动感和多姿多采的一面。到2005年5月，参与汇演的建筑物增加至20幢。“幻彩咏香江”现已成为夜空下维港的永久景致。

2005年11月，“幻彩咏香江”更被健力士世界纪录确认为“全球最大型灯光音乐汇演”。该项纪录是根据当时港岛20幢参与建筑物于每晚的同一时段，以互动灯光及音乐效果，展现维港夜景的动感而评定的。由于汇演广受旅客及本地市民欢迎，而且取得经济效益，旅游事务署于2005年12月把汇演扩展至九龙区，涵盖维港两岸共33幢建筑物。

维港两岸广厦林立，能够脱颖而出获选加入“幻彩咏香江”的33幢建筑物，都是香港具代表性的建筑物。例如中华人民解放军驻香港部队大厦是守护和平的标志；香港大会堂及香港文化中心是民众聚集、文娱荟萃的城市地标；国际金融中心二期是香港最高的建筑物；汇丰总行大厦是其中一幢最具特色的银行大厦；香港会议展览中心以海鸟振翅高飞为主轴，象征本地经济高速腾飞；星光大道是旅客必到之地。每幢大厦的灯光编排及变化流程，都根据建筑物的外型特色、建筑风格和用途而设计，各具“性格”。技术运用以安全、节能及环保为大前题，例如，选用LED灯以避免光害、避免使用缭乱刺眼的闪灯、引入省电节能的电源技术、采用精密周全的数码控制系统、引入先进的计算机软/硬件及网络通信设备等。

2　照明技术指标及设计要求

本计划的照明安装和照明控制系统参照以下的国际标准：

(1)CIE Technical Report 94-Guide for Floodlighting

(2)CIE Technical Report 136-Guide to The Lighting of Urban Areas

(3)CIE Technical Report 154-Maintenance of Outdoor Lighting Installation

(4)CIBSE Lighting Guide LG6-The Outdoor Environment

(5)绿色照明工程实施手册

(6)ANSI E1.11-2004 Entertainment Technology-

USITT DMX512-A-Asynchronous Serial Digital Data Transmission Standard for Controlling Lighting Equipment and Accessories

(7)ESTA-Recommended Practice for Ethernet Cabling Systems in Entertainment Lighting Application

(8)Artistic Licence-Art-Net MX Ethernet Communication Standard

(9)ESTA BSR E1.17 Entertainment Technology-Multipurpose Network Control Protocol Suite

为确保光度足够，计划指定建筑物照射表面的亮度最低为20cd/m²，而非灯具的输出亮度。至于照明表面的亮度比率则指定为2:1，以确保照明表面上光斑光亮度的差异小至不为人眼所察。同时，计划指定选用可调整投射角度功能的灯具，减少在建筑物表面上造成阴影。此外，为了延长灯具的操作寿命，LED灯具的驱动电池限制在350mA以下。最后，我们指定灯具电源及控制系统信号线的插头及插槽规格，方便日后故障维护。

3 照明设计理念

“幻彩咏香江”的设计有三大宗旨：一、在汇演期间，既要有突出自己的效果，但也要能与其他大厦互相辉映，而不能喧众取宠；二、各大厦的照明要能凸显自有特色甚至功能，就算在非汇演期间，仍能展现本身风采；三、不论是否在汇演期间，大厦本身的照明与周边建筑物均有所平冲。

为彰显大厦的独特性格，工程师须善用灯具及建筑物的特色，例如LED本身体积比传统灯具细得多，又可产生颜色鲜艳的光束，所以香港大会堂便使用了世界最先进的高效能LED，整个建筑物正前立面均是由长方形窗格组成。每个窗格均装有可独立控制的LED灯组。经过调较后，每个窗格均获得充分照明，兼造成独特具深度的效果，但又不会影响旁边窗格的效果，这是普通泛光灯所造不到的。这不但凸显了大会堂建筑之美，更反映出大会堂作为市民欢聚场所、提供多姿多采文化活动的重要角色。

又例如中国人民解放军驻香港部队大厦外形像一只酒杯，其照明设计特别点出此大厦特点，喻意杯里满载驻港部队官兵的美好祝福，祝愿在一国两制下，香港保持繁荣稳定。此外，香港文化中心的外墙本身就有照明作用，可利用外墙反射光线来照亮周遭的空地。因此，为“幻彩咏香江”增添的照明系统须经过悉心调校，以免影响香港文化中心原本极具心思的反射照明设计，并进而突显其外墙上精细的图纹，营造出繁星闪烁的效果。建筑物安装了可旋转变色计算机灯后，面向海港的那面弧形外墙更摇身一变，成为全港最大的弧形投射屏幕。

而香港体育馆本以其独特外表著称，像一组方形钻石，在颜色演纷的灯光下，动感十足，仿如钻石闪闪生辉，更喻意运动员精彩的表现，反映了建筑物的功能。

以上几幢大厦更在参与“幻彩咏香江”汇演时，在精密的数码控制下，隔岸呼应、互相辉映。

4 照明设计中节能措施

如此庞大的照明，一般来说耗电量极大，但由于“幻彩咏香江”巨细无遗地使用下列节能高效照明系统，与传统照明装置比较，整体耗电量平均可少三成。

计划采用高光效、配光率高的照明器材，其灯具效率最高可达65%~75%。计划需用上大量泛光灯，所以精选光效高、寿命长及光色好的金属卤化物灯作为光源，再配以电子镇流器，以增加能源效益。部分大厦采用高光效1W LED组合照明，由于其灯光束角度小，能尽量防止眩光及将逸散光降至最低，以达到节能的要求。

在“幻彩咏香江”的控制系统下，光亮度及照明时间长短均可编程，务求把能源消耗减至最低。控制系统早已为部分大厦设定“平日”、“节日(如五一、十一及农历新年等)”及“幻彩咏香江”等节目模式，保证照明效果良好而同时尽量节能。控制系统还通过联网作信息交换，大大增加照明管理的互动能力，以达到节电的目的。

5 新技术、新材料、新工艺

“幻彩咏香江”抢先用上多种全球崭新照明技术及产品。

计划使用市面上首款轻巧可变颜色1200W泛光灯，经特别制造，配以特制“颜色杯”打造千变万化的颜色变换效果。光力充足之余，又能巧妙地隐藏在现有建筑物内，达到“见光不见灯”的效果。其次，计划采用高光效1W LED组合照明，除可实现建筑物轮廓照明外，还提供多种类、快迅的颜色变化，组成动态的轮廓照明。部分大厦更别具创意地以此高光效1W LED作为泛光照明，以增加照明的立体感。另外，计划还首次使用可旋转、变色 1200W 计算机灯作为泛光照明的辅助灯具，由于可选配滤光片，所以能为大厦外墙增添不同的质感，而且因为具有可旋转及可变色功能，大大增加了特殊效果及动感。最后，泛光灯更配备了使用可调较光暗度的电子振流器，准确控制光度输出，并能减少浪费能源。其反射器及光线角度均经精心设计及调度，以优化亮度。

这计划配备了一套功能强大的控制系统，以先进的 16 位数码宽带控制灯光移动、旋转及颜色变换的效果，并同步协调 33 幢大厦的照明效果、音乐及烟火。同时，我们还采用先进无线通信技术，部分参与建筑物外部安装了无线信号接点，与控制系统连接。操作人员则可使用预载了先进专业软件的笔记本计算机和预载了流动软件的掌上计算机，在户外随时于数据加密环境连接系统，执行监察、备份、实时操作和修改程序等工作，方便快捷。此外，工程设计人员在编写程序过程当中，不断利用计算器进行照明效果模拟，务求实际的演出尽善尽美。

6 环保安全措施

一项规模大如“幻彩咏香江”的项目，要兼顾的环保方面的考虑远远超过器材运用方面，难度更高。但在细心规划下，灯具均能融入建筑物现存架构之中，减少建筑废料。其次，“幻彩咏香江”涵盖的范围甚广，需要与网络相连。以便协调，多幢建筑物以其已有的因特网相互联机，减少额外布线及物料。此外，部分大厦的照明均特别设计成能以同一套灯具满足“幻彩咏香江”汇演及非汇演时的需求，减省物料。

同时，我们在工程规划和进行期间尽力减低对环境的影响。例如有关合约均要求承建商符合 ISO14001 环保要求，实施纾减环境影响措施，包括控制施工期间的噪声、尘埃和工地流出的污水所造成的滋扰，以符合环保原则。例如在进行高噪声的建筑工程时，必须使用灭音器、竖设隔音板或隔音障。外包商同时会采用运载记录制度，监控工程所产生的极小量拆建物料及其弃置的情况，确保污染度减至最低。

“幻彩咏香江”尽量选用 LED，因为它比现今标准白炽灯或卤素灯的寿命长一百倍，而且不含水银，从长远角度能减少有毒废料。另外，香港偶刮台风，再加上建筑物大都是摩天大厦，所以灯具须经得起风吹雨打。LED 在固体状态非常耐用，可减少维修或弃置。再者，灯具均经调校及采用特定技术，减少能源浪费以及漏光，后者对城市中的雀鸟别具保护作用。

7 总结

“幻彩咏香江”是全球首创以海港为背景的大型灯光音乐汇演，结合璀璨耀目的灯光以及高科技多媒体技术，充分展现维港的活力及醉人的魅力。“幻彩咏香江”是一项规模宏大的灯光工程项目，采用多种不同类型的建筑照明系统，而整项工程的灯光装置更超过 27000 个。

“幻彩咏香江”的成功具有多重意义。首先，“幻彩咏香江”是一个世界级的旅游项目，吸引了世界各地的游客来港观赏，为商店、食肆、酒店、观光游等相关的旅游行业带来商机，推动香港的经济发展。“幻彩咏香江”也是香港公营及私营机构共同合作的卓越典范。

参与“幻彩咏香江”的私人机构均自行承担灯光工程费用、电费及有关维修和保养的费用。“幻彩咏香江”不但彰显了参与的私人机构对社区建设的热心和非凡创意，也展现了政府、商界和市民不分彼此、各尽所长的团结精神。这正是香港得以成为“亚洲国际大都会”的成功因素。

扬帆远航

——天津国际会展中心室外照明设计方案

北京瑞迪华盛科技发展有限公司　马运涛

摘　要　灯光对于建筑景观夜晚的表现从宏观上讲有外投光和内透光两种手法，而由此衍生出的变化却是层出不穷、千姿百态。外投光可以重新建构建筑的色彩与形体，突出建筑的质感；内透光则增加通透性，显露内在结构。两种手法综合运用，则可以创造出独特的艺术效果。会展的室外照明设计也主要采用了这两种手法。

关键词　外投光　内透光　色温　照度

建筑是凝固的音乐，而灯光的运用却可以使这一“凝固的乐章”变得飘逸、悠扬。灯具的种类随着科技的进步取得了日新月异的发展，特别是20世纪后半叶，钠灯、霓虹灯、金卤灯的出现，及近年来光纤、LED、变频灯的发明与应用使得夜色中的建筑物披上更加华丽的外衣。

灯光对于建筑景观夜晚的表现从宏观上讲有外投光和内透光两种手法，而由此衍生出的变化却是层出不穷、千姿百态的。外投光可以重新建构建筑的色彩与形体，突出建筑的质感；内透光则增加通透性，显露内在结构。两种手法综合运用，则可以创造出独特的艺术效果。会展的室外照明设计也主要采用了这两种手法。

建筑单体的灯光设计应尊重其周边的夜环境，注重自身的特点，努力使建筑灯光的表现与周边的群体环境和谐统一，其具体设计原则应注意以下两方面：

（1）突出建筑的重点部分。这里指的重点部分是依据三个不同的灯光尺度来确定的，即城市尺度、街道尺度、人体尺度。在城市尺度上，建筑的顶部——坡顶、穹顶或针状天线是建筑在城市中的标志，具有地标性的作用。而街道尺度能感官建筑的墙身尤其转折之处，是表现建筑空间关系的重点；相对于人体尺度而言，建筑的体现主要是群房入口，在这里应该注重其细节处理——线角、窗口、质感等等的表现力。

（2）塑造建筑的个性。在对具体建筑的造型的特点，材料质感以及所处环境的充分调研和理解的基础之上，进行艺术化的灯光重塑，突出设计师赋予建筑的独特设计品质，这要求设计师既有对建筑的深刻理解又具备完善的灯光知识，要做到这些是需要一定时间磨练的。

国际会展中心位于天津开发区中心，是开发区一个标志性建筑。12根钢结构的塔杆起主要支撑作用，椭圆形顶棚和大面积的玻璃幕墙又是建筑的另一特色，整个建筑好像是一艘即将扬帆远航的帆船，建筑特点十分独特。夜幕降临后，我们利用光线照射的强弱变幻、色彩搭配等特点，把沉没在黑暗中的“会展”勾勒出来，突出其特有的形体风格，形成一个不同于白天的整体效果，给观赏者留下美好的印象，成为城市夜景中的一个标志性景观。

1　照明设计

1.1　设计构思

根据建筑自身特点，我们采用多种照明手法对塔杆、屋顶及幕墙进行精心的照明设计，力求不仅要体现“会展”的壮观和现代感的照明效果，而且要通过选择先进、优质的产品和现代的控制方式，使“会展”的夜景在灯光的变幻中呈现流光溢彩的诗意般的气氛，通过照明创造出一个具有时代烙印的自然人文景观，以此为依托，带动周边地区的经济发展和文化交流。

1.2　设计方案

通过实地勘查与反复方案讨论，我们对“会展”的照明设计方案达成共识：

首先,“会展”的顶部和底部应是照明设计的重点。在远处应使人在各个方向都能见到挺拔的、明亮的“会展”顶部;近处能见到壮观的入口。其次,应尽量利用科技含量高的照明手段及灯具,实现对“会展”的照明设计理念,使其在夜空中拥有极具现代感的崭新形象。

1.2.1 塔杆

(1)塔杆高12m,是“会展”的支撑体,也是其自身最大的特点,是夜景照明的重点考虑部分;

(2)光色。色温的高低不同会产生冷或暖的感觉,色温在3300K以下产生温暖的感觉,色温在3300~5300K为中间色调,有爽快的感觉,色温在5300K以上有冷的感觉。

研究证明:光色舒适感与照度水平有一定的相互关系。在很低的照度下,舒适的光色是接近火焰的低色温光色;在偏低或中等照度下,舒适的光色是接近黎明和黄昏的色略高的光色;在较高的照度下,舒服的光色是接近中午阳光或高色温天空色。

根据“会展”的功能、所处的地理位置的特点(周围是大面积的草地而且临湖,周围环境比较暗)及本身材质特点,我们采用中间色调4000K色温的金卤灯进行照明。12根塔杆在这一光色照明下,高大挺拔、晶莹剔透,给人最舒适的感觉,成为整个建筑最具特点的部分。

(3)照明效果。为了达到较好的照度及亮度,我们利用飞利浦开发的照度计算软件进行计算,最后我们将塔杆的平均照度设计为170 lx,灯具采用飞利浦MVF024/100W(光源HPI-T/1000W)的投光灯,从四个方向照射塔杆,目的是将各面照亮的同时避免大面积的阴影产生,从而造成视觉上的不适感,同时塔杆从底部到顶部逐渐变暗,深化了塔杆的立体感并与顶端的彩灯相适应。

(4)照明灯具。MVF024/100W(光源HPI-T/1000W)如图1所示。

1.2.2 屋顶

(1)折型的屋顶造型是此建筑的又一个特点,也是照明设计的一个难点,经过多次讨论与试验,我们最终决定以上下泛光加内透光的方式,使这一难题得以解决。照明强度的明暗变化与转折表现了“会展”饱满的形体特征,较强的内透处理展现了其自身的活力;

(2)照明灯具。飞利浦Decoflood系列的SVF616/MHN-TD 150W WB,如图2所示。

飞利浦Tango2 MMF283/150W光源MHN-TD 150W,如图3所示。

1.2.3 群房立面

(1)考虑到它的建筑结构特点,我们采用内透光与泛光相结合的照明形式,在建筑主体幕墙内通常的室内照明基础上,设计了特殊的灯光支架,这样光线透过层层玻璃漫射出的丰富质感与金属构件交互辉映,呈现出如宝石般晶莹剔透光芒四射的内透效果。顶部廊檐处通过泛光照明形成建筑顶部的亮点,与内透光对比而更显生动。入口处墙体采用高色温泛光照明,将其从下而上照亮,突出其挺拔的气势;

(2)照明灯具。飞利浦HNF003投光灯具光源HPI-T 400W,如图4所示。

灯具材质

高压压铸铝成型外壳,钢化安全玻璃外加不锈钢防护网,高纯度反射器。

特性

(1)飞利浦新型投光灯,体积小,重量轻;

(2)依据需要可使用下列各种灯泡:

①双头金卤灯MHN-LA2000W,色温4200K,显色指数Ra=80,颜色自然,色彩鲜艳,适合彩电转播;

②1000W金卤灯(HPI-T1000W);

③1000W高压钠灯(50N-T1000W);

④背后开启式更换灯泡,维护简便,附有安全开关,背后开启时自动切断电源;

⑤有宽角、中角、窄角等3种不同配光系统,可依需要灵活运用;

⑥灯具两侧附有刻度板,方便调整照射角度;

⑦特殊内置型遮光板,使投射光束集中,安全利用,减少散射光造成的污染。

适用场所

适合竞技场,体育场、码头、货柜场等种种大型空间以及建筑物的投光照明使用。

图1 MVF024高功率投光灯具

材质:高压铸铝灯壳、钢化安全面玻璃,高纯度铝反射罩。
特性:(1)灯具附有刻度板,方便调整照射角度;
(2)防水防尘等级高达 IP65;
(3)灯具包含镇流器等电气附件,安装维护简易。
配件:遮光罩,防护网,滤色片。
适用场所:公园、建筑泛光、雕塑等。

图2 Decoflood 系列投光灯 SVF

材质:高压铸铝灯壳,4mm 厚钢化玻璃,高纯铝高效反射器,热镀锌铜支架,不锈钢夹扣。
特性:(1)全新设计高效率反射器,出光效率更高;
(2)新颖外观,结构紧凑,获专利保护;
(3)有调校刻度,方便调试;
(4)防护等级 IP65。
适用场所:楼宇泛光,休闲运动照明,停车场,堆场照明。

图3 Tango 中功率投光灯具

2 结束语

光除了为人们"看"这一基本的感官活动提供必要的功能条件外,还发挥着艺术造型、渲染气氛、装饰环境等景观表现作用。与自然光相比,我们使用的各种人工光源具有易于控制、选位便利、光色可变等优势,可将城市装饰得"光芒四射"。

现代城市夜景照明无疑是当今城市现代化建设和文明发展的一个标志。比较今天与若干年或几十年前的城市夜景版图,我们会惊奇的发现,世界上每一个城市的阑珊灯光都在匍匐延伸,"肌理" 更加清晰,整体亮度明显提高。举世瞩目的 27 届悉尼奥运会上被萨马兰奇称之为绝佳创意的是悉尼大桥上硕大的发光五色环及悉尼港的城市夜景,通过电视转播长久的被铭记在世界各国人民的心中。

特性
(1)高纯度铝反射器,光束最精确,反射效果更佳;
(2)对称型窄角,宽角及非对称等配光系统;
(3)灯具均附有刻度板,方便调整照射角度;
(4)防护等级IP55。

图4 HNF003 投光灯具

进入新世纪,随着照明科技和灯光艺术的发展与进步,人们更为强调的是照明的环境效果,创造舒适、美观的人文景观,发挥光、景、城的整合作用,开创其共生魅力是 21 世纪城市景观照明的目标。

中国许多城市凭借卓越的景观照明建设与改造,城市夜间形象得以提升。北京奥运申办成功,为"绿色照明,绿色奥运"的实施带来了机遇与挑战。广州在"九运会"之际,在全市推进"光亮工程",构筑"山水"型生态城市夜景观;上海为迎接和举办 APEC 会议而进行的全市"透亮工程"让上海的夜晚显得晶莹剔透;在浦江举行的大型水幕电影、激光、音乐喷泉、音乐烟火表演,创造了千姿百态的立体画面,给中外游客强有力的艺术震撼。人们开始关注夜景、设计夜景,用灯光装饰我们的城市环境, 这已成为城市建设的新时尚。通过照明美化城市无疑是 21 世纪城市建设的热点内容。中国许多城市都积极进行城市夜景照明的总体规划和设计,夜景照明建设步伐明显加快,政府投入也明显增加,我相信不久将来,中国将会有越来越多的城市像美国的拉斯维加斯一样成为不夜城!

参考文献

1 黄引达,孙森.室外艺术照明设计方案.南京:东南大学出版社,2003
2 李铁楠.景观照明创意和设计.北京:机械工业出版社
3 照明杂志
4 2004—2005 飞利浦照明灯具产品目录

天津泰安道照明设计说明

浙江中企实业有限公司　李卫阳　张华青

城市的夜景照明是一种渲染气氛、美化环境的照明，是地区文化素质、科技水平和经济实力的体现，对城市经济的发展起着关键性的作用。明亮优美的城市夜景照明，不仅可以提高城市的整体风貌，提供良好的夜视环境，更能够反映出一个城市及地区的政治、经济状况和照明科技的发展水平。

浙江中企实业有限公司有幸参与了天津泰安道的夜景照明设计及施工。设计中我们充分运用光线的强弱变化、色彩搭配来点缀夜幕，体现建筑物靓丽的“面孔”和固有的艺术风格，在某些地方更是采用了大胆的设计，使建筑物更加光彩夺目，从而美化了环境。

1　工程概况

天津是全国的历史文化名城，而泰安道作为市政府所在地，是全市的政治中心。这里有众多具有历史文化价值的建筑，以前是一个租界区，是天津特定历史时期建筑风格的代表。我们在设计中既要保持建筑物原来的独特风貌、营造城市文化、延续城市文明，又要响应建设部“夜景照明向环保型、节能型发展”的要求。

泰安道上的每一座建筑物都有与众不同的特点，都是建筑设计师智慧的结晶，充满了个性，一座楼就是一个景点。我们通过对每幢楼的单独照明设计，使其本身特点得以表现，并且将泰安道上众多风格独特的建筑连成一体，升华到大型景观艺术设计的高度。

这里没有繁华都市的流光溢彩，也没有商业街区的绚丽多姿，有的只是古色古香的建筑和淳朴自然的灯光美景，这就是我们眼中的泰安道。

2　设计依据

(1)建筑平面图、立面图等。

(2)国际照明委员会有关城市夜景照明技术文件。

(3)肖辉乾《城市夜景照明规划设计与实景》。

3　具体案例介绍

3.1　五十九中设计说明

（1）整座建筑物主要以金黄色暖色调为主，通过对重点部分的照亮突出，特别是代表欧式建筑风格的罗马柱、弧形窗门的花纹及屋顶三角形花纹，更是本方案的重中之重，通过对以上各要素的特别处理，使建筑物欧式风格得以展现，并借助灯光的衬托，将其风格进行渲染与发挥，将建筑物修饰得晶莹剔透、美轮美奂，展现出与白天完全不同的视觉效果，也给泰安道的夜晚景观增添了新的闪光点。

（2）在建筑物四周墙角下安装线条地埋灯，向上将整个墙面微微照亮，均匀地烘托出建筑物的整体轮廓，就象是画画时打的底色一样，其他所有的色彩都是在底色的基础上进行渲染，没有了底色，局部的照明将变得凌乱，缺乏整体美。

（3）在学校正门两边的柱子下方安装地埋灯，将四方形的石柱照亮，使原本就浑厚、结实的石柱更显雄壮威武。在石柱上面安装同样的灯，由下而上将正门的半弧形及其上面精美的花纹雕刻凸显出来。从而使整个大门都金光闪闪，形成一道“光环之门”，象征着此门是通向知识殿堂的神圣之门，无数莘莘学子由此升入更高学府，走向世界，实现自己的人生梦想。

（4）在学校窗户四周的罗马柱下，用灯光向上将柱子照亮，然后在罗马柱的大小接头处，再用灯光斜向将弧形窗户的顶部照亮，使得每扇窗户都显得格外明亮。一个个的弧开窗顶与罗马柱相连，如同天使展开轻盈的翅膀，陪伴朝气蓬勃的年轻学子，浓浓的学术氛围溢满窗台。

（5）屋檐四周采用线条荧光灯由上向下将整条大檐子勾勒出来，使大楼的顶部连接起来，一气呵成。并在三角形屋顶的下部安装线条荧光灯，将整个屋顶的大三角形特别照亮，使得三角形屋顶两边精美的花纹清晰可见。整条被照亮的屋檐与屋顶的大三角形，恰如一条美丽的丝带与一颗耀眼的钻石装饰在屋顶，显现出建筑物的高贵典雅。

3.2　天津泰安道保育院方案

（1）整座楼以淡黄色光线为基调，墙角部分偏白而屋顶部分偏黄，主要是利用了不同色温的光线，会让人产生不同的心理感受的，营造出一种活泼健康与温馨自然的夜景效果。同时通过对建筑物重点部分的突出渲染，从而展现出其应有的建筑特色与风格。为此我们也特别准备了两套方案供业主选择。

（2）在房子四周的墙角下安装 GE 进口 T5 线条地埋灯，向上将屋子的墙角线及整个基础部分照亮，使整座楼都被白色的光环围绕，从底部发出万道光芒，好似洁白的莲花将保育院托于其中，精心呵护着未来的希望。

（3）在屋子的腰线处采用 T5 线条荧光灯，将墙面向上照亮，与墙角的地埋灯一上一下遥相呼应，使得被腰线挡住的灯光得以延续，光线一直延伸到檐口，将保育院的上半部分衬托出来。巧妙地利用腰线凸出部分暗影，将整个灯光分出上下两个层次，使视觉在此处作了短暂的停顿后继续延伸。

（4）屋子正对泰安道的墙面由于没有腰线，因此墙面上半部分较暗，为解决此问题，我们在窗户顶上安装线条灯，将上下两个窗户之间的墙面部分照亮，然后在墙两侧小屋顶的檐口处，使用线条灯顺差瓦片将小屋顶照亮。这样两边的小屋顶结合两扇窗户之间的灯光，一方面使腰线部分的光线得以延伸；另一方面也使整个正面墙体部分凸显出来。左右对称的两个亮堂堂的小屋顶，就像是两只水汪汪的大眼睛，显示出了保育院小朋友们的活泼与天真，使建筑物充满灵性。

（5）在三角形的大屋顶及屋顶正面的标杆下使用线条灯将栏杆柱子照亮，在屋顶的檐口处使用沿瓦片斜向将瓦片照亮。这样，由三角形屋顶、瓦片及栏杆构成了我们照明方案的顶层部分。此部分是本方案中最为重要也是建筑物最有特色的部分。被照亮的三角形屋顶光亮夺目，与一排排明亮的栏杆相连，透露出一种自然与祥和。

3.3 教堂设计说明

整个楼体以表现立体效果的硬线条为主，表现柔美曲线的软形线条为辅，阴阳结合有刚有柔。设计手法上以泰安道上欧式风格为整体，设计简洁明快、幽静庄重，富有现代气息。建筑风格立体感颇强，顶部塔尖高亮度照明，结构晶莹剔透，又仿佛天空中一颗闪亮的明珠，令人心旷神怡。我们以暖色调金卤灯为主要照明灯具，显示出建筑物幽静与庄重而不乏沉稳与爽快之感，突出教堂的文化氛围。独特的泛光照明，使其无论在白天或夜晚，都会成为人们视线的焦点。

教堂主体为暗褐色砖，泛光照明效果较好，因此我们以偏暖色白光为主。围绕着“不仅要满足建筑使用功能上所要求的景观照明，更要烘托出建筑的独特风格与时代特色，体现泰安道悠久的文化气息”这个主题，通过分析和调研，我们采用的建筑物泛光照明方式为：简化光色、明暗结合、突出重点、协调统一。

本设计根据被照面的材料及其反射率的特性，参考国家推荐的建筑物泛光照明的平均照度标准；采用直接室外泛光照明、隐蔽灯具，不破坏基本建筑物的基本结构，无眩光，尽量克服使视觉不舒适的照明方式设计；主色调采用暖色调白光为主，兼顾建筑物本身的基调；灯具采用中企公司体积小、光效高、便于维护和维修的照明设备。

主体选用四个方向自下而上分层照明，选用中企建筑专用型灯具 ZQ7702 地埋灯，ZQ7433 泛光灯，ZQ7493 泛光灯，配 GE 专用反光器及光源，功耗小、功率因数高、寿命长。从而提高了光效，增加了照度，也使教堂极富立体感之美，给天津泰安道增加了一处赏心悦目的风情建筑物。

4 结束语

城市夜景的作用已变得越来越重要，因此夜景照明的设计也将对城市生活产生影响。实践证明，夜景照明不仅满足人们夜间活动的需要，又是一种可欣赏的景观，当然，城市夜景也不是越亮越好，其亮度要以满足人们活动需要为原则，并体现观赏间距的光亮感觉与节能之间的优化，作为设计者要从实际出发，综合考虑夜景照明的功能性、艺术性及协调性，以最小的成本创造出最佳的效果。

无锡大成巷商业步行街的夜景照明设计

同济大学建筑与城市规划学院　李奇峰　俞丽华
同济大学电子与信息工程学院　肖　辉

摘　要　文章以无锡大成巷商业步行街为例，阐述了现代商业步行街夜景照明设计的基本原则和设计方法，并对大成巷夜景设计方案进行了细致说明，供照明设计人员讨论。

关键词　步行街　照明设计　功能性　装饰性

步行是人类最基本的空间易地方式，城市街道最初的服务对象主要是徒步行走的人。在车行交通为主的现代化城市中设置步行街区，其根本目的就是要使市民摆脱机动车的干扰，把空间留给市民，改善城区商业环境和市民的生活居住质量。今天，步行街区作为一种富有活力的城市开敞空间，已成为现代城市设计中最基本的构成要素之一，也是展示城市发展、城市风貌、城市商业活力的窗口。随着人们夜间活动的逐渐增多，夜景照明成为制约步行街发展的重要因素。良好的照明不仅能在功能上满足人们夜间活动的需求，也是提升街区品味、展现商业氛围的有力手段。

大成巷位于无锡市崇安区中心地带，在中山路和解放北路之间，总长约400m，大成巷北侧两条支路(姚宝巷、黄石弄)各长约100m，建成后将成为无锡市第一条商业步行街。步行街景观及两侧建筑设计呈现整体和谐的效果，是无锡崇安区重要的休闲、旅游、购物场所，因此，其夜景照明的设计需要同时考虑功能、美观、节能和维护等多方面的因素。

1　步行街照明规划设计的基本原则

简·格黑在《建筑之间的城市生活》一书中把城市生活分为三类：必要生活——基本的，带有强迫性的日常生活，如购物、上下班；选择活动——户外条件允许时人们乐于进行的活动，如散步、观光、户外休息锻炼；社交活动——公共场所的交往活动，如谈天、打招呼等。后两类是高质量的城市生活所追求的活动，它们受环境质量的影响尤为明显。

在夜间，基本日常生活的满足需要有必要的安全性照明为保障，而适当的装饰性照明则可以增强街区在夜间的吸引力，使之成为人们愿意光顾和驻足的场所。大成巷的夜景照明设计即遵循了下列原则。

1.1　提供步行街功能照明

功能照明是夜景照明设计的首要目标，在人流集中的步行街区域的功能照明应能保证行人安全、准确识别道路、行人和街道设施，并能保证在步行街上的定向。

1.2　以建筑和环境设计为依托，创造商业与休闲街区舒适宜人的夜间环境

建筑和环境设计是照明表现的载体，通过对建筑和环境的理解，结合其自身特点，合理设置灯光布局。舒适宜人的夜间环境是提升商业与休闲街区环境品质的重要环节，艺术化的照明手段和灯具设置将形成整体环境氛围的有力支撑，成为吸引客流的重要元素。

1.3　以历史和文化内涵为导向

大成巷步行街位于无锡中心城区，步行街上有顾宅等历史文化景点，只有符合历史文化特色的夜景才能做到锦上添花，展现区域特色。夜景照明需要充分体现街区的历史文化内涵，在物态的环境中融入精神元素，加强街区的人文景观特色。

1.4　点、线、面结合的景观布局

夜景照明设计注重整体性和突出重点，对重要景点加以重点表现，做到"点、线、面"相结合，避免面面俱到。

大成巷的夜景设计确立了一条主线、五个节点组成的基本构架（见图 1）。

2　步行街照明的细部设计

2.1　以功能照明为主的主线照明设计

主线照明分为两个层次：功能照明和装饰照明。

功能照明采用 70W 金卤灯庭院灯，安装于设施带内。庭院灯灯杆高 4m，按 12m 间距安装，以保证路面上照度的均匀，同时在纵深方向形成强烈的视觉引导效果。

装饰照明采用引导性的地埋灯，安装于设施带两侧。地埋灯采用 LED 光源，红、绿、蓝的三基色 LED 放置于一个地埋灯内，通过组合得到不同的颜色，采用智能化控制手段实现光色的统一变化，创造富有情趣的景观效果。

2.2　照明设计建立完整的空间环境意象

美国著名城市设计理论家凯文·林奇在《城市意象》一书中提出了构成城市意象的五个要素：道路、边界、区域、节点和标志。实际上就是人们认识与把握城市环境秩序的空间图式。

2.2.1　边界

大成巷的边界由连续的店铺和小片的绿地构成，店铺的夜间景象是商业氛围的主要标志，通过两侧商铺内的橱窗照明和内透光照明增强商铺对行人的吸引力，同时形成步行街的围合效果。此时的照明以装饰和标识性为主，采用丰富的彩色光线和变化的效果，使空间环境更为活跃。

2.2.2　节点

节点是一定区域中有特点的空间形式，结合步行街的特点，往往规划有多个节点，可作为步行街的中心、高潮，为其带来特色与各类商业活动。

大成巷步行街上共有五个节点，即①中山路入口节点；②顾宅广场节点；③大成巷与姚宝巷交叉口节点；④大成巷与黄石弄交叉口节点；⑤解放北路入口节点。

其中①⑤两处为入口节点，对于步行商业街，入口的重要性不言而喻，它起着组织空间、引导人流的作用，其本身也是街道空间中的重要景观。它是整个街道空间序列的开端，既应给人们以明显的标志，还应突出街区的特色风貌。为了达到这些预定目标，在大成巷的两个入口部位分别设置了富有古典风格的大型标牌（如图 2 所示），并通过色彩的变化吸引行人的驻足。

节点②为广场节点，顾宅广场是大成巷休闲街上的重要节点，古宅、青石地坪、绿化的综合布置使之具有了丰富的历史文化内涵。

为了与顾宅广场的景观特色相匹配，其夜景设计主要目标是营造舒适、宜人的整体氛围（见图 3），灯具的选择和安装位置尽可能不对白天的景观造成破坏。此处夜景的主要处理方法是采用了 LED 地埋灯组成的发光地坪，通过统一的智能控制实现光色的变化。

与顾宅相对的绿化是大成巷唯一的一块面状绿化，采用 150W 金卤灯、地埋灯照亮高大的乔木，隐蔽

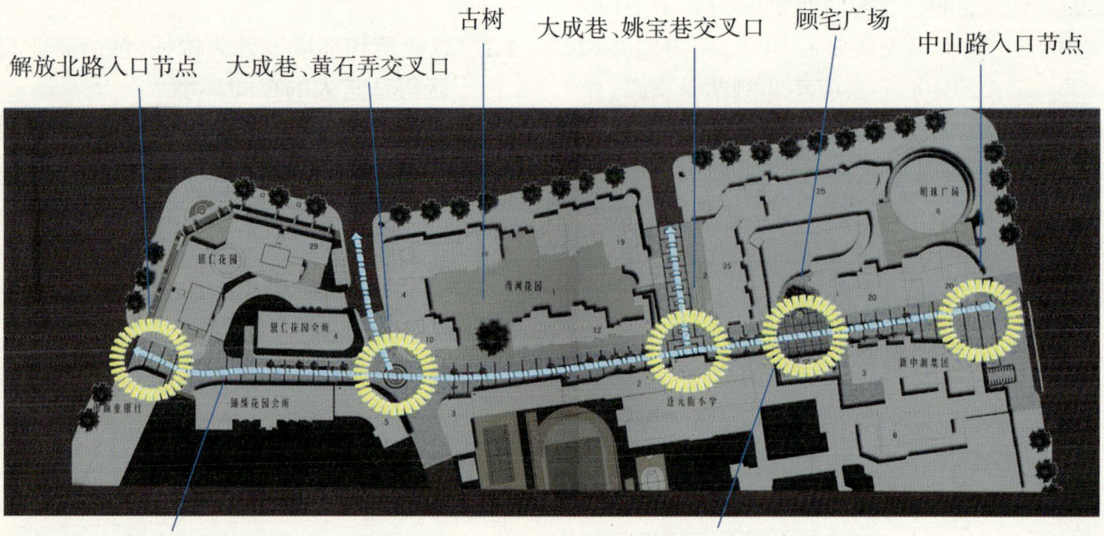

图 1　大成巷夜景照明整体分析

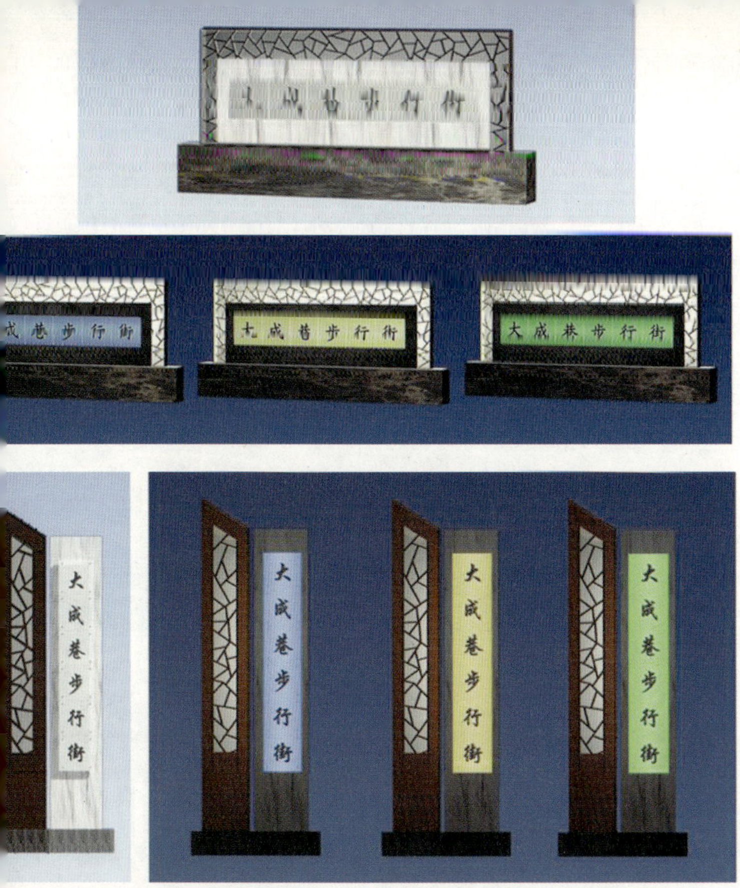

图 2 大成巷入口标牌

图 3 顾宅广场夜景效果

安装的灯具不会影响白天的景观。绿化后面的叠水采用低压水下灯表现水流。

节点③④为交叉口节点，这两处节点除了注重两侧建筑物照明的连续之外，还考虑了从步行街辅助入口观看的对景效果。如大成巷与姚宝巷的交接处，在建筑设计中结合连元街小学沿街建筑设置了“门”式交通空间和若干小品，成为这一节点的视觉中心。对“门”式建筑的照明表现是这一节点照明设计的中心。

除了用投光灯将“门”的侧面照亮以表现整体效果外，在“门”内设置了与上部通透的圆形天窗同样造型的大型吊灯，吊灯上安装变色 LED 灯组，与大门的天窗造型相呼应，营造整体统一的装饰效果，大“门”内部的照明光线由安装在天窗周围的灯具提供(如图 4 所示)。

图 4 大成巷与姚宝巷交叉口节点的夜景效果

2.3 形象设计

步行街作为相对集中的商业街区，整体商业形象的营造是提升商业街品位的重要因素，为了营造大成巷步行街的整体商业文化氛围，要求所有店铺设置统一的店招。我们设计了两种风格的店招样式(如图 5 所示)。

2.3.1 古典风格

采用和入口路牌一致的建筑元素，江南特色的花窗造型，全部为木质和磨砂玻璃材料，内部采用霓虹灯和 LED 作为发光体，夜间，光线透过毛玻璃和透明字体，营造典雅的氛围。

2.3.2 现代风格

采用不锈钢作材料，造型富有现代感，内部采用 LED 作为发光体，光线通过透明字体产生标识作用，营造富有现代感的氛围。

3 结束语

步行商业街这种新型的商业形式一出现就受到了广泛的欢迎，它的大量出现代表了城市生活向自然的理性回归，照明设计只有坚持“以人文本”的基本设计理念，注重商业氛围的整体营造，并注意发掘城市文化特色，才能得到理想的效果，经受住时间的考验。

(a)古典风格店招

(b)现代风格店招

图 5 大成巷店招设计

聚集性表演广场的艺术灯光景观

——上海南京路世纪广场艺术灯光景观设计

上海广茂达灯光景观工程有限公司　王同庆

摘　要　文章通过介绍上海南京路世纪广场艺术灯光景观设计与实施的项目实例，讨论艺术灯光景观如何与传统商业街区环境相融合，展现海派特色浓郁的“中华第一街”——南京路上的独特魅力。并运用了现代照明设计理念和先进灯光技术为当今的商业环境服务，为未来的艺术灯光发展提出建设性的参考。

1　艺术灯光景观背景分析

上海南京路号称“中国第一商业街”，也是亚洲最繁华的商业街之一。它宛若一条昼夜璀璨的卧龙，头枕于黄浦江外滩，尾施于千年古刹静安寺。

1.1　人文环境分析

1.1.1　人文分析

（1）一条“有头脑”的街道。南京路两边建筑林立。既有西洋风格的怀旧建筑——一百多年的发展史给南京路带来了浓厚的文化氛围，沿街的和平饭店等12处经典大楼是“优秀近代保护建筑”；又有现代感十足的高楼商厦——海仑宾馆、王宝和大酒店等现代化建筑拔地而起，使南京路焕发出迷人的时代气息；他们看起来又是那样的和谐，西方的理性建筑与东方的人文哲学在这里有机地融合在一起。

（2）一条“有体温”的街道。南京路历来是中国流行商品的发源地，商业及其相关行业高度集聚，名特商店集中，是全国规模最大的商业街区和上海的精华荟萃之地。正是这种海纳百川的胸怀使得南京路历经百年，长盛不衰，具有旺盛的生命力。

户外广告灯箱、霓虹灯、橱窗灯光、路灯以及建筑物照明的外泻光等。

受北侧商业店面的影响，南京路步行街的水平照度平均在60lx以上，超过100lx的区域也不少。垂直照度也呈现出“北高南低”的特点(施工围墙附近因受墙面宣传画泛光的影响而有失真实)。而垂直照度平均值更是超过了50lx，有很多点的垂直照度高于水平照度。按一般经验，商业街的垂直照度要达到水平照度的30%以上，才能产生热闹的氛围。从夜间光环境的角度来讲，南京路“中华商业第一街”名副其实。

湖北路一侧较亮也是因为店面灯光以及楼宇景观灯光的缘故。而九江路和福建中路由于是疏于维护的路灯照明占主导，平均水平照度只有12lx左右，道路照明等级只相当于M3级。

(3)一条“有血脉”的街道。南京路是现代商业的展示台和竞技场，是消费时尚潮流的象征。汇聚万国精品，引领时尚潮流，获得了“中华商业第一街”的美誉。专业商厦、品牌商店迅速崛起，进一步拓宽休闲娱乐业、现代服务业等行业，使产业结构日益合理，综合功能更加完善。

综上所述，南京路代表着大上海“时尚之都”的形象。

1.1.2　环境分析

位置：上海南京路步行街世纪广场改造工程改造范围位于九江路以北、湖北路以东、南京路步行街以南、福建中路以西，用地面积约8370m²。改造后，8000m²的地下车库和多功能露天舞台将成为南京路上的新亮点。

周边建筑：广场周边建筑以商店和宾馆为主，华侨商店、第一医药商店、上海旅游品商厦和海伦宾馆、王宝和大酒店、古象大酒店等将世纪广场呈围合态势。

1.2　光环境分析

为获取第一手资料，我们专门组织人员对世纪广场周边做了一次夜间照度水平现状测定。数值结果见图1示。

分析如下：

现场光环境有明显影响的照明设备依次为：大型

1.3　功能分析

世纪广场以演出、展示、休闲、停车为主，凸显演艺功能。配合此功能定位，夜晚光环境也需要根据平时无表演、平时有表演、周末无表演、周末有表演及重大节庆日表演等不同时间段设置相应的光环境。

2　艺术灯光景观理念设计

2.1　主题设计

时尚、现代，极具海派特色的中华第一街。

2.2　设计风格

中西合璧的造型语言，体现海纳百川的气势，营造现代时尚的魅力都市舞台。

2.3　总体灯光布局设计

根据上海市各级领导以及现代建筑设计(集团)有限公司总建筑师邢同和先生对南京路世纪广场的

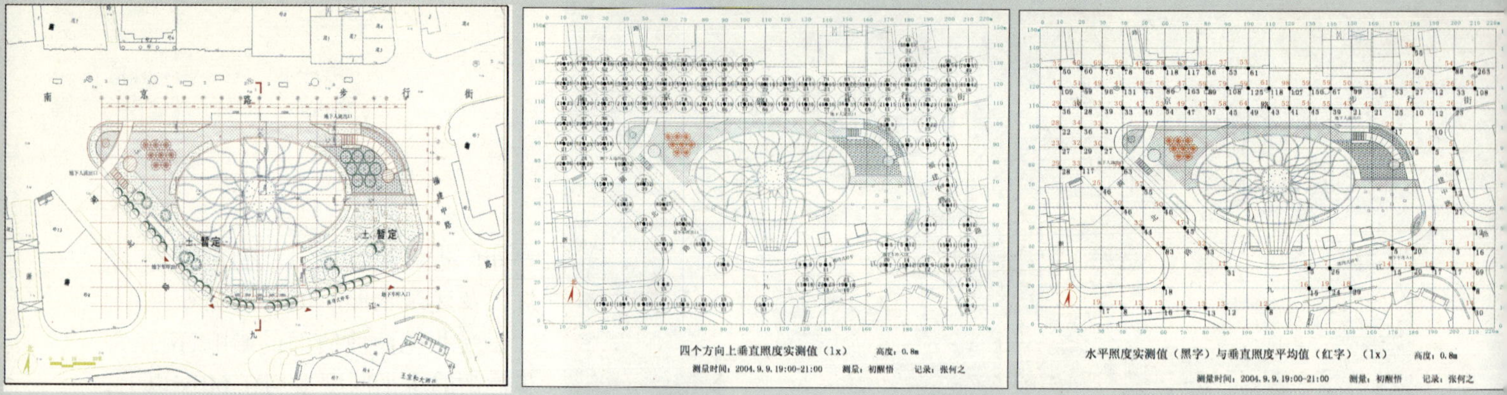

图 1

整体策划，以翻新世纪大舞台，拓展南京路旅游新亮点为目标；统一并发展“中华第一街”的完整形象和独特魅力；创建市民文化与高档商贸区相融合，雅俗共赏的新海派风格。艺术灯光景观紧紧围绕“海派文化”这一主线，力图营造具有浓郁商业繁荣景象和市民聚集表演文化内涵的艺术灯光景观。

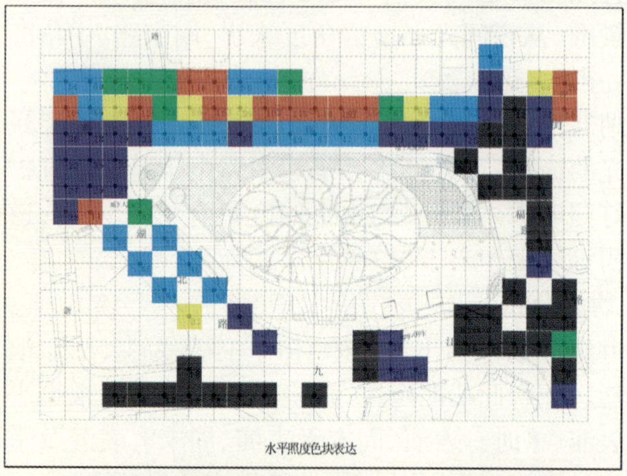

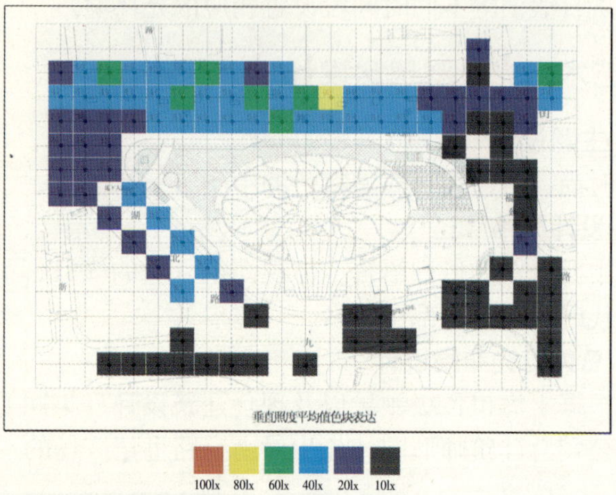

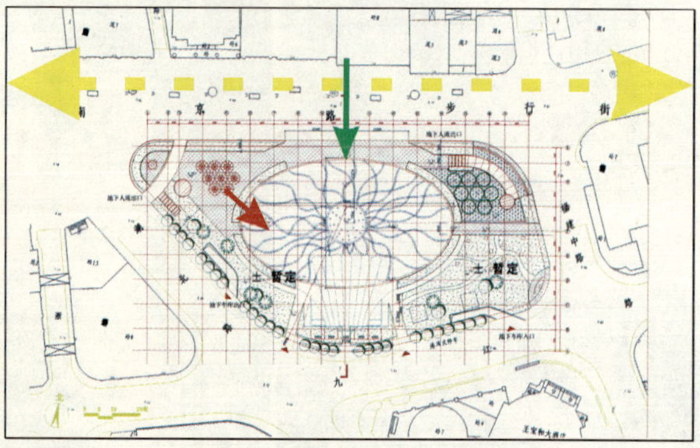

平视视点　游览视轴　俯视视点

总体灯光景观创意：

(1)世纪广场成为南京路的新地标，突出“表演”特质。世纪广场是矗立在南京路的超大型露天剧场，是中华第一商贸步行街南京路的文化亮点。多年来，夜晚的南京路早已形成闪、亮、跳的“光海”繁华夜景形象。如何在霓虹闪烁的南京路保持统一的风格然而又要彰显自身特色？——用灯光来“表演”是本次设计的重点。光的载体包括舞台构筑物和发光地坪；处理二者在夜晚不同时刻的关系是本次艺术灯光景观设计的关键所在，有表演时、无表演时、平时、节日、重要主题节日、深夜十二点以后等时段，用灯光来演绎时间的变化。

(2)创建和谐光环境，促进南京路整体灯光健康发展。任何设计均把“以人为本”作为设计前提。世纪广场在成为露天表演舞台的同时又是平时人们休闲娱乐的重要场所。在夜晚营造和谐的光环境，让游人安全、舒适、愉快地漫步在世纪广场也是本次设计所追求的目标，正所谓“见光不见灯”的设计理念。在广场的休闲区、绿化区等地均秉承这一设计原则。这也为南京路整体灯光的健康发展提供一个良好的模式。

(3)传承海派文化精华，大力促进高科技融入现代光环境。“海上升明月”的良好祝愿时时萦绕在人们耳边。通过精心设计，在强大的科技背景支持下，巧用、活用新光源、新技术，使商业街散发出清新的绿色、环保、节能的科技之风。高亮度 LED 光源、灵活的网络控制技术、钻石频闪、太阳能灯具……众多的高新技术保证了设计理念的顺利实施，使人民获益。

2.4　视点分析

南京路世纪广场有平视视点、俯视视点以及行进在南京路上的游览视轴。其中以人的视角身在其中观赏广场的平视视点为最主要视点，游人行进在南京路上观赏世纪广场的游览视轴为其次，在宾馆酒店的人们俯瞰广场为第三视点。

平视视点是指人们的主视物首先为表演着的舞台与大屏幕，接着会对脚下的艺术光带地坪产生浓厚

发光地坪行人视角照片

发光地坪白天景观

舞台建筑行人视角照片

舞台建筑白天景观

好奇；表演散场，人们漫步于广场林荫小路，或坐或卧于树下的休闲平台，感受淡淡的灯光下的温馨气氛，与趣味雕塑近距离接触，感受世纪宝鼎的庄重辉煌。

在南京路上的游览视轴多彩的舞台、灵动的喷泉、变幻的地坪无一不吸引游者的好奇。

俯瞰广场，藏于花坛底部的光带将广场与周边环境自然分开的同时又保留着特有的通透感，智能连续变色的广场地坪此时成为主角，分不同主题、不同时段的变化旋律，将广场真正演绎成为光的艺术天堂！

2.5　时间点分析

时间通过光而具体化，这在万众瞩目的世纪广场表现得尤为强烈。不能将夜晚的灯光设计简单地用时间分割，周末与平时相同的时间聚集在广场的人数与心情是不同的，各种节日又各不相同，应该赋予时间以主题。比如十一国庆时灯光应演绎“中国红”与“十一欢庆”；周末演出“今夜星光灿烂”；平时十点之后演绎“午夜的梦”。在演出时，广场环境灯光可根据不同演出氛围互动演绎光环境。

2.6　艺术灯光景观视觉元素设计

艺术灯光景观视觉元素分类：发光地坪、舞台建筑、休闲区、绿化区。

2.6.1　*发光地坪*

发光地坪是南京路世纪广场艺术灯光景观的亮点所在，它采用了复合型的灯具，以产生飘动感。这个空间主要使用一种配有 35W 的 LED 光源和 6W 频闪灯的灯具——艺术光带。灯具与地表面的花纹紧密贴合，嵌于地槽内部的不锈钢预埋件内，顶部用半透明钢化玻璃密封，预埋件底部有流水槽。发光地坪的边缘有内藏于花池侧面的 28W 光带，它使广场自然地与外界分隔开，形成统一的舞台空间，为增强夜晚的识别性，发光地坪边缘安有 13W 的广场侧壁灯。在表达相同空间里各个时间的不同灯光主题，设计师在艺术光带的旋律编排上下足了功夫。从平时的灯光表演到重大节假日的主题性晚会，在一天内入夜后的不

休闲座椅行人视角照片

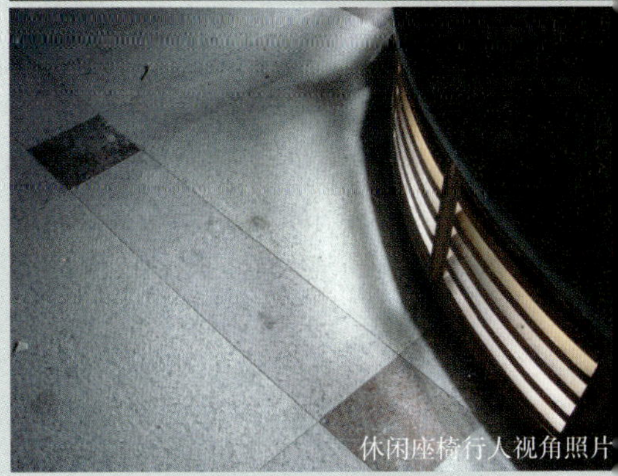

休闲座椅行人视角照片

休闲座椅白天景观

地面星光灯白天景观

地面星光灯行人视角照片

地面星光灯行人视角照片

同时间点的灯光变化直到凌晨时分的午夜旋律的节电模块，灯光控制人员夜以继日地在现场进行调节。这种变化的光色效果巧妙地打破了广场空间的单调感和硬质感，在表演者与观众之间产生共鸣的心灵感应，使冰冷的地面仿佛也充满了生命力。

2.6.2 舞台建筑

带有"海上升明月"美好愿望的舞台建筑仿佛是一个贝壳。在南京路的正面看到的是一条波浪形弧线，灯光设计采用6W的钻石频闪灯镶边，避免落入在建筑边缘生硬勾边的俗套，随机闪亮的点光源为舞台的建筑增添了灵性；为配合两扇巨型宽频幕的视觉效果，后侧采用内光外透的光带进行衬景；顶部采用泛光灯照亮舞台顶部，通过太阳板向外透光。夜晚的舞台建筑在辉煌的南京路背景映衬下显得晶莹剔透，散发出摄人心魄的魅力。

2.6.3 休闲区

世纪广场是南京路上难得的休闲娱乐区，两侧的座椅是游人们的休憩场所。在夜晚合理地布局，使游人们在舒适的、无刺眼眩光的环境中欣赏南京路是休闲区灯光设计的主要目的。采用数种元素，产生一种安静感。坐椅内透的28W休闲座椅灯既增加了环境照明又很好地控制了光污染，安装在座椅内侧，灯具抱箍座椅，座椅外侧是可拆式格栅门，靠近树池内侧是透明磨砂玻璃，增加环境光。LED点光源每个0.5W，与地面砖巧妙地结合，形成星光海效果，提醒人们这里是地下出口；13W的台阶侧壁灯与太阳能的LED发光地砖共同营造出和谐的光环境，犹如夜空繁星的休闲伞点光源，忽明忽暗，趣味盎然。休闲区光色以巧、隐作为特色，有机地融于南京路整体光环境之中。

2.6.4 绿化区

世纪广场的环境绿化中蕴藏着文化的品位，大大小小的雕塑融于其中。采用70W防眩光可调节埋地泛光灯照亮世纪之顶、世纪之钟等标志性雕塑以及一些高的树木，兼有顶部环境照明和步道照明功能的32W草坪灯十分优美，不足之处是颜色喷涂过浅。整体绿化环境重点突出且环境优雅，起到很好的衬托背景的作用。

3 艺术灯光景观视角效果演示

主题性灯光景观：生命绿

主题性灯光景观：蓝色畅想

主题性灯光景观：欢庆十一

主题性灯光景观：中国红

草坪灯与光带行人视角照片

绿树防眩光埋地泛光灯

草坪灯白天景观

光带白天景观

4 艺术灯光景观高新技术应用

4.1 LED智能变色网络控制系统

基于新一代全分布式控制系统的核心技术——现场总线技术,主要特点:

(1)全数字化。局域网能够和用于自动控制的现场总线网络紧密衔接。此外,数字化信号固有的高精度、抗干扰特性也能提高控制系统的可靠性。

(2)全分布。各现场设备有足够的自主性,它们彼此之间相互通信,完全可以把各种控制功能分散到各种设备中,而不再需要一个中央控制计算机,实现真正的分布式控制。

(3)双向传输。在一条线上既可以向上传递传感器信号,也可以向下传递控制信息。

(4)自诊断。本身具有自诊断功能,而且这种诊断信息可以送到中央控制室,以便于维护。

(5)开放性。任意扩展控制单元。

4.2 智能频闪灯

采用脉冲信号控制,Flash技术动画采样编程,对每个灯具实现智能化控制,产生群星闪耀的壮观变化,或者营造星光灿烂的神秘浪漫气氛。

4.3 超媒体集成编程系统

(1)提供良好的编程环境及对各种媒体数据流的控制功能;

(2)处理各种媒体数据的能力;

(3)构造或生成应用系统;

(4)应用程序链接能力;

(5)用户界面处理和人机交互功能;

(6)预演与独立播放功能。

4.4 世纪广场电气智能控制网络和表演数据网络功能说明

世纪广场实施双网络控制系统。电气智能控制网络进行电源控制,表演数据网络进行表演数据通信和控制。用户使用艺术灯光景观设计系统进行灯光旋律设计,并通过表演数据网络下载至本地智能控制器。和世纪广场舞台灯光音响等中央控制器联网的艺术灯光景观同步控制器控制当前的灯光旋律和舞台灯光同步,起到协同表演的效果,从而使整个世纪广场成为统一的大舞台。另外,艺术灯光景观服务器可以具有相对开放的服务功能,如市民可以在互联网上设计某一天的灯光景观表演形式,或者现场游客可以发短消息选择下一时段的灯光旋律。

5 结束语

一个城市想拥有值得自豪的自成风格的城市艺术灯光景观,不仅需要优秀的规划,统一的夜景审美基础,优秀的设计,对新技术的创新应用,完善的建设、运行、管理方法;还需要有文化内涵的优秀规划师、设计师和工程师;更需要城市艺术灯光景观建设者的远见卓识和敬业精神……

在专业的艺术灯光景观设计上,上海南京路世纪广场是艺术灯光景观与传统商业街区环境相融合的一次有益探索,它充分展现了在具有浓郁海派特色的南京路上,世纪广场的独特魅力。

中信广场照明工程的设计

广东省建工设计院　李宇东

摘　要　文章详细介绍了广州中信广场照明工程的整个设计过程及达到的效果，并指出了控制光污染及以人为本的照明原则。

关键词　光纤　色轮　光源发生器　同步控制　投射

中信广场位于广州天河，是广州新城市中心轴线的标志性建筑。随着广州旧城区的改造与美化，照明工程是广州市政府美化广州夜景的重大举措。因而，中信大厦的照明工程可以说是代表了广州照明工程的最高水平与标志，同时，中信大厦照明工程也是中信集团的标志。

1　设计要点

夜景照明是指通过对光（照度水平和分布，照明的形式）与色（色调、颜色分布、颜色显现）的适当控制、合理布局，运用灯光的扬抑、隐现、动静以及灯具投光角的变化，形成光的造型、韵律和节奏等，经过艺术处理技法，在环境空间建立与形状有关的生理和心理环境。它是灯光载体、光源、灯具的有机结合。它既是一门科学，又是一种艺术创作。灯光景观是以灯光为主要媒质的城市景观系统的组成部分，满足人们的视觉审美要求，这就是夜景照明的美学属性，体现了“以人为本”的原则。这一原则所表达的意思是：夜景照明要“以人的生理需求和心理感受为准则”，有选择地用灯光对城市景观进行夜间重塑，强化城市空间节奏模式，强调光色综合的视觉审美效果。在环境层面，从城市环境的角度，充分考虑照明系统对人的影响、对交通的影响，保证安全，防止光的污染。

2 方案设计

中信广场主楼76层，副楼38层，外形像一只展翅高飞的鹰，副楼如同它的两翼。从整体看来，主楼外墙由玻璃幕墙围成，由于玻璃幕墙，不宜采用灯光直投，而为了更好的体现中信大厦的整体壮观形象，首先必须展示其轮廓。基于此点，本设计方案有多种选择：可采用霓虹灯管、三防管、冷极管、紧凑型荧光灯、白炽灯等。但所列这些都存在亮度高、控制复杂的特点，容易造成光污染，给人的视觉造成不良影响。为了更加生动活泼，进行忽明忽暗控制，形成流水或动感彩带，决定采用光纤线($\varphi 20$)勾勒主楼轮廓，利用光纤灵活多变(多种颜色，渐变特性)和柔软的特点，使主楼的形象突出体现壮观又不失柔和的视觉效果。

(1)主楼与群楼底部由于有富丽堂皇的外墙，可利用金卤灯进行泛光照明来体现；

(2)主楼顶部由于建造立面上的凹凸设计，因此，除利用光纤勾勒轮廓外，还利用局部泛光照明，强调凹凸的层次关系，使建筑的轮廓更为清晰，进一步体现建筑集壮观与细致于一体的特点；

(3)附楼公寓建筑外墙多为实墙与透光玻璃制成，因而可用灯光直投。两边群楼及周边，每幢楼可用金卤灯投射，展示其宽阔的两翼。裙楼顶端可用高压钠灯投射，呈金黄色，进一步勾勒其高贵、大方的外形，与主楼的勾勒轮廓，既有主次之分又能相互呼应。

3 具体作法

3.1 主楼顶部

主楼顶部除了凹凸部分用光纤勾勒外，主要采用大功率金卤灯反射幕衬托出顶端的建筑构造，采用金卤灯大面积照射在人工反射屏上，通过反光映射顶部的防雷针体，空调机冷水塔防护砌体上，与顶部冷却塔水蒸气，造成云雾景象，衬托出顶部的刚柔并齐之美。采用10盏飞利浦1800W金卤灯出射角为35°，射程20m时照度为50 lx，均匀度0.56。此距离为灯到顶部距离，符合建筑效果要求。

3.2 主楼侧面及立面

此部分主要用光纤进行勾勒，分为竖向光纤和横向光纤两部分。竖向光纤安装在主体四周边沿，而横向光纤安装在主体立面(侧面)上。由于光纤自身具有灵活多变、重量轻、体积小等特点，因而其固定方式与施工也较为简便、安全、快捷。

光纤利用光源发生器照射发光，每个光源发生器功率150W，可以照亮双向15m光纤。光源发生器采用链式和放射式与层间电源相接，安装在天花上。具体做法是：

(1)竖向光纤，由于竖向光纤安装在外墙边沿，而光源发生器则安装在室内，因此要置换带$\varphi 20$小孔的玻璃幕墙，光纤通过小孔绕进室内与光源发生器相接。竖向光纤就安装在玻璃幕墙外的框架上，采用去芯铆钉铆合。每30m设一个光源发生器；横向光纤，由于建筑设计时在侧面每层楼板处留有凹槽，故光纤可以放在里面，透过玻璃幕墙发光，长度30m，两端各设一光源发生器。从六层开始每三层的四个侧面各设一横向光纤，勾勒侧面造型。光纤($\varphi 20$)表面亮度为200cd/m^2，这样透过玻璃发光在夜空比较柔和又不眩目。

由于照明工程要求景观照明富有变化，故单是光纤发光还不够，还必须有色彩变化和造型。色彩的变化靠光源发生器的色轮来产生。控制色为绿、白、黄色。用软件来抗干扰。光源发生器的控制线采用普通双绞线串接。色轮具有快慢变化，(0～2.5r/min)，正/反转及跳格功能(120s停一下)，所有光源发生器用二线制总线与控制计算机连接(见图1)，用计算机控制光源的色彩和同步，造成色彩的变化与造型。

3.3 副楼顶部

采用1800W的金卤灯不同方位直接投射，此部分共用灯5×4盏/组。达到照度仍为50 lx，均匀度0.66。另外，大厦主楼中间层局部原有灯饰照射。

3.4 裙楼和副楼

采用1800W、1000W的金卤灯从不同方位直接投射，此部分共用1800W灯5×4盏/组，1000W灯2×4盏/组。达到照度底部为150 lx，顶部15 lx（射程100m）均匀度0.64，形成底部光亮上升变暗的效果。底部尽管有眩光，但与路灯混合淡化了。

4 电源

经计算，中信广场照明工程新增负荷137kW，由于负荷较大，而且大厦楼层高、面积大，采用一点取电

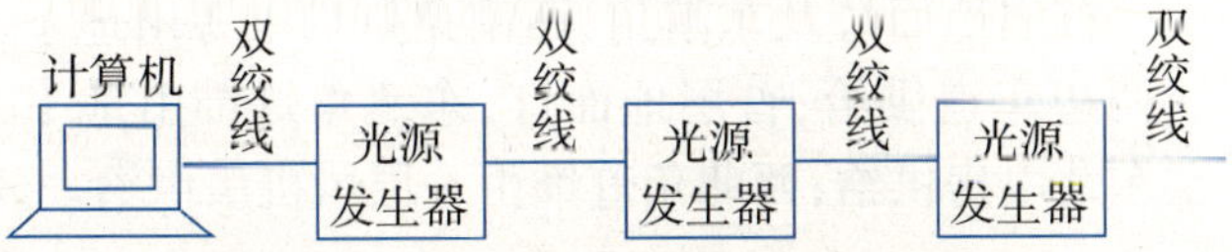

图1 光源发生器计算机的连接

图 2 立面效果

会造成线路过长，故采用分散供电。

4.1 主楼

顶楼金卤灯电源由 76 层供给，67 层、47 层、27 层、原有光亮工程灯饰由本层供给；光纤电源由 47 层低压开关房供给。

4.2 裙楼、副楼

首层地面灯及东南角、西南角灯饰电源由地下一层两边车道供给；首层地面灯，东北角灯饰由地下二层东北电房供给；西北角灯饰由 6 层风机房供给。

5 控制

由于电源分散，故人工控制不合适，决定采用遥控，分两个点，主楼一个点设在 47 层设备房，裙楼、副楼一个点设在地下一层东面电房。由于电源同时投入，会引起瞬时电压下降，给计算机控制的光源发生器造成干扰，导致色彩的失步、凌乱，故这里采用了一个延时程序，主电源先接通，计算机电源后接通，解决了色彩失步的问题。

6 结束语

总之，夜景照明要实用合理、技术先进、风格恰当，结合具体情况进行设计和实施。需要建筑师与照明工程师密切配合。夜景照明已从照明设计走向建筑、景观与光环境的综合性领域，随着人们审美水平的提高，夜景的设计将更多地注入技术、科学和艺术的含量。中信广场光亮工程经设计施工后，总体效果佳，色彩丰富不泛滥，光色平衡，给人视觉及心理以美的享受。金黄色的背景，及光纤的勾勒，突出了大厦高大气势，光纤的变幻更将雄鹰欲飞的感觉烘托出来，如图 2 所示。

参考文献

1 照明手册.北京：中国建筑工业出版社，1985

2 赵海天，向东.城市灯光环境规划原理.照明工程学报，2003，14

3 阙涛，宁宝乾，曹东.城市夜景照明规划初探.照明工程学报，2004，15

南京市西安门广场夜景照明工程设计

东南大学建筑设计研究院　黄文胜

摘　要　文章介绍了南京市西安门广场照明工程设计的主题、构思、设计方案以及工程回访实录；介绍了所采用的照明方式、灯具、光源的选择、布灯方法以及照明控制方式等；对建成后的效果进行了评述。

关键词　传统与现代　和谐统一　隐蔽照明　自动控制　功能升华

南京市西安门是明宫城城墙的西出入口，明代的宫城东起东安门，西至西安门，北到北安门，南到承天门，在宫城以内还有皇城，目前存在的午门、玄武门以及已无实物存在的西华门和东华门均为皇城的一部分。

以西安门城墙为主体的西安门广场位于南京市中山东路与城东干道交叉口，该地块北至中山东路，南至西华门宾馆，东至规划道路，西至城东干道（龙蟠中路）。其中城东干道（龙蟠中路）为南京市比较宽阔、绿化条件较好、极具现代感的城市主干道。而中山东路为规划中未来的景观道路，其目标为“打造南京的长安街”。目前的中山东路积聚了从明清到民国这一段历史时期众多的文物类建筑，因此未来的中山东路将是历史文化气氛浓郁的景观道路。

西安门广场正好位于这两条重要的城市景观道路的交汇点上，其本身就具有强烈的明城墙文化的氛围，同时又处于象征历史与现实的两条道路的交汇处。从西安门向西，穿过龙蟠中路就是历史上著名的文津桥，文津桥正对西安门的中轴线，遥相呼应，形成了一条清晰的历史脉络，如图1所示。

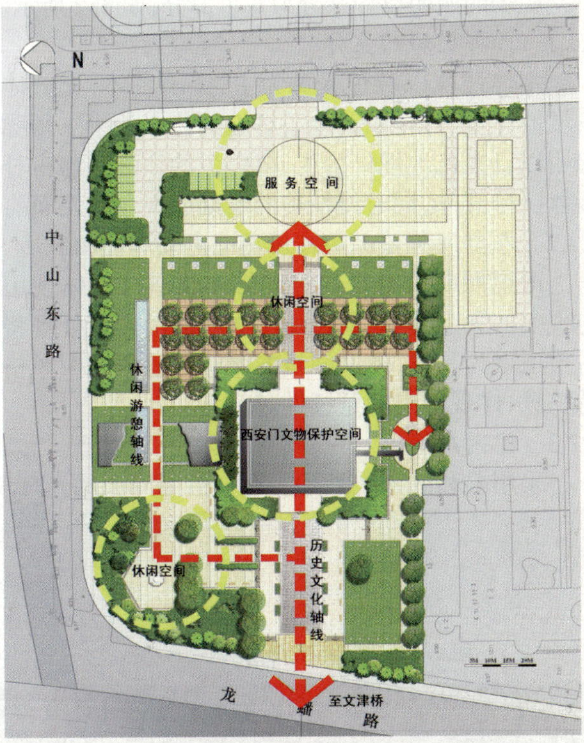

图1　西安门广场总平面图

根据广场的功能及在城市中的地位并结合对现场情况的调查与分析，我们认为西安门广场的性质可定位为“集文物保护、历史教育、休闲娱乐为一体的综合性市民广场”，“是南京中山东路的重要的景观”，“是打造南京的长安街”工作中的重要一环。它的成功设计与建设将同明故宫、明孝陵、中山陵等一起成为南京历史文化资源的有机组成部分，为南京的古都风貌增添新的亮点。

西安门广场夜景照明工程设计在充分尊重历史的基础上，合理、巧妙地利用现代照明科技手段，力求使广场的亮化照明系统主体突出、风格鲜明，又与周边夜景环境达到和谐统一。

1 设计主题及构思

1.1 设计主题

（1）用灯光突出明故宫城门——西安门，展现南京的明城文化，达到尊重、继承、保护传统文化的目的。

（2）从人的行为学角度、人体舒适度等多方面进行考虑，选择合适的灯光效果及控制程序，以满足市民欣赏、教育、休闲、晚练、健身等多功能的需求，充分展现“以人为本”的理念。

（3）实现城门与广场之间、广场与周边环境之间所隐寓的“历史—现实、传统—现代”这一象征主题的谐调统一。

（4）隐蔽照明，选择合适的灯具，尽量避免灯具的外形破坏广场的整体景观效果；合理布置灯具位置，尽量减少光污染。

1.2 构思

广场的照明设计共分为6个部分，如图2所示。

1.2.1 西安门城门主体

主体照明以黄色光源为主，突出主体，充分体现古城墙庄重、古朴以及金碧辉煌的艺术效果。须弥座照明以日光色地埋灯为主，将白色的须弥座与古朴的墙体区分开来，同时将精美的雕刻展现在游人面前。

1.2.2 在空间关系上西安门甬道同文津桥相联通

甬道照明主要是通过光带和步道灯来体现历史与现实的联系，同时通过城门洞内的泛光灯处理将前后甬道融为一体，使文津桥的照明同甬道照明风格保持一致，体现历史的延续性。

1.2.3 休闲广场

采用柔和的光线处理，充分借用周边的光环境，体现人文色彩、亲和感，以地埋灯和庭园灯为主，使用暖色及低照度光源。

1.2.4 树阵

利用泛光灯形成统一的色彩，用树池座椅下的光带来增加色彩与层次。

1.2.5 绿化照明

树冠：采用投光灯进行重点照明，以绿色为主，少量配以紫色、蓝色等色彩，体现中山东路火树银花的艺术效果，将游人的目光吸引到西安门广场之中。

草坪灯：以反射式草坪灯为主，通过草坪的反射来达到照明的目的，既增加了草坪色彩的丰富性，又避免了惯用的草坪灯眩光对人视线的影响。

1.2.6 水面喷泉照明

以多色可变换的水底灯和变色光纤束来烘托动态的水体效果，从而达到动静相融的目的。

另外，新建的附属建筑要与西安门城墙的主体照明相呼应，形成围合的空间效果。

2 设计方案

西安门广场从功能结构上来看分为景观区与配套服务区，而景观区又是整个广场的重点，设计者通过对历史资料的研究及现场调查发现，由于历史堆积，目前室外地坪较古城门的地坪已高出1.2～1.5m，要想恢复古城门的原貌，必须在局部范围内恢复原有的地坪。这一设计意图通过一组下沉式广场集中体现出来，并得到了专家组的肯定，于是文物部门进行了大范围考古挖掘，使得城墙须弥座、城门内的青石板路又重现在世人面前，还另外挖出城门南面的一段台基，从空中俯视，西安门与东西两条甬道形成一个“中”字，这条轴线集中体现了明城墙和明文化的历史，下沉式广场为古城门提供了各种不同的欣赏空间与欣赏距离，如图3所示。

图2 亮化方案效果图

图3 西安门城墙及下沉式广场

充分利用好"中"字路四周由于地形的高差形成的护坡，布放城墙主体照明用灯具，再配以地埋灯的使用，基本能做到隐蔽照明，使游人在白天大部分正常的视线中几乎看不到各类泛光、投光灯具，而夜晚又有良好的照明效果，这是本方案设计力求达到的目标，如图4所示。

2.1 灯具设计

(1)西安门广场的重点景观西安门，选用通用电气(GE)的EF40(钠灯)照亮城墙。在夜间，金黄色的西安门既有历史的厚重感，又体现了明故宫的金碧辉煌。在每个城门洞内，我们沿须弥座上沿布放三组上下投射的泛光灯，向上为金黄色钠灯，向下为白色金卤灯，将门洞打成透亮，如图5所示。

西安门保存较完好的须弥座，选用地埋灯MDD-410来表现，金卤光源的白色真实地反映了须弥座的本色及雕刻的精美，而可调角度的反光灯具则不会使行人感到刺眼。城墙北侧保留有五棵水杉，采用EF40进行照射，展现水杉挺拔优美的姿态，与城门交相辉映，如图6所示。

(2)东边甬道西侧采用MW09B-1/-2地埋灯，两侧发光，光不会刺眼，清爽整洁。西边甬道两侧有银杏树，银杏树树干细长笔直，因此选择3.5m高的路灯BEGA8190与之相呼应，挺拔雄伟，不失大气。地埋灯与路灯都采用金黄色的钠光源，这样东西甬道与西安门就形成了一个金色的中字形金光大道，如图7所示。

(3)在西安门北侧草坪、东侧道路边有三组共20个柱础石，柱础石有部分破损，但由于年代久远，仍具有历史价值和观赏价值，所以每个柱础石采用3个小型投光灯进行重点照明，表现出了历史的沧桑。东侧的树阵是整个广场休闲的重点区域，既可以有效地弱化现代建筑对古城门的冲击，又可以成为古城门的背景，为了突出其现代感又使之与城墙相辅相成，采用BEGA8027-250W投射灯从底部进行投射，尽显其挺拔高大之势，树木下放置有供游人休息的座椅，在座椅底部放置了MW09B-1/-2埋地灯，使之从远处看如给广场点缀了一颗颗明珠，如图8所示。

(4)沿中山东路为乔木、灌木、草地混合的景观空间，极具层次感，其目的是通过不同种类植被的搭配来形成较自然的园林空间，以缓和及补充中山东路沿线的植被系统。中山东路作为南京的"长安街"，采用绿色与紫色、自然色这几种颜色光源的搭配来表达。其中高大树木选用通用电气(GE)的EF40小型泛光灯，用绿色光源来表现；低矮灌木与草坪用MW17-70W带反射板地埋灯来表现，色彩有自然色与紫色，目的是体现一种休闲宽松的氛围。广场中的四株百年

图4 利用护坡布放灯具

图5 西安门主体亮化照明

图6 西安门城墙北侧亮化照明

图7 西侧甬道夜景鸟瞰

图 8 广场东侧树阵、柱础灯具布置及实际效果

古树高大挺拔，采用 POWR.SPOT 大功率投光灯进行照射，力求展现其古树特色。为了不破坏整个广场的协调与统一，采用隐蔽照明的方法，城墙照明的灯具隐藏于灌木丛中，其余树木、灌木、草坪等的照明均选用埋地灯，保证了广场视觉效果上的和谐统一，如图 9 所示。

2.2 控制设计

根据以上灯具配置及回路划分，配备了澳大利亚 Dynalite 智能照明控制系统，实现不同场景及时间的自动控制。该系统按照预先设定的程序自动运行，不需要人为干预。在有特殊亮灯需要时，管理人员可使用该系统配备的手动控制面板来实现临时的要求。系统具有保护金卤灯的重新启动延时保护功能；大功率灯的按序开启功能，避免大电流冲击，扩展方便，易于集成。

2.2.1 平时

星期日至星期四的傍晚时分，环境可提供一定的照度，而此时休闲的市民也并不多，系统会自动点亮如下灯具：历史轴线上的路灯，须弥座埋地灯、西安门辅助投光灯和青石路埋地灯，休闲轴线上的雕塑投光灯、灌木丛内的灯和座椅下的灯。这样既体现了该广场的主题，又吸引人们前来休闲，并能节约电能。

图 9 植物配灯尽量以隐蔽及不破坏视线为原则

入夜了而广场上休闲的市民也多起来，系统将再点亮以下灯具，以适应需求的变化：西安门主体投光灯、草坪灯、柱础灯和休闲广场上的照树灯。这就满足人们活动的需要，并很好地突出了广场的历史主题。

夜渐渐深了，广场上活动的人群渐渐散去，大量的照明已无必要，这时系统会自动关闭西安门的辅助投光灯和须弥座埋地灯、雕塑投光灯、柱础灯、部分草坪灯和休闲广场上的照树灯。

深夜时分，系统关闭西安门的主体投光灯、全部草坪灯及各种投光灯等，只保留必要的路灯照明。

天亮时系统自动关闭所有的灯具。

2.2.2 周末及节日

在市民最多的时段，系统会自动开启广场上所有的灯，以烘托出热烈的节日气氛，给休闲的市民提供很好的娱乐氛围。并根据市民的活动要求，延长开灯时间。其余的开关灯时间与平时基本相同。

2.2.3 重大节日

在夜幕降临时，系统会自动开启广场上所有的灯，并延长开灯时间至凌晨，这可为节日带来欢庆的气氛，如图 10 所示。

3 工程回访

西安门广场夜景照明工程从设计到施工分阶段实施，历时一年，先完成的是景观区，后完成的是配套服务区。设计者在施工过程中及时与甲方及施工单位沟通，解决问题，完善设计，并多次以游人身份到现场考察、拍照，留下了一系列营造过程中第一手的图片资料，通过整理形成完整的从设计到实施的过程记录，受益匪浅，这是一项非常有意义的工作。

(1)亮化工程基本达到了设计要求，主体建筑古朴、庄严，局部重点照明富有变化，与周边环境取得了比较好的协调统一。现在，西安门广场已经成为一处重要的市民活动场所，每逢星期天、节假日，就有许多市民在广场上开展健身、舞蹈、歌唱等多项丰富多彩的文娱、体育活动，气氛热烈；平时也有许多市民在此小憩，或登上城

图 10 平时、周末、节日广场亮化效果

图 11 不同角度的亮化效果

楼，凭栏远眺，欣赏四围的夜景，如图 11 所示。

(2)由于下沉式广场自然形成一个相对围合的空间，甬道两侧的路灯及地埋灯的灯距均匀、照度适中，成为市民跳健身舞、打羽毛球的理想场所，兼有户外夜间体育场的功能，如图 12 所示。这是设计者的“意外”收获，同时也提醒我们，由于人口密度增加，生活节奏加快，体育活动场所减少，人们迫切需要有夜间的体育活动场地，所以在进行市民广场设计时，一定要充分考虑到场地可以供市民开展各类体育健身活动的可行性，具体到亮化照明设计，就是需要参照《体育建筑设计规范》(JGJ31—2003) 有关电气方面的规定进行设计。

(3) 在最初的设计方案中，城门顶部准备通过 LED 灯来勾勒轮廓，后经过各方面的多次探讨最终决定使用光纤照明，选用 4 组发光器配合同步装置可均匀缓慢地变换出红、黄、蓝、绿四种色彩，动态的轮廓照明突出了城门主体，活跃了气氛。在平时城墙主体亮化投光灯不打开的情况下，可以有效地将路边行人的视线吸引到广场中来，如图 13 所示。

(4)西安门共有 3 个门洞，门洞内是否要设灯具存在争议，部分文物保护专家持反对意见，这是见仁见智的问题，可以探讨。设计人员无决定权，只能根据甲方要求进行门洞亮化设计，在尽量保护文物的前提下，采用折衷的办法，选择须弥座上沿作为安装灯具的依托，分别向上、下两个方向布放灯具。从现场看，泛光灯的发光面正好避开人眼高度，较好地避免了眩光，取得了良好的照明效果，由于门洞内照度适宜，回音效果不错，现在已经成为音乐爱好者定期自发组织演出的聚会场所，这也算是一个“意外”的收获吧。由“城门洞”到“音乐厅”的功能升华，正好点出了西安门广场景观设计“传统”与“现代”交融的主题思想，应该算是一次比较成功的尝试。保护文物古迹非常重要，拓展与挖掘文物古迹为大众服务的现实文化价值也很有意义。希望通过此次尝试能够抛砖引玉，提供一个思路，让更多的有识之士对“如何保护和利用文物的价值”这个具有现实意义的问题做深入的研究、探讨，如图 14 所示。

图 12 在广场内开展的各类体育健身活动

4 结束语

西安门广场夜景照明工程设计是在充分尊重历史文化的基础上，合理利用现代照明科技手段进行光环境创造的一次尝试，作者通过这次有益的实践深刻地体会到，在进行文物古迹的照明工程设计时，首先要做充分的调查研究，其次要认真学习和理解传统文化，再者要熟练掌握和运用现代照明科技成果，并要在施工过程中经常亲临现场，及时发现问题、解决问题，不断完善设计，要把设计贯穿于营造过程的始终。

“用灯如用墨，要知白而守黑”。是否可以将中国传统水墨画的艺术表现手法用于亮化创作，这是作者回访建成后的西安门广场夜景照明工程后产生的灵感，希望能在下一个工程中得到实践。

图 13 由中山东路一侧看城门顶部光纤灯由绿变蓝

图 14 城门洞已经成为音乐爱好者的表演场所

南京宝船遗址公园照明工程设计

南京三乐照明有限公司　任　滨

1　前言

“张灯夜游”曾是古典园林中一项极富情趣的活动，随着近年来城市居民作息方式的变化，夜间出行已越来越频繁。为满足人们夜晚活动及美化城市夜空的需要，许多城市正广泛开展“灯光工程”。园林照明，尤其是城市中开放性的公园、绿地的照明，作为城市“灯光工程”的重要组成部分之一，逐渐为人们所重视。然而，园林照明的意义并非单纯将园地照亮，而是利用夜色的朦胧与灯光的变幻，使园林呈现出一种与白昼迥然不同的诣趣，造型优美的园林灯在白天也起着特殊的装饰作用。所以，依据园林的自身特点研究其照明的方式和手段，对于进一步增添园林的艺术气氛具有重要的意义。

南京宝船遗址公园是江苏省南京市的重点建设工程。为纪念郑和下西洋600周年，主题公园内的全部建筑和灯光将努力再现600年前的壮观场景，表现浓郁的明代古文化。

在具体照明实现方式上，紧密围绕人脉——郑和；水脉——明代船坞河道、长江、海洋；文脉——郑和航海文化、明文化“三脉”文化主题，因地制宜，从宝船遗址公园的大环境出发，确保照明的总体效果。对用光、配色、照明方式及配电系统进行总体规划，把全园的点、线、面照明有机地结合起来，构成一幅明暗有致，色彩和谐且富有层次和韵律的古典园林夜景画面。

根据业主提供的图纸要求和照度标准，设计中把公园分为高、中、低三个照度区。东至提举司建筑群、西至郑和雕塑像景区为高照度区，平均照度取150 lx；3个作塘及贯穿轴线上的船坞雕塑群南碑廊、跳水墙、文化使节墙、北水手训练场、作坊群景点为中照度区，平均照度分别取60～100 lx；联系各景点的过渡区和道路为低照度区，平均照度分别取5～20 lx。

2　各景点用色（基色和辅助色）的规划

为表现遗址公园悠久的明朝文化特征，照明的基色为以黄、白色为主。由于遗址公园面积大，照明对象多，因此有必要根据各景点的特征，对使用的基色和辅助色统一规划，达到色差适当、搭配合理、和谐协调的效果，从形和色两个方面展现建筑和园林的特有风格。其中，跳水墙、作塘水面及休闲广场可适当辅以动感色彩进行渲染，不但突出一个“古”字，同时还体现出一个“新”字。

2.1　建筑物的照明

园内建筑物的种类很多，有宫殿、楼阁、亭榭、连廊、围墙、牌坊和桥梁等。这些建筑是整个园林的基本构景元素，也是夜景照明的主要对象，应突出各自的照明特征。宫殿建筑是以上建筑中的重点，而提举司建筑群、入口的牌坊又是重中之重。各景点的建筑功能不同，因此采用的照明方法也不一样，一般使用外投光和局部投光的方法进行照明。屋面部分的照明方法一是投光照明；二是勾边轮廓照明。

提举司景点是遗址公园的重点建筑，游人入园首先观赏的就是该景点。该景点夜景照明的效果，直接关系到游人对公园照明的第一印象。因此把该景点夜景照明方案设计作为重点加以考虑是很有必要的。该殿重檐歇山，黑瓦屋面，有斗拱、彩画、廊柱、额枋、花格门窗，是一座典型的中国古典建筑。以往多数古建使用轮廓灯照明，这种方法虽能勾绘其轮廓，但屋面有暗区，而且轮廓灯经常出现断线不连续的现象。此次方案设计了在正脊和垂脊两侧用 LED 瓦楞灯照明屋脊的方案，很好地解决了上述的缺点，并创造了一种新颖的照明方式。对黑色屋面的设计选用了高光效、反射型、陶瓷内管的黄色 PAR 灯，重檐下层檐口的照明灯不仅能照明下层屋面，而且对上层檐下的斗拱彩画的照明效果也很好。

大殿下层檐口和斗拱的照明：在大殿周围的墙角下设计安装了功率为 250W 的白色地埋金卤投光灯照射。由于灯具隐蔽在地面下，基本做到了见光不见灯。

屋檐边用扫描式 LED 勾勒出建筑结构，呈现出活泼动感的效果。

2.2 廊亭楼阁的照明（如图 1 所示）

图 1 廊亭楼阁的照明

碑廊、水手训练场、作坊群等建筑以其精巧的造型和构图与正殿遥相呼应。照明方法以局部投光为主，内设灯光可供游人使用，外射灯光可表现建筑物的夜间景观，并与正殿的用光有所区别。对四周开敞的亭阁，可用投光和 LED 变色轮廓灯勾绘其屋顶的外形。

2.3 围墙与花窗的照明（如图 2 所示）

围墙的功能是分隔空间，丰富与控制景观层次，引导游览走向。墙的种类有很多种，如云墙、梯级形墙、漏明墙与平墙等。为了避免墙过于闭塞，常在墙上开设漏窗、洞门、空窗等，形成明暗、虚实对比，产生丰富多彩的变化。可在墙外用小型投光灯照射，以显示墙面的形与色。花窗可用内透光方法突出夜景，以丰富墙面的照明效果。设计时也可将墙面和墙前的植物照明结合起来，利用植物在墙上形成的剪影丰富照明效果。

图 2 围墙与花窗的照明

2.4 栏杆（边饰）、小桥与汀步的照明（如图 3 所示）

栏杆在园林建筑中不仅有其自身的功能，而且是一种重要的装饰元素。对实栏可用隐蔽性光源照明其外侧，也可在栏柱顶部设置古典装饰照明灯，使湖边临水栏杆的灯光在水面形成动人并富有韵律的波光倒影，为公园的夜景增色不少；石拱桥可用轮廓灯勾绘拱卷外形，拱面设适量投光灯，再加上桥面栏杆照明，美轮美奂；汀步照明可用线性灯饰，如采用美耐灯或通体发光光纤勾边装饰照明，这样不仅装饰效果好，而且汀步范围清晰可见，是保证游人安全的一项重要措施。

图 3 栏杆（边饰）、小桥与汀步的照明

2.5　水景照明(如图 4 所示)

水景是园林景观的重要组成部分。水景的形式多种多样,往往与水中的叠石、桥、亭、楼、榭、各种水生植物以及游船和其他水上交通工具联系在一起。其水面的夜景照明方法主要是利用上述水面造景元素和岸边树木及栏杆的照明在水面形成倒影。倒影与实际景物相互对照、衬托、正反相映,情趣盎然。加上栏杆、小桥与汀步的照明在水面上形成的波光倒影,其夜色美不胜收。本次河道照明设计用变色灯、波浪灯照明水面,产生变色动感的效果。

2.6　花草树木和绿地的照明(如图 5 所示)

在宝船园林中,花木,特别是花池、花坛与园林造景关系密切,是不可缺少的造景要素,有时甚至成为组景的中心。它既能点缀景色,也能为园林增添生气。花木的照明方法,按其花木品种等情况而定。对低矮的小面积花丛,可用倒立的蘑菇形庭院灯从上向下照射或用小型光纤投光灯照射。对大型的花池和花坛,用投光灯从一定角度照射。花木照明光源的显色性要好,一般选用光源显色指数 $Ra>80$ 的金属卤化物灯或卤钨灯。

图 4　水景照明

图 5　花草树木和绿地的照明

花草树木是构成园林景观四大要素之一。它既有美化环境,供人鉴赏的作用,也有调节和保护环境的功效。树木种类繁多,千姿百态,其照明方法应根据被照对象的高矮、大小、外形特征和颜色区别对待,用相应的光源和灯具来显示树干、树枝和树叶的形状和颜色特征。比如阔叶型树木,可将灯隐蔽在树丛中,自下向上照明树叶,造成树叶的透亮效果和树枝的剪影效果。对树干粗的高大树木,如棕榈树、垂柳、南洋杉、榕树等可在树干附近用灯向上斜射其树枝树叶。对路边成排而又不太高的树木,可用串灯展示其树的外轮廓,也可照明路面,还可用埋地灯照明,其透视效果和灯光的诱导作用都是很好的。

2.7　园内道路的照明(如图 6 所示)

道路尤如园林的脉络,从入口将游人引向各个景点。为了让游人有更多时间观赏园林景色,路径的走向往往蜿蜒曲折,通过建筑物的穿伸、对景和障隔,创造一种步移景异、曲径通幽的效果,其导向性与观景功能很强,完全不同于一般的城市或乡间道路的设计要求。本次照明方案紧扣这一特点,采用与园林景观相互协调的庭园照明灯。灯的外形古朴典雅,高度与路面宽度一致。沿不宽的道路如环湖道路,设置低矮的步道灯、草坪灯或庭院灯,使游人能看清路面和道路的走向。

2.8　园内雕塑及小品的照明(如图 7、图 8 所示)

园林中的雕塑小品,一类是观赏性的,另一类是纪念性的。小品体量一般不大,但其教育意义和艺术感染力很强。本次照明从雕塑的特征,特别是关键部位如头部神态的用料、色彩及与周围的环境协调性出发,采用侧面自上而下投光照明,避免从雕像底部照

图 6　园内道路的照明

图 7　园内雕塑及小品的照明(一)

图 8　园内雕塑及小品的照明(二)

明，这样可造就神态逼真、光影适宜、立体感强的照明效果。在布灯时注意避开游人的视线方向，防止眩光干扰。对彩雕小品的照明，选用了显色性能好的金卤灯或卤钨灯，显色指数 Ra 在 80 以上。

2.9　园林景点入口的照明(如图 9 所示)

园林入口往往通过大门的艺术处理来体现整座园林的特征和建筑艺术的基本格调，也就是说要有个性，要和全园建筑风格协调一致。成功的大门设计往往是立意新、布局巧、有个性的。

图 9　园林景点入口照明

所以大门的照明应着重考虑以下原则：一要亮；二要突出重点，如园名牌匾的部分；三要与背景协调一致。

在本次牌坊照明设计中，屋檐轮廓放弃了用跑马灯勾勒的方法而改用 LED 灯泡勾勒，解决了光源寿命短、维护繁琐的缺点。屋檐内安装高显色全密封荧光灯具，较好地照亮了彩色画栋，做到了见光不见灯的理想效果。

3　照明设计体现出的园林特色

3.1　突出园林"静"的特点

塑造园林灯光环境，应在喧闹的城市中创造"静"的气氛。在较大面积的绿地中注意适当"留黑"，在较少面积的绿地中注意灯光统一，避免因灯具过多而给人繁乱的感觉，这些都有助于创造安静的气氛，与宝船遗址公园的定位相符合。从人的听觉、视觉到心理感受，"静"是永远可以突出的主题。

3.2　欣赏与实用相结合

古典园林绿地灯光可分为两种：一种以欣赏为主，根据该遗址景观特色选择仿古庭院灯光，形成极佳视觉享受；另一种是以实用为主，为人提供活动空间，发挥引导和安全指示作用。以上所选灯具都应较好地体现"白天是景，晚上见灯"和"见光不见灯"的绿色照明理念。

3.3　注重设计欣赏路径

设计方案力求做到亦步亦景，灯随景变，以现有园林绿地中的路径为基础，用灯光来突出或减弱某些路径，并设置多个灯光环境兴奋点，使人们在经过刻意安排的园林绿地灯光环境中，自由自在地沿路径活动，在山穷水尽之时又见柳暗花明，在路径的延续中欣赏灯光环境的整体美。

4　结束语

该夜景照明方案主要在公园景观的基础上实施，运用最新的照明技术和手段，使其具有环境的整体美、群体精神价值美和文化艺术内涵美，向人们展示了城市公共空间在夜间的魅力。通过夜景照明，一方面美化和丰富了人们的物质及文化生活，另一方面也带动了相关地段的经济和旅游的发展。本方案将照明技术和艺术融为一体，把宝船公园装扮得富有时代气息，不仅有示范作用，而且给人们留下深刻印象和优美的艺术享受。

襄樊诸葛亮文化广场
夜景规划设计方案

上海同济城市规划设计研究院 汪幼江

摘 要 文章通过对襄樊诸葛亮文化广场的设计理念、功能分区的描述，表达了现代城市体育中心设计发展的新思路，并对各功能分区的夜景提出了设计理论和方法。

关键词 景观 运动 生态

襄樊诸葛亮文化广场从名称上看大多数人很难把它与城市体育中心联系在一起。然而,从城市设计以及城市体育中心长期运作来看,它在满足体育赛事的基础上,兼顾文化、娱乐、会展、商务、公寓、公园等功能。这便是城市体育中心发展的一个方向。

1 设计理念

1.1 自然——山水景观

“景在城中”是襄樊新区的空间特征之一,规划设计在广场的空间构成上力图演绎襄樊城市山水景观的环境特征。在七里河以北部分规划设计了结合体育等设施的生态景观,将自然的山—水—绿安排在城市的中心,为市民和旅游者提供一个暗喻山水城市的景观环境。南侧规划了以几何构图特征为主的女贞广场和紫薇广场,体现了襄樊的市花市树,为城市规划了一个绿心。

1.2 历史——文化名城

“城在景中”,襄樊新区规划设计在广场的形态构成上力图演绎襄樊历史文化名城的形态特征。中心主题广场的山、水景观,暗喻襄樊的汉水及山体景观的山水文化和历史。沿大理沟设置滨水景观带,以硬质地面与绿化相辅相成,地面覆以具有地方文化特征的图案,并安排了壁画或雕墙以及主题雕塑的位置,可采用体现历史和文化的主题。

1.3 人文——市民活动

坐、看、行、自娱是城市公共广场活动的四大要素。城市公共广场人文景观的营造是广场规划设计的重要部分。要使广场具有活力,市民的“坐、看、行、自娱”四大需求的满足以及相应的物质空间设计布局极其重要。“坐”——规划将“坐”空间安排在公园、滨河散步道及广场周围、绿地林荫中;“看”——是看景、看人、看事,规划将“看”空间安排在主体物质景观和人文活动景观周围;“行”——漫步、过路、到达等步行活动,规划引导性的布置了“行”空间,将人行与车行进行了合理组织;“自娱”——健身、体锻、表演、展示等活动,地块中规划了体育场馆、游泳馆、举重射击馆、跳伞塔、高尔夫练习场等众多娱乐项目。

2 功能定位

襄樊市新区城市文化广场区是襄樊面向21世纪的新中心,是以文化、娱乐、会展、商务、公寓、公园等七大功能为主导,集其他功能于一体的多功能、多中心、生态型、复合型的城市生态综合广场。

文化功能:应满足市民在广场中如同置身于襄樊文化名城浓郁文化氛围中的要求。体育锻炼功能:应满足城市居民各项体育锻炼活动的需求。娱乐活动功能:应满足城市居民进行各种自发的、随机的或有组织的活动,包括平日、节日、白天和晚间的表演、健身、体育锻练、约会、观赏等。休闲功能:应满足市民和旅游者在城市中心的休闲需要,为他们在城市中心提供一个休息、游憩的场所。

3 规划布局

在城市广场设计中,规划设计了五块功能区:绿化广场区、运动场馆区、滨水生态区、商务公寓区、生态公园区。

整个广场以七里河路为界分为南北两侧。南侧包括原有体育场区及起步绿化广场区。北侧大理沟以南城市干道长虹路、七里河路之间规划布局了运动设施区,包括主辅体育馆、网球馆、保龄球馆、举重射击馆等。沿大理沟规划设计滨水生态区。大理沟以北规划为商务公寓区与生态公园区如图1所示。

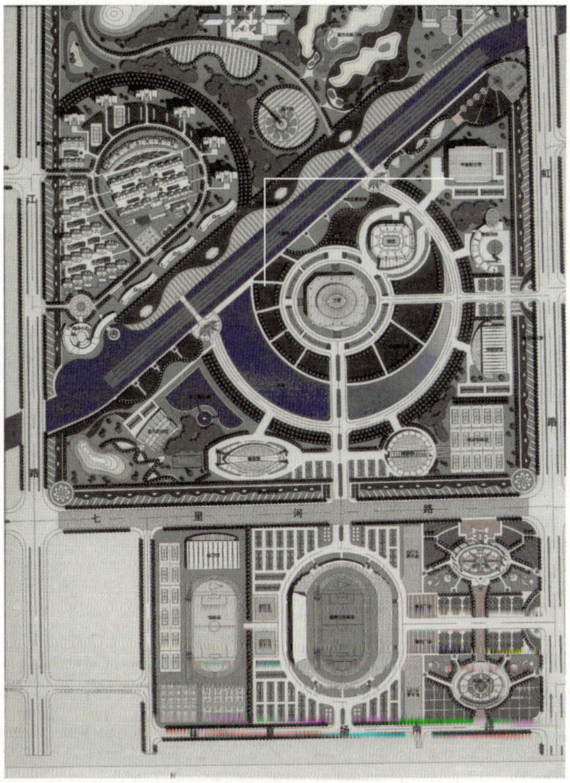

图1 广场规划布局

4 景观体系

4.1 几何构图景观区

几何构图区包括起步绿化广场区、体育场区、运动设施区及商务公寓区。以几何图形圆、椭圆、方、弧线及轴线，呈现出较强的构图感，突出一种动感、秩序以及庞大的气魄。起步绿化广场区构成女贞广场、紫薇广场两大主题园区，地面镌刻襄樊老城版图，周围以旱地喷泉映衬，象征汉江的水风光。广场南北相连，设计展示地方历史文化的“文化长廊”，两者与绿地紧密结合，成为市民公共活动、休憩的最佳场所。原有体育场馆与新体育馆形成对景，与弧形水体构成整个规划区的主轴线。

4.2 自然生态景观区

自然生态景观区包括生态公园区与滨水生态区。生态景观绿化布局突出对自然的尊重，在塑造人工活动空间的同时，强化多层次植物群落的种植和水体的保留与结合，再造多种生物的栖息环境，形成文化广场区的“绿肺”。人工塑造的以山、水为主体的园区，隐喻山水文化。绿化配置间种女贞与紫薇，体现市花市树主题。如图2所示。

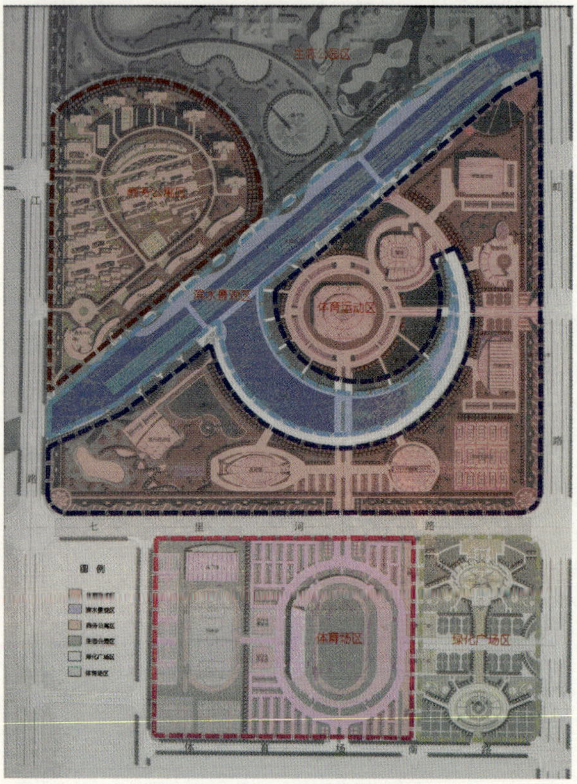

图2 自然生态景观区规划布局

5 夜景设计

襄樊市新区城市文化广场主要由绿化广场区、运动设施区、滨水生态区、商务公寓区、生态公园区等五大区域组成。

5.1 绿化广场区

随着城市的发展，城市绿肺的概念越来越受到人们的重视，人们希望通过大型绿地广场、区域绿地、道路绿化带、公园等组成城市绿肺系统。人们不再满足现状，不再满足利用电视娱乐自己，而是希望接近自然，亲近自然，享受自然。因此，人们不仅在白天漫步休闲于广场环境中，在经过一天的紧张工作之后，更愿意来到广场、绿地，享受这里迷人的夜晚景观，放松自己、娱乐自己。从这里可以看出，广场的夜晚观景与白天观景同等重要。

广场的夜景设计应注意：完整的表现、烘托广场观景设计主题；强调、刻划广场观景设计中心。

同时，应注意避免造型灯光取代广场景观设计：在国内的许多城市的广场、绿地，我们经常看到一些礼花灯、球型变色灯、巨型柱身发光的庭院灯等等。似乎认为广场上有了这些装饰灯，就显得热闹、新奇、洋气，老百姓就欢迎。其实并非如此！夜景灯光的灯具造型应与广场建筑环境相统一、相协调，不能随意地从灯具样本上选出一个时髦灯具放在广场上。与白天景观不相融、不协调的灯光，相对于广场而言，它们就是多余的东西，它们破坏了广场景观的完整性。

我们所处的广场是以市花市树——女贞、紫薇为主题的绿化广场。用带有地方文化特色的庭院灯强调入口、强调轴线；通过设置有节奏的踏步灯充分表现下沉广场的空间形态；广场中心的女贞、紫薇花纹铺地用内嵌LED仿石面砖铺设。白天表面石材与周围景观相协调；夜晚光彩夺目的LED灯透过石材使得女贞、紫薇花纹非常醒目，达到了突出主题公园的目的。

5.2 运动设施区

运动场所的设计往往采用最新的结构技术手段，制造室内大空间，以便平面功能的划分。从室外造型上看，新结构使得体育建筑飘逸、流畅、富有动感。外露的结构体系使得体育馆表现出力量的特征。而竞技体育本身就是追求力量与美的统一。

夜景灯光设计就是刻画、强调建筑的主题、强调细部，使得凝固的音乐动起来、活起来，朦胧中体现建筑艺术的魅力。

图3 运动设施区效果图

因此,屋顶拉索结构用黄颜色聚光灯投射,以充分表现力的特征。为提高发光效率,可在拉索结构上涂上反光涂料。屋面采用蓝颜色灯打出明暗相间的波纹以强调动感。大玻璃室内灯光外透既烘托柱阵的韵律,又强调了建筑物的虚实对比。平台上、地面上的楼梯用灯光适当点缀,使得整体建筑轻快、活泼如图3所示。

就整个体育建筑群而言,夜景既要表现各自建筑形态的特色,在色彩上又要使整体协调;在视点上既要满足低视点的要求又要满足鸟瞰视点的要求,避免像北京体育场亚洲杯中日足球比赛时,场内灯光通明,场外漆黑一团的状况。

5.3 滨水生态区

有了滨水生态区,使得整个广场就有了灵气。因此,滨水生态区的夜景是非常重要的。滨水生态区的夜景由两部分组成:①周围体育建筑群体在水中的倒影;②岸边围栏、花草树木在水中的倒影,一切自然而然,没有刻意为了把水打亮,采用一些PAR灯在水下打光。我们追求的效果是:远看一片景,近处不受光。

5.4 商务公寓区

商务公寓区在整个广场布局中处于较安静的区域,夜景灯光着重处理屋顶部分,作为体育中心区远景。

5.5 生态公园区

谈到园林就会想到雄伟壮丽、视野开阔的北方园林或小巧玲珑、山回路转、以小见大的南方园林。人们希望看到的是贴近自然、巧夺天工的艺术作品以及带有浓郁的地方风情、历史文化沉淀的园林景观。

在园林的夜景设计时,应从"生"、"画"、"意"三字入手。"生"是指园中植物的生机勃勃以及人们在园中活动的生气;"画" 是指巧夺天工的园林构图;"意"是指从人文、历史入手,表现园林的诗情画意。

因此,园中的亭、台、楼、阁等人们活动的场所是夜景设计的重点。为了达到步移景异的效果,植物的夜景设计应考虑多视点多构图设计,而不是简单的表述对树种的投射角度;对园林整体夜景设计时既要满足竖向构图又要注意平面构图。注意高视点观看位置,在色彩的选择上、明暗度上,应从人文、历史及周围环境方面精心刻画,以求形象、直观地创造出诗情画意的氛围。

综上所述,目前城市体育中心设计,已趋于完全放弃以往仅考虑体育赛事单一功能的状况,而是把文化、娱乐、会展、商务、公寓、公园等功能融为一体,使得城市设计更加合理,城市广场的各种功能使用效率达到更高。当建筑环境确定以后,夜景设计就有了根本,夜景烘托和刻画建筑、景观的细部,以展现建筑环境艺术及其朦胧梦幻般的独特魅力。

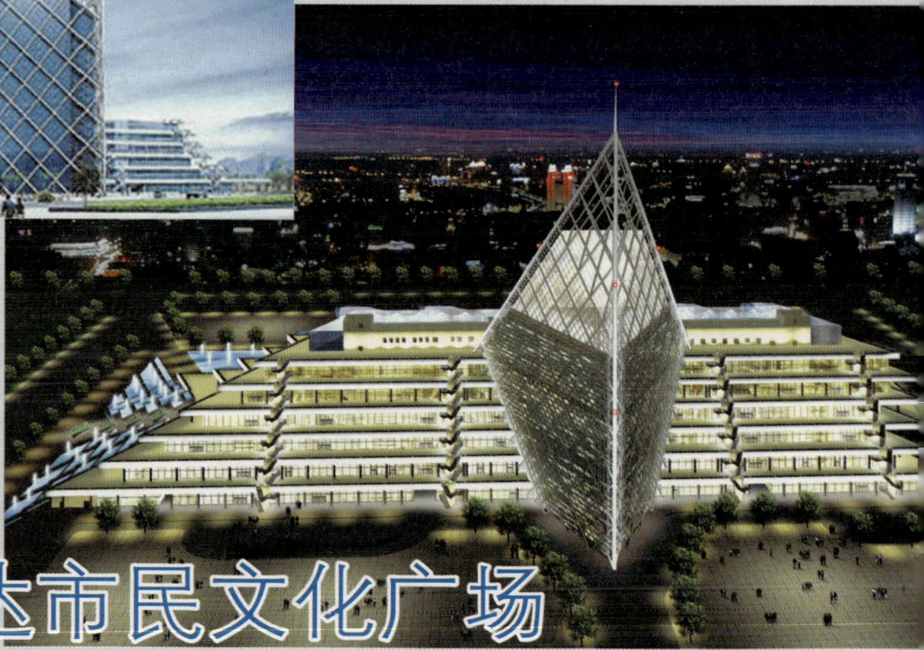

天津市泰达市民文化广场夜景照明工程设计方案

北京易禾永颐环境设计有限公司

1 项目概况

泰达市民文化广场定位于环渤海商业巨舰，坐落在天津经济技术开发区第一大街，地处滨海新区的主干道——南海路东侧天津经济技术开发区投资服务中心大厦的正南，被称为开发区的会客厅。广场建筑的特点突出了生态建筑和简约风格的结合。

2 方案分析

考虑到本项目为商业建筑，且在其东西两面各有四栋建筑遮挡，因此我们希望将整个建筑通过以内透光为主，辅以泛光照明的手段通体做亮，最终形成玲珑剔透同时又极具冲击力的视觉效果。这样做的目的有两点：

（1）可以充分展示钢结构和大面积玻璃幕墙相结合的建筑外观特点，体现钢的金属质感和玻璃的通透质感；

（2）可以充分表达商业建筑的特性，营造商业气氛，无论在任何方向上都能吸引游客的注意，使整个建筑成为开发区的一道亮丽风景。

在整体表达建筑特点的同时，我们还考虑了应充分体现建筑的局部特点，如：文化广场主入口处的钢架和膜结构、酒店区域的玻璃棱锥以及前广场中的大面积水景区域等。在整个夜景方案中应用点面结合的照明手法，在表达整体效果的同时突出重点部位照明，在开发区的亮点中再次创造亮点。

在表达整体效果的同时突出重点部位照明，在开发区的亮点中再次创造闪光点。

从广场东侧走近层次分明的建筑主体，整个建筑就像一艘水晶般的巨轮正待启航。北侧的叠水及绿化使建筑本身凭添了空中花园般的优雅意境。鸟瞰玻璃棱锥型酒店高耸入云，星星点点，顶部的空中教堂一片辉煌。

酒店部分照明采用高功率投光灯和LED装饰性轮廓照明相结合的手段。教堂内部用投光灯将金属框架打亮，突出教堂的通透灵秀，并在其室内安装反射镜，做到见光不见灯，以达到灯具合理隐藏的完美效果。商场部分的内透光选用3000K低色温的光源，创

造了一个温馨的环境，使建筑立面的层次更加分明。并在室外平台花池中安装泛光灯具，将每层平台侧面均匀打亮，再用墙壁灯补充阳台地面照度，使整体照明效果和谐而统一。建筑的膜结构用金属卤化物灯照射得通体匀亮，生态仓的各楼层天花安装卤化物筒灯，既满足地面照度，又把天花板反射照亮，增加了内透效果。对于广场上和建筑中的小型玻璃棱锥结构，我们大量采用了地埋灯的照明方式，既满足了功能照明的要求，同时又不影响建筑结构美观。建筑北侧的叠水部分用侧发光光纤将水面均匀照亮。

叠水中央的主通道采用嵌入式壁灯以满足功能照明需求。楼顶泳池的照明形式以内透光为主，并配以泛光灯照亮设备间墙面。我们在旋梯立柱上安装防水壁灯或嵌入式地脚灯，同时在旋梯扶手的底部外侧安装防水荧光灯支架，勾勒出旋梯的轮廓。广场水景用多种颜色的水下灯将水体和喷泉打亮，水下灯分别布置于喷泉水柱及观景池周边，能有效衬托出水柱的动感效果，同时也起到了警示行人注意水边安全的作用。

绿色植物是广场景观中不可忽略的装饰载体，以庭院灯、草坪灯、埋地灯提供植物的装饰照明和功能照明。

泰达市民文化广场夜景照明控制采用 LUXMATE 控制系统，使得场景变化和时段安排的控制变得简单易行。

整个广场和建筑采用四维照明层次，按节假日和不同时间段分为：重大节日、一般节日、平日、夏季、冬季。这就使得环境的变化和照明效果的变化达到完美统一。

▶ 外框架照明采用 CSI1000W 窄光束投光灯，投射 ϕ1.2m 主钢梁，使钢梁表面照度达 150 lx，从而达到使整体建筑向上腾飞的感觉。

天津市水上乐园“水晶广场”

深圳市名家汇城市照明研究所　吴蒙友　李忠文

天津市水上公园的“水晶广场”位于公园东北部的长条路，占地约为 6.5hm²。它沿长条湖的纵深方向形成景观序列轴，并沿这一轴线构建了水晶叠水墙、湖心水幕电影、叠水瀑布、塔亭、蝶形广场等多组科技含量和观赏价值均很高的景点。其采用国内先进的微机全自动控制，实现水景造型、灯光展示、激光展演、水中光焰、金曲音响的梦幻组合，并以此贯穿总长近 300m 的天水流霞、水上精灵、龙腾盛世、群星聚首等 17 大主线水景景观主题。

“水晶广场”的彩灯照明与装饰重点突出“1 个轮、3 条带”。矗立在景区最北端的摩天轮，直径 60m，总高 82m，为目前亚洲之最。根据其建筑风格和结构特点，采用动感强劲、节奏明快的跑马灯表现其主体轮廓，采用目前最先进的 CMY 颜色渐进技术并由微电脑和程式驱动控制，实现七彩变幻、多程式光影扫描和跑马灯旋转、放射、爆炸、追逐等多种彩灯效果的融合，加上轮多彩内透光和以灯膜、亚克力板制成的水上公园标志牌，成为水上公园夜晚最富特色的灯景。

3 条各长 500m 的光带，由北向南依次是竹长廊、长条湖、水景长堤。竹长廊是水上公园一大标志性景观。在长廊之脊采用高科技导光 TS 管，以粉红色调彩灯装饰，两面顶坡以 PAR 金黄灯照明，长廊及所串连的 9 个不同造型的亭阁，分别用数码管、冲天炮等新灯具进行轮廓勾勒，长廊内以白色 TS 管做内透光照明。

长条湖灯景呈现一条彩龙连接两个光团的格局。西端的蝶形广场采用冰花发光纤维进行轮廓勾勒，以冷光源埋地灯点缀七种色彩。“彩龙”则是沿湖纵深方向景观序列轴的一条 S 形光带，其间串连起塔亭、火海、火柱、水幕电影、声控喷泉等造型各异、光彩夺目的“夜明珠”。东端的水晶叠水瀑布，采用数码光管及程式控制台，在潺潺流水叠落的长 33m、宽 22.7m、高 9.6m 的钢化水晶玻璃幕墙内进行通透式照明，并不断变幻色彩和光扫描方式。

水景长堤光带则以亮为主，以水的玉碧与灯的多

彩交相辉映，并巧妙地将灯光与湖面倒影相结合，还连缀起“石破天惊”、“金锅喷泉”、“叠水长墙”等10个彩灯景点，美不胜收。

天津市水上乐园“水晶广场”以其独特的地理位置与优美的轮廓设计布局，给夜景照明提供了广阔的设计空间，烘托出“水晶广场”灯光环境的整体气氛。名家汇照明科技有限公司在对其进行灯光设计时，注重的不仅仅是照明效果，还根据环境适当地使用多款特别的灯型，通过艺术的手段来表现水上乐园的景观特点，做到重点突出而又各具特色，错落有致且相映成趣，明暗适宜、变化交错、浑然一体。既体现出深刻的文化内涵，又体现现代照明的鲜明特色，让人沉浸在喜庆、多彩的艺术氛围里。

根据上述设计思想，照明设计按以下层次展开：

（1）充分体现高新技术及最新科技成果；

（2）根据人体工程学中光对视觉的影响，有效地控制眩光，杜绝光污染，启用绿色照明，强化环保概念；

（3）灯具选择令人耳目一新，在实用、美观的前提下注重照明灯具本身的观赏性及与整体环境的互补作用且高效、节能、安全。考虑安装及维护，使用寿命等，尽可能从长远打算，注重灯具的高效性和永久性，避免重复建设，使工程资金得到最充分利用。

1 中心湖景区

以喷泉为中心的中心湖景区，是纵向景观轴线上的转折点，与广场的周边环境相比，喷泉突出了向上、进取、奔放的风格。采用水下彩灯，结合水柱的造型变化，在映亮水柱的同时，因水柱的高低变化而产生自然的明暗效果，使水柱成为一种特殊的灯光造型，丰富了喷泉的表现力。

为了配合中心湖区的造型设计，突出这部分景观效果，增加感染力，以庭院灯沿湖面边沿的绿地内侧等地进行间隔布置，让光纤柔和的光线，形成自然的光带，勾勒出湖面的轮廓，营造出优雅、舒适的休闲氛围。亭台水榭处采用上下射灯和埋地灯等均匀照明。

2 中心广场景区

在中心广场景区照明中尽量做到见光不见灯，主要采用LED埋地灯等均匀布置，使照明的功能性、装饰性与环境达到和谐统一，形成宁静、祥和的夜晚空间。为吸引游客的视线，采用4组对称的城市动感灯作为地标性照明，光柱内色彩不断变化，光柱顶端各安装一柱“长空利剑”灯，增添了夜空间的灯光层次和气势。这种灯不论从灯具形状、光源自动控制、节能等方面都采用了世界最新科技成果，它的应用不仅是广场中所有灯光的集中与汇合点，更成为繁华都市的标志。

广场小径采用射线灯起导向作用，东西两侧则以庭院灯作为辅助，使小径豁然开阔，视觉轻松、自然流畅。

当夜幕降临，华灯齐放时，整个广场被装饰一新。在这里，你会感受到更加独特的品位。

智能化建筑小区休闲广场夜间灯光照明设计方案

安徽省电子工程学校　陶国成
东　南　大　学　顾百青

摘　要　智能化建筑小区是“国际信息高速公路”和智能化城市的网络节点，其所具有的作用、功能和效益，决定着其在现代信息社会中扮演着重要角色。华亭智能化建筑小区位于江淮平原，总占地面积650多亩，总建筑面积90余万 m^2。文章主要以小区休闲广场夜间照明的设计目标、设计原则、方案总体构思和夜间照明的控制系统等来阐述如何设计智能小区休闲广场夜间灯光照明方案。

关键词　休闲广场　照明　夜景　设计方案

智能化建筑是现代建筑技术与计算机、信息与通信、控制与管理等技术完美结合的产物。智能化建筑已经成为二十一世纪建筑建设的主流。智能化建筑小区是“国际信息高速公路”和智能化城市的网络节点，它的作用、功能和效益，决定着其在现代信息社会中扮演的重要角色。华亭智能化建筑小区位于江淮平原，总占地面积650多亩，总建筑面积90余万 m^2，总投资近20亿元人民币。小区内主要以时尚流行的电梯小高层建筑为主，为成功者和独具品位者度身打造，实现城市精英们的居家梦想，将建筑融入生活，将建筑提升到艺术、情趣的高度。由小区居民大多白天工作比较忙，迫切需要能在夜间有一个休闲活动的场所，这样发挥小区休闲广场夜间的作用尤为重要，文章主要就小区休闲广场夜间照明的设计目标、设计原则、方案总体构思和夜间照明控制系统等来阐述如何设计智能小区休闲广场夜间灯光照明方案。

1 夜间照明的设计目标

1.1 营造整体统一、局部变化的完整景观体系

智能建筑小区休闲广场建成后将成为小区的重要景观。在夜间照明设计中,我们从建筑设计和环境设计的角度出发,综合考虑广场各活动空间之间、广场与周围道路之间、广场与小区其他建筑之间的关系,使之完整和谐,又突出休闲广场在整个环境中的重要地位。

1.2 体现小区休闲广场开放空间的景观特色

小区休闲广场建成后将是智能小区最重要的公共开放空间,因此我们在照明设计中要紧紧抓住小区开放空间的环境特征,满足小区居民交往休闲的需要。

1.3 体现时代特征和地域人文色彩

由于小区位于江淮平原,这里的人们向来能歌善舞,特别是黄梅戏和花鼓灯名扬中外,不论男女老少都能哼唱一曲和跳上一段舞蹈,具有独特的地域人文特色。休闲广场夜间照明工程作为具有现代特征的小区重要景观,设计中需要适当融入具有地域特征的景观元素和符号,体现独特的人文色彩。

1.4 绿色节能、安全舒适

绿色照明包含了多方面的内容,节约能源、创造舒适照明和减少光污染是其主要的方面。在华亭智能建筑小区休闲广场照明设计中,应尽量选用高光效的光源和灯具,采用合理的照明方式和照明控制手段,体现绿色照明的优点。

2 夜间照明的设计原则

2.1 以建筑和环境设计为依托

夜间照明工程是在建筑和景观工程的基础上实施的,其设计也必须以建筑和景观的设计原则为依托。在华亭智能建筑小区休闲广场的夜间设计中充分理解消化其建筑和景观设计的构思,充分考虑到建筑在环境中的地位及建筑和环境的互动关系,使夜间设计与建筑设计和景观设计融为一体。

2.2 以人为本

人是夜间工程的使用者,夜间照明的设计需满足观赏和使用的主体——人的需求。对小区居民进行充分的行为和心理分析,特别注意人在夜间环境下行为心理发生的特殊变化。

2.3 点面结合、重点突出、主次分明

由于人的心理和生理特点在夜晚发生了明显的变化,夜间照明的设计更应该注重整体性并突出其重点。对重要景观着重表现,做到"突出"、"点到"两不误。

2.4 绿色节能和安全

绿色照明环境是以设计为龙头,以科技为关键,以产品更新为支撑,以系统管理为驱动的系统工程。另外安全工作尤其重要,一是夜间工程中所涉及的灯具、线路及控制设备必须确保小区居民的安全并达到各种预期性能;二是休闲广场的照明具有特殊的要求,照明设计中充分考虑小区居民的安全,满足广场照明的特殊需求。

3 夜间照明方案的总体构思及细部设计

3.1 亮度控制

在华亭智能建筑广场的不同区域,按照不同的使用功能,设定不同的亮度分布等级。各入口处的基本照明是路灯和庭院灯,并采用发光地坪将亮度集中在地坪上;休闲广场上的亮度中心点是喷泉,周围的发光灯柱起到水平方向围合空间的作用。在入口和广场叠水溪流两个方向分别由球形花灯和发光图腾形成高处的亮度中心,在垂直方向形成开放的亮度模式。广场上其他的通道设庭院灯和草坪灯,将亮度中心控制在人体尺度之内。

3.2 颜色光的使用

休闲广场是人们主要的活动聚集区域,中心设有旱地喷泉,周围设有文化墙、水池和花坛。为满足广场的基本照明,在广场周围设置4m高的整体透光发光灯柱;沿广场的发散线条设置美耐灯、地埋灯,增强休闲广场的向心性;文化墙照明由设置在水池中的水下PAR灯提供,光线透过水体在墙上展现富有变化的阴影效果。

休闲广场入口处有四列台阶相联系,台阶两侧的绿化中设置两组球形花灯。由于地处大禹治水的故乡和传说中的珍珠发源地,为了充分体现这一地域文化特征的重要景观元素,在休闲广场的四周安排了一组图腾柱。为了突出图腾柱在夜间的效果,将其上半部做成整体发光的灯柱,外壳采用不锈钢材料,设置富有民族风情的镂空图案,内部设置灯光。夜间的灯光通过镂空部分射出,显得晶莹剔透;下半部采用石制基座,并设地埋灯照亮。

图腾柱上方各设置一组“空中芭蕾”探照灯，增强图腾柱在夜间的主导地位，营造热烈欢快的气氛。人工河景点将是人们主要的驻足点，在其沿岸设置球形栏杆灯，连续的发光点在夜间形成“珠链”的效果。膜结构帐篷是广场的重要景观元素之一，对进行良好的夜间照明非常重要。为保证照明效果，在膜结构内部和外部分别采用投光灯照亮，以重点表现出桥面与广场的侧立面间的和谐。除了设置投光灯照亮立面外，在桥栏杆上设置变色数码管，形成横向的线条，勾勒桥体的轮廓。广场周围的道路需要有高质量的道路照明。在设计中，综合考虑道路照明与广场的环境照明，设置风格统一的路灯。

休闲广场各细部照明效果如图1所示。

4 控制系统

本工程采用了一套奇胜(CLIPSAL)C-Bus智能灯光控制系统，以满足光环境控制与节能的需要，预设置的控制模式如下：

(1)平常工作日：开广场入口区域、中心区域、图腾柱以及主要交通线路、主要景观点的灯；

(2)双休日：在平常工作日的基础上加开广场内所有交通线路的灯；

(3)节庆日：开所有的灯；

(4)后半夜：开基本照明用灯。

华亭智能小区休闲广场配电箱系统[M(A)～M(D)箱]如图2所示。

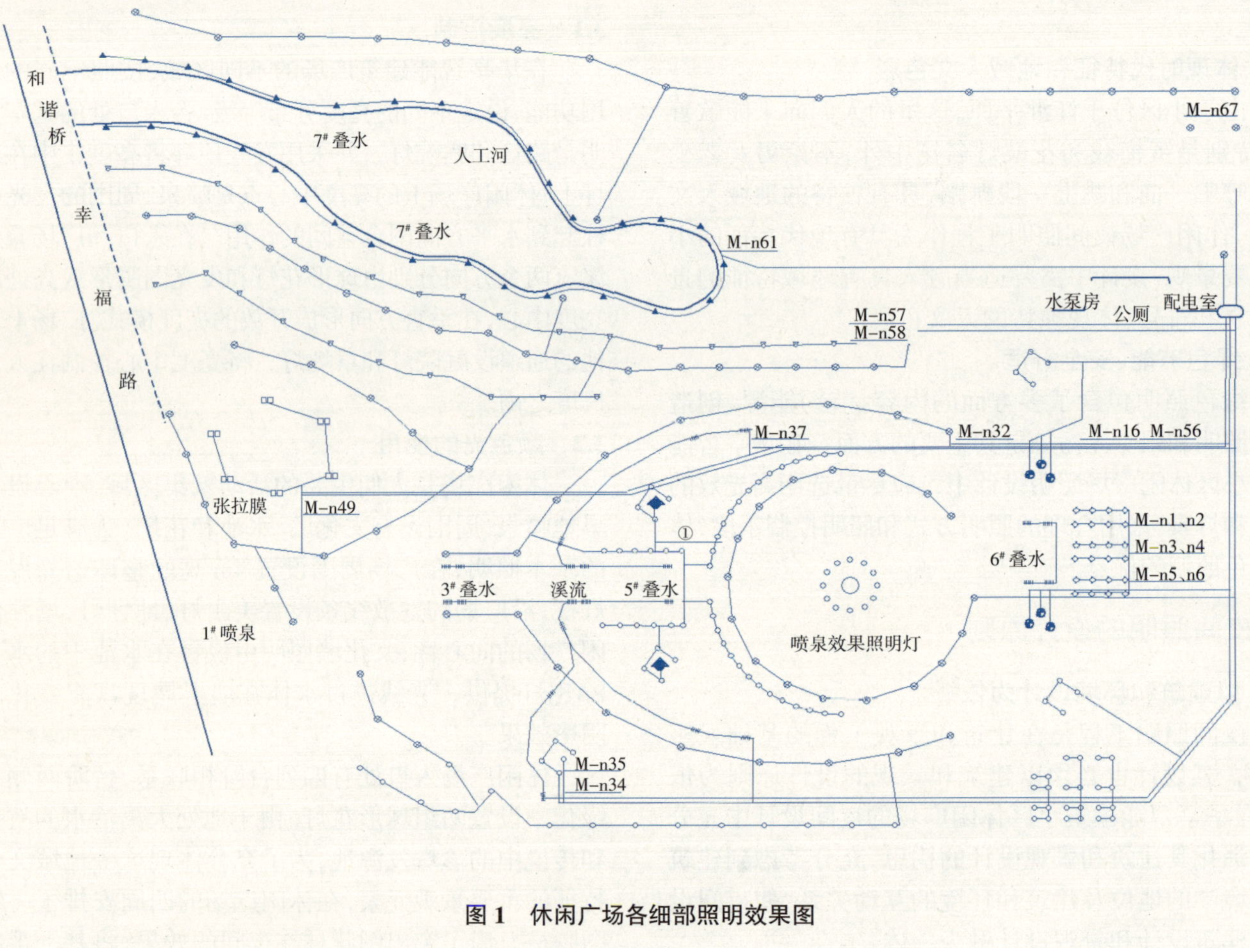

图1 休闲广场各细部照明效果图

注：

庭院灯	78个；	空中芭蕾	2个；
草坪灯	88个；	投光灯	35个；
地埋灯	45组；	台阶灯	152个；
球星花灯	6个；	①	M-n50，n51，n52，n53

	回路编号	断路器型号规格	接触器型号规格	配出电缆型号规格穿管管径、敷设方式	回路用途	相序	控制编号
HSM1-125M/4300 In=125A	n1	DNPVIgi-20	25A～22V	W-2×4+PE4 G25 DA	主入口发光地板10×(2×70W)	(A)	M-C1
铜质搪锡 N	n2	DNPVIgi-20	25A～22V	W-2×4+PE4 G25 DA	主入口发光地板10×(2×70W)	(B)	M-C2
铜质搪锡 PE	n3	DNPVIgi-20	25A～22V	W-2×4+PE4 G25 DA	主入口发光地板10×(2×70W)	(C)	M-C3
铜汇流排(带绝缘护套)	n4	DNPVIgi-20	25A～22V	W-2×4+PE4 G25 DA	主入口发光地板10×(2×70W)	(A)	M-C4
	n5	DNPVIgi-20	25A～22V	W-2×4+PE4 G25 DA	主入口发光地板10×(2×70W)	(B)	M-C5
	n6	DNPVIgi-20	25A～22V	W-2×4+PE4 G25 DA	主入口发光地板10×(2×70W)	(C)	M-C6
	n7	DNPVIgi-20	LC1-D09004	W-2×4+PE4 G25 DA	庭院灯4×70W	(A)	M-C7
	n8	DNPVIgi-20	LC1-D09004	W-2×4+PE4 G25 DA	草坪灯12×18W	(B)	M-C8
	n9	C65N-32/2+Vigi65	LC1-D12004	W-2×4+PE4 G25 DA	台阶灯24×9W	(C)	M-C9
	n10	C65N-32/2+Vigi65	LC1-D12004	W-2×4+PE4 G25 DA	球形花灯2kW	(A)	M-C10
	n11	C65N-32/2+Vigi65	LC1-D12004	W-2×4+PE4 G25 DA	球形花灯2kW	(B)	M-C11
	n12	C65N-32/2+Vigi65	LC1-D12004	W-2×4+PE4 G25 DA	球形花灯2kW	(C)	M-C12
	n13	C65N-32/2+Vigi65	LC1-D12004	W-2×4+PE4 G25 DA	球形花灯2kW	(A)	M-C13
	n14	C65N-32/2+Vigi50	LC1-D12004	W-2×4+PE4 G25 DA	球形花灯2kW	(B)	M-C14
	n15	DNPVIgi-20	LC1-D12004	W-2×4+PE4 G25 DA	球形花灯2kW	(C)	M-C15
	n16	DNPVIgi-20	LC1-D09004	W-2×4+PE4 G25 DA	草坪灯4×18W	(A)	M-C16
	n17	DNPVIgi-20	LC1-D09004	W-2×4+PE4 G25 DA	投光灯4×150W	(B)	M-C17
	n18	DNPVIgi-20	LC1-D09004	W-2×4+PE4 G25 DA	草坪灯4×18W	(C)	M-C18
	n19	DNPVIgi-20	LC1-D09004	W-2×4+PE4 G25 DA	投光灯4×150W	(A)	M-C19
	w1	DNPVIgi-20	LC1-D09004	备用		(B)	M-w1
	w2	DNPVIgi-20	LC1-D09004	备用		(C)	M-w2
$\sum P=23kW$	w3	DNPVIgi-20	LC1-D09004	备用		(A)	M-w3
Ij=64A QcBD1	w4	DNPVIgi-20	LC1-D09004	备用		(B)	M-w4
	w5	DNPVIgi-20	LC1-D09004	备用		(C)	M-w5

图2 华亭智能小区休闲广场配电箱系统图[M(A)-M(D)箱]

注：1.照明配电箱(参考)尺寸：W-800、D-400、H-2000；12# 槽钢搁高0.4m左右，落地安装；

2. [→] 为固态电子继电器； 3.漏电断路器DPNVigi漏电动作电流30mA。

无锡崇安寺地区夜景照明、亮化设计方案

北京易禾永颐环境设计有限公司

1 总体概况及分析

1.1 环境分析

崇安寺地区是历史文化名城无锡的市中心，位于人民路以北，新生路以西，县前街以南，中心路以东地区，占地面积 34404m²，是一个融特色商业、餐饮、旅游、休闲为一体的新型商业旅游繁华地区。

综观整个地块，周边高楼林立，而崇安寺地区的建筑群体则以宜人的小尺度体量与周边的现代高层建筑形成对比，给人以强烈的整体印象。

1.2 人文概况

无锡作为吴文化的发源地，文化积淀深厚，历史源远流长，在华夏文化史上有着重要的位置。创造了太湖流域辉煌灿烂的古代文明和现代文明。

而崇安寺地区作为无锡商业文化的中心，则有着诸多的名胜古迹和人文特色。

1.3 项目特色分析

(1)宗教人文特色(保留、修缮)

崇安寺道教文化

洞虚宫佛教文化

(2)民俗人文特色(继承、发展并与现代文明交融)

艺术特色：王羲之书法、阿炳音乐艺术

饮食特色：茶文化、特色小吃文化

休闲游憩特色：太湖水乡风俗、华夏第一公园(城中公园历史)

在综合了人文等诸多方面因素后，确定了以“强调儒商文化，突出商贾特色和江南民俗风貌”为中心的审美基础，赋予了夜空下的崇安寺“雅俗共赏、动静相映”的审美情趣。

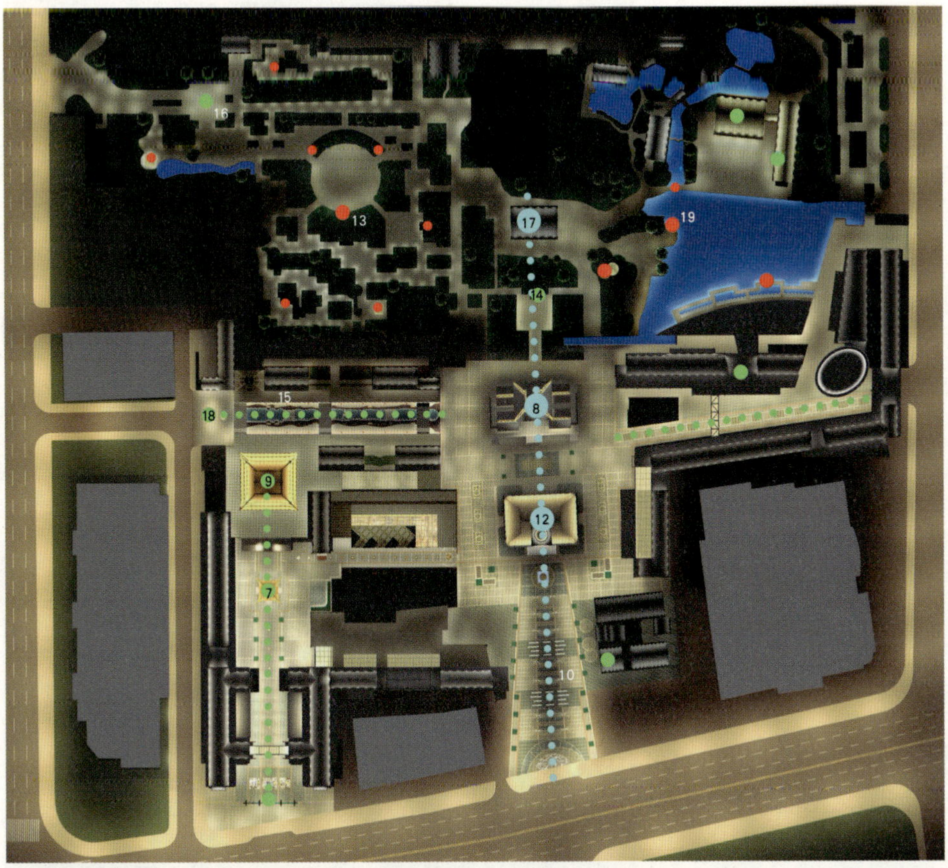

- 二泉广场中轴线,图书馆、工皇殿(见图中 12)、多寿楼—文化书店(见图中 17)
- 皇亭街入口(街牌坊)、皇亭(见图中 7)、崇安阁(见前面图)、水街入口(见图中 18)、水景街区(见图中 15)、公园路轴线街区、白水荡、九老阁(见图中 16)、同庚厅—无锡城青石科普馆、阿炳故居
- 二层平台(见图中 9)、二泉广场各处景观小品(见图中 11)、城中公园绿地(见图中 13)、景观小品等

- 一级景观
- 二级景观
- 三级景观

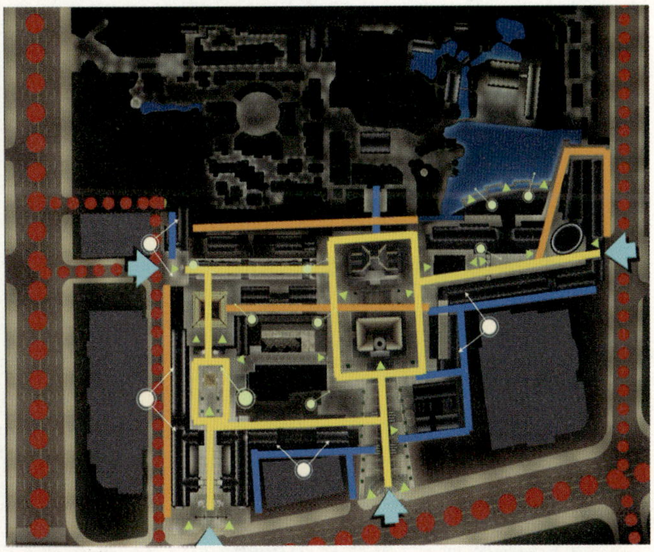

- 二泉广场轴线民俗展示区
- 皇亭街小吃区
- 公园路轴线及水景商业区
- 城中公园文化活动区
- 地下空间街区

- 机动车交通流线
- 主要入口方向
- 高密度交通流线
- 次密度交通流线
- 低密度交通流线
- 高空俯视点
- 二层平台俯视点
- 地面各方向人视点

2 总体设计理念

通过对环境、功能、交通、人文等多方面的分析和总结后，我们确定了夜景照明方案以“老风俗、新崇安”为主题的设计思路。强调“老风俗”的人文景观、民俗文化和特色商业，以及对民俗文化的继承和发展；同时，突出“新崇安”中空间的新格局，建筑的新特色，展示了新时代下崇安寺的新面貌。打造一个“崇安不夜天”的整体光环境形象。

在这样的理念和以人为本的设计指导思想下，方案的设计规划也强调了以下几个重点：

(1)整体光环境空间清晰、明确；

(2)光环境的和谐韵律；

(3)功能照明的合理高效；

(4)突出人文景观照明的文化特色；

(5)方案的可实施性和“绿色照明”的设计理念。

3 规划设计方案

3.1 功能及整体风格定位

建成后崇安寺地区分为“城中公园文化活动区、公园路轴线及水街商业区、皇亭街小吃区、二泉广场周边民俗文化展示区、地下商业特色区”五个大的功能区，五个功能区的划分既错落有秩、动静分明，又互相渗透、相得益彰。

在规划设计中依据不同的功能分区，对整个地区做了统一而又有变化的风格取向。

3.2 人流及视点的规划分析

崇安寺地区的规划形成了“轴向清晰，空间明确，交通合理”的建筑布局，杜绝了车流的介入。

依据人流和空间层次的分析，归纳了三类主要的人视点。

3.3 景观等级的规划

我们对整个商业街区的建筑构筑物和公共街区做了景观的层次分级。以中心轴线为重心向两侧展开，做了三个级别的分类。

(1)一级景观：二泉广场中轴线、图书馆、玉皇殿、多寿楼、文化书店。

(2)二级景观：皇亭街入口(街牌坊)、皇亭、崇安阁、水街入口、水景街区、公园路轴线街区、白水荡、九老阁、同庚厅、无锡城奇石科普馆、阿炳故居。

(3)三级景观：二层平台、二泉广场各处景观小品、城中公园绿地、景观小品等。

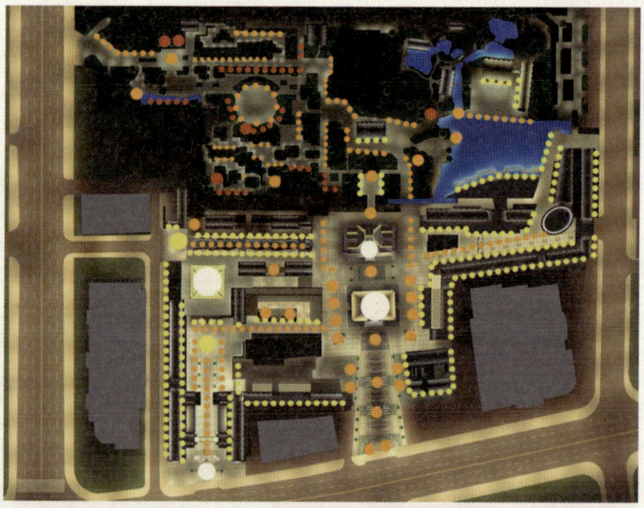

(150~300 lx) 标志性建筑，构筑物

(50~150 lx) 主要景观、建筑及各种节点

(10~50 lx) 其他各景观、休闲广场

(10~20 lx) 城中公园绿地及景观小品等

(300 lx 70 lx) 地下空间照度

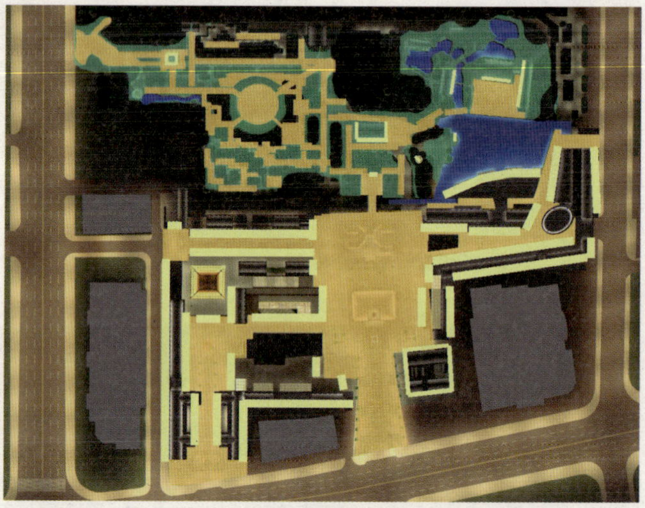

(2800~3500K) (3500~4500K)

(彩色光)

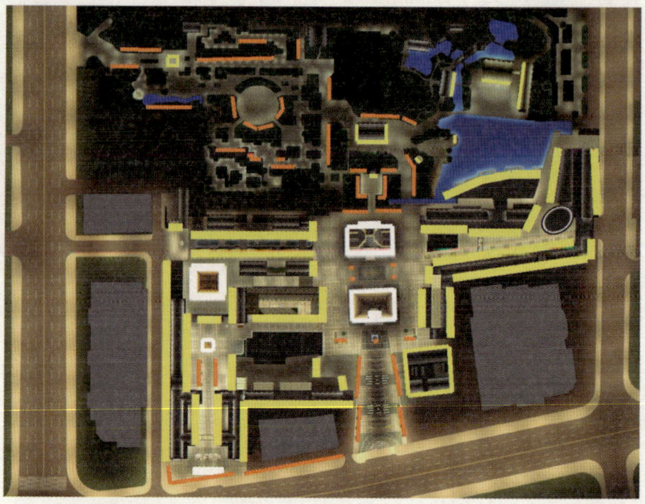

(150~300 lx) (50~150 lx) (20~50 lx)

3.4 全局光强照度规划

针对商业街区的特点，全局光强的平均照度分为五个主要照度级别，即

(1)10～20 lx(含 10 lx 以下)；

(2)20～50 lx；

(3)50～150 lx；

(4)150～300 lx；

(5)300～700 lx。

依据不同功能，五个照度级别规划如下：

(1)(150～300 lx)——标志性建筑、构筑物：皇亭街牌楼、崇安阁金顶、图书馆钟楼；

(2)(50～150 lx)——主要景观建筑街区及各种节点：皇亭街各建筑群、阿炳故居、玉皇殿、公园路轴线建筑群、秦起像、多寿楼、九老阁、同康厅等；

(3)(20～50 lx)——其他各景观、休闲广场：水街景区、城中公园各种广场、二泉广场、景观小品等；

(4)(10～20 lx)——城中公园绿地及景观小品等；

(5)(300～700 lx)——地下室内商业空间照度。

五个级别的照度分配层次分明，有张有弛，形成了一个有机体，赋予了整个地区人性化的内涵，使游人体会到了"呼"与"吸"、"闹"与"静"、"开"与"合"的丰富情感和独有的文化特色。

3.5 全局灯光色彩规划

依据不同的功能特性和总体规划对全局的灯光色彩应用做如下规划：

(1)(1900～2500K)：主要分布于广场、步行街地面及局部建筑立面效果。

(2)(3000～4500K)：主要分布于建筑外立面及局部地面照明效果。

(3)彩色光效果:白水荡激光水幕、局部绿地植物、水体系统等。

3.6 景观、植物、建筑等立面照度规划

立面照度规划分为以下三个层次:

(1)加强地块外围建筑立面照度,突出重点及标志性建筑立面(150~300 lx);

(2)强调景观效果的协调性,突出重点形象(50~150lx);

(3)以“静”的形式对植物分层次照明,使之更好地突出“闹”的街区(20~50 lx)。

3.7 景观小品艺术灯光设计

景观小品是空间的点缀,对景观小品及灯光做统一规划设计,将有助于提高形象的统一性和认知度,同时也兼具功能照明的作用。其中包括两点:

(1)景观标识小品:景观点介绍、交通指示、功能提示(组图1、6);

(2)城市家具小品:垃圾桶、座椅、树池(组图2)。

3.8 广告灯光景观艺术灯光

对整个街区的广告照明做了统一规划设计,避免了杂乱无章的无序安放(组图3、4)。

3.9 崇安寺灯光表演(激光)系统概念(组图5)

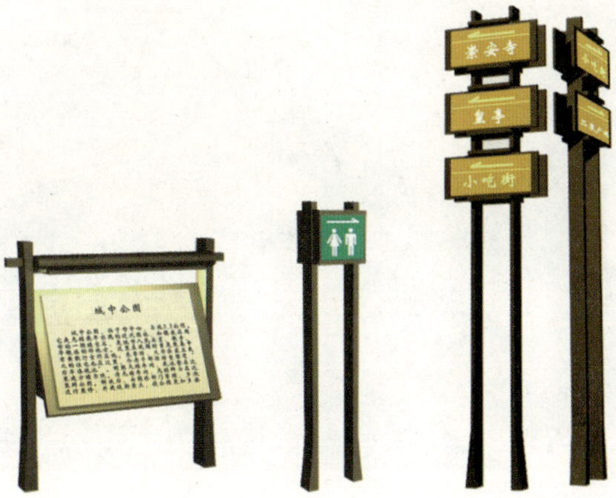

景观标识小品(组图1)

城市家具小品(组图2)

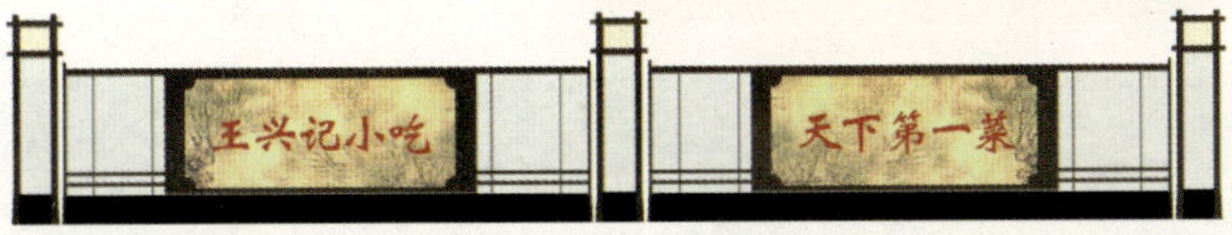

广告灯光景观艺术灯光(组图4)

崇安寺灯光表演(激光)(组图5)

景观标识小品(组图6)

照明形式及手法(组图3)

4　效果综述

本项目的方案是通过了系统地分析和详尽地规划设计后推出的，得到了业主方的充分肯定并付诸实施，让古老的崇安寺地区又焕发了新的生机，并赋予了夜晚"崇安寺"更新的意义。

城市道路照明需注意的几个问题

中国建筑科学研究院建筑物理所　肖辉乾

摘　要　文章简要地阐述了城市道路照明建设需要注意的几个问题，其中包括道路照明的亮度或照度水平；路灯灯具的功能性和装饰性的关系；道路交叉口、出入口、弯道和坡道的照明；地下通道和过街桥的照明；居民区道路的照明等。

关键词　道路照明　亮度　灯具

1　引言

城市道路是整个城市公用设施中一个十分重要的组成部分，而城市道路照明既是城市功能性照明的主体，又是城市夜间景观照明的点、线、面三大夜景元素中的线元素，其作用好比城市夜景的骨架，不可忽视。城市道路照明的意义和作用概括起来主要有以下四点：

（1）为市民和司乘人员夜间出行创造一个良好的光照环境。

（2）提高交通运行效能，减少交通事故。据 1992 年 CIE 技术报告 93 号记载，对没有照明的事故高发路段按标准设置照明后，事故率可降低约 30%；又据 1995 年 CIE 技术报告 115 号称，一些国家平均 25% 的交通事故率发生在夜间，而夜间的道路事故率约比白天高 3 倍；据“日本照明手册”介绍道路可减少交通事故 20%～80%。

（3）提高市民和观光者夜间出行的安全感，降低犯罪率。据法国里昂的调查表明，40%的夜间犯罪行为发生在照明照度低于 5 lx 的地区，30%发生在照度为 5～10 lx 的地区，19%发生在照度为 10～15 lx 的地区，8%发生在照度高于 15 lx 的地区；此外，英国普林斯地区警察署的调查表明，降低道路照明照度，犯罪率增加了 55%。

（4）改善城市夜间形象，提高城市的知名度和美誉度。

我国城市道路照明建设开始于建国初期，几十年来，从无到有，从量的增多到质的飞跃，发展迅速，成就巨大。据全国道路照明专委会和总站统计：到 2004 年年底对全国（不含香港、澳门和台湾地区）628 个城市的普查统计显示，城市道路照明计有路灯 922 万盏，为 1979 年统计的路灯总数 57 万盏的 16 倍，而且在路灯光源、灯具、灯杆和供电线路等方面都发生了质的飞跃，路灯控制也由传统的“手控”不断变革为“时控”、“光控”、“时控一体化”直至目前有 108 个大中城市采用现代化的“三遥”（遥控、遥测、遥信）控制方式，明显提高了道路照明的社会效益和经济效效益。在取得巨大成就的同时，其存在的问题也值得同行们注意。概括起来我国道路照明需注意的问题是：①道路照明的照度或亮度水平问题；②路灯灯具的功能性和装饰性的关系问题；③道路交叉口、出入口、曲线段和坡道的照明问题；④地下通道和过街桥的照明问题；⑤居民区道路的照明问题。

2 道路照明的照度或亮度水平问题

据笔者调查，北京、上海、广州、太原、大连、烟台与呼和浩特等城市，一些新建的主要道路（主干道）照明的路面平均照度，几乎都比国标或国际标准规定的照度值高出不少，路面平均照度的平均值达到 51 lx，个别路面平均照度竟然高达 105 lx。另据道路照明标准修编组的同志介绍，北京、上海、常州、扬州、武汉、长春、成都、无锡、宝鸡、杭州、银川等城市都有一些道路照明的平均照度在 45 lx（即亮度在 3cd/m²）以上，甚至有些道路的路面平均照度高达 140 lx。还有全国道路照明总站调查的 22 条道路的平均照度达 66 lx，最高的竟达 109 lx。

大量的研究表明，驾驶员评价为“好”的道路照明所对应的平均亮度约为 1.5cd/m²（相当 15 lx），并非越亮越好。另外对道路照明需要多高的亮度或照度，我国和国际上是有标准的，CIE95 年最新标准中规定 M1 级路为 2cd/m²（20 lx），M5 级路为 0.5cd/m²（5 lx），美国标准才 1.2cd/m²（12 lx），澳大利亚标准为 1～1.5cd/m²。1999 年北京路灯处赴美考察报告介绍，美国主要道路照明的照度一般为 10～20 lx 之间，著名的法国巴黎香榭丽舍大街的平均照度也只有 17 lx，澳大利亚道路照明的路面照度约 10～20 lx，路面亮度约 1cd/m²。

对照我国城市道路照明设计标准 CJJ45—1991 规定，I 级快速路的路面平均亮度为 1.5cd/m²，对应的平均照度为 20 lx（笔者注：即将发布新修订的标准规定，I 级快速路、主干道、迎宾路、通向政府机关和大型公共建筑的主要道路、市中心或商业中心道路的路面平均亮度的维持值为 1.5cd/m² 或 2.0cd/m²，对应的沥青路面平均照度维持值为 20 lx 或 30 lx），道路照明路面亮度或照度严重超标。道路照明太亮的危害是很大的：①浪费能源和资金；②破坏空气质量、不利环保；③加重光污染和光干扰；④加大照明设施维修管理的工作量。凡事都得有个度，道路照明太暗不好，太亮也不好。

目前，我国道路照明的路面亮度或照度严重超标的原因有几个：一是盲目比亮，误认为道路照越亮越好；二是法制观念淡薄，有标准不依，不按国家道路照明标准进行设计和建设道路照明工程；三是部分路灯管理或技术人员的道路照明知识或技术水平低，不能科学地进行道路照工程的设计和建设；四是管理不善，目前除一些大城市的路灯设计部门有设计资质外，还有相当多的路灯设计部门或技术人员无设计资质，往往是根据经验随意选灯、装灯和布灯，以致严重超标或不能达标。

为了防止以上问题再出现，在今后的工作中要注意以下几点：一是不能攀比，纠正道路照明越亮越好的错误观念；二是严格认真地贯彻执行国家道路照明设计标准；三是提高工程技术人员的技术水平，科学设计每一条道路的照明方案；四是加强管理，严格把关，对设计超标的道路工程不批准建设。

3 路灯灯具的功能性和装饰性的关系问题

城市道路照明作为功能性照明，其目的是在夜间为司乘人员和行人供提一个良好的视看条件和光环境，能清晰地看清路上的障碍物、行人及车辆等，保证司乘人员和行人安全、舒适也通行。因此，路灯灯具的功能性是主要的，路灯的装饰性是在保证其功能性要求的前提下考虑的一个附带因素。对这个问题，国家标准 CJJ45—1991 对路灯灯具的要求第 3.2.1 条规定：机动车道应采用功能性灯具，其中：

（1）快速路、主干路必须采用截光型、半截光型灯具。

（2）次干路应采用半截光型灯具。

（3）支路宜采用半截光型灯具。

第 3.2.2 条规定：禁止机动车通行的商业街道、居住区道路、人行地道、人行天桥以及有必要单独设灯的非机动车道，宜采用装饰性和功能性结合得好的灯具或具有较高机械强度的装饰性灯具。

因此对路灯灯具应是以功能性为主，兼顾装饰性。可在现实生活中有些城市路灯灯具和灯杆的造型只重美观、轻功能，以致造成能源浪费和严重的光污染。这方面的典型案例是北京长安街的华灯和大连中山路、人民路和迎客路上 108 灯的槐花灯，还有大连星海广场的周边 120 灯的酒杯灯。

这几种路灯的教训十分深刻，影响也是十分严重的。教训之一是只重灯的外观装饰性，轻视路灯的功能性，颠倒了路灯功能性和装饰性的关系；教训之二路灯能耗太大，光的利用率很低，经测试表明路灯 95%以上的光线射向天空，只有不到 5%的光线照到路面；教训之三是道路照明光污染十分严重；教训之四是由于路面照度太低，只好在灯杆上增装投光灯进行照射,导致道路明的直射眩光和雨天路面反射眩光严重,司乘人员及行人感到路灯十分刺眼;教训之五是因每根杆上的灯太多,最多的有120只光源和灯罩,路灯维修工作量十分繁重;教训之六是因华灯灯杆上附加的投光灯、监视器、扩声设施等太多,破坏了原灯的外观造型,以致华灯的日景并不美观。

华灯、槐花灯、酒杯灯在北京和大连使用很多,全国不少城市也相继使用,而且派生出五花八门的装饰性路灯,造成严重的能源浪费和光污染。因此目前(2005年8月9日)建设部发文(建城函[2005]234号)《关于进一步加强城市照明节电工作的通知》明文要求,各城市不许再在城区干道范围使用多光源装饰性庭园灯,这是十分正确和及时的。

对路灯灯具的功能性和装饰性的关系问题,我们要很好地总结经验,吸取教训,共同努力创造更好的功能合理,造型美观的路灯作品!

4 城市道路交叉口、出入口、弯道和坡道的照明问题

据美国资料介绍,50%的道路交通事故出现在道路的交叉口、出入口、弯道和坡道这些路段或部位。因此各国道路照明标准都十分强调这几处的照明。我国《城市道路照明设计标准》CJJ45—1991中第四章第二节也有明确规定。即将公布的新修订的《城市道路照明设计标准》更加强调了这几处的照明,并对主干路与主干路交会处、主干路与次干路交会处及主干路与支路交会处、次干路与次干路交会处,次干路与支路交会处;支路与支路交会处的路面平均照度的维持值分别规定为30/50 lx,20/30 lx和15/20 lx。同时还对照明质量,如照度均匀度、眩光限制等都作了具体规定。可是,目前不少城市道路照明中,这几处的照明状况都比较差,照度水平几乎都达不到标准的要求,如大连银沙滩道路交会处反而比干道照度低很多。行人,特别是司机对此反映十分强烈。从最近调查过的几位出租车司机的意见看,几乎每位司机都说到这几个路段或部位的照明问题:是不亮,从主干道出来不适应;二是标志不健全;三是反光镜的眩光(晃眼)问题突出,需引起重视。

5 地下通道和过街桥的照明问题

5.1 地下通道的照明问题

行人和自行车地下通道或隧道似乎是任何一个城市交通系统中的一个组成部分,因而从潜在的特殊安全和保安的需要考虑,必须配备适当的照明。对地下通道照明的主要要求是:

(1)对公用地下通道,应确保行人及自行车安全相遇。

(2)让行人及骑车人能看见地面上的任何障碍物及路面是否凹凸不平。

(3)让行人及骑车人辨认出地下通道的其他人员的行为,及时判断他们是友好的或怀有敌意的。由于地下通道及隧道是封闭空间,回避坏人攻击比较困难,因此必须特别注意照明要符合保安的需要。CIE 136号技术报告对地下通道的照明标准作了规定,如表1所示。

从调查过的北京二、三环路和安外大街及天安门、长安街的十个地下通道和过街桥的照明情况看,除天安门和长安街的地下通道外,其他地下通道的照明问题都比较大,主要问题是照明的照度太低,灯坏了无人管,照明设备十分落后,需引起重视。

5.2 过街天桥的照明问题

对过街天桥照明的基本要求:

(1)使行人及自行车安全相遇,特别是当人与车共用天桥时;

(2)让行人/骑车人能看见桥面上的障碍物及桥面是否凹凸不平;

(3)让行人/骑车人辨认出其他行人/骑车人,并能判断他们是友好的或有敌意的。

CIE136—2000技术报告规定的过街天桥的照明标准见表2。当行人和自行车在天桥共用一条道路时,

表1 人行及自行车地下通道照明要求(维持值)

	E_H(平均值)/lx	E_H(最小值)/lx	E_{sc}(最小值)/lx	$L_A^{0.25}$
只用于行人及自行车				
日 间	100	50	25	最大6000
夜 间	40	20	10	

应向邻近道路5m以内的步道提供道路最小照度的50%的照明。

水平照度值为整个天桥桥面上的值。

半柱面照度值适用于与道路走向平行的两个方向。

当天桥使用装饰照明时，应注意所使用的照明装置不能干扰行人及骑车者的正常视觉，无论这种干扰是由眩光还是由路面上过重的阴影所引起。

从调查过的国内部分城市过街天桥的照明状况看，大部分过街天桥没有照明，有照明的过街天桥和表2规定的标准相差甚远，而且过分强调了天桥照明的装饰性，需引起我们特别注意。

6 居民区道路(或称胡同、里弄和小巷)的照明问题

城市主要道路的照明是很重要的，引起了各地领导，特别是路灯部门的高度重视。但是居民区道路(或称胡同、里弄和小巷)的照明往往被人们忽视。从居民关心的程度看，居民最关心的是与他们出行密切相关的居民区的道路照明。

大连城建局的领导说得好，大街上有一两只灯不亮有影响，但居民家门口的灯不亮则是一个大问题，务必引起高度重视。因此国内外道路照明标准中，对这一部分的照明要求十分严格，并作了不少的规定。

CIE136—2000所述。居民区道路照明应在夜间满足以下要求：

(1)为居民的聚会及访友提供一个友好的氛围，并满足表3所示的照度要求。

(2)使机动车及自行车在综合区内安全低速地进入停车区。这就要求所有障碍物能清晰可见。

(3)方便孩子们游戏玩耍。

(4)消除暗区，抑制综合区内的犯罪活动。

(5)限制不受欢迎的溢散光从窗户射入居室。

水平照度值(E_H)适用于街道水平路面，半柱面照度值E_{SC}适用于平行于主人流方向的二个纵方向。

眩光值是最大$L_A^{0.25}$对应于以下高度：①小于4.5m；②4.5～6m；③6m以上。同时还要求很好地考虑照明环境因素，这一地区的照明尽可能地富有吸引力，以鼓励居民最大限度地使用所提供的各种设施，这就要求进行照明设计时，必须十分重视环境因素。在这类小区的照明中，照明设备和方式的多样化，会使居民感到别有情趣。同时照明还应有明有暗，以使周围的建筑物、树木花草与饰物产生立体感。

若在墙上装灯，从美学角度考虑，灯具距墙面不要超过1.5m。

我国城市道路照明设计标准CJJ45—1991要求有3条：平均照度为1～2 lx(新标准为5 lx)；光源不得裸露；防止路灯光线射入居室。

我国新修订的道路照明标准中，对行人和非机动

表2 人行及自行车天桥的照明要求(维持值)

	L_A(平均值)	U_O	E_{SC}(最小值)	$L_A^{0.25}$
与集散路共用	2cd/m²	0.4	2lx	
	$E_{水平,平均}$	$E_{水平,最小}$		
与区域路共用或与其他交通分开	5lx	2lx	1lx	最大6000

表3 专用居住区的照明要求(维持值)

	水平照度(平均值)(E_{HAve}/lx)	水平照度(最小值)(E_{Hmin}/lx)	半柱面照度(最小)(E_{sCmin}/lx)	眩光值($L_A^{0.25}$max)
高密度使用地区	8	5	3	(a)6000 (b)8000 (c)1000
中密度使用地区	5	2	2	
低密度使用地区	5	1	1	

表 1 上海新天地居民区道路照明的情况

人流量	路名	平均照度/lx	最小照度/lx	光源	灯具	灯高/m
大	黄陂南路、马当路、太仑、兴业、自忠路	9.1	5	金卤灯	柱灯	≥3
中	北区主里弄	6	2.2	金卤灯	柱灯	≥3
	北区支里弄	2.3	1.1	节能灯	壁灯	≥3
小	南区主里弄	5	1.9	金卤灯	柱灯	≥3
	南区支里弄	3.5	1.3	节能灯	壁灯	≥3

车混合使用的商业区、居住区道路的照明标准也作了严格的规定，详见即将公布的新标准。

笔者通过对北京、上海、烟台和大连的部分居民区的道路照明的调查发现，总体来说居民区道路照明好的不多，特别是旧城居民区的道路照明问题较大，一是部分道路还没有灯；二是灯太少，不亮；三是灯坏了无人修；四是灯具落后；五是路灯扰民时有发生。相对而言新建的居民区道路的照明比较好，但是一些高档小区路灯太亮，如《消费日报》今年 8 月 4 日版介绍的合肥一小区夜晚灯光太亮，影响居民睡眠。居民建议小区晚 10 点后路灯间隔点亮，一方面可降低灯光亮度，节约用电；另一方面可让居民安心休息。

在居民区道路照明的改造或建设方面，上海新天地居民区道路照明和大连启动的解决"摸黑路"的照明工程，为同行们提供了值得学习和借鉴的经验。

6.1 上海新天地居民区道路照明改造的情况

上海新天地居民区道路照明改造的情况见表 4。他们的主要经验是：

(1)以人为本，保持原貌的设计理念。

(2)照明改造和街区规划、设计同步进行。

(3)设施档次高，技术新。

(4)维护管理工作好，亮灯率达 100%。

6.2 大连居民区道路照明工程建设概况与经验

(1)大连居民区道路照明概况。大连居民区道路的特点是路不太宽，但是坡道、弯路和山路多，而且路旁的树木也较多，居民夜晚出行如果没有照明会感到十分不便，也不安全。要是刮风下雨，情况就更为严重。按大连路灯处的"送光明，优质高效，服务社会"的工作宗旨，在建设好城市主要道路照明的同时，也应十分重视居民区的道路照明，特别是近两年投资 1500 万元完成了市中心区 368 多条"摸黑路"的照明工程，共安装路灯 3030 套，解决了多年来市民最关心的夜间出行难的大问题，较好地实现了建设部与发改委[2004]的 204 号文提出的"要重点解决城市道路有路无灯、有灯不亮的问题"，深受广大市民好评，在社会上反映十分强烈。

(2)大连居民区道路照明的经验。

①领导和员工的高度重视。从建设局到路灯处的领导及员工对这一工作都十分重视，从为民办实事的高度来认识，工作认真，措施有力，2 年投资 1500 万，建设了 368 条"摸黑路"的照明工程，成效显著。

②工程质量好，照明水平高。从光源到灯具及一些附属设备的质量都不错，11 条路的路面总平均照度达 12 lx；最小照度达 3 lx，远远超过老标准 CJJ45—1991 的 1～2 lx 的水平，达到即将发布的新道路照明标准平均照度 5～10 lx，最小照度 1～3 lx 的水平。

③管理水平高。亮灯率达 100%，照明设备清洁度高。

大连部分"摸黑路"的照明情况如表 5 所示。

7 结束语

我国城市道路照明建设成就很大，积累了许多宝贵的经验。同时在建设发展中值得注意的问题也不少，据发改委和建设部[2004]204 号文和建设部建城[2005]234 号的要求，今后一个时期，城市照明工作的主要任务中的第一条就是：努力完善城市的功能照明，要重点解决城市道路有路无灯、有灯不亮的问题，以保证人民群众夜间出行的安全。要完善城市广场、公园、码头、车站等公共区域的功能照明。大

表 5　大连居民区部分“摸黑路”照明调查

序号	路名	路宽/m	灯高/m	光源功率/V	灯具	平均照度/lx	最小照度/lx	亮灯率/lx	清洁度
1	华航街	10	7	110	密封式	21	6	100	高
2	付家庄街	6.5	7	110	密封式	12	2	100	高
3	华海街	5	6	110	密封式	15	3	100	高
4	华滨街	5	7	110	密封式	8	1	100	高
5	屹馨街	7	8	150	密封式	25	8	100	高
6	侯家沟路	6	7	110	密封式	10	2	100	高
7	敦煌南街	6	7	110	密封式	9	1	100	高
8	香西路	7	8	110	密封式	5	2	100	高
9	新船巷	6	7	110	密封式	10	2	100	高
10	山林巷	7	7	110	密封式	9	3	100	高
11	新月街	6	8	150	密封式	11	2	100	高

注：1.光源全部使用高压钠灯。
2.灯具：110W 配 DZ202 型路灯，150W 光源配宁波 790 型密封防水灯具。
3.平均照度的总平均值为 12 lx，最小照度的总平均值为 3 lx。

城市亮灯率要达到 97%，中小城市要达到 95%；城市道路装灯率要达到 100%，公共区域装灯率要达到 95%；主次干道的亮度指标应满足设计标准值的要求。我们要认真总结经验，发扬成绩的同时也要发现存在的问题，并认真分析原因，采取措施及时加以解决，将上述文件精神落到实处，把我国城市道路照明的技术和管理水平提高到一个新的高度，让我们共同努力吧！

参与文献

1　CIE 技术报告：城区照明指南 136—2000 号，2000
2　王庆余.第十届年会暨情报总站成立 25 周年工作回顾.道路照明，2005
3　李景色，李铁楠.修订我国《城市道路照明设计标准》中的几个问题(之一和之二).照明工程学报，2001
4　中国市政工程协会，道路照明专委会等.发展中的中国城市照明.北京：汉语大词典出版社，2005
5　CIE 115—1995：Recommendations for the Lighting of Roads for Motor and Pedestrian Traffic（机动和人行交通道理照明的建议。）
6　IESNA Outdoor Enrioronment Lighting Committee: RP-33-99, Lighting for Exteriof Envivonments an IESNA Recommendedpractice, 1999
7　AS/NZS 1158.3.1:999, Road Lighting Part3.1: Pedestrian area (Category p) Lighting-Performance and Installation Design Requirements

道路照明的评价指标和剖析

上海市照明学会　章海骢

1　道路照明的评价指标

1.1　目前道路照明有两种主要的光度要求

(1)以路面上的照度为指标。

(2)以路面上的亮度为指标。

照度和亮度是不同的指标,一个能在路面上产生好的均匀照度的路灯却无法得到好的均匀亮度,反之亦然。

1.2　道路照明的国标要求

修改后的道路照明国标要求如表1所示。

2　道路照明的最高亮度值

为什么将2cd/m² 作为道路照明的最高亮度值?再高是否有必要?

道路照明中有一条经典曲线就是道路照明相对视觉功能RP与路面亮度L之间的关系(见图1)。

视觉功能由在路面上安放视标后用被试进行判定后得来的。由于不同路面亮度、亮度均匀度和路灯的失能眩光对视觉功能有较大的影响,因此图中画出了三种条件下的曲线。

表1　修改后的道路照明国标要求

道路级别	路面亮度			路面照度		眩光限制 *TI*(%)阈值增量,最大初始值	环境比(*SR*)最小值
	平均亮度 L_{av}/(cd/m²) 维持值	总均匀度(U_o) 最小值	纵向均匀度(U_L) 最小值	平均照度 E_{av}/(lx) 维持值	均匀度(U_E) 最小值		
快速路	1.5/2.0	0.4	0.7	20/30	0.4	10	0.5
主干路(迎宾路、通向政府机关和大型公共建筑的主要道路、市中心或商业中心的道路)	1.5/2.0	0.4	0.7	20/30	0.4	10	0.5
次干路	0.75/1.0	0.4	0.5	10/15	0.4	10	0.5
支　路	0.5/0.75	0.4	—	8/10	0.4	15	—

注:1.平均照度仅适用于沥青路面;
2.各项数据适用于干燥路面;
3.总均匀度 U_o=路面最小亮度/路面平均亮度;
4.路面纵向均匀度 U_L=同一条车道中心线上最小亮度/平均亮度。

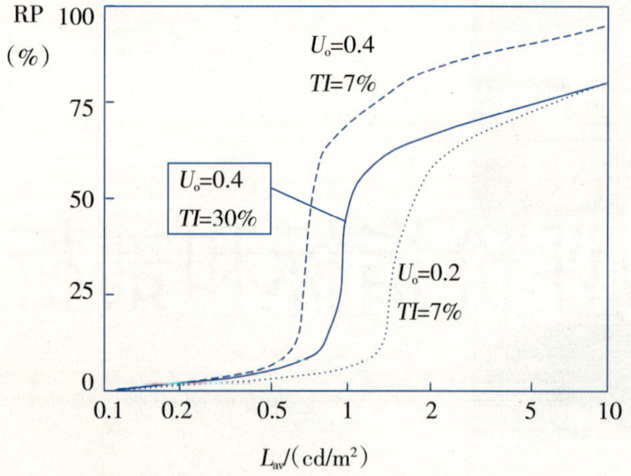

图 1 道路照明的视觉功能和路面亮度的关系

注：①U_o：总均匀度； ②TI：失能眩光。

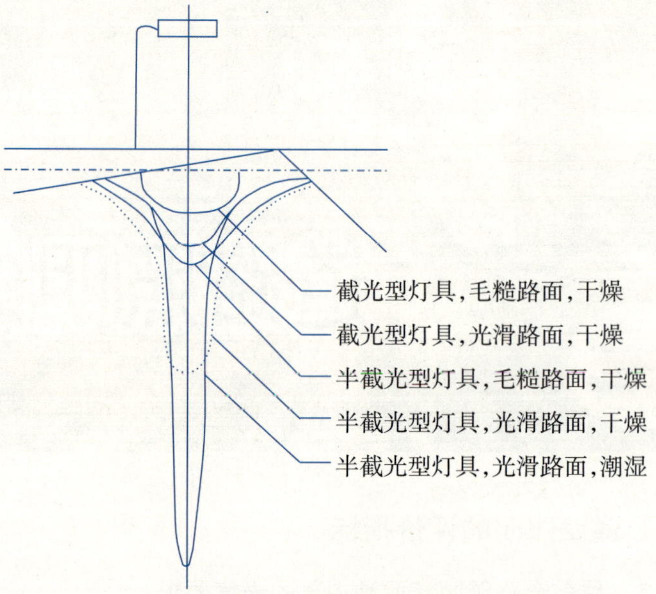

图 3 路灯在路面上的光斑

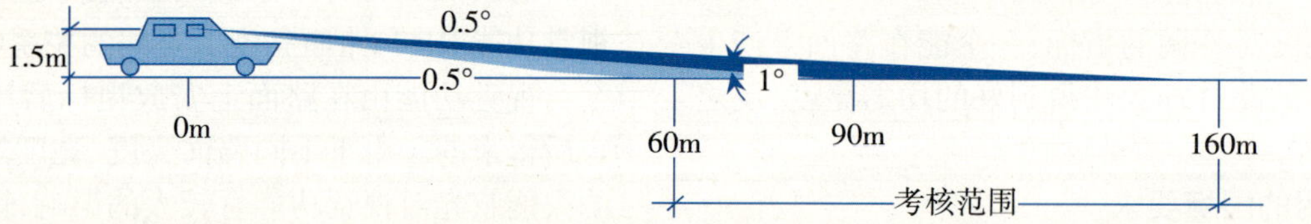

图 2 驾驶员的视看角度和看到的区域

从曲线上可以得到以下几点结论：

(1)路面亮度到达某一个数值时，视觉功能急剧上升，形成明显的分水岭。

(2)视觉功能在提升到某一数值后，即使提高路面亮度，作用也不大。

(3)眩光对视觉功能有很大的影响，减少失能眩光至关重要。

(4)亮度均匀度对视觉功能的影响也较大。

因此，从该曲线可看出，增加亮度到 2cd/m² 以上是不会提高多少视觉功能的。

3 道路上的亮度和照度的区别

(1)驾驶员视看条件(见图 2)。

(2)在汽车上看到的是路灯光线在路面上产生的反光光斑(见图 3)。

(3)不同路面材料看出来的路面亮度是不同的。

由于路面材料的不同，它们对来自不同方向的光线的反射能力不同，因此相同方向和强度的光线会得到不同的结果(见图 4)。

为了计算路面亮度，国际上设定了标准路面，并规定了它的反射光的角分布 *r* 系数(亮度角分布系数)。目前常用的有 CIE 的 C0 和 C1 路面以及 R1、R2、R3、R4 路面的 *r* 系数表。

4 路面上的照度分布和亮度分布及其区别

(1)路面上等水平照度分布，亮度就不均匀(见图 5)。

照片说明了等水平照度路面上得到斑马线效果的亮度分布，现场条件是：水平照度比 1.5:1，亮度比 8:1。

(2)路面上等亮度分布，水平照度就不均匀(见图 6)。

图 4 不同路面材料反射光线的效果不同

道路照明的评价指标和剖析

上海市照明学会 章海骢

1 道路照明的评价指标

1.1 目前道路照明有两种主要的光度要求

(1)以路面上的照度为指标。

(2)以路面上的亮度为指标。

照度和亮度是不同的指标，一个能在路面上产生好的均匀照度的路灯却无法得到好的均匀亮度，反之亦然。

1.2 道路照明的国标要求

修改后的道路照明国标要求如表1所示。

2 道路照明的最高亮度值

为什么将 2cd/m² 作为道路照明的最高亮度值？再高是否有必要？

道路照明中有一条经典曲线就是道路照明相对视觉功能 RP 与路面亮度 L 之间的关系(见图1)。

视觉功能由在路面上安放视标后用被试进行判定后得来的。由于不同路面亮度、亮度均匀度和路灯的失能眩光对视觉功能有较大的影响，因此图中画出了三种条件下的曲线。

表1 修改后的道路照明国标要求

道路级别	路面亮度			路面照度		眩光限制 TI(%) 阈值增量，最大初始值	环境比 (SR) 最小值
	平均亮度 L_{av}/(cd/m²) 维持值	总均匀度 (U_o) 最小值	纵向均匀度 (U_L) 最小值	平均照度 E_{av}/(lx) 维持值	均匀度 (U_E) 最小值		
快速路	1.5/2.0	0.4	0.7	20/30	0.4	10	0.5
主干路(迎宾路、通向政府机关和大型公共建筑的主要道路、市中心或商业中心的道路)	1.5/2.0	0.4	0.7	20/30	0.4	10	0.5
次干路	0.75/1.0	0.4	0.5	10/15	0.4	10	0.5
支　路	0.5/0.75	0.4	—	8/10	0.4	15	—

注： 1.平均照度仅适用于沥青路面；
2.各项数据适用于干燥路面；
3.总均匀度 U_o=路面最小亮度/路面平均亮度；
4.路面纵向均匀度 U_L=同一条车道中心线上最小亮度/平均亮度。

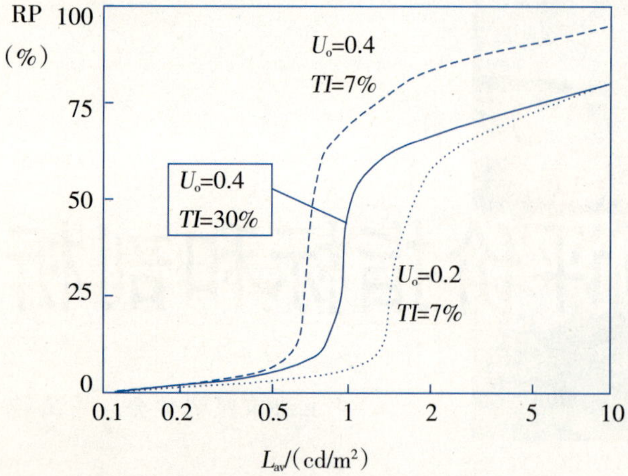

图 1　道路照明的视觉功能和路面亮度的关系

注：①U_o：总均匀度；　②TI：失能眩光。

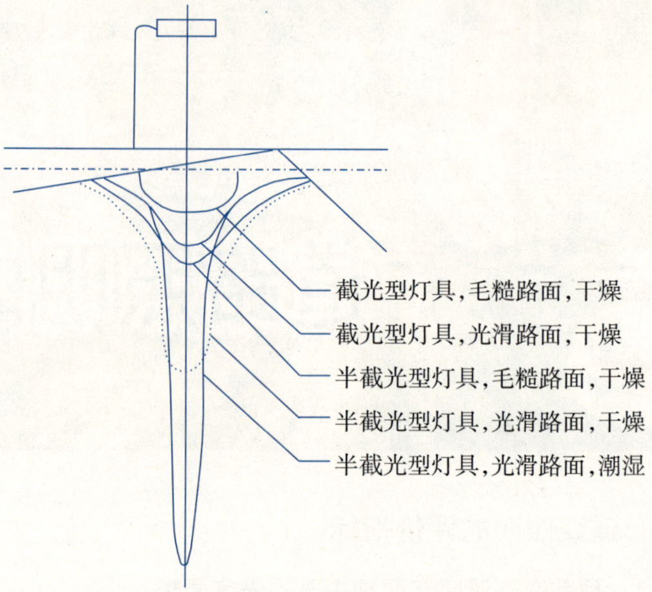

图 3　路灯在路面上的光斑

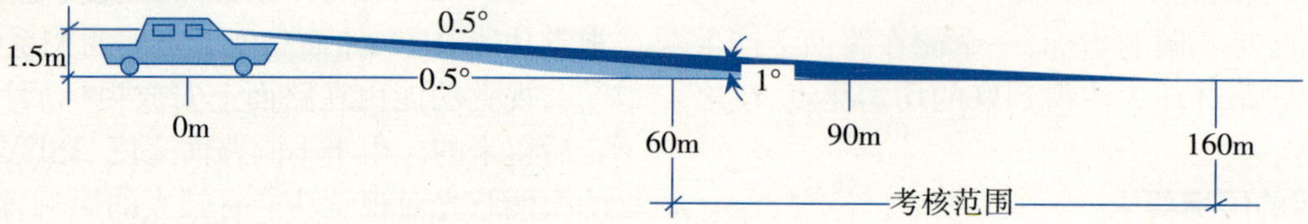

图 2　驾驶员的视看角度和看到的区域

从曲线上可以得到以下几点结论：

(1)路面亮度到达某一个数值时，视觉功能急剧上升，形成明显的分水岭。

(2)视觉功能在提升到某一数值后，即使提高路面亮度，作用也不大。

(3)眩光对视觉功能有很大的影响，减少失能眩光至关重要。

(4)亮度均匀度对视觉功能的影响也较大。

因此，从该曲线可看出，增加亮度到 2cd/m² 以上是不会提高多少视觉功能的。

3　道路上的亮度和照度的区别

(1)驾驶员视看条件(见图 2)。

(2)在汽车上看到的是路灯光线在路面上产生的反光光斑(见图 3)。

(3)不同路面材料看出来的路面亮度是不同的。

由于路面材料的不同，它们对来自不同方向的光线的反射能力不同，因此相同方向和强度的光线会得到不同的结果(见图 4)。

为了计算路面亮度，国际上设定了标准路面，并规定了它的反射光的角分布 r 系数(亮度角分布系数)。目前常用的有 CIE 的 C0 和 C1 路面以及 R1、R2、R3、R4 路面的 r 系数表。

4　路面上的照度分布和亮度分布及其区别

(1)路面上等水平照度分布，亮度就不均匀(见图 5)。

照片说明了等水平照度路面上得到斑马线效果的亮度分布，现场条件是：水平照度比 1.5:1，亮度比 8:1。

(2)路面上等亮度分布，水平照度就不均匀(见图 6)。

图 4　不同路面材料反射光线的效果不同

图 5 等照度,不等亮度

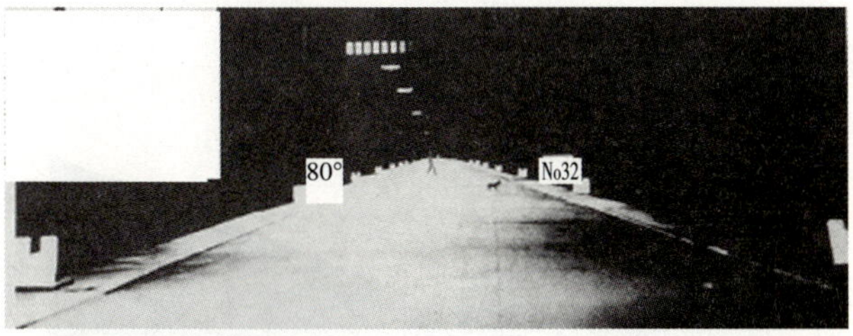

图 6 路面上等亮度,不等照度

照片说明了等亮度的路面上,水平照度却很不均匀。

现场条件是:亮度比 1.5:1,水平照度比 3:1。

(3)等亮度分布的路灯配光和等照度分布的路灯配光的差异。

等水平照度分布时的灯具光线(见图 7)

等亮度分布时的灯具光线(见图 8)

(4)上述图片说明的问题。

等亮度(L)分布和等水平照度(E_H)分布中的均匀度比较如表 2 所示。

显然,从效果上和数字上来看,等亮度分布要远好于等照度分布。

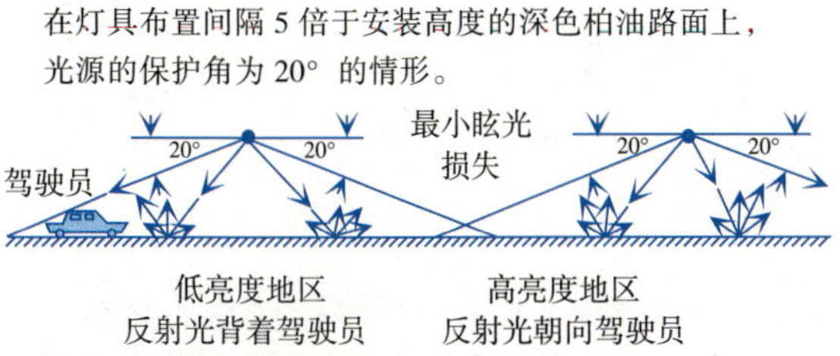

图 7 等照度分布时的光线分布

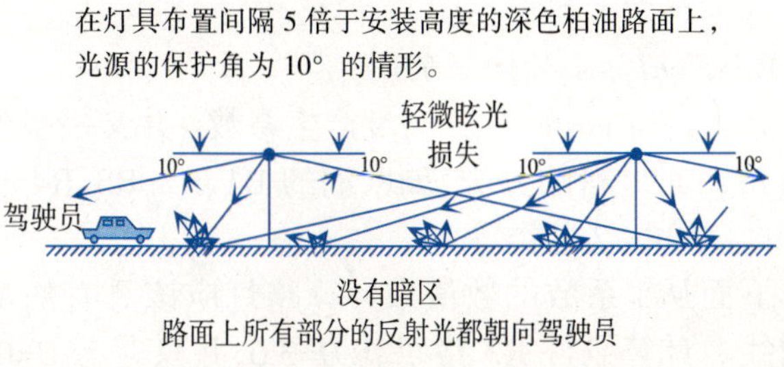

图 8 等亮度分布时的光线分布

表 2 图 5 和图 6 中等亮度(L)分布和等水平照度(E_H)分布中的均匀度比较

	等亮度(L)的分布	等水平照度(E_H)的分布
L 的均匀度	1.5:1	8:1
E_H 的均匀度	3:1	1.5:1

5 等照度分布产生斑马线现象的剖析

灯具的光强分布是 $I=1-\left(\frac{H}{S}\tan\gamma\right)H^2/\cos^3\gamma$(其中设灯下点的照度 $E=1$)。其中 H 是安装灯具的高度,就能在路面上得到等水平照度分布。

当 $S/H=3$ 时,I 的数值如表 3 所示,X 是路面上流动坐标。

最大光强灯具的配光曲线(见图 9)。

表 3 当 $S/H=3$ 时 I 的数值

$\gamma(\theta)$	0	26.57	45	56.3	63.4	64.9	68.2	71.6
X/S	0	0.5	1.0	1.5	2.0	2.13	2.5	3.0
$I(H^2)$	1	1.16	1.88	2.93	3.72	3.77	3.26	0

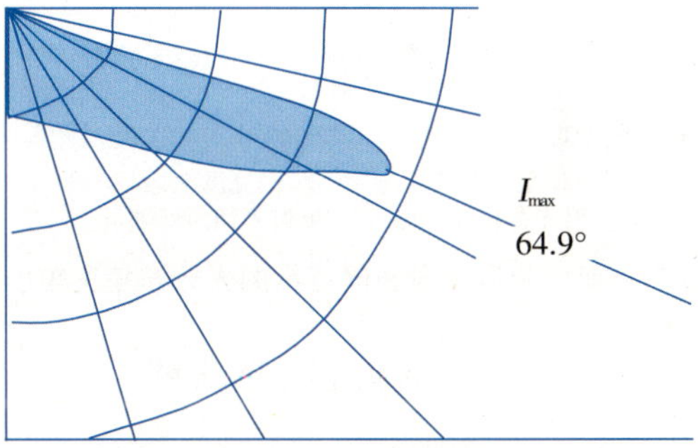

图 9 等照度分布时的灯具配光

此时,产生暗区的说明(见图 10)。

6 不同结果不同的灯具光分布

等亮度分布要求灯具的光线跨越本灯位,进入另一个灯具的辖区,即大于一个灯具间隔的距离,因此,灯具的光束角 γ 较大,最大光线的角度 γ_{max} 也大(见图 11)。

等水平照度分布时,灯具的光线可以不跨越本灯位就得到等水平照度的效果,因此,灯具的光束角 γ 较等亮度分布来得小,最大光线的 γ_{max} 也小一点,(见图 12)。

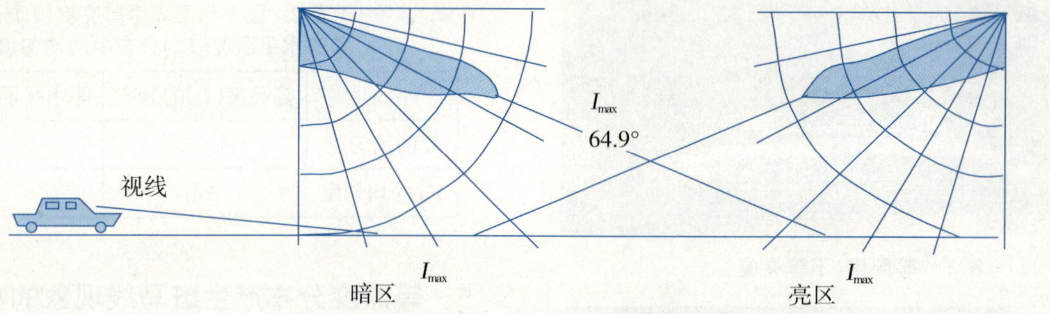

图 10　等照度分布时路面上产生暗区的图示

在灯具布置间隔 5 倍于安装高度的深色柏油路面上，光源的保护角为 10° 的情形。

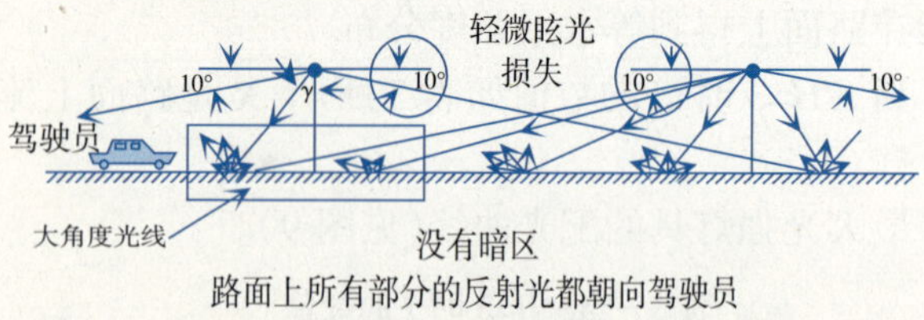

图 11　等亮度分布时需要更大的光束角

注：光线跨越本灯具间隔而进入另一个间隔，从而在路面上产生亮度。

在灯具布置间隔 5 倍于安装高度的深色柏油路面上，光源的保护角为 20° 的情形。

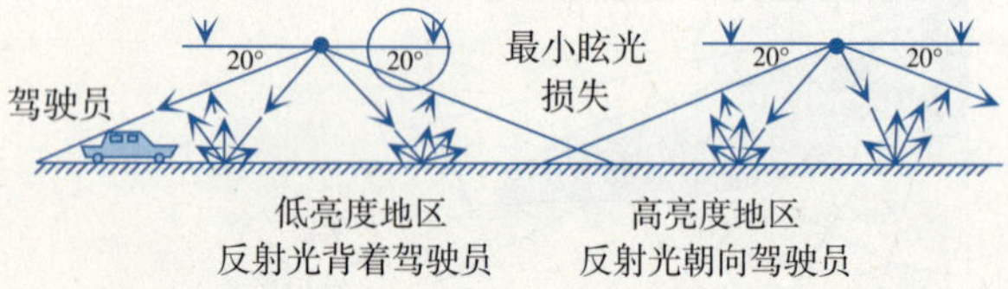

图 12　等水平照度分布时灯具的光分布角度较小

7　道路灯应该有怎样的配光曲线

（1）对等水平照度，则：

$I=EH^2/\cos^3\gamma$

最现实的一种分布是照度呈递减分布，$E=1-(H\cdot\tan\gamma)/S$（见图 13），代入有：

$I=[1-\tan\gamma/(S/H)]H^2/\cos^3\gamma$

为求 I 的最大值，$dI/d\gamma=0$

得 $3\cos\gamma\sin\gamma-3\sin^2\gamma/(S/H)=1(S/H)$

由此得最大光强处的角度 γ 和光强比 I_{max}/I_o，见表 4 所示。

而从制造的角度来看，达到 3.77:1 已经很难得了。

（2）对于等亮度分布。

从路面上的 r 系数的角度范围看出，某一点的亮度 L 来自 4 个灯具的贡献，即一个后射的路灯，三个前射的灯具。（见图 14）。

$I=EH^2/\cos^3\gamma$

图 13　递减照度分布和光强曲线

表 4　最大光强处的角度 γ 和光强比 I_{max}/I_o

S/H	3.0	3.5	4.0
I_{max} 处的 γ(°)	64.9	68.4	71
I_{max}/I_o	3.77:1	5.58:1	7.94:1
在 *S*/2 处的 γ(°)	56.3	60.3	63.4

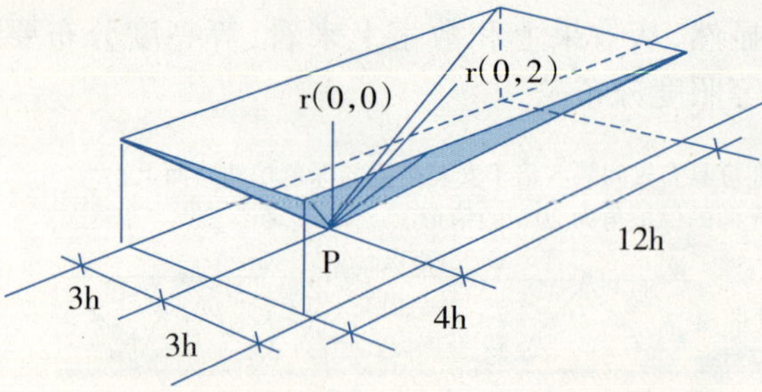

图 14　提供路面上某一点 *P* 的 r 的系数的范围，看出该点亮度来自 4 个灯的贡献

根据路面上各点亮度 L 计算公式：

$L=qE=qI\cos\gamma^3/H^2=r(I/H^2)$

其中，$r=q\cos\gamma^3$，称作亮度产生系数。并又一系列的道路表面材料的分类，如欧洲的 R1、R2、R3、R4 和 CIE 的 C1 和 C2 分类等。

下面从 r 系数的数值来计算路灯应该具有的配光曲线。计算条件 R3 路面，$S/H=3.0$，并只考虑 $\beta=0°$ 和 $\beta=180°$ 的平面，结果和过程见表 5和图 15。

表 5　计算点上达到等高度数值的话,灯点的配光计算表

	L1	L2	L3	L4
A 灯	β=180°			
***r* 系数**	294	100	38	17
设定光强	1	1	1	1
B 灯	β=0°			
***r* 系数**	253	326	362	294
设定光强	1	1	1	1
C 灯	β=0°			
***r* 系数**	113	145	190	253
设定光强	**0**	0.8	0.8	0.94
D 灯	β=0°			
***r* 系数**	73	83	95	115
设定光强	0	0	0	0.4
总和	562	562	565	564

根据表 5 得到的配光曲线如图 16。

类似的计算也可对 C1 类(漫射量多的)路面进行,得到图 17 的配光曲线。

对其余的平面也可采用类似的方法计算。

8　结论

本文介绍的路面亮度和照度是两个完全不同的概念,因此产生的效果也不同,计算它的配光曲线的方法更不同,对产生等亮度照明效果需要的配光曲线也完全不同。

参考资料

1　IESNA9th2000
2　IESAN ED−3 Road Lighting Fondmengtal Course
3　W.J.M.van Bommel,J.B.de Boer"Road Lighting"1980
4　CIE Publ.No.66"Road Surfaces and Lighting"1984

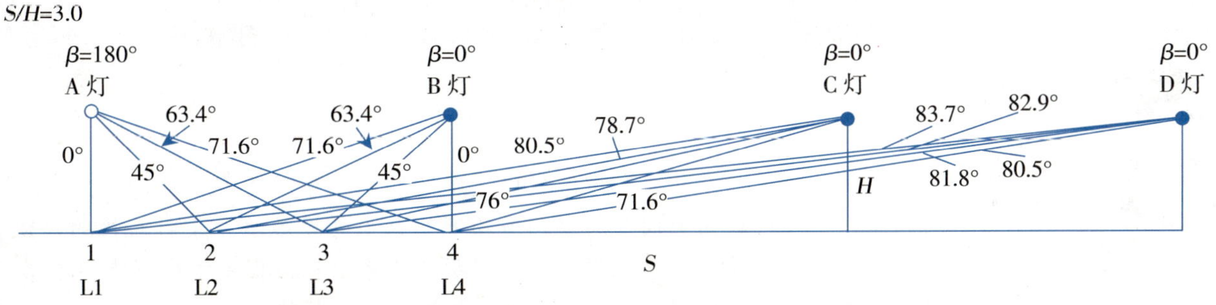

A 灯　294　100　38　17　　B 灯　253　326　362　294
C 灯　113　145　190　253　　D 灯　73　83　95　113
A,B,C 灯在路面上的 r 系数已乘以 10^5

图 15　表示被计算点上提供亮度的光线的方向

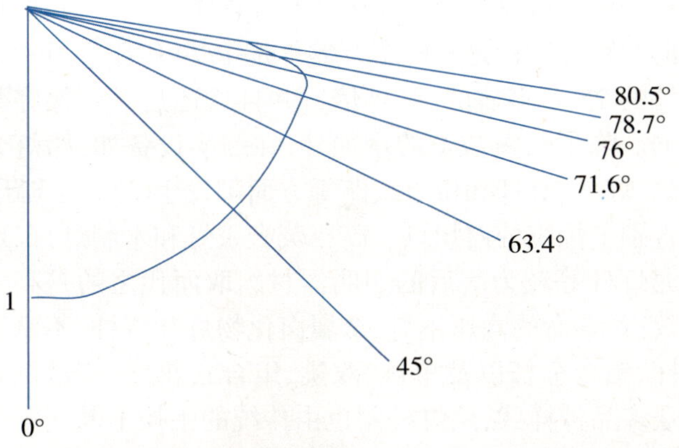

图 16　在 R3 路面,*S/H*=3,过 β=0°的平面上的理想配光曲线图

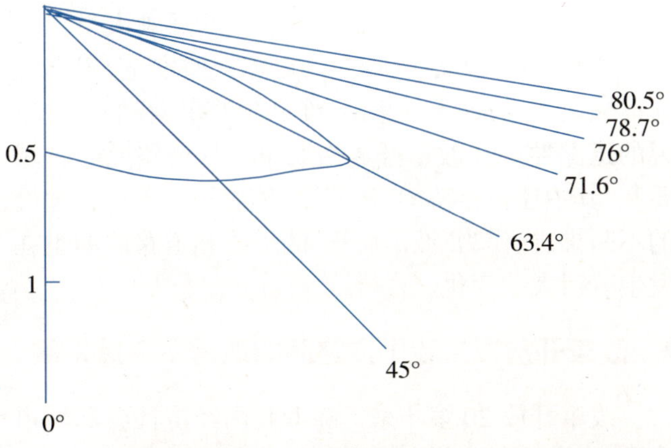

图 17　在 C1 路面,*S/H*=3,过 β=0°的平面上的理想配光曲线图

道路照明现状和发展方向

《照明》杂志主编 张剑霖
中国建筑科学研究院建筑物理所 赵建平 张绍纲

摘　要　文章简要介绍了我国道路照明的发展及存在的问题，分析了存在问题的原因。对我国道路照明未来的发展提出了针对性的建议，并阐述了道路照明与景观照明的关系以积极倡导推广节能型道路照明。

关键词　道路照明　存在问题　景观照明　节能

道路被称为"城市的血管"，是城市发展的枢纽，而城市道路照明是其不可分割的重要组成部分。城市道路照明的主要作用是为各种车辆的驾驶人员以及行人创造良好的视觉环境，以保障交通安全，提高交通运输效率，方便人民生活，降低犯罪率。我们现在所说的道路照明比改革开放初期单一的道路照明领域要宽，其中还包括桥梁、隧道等。随着城市现代化建设的不断推进，作为"城市血管"的道路和道路照明也在发生着巨大的变化。

1　改革开放以来我国道路照明取得了飞速发展

改革开放20多年来，随着我国经济社会和城市建设的快速发展，作为城市基础建设设施的城市道路照明，也取得了有目共睹的巨大成就，逐步走上系统化、规范化、法治化和科学化的轨道，成为一项成熟的城市公用事业，为改善投资环境和人居环境发挥了重要作用。国家发改委2004年对全国(不含香港、澳门和台湾地区)622个城市、县的普查统计表明，我国目前的路灯数量是900多万盏，是1979年相关机构统计的25万多盏的30多倍，并且这还是一个保守数据。除了灯盏数量的增加外，在照明设备如：路灯光源、灯具、灯杆和供电线路等方面都发生了质的飞跃，告别了传统的白炽灯、高压荧光汞灯和木制灯杆、水泥灯杆等较为落后的照明器材，取而代之的是高光效、长寿命的高压钠灯、金属卤化物灯和钢杆、不锈钢杆、铝合金杆以及单挑、双挑、组合式花灯、步道灯等众多品种样式，路灯控制也由传统的手控不断变革为时控、光控、时控一体化，直至目前全国已有100多个大中城市采用现代化的"三遥"(遥控、遥测、遥信)集中控制方式，道路照明数量和质量水平有显著提高，大大提高了道路照明的社会效益和经济效益。管理模式开始使用先进的数字通信技术进行管理,从单纯追求照明的数量逐步向照明的质量等多方面发展,道路照明已不满足提供基本的功能,而更趋于在满足基本功能的前提下追求艺术化、品位化。道路照明已成为城市文明进步和现代化建设的代表。

2　当前我国道路照明中存在的问题

尽管我国道路照明取得了巨大成就,但仍然存在一些问题并亟待解决。

2.1　不能全面贯彻执行国家的道路照明标准

目前,我国绝大多数地区用路面的水平照度来评价道路照明的质量,这是因为亮度指标在设计和测量上尚有一定难度。但进行道路照明建设时,在执行贯彻标准上还存在不平衡,相当多的城市主干道照度超过国家标准,但是支路和小街巷的照度多数达不到国家规定的标准。根据对大中城市的调查结果,约有半数的道路照度超标,甚至最高照度超过 100 lx,但在小街巷只有 2～3 lx 的照度,光线很暗,对居民的出行造成不便。

在道路照明均匀度上多数道路均能达 0.4 lx 的总均匀度要求,但也有不少的道路照明均匀度较差,还有待提高。

2.2　光源选择不当

当前,我国约有 90%以上的城市道路照明采用高压钠灯,但也有的街巷采用荧光高压汞灯。在光源选择上与道路条件不相适应,一是为了使道路更亮,本来可以在一根杆上安装单个光源,而有的地区却选用双光源,而且光源功率过大,道路照明照度大大超标,造成大量的能源浪费。个别城市的主干道路大多采用金属卤化物灯,虽说其显色性好,但是其光效还是低于高压钠灯,从节能角度来看,还不是最佳的选择。金属卤化物灯最好用于市中心、商业中心、步行街等对颜色识别有要求的区域。

2.3　灯具选择不当

道路照明主要是功能照明为主,在可以的条件下应注意美观,但是有的城市却以装饰性灯具来代替功能性照明,其结果不但不能达到道路照明对照度的要求,而且造成能源的浪费,大量的溢散光对周围环境产生了不同程度的光污染。

2.4　灯杆间距不当以及灯具仰角太大

目前,有的城市的路灯灯杆间距不是过大就是过密。根据道路密度的不同条件,灯杆间距一般在 30～40m 之间为适宜,而现在有的间距长达 45～50m,而小的间距才 20 多 m。间距过大,可使照度均匀度变差;间距过小,均匀度太好,照度过高,造成能源的浪费。此外有的灯具的仰角太大,大于 15°,造成大量溢散光,同时对驾驶员及行人造成眩光,对环境形成光污染。

2.5　树木遮挡灯光投向路面

道路两旁树木对灯光的遮挡严重,使灯具发出的光不能全部投射到路面上,造成路面照度降低。因此所植树种应与绿化管理部门充分协商,合理选择树种,或者进行移植和修剪,或减少灯具安装高度和减少灯具间距。

2.6　布线不合理

就照明设备而言,国内外并没有太大的差距,但是国内路面的上空却显得非常凌乱。很多人都有这样的经历,当你在一条幽静的道路上漫步,路面上干净整洁,道路两旁绿叶婆娑,您有着难得放松的好心情,可是偶一抬头,看见的不是天空,而是密密的、纵横交错的“线”,有供电线、电话线、有线电视线等,仿佛在天空上结了一片黑色的蜘蛛网,令人兴致大减,忍不住叹息。在这方面,许多国外城市的电线、电缆几乎都是入地的，路面上就只看得到林立的灯杆，显得非常干净。目前我国北京、上海等较大的城市在一些繁华的步行街、商业街也做到了线路入地，但比例还是很小。

2.7　道路照明设计不合理

道路照明是一种功能照明，其设计首先要满足国家标准所规定的指标。因此，设计者必须具备较高技术水平，进行科学合理的道路照明设计。但是目前在我国有一些地方不能进行正规设计，只是凭经验任意布灯、选光源和灯具，所以造成设计没有按标准进行。因此，亟须对设计人员进行培训，提高总体设计水平。

2.8　路灯管理有待进一步规范

目前，我国县以上的城市都有路灯管理单位，但是名称却各不相同，有的称“路灯管理所”，有的称“路灯管理处”，还有的称“灯饰管理处”，或某某公司之类，五花八门，隶属城市各主管部门如供电局、城建局、市政局、市容局等，并且职能划分不清楚，建、管、养一把抓。更有的地方政府部门或领导干涉路灯管理部门的工作，给管理工作的开展带来困难。对此，建设部已经针对这种现状下发通知，要求各地路灯管理机构逐步统一改名为“城市照明管理处”，并提出逐步推行城市公共照明设施“建、管、养”分开的原则，把“建”推向市场，城市公共照明设施由管理机构负责路灯新建工程和养护维修的招投标，并加强验收和考核；城市公共照明的设施由行政主管部门根据城市总体规划和社会发展的实际需要，会同有关部门编制城市公共照明专项规划和实施计划，对城市公共照明设施管理机构的管理行为进行监督和检查；承担城市公共照明设施新建工程和养护维护的单位，应按合同要求，确保工程质量和养护维修质量。

面对当前的新形势、新要求，只有加快推进市场化改革的进程，才能建立适应经济社会快速持续发展的城市公共照明管理体制，促进城市公共照明快速发展。作为路灯管理单位来说，在改革中要着重把握以下几点：一、观念要转变。要树立“城市公共照明”大概念，提升专业管理的意识；二、关系要理顺。开放城市公共照明设施建设和运行市场，必须建立在规范公平的基础上。只有规范管理、依法管理，市场才能逐步规范。只有市场规范，才能实行公平竞争、优胜劣汰。也就是说，“管建分开、管干分离”不是简单地分开、分离，而是相互促进、相互作用，相辅相成。理顺管理机构、照明公司与主管部门、业务单位的关系，才能达到改革发展的目的；三、社会效益要确保。满足最广大人民群众的要求，要坚持走群众路线，尊重人民意愿。确保社会公共利益、经济效益、环境效益三者相统一。

3　建设节约型社会　道路照明责无旁贷

能源短缺是当前整个国家和社会面临的一个大问题。2004 年 10 月，国家建设部发改委下发了《关于加强城市照明工作管理促进节约用电工作的意见》，《意见》提出，要完善城市的功能照明，在 2006 年底前路灯装灯率要达到 100%，且改造、新建要采用高效、节能、环保、健康的照明产品。2005 年 8 月 9 日，建设部根据国家“建设节约型社会”的要求，又出台了《关于加强城市照明节电工作的通知》，通知中指出：在我国当前能源短缺的情况下，要严格限制装饰性景观照明用电，保证道路等功能性照明的用电。同时也指出：

功能照明建设项目要严格按照照明设计标准和照明能耗密度标准进行设计和建设。由此可见，道路照明在城市照明中有着举足轻重的作用，而对于节能，道路照明也是责无旁贷。

目前，道路照明用电约占整个照明用电的3%～4%。从道路照明方面来说，虽然作为功能性用途受到保护，在电力紧张时，没有像其他景观灯装饰性照明那样被迫全部关闭，但并不是说道路照明不需要节能。首先从技术上讲，要严格执行照明功率密度标准，要选择高光效的光源、灯具及镇流器，合理布灯，进行照明设计计算，采取集中控制，也就是我们通常说的智能控制，由一个控制中心控制一个区域甚至一个城市所有的道路照明，可以根据不同的季节、不同时间段进行开关控制，还可以及时检测维修，国内已经有100多个城市采用了集中控制的方法。在管理方面，据调查，我国小型城市在夜晚9点后，大中城市在午夜12点后，道路上几乎空无一人，即便是北京、上海、广州这样的繁华都市，凌晨2点以后道路上也已罕见行人、车辆。从这一时段直至清晨6点路灯熄灭，道路上交通流量低都仍然保持较高照度显然没有必要。有些地方在保证最低基本照明的情况下或夜间人车流量少采用双光源时，关闭一只光源，或者采用深夜能自动降低光源功率的装置，关闭不超过半数的灯具，但不允许关闭道路纵向一侧的两盏灯具。

4　对城市道路照明设计的几点建议

4.1　统一规划

以往的道路照明设计，往往只考虑某一个区域的设计，没有城市整体的设计，城市道路照明系统设计往往缺乏局部与整体的协调。由于道路建设的周期性，一定区域中某几条道路或其中一条道路由不同的设计单位、不同的甲方分别负责，造成灯具的造型、灯杆的材质、布置的方法等方面缺乏统一的规划。道路照明涉及多个行政主管部门，许多城市的道路照明由于产权不清，管理职责及范围比较模糊，一些项目仅从形象工程出发，从设备造型、安装到施工，仅仅是为了某一时段的需求，造成人力、物力的浪费，规划设计缺乏专业性和综合性，道路照明设计没有与城市设计、功能需求更好地结合。

在城市统一规划上面已经有了一个比较好的例子，近年来，深圳市注重城市的各项规划，许多规划在全国都处于领先的水平。据了解，深圳市在新一轮城市规划和建设中，对城市建设的深度和广度不断地加强，特别是对城市道路照明方面的设计更是全国领先。对全市道路照明系统进行专项规划，是深圳市在城市规划领域中的又一次新的尝试，是全国第一个就全市道路照明系统编制专项规划的城市，填补了我国市政工程规划序列的空白。目前在全国正在逐步编制城市照明专项规划，其中包括道路照明规划。

4.2　三种主要类型的道路照明设计

从目前城市道路的使用功能看，大体可以分为交通主干道、商业街、休闲路段三大类型。

4.2.1　交通主干道照明

交通主干道是城市的动脉血管，其功能是行车为主，车流量大，车速快是其主要特点。因此不必追求华丽，而应该是简洁，明快，具有流畅的外型，达到环境与功能的协调；同时，交通主干道上的灯型应该具有适应的色彩对比和一定的美感，使人看上去就像呼吸空气一般的自然，灯具也应该具有现代的流线外形，并注意防止眩光和光污染等，以方便驾车者的视觉和满足主干道车水马龙的交通繁忙要求。在灯光设计上，则应该以路灯照明为主，步道灯照明为辅，再适当配以沿路的大型建筑物的立面照明，如泛光照明，形成简洁、流畅的照明形象。

4.2.2 商业街照明

商业街是城市经济生活的场所，也是人们购物消费的地方。因此，商业街的照明设计，必须要烘托出繁华、热闹而浓厚的商业气氛动，要有动态的霓虹灯广告照明，以达到动态的五彩缤纷的照明景观；静，即静态的建筑物照明与道路照明，通过气势恢宏的建筑外墙照明与形式各异的道路照明相结合，形成静态的照明景观。这样，保证了高观赏性与高照明度的综合效果的实现，形成了商业化的道路照明景观。

4.2.3 休闲路段照明

休闲路段堪称城市的肺叶，是人们休息、游玩的场所，它需要的是轻松、闲适、幽雅的气氛，因此，环境一般都较为幽静，绿化较好，在照明上应主要针对绿化，灯型要与绿化及周围环境相适应。照明方式应该采用庭园灯、埋地灯、泛光灯三者综合照明，达到清、纯、静、幽、雅的照明效果。

总之，现代化的城市需要富于创意和想象力的道路照明，只有通过不断探索，针对不同的环境进行照明创新，才能使城市的道路在夜晚不仅亮起来，而且美起来，成为城市夜景的闪光点。

5 正确看待城市道路照明和城市景观照明的关系

城市景观照明始于国外，自 1997 年香港回归以来，国内也兴起了建设景观照明的热潮。景观照明的出现不仅是为了追赶时髦，而且它体现了我国经济社会、文化水平的发展，人们已经不再满足于简单的功能性照明，更希望有美丽的、充满艺术性的、能使人精神愉悦的照明，景观照明起着装点美化城市夜间环境、提高城市品位、促进城市经济和文化发展的作用，所以，它的出现顺应了时代的发展。只是在发展的过程中我们要用一种科学的“质”和合适的“量”去引导它、规范它，使得它能和城市功能照明相辅相成。

目前，我国城市照明的领域包括了道路照明和景观照明这两大组成部分，比改革开放初期单一的道路照明领域要宽。现在，我们面临的全新课题就是要坚持以人为本，从城市照明环境的整体出发，把握城市照明“以道路照明为主体，以景观照明为点缀”的发展趋势，正确处理城市照明功能性和艺术性的关系，全面、协调和可持续发展包括道路照明和景观照明在内的城市照明。毫无疑问，任何一个城市要正确把握城市照明的发展趋势，统筹兼顾道路照明与景观照明的发展。

5.1 道路照明和景观照明是城市有机整体的组成部分

实践表明，道路照明是随城市的扩大、城市道路的延伸而延伸，线长面广，是城市“线”上的照明，在城市的夜环境中起着主要的功能性照明作用；景观照明是为点缀和美化城市而建，是为“点”而照，并不是城市所有建筑、所有点都要搞景观照明，其照明范围具有一定的局限性。总之，这两者有着功能性与装饰性、“线”与“点”、“每夜开灯”与“按需开灯”的区别，两者是有机互补，相得益彰的整体。

5.2 发展健康的城市照明

建设部历来对城市道路照明事业十分关心和重视，对城市道路照明的设计、施工、维护和管理等工作，自 1979 年至今制定了一整套的规范、规定、标准、新建、维护和施工定额等约 100 万字的文件汇编。相对来说，我国城市道路照明在全国各地都有比较健全的管理机构、日臻完善的管理规章、稳定的经费投入和技术熟练的队伍。在对外承包工程，对外采购材料方面有着较为完善的程序，对基本建设走向市场，逐步有序地将养护也推向市场，具有相当的基础和有利的条件。而景观照明毕竟起步晚，各方面迫切需要理顺关系，建立和制定各类规章、规程、标准。因此，有效整合现有资源，确立统一的城市照明管理体制，无疑是城市照明管理迈上新台阶的保证。目前，我国正处于城镇化快速发展时期，路灯作为基础设施建设，将会得到持续的，并且是朝着更加规范、节能、环保、智能的方向发展。

上海市道路照明节能研究与探索

上海久隆电力科技有限公司　王　康　程丹明　张　华
上海市路灯管理所市区所　陈培新　陆正嘉　宋震奇
上海市电力公司　张　帆

摘　要　文章结合上海市城市发展定位和道路现状，从规范和依据、节能技术、实施案例等方面进行了研究分析，通过界定上海市各级道路的类别，推算出各级路面应具有的亮度和照度水平，为道路照明设计节能方案提供了依据。

关键词　道路分类　道路照明　路面亮度　节能　功率密度　LCCA

1　概述

为将上海快速建设成为资源节约型城市，加强电力和能源的可持续利用，保护城市生态环境，推广道路照明节能具有十分重要的意义。

道路照明系统的主要功能是：保证交通安全、提高交通运输效率、保障人身安全、提供舒适环境、提升都市形象。

道路照明节能是在保证上述功能的前提下改进和提高系统的能效，其主要措施包括：安装高效的照明系统、提高维护系数、采用适当的调光方法、进行合理的照明设计和管理。

道路照明节能的主要目的：在满足道路照明各项功能需要的基础上，提高道路照明系统的能效，降低系统功耗，节约能源，减少污染，以达到节能和环保的目的。

下文对上海市道路照明系统节能的规范和依据、管理与技术原则进行了简要描述，并介绍了主要的道路照明节能技术及适用范围，同时，还提供了实施案例以供参考。

2　遵循规范和依据

2.1　标准规范

本文以国际照明委员会（CIE）和国家相关标准为参考依据，结合上海市道路照明和节能领域的相关标准规范进行编写，主要包括：

（1）《城市道路照明设计标准》CJJ45—1991。

（2）“Techinical Report Recommendations For The Lighting Of Roads For Motor And Pedestrian Traffic” CIE115—1995。

（3）《城市道路照明设计标准》（2005 征求意见稿）。

（4）《城市道路照明工程施工及验收规程》CJJ89—2001。

（5）《电气装置安装工程 35kV 及以下架空电力线路施工及验收规范》GB50168—1992。

2.2　设计要求

2.2.1　道路分类

为了与现行规范保持一致，上海市城市道路按其功能分为快速路、主干道、次干道、支路四级，划分原则如下：

（1）快速路。快速路设有中央分隔带，具有 4 条以上机动车道，全部或部分采用立体交叉与控制出入，供汽车以较高速度行驶。上海快速路具有以下 2 个特点：

①机动车专用，如高架路、高速路；

②快速路两侧设置较宽的防护隔离带。

道路红线宽度在 50m 以上，设计车速 60～80km/h，车道宽度一般为 3.5m，客车专用车道可降至 3.25m。如：南北高架、延安路高架、内环线、外环线、沪嘉高速公路、沪宁高速公路。

注:高速路的车辆进出段、收费站等特殊路段应按照快速路的照明要求设计。

(2)主干道。主干道与快速路共同构成城市主要交通走廊,贯通城区大部,连接中心城各部分或郊区重要公路。

主干道一般为双向6~8车道。上海市内环以内的车道宽度平均为3.25m,且至少有一条车道宽度为3.5m,供公共汽车和大型客车使用。内外环间射线道路车道宽度3.5m,如:杨高路、沪太路、远东大道、浦东大道、张扬路、肇家浜路。

(3)次干道。城市次干道是城市内部区域间的联络干道,兼有集散交通和服务性功能。次干道服务对象的多样性决定了其功能的多样性。

次干道最小宽度为32m,布置双向4条机动车道、2条非机动车道和最小宽度的人行道。一般次干道红线宽度不小于35m,宜取40m;若机动车道数超过双向6车道,道路红线宽度为42m或45m。景观性次干道对道路红线宽度不作限制,可以更宽。如:长宁路、武宁路、南京西路、浦东南路、东方路、周家嘴路、大连路。

(4)支路。城市支路是次干道与街坊内部道路的连接线,以服务功能为主。支路还包括非机动车道路和步行道路。

上海内外环之间支路宽度以20m和24m为主,16m和30m为辅,道路断面均为一块板。支路也包括内环以内车行道宽度5.5m以上能够通行机动车的道路。如:华山路、福州路、浦电路、武定路、蓝村路、枣阳路。

表1列出了上海市机动交通道路的四级七类功能分类情况。

2.2.2 道路照明指标体系及规定

根据道路使用功能,可分为主要供机动车辆使用的机动交通道路照明和供非机动车及行人使用的人行交通道路照明两类。

机动交通道路照明应满足路面平均亮度(或路面平均照度)、路面亮度总均匀度和纵向均匀度(或路面照度均匀度)、眩光限制、环境比和诱导性等评价指标。各级道路照明标准见表2。

人行交通道路照明应满足路面平均照度、路面最小照度以及垂直照度等评价指标。

同一级道路选择照明标准时,交通控制系统完善、不同类型道路使用者的分隔良好的道路,宜选择低档值,反之宜选择高档值。同时,还应考虑所处区域的性质和规模,市区和其他繁华区域可选择高档值,而郊区和乡村可选择低档值。

表3、表4中规定的平均亮度(或照度)值均为维持值,新安装光源、灯具的道路,其路面的初始亮度(或照度)值应相应提高30%~50%。

3 道路照明节能原则及评价

3.1 道路照明节能管理原则

(1)道路照明系统的建设目标是提供与周边环境相适应、满足功能要求、讲求实用、适度考虑美观的和谐照明。

(2)道路照明节能措施的采用可以结合当地景观照明、绿化带照明、广告灯照明,并将对周边环境的影响纳入综合范围。

(3)道路照明系统的节能必须综合考虑技术、管理等多个方面因素,要力求综合效益的最优化。

表1 上海市道路功能分类

级别	快速路	主干道		次干道		支路	
类型	I	II	III	IV	V	VI	VII
道路使用	汽车或客车专用	机动车专用	汽车或客车专用	机动车专用或机、非合用客车专用		机非合用	非机动车与行人优先、货车限制
道路分隔形式	封闭	中央分隔	中央分隔带或划线分隔	快慢分隔	快慢分隔(单向设计时快慢不可分)	不分隔	不分隔
通行能力/(pcu/h)	≥1000	700~1000		500~700		<500	
道路红线宽度/m	50~60	50~60	42~50	42	36~42	24	16

续表

级别	快速路	主干道		次干道		支路	
机动车道数(条)(双向)	≥6 允许偏置	6~8 可设可变车道	4~8	4~6	4(允许是一组单向道路)	2~4	2~3
自行车道形式	无	与人行道共用	与人行道共用局部可独立	机动车或独立	独立或与人行道共用	机非合用划线分隔	机非合用
公交线路	公交快线	主干线路及少量区域线路		主干线路、区域线路公交线路			
公交站形式	不设站	港湾站	港湾站	港湾站	路抛站	路抛站	路抛站
路边停车	—	禁止	禁止	禁止	短时停车	允许	允许
出租车扬招	—	禁止		禁止	允许	允许	
限速/(km/h)	60~80	60	50	50	30~40	30	20
行人过街	—	少	少	较少	中等	多	
道路两侧开发		低	低	中	中~高	高	

表 2 机动交通道路照明标准值

类型	道路级别	路面亮度		路面照度		眩光限制 *TI*(%) 最大初始值	环境比	诱导性
		平均亮度 $L_{av}/(cd/m^2)$	总均匀度/纵向均匀度	平均照度 E_{av}/lx	均匀度 E_{min}/E_{av}			
I	快速路	1.5~2.0	0.4/0.7	20~30	0.4	10	0.5	很好
II III	主干路、迎宾路、行政和商业中心的道路、大型交通枢纽等	1.5~2.0	0.4/0.7	20~30	0.4	10	0.5	很好
IV V	次干路	0.75~1.0	0.4/0.5	10~15	0.35	10	0.5	好
VI VII	支路	0.5~0.75	0.4/—	8~10	0.3	15	—	好

注:1.表中规定把亮度作为道路照明评价指标的同时也接受照度这一评价系统,这是针对目前实际情况而采用的一种过渡方法,在有条件进行亮度计算和测量的情况下,还应以亮度系统为准。

2.表中所列的平均照度仅适用于沥青路面,若是水泥混凝土路面,其平均照度值可相应降低约 30%;表中各项数值仅适用于干燥路面。

(4)道路照明节能要因地制宜,讲求实效,具体情况具体对待。

(5)要把道路照明节能作为规划设计的重要内容加以贯彻并付诸实施。

(6)对采取节能技术措施的照明设施,应加强管理和巡视,保证系统的正确运行。

3.2 道路照明节能技术原则

(1)道路照明系统的技术要求是安全可靠、科学合理、先进适用、维护方便,应用节能技术保证系统的功能达到各项技术指标。

(2)要全面考虑道路照明系统的性能和节能效果,综合考虑光源、灯具及附属装置、照明供电、照明控制等各技术环节的节能效果和作用。

(3)节能设备的推广和使用应以安全、可靠、成熟为原则,产品应达到国家、行业及企业相关技术标准,优先推广获得国家节能认证的产品。

3.3 道路照明节能设计评价指标

本文采用机动车交通道路的照明功率密度作为

表 3 人行交通道路照明标准值

夜间行人交通量	区域	维持平均水平照度/lx	最小水平照度/lx	最小垂直照度/lx
交通量大	商业区	20	7.5	4
	居住区	10	3	2
交通量中	商业区	15	5	3
	居住区	7.5	1.5	1.5
交通量小	商业区	10	3	2
	居住区	5	1	1

注：最小垂直照度为道路中心线上距路面 1.5m 高度处，垂直于路轴平面的面向两个主要人流方向上的最小照度，最低要求是可以辨清 4m 外的行人面孔。

表 4 交会区域道路照明标准值

交会区类型	平均水平照度/lx	照度均匀度
与快速路交会	30~50	0.4
与主干路交会	30~50	0.4
与次干路交会	20~30	0.4
与支路交会	15~20	0.4

注：两条道路交会时，交会区的照度值按其中级别高的道路选取。

照明节能的一项重要评价指标。各级机动车交通道路的照明功率密度值应不大于表 5 的规定。

4 节能技术

4.1 光源

光源节能主要取决于光源的光效和光衰指标，综合考虑显色性、使用寿命、启动特性等因素。道路照明系统应积极推广高压钠灯、金属卤化物灯；庭院灯应积极推广使用紧凑型荧光灯；在特定场合可用无极灯、半导体发光二极管(LED)灯等。

(1)在快速路、主干路、次干路和支路宜采用高压钠灯。

(2)在市中心、商业中心等对颜色识别要求较高的机动交通道路、商业区步行街和人行道路宜采用金属卤化物灯。

(3)庭院灯宜采用紧凑型荧光灯。

(4)对新型光源(如无极灯、半导体发光二极管、可再生能源灯具等)可在试点成熟的基础上采用。

4.2 灯具及其附属装置

在道路照明系统灯具的选择中应综合考虑下列因素：

(1)应有较高的灯具效率。

(2)合理选择灯具的配光。

(3)选择维护系数高的灯具。

在具体实践中，应注意：

(1)在选择灯具时，要满足光强分布和眩光限制的要求，在此前提条件下再选择灯具效率高的产品(>70%)。

(2)加强灯具的清洁和维护，按不同的环境状况，每半年或一年进行一次彻底清洗，保持 0.65 以上的维护系数。

(3)在保证平均亮度和均匀度的前提下，道路灯的灯间距可以适当增大，通过合理的配光，灯间距至少可以增加 30%左右。

(4)灯具的节能性和经济性应整体考虑，防止灯具的散热性能不够好而造成光源和镇流器的寿命缩短。

(5)镇流器是电器附件中重要的节能器件。目前高压钠灯和金属卤化物灯的节能型电感镇流器在使用寿命、可靠性和性价比方面占有优势。150W 以下的小功率光源可考虑使用电子镇流器。电子镇流器要求抗干扰性能强，尽量避免应用在雷电干扰强烈的区域。

(6)高压钠灯镇流器能效因数(BEF)按下式计算：

表 5　各级机动车交通道路的照明功率密度值

道路级别	对应的照度标准/lx	车道数/条	照明功率密度(LPD)现行值/(W/m²)	照明功率密度(LPD)目标值/(W/m²)
快速路主干路	30	≥6	1.05	0.84
		<6	1.25	1.00
	20	≥6	0.70	0.56
		<6	0.85	0.68
次干路	15	≥4	0.70	0.56
		<4	0.85	0.68
	10	≥4	0.45	0.36
		<4	0.55	0.44
支路	10	≥2	0.55	0.44
		<2	0.60	0.48
	8	≥2	0.45	0.36
		<2	0.50	0.40

注:本表中仅适用于高压钠灯,当采用金属卤化物灯时,应将表中对应的 LPD 值乘以 1.3。

$$BEF=\frac{\mu}{P}\times 100$$

式中　BEF——高压钠灯镇流器能效因数;

μ——高压钠灯镇流器流明系数值;

P——线路功率。

高压钠灯镇流器节能评价值参照表 6。

(7)使用电感镇流器的气体放电灯线路功率因数一般在 0.4~0.6,必须采取补偿措施使功率因数≥0.85。

4.3　照明配电

(1)照明配电变压器负荷应考虑三相负荷平衡;

(2)线缆(架空线路、电缆)也应采用节能型材料,选择合适的截面以降低线损;

(3)节能设备的选用不应影响电能质量,尤其是要注意防止电网谐波超标。

4.4　照明控制

(1)选择合理的控制方式,采用具有良好可靠性和一致性的控制设备以达到节能目的。

(2)深夜适当降低路面亮度(照度)是一项十分有效的节能措施,可以在主干路、次干路上采用,具体措施包括:

表 6　高压钠灯镇流器节能评价值

标称功率/W	70	100	150	250	400	1000
BEF	1.29	0.91	0.61	0.37	0.23	0.093

注:各类高压钠灯镇流器能效因数不应小于表中的规定。

①推荐采用限流方式降低路灯光源功率的节电装置,如双功率镇流器等;

②在电网电压过高或不稳定的地方(照明灯具端电压超出额定电压的 90%~105%范围),可采用稳压节电装置;

③调光时间也应考虑周边环境的照明的影响,如繁华商业区的道路照明可以在景观灯或橱窗灯开启期间也进行调光;

④采用智能控制系统实现调光,综合考虑控制系统性价比和道路照明实际情况,控制系统选型的原则是"区域控制和单点控制相结合的方式",区域控制即以路灯监控系统远程监控终端(RTU)对控制箱出线的控制,单点控制即单灯限电流型控制;

⑤智能控制系统根据照明系统的工况调光以达到恒定光输出 CLOU(Constant Light Output)及单灯控制是今后控制节能的发展趋势。

4.5　设备的质量控制

(1)路灯管理部门提供新产品、新技术的现场实验场所,鼓励相关企业免费提供技术和产品,对一些经过实验和评估节能效果显著的技术和产品要积极推广使用。

(2)制定节能设备的技术管理条件及标准,并以节能指标作为重要考核要素,保证设计与施工的良好衔接,从源头控制设备质量,对设备质量要进行全过程技术监督。

(3)优先选用通过国家节能认证的产品。

4.6 照明成本评估

道路照明节能要注重效益(包括经济效益和社会效益)。对照明系统的成本评估宜采用全寿命周期成本分析(LCCA)法,即将照明系统按规划设计、采购、安装、运行维护直到退役的整个寿命周期的各个阶段的成本进行测算,并计算到净现值(NPV),从而可以得到更加科学的评估结果。

照明系统成本构成:

(1)准备阶段:设计及采购和安装费用=初始投资;

(2)运行阶段=能源费用+维护费用;

(3)寿命终结期:灯具拆除和再利用;

(4)总成本=初始投资+电费+维护成本。

5 实施案例

5.1 节能控制箱节能案例

(1)案例情况简介。本案例采用的路灯节能控制箱是一种采用稳压和调压方式实现路灯节能的装置。其节能潜力基于2个方面。

①通常晚间电网电压会高于标准电压,至使路灯超功率运行,不仅亮度超标,而且缩短了灯具寿命;

②由于深夜23:00以后的交通流量已经大幅减小,适当降低路面亮度水平(但仍符合道路照明标准的亮度规定和要求),对交通没有任何影响。通过对路灯电路采取适当的稳压调压控制,可以节约更多的能源,同时延长灯具寿命。

2005年4月,上海市路灯管理所市区所(以下简称“路灯所”)在肇嘉浜路、陕西南路安装了2台照明节电控制箱。根据市区道路照明及夜间车流量的实际情况,节电控制箱作如下设置:23:00以前采用稳压模式运行,23:00以后至早上关灯时段采用节电模式运行。该控制箱可同时控制250W的高压钠灯72盏。对节电控制箱运行前后的测试数据分析表明,该装置有明显的节能效果。

(2)运行数据测试。

①安装节能控制箱前的运行数据。

测试时间:2005年4月27日18:35~2005年4月28日4:53;

用电量:14771-14533=238kW·h。

②安装节能控制箱后的运行数据。

测试时间:2005年5月9日18:35~2005年5月10日4:53,稳压模式为:18:35~23:00;节电模式为:23:00~4:53;

用电量:16921-16732=189kW·h。

③节电率计算。

$$节电率=\frac{未投入用电数量-投入用电数量}{未投入用电数量}\times100\%$$

$$=\frac{238-189}{238}\times100\%$$

$$=20.6\%$$

(3)项目初始投资、每年的电费及维修费用基本情况。

初始投资(购置成本+安装成本):

节能型控制箱初始投资:40000元/台

非节能型控制箱初始投资:18000元/台

控制箱每年维修成本估算:2002年,路灯所路灯控制箱全年发生故障198起,每次维修成本:278784元÷198次=1408元,平摊至每台的维修成本:278784元÷1324台=210.56元/台。节能型控制箱内部构造相对复杂,发生故障的概率以高出平均5%核算,则:

节能型控制箱维修成本为:210.56元/台×(1+5%)=221.09元/台/年。

非节能型的维修成本为:

210.56元/台×(1-5%)=200.03元/台/年

每年电费计算:

路灯控制箱所控制的72盏250W的高压钠灯平均每天耗电量为238kW·h,一年亮灯365天,道路照明电价按0.814元/kW·h计算,则:

非节能型控制箱每年电费:

238kW·h/天×365天×0.814元=70712.18元/年

节能型控制箱每年电费:

70712.18元×(1-20.6%)=56145.47元/年

(4)评估方法介绍。利用LCCA结合净现值的方法对采用节能型控制箱与非节能型控制箱两套方案对比分析评估:

将照明系统按采购、安装、运行维护直到退役的整个寿命周期的各个阶段的成本进行测算,并计算净现值(NPV)。

$$LCC=I_0-R_{es}+E+OM\&R$$

式中 LCC——全寿命周期成本；

I_0——初始投资；

R_{es}——回收再利用的价值；

E——能耗费用；

OM&R——维护维修费用。

R_{es} 在此忽略不计，则公式简化为：

LCC=初始投资+电费+维护成本

净现值是指在项目寿命期内将每年的净现金流量按规定的贴现率折算到计算期初的基年(一般为投资期初)现值之和。

净现值=Σ（第 t 年的净现金流量×第 t 年复利现值系数），计算公式如下：

$$NPV=\sum_{t=0}^{n}(CI-CO)_t(1+i_c)^{-t}$$

式中 NPV——净现值；

CI——现金流入量；

CO——现金流出量；

$(CI-CO)_t$——第 t 年的净现金流量；

n——计算期；

i_c——标准折现率。

(5)经济性评估计算。假设产品寿命周期为10年，利用LCCA结合净现值的方法计算步骤和结果如下：

①初始投资为项目开始时的资金一次性投入，所以与净现值相等；

②每年维护费用(M_{an})有固定投入，根据每年的投入和年序列现值因数(PW_{uas})折算成净现值(贴现率按7%计)，其年序列现值因数计算如下：

$$PW_{uas}=\frac{(1+i)^n-1}{i(1+i)^n}=\frac{(1+7\%)^{10}-1}{7\%(1+7\%)^{10}}=7.02$$

$$PW=M_{an}\times PW_{uas}=7.02M_{an}$$

③除了电费(E_{an})同时要考虑电费价格增长因素(按年平均增长 j=5%计)，其考虑增长因子的现值系数(PW_{ef})计算如下：

$$PW_{ef}=\frac{\left(\frac{1+j}{1+i}\right)^n-1}{1-\left(\frac{1+i}{1+j}\right)}=\frac{\left(\frac{1+5\%}{1+7\%}\right)^{10}-1}{1-\left(\frac{1+7\%}{1+5\%}\right)}=9.03$$

$$PW=E_{an}\times PW_{ef}=9.03E_{an}$$

表7 现值折算汇总

	方案A（用节能型控制箱）	方案B（用非节能型控制箱）
初始投资/元	40000	18000
电费/元	506994	638531
维护费用/元	1552	1404
合计/元	548546	657935

④现值折算汇总如表7所示。

可以看出方案A比方案B更合理，全寿命周期内净现值节省109389元。

另外运用投资回收期方法分析：节能型控制箱与普通控制箱相比每年可节约电费1.4万元，3年可节约4.2万元。而节能控制箱每台按4万元计算，该节能型控制箱3年内即可回收投资成本。由此可见，节能型控制箱方案更加合理经济。

参考文献

1 城市道路照明设计标准(2005征求意见稿)
2 高压纳灯镇流器节能产品认证技术要求（征求意见稿）
3 城市道路照明工程施工及验收规程 CJJ89—2001
4 电气装置安装工程35kV及以下架空电力线路施工及验收规范 GB50168—1992
5 城市道路照明设计标准 CJJ45—1991
6 城市道路交通规划设计规范 GB50220—1995
7 周太明等.高效照明系统设计指南.上海：复旦大学出版社，2004
8 道路照明文件汇编.中国建筑科学研究院.1992，2
9 城市道路照明指南编写组. 城市道路照明指南. 1987，7
10 中国路灯管理与运行.城市道路照明技术情报总站编写.1998年
11 汪建平等.道路照明.上海：复旦大学出版社，2005
12 俞丽华.电气照明(第二版).上海：同济大学出版社，2001
13 "Techinical Report Recommendations For The Lighting Of Roads For Motor And Pedestrian Traffic"CIE115—1995

现代城市的道路照明设计

山东莱芜钢铁集团　周志敏

摘　要　文章阐述了现代城市道路照明的功能、道路照明的规划设计及道路照明光源的分类，结合我国城市道路的实际论述了道路照明设计中的照明质量和照明方式，列举出工程中实测参数，叙述了道路照明就地无功补偿的深远意义，阐明开发研制新的道路照明光源，是我国推广实施绿色照明工程的重要组成部分。

关键词　功能　光源　规划设计　照明光源　无功补偿

1　概述

道路照明定义的范围涉及非常广泛，行人和车辆与其密切相关，一个城市的道路照明是城市的形象及整体经济实力的体现，同时也是生活在这座城市人们文化修养及风格的象征，也是一个国家照明技术、制造技术及文化素质的象征。

通常所说的道路照明主要目的是为了使各种机动车辆的驾驶者在夜间行驶能辨认出道路上的各种情况（道路上的障碍物、行人、车辆及其他情况），以保证行车安全。同时也为行人提供夜间行走的照明。决定道路照明质量的主要因素有以下四点：

（1）平均照度。

（2）亮度分布的均匀性。

（3）采用的照明器眩光程度。

（4）路灯排列的诱导性指标。

随着灯光环境意识的不断深入人心，人们对道路照明的要求也不断提高，除以上所说的功能外，还要求它具有美化都市环境的功能。

2　规划设计

城市照明工程虽然只是电气安装工程的一个附属项目，但它涉及土建、电光源、照明等诸多领域，虽然看起来比较简单，但要满足照明要求，同时又要与周围环境和谐,并不容易。

2.1 土建设计

除常规的土建设计外,更重要的是环境设计,这是城市照明工程是否成功的关键,要做到这点,设计人员必须熟悉现场,选择与周围环境和谐的灯杆造型和灯位,并为土建、安装施工预留足够的空间。因此设计人员只坐在办公室,很少深入现场,这是城市照明设计的大忌。

保护接地和避雷设施的设计应严格遵守《建筑防雷设计规范》GB557—1983,所有的灯杆及配电设备应有可靠的保护接地和避雷设施。10kV 配电部分必须按要求安装防护栏,并做好必要的防水设计,同时要求接地电阻小于 4Ω。

基础基坑开挖后,12m 以下低杆灯应在基坑边角打入小于或等于 1 根的 50mm×5mm×2500mm 镀锌角钢,考虑到城市地下设施复杂,长度可减少到 1500mm。15~18m 中杆灯小于或等于 2 根,18m 以上高杆小于或等于 4 根,并与基础钢筋可靠焊接,形成接地网。18m 以上高杆灯应设置避雷针,避雷针可采用 ϕ25 热镀锌圆钢或 ϕ40 热镀锌钢管。灯杆与接地、避雷设施应有可靠的电气连接,接地电阻小于 10Ω。

为避免日后开挖路面,地下电缆尽可能采用穿管(PVC 或钢管)敷设,埋管深度 600mm;过路管根据道路重要性增加 1 根以上备用管,主干管过路管应有 3 根以上备用管,深度也应增加到 700mm。管内径应是电缆外径的 1.5~2 倍。为方便电缆敷设,过路管和超过 60m 档距两端以及高杆灯基础边应设计电缆接力井。

2.2 电气设计

条件许可的城市,应建立独立的城市照明供电系统,约 5 个配电房和箱式变压器组成一个 10kV 小环网,并与其他小环网敷设备用电缆,但应有电气和机械联锁。

2.2.1 变压器的选择

变压器分单相和三相,有油浸式和干式两种,一般应选用三相干式变压器。

三相变压器的容量=1.732×0.38kV×灯泡额定电流(A)×灯盏数(每相)。

为保证变压器处于经济运行状态,实际使用负荷率应控制在 80%左右。对一些城市重要节点,还应有足够的备用容量。

由于低压供电具有工程量小、投资少等优势,目前,我国绝大部分的路灯都是采用低压供电。根据我国电力供应情况和不同场所的使用要求,国家规范对照明电源的电压偏差作出了规定,为保证光源寿命,路灯的端电压不得高于其额定电压的 105%。在《工业企业照明设计标准》GB50034—1992 中,对工矿企业厂区道路的要求是电压不低于额定值的 90%。而城市道路照明根据《城市道路照明设计标准》GJJ45—1991 的要求,从供电可靠性和节省能源的角度出发,采用 10kV 配电线路的上接道路照明专用变压器供电为宜,其最佳负载系数为 70%,对照明线路的末端电压要求同上;对于从公用变压器上供电的道路照明线路来说,其末端电压不得低于额定值的 95%。因此,在设计道路照明供配电线路时,应针对不同的技术条件,进行线路的电压损失计算,使得供配电网络在符合规划的前提下,具有一定的裕度,末端电压满足上述要求,且线路截面经济合理。

2.2.2 配电系统

(1)TN-S 系统。由于电源点与路灯之间设置专用保护线 PE,外露可导电部分要求与其作电气连接,相—零短路或中性线电位偏移的对地电位不会在 PE 线上体现,设置接地故障保护的目的主要是防止地下电缆线路的绝缘损坏,通常利用保护电器的过电流保护兼作但灵敏度不高,应按下式进行校验:

$$I \leqslant IR$$

式中 R——故障电流通过路灯外露可导电部分与电源点之间产生的电压降,引起接触电压的一段线路的电阻;

I——切断故障线路时间≤5s 的保护电器动作电流。

当上述要求不能满足时,国家规范从我国现有技术水平和经济条件等因素出发,规定如果零序保护灵敏度足够,则可以采用,此时保护整定值需躲过线路的不平衡电流。由于零序保护与漏电电流动作保护(以下简称漏电保护)相比灵敏度不够高,IEC 标准也未列入,所以,采用漏电保护最为有效。

对于城市道路照明系统,由于配电线路较长,截面较小,接地故障电流往往不足以使过电流保护动作,加之缺乏专业的运行维护管理,在电源点设置漏电保护最为可行。漏电保护不动作值的优先值为额定动作电流 $I\Delta N$ 的 0.5 倍,由于该保护为线路和所有照明灯具共用,所以保护电器的漏电保护 $I\Delta N$ 应大于正常运行时线路和路灯泄漏电流总和的 2 倍。电缆的泄漏的电流是由线路对地分布电容决定,单相电缆泄漏电流可按 22mA/km 估算；三相电缆线路在电源电压平衡和三相对地分布电容相等的情况下，泄漏电流接近于零，但实际运用中，系统电压不可能完全平衡，各相分布电容也不相等，且存在不对称运行情况，所以，三相电缆仍然可按 22mA/km 考虑。而路灯则可按 1mA/套计算，因此，道路照明的正常泄漏电流通常大于 30mA 级这一防止人员直接接触的漏电保护值的，路灯设施一般的安装高度是可以防止直接接触的，这样，漏电保护的 $I\Delta N$ 可按间接接触保护，同时考虑到其接地短路火灾的保护要求 $I\Delta N \leqslant 500$mA，但不应利用其上限，最佳保护作用是由 $I\Delta N \leqslant 300$mA 的漏电保护实现的，所以按《剩余电流动作保护器的一般要求》GB6829—1995 的规定，额定漏电动作电流的优先值要求，$I\Delta N$=300mA 较为合理。

对于工矿企业厂区道路照明，通常是与其他负荷共用变压器，可以根据设计手册提供的变压器低压侧出口处的接地故障电流值和线路型号，计算出采用过电流保护兼作接地故障保护时允许的线路长度，若某一线路实际长度大于该计算值，则设置 $I\Delta N$=300mA 的漏电保护；在允许长度内的线路则不必装设。

对于住宅小区、商场、宾馆等民用建筑的道路照明，采用庭院灯、草坪灯较多，且配电线路相对较短，从用户安全的角度考虑，建议设置 $I\Delta N$=300mA 的漏电保护，以防止直接触电。

（2）TN-C 系统。配电系统采用 TN-C 系统，则保护线与中性线共用，路灯的外部可导电部分必须直接与 PEN 线相连，即照明设备的 PE 线和 N 线是独立与 PEC 线相连的。道路照明以单相负荷为主，采用三相四线的供电方式。当 PEN 线发生断裂事故时，路灯外露部分带 220V 相电压，且该故障难以及时发现，所以，更增加了其危险性。根据国外经验，只能通过提高 PEN 线的机械强度和加强保护措施来克服，IEN/TC64 对于减小 PEN 线截面的要求较为严格，规定只有采用同心型电缆（我国称为同心中性线电缆）且 PEN 线接线端子为双重连接时，允许减小 PEN 线截面，但不得小于4mm²。

另外，TN-C 系统中，PEN 线是严禁断开的，若装设接地故障保护电器，只能断开相线，即只能装设三级/单极开关，而线路的相——零短路也转为接地故障，保护动作后，故障类型难以判断。当发生相-零短路或中性线电位偏移引起的路灯外露导电部分电位升高，有可能导致检修人员间接触电的危险，所以，国外有规范规定不允许在 TN-C 系统的供配电线路上设置接地故障电流保护。

《低压配电设计规范》GB50054—1995 中要求漏电保护器检测元件应安装在 PE 线与 N 线分开处，对于道路照明显然无法做到。所以，笔者认为可以按下面的经验公式，计算出由过电流保护兼作接地故障保护时，线路的允许长度 L_{max} 可按下式计算：

$$L_{max}=\frac{U_p S_{ph} M}{I_a \rho}$$

式中 S_{ph}——故障回路电缆或导线的相线截面（mm²）；

M——故障回路电缆或导线相线截面与 PEN 线截面之比；

I_a——自动切断故障回路保护的动作电流（A）。故障回路断路器过电流保护整定值乘以 1.3；微型断路器取脱扣器瞬时动作

保护整定值;塑壳断路器取短延时动作保护整定值;

ρ——导体电阻率($\Omega\cdot mm^2/m$);

U_p——系统对地标称电压,取230V。

对于在I_{max}范围以内的照明线路,可采用TN-C接地系统,不设漏电保护。城市道路照明通常线路较长,建议均采用TN-S系统;工矿企业道路照明线路长度超过I_{max}时,接地采用TN-S系统,其保护要求如前所述,应注意的是:若线路在爆炸危险1区或火灾危险10区内,则只能采用TN-S系统,设置$I\Delta N$=300mA的漏电保护;而住宅小区、商场、宾馆等民用建筑的道路照明,线路相对较短,且可以通过适当增大线路截面提高单相接地故障电流值,通常能满足过电流保护兼作接地故障保护的要求,但考虑到这类照明安装高度较低,运行时疏于维护管理,因此建议采用TN-S系统,设置$I\Delta N$=300mA的漏电保护。

需要强调的是:接地故障保护通过保护电器自动切断故障回路而达到保护要求,除保护电器本身的质量外,设计、施工和维护管理工作中的任一差错都可能导致保护失败,漏电保护器动作灵敏,但也有误动、拒动和失效的可能,所以这类保护并不是一项可靠的电气安全措施,且不能防止外部危险电压的窜入。当道路照明出线中有低压架空电源线路时,在TN-S系统的相线、零线和TN-C系统的相线上还应装设避雷器。因此,各种安全措施应结合使用,相辅相成,以获得最大安全效果。

2.2.3 线缆敷设方式

随着经济建设的发展,道路照明采用地下直埋电缆已是最常见的敷设方法,配电线路直埋的优势非常明显,散热好、截流能力高,且由于电缆各芯间的分布电容并联在线路上,可提高自然功率因数同时不受气候影响,外力破坏减少,提高供电可靠性。所以,国家规范规定在技术经济条件允许的情况下,采用地下电缆对道路照明供电。另外,从节能的角度,道路照明灯具采用气体放电灯较多,对三相四线供电线路的中性线截面应按最大一相电流选择。

在实际设计过程中,对于路灯线路的校验常采用负荷力矩表进行简化计算,现行设计手册中负荷力矩表对电缆直埋的情况列出较少,尤其是近年来广泛运用的交联电缆。相对于其他线路,电缆的价格较高,因此,选择合理的电缆型号就显得尤为重要,在道路照明的供电网络中,路灯负荷是间隔一定距离且基本均匀地分布在线路上的,对于其末端的电压降采用负荷力矩表计算显然不够准确,尤其是在计算机软件技术迅速发展的今天,采用人工计算的方法已不能适应现代工程设计,据笔者所知,在通常运用的电气计算软件中,对照明配电网络的分析计算可以根据不同环境条件,简单迅速地验算线路末端的电压损失,尤其在采用高强气体放电灯,还应按起动和再起动特性,检验线路的电压损失值。所以,对于道路照明的配电线路,尤其是距离电源较远的末端负荷,在确定具体选用的线路及敷设方式后,结合环境条件应进行必要的分析计算,以优化道路照明供配电线路的设计,确保供电可靠性和灯具使用寿命。

2.2.4 电缆截面选择及电压损失

电缆截面和电压损失与供电距离、负荷容量、电缆敷设方法等有关,一般有电流法、负荷力矩法两种方法计算,当系统的功率因数为较高且负荷分布均匀时,可采用负荷力矩法对电压损失进行简化计算,电压损失$\Delta u\%$为:

$$\Delta u\%=\sum M/SC$$

$$\sum M=\sum PE$$

式中 P——各负荷的有功功率(kW);

E——各负荷至电源的线长(m);

$\sum M$——总负荷力矩(kW·m);

S——导线截面积(mm^2);

C——线路系数,根据电压和导线材料确定,一般三相铜芯电缆可取77。

因为城市照明很难达到三相平衡,而且运行中会根据实际情况改变供电方式,同时零线烧断后果严重,所以在照明系统工程设计中电缆的零线宜与相线采用等截面。同时电缆截面设计应留一定余量,一般可按($2.25A/mm^2$)简单计算,实际的电压损失尽可能控制在5%以内。

2.2.5 线路保护措施

由于易受室外露天环境因素影响,如:昼夜温差、风吹和日晒雨淋等的影响,道路照明装置和线路容易发生故障,所以为限故障范围,国家规范要求每套路灯均装设单独的熔断器保护,供电线路上也应装设相应的保护,但没有具体说明。《低压配电设计规范》GB50054—1995中对配电线路的一般要求是短路保护和过负荷保护,室外照明线路对过负荷保护不作要求,但是,对于爆炸和火灾危险场所的线路却应装设过负荷保护,以防止因绝缘故障而产生过高的温升。

现行的国家规范已逐步与IEC标准一致，按照以人为本的观点，供配电线路必须安全，因此，对电气设施防止直接接触、间接接触的要求就更为严格。除了设置短路和过负荷保护以保证照明设备的安全外，从人员的安全角度出发，还应采取接地故障保护。接地故障是指相线对地或与地有联系的导电体之间的短路，对于地下敷设的电缆线路，常见的事故是因电气绝缘损坏，导致相线与PE/PEN线、外露可导电部分和大地之间发生短路；在路灯外部可导电部分和大地之间发生短路；在路灯外部可导电部分与地或其他接地的可导电部分间形成故障电压，使人员遭受电击或产生火花引起火灾、爆炸。防止这类事故的措施是：缩短切断故障的时间和降低预期接触电压。前者通过正确地选择和整定线路保护电器完成，后者则借接地和相邻设备外露可导电部分的等电位联结来实现。由于接地故障保护比较复杂，且保护方式与接地形式和故障回路阻抗有关，下面按照常用的TN接地系统，对于不同场合的道路照明，阐述供配电线路接地故障保护措施和设置和整定。

3　控制系统

城市路灯照明宜设置手动和时控两种方式。路灯时控主要采用光电控制和时间型开关控制，前者光控节能效果较好，但稳定性较差，有误动的可能，由于光敏电阻受天气影响较大，因此控制时间误差也较大，且故障率较高，维护工作量大。后者随着电脑使用领域的扩大，现在国内已开发出用于道路照明、霓虹灯、广告招牌灯等一些需要定时打开和关闭的微电脑时控开关，这种微电脑时控开关，每天走时误差<0.5s，具有不怕停电（内部自动充电）、体积小、调试方便、控制方式灵活多样等特点。新型的控制继电器也称为逻辑模块，通过合理地设计梯形和功能图，可以满足道路照明的控制要求，其输入端有开关量和模拟量，输出回路4～12个，既可以根据光电信号对4～12个三相/单相路灯回路通过接触器进行控制，也可以根据其内部的时钟和4个定时器对输出回路分别控制，运行方式极为灵活。这种控制继电器抗干扰能力强，体积与三极微型断路器相近，可在配电箱内安装，外部接线简单，另外在继电器的液晶显示屏上可直接修改控制逻辑。对于道路照明的控制而言，是一种简单、经济而可靠的方法。

道路照明是为行人和车辆服务的，前半夜行人、车辆较多，需要灯光亮一些，到了后半夜，行人、车辆减少，从节约电能考虑，灯光暗一些也可以，这就要求路灯控制装置有使功率降低或隔点点亮功能。据报道，国外已有定时点亮、隔点点亮、调节功率等多种功能的电脑型路灯控制装置，随着电脑技术的进一步发展，符合人们要求，功能齐全的路灯控制装置，必将粉墨登场，给人们带来更大的便利。在城网改造的道路照明设计中，应优先考虑选用电脑型控制装置。

4　灯具、光源

道路照明的光源，应根据光源的效率，光通量、寿命、光色、控制配光的难易程度及道路的条件等因素进行综合比较而确定。在我国现阶段适用于道路照明的光源有高压钠灯、高压汞灯和低压钠灯。结合三种光源的特性作以简要介绍如下：

4.1　高压荧光汞灯

高压荧光汞灯是利用汞放电时产生的高气压，获得的可见光，其效率高。由于采用稀土荧光粉不仅显色性有了进一步的改变，灯的效率也获得较大幅度的提高，高压荧光汞灯的寿命，取决于管壁黑化而产生的光衰和由于电极损耗而使启动电压的升高，并与灯的点灭次数、发光管的设计及电流波形等因素相关。其寿命可达12000h,是可靠性很高的道路照明光源之一。

4.2 高压钠灯

高压钠灯的特点是,高光效,辐射视感效率K和可视辐射效率η_e都比较高。钠灯的光色与白炽灯色相似,是一种光色较好的道路照明光源。由于钠灯采用氧化铝管,与汞灯相比具有光衰小的特点,其寿命也可达到12000h。

4.3 低压钠灯

低压钠灯的发光是以波长589nm的黄色光线为主体,与其他光源相比,灯光效非常高,但因其发光为单色光,所以其显色性非常低,可以使人清晰地看出色差小的物体,即使在烟雾中也难成光幕,透视性能非常好,是用于道路照明的最佳光源。

5 照明设计

道路照明与道路建设需同步进行,在规划设计上有一定科学性和前瞻性,做到起点高,能适应中远期发展要求。

5.1 照明质量技术指标

照明系统工程设计中主要技术质量指标有:平均照度E_r、路面平均亮度L_r、总均匀度VD、眩光控制指数G、高杆照明中还有照明半径R等。

在实际工程验收测量中,测量平均照度比测量路面平均亮度更容易,路面平均亮度L_r可由下式用平均照度验算:

$$L_r=E_r/q=(\Phi NUFK)/qA$$

式中 L_r——路面平均亮度(cd/m^2);

E_r——平均照度(lx);

Φ——单个光源的光通量(lm);

N——光源的盏数;

UF——光通量利用系数;

K——灯具维护系数;

A——照明面积(m^2);

q——平均照度转换系数,对于沥青路面取值15,对混凝土路面取值10。

道路照明质量技术指标可按《城市道路照明设计标准》CJJ45—1991执行,一般道路慢车道平均照度5～10 lx,快车道以15～25 lx为宜,各城市可结合本地经济水平和实际需要作适当提高。

5.2 布灯原则

灯杆高度和间距要根据不同区域设计,路面宽度15m以下可采取单侧布灯,15m以上应采用双侧对称布灯,档距以35m为宜。对于城市立交、车站、码头、机场、广场等大型场所,应考虑高杆照明,其间距和高度之比以3:1～4:1为宜。

5.3 注意问题

近年来,随着城市照明的不断发展,灯光夜景建设增多,不少城市片面求光、求亮,不加控制地大面积使用泛光灯和彩光灯,眩光问题日益严重,不客气地说就是环境污染。希望广大设计人员在设计时,本着依据规范、适度提高的原则,慎用大面积泛光和彩光,为我们的城市创造一个舒适、典雅、优美而又富于个性的光环境。

道路照明设计是在保证照明质量的前提下,结合道路的形式和城市的美化及规划来开展设计工作。道路照明的质量,主要有路面平均亮度、路面亮度的均匀度、眩光、诱导性四个因素来确定。路面的平均亮度是能否看见障碍物的最重要因素,因道路照明是以把路面照亮足以看清障碍物的轮廓为原则的,故应按下式设计道路照明的路面平均亮度:

$$L_r=1～2cd/m^2$$

而路面亮度的均匀度是指路面亮度分布的均匀程度,均匀度为最小亮度与平均亮度之比,其表达式为:

$$U_o=L_{min}/L_r$$

式中 L_{min}——最小亮度;

L_r——平均亮度。

眩光是指照明设施产生的有极高的亮度或强烈的对比时,在视场中造成视觉降低和人眼睛的不舒适感。在道路照明设计中眩光的控制指数一般为G≥7以上,即以不能引起降低能见度和不损伤舒适感为原则。诱导性是指沿着道路恰当的布置照明器,在灯具的配置时,除充分考虑路面亮度分布,还要通过透视图来检查其诱导性是否正确。

道路照明的方式很多结合我国城市道路的发展及我国适用于道路照明的光源和照明器的实况,以灯杆型照明方式较适合我国的道路照明。它的特点是,可以在需要造明的路段多种方式设置灯杆,而且可依道路的线型变化而配置照明器,具有较好的诱导性,并可起到装饰及点缀环境、美化城市的效果。采用灯杆照明与道路剖面的相互关系如图1所示。

图中的Hf加大可以减少眩光,增加整个照明设施的舒适感,亮度分布加宽,可以减少必要的灯具数量,得到同样的亮度均匀度。设计中Hf一般为10～15m较为合适。Q_R加大可使路面平均亮度增

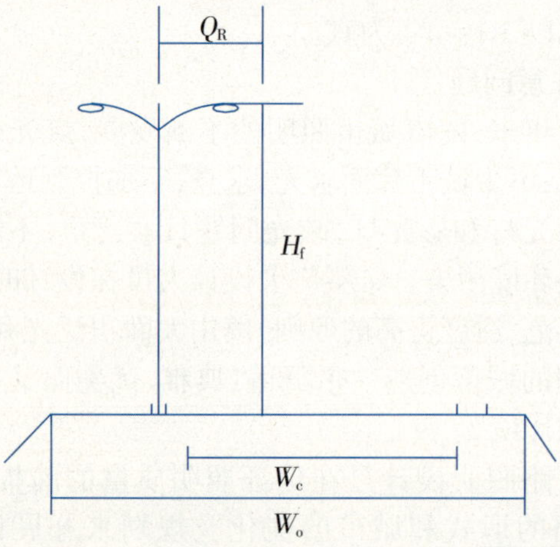

图 1 灯杆照明器与道路的关系示意剖面图

注：W_o 路宽、W_c 车道宽、Q_R 灯中心距至灯杆距离、H_f 安装高度

加，其主要决定于路型和灯型。若道路有中间隔离带，灯杆两侧有灯具，采用中间布置时（灯杆布置在道路的中间隔离带），应加大。Q_R 的悬挑长度。若道路没有中间隔离带，而机动车道与非机动车道有绿化隔离带时，把照明器灯杆布置在道路两侧的绿化隔离带内（两侧布置方式），其非机动车道路的 Q_R 不宜太长，因非机动车道路宽度一般都在 4m 内，Q_R 取 2m 较为适合。

在工程设计中，因路面的平均照度与平均亮度之间，是比较单纯的比例关系，因此在设计中可采用工程计算法来计算路面的平均亮度，其计算公式如下：

$$L_r=FUM/KWS$$

式中 L_r——路面平均亮度，一般取 L_r=2cd/m^2；

F——光源光通量（lm）；

U——利用系数，取 U=0.8～0.75；

M——维护系数，取 M=0.6～0.7；

W——道路宽度（m）；

S——安装距离（m）；

K——平均照度换算系数，沥青路面 K=15，混凝土路面 K=20。

在实际工程计算中，是根据道路的宽度，所选用照明器的光通量来计算安装距离 S。

灯杆高度和间距要根据不同区域设计，路面宽度 15m 以下可采取单侧布灯，15m 以上应采用双侧对称布灯，档距以 35m 为宜。

6 道路照明的布线与接地保护

6.1 道路照明的布线

城市道路照明的接线方式可采用架空线路或电力电缆线路。随着城市建设要求越来越高，电力电缆线路应是首选接线方式，其优点是不占用空间，有利于城市美化。

布线和预埋线路要符合供电模式，尽可能在有效供电半径内合理配线，节省电缆，同时保证供电质量。道路照明控制设备安装要配置合理，分线连接准确可靠，达到高效、准确、节能的效果。

灯杆接线和电缆连接要采用分色、标记等手段，保证接线准确，电缆线径要合理，杆内设熔断保护（高杆灯应设置自动开关保护）。沟槽、出线坑、预埋管要解决排水问题，不允许积水或其他绝缘不良影响安全用电。

电力电缆线路一般利用灯杆下部的圆柱空间作为接线箱，在箱内接线和安装电气保护装置。路灯电力电缆应在电缆沟内敷设，在接埋入地下的电缆，地下部分不应有接头，接头应设在灯柱接线箱内，以便检查、维修。

国家规范对道路照明设计已作出明确要求。但不同使用范围的道路照明，如城市道路、工矿企业厂区道路和住宅小区道路等，其供配电系统的设计是有所区别的，设计规范中却没有具体的规定，尤其是接地故障保护的内容。对室内供配电线路，如住宅等的保护配置却非常具体，如插座回路设 30mA 漏电保护；上下级通过电流值配合外，也通过时限配合。

6.2 道路照明的接地保护

保护接地的定义是：为防止设备在故障情况下，外露可导电的金属外壳呈现危险的对地电压而发生触电事故，将其与大地紧密连接起来，即进行接地，称为保护接地。那么将金属灯杆的外壳与大地进行可靠的连接就能确保触电安全吗？其实不然。试分析如下：

我们知道，在路灯 380V/220V 供电系统中，均是采用中性点直接接地的，当灯杆内某处火线因绝缘损坏使外壳带电时，人体与灯杆的接地电阻处于并联状态，由于 R_d<<R_r（R_d 为接地电阻，R_r 为人体接触电阻），等值电路 Rr 被短接，电路相当于 R_E（电源工作地接地电阻 R_E≤4Ω）与 R_d 串联组成，假设此时灯杆的接地电阻为最佳值 R_d≤4Ω，则漏电灯杆对地电压为：

$$U_d=\frac{U_P}{(R_d+R_E)}R_d$$

因为 $U_d \approx U_E$ 所以 $U_d=0.5U_p$

由计算可以看出，此时人体承受的接触电压为 $0.5U_P$（因人体处于与 R_d 并联状态），当电源电压为220V时，人体所承受的电压将达110V，同时，因 R_d 的限流作用，故障回路中的电流不会太大，线路上的保护装置不可能动作，以致危险状态可能长久地存在。因此金属灯杆单纯采用保护接地是不能保证安全的。

7 道路照明的无功补偿

道路照明光源（高压荧光汞灯、高压钠灯、低压钠灯）均为气体放电灯，因其具有负电阻特性，功率因数较低，一般仅在0.38～0.6之间。较低的功率因数在线路上引起较大的压降和功率损耗，直接影响电力系统的经济运行指标，也与用户的经济效益直接相关，因此在道路照明设计中，必须把提高高压气体放电灯的功率因数作为设计中的一个重要环节，以减少线路电压压降和提高电网的经济运行水平，达到节约能源的目的。采取在每盏灯的镇流器端进行电容器分散补偿是行之有效的措施。其补偿电容器的容量可接下式计算：

$$Q=\frac{P(\tan\varphi_1-\tan\varphi_2)}{U^2}$$

式中 Q——需补偿电容器的容量(kvar)；

P——被补偿照明器的功率(W)；

U——照明器的额定工作电压(V)；

$\tan\varphi_1$——被补偿前 $\cos\varphi$ 的 φ 角正切值；

$\tan\varphi_2$——补偿后 $\cos\varphi$ 的 φ 角正切值。

设计中根据计算出的电容器的容量，在所选择照明灯具的型号后注明配套的电容器的行号及规格，由照明器生产厂配套供货。

在莱钢新兴路的设计实践中，分别对两种型号的高压荧光汞灯和高压钠灯，采取电容器分散补偿的方法，表1是分散补偿前后所测得的电气参数。

从表1中可以得出，采用电容器分散补偿后线路中的工作电流减少接近50%，其经济效益和社会效益都是非常巨大的，是道路照明中一项节能潜力很大的措施。其推广实施是绿色照明工程的一个重要组成部分。道路照明的高效节能新光源及电子镇流器的开发和研制，仍有大量的工作需要去开拓，在广大致力于道路照明研究、开发及设计科技人员的共同努力下，将开发和研制出更加高效的节能器具。

表1 分散补偿前后所测的负载参数表

灯型	电容器容量/μF	补偿前		补偿后	
		电流	cosφ	电流	cosφ
GGY125	10	1.25A	0.47	0.65A	0.91
NG100	10	1.15A	0.44	0.6A	0.86

8 道路照明安装工程

道路照明是道路建设的一项配套工程。然而在一些道路建设中，至今对道路照明并未引起重视，特别是非专业设计单位的道路照明设计缺少严谨性和可行性，在实施过程中往往需要安装施工单位和灯具、灯杆供货商弥补设计的不足。其中，需要把握住以下几个环节。

8.1 作出可行基础设计图

道路照明设计往往忽视现场的地质情况和周围环境。路灯安装工程中的沟槽开挖、预埋布管、灯杆基础等土建施工，都涉及到排水问题。因此，基础要有足够的强度，预埋件要可靠且与灯座适配。高杆灯对比的要求更高。如果设计上有这方面的遗漏，安装施工人员应予补充。

8.2 考虑接地防雷措施

有些设计往往只提出一个接地电阻值的要求。而在有些地质情况下难以达到接地电阻的要求，这就要进行特殊处理。例如，埋设接地体的连接，在特殊基础处要用降阻剂，将基础接地、防雷接地体与灯杆、高杆灯的防雷引流妥善可靠的连接，以避免发生接地体分离，不起作用的现象。接地防雷措施要有检查检验记录做为保证。

8.3 制订可行的吊装方案

灯杆（特别是高杆灯杆）的吊装定位是安装工程的一项主体工程。设计的杆位多数是以计算推算而定，而现场则可能出现一些杆位与设计不符的情况，需要现场变更杆位。同时还要掌握施工现场是否适宜运输、吊装车辆进场、吊装设备能否到位作业，是否需要停电或临时中断交通等。只有经过实地踏勘，方能制订可行的吊装方案。

同时，需要作出布线的实际分配图和接线图，才能使每杆灯的电源线、控制线连接准确无误。在调试前，尤其要做的是：检查所有导线接头是否可靠，必要时进行绝缘处理；灯杆基座按要求调平、调直；对接线、绝缘、接地等电气参数进行检查测试，只有这样方可进行单灯和线路的调试。

8.4　安装工程的问题及处理

除了一些重点工程外，目前大部分道路、桥梁照明工程是在道路主体工程完工通车前后的一段时间里突击完成的。为了确保路灯工程，路灯器具供应商和安装商要积极提前介入道路照明工程，着重把握好以下几点：

（1）全面了解灯具、光源、灯杆的特点，针对道路实际和参考的照明标准，结合投资预算，合理地选用灯具、光源、灯杆，以充分发挥光源的高效节能，灯具的配光性、配件组合的优势。

（2）在光照性能保证的条件下，适当加大灯具间距，以节省灯具数量；适当提高灯杆高度，以改进光照效果；尽可能在道路的中间分隔带布杆，以节省开槽和铺设电缆的费用。

（3）结合道路工程，适时提前介入沟槽开挖、管线预埋和杆位选定，以便及时发现问题，合理变更，保证质量，节省投资。

（4）根据工地实际地质情况，设计制作灯杆基础和高杆灯基础，保证基础牢固可靠。特别要注意预埋螺栓与杆座预留孔适配、定位准确、预埋长度和外留长度合理，螺纹部分要妥善保护，以方便吊装定位。

（5）在岩层、风化石地段分散接地和分段接地难以达到要求，可以考虑按设计要求的镀锌扁钢等导体通长连接，连接要可靠，同时加以合适的防护处理，并与预埋基础可靠连接，保证每根灯杆与地可靠连接。高杆灯较分散，主要依靠基础接地，必要时要使用降阻剂，降低接地电阻。

（6）吊装作业要严格遵守操作规程，特别要关注架杆周围的电网线路和其他线路，以及周边构筑物，吊装时吊点要合理，定位后要及时调整、精确定位，避免安全事故发生。

（7）注意安装后灯杆的美观。从基础施工开始，灯位以主线为准控制好直线性，并合理地按道路设计线形变化，灯杆平直，加工焊缝和检修口要避开主行方向，且全线保持一致。灯杆悬臂的倾角要保持方向和角度的协调。

（8）灯具内部配件接插件要插紧、插牢，避免风振松动和接触不良而造成故障。灯具与灯杆、灯杆与悬臂都需可靠固定。高杆灯每节杆要套装到位，升降架与灯具要可靠固定，升降系统要安全可靠，升降、限位、定位等功能要齐全。

9　城市道路照明工程施工及验收

《城市道路照明工程施工及验收规程》CJJ89—2001经中华人民共和国建设部批准，已于2001年11月1日起实行。该项规程的颁布与实施，对保证路灯工程施工质量，促进技术进步，确保照明设施的安全和经济运行提供了可靠的技术保证。

规程中部分条款在道路照明工程施工的实践中，尚有进一步补充完善和修改之处，为此需进一步探讨。部分条文规定要求过高，在工程实践中难于实现。

第3.1.2条规定："电缆直埋或在保护管中不得有接头。"这一条的后半部可以实现，前半部不易实现。如果电源电缆截面较大，长度超过1000m时，在施工时就可能出现接头。此外，在路灯工程验收之前出现电缆受到一定的损伤，按《规定》要求必须全部挖出更换，但在实际施工中也不大可能实现。规定在一定长度内的电缆接续是必要的。况且现在电缆热缩中间接头的技术已十分成熟，并在实际工作中得到广泛的应用，操作简便，安全可靠，造价低廉，是一项值得推广的新工艺。

第3.2.6条规定："地埋电缆间的回填土应分层夯实。"这一条在实际工作中，大都是在回填土过程中，回填土留有一定的裕量，以保证电缆间回填后的沉降量，至于分层夯实，一次施工难以实现。

第4.1.8条规定："变压器到达现场后，当超出三个月未加装吸湿器，并应进行下列检测工作：

（1）检查油箱密封情况；

（2）测量变压器内油的绝缘强度；

（3）测量绕组的绝缘电阻。

这一条规定不够严谨。因为照明变压器大都是小型变压器（200kVA以下），因小型变压器可不装设吸湿器。如果200kVA以下的变压器运到现场后，保管期超出三个月，经检查油箱密封良好，油标内油位正常，如果检测绝缘油的绝缘强度合格，后一项必然合格，即可以不做。如果油的绝缘强度不合格，且油标无油时则必须检测第三项。

第4.2.1中第5条规定："箱式变电站要求有通风及消防装置。"关于箱式变电站内设置消防装置问题，因国家目前尚无标准。如果本标准中要求设置，必须注明要求设置的器具、种类、数量、型号，否则在工程施工和验收时无法执行。

第4.2.7条中规定："不同牌号的变压器油或同牌号的新油与运行过的油不宜混合使用，需要混合时，必须做混合试验，其质量必须合格。"这一条规定过于严格，应该强调不同牌号的变压器油不宜混合使用。

可见度设计在道路照明中的应用

重庆大学建筑城规学院 翁 季 陈仲林

摘 要 文章比较了在机动交通道路照明水平下，道路及照明系统改变时可见度水平的变化规律，提出了道路照明中可见度的设计程序及设计方法，指出采用小目标可见度设计方法进行道路照明设计能获得比采用亮度设计标准更为合理的结果，也会更有利于道路照明节能，实现可持续发展。

关键词 道路照明 可见度 设计程序 设计方法

1 前言

在道路照明中，为了减少夜间交通事故，仅有路面亮度是不够的，必须使目标物亮度和背景亮度的差别高于一个确定的最小值。因此，应使用可见度水平评价道路照明效果。这是提高驾驶员安全性的新颖的道路照明设计思路。可见度常采用可见度水平表示，它表示了目标和背景的亮度差大于其阈限状态时亮度差的倍数。

$$VL=\frac{\Delta L}{\Delta L_0}=\frac{CL_b}{\Delta L_0}$$

式中 VL——可见度水平；

ΔL——视看目标的亮度 L_t 与其背景的亮度 L_b 的差，即有 $\Delta L=L_t-L_b$；

ΔL_0——大小一定的目标刚刚可见时目标的阈限亮度 L_{t0} 与其背景亮度的差；

C——视看目标与其背景的亮度对比，$C=\frac{L_t-L_b}{L_b}$。

为了便于计算，采用美国国家标准(RP-8-00)小目标可见度(STV)的计算模型来确定道路照明的可见度水平。通过小目标的建立和一系列对道路照明环境的假设，将道路计算点的可见度水平进行加权平均便得到 STV。而 STV 的值可以较好地反映某条道路的可见度水平。

道路照明的首要任务是在夜间提供合理、安全和舒适的可见度，从而保证交通安全、减少交通事故，提高交通运输效率。采用小目标可见度设计方法进行道路照明设计是直接的，也是有效的，随着研究的深入，以小目标可见度(STV)模型计算可见度水平已形成了较为成熟的方法，用于实际的道路照明设计已成为可能。在与道路照明亮度设计理论比较后发现，小目标可见度设计方法在节约能源和成本方面有很大的潜力，这为夜间交通安全化和能源使用最佳化两方面提供了一个新颖的设计思路。更有利于实现道路照明的可持续发展的要求。

2　可见度的设计程序

虽然影响可见度水平的主要因素有目标物的对比度、紧邻的背景亮度、邻近环境的适应水平和失能眩光，但具体到道路照明设计中，归根结底是照明光源、照明系统和道路系统的几何关系相互影响的结果。为避免其他的不确定因素，在研究可见度的设计方法时，笔者考虑固定道路照明光源为道路和人行道提供照明。在这种情况下，满足道路照明路面亮度或小目标可见度的设计程序为，首先，根据道路系统的分类或等级选择适宜的亮度和可见度标准；然后，试选光源和灯具，初步确定灯具的排列和间距等几何关系；再后，按照路面亮度标准和STV分别算值；最后，从路面亮度或小目标可见度（STV）方面评价照明系统，并通过调整以得到满意的路面亮度或小目标可见度。应注意的是，可见度和路面亮度标准确定的都是最小值，设计值必须达到或超过它们，否则就必须修改设计来达到相关要求。另一方面，为了降低费用和节约能源，如果设计值超过可见度和路面亮度较多也要修改设计，或者设计者根据能耗或其他相关考虑来确定该设计。

粗略地看，似乎可见度的设计程序与路面亮度的设计程序并无多大的区别，但比较路面亮度的计算方程组和可见度计算模型能够看出，这两种设计方法会在相同的设计中产生完全不同的评价，为了提高一个标准可能会降低另一个标准。为了使小目标可见度和路面平均亮度达到道路照明设计标准中小目标可见度的推荐值要求，应对灯具的安装高度、灯具间距、灯具的配光情况、灯具的布置方式、光源功率等反复进行调整，重复计算。由于小目标可见度数学模型较为复杂，将导致计算工作量加大，所以均应采用程序计算。

3　道路照明中可见度的设计方法

无论影响可见度水平的因素有多少，在道路照明设计中，最终必须依靠照明光源、照明系统的几何关系来产生适宜的可见度水平。在仅考虑固定照明方式的前提下，只能通过改变照明光源以及照明系统几何特性来改变可见度水平。光源以及照明系统的几何特性的改变引起可见度的增减是有一定规律的。本文以一条假设的道路作为可见度的计算基础模型，从光源以及照明系统几何特性的角度理论上分析引起可见度增减的规律。

从公式可以看出，单个目标的可见度水平是与目标物的背景亮度 L_b、目标亮度和背景亮度组成的对比度 C、等效光幕亮度 L_v 三个值合成的四个指标的函数。三个值发生变化将导致可见度水平的增减，但是，三个值对可见度水平的贡献是不一样的，所以，当光源以及照明系统几何特性发生改变时，这三个值会不成比例地相应改变，对可见度贡献最大的那个值将决定可见度水平的增减。

3.1　增加光源光输出对可见度的影响

计算基础模型假设道路为平直、均匀的单车道，车道宽5m，路面材料为CIE规定的R3路面，光源选用Ge1773038型高压钠灯的配光IES文件，灯杆高度为10m，间距30m，悬挑1m，观察者年龄为60岁，通过程序计算符合可见度模型的20个点的各项参数。当增大光源光输出时，假定灯具的配光分布没有发生变化时，目标亮度、背景亮度、光幕亮度、适应亮度、路面亮度均随光输出增加而成倍增加，光幕亮度、适应

亮度同时引起了阈限亮度差 ΔL_0 的增加，对比度没有发生改变，各点的可见度水平略有增加。将影响可见度水平的几个因素的数据输入 SPSS 统计软件，得到其与可见度水平的相关关系如表 1 所示。

从表 1 看出，随着适应水平、背景亮度、对比度的上升，*VL* 值上升；随着失能眩光上升，*VL* 值下降，在计算中，光幕亮度值一般较小，对 *VL* 值的影响也较小，背景亮度的增减将引起计算式的分子和分母相应的增减，其对 *VL* 值的贡献一部分被抵消，只有对比度与可见度水平具有较高的相关关系，其上升引起的 *VL* 值上升要比其他因素引起 *VL* 值变化的变化率大得多。当四个值以相同的比率上升，STV 呈上升的趋势。因此，增加光输出，在对比度没有发生变化的情况下，道路的平均亮度与 STV 值(如表 2 所示)。

可以看出，增加光输出将使路面平均亮度成比例增长，亮度均匀度没有变化，而没有对比度的变化，小目标可见度仅小幅度增长。因此，在道路照明设计中，单纯增加光源的数量或功率对道路照明的安全性没有多大作用。这一理念对于道路照明节能具有重要的意义。

3.2 改变灯具间距对可见度的影响

保持基础计算模型不变，将灯杆间距设为 20m、30m、40m。假定灯具的配光分布和光输出没有发生变化，当灯杆间距增加时，目标亮度、背景亮度、适应亮度、路面亮度基本随灯杆间距增加而减少，光幕亮度值呈先增加后减少的规律，ΔL_0 也随灯杆间距增加而减少，但是，多数目标物对比度随灯杆间距增加而增加，正是对比度的贡献，使多数目标物的可见度水平增加。其结果导致道路的平均亮度与 STV 值如表 3 所示。

可以看出，改变灯杆间距将使路面平均亮度成比例变化，亮度均匀度随灯杆间距的增加而减少，小目标可见度则大幅度增长。在本例中可见度设计理念与传统的亮度设计理念相反。适当增加灯杆间距虽降低了路面平均亮度，但提高了可见度水平，既保证了道路照明的安全可靠，又可以节约初期投资，符合道路照明的可持续发展观。

但是，在可见度设计中，路面亮度也不可忽视。假定汽车在空旷的道路中行驶，并只考虑了固定照明系统的影响，然而在双向道路上，特别是没有中央分隔带的时候，交通事故与迎面驶来的汽车前照灯眩光造成的可见度降低密不可分，必须能通过设置中央分隔带或提高人眼适应水平来降低眩光的影响。因此在不考虑环境亮度的情况下，路面必须具有一定的亮度水平以降低迎面来车的前照灯的眩光影响。它与可见度水平共同构成了可见度标准的核心。

3.3 改变灯具挂高对可见度的影响

保持基础计算模型不变，将灯具挂高设为 10m、12m、15m。假定灯具的配光分布和光输出没有发生变化，当灯具挂高增加时，目标亮度、背景亮度、适应亮度、路面亮度、目标物对比度基本随灯具挂高增加而减少，光幕亮度值和 ΔL_0 变化较小，这种情况下，目标物的可见度水平必然随灯具挂高增加而减少。其结果导致道路的平均亮度与 STV 值如表 4 所示。

可以看出，增加灯具挂高虽使路面的亮度均匀度得到改善，但降低了路面平均亮度，小目标可见度则比大幅度减少。因此，在道路照明设计中，在满足必要均匀度的前提下，适当降低灯具挂高有利于提高可见度水平，还可以节约初期投资。

表 1 可见度水平与影响因素的相关关系

影响因素	背景亮度	光幕亮度	适应水平	对比度
可见度水平	0.506	−0.563	0.540	0.920

表 2 不同光源光输出对亮度及可见度的影响

光输出倍数	路面平均亮度	亮度均匀度	小目标可见度
1	0.71	0.57	3.08
1.25	0.89	0.57	3.56
2	1.42	0.57	4.16

表 3 不同灯杆间距对亮度及可见度的影响

灯杆间距/m	路面平均亮度	亮度均匀度	小目标可见度
20	1.04	0.58	2.39
30	0.71	0.57	3.29
60	0.36	0.31	4.23

表 4 不同灯具挂高对亮度及可见度的影响

灯杆间距/m	路面平均亮度	亮度均匀度	小目标可见度
10	0.71	0.57	3.29
12	0.61	0.62	3.25
15	0.52	0.63	1.85

3.4　改变布灯方式对可见度的影响

保持基础计算模型不变，比较灯具单侧布置和双侧对称布置可见度的变化，假定灯具的配光分布和光输出没有发生变化，当灯具由单侧布置改为双侧对称布置时，所有影响可见度的因素均增加，但对比度增加较小，可见度水平增加。其结果导致道路的平均亮度与STV值(如表5所示)。

可以看出，灯具由单侧布置改为双侧对称布置时，路面的平均亮度、亮度均匀度得到了改善，但小目标可见度增加幅度不大。对比增加光输出的案例(表2所示)，在路幅不宽，满足必要路面亮度的前提下，采用同样的光源数量，还不如采用单侧布置，每个灯具设有两个光源，虽然亮度均匀度下降，但已满足规范要求，小目标可见度略有下降，但这种设置只需在道路单边布线，灯杆数量也只有原来的一半，大大节约了初期投资。

下面比较灯具四种布置方式对可见度的影响。若保持整套照明系统灯具光输出基本不变，则各方式的灯杆间距应为：单侧布置间距30m；双侧交错布置间距30m；双侧对称布置间距60m；中心对称布置间距60m。计算结果表明，当灯具布置方式由单侧布置变为双侧交错布置、双侧对称布置、中心对称布置时，背景亮度略有下降，但对比度却大幅增加，目标物的可见度水平必然增加。其结果导致道路的平均亮度与STV值如表6所示。

可以看出，在光输出基本相同的情况下，四种方式的路面亮度基本一致，后三种布置方式的小目标可见度都比较理想，中心对称布置方式的可见度最大。但从整体来看，双侧交错布置既有较好的可见度，又具备较好的均匀度，是最佳的布置方式。在英美等发达国家，道路照明较多采用双侧交错布置，我国则较少采用，在达到同样路面亮度的前提下，双侧交错布置能提供较好的可见度与均匀度，这是值得我国道路照明设计者注意的问题。

当后三种布置方式的间距缩小一半时，其结果如表7所示。

可以看出，在间距缩小时，三种方式中仍是中心对称布置的可见度最大，双侧交错布置的均匀度最好。比较表6、表7两表，当灯杆间距因节能要求而增加时，双侧交错布置的可见度增幅最大，双侧对称布置增幅最小。在利用可见度进行道路照明设计时，必须利用计算机程序反复调整，选择最佳的灯具布置方式。

表5　灯具单侧布置和双侧对称布置对亮度及可见度的影响

布灯方式	路面平均亮度	亮度均匀度	小目标可见度
灯具单侧布置	0.71	0.57	3.29
灯具双侧对称布置	1.50	0.69	4.20

表6　四种灯具布置方式对亮度及可见度的影响

布灯方式	路面平均亮度	亮度均匀度	小目标可见度
单侧布置 间距30m	0.71	0.57	3.29
双侧交错布置 间距30m	0.71	0.59	5.47
双侧对称布置 间距60m	0.71	0.33	4.83
中心对称布置 间距60m	0.62	0.32	5.62

表7　三种灯具布置方式对亮度及可见度的影响

布灯方式	路面平均亮度	亮度均匀度	小目标可见度
双侧交错布置 间距15m	1.50	0.79	3.94
双侧对称布置 间距30m	1.50	0.69	4.20
中心对称布置 间距30m	1.25	0.57	4.29

3.5　改变路面类型对可见度的影响

保持基础计算模型不变，比较CIE规定的R系列四种路面对可见度的影响，表8是对在线路1和线路2上各点的光度值进行算术平均的计算结果。

可以看出，R1和R4类型的路面提供了最好的路面亮度和可见度水平，R3、R2类型的路面亮度和可见度水平较差。其结果导致道路的平均亮度与STV值(如表9所示)。

从表9可以看出，在设计中选用R1和R4类型的路面，能提供最好的路面亮度与可见度水平，但R1路面的亮度均匀度较差；R3、R2类型的路面能提供较好的均匀度，但路面亮度和可见度水平较差。综合来看，R4类型的路面是最好的路面。这一结论与国外研究结果基本一致。

表 8 不同的路面类型的亮度值的算术平均值

路面类型	R1		R2		R3		R4	
	线路 1	线路 2	线路 1	线路 2	线路 1	线路 2	线路 1	线路 2
背景亮度 L_b	0.950	0.786	0.770	0.614	0.835	0.597	0.991	0.639
路面亮度	0.923	0.745	0.772	0.613	0.824	0.595	0.992	0.647
对比度	0.420	0.397	0.397	0.454	0.384	0.445	0.408	0.422
可见度水平	4.728	3.958	3.790	3.632	3.955	3.481	4.727	3.532

表 9 四种路面类型对亮度及可见度的影响

路面类型	路面平均亮度	亮度均匀度	小目标可见度
R1	0.83	0.32	3.69
R2	0.69	0.56	3.35
R3	0.71	0.57	3.29
R4	0.82	0.54	3.54

4 结束语

为了使小目标可见度和路面平均亮度达到道路照明设计要求,应对灯具的安装高度、灯具间距、灯具的配光情况、灯具的布置方式、光源功率等进行反复调整,重复计算,最终选定最优方案,这会导致计算工作量很大,所以均应采用程序计算。

在道路及照明系统发生改变时,目标物的背景亮度、目标和背景的对比度、等效光幕亮度三个值相应发生变化并导致可见度水平的增减,但是,由于对比度与可见度水平有密切的关系,其上升引起的 *VL* 值上升要比其他因素引起 *VL* 值变化的变化率大得多。因此,在道路照明中采用可见度设计,最重要的是如何提高路面目标物的对比度。适当增加灯具间距、提高灯具挂高,改变布灯方式等均可提高路面目标物的对比度,从而提高道路照明的小目标可见度。

由于道路照明的首要任务是提供良好的可见度,所以采用小目标可见度设计方法进行道路照明设计是直接的,也是有效的,更接近人们真实的视觉情况,从而能获得比采用亮度设计标准更为合理的结果,也会更有利于道路照明节能,达到可持续发展要求。

参考文献

1 ANSI/IESNA RP-8-00 American National Standard Practice for Roadway Lighting
2 Olkan Cuvalci. Bugra Ertas. Roadway Lighting Design Methodology and Evaluation. 2000 Society for Design and Process Science Printed in the United States of America

路灯节能设计与思考

湖南省常德市规划建筑设计院　欧阳容

摘　要　文章介绍了采用科学的路灯照明设计方法，选用高效照明电器产品，以求得到符合标准要求的、节能的道路照明设计的内容。

关键词　道路照明　设计　标准　节能

国家建设部、发改委于2004年11月，以城建〔2004〕204号文，发布了《关于加强城市照明管理促进节约用电工作的意见》。文中对城市照明工作的现状、今后照明工作的原则和主要任务作出了明确的要求。文中指出，“大力推广节能技术，提高电能利用效率；严格按照照明设计标准规范进行照明设施的建设，不得超标准建设；新建、改建照明项目必须采用科学的照明设计方法，推广采用高效照明电器产品和节能控制技术”。以上规则，对城市道路照明设计有着重要的意义。作为一名道路照明工程师，在设计一条道路的路灯时，应首先考虑的是：在满足标准和规范的前提下做到最大限度地节能和节省投资，并降低运行维护费用。这就要求道路照明工程师不但有良好的职业责任感，还要有较全面的技术素质。能掌握科学的照明设计方法，反复计算、论证，才能设计出符合标准又节能的作品。

1　如何作道路照明节能设计

1.1　节能设计定义

节能设计定义简而言之，就是“在满足标准要求的条件下，使能耗最小（通常以kW/km来衡量）的设计”。

1.2　影响照明效果的诸多因素

一条道路的路灯设计，不同的工程师有不同的设计理念，布灯方式、安装间距、安装高度、灯具选型、挑臂长度、仰角大小、电器的选择都会不相同，而这些

都是影响照明效果的技术因素。加上人为因素——领导的倾向,主管单位和主管官员的看法,甚至灯具经销商的干预,给设计工程师带来了一定的困难。人为因素需用职业责任感来克服,而现在只从技术因素来考虑。

1.3 节能设计的基本方法

要节能,只有从以下五个方面着手,即采取合理的布灯方式,尽可能加大安装间距,选用小功率大发光流明的灯泡、高效灯具和低损耗的电器。

1.3.1 采取合理的布灯方式

《城市道路照明设计标准》CJJ—1991 中给出了五种基本的布灯方式:单侧、双侧交错、双侧对称、横向悬索和中心对称。其中横向悬索国内很少采用。其他几种又常有演变。如双侧对称可变为双挑双侧对称,即每杆 2 个灯;中心对称变为双侧对称加中心对称,即每个断面四个灯等。布灯方式与道路宽度、间距、安装高度、灯具配光类型有很大的关系,所以标准给出了一个关系表(如表 1 所示)。有很多设计工程师认为这是一个万能公式,用它一套,画个图,设计就做出来了。结果 20m 宽的路,用截光型灯具,选 10～12m 安高,间距 30～36m,挑臂长度 2～3m,仰角只要<150°就行。所以 35～36m 间距的排列在国内占了大部分。这次新标准就特别加了一句话"灯具布置方式、安装高度和间距可依据表 1 的规定经计算后确定"。所以它不是万能公式,还是要经过计算才能确定是否合理。

近几年国内在布灯方式上出了个新花样,就是在人行道侧的 4～6m 高处加一个灯,功率比主灯小一级,说是照亮人行道并增加美观。从灯具的平面配光曲线上可看到,灯具的上象限是有光的,只不过比下象限小一些,它完全可照到人行道上,满足≥5lx 的照度要求,只是在 1/2 间距处弱些。这样加灯,也同样满足不了 1/2 间距处的要求,也是多余的,既增加了投资又不节能。所以在选择布灯方式时,应因路宽而定,经计算后能用交错布道就不要用双侧对称,这样才有利于节能。

1.3.2 尽可能加大安装间距

安装间距对节能尤为重要。如采用双侧对称布置,间距 35m 时,每公里 56 个灯,如 250W,能耗为 16.8kW/km,(镇流器损耗若为 50W)若间距为 45m 时,每公里 44 个灯,能耗为 13.2kW/km,就节约 3.6kW/km,全国以每年新增城市道路 1.7 万 km 计算(全国 2003 年比 2002 年城市道路增加数量),就可节省电力 2.234 亿 kW·h,并可节省灯具杆投资 8.16 亿元(每杆以 4000 元计),相当可观。当然,这是经计算

表 1 灯具的配光类型、布灯方式与安装高度、间距的关系

灯具配光类型	截光型		半截光型		非截光型	
布灯方式	安装高度 H/m	间距 S/m	安装高度 H/m	间距 S/m	安装高度 H/m	间距 S/m
单侧布置	$H\geq W_{eff}$	$S\leq 3H$	$H\geq 1.2W_{eff}$	$S\leq 3.5H$	$H\geq 1.4W_{eff}$	$S\leq 4H$
交错布置	$H\geq 0.7W_{eff}$	$S\leq 3H$	$H\geq 0.8W_{eff}$	$S\leq 3.5H$	$H\geq 0.9W_{eff}$	$S\leq 4H$
对称布置	$H\geq 0.5W_{eff}$	$S\leq 3H$	$H\geq 0.6W_{eff}$	$S\leq 3.5H$	$H\geq 0.7W_{eff}$	$S\leq 4H$

注: Weff 为路面有效宽度(m)。

在满足标准的前提下并未考虑道路交叉和隔离带分段而影响间距的布置。从上可看出，在满足标准的前提下，布灯间距对节能非常重要。

1.3.3　灯泡（光源）选择

路灯光源现大都采用高压钠灯。它光效高，透雾性好，适合作路灯光源。最近，国内生产出了超级高压钠灯，250W 的为 33000lm，400W 的为 55500lm，而通常分别为 28000lm 和 48000lm，显然在同功率时选高光效的灯泡能节能。

1.3.4　镇流器的选择

传统的电感式高压钠灯镇流器的功率损耗系数为 0.12～0.2，而电子式高压钠灯镇流器的功率损耗系数可达到 0.06。以 250W 为例，每个镇流器可节省 15～30W，年节电 54.75～109.5kW·h，（按每天点燃 10h 计），且不须安装电容器和触发器，起动时间减少 3～5min，尤其是功率因数从 0.4 提高到 0.95～0.97。

1.3.5　安装高度、挑臂长度、仰角的选择

这些数据对于不同的路幅，不同的灯具都有不同的要求，需在计算时反复比较确定。一般杆高些（应指灯具发光底面）时，路面亮度（照度）弱些，但均匀度好些；仰角小些，眩光也会小些。

1.3.6　灯具的选择

不同类型（截光类型）和不同品牌（或同外形但不同生产厂家）的灯具，都有不同的配光曲线、效率，所以即使安装在同一路灯杆上，也会产生不同的照明效果，所谓计算，就是将该灯的光强数据（生产厂家用分光光度计实侧的光强数据，正规的厂家都能提供）代入计算软件或公式中去计算、比较。所以灯具应选择能作计算的，效率高的。

初步选定了以上的参数，就可以进行（照度）计算了。以前计算大都用等照度曲线和计算公式来计算，工作量大，准确度差。现大都采用计算机和专业的道路照明软件计算。计算软件有多种，国外的灯具生产厂家很多都能提供，如飞利浦公司的 calculux.Road6.0、施莱德公司的 Ulysse v2.0、AEC 公司的 Litestar5.0 等。但他们所提供的软件只能计算自己厂生产的产品。近年来，法国的 DIALux 软件传入我国，免费下载使用，但也只能计算与他们订有协议的厂家的产品照度，我国只有雷士照明公司加盟了，其他几十个厂家都是国外的。有的在国内有销售网店如索恩，有的则没有，给我们选灯带来了一定的局限性。但对计算的确带来了很大的便利，对计算的准确性起到了保证作用。

2　一个设计实例

某开发区管委会委托我对一条道路的路灯作设计，我以 CJJ45—1991 修订征求意见稿所提出的指标和建设部 204 号文件的精神为依据，设计了一个比较节能的方案，现简单介绍。

（1）道路全长 2.5km，路面：3 块板，主车道宽 16m，绿化隔离带 2m×3m，慢车道 2m×7m，人行道 2m×7m，混凝土路面，四个交叉路口。

（2）选用双侧对称布置，灯杆置于绿化隔离带中央，每杆一灯，安高 12m，挑臂长 1.3m，仰角 5°（0），计算杆距 45m。按选用两款灯具，一款为施莱德公司生产的 Sapphire3；一款为 AEC 公司的 Serika，250W 高压钠灯光源，33000 lm，爱尔牌电子镇流器，维护系数取 0.8。

（3）用 Uiysse v2.0 和 Liktesar5.0 软件计算结果（见表 2）。

从表 2 可看出，主车道完全符合要求，慢车道和人行道显不足，但由于人行道外侧尚留有 20m 的绿化带，已留有绿化照明回路，今后可用绿化照明补充。由于有三个交叉路口，受均分灯杆的影响，实际杆距为 41.0～43.5m，未达到计算杆距，各项指标尚有待增加。在计算过程中，通过改变安装高度、挑臂长、仰角和灯泡在灯具中的前后位置，反复比较才得出以上结果。用 250W 的光源在 45m 的杆距下能基本满足标准的各项指标。灯具的品质固然重要，但不得不承认，先进的计算手段也是重要的，否则，只靠手工计算是很难的。此计算经与厂家反复核对，厂家保证能达到计算效果的要求。

（4）全路段共安装灯具 118 套，总功率化为三相等效负荷为 31.27kW，负荷指标为 12.5kW/km，应该是很节能的了。若采用常用的一杆双灯，即：250+250W，双向对称，杆距 36m，电感镇流器的作法，则负荷指标为 32.4kW/km，可节约 19.9kW/km，每年可节电 7.26 万度（每天按开灯 10h 计算）。还可节省建设投资和维护费用。所以，路灯节能应从设计抓起，抓住了设计，管住了施工，才能作好路灯节能。

3　思考和建议

由上例可看出路灯节能设计的重要性。然而，设计出来并不等于能顺利实施。上例设计后来部分“流产”了。在施工时，原设计方案中的灯具被更换了，但

表 2 用 Uiysse v2.0 和 Liktesar5.0 软件计算结果参数表

		照度/lx				亮度/(cd/m²)				TI	
		平均值(E_{av})		均匀度(U_E)		平均值(L_{av})		均匀度(U_L)		%	
		标准	计算	标准	计算	标准	计算	标准	计算	标准	计算
Sappnire3	主车道	16/24	34.40	>0.4	0.445	1.2/4.6	2.3	>0.4	0.6/5.8	<10	9.6
	慢车道	8/12	11.6	>0.35	37.5	0.6/0.8	0.84	>0.4	0.3/2.9		6.1
	人行道	7.5	4.4		54.0		0.22		0.5/1.7		4.7
Serika	主车道	16/24	40	>0.4	0.45	1.2/1.6	2.3	>0.4	0.49	<10	5.91
	慢车道	8/12	6.4	>0.35	0.81	0.6/0.8	1.1	>0.4	0.81		
	人行道										

注：1.表中标准系数按沥青路面标准换算得出的混凝土路面的标准，是按《城市道路照明设计标准》(CJJ45—1991)2004 年修订征求意见稿换算的；

2.慢车道标准没有，套用次干路要求。

其他参数未变。该路灯最近就会亮灯，效果如何要亮灯后才知道。经过反思与总结，现就路灯建设中的管理提出以下建议。

3.1 严把设计、审查关

设计是节能的源头。设计应由专业技术人员负责。“机动车道功能性照明要由道路照明工程师决策，其他人只能提供参考意见”。在设计中应遵循《关于强加城市照明管理促进节约用电工作的意见》中所规定的原则。设计人员要提高自己的专业素质，要对每项路灯工程作出计算书并提交给建设主管部门组织的专家审查，无计算书的设计不应审批建设。国家应尽快修订《路灯建设强制性标准》、《城市道路照明设计标准》，并公布实施。

3.2 标注路灯型号不应视为违规设计

建设部曾规定，设计中，非特殊工艺设备设计人员不得标注指定厂家、型号。由于路灯灯具配光曲线不同将直接影响效果，所以它属特殊设备，标注与计算书中相符的灯具型号和厂家不应当作违规设计。

3.3 严把施工、监理和验收关

路灯施工图和建筑施工图同样是具有法律效力的设计文件。由于建筑施工图有层层把关，没人敢随意改，可路灯施工图有时会被多方多次更改，其中的原因很复杂。但如此一来，建成的路灯照明系统是否科学、高效、节能，答案不得而知。所以严格按图施工、监理和验收的规定应贯彻落实到路灯建设中去。

3.4 领导干预现象应予停止

要尊重科学，要按建设部提出的“四节”要求来管理规范路灯建设。

3.5 科学地、实是求事地核定工程造价是建设好路灯工程的关键

要避免乱压价、乱投标导致施工单位得不到合法利润而改动施工图的现象。

参考文献

1 关于强加城市照明管理促进节约用电工作的意见.建设部建城〔2005〕204 号

2 2004 年中国统计年鉴.国家统计局

3 建设节约型社会必须抓好建筑“四节”——关于建设节能省地型住宅和公共建筑的几点思考.建设部

4 李景色.城市机动交通道路的功能性照明和装饰性照明

在道路照明设计中运用绿色照明理念与节约能源

北京市政工程设计研究总院　王　芃

摘　要　文章从道路照明工程设计实践中总结分析了如何把绿色照明的理念运用于设计中，并且分析、介绍了几种应用于道路照明节能的具体方法和优缺点，并提出了今后进一步提高设计水平的设想。

关键词　道路照明　绿色照明　照度标准　节约电能　照明控制

绿色照明是一个系统工程，它的宗旨是通过科学、合理的设计方法，采用先进的照明光源、灯具和电器元件，以达到节约能源、保护环境，建立一个优质高效、经济舒适、安全可靠，提高人们生活质量和工作效率，保护身心健康的照明环境。绿色照明不是单纯的节能，而是在保证良好的照明质量的前提下实施能源的节约。

照明质量主要体现良好的显色性、相宜的色温、较小的眩光、较好的照度均匀度、舒适的亮度比。在不同等级的道路照明工程设计中，我们努力把绿色照明的宗旨落实到工程实践上，根据《城市道路照明设计标准》CJJ45—1991，把道路按使用功能划分为不同等级并给出不同等级道路所对应的各项照明评价指标。通过设计、计算合理的确定照度标准、照明方式、杆高、杆距、灯具仰角等各种参数。正确的选用适应的光源和照明灯具，用节能电感镇流器和电子镇流器取代传统的高能耗电感镇流器，根据不同地区、不同等级道路的要求选用各种照明节能的控制系统和控制设备，以达到节约能源，提高照明质量的目的。在设计中我们重点研究的是如何使照明工程达到绿色、节能、环保的要求。

我们调查了夜晚北京市路灯照明的现况，了解到灯光照明已经成为人们生活、工作、生产、娱乐等所有社会活动中必不可少的重要设施。人们要求灯光不仅仅借助它看清物体，而希望它给人们带来明亮、柔和、绿色、环保的视觉美感。道路照明中,如果照度及控制方式、平面布局设计不合理,强烈的灯光会产生光污染,大面积的照明灯具会产生热辐射。由于过电压造成电器元件和照明灯具损坏,则会使管理部门不得不支付更多的人力、物力、财力对路灯进行维护保养,随时要更换灯具和元件,同时也造成了电能的大量损耗。照明节电工程可以使国家、电力用户和电力供应单位多方受益。除了有一定的经济效益外,重要的是它的社会效益。由于用电量减少从而使发电量也相应的减少,减轻了发电设备对大气环境的污染,减少了各种有害气体和烟尘的排放量。因此,在设计中我们考虑了多种节约能源的措施。

1　设置半夜灯、全夜灯

在北京市的夜晚,大多数道路下半夜交通流量都会减少。因此,可以在多数的道路上设置半夜灯和全夜灯。

当道路不宽且没有辅路或辅路不设照明,仅在道路一侧安装单排路灯时,采用双回路输入供电,每隔一个灯接在一个回路上。正常时两个回路全部闭合投入工作,灯具都点亮。后半夜采取节能措施时,有一个回路停止供电,每隔一盏灯熄灭一盏。具体方案如图 1 所示。

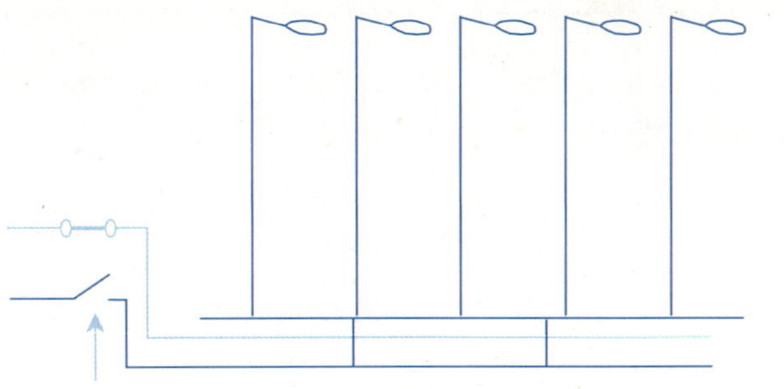

图 1　半夜灯方案示意图

当道路较宽且主辅路均设照明,可采用双光源灯具即在同一杆上同一灯具内安装两个光源或重叠安装两个灯具。下半夜交通流量减少时关闭一个灯具或同一灯具内两个光源中的一个。这样比隔一盏灯关闭一盏灯的方法使得道路上照度均匀度好。半夜灯全夜灯设置的方法如图 2 所示。

高杆灯、中杆灯的全夜灯半夜灯各半。

步道灯、胡同灯、桥下灯均为全夜灯。

半夜灯、全夜灯照明控制分手动和自动两种。自动控制采用智能控制仪,用可编程序控制器根据当地的经纬度和相应地理坐标进行日升、日落的精确时间计算,每天自动调整路灯的开关时间,后半夜自动切除部分负荷,完成路灯的自动控制。手动控制为检修和调试时使用。控制图见图 3。

设置半夜灯和全夜灯的方法可以节约关掉部分灯具消耗的电能,如果每隔一盏灯关掉一盏或双光源关掉一个灯泡,可以节电 50%。但是仍然存在着以下问题:①每隔一盏灯关掉一盏,容易产生光照不匀的斑马线。②每天路灯开启时,额定电压或高于额定电压的冲击造成灯具的寿命减少。据资料显示,灯具每

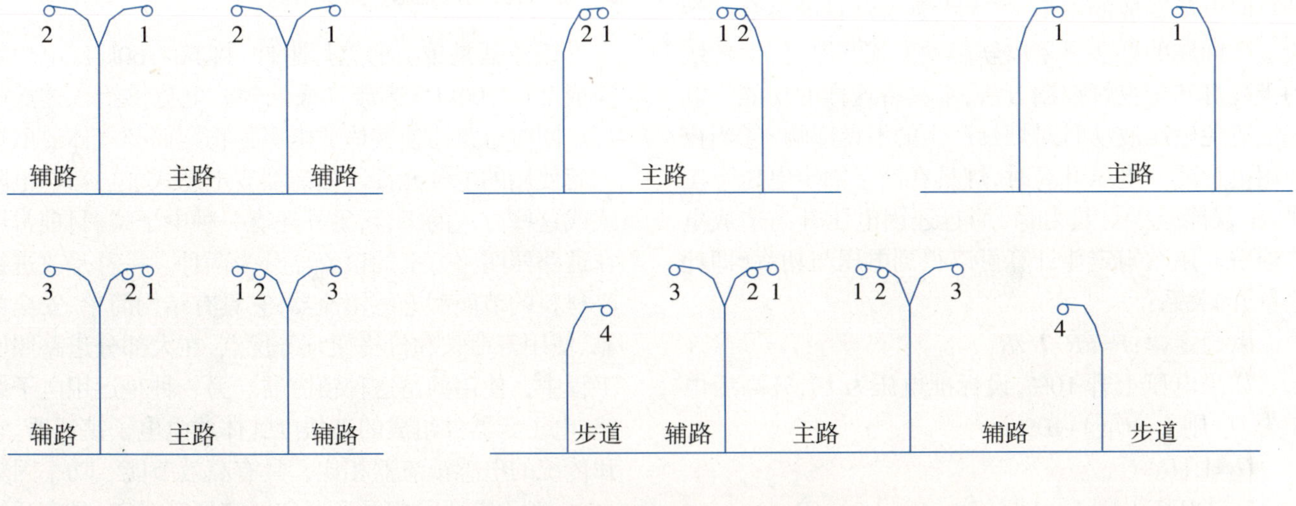

图 2　半夜灯、全夜灯设置的方法

注:1、4 为全夜灯,2、3 为半夜灯。

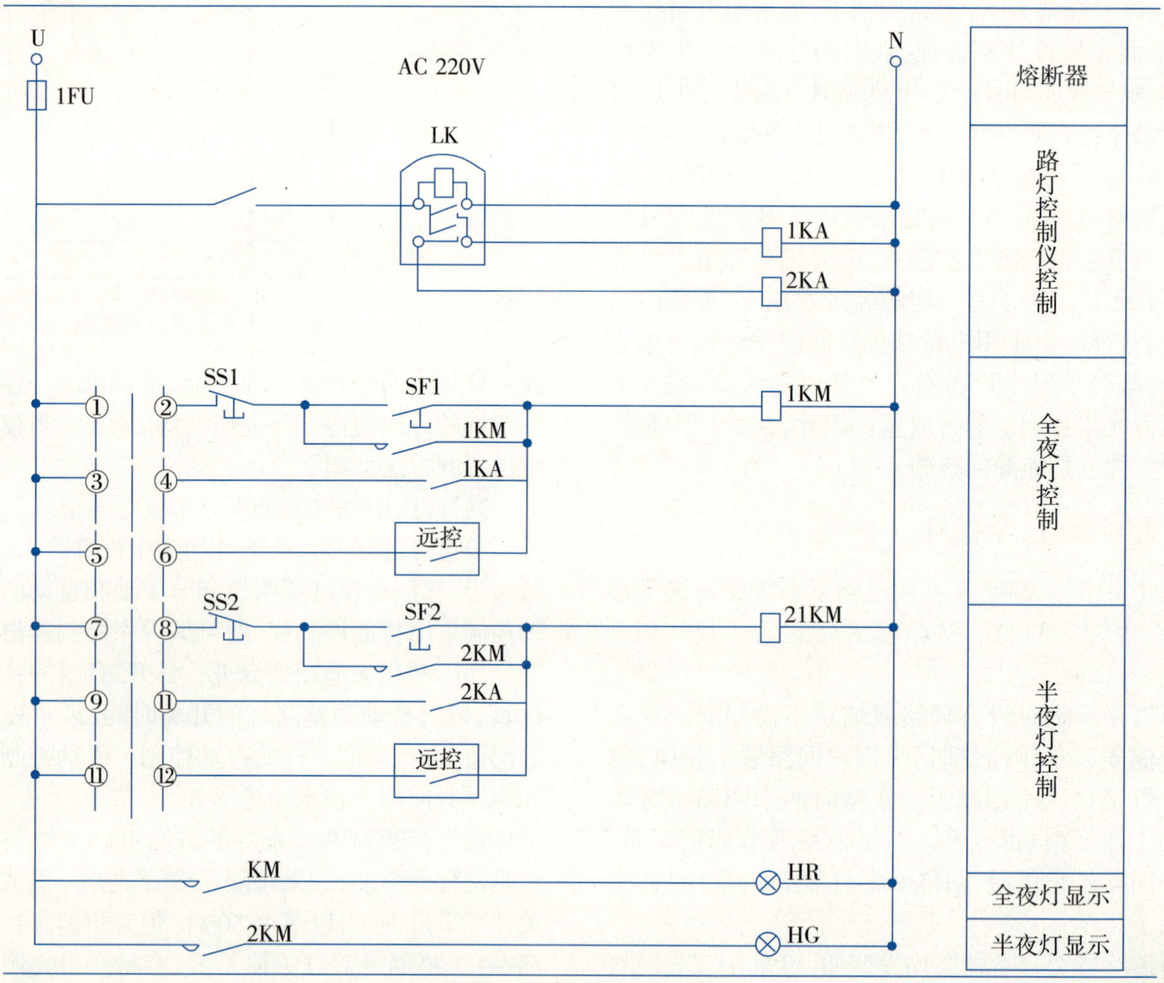

图 3　照明控制接线图

承受一次冲击，其寿命将减少 2～3h。如果能够减少开灯时电压造成的冲击，将大大延长灯具的寿命。解决这个问题的办法可采取软启动方式开路灯，但传统的半夜灯和全夜灯控制方法，不具备这样的功能。③无法避免电压波动时对灯具产生的不良影响。④当夜晚用电量减少电压升高时，灯具在高于额定电压下工作，不仅能减少灯具寿命，而且还因电压升高造成电能浪费。用欧姆定律计算可以得到电压与功率（即耗电量）的关系：

欧姆定律：$P=I^2R=U^2/R$

如果电压上升 10%，设标准电压为 U_1，升高后电压为 U_2，则 $U_2=U_1(1+10\%)$

$U_2=1.1U_1$

$P_2=I^2R=U^2/R=(U_1\times1.1)^2/R=(U_1^2\times1.21)/R$

$P_2=1.21P_1$

如果电压上升 10%，功率浪费 21%。

2　利用镇流器实现节能

镇流器是重要的点灯附件，将 50～60kHz 电流变换成 20～100kHz 高频（或低频）电流供给气体放电灯。同时也是为使气体放电更加稳定而与气体放电灯一起使用的电气元件。镇流器有电感式、电容式、电阻式或这些方式的组合，另外还有一种电子式。目前常用在道路照明路灯上的镇流器分为两种。一种是改进铁心材料的节能型电感镇流器，它具有结构简单、安全可靠、使用寿命长和价格便宜等优点，在大部分道路照明工程中，使用的是这种镇流器。另一种是运用电子线路、电子元器件组成的高强度气体放电电子镇流器。它和传统的电感镇流器相比，具有高效节能、功率因数高、一般不需要另配触发器和电容器等优点。具有适应的电压宽、温升低、启动电流、工作电流小等优点。但目前仍存在着价格比较高、设备寿命短的问题。

据调查一种采用双镇流器控制节能的方法也在一些工程中使用。控制方法如图4所示。资料显示,通过镇流器的调节,可节能20%~40%。另外,还可以采用恒功率镇流器,不仅可以维持灯泡的功率延长灯具的寿命,而且可以节约电能延长镇流器的使用时间。

在道路照明工程中,使用不同型号的镇流器虽然可以达到节能目的,但同时也存在着下面几个问题:①使用双镇流器每个灯具上需要额外加个镇流器,控制线路复杂,成本高,没有稳压和软启动功能;②恒压镇流器生产成本较高,在路灯上使用安装的不多;③电子镇流器是更新的产品,生产企业良莠不齐,导致可靠性差使用寿命低。电子镇流器价格昂贵,使用成本高,至今尚未广泛应用。

3　通过电源端增加设备节能

在道路照明电源端采用的节能方式主要是交流调压。调压设备有晶闸管斩波节能装置和自耦降压调控装置。

晶闸管斩波型照明节能装置是通过控制晶闸管(晶闸管)导通角,将电网输入的正弦波电压斩掉一部分,降低了输出电压的平均值,达到控压节电的目的。这类设备对照明电源电压的调节速度快,精度高,有稳压作用。它主要由电子元件组成,体积小、设备轻、成本低。但是,这种调压方式存在着致命缺陷。由于斩波,电压无法实现正弦波输出,因此,会出现大量谐波,形成对电网的谐波污染。北京市供电管理部门已对谐波含量超标的设备限制并入电网使用。如果使用晶闸管斩波型照明节能装置再加装滤波设备,成本又太高。所以,在道路照明工程设计中,基本不选用此类设备。

自耦降压调控装置即使用自耦降压变压器。这种变压器与普通变压器相比它克服了晶闸管斩波型设备易产生谐波的缺陷,可以实现电压的正弦波输出。自耦降压变压器结构和功能都很简单,可靠性也比较高。目前使用有固定抽头和连续调节两种方式的设备。

固定抽头式其核心部件是一个多抽头的变压器,变压比是固定的。一般二次侧有三到五个降压抽头,一旦接线端固定,降低的电压就是固定值。当电网电压波动时,调控装置的输出电压也会上下波动。道路照明的电源一旦接线端固定,调控的电压就是固定值。但当电网电压波动时,调控装置输出电压也会上下波动。这样,照明工作电压也会处在不稳定的状态,此时,对电光源的保护也有影响。这类调控装置对电压的调节一般都是用交流接触器来进行切换。交流接触器的工作原理是用电磁线圈吸合、断开来控制触头常开或是常闭。由于交流接触器是在电路的主回路中进行切换,切换电流较大。因此,它只适用于切换次数有限且不经常动作的开关场合,不适用于频繁切换。交流接触器在切换动作时,是机械的吸合和断开,所以会有短暂的10~20ms断电。这样的断电会导致高压气体放电灯,如高压钠灯、金卤灯、高压汞灯等熄灭。气体放电灯在熄灭以后,必须等到灯管冷却,蒸气压下降后才能再点亮,一般需要5~10min左右,这是这种灯的特性所决定。但在道路照明工程中,这样的故障有可能造成交通事故。

连续调节自耦降压器:它可通过电刷在线圈的表面平滑移动或滚动,改变线圈的变比而调节输出电压。优点是可实现无级平滑调节,调节精度高,但由于电刷调节回路是串在主回路中,因此承受的电流大,电刷接触不良,会产生火花,引起触点磨损。因此,上述两种利用电压调控节能方法,都存在一些问题。

4　使用智能调控装置节能

在工程设计中,道路照明的光源常选用高压钠灯、金属卤化物灯等高强度气体放电灯。气体放电灯消耗的功率是和它的输入电压有关的,以钠灯为例见图4。

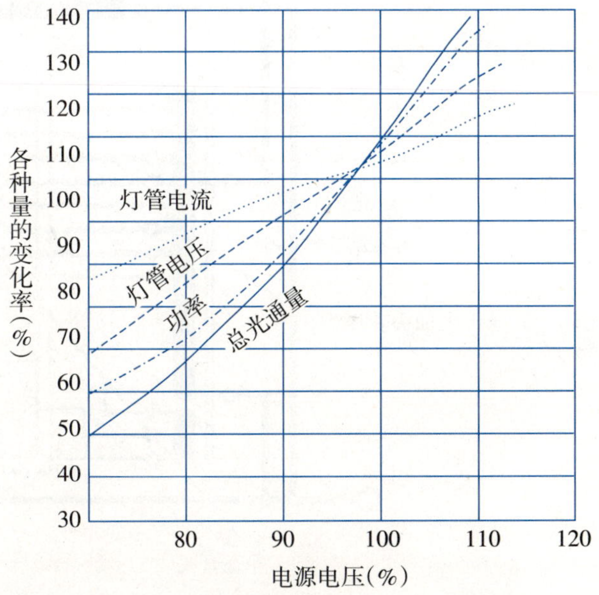

图4　400W高压钠灯各种参数的变化

由图分析当电压降低10%时，电流降低10%，而此时功率降低达25%，光通量则降低30%。电压波动过大、过频，将损害光源的使用寿命，导致照度的波动，使道路照明效果达不到国标的要求。由于前述的照明节能装置都有不足之处，因此智能照明调控装置逐步在道路照明控制系统设计中使用。

根据资料介绍道路照明智能照明调控装置具有①地理信息功能：通过通信系统传输，可显示全线的路灯全貌及任一处控制点的状态；②照明开关灯软启动功能：开机软启动从200V开始并在这个水平保持2.5min，然后进入缓慢的升压过程并持续5min，将电压升至额定的220V电压。通过软启动降低冲击电流，保护线路，提高光源寿命；③自动调光功能：在正常光通量运行工况下，后半夜由控制装置发出一个信号，通过稳压调控单元，使输出电压处于缓慢的降压过程并持续10min，将电压降至设定的水平，调压幅度为20%；④定时控制功能：主控制端按一年日照的长短而自动调整开关时间，并可预设提前或滞后60min，从而达到路灯开关随日照长短的不同而变化的自动控制，具有每天前半夜灯和后半夜灯及特殊日期开灯控制；⑤具有再启辉功能，当负载或供电故障造成光源端电压跌落时，程序会使熄灭的灯再次点亮。当调控单元出现故障时，可通过自/手动旁路，人工控制系统仍将正常工作；⑥即时控制功能：如出现恶劣气候或其他原因，主站可对全线或单一监控点实行指令操作；⑦工况检测：对开关状态、电源电压、线路电流和功率进行检测，可适时更换损坏的元器件；⑧系统异常和故障报警：当出现电源故障、通信故障和线路故障，能自动报警并作相应记录。

智能照明调控装置具有软起动/软过渡、稳压、节能和智能调控功能。采用微电脑控制系统，实时采集输出、输入电压信号与最佳照明电压比较，利用微处理器控制与多抽头变压器各抽头相连接的晶闸管静态开关的开关位置，调节补偿变压器的补偿电压ΔV；从而达到调节输出电压保证输出最佳的照明系统工作电压的目的。调控装置的原理见图5。

一般在后半夜用电低谷时，电源电压升高很多，灯的功率也会大幅度的增加，灯具受损也会增加。但考虑到在后半夜时车辆人流都大为减少，供电电压由于用电负荷减少而升高，所以此时用照明调控装置降低供电电压而适当降低光源的光通量是可行的。

补偿变压器调节电压的原理如图6所示。

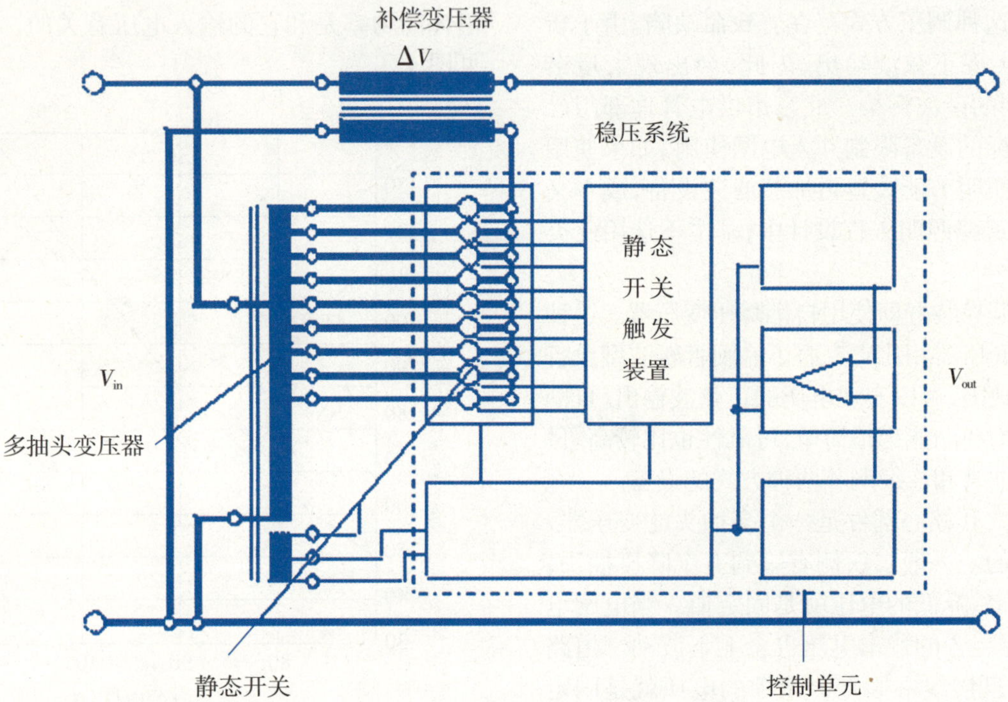

图5 调控装置的原理图

补偿变压器的二次绕组串联在主电路中，相位和输入电压相反，补偿式调压变压器的一次绕组接入一个补偿电压，如图6所示。若不计补偿变压器阻抗压降，则从图可见：输出电压=输入电压–补偿电压，补偿电压可通过在输出电压或输入电压上取出，当补偿电压等于输入电压时，输出电压=输入电压–补偿电压，当补偿电压等于零时，输出电压=输入电压。由于它的调节是在一次线圈，所以在主回路中是没有任何触点的。

补偿式调压器输出为正弦波无谐波干扰，它的变压器容量仅为需要调节的部分的容量，因此可用较小的容量控制较大的容量输出，输出效率高，调节方便，过载能力强，很适合在大、中功率场合下应用。

利用照明调控装置，可以实现灯具开启的软启动，如图7所示。

t_0 t_0 t_1:从200V起软启动

t_1 t_0 t_2:以慢斜坡方式升至220V或230V(可调节):速度2.5min

t_2 t_0 t_3:灯具工作在额定电压

t_3 t_0 t_4:发出“节能”指令

缓慢降至节能电压水平(可调节):速度5min

t_4 t_0 t_5:灯具工作在节能电压

t_5 t_0 t_6:发出“返回额定电压”指令

通过平缓过渡、平缓升压，有效的防止了额定电压或高于额定电压对灯具的冲击。延长了灯具的寿命。智能调控装置还具有稳压作用、可节能调控降功率和智能控制灯光开关时间。它能够维持输出电压在±2%范围内，有利节能、保持照度恒定和光色的稳定。道路照明在后半夜车流、人流少时，可以适当降低路面亮度时，调控装置可以定时自动平缓将电压降至

180～190V。同样如果电压下降16%，根据欧姆定律 $U_2=U_1\times0.84P_2=U_2^2/R=(U_1\times0.84)^2/R=0.7P_1$，减压16%后，可节能30%。

路灯智能调控装置对路灯开关灯的控制可按天文时间逐日自动调整开关灯的时间。

利用路灯智能调控装置，节能的效果是非常明显的。以在南方做的一个工程为例。道路全长3000m，主辅路均设照明，灯具对称布置。灯具共400盏，其中100W高压钠灯200盏、250W高压钠灯200盏。

负载功率计算：

(100×200)+(250×200)+[(100×200)+(250×200)]×10%=77kW

每天亮灯时间按12h计算（不考虑夜间过压的情况），年电费为：

77kW×12h×0.68元/kW·h×365天=229337元

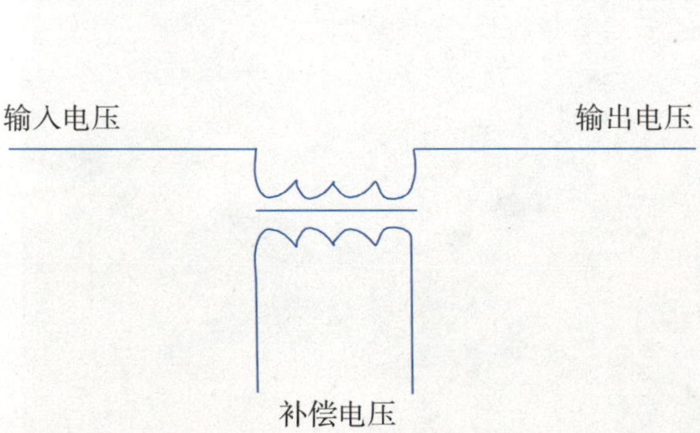

图6 补偿变压器调节电压的原理图

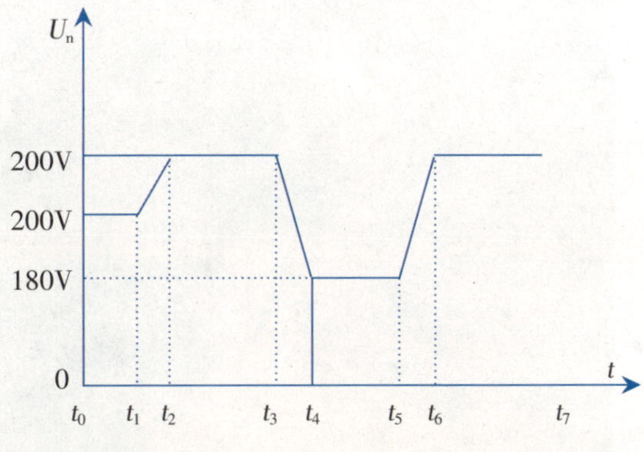

图7 灯具开启软启动

安装路灯智能调控装置后节能按30%计算(节能按10h计算),年电费为:

(77kW×2h+77kW×70%×10h)×0.68元/kW·h×365天=172003元

直接效益:年节约电费为29337-172003=57334元

节电幅度为57334÷229337=25%。

根据经验得知,每年用于维修和更换灯具的费用(材料和人工费)约占总电费的30%～40%,仅按30%计算。

安装节能设备之前,维修费约为:

229337×30%=68801元/年

安装节能设备之后,维修费约为:

172003×30%=51601元/年

节约维修费约(68801-51601)=17200元/年

安装路灯智能调控装置后,利用它的软启动功能,降低了额定电压或高于额定电压对灯具的,灯具的寿命延长2～4倍。仅按2倍计算,一般灯具设计寿命为5000h(参考灯具样本数据),由于高压,浪涌,频繁开关以及硬启动等因数,实际寿命为3000h。则安装路灯智能调控装置后,灯具寿命可以达到6000h。

间接效益:本工程用灯具200+200=400(盏)每年通电时间为:365×12=4380h

未安装调控装置前,每年平均换灯次数为:

4380/3000=1.46次。

采用本装置以后,每年平均换灯次数为:

4380/6000=0.73次。

每盏灯按1500元计算,每年节约灯具费用为:

1500×400×(1.46-0.73)=438000元

节约的直接和间接费用相加为:

57334+17200+438000=512534元/年

由此可见,每年节约512534元。路灯智能调控装置成本约10～30万,不到一年即可收回成本。

随着我国道路照明事业的不断发展和改进。新的灯型、光源和设备材料;新型的节能设备新的设计思想和设计理念会不断的出现。在今后的道路照明设计工作中,我们把绿色照明理念在设计中充分运用,重点在节约能源和道路照明的照度、亮度、均匀度、灯具布置和控制方式方面进一步的提高。将道路照明和环境协调,更好的提高道路照明的社会效益。

参考文献

1 城市道路照明设计标准 CJJ45—1991

2 公路照明技术条件 JT/T367—1997

3 道路立交照明设计一般规定 BSY-GE07—1995

4 绿色照明工程实施手册.北京:中国建筑工业出版社,2003

网络化道路照明自动控制技术

上海复旦大学电光源研究所　孙耀杰　周小丽　韩　磊　刘木清

摘　要　文章首先从节约能源和提高照明质量的角度阐述了研究道路照明网络控制技术的重要作用和社会意义，并介绍了道路照明的光源，道路照明系统的分布式网络控制的主要研究内容和几种常见控制网络组成结构，以及电力载波和 Zigbee 无线等新型网络控制的技术特点；最后介绍太阳能和风能等新能源在道路照明中的应用。

关键词　分布式网络　道路照明　网络控制

1　前言

能源是人类生存的基本要素，是经济发展的主要物质基础。由于化石燃料的日益枯竭以及人类对全球环境的恶化备加关注，节能与环保已经成为全球进步的两大主题。目前社会生产的飞速发展，对能源的需求也达到前所未有的程度，全球范围的能源危机也日益突出。全世界的能源主要依靠煤炭、石油和天然气几大方面。据预测，到 2010 年能源的需求大约要增加到现在的 3 倍左右。由世界能源拥有表（见表 1）可以看出，化石能源在不久的将来均会告罄。一方面大力研究新型能源，另一方面通过技术创新推动节能型、低能耗型技术的发展。

照明是人类消耗各种能源的一个重要方面。目前，全世界所用的光源：300 亿只/每天；生产 100 亿灯/年。作为电能使用大户，我国照明用电约占国内当前总用电量的 12%左右，并以每年 5%的速度增长，因此照明节电具有重大的意义。

城市公共照明在我国照明耗电中占 30%的比例，约 439 亿 kW·h，以平均电价 0.165 元/kW·h 计算，1 年开支 285 亿元。道路照明对于降低夜间的交通事故发生率有着重要的影响，几年来在各国所作的相关研究表明，良好的道路照明可减少约 30%的夜间交通事故。相关研究表明，利用自动控制技术可以大幅度的节约能源，一般认为仅仅通过合理设置开关灯的时间，就可以节约 18%～30%左右的电能，利用智能型照明控制系统，在保证相同的照明效果下，可以节电 30%～80%。我国目前处于高速发展的阶段，能源问题已经大大的影响了人们的工作和生活，特别是近年来华东电网、南方电网的拉闸限电，已经给经济的发展带来了很大的负面影响。因此，研究如何利用控制技术节约能源，提高照明效能是当前光源与照明领域研究方向的热点问题。

表 1 世界能源拥有表

<table>
<tr><th>资源</th><th colspan="2">拥有量</th><th colspan="2">利用状态</th><th colspan="2">剩余</th></tr>
<tr><td>石油/(×10⁸ 桶)</td><td rowspan="4">已确定蕴藏量</td><td>10000</td><td rowspan="4">年生产量</td><td>217</td><td rowspan="4">可采年数</td><td>约 50 年</td></tr>
<tr><td>天然气/(×10⁶m³)</td><td>113</td><td>2</td><td>约 60 年</td></tr>
<tr><td>煤炭/(×10⁸t)</td><td>10800</td><td>3.3</td><td>约 300 年</td></tr>
<tr><td>核能(铀)/(×10⁴t)</td><td>360</td><td>3.7</td><td>约 100 年</td></tr>
<tr><td>水利/(×10⁶kW·h)</td><td colspan="2">蕴藏量 19.4</td><td colspan="2">开发率 22%</td><td colspan="2">未开发率 78%</td></tr>
</table>

2 道路照明的光源

光源的选择对道路照明的安全和节能有着很大的影响。现道路照明常用的光源是高压钠灯(HPS),少数采用金属卤化物灯(MH)或高压汞灯(HPM),它们的相关技术参数(如表 2 所示)。通常而言,光源选择首先考虑的是光源的光效。目前道路照明中推荐选用 HPS 灯的主要依据是其具有约 120 lm/W 的高光效。但这里的光效是明视觉(大于 3cd/m^2)条件下所得的数据,随着亮度水平的降低,人眼的视见函数会发生普尔金耶偏移,若采用明视觉条件下的光效来评价道路照明(处于中间视觉)条件下光源的效果,则会产生一定的误差,这方面的研究是目前中间视觉和人体功效学研究的热点之一。

由表 2 中可见,高压钠灯由于寿命长,光效高等优点,现在仍然是道路照明中最常用的光源。但它显色指数很低,使夜间受光者皮肤显得发黄。高显色性高压钠灯显色指数较高,但光效已经下降到只有普通高压钠灯的 1/3。金属卤化物灯光源寿命、光效、显色指数属于中等。近期技术逐步成熟的陶瓷金卤灯具有较高的光效与显色指数,有很大的应用前景。陶瓷金属卤化物光源还可以进行光色较稳定地调光,使它在要求节能的道路照明中有巨大潜力。值得一提的是近期发展很快的 LED 光源,它在信号指示,景观照明以及其他一些特种场合获得了很大的应用。但由于它单颗功率小,成本高等因素,离普通照明包括道路照明还有很大的距离。但 LED 作为隧道照明中的辅助光源进行应用已有报道,作为道路地面指示等已在很多地方应用。

3 道路照明的控制技术

照明控制可分为开关控制和调光控制。调光控制又包括连续的调光控制(被控光源的光通量可连续的变化)和不连续的调光控制(被控光源的光通量只能在若干固定的预设值之间变化)。我国现行道路照明的控制简单粗糙,大多仅实现开关控制。但是,实际上道路的实际要求及照度因环境等因素而不同, 如:天尚未完全黑时与天完全黑时,照度要求不同;深夜与晚间及晨曦也会有所不同。

3.1 道路照明的控制策略

控制策略很多,目前常用的场景控制方法。所谓场景控制就是通过综合考虑和分析与道路照明密切相关的时间、路段、环境照度和交通流量等因素,按照

表 2 HID 光源的主要特性

光源种类	光效/(lm/W)	色温/K	显色指数/*Ra*	平均寿命/h
荧光高压汞灯	40~50	3400/4000	45/55	10000~15000
高压钠灯	120	1950/2200/2500	23	24000~30000
高显色性 高压钠灯	40~50	2500	80~85	15000~20000
金属卤化物灯	75~95	3000/4500/5600	65~92	6000~20000
陶瓷金卤灯	85~95	3000~4200	85~95	8000~15000

预设的控制策略，对道路照明进行动态智能化管理，控制路灯在不同的情况下工作在不同的状态中，实现多样化的道路照明场景，从而在提高照明质量的同时获得最佳的节能效果。按照影响道路照明控制的主要因素可以将场景控制策略分为时间表控制、组群控制和环境参数辅助控制。

3.2 传统照明控制方式

这种控制方式多以手动控制为主。常见的有以下几种：其一，利用设置在灯具配电回路中的手动开关元件来控制配电回路的通断，从而实现开关控制；其二，利用设置在灯具配电回路中的手动调节元件来调节配电回路的电气参数(电压、电流、频率或电能等)，从而实现灯光的明暗调节，即调光控制。常见的改变路面照度方法如下：

3.2.1 关掉部分灯

在夜间等道路照度要求较低时，适当关掉部分光源，以节约能源。但是此法将降低道路照度的均匀性，并要求多路布线，增加施工及维护成本。

3.2.2 改变灯的光输出

(1)加辅助镇流器的方式。该法在常规点灯线路中增加一个镇流器，并在此镇流器上设置可控旁路开关，晚上正常照明时旁路该镇流器光源具有较大的功率输出，深夜，让两个镇流器一起工作，光源光功率减少。该方法适合于对现有道路照明的改装，但辅助镇流器增加一定的额外功耗。旁路镇流器的控制可以配用时间继电器、可实现简单的光控电路控制。

(2)加辅助电路部分斩波的方式。常用晶闸管元件实现无级控制，但控制范围有限；且增加谐波。加光控，时间继电器可实现简单控制。

(3)采用调光电子镇流器。常用调光电子镇流器，可实现无级控制，控制范围较大。加光控，时间继电器可实现简单控制，也可以通过数字适配器和控制网络相连。

(4)采用数字调光电子镇流器。有中央控制，实现光控，时控等各种智能控制，可以和控制网络相连，组成智能控制系统，数字调光电子镇流器的优点：有报道在世界多个国家的案例节电效果大于40%，同时，单灯的实时管理使维护费用降低。

3.3 基于网络的道路照明控制系统

采用路灯隔盏关灯的方法，其中的弊病不仅导致了路面照度分布不均，即形成所谓的斑马线，给治安及交通安全埋下了隐患，而且不能避免后半夜电网电压的升高对路灯寿命的减损，因此不能称做是真正意义上的节能。应该充分考虑城市道路照明的实际状况，依据人体工程学中的视觉理论，采用电力电子技术和现代控制方法，实现了对路灯电压及照度的动态智能化管理，即TPO管理(TIME/PLACE/OCCASION)。比如：在繁忙的时段，控制路灯保持较强的照度，接近午夜时分，开始自动调光，在后半夜车稀人少时，在满足照明要求情况下，控制路灯保持较低照度的照明。它的主要优点就是在调光的同时也可大幅度降低电耗，节约有功电耗达30%以上。这就需要采用数字镇流器，运用网络传递控制信息和控制指令。目前的智能照明控制系统正是一个集多种照明控制方式、现代化数字控制技术和网络技术于一身的控制系统。它的出现和发展，不仅为建筑照明提供了多种艺术效果，而且使照明控制和维护管理变得更为简单。照明控制网络中的单灯智能控制器(或智能化数字镇流器)负责单个路灯的控制和状态检测。线路及智能监控终端和照明管理中心之间可以采用无线通信(如GPRS)或以太网进行数据传输，单灯控制器(或智能化数字镇流器)和线路级智能监控终端之间采用现场总线、窄带电力线载波、以及Zigbee无线网络等通信方式进行控制系统的信息流和控制指令的综合。欧盟大型合作项目NumeLiTe既是采用陶瓷金卤灯、远程数字控制技术、数字调光技术的照明节电项目，其历时3年、欧盟的6个国家11个单位参与。

3.4 常见的通信方式

目前常见的系统网络控制方式有以下几种：

(1)DALI协议、Lonworks等有线控制网络。这些控制网络大多数是现场总线网络在照明控制中的延伸和应用。这些协议绝大多数都采用适应面宽的现场总线结构形式，或者是现场总线网络的简化和改进，使其从供电、通信量以及布线等问题上更适合于照明控制。但是大多存在的通信协议复杂，维护成本高，需要专用的通信接口，组网价格高等问题；

(2)电力载波。电力线是分布最广泛的物理网络，利用电力线通信据有高性价比、升级方便、维护简单、构建灵活等特色，是家庭、道路、场馆智能照明系统理想的解决方案之一。可以大大简化布线，这对于旧项目的改造，现有道路照明管理工程的改善都有很大的现实意义。但是目前还不够成熟，有许多问题有待研究。

(3)无线控制网络。GE 等大公司均有基于无线网络的照明与安防控制系统，无线网络具有组网方便，改变网络中光源的数量和布局方便等优点，目前成熟的应用大多采用工业频段或利用 GPRS、GSM 等公众网，但是这些网络功耗大，造价高。复旦大学电光源所目前研究的一种新型无线网络，基于 ZigBee™ 的智能照明控制系统。ZigBee™ 是一种有希望大量推广的无线组网控制方式，ZigBee 是专为低速率传感器和控制网络设计的无线网络协议，与其他无线协议相比，ZigBee 无线协议提供了低复杂性、缩减的资源要求，最重要的是它提供了一组标准的规范。它还提供了 3 个工作频带，以及一些网络配置和可选的安全功能。特别是它采用 802.15.4 标准通信协议，可以做到类似 Windows“即插即用”的功能，组网十分方便。其次，功耗极低，据研究报道，5 号电池可以用 1 年。这将从根本上替代 RS422/RS485 网络成为下一代的主流。

4 智能照明控制系统的比较

智能照明控制系统的控制网络可以看成是计算机网络和现场总线控制网络的一种延伸，通过通信网络进行道路照明控制信息的交流，传递传感器、时钟、控制策略和场景信息和数据，并且对单灯的镇流器进行一定程度的故障诊断。传输介质和拓扑结构主要是应用于现有的计算机网络。常见的局域网拓扑结构有：星形(Star Topology)、总线(Bus Topology)、环形(Ring Topology)、树形 (Tree Topology) 和混合形(Complex Topology)等。不同拓扑结构的网络各有特点，有着不同的可靠性、经济性、相关性和灵活性等指标。智能照明控制系统按其网络的拓扑结构大致可分为以下几种。

4.1 集中式

集中式系统结构主要为星形拓扑，即以中央控制节点为中心，把若干外围节点连接起来的辐射式互连结构。各种照明控制器、控制面板等设备均连接到中央控制器(CPU)上，由中央控制器向照明控制器等末端执行单元传送数据包。该系统的优点是照明的控制功能高，故障的诊断和排除简单，存取协议简单，传输速率较高。缺点，因过分依赖中央控制器，故系统的可靠性和经济性相对较低。虽然采用了多种改进措施后，可以提高中央控制器和系统的一些可靠性，但是总体而言还是存在接线多，施工复杂等问题。

4.2 集散式

集散式系统结构主要为星形拓扑(多层次)，即以中央控制节点为中心，把分控中心连接起来，再由分控中心把若干外围节点连接起来的辐射式互连结构。该系统层层相套，中央控制器向各分中心控制器传送数据包，各照明控制器，控制面板等设备均连接到分中心控制器(CPU)上，由分中心控制器向照明控制器等末端执行单元传送数据包。该系统的优点是除具备集中式的特点外，该系统将控制分散至分中心，因而可靠性也相对提高。缺点是系统的经济性相对更低，可靠性虽有所提高却仍不能令人完全满意。

4.3 早期分布式

早期分布式系统结构主要为以总线拓扑为主，兼有星形拓扑的混合形。总线拓扑即采用单根传输媒体，让所有的节点通过其相应的硬件接口直接连接到传输媒体上。系统将原控制中心的控制功能分散至靠近末端的控制设备，各照明控制器、控制面板等设备直接连接到总线上，通过一种访问控制策略，决定设备与监控中心信息传输的顺序。由于该系统中照明控制器与被控末端的灯具之间仍是星形结构，故将此系统称为早期分布式。该系统的优点：由于各单元可独立工作、各单元的功能相对单一，系统的可靠性和经济性相对较高，而且该系统易于扩充。缺点：照明的控制功能一般，故障的诊断和排除困难，传输速率一般。

4.4 分布式智能系统

分布式系统结构主要为总线拓扑。该系统与早期分布式极为相似，只是将控制功能进一步地下放至最末端的灯具(含简易的智能电气元件)，处于最末端的灯具既是被控对象同时也是控制元件。利用灯具原有的电源线加载信号，实现对光源的控制和监测功能。该系统的特点：具备早期分布式的全部特点，可靠性更高；现阶段受控制技术的影响，该系统的经济性稍差一些；灵活性和扩充能力极高(尤其对于改建建筑和控制变化较大的场所)；弥补了早期分布式系统照明控制功能的不足。

5 新能源在道路照明控制中的应用

科学技术的发展和高新技术的推广应用，使得自然能发电的技术性能和经济性能有了很大的突破，自然能发电设备的成本不断降低，自然能供电系统的设计技术也日趋完善，自然能源的应用正在成为世界电力发展的潮流之一。目前在道路照明中也出现了太阳能和风能供电技术，如果自然能供电和无线网络控制相结合将给照明控制方式和一些中小功率的照明应

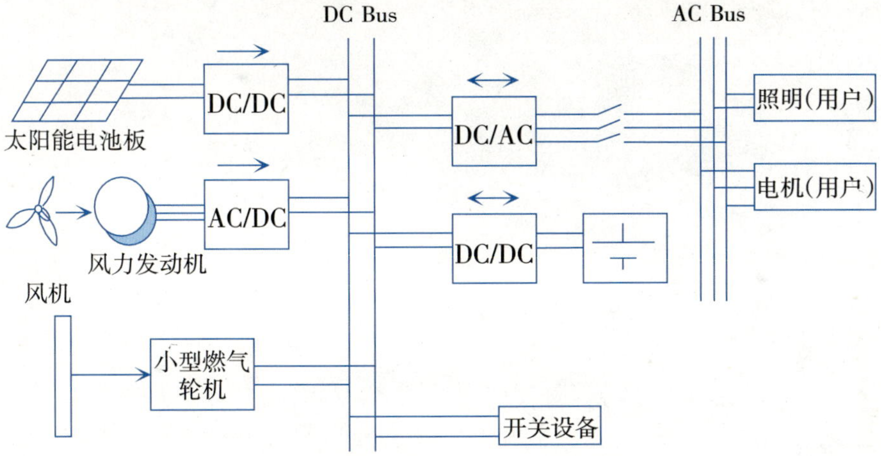

图 1 分布式电源组成结构示意图

用带来技术上的巨大提升。特别是分布式发电系统（如图 1 所示）的推广和应用将会给道路照明带来一些新的供电和控制方式，分布式电源就地供电，避免了很多道路施工问题，这对于一些旅游景点和主题公园既可以作为科普和环保教育的示范，又可以节约能源，形成一些示范效果，特别是一些新型并网的风力发电技术和太阳能发电技术的发展（如图 2 所示），对于风能和太阳能在道路照明中的具体应用会起到推进作用，复旦电光源系目前在太阳能并网控制、MPPT 最大功率跟踪控制方面的研究处于领先水平，并网控制器达到了 93%～95%的高效率，各次谐波为 3%，总 5%。目前正在进行太阳能供电系统用的高功率因数、高效的电子镇流器和 LED 驱动器的研究，将太阳能的 MPPT 控制和镇流器的高光效控制相结合，研究可适于自然能供电系统应用的高效电子镇流器。

6 总结和致谢

本文较详细的介绍了网络化道路照明控制系统的技术特点，以及照明控制中几种典型的通信方式和各种控制网络的拓扑结构，指出了研究网络化照明控制系统的意义，最后介绍了新能源在照明中的应用和展望。感谢复旦大学各位教授和同事在工作中给予的大力的帮助。

图 2 新型风力发电机实物

参考文献

1 孙耀杰，刘木清，周小丽，韩磊，周德成等.照明自动控制技术探讨.CLS2005 论文集，571～576
2 陈文成，林燕丹，邵红，周卫忠，陈大华.道路照明依据的探讨.复旦学报，2003(12)：950～955
3 孙耀杰，刘木清，韩磊，周小丽，周德成.应用随机约束规划的智能照明控制器的研究. 照明工程学报，2005，S1 92～95
4 陈涛. 照明控制与自动化系统的完美结合——智能照明控制系统的再认识. 照明工程学报，2003(9)：26～31
5 孙耀杰，史维祥.分布式电源中风力发电的建模与智能控制.西安交大博士论文，2003
6 Georges Zissis，Jean-Baptiste Rouffet，etc. mplementing a High Quality and Energy Efficient Urban Lighting Scheme within a European Energy Saving Program，Proceedings of RL6，May，2005
7 Dr.Nguyen van Tien，Mr.Yodsak Unhavaithaya，Dr. Nguyen nang Dinh. Lighting control in street lighting An overview of the state of the art in technology and application，Proceedings of RL6，May，2005

分时段控制在道路照明中的应用

锐高(TridonicAtco)照明电子上海有限公司　胡　杰　刘　坚

近年来，政府部门、研究机构、灯具制造商、电器厂商等相关单位都在致力于节能方面的研究，其中道路照明、人行道照明、公园照明和庭园照明均在研究之列。而照明系统的能耗问题一直是照明领域急待解决的问题。

为了节约能源，道路照明分时、分段的控制已成为非常有效的方法。在各种交通流量非高峰时段，通过使用功率转换器或分步调光电子镇流器使道路照明的照度有所降低。由于照明系统安装的不同(带控制线或无控制线)，采用功率转换器所带来的好处也有所不同。文章将着重介绍功率转换器和分步调光电子镇流器在道路照明中的应用。

1　使用功率转换器进行分时、分段控制

根据光源制造企业提供的技术资料，高压钠灯或者高压汞灯的光输出可以降至其额定值的 50%，而光源的寿命不受影响，这意味着光源的可见光输出能够降至其额定值的 30%～45%。采用分段式镇流器能够实现这一目标。在某些特殊情况下，还需要为镇流器串联或者并联一个辅助阻抗功率转换器。

1.1　带有控制线路的功率转换器

分段式镇流器的功率转换是通过使用功率转换器 ZRM U6L 和 ZRM U6L/T 来实现的。上述单元均采用带有两个热敏电阻(PTC)的功率转换器。

这样可以保证在功率转换时电路中有最小的维持电流，防止路灯熄灭。若采用镇流器串联或并联辅助阻抗结构，则需要使用 ZRM S6L 型功率转换器。ZRM S6L/T 带有延时电路，能够确保灯在每次点燃以后能在额定输出状态下工作几分钟时间。

ZRM U6L/T 带有一个延时电路，当灯被点亮以后，它让灯在 100%光输出状态下工作 330s 后，将灯的亮度高速至预设值。

当 Pst 上所加的控制相位为 220～240V 之间任意值时，灯在 100%光输出状态下工作；当控制相位开路时，灯在最低光输出状态下工作。使灯工作在低功率状态会降低灯的光输出，从而达到降低能耗的目的，同时也不会对灯的寿命产生影响。

1.2 不带有控制线路的功率转换器

不带有控制线路的功率转换器内置一个时钟，可以将调光操作与白天黑夜同步起来，其调光时间可以在中央控制区域任意设定。ZRM U6M 完全独立工作，免维护，无需任何复杂的控制系统。

为了降低户外照明的能耗，在交通流量的非高峰时段(如 22:00～5:00)，灯的光通输出应当调低，如图 1 所示。ZRM U6M A001 功率转换器可以根据镇流器上不同的功率抽头自动对灯的光输出进行调整，而无需额外的控制线路，从而降低了更换成本。

在功率转换器出厂时，灯的低光通输出时间被设置为 7h(即 22:00～5:00)。当然，完成安装后用户可以根据自己的需要随意更改调光时间。时间段的设定可以由程序控制通过电网来完成。功率转换的工作时刻由内置的计时器控制。这个计时器会记录夜间灯工作的总时间，并根据所记录的最近 3 个运行周期的平均工作时间，自动计算功率转换的工作时间。

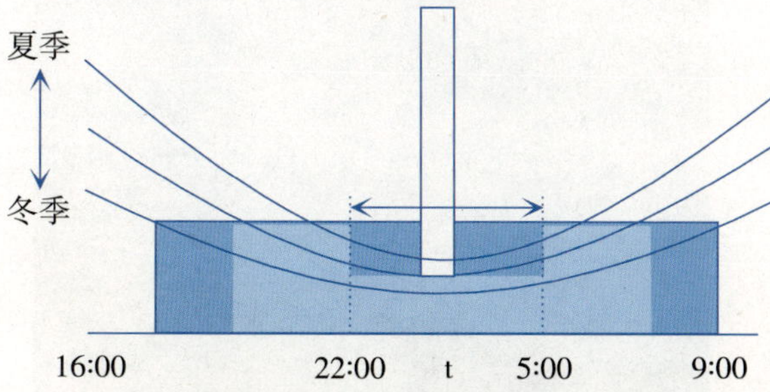

图 1 不带有控制线路的功率转换器示意图

功率转换的时间几乎不会随意更改；程序控制低功率工作时间最低可以设定为 2h，最高可以设定为 18h。

因为该功率转换器设计承受最大电流为 6A（cosφ=0.5），因此它能够与 35～400W 高压钠灯和 50～400W 高压汞灯匹配工作。

2 使用分步调光电子镇流器分时、分段控制

高压钠灯的功率调节也可以通过配用电子镇流器来实现，这意味着电子镇流器也能应用于道路照明节能领域。使用电子镇流器能够带来一系列对效果的改善，比如灯光性能的提高，寿命周期内光衰有所减缓等。

要想更好地利用现有能源，必须引入效率更高的照明理念，而其中之一是将投资费用尽可能降低。在道路照明中这点尤为重要。锐高公司的创新产品 PCS stepDIM 系列镇流器(如图 2 所示)能够完全满足这些要求。在与高压钠灯配合使用时，它可以将非高峰时段高压钠灯的光输出降低 50%，从而使能耗降低 35%。

2.1 调光

无论预先设定的调光值为多少，灯在刚点亮以后首先工作在 100%光输出状态下。当灯完全点亮后，镇流器才会逐渐将光输出调整到预设值。为了保护光源，镇流器采用分步调光方式，将光输出逐步调整到 50%。从 100%～50%的光输出，或者从 50%～100%的光输出，调光在 3.5min 内完成。调光控制通过直接连接在镇流器上的相位控制器来实现，相位控制器打开对应 100%光输出；相位控制器关闭对应 50%光输出。

在不含有相位控制器的系统中，ZRM U6M A003 根据程序设定的时间进行功率变化。

图 2 PCS stepDIM 系列镇流器

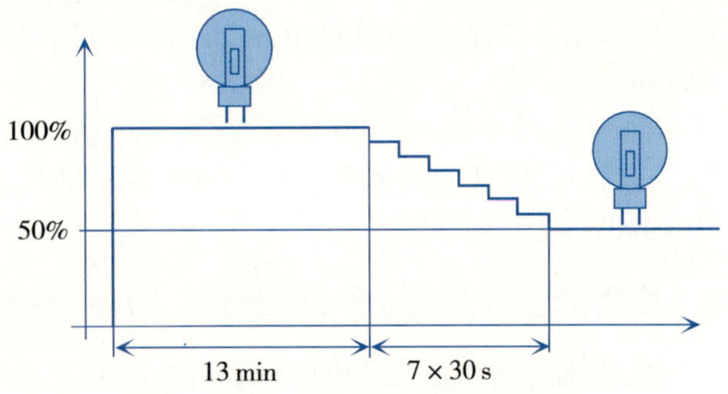

图 3 分步方式降低光通输出示意图

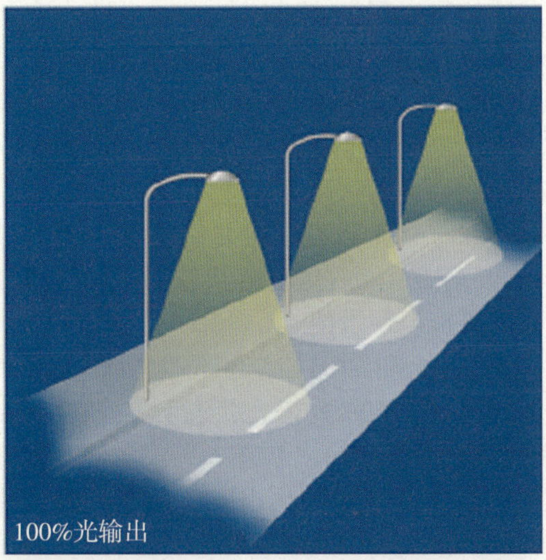

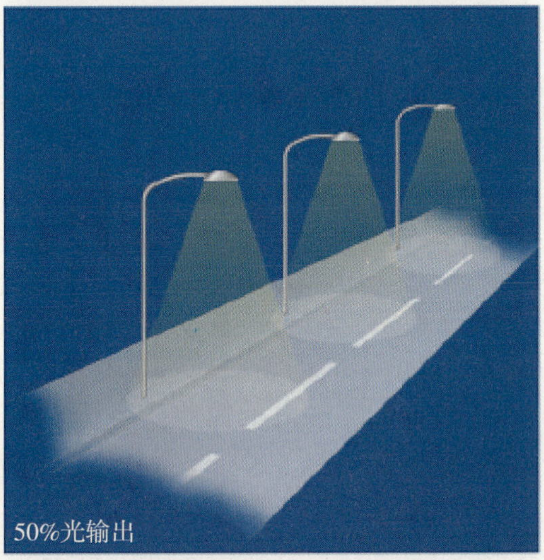

2.2 采用分步方式降低光通输出

为了使路灯始终在最佳性能时工作，灯的光输出改变不是突变而是分步进行的，这就防止了光源在调光过程中的熄灭，如图 3 所示。

在 PCS stepDIM 系统中，控制调光的 230V 控制线连接到附加接线端上。由于采用了这种简单有效的方式，镇流器可以与开关相位控制器一起集成在现有的所有照明系统中，从而省去了昂贵的控制设备，将照明系统的成本降至最低。

由于新系统能耗小、维护成本低，所以政府和照明管理部门能够在极短的时间内收回投资。PCS stepDIM 系列电子镇流器能够满足户外照明的高要求，以及适应不同照明工程的需要，是客户理想的选择。

在无开关相位控制器的系统中，stepDIM 单元可以与锐高公司生产的数字功率转换器 ZRM U6M A003 配合使用。它可以根据 1 年当中不同的时间段，对夜间照明自动实现低功率运行。

综上所述，锐高公司的分时段控制电器在道路照明中的应用前景广泛。在新的道路工程中可以选用全套相关电器配置的路灯；在现有路灯的改造中同样有用武之地。对于最终用户而言，通过电器的简单更换，有效达到节能的效果。虽然不同的解决方案节能的效果不同，但是在 12h 点灯时间内可以实现节能 20%以上效果，确实非常具有吸引力。

道路照明配电系统的接地方式

中国航空工业规划设计研究院 任元会

1 概述

城市道路照明是城市安全、城市道路交通正常运作的重要保证,同时也是城市商业、文化发展以及活跃人们生活的需要,甚至是城市的一道景观。

道路照明的主要功能是为机动车道和人行道提供必要的亮度和照度,以及符合行驶要求的照明质量。保证实现这个功能的基本前提就是安全用电。

安全用电涉及多方面的技术内容和管理维护要求,本文仅就道路照明低压配电系统的接地方式问题进行探讨。接地方式和配电线路保护关系到以下两个问题:

(1)使维护人员和广大行人免遭电击的危害。

(2)保证道路照明的正常运行,防止电路故障(短路、接地等)导致线路损坏,减少不必要的停电。

2 低压配电系统的接地方式和应用状况

2.1 接地方式种类

按我国标准和国际电工委员会(IEC)标准,低压配电系统接地方式分为以下三类:

2.1.1 TN 方式

电源端(配电变压器低压侧中性点)直接接地,用电端(用电设备外露导电部分)通过一条导线连接到电源端中性点。由于连接导线的方式不同,又可分为下列三种:

(1)TN-C:利用配电线路的中性线(N)作接地连接线,称为 PEN 线。

(2)TN-S:增加一条专用的连接导线,即 PE 线。

(3)TN-C-S:以上两种的综合,前半部采用 TN-C,后半部采用 TN-S。

2.1.2 TT 方式

电源端直接接地,用电端也直接接地。

2.1.3 IT 方式

电源端不接地(或高阻抗接地),用电端直接接地。

建筑物内低压配电系统,过去多采用 TN-C 方式,近 20 多年随着现代化、信息化进程,和更高的安全要求,TN-C 方式存在很多缺点,采用 TN-S、TN-C-S 以及 TT 方式越来越多,运行可靠性要求特别高的设备,IT 方式也有应用。

2.2 道路照明配电系统的接地方式应用状况

如前述,在建筑物内采用 TN-S 及 TN-C-S 方式比较多,但处于室外环境的道路照明,条件不尽相同,使用 TN-S 仍然不能完全保证安全。其中一个重要因素是室内环境要求作等电位联结,作为防电击的重要措施之一;而处于室外环境的道路照明则难以作等电位联结,这是 TN-S 广泛应用于建筑物内,而不适宜于室外的主要原因。在已经有较完善的剩余电流动作保护器的今天,有条件采用 TT 方式,对于道路照明更符合安全要求。

3 TN-S 方式用于道路照明的问题

3.1 可能导致电击的不安全因素

TN-S 方式,灯具、电杆、电器盒等的外露导电部分是通过 PE 线连接到配电变压器中性点而接地,当该变压器其他部分发生对地直接连接之类故障时,保护电器难以断开,故障电流经大地流到变压器接地极回到中性点,致使中性点电位升高,此电位经过 PE 线传至灯杆等处露导电部分;除非变压器接地电阻非常小,此电位就有可能超过安全电压限值(通常为交流 50V,而对户外照明,考虑雨天等条件,应为交流 25V)。由于故障电流很小而无法使保护电器动作,因此不能完全保证安全。

3.2 配电线路保护的灵敏性难以满足要求

道路照明负载分散,配电线路较长,当线路末端发生接地故障时，其故障电流往往较小，难以使线路首端的保护电器（熔断器或断路器）动作，不能切断故障电路。为了说明问题，举一个具体例子说明。

设定一回配电线路，供电给 60 基电杆的路灯，每杆装一只 400W 高压钠灯，安装功率 26.4kW（含 10% 镇流器功耗），单灯设补偿电容，$\cos\varphi=0.85$，用三相线路供电，线路计算电流达 47.2A。选用 $25mm^2$ 电缆，保护电器用 63A 熔断器或用 63A 断路器（长延时脱扣器电流 63A，瞬时脱扣器 315A）。

若线路长 1000m，经计算末端接地故障电流仅为几十安培，无论用熔断器还是带瞬时脱扣的断路器，均不能按规定时间断开。

按《低压配电设计规范》（GB50054—1995）的规定：TN 方式用 63A 熔断器，要求在 5s 内切断，则接地故障电流（Id1）应不小于 5 倍，即 315A；用断路器时，应不小于其瞬时脱扣器整定电流的 1.3 倍，即 315×1.3=409A。

如果将线路截面加大到铜芯 $35mm^2$，PE 线也加到 $35mm^2$，则 I_{d1} 可达 150A 左右，和规定要求仍相距甚大。既便是线路缩短到 500m（仅 14～16 基杆），还是不能满足上述要求。

可见 TN 方式用于道路照明配电线路，一般难以满足保护灵敏性要求，将导致不安全因素。

4　TT 方式用于道路照明的优势

4.1　TT 方式保护动作更灵敏，安全更有保证

TT 方式的接地故障电流（I_{d1}）比 TN 方式更小，使用熔断器或断路器更不能满足规范要求，所以应选用剩余电流动作保护器，这种保护器的动作电流仅为几十、以至几百毫安，最大达几安培，容易使之动作，更能保证安全。

4.2　节省一根 PE 线

附加一个好处，是 TN 方式不设 PE 线，比 TN-S 方式省了一条线，对三相配电线路，选用四芯电缆（或架空线）即可。

TT 方式要求灯杆接地，由于多数使用金属灯杆，有良好接地条件，使用钢筋混凝土杆，接地条件也较好。TT 方式的接地电阻要求不高，比之 TN 方式要求重复接地，并不会增加费用。

5　TT 方式采用剩余电流保护的整定

在室内，剩余电流保护用于 TT 方式和 TN 方式的插座回路，以及供移动式、手持式用电设备的回路，一般线路较短，大多在几米到几十米。为了保护直接接触，而导致电击，要求动作电流不超过 30mA，有些特殊场所整定值要求更小。由于线路短，正常泄漏电流较小，一般不致引起正常运行时误动作。

道路照明情况大不相同，一回配电线路延伸几百米，乃至几千多米，在这种条件下，如果保护动作电流还整定为 30mA，正常运行时，泄漏电流较大而导致跳闸，实属必然之事。有的使用单位反映误动作太多，就不足为奇了。

怎样整定剩余电流保护器的动作电流（$I_{\Delta n}$）值呢？应符合以下两方面要求：

（1）接地故障时应保证可靠动作。按 GB50054—1995 的规定，剩余电流保护的动作电流 $I_{\Delta n}$ 应符合下式：

$$I_{d1} \geqslant 1.3\ I_{\Delta n} \qquad (1)$$

一般说 $I_{\Delta n}$ 值整定到几百毫安，甚至 1A，接地故障电流 I_{d1} 大于其 1.3 倍，是不难满足的。

（2）正常运行时，应保证不会动作。为实现这项要求，整定值 $I_{\Delta n}$ 应符合下式：

$$I_{\Delta n} \geqslant (2.5\sim3.0)I_L \qquad (2)$$

式中　I_L——正常运行条件下，线路和灯具等可能产生的最大泄漏电流。

式（2）中的 2.5～3.0 倍是保证不会误动作的可靠系数。因为剩余电流动作保护器的动作电流为 $I_{\Delta n}$，而保证不会动作的不动作电流 $I_{\Delta no}$ 为 $I_{\Delta n}$ 的 50%。必须使 $I_{\Delta n}$ 值大于正常泄漏电流的 50%，并留有必要余地，才能保证不误动作。

通常选用 $25mm^2$ 左右的铜芯电缆，估算每 km 的泄漏电流 I_L 约为 30～50mA，线路长度在 800m 以内时，$I_{\Delta n}$ 可取 100mA；线路长度在 2000m 时，$I_{\Delta n}$ 值不应小于 300mA。可见，不论具体条件，一律取 30mA，是不能保证正常运行的。

6　结论意见

（1）按照道路照明的特点，配电系统应选用 TT 方式，比 TN-S 方式更能满足接地故障保护要求，更能保证用电安全。

（2）TT 方式应采用剩余电流保护；其动作电流（$I_{\Delta n}$）值不宜选取 30mA，这样容易导致正常运行时误动作，应按线路长度、灯具数量，经合理计算或实测其泄漏电流值，按本文式（2）确定剩余电流保护器的动作电流（$I_{\Delta n}$）值。

隧道照明设计

淮北市路灯管理所　徐子玉

在经济不断发展的今天，隧道给交通带来极大的便利。为使隧道交通更加安全、舒适，必须给隧道内提供一个良好的视觉环境以确保行车安全。

隧道照明不同于一般道路照明，有其明显的特殊性和重要性，对于隧道的交通安全起着至关重要的作用。本文重点介绍隧道照明的主要特点、影响隧道照明的因素以及应注意的问题。

1　人眼对光的适应特性

从眼睛构造可知，视细胞是由锥体细胞和杆体细胞所组成。这两种细胞对光的感受性是不同的。杆体细胞对光的感受性很高，而锥体细胞对光的感受性很低，在明亮的环境下（亮度高于几个坎德拉每平方米时）主要由锥体细胞参与视觉工作，这种视觉状态称为明视觉；在昏暗的环境下（亮度在百分之几坎德拉每平方米）主要由杆细胞参与视觉工作，这种视觉状态称为暗视觉；亮度介于明视觉于暗视觉之间的视觉时，杆体细胞和锥体细胞同时工作。锥体细胞和杆体细胞对光的敏感性不同，锥体细胞对 555nm 的光敏感性最大，杆体细胞对 507nm 的光敏感性最大。明视觉和暗视觉的光谱光效率曲线可见图 1。

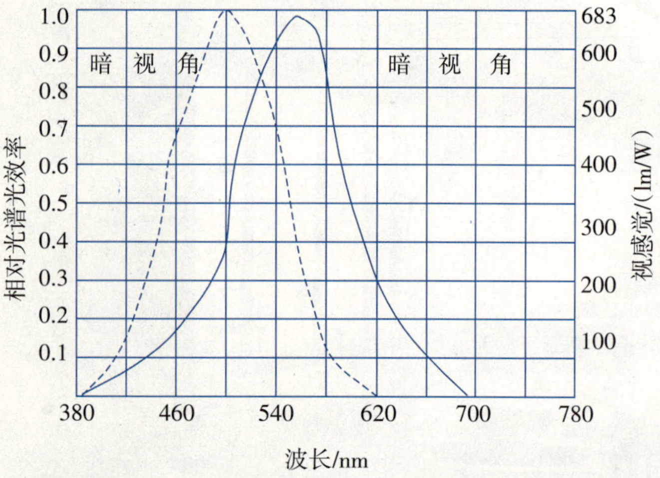

图1 明视觉和暗视觉的光谱光效率曲线

眼睛不但在阳光下能看清物体，在月光下也能看见物体，这主要是与锥体细胞和杆体细胞相互交换工作、瞳孔的大小变化以及视网膜上的化学变化等因素有关，这种当视觉环境内亮度有较大幅度变化时，视觉对视觉环境内亮度变化顺应时的感受性称为适应。适应有明适应、暗适应两种。人从黑暗处进入明亮环境时，最初会感到刺眼，而且无法看清周围的景物，但过一会儿就可恢复正常的视力，这种适应叫明适应；人从明亮的环境进入暗处时，在最初阶段将什么都看不见，逐渐适应了黑暗后才能区分周围物体的轮廓，这种从亮处到暗处人们视觉阀限下降的过程就称为暗适应。暗适应和明适应所需的适应时间视具体情况有长有短，一般说来明适应所需时间短，暗适应所需时间长。

在隧道照明设计时要考虑到人的明适应和暗适应因素，重视过渡空间和过渡照明的设计，为了满足眼睛适应性要求，在隧道入口需作一段明暗过渡照明，以保证一定的视力要求。隧道出口处因适应时间很短，一般在1s以内，故可不作其他处理，且隧道照明不同于其他道路照明，存在以下几种特殊的视觉问题：

(1)进入隧道前(白天)：由于隧道内外的亮度差别极大，因此从隧道外部去看，照明很不充分的隧道入口就像“黑洞”入口。

(2)进入隧道后(白天)：汽车由明亮的外部进入即使不太暗的隧道以后，驾驶人员要经过一段时间才能看清隧道内部的情况，这种现象称为“适应滞后”。

(3)隧道出口处：在白天，汽车穿过较长的隧道接近出口时，由于通过出口看到的外部亮度极高，出口看上去是个“亮洞”，会出现极强的眩光，使驾驶员感到极不适应；夜间与白天正好相反，隧道出口看到的不是亮洞而是黑洞，这样驾驶员就看不清外部道路的线型及路上的障碍物。

这几种特殊的视觉问题给隧道照明提出了较高的要求，要有效地解决这些视觉问题，可以从以下几方面着手。

2 隧道照明的设置

隧道照明按照不同的区段可划分为引入段、适应段、过渡段、基本段和出口段照明，其作用分别为：

(1)引入段：消除“黑洞”现象，使驾驶员在洞口处能辨认障碍物的照明区段。

(2)适应段：进入隧道后使驾驶员能很快适应并消除“黑洞”现象的照明区段。

(3)过渡段：使驾驶员逐渐适应隧道内部照明的照明区段。

(4)基本段：隧道内部基本照明区段。

(5)出口段：在白天使驾驶员能逐渐适应出口处的强光，消除“亮洞”现象；在夜间消除出口处的“黑洞”现象，使驾驶员能在洞内看清外部道路的线型及路上的障碍物。

隧道照明以白天和夜间两种不同情况来确定设计亮度，白天照明的隧道，其照明区段的划分和路面最低亮度可按下列照明渐变梯度(见图2)和表1设计。

在白天隧道出口段的照明亮度同入口段的照明亮度，应比隧道内基本照明亮度值高；在夜间则相反，应低于隧道内基本照明亮度值，当隧道外有路灯照明时，隧道内路面亮度值不得低于露天亮度值的2倍。

隧道内基本照明及夜间照明标准如表2所示。

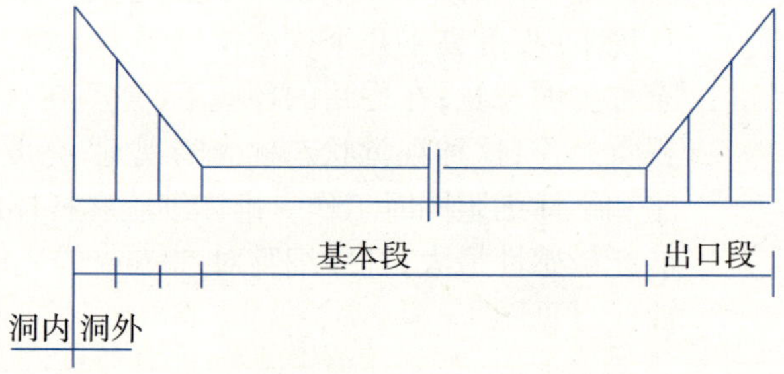

图2 照明渐变梯度图(白天)

表 1　区段照明长度及路面最低亮度

车速/(km/h)	引入段		适应段		过渡段		入口照明区间长度/m
	距离/m	亮度/(cd/m²)	距离/m	亮度/(cd/m²)	距离/m	亮度/(cd/m²)	
80	40	80	40	80~46	40	40~4.5	120
60	25	50	30	50~30	30	30~2.3	85
40	15	30	20	30~20	20	20~1.5	55
20 以下		1.0		1.0		1.0	

注:1.表中是以隧道口部环境亮度 4000cd/m² 为基本亮度拟定的,如果洞外亮度大于或小于 4000cd/m² 表值应乘以系数 K_0。K_0=洞外环境亮度/4000。

2.当洞口没有减光措施时,要考虑缩短或取代引入段。

3.当设计速度超过 80km/h 时应作专门研究。

表 2　隧道内基本照明及夜间照明标准

车速/(km/h)	路面平均亮度	换算平均照度/lx	
		混凝土路面	沥青路面
80	4.5	60	100
60	2.3	30	50
40	1.5	20	35
20 以下	1.0	15	20

注:1.平均照度换算系数:13(混凝土路面);22(沥青路面)。

2.当设计车速超过 80km/h 时应作专门研究。

3　照明光源及灯具

照明光源及灯具的选择是否合适是隧道照明质量的关键保证。隧道照明的光源除应满足在隧道特定环境下的光效、光通量、寿命及工作特性、光色、显色性和控制配光的难易程度等主要要求外，还应选择在汽车排烟形成的烟雾中仍能保证有良好能见度的光源。因此,通常情况下,应使用在烟雾中有较好透视性的低压钠灯或高压钠灯，如果是短隧道或柴油车运行比率较短的隧道,烟雾会少些,亦可使用显色性相对较好的荧光灯。隧道出入口的照明,可选用光通量高的高压钠灯。选择照明器时应注意选择尺寸合理、耐腐蚀性强、不易老化、防潮和防喷流的灯具。照明器应有较好的配光性能,避免眩光,可采用专用的隧道灯。

4　照明灯具的布置

隧道照明灯具的布置除考虑亮度分布外,还要考虑闪光、诱导性、灯具维修方便等因素,其布置形式主要有三种,即相对排列、交错排列和中央排列。为了避免灯具不连续的直射光由侧面进入驾驶室造成“闪光”的不快感,应尽量不将灯具装在侧面,而装在隧道顶部两侧或中央,且安装高度应在路面以上 4m 为宜。照明灯具呈线型分布，在一般情况下路面亮度均匀度不应小于 0.35。

5　照明供电及应急照明

隧道照明由于突然停电或其他原因而熄灭时,在全黑的情况下容易造成危险事故，因此隧道照明的供电电源要求较高,一般应有两个独立电源供电,并设应急照明,应急照明亮度值不得低于基本亮度值的 1/10,且应急照明必须有独立的供电系统。

综上所述,隧道照明所涉及的主要因素有:路面的平均亮度、路面平均亮度分布的均匀度、眩光程度和闪光作用、灯具布置的诱导性、灯具及光源的选型、照明的连续性等,这些在设计中均应加以考虑。由于隧道照明有其特殊性和重要性,考虑不周或设置不当都容易引发交通事故,危及人身安全,因此对隧道照明应引起足够的重视。

城市桥梁作为景观的照明设计理念

——结合郑州的照明设计实践

许东亮

摘　要　城市桥梁在现代城市之中已成为重要的景观要素，对其进行装饰照明的规划和设计时，应在尊重功能的基础上本着对桥梁特性的理解，创造出符合城市特点的夜间景观。

关键词　桥梁照明　结构特性　象征意义

1　对桥梁特性的理解

城市桥梁之一是城市道路立交桥，它是解决城市道路相互交差的一种交通设施；另一种是架在穿越城内河流之上的桥梁。由于其纵横交错，相互联结，本身的体量及造型特点在城市中形成了独特的形象，有时甚至成为城市景观的主导，尤其在夜间(见图1)。

对桥梁景观特性的理解，应基于三个方面：功能特性、结构特性、还有其形象处于城市中的象征意义。

对于桥梁的照明设计，应该以功能为前提，以表现结构为重点，通过桥梁本身的魅力突出其所具有的景观意义。

1.1　桥梁的结构特性

从历史到现代，桥梁虽然形态各异，但结构逻辑是很明确的。如在我国宋代画中的汴梁虹桥、四川的悬壁桥。还有建于隋朝的赵县安济桥，这座长37.37m的大弧形石拱桥创造了石砌拱桥的奇迹，展现了古代工匠对力学的理解(见图2)。

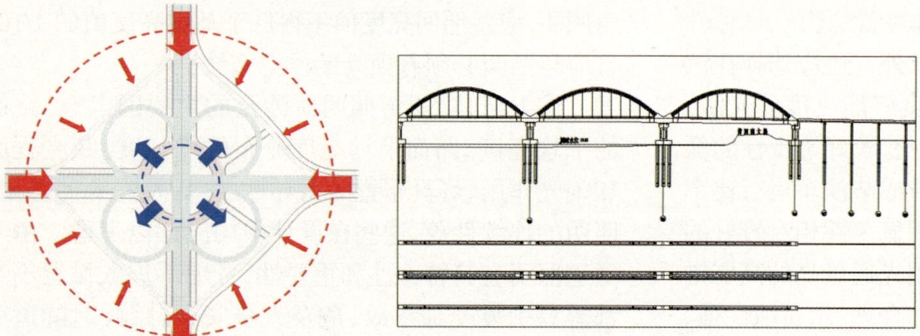

中国结　南阳立交桥

黄河二桥结构拱

图1

图2

在西洋建筑历史中,罗马的石拱桥是为人们熟知且被广泛使用的形式,罗马拱桥的构造也表现出基于砌筑需求的结构形式。到了近代,钢铁在桥梁中广泛应用,使桥梁的结构形式发生了根本变化,像苏格兰的福思铁路桥、英国伦敦的泰晤士大铁桥、澳大利亚悉尼港大桥等。这类结构的桥梁形式表现出钢梁架和肋条的繁杂组合体,就像埃菲尔铁塔的结构形态一样。钢筋混凝土的出现和钢结构拉索的应用引起了桥梁史上的革命,这种抗拉与抗压相结合的方法,使桥梁形式迈向了更纯粹的结构力学的表现。

现代桥梁的设计表现有追求力学极至的倾向,如西班牙设计师圣地亚哥·卡拉特拉瓦设计的一系列钢结构桥及纽曼·福斯特的伦敦千禧桥等充分体现了这方面的特点。以结构为主的桥梁设计历来是以结构工程师为主角的,因此桥梁基本上是以结构力学作为出发点的,勒·柯布西耶曾如此评述结构工程师工作成果中的结构特性:"桥梁是工程师的作品,工程师在经济法则的制约下,在数学计算的支配下,使我们与宇宙的自然规律协调起来……"

我国现代城市立交桥的大部分是以钢筋混凝土结构为主流。桥的形式是以柱、桥面板、护栏等基本要素构成,随跨度、交叉形式的不同,结构形式有时会发生相应的变化,当然也有为突出景观特点对造型进行特别处理的立交桥。

1.2 桥梁的功能特性

桥梁的功能特性也是桥梁建筑的目的。在城市中,跨河的桥梁和立交桥是两种类型的桥梁,广泛存在的立交桥是解决车辆间或人车间相互交叉的一种方法,因此其功能特征非常明显。而跨河道的桥梁能够解决两岸间人们的往来,有时会产生超出功能的重要意义。桥梁提供的是一种公共的服务功能,因此解决交通中与人的关系、与车的关系是桥梁功能的基本要求。在夜间,提供适度的照明去保证通行的安全也是桥梁作为交通工具的基本要求。

桥与道路是连成一体的,道路的集合构成城市的骨骼,共同形成一个完整的交通系统。

1.3 桥梁的象征意义

"桥梁可谓人类最有象征意义的建筑,它以独特的方式将美学融入结构之中,是和谐统一与景观精神的有形体现。"一条河上有了桥,两岸彼此相互联接,相互拥有了对岸。一辆车跨过某一大桥,表示其进入了另一个区域。桥的连接与没有桥的分割,使桥的重要性突显出来,从而它的人文艺术、象征意义被城市采纳,形成一个标点、一个特征或一个代表。意大利威尼斯的叹息桥,对常人与囚犯进行了界定;西湖的断桥则是寓意人性化的爱之分离。作为景观标志的形象特征,亦存在于很多桥梁中,如拱起的玉带桥、天安门前的金水桥。有的城市更是以桥为美,在现代城市中,立交桥又被视为现代化的象征,代表了城市的建设和发展。有意思的是,在全世界迎千禧的时候,很多城市的表述方式是建造结构新颖的人行桥和自行车桥,以此表达人们对未来的心情。

2 桥梁的照明表现

上述对桥梁的表述阐述了桥梁存在的意义,由此我们可以明显地找出应该如何去表现桥梁照明的方向,使之成为构筑城市夜间景观的恰当的要素。全世界大部分优美的桥梁都采用了将桥体进行照明的方式去展现其结构的美。

桥梁是结构逻辑化的典型,表现结构、表现道路的连续性是桥梁照明设计的正确道路,而偏离结构的装饰做法不能与桥梁产生进一步的亲和,应是排斥和谨慎的。因此在照亮桥体时,应以表现主体结构的流畅、表现结构力学关系等为主要手法,一般作法是采用线性光源进行连续性的桥体渲染。

桥梁是功能优先的,为了人和车的行走通过,功能性照明是第一位的,舒适的、可识别的、安全的照明是桥梁照明的根本出发点。传统的做法是使用等距布置灯杆照明,或集中设置20m以上的高杆灯。有一种新方法是从护栏处装侧向条型投光灯对路面进行照亮,如上海浦东机场引桥就采用了这种方法。日本已在研究在高速公路上部分使用护栏侧向投光新型灯具以代替传统的路灯杆,促进环境景观的进一步优化。同时,由于连续性的护栏照明与道路流线一致,本身亦形成了流畅自然的夜间景观。

城市道路照明标准明确指出了道路照明是为确保能为各种车辆的驾驶人员以及行人创造良好的视看环境达到保障交通安全、提高交通运输的效率、方便人民生活、降低犯罪率和美化城市环境的目的。因此,美化城市夜间环境不能脱离上述功能性的要求,并需与之相结合。

3 郑州市的桥梁照明设计实践

郑州市市政桥梁的照明设计实践基本上遵循了上述对桥梁分析的结果。围绕功能、结构的可能性去

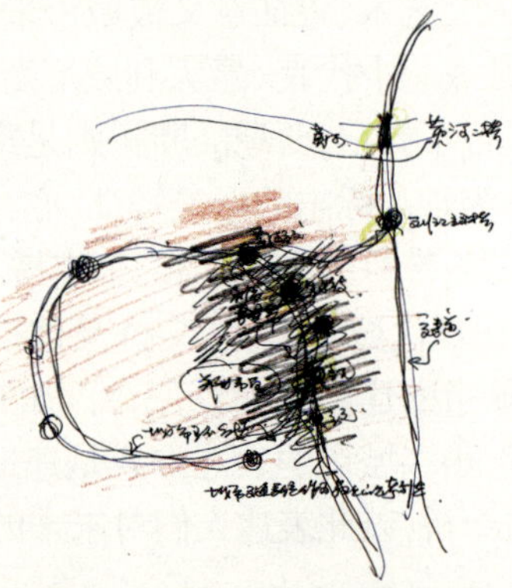
郑州市城市道路与立交桥的关联状态

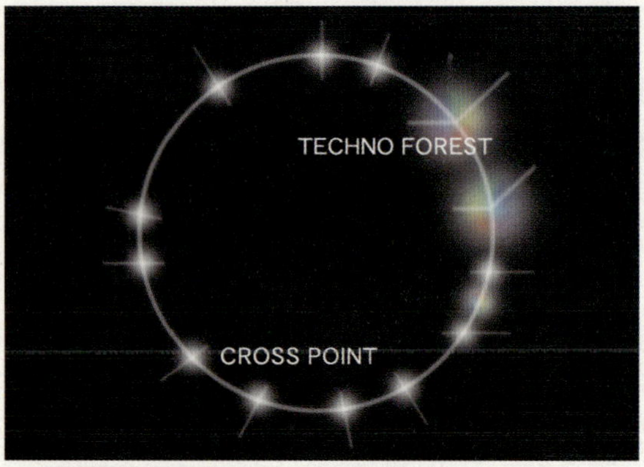

都市桥梁的景观概念

图 3

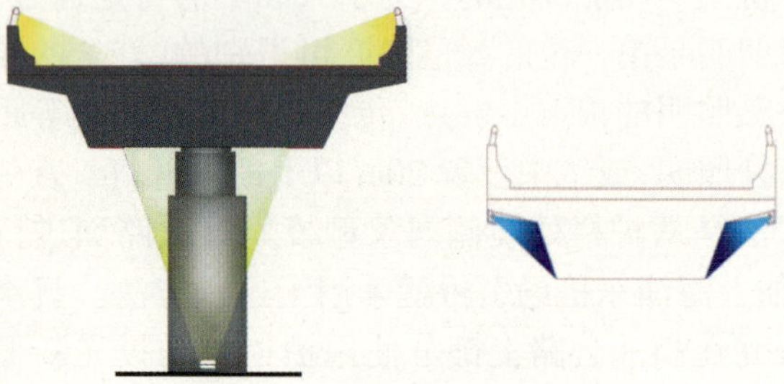
图 4　桥体照明方式示意图

创造景观，同时，把桥梁和道路作为统一的整体，形成城市在更高层次上的形象化特征。这里，主要思想是将立交桥融入交通环线中，形成城市交通功能整体连续，在大范围内实现交通系统的景观化，增强可识别性。城市处在道路的光环中，立交桥是环中节点（见图 3）。

在郑州的数座桥梁的设计实践中，我们遇到了跨河桥和城市立交桥等几种类型，在照明设计的工作中，寻找结构要素的特点是主要的工作内容。如在护栏上设计线型投光灯去满足交通的要求，取消灯杆对景观的影响，用线型荧光灯具均匀照亮结构侧板，使

图 5　金水桥立交桥实景

桥梁结构体连续起来并有立体感。立交桥的弯道曲线是车运行曲线要求的体现，它是自然的。照明去表现这样的曲线美更强化了这种流畅感，胜过在桥上做任何灯饰线条的效果（见图 4、图 5）。

桥梁的结构要素一般有支撑柱、桥面板、护栏以及结构突出体（大跨度时）。像黄河二桥、铁路跨线桥（见图 6）着眼点集中在解决跨度的结构体的景观效

图 6　铁路跨线拱桥效果图

图7 刘江立交桥实景

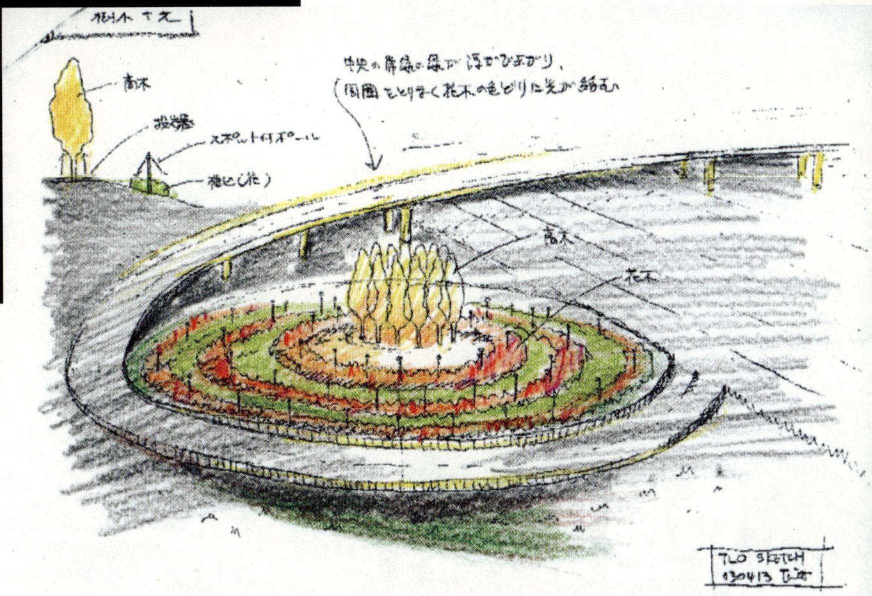

图8 立交桥与绿地景观的结合

果，而其他立交桥的重点应是桥体侧面的结构面，如金水立交桥、刘江立交桥等(见图7)。

立交桥从单跨到相互盘旋形式很多，不免要占用城市很大的用地，这块用地是城市公园该利用的地方，有时要引入人的活动，因此兼顾人的活动的照明是又一重要要素。当只作为景观绿地时，展现景观绿地的照明也是应该与立交桥结合起来的(见图8)。黄河二桥跨越在黄河之上，与水下倒影相映成趣，就像传统的湖上半月拱桥一样，通过倒影而获得圆满。该桥的结构体上有意识地利用结构凹缝做LED线型装饰带，八跨的铁拱上装饰LED灯带在水中亦形成反向的倒影效果，共同构成桥梁结构有韵律感的夜间景观(见图9)。

参考文献

1 勒·柯布西耶著.吴景祥译.走向新建筑.北京：中国建筑工业出版社，1981

2 马丁·皮尔斯，理查德·乔布森著.吴静姝.桥梁建筑.王荣武译.大连：大连理工大学出版社，2003

图9 黄河二桥实景

中国第一跨海大桥——东海大桥照明设计

通用电气照明系统(上海)有限公司　任振裕　李　靖

1　概述

桥是上海洋山港区必不可少的配套工程,可以满足洋山港区近期(2005 年)、中期(2010 年)、远期(2020 年)大宗集装箱陆路集疏运需求,解决港区供水、供电、通信等诸多工程所面临的交通问题,是国家的重点战略工程之一。

东海大桥工程包括:芦潮港新旧大堤之间的陆上段(即大桥登陆后跨越新防汛大堤至原大堤大桥终点,全长约 2.3km);芦潮港至嵊泗县崎岖列岛的小乌龟岛之间约 25.3km 的海上段(包括 1 处 5000t 级通航孔、1 处 1000t 级通航孔、2 处 300～500t 级通航孔,其余为海域段非通航孔);以及小乌龟岛至小洋山岛之间约 3.4km 的港桥连接段(主要包括开山段、海堤段和颗珠山大桥),全长约 32.5km。

建设东海大桥的主要目的是满足交通的需求。由于东海大桥特殊的地理位置、特点、空间的制约和设计理念的影响,没有给照明设计留下太多可发挥的余地。因此我们的照明设计理念是在满足功能照明的前提下,利用灯光的独特渲染功能和颜色、亮度对比等手法,尽可能对其进行亮化、美化。

大桥的照明工程是一个整体,应有统一的风格。照明设计就是利用照度、亮度、颜色的良好搭配,通过明暗、强弱、大小、高低和疏密的对比,平缓过渡,点面结合,形成节拍协调的整体旋律,体现时代气息,展现中国第一跨海大桥的风貌。

东海大桥的照明设计本身包含功能性照明和景观照明两项内容。功能性照明主要是解决夜间行车道路、桥梁的照明,开拓视野,引导行车方向,保障交通安全、畅通,提高运输效率;景观照明的目的则是根据桥梁特点,通过恰当的照明手法体现出东海大桥的立体感,从美学的观点出发表现大桥的美丽姿态。使蜿蜒伸展的东海大桥与波涛汹涌的大海形成一个动静结合的有机整体,扬长避短。利用灯光艺术效果,创造一种舒适、惬意、美观的环境文化。

2　东海大桥功能性照明的设计

本工程的功能性照明设计主要分为东海大桥的中杆灯照明、东海大桥外展部分的道路照明,以及收费口部分的高杆灯照明三个部分。

根据东海大桥的特点，采用对称式布灯方式,将路灯安装在大桥内侧防撞墙上。路灯高度有 9.55m 和 10m 两种规格,间距为 25m。考虑到东海大桥在实际运行过程中,路灯难以替换及维护的特点,因此在光源的选配上，采用了 GE 公司进口的 LU 品牌双管钠灯,不仅光效高、透雾性能好,而且寿命长达 55000h,进一步减少了日后的替换成本。通过计算,平均照度为 37.68lx,照度均匀度 0.5,眩光指数 G=7.28。完全满足实际运行条件的需求。

另外，由于东海大桥所处的地理位置条件复杂、恶劣,对产品的安全性、抗风性、抗震性及抗腐蚀性都有很高的要求,在业主及设计院等相关单位的配合及通力合作下,GE 公司针对东海大桥项目特别定制了 SKY GEN 灯具及灯杆：

(1)灯具技术参数。

①安全:人性化设计,防止灯具上盖突然关闭装置;

②绝缘:电器绝缘等级 CLASSI;

③防水:标准光学腔防护等级 IP66;

④防腐:高纯氧化铝反射器,高强度、耐高温弧面钢化玻璃,防腐 40 年以上;

⑤防风:灯杆抗风能力 45m/s;

⑥防振:灯具经过 2G 重力加速度 3 维 100000 次机械振动测试无应用安全顾虑;

⑦安装维护:灯杆高度利于车辆维护。

(2)灯杆技术参数。

①灯杆材料:采用宝钢低硅钢材 SS400,对含硅量严格控制,硅含量:0.06%,炭含量:0.25%,磷含量:0.05%,镁含量:1.35%。镀锌效果好,结合力强;

②加工设备:全套进口设备,高质量焊接,无缺焊、假焊。焊接平直保证强度;

③镀锌：镀锌采用美国 ASTMA123 镀锌标准,镀锌光亮、均匀,有锌花。防腐设计可保证 40 年以上的使用寿命。

(3)解决风振的办法。

①根据美国 AASHTO 规范，需要考虑风振的影响。但是由于其偶然性和不可预见性,灯杆风振很难计算。

②根据行业内多年的设计经验,确定风振中的各种因素,在设计中考虑这些因素并加以避免。

③灯杆振动调节器,能够将振动减到最小程度。

另外,在控制方面,采用分段定时控制,深夜可间隔点亮一半路灯。这样既可以节省运营成本,也可以提高灯具及光源的使用寿命。

外展部分的道路照明及收费口高杆照明设计的指导思想与东海大桥照明相同,但要与小洋山港照明协调一致。

3　东海大桥景观照明设计

灯光照明的效果与照明载体是不可分割的。照明只能反映大桥的固有风格,体现和突出其特点。灯光除照明的基本功能外,还能起到烘托气氛、提升等级、提高品位的作用,可以美化环境,调节心理。满足视觉享受,使人心旷神怡。照明工程在整体设计时,考虑了以下几点:光源的光通、色温、显色性选择;功能照明背景光通的利用;灯具对光通的分配、眩光的控制;颗珠山大桥与东海大桥直线段的结合和过渡等。灯具主要采用反射和散射型灯具。照明设计中选用的灯具形式、光源种类不宜太多太杂。在满足要求的前提下,种类越少越好。应努力体现自己独特的风格,避免雷同。也有利于日常维护。

东海大桥的景观照明主要分为桥体轮廓 LED 照明及颗珠山大桥泛光照明两部分。本设计力图综合考虑功能性照明与景观照明相结合，兼顾整体效果,突出重点,既要有层次感,又要融为一体。通过对光通量的合理利用,借助明与暗的反差,突出对阴影的理解,形成与环境协调的统一景观。桥梁腹部的泛光照明与大桥外侧面的蓝色 LED 带照明，突出了桥梁实体结构,构成东海大桥中心轴视线上方的视觉重点,形成了内实外虚、虚实结合的效果,表现出桥体线形的蜿蜒流畅。在桥板底面设置照明,可以增加桥下空间的开阔感;在防撞护栏外侧装 LED 灯带,只照亮桥梁外侧部,构成连续实体线形;描绘大桥结构轮廓,组成图案核心线条。

3.1　颗珠山大桥泛光照明设计

颗珠山大桥是连接颗珠山岛与小洋山岛深水港港区的斜拉桥,是东海大桥的重要组成部分,全长 1.66km,主桥为双塔双索面钢——混凝土叠合梁斜拉桥,主塔为高 100m 的 H 形钢筋混凝土结构,主跨 332m。斜拉桥的结构特征决定了桥塔坚固挺拔的形态,它支撑着桥梁的大部分重量,无论从视觉形态上或高度上都是最突出的。

大桥的主体是侧面,其面积最大。“人”字形挺立的是大桥主通航孔斜拉桥,如同两根“定海神针”牢牢地钉在海中央,非常壮观。勾勒此处大桥轮廓最能体现桥梁宏伟高大、流畅的线形和结构特点，呈现恢宏的气势。

对桥墩的照明，从不同的角度可以有多种不同的手法。本工程中为了突出颗珠山大桥，同时避免与桥梁两侧的LED照明重复，对桥墩柱采用了淡化、暗化的手法，以免造成喧宾夺主的效果，从而使桥体立面上下形成富有层次的明暗对比。

在光色利用上，以色温3000K以上的白色金卤灯为主光源，选用显色性较好的金卤灯为主体光源，形成通体明澈的夜景效果，白色调的泛光灯照明充分体现了大桥宏伟、雄健的阳刚之美。白色光源与普通道路照明用的暖白色或黄色光形成光色对比，既有区别又互相兼容。

3.2 护栏照明设计

桥上护栏部分的照明设施都在航线视野范围内。因此在照明设计时，既要构成景观，增强诱导性；又必须防止对飞行视线的干扰。若简单地采用线性发光体勾勒护栏边廓，用灯数量较多、安装维修困难，而且桥上护栏灯光随着桥梁高低变化产生的跳跃感会使驾驶员的视觉产生不舒适感。所以，桥上护栏照明选用小功率、低照度的蓝色LED灯，采用隔一段距离安装一个点光源的手法，既可以勾画出道路护栏的轮廓，提高照明设施的诱导性，又无眩光刺激。虚线勾勒的轮廓给人留出了足够的想象余地，犹如一根蓝色的丝线，串起了洋山深水港、海港新城、同盛物流园区和临港工业园区这四颗“珍珠”，闪耀在我国漫长海岸线的中央。

因为东海大桥是一种柔性结构，当车辆在桥上行驶时，桥体及护栏都会产生比较强烈的震颤，严重影响了光源寿命，尤其对于有灯丝的光源，这种影响是致命的。因此护栏上的光源选用抗振性能好、寿命长、耗电省的新型光源——LED光源，解决了震颤环境下的光源寿命问题。冷色调的LED光源与暖色调的路灯形成鲜明的对比，盾形的灯具仿佛一个个忠诚的卫士日夜守卫着东海大桥。

4 灯具眩光的控制

道路照明的目的是保证交通安全，提高行车速度。所有桥体和周围照明灯具的选择、灯具安装位置和角度的确定，都必须采取控制眩光的措施，保证行车的安全。桥体部分使用中杆灯照明，采用截光型灯具，有利于控制眩光。颗珠山大桥泛光照明使用大功率的金卤泛光灯，采用高支架安装的方式，也是为了尽量控制眩光。为了控制直接性眩光，桥墩侧所有的泛光灯采用下打灯方式，使得司机只能看到灯具反射出来的漫射光线，而不会直接看到光源的直射光线。

5 电气设计与防护等级

所有用于室外的照明灯具和电气设备，都必须符合保证人身安全和设备运行安全的要求，其防护等级应不低于IP66，做到防尘、防水、防腐和防撞击。在安装方式上，尽量考虑将灯具装在所有车辆都不能自然接触的地方。

为了防止由于车辆意外撞击灯具而造成的事故进一步扩大，如造成人员触电、电气火灾等，本工程对有可能被撞到的照明灯具都采取了相应的防撞措施。桥梁内侧的灯杆装在防撞墙上，所有电气设备均装于桥面下。颗珠上大桥的泛光灯采用高杆安装法安装于匝道上，除控制眩光外，也保护了电气设备免遭撞击。LED灯装在桥梁两侧。

6 照明控制

照明控制是东海大桥照明工程的重要组成部分。采用GE Cimplicity HMI控制软件，通过RS485与GE可编程控制器90-30PLC相连。在PLC预设了各种逻辑控制程序，只需点击鼠标就可以随意选择控制模式或预置模式。PLC通过光纤总线与PLC的远程I/O通信，控制现场配电回路输出，以控制光与色的变化。道路照明与景观照明共享一个照明控制系统。通过远程I/O输出的不同，控制不同的配电回路（景观照明回路、道路照明回路）输出。

道路照明控制系统采用“以时序控制为主，实时控制（光强度检测值）为辅”的控制模式；景观照明控制系统采用“以方案预设定模式为主，工程控制为辅”的控制模式。采用分段定时控制，深夜可间隔点亮一半路灯，这样既可以节省运营成本，也可以提高灯具及光源的使用寿命。

7 结束语

东海大桥照明设计，以满足功能照明为主，兼顾景观照明的设计理念。以桥身为主体，突出桥的凝重特色，设计简洁大方，整体一致、和谐。

黄山市桥梁照明设计

深圳市名家汇城市照明研究所　陈秋萍

优良的桥梁照明设施能为车辆驾驶人员在夜间行车提供安全与舒适的视觉条件，从而保障车辆和行人的安全，方便人们生活，防止犯罪活动，确保人身与财产的安全。有利于城市夜间形象的改善，达到美化城市环境的效果。

1　桥梁照明设计的原则

桥梁照明设计要遵循安全、适用、经济和美观的基本原则：

（1）所有灯饰和照明光源均不得影响航空、航船、行车和行人安全。

（2）以人为本，充分注重人们的视觉舒适度，避免光污染。

（3）桥梁与城市干道相连，不仅承担着大流量的交通功能，而且是市区主要的景观视轴。因此，桥梁的照明设计首先应该保证桥面的交通照明，然后是桥体的景观照明。

（4）每一座桥梁都有自己的形态特征和浓郁的特色、鲜明的风格，现代与古典相映成趣，这些都应成为夜景照明渲染的要素。

（5）考虑不同的方位和角度进行桥梁照明设计，选取适当的亮度，照明效果使得桥体在三维空间的环境中凸显出它的大小细部；表现桥梁总体艺术造型与具有特性的单体结构相结合。

(6)不同功能的多种光源不致互相干扰,造成衍射、泛光、乱影等负面效应。

(7)照明设施和照明管线尽可能隐蔽,不能影响桥梁白天的景观;灯具造型应新颖、照明高效均匀,安装维护方便。

桥梁装饰照明设计的目的是通过光的强度和颜色变化,突出桥梁的整体形象和建筑特色,达到美化环境的效果。因此,桥梁照明设计还应遵循以下原则:

(1)应遵循节能的原则。

(2)设计时应充分考虑降低照明费用,包括初始投资和运行费用两部分。

(3)设计时应充分考虑维护、维修、清洗、替换等全方位的管理因素。

2　桥梁夜景照明设计要点

虽然桥梁基本照明对桥梁夜间景观能起到一定作用,但桥梁夜景照明是照明科学与桥梁建筑艺术的有机结合。它拓展了桥梁的景观表现,全天候展示桥梁的美学特征,同时对于表现城市夜间景观的空间层次与景深承担着重要作用。因此,设计时应着力表现其自身的特点,以点、线、面的表现方式,展示桥梁的个性美与本质美。

桥梁夜景照明,应还原其建筑艺术美,不可通体发亮,没有层次感。要根据不同桥型的形体特征,有的放矢地进行光照设计,必须掌握桥梁的要素,如主缆、桥塔、斜拉索、护拦、纵梁、桥拱、桥墩等的特点。

形态方法则是采用静态光或动态光,动态光是用流动的灯光表现建筑物的动感效果。

3　实例分析

下面针对黄山市几座大桥夜景效果进行具体分析。

3.1　黄山拉索步行桥

运用灿烂的金色把塔台照得通体透亮，拉索采用LED数码灯球营造出追光效果,通过控制系统控制其变色的快慢速度、光色、亮度等,表现出构筑物优美的曲线。与水面的倒影形成浮光掠影、晶莹剔透的夜间景观。拉索桥夜景和局部照明如图1、图2所示。

3.2　率水大桥

率水大桥的三个圆拱形很有结构特点，采用LED光源营造七彩变幻、七彩追逐的景象,宛若七色长虹横跨率水河两岸的夜间效果。通过点、线、面的结合将大桥的恢弘气势表现出来,率水大桥夜景如图3所示。

图1　拉索桥夜景

图2　拉索桥局部夜景

图3　率水大桥夜景

图 4 黄口大桥夜景

图 5 新安大桥夜景

图 6 老大桥夜景

3.3 黄口大桥

黄口大桥地理位置优越,采用线光源勾勒菱形造型。桥栏杆采用钠光源照明,营造一种热烈的感觉以对应度假旅游的氛围。黄口大桥夜景如图 4 所示。

3.4 新安大桥

灯光设计强调构图与色彩的协调,缤纷与素雅、华丽与朴实的对比、结合。在该设计中整体灯光恰如华彩乐章中的亮丽音符,使灯光设计与景观主体及周围环境紧密配合,提升了整个灯光照明设计的品位,使得灯光与景观主体互相映衬,尤如浑然天成的艺术品,新安大桥夜景如图 5 所示。

3.5 老大桥

为打破传统照明方式,根据构筑物的特性,在设计中采用线光源勾勒,使颇具古典风味的建筑与现代照明方式相结合,将其独特的外形表现得淋漓尽致,既体现建筑的层次感,又体现了"静中有动"的设计理念,老大桥夜景如图 6 所示。

3.6 横江大桥

横江大桥是从黄山机场通向黄山市内的一条主道,是黄山市的又一个对外窗口,要求体现黄山市民"喜迎天下客"的热忱和古典徽派桥梁的风格。因此,采用黄色和白色面光来体现桥梁的内在精神,彩色变幻高科技线光的运用又给这座古老的桥溶入现代气息,横江大桥夜景如图 7 所示。

图 7 横江大桥夜景

天津泰达大街北海路立交桥照明设计

天津市市政工程设计研究院 刘政魁 李锦宁

摘 要 文章详细介绍了泰达大街北海路立交桥的照明设计，提出了在立交桥照明设计中需要特别注意的问题以及在本工程中采用的解决措施。

关键词 立交桥 照明设计 施工

1 概述

泰达大街北海路立交桥位于天津市泰达大街与北海路交叉处。泰达大街是京津塘高速公路通港联络线，是京津地区与天津港联络的主要通道；北海路是天津开发区南北交通重要干线之一，是规划中的滨海新区中环线的组成部分。因此，本立交桥就成为高速路与市区主干道交叉的节点。立交桥东西长约2.24km，南北宽约1.5km，其结构设计为地上3层、地下1层，是一座全互通式立交桥。立交桥桥面最高处距地面约24m，相当于9层楼房的高度。雄健的立交桥挺拔舒展，桥身犹如一道蓝天飞虹，在开阔平坦的地域，显得更加高大挺拔，尉为壮观。

立交桥的地理位置处于天津开发中心区。立交桥的西南是开发区管委会所在地，是开发区行政管理和经济活动的中心；桥区的东南是文化教育区，这里有小学、中学以及泰达学院等院校，是开发区文化教育集中地；立交桥东北方是正在建设的国际会展中心、泰达国际足球场等大型国际活动场所及其配套的饭店设施等。所以说该立交桥是交通枢纽，也是人文活动的重要场所。

建设立交桥的主要目的是满足完善交通功能的需要。由于立交桥功能的特点、空间的制约和设计理念的影响，多数立交桥的造型与主体构造都大体相同，不可能给美学设计留下太多的余地。景观照明必须利用灯光的独特渲染功能，利用颜色、亮度对比等手法，尽可能使其亮化、美化。

大桥的照明工程是一个整体，应有统一的风格并相互协调。照明设计就是利用照度、亮度、颜色的良好搭配，通过明暗、强弱、大小、高低和疏密进行对比，平缓过渡，点面结合，形成节拍协调的整体旋律，体现现代气息，展现天津开发区风貌。

立交桥的照明设计本身包含功能性照明和景观照明两项内容。功能性照明主要是解决夜间行车道路、桥梁的照明，开拓视野，引导行车方向，保障交通安全、畅通，提高运输效率。景观照明的目的则是根据桥梁特点，通过恰当的照明手法体现出立交桥的立体感，从美学的观点出发表现大桥美丽神态，使蜿蜒伸展、错落有致的建筑与川流不息的车流灯火形成一个动静结合的有机整体。利用灯光艺术的特点，创造一种舒适、惬意、美观的环境文化，提高区域的艺术气氛，形成一个以立交桥为核心的灯光景观节点。

景观照明是一种艺术范畴内的照明工程,不仅仅要使其亮起来,而且要使其艺术化、美观化,形成一种特定环境下的特殊景观。所以,照明设计不是全部都亮了就好,更不是越亮越好,而是应该利用明暗对比,该亮就亮,该暗则暗,恰到好处,适度最美。明亮的环境适宜于热烈、喜庆的气氛和热闹、繁华的场合,烘托狂欢气氛。而立交桥景观照明应以桥身为主体,突出桥的凝重特色。为了达到整体的一致与和谐,本工程在施工设计之前,由英国爱丁堡莱亭迪赛国际灯光设计有限公司(LDPI 公司)对立交桥整体景观照明进行概念设计,对立交桥区域的整体艺术效果进行了统一规划,提出指导性意见。而后由本院进行施工图设计。

2 立交桥功能性照明的设计

本工程的功能性照明设计主要分为立交桥中心区的高杆灯照明、立交桥外展部分的道路照明,以及隧道照明 3 个部分。功能性照明主要采用控制光通型直接配光照明。

2.1 立交桥中心区照明

在立交桥中心区道路集中,桥梁上下重叠,纵横交错。如果采用在桥上布置普通道路照明设施的手法,会造成以下后果:①灯杆林立,使人眼花缭乱,上跨桥梁与下穿道路之间灯光互相交叉干扰,容易产生眩光,影响行车,而且大大增加工程量;②桥上灯杆位置、灯杆高度的设计必须结合桥梁结构桥墩位置,将很难保证照度均匀度;③因桥体在行车时的颤动将大大影响桥上灯具光源的寿命。

所以,立交桥中心区照明不宜采用桥上布置灯杆的做法。本设计采用在高点位集中设置照明灯具的做法,即采用高杆灯照明。在中心区设置 4 支 35m 高的杆灯,负责立交桥中心区主要道路和桥梁照明。减少灯杆林立现象,充分利用高杆灯的灯杆高、照射半径大等特点,提高照度均匀度,减少工程量,限制眩光。

2.2 泰达大街道路照明

立交桥中心区向四周外展部分基本上是直线路段,在满足规范要求基础上,采用普通路灯杆双侧对称排列,提高道路照明诱导性,节约投资。立交桥东西向道路为泰达大街,与通港路衔接,所以照明效果必须互相兼顾。照明设备既要保证立交桥照明特色,又必须与原有道路照明相兼容,考虑道路整体的照明连续性。不可形成过分强烈的反差,也不可在桥区形成亮度强烈刺激的亮斑。所以,在该段道路上的照度设计应与区外道路相同或稍高,逐渐过渡。

另外,因为立交桥外道路照明大多数采用光效高、透雾性能好、寿命长的高压钠灯作为主光源(色温以 2800K 的暖白色为主,形成略偏黄色的照明效果)。为了突出高架桥特色,满足景观照明需求,故在立交桥照明区域范围内,泰达大街方向的道路上,沿道路布置 16m 高的普通路灯杆。配装半截光型照明灯具,而利用 4000K 的白色金卤灯作为主光源,从而使其与城市原有道路照明融合又稍有区别。

2.3 北海路照明

北海路方向道路照明设计指导思想与泰达大街方向照明相同,只是要与北海路原有道路照明取得协调。不再赘述。

2.4 匝道照明

立交桥有高架匝道和地面匝道,高架匝道是立交桥中心景观照明的主要内容,其功能性照明由高杆灯解决。地面匝道部分照明只是作为高杆灯对桥下阴影部分照明不足的补充,采用普通灯杆照明,其光源采用与所在地区主导色温一致的光源。地面匝道采用 10m 高路灯杆配装半截光型灯具。

2.5 隧道功能照明

立交桥北海路采用下穿方式通过泰达大街,下穿隧道是本工程的一个重点。隧道长度约 37.5m,从功能照明角度讲,隧道内与隧道外亮度有很大差别。高速行驶的车辆通过隧道时,司机很难适应黑白对比形成的眩光,有可能引起视觉功能的下降。进入隧道瞬间的“黑洞现象”,也会使司机感到难受。所以,尽管隧道内照明与隧道外照明是不同范围的两个独立部分,都没有对此提出特殊要求,但是在其交界处的过渡过程,则是照明工程必须仔细分析考虑,认真处理的重点。在结合部应科学设计灯光,努力使亮度逐渐变化,尽可能给驾驶员 段适应的过程,保证良好的视觉效果。把隧道功能性照明与景观照明结合考虑。使光强逐渐变化,产生渐变效果,满足司机适应环境的过程要求。

本工程采用独特配光的隧道灯,布置于隧道顶部左右两个角落部位,达到控制眩光的目的。隧道引入口坡道部位采用嵌入式壁装散射光灯具照明,按行车方向单侧安装保护板,控制眩光。

3 立交桥景观照明

灯光照明的效果与照明载体是不可分割的。照明只能反映建筑的固有风格,体现和突出其特点。灯光除照明的基本功能外，还能起到烘托气氛、提升等级、提高品位的作用。可以美化环境，调节心理。满足视觉享受，使人心旷神怡。

如果用光线对所有道路边缘轮廓做全面的表现，手法简单。既增大投资，又没有突出要表现的中心，往往不会有好的最终效果。本设计力图综合考虑功能性照明与景观照明相结合，兼顾整体效果，突出重点，既要有层次感，又要融为一体。在光色利用上，整体立交桥区的照明光源，以色温 3000K 以上的白色光源的金卤灯为主光源。在立交桥中心区，高杆灯选用显色性较好的金卤灯为主体光源，形成通体明澈的夜景效果。白色光源与普通道路照明用的暖白色或黄色光形成光色对比，既有区别又互相兼容。在立交桥中心区，采用金卤灯作为主光源，提高了显色性。利用功能性照明的 4 支高杆灯的光通，以白色调泛光灯照明为主，充分体现大桥宏伟、雄健的阳刚之美。

照明工程在整体设计时，考虑了光源的光通、色温、显色性选择；功能照明背景光通的利用；灯具对光通的分配、眩光的控制；立交桥区与外展部分直线段的结合和过渡等，该部分灯具主要采用反射和散射型灯具。照明设计中选用的灯具形式、光源种类不宜太多太杂。在满足要求的前提下，种类越少越好。应努力体现自己独特的风格，避免雷同。也有利于日常维护。

道路两边设置的灯柱，采用金卤灯光源，利用滤色玻璃产生醒目的颜色标志，在中心区没有路灯灯杆的部位，描绘行车道路边线。兼有诱导性和装饰性两种功能。

桥墩与挡墙，因为立交桥桥下的空间一般都比较矮小、紧凑，桥体结构和挡墙大多数都不做表面装修处理，而保持施工原始的混凝土墙面，冷漠而粗砺，难以形成看点，应采用淡化手法。

3.1 桥上护栏照明

桥上护栏部位上的照明设施都在驾驶员视线范围内，所以必须防止眩光。既要构成景观，增强诱导性，又必须防止干扰司机视线。护栏标示车道的范围，指引车道走向，若简单地采用线性发光体勾勒护栏边廓，用灯数量多、安装维修困难，而且桥上护栏灯光随着桥梁高低变化产生的跳跃感会使快速行驶的车辆中的人感到不舒服。所以，桥上护栏照明选用小功率、低照度的 LED 火炬灯。采用隔一段距离安装一个点光源的手法，既可以勾画出道路护栏的轮廓，提高照明设施的诱导性，又无眩光刺激，虚线勾勒的轮廓给人留出了足够的想象余地。

立交桥中心区道路上下穿行，四周渐渐向远方伸展，这些车行道的形象主要靠车道边缘的栏杆来表现。那么，栏杆的照度效果及其灯光图案，就形成了乘车人欣赏的主要画面。从车上观赏，利用桥上红色的 LED 火炬灯，提示道路轮廓，兼有警告功能，形成辅助性线条，如图 1 所示。

因为立交桥是一种柔性结构，当车辆在桥上行驶时，桥体及护栏都会具有比较强烈的震颤，严重影响光源寿命，尤其对于有灯丝的光源，这种影响是致命的。本设计中护栏上的火炬灯，光源选用抗震性能好、寿命长、耗电省的新型光源——LED 光源。以此满足桥上震颤环境下的光源寿命问题。

3.2 大桥主体照明

大桥的主体是大桥的侧面，其面积最大，构造虚实结合，十分引人注目，是最壮观的视觉面。上层桥板与下层桥洞形成虚实对比，层次错落的视觉效果。勾勒此处大桥轮廓线型最能体现桥梁宏伟高大、多层高架、流畅的线形和结构特点，呈现彩虹飞架的壮观景象。本工程采用连续性日光灯灯带照明大桥侧面的桥腹，突出高架桥的雄姿。

照明就是对光通量的合理利用，利用明与暗的反差，突出对阴影的理解，形成与环境结合的统一景观。

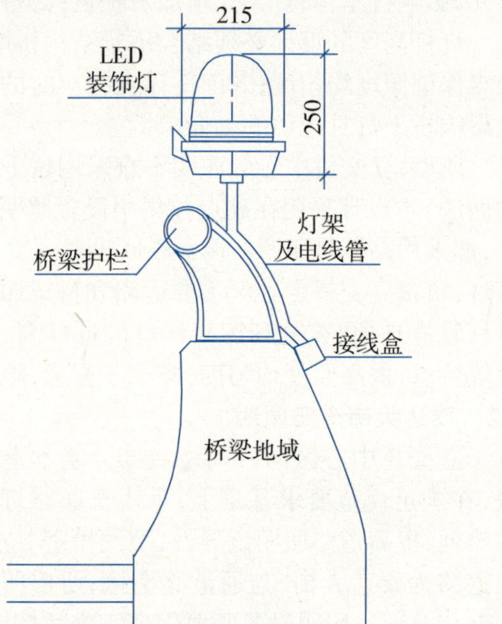

图 1 护栏装饰灯大样

桥梁腹部与大桥外侧面的日光灯带照明,突出了桥梁实体结构,构成立交桥立面中心轴视线上方的视觉重点,形成了内实外虚,虚实结合的效果,表现线型蜿蜒流畅效果。开发区地处平原,从桥下观赏夜景:桥下空间是一处以露天空间为背景的开敞性场所。桥腹悬吊日光灯,控制光线只照亮桥梁腹部。在桥板底面设置照明,可以增加桥下空间的开阔感。在防撞护栏外侧安装日光灯带,控制光线只照亮桥梁外侧部。利用T5荧光灯管组成的光带,构成连续实体线型;描绘大桥结构轮廓,组成图案核心线条。

从建筑学角度看，桥墩是重要的组成部分,对桥柱照明的处理有多种手法。从不同的角度,可以有各种不同的手法，有些设计作品在桥墩上做文章。本工程中为了突出桥体,突出地下隧道照明重点效果,使桥体立面上下形成明暗对比,对桥墩柱采用了淡化、暗化的手法,以免造成柱群林立,喧宾夺主的感觉。

3.3　隧道照明

北海路下穿泰达大街的隧道,是整个开发区的第一座地道,隧道采用船坞式结构,体现了结构的多样化。

在隧道入口处的照明,是隧道照明的关键区域。在进入桥区以后，道路的边缘采用了由暖白色向白色过渡,路边柱灯起到诱导性作用。在车行道深入隧道时,为适应进口处自然光线由明突然变暗,首先提高隧道入口处的照度,尽可能与隧道外亮度接近,使亮度逐渐变化,避开"黑洞现象",保证行车安全。在下穿隧道U形槽敞开段,两侧嵌入式安装柱形壁灯,镶嵌的壁灯灯柱由矮渐渐增高,而后又随坡道变矮,光线在远处交汇为一点，吸引司机目光，体现诱导性,提示将要进入隧道。利用灯具高矮变化与道路高低走势相结合,进行视线引导,突出隧道特点。隧道侧壁嵌入安装的柱型灯光线,最终引入隧道入口。由于夜间隧道内亮度相对较高，车辆驶出隧道出口时亮度骤减,设计努力使亮度由明逐渐变暗,避免出隧道后由灯光突然变化引起的不适应和瞬间失明现象。体现人性化设计。

隧道顶部中心设置嵌入式安装的冷阴极光源光带。起到装饰性作用和诱导性功能(见图2)。

3.4　道路两侧的柱灯

道路两侧的柱灯诱导行车方向，勾画道路轮廓。泰达大街采用等高度布置。北海路方向在下穿隧道时采用灯柱光线随坡道起伏渐变，最终引入隧道入口。与隧道照明互相结合、融为一体(见图3)。

柱灯采用电气设备和光源埋地设置,利用散射光照明的做法达到控制眩光目的。电气设备埋地布置可以防止灯具被撞击时造成人身触电事故,保证安全。

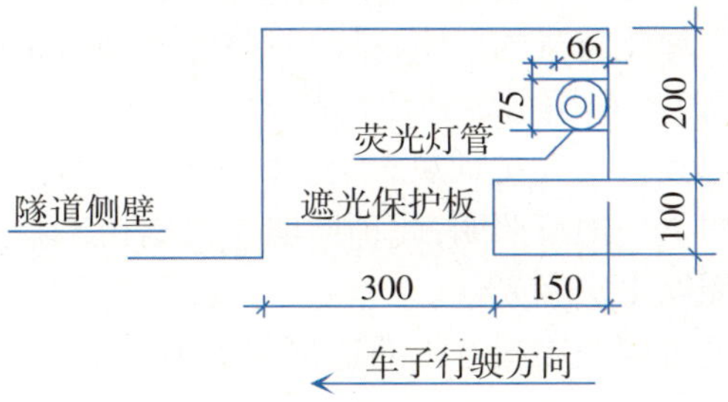

图2　嵌入安装荧光灯大样

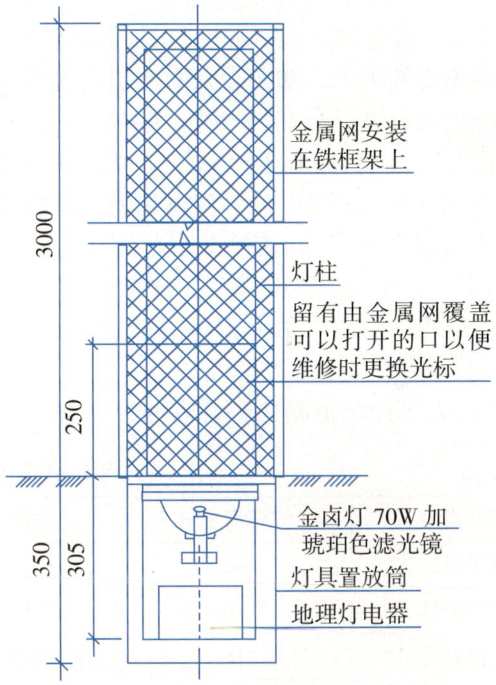

(a)立面

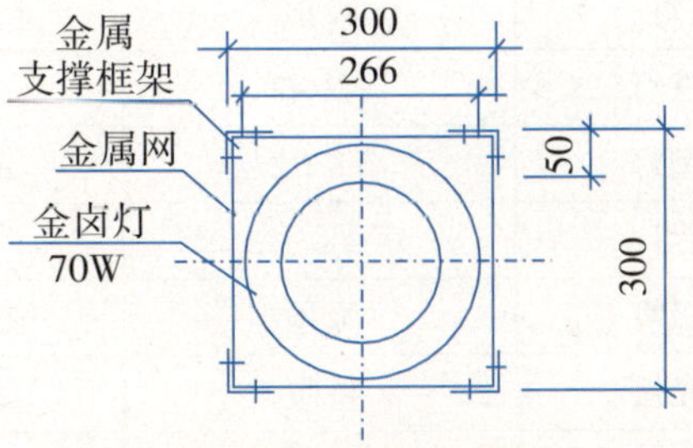

(b)平面

图3　柱型灯安装大样

3.5 桥头标识照明

立交桥四端的4处桥头标识照明，将结合桥头建筑小品特点，标志车辆进入立交桥区域。建筑小品结合大桥风格，突出自身特色。景观照明就是利用光线的特殊功能，反映建筑小品的特点，尤其是在夜景灯光下的风韵。

桥区绿化背景的照明，是映衬整体景观效果的重要组成部分，利用精致轻巧与高大雄伟对照，体现立交桥区域独特的人文景观。结合绿化成果，对高大树木采用树下埋地灯照明，此种照明将根据树木特点采取不同照明手法和光色。

立交桥照明工程灯具的造型如表1所示。

4 灯具眩光的控制

道路照明的目的是保证交通安全，提高行车速度。所有立交桥区域和周围照明灯具的选择，灯具安装位置和角度的确定，都必须采取控制眩光的措施，保证不能出现有害行车安全的眩光存在。立交桥中心区采用高杆灯照明，有利于控制眩光；高架匝道上采用低功率、低照度光源的火炬灯，也是为了控制眩光。为了控制直接性眩光，隧道侧壁暗藏灯柱，在行车方向一侧，安装有单向保护板，使司机在行车时，只能看到灯具反射出来的漫射光线，不可能直接看到光源的直射光线。

同样，为了控制道路两侧柱灯的眩光，使柱灯光源暗藏于埋地灯具内，利用散射光照射灯具，起到了控制直接性眩光的目的。其他埋地灯、隧道灯以及普通路灯，都不使用非截光型灯具。独特的配光曲线保证了对眩光的有效控制。

5 电气设计与防护等级

所有使用于室外的照明灯具和电气设备，必须保证人身安全和设备运行安全的要求。其防护等级应不低于IP67，做到防尘、防水、防腐和防撞击。对于人能够自然接触到的灯具，除提高防护等级外，还必须采用安全电压或必要的防护设施，以保证人身安全。

为了防止由于车辆意外撞击灯具而造成事故扩大，如造成人员触电、电气火灾等，本工程所有有可能被撞到的地方，照明灯具都采取了相应的防撞措施。道路两侧柱灯的光源和电气设备均埋入车辆撞击不到的地下，利用散射光线进行照明。坡道引入口的灯柱，采用墙壁内嵌入安装方法，除控制眩光外，也保护了电气设备免遭撞击。隧道灯在隧道内的顶棚上嵌入安装。

6 结束语

照明设计，尤其是景观照明的设计，本身介于艺术范畴与工程设计之间，涉及范围广。可能由于载体不同、文化背景不同、观景者心情不同等，即使对于相同的设计，也会得出完全不同的结论。

表1 立交桥照明工程灯具选用一览表

灯具类型	灯杆高度/m	布置方式	安装间距/m	光源	数量
高杆灯	35		80	1000W×12 金卤灯	4只
车行路灯	16	双侧对称	50	400W×4 金卤灯	23套
车行路灯	16	双侧对称	50	400W×3 金卤灯	26套
车行路灯	16	双侧对称	50	400W×2 金卤灯	116套
臣道路灯	10	车道边	35	250W金卤灯	7套
隧道灯	吸顶	隧道上角	1~1.5	55W荧光灯	136套
地埋柱灯	1.2~3	车道边	12.5	70W金卤灯	148套
嵌入壁灯	5~1.2	隧道引路	6.25	28W荧光灯	160套
埋地灯		树下	25	70W金卤灯	
冷阴极灯	吸顶	隧道中心	线性光带	50W/m 冷阴极灯	66m
吊荧光灯	桥腹	线性组	线性光带	28W 荧光灯	2232套
嵌荧光灯	桥梁防撞墙外	光带	线性光带	28W 荧光灯	
火炬灯	护栏顶	点	4m	5W12V LED 灯	593套
标识灯	3000W IP67				8套

“绿色照明”走进校园

沈阳建筑大学设计院　李　明

近年来，检查出中小学生视力不良的事件居高不下，并且呈现明显的上升趋势。根据国家统计局城调队于1999年的调查结果，我国学生视力低下的状况已经非常严重。我国中小学生的视力低下率状况如表1所示。

表1　我国学生的视力低下率状况表

年级	视力低下率(%)	配带眼镜比例(%)
小学一到三年级	10	34.55
小学四到六年级	21.43	60.82
初中一年级	28.42	68.67
初中二年级	45.17	77.99
初中三年级	54.79	90.00
高中一年级	69.63	90.00
高中二年级	70.88	90.00

中小学生视力低下的原因主要是后天的环境、不注意保护等，如长时间近距离书写和阅读、课后作业负担过重等超负荷用眼，造成眼睛过度疲劳，因而得不到足够休息和调整，特别是学校教室及家庭照明不足也是造成视力低下和形成近视的主要原因。

从建筑照明设计的角度来看，中小学校教室照明设计早在我国颁布的国家标准《中小学校建筑设计规范》GBJ99—1986中就有规定：普通教室平均照度为150 lx，教室黑板照明其垂直照度平均值大于200 lx。目前，我国现行的学校照明标准太低，与发达国家差距较大（如CIE标准规定普通教室照度为300 lx，美国教室为500 lx，日本教室为200～750 lx）。2004年，我国重新修订了国家标准《建筑照明设计标准》GB50034—2004，其中要求教室课桌面照度为300lx，黑板面照度为500 lx，其标准值已接近发达国家。因此，中小学校教室照明设计和教室照明达标改造应严格遵守国家标准《建筑照明设计标准》GB50034—2004的要求进行，应用科学合理的设计方案，正确选用优质、高效的照明（光源、灯具及镇流器等附件），科学布局以及合理的配电系统、控制方式，把“绿色照明”引入教室。

现以沈阳市136中学教学楼的教室照明设计为例加以说明。建筑面积10000m²，按《建筑照明设计标准》GB50034—2004中规定的教室的照度为300 lx，使用开启式配照型荧光灯具，用T8三基色荧光灯、T12直管荧光灯和T5荧光灯等配不同镇流器设计了几个方案，经计算照度和照明功率密度（LPD）并进行分析和比较，选择满足照度标准的最佳节能方案。

1　光源的选择

选择光源的原则是要选用高光效、寿命长、显色性好的光源。教室是教师和学生长时间教学和学习活动的场所，应选择冷白色的荧光灯，营造明亮略带温暖感的气氛。在荧光灯中，稀土三基色荧光灯光效最高，细管径（≤26mm）直管形T8和T5荧光灯光效高、寿命长（≥12000h）、显色性能好（Ra≥80）。同时，三基色荧光灯可增加眼睛的舒适感，在一定程度上减轻了眼睛的疲劳。它适用于高度较低（4.0～4.5m以下）的教室使用。细管径荧光灯与粗管径荧光灯的效果对比如表2所示。

教室采用稀土三基色荧光灯，配节能电感镇流器或电子镇流器，其综合能效与采用卤粉的粗管径荧光灯相比，在相同照度下，其LPD值仅为原来的50%～55%，即使照度要求比原标准提高了50%，其照度功率密度值是还可以降低18%～28%，从而实现了照明的节能。

2　照明灯具的选择

在满足眩光限制（满足遮光角要求和根据该场所的室形指数来选择配光种类）和配光要求的前提下，应选择效率高的灯具，在《建筑照明设计标准》GB50034—2004中规定了荧光灯和高强度气体放电灯的最低效率值，以利于节能。荧光灯的灯具效率如表3所示。所以，教室的荧光灯具宜选用开敞式。

3　镇流器的选择

荧光灯的电源是50Hz交流电，配普通电感镇流器，荧光灯两级的电极交替作为阴极和阳极，每秒钟变化100次，所以荧光灯不能和白炽灯一样连续平稳地工作。长时间在这样的灯光下学习或工作会给眼睛带来严重不适和视觉疲劳。而配用高效电子镇流器会大大消除荧光灯的频闪效应，从而减轻学生因荧光灯的频闪带来的视觉疲劳。所以教室荧光灯宜配用电子镇流器。

电子镇流器在高频条件下工作可以提高灯管光效和降低镇流器的自身功耗，有利于节能并且发光稳

表2　细管径荧光灯与粗管径荧光灯的效果比较表

灯管径	镇流器种类	功率/W	光通量/lm	系统光效/(lm/W)
T12(38mm)	电感式	40(10)	2850	57
T8(26mm)三基色	电感式	36(9)	3350	74.4
T8(26mm)三基色	电子式	32(4)	3250	90.3
T5(16mm)	电子式	28(4)	2660	83.1

注：括号内为镇流器的功耗。

表3　荧光灯的灯具效率

灯具型式	效率	灯具型式	效率
开敞式	75%	透明罩	65%
格栅	60%	磨砂罩或棱镜罩	55%

表 4 镇流器技术参数

比较对象	电子镇流器	普通电感镇流器	节能型电感镇流器
自身功耗/W	3~5	8~9	<5
系统光效比	1.2~1.25	1	1.09
价格比较	较高	低	中
寿命/年	5~10	15~20	15~20
可靠性	较好	较好	好
系统功率因数	>0.9	0.4~0.6（不补偿）	0.4~0.6（不补偿）

表 5 学校建筑照明功率密度值

房间	照明功率密度/(W/m^2)		对应照度值/lx
	现行值	目标值	
教室、阅览室	11	9	300
实验室	11	9	300
美术教室	18	15	500
多媒体教室	11	9	300

定，消除了频闪和噪声，有利于提高灯管的寿命。其中T8直管荧光灯应配用电子镇流器或节能型电感镇流器。为了提高光效，不宜选用功耗大的传统型电感镇流器。T5直管荧光灯(>14W)应采用电子镇流器，因为电感镇流器不能可靠启动T5荧光灯，T8-36W灯管的镇流器技术参数如表4所示。

4 照明功率密度

照明功率密度(LPD)是评价建筑照明节能的指标，它是指房间单位面积上的安装功率(包括光源、镇流器和变压器等的功率)，单位为瓦特每平方米(W/m^2)。据调查，我国大多数教室照明功率密度都没有达到15W/m^2，多数教室照度较低，照度达到300 lx的教室很少。与发达国家相比，美国为17W/m^2，日本为20W/m^2，俄罗斯为20W/m^2，这些国家教室的照度约为500 lx。《建筑照明设计标准》GB50034—2004中规定教室、阅览室等场所的照度值为300 lx，对应的功率密度值为11W/m^2，目标值为9W/m^2。学校建筑照明功率密度值如表5所示。

照明节能是一项综合的、系统的工程，涉及照明器件优质、高效，同时也涉及到科学、合理的照明设计。因此，中小学校照明设计也需要贯彻国家节约能源的原则，在满足规定照明标准值的前提下，不超过节能标准LPD的最小值，并且力求更低，以推进“绿色照明”进入校园。

5 工程照明计算、比较、分析

现以教学楼内一标准教室作为依据，参照《建筑照明设计标准》GB50034—2004中规定的普通教室照度为300lx，使用开启式配照型荧光灯具(具体安装见图所示)，采用不同类型直管荧光灯及不同镇流器设计了几种方案进行比较。满足当前“绿色照明”要求的理想照明对比如表6所示。

综合比较，配电子式镇流器的三基色T8管的LPD最小，其次是配电子式镇流器的T5管，第三是配节能电感镇流器的T8三基色管，而传统型的T12荧光灯将被替代，其中配电子式镇流器的T8管为规定LPD值的60%，留有约40%的余量，与采用传统型的

表 6　照明计算、比较、分析表

设计平均照度/lx	300			
房间状况	L=9m W=7.6m S=68.4m²	灯具距地高度为 2.6m 离作业面高度 1.85m	反射比	顶棚 70% 墙面 50% 地面 20%
室形指数（RI）	RI=（9×7.6）/[1.85+（9+7.6）]=2.2			
设计方案号	1	2	3	4
适用光源	T8 三基色荧光灯，36W，Ra>80，色温～4000K，光通量 3250lm	T8 三基色荧光灯，36W，Ra>80，色温～4000K，光通量 3250lm	传统型 T12 荧光灯，40W，Ra>60，色温～4000K，光通量 2850lm	T5 荧光灯，28W，Ra>80，色温～4000K，光通量 2660lm
镇流器	电子式 L 级 损耗≤4W	电感式 损耗≤9W	电感式 损耗≤9W	电子式 L 级 损耗≤4W
选用灯具	开启、配照式 共 12+1 套	开启、配照式 共 12+1 套	开启、配照式 共 12+1 套	开启、配照式 共 12+1 套
维护系数	0.8	0.8	0.8	0.8
利用系数	0.68	0.68	0.68	0.68
计算平均照度/lx	E=3250×12×0.8×0.68/68.4 E=311	E=3250×12×0.8×0.68/68.4 E=311	E=2850×12×0.8×0.68/68.4 E=272	E=2660×12×0.8×0.68/68.4 E=254
含镇流器的总安装功率	（32+4）×13=468	（36+9）×13=585	（40+9）×13=650	（28+4）×13=416
照明功率密度 LPD/（W/m²）	6.84	8.55	9.50	6.08
折算到 300 lx 的 LPD/（W/m²）	6.60	8.25	10.48	7.18

注：　表中数据含黑板灯。

T12 荧光灯相比每平方米可节省 4W，整个教学楼的面积大约是 7000m²，因此可节省 28kW，如果每天按 8h 计算，每年大约能节电 82000kW·h，这是一个很大的数字。所以，我们优先选用配电子式镇流器的 T8 三基色荧光灯，其中 Ra>80，色温～4000K，光通量 3250 lm，以满足当前国家节约能源、保护环境、提高照明质量的要求。

"绿色照明"广泛应用于学校照明，不仅大大提高了学校照明电力的管理水平，而且还为校方节省了大量的电费支出，同时也为学校师生提供了一个更舒适、明亮和高效的学习和工作环境。

参考文献

1　全国民用建筑工程设计技术措施/电气.北京：中国计划出版社

2　民用建筑电气设计规范 JGJ/T 16—1992

3　建筑照明设计标准 GB50034—2004

4　中小学校建筑设计规范 GBJ99—1986

校园建筑的夜景照明设计

华中科技大学建筑设计研究院　甘文霞

摘　要　文章分析了校园环境、校园建筑的特征，介绍了如何确定夜景照明的观察点，如何进行校园夜景照明创意、构思照明效果以及具体实施策略。

关键词　校园建筑　环境　夜景照明　照明创意

建筑夜间照明是昼光环境向夜光环境的过渡。在建筑和环境规划设计中，应考虑各种光元素对夜间氛围的影响，使得观察者在不同的环境位置都能获得良好的光色照明和心理感觉，并随着观察者视点的移动产生不断变幻的空间印象。

1　校园建筑的夜景

我国高校校园多为相对独立的特殊社区环境，既有城市社区及城市居住区的特征，又有不同于普通城市环境的元素。校园夜景照明应力求庄重简洁、光色淡雅明快，而不能像商业区或休闲娱乐场所那样流光溢彩，强调渲染其繁华和富丽的气氛。应用照明艺术与科学技术的有机结合，诠释校园环境的文化内涵，突出校园建筑的艺术特征，表征大学校园的开放性已成为当代校园建筑夜景照明的普遍追求。因此，其设计是一个相对独立的课题，受到教育学、美学、哲学、心理学、经济学、建筑学等诸学科的影响，要求照明设计师和建筑师一起从设计思维、设计观念和设计手法上透彻领悟其独特的创意规律。

1.1　着眼环境，重视文脉

在“教育兴国、科技兴国”的方针指导下，我国高校建设得到了迅猛发展。校园环境既要突出文化氛围，又要规范校园建筑，因此，校园建筑夜景照明必须依托于校园环境而存在。这里“环境”的含义包括社会、文化、时间、历史、心理等方面的构成要素。校园环境是校园建筑夜景照明设计所面临的最直接、最具体、最具有影响力的元素，对它的理解和把握程度是在特定创作空间下夜景照明设计成败与否的关键。

1.2　夜景照明利用资源

校园建筑，尤其是综合楼室内多为大开间分割，为创造良好的采光和通风条件，开窗面积较大。其室内空间利用率高，使用时间长，室内照明要求高效明朗，照度充分。因此不需要安装专门的内透光照明设备，尽可能地利用室内功能所需的照明灯作为建筑夜景的照明光源，让室内光线向外照射，用大量的窗户形成明亮的发光面来装点建筑夜景，使其景观独特，富有生气。这样室内照明资源既可得到充分利用，又可节省照明投资和运行费用，而且便于照明设备维护维修。“内光外透”已成为校园建筑夜景中最独特、最富魅力之所在。

1.3　突出重点，加强展示

校园夜景照明可灵活采用多元化方案，强调建筑的特性和重要区域，刻意营造校园的夜间氛围。通过充分解剖被照对象的功能、特征、风格，透彻理解光影与环境的特定作用，模拟各视点和视距的夜景状态，加强建筑及环境对视觉感知的展示。借助夜景照明对建筑物凹凸变化的夸张表现来丰富建筑体型。

校园建筑外墙材料一般色调温和稳重，使用光色要和谐明快，要表现建筑材料的特征和质感，必须掌握好用光方向和角度。照明的光束一般不宜垂直照射被照面，若被照面为大片块体，入射角一般控制在55°～85°之间；若被照面有较大增减错落，入射角取0°～60°，才能形成适度明暗对比和良好的阴影。灯光师必须对灯具的角度进行现场调整，以使照明效果达到最佳。

1.4　尊重自然，增添环境生气

校园庭园夜景照明的设计是校园建筑环境设计的有机组成部分。庭园照明通过灯光亮度和颜色的变化，展示夜幕中青青草地的温柔多姿，显露瑰丽花朵的鲜艳馥郁，剪辑树木的丰姿华影，将建筑与校园、校园与自然、自然与人和谐地联系在一起。

2　逸夫科技楼夜景照明设计

2.1　环境分析

华中科技大学校园为典型的学校社区，整个校园优雅、宁静、富有文化底蕴。逸夫科技楼地处校园中心区，为校园南北对称轴和东西对称轴的交点。它既是校园地理位置的重要节点，也是该校历史发展的重要节点。沿着喻园路这条校园中轴线展开，学校经历的变迁清晰可见：南一楼为校园从无到有的见证，讲述了艰苦创业的历史，是该校第一代标志性建筑；图书馆为该校严谨治学、勇敢开拓、跻身全国重点大学前列的第二代标志性建筑；逸夫科技楼展示出学校的风发意气和迎接学校第三次大发展的豪迈情怀，是该校的跨世纪标志性建筑。因此，科技楼的夜景照明设计，既要与已有氛围相协调，充分反映大楼在校园环境中的承接作用，又要具有时代气息，更要考虑到校园发展的可持续性。

自喻家山山峰隐约的天际线而下，映入眼帘的依次为北楼的塔顶、北楼的上层，接下来是南楼的轮廓和富有韵律的主立面，最后是和图书馆有机结合的庭院。远深近细，进行夜景照明设计时首先要保证主要视线方向有一个完整协调的总体照明效果,让人成为环境的一部分,使得远观近瞧都能够获得良好的空间感知;同时应能恰如其分地体现第一轮廓线(整体环境视线)和第二轮廓线(建筑外轮廓线)的融洽性。

2.2 主题表述

校园建筑夜景照明应有意识地引导人们对建筑的内涵进行深层次地解读。科技楼的主出入口东临喻园路,马路对面为规划中的中心广场,东立面成为整个场区的主视点,用局部照明重点突出建筑立面层次多变、造型丰富的特点,从而起到提示主题的作用。

科技楼照明采用"内光外透"的方法,一方面可渲染校园的学术气氛;另一方面,东楼的科技展厅、校史展厅均采用了大面积落地玻璃窗,利用内光外透,使室内空间一目了然,突出了校园的文化内涵和科技进步。

大楼主立面建筑体块穿插、分解,在顶层局部退缩处作局部照明,采用小功率高效金属卤化物灯、高压钠灯、节能荧光灯隐蔽式安装,见光不见灯,减少眩光,限制逆光,突出细部,使建筑造型变化生动丰富,体现浓郁的校园特征,表达校园文化丰富而活跃、深厚而开放的特点。

为使科技楼夜景与环境和谐,成为自然环境的一处精华所在,外泛光采用高压钠灯暖色调照明,照度不宜过高,平均照度约为局部照明的1/3,使照明富有层次感。变化的总体照明衬托精致的细部照明,塑造有独特性格而又吻合环境内涵的建筑整体形象。室内白色内透光和室外黄色外泛光交相辉映,为整个建筑罩上一层淡淡的调和色,简约明快,柔和清丽,既避免了建筑立面照明的单一化、简单化,又可避免因滥用彩色光而造成建筑照明与校园氛围的相悖。

2.3 视觉引导

主入口处,用嵌入式高效金属卤化物灯突出艺术门廊的流畅线条和细腻造型;在南面出入口处,用工矿灯粗犷的外形呼应规整的建筑构架,而金属磨砂层赋予灯具工艺性,使之与建筑本体相融;在西面出入口处,用金卤灯打造出建筑构架强烈的光影效果。出入口处照明适度的变化,一是起突出和引导作用;二是满足人们的精神感受,振奋情绪,使建筑富有表情。

在东主入口处,如果光线投射方向与主视点方向相同,照明效果会平淡无趣。入口上部为大面积玻璃幕墙,而玻璃是透光材料,反光率很低。若采用垂直投射光为照明光源,则投射到玻璃面的光线会直射入室内,玻璃幕墙依然漆黑,不仅达不到预期的照明效果,反而还会对室内产生严重的光干扰。

泛光照明设施不应影响人流通畅,要引导和鼓励人们行动的可达心理。紧邻学校规划主干道的东立面和南立面外围,大面积室外场地用来保证交通和疏散,因此泛光灯具采用高杆安装方式,光源隐藏于主干道附近的高大法国梧桐树间,可避免大功率高压钠灯的刺目眩光。目前北楼顶部为学校中心区最高点,用高压钠灯将塔顶建筑打出强烈的暖色光,突出建筑物的体量,喻示学校的建设蓬勃发展和科技进步的欣欣向荣,同时还成为行人在校园区的导行灯。

2.4 酝酿宜人的庭园夜景

科技楼周围拥有多元化的室外绿化地带。草坪花丛间掩映低矮的庭园灯,照度不宜过高且不宜均匀。小片草坪中灯具布置呈随机性和点缀性,灯具安装宜为隐蔽式和地埋式,不能让照明设备破坏室外景观。大片平坦或坡栽绿草地的夜景照明应能突出草固有的嫩绿,宜设置低矮的草皮灯自上而下向四周照射,将人们的视线引向绿草地。

花坛夜景照明应选用显色指数 $Ra \geq 80$ 的显色性好的光源(如白炽灯、紧凑型荧光灯、金属卤化物灯或卤钨灯),灯具放置在花坛的中央或观察者所在方向。

树木的照明不必刻意用某些光源去改变树叶的本色,而是应追求用某种颜色去充实植物的外观、强调植物的本源。采用合适的灯光在树干附近以树冠为照明对象往上斜射,可保证视觉面的树叶得到足够的照度。高压汞灯由于光色及显色性差而很少用于泛光照明,却非常适合于植物照明,其光色偏绿,可使被照植物叶簇翠绿鲜艳,比采用国产绿色金属卤化物灯及金属卤化物灯加绿色滤片灯照射景观更贴近自然。

3 设计前沿思考

校园建筑的夜景照明的设计方兴未艾,有诸多难点尚需加以研究:①目前我国尚无明确的夜景照明照度标准,设计参照体系混杂,缺乏科学的依据;②建筑材料的特性千差万别,选择适合于夜间光环境的建筑材料和选择适合于建筑材料的夜间光环境,深度及广度都相对增大;③经济合理的照明方案的策划已经成为交叉学科,日趋复杂;④夜景照明与节约能源、夜景照明与光污染的矛盾日益加剧。

校园夜景照明是与校园环境相结合的多学科性综合艺术,其设计必须符合校园的文化内涵。这个课题有待广大照明设计人员共同探索。

中小学校照明设计

辽宁北方建筑设计院　宁慧英

摘　要　文章结合中小学校教室照明设计要点，介绍教室照明灯具布置、应急照明设置以及变配电系统设计。

关键词　中小学校　教室照明　灯具

近年来新建改建的学校越来越多，这是国家重视教育的体现。学校照明设计极其重要，因为教室照明质量的优劣，不仅关系到学生的视觉功效，同时对学生的记忆、逻辑思维、注意力集中程度和智力水平等许多方面有着明显的影响。现对目前学校照明设计存在的几个问题阐述如下。

1　教室照明设计要点

（1）教室照明电光源宜选用色温为4000～5000K、显色指数不低于80的荧光灯。

（2）在正常视野中物体表面之间亮度比控制在表1的指标之内。

（3）教室装饰的反射比符合表2的要求。

表1　适宜的亮度比

对比表面	亮度比
书本与桌面	1:1/3
书本与地面	1:1/3
书本与采光窗	1:5

表2　适宜的反射比

室内表面	顶棚	墙面	地面	桌面	黑板
反射比(%)	60～80	40～60	15～30	35～50	15～20

2 照度标准

照明质量是学校最关注的问题,学校照明的主要任务是解决长距离注视黑板,近距离做笔记和阅读对照明的需要。因此,从保护视力、提高教学质量和学习效率出发,努力处理好教室的照度和光亮分布,满足学生和教师的视觉作业要求,同时对各类教学场所进行合理的设计,分别考虑照度水平、亮度分布、色温和显色性及眩光限制等几方面因素。教室照明设计需要给予一定的照度水平以获取视觉舒适感,学校建筑照明标准值应符合表3规定。

3 教室灯具布置

3.1 教室一般照明

教室照明光源宜采用三基色节能型荧光灯,其优点是效率高、寿命长、节约能源。教室照明的方向性对保证照明质量是至关重要的,因为学生作业可见度取决于作业的反射特性。因此必须选用具有较大的保护角、光输出扩散性较好、照度均匀、能有效地限制眩光和光幕反射的灯具(如蝙蝠翼式和非对称配光灯具)。灯具的布置原则,应采取与学习主视线相平行,安装在课桌间的通道上方,与课桌面的垂直距离不宜小于1.7m。教室灯具布置宜采用荧光灯纵向成行多列布置,与黑板垂直,因为光线不单是来自一行灯具,可避免在课桌上产生的阴影。教室不宜选用裸荧光灯或盒式荧光灯。

表3 学校建筑照明标准值

房间或场所	参考平面及其高度	照度标准值/lx	UGR	*Ra*
教室	课桌面	300	19	80
实验室	试验桌面	300	19	80
美术教室	桌面	500	19	90
多媒体教室	0.75m 水平面	300	19	80
教室黑板	黑板面	500	—	80

注: 1.表3是摘自《建筑照明设计标准》GB50034—2004。
2.UGR(Unified Glare Rating)统一眩光值,是度量处于视觉环境中的照明装置发出对人眼引起不舒适感主观反应的心里参量。
3.一般显色指数(General Colour Rendering Index)。8个1组色试样CIE1974特殊显色指数的平均值,通称显色指数,符号为*Ra*。

3.2 黑板照明

黑板照明对保护学生视力至关重要,应满足以下要求:

(1)学生不应受到黑板的反射眩光,并能很容易地看清黑板上的字迹。照射黑板的灯具直射出来的光不应进入学生的眼内。

(2)教师讲课时,不应有眩光干扰,因此投向黑板的照明器应装在教师水平视线45°仰角以上。

(3)由于黑板吸收光,因此为保证良好的视觉条件,保护学生视力,黑板照明垂直照度按现行规范规定不宜低于500 lx,照度均匀度不应低于0.7。为了学生和教师在教学过程中受反射眩光影响,教室设非对称式配光黑板专用照明灯具,其黑板灯安装高度与黑板间距如表4所示。

4 应急照明设置

应急照明在《中小学校建筑设计规范》GBJ99—1986没有明确规定,但学校是人员密集场所,为避免发生停电故障或其他事故而造成混乱。笔者建议应在中小学校电气设计中都加设应急照明。应急照明设计原则应遵照《建筑设计防火规范》GBJ16—1987(2001年版)中的规定。

(1)各层安全出入口应设出口标志灯,宜安装在疏散门框上方0.2m,在首层的疏散楼梯应安装于楼梯口里侧的上方。出口标志距地高度不低于2m。

(2)走廊应设疏散指向标志灯,安装在距地1m以下的墙面上。

(3)应急灯电源可考虑自带蓄电池,或EPS应急电源集中供电,供电时间应不少于20min。

5 照明开关和插座设置

照明灯开关设置应考虑节电、使用方便及利于维修等。教室照明的控制应平行外窗方向顺序设置开关。黑板照明开关应单独设置,走廊照明在上课时可关掉部分灯具。

表4 黑板照明灯的位置确定

黑板灯距地面的高度/m	2.6	2.7	2.8	3.0	3.2	3.4
黑板灯至黑板的水平距离/m	0.6	0.7	0.8	0.9	1.1	1.2

普通教室还应考虑吊扇的设置，吊扇的位置应避开灯具的布置位置，并须预留吊扇钩子，还应考虑吊扇的高度是否影响照明。

插座的设置按照规范规定的要求设置，并设漏电保护开关进行保护。普通教室前后墙上各设组合插座一组,电视插座一个,考虑到今后的发展,适当预留投影仪、电动幕布、空调的电源插座。考虑到安全性，插座均采用带保护门的安全型插座，各类实验室的电源插座应根据不同使用要求设置。

计算机、多媒体教室的用电,可依教学的具体要求确定,一般可采用在工程中预留管路沟槽及出线口,教室与准备室之间隔墙处,预留穿信号电缆用的套管。

6　变配电系统

为了更好地适应现代化教学的发展,学校一般宜设变电所一座。中小学校变压器的容量按 25～40VA/m^2 考虑,变电所的设置可选用独立式、附设式和箱式,如校区场地允许可设独立式变电所。但考虑到中心城区的学校校区一般并不宽敞,再加上不能占据有限的绿地面积以及对环境的影响,可采用箱式变电站。其安设位置应注意安全。为防止学生误入,应设安全围栏。

学校用电负荷等级:消防用电和应急照明等重要负荷为二级负荷,其他的用电负荷均为三级负荷。学校是以三级负荷为主。

二级负荷用户的供电可根据当地电网的条件,采取下列方式之一:

(1)宜用两个回路供电,第二回路可来自地方电力网或邻近单位,或设自备柴油发电机组。

(2)当负荷较小或供电条件困难时,可采用两根电缆供电,其每根电缆应能承担全部二级负荷。

(3)照明等分散的小容量负荷,可采用一路市电加 EPS 应急电源或采用一路电源与设备自带的蓄电池(组),在设备处自动切换。

学校建筑的照明用电和电力用电应设总配电箱。总配电箱位置,应便于管理和出线方便。各幢建筑电源引入处应设电源总切断装置，多层建筑除首层设电源总切断装置外，各层应分别设电源切断装置。

学校配电线路应安全可靠，为了防止意外触电,各配电线路均暗敷设。教学用房和非教学用房的照明线路分设不同支路。门厅、走道、楼梯照明线路应设单独支路，教学用房设照明回路，控制范围不宜过大。

现代化学校照明的控制

——智能照明控制系统在华南理工大学校区的应用

韩国爱默尔电子株式会社中国代表处　罗　静

1　前言

教学环境不仅要有足够的工作照明，更需要舒适的视觉环境。照明已经成为直接影响师生工作和学习效率的主要因素，引起了人们的高度重视。做好照明设计，已成为建设现代化学校的重要内容。据国内外有关资料介绍，照明用电量约占整幢大楼能耗的 1/3，学校照明设备的费用（包括照明器件和布线工程费）约占电气工程费用的 10%。因此，选择合理的照明方案，配置先进的控制系统，不仅能大大简化穿管布线的工作量，而且能有效节约能源，降低用户运行费用，提高学校管理水准，具有较明显的经济效益和社会效益。

智能照明控制系统的技术，随着现代建筑技术的发展而不断更新，以适应各种建筑结构及灯具的选配，实现多样化的控制模式。由于这是一个开放式的系统，采用标准接口可以方便地与其他系统（如楼控、安保、消防等）相互连接完成系统集成，同时利用系统配备的监控软件，学校管理工作人员借助用户界面，能方便地遥控、监控学校所有控制设备的工作状态。

作者有幸参与了广州大学城华南理工大学校区智能照明控制系统的电气设计，由于受到项目预算资金的限制，实际完成的项目中仍然有小部分区域未能实现智能照明控制。为了给读者一个全面的参考，本文以最初设计思路为主线来展开介绍。

2　现代化学校照明的特点

现代化的学校是由多种视觉效果组成的工作环境，视觉环境的舒适性应该从以下几个方面进行考虑：

（1）选择合适的照度。

（2）减少直接眩光、反射眩光。

(3)室内装饰和光源的显色性。

(4)室内亮度的合理分布。

(5)设计良好的建筑空间环境。

按照功能区域划分,学校通常会有教学楼、办公行政楼、图书馆、礼堂、体育场(馆)等,各个区域的照明具有不同的特点。教学区域照明使用的光源主要是荧光灯和白炽灯,其中荧光灯多用于一般照明,白炽灯多用于局部照明。照度水平的设计主要取决于视觉作业的需要及经济条件。教学区域的工作时间主要是在白天,可以考虑利用窗外射入的大量自然光进行照度补偿,不仅节约电源,更能维持室内舒适的视觉环境。

现代化学校的照明控制系统应该具备以下功能:

(1)通过科学的管理(在需要的时候、需要的区域把灯点亮到合适的照度)节约能源和降低运行费用,同时便于操作和管理,提高学校管理水平。

(2)为师生提供一个舒适的工作环境,以保证人员具有较高的工作效率。

真正有效的照明控制系统,以上两方面应该同时满足。

3 实例介绍

3.1 按照明需求划分功能区域

现代化学校照明区域分为教学楼(实验楼)、办公行政楼、图书馆、礼堂(学术交流中心)、体育场(馆)、宿舍区、餐厅、园林区(如图1所示)。

3.2 智能照明控制系统的解决方案

3.2.1 教学楼内部照明

(1)大厅照明。大厅是建筑的眼睛,是室内空间的第一效果,其灯具的选用、灯光的布置不仅是为了照明的需要,还应考虑照明的气氛及照明与建筑装璜的协调。通过智能调光能够营造出明快、舒适、庄重、典雅的环境。

①整个大厅的灯光由系统自动管理,系统则根据大厅运行时间自动调整灯光效果,使大厅实现真正的智能管理。

②大厅值班处安装可编程控制面板,根据不同的时间和不同的气氛,可预设置多种灯光场景,如早上、下午、傍晚、深夜等,按各照明回路亮暗需要的不同搭配组合成多种不同的灯光效果(称之为“灯光场景”)存入控制面板的某一按键中,当需要改变灯光效果时,管理人员只需按一下按键,就可以调用相应的灯光场景(如图2所示)。

③采用智能照明控制系统可延长光源寿命,对于保护昂贵的水晶吊灯和安装难度高的区域的灯具非常有效。

(2)走廊。采用自动照明控制,正常工作时间全开,非工作时间改为减光照明,节假日无人时只点亮少数灯。

各出入口处有手动控制开关,可根据需要手动控制灯具的开关(如图3所示)。

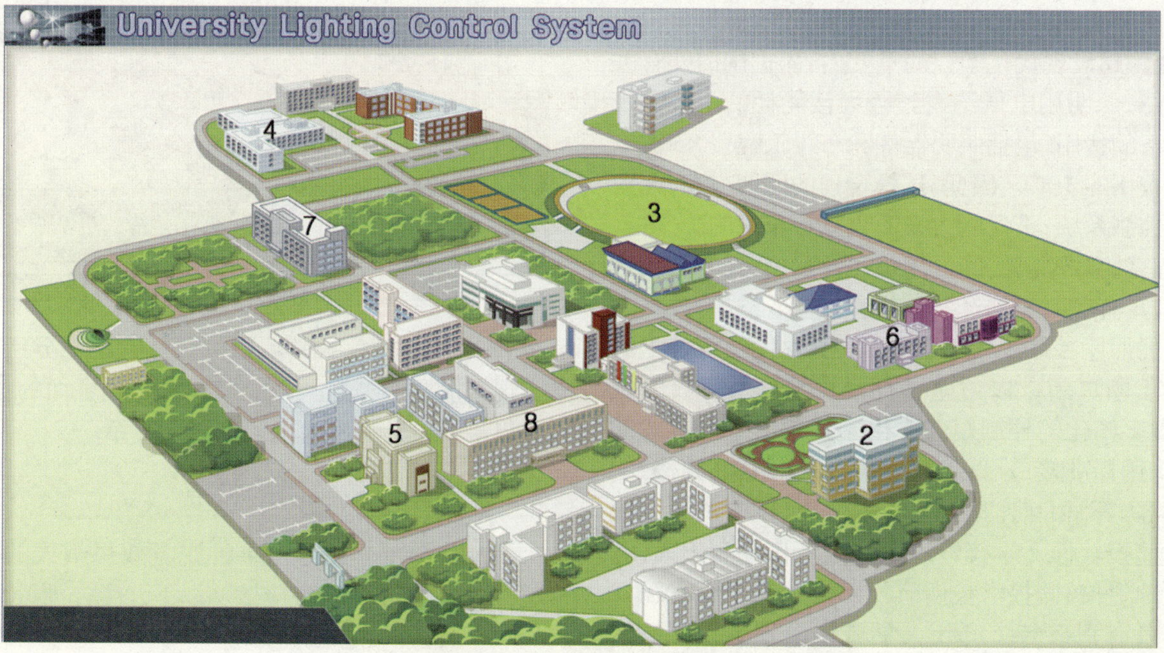

图1 现代化学校校园平面图

图 2　大厅根据不同的时间和气氛可设置多种灯光场景

图 3　走廊灯光控制效果图

（3）楼梯间。楼梯间采用定时控制和红外移动控制等方式。上下班全部开启，在平时启动红外移动控制方式，人来开灯，人离开后延时关闭（如图 4 所示）。

图 4　楼梯间灯光控制效果图

3.2.2　行政办公楼照明

（1）教师办公区。由于办公区面积大，可以将整个办公区分成若干独立照明区域，采用可编程开关，根据需要开启相应区域的照明。由于出入口多，所以办公室内可多点控制，方便操作。在每个出入口都可以开启和关闭整个办公区所有的灯，这样可根据需要方便地控制办公区域的照明。还可以根据时间进行控制，比如平时在晚 8 点自动关灯，如有人加班，可切换为手动开关灯。这样，不仅方便使用人员操作，而且减少了电能的浪费，延长了灯具的使用寿命（如图 5 所示）。

图 5　教师办公区灯光控制效果图

（2）院系领导办公室。采用多种可调光源，可根据需要预设照明回路搭配不同亮暗效果，使得领导办公室始终保持最柔和优雅的灯光环境且操作简单，只需按动某一个场景按键即可调用所需的灯光场景。例如：领导上班时，只需按一下门口控制面板上的“办公”按键，房间内的吊灯、写字台背后带红色过滤镜片的射灯、写字台正前方的嵌入式日光灯以及位于柱边、墙边的定向射灯能分别自动和缓地调亮20%～80%的照度，营造一种安静、明快而又不乏庄严的效果。领导入座后，如有客人来访，领导只需拿起手边的遥控器按一下“会客”按键，吊灯自动调暗，写字台背后的射灯、正前方的冷光源日光灯、柱边、墙边的定向射灯以及位于房间中央的低压射灯、灯槽内的洗墙灯都分别调亮20%～80%，衬托出房间的气派和明亮，显示出友好和欢迎的气氛；午休时，只需按一下“休闲”场景按键，房间内的主照明全部调暗，灯槽内的洗墙灯、写字台背后的射灯以及柱边、墙边的定向射灯分别调暗至20%的亮度，烘托出温馨、舒适的氛围；离开时，按一下“OFF”按键，房间内的灯光延时数秒钟或数分钟后缓慢调暗至熄灭（如图6所示）。

（3）阶梯教室。阶梯教室作为学校教学楼的一个重要组成部分，采用智能照明控制系统通过对各照明回路进行调光控制，可预先精心设计多种灯光场景，使得阶梯教室在不同的使用场合都能有适合的灯光效果，工作人员可以根据需要手动选择或实现定时控制。

采用八键预设置控制面板，可预设置八种灯光效果：迎宾、讲课、课间、投影、讨论、考试、清洁、全关。当需要改变灯光场景时，只需按一下按键，就可以改变灯光效果，方便工作人员操作及管理。

图6 院系领导办公室灯光控制效果图

阶梯教室的灯光控制系统可以和投影仪设备相连，当需要播放投影时，阶梯教室的灯能自动的缓慢调暗；关掉投影仪，灯又会自动、柔和地调亮到合适的效果（如图7所示）。

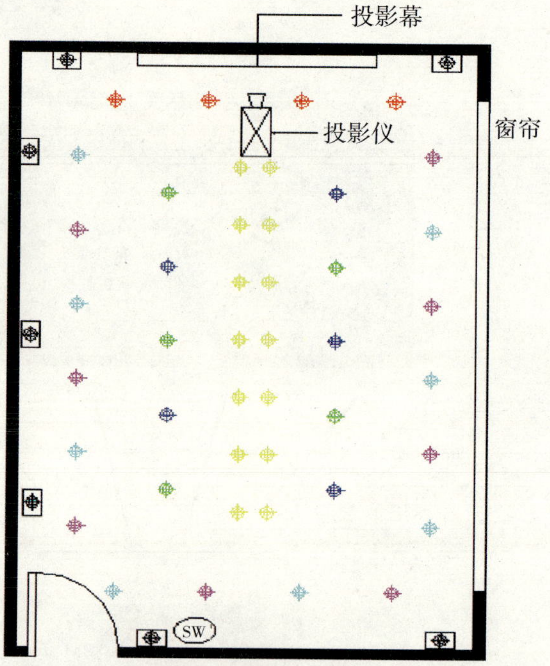

图7 阶梯室照明控制

（4）礼堂。礼堂主席台灯光以筒灯和投光灯为主，听众席照明以吊顶灯槽、筒灯和立柱壁灯为主。主席台可增加舞台灯光以满足演出的需求，对它的控制由舞台灯光、音响专业设备完成。可根据礼堂使用功能的不同设立多种模式，如：

报告模式：应以突出发言人的形象为主，主席台筒灯亮度在70%～100%之间，透光灯适当开启，以不影响发言人为原则；听众席以筒灯（亮度80%）为主，方便与会人员记录，壁灯全部开启。

投影模式：主席台上讲解人所在位置筒灯的亮度为50%；听众席以筒灯由前至后逐渐增亮，壁灯全部开启。投影模式时可增加对投影仪的红外控制。

研讨模式：所有灯光全部开启，亮度为90%～100%。

入场模式：听众席灯槽、筒灯和立柱壁灯全部开启，亮度为100%，主席台筒灯亮度为50%。

退场模式：听众席灯槽、筒灯和立柱壁灯全部开启，亮度为100%。

备场模式：主席台筒灯与听众席筒灯亮度平均

为70%。

以上所有场景模式的变换，均设置淡入淡出时间1～100s，保持场景切换不影响会议进程和视觉效果。

为方便工作人员进出，在礼堂外设置两键开关，当需要进入时只需点击“进入”开关，室内自动打开部分灯光，满足可视效果；当清场结束，只需点击“清场”开关，即可关闭所有照明。

同时，在投影模式时可增加对投影仪的红外控制。

(5)洗手间。洗手间采用定时控制和红外移动控制等方式。上下班期间全部开启；在平时启动红外移动控制方式，人来开灯，人离开后延时关闭(如图8所示)。

图8　洗手间灯光控制效果图

3.2.3　研究楼照明

由于这一区域以研发为主，没有特定的编程序控制模式，故提供自由控制模式。对公共区域的照明由主控中心管理，每一室(所)安装人体动态感应器，无人时自动关灯，现场的可编程序开关可由现场人员根据需要自主开关。

3.2.4　图书馆照明

图书馆是在固定的时间内运行的室内学习场所，本系统对该建筑物内阅览室和学习室的照明进行定时控制，现场可编程序开关控制，窗口照度感应器自然光补偿控制。图书陈列室除基本照明外，还对图书分类区进行分段人体动态感应照明控制(见表1)。

阅览室的灯位布置如图9所示。

3.2.5　室外照明

(1)停车场及停车场入口照明。在车库入口管理处安装可编程开关，用于车库灯光照明的手动控制。平时在系统中央控制主机的作用下，车库照明处于自动控制状态。车辆进出频繁时，车库照明处于全开状态。白天，由于有日光，可适当降低照度，节省能耗。车辆较少时只开车道灯，如需观察车辆，可就地开启局部照明，经延时后关闭。Loading Dock区域采用智能移动探测传感器，当有人或车移动时开启相应的局部照明，车停好后或人、车离开后灯延时关闭。当有车移动时可以通过主机显示出来。方便保安和管理人员的管理。根据实际照明及车辆的使用情况，可将一天的照明分为几个时段，比如上午、中午、下午、晚上、深夜五个时段，通过软件的设置，在这些时段内，自动控制灯具开闭的数量。对各控制区域采取不同的照度方式以供照明，这样使灯光既得到了有效地利用，又大大减少了电能的浪费，保护了灯具，延长了灯具的使用寿命。如有特殊需要，可在管理室用按键开关，手动开启或关闭照明。当符合自动控制的要求时，系统会自动恢复到自动运行的状态，无需手动复位(如图10所示)。

表1　图书馆照明控制

控制方法	运行方案
照明工作状态监控	通过中央控制中心对照明回路进行适时监控
照明回路隔灯控制	在不同的时间段，采用不同的照明控制，模式可节约30%～60%等电能
定时控制	通过软件系统事先设定各种定时控制模式并进行控制
图书馆内窗口区域控制	窗口附近安装照度感应器，根据设定的照度自动进行开关控制
陈列室内人体感应控制	对各图书陈列区域进行分段人体感应控制

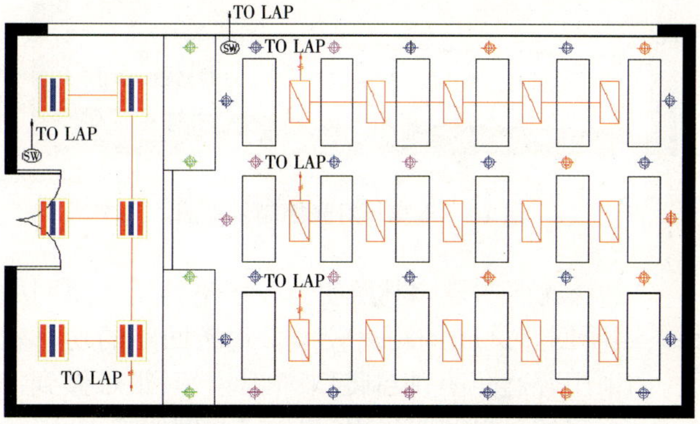

图9　阅览室灯位布置示意图

图 10 停车场灯光控制示意图

(2)泛光照明及园林照明。校区室外泛光照明的每条照明回路之间的距离较远，每条回路的功率较大。如采用普通照明，控制起来非常麻烦，很难做到按时开关。室外泛光照明采用定时控制，例如晚 18 点开启整个景观照明的灯具，23 点关闭部分景观照明的灯具，24 点以后只留必要的照明，具体时间还可根据一年四季昼夜长短的变化和节假日自动进行调整。如有特殊情况可改为特殊照明控制状态，配合需要进行变化。同时还设有就地控制开关，方便维修或特殊情况时手动就地控制。

4 智能照明控制系统的优势

4.1 控制方式

传统控制采用手动开关，必须一路一路地开或者关。

智能照明控制，采用低压二次小信号控制，控制功能强、方式多、范围广、自动化程度高，通过实现场景的预设置和记忆功能，操作时只需按一下控制面板上某一个键即可启动一个灯光场景(各照明回路不同的亮暗搭配组成一种灯光效果)，各照明回路随即自动变换到相应的状态。上述功能也可以通过其他方式如:遥控器控制等实现。

4.2 照明方式

传统控制方式单一，只有开和关。

智能照明控制系统采用“调光模块”，通过对灯光的调节在不同场合产生不同的灯光效果，营造出不同的氛围。

4.3 管理方式

传统控制对照明的管理是人工管理。

智能控制系统可实现能源管理自动化，通过分布式网络，只需一台计算机就可实现对整幢大楼的管理。

4.4 节省能源，降低维护成本

智能照明系统由于使用自动化照明控制手段，减少了不必要的耗电开支，也降低了运行维护费用，智能照明控制系统比传统开关控制可节电 20%～50%。

4.5 保护光源

由于电网冲击电压和浪涌电压，用传统开关控制光源容易损坏光源。

智能照明控制系统可将照明灯具上的电源经过调光模块控制和调整，因此电源质量较高，可以避免电网冲击电压和浪涌电压，此外，由于引入了软启动和软关断技术，可延长光源寿命。

4.6 减少安装布线的开支

传统开关电流经开关连接负载，布线从配电间连接开关再连接负载。

智能照明系统则是由模块连接负载，控制面板与模块用数据线相连，大大减少了传统控制方式的布线开支；同时，大功率模块均配备过载保护开关，完全可取代传统的照明柜，不必增加额外开支。

5 结束语

采用现代智能照明控制系统，不仅能满足灯光效果设计要求，节能效果可观(节电可达到 20%～50%以上)，光源寿命明显延长，运行费用降低，而且还能省去常规照明所需的大部分配电控制设备，穿管布线的工作量。根据用户统计，减少了仅节能和节省灯具这两项，使用可调光灯具一次性设备投资就能在 2～3 年内回收。

智能照明控制系统还可广泛地应用于各类建筑领域。是办公大楼、宾馆酒店、娱乐场所、商业中心、体育场馆、公寓、别墅、庭院、旅游景点等场所理想的照明控制设备。

智能照明系统在图书馆建筑中的应用效果分析

广州市设计院　钟苏宁

摘　要　中山大学广州大学城校区图书馆为校区的标志性建筑，藏书量超过100万册，建筑面积约36000m²。图书馆照明安装容量为600kW，其中阅览区、展厅、公共休息区等选用智能照明系统控制，控制容量为416kW。实现照明控制灵活、节能环保和减少项目运行费用的目的。

关键词　图书馆　智能照明　照明控制

中山大学广州大学城校区图书馆是校区的标志性建筑，藏书量超过100万册，建筑面积约3.6万m²，每层建筑面积约为5000m²，建筑高度约27m。由地下1层，地上6层组成。图书馆照明安装容量为600kW，其中阅览区、展厅、公共休息区等选用智能照明系统控制，控制容量为416kW，办公室、值班室和研究教室等选用传统面板开关控制。设计目标为实现照明控制灵活、节能环保和减少项目运行费用。

1　功能需求分析

智能照明系统的核心是实现“场景照明”控制，即对灯具的控制转化为对场景的控制。对于大面积，需众多灯具控制的场合和灯具虽然不多但需要经常切换场景的场合，智能照明系统大大方便了控制，节约了电能，并且降低运行费用，方便维护管理。本着这个原则，从照明控制的角度，对图书馆各房间功能需求分析如表1所示。

由表1可知，在图书馆的咖啡厅、展览厅、多媒体教室、网络信息服务区、书刊开架服务区、公共门厅、走廊处选用智能照明控制系统。

2　设计效果分析

智能照明控制系统的首要作用是简化了照明控制。传统控制与智能控制的区别如表2所示。

如果上述部位选用传统控制，将会破坏装修面，或者允许图书管理人员进入配电间，这样做既带来安全隐患又会造成管理混乱，而且图书管理人员面对众多的空气开关控制，操作也会不方便。

表1　照明控制的角度，对图书馆各房间功能需求分析

层数	房间功能	控制部位	控制方式	备注
B1	停车场、单车库	出口处	空气开关控制	传统控制
	值班室、设备房	门口	面板开关控制	传统控制
1F	电房、设备房	门口	面板开关控制	传统控制
	网络中心	门口	面板开关控制	传统控制
	办公室、接待室、值班室等	门口	面板开关控制	传统控制
	咖啡厅	工作人员出入口	智能面板开关控制	智能控制
	展览厅	南北2个门口	智能面板开关控制	智能控制
	多媒体教室	门口	智能面板开关控制	智能控制
	公共门厅、走廊	工作人员出入口	智能面板开关控制	智能控制
2F	配电间、设备房、清洁间	门口	面板开关控制	传统控制
	网络信息服务区	北区电梯口/南区服务台	智能面板开关控制	智能控制
	公共门厅	值班室	智能面板开关控制	智能控制
3F~6F	配电间、设备房、清洁间	门口	面板开关控制	传统控制
	书刊开架服务区	北区门口/南区电梯口	智能面板开关控制	智能控制
	公共休息区	配电箱处	智能面板开关控制	智能控制
	研究室等	门口	面板开关控制	传统控制

另外，智能照明控制系统能够显著的节约能源。图书馆是学校重要的建筑，装修标准很高，照明系统的安装容量高达600kW，照明系统的管理显得尤为重要。管理对策是将那些管理不便，容易出现“长明灯”现象的场所纳入智能照明控制，本工程智能照明管理容量为416kW。就本工程而言，智能照明控制区域基本上设置正常场景、节电场景、重点照明场景和值班场景4个场景，节电场景、重点照明场景的控制容量为正常场景的60%，值班场景的控制容量为正常场景的10%，预计每个场景的加权控制容量为表3所示。

可见，采用智能照明控制系统后，预期容量只相当于原总容量64.4%，按照智能照明管理系统可节能30%，按图书馆每年开放270天，每天开放14h，则节电：416×270×14×30%=47.2万kW·h，按每度电0.69元，每年节约的运行费用为32.6万元，节电效果明显。

由于控制性能的极大改善，减少了灯具的误操作次数。图书馆选用的灯具基本上是光效高的荧光灯，与白炽灯不同，频繁开关会严重缩短灯的寿命。要避免频繁开灯、关灯，就要用尽可能少的控制动作和尽可能简单的控制方式去控制。图书管理人员面对上百个空气开关，很难搞清楚每个空气开关究竟对应哪组灯具，必然会造成大量的误操作。预期误操作率为20%，令荧光灯的寿命缩短20%，按荧光灯寿命8000h计，损失1600h。按10元/灯管计，每年约多支出灯管费用为2.4万元。

综合以上分析，采用智能照明控制系统可以节约运行费用35万元，本套智能照明控制系统共528路控制回路，按平均600元/回路计算，共需投资31.7万元，考虑设备年均维护费用10%，投资总额共计34.9万元，经济效益显著。

智能照明控制系统实现了灵活的照明控制、节能环保和减少项目运行费用，是照明控制技术发展的方向。

表 2 传统控制与智能控制的区别

层数	房间功能	传统控制	智能控制	备注
1F	咖啡厅	用 9 个空气开关+3 个调光器控制	用 1 个 4 位的智能面板开关控制，可以中央总控	可方便变换不同场景，提高咖啡厅档次
	展览厅	用 16 个空气开关控制，只能在配电箱处控制	用 2 个 4 位的智能面板开关控制，可在南北 2 个门口控制，可以中央总控	可方便变换不同场景，提高展览厅档次，必要时可将配电箱置于配电间，避免破坏装修面
	多媒体教室	用 3 个 3 位面板开关控制	用 1 个 4 位的智能面板开关控制，可以中央总控	可方便变换不同场景，提高多媒体教室档次
	公共门厅、走廊	用 38 个空气开关控制，只能在配电箱处控制	用 2 个 4 位的智能面板开关控制，可以中央总控	配电箱置于配电间，避免破坏装修面，而又不影响图书管理人员操作（避免图书管理人员进入配电间）
2F	网络信息服务区	用 97 个空气开关控制，只能在配电箱处控制	用 4 个 4 位的智能面板开关控制，可以中央总控	配电箱置于配电间，避免破坏装修面，而又不影响图书管理人员操作（避免图书管理人员进入配电间）
	公共门厅	用 31 个空气开关控制，只能在配电箱处控制	用 1 个 4 位的智能面板开关控制，可以中央总控	配电箱置于配电间，避免破坏装修面，而又不影响图书管理人员操作（避免图书管理人员进入配电间）
3F～6F	书刊开架服务区	用 75 个空气开关控制，只能在配电箱处控制	用 4 个 4 位的智能面板开关控制，可以中央总控	配电箱置于配电间，避免破坏装修面，而又不影响图书管理人员操作（避免图书管理人员进入配电间）
	公共休息区	用 6 个空气开关控制，只能在配电箱处控制	用 1 个 4 位的智能面板开关控制，可以中央总控	配电箱置于配电间，避免破坏装修面，而又影响图书管理人员操作（避免图书管理人进入配电间）

表 3 预计每个场景的加权控制容量

照明场景名称	预计控制时间/h	各场景照明时间占总照明时间的比例	各场景控制容量占总控制容量的比例	各场景加权控制容量
正常场景	4	28.6%	100%	28.6%
节电场景	4	28.6%	60%	17.2%
重点照明场景	4	28.6%	60%	17.2%
值班场景	2	14.2%	10%	1.4%
合计	14	100%		64.4%

商业展示环境照明中的灯光设计

中国照明电器协会《照明》 张剑霖 杨 霞

商业展示环境照明主要是对陈列架、柜、橱窗等商品展示区及配套场地进行的照明。

在商店里，左右顾客作出购买决定的是他所看到的商品，而这种视觉印象往往是由灯光的配置所决定的。那么，设计师怎样通过灯光的巧妙配置，来塑造一个有特性和吸引力的、令人愉快并有安全感的商业空间环境呢？

1 作为设计师，首先要明确灯光设计的目的

（1）提高顾客的情绪，刺激他们探寻的兴致。

（2）对环境照明及对商品照明的不同处理。

（3）尽量保持商品在自然光下的特性。

（4）用灯光来调整不够完美的建筑空间。

（5）避免眩光，使购物者在其中感到舒适和安全。

（6）避免平淡和单一，应使各种灯具得到平衡的应用。

（7）提高灯具的配置效率，减少浪费。

2 基本的功能要求

（1）吸引顾客的注意力。

（2）创造展示的趣味性和戏剧性。

（3）创造一种积极的购物环境。

（4）灯光应对顾客有引导性。

（5）使展示平面具有灵活性。

（6）灯光配置首先应与平面布置和材料应用相配合。

（7）整体照明环境与重点展示区的灯光对比。

3 作为照亮整个空间环境的灯光，需要考虑灯光的照度、色彩的表达性与装饰性

一般情况下，销售的商品越昂贵，其商业环境光照度越低，而对被展示物品的颜色的表达性与修饰性越好，装饰灯的数量也越多，见表1。顾客的第一印象十分重要，当大脑还没有作出任何决定时，视线已经被吸引，是顾客将它与周围的环境的亮度作比较的结果。

表1

应用范围	照度要求	照度/lx
专卖店	很低	150以下
高档商场	低	150~300
一般店铺	一般	300~500
超级市场	高	750
橱窗、特卖区	很高	3000~30000

颜色对心理的刺激作用是明显的，色彩在塑造空间性格时作用非凡。例如红色、橘红色会刺激人们的食欲，因此常常用在食品店的门头。

作为装饰性的照明，从华丽的吊灯到发光灯槽，它们对视线的吸引均远远大于它们本身的照明功能，从而成为一种吸引顾客的装饰手法，使得处在该环境空间中的物品比周围区域的物品更具竞争力。

4 环境照明设计的技术手法

(1)在较小的空间中应尽量把灯具藏进顶棚;而在较宽敞的空间应把灯具拿出来,并让它能照射到360°。

(2)用光线来强调墙面和顶棚,会使小空间变大;而要想使大空间变小获得私密感,可用吊灯,或使四周墙面较暗,并用射灯强调展品。

(3)强调顶棚。用向上的灯照在浅色的表面上,会使较低的空间显高;相反,用吊灯向下投射,会使较高的空间显低。

(4)用灯光强调浅色的反向墙面,会在视觉上延展一个墙面,从而使狭窄的空间显得较宽敞;而采用深色的墙面,并用射灯集中地照射展品,会减少空间的宽敞感。

5 不同功能及场所的照明设计

(1)局部照明。通常包括橱窗、陈列架及柜台的照明。局部照明是为了强调顾客对商品的结构、肌理及色彩的印象。越昂贵的商店,对这种局部照明的对比性和要求越高。射灯因其灵活性,常被当作完成此类照明的

主要灯具。射灯的光柱以不同的角度照射商品，会产生不同的效果。一般来讲，从一侧射来的光，比从正前方或后方射来的光能更好地反映物体的结构、肌理和色彩。为达到理想效果，局部重点照明的光照度应为周围环境亮度的4倍左右。重点以光束将人们的注意力吸引到希望高光突显的物体上，从而达到强调物体外形、材质的目的。

(2)标的照明。指通过在较小范围内增加灯具数量，为商店柜台或厨房台案等作业场所提供优质集中的光源。光源质量的改善可增强照明效果，使作业顺利完成。

(3)墙面照明。该照明技术可提供光线相对柔和均匀的墙壁照明，从而柔化墙壁的表面质感。

(4)入口处照明。商店的门面入口部分要照

得明亮，突出商场形象，给人留下良好的第一印象，并注意与周围其他店铺的区别。注意商店入口与店内的照明关系，应给人以引导易进的感觉，从入口看进去，特别应造成店内深处正面辉煌明亮的气氛。光源的显色性必须良好，充分利用彩色灯光，并注意光色与内部装饰装修材料的色彩、质感和反光的配合。

（5）营业厅照明。在营业厅中，注意整个商场环境照明与商品的局部、重点照明的关系，达到既有环境气氛又强调商品的目的。要掌握显色性和照明环境的关系，对自然光源下的商品，应选用显色指数高的光源；对室内照明环境下使用的商品，选用显色性高、光束温度低，寿命长的光源，如荧光灯、高显色钠灯、金属卤化物灯、低压卤钨灯等。

营业厅的功能性照明设计宜采用非对称配光灯具，并适应陈列柜台布局的变化。可选用光槽与照明灯具组合并配以导轨灯或小功率聚光灯的设计方案。在营业厅照明设计中，一般照明可按水平照度设计。对布匹、服装以及货架上的商品则应考虑垂直面上的照度。同时，营业厅照明装置的位置和方向宜考虑变化的可能性，以适应不同商品的变化。

对显示在自然光下使用的商品，以采用高显色性（Ra>80）光源、高照度水平为宜；而显示在室内照明下使用的商品，则可采用荧光灯、或混合光照明；对于玻璃器皿、宝石、贵金属等类的陈列柜台，应采用高亮度光源；对于肉类、海鲜、水果等柜台，则宜采用红色光谱较多的光源；对于立体商品（如服装模特），灯具的位置应使光线方向和照度分布有利于增加展品的立体感；应防止货架、柜台和橱窗的直接眩光和反射眩光。

在自选商场中，可采用固定安装的一般照明。其光源应以荧光灯为主。

根据不同的功能及场所环境与色彩的需要、灯具位置（墙面或顶棚）以及照度，选择合适的灯具是设计师最重要的任务。成功的商业展示的灯光设计取决于设计师与业主的良好沟通，以及各种保证安全性、可视性、高品质、充分的数量、合理的能源消耗的技术手法。

6 结束语

商业照明应秉持绿色照明思想，致力于节能环保，发光效率高的新光源的应用，采用合理的照明设计，开发高效节能灯具及灯用电器来达到节约能源、保护环境的目的。采用高品质、长寿命、节约能源的最新光源产品。设计师要配以设计合理的优质灯具及电器，从而拓展先进的照明光源及灯具产品的应用领域。

商业照明设计

宁波艾梯奇灯具有限公司　徐　明

购物不仅是指去商场购买所需要的物品，而且正在成为一种休闲、娱乐，甚至成为一种文化。良好的照明环境不但使商品更加赏心悦目，还能够直接刺激人们的购买欲并进行消费。

因此照明对销售有着巨大的影响，而“光”更是其中的关键因素。

1　商业照明的任务

（1）提供动感的、灵活的、可控制的照明来吸引顾客进入商店。

（2）在购物区引起顾客对商品的关注，引领顾客完成购物流程，随时随地传达出特定的信息并突出购物主题。

2　商业照明的分类（见表1）

表1　商业照明的分类

	举例	要求
低档商业照明	超市、零售店	简单的照明 高照度水平
中档商业照明	综合商店	环境照明 作业照明 重点照明
高档商业照明	时装与珠宝商店	环境光照度低， 大量使用重点照明

3 商业照明的照度标准

(1)商业照明的国际照度标准(见表2)。

表2 商业照明的国际照度标准

低档商业照明/lx	500～1000
中档商业照明/lx	250～500
高档商业照明/lx	100～250

(2)我国商店建筑照明标准值(见表3)。
(3)各年龄层消费者与商业照明的关系(见表4)。
(4)不同商品对照明的要求(见表5)。
(5)商业照明标准(见表6)。

表3 我国商店建筑照明标准值

房间或场所	参考平面及其高度	照度标准/lx
一般商店营业厅	0.75m 水平面	300
高档商店营业厅	0.75m 水平面	500
一般超市营业厅	0.75m 水平面	300
高档超市营业厅	0.75m 水平面	500
收款台	台面	500

注： 1.本表引自国家标准《建筑照明设计标准》GB50034—2004。
2.表中照度标准值为维持平均照度值。

表 4　各年龄层消费者与商业照明的关系

年龄	灯光系统	展示物品及目的
婴儿	非常柔和的暖色调的漫射照明，点射灯突出重点	精制柔软的棉纺品/羊毛制品，优雅的环境
学龄前儿童	漫射照明和定向照明相融合，暖色调	玩具、幻想中的小动物、小精灵
少年	充满色彩的动态照明，适当的对比度，装饰效果优于功能照明	反射性材料、小型自行车与太空旅行相关的事物
青年	动态、强烈对比的定向照明，带一些色彩的功能照明	运动器材、休闲物品，艺术浪漫的超现实主义
中年	隐蔽得很好的定向漫射照明，略带一些浪漫的色彩	五六十年代的艺术物、实用品
老年	隐蔽得很好的定向漫射照明，略带一些浪漫的色彩，但照度略高	大自然，共性的物品

表 5　不同商品对照明的要求

商品分类	照明要求
纺织品	均匀的垂直照度、水平照度、显色性好，注意褪色（见图 1）
皮革（鞋）	垂直照度与水平照度相接近，能表现出其外形及凹凸感和表面质地（见图 2）
小商品	垂直照度与水平照度相均衡，光源的色温与使用环境的色温相近，防止眩光
玩具	用定向照明按一定的对比把它从背景中突出，强调表面的光泽及立体感
珠宝钟表	用窄光束投射，背景暗，对比度达到 1:50，注重效果
陶瓷及半透明器皿	用定向照明突出其质地和半透明感，必须避免强烈的对比和阴影，也可用环境照明烘托其飘逸的感觉
植物花卉	合适的照度来表现生长感、新鲜感，好的显色性
糖果糕点	采用温暖、和谐、轻松、愉快的背景，表现出新鲜感，引起食欲，可用接近肤色的滤色光来增加自然的暖色
瓜果蔬菜	背景要暗，红色、黄色等深色物品用 3300K 左右的暖色光；绿色等浅色物品用 4500～5500K 的冷白色灯光

图 1　纺织品类商品展示照明

图 2　皮具类商品展示照明

表 6　商业照明标准

商店类别	系统	灯光特质	功能
普级（大众商品）	单项	高照度基础照明，照度 750~1500lx（白色光）中照度基础照明	①、②
中级（中级品）	多样	照度 300~500lx+重点照明（白色光），低照度基础照明，照明度 150~300lx+重点照明对比	①、②、③、④
高级（高级品）	差异化		①、②、③、④、⑤

①考虑到顾客以及职员走动的情况；②创造视觉效果；③吸引并引导顾客进入；④吸引顾客对商品的注意；⑤烘托整体的展示效果。

（6）重点照明系数与商业照明效果确量（见表 7）。

表 7　重点照明系数与商业照明效果确量

重点照明系数	商业照明效果
2:1	明显的
5:1	低戏剧性的
15:1	戏剧性的
30:1	生动的
50:1	非常生动的

$$重点照明系数(AP)=\frac{聚光的亮度}{基础照明亮度}$$

4　商业照明的特点

4.1　吸引力

（1）商品的可见度和吸引力是十分重要的。

（2）对特定物体进行照明，提升它们的外在形象。

（3）强调他们，使他们成为注意力的焦点。

4.2　舒适的光环境

为了吸引顾客，商场必须创造一个舒适的光环境，顾客购物时如果感觉舒适，就会停留更长的时间，花更多的钱，并乐于一次又一次的重复消费，优质的照明能够激发情绪和感觉，进而提升商店层次与品牌影响力。

5　商业照明的分类（见表 8）

表 8　商业照明的分类

重点照明（陈列柜和橱窗照明）	合理的重点照明可以营造出多种对比效果，强调商品的形状、质地和颜色，提升商品可见度和吸引力，直接刺激消费
环境照明	营造舒适的光环境，表达空间的各种情绪

6　具体照明方式（见表 9）

表 9　具体照明方式

收银台照明	满足操作要求
展示橱窗照明	通过戏剧性布置打动顾客，使用白色强光或彩光，通过均匀饱和的照明吸引经过者
展示柜照明	照亮玻璃柜内或敞开货柜和货架上的商品
周边照明	帮助限定商品销售空间，为沿墙展示提供必要的竖向照明，扩大整体空间感，目的是将顾客从主要通道吸引到销售区
天花板照明	拓展了空间，提升了天花高度，并通过长长的、没有阴影的、没有中断的光形成的线条，创造开敞感和空间感
试衣间照明	应清楚展示商品的形式和纹理，使商品颜色真实自然
配套空间（仓库、员工休息室）照明	标准
指示照明	让顾客很方便地流动购物

7 光源与商业照明

(1)不适用于商业照明的光源(见表10)。

表10 不适用于商业照明的光源

光源种类	光效/(lm/W)	显色指数	色温/K	平均寿命/h
高压汞灯	50	45	3300~4300	6000
普通日光灯	70	70	全系列	8000
高压钠灯	120	23	1950/2200	24000

(2)适用于商业照明的光源(见表11)。

8 灯具与商业照明的关系(见表12)

9 商业照明需要把握的要素

由于商店自身的复杂性,在设计商业空间照明时除了要考虑基本照度外,尚需考虑与实际的环境需求相配合的各种重点照明,只有两者和谐统一,方可营造出优秀的整体照明效果。

9.1 对照明效果有影响的要素

(1)照度;

(2)色温;

(3)灯具配光;

(4)显色性。

不同区域或商品的不同照度,使顾客对商品和空间产生不同的感觉,进而产生空间上的愉悦感和舒适感(天花板和垂直面的亮度变化对上述感觉形成起着重要的作用)。在某些大企业标准中,对商品与环境的亮度比例与对人的感觉效果有着科学的总结。

9.2 色温与照度的关系

商店照明设计通过对色温与照度巧妙合理的搭配,能够创造个性化的店铺空间(见表13)。

表11 适用于商业照明的光源

光源种类	光效/(lm/W)	显色指数	色温/K	平均寿命/h
石英卤素灯	25	100	3000	2000
PL型紧凑型节能灯	85	85	2700/3000/3500 4000/5000/5300	5000~8000
金属卤化物灯	75~95	65~92	3000/4500/5600	6000~12000
三基色日光灯	96	80~98	全系列	12000

表12 灯具与商业照明的关系

序号	常用灯具	光源	备注
1	嵌入式格栅灯盘	T8 荧光灯 (高显色) 36W,18W 3×36W PL节能灯管 (高显色)	基础照明
2	嵌入式筒灯 φ200	2×PLC 18W 节能灯 MHN-TD 70W 双端金卤灯	基础照明
3	筒灯 φ200	卤钨灯 12V MR16 50W	重点照明
4	低压路轨射灯	卤钨灯 12V MR16 50W	重点照明
5	低压大功率路轨射灯	卤钨灯 12V QR111 100W	重点照明
6	嵌入式射灯	卤钨灯 QR111×3(个) 50W	重点照明
7	射灯	卤钨灯 QR111×3(个) 50W/75W/110W	重点照明

表 13 色温、照度对营造商业空间的作用

高照度 高色温	舒适	超市
低照度 低色温	舒适	珠宝商店
高照度 低色温	不舒适(忧闷 烦热)	
低照度 高色温	不舒适(阴冷)	

9.3 显色性

在商店中使用高显色性(Ra>80)的光源是基本的商业照明设计原则,但是与采用完全忠实的表现方法相比,有时候希望采用“魅力性的”显色方法,创造一些颜色差异。

(1)色彩的忠实再现。

(2)与基准光源相比较产生颜色差异。

如果是合理的色差是可以采用的。

只有充分把握地板、墙壁、天花板的颜色和反射率以及商品的材质、颜色和灯具的不同配光,才能产生各种理想的效果(见表 14)。

表 14 商业环境与配光的关系

近距离	宽配光
远距离	窄配光
近距离,戏剧性效果	窄配光

10 商业照明设计的流程(见表 15)

11 商业照明发展趋势

(1)提供灵活的控制方式。使照明按照指定区域,特定时间增加照明水平,能够适应商品布置的变化。

(2)产生不同的工作模式。在不同工作时间采取不同的照明方式。

(3)产生动态或特殊的照明效果。按营业时间、非营业时间的划分和季节的不同采用不同的照明手段,实现不同的照明效果。

虽然普通效果的照明可以产生特殊效果,但是有控制的动态照明可以产生更多的趣味。

(4)节能。鼓励能效最高的照明使用最少量的能源,运行最短的时间。

表 15 商业照明设计的流程

构思	业主的要求	
	建筑设计的要求	
	商店的性质	
	周边环境	
	确认预算	
确定原则	设定照明理念	
	想象空间光的分布	
	各区域的界定	
基本设计	基础照明	照明手法、照度
		灯具、光源
	商品照明	空间光的分布
	环境照明	
实施设计	通过照明软件进行照度计算,确定各类灯具数量,照度的确认和调整,确定预算的可行性,制作施工图纸。	
施工	现场,对设计重新确认;监督施工;灯光调试;各种数据的搜集	

大型商场照明设计

大连市建筑设计研究院　王　健

摘　要　文章参阅新版《建筑照明设计标准》GB50034—2004，对工程设计实例的照度和实测数据进行比较，并对大型商场照明设计基本要求、主要指标、照明方式、照明供电提出了自己的见解。

关键词　大型商场照明　照度　色温　显色性　照明节能　照明供电

1　工程概况

大连新天地广场位于大连市沙河口区，东临西安路，西至中长东西路，南至兴工南五街，北靠兴工街。建筑群包括商场、超市、酒店、图书城、公寓及写字楼等主要建筑。总建筑面积为350000m^2，商业用楼面积达116060m^2。地下1层为沃尔玛超市，地上1~5层为大型百货商场。商场每层分A、B、C、D、E、F六个区域，商场是整个建筑物的核心，也是目前大连最大的商业城之一。

2　照明要求

该大型商场对照明的要求如下：

(1)创造良好的视觉条件，确保足够的照度和照明质量。

(2)创造良好的商业氛围，吸引和诱导顾客的购物欲望。

(3)照明布置方式要有灵活性,以适应商品及货柜的变化。

(4)照明的控制方式应该方便、适用、可靠,以满足节约能源要求。

(5)由于商场人员密集,当正常照明断电时,备用照明应确保正常活动的继续进行。

(6)设置应急疏散照明,并按需要设计广告照明及泛光照明等。

(7)设置值班照明、警卫照明。

(8)根据陈列商品种类的不同,光源的选择应突出显色性、色温、亮度的变化,同时设计中要强调照明节能、照明安全、光照均匀、柔和、无眩光、管理维护方便等项指标。

3 商业建筑照明主要指标

目前,国内规范对商业照明的照度的基本标准作了规定。如商场内的照度一般为300~500lx,笔者认为此标准是针对全国各地范围的一般通用标准,而在实际工程设计中照明标准需根据地域差异、用电水平、商场规模、商品特点等诸多因素而定,要前瞻性地灵活选择。2004年版《建筑照明设计标准》GB50034—2004中所规定的商业建筑照明标准值见表1。

表1 商业建筑照明标准值

房间或场所	参考平面及其高度	照度标准值/lx	UGR	*Ra*
一般商店营业厅	0.75m 水平面	300	22	80
高档商店营业厅	0.75m 水平面	500	22	80
一般超市营业厅	0.75m 水平面	300	22	80
高档超市营业厅	0.75m 水平面	500	22	80
收款台	台面	500	—	80

注:UGR——统一眩光值; *Ra*——照明光源的显色指数。

商业建筑国内外照度标准值对比见表2。

由于商业建筑等级和地区的不同,将商店分为一般和高档两类比较合适。重点调研结果显示大型商店照度多数大于500 lx,平均照度达650 lx。CIE标准将营业厅按大小分类,大营业厅照度为500 lx,小营业厅为300 lx;而美、德、俄等国均为300 lx,日本稍高,达500~700 lx。因而我国新规范将一般商店营业厅定为300 lx,高档商店营业厅定为500 lx。

3.1 实测照度

在本工程设计时,我们以新规范为准则,参考了大连地区日资商场和沃尔玛超市等代表性商业建筑实测照明数据(见表3),对于大型商场的照度控制在500~750 lx之间是适合的。

3.2 光源色温、显色性和统一眩光值

室内照明光源色表可按其相关色温分为三组,光源色表分组宜按表4确定。

显色指数是在具有合理允差的色适应状态下,被测光源物体的心理物理色与参比光源照明同一色样的心理物理色符合程度的度量。光源的显色指数愈

表2 商业建筑国内外照度标准值对比

<table>
<tr><th rowspan="3">房间或场所</th><th colspan="3">本调查</th><th rowspan="3">原标准 GB50034—2004</th><th rowspan="3">GIE S 008/E—2001</th><th rowspan="3">美国 IESNA—2000</th><th rowspan="3">日本 JIS Z 9110—1979</th><th rowspan="3">德国 DIN 5035—1990</th><th rowspan="3">俄罗斯 СНиП 23-05-95</th><th rowspan="3">本标准</th></tr>
<tr><th colspan="2">重点</th><th rowspan="2">普查</th></tr>
<tr><th>照度范围</th><th>平均照度</th></tr>
<tr><td>一般商店营业厅</td><td rowspan="2">>500 (70.2%)</td><td rowspan="2">678</td><td rowspan="2"><500 (90.6%)</td><td rowspan="2">300~500</td><td rowspan="2">300(小) 500(大)</td><td rowspan="2">300</td><td rowspan="2">500~750</td><td rowspan="2">300</td><td rowspan="2">300</td><td>300</td></tr>
<tr><td>高档商店营业厅</td><td>500</td></tr>
<tr><td>一般超市营业厅</td><td rowspan="2">300~500 (75%)</td><td rowspan="2">567</td><td rowspan="2"><500 (91.7%)</td><td rowspan="2">300~500</td><td rowspan="2">—</td><td rowspan="2">500</td><td rowspan="2">750~1000 (市内) 300~750 (郊外)</td><td rowspan="2">—</td><td rowspan="2">400</td><td>300</td></tr>
<tr><td>高档超市营业厅</td><td>500</td></tr>
<tr><td>收款台</td><td>—</td><td>—</td><td>—</td><td>500</td><td>500</td><td>—</td><td>750~1000</td><td>500</td><td>—</td><td>500</td></tr>
</table>

注:表中照度单位为lx。

表3 实测照度值

照明指标 \ 商场名称		大连迈凯乐商场	大连新友谊商场	大连沃尔玛商场
光源与灯具	平顶(一般照明)	3×55W 格栅灯均布	4×18 格栅灯均布 2×15W PL 筒灯均布	2×36W/3000K 光带
	柜台(一般+局部照明)	2×36W 荧光灯	2×15W PL 筒灯 12V 50W 冷光聚射灯	12V 50W 冷光束射灯
	货架(一般+局部照明)	12V 50W 冷光聚射灯	2×15W PL 筒灯 12V 50W 冷光聚射灯	12V 50W 冷光束射灯
	走道(一般照明)	3×55W 格栅灯	4×18 格栅灯 2×15W PL 筒灯	2×36W 光带
实测照度/lx	柜台	600~800	500~700	600~800
	货架	500~600	500~600	700~800
	走道	600~800	300~500	600~800
灯具安装高度/m		3.0~3.3	2.8~3.0	2.5~3.0
单位容量/(W/m^2)		43	40	43

表4 光源色表分组

色表分组	色表特征	相关色温/K	适用场所举例
Ⅰ	暖	<3300	客房、卧室、病房、酒吧、餐厅
Ⅱ	中间	3300~5300	办公室、教室、阅览室、诊室、检验室、机加工车间、仪表装配
Ⅲ	冷	>5300	热加工车间、高照度场所

高,其显色性就愈好,物体被反映得愈清晰。

实践告诉我们，对大型百货商场进行照明设计时，光源的选择和配置十分重要。在一般日用百货卖场区，照度值宜为500~750 lx，以冷色调格栅荧光灯照明方式就能满足要求,并且能使顾客对商场产生干净明亮的感觉;而在精品服饰、金银钻石、精美工艺品专卖区,应选用一般照明加局部照明，且都以暖色调光源为主,这样可以营造出典雅温馨的感觉;在生鲜鱼类、肉类、冷冻食品储柜区上方,更应用高显色性的暖色调光源,使顾客产生本市场储存的食品十分新鲜的感觉。

4 大型商场的照明方式

4.1 一般照明

该大楼地下1层为沃尔玛超市,一般照明设计灯具选用2×36W/3000K暖色调光带式双管荧光灯,为生鲜水产、鱼肉、冷冻食品增加一些暖色调的局部照明大筒灯,预计照度值可达750 lx。

首层为金银首饰、化妆品、钟表、演出大厅、共享大厅、银行等区域,一般照明设计采用暖色调光源,采用飞利浦3×36W/3000K格栅荧光灯和2×15W/2700K PLEU长寿电子节能灯相结合均匀布置照明方式，预计照度值可达750 lx。

2~4层为服装、家电、体育用品、单元商铺购物区,一般照明光源可采用中间色调光源,灯具采用飞利浦TLD 3×58W/840/4000K/85格栅三管荧光灯,此灯显色性 Ra=85,满足规范要求。商场为8.4m×8.4m网格吊顶,灯高为3.3m,均匀布灯,光线柔合,可不再设局部照明,预计照度值可达650 lx。

5层为餐饮、娱乐、网吧区域,一般照明设计灯具选用筒灯,2×15W/2700K PLEU暖色调长寿电子节能灯,预计照度值可达300 lx。

针对目前大型商场灯具布置,笔者认为,对于超市一般照明采用光带式荧光灯较合适,对于大面积商场一般照明应以三管或四管格栅荧光灯为主，均匀布灯,其整体效果要好于用筒灯,统一眩光值也能满足要求。

4.2 局部照明

局部照明是给特定视觉工作用的,为照亮某个局

部而设置的照明。

局部照明只能照亮一个有限的陈列区，通常用射灯、灯箱、轨道灯方式来实现，从而有效地突出被照物的特点。局部照明宜选用色温在3000~3200K、有镜面反射的20~50W/12V束射灯，或色温在4200K以内，功率为35W、70W、150W的陶瓷金属卤化物灯，其显色指数$Ra \geq 85$。

4.3 应急照明

应急照明包括疏散照明、安全照明、备用照明。

我国《建筑照明设计标准》GB50034—2004、《民用建筑电气设计规范》JGJ/T16—1992和CIE《室内照明指南》均规定，备用照明的照度不应低于该场所正常照度的10%。在本工程中备用照明均按1/3考虑，其中安全照明占15%，疏散照明占5%。应急照明由双电源供电末端自动切换，并且在消防中心集中控制。

4.4 值班照明

本工程值班照明是利用正常照明一部分单独控制，占整个照明1%左右。

4.5 泛光照明(兼广告照明)

泛光照明使建筑物外观产生特殊的效果，一个好的泛光照明设计应充分运用光线照射的强弱变化、色彩搭配，使建筑物能满壁生辉，光彩照人，它是商场的一大特色。

本建筑坐落于繁华的商业区，根据其周围环境和自身建筑特点，泛光照明采用方块型灯箱结构，灯箱内设荧光灯均匀布置，灯箱表面喷成各种各样的彩色画面、广告等。从而使整个商业区街面显得格外亲切、豪华的感觉。

5 照明节能

在大型商场的照明设计中应从实际出发，参照规范要求，合理定位，选用合理的照明功率密度值，避免因追求高标准而导致浪费。在设计中我们采用高光效、高显色、长寿命的光源，配用高效照明器。商场照明中以荧光灯为主，并且采用低功耗、高功率因数、性能稳定的电子镇流器或新一代复合式镇流器，复合式镇流器弥补了电子镇流器的某些不足，性能更好。另外还可以采用分相无功功率自动补偿装置来提高功率因数，以达到节能的目的，创造良好的绿色照明环境。

6 照明供电

6.1 建筑分类与供电设计

根据《高层民用建筑设计防火规范》GB50045—1995规范，本建筑物属于一类建筑，应接一类负荷供电要求设计。10kW变电所由两路独立电源引入，消防负荷在最末一级配电箱处自动切换(供电方案图本文略)。根据《民用建筑电气设计规范》JGJ/T16—1992条文说明，本商场范围大、品种繁多、营业繁忙，因此经营管理用电子计算机系统应为一级负荷供电，并且单独两回路供电到配电箱处，实现自动切换。

6.2 照明供电

正常照明供电按区由变电所双母线同时供电，每条母线各带50%照明负荷，若一个母线故障断电，另一中母线可自动投入，以保障商场照明供电正常运行，并且采用集中控制方式，从而使运行管理更加方便。

应急照明供电采用双回路末端自动切换，在消防控制中心集中控制。

值班照明在配电箱处采用单独的配电回路，按层按区域集中控制。

参考文献

1 建筑照明设计标准 GB50034—2004
2 高层民用建筑设计防火规范 GB50045—1995
3 民用建筑电气设计规范 JGJ/T16—1992

超市照明设计

北京瑞迪华盛科技发展有限公司　马运涛

1　前言

近年来，我国零售行业也迅猛发展起来。但在发展的同时，每个商家也面临着新的问题：如何才能在激烈的竞争中吸引顾客留住顾客，如今顾客对于商场的要求已不仅仅局限于购物，超市除了能够提供人们需要的商品外，还要营造出良好的购物环境，因此首当其冲卖场的内部装修。在内部装修过程中，最容易看到改进效果且投资最小的部分就是照明了。所以，不论哪一类商店，照明设计都尤为重要。

超市照明既是一门科学，也是一种艺术。就照明本身而言，运用不同的光源、灯具及配套件，可以得到不同的照明效果；而不同的照明效果往往会带给顾客截然不同的心理感受，从而影响到顾客的购物行为。通过商店照明，体现出产品的特色，从而吸引顾客的视线，实现“视觉推销”。所以，好的超市照明应该以顾客为主体立足于商场自身的品牌形象，结合商场的内部装修风格、商品的陈列方法，以及照明灯具、光源的不同功能进行设计。

2　家世界连锁商业集团

家世界连锁商业集团下设商店 68 家，其中“家超”43 家，“家居”11 家。笔者有幸参与了家世界（包括“家超”和“家居”）室内部分灯光照明的设计，总结了一些经验，与照明界的同仁共同分享。

3　超市照明的主要功能

(1)提高生活质量　　营造环境气氛,从而形成人流、物流。

(2) 提高引导性——利用照明特殊的视觉效果,重现商品的个性并引导消费。

(3)提高顾客购买力——正确地使用照明,能够有效地吸引顾客、说服顾客,从而激发顾客的购买欲望。

4　超市及大卖场照明的作用

(1)全面改良顾客购买商品的视觉诉求,营造更舒适的购物环境。

(2)根据不同商品种类的销售特点,分区划分购买环境,选择最合适的产品,突出产品的优良品质。

(3)考虑卖场竞争环境,合理搭配使用产品,最大程度地保证一次性投资与维护成本的合理匹配,避免开店后维护成本及用电成本不合理。

(4)灯光需引导客户流向,并使顾客对相关商品充分注意。

(5)灵活配置及控制,使之满足不同时间段的光照要求,进一步满足节能,进而提高竞争能力。

5　超市照明的设计原则

(1)照明为商场商品销售服务。

(2)不同区域按要求选择合适的光源及灯具(CDM-T,SDW-T,TLD/79,T5)。

(3)满足水平照度及垂直照度要求。

(4)照明设计以商场区域规划为基本原则,商场区域可划分为:生鲜区、百货区、蔬菜水果区、仓储区、杂货区和其他区域(精品区、美食区等)。

(5)百货区按货架高度及间隔作适当的动线排列或均匀分布。

(6)照明灯具按货品销售利润选择布置。

(7)适当安排重点照明突出促销区。

(8)灯具布置应注重顾客选购的引导性。

6　货架区照明

(1)提高货架面的垂直照度,保持适当的水平照度,用光带式照明。

当光带与货架平行时,垂直照度好;

当光带与货架垂直时,货架摆放灵活性大;

水平照度:800 lx;

垂直照度:500 lx。

(2)高天棚货架区照明。使用点状大功率灯具布置,灯在货架之间,或可不考虑灯的布置,使用光源为:HPI-BU(BU PLUS);

水平照度:800 lx;

垂直照度:400 lx。

(3)服装区。突出商品优良的材质,让顾客很容易辨别出商品的颜色等,应采用一般照明加重点照明。

(4)生鲜食品区。保持适当的水平照度;提高重点照明照度;选择最佳的光源色温,基本照明照度 500 lx,重点照明照度 1500~2000 lx。

水果、鲜花、蔬菜照明:消费者对水果蔬菜的新鲜度和色泽要求很高,所以对光源的显色性要求较高,同时光色要显得比较柔和。

鱼、乳酪、冷冻食品照明:这类产品必须给顾客卫生、新鲜的感觉,并且需要通过运用灯光来表现出食品的诱人感,所以建议使用显色性较高的光源。同时,不同区域选用不同的色温。

肉制品、熟食区照明:新鲜的肉制品应该呈现出暗红色,所以应选用色温较低的光源。

面包照明:新鲜的面包应该是金黄色的,像是刚从烤箱里取出来一样,应该从食品的特性考虑选用合适的光源。

无锡市崇安寺地下商业街和二泉广场的照明设计

同济大学电子与信息工程学院　肖　辉　李奇峰

1　项目简介

无锡市崇安寺与上海城隍庙、南京夫子庙齐名，早已闻名遐迩，“阿炳故居”、“二泉映月”，让崇安寺更增添了传奇的色彩！

无锡市崇安寺地处市中心商务区，占地面积34404m²，此次以“传承历史文脉、营造宜人环境、挖掘商业和旅游价值、提升城市品味”为指导思想，全面实施改造，建成商贸、旅游、休闲一体的新型城区。

以下主要介绍崇安寺的二泉广场（洞虚宫轴线）与地下商业空间的照明设计。

2　照明设计构思

崇安寺地区汇集了古建筑、现代仿古建筑、园林、城市公园等建筑景观元素，又具有历史、民间风俗、商业旅游以及佛教、道教等多重文化内涵，固态的建筑景观与文化内涵的融合，为夜间照明的设计提供了广阔的空间，富于历史与文化气息的现代化休闲商业街区的定位与崇安寺地区的性质相符。

2.1　历史文化主轴（二泉广场）

二泉广场即洞虚宫轴线是崇安寺地区历史文化内涵的集中体现，这里不但有保存完好的阿炳故居、钟楼（图书馆）、玉皇殿等历史古迹，还在建筑和景观设计中布置了大型广场，可以满足大型集会和节庆表演的需要。

2.1.1　广场与入口艺术景观灯光设计

广场和洞虚宫轴线内不同部位的基本照明分别采用高杆灯、庭院灯和景观灯架。入口两侧各有一盏高杆灯，灯具的造型富有传统道教特色，为主入口提

供较高的亮度,以吸引人流的汇集。步行通道的照明采用3.6m高度的庭院灯,灯具采用传统风格。

玉皇殿的立面照明采用景观灯架加设投光灯方式,景观灯架同时也是这一区域提供了功能性照明。

2.1.2 建筑物艺术灯光景观规划

历史建筑:玉皇殿、钟楼(图书馆)、阿炳故居。

历史建筑的夜景设计必须以不对破坏古建筑为前提。

玉皇殿位于洞虚宫轴线中央,三清殿以北,为洞虚宫主体建筑之一,历史上多次被焚,现存建筑为光绪二年(公元1876年)修建,砖木结构,是历史保护建筑。至今正中为大殿,坐北朝南为四个对称的观舍与大殿相接,两个观舍之间有天井,总建筑面积250m²。

玉皇殿的照明应以突出建筑特色为目标,采用大面积投光和小面积投光相结合的照明方式表现。大面积投光灯具安装在建筑外围,对建筑物顶部进行整体表现,光源光色选用低色温白光,投光灯具安装在特制的景观灯架上,灯架造型寓意“鱼”的造型(道教的宇宙观是以“三元气论”为基础,“夫混沌分后,有天、地、水三元之气生成人伦,长养万物”,其中水的代表就是鱼)。建筑主体部分的照明采用安装在建筑基座上的地埋灯提供,采用高色温金卤灯光源,体现墙体与门窗等木质构件的原色。基座部分的照明采用低色温地埋灯,根据基座栏杆的分隔布置灯具,形成富有韵律变化的照明效果。

俗称为“钟楼”的无锡县立图书馆建筑面积1300多m²,整幢建筑中西合璧,轩敞宏伟,具有民国时代特色,楼顶有自鸣钟,为解放前无锡境内最高建筑。

钟楼高大挺拔,四面均有外廊,立面构图丰富,有利于夜景照明的表现。通过外廊内小面积投光和外部大面积投光的结合,外廊内外通过光色的变化表现建筑丰富的立面。

阿炳故居是省级文物保护单位,目前建筑质量较差,经过修复后的阿炳故居不但保持了原有风格,而且还在故居前设置了户外表演舞台。

故居建筑的照明采用外投光和内透光结合的方式。外部投光灯采用中间色温陶瓷金卤灯地埋灯,安装在建筑周围;内透光采用高色温光源,营造浓厚的生活气息。

保留的三棵古树采用地埋灯照明,光源采用高色温金卤灯,在不同季节均能完好表现树木的外观和色彩。

舞台照明结合景观细部设计,舞台周边采用LED光带和LED墙灯,通过色彩的变化突出舞台的特点,舞台上部设置LED地埋灯,营造丰富的景观形象。

2.2 景观节点(地下空间景观)

地下空间是地上空间功能的延伸,景观设计理念均取自无锡历史典故,极具人文色彩。

根据各景观节点的特点，其照明方案对水体、绿化、装饰性建筑构件和建筑小品做重点处理，以突出其景观主题。

2.2.1　砚韵流芳景观节点

砚韵流芳景观节点包括叠水、景观墙、诗词墙、洗砚碑和人物雕塑等内容，照明设计以景观人文属性为中心，突出对水景的表现。

叠水部分的照明采用水下灯，在各级叠水处采用不同色彩，营造缤纷绚丽的效果。

景观墙和诗词墙的照明采用白光水下灯，光线通过水体将光影投射到墙面上，使墙面上富有水体的动感。

洗砚碑和人物雕塑的照明采用安装在顶棚上的投射灯，通过提高亮度的方式对其重点表现。

2.2.2　寄畅山水景观节点

寄畅山水景观节点的照明重点为方亭和太湖石。

方亭为全金属构架，仅在亭子屋檐内部的空腔内设置白炽灯串，光线通过金属构件的孔隙透出，增强这一景观建筑的特色。太湖石的照明采用水下灯照亮，使人们能看清其独特造型。

2.2.3　水体照明方案

地下空间的各景点通过景观河道连接，在河道侧壁上设置蓝色 LED 光带，以突出河道的连续性。

2.2.4　商铺门面照明

在商铺之间的墙壁上统一设置壁灯，是商铺在整体上形成统一的风格，同时在匾额下方内藏荧光灯光带，加强入口的地面照度，营造活跃的商业氛围。

3　照明制

根据崇安寺地区的夜景照明效果，坚持高效节能、层次分明，实施照明控制。如：对建筑的处理重点是改造后的古建筑；街景的绿化宜分时段控制开启。当灯全部打开时，营造出以商贸、休闲和娱乐三位一体的璀璨夜景，再加上部分节庆灯光，熠熠生辉；而部分开灯时，在保证功能性照明的前提下，重点突出数个节点，如二泉广场的 LED 艺术灯光；平常则主要是以路灯、庭院灯为主的功能性照明，古建筑的泛光照明等。

因此，通过智能照明系统控制灯光，营造出崇安寺地区“点、线、面”结合的综合景观体系。

另附玉皇殿、钟楼(图书馆)、阿炳故居、砚韵流芳景观节点、寄畅山水景观节点照明效果图。

浦东国际机场候机楼照明节能方案的详述和效果分析

上海机场股份有限公司通信信息工程分公司　毛　亮

1　摘要

代表上海市形象之一的建筑——上海浦东国际机场候机楼是一座由近 1.5km 的长廊和大空间的主楼组成，每天 7~8 万人进出的超大型建筑。根据美国大楼协会统计，一座大楼的生命周期为 60 年，启用后 60 年内的维护及营运费用约为建造成本的 3 倍。根据日本大楼的统计，大楼的管理费、能源消耗费、设备维护费，占整个大厦营运费用支出的 60%左右，且费用还将以每年 4%的速度增加。

上海浦东国际机场候机楼是一个巨大的能源消耗大户，每年的能耗达到几千万元，有效的节能不仅将为机场节省下不小的开支，而且还可为缓解上海市能源紧张状况出一份力。候机楼的照明系统节能方案已于 2003 年 7 月 1 日开始实施，本篇着重对于机场候机楼的照明系统的节能方案及其效果作了详细的分析。

2 前期准备

照明系统在机场候机楼的用电设备是仅次于中央空调的第二用电大户，对照明系统的集中监控在保证照明稳定可靠的前提下还要考虑它的节能性。机场的照明可分为三类：办公室照明、公共区域照明、泛光照明。办公室照明指通常房间内的照明，这部分照明所用的电量是楼宇自控BA系统无法涉及的。公共区域照明是指走廊、过道、部分室外长廊等区域的照明。泛光照明指为了大厦的美观，在晚间照射建筑的屋顶和外观，使建筑在晚间呈现出色彩斑斓的照明。楼宇自控BA系统主要控制对象是后两者，即公共区域照明和泛光照明，而节能措施也是针对这部分主要照明的。这些照明分散在候机楼的R1、R2、R3和R4段，它们分别是由BA系统的光照度传感器、航班信息、SCHEDULE时间表的设置和主机遥控来控制的。通过对照明程序的重新编制、对光照度设定值的修改、和制定新的虚拟点来完成整个候机楼的节能工作。

2.1 资料收集

浦东机场照明灯具品种繁多：

(1)用于12m大厅的金属卤化物灯(含12m层汽车站R1、办票大厅R2、商业大厅R3和长廊候机大厅R4)，主要用于泛光照明和基本照明，采用飞利浦公司出产的泛光照明金属卤化物灯，具体规格数量分布和总的负载量如下表所示。

灯具除R4的150W灯具安装在多功能立杆上外，其余安装在钢结构的屋顶处，其中1kW、400W灯具主要照射波形吊顶和白色钢腹杆，通过反射为地面提供间接照明，其余主要为地面提供直接照明。

金属卤化物灯规格数量分布及总页载量表

	1kW/个	400W/个	250W/个	150W/个	总的负载量/kW
R1(汽车站)	90		68	90	120.5
R2(办票)	270	405		171	主照:162 辅照:270
R3(商业)	180			32	180
R4(候机)	612	612		712	主照:162 辅照:270 杆灯:106.8

(2)其他部分照明(0m到达大厅、长廊6m登机走廊、长廊0m走道、以及连廊等)由金属卤化物筒灯、节能筒灯(安徽三色灯具厂)和58W日光灯带提供。

6m长廊的各类灯具的负载量：

①长廊的柱灯总的负载量:72kW；

②廊道灯和筒灯总负载量:500kW；

③连廊(国内和国际)总负载量:150kW

④槽灯:14.5kW。

2.2 制作趋势点

在候机楼BA自控系统的主机上设置LUX的监测点，每10min取一个数据，24h跟踪，然后用记录生成软件提取数据，并把全部数据转成excel文本进行分析和绘制图表。

候机楼楼顶上共有四个光照度传感器，南北各两个，分别用均值Lux.16BP1.01.V和Lux.16BP1.02.V来表示，在此对这两个点进行了长时间的数据采集。

在下面只是分别列举了03年7月5日(阴天)和03年7月6日(晴天)的两天的照度图表1～4。

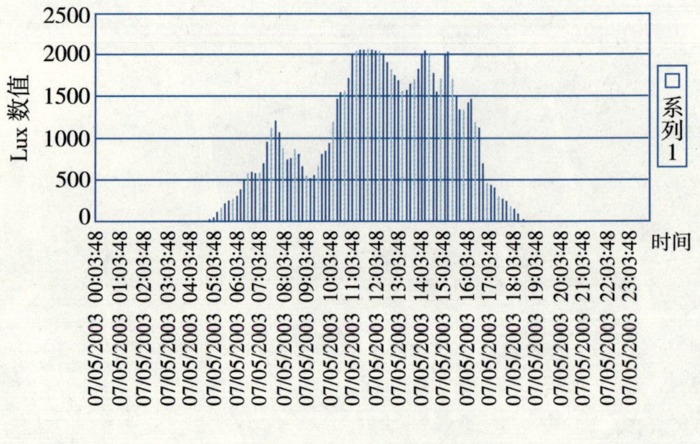

图1 2003年7月5日北侧照度图

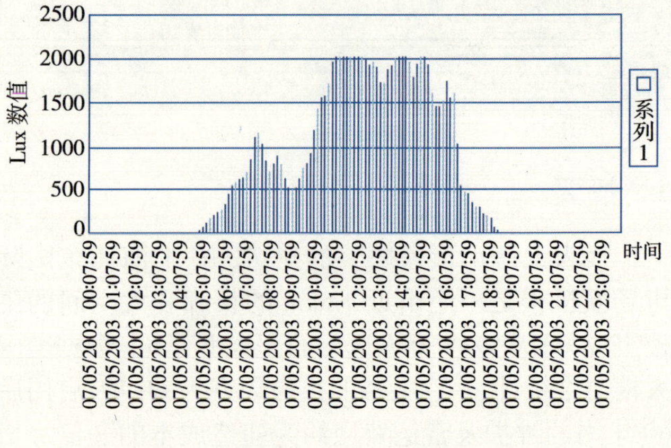

图2 2003年7月5日南侧照度图

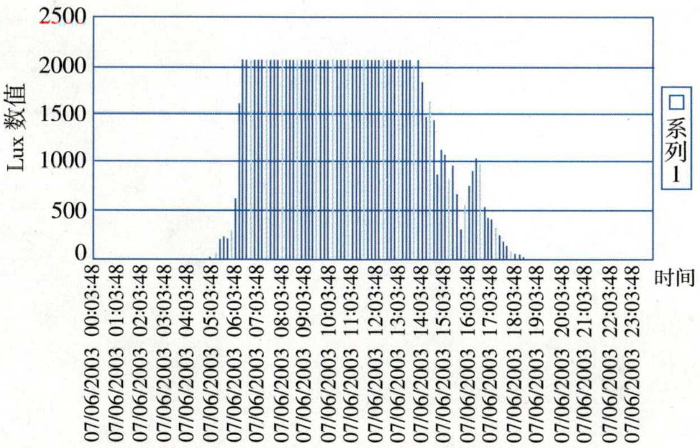

图 3 2003 年 7 月 6 日北侧照度图

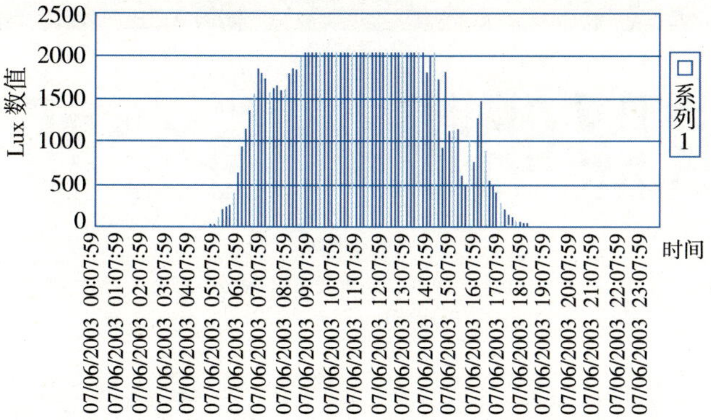

图 4 2003 年 7 月 6 日南侧照度图

3 数据分析

设定航班开始时间为早上 6 点,航班结束时间为次日凌晨 1 点。

每天照明开启时间的缩短量是根据对采集到光照度 Lux 的数据的分析,结合节能方案中对照度的修改量而得出的近似值,并且综合了冬夏季日照变化的因素。

从以上的分析可以得出,节能方案如果得到落实,候机楼每年可以节电 2789375.6kW·h。

4 方案具体实施

浦东国际机场楼宇自控 BA 系统采用西门子楼宇科技有限公司的 APOGEE S600 作为控制平台,通过设有中央图形工作站的计算机网络系统,将分布在各监控现场的控制器连接起来,共同完成集中操作、集中管理和分散控制。所有受控设备以总线方式连接,并采用同一套 Insight 软件进行系统管理。每个子系统(即每个 DDC 和所连接的现场设备)都能独立控制,同时在中央工作站上又能做到集中管理,很好地体现了分散控制,集中管理的特点。

候机楼主楼出发及长廊的照明开启是由室外照度和航班信息综合控制的,经过实地测量,结合设计院的推荐数据,并根据旅客的实际需求,重新设定了开启值,在 Insight 里先把准备控制的灯类群分设成若干个虚拟控制点,接着利用 PPCL 程序对这些点进行控制(程序略)。

整个节能方案涉及到候机楼的各个位置,如车道、办票大厅、商业街、出发和到达区域。一方面在程序中修改光照度 Lux 的参照值来改变照明开关时间;另一方面在程序中利用各时段的不同的模式调整照明的开关方案(上面的程序里均有表述)。

5 结论和下一步工作

通过这次节能方案的实施,浦东国际机场候机楼理论上每年总共能节约用电 2789375.6kW·h,如果按市电每度 0.92 元,共为 2566225 元。当然要达到这个目标,需要管理措施的跟进和操作单位的大力配合,尽量使系统按程序运行,避免随意手动控制。

下一步工作:

(1)出发 12m 长廊晚上可以关闭辅照(或者尽量少开),代以开启立柱杆灯;

每天少开 7h,一年节电度数:(612−106.5)×7×365=1291552.5kW·h

(2)立柱杆灯实行间隔开启法,少开三分之一的灯,一年节电数:106.5×9×365/3=116617.5kW·h

这样还能延长灯具的寿命;

(3)连接廊的筒灯可以减半开启,一年的节电度数:150×19×365/2=520125kW·h;

(4)商业模块,晚上只需开东面一侧灯光,一年的节电度数:180×7×365/2=229950kW·h。

这样每年总的节能总能耗:2158245kW·h。按市电每度 0.92 元,共为 1985585.4 元。

显而易见,如果上述构思是可行及都能付诸于实施的话,经济效益将会是相当可观的。

参考文献

1 S600 顶峰系统技术手册.西门子兰吉尔驷法公司
2 计算机控制技术在大型公共建筑中的应用. 上海浦东国际机场候机楼楼宇控制系统的研究与应用.上海国际机场股份有限公司
3 Insight User's Guide Landis & Staefa

体育中心体育馆照明设计与分析

飞利浦照明武汉办事处　陈逸泉

摘　要　文章结合洛阳体育中心体育馆照明设计方案，阐述了现代化综合性体育馆照明设计时需注意的问题。

关键词　体育照明设计　体育照明标准　照明控制

1　前言

随着2008年北京奥运会的日益临近和全民健身运动在我国蓬勃开展，全国各地体育场馆新建与改建项目也随之增多。照明系统作为体育馆的必备设施，在体育馆的正常使用（如训练、比赛、彩电转播）起着重要作用。

2　体育馆照明要求及标准

2.1　体育馆照明指标

体育馆功能复杂，一般涉及体育、文艺汇演、展览等诸多内容。按其功能可分为专业型体育馆和多功能综合性体育馆。

体育馆内各项运动可分为地面运动和空间运动，它们各自又分为单向运动和多方向运动。地面运动包括拳击、击剑、柔道、摔跤、武术等；空间运动包括篮球、排球、羽毛球、乒乓球等。不同运动项目又可分为业余级和专业级。

国际体育联合会（GAISF）的比赛分级如表1所示。

表1　国际体育联合会的比赛分级

业余水平	专业水平
体能训练	体能训练
非比赛，娱乐项目	国内比赛
国内比赛	TV 转播的国内比赛
—	TV 转播的国际比赛
—	高清晰度电视 HDTV 转播比赛
—	应急电视

体育馆照明设计需要考虑水平照度、垂直照度、照度均匀度、照度梯度、眩光、光源色温、显色性等诸

多指标。在照明设计中,照度应是维持照度,维护系数一般取 0.8。

体育馆照明中水平照度是指场地地面的水平照度,它是衡量体育馆照明水平的一个重要标志。不同运动项目在训练、比赛和彩电转播时对照明都有不同的要求。

垂直照度是体育馆照明设计中另一重要指标,垂直照度一般是指比赛区域地面以上 1.5m 处垂直平面上的照度,对观众观看比赛和进行电视转播有着重要影响。垂直照度又分为面向固定机位(摄像机)的垂直

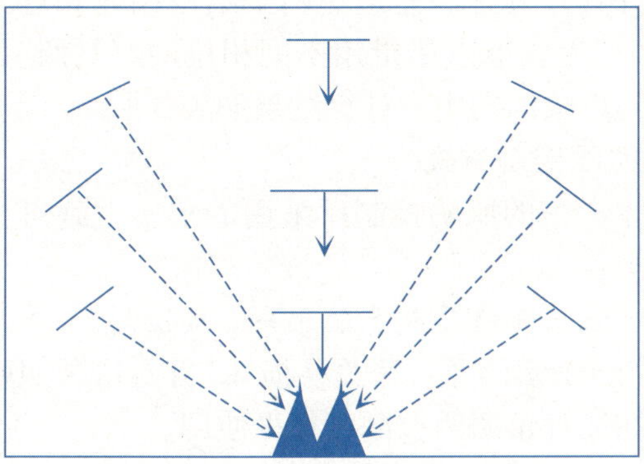

图 1 面向固定机位照明的垂直照度

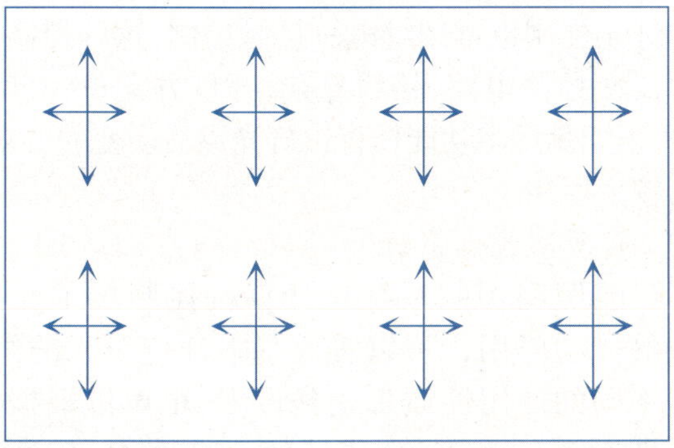

图 2 面向四个方向的垂直照度

照度和面向 4 个方向的垂直照度(如图 1、图 2 所示)。

看台与观众席的垂直照度应为场地垂直照度的 25%。另外,水平照度对垂直照度的比值一般控制在 0.5~2 之间。

照度均匀度,可用 U_1 和 U_2 来表示:

$$U_1=E_{min}/E_{max}$$

$$U_2=E_{min}/E_{ave}$$

式中 U_1 和 U_2 适用于水平照度和垂直照度。

照度梯度是体现照度均匀性的另一指标,表示为某一点的照度与周边 8 个相邻点上照度的变化率,一般要求小于 20%。

2.2 光源参数

体育馆照明光源色温一般在 4000~6000K 范围内。

要求显色指数 $Ra>65$,有彩电转播时,$Ra>80$。最小显色指数参数如表 2 所示。

表 2 体育馆照明最小显色指数

运动类型		显色指数 *Ra*
业余水平	训练	≥20
	非比赛,娱乐项目	≥20(最好 65)
	国内比赛	≥65(最好 80)
专业水平	训练	≥65
	国内比赛	≥65(最好 80)
	TV 转播的国内,国际比赛	≥65(最好 80)
	高清晰度 HDTV 转播	≥80(最好 90)
	应急 TV	≥65(最好 80)

2.3 体育馆照明标准

国内外体育场馆相关标准主要有:

(1)国际体育联合会(GAISF)颁布的《多功能室内体育场馆人工照明指南》(Guide to the Artificial lighting of Multipurpose Indoor Sports Venues)。

(2)国家标准 GB50034—2004《建筑照明设计标准》。

3 洛阳新区体育中心体育馆照明设计方案

3.1 工程背景

洛阳体育中心体育馆建筑面积 15000m²,6200 个座位,可满足省级综合运动会和全国、国际体育单项比赛的需要,体育馆中心为矩形球场,周围为圆形观众厅,除能承办体育赛事外,还可满足文艺演出、大型集会等需要。

3.2 光源与灯具的选择

体育馆照明光源的选择主要考虑其功率、光效、寿命、尺寸、色温、显色性等因素。

体育馆照明一般采用光源为金卤灯,色温在 4000~6000K 之间,显色指数 $Ra≥65$,有转播要求则 $Ra≥80$、90 为最佳。装灯位置一般在 15m 以下,采用 250W、400W 灯具。15m 以上可考虑采用 1000W 金卤灯。应急照明光源可用碘钨灯。

体育馆照明灯具的选择主要考虑灯具的配光曲线、效率、防尘防水等级等因素。

3.3　体育馆照明设计步骤

3.3.1　体育馆等级与照明标准的确定

根据体育场馆的规模、运动项目、是否要求电视转播等使用要求确定其举办最高等级比赛的规格，从而确定其最高照明标准。

3.3.2　照明方式的确定

体育馆照明方式一般分为3种：

(1)灯具满天星布置，即灯具在场地上空均匀布置，适用于低空运动项目，但如果垂直照度低，则适用于一般训练馆。

(2)灯具在场地上空与侧面布置相结合，适用于多功能体育馆，水平照度与垂直照度可以兼顾。

(3)灯具布置在场地外上空，以侧光为主，适用于空间较高的运动项目，好的设计可以兼顾水平照度与垂直照度及均匀度，并能有效控制眩光。

洛阳体育馆采用两侧部灯方式，在与长轴平行的四条马道上布置灯具。

比赛场地照明灯具

MVF403　A5/1000MB　数量:48套

比赛场地照明灯具

MVF403　A7/1000MB　数量:48套

比赛场地应急照明灯具

QVF　135/500W　数量:52套

观众席照明灯具　HPK188/400W　数量:60套

观众席照明灯具　MMF383/400W　数量: 8套

体育馆照明配电容量(不含镇流器功能)：

比赛场地照明容量　96套×1000W=96kW

比赛场地应急照明容量　52套×500W=26kW

观众席照明容量　68套×400W=27.2kW

3.4　照明开关模式的确定

根据体育馆运动项目及其他要求，确定各种开灯模式，常用开灯模式有：

观众进退场模式、各类运动训练模式、各类运动比赛模式、各类运动彩电转播模式、各类运动应急彩电转播模式、集会模式、文艺汇演模式、疏散应急照明模式、清扫模式。

只要满足照明要求，相近运动项目的开灯模式可以合并，以减少照明控制回路。

本照明方案设计了包括大小球训练、大小球比赛、大小球彩转、体操彩转、清扫、汇演、观众进退场、应急等11种开关模式。

3.5　照明计算

在明确体育馆规模、照明标准、开灯方式，选取合适的光源和灯具，可用流明系数法简单估算所需灯具数量，详细照度计算应采用专业照明设计软件。维护系数取0.8。

经过计算，不但要明确各开灯模式下的照明设计指标，如照度、均匀度、照度梯度等，还应明确各灯安装坐标、瞄准点坐标或瞄准方向及在各开灯模式下的开闭状态。

灯具布置是注意避免网架结构挡光和灯具相互挡光，相近瞄准点尽量用不同相位的灯具照明，以避免频闪现象的发生。计算结果如表3所示。

3.6　照明控制方式

体育馆的照明控制所采用的技术大致可分为以下几类：

3.6.1　低压断路器或手动开关直接控制

由于使用不便，开关易损坏，目前这种照明控制方式在体育馆照明控制已很少使用。

3.6.2　继电—接触式控制

继电—接触控制在很多领域被广泛使用，以往体育馆灯光控制也常用继电—接触控制，这种控制方式需要二次控制电路，接线复杂，开灯方案单一且操作不便，不能满足多功能体育馆灯光灵活多变的要求，目前已较少使用。

3.6.3　计算机控制系统

智能照明控制系统是计算机控制技术在照明领域的成功应用，可以实现基本开灯单元的组合，根据不同的使用性质事先预设置，也可以根据临场情况即时调整设置，变成新的开灯模式，具备很大的灵活性。

智能管理器用于定时启动、关闭、自动调用场景，预设置和全部亮灯控制模式。它可控制多个区域的灯光变化，储存多种预设置，并能根据不同的日期、时间对所控制的不同区域分别进行灯光变化的自动控制，操作十分方便。同时还具有很强的网络通信功能，可通过标准通信接口与楼宇自动化系统(BAS)连接。

计算机控制系统将是今后现代化体育馆照明控制的主流方式。

体育馆照明控制系统应满足以下功能：

(1)能编程序，能随时输入新的程序或修改原来

表 3 照明设计指标及分级控制表

序号	分级开关表		水平照度/lx	水平照度均匀度		垂直照度/lx	照度比率/(E_h/E_v)	垂直照度均匀度	
				E_{min}/E_{ave}	E_{min}/E_{max}			E_{min}/E_{ave}	E_{min}/E_{max}
1	彩转	体 操	2078	0.76	0.66	1065	1.95	0.72	0.61
2		篮 球	2152	0.89	0.83	1178	1.83	0.85	0.83
3		羽毛球	1999	0.97	0.95	1083	1.85	0.95	0.92
4		排 球	1968	0.96	0.92	1073	1.83	0.94	0.89
5		乒乓球	2050	0.98	0.97	1116	1.84	0.97	0.96
6		观众席	644	—	—	—	—	—	—
7		全 场	1675	0.50	—	—	—	—	—
8	比赛	体 操	790	0.70	0.56	—	—	—	—
9		篮 球	881	0.79	0.66	—	—	—	—
10		羽毛球	797	0.94	0.90	—	—	—	—
11		排 球	768	0.93	0.85	—	—	—	—
12		乒乓球	814	0.96	0.94	—	—	—	—
13	训练	体 操	308	0.59	0.41	—	—	—	—
14		篮 球	321	0.80	0.61	—	—	—	—
15		羽毛球	501	0.91	0.85	—	—	—	—
16		排 球	475	0.87	0.77	—	—	—	—
17		乒乓球	521	0.95	0.91	—	—	—	—
18	应急照明	全 场	54.2	0.68	0.54	—	—	—	—
19		观众席	44.8	0.49	—	—	—	—	—
20	清扫模式	全 场	93.4	0.55	0.39	—	—	—	—
21		观众席	146	—	—	—	—	—	—

注：维护系数 0.8。

的程序；

(2)一个程序执行完毕后，能将此程序“锁定”，不受其他误操作或干扰信号的影响；

(3)当输入一个新的程序时，与原程序状态相同的灯应保持原状态不变；不得出现短暂的断电现象；

(4)有多级手控、机控功能，以满足灯具维修、设备维修的要求，当程控系统发生故障时可转入全手控状态，且必须能在控制室进行操作；

(5)程序控制系统有坏灯警告功能，并显示坏灯地址，以便进行修复；

(6)程序控制系统有分组延时功能，以防止灯具集中启动时的浪涌电流；

(7)程序控制系统应设置模拟盘或监视屏，以更直观的电子地图形式显示当前开灯情况；

(8)程序控制系统应工作稳定、操作方便，便于检查和维护；

(9)应当预留与 BA 的接口，以便纳入建筑智能化管理。

本方案采用电脑智能化控制系统，系统由 1 台电脑、1 部管理控制器、2 台智能化控制箱构成，置于体育馆灯光控制室内，另设一个 8 场景控制面板，置于一楼值班室处，方便一般训练和清扫使用。控制回路共 64 路。灯光智能控制系统图如图 3 所示。

3.7 配电系统及应急照明电源问题

甲级以上体育馆场地照明供电等级应为一级负荷。有应急电视转播要求的体育馆建议由两路电源同

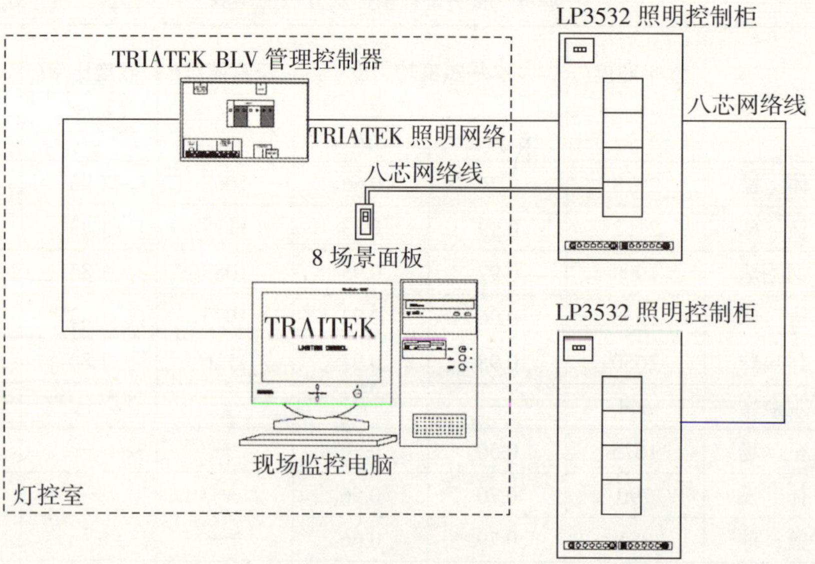

图 3　灯光智能控制系统

时供电，各带一半照明负荷，并互为备用。在照明计算时，考虑每路电源单独供电时，照明指标均能满足应急电视转播的要求。

当仅有应急疏散照明要求时，可用碘钨灯或带热触发装置的金卤灯作为应急照明灯具，双电源末端切换供电。随着经济和技术的发展，在线式不间断电源作为金卤灯供电电源将是体育馆应急电视转播和应急疏散照明理想的方案，也是将来的发展方向。

本方案场地及观众席照明由两路电源供电，一用一备，应急照明电源由在线式 UPS 供电。

体育馆建成后，已成功举办了第 23 届洛阳牡丹节开幕式、2005 中美篮球明星对抗赛、洛阳第十届运动会等活动。

参考文献

1　建筑照明设计标准(GB50034—2004).北京：中国建筑工业出版社，2004
2　体育建筑设计规范（JGJ31—2003　J265—2003).北京：中国建筑工业出版社，2003
3　李炳华，王玉卿.现代体育场馆照明指南.北京：中国电力出版社，2004
4　李恭慰.体育建筑照明设计手册.北京：原子能出版社，1993

国家体育场场地照明设计初探

中国建筑设计研究院　李炳华

摘　要　场地照明设计是国际一流综合性体育场电气设计的主要内容之一。文章着重介绍了国家体育场场地照明设计标准，分析了场地照明设计的方法、要点及难点，比较了世界主要体育场场地照明设计的特点，为中国国家体育场场地照明设计确定了方向。

关键词　体育场　场地照明　照度　照度均匀度　眩光　显色性

1　国家体育场概况

第29届夏季奥林匹克运动会将于2008年在我国的首都北京举行。其主体育场——国家体育场位于奥林匹克公园中心区南部，北四环北面，北辰东路西侧，北中轴路延长线东面，占地22公顷，与西侧的国家体育馆、国家游泳中心相对于中轴线均匀布置。国家体育场将是北京奥林匹克公园内的标志性建筑，也是北京最大的，具有国际先进水平的多功能体育场。

由中国建筑设计研究院和瑞士Herzog&de Meuron建筑师事务所联合创作的国家体育场"鸟巢"方案中标，现处在紧张的设计阶段，工程预计2007年竣工。国家体育场将容纳10万人，其中固定座位8万个，临时座位2万个，奥运会后将拆除临时座位。与周围建筑物相比，体育场整体抬高4.8m，体育场由3%～6%的缓坡与周围连接，0层标高-1.0m，主要的设备机房、电视转播车等大型机房、设备都设在0层，因此，国家体育场没有地下层。除0层外，地上还有6层，体育场建筑高度66.87m。最有特色之处是可开启的屋顶，这在世界上也是为数不多的。

国家体育场要考虑近期与远期的使用，近期主要为2008年奥运会承担开幕式、闭幕式、田径比赛等任务，也是2008年伤残人奥运会的主会场。远期要考虑世界田径锦标赛、世界杯足球赛等特殊重大比赛。国家体育场还要承担亚运会、亚洲田径锦标赛、洲际综合性比赛、全国运动会、全国足球联赛等各类常规赛事以及文艺表演、团体活动、商业展示会等非竞赛项目。

2　体育场场地照明设计

国家体育场为综合性体育场。不同的运动项目对场地照明的要求也不一样。但是，不管体育场综合了多少运动项目，都要同时满足相关的国际单项体育组织、国际体育联合会(General Association of International Sports Federations)、国际奥委会对场地照明的要求，否则体育场将不能通过验收。

2008年北京奥运会将使用高清晰度电视(HDTV)向全球转播，HDTV与普通电视系统相比，具有清晰度更高，图像质量更好，HDTV的数字信号不易受干扰等优点，但同时也对照明提出了更高的要求。

2.1　体育场场地照明设计标准

国家体育场主要竞赛项目包括田径、足球等，因此，场地照明应符合表1所列的标准。一般地说，国际体育组织制定的标准要高于我国的国家或行业标准。

表 1 体育场场地照明设计标准

序号	标准、规范名称	备注
1	多功能室内体育场馆人工照明指南	国际体育联合会 GAISF、欧洲广播联盟 EBU 编制
2	足球场人工照明指南	国际足联编制(2002 年版)
3	带彩色电视转播和电影系统的体育项目照明指南	CIE 83 文件
4	体育照明装置的光度规定和测量指南	CIE 67 文件
5	足球场照明	CIE 57 文件
6	建筑照明设计标准	GB50034—2004
7	民用建筑电气设计规范	JGJ/T 16—92

注:1.CIE 为国际照明委员会的英文缩写。
2.《民用建筑电气设计规范》JGJ/T 16—1992 正在修编中,建议体育照明部分多借鉴国际标准。

根据比赛的性质、水平及要求,将比赛分级是很有必要的。国际体育联合会 GAISF 根据比赛是否专业比赛进行比赛分级(如表 2 所示),而国际足联 FIFA 将足球比赛按是否有电视转播进行比赛分级(见表 3)。

体育场人工照明的目的是为参与比赛的人们提供良好的视觉环境。参与比赛有以下几类人群:运动员、裁判员、官员;广告商;电视、电影摄像人员;文字记者、摄影师;观众。因此,奥运会主赛场的场地照明要使水平照度、某摄像机方向的垂直照度、照度均匀度 U_1 和 U_2、显色指数 Ra、眩光指数 GR、照度梯度等参数满足标准要求。

国家体育场除主体育场外,在主场北面有两块热身场地,可以进行赛前热身、训练、奥运会后的群众性体育健身活动,热身场地可以进行田径和足球比赛。

表 4~7 为国际体育联合会给出的田径、足球场

表 2 GAISF 的比赛分级

业余水平	专业水平
身体训练	身体训练
非比赛、娱乐活动	国内比赛
国内比赛	TV 转播的国内比赛
	TV 转播的国际比赛
	高清晰度电视 HDTV 转播的比赛
	应急电视

表 3 FIFA 的比赛分级

有电视转播的比赛		没有电视转播的比赛	
等级	比赛类型	等级	比赛类型
V 级	国际级比赛	III 级	国内比赛
IV 级	国内比赛	II 级	联赛、俱乐部比赛
		I 级	训练赛、娱乐

表 4 GAISF 水平照度推荐值(lx)

场馆类型	运动分级				
	业余水平			专业水平	
	身体训练	非比赛、娱乐活动	国内比赛	身体训练	国内比赛
田径	150	300	500	300	750
足球	150	300	500	300	750

注:表中的数值为维持平均照度。

表 5 GAISF 垂直照度(lx)

场馆类型	主摄像机方向的垂直照度				次摄像机方向的垂直照度		
	国内比赛 TV 转播	国际比赛 TV 转播	高清晰度 HDTV	应急 TV	国内比赛 TV 转播	国际比赛 TV 转播	高清晰度 HDTV
田径	750	1000	2000	750	500	750	1500
足球	1000	1400	2000	1000	700	1000	1500

注:1.表中的数值为考虑了灯具维护系数后的比赛场地上方 1.5m 处平均垂直照度值;
2.本指标制定时 HDTV 尚处开发阶段,没有投入商业运营。目前国际上 HDTV 还没有统一标准,我国现在有中央、北京、上海、四川等电视台进行 HDTV 试播。

表 6 GAISF 照度均匀度

运动类型		照度均匀度 $U_1=E_{min}/E_{max}$		照度均匀度 $U_2=E_{min}/E_{ave}$	
		水平照度 U_1	垂直照度 U_1	水平照度 U_2	垂直照度 U_2
业余水平	身体训练	0.3	—	0.5	—
	非比赛、娱乐活动	0.4	—	0.6	—
	国内比赛	0.5	—	0.7	—
专业水平	身体训练	0.4	—	0.6	—
	国内比赛	0.5	—	0.7	—
	TV 转播的国内比赛	0.5	0.3	0.7	0.5
	TV 转播的国际比赛	0.6	0.4	0.7	0.6
	高清晰度 HDTV 转播	0.7	0.6	0.8	0.7
	应急 TV	0.5	0.4	0.7	0.4

注:色温 T_{cp}≥4000K。

表 7 GAISF 色彩

运动类型		显色指数 *Ra*
业余水平	身体训练	≥20
	非比赛、娱乐活动	≥20(最好 65)
	国内比赛	≥65(最好 80)
专业水平	身体训练	≥65
	国内比赛	≥65(最好 80)
	TV 转播的国内比赛、国际比赛	≥65(最好 80)
	高清晰度 HDTV 转播	≥80(最好 90)
		应急 TV

地照明参数最低推荐值，表8、表9为国际足联规定的足球场场地照明有关参数最低要求，表10、表11为我国规范规定的场地照明指标。

综上所述，国家体育场场地照明设计要全面符合表2~11的要求，同时还要满足文艺演出、展示会等非竞技比赛的要求。为了便于管理、满足节能要求，国家体育场场地照明模式较多，大致可分为以下几种：

主体育场有：田径训练、田径国内比赛、田径TV转播的国内比赛、田径TV转播的国际比赛、田径高清

表8 FIFA没有电视转播的赛场人工照明参数推荐值

比赛分级	水平照度	照度均匀度	眩光指数	光源色温	光源显色指数
	$E_{h,ave}$/lx	U_2	*GR*	T_{cp}	*Ra*
III	500①	0.7	≤50	>4000K	≥80
II	200①	0.6	≤50	>4000K	≥65
I	75①	0.5	≤50	>4000K	≥20

①数值为维持平均照度。

表9 FIFA有电视转播的赛场人工照明参数推荐值

比赛分级	摄像类型	垂直照度*			水平照度			光源色温	光源显色指数
		$E_{v,ave}$	照度均匀度		$E_{h,ave}$	照度均匀度			
		lx	U_1	U_2	lx	U_1	U_2	T_{cp}	*Ra*
V	慢动作	1800	0.5	0.7	1500~3000	0.6	0.8	>5500K	≥80 最好≥90
	固定摄像	1400	0.5	0.7					
	移动摄像	1000	0.3	0.5					
IV	固定摄像	1000	0.4	0.6	1000~2000	0.6	0.8	>4000K	≥80

注：1.垂直照度值与每台摄像机有关；
2.每5m的照度梯度不应超过20%；
3.眩光指数 $GR \leqslant 50$；
4.数值为维持平均照度值，推荐灯具维护系数为0.80。

表10 JGJ/T 16—1992关于体育运动场地照度标准值

运动项目			水平照度均匀度 U_1	照度标准值/lx					
				训练			比赛		
				低	中	高	低	中	高
田径（室内）			≥0.5	150	200	300	300	500	750
足球	观看距离/m	120	≥0.5	—	—	—	150	200	300
		160		—	—	—	200	300	500
		200		—	—	—	300	500	750

注：1.足球观看距离是指观众席最后一排到场地边线的距离；
2.本表参考平面为地面；
3.光源色温宜为4000~6000K，显色指数应大于65。

表 11　JGJ/T　16—1992 关于体育运动场地彩电转播照明的照度标准值

项目	垂直照度均匀度 U_1	照度标准值/lx		
		最大摄影距离/m		
		25m	75m	150m
田径	≥0.4	500	750	1000
足球	≥0.4	750	1000	1500

注:参考平面及其高度(m)为 1.0m 垂直面。

晰度电视 HDTV 转播、田径应急电视转播的比赛、足球 V 级国际级比赛、足球 IV 级国内比赛、足球 III 级国内比赛、足球 II 级联赛、俱乐部比赛、足球 I 级训练赛及娱乐等 12 种,这是满足比赛的最基本要求。不同的照明模式投入运行的灯具数量也不一样,实现不同模式的照明将由照明自动控制系统完成。

附场照明模式有田径训练和足球训练两种。

2.2　体育场场地照明设计的要点

国家体育场包括田径和足球赛场,其照明设计应满足这两项运动的要求。图 1 为国家体育场场地示意图,田径运动除撑杆跳高、铁饼、链球、标枪等少数项目外,大都利用 3m 高度以内的低空间运动;而足球要在距地面上空 30m 或更高的高度空间运动。因此,照明设计也要考虑赛场上空一定高度内有均匀地亮度分布。

2.2.1　照明设计要确定照明方式

体育场照明方式主要有:四角式(Corner column arrangements)、侧向式(Side lighting arrangements)、周边式(Circle lighting arrangements)、混合式(Mixed lighting arrangements)等四种。各种方式的特点见表 12。

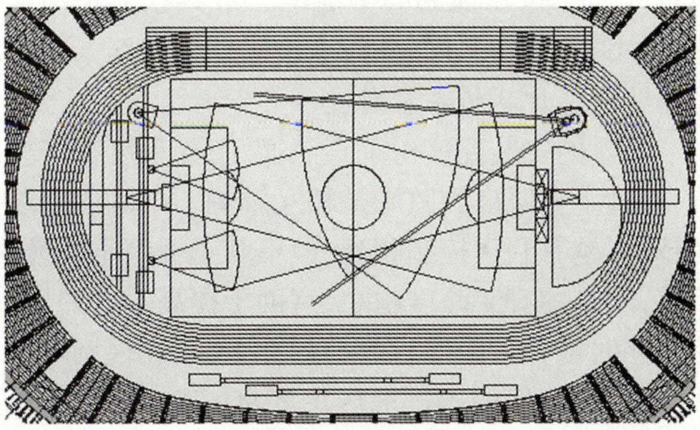

图 1　国家体育场场地示意图

表 12　各种照明方式的比较

方式		方法	特点	适用场所
四角式		四个灯塔或灯柱布置在四个角球区外,运动员正常视线之外	立体感强,垂直照度高。用电量大,造价高,眩光较大,维护不便	足球、橄榄球
侧向式	多塔	将灯塔布置在赛场的东西两侧。灯塔可以比四角布置得低。常有四塔、六塔、八塔等布置方式	立体感较强,垂直照度高,照度均匀。用电量较少,造价低,眩光较大,维护方便	足球、田径、网球
	光带	在球场东西两侧设置连续的光带	照度均匀,用电量少,造价较低,眩光较小,维护方便	足球、田径、网球
周边式		在球场四周设置灯塔	立体感强,垂直照度高。用电量大,造价较高,眩光较大,维护不便	田径、棒球,不适合足球
混合式		在场地四角设置灯塔,在东西两侧设光带或多塔	立体感强,垂直照度较高。用电量较大,造价较高,眩光较小,维护方便	田径、足球等

各种照明方式各有所长,都有成功的实例。根据国家体育场的建筑、结构特点,场地照明方式只能选择侧向式布灯,毫无疑问,侧向式布灯可以很容易地满足足球比赛的要求。但对于田径比赛,其比赛小项目较多,又比较分散,不同的项目对照明要求各不相同,如果侧向式布灯不能满足田径要求,可以将侧向式布灯向南北两方向适当延长。2000 年悉尼奥运会主体育场采用了混合式布灯, 即在场地四角设置四个灯塔, 在东西两侧共设置四条光带(见图 2 所示)。

2.2.2 选择合适的灯具

灯具的参数有很多,在体育场场地照明中,应注意两点。一是光束的形状,对于侧向布灯宜采用矩形或梯形光束,不宜采用圆形光束。另一是光束角,光束角越小,光束越窄,投射的距离就越远。国家体育场采用侧向布灯方式,东西侧各两条光带,一条布置在顶棚的中后部, 一条在顶棚的中前部, 灯具投射距离大于 50m,因此选择灯具时,其光束角应小于 45°。

2.2.3 确定灯具的安装高度

灯具的安装高度对垂直照度、眩光程度都产生影响,而且垂直照度和眩光是相互影响。灯具的安装高度越高,越有利于控制眩光,但不利于提高垂直照度;相反,灯具的安装高度越小,有助于提高垂直照度,但眩光同时增加。因此,在垂直照度与眩光控制之间找一个平衡点,使两者都能满足要求(参见图 3)。灯具的安装高度按下面两式计算:

$$h=d\tan\varphi \qquad (1)$$

$$h\geqslant 15 \qquad (2)$$

式中 h——灯具的安装高度(m);

d——灯具在赛场平面的投影点到场地中心线的垂直距离(m)。

图中可以看出,计算高度用的三角形与赛场平面垂直,又与足球场底线平行,当然,该平面一定要通过计算确定灯具的安装高度;

φ——计算三角形中灯具安装高度所对应的夹角,$\varphi\geqslant 25°$。

因此,先在球场平面上测量出 d,再测量出角度 φ,就可用式(1)、(2)计算出灯具的安装高度 h。

根据灯具的安装高度,结合屋顶结构、建筑特点,可以确定马道(gantry)的位置,灯具及镇流器箱、电缆、配电柜等均安装在马道上。

2.2.4 计算灯具数量,合理布置灯具

根据上面所述的场地照明标准、灯具、照明方式、灯具安装高度等,运用专业灯具公司的计算软件计算出灯具数量, 并将灯具合理地布置在马道的相关位置。这一步是场地照明设计最重要的环节,在设计时,请大家注意以下几点。

(1) 摄像机的位置。2008 年奥运会赛事要向全球转播,有 HDTV、普通 TV、慢动作摄像、固定机位、移动摄像、应急电视等,摄像机多了,要求各点的垂直照度也高,尤其注意起跑线、终点线、投掷区、起跳点(线)、落地点、过杆处等处的垂直照度,摄像机在这些地方拍摄几率很高。而且录像仲裁(photo-finish)也必须使用相关的影像资料进行裁决。田径比赛还有特殊的摄像机, 即 110m 长的导轨摄像机(rail camera),它沿着东西两侧直线跑道外侧敷设,随着运动员跑步而移动,该段各点的垂直照度要求都很高。特写拍摄(close-up camera shots)也是常用

图 2 悉尼奥运会主体育场采用了混合式布灯

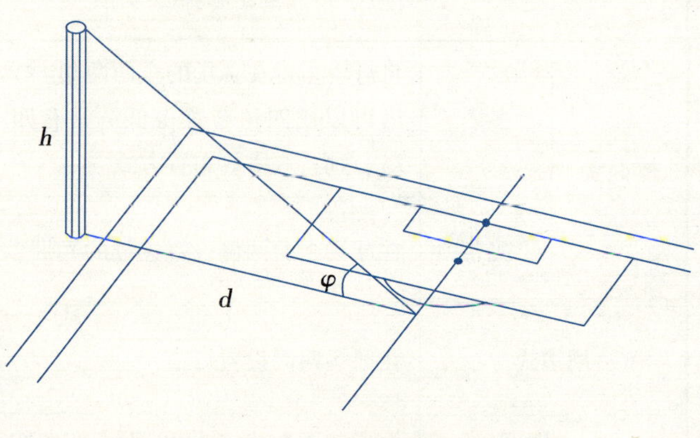

图 3 灯具安装高度的确定

的,而特写拍摄也要求有很高的照明质量。

图 4 是国际足联认可的摄像基本机位(简称 POV's),根据需要,还可另外增加电视摄像的机位。

Cam.1,机位 1,主摄像机位置;

Cam.2,机位 2,通过角球区上方;

Cam.3,机位 3,球门后方,位置较高;

Cam.4、5,机位 4、5,球门后,位置较低;

Cam.6、7、8,机位 6、7、8,边线外;

Cam.9,机位 9,相反视角。

摄像机最少设三个,即 Cam.1、2、4。

而举办奥运会的综合性主体育场只有 9 个机位显然是不够的,在 2000 年第 27 届奥运会田径比赛期间,主体育场共设 28 个机位,77 台摄像机。

(2)确定瞄准点。瞄准点从以下几方面确定:一是光通利用率要高,绝大多数的光通要投射到场地内,落到观众席上的光通不能超过场地光通的 25%。二是场地照明要均匀,均匀度 U_1 和 U_2 的标准值前面已给出,计算及测量要求见图 5。但场地上空一定高度内也要有足够的亮度,避免上空出现暗区。三是相邻光束要有重叠,不同照明模式下都能满足照度和照度均匀度的要求,即使有一盏灯损坏,也不致对照度及其均匀度产生太大影响。最后,要保证运动员、裁判员、观众视线范围内产生的眩光最小。

(3)为了避免对守门员、角球区附近进攻队员的视线干扰,以球门线中点为基准点,底线两侧至少 10°之内不能布灯(如图 6 所示),即图 6 中深色及延长区域。因

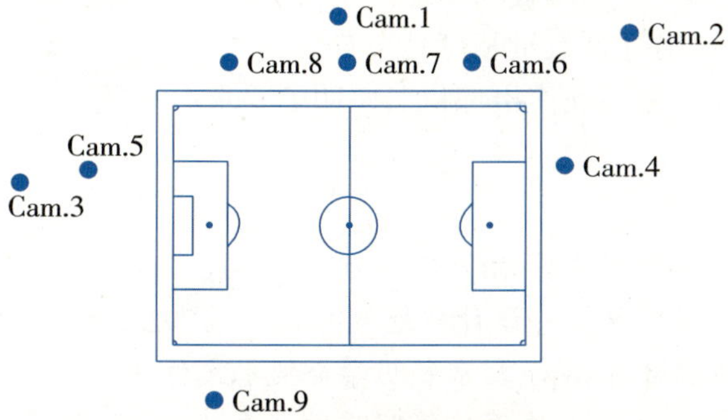

图 4 标准摄像机位置示意图

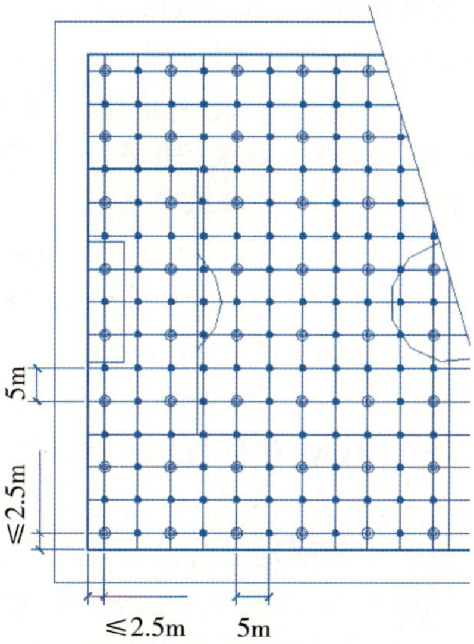

图 5 照度计算、测量网格

·为计算点; ◎为计算、测量点

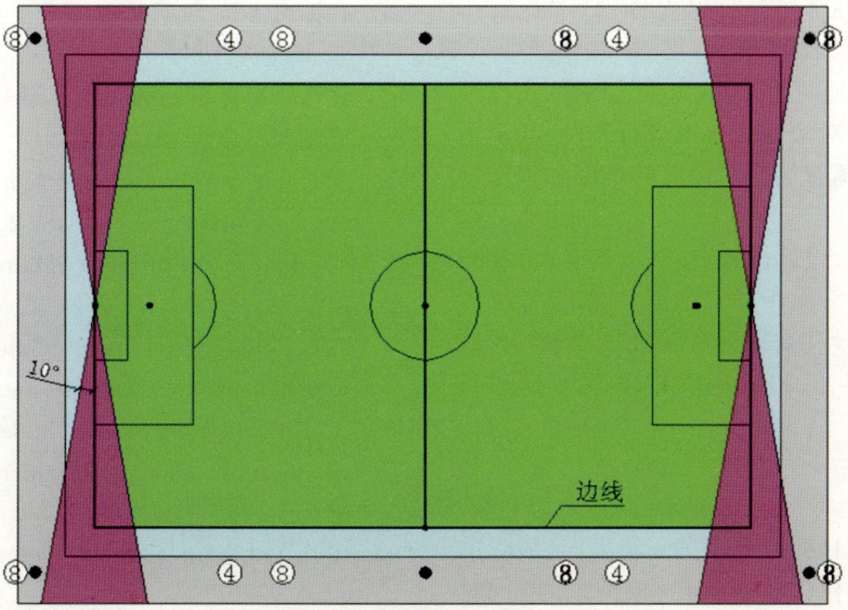

图 6 不能布灯的区域

此,体育场东西侧屋顶四条马道与深色及其延长区域相交之处均不能安装灯具。

2.3 体育场场地照明设计的难点

国家体育场场地功能繁杂,照明设计标准高、难度大、时间短。主要难点有:

(1)国家体育场屋顶为可开启式,打开屋顶为室外体育场,关闭屋顶则为室内体育场,照明设计按室外场馆设计还是按室内体育场设计,就这一问题,设计部门正与有关部门进行协商。

(2)国家体育场要举行田径、足球比赛,项目多,要求各不相同,场地照明模式至少有12种,灯具用量大,用电负荷也较大,场地照明控制复杂。而且每种模式都要满足照度、照度均匀度、照度梯度等指标要求,给设计带来较大难题。下页表13列出了世界部分体育场有关场地照明资料,从表中可以得出以下结论:一是综合性的体育场比专用体育场在场地照明方面要复杂得多,综合体育场平均用灯586盏,平均场地照明容量1016kW;专用体育场平均用灯233盏,平均场地照明容量445kW,用灯数量和场地照明容量相差一倍多。二是综合性体育场照明模式多,控制复杂,近年来照明控制都是由智能型照明控制系统控制。三是功能增多、标准提高、技术进步等因素促使场地照明用灯数量增加,照明用电负荷增大。1998年全运会主体育场用灯324盏,总容量648kW;到了2000年悉尼奥运会主体育场,用灯增加到542盏,容量1084kW;2002年韩日世界杯,日本札幌圆顶体育场用灯增加到1098盏,容量1647kW。

(3)重新调整场地照明方案。由于结构梁、玄杆等构件的影响,经常要对原照明方案进行调整,甚至要重新设计,增大了体育场照明设计的难度和工作量(如图7所示)。

(4)设计周期短,设计任务重,技术难度大。2003年4月从全球13个方案中确定中标方案,设计工作从此全面展开,但设计周期只有7个月,2003年11月29日举行开工典礼,2006年竣工,整个工期只有三年多。

3 结束语

(1)场地照明设计标准采用国际奥委会、国际单项体育组织、国际体育联合会、CIE的照明标准,同时要满足我国有关规范、标准。

图7 建筑构件对灯光的遮挡

(2)国家体育场的场地照明方式选择侧向式布灯。

(3)国家体育场场地照明要选择合适的灯具,由计算得出灯具数量和灯具布置位置。

(4)特别关注摄像机对照明的要求。

参考文献

1 建筑照明设计标准 GB50034—2004
2 民用建筑电气设计规范 JGJ/T16—1992
3 照明计算指南.北京照明学会技术文件3号
4 李恭慰主编.体育建筑照明设计手册.北京:原子能出版社,1993
5 赵振民主编.照明工程设计手册.天津:天津科学技术出版社,1984,10
6 首届体育运动场馆照明工程设计与新技术研讨会专题报告文集.2001,12
7 "Guide to the artificial lighting of multipurpose indoor sports venues"GAISF & EBU
8 "Guide to the artificial lighting of football pitches" FIFA 2002
9 CIE Publication No.83 "Guide for the lighting of sports events for color television and film systems"
10 CIE Publication No.67"Guide for the photometric specification and measurement of sports lighting installations"
11 CIE Publication No.57"Lighting for football"

表 13 场地照明一览表

体育场名称		札幌圆顶体育场	阿姆斯特丹体育场	广东奥林匹克体育场	上海八万人体育场	悉尼国家体育场	沈阳五里河体育场	巴黎王子体育场
场地照明	总容量/kW	702(1647)	576	684	648	1084	432	328
	灯具型号		MVF406	MVF406		PRT2000	MUNDIAL 2000W	PRT2000
	光源型号及容量	1500W 长弧 HID	MHD 1800W HID	MHD 1800W HID	MHD 2000W HID	HQI-TS2000 HID	HQI-TS2000/D/S HID	HQI-TS2000 HID
	灯具总数(盏)	468(1098)	320	380	324	542	216	164
应急照明	总容量/kW	127			32		30	
	灯具型号						ODW1500W	
	光源型号及容量/kW	带热触发装置 HID 1.0kW	1500W 卤钨灯+应急电源		HID 2000W		HID 1500W	
	灯具总数量(盏)	127			16		20	
光源参数	型号、容量		MHD1800W HID	MHD1800W HID	MHD2000W HID	HQI-TS2000/D/S HID	HQI-TS2000/D/S HID	HQI-TS2000/D/S HID
	光通量/lm		160000	160000	200000	200000	200000	200000
	色温 T_{cp}/K		5600	5600	5600	5600	5600	5600
	显色性 *Ra*		92	92	85	93	93	93
	寿命/h		6000	6000	6000	6000	6000	6000
开关的模式及控制方式		20 种模式,自控系统	训练/比赛/转播三种	9 种模式,自控系统 LCS	6 种模式,自控系统 LCS	C-BUS 自控系统	训练/比赛/转播/应急四种	
曾举行的重大比赛		2002 年世界杯、J 联赛	欧洲足球锦标赛等	九运会主会场	八运会主会场	27 届奥运会主会场	世界杯十强赛	1998 年世界杯
座席数量/座		42000	51000	60000	80000	110000	60000	
城市/国别		札幌/日本	阿姆斯特丹/荷兰	广州/中国	上海/中国	悉尼/澳洲	沈阳/中国	巴黎/法国
项目		足球、棒球、音乐会等	足球、音乐会等	足球、田径、音乐会等	足球、田径、音乐会、宾馆	足球、田径	足球、田径	足球
备注		National 产品	Philips 产品	Philips 产品	Philips 产品	Thorn 产品	Thorn 产品	Thorn 产品

注:沈阳五里河体育场为综合性体育场,但为了举办 2002 年世界杯亚洲区十强赛,该体育场按国际足联标准进行改造,并通过国际足联的验收,由于经费不足,改造部分没有涉及到田径赛场,2001 年中国足球队在此赛场实现冲出亚洲的宿愿。

五棵松文化体育中心照明设计方案

北京中关村开发建设股份有限公司　张立新

五棵松文化体育中心，是2008年夏季奥运会主会场，该工程占地面积约50hm²，投资规模巨大。照明设计方案中，采用最新的、最可靠的照明技术做支持，通过光、色和自然环境的有机结合，产生出色彩绚丽的画面，同时通过光线的变幻来达到赏心悦目的视觉效果。

1　照明设计、规范与标准

照明设计运用两种手法：一种勾勒出光的线条，另一种渲染出光的色彩，将人文奥运、绿色奥运、科技奥运融入其中。

1.1　照明设计、规范与标准

照明设计依据国家标准、参考国际标准和相应体育协会的要求。

建筑照明设计标准	GB50034—2004
高层民用建筑设计防火规范	GB50045—1995
低压配电设计规范	GB50054—1995
建筑物防雷设计规范	GB50057—1994
智能建筑设计标准	GB/T 50314—2000
建筑与建筑群综合布线系统工程设计规范	GB/T 50311—2000
建筑与建筑群综合布线系统工程验收规范	GB/T 50312—2000
有线电视广播系统技术规范	GY/T106—1999
电子计算机房设计规范	GB50174—1993
供配电系统设计规范	GB50052—1995
计算站场地技术条件	GB2887—1989

DIN 德国工业标准

VDE 德国电子技术专家组织标准

IEC 国际电工技术委员会标准（IEC 204）

ISO 国际标准化组织标准

EN 欧洲标准

EC 电磁兼容指导 89/336/欧洲经济共同体 1996

适用范围：适用于五棵松文化体育中心所有不同的区域：如运动场、室内照明以及室外照明等。

1.2　照明设计方案的特点

所有的照明设备都将由楼宇自动化控制系统进行监督和管理。这样，能够对照明设备进行调整以适用于不同用途的需要，并满足以上所列的实施规范、CIE和DIN标准，一致性和眩光的要求将按照FIMA以及IOC的规定，满足现场比赛在国内外的实况传播。在设计中要考虑，比赛期间竞技场应按照篮球场馆的所有设计标准、设计规范和建议进行场馆照明设计。同时要考虑到奥运比赛结束后，作为一个多功能比赛场馆，能轻易改变为音乐厅、展览厅等，以利于后期的商业运营，保证先期投入资金的回收。

2 照明设计方案

五棵松文化体育中心的照明主要分为三个部分：篮球场馆照明、23 万 m^2 的商业配套设施立面照明及周边景观的泛光照明。照明配电系统采用 TN-S 接地系统。配电干线采用封闭母线或高阻燃铜芯电缆，支线采用 BV 导线穿钢管敷设，主要配电干线由变配电室引出至各电气竖井。消防系统的供电干线采用铜芯护套氧化镁防火电缆，支线采用耐火型铜芯电缆或导线。配电线路在电气竖井、设备层及设备机房内为明敷设，吊顶内明敷设的金属线槽或镀锌钢管均作防火处理。在公共区域内均为暗敷设。暗敷于混凝土中的管路采用 SC 焊接钢管。

比赛场馆及观众席的照明系统除采用双电源供电外，还可在变电室内设置备用柴油发电机组。在举行重大比赛时，一旦发生供电故障，可自动切换到柴油发电机，由自备柴油发电机供全部场馆的应急照明，保证比赛的正常进行。在观众席的应急照明，设有 EPS(备用电池)电源系统，保证在紧急情况下，观众紧急疏散。由于电源切换有一定时间的延时，而普通型金属卤化物灯断电后再启动时间长达 10～15min，要想解决这一问题，场地照明可采用带电子触发器、能瞬时再启动的灯具。下面对以上三部分的照明分别加以说明。

2.1 五棵松篮球场馆照明

五棵松篮球场馆照明本着有利于运动员水平的发挥，营造舒适、明快的观众视觉效果为原则。和谐的照明不仅要考虑场馆有均匀的照度、亮度分布、理想的光色指标，还应考虑场馆无眩光、有立体感等技术指标。除此之外还需满足篮球实况转播的需要，并保证摄像机镜头接收画面的质量，如表 1 所示。

设计中以最高照明要求为基准点，在保证最高级别比赛及转播的前提下，通过智能控制，按不同等级比赛训练的照明要求，对照明回路进行调光控制，达到节约能源的效果。篮球馆上部建筑采用 4 个圆孔引入自然光，加强了篮球馆顶棚的背景照度，产生强烈的造型美感。在多数场合还需要以电光源作为主要照明方式。

作为比赛场馆，只有照度的要求是远远不够的，眩光是影响照明质量的一个重要因素。体育馆可以按照常规方式，直接使用投光灯照明。这些投光灯具有不同的 LDCS，这些光源的照明特点是可以满足照明光量和统一值的要求。但不管投光灯如何垂直、水平、倾斜的照射，都不可避免地对裁判员、运动员和观众视觉造成影响。我们决定采用 ELDACON 正交灯具的照明技术来提高照明质量。

正交照明采用隐藏的安装方式，悬挂或表面安装，这种灯具利用直接或间接反射的调和光线，配合

表 1 体育比赛电视转播摄像对照明的要求

等级	场地类型	照度类型	平均照度/lx	最大值/lx	最小值/lx	均匀度(E_{min}/E_{ave})	眩光最大值
电视转播	排球场地(13m×22m)	水平照度	2334	2416	2285	0.98	29
		垂直照度(主摄像机)	1364	1535	1212	0.89	—
		垂直照度(副摄像机)	1032	1167	715	0.69	—
	篮球场地(19m×32m)	水平照度	2325	2568	2022	0.87	—
		垂直照度(主摄像机)	1298	1408	1237	0.95	—
		垂直照度(副摄像机)	970	1114	710	0.73	—
一般比赛	篮球场地(19m×32m)	水平照度	831	890	680	0.82	—
训练	篮球场地(19m×32m)	水平照度	410	434	340	0.83	—

使用 OSRAM T5 荧光灯。ELDACON 精密的棱镜结构能提供柔和的照明，因为 60°角环绕切断，可选择任意位置安装。灯具扁平，厚度仅为 37mm，可以保证艺术效果。可实现楼宇自动控制，主线系统采用 EIB 总线。

照明质量与灯具的安装高度、排列方式、投射方向以及背景亮度等因素有关。在照明设计时，应精心策划，合理的确定灯具安装高度、排列方式以使灯具的光源分布更加合理。在布灯时，对灯具的投射方向、角度也要精心的调整，对背景、看台照度等级相应提高，使其达到场馆照度的 1/4，从而降低眩光的影响，更有利于观众的观看及电视的转播。

五棵松文化体育中心场馆是以篮球比赛为主，在照明设计中要通盘考虑，既要把篮球场馆的照明设计好，也要在此基础上，兼顾其他比赛项目的需要，譬如：篮球场馆经过重新布置后，就可满足排球、乒乓球等比赛项目要求，对各种场馆的照明模式进行简单的界定，如表 2 所示。

表 2　各种场馆的照明模式的界定

运动项目	场地尺寸/m×m	照明模式
体操全能	22×40	大型场地
手球	20×40	大型场地
乒乓球预赛	18×35	中型场地
羽毛球预赛	18×35	中型场地
篮球	14×28	中型场地
网球	11×24	中型场地
羽毛球决赛	7×14	小型场地（居中）
乒乓球决赛	7×14	小型场地（居中）
排球	9×18	小型场地（居中）
武术	8×16	小型场地（居中）
举重	8×10	小型场地（偏离中心）
击剑	6×12	小型场地（偏离中心）
领奖台	6×10	小型场地（偏离中心）
摔跤	8×8	微型场地
柔道	10×10	微型场地
拳击	10×10	微型场地

由表 2 可归纳出场馆有 10～20 种场地尺寸，4～5 种照明模式。不同的场地尺寸有不同的照明要求，也就有不同数量的灯具以及排列布局。最理想的情况就是每一个照明模式都采用专门的一组灯光进行照明。但是这样做会大幅度增加灯具的数量，从投资方面考虑是不合理的。

场馆照明控制在同一比赛场馆内，由于不同的体育比赛项目对场馆的点灯模式要求也各不相同。即使同一种比赛项目，它在不同的时间段如比赛准备、正式比赛、场间休息等对场馆照明的要求也不相同。因此比赛场馆的照明控制较为复杂，如果采用每个灯具单独一个回路进行控制的话，需要使用大量的控制器件和布置大量繁琐的线路。设计时我们按照双轴对称的设计思路，即每一次增、减灯具，都是四个四个的一起进行增、减灯具。这样，我们可以把这四个中心对称的灯具并入同一个回路进行控制。可节约 75%的控制器件，也减小了布线的难度，保证最终的照明效果不变，施工中可降低成本，缩短工期。如图 1 所示。

目前远程控制和实时控制相结合的方式在照明控制技术中发展很快。所谓远程控制，就是指通过电话网、通信系统甚至 Internet 实现远距离的灯光控制。篮球场馆的照明控制在设计中遵循易于操作、便于维护、兼容性好、功能强大的原则，因此场馆照明可以通过楼宇自动控制系统的集成，实现体育场馆智能照明管理。

光源的可靠性同样重要，我们在设计中选用先进、可靠的光源生产厂商，并为各种体育场馆的照明提供全套优质的售后服务。

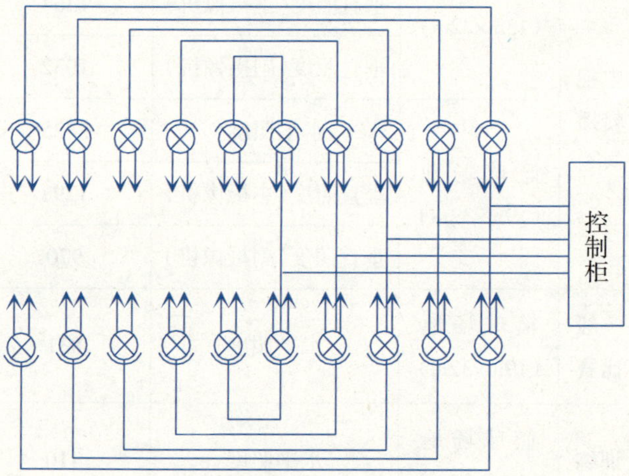

图 1　照明控制回路示意图

图 2 篮球场馆照明效果图

图 3 LED 景观照明效果图

图 2 为五棵松篮球场馆初步设计效果图。

2.2 商业配套设施立面照明

用成组的投光灯照射商业配套设施立面,使亮度高于周围环境亮度,以引起行人对建筑物的注意,并塑造出优美的建筑造型,显示建筑物的体型、层次、材料质感、材质颜色等。玻璃幕墙在建筑中被广泛应用,增加了都市的现代气息。由于玻璃是透光材料,利用发光二极管(LED)装饰照明,在建筑物内部的透光照明,能使建筑物在夜间从外面看起来依然生机盎然,透出的灯光起到点缀和装饰夜景的作用,见图 3。

2.3 周边景观的泛光照明

体育场主体的夜景照明设计思想与其建筑造型设计、建筑材料的光学特性以及北京特有的地域文化特征紧密联系。夜景照明是与人文与自然景观的有机结合,是城市形象的重要体现,在设计理念和照明技术的运用上,突出以人为本的原则,参照有关标准设计、制定广度参数值等,防止光污染,体现绿色照明。灯具的安装不影响白天的景观,讲究灯具的隐蔽性,而在夜间延续公众的活动;暴露在外的灯具则要与其他城市元素相结合,融为一体。

照度的要求:在都市环境照明中,根据各设施场所特有条件和推荐照度来决定照度,可参照表 3。

照明方式的选择:多样化的都市环境各自拥有不同的目的、功能和氛围。为充分发挥其功能,选择适合此地域环境的照明方式是非常重要的。另外,照明灯具不应对都市白天景观造成损害。

环境的照明方式主要有以下四种。

(1)高杆照明方式;

(2)一般灯杆照明方式;

(3)低杆照明方式;

(4)低位置、地埋式照明方式。

对于公共道路一般最经济最有效的照明就是高 15~25m 的高杆照明。这种方式如果在检修、更换光源、灯具清扫时,采用灯具升降方式,在地上就可维护保养。

对于一般灯杆照明方式,各种灯具、灯杆可以比较自由地进行外型设计与制造,通常使用高 4~12m 的灯杆。

另外,低杆及低位置地埋式照明方式,主要用于广场、公园局部的光的强化和地上装饰,在营造光的景观上起到了重要作用。

表 3 设施场所特有条件推荐照度

	场所	照度/lx
广场	站前广场、空港广场(交通流量大)	75~10
	站前广场(一般)	30~2
公园	主要场所	30~5
	其他场所	10~1
停车场	公共汽车站(交通流量大)	150~75
	公共汽车站(交通流量小)	75~30
	收费停车场(大型)	75~30
	收费停车场(小型)	30~10
	商业设施、娱乐设施公共设施等的附属设施	30~5

表 4　不同场所光源的选用

光源的种类		额定寿	光通量/	光色			显色性	主要用途
				色温/k	色表	色感		
白炽灯	白炽灯泡 100W	1000	1520	2800	橙白色	暖的感觉	优	花坛、树木、庭院等的局部
	卤钨灯 500W	2000	9500	3000	略带橙色的白色	比白炽灯泡稍显白色	优	
荧光灯	温白色 40W	12000	3010	3500	略带茶色的白色	微暖感觉	良	花坛、树木、庭院
	白色 40W	12000	3100	4200	白色	浅阴天感觉	良	
	昼白色 40W	12000	2700	6500	青白色	近似晴空微感深沉	良	
水银灯	透明型 400W	12000	20500	5800	青白色	冷色阴沉感	偏青的较好	一般照明，广场、公园、中心广场、绿地、商业街、街道住宅等
	荧光水银灯 PS 型 400W	12000	22000	3900	白色		良	
	白色荧光型 400W	12000	22000	4200	白色	近似于白色荧光灯	良	
自镇流水银灯	荧光型 500W	9000	12800	3700	白色		良	花坛、树木、庭院
	球型荧光型 100W	6000	950	3700	白色		良	
金属卤化物灯	透明型 L 型 100W	9000	31500	4700	略带青色的白色	凉爽的感觉	良	一般照明，广场、公园、中心广场、绿地、商业街、街道住宅等
	荧光型 L 型 400W	9000	30500	4300	白色	冷但有白色的感觉	良	
高压钠灯	透明型 D 型 220W	12000	26500	2050	黄白色		一般	外围道路、停车场等
	扩散型 D 型 220W	12000	25000	2050	黄白色		一般	
高显色高压钠灯	透明型 250W	9000	10800	2800	橙白色	暖的感觉	优	商店街道广告板
	扩散型 250W	9000	10000	2800	橙白色	暖的感觉	优	
高显色金属卤化物灯	双端白色 250W	6000	20000	4300	白色	沉寂的感觉	优	花坛、树木、广场
	双端昼白色 250W	6000	19000	5200	微青白色	有生气的清爽感觉	优	

表 5　四种照明方式的特点

序号	照明方式	主要特点
1	高杆照明方式（灯具高度 15~20m）	塑造广场中心等象征性的景观，创造都市美丽景观，照明方式经济效率高，如采用升降方式，地面的维修保养也很容易
2	一般灯杆照明方式（灯具高度 4~12m）	以高度的 3~4 倍间隔安装，可以在有连续性的空间，获得好的光的景观，标准灯具便于使用，具有个性特点灯具灯杆的外形设计比较容易
3	低杆照明方式（灯具高度 1~4m）	离人的距离近，给人以亲切温暖的感觉，保养维护比较容易，光与影的表现比较容易，可以成为广场的突出部分，在外形设计上变化多
4	低位置地埋照明方式（灯具高度 1m 以下）	起到光的强化作用、地上的装饰作用，给人以舒适感，维护保养容易，起到引导和引起注意的作用

图 4 一般灯杆照明效果图

图 5 高杆照明效果图

图 6 低位照明效果图

图 7 低杆照明效果图

上述照明方式的特点如表 5、图 4、图 5、图 6、图 7 所示。

3 照明设计方案的效果

经过我们的精心设计，西山美景下的五棵松体育文化中心广场，休闲锻炼的人们徜徉在林荫小道，进入锻炼分区，抬头看着广场中心灯光闪烁，犹如一串串晶莹剔透的珍珠，洒落在一片银河之中，使游人目不暇接。白色光束均匀地照射在屏幕上，衬托出翠绿的树丛，与楼下的喷泉和水池遥相呼应，整个建筑物呈现出一幅优美含蓄的动态画。当有重大节日活动时，投影灯照射出蓝绿色流水图案打在屏幕上，映衬出灯光照射下的玻璃屏幕熠熠发光，更加突出节日的喜庆气氛。青翠的花草在庭院灯的照射下，呈现出婀娜多姿的形态，散发出芳香的气息，使人心旷神怡，一边锻炼身体，一边尽情享受大自然带来的美景，会别有一番风味，为五棵松体育文化中心广场带来迷人的视觉效果。

游泳馆体育照明设计

中建国际(深圳)设计顾问有限公司体育事业部　董　青

摘　要　文章从体育照明应满足观众、运动员、裁判及转播摄像等要求出发,对游泳馆体育照明设计中的眩光控制、设计思路等值得注意的问题作了初步探讨和总结。

关键词　垂直照度　水平照度　照度均匀度 U_1/U_2　投射角　眩光控制　高清晰度电视 HDTV　FOP/TOP

伴随北京申奥的成功,人们对体育运动的热情与日俱增。各地也相应掀起建设和改造体育场馆的热潮。而一个体育场馆要想正常发挥其培训、健身、比赛等功能,则离不开场地空间内良好的人工照明环境。其中,游泳馆的体育照明相比其他室内运动馆更具特殊性,以下将从几个方面谈游泳馆、跳水馆的照明设计,以求在对以往设计进行总结的基础上,对存有疑惑的问题作进一步的探讨,从而梳理设计思路,提高我们的设计水平。

1　场地(TOP/FOP)照度要求及光通分布

FOP 指比赛场地,即运动员比赛活动所在的场地区域,在跳水运动中包括跳台、游泳池和比赛过程中跳水运动员在空中经过的空间;水球比赛中,男子为 30m×20m、女子为 25m×17m;TOP 则包括 FOP 和游泳池外围区(即比赛场地外围到围栏或观众隔离栏杆之间的区域)。

1.1　场地(TOP/FOP)照度要求

1.1.1　水平照度和垂直照度

场地上充足的水平照度主要服务于运动员、观众等视觉的适应性,同时也为摄像机工作建立一个适宜的视野背景。而看台地面一定的水平照度(一般为 20～25lx)也是人员安全疏散的重要保证,这部分照明灯具的供电必须由独立于市电的备用电源供给。场地上的垂直照度主要是用于观看比赛对象的立面,例如跳水运动中观看运动员的下落过程、球类运动观看空中飞行的球体、CIE62—4.2 中建议:对于跳水运动,即使不进行电视转播,也要在观众和裁判视线方向上保证 200lx 的垂直照度。

充足的垂直照度同时也是摄像机拍摄工作正常进行的必要条件。国内照明及体育设计规范中对没有电视转播的场地的垂直照度不做规定。而对于举行大型国内国际水上赛事并进行电视转播的场地的垂直照度则有很严格的规定。

1.1.2　大型水上国际赛中摄像机位分布及对照度的要求(如图 1a～1d 所示)

由图 1 可以看出,国际大型赛事的电视转播至少有 2～3 个方向(这里指面向场地四边的垂直方向)布置了主摄像机,在这些方向上的垂直照度均需满足摄

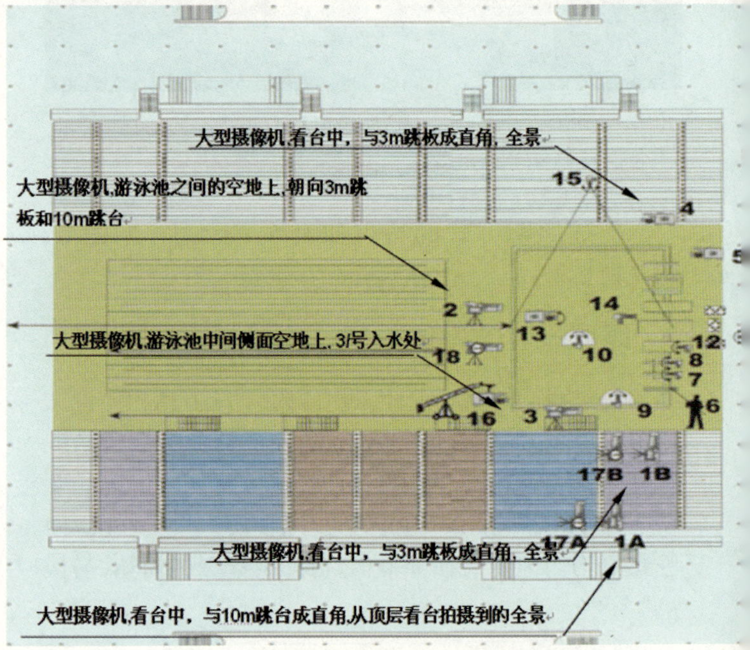

图 1a　跳水摄像机位

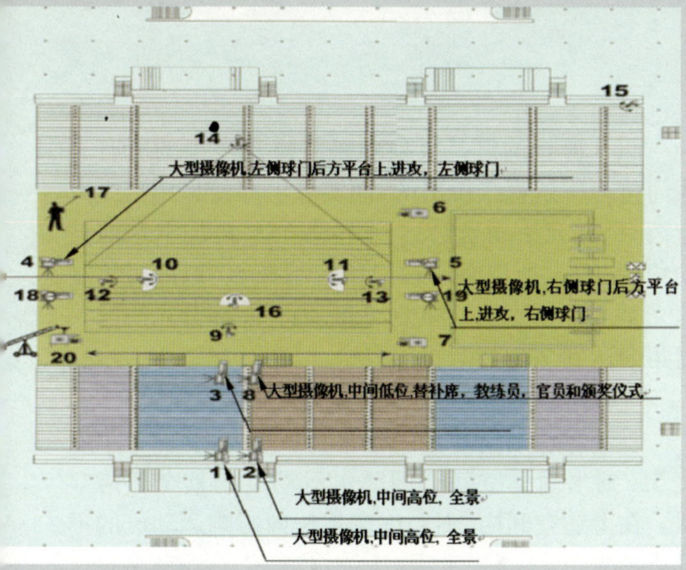

图 1b 水球摄像机位

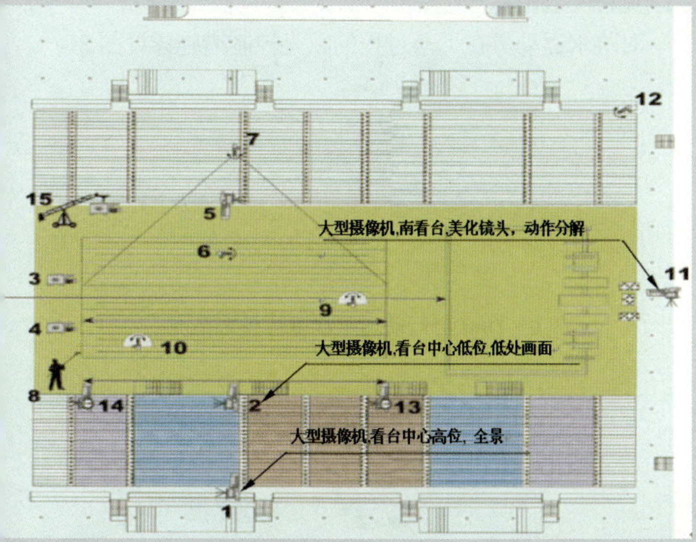

图 1c 花样游泳摄像机位

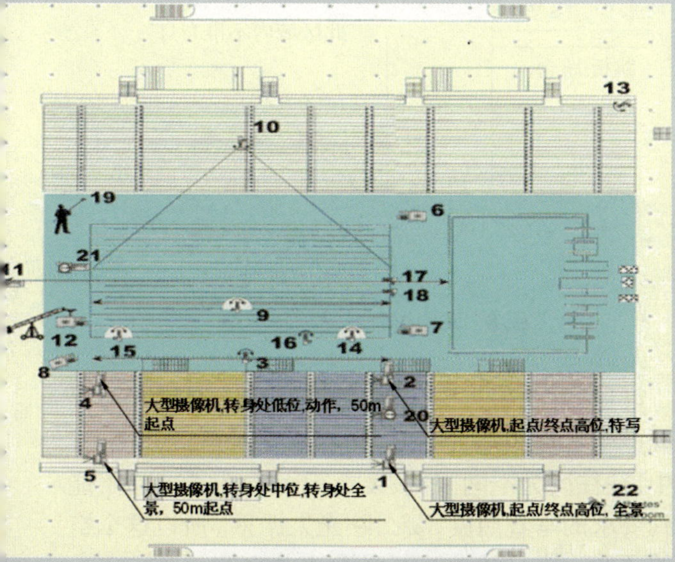

图 1d 游泳摄像机位

图 1 大型水上国际赛事中摄像机位分布

像要求。即使国内电视转播中只有一个方向的主摄像机位,但为了保证拍摄画面的景深、立体感及生动性和限制阴影,也必须考虑其他 3 个方向的垂直照度。主摄像方向的光通量与其相反方向的光通量之比应限制在 1.25 以下,这样也提高了场地灯光对临时摄像机位变化的适应性。

虽然人眼对不太强烈的照度变化不甚敏感,但摄像机拍摄视野内照度的变化会直接影响其对整个场地内活动的记录,为保证所拍摄的画面质量,摄像机对水平和垂直照度的均匀度都有很高的要求。一般来讲,运动物体的尺寸愈小、速度越快,运动方向变化越多,其对照度水平及照度均匀度的要求越高。

面向场地 4 边的 4 个面上的垂直照度,如图 2 所示,都有其相应的 $U_1(E_{vmin}/E_{vmax})$ 和 $U_2(E_{vmin}/E_{vave})$ 值要求,而主摄像方向上 U_1 和 U_2 值要求最为严格(详见后面的照明设计标准表)。

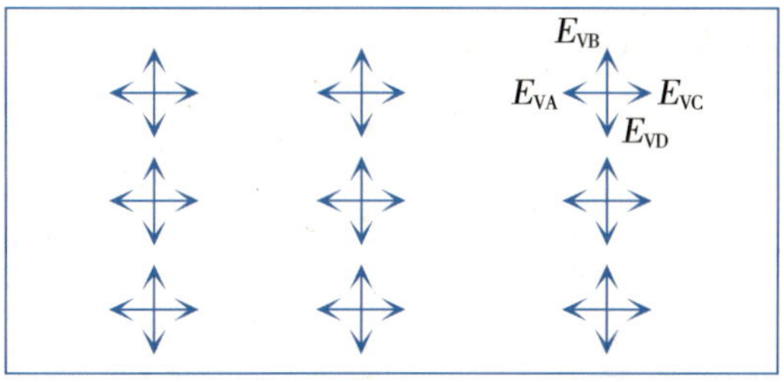

图 2 面向场地 4 边 4 个面上的垂直照度

1.2 场地灯光布置

根据上述分析,为保证场地四个方向上均有一定的垂直照度,基于照度的矢量特性,一侧灯具光束的水平面投影线应是一条斜线,以便产生 2 个方向的垂直照度(如 E_{VC} 和 E_{VD})。另一侧也同样,产生另 2 个方向的垂直照度(如 E_{VB} 和 E_{VA})。

这样就要求每侧灯光均覆盖全部场地,即使不对称空间也是如此(如图 3 所示)。

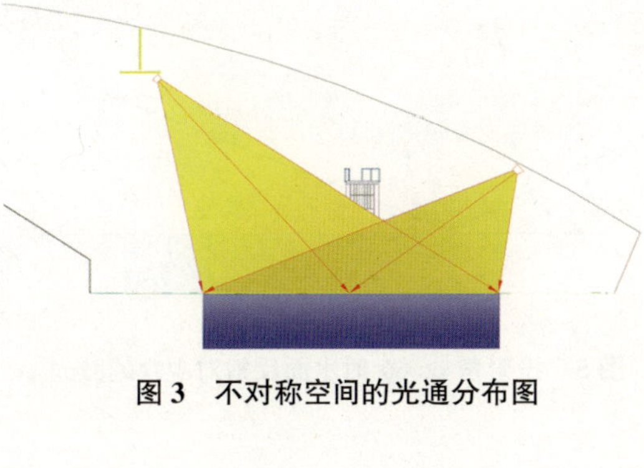

图 3 不对称空间的光通分布图

2　场地灯光设计

2.1　眩光控制

由于水这种介质所固有的反射特性，游泳馆场地照明的眩光控制更加困难，也显得尤为重要。

2.1.1　通过控制灯具投射角控制水面的反射眩光

一般来说，体育馆的灯具投射角 α 不大于 60°即可，而游泳馆的灯具投射角则要求不大于 55°，最好不大于 50°。由图 4 可知，光线入射角为 50°时，仅有 4%的光线被直接反射，入射角为 60°时，则会有 7%的光线被直接反射；入射角为 70°时，则会有 12%的光线被直接反射（见图 5）。这些直接反射的光线如果进入观众眼中，会产生不舒适眩光，影响观看比赛；如果进入运动员的眼中，则会影响成绩的发挥；如果进入裁判的眼中，则会影响做出正确的判断；如果进入救生员的眼中，或者水面过多反射造成水面的亮度太高，则会使其不能及时发现水下的异常情况，影响救生。

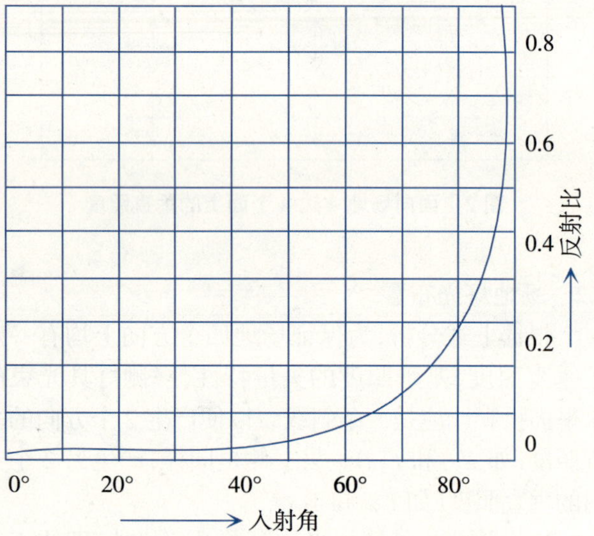

图 4　水面反射随光线入射角增大而增大

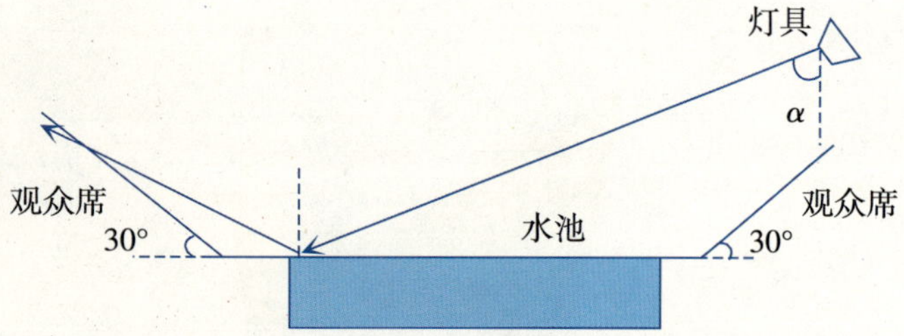

图 5　投射角 α>60°时水面反射对观众的眩光

图 5 所指的灯具投射角是将灯具发出的所有光线简化为一条直线得出的，而实际上即使采用窄光束金卤灯，其光束角也会达到 10°～15°，再加上水面波动角度 20°，所以采用投射角控制在 50°以内对控制眩光是非常必要的。即使如此，仍有一部分光线的入射角会达到 70°～80°。

2.1.2　针对跳水运动员的眩光控制措施

跳水运动的场地范围也包括从跳台上 2m、跳板上 5m 到水面的空间，即跳水运动员的整个下落空间。在上述空间内，不允许产生任何影响运动员的不舒适眩光。

其中对 10m 台处运动员平视的直射眩光控制措施详见图 6、图 7。

对跳水运动员在下落过程的眩光控制措施详见图 8。

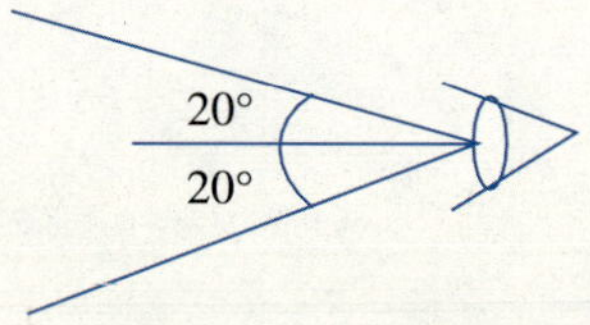

图 6　10m 台运动员平视垂直视野范围

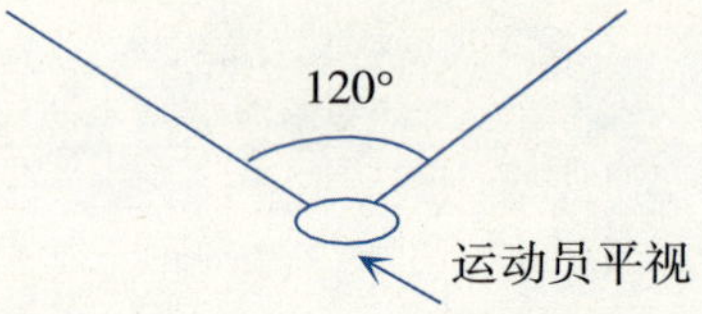

图 7　10m 台运动员平视水平视野范围

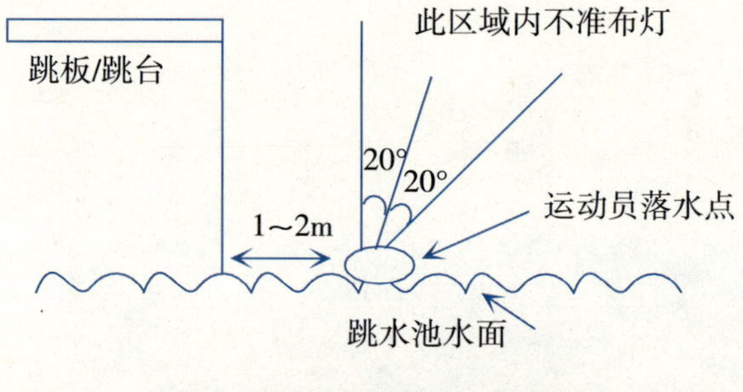

图 8　跳水过程眩光控制措施

可见，跳台附近区域必须有足够的空间，才能保证既产生足够的垂直照度，又不导致眩光。而实际工程中，往往因为空间限制，要么 10m 台附近空间不能达到要求的垂直照度，要么眩光太严重。所以这个空间的照明一直是游泳馆照明设计中的难点。

2.1.3　严格控制对摄像机的眩光

为保证转播摄像的正常进行,必须严格控制对摄像机的眩光,即不得向主摄像机视野反射静水表面的光,灯具发出的光线也不得直接投向固定摄像机,如不直接照射以固定摄像机为中心的 50°扇形区域则更为理想如图 9 所示。

2.2　跳水比赛中照明计算的空间范围

考虑运动员为完成一定难度系数动作的翻腾、伸展空间,运动员不可能紧贴跳台或跳板前端跳下。相应的照明计算空间应该如图 10 所示的立体空间范围,即跳板/跳台前端 2~3m 空间,而不仅是跳台或跳板前端 0.5m 或更小的空间范围。

2.3　场地照明马道位置的确定

为控制眩光,并产生满足一定要求的四个方向的垂直照度,也为保证拍摄画面的立体感,E_h/E_v 应在 0.5~2(高清电视转播 HDTV 对 FOP 的要求是 0.75~1.5,对 TOP 要求的是 0.5~2)之间,灯具近侧瞄准点的投射角 α_1 不宜太小,而远侧瞄准点的投射角 α_2 又不宜太大。如果投射角 α_1 太小,则垂直照度分量太小,不能满足 E_h/E_v 的比例要求;如果投射角 α_2 太大,则会产生严重眩光。

仔细分析一下,由于每套灯具产生的水平照度分量均可叠加,而垂直分量则分为 4 个不同的方向,不能完全叠加。所以为满足 E_h/E_v 在 0.75~1.5 之间的要求,可以近似理解为——α1 应不小于 arctan0.75,即不小于 37°,而 α_2 不应大于 55°。假设每条马道灯具瞄准点覆盖的水面宽度为 w,马道到近侧瞄准点的水平距离为 d,马道灯具的安装高度为 h,如图 11 所示,

则三者有:

$0.75h<d<\tan55°h-w$ 即 $0.75h<d<1.428h-w$,其几何意义为图 12 中所示的阴影部分。

如果要满足E_h/E_v 在 0.5~2 之间,则 α_1 不应小于 arctan0.5,即不小于 27°,则有 $0.5h<d<1.428h-w$,此时直线 1 的方程改为 $d=0.5h$,P_0 坐标变为($1.078w$,$0.539w$)。

只有灯具安装在上述阴影区域范围内时,才能兼顾眩光控制和产生 4 个方向适宜的垂直照度,并保证水平和垂直照度的比例在一个合理的范围内。对于一个确定的比赛大厅空间,在满足 d、h 之间一定关系的基础上,可以根据所覆盖的水面宽度确定马道的数量和位置,为方案设计提供依据。

例如,对于一个 25m×50m 的标准泳池,如果沿池长轴方向两侧各设一条马道,设 w 为 20m(因为每套

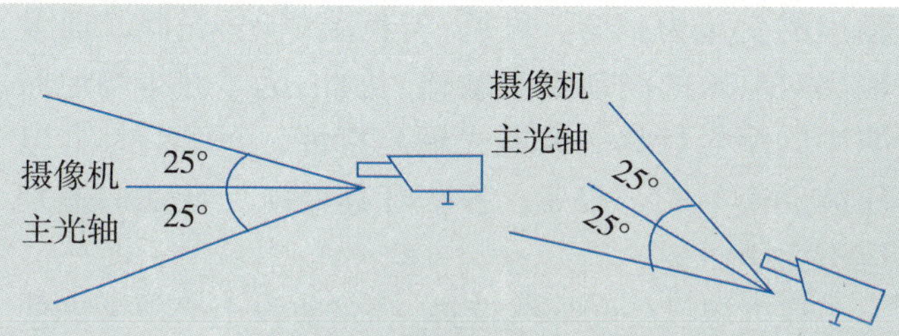

图 9　对摄像机眩光控制图

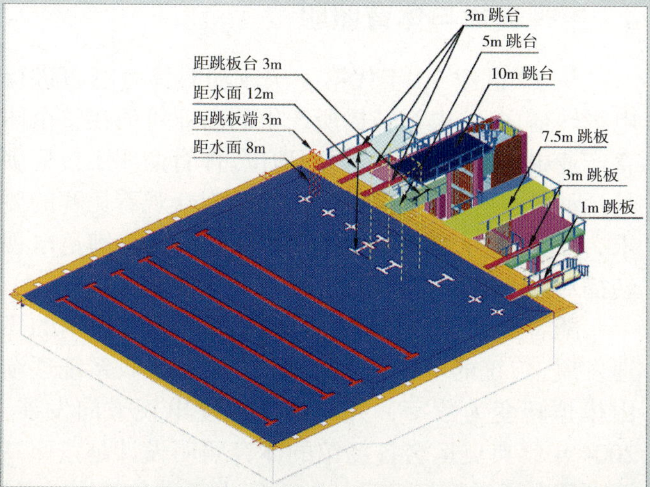

图 10　照明计算空间范围

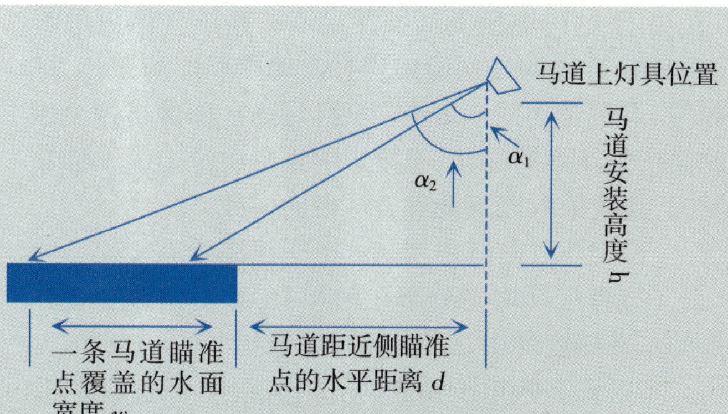

图 11　马道上灯具位置和高度要求

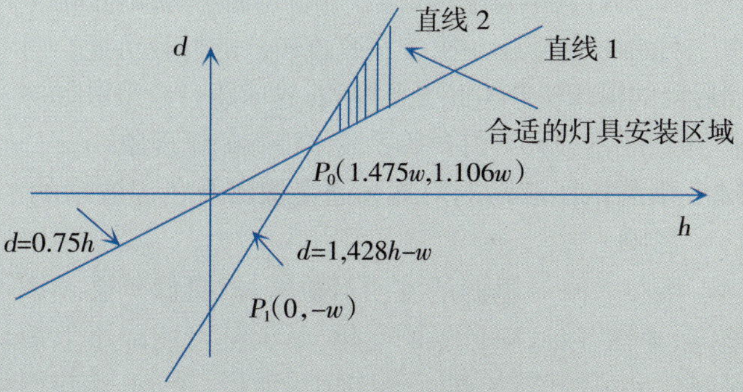

图 12　合适的灯具安装区域

灯具投射到水面的光线是一个几米的光斑，所以瞄准点不一定设在池岸边），如果要满足 E_h/E_v 在 0.5～2 之间，则要求 d>10m，h>21m；如果要满足 E_h/E_v 在 0.75～1.5 之间，则要求 d>22m，h>29m，而一般游泳馆的场地建筑空间都达不到这一要求。此时就需要两侧各增设一条马道，使每条马道瞄准点所覆盖的水面宽度减小，若 w 减至 10m，则池近侧马道上灯具的安装位置满足 d>11m，h>15m 即可。

此外，考虑游泳比赛中对终点冲刺及转身动作的拍摄，往往在泳池的两端设置灯具来补充两端的垂直照度。值得注意的是，上述分析只适用于游泳运动。对于跳水运动可参见前面关于跳台眩光控制措施部分。

2.4　灯具瞄准点的确定

场地空间内的照度是由多套灯具在场地内光斑的叠加产生的，需要根据灯具的光强分布、光束角及安装位置先进行少量有代表性的布灯，经过逐步试探性计算或根据以往经验最终确定场地灯光的瞄准点，再进行大批量布灯，生成设计方案。

3　提高场地灯光设计水平的供电措施

3.1　频闪的抑制

由于电源电压的周期性过零，高压气体放电灯（即 HID 灯）的光通输出均会出现周期性的变化，即频闪。人眼对此并不敏感，也可以适应。而像机则会因此而产生画面的闪动，直接影响拍摄质量。为了抑制频闪，往往采取以下两种方法中的一种：

(1)气体放电灯采用高频电子镇流器。

(2)将灯具均匀分布在三相上，并使场地上任一点的水平照度均由三相灯具均衡承担。

考虑到高频电子镇流器价格高和技术还不成熟，目前多采用第二种方法。

应该注意的是，如果一个灯具处于摄像机的拍摄视野之内，则灯具本身的闪烁会严重影响摄像机的正常工作。例如在跳水运动中，安装高度较低的灯具可能会对 10m 台的摄像机产生眩光及频闪。这时跳台应采取如屏蔽、重新瞄准或移开灯具等手段来消除闪烁现象。

3.2　限制电压波动对灯具光通量输出及色温波动的影响

虽然人眼对色温的波动不敏感，但摄像机必须调整“白平衡”以适应色温的变化，其调整可能跟不上短时间内的色温波动，进而影响拍摄质量。所以，为获得优质的拍摄画面，必须限制短时间内的色温波动。

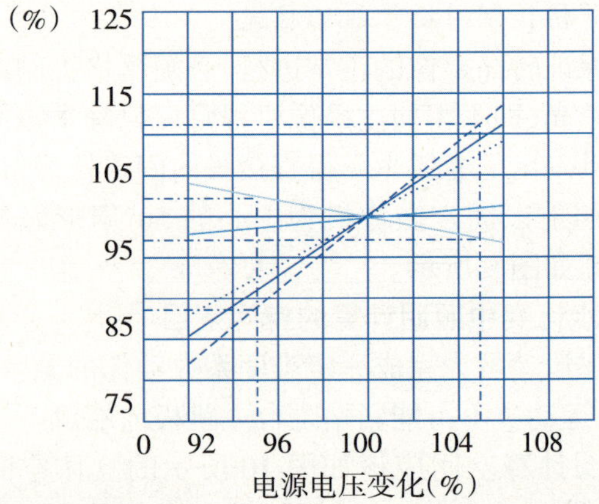

图 13　金卤灯(MVF 403)各项参数随电压变化的特性

注：------ 光通量；—— 灯功率；—— 色温；……… 灯泡电流；—— 灯端电压

如图 13 是某照明公司提供的其体育馆常用灯具 MVF403 所用光源的相关特性曲线图。

由图中可见，电压在±5%内波动时，色温的波动在±4%之间，以 5600K 为标准，为±224K；光通量输出的变化为±12.5%；电压在±4%内波动时，色温的波动在±2.5%之间，以 5600K 为标准，为±140K（目前业内对色温波动最严格的控制指标是 150K），光通量输出的变化为±8%。可见，与色温相比，光源光通量输出对电压的波动更为敏感。因此，为了获得场地照明中同型号灯具一致的光输出特性，每套灯具处电压波动应不大于±5%，各套灯具处电压波动的差别应不大于±1%。

在电源设备和导线选择、线路敷设上必须考虑使系统及线路的压降限制在允许的范围内。

4　电视转播与体育照明

从 19 世纪 70 年代第一次成功对体育赛事进行电视转播之后，电视转播所产生的商业价值在整个体育产业中占有愈来愈重要的地位。体育照明不仅要满足运动员、裁判等正常进行比赛和观众观看比赛的要求，在举行重大国际国内赛事的场馆，还需满足电视转播对照明的特殊要求。

随着电视技术领域的不断发展和信息技术的飞速发展，传统的电视信号产生、传输及接收系统逐渐由模拟转变为数字，并向高清晰度电视方向发展。2004 年雅典奥运会各场馆的体育照明设计是按照高清晰度电视转播标准设计的，但由于设备等原因，最终只有 4 个场馆真正实现了高清晰度电视转播。

表 1　游泳馆照明设计标准表

电视转播分类		国内彩色电视转播	国际彩色电视转播	高清晰度电视转播	训练	业余比赛	专业比赛
照度水平	水平 E_h/lx	—	—	—	300	500	750
	垂直 E_{v-main}/lx	750～1000	1000～1500	2000			
	垂直 E_{v-sec}/lx	750	750	1500			
照度均匀度	水平 U_1E_{min}/E_{max}	0.5	0.6	0.7	0.4	0.5	0.5
	水平 U_2E_{min}/E_{max}	0.7	0.7	0.8	0.6	0.7	0.7
	垂直 U_2E_{min}/E_{max}	0.3	0.4	0.6			
	垂直 U_2E_{min}/E_{max}	0.5	0.6	0.7			
照度比率		0.5～2.0	0.5～2.0	0.75～1.5（0.5～2.0）			
照明梯度		—	—	20%per4m			
照明灯具	色温/K	>4000	>4000	>5000			
	显色指数	>80	>80	>90			
眩光等级	GR	—	—	≤40，最好 30			

注：1.表中照度值为平均照度。

2.表中国际彩色电视转播照明要求摘自国际体育联合会（GAISF）《室内多功能场馆人工照明指南》（Guide to the artificial lighting of multipurpose indoor sports venues）中 4.2–table2，4.3–table3，4.4–table4；高清电视转播照明要求摘自雅典奥运会 AOB 的游泳馆照明要求。

3.虽然国际体育联合会（GAISF）《室内多功能场馆人工照明指南》（Guide to the artificial lighting of multipurpose indoor sports venues）中未包括游泳、跳水运动项目，但对于按照电视电影摄像要求划分在同组的运动项目的照明要求应具有同样的适应性，这里参照的是 GAISF 对田径（与游泳跳水同在一组）的照明要求。

4.在中国内彩色电视转播照明一些指标因为国内规范缺乏具体的规定，这里是根据《照明设计标准》（GB50034—2004）并参照国际体育联合会（GAISF）《室内多功能场馆人工照明指南》得出的，仅供参考。

5.表也满足 CIE83–2.2.3 中不同拍摄距离对照明的要求。

6.GAISF 及国内照明规范对国内及国际彩电转播的照明要求 E_h/E_v 在 0.5～2 之间并未规定，但考虑摄像对立体感等拍摄质量的共同要求，这里也列在表中。

高清晰度电视（HDTV）转播因为要求摄像机位多、获取对象视觉信息多（即需要获得对象更多视觉细节）、景深大，对照度水平、照度均匀度及照度梯度的要求比传统彩电转播要高得多，根据上述分析，也提高了对比赛大厅建筑空间的要求，但由于高清晰度电视（HDTV）转播是电视转播未来的发展方向，所以对于要求举办国际大型赛事的场馆，必须为高清电视转播照明设计留有足够的空间。

5　游泳馆照明设计标准

高清晰度电视转播对照明的要求与以往的彩电转播对照明的要求的差别，主要在于高清对照度水平、照度均匀度、照度梯度的要求大大提高。由于国际国内照明规范尚未对游泳馆高清晰度电视照明制定标准，这里参照国际体育联合会 GAISF 其他运动项目的高清晰度电视转播对场地（FOP）照明的要求，并结合 2004 年雅典奥运会游泳馆照明标准，总结如表 1 所示。

6　结束语

综上所述，游泳馆场地照明是一项涉及体育工艺、建筑及结构设计和电视转播摄像等方面的综合工程，需要照明设计师对体育工艺和电视转播摄像有适当的了解，并与建筑结构专业密切配合，综合考虑多方面因素，才能设计出一个满足比赛、观众及电视转播等多方需求的人工场地照明环境。

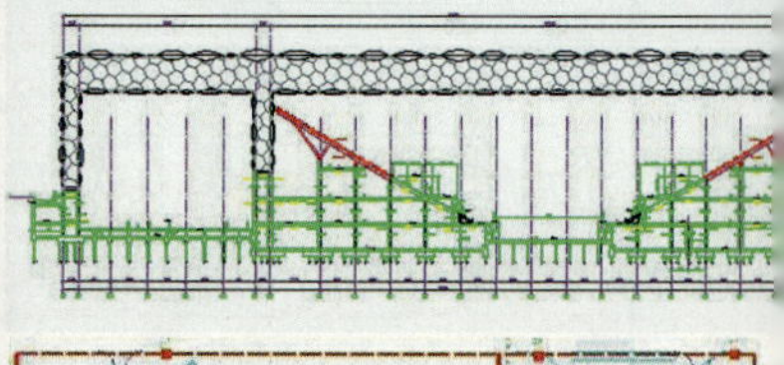
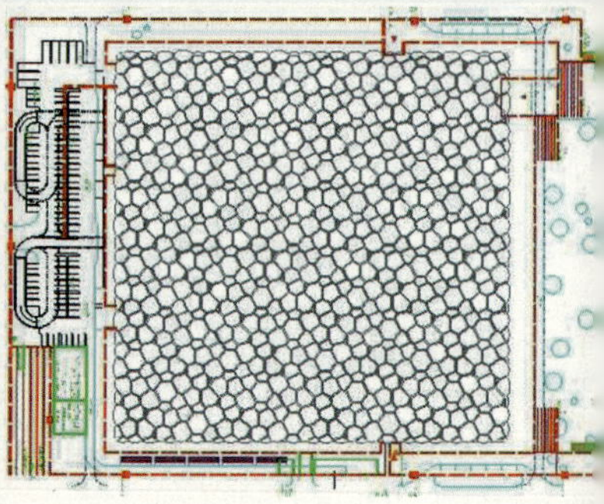

奥运会国家游泳馆泳池照明设计

中建国际(深圳)设计顾问有限公司　　康增全　张　伟　张文武

摘　要　文章论述了奥运会国家游泳馆体育照明的标准和设计方案，为了确保比赛时照明的可靠所采取的方法。同时对体育照明提出了新的建议。

关键词　游泳馆泳池照明设计　照度标准　照度计算　灯具选择　灯具布置　灯具控制

国家游泳馆像一个巨大的晶莹通透水分子晶体，人们赐它一个美名——“水立方”。建筑面积 80000m^2，长 173m，宽 173m，高 31m。地下 2 层，地上 4 层。建筑物外墙及屋顶均用 ETFE 充气泡环抱，是一种新思维、新概念和新材料最佳组合的结果。

国家游泳馆内设竞赛池，跳水池，热身池及赛后嬉水乐园等部分。担负了 2008 年第 29 届奥运会的游泳、跳水、水球及花样游泳等比赛任务。赛后它将成为全民健身和水上娱乐的场所。

游泳馆的照明设计分为泳池照明、室内照明和景观照明三部分，本文只对泳池照明设计进行粗浅的论述和探讨。

1　泳池照明的照度标准

奥运会的游泳、跳水、水球及花样游泳比赛，每个比赛项目都有自己的照度要求。为了简化设计，应用对立统一、一分为二的方法，对游泳、跳水、水球及花样游泳比赛的照度要求进行分析、比较，找出各项比赛照度的共同点和不同点，抓住主要矛盾，从一般到特殊，逐步解决。在具体照明设计中，以共性为基础，计算出统一的照度参数值，再用分场控制灯具开启的方法进行科学布光和“调光”，以满足各个比赛项目的不同照度要求，达到理想的效果。

2008 年奥运会游泳比赛泳池照度标准见表 1。

2 格栅间隔的确定

尽管游泳、跳水、水球及花样游泳比赛项目的场地照度有一个基准值,但在电视节目转播中,不同项目的比赛动作和技巧表现的空间位置是有区别的。为了使其动作画面清晰,就要求具体比赛现场空间位置的照度符合本项目技术特点,也就是说,照度标准反映在不同的空间位置上。各项比赛现场有各自的格栅间隔划分的原则,用于体现本项目比赛的特点,并且在各场灯光的布光和调光中,根据各项比赛的格栅间隔,设计出各个项目理想的照度。下面列出各项比赛项目的格栅间隔和照度要求:

2.1 游泳

游泳格栅间隔为 2m。

(1)比赛场地:水面上0.3m 的水平照度和垂直照度。

(2) 起点和结束处:0.3m 和 1.5m 水平面的水平照度,2.5m 处高的垂直照度。

(3) 游泳池周围区: 泳池周围表面的水平照度,1.5m 高的垂直照度。

2.2 跳水

跳水格栅间隔为 1m。

(1)跳水池延伸至跳水池一半的水平平面:高出水面 1m 和 2m 的水平照度和垂直照度。

(2)跳水垂直下落区:与跳板/跳台之前端长轴一致,水面上 8m 和 12m 处的水平照度和垂直照度。

(3)起跳区:格栅间隔为 1m,10m 跳台之纵中线上 2m 高的垂直照度。3m 跳板前端 5m 高的垂直照度。

(4)比赛场地外围区:格栅间隔为 2m,外围区地面上的水平照度和 1.5m 高处的垂直照度。

2.3 水球

水球格栅间隔为 2m。

(1)比赛场地:水面上 0.3m 处的水平照度和垂直照度。

(2)动作回放区(球门区):水面上 0.3m 处的水平照度和垂直照度。

(3)比赛场地外围区:地面上的水平照度和地面上 1.5m 高处的垂直照度。

2.4 花样游泳

花样游泳格栅间隔为 2m。

(1)比赛场地:水面上 0.3m 处的水平照度和垂直照度。

(2)比赛场地外围区:地面上的水平照度和地面上 1.5m 高处的垂直照度。

3 照度计算和灯具选择

游泳馆泳池照明的照度计算与灯具选择、场地大小及空间高度等因素有关,奥运游泳馆各项比赛对泳池尺寸要求见表 2。

场地照度分解为水平照度分量和垂直照度分量。水平照度分量指场地水平方向某个高度的水平照度值。垂直照度分量常采用面向场地四个边界垂直面的照度值。照度计算公式为:

表 1 泳池照度标准

序号	类别	照度/lx		照度均匀度				照度比率	梯度	色温/K	显色指数	眩光指数
		水平/E_h	垂直 E_v	水平 U_{h1}	水平 U_{h2}	垂直 U_{v1}	垂直 U_{v2}					
1	训练	350				0.3	0.5					
2	比赛	1400	1125~2250	0.6	0.7	0.4	0.6	0.7~1.5	(10~20)%	5600	≥90	比赛
3	电视转播	1500	1125~2250	0.6	0.7	0.4	0.6	0.7~1.5	(10~20)%	5600	≥90	≤30
4	高清晰度电视转播	2000	1500~3000	0.7	0.8	0.6	0.7	0.75~0.5	(10~20)%	5600	≥90	≤30
5	应急	700				0.3	0.5				≥90	≤50
6	前 12 排观众席	350										

注: 1.$U_{h1}=\frac{E_{hmin}}{E_{hmax}}$; 2.$U_{h2}=\frac{E_{hmin}}{E_{have}}$; 3.$U_{v1}=\frac{E_{vmin}}{E_{vmax}}$; 4.$U_{v2}=\frac{E_{vmin}}{E_{vave}}$。

表 2 泳池尺寸要求

序号	名称	场地尺寸/(长×宽)m×m	备注
1	游泳比赛	50×25	加外围延伸部分为60m×30m
2	跳水比赛	30×25	
3	水球比赛	男:30×20 女:25×17	
4	花样游泳比赛	30×20	

$$E=\frac{d\Phi}{dA}$$

即被照面单位面积所通过的光通量,是衡量被照面光的强弱的物理概念。

在一定范围内,增加照度可使人眼睛的视觉功能提高,对运动员的动作观察得更清楚。同样,均匀度不但可提高人眼睛的视觉能力,还可增加人眼睛辨别能力,一般局部照度不得高于平均照度的 25%,也不得低于最小照度标准值。照度均匀度应在 0.7 以上,通常在 0.7~0.8 之间。如果低于 0.55,不均匀度就特别明显,眼睛会感到不舒适。

体育场馆照明照度计算考虑墙面反射较少,一般只计算灯光直射部分的照度,所以采用逐点计算法。最常用的逐点计算法是平方反比法,就是在距离点光源 D 一点的照度 E 等于光源在该点方向的光强(cd)除以光源与测量点之间距离 D(m)的二次方。公式为:

$$E=\frac{I}{D^2}$$

本公式只适用于入射光垂直平面情况,当入射光不垂直时,与垂直平面有一个夹角 β,这样斜面上的照度遵守余弦定理,见图 1。

水平照度:$E_h=\frac{I}{D^2}\cos\beta$

垂直照度:$E_V=\frac{I}{D^2}\sin\beta$

水平照度和垂直照度之间关系为:$E_V=E_h\cdot tg\beta$

以游泳池为例,见图 2。池长 60m,宽 30m,把长均分成 8 等份,宽均分成 6 等份,共形成 63 个点,分别计算各点的水平照度和垂直照度,垂直照度要计算各点 A,B,C,D 四个方向的值,将 63 个点四个方向值分别相加求和,再被 4 除,得到场地的平均垂直照度值。

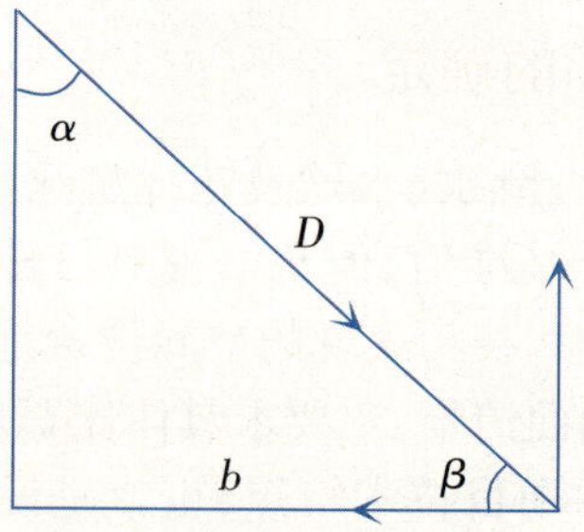

图 1 入射光角与照度的关系

$$E_{vave}=\frac{E_{vA}}{4}+\frac{E_{vB}}{4}+\frac{E_{vC}}{4}+\frac{E_{vD}}{4}$$

$$\Delta P=\frac{P}{8}=\frac{60}{8}=7.5\text{m}$$

$$\Delta q=\frac{q}{3}=\frac{30}{6}=5\text{m}$$

各点水平照度 E_h 相加取其平均值,即:

$$E_h=\frac{1}{n}(E_{1h}+E_{2h}+E_{3h}+\cdots+E_{nh})$$

影响现场电视转播因素除照度外,还有以下几方面:

(1)水平照度的均匀度:$U_1=\frac{E_{hmin}}{E_{hmax}}$(最小值)

$U_2=\frac{E_{hmin}}{E_{have}}$(最大值)

(2)垂直照度的均匀度:$U_1=\frac{E_{vmin}}{E_{vmax}}$(最小值)

$U_2=\frac{E_{vmin}}{E_{vave}}$(最大值)

根据照度计算,确定场地照度值,再用灯具的配光曲线,把每台灯具照在场地的光斑边缘在划分的格栅间隔上相互叠加,得到所要求的照度,并求得相应灯具的数量。当然,这些繁琐的计算利用计算机帮助显得更为方便。

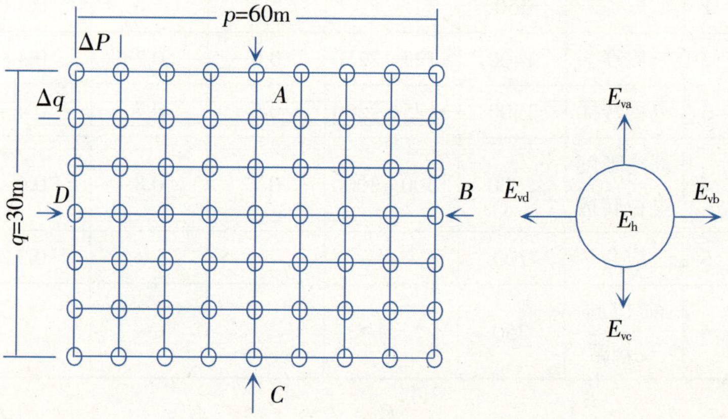

图 2 游泳池照度计算

4 灯具安装高度和角度

泳池照明灯具安装的高度和角度，与运动员和观众有直接关系，对游泳馆泳池照明质量起着非同小可的作用。灯具安装低或较大的入射角可以得到较高的垂直照度，相应也带来了眩光。室外体育场灯具高度，见图3。

泳池照明灯具的安装高度和位置与泳池建筑结构特点相关。无论是沿墙还是吸顶安装，都要遵守使眩光最小的原则。眩光有直接眩光和反射眩光，而眩光指数和灯具位置、高度、数量，投射角、光源发光强度及光束宽窄有关。灯光光束与水面形成的入射角与眩光强度成非线性函数关系，为一条曲线，据此分析，入射角在50°左右为适中。这种状况下，反射眩光也避开了观众席上观众的眼睛(看台与场地水平面成30°夹角)，见图4。

本泳池照明灯具安装高度为26～27m，入射角在50°～55°之间，使眩光指数小于30，运动员和观众视觉才舒适。

5 灯具选择和布置

游泳池和跳水池相邻并排列在一条直线上。可以认为是一个泳池，灯具选择和布置可以共同考虑。根据这一特点，设计选择了灯带照明布置形式。安装灯具的灯架悬在屋架下，上面设有马道和电缆桥架，便于安装和调试。

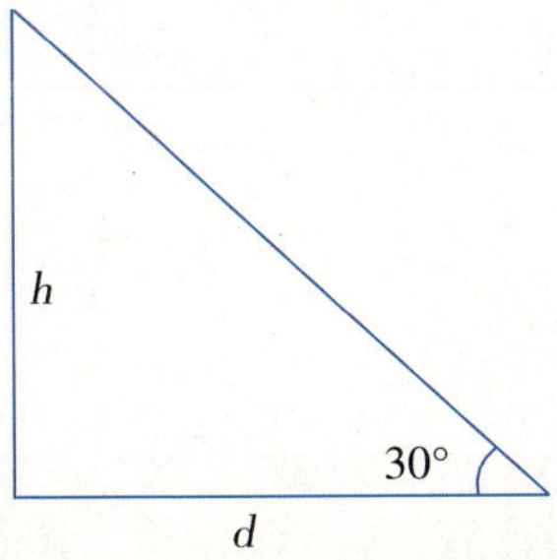

图3 灯杆安装高度和角度

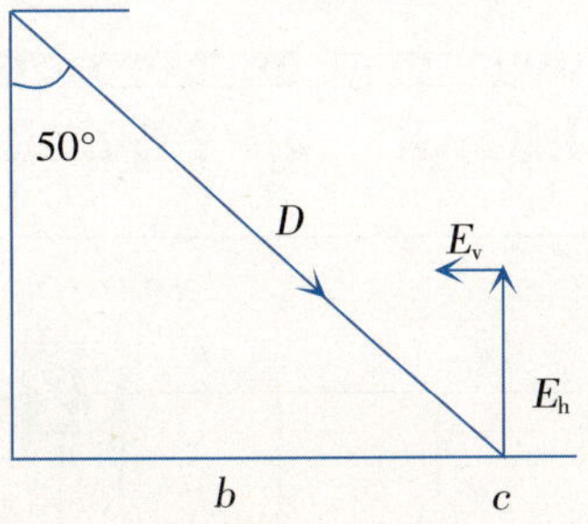

图4 灯具安装高度和位置角度

要使泳池周边3m地带得到与泳池一样的照度，同时前12排观众席照度值为泳池平均照度的10%，且不高于水平照度25%，而且照度均匀，灯具布置原则应为：以泳池中心为轴线，左右两侧各设两排灯架，两端各设一排灯架。两侧两排灯架相距10m，第一排灯架距泳池边界10m，第一排灯架上灯具距地高度为26m，第二排灯架上的灯具距地27m，如此布置，可使灯具间相互不遮挡，也便于调节灯具的角度，见图5。

本工程共选1kW金属卤化物灯具380套，色温5600K。事故照明灯(卤钨灯)10套。色温3200K，显色指数均大于90。

6 灯光控制

奥运游泳馆的主要任务是2008年第29届奥运会游泳、跳水、水球及花样游泳比赛，赛时为18天。游泳馆泳池照明的焦点是以奥运会比赛为主，一切服从于比赛。而奥运会后，预计大规模的比赛活动甚少，所以考虑了将来经济运营，本工程设计了赛时和赛后两个阶段。无论是灯具布置，灯具控制，灯具电源都分为赛时和赛后两大类，并且分别处理。

比赛时灯光正常运行是很重要的，不得出现故障。比赛可以重复，而比赛成绩一般是不可重复的，第一次创造出的纪录，第二次不一定能取得。因此，比赛中一旦因为灯光事故，影响了成绩，那是令人非常痛心的，会留下历史的遗憾。

所以，保证灯光正常照亮，是第一重要的。为了保证灯光系统万无一失，奥运会比赛期间，全部灯具的1/2数量由临时租用的柴油发电机组供电。当然，柴油发电机组供电的可靠性是有先决条件的，那就是奥组委与供应商签订一项严格的合同。其余1/2数量的灯具则由市电供电，这部分灯具又分别由两台变压器供电，如果其中一台变压器故障，通过母联开关切换，由另一台变压器承载全部负荷。这样，赛时另一半灯具的电源也是可靠的。

综上所述，任何情况下造成停电事故，都能保证比赛现场有700 lx的照度，不会中断比赛。

奥运会后，利用租用柴油发电机组供电的灯具将被拆除，剩余的灯具仍能保证比赛和彩色电视节目转播所需的照度要求。

游泳、跳水、水球及花样游泳项目分为训练、比赛、彩色电视转播和高清晰度电视转播四种情况。所以，布光也有12种模式，即12个场景，每一场景都要

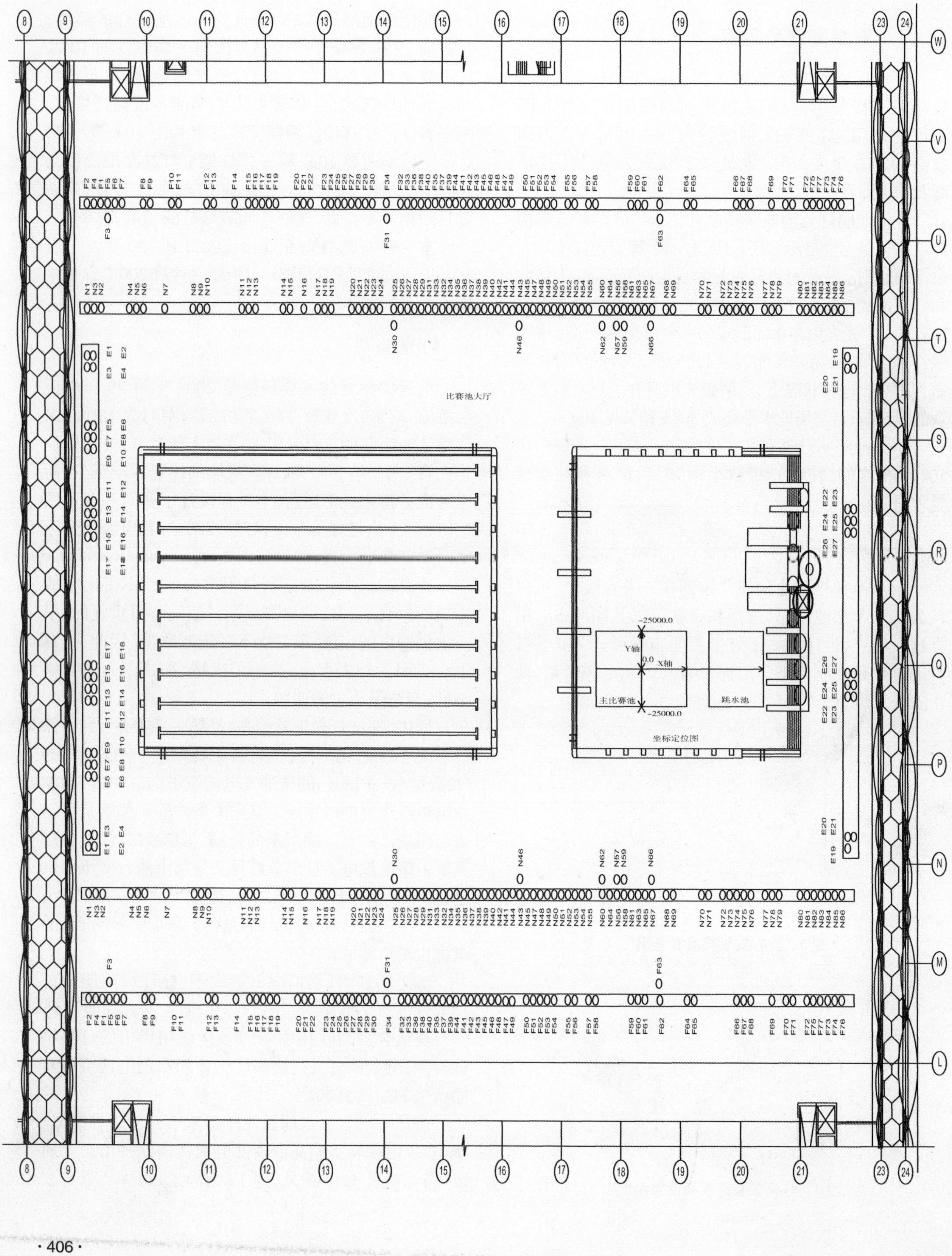

图5　主比赛大厅灯具布置

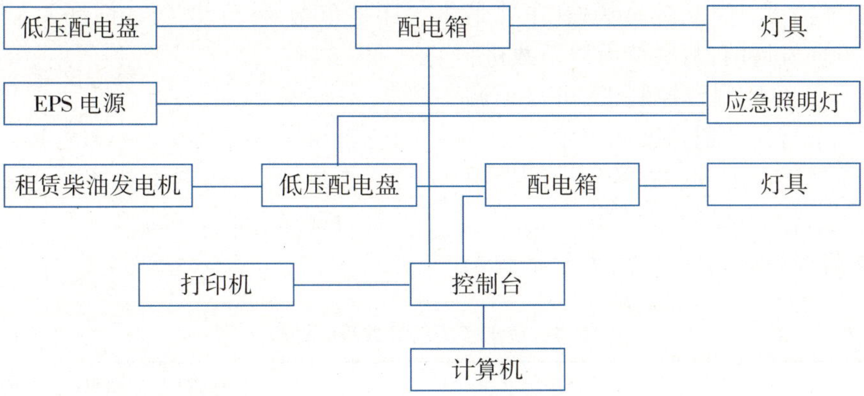

图 6 灯光控制原理图

有固定的灯具照明。由于金卤灯不宜用调光器调光，只能用开启灯具数量的多少控制每场的照度，再利用灯具的角度和焦距，对各场水平照度和垂直照度进行细调。当每一场调好以后，计算机就把每一场所开启的灯位和灯数储存起来，在今后的赛事中，需要哪场灯光，就调用哪一场，做到快速、准确、方便。

灯光控制原理如图 6 所示。

在彩色电视的转播中，要得到清晰、色彩柔和颇有立体感的图像，主光、逆光、侧光应有适当的比例，以 1:1.5:0.7 为宜，对比度为 30:1。这个比例光束是来自至少三个方向灯具光束进行配光的结果，调光方法也是通过开关开断，控制灯具点亮的数量进行的。

游泳、跳水、水球、花样游泳项目在训练、比赛、电视转播、高清晰度电视转播各种模式用灯数见表 3～表 5。

注：E，F，N 列灯数只标泳池一侧，两侧数量相同，表内台数为实际数量。

7 建议和设想

体育场馆通常是用于体育锻炼和体育比赛的场所，然而随着社会不断发展，人们的社会交往也相应增多，它逐渐变成了群众集会，文娱演出的舞台。活动内容的翻新，灯光的变化也就要增多，这样，当前灯具

表 3 游泳各场用灯数量统计表

序号	类别	灯 号	数量/台	用电量/kW	使用容量/(W/m²)	装灯容量/(W/m²)
1	训练	F:5，9，10，13，14，19，20，25，28，32，33，41，45，49，52 N:0	32	32	32	190
2	比赛	F:3，5，9，10，13，14，15，18～21，24，25，28～33，41，45，49，52 N:1，5，9，12，16，18，26，28，49，58，70	46	46	37	190
3	电视转播	F:2，3，5～10，12～15，17～25，28～33，40，41，45，46，49，52，53 N:3，5，6，8，9，11，13，15～20，24，26，32，36，38，40，43，49，50，55，57～59，62～67，69，70 E:1，2，3，5，6，9～14，16	162	162	130	190
4	高清晰度电视转播	F:1～33，38，40，41，45，46，47，49，52，53，54，60 N:1～21，24，25，26，32，33，36，38，39，40，43，44，46，49，50，52，55，56～59，61～70，72 E:1～18	228	228	180	190

的功能就适应不了新的需求，所以，体育场馆（主要是体育馆）在向多功能方向发展时，灯具应有以下改进：

（1）选用电动灯具。在控制台控制下，可自动调焦，旋转、俯仰，便于调节灯光照射角度和照度。

（2）灯具能在灯架轨道上滑动。在控制台的控制下，灯具可以沿轨道左右移动，便于布光。

改进后的体育馆灯光就具备多功能，无论是调光还是布光，灵活性、机动性都大大地提高了。

参考文献

1 李炳华，李战增译.要求彩色电视转播的体育比赛照明
2 李战增，李炳华译.体育照明装置的光度规定和照度测量指南

表 4 跳水各场用灯数量统计表

序号	类别	灯 号	数量/台	用电量/kW	使用容量/(W/m²)	装灯容量/(W/m²)
1	训练	F:34,42,48,55,58,64,66,69,72,74 N:0	10	10	1.3	190
2	比赛	F:34,42,48,55,58,61,62,64,66,69,72,74 N:31,37,45,53,60,71,75,79,82,85	46	46	37	190
3	电视转播	F:34,35,36,39,42,44,48,50,55,56,58,59,61,62,64,65,66,68,69,71,72,74,75,76,77 N:23,26~31,35,37,42,45,48,53,54,60,71,74,75,76,78,79,81,82,85,86 E:19,20,22~25	162	162	130	190
4	高清晰度电视转播	F:34~37,39,42,43,44,48,50,51,55~59,61~77 N:22,23,27~31,34,35,37,41,42,45,47,48,51,53,54,60,71,73~86 E:19~27	228	228	180	190

表 5 水球、花样游泳各场用灯数量统计表

序号	类别	灯 号	数量/台	用电量/kW	使用容量/(W/m²)	装灯容量/(W/m²)
1	训练	F:5,9,10,13,14,19,20,25,28,32,33,41,45,49,52 N:0	10	10	1.3	190
2	比赛	F:3,5,9,10,13,14,15,18~21,24,25,28~33,41,45,49,52 N:1,5,9,12,16,18,26,28,49,58,70	46	46	37	190
3	电视转播	F:2,3,5~10,12~15,17~25,28~33,40,41,45,46,49,52,53 N:1,3,5,68,9,11,13,15~20,24,26,32,36,38,40,43,49,50,55,57~59,62~67,69,70 E:1,2,3,5,10,12~14	162	162	130	190
4	高清晰度电视转播	F:1~25,27~33,38,40,41,45~47,49,52~54,60 N:1~21,24,25,26,32,33,36,38~40,43,46,49,50,52,55~59,63,65~70,72 E:1,2,3,5,6,8,9,11~14	228	228	180	190

南京奥林匹克体育中心泛光照明设计

南京市照明学会

1 背景分析

具有2500年悠久历史的古都南京，经历了十朝都会，与北京、西安、洛阳并列为中国四大古都。

2005年南京市夜景灯光建设突出展示了古都历史文化和滨江现代城市风采，具有古都特色和现代滨江风貌相融合的繁华都市夜景。2005年南京市的亮化工程，推广节约型新型技术产品，优先选择有技术论证的高效节能灯具，并通过变换光色，给古城披上一层神秘色彩。南京奥林匹克体育中心已矗立在河西新城区中心。本文就南京奥林匹克体育中心泛光照明设计作一介绍。

2 照明的目的

我们在对奥体中心夜景泛光照明进行规划和设计时，不是把它作为商品，而是作为南京的新资源、人们活动的场所以及南京人的财富和文明记忆，通过分析了视线、周围景观和建筑的相互空间关系和交通联系、视觉联系、功能联系等种种问题，确立建筑的体形和开放空间的位置和形式，最终确定下来总体泛光方案和各建筑单体的照明效果。

夜景泛光照明设计规划，激发了奥体中心的地区城市活力，成为能够吸引大量人群活动的重要地区，以及具有良好形象的城市门户。将南京城市的历史文化传统和现代大城市因素融入到照明设计中去。

建筑物和开敞空间的融合问题也是体育中心规划的有机组成部分，建筑物被安排在开敞空间内，形成开敞的天际线，在地表平面上形成比例适合人体尺度的环境。建筑群体和开放空间的结合创造了体育中心完整的、令人难忘的形象，这种群体空间方式又为个体建筑的创作提供了自由度，为人们在夜间展开了一个充满活力和生命力的城市中心的图景。

我们理解的和谐不是一成不变的和谐，而是动态的和谐。在照明方案上要求：整体的统一性；各建筑单体弹性发展。从整体结构到具体照明效果的配置无不如此。

3 建筑特点及设计特点

3.1 建筑特点

南京奥林匹克体育中心是第五代体育建筑的一个典型，表现出了简洁、大方的特点，大尺度的红色块设计、体育场大平台等都成为南京奥林匹克体育中心的建筑标志。

3.2 设计要点

一个整体（南京奥体中心体育公园）。

两个中心（体育场和科技中心）。

三个重点（体育场大拱、观光塔和入口广场）。

四个层次(广场、大平台、建筑物和绿化)。

五个建筑(着重表达主体育场、科技中心、体育馆、网球中心、游泳馆)。

3.3 设计特点

(1)舒适的夜间照明环境。

(2)白色主基调,使新时代特色的建筑在夜间得到完美的表达。

(3)采用多元化的照明手法(建筑泛光照明、"内光外透"的应用,"点"、"线"与"面"的结合表现)。

(4)低光污染。

(5)精心布置安装位置和投射方向,对环境的不良影响降到最低。

3.5 设计主题

(1)绿色的奥体(节能产品的选用)。

(2)喜庆的奥体(大红色块的重点突出)。

(3)标新立异(独特的照明方式和灯具)。

(4)生机无限(灯光显示建筑语言)。

(5)见光不见灯(隐藏灯具)。

4 建筑设计方法

主体育场可容纳60000名观众,是广场内最状观的主体建筑。两个巨大的结构拱弧优雅地自北至南横跨顶部,形成了一个现代的体育建筑,成为奥体中心乃至南京城市的独特标志。当行人走进体育中心时,大平台和主体育场自然成为行人的一个视觉焦点,大红拱及大面积红色块吸引行人的注意力,成为体育中心的核心。

主体育场的照明就是在夜色中完美地表达出大抛物拱结构,在此区域的照明手法上,我们采用5600K高显色性、高色温白光表达出大红拱的本色,使其更加鲜艳明亮。

拥有13000个座位的室内体育馆是现代、动态的建筑,体现了体操的优雅和动感。照明要能够反映建筑的特点,我们采用LED线条将顶部的内凹成为表现的重点,在一些小退层的地方采用小功率的投光灯表现其退层之间的相互关系。

体育公园的最重要的垂直要素是体育科技中心(新闻中心)。这一建筑设计可适于现代社会的任何地方,高耸并富有创造力的外形同在保持与其他体育建筑一致的建筑语言的同时形成了强烈的视觉反差,科技中心如同南京奥林匹克体育中心的一座灯塔,引领人们进入一个全新体育和景观设计世界。在夜景照明上主要突出其建筑高度,使其成为体育中心远景的视觉焦点。采用明亮的白色光对建筑顶部进行150LUX高亮度突出表现,表现出建筑的天际线。

网球中心的建筑组合是一个各有特色的单体建筑组合。网球中心的建筑就像一颗珍珠镶嵌在人工亭中央,亭子靠近大平台,引导观众走向主赛场。在照明上我们表现了三个重点:

(1)决赛场的顶部碟层:1W高科技LED点光源将其结构完美的表现出来。

(2)入口的立柱:70W金卤灯100lx表现结构。

(3)室内馆的玻璃顶:采用在内部安装投光灯的方式将其材质完美表现。

游泳中心反映出它主要用途为水上运动提供场所,建筑外观类似一个巨大的贝壳,半埋在景观之中。人造的水景形成室内外空间,环绕在建筑周围,增强了建筑的视觉特点。夜景照明主要是突出其独特的建筑曲线,同时1W点光源的照明结合流动的水,使建筑的外形结构和建筑寓意都得到较好的表达,采用突出主馆顶部的手法使整体建筑犹如一条刚浮出水面的鱼,与附馆顶部的白光相互辉映。内部内透光的使用使整体建筑玲珑剔透,呈现水晶般的质感。综合以上各个单体,形成整体的一个南京奥林匹克体育中心泛光照明总图。

5 工程配电及控制

本工程采用澳大利亚邦奇智能控制系统进行智能控制,总控中心放置在科技中心一楼,各场馆设有分控制柜,通过网络控制线相互联通,可实行总控、分控、手动多种模式(见表1)。

表1 主要照明产品及功率分布表

设备名称	型号规格	单位	数量	单灯功率/W	合计/W
泛光灯	MVF024/1KW	套	58	1055	61190
变色灯	变色灯/400W	套	104	431	44824
泛光灯	MVF403/2KW	套	71	2055	145905
埋地灯	G1022/1W	套	170	1	170
点光源	G1W	套	1078	1	1078
泛光灯	MMF383/250W	套	163	269	43847
泛光灯	MCN810/70W	套	168	90	15120

(详细情况请参阅本工程案例)

南京奥体中心游泳馆照明设计

江苏省建筑设计研究院有限公司 李鹏飞

摘 要 文章就南京奥体中心游泳馆场地照明作了介绍,强调照明方式应因地制宜,照明方案应科学合理。

关键词 南京奥体中心 照明方式 供电系统

奥体中心游泳馆为第十届全国运动会游泳跳水、水球等比赛场馆,同时又是群众健身、休闲的场所。整个游泳馆外观呈一海螺壳状,池区设 50m×50m 奥林匹克尺寸的标准池;25m×25m 跳水池;观众区设 3000 座观众席位。

1 照明

1.1 照度

游泳池是精确作业场所,既要为游泳者提供安全保证,又要能使观众较好地观看运动员地连续动作和姿势,同时也应满足比赛和电视转播要求。根据体育工艺要求,水平照度不小于 1500 lx,垂直照度不小于 1000 lx。

1.2 照度均匀度

照度均匀度系指照明区域内最小照度和平均照度之比,为了避免运动员和观众的对比和视觉方面问题以及摄像机在不同方向上的灵敏度问题,水平照度和垂直照度都应有理想的均匀度,其值越大照度越均匀。此时应特别注意避免墙面上的高亮度,高亮度墙面容易在水面上产生反射眩光,避免服务人员不能清楚地发现发生危险的游泳者。游泳馆采用大拱形式,离四周较远,很好地解决了这个问题,根据电视转播的要求,水平照度均匀度 $U_2=E_{min}/E_{avg}$ 不小于 0.7。

1.3 光色和显色性

根据体育建筑设计规范要求,对于需要新闻摄影、电视转播场所,场地照明应采用金属卤化物灯,光源色温宜在 2800~3500K,光源显色指数 $Ra>65$,根据体育工艺实际要求 $Ra>80$。

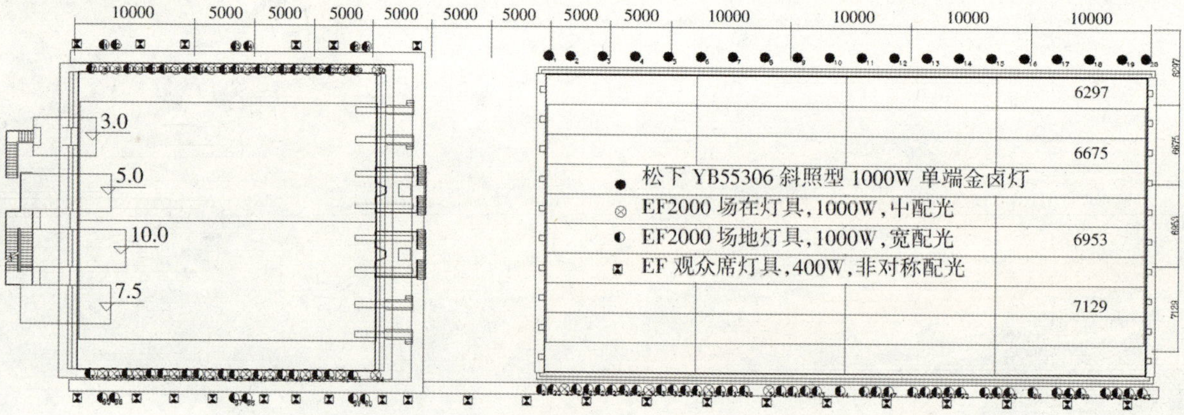

图 1　游泳馆灯具布置图

1.4　照明方式

为了满足体育工艺要求，结合本工程的特殊形状，采用沿长边马道布置照明灯具，马道形状为了美观沿建筑物大拱进行布置，形成高低错落，给灯具布置带来一定困难，根据奥体指挥中心要求对原有马道进行多次修改，最终确定马道方案，结合现场实际情况采用光束控制性能较好的 GE 公司 EF2000 场地照明灯具，增加游泳池长轴方向的向下光通，控制对摄像机和观众的光幕反射。由于沿游泳池西侧高度较低，安装马道影响建筑物美观，但又为了保证照明灯具不对池端运动员、裁判员和官员产生不良的眩光和检修需要，在西侧游泳池沿长边方向设置 20 套松下 YB55306 斜照型 1000W 单端金卤灯。游泳馆灯具布置见图 1。

共采用 24 套 1000W 中配光 EF2000 场地灯具，79 套 1000 W 宽配光 EF2000 场地灯具。在不同控制模式下的平均照度、最小照度、最大照度、照度均匀度见表 1 及表 2：

彩电转播模式下垂直照度为 753.43 lx。

为了使教练员和观众清楚看见游泳者的动作，增加池底亮度降低水面上的光幕反射，设置水下照明。水下照明灯具采用干壁龛形式安装，在游泳池和跳水池沿长边方向单边安装，灯的照射方向平行于游泳池的短边方向，与水平线约成 10°角，这样光束在水中

表 1　跳水池各项照明指标

比赛模式（彩电转播）	平均照度/lx	最大照度/lx	最小照度/lx	照度均匀度	其他模式	平均照度/lx	最大照度/lx	最小照度/lx	照度均匀度
水平照度	2930.4	3544	2074	0.71	清扫	255.18	511	109	0.43
垂直照度	1034.8	1249	712	0.69	训练	469.44	845	271	0.58
3m 跳台垂直照度	1014.3	1181	830	0.82	比赛 1	748.28	973	399	0.53
5m 跳台垂直照度	1166.7	540	912	0.78	比赛 2	1067.47	1334	657	0.62
10m 跳台垂直照度	1699.4	2589	1144	0.67	—	—	—	—	—

表 2 游泳池不同控制模式下的水平照度

控制模式 \ 水平照度	平均照度/lx	最大照度/lx	最小照度/lx	照度均匀度
清扫	143.01	347	24.3	0.17
训练	336.18	570	74.3	0.22
比赛 1	638.75	904	364	0.57
比赛 2	1038.43	1397	552	0.53
彩电转播	2141.69	2786	1514	0.71

距离最短，不会对游泳者和四周观众造成反射光危害。灯具安装在距水面 1m 的下方，水平方向每隔 3m 安装一只，两端距池端为 10m。游泳池共安装 10 只 1000W 金属卤化物灯，跳水池共安装 2 只 1000W 金属卤化物灯。

国家规范要求所有带观众席的体育场馆都应设置应急照明。本馆设置了应急照明、疏散照明，根据《建筑照明设计标准》GB50034—2004 第 3.1.2 和第 5.4.2 条、第 3.2.5 条，应急照明照度不低于该场所一般照明照度的 5%，灯具采用快速点燃的碘钨灯作为应急光源。碘钨灯具有显色指数高，体积较小，易于控光，可以瞬时点亮等优点，适宜作为应急照明使用，本工程在主马道上共设置 20 套 400W 碘钨灯作为应急照明。

2 照明控制方式

游泳馆照明控制方式有清扫、训练、比赛 1、比赛 2、彩电转播共 5 种模式，不同照明模式投入运行灯具数量不同，为了实现不同控制模式采用智能照明控制系统。

3 场地照明控制

场地照明控制采用澳大利亚邦奇公司的智能型照明控制系统，以计算机和网络通信技术为基础，结合场地照明、观众席照明、水下照明等一起控制。采用总线控制并留有 BAS 接口。

4 照明供电系统

场地照明为一级负荷，两路电源供电，互为备用，自动切换。考虑到平时用电负荷较低，低压电源取自相邻体育场 A2 变电所，比赛或有重大活动时由本馆变压器供电。正常情况下每路各带 50%场地照明负荷，场地照明灯具根据供电回路均匀分布在马道和吊杆灯上，一路故障时，瞬时保证一半照度水平，且照度均匀。平常无比赛时，可以利用体育场 A2 变电所电源，节约了能源，又保证了系统可靠性和安全性。

应急照明系统采用 EPS 作为应急电源。

5 设计体会

南京奥体中心游泳馆作为十运会比赛场馆已经投入使用，具有良好的使用效果，但也存在一定缺憾，还没有很好解决照度均匀度和眩光问题，尤其是眩光，因为建筑存在先天性缺憾，观众席集中在一边，给电气带来很大难题，当然好的照明方案尤其重要，如本工程亦可采用反射照明，也许能解决这个问题，但由于投资原因没能实现。

参考文献

1 建筑照明设计标准 GB50034—2004
2 体育建筑设计规范 JGJ31—2003
3 民用建筑电气设计规范 JGJ/T—1992
4 李炳华，王玉卿主编.现代体育场馆照明指南

吉林市万人体育馆场地照明设计

吉林省建筑设计院　衣建全　李艳秋

摘　要　文章介绍了体育馆照明设计中的光源、灯具的选择并对体育馆灯光控制及配电原则做了一些较详尽的阐述。

关键词　色温　显色指数　光污染　三照射　全二线遥控

吉林市万人体育馆是一座综合性多功能体育场所，除了进行冰球比赛外，还可进行羽毛球、篮球、排球、乒乓球、体操、滑冰等体育项目比赛、表演和训练，这就对照明设计提出了较高的要求：具有合适均匀的照度、理想的光色、富有立体感与无眩光等特点，除保证满足观众良好的视看效果外，还必须保证裁判员、运动员和电视转播的照明效果。

1　标准

本馆照度选择是依据国家规范及国际体联委员会第83号文件规定要求进行的。比赛一般分为两类，一类是主要利用空间的运动如篮球、排球、乒乓球、羽毛球等，对这类运动要注意合理安排灯具的位置，减轻对比赛者的眩光影响，同时又要使光分布重叠，提高均匀度，减少阴影；另一类比赛主要利用低空间位置的运动，如冰球、拳击、柔道等，而且不同比赛之间的活动范围也不尽相同，对这类运动要注意重视视距的确定，提高低空的垂直照度。由于本体育馆的照度计算采用日本松下的专业体育场馆照度计算软件进行计算，故本文不再对计算方法进行叙述。各类体育比赛计算结果见表1、表2。

表1　体育比赛场地水平照度计算表（无TV）

室内体育运动种类	体育训练/lx	娱乐/lx	业余比赛/lx	专业比赛/lx
羽毛球	273	458	864	1004
篮排球	273	458	642	864
乒乓球	273	458	864	1004
拳击	273	642	1004	2422
体操	251	434	619	809
手球	251	434	619	809
冰球（速滑、花样）	251	434	619	1074

表2　体育比赛场地水平照度计算表（有TV）

室内体育运动种类	国内电视转播（垂直面照度）			国际电视转播（垂直面照度）		
	*Y*方向		*X*方向	*Y*方向		*X*方向
	垂直照度/lx	水平照度/lx	垂直照度/lx	垂直照度/lx	水平照度/lx	垂直照度/lx
羽毛球	840	2404	669	1254	3646	1378
篮排球	766	2039	573	840	2404	669
乒乓球	840	2404	669	1254	3646	1378
拳击	1006	3205	1073			
体操	694	1660	623	911	2287	804
手球	1095	3089	1087	1095	3089	1087
冰球（速滑、花样）	894	1660	826	1239	2540	1191

2　光源的选择

2.1　使用光源的选定

现在体育设施照明采用的光源金属卤化物灯占多数。从光源的效率、显色性、寿命等特性综合考虑，金属卤化物灯是优良的，是世界流行的潮流。还有，体育设施采用不同特性的多种光源的混光照明实例也比较多，这是这次设计采用的方法。因为该体育馆的用途种类很多，每种用途都要求有最好的照明环境。这次的设计采用了两种特性不同的金属卤化物灯，这种混光的采用，使从平常的低照度水平的用途到国际比赛的广泛使用成为可能。

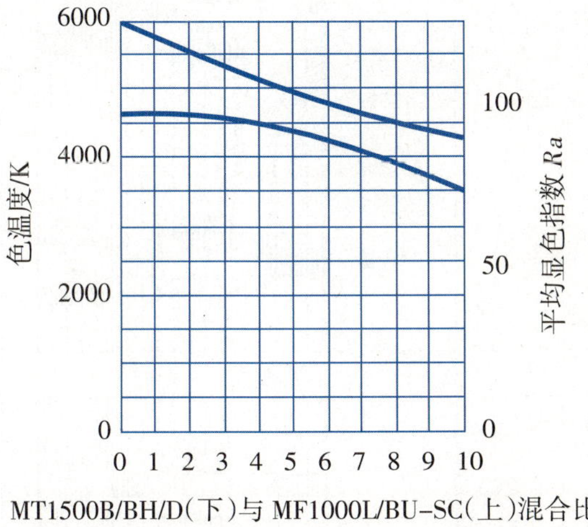

图 1　MT1500B/BH/与 MF1000L/BU-SC 的混光照明特性

2.2　采用的混光照明光源的特点(见图 1)

2.2.1　高天棚灯具用光源 A:MF1000.L/BU-SC

光通量(F):87000 lm;显色性(Ra):70;

色温度(T):4300K

2.2.2　投光灯用光源 B:MT1500B/BH/D

光通量(F):125000 lm;显色性(Ra):92;

色温度(T):6000K

基础照明使用 A(高天棚灯具)。各种练习水平采用，混光比 A:B=100:0。

随着照度的逐步提高 B 投光灯被逐步点亮。最高的比赛水平使用时 B 的使用照度变高，例如：篮球的国际比赛时混光比 A:B=26:74，这时得到的光的混光特性是 Ra=91，T=5600K。这种照明环境是符合"HDTV 摄影的必要光源特性"的标准的。此次设计推荐混光照明的理由还有一点就是"光源的色温度和舒适照度"的关系。色温低的照明环境对应低照度，比较舒适；色温高的照明环境，高的照度比较舒适。所以，从低照度的环境到高照度，良好的色温度的取得，在混光照明的设计上是下了很大功夫的。

3　灯具布置及其选择

3.1　照明灯具排列方式

室内体育馆的照明灯具的排列方式大体分为：一般均匀——分散型排列方式和投光灯两侧排列方式两种。两种方式各有其利弊，这次的体育馆设计采用了两种方式兼顾的方法。照明控制系统可实现各种适宜的点灯模式，可以按照比赛项目、比赛的水平选择最好的照明环境。以下是照明设计的概要和特点说明，及采用的光源种类和对其进行改善的思考说明。

3.1.1　一般均匀——分散型排列方式

基本上是采用高天棚的灯具在天花平面均匀排列，这样可以得到水平面的照度及其均匀度。高天棚灯具的配光特征有广照型，用于大面积和照度要求比较低的场合；狭照型，与高天花和高照度要求的场合对应。但是，与水平面照度相比，垂直面照度只有 1/5，不能满足 TV 转播的高垂直面照度的要求。

3.1.2　投光灯两侧排列方式

照明灯具是方向性强的投光灯，在篮球场等比赛场地两侧直线形排列。这样可以得到高的垂直面照度，是满足 TV 转播的有效方法。但是，对照射方向的设定要认真考虑，否则将成为引起眩光的原因。还有，网球、排球、羽毛球等是运动员视线经常向上的运动项目，在正上方不放置眩光源的方式是值得推荐的方式。

两种布灯方式相结合要注意综合两种方式的优点，把它们的缺点互相弥补。比赛的水平、比赛场地的大小及向上看的频率使点灯模式的构成变得重要起来。所以在照度低的情况下，以一般均匀——分散型排列方式为主，在需要高照度的时候以投光灯两侧排列方式为主设定照明点灭模式。关于投光灯两侧排列方式采用的投光灯，从配光特性考虑，应选用中心的光度值不高的，进一步讲，中心以上射向上方的溢出光要尽量减少，考虑减小运动员、两侧观众席的眩光是重要的，灯具布置如图 2 所示。

3.2　灯具的选择

从第 2 项、第 3.1 项考虑，设施采用的灯具样式如下所述：

首先，作为前提条件要求照明效率高、效果好、能得到必要的照度。这样可以减少灯数，从而节省电量

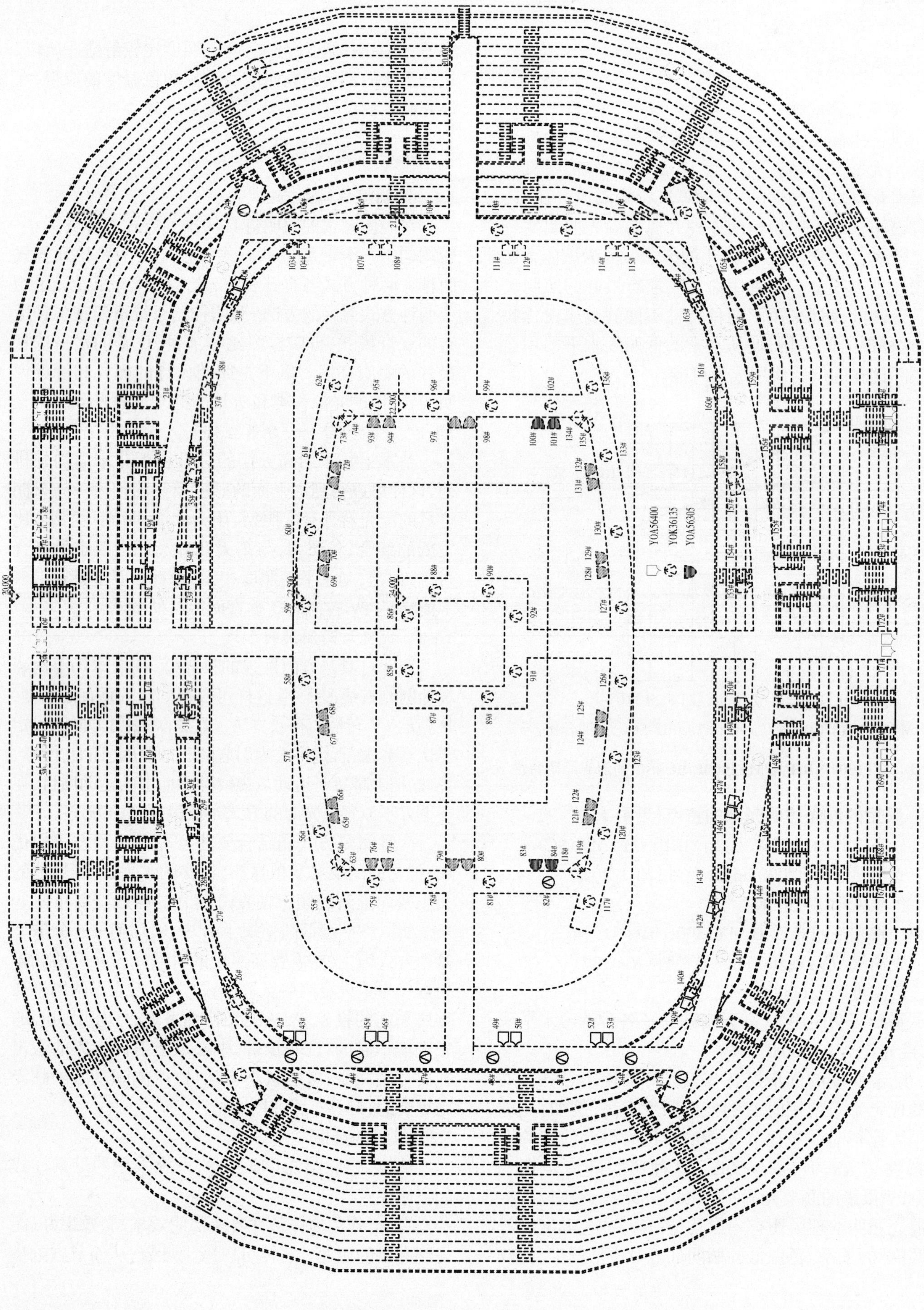

图 2　场地灯具布置图

(节能),其次,良好的配光特性能确保良好的照度分布(水平面、垂直面)和均匀度。器具的配光特性是广照型或广角型,这种配光的中心光强不会太高,是从运动员和观众对眩光的要求考虑的。最后,在冰球比赛时,冰球有击中照明灯具的可能性,因此采取的对策是高天棚的灯具安装保护网,投光灯的前玻璃采用强化玻璃。

3.2.1　灯具A高天棚灯具的配光特性(MF1000.L/BU-SC采用)

型号:YOK36135(带保护网)高天棚灯配广角光照型反射罩。

特点:通过亮化光学膜处理提高灯具的效率亮化光学膜处理是一种特殊的表面处理,将屈光率不同的TiO_2和SiO_2的透明膜交替层叠,利用膜间界面产生的光干涉效应,提高某波长范围的光反射率。与以往的投光灯相比,本处理方法大幅度地提高了照明效率。采用这种方法,可使可视光域平均反射率提高14%,灯具的效率也提高13%,得到大幅度改善。通过电脑仿真设定最佳薄膜厚度、采用以“埃”为单位的超精密蒸着技术。通过电脑仿真计算设定出最佳薄膜厚度,能最高效地反射某个特定波长的光线。按照计算出的以“埃”(等于10^{-10}m)为单位的薄膜厚度,运用真空镀膜的超精密技术进行亮化光学膜处理。

配光类型:广照型,灯具效率:78%以上(包含保护网的效率90%)。

最大光强:31000cd以上(包含保护网的效率90%)。

3.2.2　灯具B投光灯-1的配光特性(MT1500B/BH/D采用)

型号:YOA56305型三照射型投光灯,铝制附亮化光学膜反射板。

特点:一台灯具可达到三台低功率投光灯的照明效果,为使运动场地的照度均匀,需要采用三台以上的投光灯,三台照射型投光灯采用电脑设计的特殊形状反射镜。一台灯具能形成三根光束的照射,这三根光束恰如三台小型投光灯同时照射所产生的均匀照度,通过亮化光学膜处理,实现高效率和高质量。附有滤尘网,防止灯具内部出现尘污,附有刻度盘和瞄准器,可以很容易地设定照射角度,附有接线盒,施工简单。

配光类型:广角型,灯具效率:75%以上:最大光强:260000cd以上光轴中心+30°的光强:20000cd以下。

3.2.3　灯具B投光灯-2的配光特性(MT1500B/BH/D采用)

型号:YOA56400光污染抑制型投光灯。

特点:抑制比赛区域以外的光线照射,减轻周边地区的光污染控制射向上方的有害光线。在减少运动场周边的住宅区、农田等地区的光污染的同时,营造出良好的照明环境。对运动场进行有效照明集中光线向下照射,效率更高、照明效果更好。此外,横向采用宽型配光,提高了运动场内照明的均匀度。亦适用1500W光源与高功率的光源(光通量125000 lm,1500W金属卤化物光源)配套使用,与常用的1000W圆形投光灯相比,可以减少灯具的使用台数。采用坚固的压铸铝材料由于采用压铸铝作为外壳材料,具有耐腐蚀、更坚固的优点。

配光类型:广角型,灯具效率:58%以上:最大光强:225000cd以上光轴中心+15°的光强:10000cd以下。

4　灯光控制

体育馆的照明控制系统根据比赛等级和类型不同提供不同的照明效果,设置多档次控制模式,变换照明方式和照度,最终达到其使用目的。本馆灯光控制设备采用了松下系列的全二线多重传送遥控系统。

4.1　采用全二线系统的目的

(1)每个工程中都使用了大量的灯具,但根据目的、用途的不同,最合理的开灯模式也不同。

(2)方便施工、开关简单,可自由变更,以便达到考虑节能要求。

(3)全二线系统具有简单、低廉、安全的实现照明控制的功能。

4.2　全二线系统概要

(1)本系统是利用2根无极性信号线的方式对继电器进行控制,进而控制灯具的点灭,故而配线量、施工量都较小。

(2)把继电器分组,根据工程的实际需要,用一个开关能完成灯具的点灭。继电器再分组,通过控制部分进行数据变更。

(3)操作部分可以与计算机、开关、各种感应器、定时器等连接。

4.3　全二线系统功能

4.3.1　控制继电器数

256台,继电器的接点容量有2种:6A、20A:开关连接数:自由。

4.3.2 照明控制方式

（1）个别控制：控制继电器单元的 ON/OFF：最多 256 个继电器（回路）。

（2）群组控制：将继电器分组，每组继电器可一起开关；群组编号：127 种可能；一个群组最多可以设定 256 个继电器；一个继电器可以在多个群组中重复设定。

（3）4 模式控制：将继电器分组，确定每个继电器状态并编号，设定模式编号，根据模式编号中的内容对应的继电器进行 ON/OFF；模式编号：最多 72 种可能。

（4）后按优先：对同一个继电器可以自由的进行个别控制、群组控制、模式控制个别控制、群组控制、模式控制和感应器的控制，最后一个操作的是最终的状态。

（5）照明操作开关：墙壁开关由于要与多重传送方式对应，必须采用全二线专用的开关；操作可用各种感应器（亮度，人体等），定时器与之联动；开关上有红色和绿色的 LED 灯，可表示个别控制，群组控制中继电器的 ON/OFF 状态。模式控制时，表示动作到被指定的状态。

（6）停电对策：可擦写 ROM（E2P-ROM），即使停电，设定的模式也不会消失停电时，继电器保持原状态，来电后灯具的点灭状态与停电前一致。

（7）模式的设定、变更：个别控制、群组控制、模式控制的编号设定、继电器设定等，可通过可移动的模式设定器完成。模式的设定、变更可以多次进行。本体育馆的控制原理图见图 3；照明控制全二线原理图见图 4。

5 配电原则

本馆比赛场地照明按一级负荷要求供电，正常时两路电源采用两段母线分段运行，当一路电源故障而失电时，另一路电源应可提供场地全部照明用电负荷，为了使场地照明更安全有效地运行，正常情况下每路电源各连接场地照明的 50%负荷，并且场地照明灯具被两路电源均匀交替供电，当一路电源失电时仍有 50%的场地照明均匀地分布全场。配线应尽量做到三相负荷平衡，使得相邻灯具连接在不同的相序上，为克服气体放电灯的频闪效应，采用末端无功补偿措施。

参考文献

林琅主编.现代建筑电气技术资质考试复习问答.北京：中国电力出版社，2002

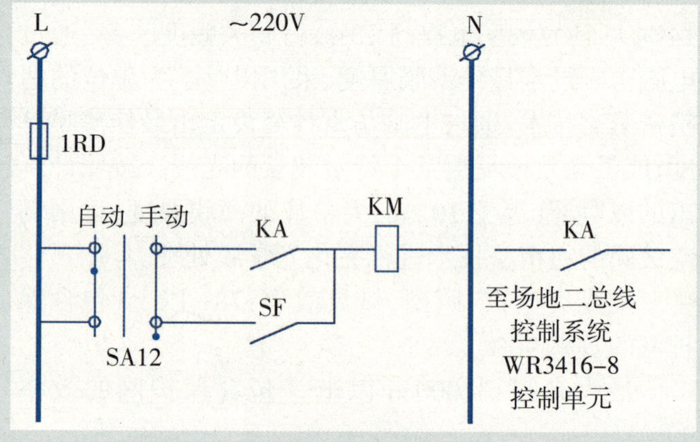

场地（观众厅）照明控制原理示意图

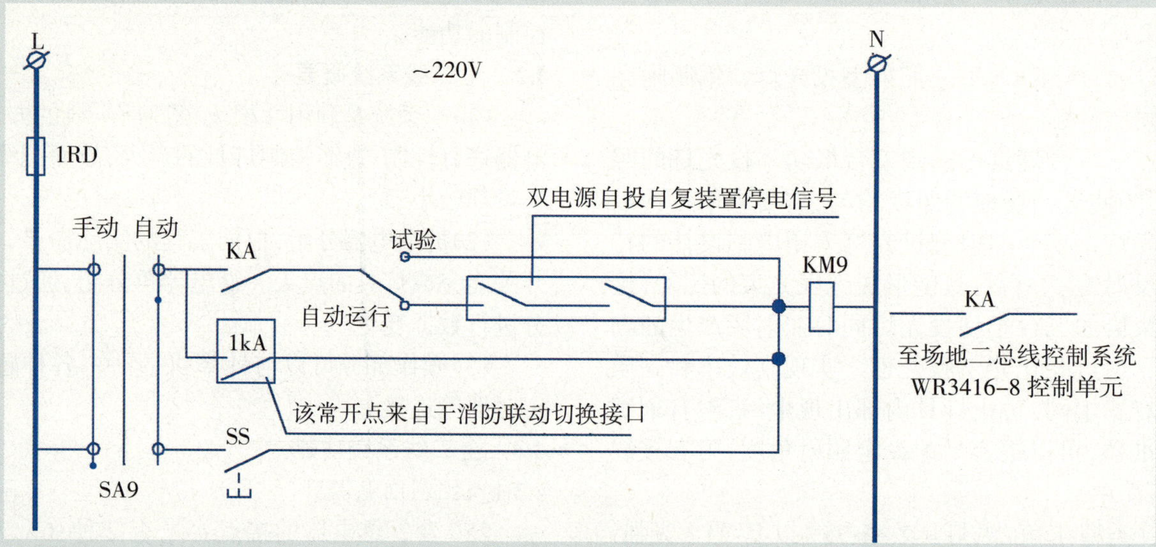

图 3 场地应急照明控制原理示意图

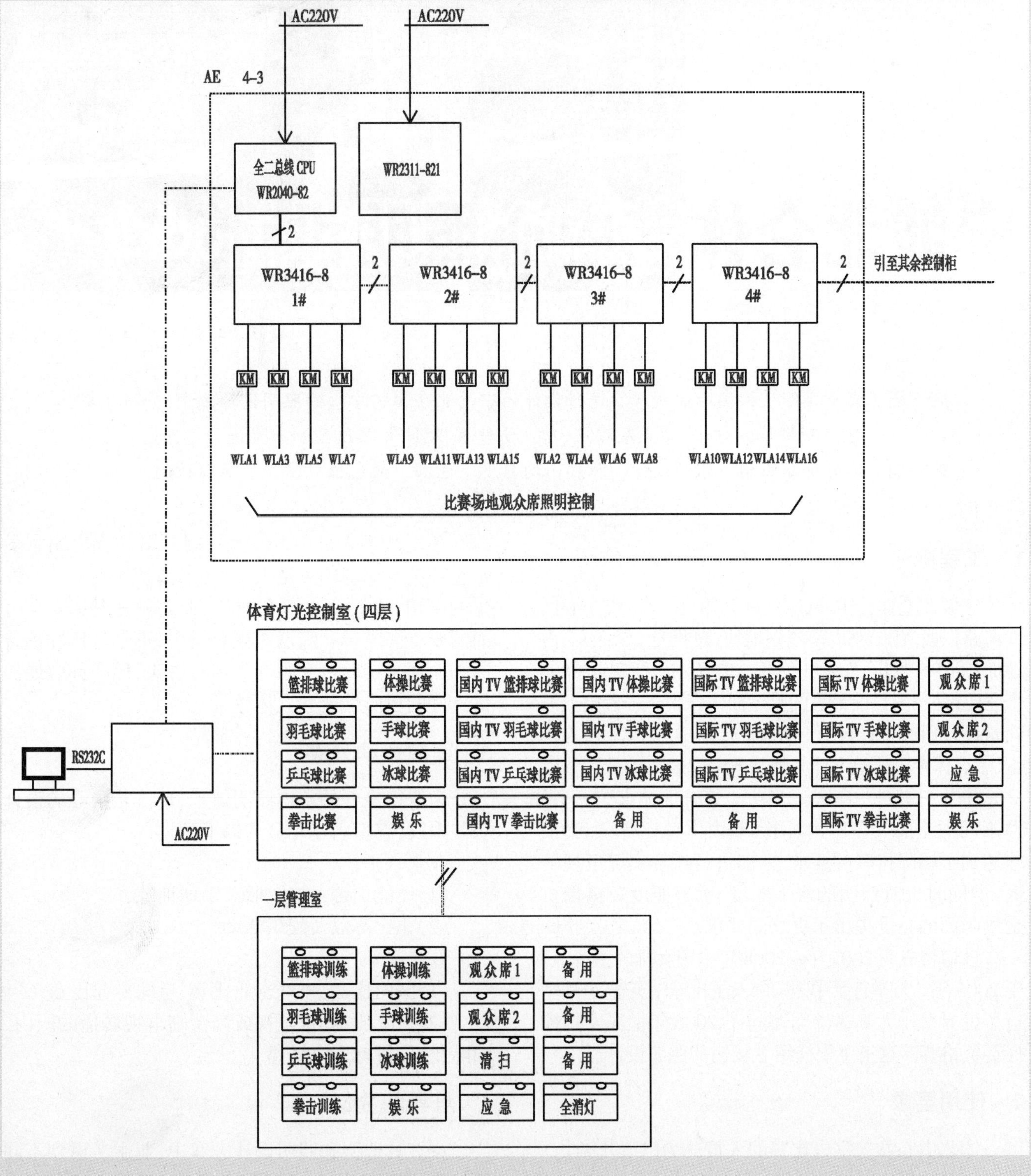

图4 照明控制全二线原理图

宁波北仑体艺中心照明设计

金超霸照明科技(上海)有限公司　张小强

摘　要　文章介绍了按国际照明标准进行设计的宁波北仑体艺中心的照明设计方案,分析了场地照明设计的方法、要点及难点,对主要技术指标、灯具选型和布置进行了阐述。

关键词　体育场馆照明　照明设计　照度　均匀度　色温　显色性　眩光　照明控制

1　工程概述

宁波北仑体艺中心(新区体艺馆)位于城市中心区太河路以西,黄山路以南规划地块,总投资2.3亿元,占地面积6.96万m^2,总建筑面积2.97万m^2,拥有近8000个座位,是我国目前最大的膜屋面体育馆。工程由上海建筑设计研究院设计,外形酷似贝壳,由中国工程院院士、著名体育馆建筑设计大师魏敦山先生主持。

体艺中心是一座大型多功能综合性体育馆,可举办不同类型的大型国内、国际室内体育比赛,配套设施达到了国际排联的要求,并能进行比赛实况电视转播,但同时也对照明的水平照度、垂直照度及摄像机全景画面的亮度提出了更高的要求。

该馆将成为2005年~2008年中国女排的主场,已于2005年5月举行了中国国际女子排球精英赛,6月举行了世界女排大奖赛,8月举行了2006年世界女排锦标赛资格赛。这里主要介绍主场馆的照明设计。

2　使用要求

体艺中心参与室内比赛的人员分为以下几类:

(1)运动员;

(2)裁判员、代表团官员;

(3)电视、电影摄像人员、新闻记者;

(4)观众,包括在场观众和不在场的电视观众。

在这几类人员中,运动员、裁判员和代表团官员是直接参与比赛的关键人员,必须清楚场地上所有发生的事情,而观众必须有视觉、听觉和进退场安全方面的要求。电视和高清电视转播中,不管是比赛的普通画面还是运动员和观众的特写镜头,照明都应能提供良好的色彩性能和立体效果。

3　室内运动分类

为取得良好的室内照明效果,从体艺中心的设计功能出发,将室内运动分为以下几类:

业余水平:

(1)体能训练:排球训练、手球训练;

(2)非比赛以及娱乐活动。

专业水平:

(1)国内比赛:排球专业比赛、手球专业比赛;

(2)国际比赛、带电视或高清晰电视转播的国内、国际比赛:排球彩电转播。

4　灯具的选型

在灯具选型和照明设计方案中,业主考虑到不同的品牌,不同型号的灯具,其设计方案及布灯方式都有较大的差异。因此,宁波北仑体艺中心采用公开招标的方式来选择灯具和设计方案,通过方案比较,结合体艺中心的场地情况,在考量了照明的水平照度、摄像机方向的垂直照度、照度均匀度 U_1 和 U_2、眩光指数 GR、照度梯度等参数标准后，最终确定选用金超霸照明科技公司的设计方案。该方案采用 GP 品牌系列中的 ATON 系列 1000W 灯具(多种配光曲线可供选择)。

此款灯具适用于专业体育场馆，灯具特性如下：

(1)符合 EN6598-1 CEI34-33IMO，CE 标准；

(2)灯体、框架、后盖均为高压铸铝材料；

(3)表面 RAL7021 灰色喷塑；

(4)4mm 厚透明钢化玻璃；

(5)外壳防护等级 IP65，能有效防止灰尘、污染物进入灯具；

(6)99.85%高纯阳级铝，内置防眩光装置；

(7)后开启式更换光源，维护方便；

(8)配置分体式电器箱和补偿电容，灯具的功率因数大于 0.85；

(9)配置瞄准器和角度盘；

(10)安装维护方便，安全可靠。

5 光源要求

对于光源的选择原则如下：

(1)显色性和色彩特性；

(2)光源的功率和光通量；

(3)光源的使用寿命；

(4)光源的成本和维护费用。

本场馆主照明选择德国欧司朗双端金卤灯。

6 应急照明

为保证市电停电时不中断比赛和电视转播，主场馆运动场地设置事故应急照明。事故应急照明电源由 EPS 备用电源供给，市电停电时，运动场地将有 30 套碘钨灯(TF300)由 EPS 备用电源供电，以保证一定的照度。应急照明时场地照度大于 35 lx。

7 灯具的布置

北仑体艺中心造型新颖，建筑师在马道的设计上与常规的体育馆有很大的区别。艺术中心的马道位于场地正上空，马道走向和运动场地长边垂直(这样高标准的体育馆中在国内外很少有采用横向马道方式)，而不是通常的平行，在彩电转播的眩光控制中，给照明设计带来了很大的难度。设计的最终效果不仅将直接影响彩电转播的质量，而且对于以后宁波承办国际赛事造成极大的影响。面对挑战，照明设计师积极与设计院、施工单位进行沟通与研究，并进行实地勘察、现场测量，再三考虑现场实际环境，通过手动计算和国际专业照度计算软件——AGI32 电脑模拟计算反复进行严格的论证，最终取得了基于有效数据的大胆创新，使用光带式布灯方式，紧靠横向马道的两侧布灯，确保在眩光控制的范围内，各项照明指标均能达标，并通过国家建筑工程质量监督检验中心体验，符合训练、比赛、彩电转播要求。

在灯具的布置方面，既要满足灯光照明要求，又要满足建筑师对整个场馆建筑景观效果的要求，还要考虑安装和维护的方便。因此，在主场馆运动场地上空 19m 左右的横向马道上共布置了 100 套 1000W 投光灯(用于主场照明)、16 套 HIPO400(用于场地清扫)、32 套 HIPO400 (用于垂直向上投射膜屋面)，30 套 TF300(用于应急照明，可以即时启动)。

为了更好地控制眩光，本工程采用的灯具配置了双端金卤光源，可较好地控制眩光的产生，灯具内配置了防眩光格栅，配合高质精确的反射罩，精确地控制了光束的角度及准确确定瞄准点。瞄准点从以下几方面确定：

(1)光通利用率要高，绝大多数的光通均投射到场地内；

(2)场地照明均匀；

(3)相邻光束有重叠，不同照明模式下都能满足照度和照度均匀度的要求，即使有一盏灯损坏，也不致对照度及其均匀度产生太大影响。最后，要保证运动员、裁判员、观众视线范围内产生的眩光最小，减少不适眩光。通过控制灯具的投射方向和投射角来限制眩光的产生，另外，由于采用了发光屋面(32 套 HIPO400，用于垂直向上投射膜屋面)，提高了背景亮度，可有效减少眩光。

8 照度设计综述

宁波北仑体艺中心可举行排球、篮球、手球、体操等比赛，各场地按照标准划分，并按规范进行设计，满足各种体育比赛的要求。照明设计指标主要包括：水平照度、垂直照度、照度均匀度、光源色温及显色指数、眩光指数、阴影，这些指标都直接影响到体育馆的使用质量和运动员的比赛。运动场地照明设计首先要确定主要的技术指标，特别是对于业主有彩电转播的要求。我们参照国家体委最新颁布的场地照明设计标准，确定了场地照明的主要技术指标。表 1 是各开关模式的场地照明的主要技术指标。

9 灯具的分组控制

(1)应急照明:TF300,30PCS;

(2)场地清扫:

ATON1000:4PCS,HIPO400W:16PCS;

(3)排球训练:ATON1000:12PCS;

(4)手球训练:ATON1000:14PCS;

(5)排球专业比赛:ATON1000:26PCS;

(6)手球专业比赛:ATON1000:34PCS;

(7)乒乓球专业比赛:ATON1000:38PCS;

(8)排球彩电转播:ATON1000:100PCS;

经国家建筑工程质量监督检验中心采光照明工程质检部对排球场地进行检测，场地的水平照度、垂直照度、水平照度与垂直照度的均匀度、照度梯度、眩光等参数均符合要求,可进行国际赛事彩电比赛。表2为排球场部分照度测试数据。

表1 各开关模式照度技术指标

序号	开关模式	水平照度/lx	U_1	U_2	垂直照度/lx	U_1	U_2
1	应急照明	35	0.2	0.1			
2	场地清扫	146	0.3	0.2			
3	排球训练	386	0.6	0.4			
4	手球训练	412	0.68	0.46			
5	排球专业比赛	755	0.82	0.5			
6	手球专业比赛	851	0.82	0.49			
7	乒乓球专业比赛	1088	0.82	0.5			
8	排球彩电转播	3523	0.74	0.61	1805	0.64	0.43

表2 排球场部分照度测试数据

场地尺寸		9m×18m	15m×30m	15m×36m	21m×36m
场地水平照度 测点高度:1.0m	E_{ave}/lx	3225.144	3384.2	3290.5	3325.6
	E_{max}/lx	3641.7	4138.5	4138.5	4138.5
	E_{min}/lx	2404.6	2404.6	2205.8	2205.8
	E_{min}/E_{max}	0.66	0.58	0.53	0.53
	E_{min}/E_{ave}	0.75	0.71	0.67	0.66
	E_{min}/E_{ave}	0.77	0.63	0.52	0.51
地面水平照度 测点高度:0m	E_{ave}/lx	3322.2	3410.6	3328.8	3314.0
	E_{max}/lx	3760.0	3990.0	3990.0	3990.0
	E_{min}/lx	2690.0	2690.0	2690.0	2690.0
	E_{min}/E_{max}	0.72	0.67	0.62	0.62
	E_{min}/E_{ave}	0.81	0.79	0.75	0.75
主摄像机 方向垂直照度 测点高度:1.5m	E_{ave}/lx	1874.2	1861.1	1799.3	1707.2
	E_{max}/lx	2500.0	2600.0	2600.0	2600.0
	E_{min}/lx	1297.0	1046.0	930.0	930.0
	E_{min}/E_{max}	0.52	0.40	0.36	0.36
	E_{min}/E_{ave}	0.69	0.56	0.52	0.52

天津泰达足球场场地照明设计介绍

天津市建筑设计院　温海水　董维华

摘　要　文章介绍了泰达足球场场地照明及供配电设计，分析照明灯具安装位置与照明参数的计算。

关键词　足球场　场地　照明　照度　灯具

泰达足球场为现代化的专用足球场。建筑共5层，面积为6万m^2。弧形柱架结构为体育场塑造出具有太空时代和高科技的外观，场内有近4万个座位，总投资约4.8亿元。设计功能满足FIFA（Federation Internationale de Football Association）要求，是泰达足球队的中超联赛主场，也是2008年北京奥运会的足球比赛场地。该工程于2004年建成使用，已举办了中马世界杯外围赛、2004年的中超杯开幕式和六场大型演出活动。

场地照明采用四角灯塔和场地长边两侧灯带相接合的混和式布灯，共使用了480套2kW高效金属卤化物灯具。

1　布灯方式及灯具选择

1.1　灯具布置方式的确定

体育场灯具的布置方式通常有四角灯塔式、灯带式、灯带与灯塔混合三种方式。

1.1.1　四塔式布灯

灯杆位置确定：四角灯塔设计位置在球门中线A1点，与底线成10°角、半场中心线B1与边线成5°角的两线相交的延长线夹角范围内，灯塔设置应在场地的对角线上，如图1所示。该种型式适合罩棚垂直高度较低或者没有罩棚的体育场，不足之处就是照度较低。镇流器箱、配电控制柜安装在灯杆下部，在条件允许的情况下，为了减小供电距离，也可安装在灯杆上部。更换和维护灯具方式有两种利用机械吊篮和在灯杆内部加装钢爬梯。

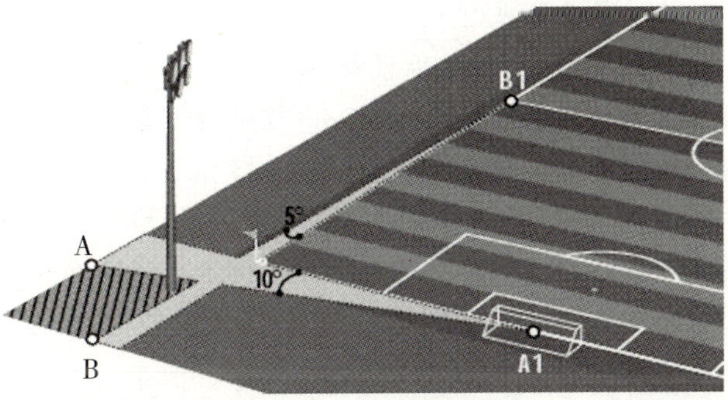

图1　四塔式布灯的灯杆位置

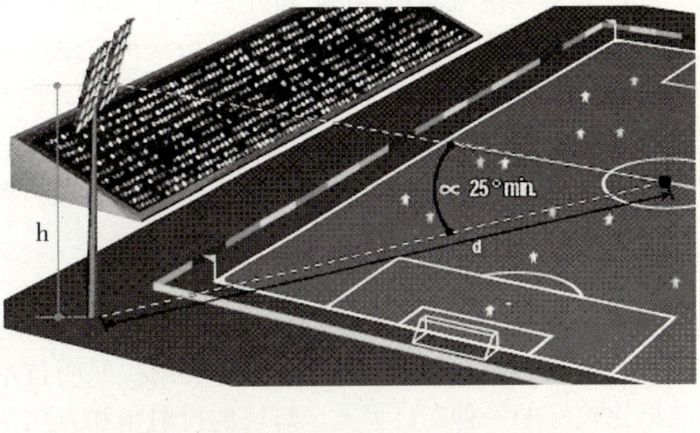

图2　四塔式布灯的灯杆高度

图 3 灯带式布灯的灯具安装高度

高度确定：灯杆高度应在灯架中心点与场地水平地面中心点所构成不小于 25°的夹角范围内见图 2。即

$$h \geqslant d\tan 25° \quad (1)$$

式中 h——灯架中心点至场地水平面的垂直高度(m)；

d——场地中心点至灯塔基座的水平距离(m)。

该角度也不应过大，否则不仅使灯塔整体造价大大提高，同时也会降低垂直照度与水平照度的比例，影响场地物体立体感和降低识别运动物体的灵敏度。

1.1.2 灯带式布灯

高度确定：首先保证在罩棚下安装的场地照明灯具距场地水平面至少高 15m，并结合体育场的具体特点，确定安装灯具的马道设置位置和高度。一般情况下，装在罩棚下的照明灯具有两排，第一排在罩棚前边缘，位置为灯具至场地远边线与场地水平地面夹角约 25°；另一排在雨棚的中后部，位置为灯具至场地近边线与场地水平地面夹角约 50°，如图 3 所示。

还要特别注意在球门线中点与底线两侧 15°内的空间区域不能布置灯具，主要是为了降低禁区区域内的眩光，保证守门员及在角球区附近的球员有良好的视线。

灯具及其镇流器箱、电缆、配电控制柜等都均匀安装在马道上。为了便于检修和安装灯具，马道宽度应≤1.2m，高度不小于 2m。为了减小荷载，EPS 或 UPS 安装在马道附近的配电间内。该种布灯方式的代表建筑有北京工人体育场、沈阳五里河体育场、2008 年国家体育场等。

1.1.3 灯带与灯塔混合布灯

混合布灯将灯带式与灯塔式有机地组合在一起的布灯方法。是一般大型综合性体育场解决照明技术效果比较好的一种布灯型式。灯塔的投射角和方位布置可以适当灵活处理，光带的长度可以适当缩短，光带的高度也可适当降低。

该种形式为国际上比较流行的一种布灯方式，比较容易满足 FIFA 和 CIE 以及我国的各项技术指标要求。

布灯方式的选择和灯塔的位置往往取决于场地条件或造价，应与建筑师密切配合，结合建筑物实际形状，作出合理、经济的设计。

2 泰达足球场场地照明技术要求

(1)场地照明设计应适应以下模式：重大比赛(彩电转播)、一般比赛(一般竞技模式)、练习模式(包含半场练习)、场地的设备整理和清扫模式。

(2)灯具防护等级 IP65，功率因数 $\cos\varphi \geqslant 0.85$。场地照明灯具带金属保护网，光源为双端金属卤化物高亮度光源，维护系数为 0.72。

(3)有电视转播要求时，观众看台前十排的照明标准应至少为垂直照度标准的 50%，10%的灯具应装有热启动器。

(4)国际足联 FIFA 推荐的足球场场地照明有关参数如表 1 所示。高质量的场地照明不仅可以使运动员充分发挥竞技水平，也可以使现场观众有一个轻松良好的视觉环境，特别是可以保证高质量的彩色电视转播，使画面清晰逼真。

2008 年北京奥运会将使用高清晰度电视(HDTV)向全球转播，HDTV 与普通电视系统相比，具有清晰度更高、图像质量更好、HDTV 的数字信号不易受干扰等优点，但同时也对照明提出了更高的要求，泰达足球场作为 2008 年奥运会备选场地，必须要满足以上技术指标要求。

(5)技术指标要求：

彩电转播的要求如表 2 所示。

无彩电转播时的要求如表 3 所示。

表1 国际足联联合会 FIFA 推荐标准

	E_h	E_v(主)	E_v(辅)	水平均匀度		垂直均匀度	
				U_1	U_2	U_1	U_2
专业水平							
训练娱乐	100	—	—	0.4	0.6	—	—
一般比赛	500	—	—	0.5	0.7	—	—
电视转播							
国内转播	—	1000	700	0.5	0.7	0.3	0.5
国际转播	—	1400	1000	0.6	0.7	0.4	0.6
HD 电视	—	2000	1500	0.7	0.8	0.6	0.7
应急电视	—	800	500	0.5	0.7	0.3	0.5

表2 彩电转播的要求

说　　明	彩电转播模式	应急照明模式
垂直照度(场地 1.5m 高度且与场地四边平行)	2000 lx	800 lx
水平照度均匀度	0.7(U_1)&0.8(U_2)	0.5(U_1)&0.7(U_2)
垂直照度均匀度	0.6(U_1)&0.7(U_2)	0.3(U_1)&0.5(U_2)
水平照度/垂直照度(E_{hav}/E_{vav})	0.5~2	0.5~2
眩光指数	50(最大)	50(最大)
显色性	93 以上	93 以上
色温	5600K 以上	5600K 以上

表3 无彩电转播时的要求

说　　明	无彩电转播模式	训练模式
垂直照度(场地 1.5m 高度且与场地四边平行)	1200 lx	800 lx
水平照度均匀度	0.7(U_1)&0.8(U_2)	0.5(U_1)&0.7(U_2)
垂直照度均匀度	0.6(U_1)&0.7(U_2)	0.3(U_1)&0.5(U_2)
水平照度/垂直照度(E_{hav}/E_{vav})0.5~2	0.5~2	0.5~2
眩光指数	50(最大)	50(最大)
显色性	93 以上	93 以上
色温	5600K 以上	5600K 以上

注:1.U_1——最小照度与最大照度之比;
2.U_2——最小照度与平均照度之比。

3 确定泰达足球场布灯方式

3.1 场地分析

泰达足球场为专用足球场,场地尺寸长为 105m,宽为 68m,场地四周设有 1.4m 深的壕沟,观众席位分两层设置,罩棚为弧形结构。根据建筑整体外观要求,仅允许在罩棚内部布置马道和照明灯具,根据灯带式布置场地照明技术要求,罩棚高度至少应在 48m,但罩棚距场地水平面的实际高度仅为 29m,不能满足场地安装照明要求,故要增设灯杆,由于罩棚的遮挡,仅允许在四角布置灯杆。灯杆高度根据式(1),确定为52m,灯架高度为14m。根据建筑造型要求,灯杆外形为塔形结构,底部直径为4.5m,上部直径为1m,内部设置钢爬梯。灯架倾斜角度为15°,每个灯具的瞄准点与垂直线夹角小于70°。泛光灯一定要采用窄光束的灯具,以照射到离灯最远的赛场区域,光束(1/10)最大光强与最大光强之间的夹角应不大于12°,超出这范围过多的溢出光也能产生眩光。

在经过了多方论证和考察,为了尽可能避免四角灯塔照明所带来的四个阴影,增加垂直照度,取得良好的转播效果,在罩棚上增加辅助灯具。

3.2 照度计算

灯具选用2kW的金属卤化物灯,光源为双端金属卤化物高亮度光源,色温5600K,显色性93。布灯方式如图4所示。

每个灯塔需要90套灯具,分15层布置,每侧罩棚需要60套灯具。彩电转播模式时全部开启,功率为1038kW;训练模式开启108套,功率为390kW。场地反射系数为0.25。

计算结果如表4所示。

表4 照明计算结果

方向	平均照度/lx	最大照度/lx	最小照度/lx	最小/平均	最小/最大
水平方向	2868	3159	2344	0.82	0.74
垂直方向1	2013	2332	1415	0.7	0.61
垂直方向2	2004	2319	1411	0.7	0.61

3.3 眩光计算

根据CIE标准,对每一个观察点,均计算每一套灯具对场地每一点的眩光影响。

在半场地取12个典型观察点。(中心线3个,禁区前5个,底线3个,大禁区角1个),对每一个观察点取出一个对应的最大眩光值,然后在这个12个最大值中,再取出一个最大值,此数值应小于50。

计算采用CIE NO 112眩光计算法:

$$GR=27+24\log(L_{vl}/L_{ve}^{0.9})$$

式中 L_{vl}——灯具产生的光亮度(cd/m^2);

L_{ve}——环境产生的光幕亮度(cd/m^2)。

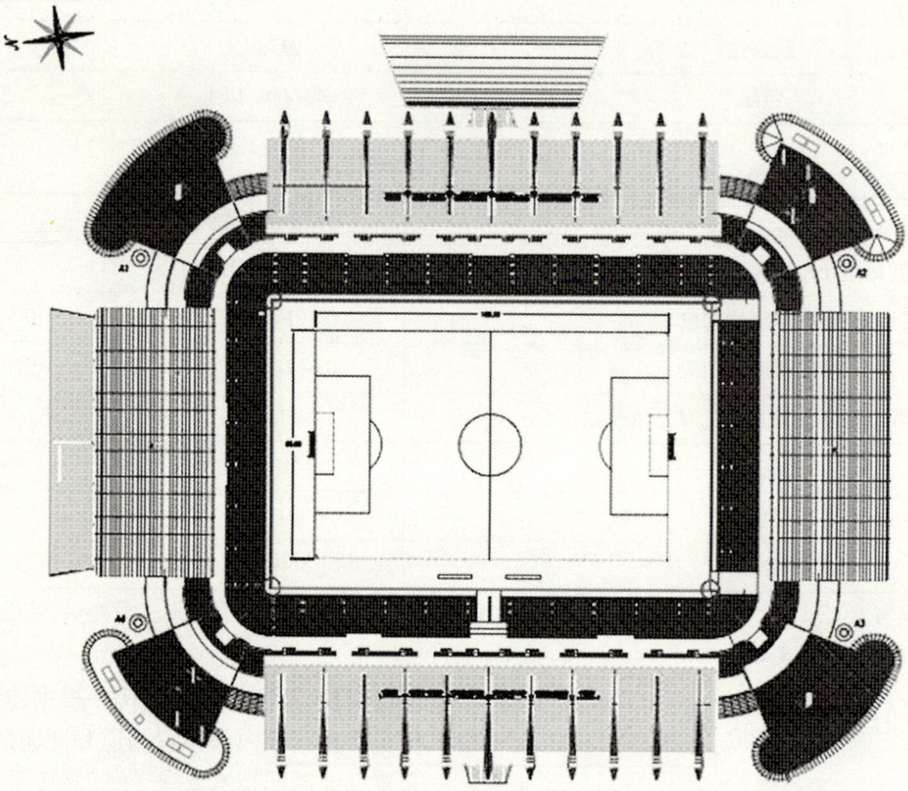

图4 天津泰达足球场布灯型式

$$GR=(10-GF)\times 10$$

眩光评价标度如表5所示。

场地反射系数按0.25计算，最大眩光值为42.3，最小为38.8,满足技术要求。

表5 眩光评价标度

眩光控制指标 *GF*	眩光程度	额定眩光值 *GR*
1	不能忍受	90
2	—	80
3	有所感觉	70
4	—	60
5	可接受	50
6	—	40
7	可察觉	30
8	—	20
9	不可察觉	10

4 泰达足球场照明供电

场地照明光源为金属卤化物灯,属于高强气体放电灯。由于气体放电灯的启动时间约为4～8min,再启动时间约为10～15min，理论上讲0.02s的切换时间可以保证金属卤化物灯不熄灭,如果采用金属卤化物灯配热触发装置可实现瞬间点燃,但光源的寿命将减短,有时达50%左右。同时热触发装置价格昂贵,全部采用该装置不经济,因此要求有较高的供电等级和较短的切换时间。

泰达足球场为双路独立的10kV高压电源供电，第三电源由两台1500kW/10kV高压柴油发电机并网发电,与市电切换时间为15s。场地照明灯具10%带热触发装置,首先保证基本照明,其余照明装置均采用大型UPS供电,UPS应急时间为10min,蓄电池为优质胶体电池。

灯塔上照明灯具的镇流器箱以及相应的配电控制柜放在灯塔内侧底部，电缆沿灯塔内桥架敷设至顶部灯具;罩棚光带照明灯具的镇流器箱设置在马道,电缆沿马道顶部金属线槽敷设至顶部灯具。为使荷载均衡，每侧设置5处镇流器箱。所有场地照明电缆均采用阻燃YJV型。

5 照明控制

场地照明选用C-BUS智能照明控制系统,可实现智能照明配电系统控制和管理。系统设计采用双网络冗余设计,场地照明控制通过预设的场景模式,开启不同的灯数。为了减少同步启动时的冲击电流,每一种模式都应按设置顺序启动。每一灯具还能在计算机上进行开通时间统计,当开启时间达到80%标定寿命时,计算机将提示管理人员,做好更换准备。在每个灯塔上的设备间内设置就地控制面板,方便检修及维护。

各个回路的开闭状态均在中央监控计算机上以图形方式直观显示出来，计算机能直接控制所有照明回路的开闭，并进行记录和统计每一回路照明状态和开启时间,方便管理和维护。

灯控模式分为彩电转播、无彩电转播、训练、观众入场及退场、主席发言、卫生清扫、音乐会、集会及活动等模式。

6 总结

对于一座现代化的体育场，场地照明是电气专业及其重要的设计内容,既要求有较高的照度、良好的均匀度、理想的色温,有立体感及较低的眩光,还要保证电视转播效果。因此方案的确定极其重要,既要保证方案的合理，又要做到经济合理，还要和建筑师密切配合,保证建筑物整体效果。

灯具的选择也是关键，应注意灯具光束的形状和光束角,尽可能减少溢出光,避免造成光污染。

灯具配电控制要选用智能照明控制系统，应用简便,方便管理。选用具有信息反馈性能并能在以太网上传输信息的控制单元，对类似泰达足球场这样的大型工程是非常必要的。

参考文献

1 民用建筑电气设计规范 JGJ/T16—1992
2 李恭慰,赵建平等.体育建筑照明设计手册.北京:原子能出版社,1993
3 李炳华.国家体育场场地照明设计初探
4 Guide to the artificial lighting of football pitches PHILIPS

ABB i-bus® EIB 系统在体育场馆照明控制中的应用

ABB(中国)有限公司　王大江

摘　要　文章简要介绍了 ABB i-bus ® EIB 智能控制系统的应用场合及在体育场馆中使用 EIB 技术的优势,进一步介绍了体育场馆 i-bus 的设计方法。最后,结合澳门体育场和重庆奥林匹克体育场项目阐明了 ABB i-bus ® EIB 在体育场馆照明控制中的实际应用。

关键词　智能照明控制　ABB i-bus ® EIB　体育场馆照明

1　ABB i-bus ® EIB 系统简介

“电气安装总线 EIB”概念起源于 20 世纪 90 年代。它通过一条总线连接,既可使各个分散操作的元件有机结合起来,又可使装置在配电盘或数据通道上的元件能独立运行。电气安装总线的元件都已实现智能化,这意味着通过电脑编程序的各元件既可独立完成诸如开关、控制、监视等工作,又可根据要求进行不同组合,从而实现不增加元件数量而使功能倍增的效果。

ABB i-bus ® EIB 楼宇环境控制系统采用总线控制方式具有极高的安全性,同时具有经济、方便、灵活的特点,广泛应用于写字楼、展览馆、银行、商场、工业大厦、体育馆、博物馆、飞机场、剧院、学校、广场、酒店等各种场所。系统通过 i-bus 总线把智能照明控制系统、电动百叶窗系统、空调和采暖控制系统、监视系统、音像控制系统、远程监控系统、中央图控等七大子系统进行智能化统一的监视和控制。

2　体育场馆中使用 ABB i-bus ® EIB 技术的优势

2.1　EIB 技术的先进性,保证体育场馆智能照明系统未来的领先性

EIB 技术在全球拥有 140 多家支持厂商,每个厂商都不断投入研发资金和研发人员,保证了 ABB i-bus ® EIB 技术的全球领先性。EIB 的技术和资金实力不是单个厂商能够与之相比的。EIB 技术的不断创新和发展,保证了用户的系统在未来处于领先地位。

2.2　EIB 是很成熟的技术

EIB 至今已有 17 年的发展历史,全球成功应用超过 7 万个工程项目;EIB 产品在欧洲智能安装市场占有 80%的市场份额。

2.3　EIB 是开放的系统,具有良好的兼容性和扩展性

EIB 智能控制系统,采用模块化结构及国际标准化组织 ISO 的标准通信协议,其使用的所有内部协议全部公开,并且可在 INTERNET 上进行下载。系统具有良好的兼容性和扩展性,可以方便地与楼控系统和

其他弱电系统集成,不存在技术壁垒,不会增加用户额外的费用。

EIB 系统开放的系统采用全球公认的通信协议和技术标准,有众多的生产厂商支持该协议,并且在相同的技术标准下开发生产自己的产品,不同品牌厂商的产品在开放的系统中是完全兼容的,互相之间可以实现迅速而准确的通信和控制,而无需通过网关等协议转换设备。

EIB 系统产品种类多,超过 5000 多种,系统规模大,具有完全兼容性,系统功能强大而丰富。

2.4 采用 EIB 系统,无论是价格还是技术服务,用户都有更多的选择

EIB 协会的会员厂商已超过 140 家,销售及技术服务网络遍及全球,目前已在全球建立了 100 多家技术培训中心。由于 EIB 系统对其 140 多个会员厂商的 5000 多种产品具有完全兼容性，所以用户可以选择任何一家或多家 EIB 厂商供货和提供技术服务。在价格、货期和售后服务方面,用户具有完全的主动性和选择性,不必再像以往受制于单一的供应商。

2.5 采用 EIB 系统,用户不会面临市场风险

现代建筑的智能系统投资比较大,用户在选择产品时,除了关心技术、价格、质量和服务等方面,还应当考虑产品的市场风险。在市场竞争日益激烈的今天，任何一家厂商都面临转型或退出市场的风险,这种风险也将转移给用户。用户将无处购买备件,系统也无法升级和得到售后服务。而 EIB 系统是开放的系统,兼容超过 140 多个厂商的 5000 多种产品(其中包括 ABB 这样的全球 500 强厂商),即使某一厂商不再

生产 EIB 产品,用户可以从其他厂商购买替代品和得到技术服务,无需更换整个系统。所以对于用户而言采用 EIB 系统,不会面临市场风险。

2.6 EIB 系统安装简单，节省安装成本和运行维护费用,具有高度可靠性

EIB 智能安装系统采用目前世界上最先进、应用最广泛的集散式总线控制技术。只需要一根控制总线将传感器和控制设备串接起来,即可实现各个设备之间的通信和系统的集成。节省了大量的控制电缆,所有控制模块都可安装在照明配电箱内,采用标准 35mmDIN 导轨安装,节省了安装成本和运行维护费用,并且大大提高了系统运行的可靠性。

3 体育场馆中 ABB i-bus®的设计方法

体育场馆 ABB i-bus®设计按照控制区域可分为以下五部分:

(1)比赛场地、观众席、训练场地;

(2)室内公共区、餐厅、走道、公共卫生间;

(3)新闻发布中心、比赛休息室、记者接待中心、VIP 包间;

(4)外立面与景观照明;

(5)停车场。

在不同的功能区域有不同的控制方案,可以实现不同的控制功能。

3.1 体育场馆室内照明及调光

只需要通过软件程序的改变,任何开关、面板可以对不同回路进行独立控制、组合控制,而无须对开关、面板、线路进行改动。在重要场所应安装具有现场记忆场景功能的智能面板开关。

系统应能对灯光回路进行调光,如卤素灯、白炽灯、荧光灯等。

3.2 体育场馆灯光的场景控制

系统模块记忆的预设置灯光场景,不会因停电而丢失,且每个智能照明控制模块应有断电后再来电时切换为任意所需开灯模式的功能。系统模块场景渐变时间可任意设置,以保证场景切换满足各种使用要求。

区域场景控制通过每个驱动模块和控制面板等电气元件,实现在正常状态下对各区域内用于正常工作状态的照明灯具的场景切换控制。系统可通过体育场本身的特点，对照明回路进行多种场景的设置、组合,然后根据时间、赛事安排等情况自动开/关控制。

系统可根据事先的设定,自动地在赛事的不同时

刻调用不同的灯光效果,使灯光按照一定的程序有序变化,体现设计思想,营造优雅的人工光环境。

3.3 体育场馆灯光的逻辑控制及灯光开/关延时功能

在各种场景效果的自动调用过程中,能结合相应场景效果,各回路在不同的调用时间后启用,实现相互逻辑控制和延时控制,从而有效避免回路灯光的突然变化对人的视觉造成太大的冲击,由此对人的心理产生不良影响,灯光开启/关闭延时功能可避免大批量灯光开启时对配电线路造成的电流冲击,同时可避免灯具频繁启动,达到有效保护光源的目的。

3.4 车库照明系统控制

ABB i-bus ®控制系统可采用移动感应及定时控制相配合的方式对车库照明进行自动控制,同时达到节能的目的。例如,在赛事之前高峰时间和赛事结束的高峰时间,由定时器将车库所有灯光打开,非赛事时间段内定时将 2/3 的灯光关闭,保留 1/3 的灯光作为基本照度,同时启动移动感应器,当有人或车辆出现时可自动将所在区域或前方的灯光开启。

3.5 室外照明控制

室外景观照明的控制可以根据时间、季节周期定时安排决定各回路的开停。也可通过就地按钮或中央控制台操控。同时也要照顾到比赛的特殊时间照明控制需要。

根据不同的具体时间,整个体育场的内外照明需要系统具有不同的灯光场景控制以满足白天及夜晚的照明装饰要求。

3.6 中控系统与 IP 网关 IG/S

对于大型项目,在主干线采用 IP 网关,作为高速线路耦合器使用,可大大提高整个系统的通信速度。如果体育场有几千个照明回路和超过 10000 个的通信对象在网络中传输,采用 9600bit/s 速率是无法满足如此数量的通信的。ABB i-bus ®系统采用 IP 网关 IG/S 作为支线耦合器,10Mbit/s 速率充分满足了线路传输的问题。

支线采用高速线路耦合器(10Mbit)的系统结构如图 1 所示。

照明控制系统控制主机设在中央控制管理室,在其他层的照明控制室设控制分机,分机主要负责对场地照明、观众席照明等进行控制和管理如图 2 所示。

与 PC 机方便连接,和在办公室接上网线一样。

ABB i-bus ® EIB IP 网关 IG/S1.1 是 EIB 总线和 IP 局域网的接口,数据可以在 EIB 设备和局域网设备间进行通信。IP 网关能够高效地在 EIB 系统中进行数据交换。

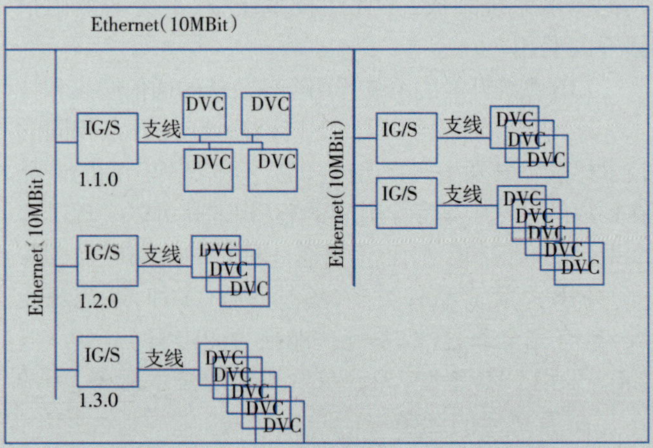

图 1 支线采用高速线路耦合器(10Mbit)的系统结构

注:DVC=总线元件;LC=支线耦合器;IG/S=IP 网关(高速支线耦合器)。

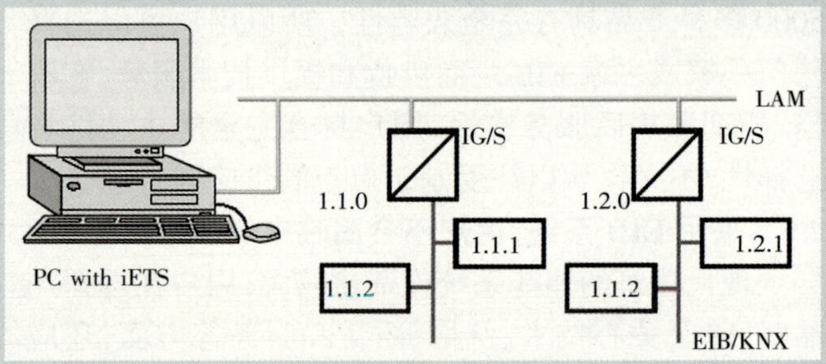

图 2 照明控制系统

局域网连接使用普通计算机网线 RJ45 接口连接。IP 地址可人工设置,也可通过 AutoIP 自动分配。

ABB i-bus ®中控系统有两台主机,均为服务器模式,一台发生故障另一台不受影响。主机连接在10Mbit/s 的局域网上。回路故障必须立即弹出故障页面。

ABB i-bus ®中控系统能够在线显示照明回路 3 种重要信息:

照明回路开关状态;

照明回路的用电时间;

照明回路故障立刻报警。

ABB i-bus ®系统可采用总线型的网络拓扑结构,干线使用局域网技术(10Mbit/s)。

ABB i-bus ®系统支线中的信号,需经过线路耦合器过滤,才能被允许进入干线中,以增加干线速率。

3.7 与其他系统联动和集成

ABB i-bus ® EIB 智能控制系统为分布式控制系统,采用模块化结构及国际标准化组织 ISO 的标准

OSI 模型通信协议，其使用的所有内部协议全部公开，并且可在 INTERNET 上进行下载，可与各种楼宇系统进行连接。

通常采用两种方式进行联动和集成：

(1)与楼宇管理及其他系统的连接集成。ABB i-bus®系统在保证独立运行的同时可通过标准 TCP/IP 协议采用 OPC 格式用网关接口就可以同整幢建筑的 BA 系统或上层管理平台 BMS 服务器及其他系统进行数据交换和共享。本方案中提供上层集成系统 RS232 接口及开放协议供集成。

(2)与其他系统的联动。ABB i-bus®系统提供很多接口输入输出模块，可以同其他系统联动。

4 ABB i-bus®系统在体育场馆照明控制中的实际应用

4.1 澳门体育馆

体育馆的照明控制，要求能够在不同使用场景模式之间方便地切换，同时又要兼顾金卤灯的重开启延时时间，以及大量照明同时开启时的延时控制，以减少对电网的冲击。澳门体育馆作为东亚运动会主场馆，使用了 ABB i-bus®系统来进行灯光控制。

整个体育馆共有 3 个场馆，其中最大的主场馆大约有 200 多个照明回路。系统中使用了每回路 16A 的开关驱动器来对灯光进行直接控制，整个体育馆共分为 4 条支线。

主要的控制通过分布在 3 个场馆的计算机来分别完成。每个场馆都设有比赛模式、训练模式、电视转播模式、清扫模式等 8～10 种模式。为了保障系统的可靠运行，3 台计算机在必要时都可以对其他 2 个场馆进行监控。

重要的是，系统把每个回路的准确状态反馈到计算机上进行显示，管理人员只需坐在监控中心就可以轻松了解整个体育馆的灯光状态。

4.2 重庆奥林匹克体育场

该体育场主要涉及三个方面的照明：体育场场地照明(南北)、观众席照明(二、三、四、五层)和外环境照明(二层)。因此相对应的照明配电箱分布于体育场各层各个位置，显然，对照明的集中自动化控制显得尤为必要。其中，每个配电箱中有 3～15 个照明回路不等。总之，照明控制方面的特点是配电箱分布广、单个箱子控制回路不多、控制功能要求高。

重庆奥林匹克体育场系统采用 ABB i-bus® EIB 智能系统，通过安装在外环境照明(4 个)箱、观众席照明(24 个)箱和体育场比赛场地照明南北(6 个)箱中的 ABB i-bus® EIB 双值输出驱动器控制各被控回路，同时，各被控回路通过 ABB i-bus® EIB 总线连接，组成体育场的照明控制系统，在二层放置中央控制计算机，对整个系统的被控照明回路进行独立控制或组合控制，并对各层和场地照明设置智能控制按钮，便于在不使用计算机时采用手动控制实现。

通过应用 ABB i-bus® EIB 系统可对被控照明回路实现如下场景功能：

场景按扭控制(对场地照明)，根据实际需要，预设各回路开关状态，定义多种控制模式，即可实现如下场景：

(1)足球训练；

(2)足球(有转播)比赛；

(3)足球(无转播)比赛；

(4)田径训练；

(5)田径(有转播)比赛；

(6)田径(无转播)比赛；

(7)清扫；

(8)观众退场。

5 结束语

ABB i-bus®系统应用于体育场馆，创造了安全、健康、舒适宜人的运动环境。现代化体育场馆应在满足使用者对运动环境要求的前提下，尽可能利用自然光来调节室内光线环境，根据赛事的情况开闭照明设备，以最大限度减少能量消耗。

节能技术在体育照明中的应用

吴亚中　杨　波　高小敬　于莎莎
玛斯柯照明设备上海有限公司

摘　要　文章从光源、灯具技术的革新以及工程实际应用等多种角度对体育照明应用中的照明节能技术进行了深入探讨，并提出了诸多具有实际应用价值和意义的意见和建议。

关键词　节能技术　光源　灯具　LSG　多功能控制器

1　前言

目前，在我国经济持续快速发展、资源供需矛盾突出、环境压力逐渐加大的情况下，加快节约型社会建设是缓解资源供需矛盾的根本出路。推广绿色照明，能够减少能源消耗，缓解环境压力，符合我国建设节约型社会的宗旨。

“绿色照明”是20世纪90年代初期照明行业提出的又一全新方针，它的出发点是节约能源、保护环境。实施绿色照明的宗旨是要在我国发展和推广高效照明器具，节约照明用电，建立优质、高效、经济、舒适、安全、有益的环境，进一步提高人民的生活质量，保护人民的身心健康，以此满足国民经济各部门和人民群众日益增长的对照明质量、照明环境的更高要求和减少环境污染的需要。

绿色照明不仅要求节能，还要在满足对照明质量和视觉环境条件的要求下实现节能，因此不能单纯靠降低照明标准来实现上述目的，而是要提高整个照明系统的节能能力，在同样的照明标准和照明质量下用通过更少的灯具和更低的功率消耗来实现。

在体育照明中,一般都采用1000~2000W的大功率金属卤化物灯,灯具的效率以及在项目中应用合适类型的产品对实现节能显得尤为重要。

照明系统的节能主要从两方面进行:一是研制和推广应用高效优质的照明灯具;二是提供合理的照明控制系统和工程应用。

2　光源的选择

2.1　光源参数的选择

在实际的照明应用中,有一种片面追求高显色指数和高色温的倾向,这种选择造成了极大的浪费,与绿色照明节能的目标背道而驰。体育照明中常用的金属卤化物光源,按显色指数通常分为65(或80)、90两种;按相应的色温分为3700K(或4000K)、5600K两种。后者通常应用于国际性的彩电转播、奥林匹克运动会、“世界杯”比赛以及高清电视转播中;前者用于日常的训练、比赛、彩电转播中。在全球不同地区如北美和欧洲,其执行的标准也有较大的差别,现行的体育照明标准对此的要求也有所不同。

不同显色指数和色温的光源其光通量有明显差别,以1000W的金卤灯光源为例。显色指数为65的金卤灯光源光输出为110000 lm,而显色指数为90的金卤灯光源光输出仅为90000 lm。前者的光通量高出后者约20%,意味着在同样的照度水平和照度均匀度要求下,后者可节能20%左右。

2.2　单端金卤灯和双端金卤灯的性能比较选择

现有的金卤灯结构分为单端金卤灯和双端金卤灯2种,应用于不同的灯具设计中。全球各类灯具制造商分别开发出了很多优质的灯具产品,广泛应用于各种照明工程中。比较两者的产品特性我们发现,双端金卤灯具有以下特点:

(1)允许灯具系统的设计更加简洁,并使精确的光学系统具有较高的效率、良好的光束控制能力和最低限度的溢出光。

(2)燃点位置位于水平方向±5°以内,有助于金卤灯性能的稳定。

(3)双端电弧管结构有助于热启动。在工作时,灯的封装部位将暴露在空气中,因此必须控制灯具温度,但灯与灯之间颜色的差异较难控制。

单端金卤灯同样具有自己的优势,特别是在对眩光、外溢光的控制以及灯具的精确配光方面:

(1)可以更精确地控制光线,提供更多的配光选择、良好的外溢光及眩光控制、透明管状外玻壳、高光效。

(2)保持与水平方向±5°以内的燃点位置,以最大程度地降低金属卤化物灯固有的色差。

(3)初始及燃点寿命期间均具有很高的光效;灯具寿命比双端金卤灯长;灯与灯之间的颜色差异容易控制。

从以上比较中可以看出,两者各有优劣,进行光源选择时要根据工程应用的实际要求选择最有特色的、适合的光源产品及配套灯具。

2.3　光源设计技术针对性的改进

根据金属卤化物灯具的特性,当灯管处于水平和垂直状态时被点燃,灯具的燃点效率最高。一般灯具安装在灯杆或者马道上时,灯具的瞄准角度与水平方向会有一个25°~40°左右的夹角,此时,灯具的倾斜

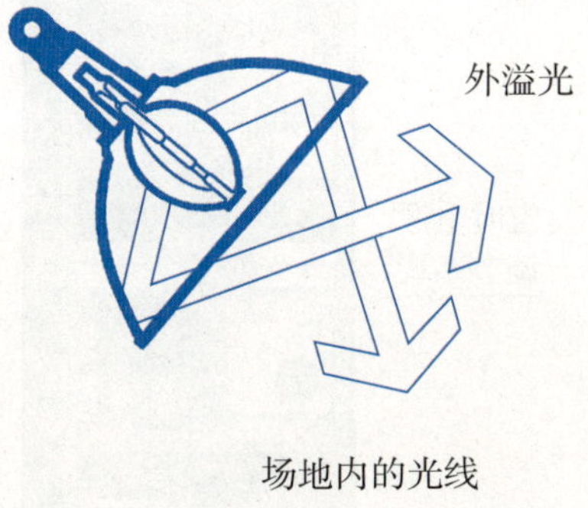

(a)直管球形光源

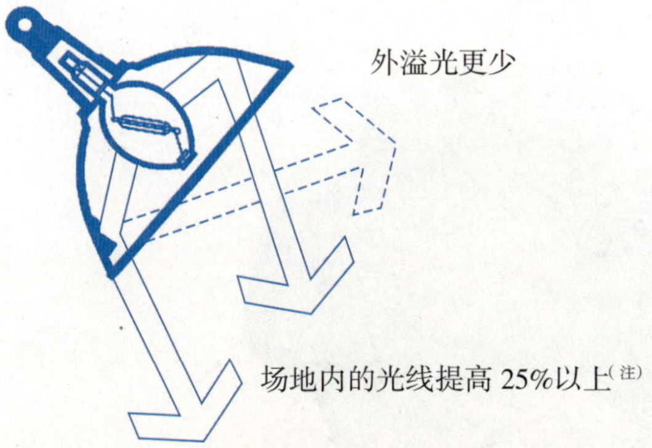

(b)Z型光源

图1　Z形光源与直管球形光源的比较

注:良好的光线控制技术将浪费的外溢光重新投射至场地内以提高光效利用率。

系数较低，总的光失系数降低，灯具的利用效率下降，必须使用更多的灯具才能达到这一照明效果。

使用Z形光源时，通过灯管Z形的校正，可使灯管基本处于水平状态，提高灯具的倾斜系数，提高了灯具的利用效率，减少灯具的使用数量，有效节约了电能。

同时，采用Z形光源后，结合灯具的设计，部分本来投射到空中的外溢光通过反射器的反射被重新投射到场地中，从而提高了灯具的效率，使场地内可供利用的光能提高了25%左右，并且减少了对周边环境的外溢光污染和场地内眩光。在没有配置外置眩光控制器的情况下，可减少外溢光达50%左右；选用LV-8外置眩光控制器后，外溢光可减少90%～95%。

3 灯具技术的革新

3.1 Smart Lamp™ 操作系统

传统灯具采用Z形光源能够使弧光管基本处于水平状态，但仍然会有一个小角度的偏差。LSG(Light Structure Green)灯具光源弧光管带有齿轮传动的水平机械装置，并加装了一个连锁装置，能够在完成灯具安装、调试后，保证光源的弧光管处于水平状态，最大程度地发挥Z形光源的功效。同时通过定时电源调整系统使光源能耗更低并延长其使用寿命。

3.2 配光技术的改进

国际照明协会规定了7种最基本的灯具配光曲线，很多国际知名的照明公司基本上都能提供这7种配光曲线的灯具，也有部分灯具只提供宽光、中光、窄光等配光曲线，以满足市场的不同需求。

LSG灯具的反射器由36片不同的反射片嵌在反射罩内组成，采用360°角布置，反射罩有9种基本的形状(如图2所示)。采用这种布置方式对光线的控制更加精准，能进一步减少了外溢光，提高了灯具的效率。反射片的不同组合搭配，能够形成2000多种配光曲线。在照明应用中有了更多可供选择的产品，从而在应用中可以选择最合适的配光，做到合理投射和利用光线，以达到最佳的照明效果。

LSG灯具在反射罩外加装外置式防眩光控制器，以减少眩光，在比赛过程中给运动员、裁判、观众等提供一个舒适、清晰自然的照明环境。防眩光控制器根据空气动力学原理设计，降低了灯杆上的风荷载。采用了压铸铝制作，既保证了灯具本身的强度，又能够减轻重量。

3.3 灯具电气系统的改进

LSG灯具的电气系统沿用了镇流器与灯具分离的结构。这种结构方式有以下优点：第一，镇流器与灯具分离，能够减少灯杆顶部或者马道的承载；第二，几个镇流器集中装在一个电器箱内，可以设置在灯杆下面或者室内的配电房内，便于集中管理、维护；第三，由于工作时镇流器温度较高，镇流器与灯具分离的设计能够减少镇流器的高温对灯具的不利影响，延长灯具的使用寿命。

电器箱内安装有定时电源调节系统，能够根据灯具的使用时间自动调整光源的输入，从而使光源在额定寿命内维持恒定的光输出(如图3所示)。同时此系统还能够起到延长灯具使用寿命的作用。使用传统灯

图2 LSG灯具采用360°角布置的反射片实物图

图3 电器箱实物图

具时，光源的光输出都会有一个衰减过程，也就是通常所说的光衰，由于光衰的原因，场地内的实际照度要比初始照度小很多。维持照度与初始照度关系如下：维持照度=初始照度×光失系数（通常取 0.7 或 0.8）。

上述关系说明，在同样的场地，LSG 可以用更少的灯具达到同样的照明效果。

3.4　节能效果

由于 LSG 灯具的光效突出，因此，在同一条件下，采用 LSG 的灯具数量会少很多。灯具数量的减少，将对整个照明系统产生以下影响：

（1）减少灯具，将减少电源总容量的需求；

（2）减少灯具，将减少照明系统的总负荷，从而更节能；减少电费的开支；

（3）减少灯具，将减少电缆、EPS、UPS 等电气设备，降低设备成本；

（4）减少灯具，将减少对原材料、资源的占用。

4　工程技术应用于节能效果的革新

在大型的体育场馆照明中，通常采用分组控制的方式对灯具进行控制。在不同的照明模式（即不同的照度需求）下，开启不同组别的灯具，实现以最少的灯具满足不同的照度需求，从而达到节能省电的目的。在大型体育场馆中，由于照明要求较高，使用的灯具较多，采用这种控制方式是非常合理、可行的。

在一些小型的体育场馆中，由于级别较低，所以使用的灯具数量一般较少，灯具间距较大。如果仍然采用分组控制的方式来满足不同的照明模式，由于灯具间距较大，再进行分组时，势必进一步加大各组灯具的间距。当灯具间距过大时，光线将不能形成叠加，这时场地地面上将产生亮暗光斑，无法提供一个良好的照明效果。

Multi-Watt 多功能控制器具有切换开关，可以进行高、低照度的切换（如图 4 所示）。在高照度时提供正常比赛所需的照度；切换到低照度时，灯具光输出减少，场地照度减少到满足训练所需的照度要求，同时灯具消耗的功率减少，但照明的质量不会改变。通过这种转换，可以在灯具全开的情况下，保持照明的均匀度不变。具体切换模式如下表所示。

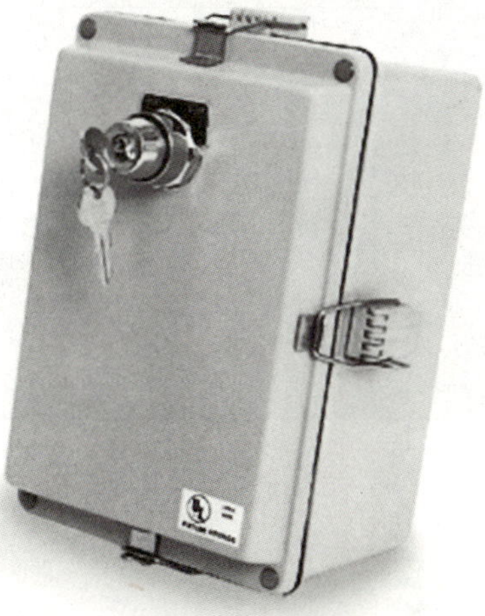

图 4　多功能控制器实物图

Multi-Watt 多功能控制器模式切换数据表

照度水平选择	照度输出比例（%）	消耗功率比例（%）	节约能源（%）
1500W 灯具			
1000W	50	67	33
600W	20	40	60
1000W 灯具			
667W	50	67	33
400W	20	40	60

舞台影视灯光设计探索

中广电广播电影电视设计研究院
高照影视设备工程有限公司
翁玉史

笔者在近期接触的工程中发现，当前的会堂、剧院、演播室、主题公园景观、多功能厅、舞厅等工程电气灯光设计中，存在不少问题，如：施工图样深度不够，产品的生产、设计、施工安装相脱节等，在此将其列举并提出个人建议，希望能够引起有关部门的重视并尽快制定相应措施，以保障工程质量，提高灯光设计水平。

1 产品选型

舞台、影视灯光的设计以及光源、灯具的选型首先应考虑节能与环保，在满足功能的前提下尽量选用冷光灯具、三基色荧光灯具、LED 半导体高效发光灯、变色电子发光灯、系列激光灯以及各种电脑灯，因为这些产品具有高效率、低能耗、长寿命等特点，而且无（低）噪声，色温在 2800～3200K，显色指数 $Ra>90$，可调光并可用 DMX 全数字双网络信号传输，实现网内资源共享、多点监控与遥控，组成灯光网络。

尽量少用或不用寿命短的含钨、含汞灯泡或灯管，对照度的选用应根据实际情况而定。目前，摄像机的性能已有较大提高，除录制高清晰度电视外，可酌情降低照度标准，并非全都要求达到 2000 lx 的照度。

2 调光控制

以往舞台、演播室、景观灯光的调光控制，多采用模拟控制方式，但随着新建剧院、多功能演播室群、大型景观的增多，演出的规模越来越大，系统的复杂性、系统的控制和管理更加重要，对科学调光控制技术的要求也越来越高。目前，基本上都已采用网络化设计。

可采用 DMX 调光台、DMX 调光器、配电柜和开关柜进行调光控制。要实现数字调光控制，只需通过一条双芯电缆控制调光回路即可。灯光控制系统进入网络时代的突出特点是双向、远程和资源共享，灯光不仅可以接受指令，还可向系统反馈许多有用的信息，增加了文件服务器、系统监视器、光纤网络 DMX 节点等设备,可实现集中、监测、文件保存、同步热备份和远程控制。该技术目前已在中央电视台、丹东抗美援朝纪念馆、海南三亚南山文化旅游区、江阴天华文化中心大剧院等工程中使用。

如果选配 TCP/IP 全光纤网络,接口技术的灯光控制网络,还可同时可靠地发送和接收其他多种通信信号,如:设备工作情况、电气参数、状态设置指令、出错警告等。

虽然灯光控制网络可与工程本身的办公自动化、楼宇自动化、安保系统等混合使用,为电视台、剧院节省了费用。但新建工程从灯光系统的安全和可靠性来考虑,最好还是采用专用网络化布线系统,实现灯光系统数字智能化。

3　灯光系统供电制式的确定与改造

演播灯光、舞台灯光、景观灯光、娱乐灯光配置调光控制与供电系统制式按相关规定应采用 TN-S 制(即三相五线),以提高人身安全与系统运行可靠性。

北京等大城市新建工程的供电系统均符合上述要求,但对 20 世纪 80 年代以前的旧建筑改扩建时,就会遇到供电系统制式不统一的情况,且大多为 TN-C 制,即原“接零系统”(三相四线)。应该对原系统做改造,让新建、改建剧场、会堂等灯光电源在引入处(配电室)做一重复接地,这样使得配电系统中 PEN 线可分别引出 PE 线与 N 线,满足以上要求;当此电源直接引自变电站时,在系统进线配电柜(箱)按规定应设置电涌保护器,对临时演出或巡回演出用的铝质组合舞台的供电,更应按规范要求设置防雷接地以及相应的电涌保护(包括弱电电子系统)。

目前,有些生产厂家仍按 TN-C 制生产调光柜,因此调光回路、分支回路出线接口仅为二孔(线),而且没有 PE 接线端子或插孔,在《建筑电气设计实例图册》中多处采用二线,且无保护措施,留下了安全隐患,所以设计图上应明确必须为单相三线式,采用三孔插座。

另一问题是调光硅箱功率大多为 6kW、4kW、3kW,也有 8kW 的,从而输出分支空气开关大多整定在 32A、20A,尤其三基色荧光灯具的采用,分支回路实际电流减小,有些设计人员认为因为有生产厂配套供货,所以在系统图上对这部分不做详细交代,形成大马拉小车的现象并造成系统脱节,甚至出现引出线缆配置错误,例如:调光硅箱配置为 6kW,它的引出空气开关生产厂定为 32A,实际该回路仅带 1～2kW,如选用引出线为 ZR·RVV-$3\times4mm^2$($3\times2.5mm^2$)线穿管暗敷,会出现载流量不能满足要求的现象。实际上完全可选用 3kW 硅箱,引出开关整定值为 16～20A,既节约又安全。

4　影视、舞台机械的供电与控制

保证影视、舞台机械的供电与控制安全是非常重要的。舞台上的水平吊杆、景片吊杆、各种幕布的启闭、升降舞台、升降乐池、旋转舞台、机动吊杆、行车与轨道、多功能厅之升降开启顶棚,投影电视机、屏幕的升降机等大部分均为三相交流电动机或单相电容电动机,都应采用 4 芯电缆或电线,即外加 PE 线,舞台、演播室的机械设备应配置等电位联结。

许多场所的灯光和机械设置的环境条件比较差,如面光桥、舞台格栅顶、舞台地面下,尤其许多吊杆等机械均通过滑轮、轨道、钢丝绳组成,接地整体性较差,应为演员、操作人员和维修人员创造安全的工作环境。

舞台电动大幕的启闭应按舞台演出要求进行控制设计,一部舞台剧的演出一般每次只开启一次大幕,但剧终时大幕关闭就不同了,尤其是观众对明星的崇拜激动情绪应给以配合,不等大幕完全关闭时,可快速再次开启,让演员、指挥等反复谢幕,中间可加演一曲或重复表演精彩片段,直到最快速闭幕,让观众带着美好回忆离开剧场。所以,目前已多采用变频电动机进行拖动,收到很好的效果。

以上问题的提出供灯光设计师参考,并希望引起相关行业机构的关注,制定相应规范与标准。

演出灯光控制的新技术探讨

上海戏剧学院　陈国义

摘　要　演出灯光近年来新技术不断涌现，促进了灯光艺术的繁荣，一个灯光控制的新时代正在到来。文章就其中两项最重要的技术——正弦波调光和网络化管理进行分析和探讨，以期引起用户和开发者共同的关心、研讨，希望我国的相关行业在这新一轮的发展周期能走到世界的前列。

关键词　灯光控制　正弦波调光　网络化管理

舞台灯光是和科技紧密结合的艺术，新的科技成果的运用，为灯光艺术带来创作的新手段，如金长烈先生所言"当代舞台灯光技术的发展也意味着艺术功能的发展。只有具备技术手段的现代化、多样化，才能高水平地实现艺术处理的多样化。这是舞台灯光发展的一条重要规律。未来舞台灯光的发展也必将随着日新月异的科技现代化发展而不断向前迈进。"由于新技术层出不穷，本文只就其中几项作些探讨，供同行参考。

1　调光柜

1.1　正弦波调光器

正弦波调光会让人联系到晶闸管时代以前的变压器或变阻器调光方式，那时调光输出电压大小变化只是正弦波幅值的变化，正弦波基本波形是不会变化的，当然也不存在调光器对视频、音频设备的电磁干扰问题。自从晶闸管调光器诞生，带来可用弱电控制强电，可用计算机控制等一系列好处的同时，也同时带来了对外的电磁干扰问题。

为减少晶闸管调光对周围环境中的音频和视频设备产生的电磁干扰，采用了专用的扼流圈。所谓的"专用"，关键在于扼流圈的铁心，经过调光厂商和材料研究单位的协作攻关，研制出特殊配方的铁心材料，将晶闸管调光回路工作时对外界的干扰降低到最大的限度，再加上系统设计采取的措施，如灯光布线的特殊设计和音视频设备供电系统的电磁保护等，使晶闸管调光器在剧场和电视台的普遍使用得到认可。

晶闸管调光器虽然通过采用专用的扼流圈降低了对外界的电磁干扰，但是由于晶闸管调光是切割50Hz的正弦交流电改变输出电压的（如图1所示），即通过触发脉冲 u_g 的移相，改变晶闸管的导通角 φ，从而改变输出电压的有效值，使灯改变亮度的。触发电路在每半个正弦波发出一个控制脉冲 u_g 加到晶闸管控制极，使晶闸管导通向灯泡供电。控制极在晶闸管导通后即失去作用，直至半波结束，电流过零时晶闸管截止。

在晶闸管导通的瞬间，通过灯的电流有个快速的上升沿，引起电路产生大量的电磁谐波，对外产生了电磁干扰。由于谐波频谱范围极大，从几百赫兹到几千赫兹甚至能达到几兆赫兹。虽然通过电路串联庞大的专用扼流圈，延长了上升时间，使得产生的干扰减小，但要进一步改进，使干扰完全消除还是不可能的。

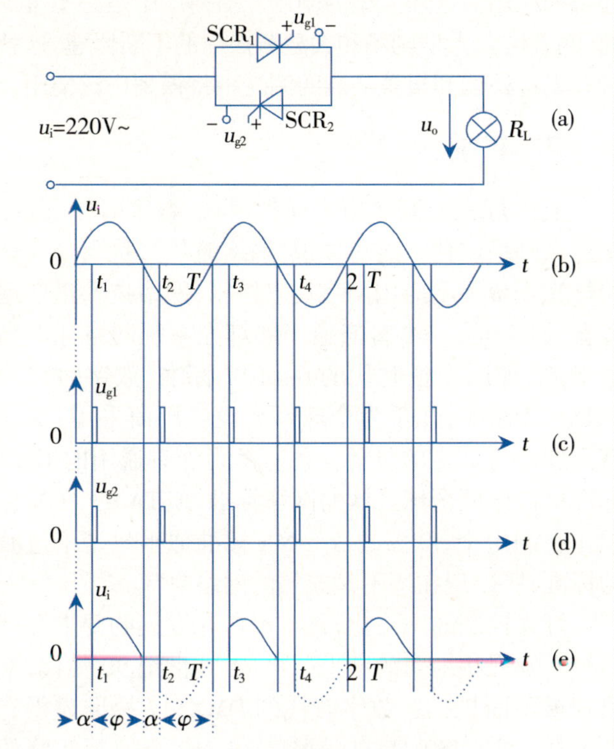

图 1

晶闸管的好处是能耐高电压,能通过大电流,能用简单的电路控制其“开”(导通),但缺点是不能控制其“关”(截止)。自晶闸管产生后,人们一直在寻找一种能控制的高速开关,能耐高压又能通过大电流,耗电省又容易控制的器件,来代替晶闸管作为开关元件。直至十多年前出现了绝缘栅双极晶体管(IGBT 即 Insulated Gate Bipolar Transistor),使人们看到了希望,但是当时的 IGBT 性能还不如人意,但这十多年中 IGBT 经过了多次升级换代的进步,工艺结构不断改进,性能也不断提高,现在已经达到第五代,国际上几个知名的公司都开发了 IGBT 器件为核心的正弦波调光器。安静的几乎无电磁干扰的电子调光器出现了。

在 IGBT 之前,大功率的快速电子开关器件有功率 MOS 场效应管(MOSFET),它是绝缘栅的场效应管,栅极绝缘,没有栅极电流,控制功率极小,它耐高压,能通过大电流,也有高的开关速度,但是导通时的管压降较高,因而管子本身损耗较大。而 IGBT 的内部结构可等效为一个 MOSFET 和一个大功率的双极晶体管复合的达林顿结构(如图 2(a)所示),它的电路符号(如图 2(b)所示)。

由于它的控制端是在前级 MOSFET 管的栅源之间,所以只需要很小的控制功率,(极小的感应电流,和约±15V 的控制电压),它的输出端是双极晶体管的发射极和集电极,所以它有双极晶体管极小的导通电阻和极低的饱和管压降。十多年来,IGBT 在更低的通态压降,更高的开关速度,更少的开关损耗,更稳实的开关安全工作区,更高的阻断电压和更大的导通电流方面不断进步,产品元件和控制技术方面不断成熟,它的应用也进入了我们的调光领域。

采用 IGBT 的正弦波调光器将电源输入的正弦波电压用高速开关技术切割成几万等份(几十千赫),并控制每个等份中开关管的导通和关断的时间比例。当每个等分全部导通时相当于全电压输出;当每个等分中的导通时间减少,而关断时间增加时,相当于输出电压降低。改变导通时间和关断时间的比例,就改变了输出电压,实现了调光的效果。

IGBT 调光的原理(如图 3 所示),上图为开关比例为一比一的波形。该波形相当于 50Hz 的正弦波与几万赫兹的高次谐波的叠加,如此差别较大的谐波中的高次谐波容易被很小尺寸的滤波器滤除,而输出如图 3 下图降压后的正弦波电压。

比较晶闸管调光器输出的被切割的有突变的波形,IGBT 的输出波形相当的平滑,因而对外界的电磁干扰也减至最小,对电网的影响极小,也不会产生晶闸管调光起光时灯丝嗡嗡的哼声,舞台上将十分安静。现代的正弦波调光电路一般还加入过流和短路保护部分,工作安全性也大大提高了。

IGBT 的正弦波调光电路有很多的优越性,是调光电路发展的一个趋向。但是与现今普遍大量使用的晶闸管调光电路相比,控制电路相对复杂,成本也比较高,影响了它的推广。随着社会发展对电源干扰要求的提高,以及技术进步,使正弦波调光电路的成本

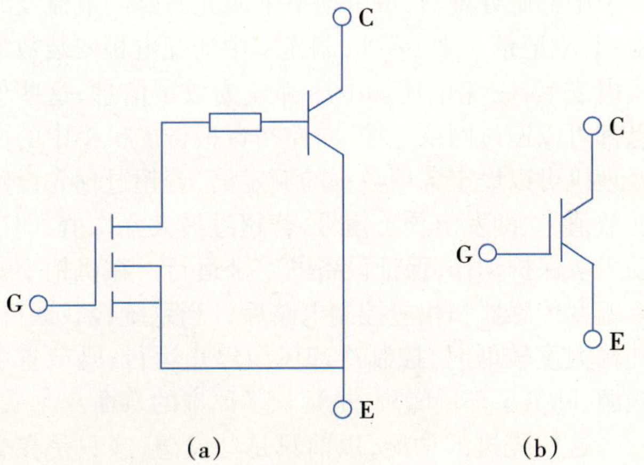

图 2

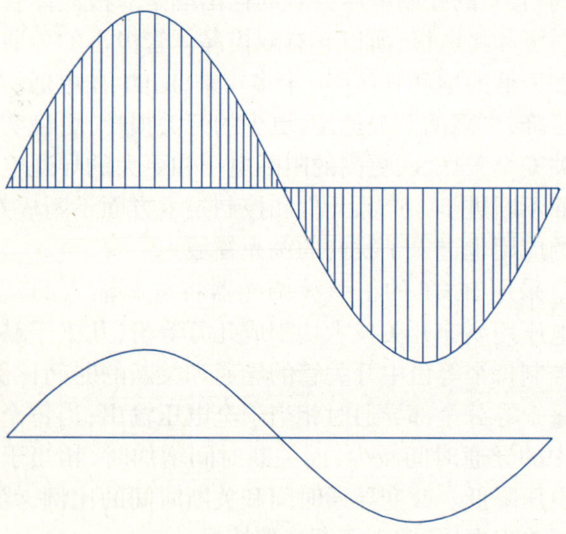

图 3

减低，IGBT 的正弦波调光电路应当会不断扩大其应用的范围。

1.2 调光柜的监测和报警

现代演出的用灯规模越来越大，大量的晶闸管调光回路和各种各样的灯光设备，演出过程难免出现各种故障和损坏。在大量的晶闸管调光回路中，如何及时发现和排除故障，弥补故障产生的演出缺陷，需要及时了解设备运行状况，判断故障发生的准确位置。如果能在故障发生之前，事先发出预警信息，对灯光操作人员或系统管理人员，都是可贵的信号。

现代调光柜应用温度传感器，每一个调光回路的工作温度得到及时检测，由于技术的发展，温度传感器的性能不断提高；微处理器的发展，使大量传感器信号转化为数字信息的处理成本大大降低。调光柜中的电流传感器检出每个调光回路的输出电流，通过调光柜中的微处理器，可以把每个调光回路的电流及时检测，或记录下来。另外，调光室中的配电柜安装数字式电表后，三相电流和电压都成为数字信息，这些信息都可以通过网络连接，向控制台报告。机柜中的微处理机可以设定各项数据的额定值，若超过预先设定的数值，立即发出预警信号，若超过最大允许值，即自动采取保护动作，保证设备的安全运行。在机柜中安装温度传感器和相应控制电路后，当系统轻载运行，硅箱温度较低时，控制冷却风扇停止运行，既节省了能源，降低了环境噪声，也延长了风扇的寿命。

这些先进的功能，以前只是些设想，或只是在少量进口的设备中用到一些，现在不少国产的设备中已经得到应用。这在大型的剧场、演播厅中是必不可少的。随着国内大型剧场和大型演播厅的不断修建，这种带有先进检测和报警功能的调光柜将得到广泛使用。

2 控制系统

演出灯光控制经历了模拟时代、数字时代，现在正进入网络时代。之所以说“网络时代”，是当今大型的灯光系统无不应用网络技术控制，网络技术正在逐步普及；但是，一个普遍通用的灯光系统网络标准尚未形成，如同模拟时代的 0～10V 标准、数字时代的 DMX512 标准，几乎为全球调光设备厂商采用，即使有厂商已有标准的设备，也必然附加有通用的 DMX 标准接口。而全球公认的网络标准，ESTA 的 ACN 标准正在制定中，欧洲的 Art-Net 标准似乎只是个过渡的标准，所以现在还不是成熟的网络时代。

灯光控制的网络化，是演出灯光发展的要求和网络技术发展相结合的结果。自从 20 世纪 90 年代，演出规模不断扩大，数字时代的 DMX512 标准显得有点捉襟见肘，250kHz 的波特率和 512 个控制回路的限制，不堪应付几千个回路的大规模的演出场合。DMX512 标准单向传输的限制，也不能适应大型系统对调光设备如晶闸管调光柜控制和检测的要求，调光柜的检测数据不能通过 DMX512 信号线返回。20 世纪 90 年代，以因特网为代表的网络技术在全球普及，网络进入千家万户，推动了网络技术应用的快速普及和发展，原先高高在上的网络技术很快变成了平民化的技术。这一普及和发展也正好进入需要加快传输速度和提出双向传输要求的演出灯光厂商的视野。最初的灯光系统中的网络技术应用，只是完成将几路 DMX512 信号编码后成为网络信号通过网络传输，以及将调光柜的检测信息返回调光控制台。但是信息时代现代网络技术的强大功能很快突破了开始的狭隘设想，新的应用和功能不断被开发，灯光控制的网络化不仅扩大了灯光控制的范围，而且将灯光控制推向一个新的高度，灯光系统正在向全面管理的方向演变。灯光控制向全面管理的发展体现在以下三个层面：

2.1 灯光控制的改善

2.1.1 控制规模扩大（网速加大）

数字时代的 DMX512 允许每个链路最多 512 个调光回路。但是现代化的剧场、演播厅，光调光回路就上千路，更有大量电脑灯、换色器、烟雾机等需要用到 DMX512 信号的控制，其中电脑灯是使用

DMX512 信号回路的大户，电脑灯中的每一个动作都需要一到两个 DMX512 回路的控制信号，新的电脑灯功能越来越多，需要的控制回路也越来越多，每个灯占用的 DMX512 控制回路少则几路十几路，多则三十路以上，一台 DL.2 数字电脑灯竟然用到 170 个控制回路。

现在演出规模也比以前增大很多，2000 年的悉尼奥林匹克运动会开幕式，为营造新世纪气势磅礴的灯光意境，在 11 万人体育场中安装了 300 只 High-End 电脑灯，136 只 Studio 摇头灯、132 只 Studio 变色灯、64 只 Strand 4kW 镝灯、1000 只 PAR 灯和其他硅负载，总共达到 5600 个 DMX 控制回路。

2006 年的都灵冬季奥林匹克运动会开幕式达到创纪录的 24500 个 DMX 控制回路。

如此规模的灯光系统，使用快速的以太网传输，将多条 DNX512 信号链路集中在网络线上传输，直接控制调光柜或电脑灯，或到调光柜和灯具附近再通过网络节点(或称"NODE"—网络信号转换为 DMX 信号的编(译)码器)，还原出 DMX512 信号进行控制显得简洁而便捷(如图 4 所示)。

2.1.2　控制类型增加(灯具、机械、音响……)

由于现代网络速度的加快，10MHz 已经落后，百兆赫兹已经普及，千(万)兆的网络已经在应用，比之 DMX512 的 250MHz 的传输速率快了 40 到 400 倍甚至更高。速度的增加意味着单位时间传输信息量的增加。用网络从以前的 DMX512 仅仅传输的调光信号，即使再增加传输其他的灯具控制信号也绰绰有余。

舞台演出作为现代化的综合艺术，还有舞台机械、音响等需要数字化的控制信号，以往都各自有自己的控制台，有各自的控制人员，演出过程需要专门的通信指挥系统，统一指挥，同步控制每一次变化。许多人要一致同步操作需要多次排演，演出中还会出纰漏。现在运用网络系统，将可以把各种控制在同一个网络中进行，由一个总控制台统一发出控制信号，保证整个演出各个部分严丝合缝，整齐划一，协调一致，达到一个崭新的效果。

2.1.3　控制方式灵活(集中和分散)

计算机灯光控制系统，演出时控制高度集中，几百甚至几千个灯路，一个人就能操作控制。但是想象一下，这几百几千个灯路，不同的亮度，一次演出，几百个灯光场景的变化，每一次演出的灯光程序，需要输入多少信息数据?早期的计算机灯光控制台，许多人因为害怕排练编制灯光程序的工作量太大，宁可使用旁边作为备用的简单的集控式手动控制台，而放弃先进的计算机灯光控制台。现在的网络化灯光系统，配置十分灵活，如图 4，同一个网络允许多种不同的控制台，利用同一个网络系统，各自控制不同的灯光设备。更是可以设置多个网络控制台，相互之间在功能上可分可合：在排练编程阶段，可以分别编制灯光变化程序，加快编程的速度和增加编程的灵活性，节省编程序时间；演出过程配置的几个网络控制台，可适应不同的演出要求，可以集中到一个控制台上，由一个人集中控制，也可以把全场的灯光按不同的光区位置或者按不同的灯种分到不同的控制台，分别由不同的人员分散进行控制。由于演出样式或演出风格的不同，这些不同的方式可以满足不同的要求，达到不同的效果。

2.1.4　可靠性增强(双机、多机热备份)

大型或超大型的演出，场地大、设备多、人员多，控制系统的一点故障，将引起整个演出的极大影响，

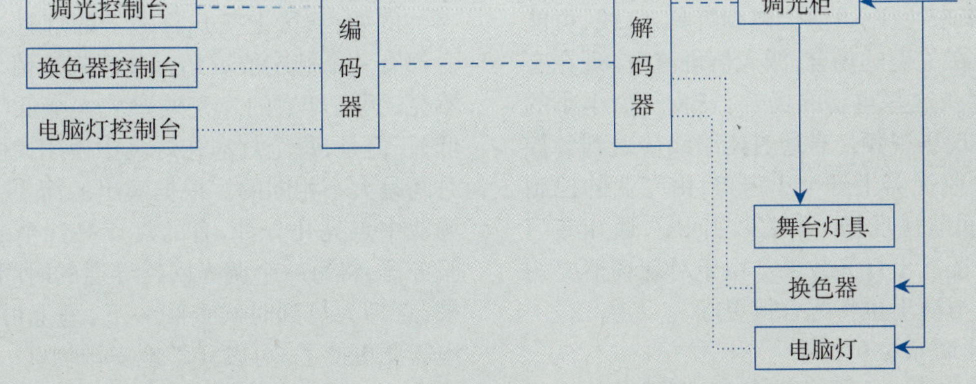

图 4

---- 网络线；　······ DMX 线；　—— 220V 强电线

因此对控制台的可靠性有极高的要求，演出中的操作也不许有任何的差错。而经验是越要紧的关头，越容易产生故障和差错。以前有过多种后备措施（如双机并联等），但总不能十分理想。现在有了网络系统，如上所述，可以在同一网络中接入多个控制台，其中一台为主控制台，另外接入一台作为备份控制台，通过网络存入全部灯光变化程序（也可事先自动跟踪学习一遍），在演出过程作为辅台全程跟踪主控制台，作热备份。万一主控制台发生故障，它可以自动接替跟上，接管控制全场灯光，以保万无一失。

2.2　对设备的管理

2.2.1　设备运行状态的反馈

由于现代演出灯光系统的日益庞大，设备繁多。从统计规律看，设备出现故障的几率增大了。操作者要及时处理局部设备故障，弥补或减少因故障产生的影响，掌握众多设备的工作状况是必要的前提。有了网络系统，上述调光柜的运行状况可及时通过网络反馈，在控制台上反映，许多网络接口的电脑灯也有内部关键部分状态数据检测报告功能。操作控制人员随时可以将控制台显示器切换到设备运行参数显示画面，知道每一路调光回路的输出电流、负载、温度等参数，配电柜三相供电的电压、电流、平衡情况，电脑灯具的内部状态等等，做到胸有成竹，更加放心控制演出现场灯光。

2.2.2　设备运行现场的监视

演出灯光系统分布面积较大，灯具大部分在舞台上，也有不少在观众厅甚至在剧场外；控制台一般在观众厅后方，根据演出样式的不同，位置可能在观众中甚至在舞台上或其他位置的控制室内；调光柜位于较为隐蔽的专门调光室内……演出过程，各种灯光设备运行情况，灯光控制者是难以了解的，演出现场演员、布景、道具来来往往，可能会碰到灯具、灯线，可能没人在意，需要在关键的场合，派人值班监视。现在有了灯光网络，可在这些重要的场合，安装一个小小的网络摄像头，将现场视频信息通过网络线传送到各控制台，在控制台监视器上开个小窗口，由专业的控制人员远距离全面监视现场，及时发现问题，通知专门人员处理，以保证演出灯光效果。由于对现场情况的了解，灯光控制与演出也将配合得更好。

2.2.3　设备故障的预警和报警

有了设备参数的检测和报告功能，测得参数能及时反应到控制台监视屏上，为操作者带来不少便利，但是调光回路数量多了，观察就费时间，经常切换，会分散注意力，影响正常演出。可以在设备端处理器中设置临界值和最大允许值，当设备运行参数上升到临界状态，能及时报警，在控制台上显示报警信号，以及故障位置，以便及时派员排除事故苗子。另外当设备运行参数达到最大允许值，处理器应当停止该回路工作，以保证设备安全，大大提高了系统运行的可靠性。

2.2.4　突发事件的应急处理

由于网络系统的先进性，可以为关键设备配置冗余备份，如上述的双机热备份，当正常情况下主机执行控制，发出控制信号流，副机联网侦听主机控制信号，跟随主机同步运行。正常运行中的主机一旦出现故障，不能正常地控制现场灯光，网络上正常的控制信号流中断，备份控制台感知这一特殊情况，可立即进入接替主机状态，保证演出正常进行。同样，其他的设备，尤其是一些重要的、关键的灯光回路，可以事先做出预案，一旦正常的设备发生故障，由网络监测系统处理，及时启动备用设备接替，保证现场演出质量。

2.3　系统运行数据库的建立

人类社会已经进入信息时代，通过连接全球的因特网，地球一端发生的事，瞬间就可传送到另一端；存放在一地的资料，可以供世界各地的人们共享；信息化改变了人们的生活、工作和学习、科研的习惯和方式。在我们的演出灯光系统，由于网络技术的引入，不光是扩大了灯光系统的规模，系统的运行和管理的方式也必然随之发生变化。如果在网络化的灯光系统中，增加一个服务器（如图 5 所示），配上相应的软件将会给我们带来极大的方便，大大提高系统管理的水平。

2.3.1　系统运行状态的记录

例如，演区上空几百上千的灯具，每个灯泡的寿命都有一个额定值。超过这个额定值，不是灯泡坏了不亮，而是灯泡的发光效率大大降低（耗电但亮度降低）。但是，每个灯泡在灯具中使用，在演出中点亮的时间是大不相同的。根据演出的需要，有的灯在这一场戏中点亮几分钟，有的灯点亮几个小时，网络中的服务器，将每一个调光回路导通的时间记录并累计起来，管理人员到时候查阅一下，马上可以决定哪些灯泡需要更换了。可以科学地安排物资、人工，做出合理的维护计划。不会像以前要等到灯不亮才发现影响了演出效果，临时安排人工爬上高空更换灯泡；或者遇

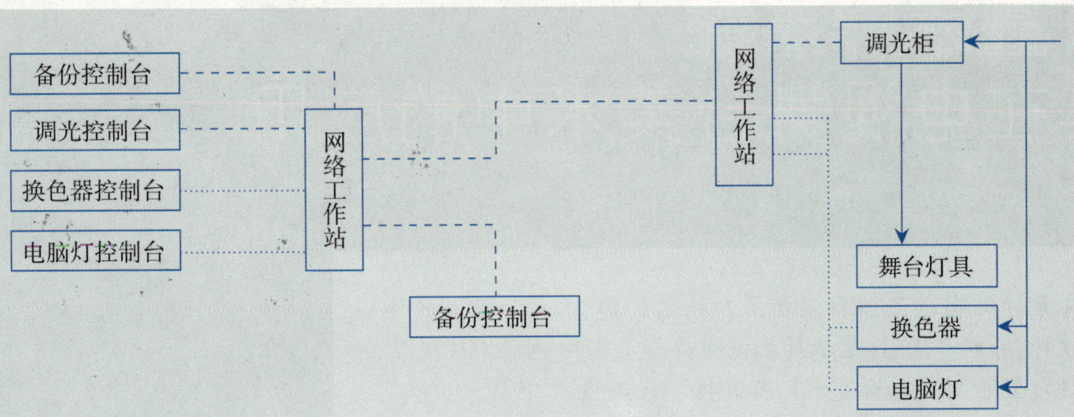

图 5

网络线；　DMX 线；　220V 强电线

到重要的演出，为保证演出质量，不管灯泡的累计工作时间的多少，成批更换，造成浪费。

2.3.2　设备运行参数的保存

灯光系统中用到许多各种各样的设备，一次次的演出，被一批批不同的人使用，每个人有不同的使用习惯。长期的使用，设备会老化，损耗，出现故障。有时会发生事故，需要调查研究，总结经验，这时需要查阅设备运行的状况，运行过程的各种参数。网络中的服务器可以建立一个数据库，在灯光网络工作过程中，随时记录网络中各种设备运行的过程和各种参数，如同航空器中的“黑匣子”，忠实的记录各种有用的信息，以便以后的查阅。

2.3.3　各类数据统计和分析

上述网络服务器中建立的灯光系统运行状态的数据库，将是整个系统管理一份宝贵的历史档案资料。可以对运行过程进行统计分析，找出系统薄弱环节，管理的缺陷，制定针对性的改进措施，使系统管理水平不断提高有了可靠的依据。从数据资料，可以找到哪些回路负载过重，哪些调光模块运行中温度过高，三相电流平衡情况，甚至工作人员什么时候有过不够规范的操作等等，都能一一追溯。演出场所的管理人员可以随时通过接入系统网络的计算机上调用数据库内的资料，远程查看系统运行状态，可以在演出过程及时查看，也可定期调阅，统计出规律性的东西。

2.3.4　制定合理规程，改进系统性能

由于数据库中的数据，不断积累，规律性的东西便会呈现出来。某一类的灯具容易出现的弱点，某些回路的模块温升过高，哪一批灯泡质量有问题，都可以从数据中体现出来。如果某次演出三相电流相差太大，能够马上被管理人员掌握，可以及时得到修正。通过长期运行，总结积累经验，可以设定一些合理的指标，当系统参数达到或即将超过这些指标时，设置系统以某种方式发出报警信号，及时提醒管理人员，避免事故的发生。也可以找到修改陈旧的规定的依据，制定合理可行的操作规程和制度，不断改进系统运行的性能和效率，制定科学合理的规章制度，提高管理水平。

由于网络技术的引进，操作、维护、管理三个方面的人员，可在同一个网络协同一致的工作，小型的演出，可以三者合一，由一个人兼而管之；大型或重要的演出，可以三部分工作分别由三部分人各司其职，在同一个系统中，集中精力，分别承担好自己的任务，既保证演出的质量，又保证了系统的可靠，演出的安全。网络化的灯光系统刚刚开始应用，人们还未脱离旧的思维定势，新的更为有效的管理方式还有待开发和改进，但是网络化的灯光系统在管理上的巨大潜力已经向我们显示出来，愿本文能引起灯光界的专家和同行对灯光网络管理功能的进一步的研讨，使我国的演出灯光设备的开发和使用尽快走到世界的前列。

参考资料

1　金长烈等.舞台灯光
2　王正元.IGBT 技术的发展历史和最新进展
3　彭泽巍.电脑灯技术的新趋势
4　马礼民等.网络化数字调光系统
5　梁国芹.TCP/IP 灯光控制网络技术应用的发展趋势
6　http://www.leifull.com
7　http://www.esta.org

LED显示屏系统
及其在电视舞台美术中的应用

湖北电视台　江中鸿　周　锦

摘　要　文章详细阐述了LED显示屏的技术优势、工作原理及软件设计，分析了LED显示屏在电视舞台美术中的应用情况。

关键词　LED显示屏　舞台美术　再现性　表现性

LED显示屏是集微电子技术、光电子技术、计算机技术和信息处理技术于一体的大型显示系统，它是由LED器件阵列组成的显示媒体，通过采用先进的控制技术，能够显示动态的、清晰的、全彩色的视频信号。

随着LED显示屏技术的不断成熟，它被越来越频繁地运用到各类电视晚会中。作为舞美设计师的新宠，LED显示屏表现出的不仅是它的显示功能，而且成为一种新颖的舞台造型元素。其绚丽的色彩、灵动的光影，赋予舞台美术新的内涵。

1　LED器件的技术优势

1.1　发光强度

普通LED器件的发光强度为10mcd（毫坎德拉），高亮度LED的发光强度为10～100mcd，超高亮度LED的发光强度在100mcd以上。目前已研制并生产出1000mcd以上的LED器件。因此LED器件的发光强度可以满足室内及室外的部分应用需求。

1.2　色彩

LED发光器件因采用不同的半导体材料，可以发出不同波长的光，20世纪90年代成功开发了发红、黄光的GaAlInP和发绿、蓝光的GaInN两种新材料。目前已研制并生产出了超高亮度的红、绿、蓝LED器件，它们直接推动了基于三基色的全彩色LED显示屏的实现和广泛应用。

1.3　响应速度

LED器件的响应频率与注入少数载流子的寿命τ有关。如GaAs材料半导体的τ值一般在1～10ns范围内，其响应频率约为16～160MHz，这样高的响应频率足以显示6MHz的视频信号。纳秒级的响应速度是实现视频LED显示屏的关键因素之一。

1.4　耗电量

普通LED器件的工作电流仅为10mA，超高亮度的LED器件的工作电流也不过100mA，而它的工作电压却只有2V左右，因此其耗电量很小。

1.5　可靠性

由于LED属于固体器件，其可靠性明显比阴极管（CRT）等电真空器件高得多。固体器件的抗冲击震动性能也远高于其他显示器件。

由于以上多种因素的综合作用，使LED显示屏与其他类型的显示屏相比，具有明显的优势：

（1）阴极管大型电视：成本非常昂贵，通常只能做到37in。

（2）彩色液晶显示器：成本高、

电路复杂,面积不能太大,可视角度小。

(3)映像投影设备:亮度低、清晰度差。

(4)电视墙:表面有分割线,视觉上有异物感,室外应用时亮度较低。

(5)LED显示屏:色彩鲜艳、动态范围广、亮度高、寿命长、耗电量小、重量轻、工作性能稳定、受空间限制小,可根据用户要求设计显示屏的大小。

2　LED显示屏的工作原理

LED显示屏通常由计算机、采集卡、主控制器、数据传输卡(发送卡、接收卡)、扫描板、显示屏屏体等部分组成。结构图如图1所示。

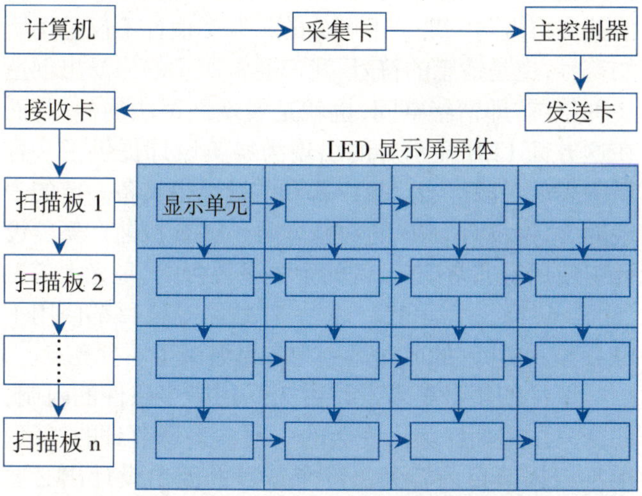

图1　LED显示屏结构图

2.1　采集卡

由于LED显示屏不能直接接受计算机数据,需要进行一系列变换。采集卡的功能就是采集计算机(或多媒体显示卡)上的显示数据,经过转换,并降频传输到主控制器。

2.2　主控制器

主控制器的功能是将采集卡的数据进行暂存和格式变换,使其成为LED显示屏所需要的数据和控制信号,将数据分区后通过数据传输卡进行传输,然后分配给若干块扫描板。

2.3　数据传输卡

数据传输卡分为发送卡和接收卡两部分。

发送卡是将经过主控制器处理的数据以平衡方式传送给接收卡。

接收卡则以平衡方式接收发送卡传来的数据,并转换成标准TTL电平信号输出。

2.4　扫描板

扫描板所起的作用是承上启下,一方面它将数据传输流中属于本级的数据截下来,并把数据转变成灰度等级信号,输出到本级的各个显示屏单元上进行扫描显示。另一方面它还要把不属于本级的数据向下一个级联的扫描板传输。视频信号和LED显示数据在空间、时间、顺序等各方面的差别,都由扫描板来协调,它主要由数据传输控制电路、存储器、显示控制输出电路以及本地时钟与内部控制逻辑等部分组成。

2.5　显示屏屏体

显示屏屏体是将LED发光灯按行、列顺序布置的,通常采用按行扫描、按列控制的驱动方式。行扫描是指一行一行地循环接通各行的LED器件,列控制电路则控制某一列LED器件的通断及其灰度值。LED显示屏的点光源是由红、绿、蓝三种LED发光灯组成的,可采用电流驱动或占空比驱动的方法分别控制各种颜色的发光灯的发光强度,从而就能控制点光源的亮度、色调和饱和度。

在实际运用中,可将LED显示屏通过网络接口卡与各类网络数据库连接,以提取网络中的各种信息,并可通过网络进行远程控制。此外还可在该系统中配置音响,使其具有声像同步的功能。将LED显示屏与网络及音频系统相连,即可构成完整的LED显示屏系统,其系统如图2所示。

3　LED显示屏的软件

3.1　节目播放软件

节目播放软件的作用是将各种格式的素材文件编排到一起,生成一个播放文件,以反映各素材文件的

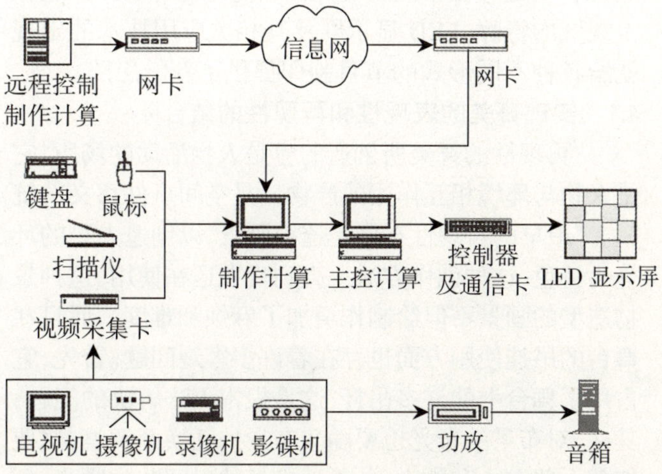

图2　LED显示屏系统图

播放顺序、播放方式和每种素材的播放时间，并将该播放文件实时执行。节目播放软件应能实现以下功能：

（1）播放软件可以完成翻页、移动、旋转、覆盖、合拢等信息出入方式，并可控制出入速度、停留时间和循环次数，还可实现滚屏、色彩交替、放大缩小、文字编辑排版等功能。

（2）可通过键盘、鼠标、扫描仪等不同的输入手段编辑、增加、删除和修改文字、图形、图像等信息。

（3）可以播放NTSC.PAL.S-Video等多种制式的视频信号，并可随时切换视频源；可以显示各种字体、字型的文字信息；可以播放不同格式的图形、图像文件，如BMP, JPG,JPEG,GIF等；可以播放Animatorpro,3DMAX等软件制作的二维、三维动画，并支持压缩卡采集的AVI信号。

3.2 LED管理软件

LED管理软件可以完成LED主显示区的设置，并通过开发辅助功能选项，解决LED显示屏在安装、调试中常见的实际问题。

（1）主显示区的设置。以计算机为处理控制中心，使LED屏幕与电脑显示器窗口的某一区域逐点对应，显示内容实时同步，电脑显示器上的该区域称为LED主显示区。主显示区设置软件的功能是设置主显示区在电脑显示器上的位置、大小、边框的宽度、颜色等。

（2）辅助功能。辅助功能包括：黑屏、锁定、提前关断、延时打开、改变亮度、调整三基色比例、全屏调色等。

4 LED显示屏在电视舞台美术中的应用

随着时代的进步，人们的欣赏水平也随之提高，电视节目制作必须越来越新颖、越来越精致，才能赢得观众的青睐。LED显示屏及其相关应用技术的出现就给各种不同形式的节目制作提供了新的思路。

4.1 实现舞美的表现性和再现性的结合

“再现性的舞美所创造的应是人物活动的场所，它是人物与环境相互作用的产物，是空间事件意义的统一。”最早的再现性布景是透视画景，以创造人物的环境为特色，这种创作方法一直到现在还在使用。这种景物造型的画景不但给制作增加了麻烦和难度，而且在舞台的吊挂使用方面也存在着许多客观问题。首先，它占用了舞台上的许多吊杆，这是根本无法解决的问题；其次，对布景的布光也要随着布景的迁换而调整，这要浪费一些人力和物力；此外迁换景的时间非常紧张，几乎要像变魔术一样将景变出来，这就给舞美带来了许多困难，有的甚至成为了不能完成的任务，也就只好降低艺术效果去解决这些问题。现在就不一样了，有了LED，这些以前存在的问题几乎都能迎刃而解，而且做得非常到位。它变换场景的时间快，不需要外部灯光照亮，又节省占用的空间位置，而且成百上千个存储在计算机硬盘中的场景都可以随时调用。

前不久中央电视台主办的全国电视小品大赛的舞美设计就非常成功地使用了LED显示屏，它为不同的小品情节设计出了典型的人物活动环境。有的为不同的小品塑造了具体的事件场所，有的还参与了事件的展开过程，有的交代了人物的特征，有的还为小品的内容烘托了情绪。当然艺术的再现是有限的、片面的、不完整的，不能做到将现实的再现与客观的现实相等。但其实再现与表现是不可分的，舞美设计不仅是场所的符号，也是情感的符号，我们通常所说的为演出创造一种氛围，即情绪空间，也就是表现性手法的运用，而在这方面LED显示屏的出现为舞美设计提供了一种新的表现手段。当然投影幕和电视墙也具备一定的表现能力，但没有LED的功能全面。LED目前在舞美设计中使用得非常广泛，例如中央电视台的《星光大道》、《非常6+1》、《幸运52》、《同一首歌》等栏目都使用了LED显示屏，它的成功运用为节目增添了不少亮点。

以往的舞台美术设计由于受到诸多条件的限制，往往只注重如何突出晚会的主题，表现节日的气氛，很难根据节目内容为每一个节目的演出设计出必要的情景空间。由于电视文艺节目的品种很多，它包含了语言串词类、歌舞类、曲艺类、时装表演类、小品相声类等多种节目形式，仅仅利用传统的设计方法难以满足各种艺术形式对舞美的要求。根据综艺类晚会的各种节目形式分析，有的需要再现性的舞美设计空间，有的需要表现性的舞美设计空间。在以前的舞美设计中，这两种手法很难在同一空间里得到运用，而LED显示屏作为一种新的表现手段，可以很方便地为各类节目提供所需的情景、氛围和意境。它能够将表现性和再现性的舞美相结合，既能够创造出真实、浪漫的舞美环境，又能够创造出充满诗情画意的情景氛围。而且LED的场景变化自如，一会儿可以是写实的空间，一会儿可以是充满动感的写意氛围。在一台晚会中，观众时而可以看到身着藏袍的姑娘置身在LED所显示的高原雪域中翩翩起舞，时而又可看到威风凛凛的武士在LED所营造的雄雄烈焰中擂鼓呐喊。如果没有LED显示屏技术的运用，这些特色鲜明的舞美环境就不会表现得如此淋漓尽致。

4.2　真正实现了"流动的舞美空间"的设计理念

"流动的舞美空间"简单地说就是四维空间,是一种能够随着内容和时间的延续而发生不断变化的空间。这种"流动的舞美空间"更适应今天的生活方式以及观众的欣赏能力。世界级舞美设计家斯沃博达有一句名言:"用灯光和投影代替颜料画的布景，这就是未来。"LED显示屏的使用就是这一理念的直接体现,它可以作为演出的组成部分,与其他每一种表现手段或演出因素相结合,并共同影响全局。为了追求"流动的舞美空间",近年来电视晚会的舞美设计者也做出了许多努力,在舞台上增加了升降装置和活动转台,以及放置一些活动景片等等,这些方法也取得了一定的效果。但LED的出现就更加丰富了创造"流动的舞美空间"的创作手法,我们可以充分利用LED图像的点、线、面的构成形式,创造出"无限流动的舞美空间"。如图3所示的舞美效果图就是这一理念的直接体现。

图3　舞美效果图

4.3　丰富更新了舞美的设计样式

纵观舞美设计的历史,无论是镜框舞台的透视布景,还是机关布景;是戈登·克雷的条屏布景,还是充满象征主义色彩的布景;是构成主义的布景,还是立体主义的布景;是表现主义的布景,还是结构主义的布景。总之无论是写实的、充满幻觉的布景,还是写意的、非幻觉的布景,它们都可以与LED显示屏相结合,孕育出新的视觉生命。如图4所示的舞美效果图和中央电视台《挑战主持人》栏目的舞美就是LED显示屏与戈登·克雷的条屏布景相结合的产物。

图4　舞美效果图

4.4　在白天的户外演出活动中的应用

由于LED显示屏具有高亮度的特性,使它在白天举行的各种户外演出中也能派上用场,其视觉效果与喷绘景相当,但比喷绘景更加灵活多变。它不但可以播出现场实况的视频信号,而且可以随着节目的变化播放MTV图像、多媒体画面及各类影像资料。由于LED显示屏的重量轻,它能够通过精心设计自由地运动。此外,LED还能根据舞美的需要设计成各种形状,包括:方形、圆形、多边形、弧形等。以上这些优势无疑是投影幕、电视墙等显示媒体所不具备的。

4.5　几个值得注意的问题

综上所述,LED显示屏的应用确实给电视综艺节目增添了新的活力，但是目前LED显示屏的运用也存在着一些问题:

(1)使用过滥。在现阶段的舞美设计中存在一种偏见,仿佛LED显示屏越大,数量越多,该晚会的舞美档次就越高,似乎LED可以全盘替代传统的舞美设计。不管什么类型的节目，不管什么时间,LED都从头到尾亮起来、动起来。但过度使用LED会喧宾夺主,主次不分。

(2)空间的使用不当。在一些中、小型的晚会上使用大尺寸的LED显示屏。

由于LED与摄像机的空间距离不够，而目前LED显示屏的精度还有待提高，导致所拍摄的LED背景往往呈颗粒状，画面清晰度不够，总感觉人与LED背景的空间感不强。

(3)LED显示屏图像的设计过于随意。LED图像的设计要根据不同节目内容的需要随时变换，而目前LED的图像往往过于雷同、千篇一律,缺少自己的个性,不能唤起观众的共鸣,无法给观众以强烈的视觉冲击,难以使人留下深刻的印象。目前急需专业的视频图像设计师通过与节目编导和舞美设计人员的沟通,并根据LED显示屏的特点,为每个节目设计出专门的场景。这样LED的使用水平会得到很大的提高。

正确认识LED显示屏技术及其在电视舞美中的应用,有助于我们在今后的节目制作中,创造出更多更好的精品,同时也为实现技术与艺术的完美结合开拓一条新的思路。

参考文献

诸昌钤.LED显示屏系统原理及其工程技术.成都:电子科技大学出版社,2000

电视演播室照明系统技术发展综述

中央电视台技术管理办公室　张　敏

摘　要　文章对目前国内电视演播室照明系统的规模、功能、组成、设计理念及工程概况进行了综述,讨论了系统集成特点和创新,提出了有关问题。

关键词　演播室照明系统(studio lighting system)、悬吊装置(ringing system)、数字聚光灯(Motorized fresnel light)、调光控制系统(console system)、布光控制系统(light console system)。

20世纪70年代,我国播出彩色电视节目后,曾组织电影光源会战和电视演播室"灯光两化"(即布光机械化和调光自动化)科研项目。研制生产了一批新光源、机械灯具、机械水平较高的悬吊装置和灯光控制设备。满足了彩色电视发展的需要,也弥补了国内电视照明技术的空白,使演播室照明系统基本实现了"布光机械化和调光自动化"的布光要求。80至90年代,电视技术的飞速发展,全国又兴起了建设彩色电视中心的热潮,大、中、小演播室的建设得到快速的发展。这使影视照明行业面临新的发展机遇,研制生产了具有国际水平的新型灯具、机械化行车、灵活轻便的自提式电动组合吊杆等,在电视演播室组装成技术先进、功能齐全、自成体系、现代化的照明系统。使我国电视演播室照明进入了世界的先进行列。

新世纪到来之际,我国电视事业又进入了一个崭新的发展时期。数字技术和网络技术全面进入广播电视领域,构建全数字化演播室工程在全国逐步推进。演播室照明系统的数字化、智能化、网络化技术也得到相应的发展。作者将简要综述"十五"期间,我国电视演播室照明系统技术的发展。

1　电视演播室的照明系统

1.1　演播室功能

演播室的功能是根据电视台自办节目套数和自制节目类型和播出时间决定的。按电视台使用功能可分为:综艺演播室、多功能演播室、电视剧演播室、专题演播室、新闻演播室、虚拟演播室、开放式演播室及电视剧场。

1.2　演播室的面积

演播室的面积是根据演播室功能决定的,由于我国经济持续高速发展,人们对先进文化和生活质量的追求,对电视节目量和质要求也越来越高。促使电视台自办节目套数增多,自创节目量增大,规模相应扩大,演播室面积增大也就成为必然趋势。演播室的面积主要分为:

特大型演播室(含电视剧场、多功能演播室):

	标称面积 1500m^2 以上
大型演播室:	标称面积 800~1200m^2
中型演播室:	标称面积 400~600m^2
小型演播室:	标称面积 250m^2 及以下

2 电视演播室照明系统组成

电视台制作节目工艺系统主要由视频、音频、灯光、美工四个子系统组成。演播室照明系统是其中重要的组成部分。电视照明系统的设备水平、应用能力等在节目制作中起着至关重要的作用。电视照明必须形成完整、安全、独立的技术系统,它应纳入电视工艺统筹考虑。

演播室照明系统主要由悬吊装置;灯具、光源及灯用电器附件;灯光控制系统(含调光、布光、换色器、效果灯等控制系统及布线系统);灯光专用供电系统(含低压配电柜、盘、箱);电缆和电缆桥架等五部分组成。

3 电视演播室照明系统技术指标

3.1 彩色电视对照明的基本要求

彩色摄象机的技术指标有很多,其中信杂比、清晰度、灵敏度、色再现与照明有关,处理不好会影响图像的技术质量,降低收视效果。所以,照明要满足电视基本要求是电视图像能否播出的先决条件。彩色摄像机拍摄条件越接近标准,图像技术质量就越好。在相关行业标准中,特规定了照明应满足彩色电视的基本技术指标。

3.1.1 照度值

演播室演区照度值的大小主要决定于摄像机的灵敏度。所谓灵敏度是在标准条件下,彩色摄像机拍摄一个标准灰度卡,该卡的反射率为 89.9%,调整光圈大小,可传输信号到 0.7V,这时的光圈数就是该机的标准灵敏度,它是确定演播室照度值的依据。

当摄象机光圈为 5.6 时,演播室演区综合光的垂直照度应不少于 2000lx。由于电视图像的好坏取决于演员面部的肤色,所以,截取距地面 1.5m 处的垂直照度作为照度标准值。照度太高,光圈可缩小,但易产生刺眼、拖尾、烧伤,画面不好看,工程投资也大。照度太低,光圈要开大,易产生残像,信杂比和画面景深差。

3.1.2 色温和显色性

彩色电视色再现与光源的光谱能量分布、景物的光谱反射率及光谱透过率有密切的关系,直接对颜色的再现有很大影响,电视必须对照明光源在颜色方面的特性进行度量,为满足彩色电视色再现的要求,特规定:演播室演区光的色温为 3050K±150K;演播室演区光的一般显色指数 $Ra \geq 85$。

3.1.3 光比一般为 2:1

彩色电视图像对比度为 30:1,它是电视画面中最亮与最暗部分的亮度之比。摄像机拍摄的画面能否反映景物层次、清晰度、质感的效果,要依靠照明来处理好画面的明暗之比,即照明对比度也叫光比。所谓照明对比度,是最高照度与最低照度之比。它与演播室照明系统中灯具种类的配置有关,又与演播室场景有关。灯光师在布光创意中,为了保证图像层次就得改变照明对比度来满足主观对比度 30:1 的比例要求。从照明技术上看,照明对比度可以任意变化,但必须符合电视图像对比度,使图像质量最佳才是光线处理的关键。当光比为 2:1 时,一般可以满足图像质量的要求。

3.2 演播室照明对供电的要求

演播室灯光负荷为三相不平衡负荷,中性线有电流流过,故不采用接零保护。为保证人身和设备的安全,所有照明设备的外壳均应与保护地线可靠连接。演播室照明系统的供电应考虑以下的内容。

(1)供电系统采用三相五线 380V/220V、50Hz,电缆应采用阻燃铜芯五芯电力电缆。到灯具的电压为交流单相 220V,电缆采用阻燃型三芯电缆。接地系统型式采用 TN-S,采用综合接地,接地电阻应小于 1Ω。

(2)灯光用电力变压器低压侧出线和至调光器室的电源线的相线与零线(N 线)为等截面;保护地线(PE)的截面应根据受热条件进行计算,见表 1。

(3)演播室的照明应采用两路供电,两路电源在末端自投,若电视台内设有柴油发电机,则备用电源应由柴油发电机供给。

表 1

项　目	相线截面 S/mm²		
	$S<16$	$16\leqslant S\leqslant 35$	$S>35$
保护地线截面积/mm²	S	16	$S/2$

一般演播室宜采用一路供电。

(4) 演播室灯光的用电量，根据卤钨灯的光效，大、中型演播室以上可按 0.5～0.7kW/m² 计算，若小演播室采用三基色荧光灯则应减少。

(5)演播室不录制节目时，灯光系统专用电源(即调光器室配电柜的进线电源)应断开。演播室的一般工作照明由建筑照明系统供电，距地 0.75m 的水平照度分高、中、低三档：200 lx、150 lx、100 lx、最高不超过 300 lx。

(6)灯光控制系统(含调光控制台、电脑灯控制台、布光控制台、换色器控制台及网络控制系统)的电源，应由电视工艺供电系统供给。

(7)灯光设备层应设工作照明、应急照明和维修电源(可为插座)。

4 演播室照明系统设计理念

随着全数字化演播室的逐步推进，高新技术应用更加广泛；节目制作和播出设施数字化、网络化程度不断提高；虚拟节目制作技术的引入，不仅使演播室功能增加，规模扩大，而且节目制作越来越复杂和多样化，这种变化对灯光的要求越来越高，传统的演播室建筑形式不能满足要求，给演播室照明系统设计带来新的理念。

4.1 新闻演播室设计理念

4.1.1 演播室设计方向

(1)开放式或半开放式，场景以新闻部、编、导、监控室等工作为背景，可使新闻增强参与感及现场感。

(2)城市背景式，取市容自然景观为背景，与城市浑然一体。

(3)传统式，仍采用传统演播室布景装设，可联网地方新闻及附加背景或副画面，并可即时互相对话或访问，强化新闻性。

(4)最新“虚拟现实”技术，演播室全为蓝色厢体，通过图像技术转化为任何景域，并以电脑动画丰富合成整体图像效果。

4.1.2 布光基础

(1)柔和、简洁、自然、舒适。

(2)着重降低温升及目眩，尽量使新闻播音员感觉到舒适。

(3)如属“虚拟现象”，必须留意蓝色背景与播音员布光比例和服饰之配合。

4.1.3 灯光配置

(1)新型三基色荧光管灯具，提供低耗电、低温、柔化冷光源，色温为 3200K，重量轻。

(2)小型 HMI 聚光及柔光灯具(200～575W)，提供低耗电，高效能仿日光光源，日光色温要校正为室内色温 3200K；

(3)传统卤钨灯具，即功率不超过 1kW 的聚光灯和柔光灯为主。

4.2 专题演播室设计理念

4.2.1 演播室设计方向

(1)现有演播室结构、面积和设施均能满足要求，可继续使用。

(2)可改演播室为全蓝色厢体，专供虚拟系统制作。

4.2.2 布光基础

柔和、自然、写实、表现。

4.2.3 灯光配置

(1)聚光灯、双反射柔光灯、三基色荧光灯等。

(2)灯具吊挂可采用轻便灵活的滑轨系统。

4.3 综艺演播室设计理念

(1)要适应电视拍摄特点：演区不固定，舞台随处可搭，任何位置都可以表演；多演区，多机位拍摄；录像/直播中可带观众。

(2)增加演播室的高度，满足迅速搭景和方便换景的要求。

(3)增加建筑结构承重量，满足效果灯的大量使用。

(4) 加大悬吊装置的承重量和增加吊具类型，适应灯具吊挂和布灯的灵活变化。

(5)增设智能布线的数量和设施，采用数字智能闭环控制设备，标清或高清拍摄满足灯具控制组网的要求。

(6)根据节目类型、表演场地、摄录/传送方式及观众数量，确定演播室长、宽比例和面积。

(7)能满足多种控制设备安装位置的特殊要求。

(8)增设舞台机械设施，以适应节目表演和发挥艺术效果。

(9)配备电脑调光台及电脑/效果灯控制台，为今后网络总服务的实现制造条件。

(10)可视灯光效果设计软件的应用。

(11)照明设备分基本配置和全套配置,在基建阶段完成基本配置,如:悬吊系统和布线及供电系统。建成后,随节目制作需要再完成照明全套配置。

4.4　电视剧场设计理念

(1)适合各类演出,同时满足电视现场直播和录像要求。

(2)建筑结构,基本设施配套,功能要满足剧场/电视双方使用。

(3)舞台机械、灯光、音响,视频等要兼顾剧场/电视两个方面,满足电视工艺要求(参考电视综艺设计理念)。

(4)符合《剧场建筑设计规范》JGJ57—2000、《演播室灯光设计规范》及相关标准。

5　电视演播室照明工程概况

"十五"期间,为适应电视技术的飞速发展,我国新建和改建的大中小型演播室若干,其中:黑龙江电视台演播室面积 2800m² 是中国目前最大的。深圳电视台和天津电视台的灯光控制系统已采用了多个演播室灯光局域网,构成中心总控制室网络的控制方式。其面积之大,功能之全,设备水平之先进都是前所未有的。灯光控制技术已与世界同步发展;一直处于自主创新的灯具悬吊装置,通过不断技术改进其技术水平和品牌基本达到国际水平;借鉴国外技术开发生产的数字化聚光灯已进入市场,满足了电视的需要。总之,我国电视照明技术一直处于与时俱进的发展中。下面简述工程中的几个亮点。

5.1　绿色照明的实施

绿色照明是一项旨在节约能源,保护环境,在各种照明场所实施绿色照明系统工程,影视舞台照明也不例外。电视演播室照明工程中,主要从五个方面实施绿色照明计划。

(1)采用高效节能光源:卤钨灯仍是大中型演播室采用的主要光源;小型演播室和虚拟演播室以三基色荧光灯为主;HMI 金卤灯体积小、光色好、光效高、寿命长是电脑灯及影视外景拍摄的主要光源。

(2)采用高效节能新灯具。各种智能高效节能效果灯,如:电脑灯及 LED 灯的引入电视与电视常用灯具,长期并存,互为补充。

(3)灯光控制向着数字化、智能化、网络化发展,并解决了晶闸管调光设备电磁干扰的技术难点,制定了相应的抗干扰标准。

(4)电视照明标准的制定和应用。国家技术监督局和有关部委相继制定了影视舞台的照明标准,使电视照明的建设、运行、维护、管理进入规范化。

5.2　悬吊装置的创新

悬吊装置是吊挂灯具,使灯具位于演播室内垂直方向和水平方向的不同位置,以满足各种节目对灯光的不同要求。近几年来,灯具的吊挂系统处于高发展变化中,技术不断改进,新型产品数量越来越多,组合形式越来越复杂,使悬吊更为灵活、方便、快捷、安全。自主创新的悬吊装置主要有:可旋转框架型组合吊架、可伸缩多功能水平吊杆、复合加强型水平吊杆、单点吊杆。

5.2.1　可旋转框架型组合吊架

可旋转框架型组合吊架(简称组合吊架),具有承载能力大、挂灯数量多、功能齐全、扩展性好等特点,是中大型演播室的主要设备。

主要特点:

(1)该吊杆为面状布光吊挂设备,灯具吊挂体为一框形结构,其组成形式相当于长度不同的五条水平吊杆,节省减速机数量。吊挂灯具的数量多,可扩大布光范围,减少布光死区。

(2)吊杆前后整体可旋转 45°,可使灯具置于不同高度,满足立体布光的要求。

(3)选用了 1000kg 提升机,传动技术为国际水平,大大增加了吊杆的承载能力和安全性。

(4)安装有调光、直通插座,为灯具提供调光和直通电源;多路 DMX512 信号插座,为电脑灯、数字灯、换色器等效果灯具提供控制信号;装有以太网络插座,满足今后局域网的扩展要求。

(5)该吊杆安全系数大于 10。装有上下限位、松断绳、防冲顶保护；强、弱电严格分开；装有过电流、过电压、过载、断相保护。

（6）可靠接地。

5.2.2 可伸缩多功能水平吊杆

该类吊杆是大中型演播室吊挂灯具的主选设备。主要特点：

（1）吊杆两端均设0.5m可伸缩副杆，用于附加吊挂各种灯具。

（2）在吊杆的两端及中部增加了连接器，使相邻吊杆之间可以通过副杆组为一体（类似于组合吊架形式），增加了挂灯位置，弥补吊杆间距的布灯死区，满足了“灯找景”的布光要求。

（3）选用了600kg提升机，承载能力大。

（4）吊杆上设有调光、直通插座、为灯具提供调光和直通电源；设有5A的直通电源插座，为数字灯和换色器提供电源；多路DMX512信号插座，为电脑灯、数字灯、换色器等灯具提供控制回路；设有以太网络回路插座，满足今后局域网的扩展要求。

（5）安全系数>10，装有上、下限位器及防冲顶限位器，电气强、弱电严格分开；具有过流、过压、过载、断相保护措施。

（6）可靠接地。

5.2.3 复合加强型水平吊杆

该吊杆是一种高强度复合型水平吊杆。其结构主要由三角形桁架主体、插座体、收缆筐、吊挂部件等组成。可以吊挂各种类型的灯具，大中型演播室。其主要特点如下：

（1）三角形桁架主体强度高、刚度好、重量轻。

（2）杆体上装有调光、直通、机械灯控制、DMX512信号、数字灯控制及网络等插座。

（3）用四点吊挂，钢丝绳安全系数大于9。

（4）杆体中的强、弱电电缆分开敷设，防止了干扰。

（5）有上下限位、松断绳及防冲顶保护措施。

（6）电气有断相、欠电压、过电流等保护。

（7）可靠接地。

5.2.4 单机吊杆

单机吊杆，为增添演播室的功能，便于节目制作范围的扩展，在大中型以上演播室的改造、新建中都考虑了单点吊机措施。根据演出的需要可临时搭建，组合成有两种形式：第一，任意一个吊点直接吊挂电葫芦，通过链条导向电源线及吊钩直接吊挂灯具或景片，进行上下自由移动。第二，通过任意两个或两个以上单机吊点安装电葫芦，并与不同规格的桁架，组合成各种几何图形的悬吊组合桁架（有多边形、四边形、三角形等）。悬吊各种不同效果的电脑灯，以满足特殊的演出要求。主要特点如下：

（1）可以临时搭建、组装灵活、灯具可以随处接插，以满足复杂节目创作的特殊布光要求。

（2）高质量的架空起重链、锻造的悬架起重钩、超载保护的电动葫芦及高效保护链均增加了单点吊机安全可靠性。

（3）桁架部件选用优质的铝合金管材焊接而成，利用各种不同规格和弯角组合，与电动链式电葫芦连接，通过电葫芦制动闸，有控制负荷的功能，保障运行的安全性。

（4）单机吊点孔和设备层上吊挂电葫芦的安装吊钩随基建一次完成，电葫芦可根据演播室的发展随时购置。这样既考虑了今后的发展又不会增加当前基建的投资。

5.2.5 灯光吊笼

灯光吊笼一般用在剧场。现在许多电视台都在建设或改造原来大型演播室为多动功能演播室，进行大型综艺晚会现场演出，并带有观众。灯光吊笼是演播室一种新型的灯具安装方式。它的结构主要由提升机、导向滑轮架、伸缩器、钢丝绳及升降平台组成，主要特点如下：

（1）能够吊挂各种灯具，提升速度为5m/min，净提升重量500kg。

（2）安全保护除采用水平吊杆的各种保护外，另外还增加了四条保险链条，使操作更为安全。

（3）操作方便灵活，可以遥控吊笼从地面向上升到所需高度，当使用追光灯时，也可以在平台上直接操作升降。

5.3 灯墙

在演播室主演区三面靠墙处，用钢管和连接件架设可以吊挂灯具的网格框架。吊挂灯具以光束灯为主，也可以吊挂其他类型的灯具。灯墙和幕布不可同时使用，当灯墙不使用时，把灯和灯线收起，仍可以使用幕布。

5.4 三动作数字聚光灯

借鉴国外先进技术，国内研制了三动作数字化聚光灯，该灯传动、控制系统采用闭环伺服控制，DMX512信号传输，具有定位准确、控制精度高、传输距离远等特点，可精确记忆任意场景的灯具水平、俯仰、调焦三动作位置。关键元器件全部进口，使该灯各项技术指标达到国际先进水平。现已在中大型电视演播室广泛应用。具有以下特点：

(1)高效的光学系统:光学系统采用进口高效环带透镜配特制的光学反射系统,聚焦照度高、散光光斑匀、聚散效果好,光效可提高10%。

(2)操作方便多样:可用电脑控制台和掌上控制器对系统进行控制,亦可用数字化调光台进行布光,其通信距离长、传输速度快、抗干扰能力强,并支持所有类型DMX-512国际标准信号控制设备及系统。

(3)闭环检测系统、控制主板、连接板、伺服机构等关键元器件为进口组装件。

(4)结构安全可靠: 电缆采用耐高温的硅橡胶电缆,所有控制电缆均由顶部水平控制箱、灯弓进入,外观干净利落;水平、俯仰、调焦三动作均可手动控制,且手动位置由电位器记忆;控制板由专用金属盒插入,具有削声、减振、维护方便等特点。

5.5 数字化闭环布光控制系统

数字化闭环布光控制系统是采用集散式控制系统构架,应用变频调速技术、微电脑控制技术、语音识别技术等高新技术构成的全数字位置闭环布光控制系统。主要技术特点:

(1)系统结构简单采用了集散式控制系统构架,使本系统结构非常简单,各吊杆控制器和灯具控制器全部通过串行通信电缆相连,各控制器用拨码开关设定地址,最大控制容量达65535点。

(2)采用了先进的变频调速技术:系统中配备了进口变频器,吊杆的起动和停止采用升降速控制,运行平滑,彻底避免了对吊杆和灯具的冲击。停止过程采用能耗制动方式,绝无溜车现象。

(3)位置闭环控制:本系统中电机上装有位置编码器(位置探测),可以测出吊杆升降的高度,与控制电路配合构成吊杆的位置闭环控制系统。各个吊杆位置可按场景记忆和调出。配备数字化机械灯,对灯具的水平、俯仰、调焦等全部实现位置闭环控制,可按场景记忆和调出,满足数字化演播室的要求。

(4)控制方式多样化:吊杆运动速度可调,多台吊杆可以集控,也可以按不同的速度和方向同时运动,满足多根置景布局要求。

(5)系统中按集控数量配备多台变频器,若某台变频器出现故障系统可将吊杆切换至工作正常的变频器,确保每台吊杆都能正常工作,这种系统的冗余设计极大地提高了整个系统的可靠性。

(6)具备返错功能(反馈功能):电源过电压、欠压、电动机堵转、缺相、过电流等故障信息以及吊杆高度、限位状态等运行参量能返送回电脑控制台,使操作人员能及时了解系统运行情况和排除运行故障。

(7)通用性强:国际标准DMX512信号直接控制,兼容各种电脑调光控制台。

(8)操作方便:操作人员不仅可用电脑控制台掌上控制器对系统进行控制,还可通过语音控制系统进行无线语音遥控。在控制箱上装有急停开关,具有可靠性高、不干扰其他设备。

5.6 数字化、网络化的调光设备

越来越多的剧场和电视演播室开始把新一代信息高速公路TCP/IP以太网络技术应用于灯光控制系统中。“传统的灯光设备+TCP/IP网络接口”叫网络灯光设备,“网络灯光设备+现成网路技术” 叫灯光控制网络。所谓灯光控制网络化,是通过网络,可以更可靠、更灵活和更方便地控制灯光系统设备;可以监视灯光系统的运行状况,把可能的事故尽早扑灭;可以保护和开发利用整个灯光系统使用的历史资料;可以与台内其他控制、管理系统平台进行扩展和联接,实现资源共享。

借鉴国外技术,国内有些灯光控制龙头企业已自主创新开发了以系列网络接口和各种根据不同用户需要设计的系统管理软件,如:HDLNET已实现与安全用电控制系统、舞台机械控制系统、办公室办公网络及GPRS移动通信网络、网络摄像头监控、IP电话、环境照明联动、多媒体矩阵联动、智能广播、激光控制、音乐喷泉、LED联动、手机短信报警等多种与演出系统相关的控制网络的同步联动,实现信息资源共享。值得一提的是,近年来,国内灯光控制企业在灯光控制系统TCP/IP网络化及“多网合一”中基本保持了与世界同步发展的先进水平。灯光控制网络系统已在剧场、演播室工程中被广泛采用。

通过以上的介绍可以看出,国内演播室照明系统已经朝着集成化、网络化、数字化、智能化的方向发展,逐步与国际先进技术接轨。但全面进入高清晰度电视制作和播出还要经过较长时间。标清电视与高清晰度电视的制作有所不同,这就给电视演播室的建筑布局、规模及各工种的配合都带来新的问题。如,演播室的尺寸是按标清还是按高清考虑;电视剧场和超大型演播室是合建还是分建;旧演播室是否全都不能使用等。这些问题都与电视中心台的建筑标准有关。建议国家尽快制定关于“电视中心台建筑设计规范”新标准。以杜绝建设规模的无限扩大,建设水平的相互攀比,避免基建投资盲目扩大。

深圳电视中心多功能演播厅灯光系统综述

深圳电视中心筹建办　罗　涵
广州斯全德灯光有限公司　马礼民

摘　要　大型广播电视中心灯光建设是目前广电行业建设者们关注的热门话题之一，其中大规模多功能电视演播厅建设更是重中之重。近年来国内各省市已立项的电视台项目不少，然而灯光建设可参考资料不多。文章以深圳电视中心 1800m² 电视演播厅功能定位为基础，综合介绍该剧场灯光工程项目的总体技术方案、设备配置原则与系统集成规范标准，详述了中国新一代演播厅网络化控制、多功能应用性设计灯光系统的先进性、安全性和实用性。

关键词　ShowNet 灯光网络　完全跟踪备份　网络站点　网络节点　回路分割　连串逻辑功能　一体化电脑操作　无线遥控　控制属性　ACN 协议　双触发双电源热备份处理器　信号掉电保护　场备份记忆　DMX 优先配置　直通与调光回路互换　输出电压调节

大型电视演播剧场(厅)是各电视台电视节目制作的重要场所。深圳电视中心是深圳市 2002 年重点工程，也是深圳市标志性建筑之一。深圳电视中心共有大小演播厅 8 个，其中多功能电视剧场对内面向节目生产，对外开放参与高层次演出市场竞争，是公众参与面最广、建筑面积最大的场所，因而也是电视台重点投资的项目。

为了将深圳电视中心 1800m² 演播厅建设成新世纪“国际先进，国内一流”的多功能电视剧场，深圳电视中心筹建者与建筑工艺设计师、灯光师和设备厂家紧密配合，以科学的态度进行调研、论证和决策，注重工艺设计、前瞻性规划与投资重点，基本实现了演播剧场(厅)灯光控制网络化、智能化，设备选型国际化、数字化，灯光编排专业化、多样化，施工管理规范化、标准化，在满足国家建工与电气要求的前提下，严格执行欧洲标准，以期使该演播剧场工程质量、专业功能和投资效益，达到预期的效果。

1　指标明确，分项招标

深圳电视中心筹建办以“满足功能定位、设备择优录取”为原则，就 1800m² 多功能演播剧场舞台分项目 A：灯光控制系统；项目 B：普通灯具；项目 C：特种灯具及效果灯具等三个标段的设备和有关服务组织招标，并规定项目 A 的中标人作为本工程项目的总协调人和集成商，避免传统“工程总承包制”那种“承包商管不好、供应商管不了”以及多层赢利、价格离奇等弊端，充分调动各设备厂商专业优势资源与工程责任感。与此同时，对系统设计规格档次和各标段配置设备技术指标都作了明确要求。

1.1　项目 A：舞台灯光控制系统要求

1.1.1　系统设计总体要求

①系统应满足话剧、歌舞剧、交响乐、流行音乐、综合文娱演出以及电视节目录制等功能；②系统应充分考虑用户能方便灵活切换系统设备来满足不同表

演功能;③系统应充分考虑其先进性、实用性和可靠性;④剧场灯光用电总容量为900kVA,系统应根据用电总容量来设计,并应充分考虑余量问题,要求不少于600kVA。

1.1.2 系统技术要求

(1)电力布线系统技术要求:电力布线系统施工应符合国家电气装置安装工程施工标准GB50303—2002,电力输出口应与多功能演播剧场灯光的使用及分布相适应,以满足不同灯位灯具的使用要求。灯光布线系统的技术要求应符合GYJ45中3.6条要求。吊杆上电源插座应选用符合CEE-17规格的16A或32A防尘防溅插座。

(2)信号布线系统技术要求:信号布线系统要求是DMX信号系统,系统的主放大器及各分放大器和分配器间具有全隔离保护功能,信号传输可靠,无串扰现象,系统应具有较强的电磁兼容和抗干扰能力。DMX信号插座应选用航空控制插座。

(3)照度要求:普通演出照度要求为1400 lx,电视录像或转播时照度要求为800~1000 lx。

(4)面光、耳光、侧光要求:根据剧场的建筑图,面光应为二道,面耳光灯具要求用大功率高效可变焦成像灯和远程聚光灯(射程为40~60m),照度400~500 lx。变焦成像聚光灯头筒要求可以旋转,低噪声风扇散热,以延长灯泡使用寿命。

耳光要求保证投射距离和投射角度,亮度高,光斑均匀,耳光及侧光采用冷光束灯具。

1.1.3 主要器材要求

(1)调光系统:调光系统包括调光控制台和调光立柜,应选用信誉良好的、具有高可靠性的世界名牌产品。舞台调光系统是灯光系统的核心,为保证能与国际接轨,满足世界各地和国内有影响的演出团体要求,本系统设备必须符合CE标准、UL和cUL标准,且获得ISO9001国际认证。

(2)调光控制台主、备各1台:①要求采用TCP/IP网络化的数字调光控制台;②至少要有800个光路、8192个输出回路;③同时可控制500路的换色器和电脑效果灯,并可以随时按需要增加;主、备控制台运用全跟踪备份方式以保证节目安全制作和播出;④通过网络显示整个系统工作情况,便于操作员及时准确地处理问题;⑤对于主调光控制台,备份控制台及场灯控制器应选用网络化技术的控制台。

(3)调光立柜:①要求每个调光回路(硅块)输出功率不低于5kW,并且在调光立柜处可控制调光硅块,以备急用;每个立柜有96路输出回路,有以太网络接口;②要求有将每个调光回路转换为直通回路的功能,原则上每个调光回路都应有可转换为直通回路的功能,更换方便快捷,安全可靠。

DMX配线立柜(或网络节点分配器):要求DMX信号输入、输出信号可灵活调整、分配,输入信号也可以多点输入调配,应有一级放大功能。DMX配线立柜安装在灯光控制室内。

1.1.4 舞台灯具

(1)灯具种类要求。

①进口舞台灯具包括环带透镜(菲涅尔透镜)聚光灯、单凸镜聚光灯和冷光束成像灯;②灯体结构是铝合金压铸成型,国际知名品牌;③灯具必须符合CIE标准,用镀膜光学玻璃透镜的高光效镜头,光束质量高,无畸变。所有灯具都要求性能稳定、高效节能,同时保证色温稳定;④螺纹聚光灯、单凸镜聚光灯规格要求为2.5kW。

(2)主要指标。

螺纹聚光灯:①点光斑(7°),投射距离20m时照度不小于900 lx,光斑直径约2.6m;②泛光斑(57度),投射距离15m时照度不小于150 lx,光斑直径约18.7m;

单凸镜聚光灯:①点光斑(4°)投射距离20m时照度不小于1400 lx,光斑直径约1.6m;②泛光斑(58度)投射距离12.5m时照度不小于185 lx,光斑直径约14.2m。

成像灯:①具有变焦功能;②光源要求为2000W;③中焦成像灯的投射距离为30m时照度应不小于680 lx;④短焦成像灯的投射距离为30m时照度不小于130 lx;⑤高效冷光束、体积小巧;

新型成像灯:①要求选用定焦冷光束新型成像灯(具体度数根据侧、耳光的设计确定);②以冷玻璃为反射碗,光源要求为600W左右;③灯体能作360°旋转,能有传统灯具1200W的光效。

天幕灯、地排灯:①灯管装卡方法为大夹式,要求安全可靠。反射器须用进口铝板制作,并进行柔光处理,侧面反射面用进口镜面铝板制作。要求性能稳定,均匀散射,光效高;②天幕灯要求幕灯是4×1250W,要做到离幕布3.3m、7m高散射下时,离地2m还可测到有不小于1450 lx的照度;③地排灯同样要求规格是4×1250W,要做到均匀散射。离地2m时照度不小于

1500 lx；④所有灯具都要求性能稳定、光效好，同时保证色温稳定，色温为3200K。

1.2 项目B：普通灯具要求

1.2.1 柔光灯

①反射器需用进口铝板制作，并进行柔光处理。侧面反射面用进口镜面铝板制作；②要求性能稳定，均匀散射，光效好；③柔光灯中心照度大于或等于1500lx。

1.2.2 PAR筒灯

采用优质铝合金，壁厚不小于1.2mm，结构合理，功率为1kW。

1.2.3 换色器及配件（略）

1.3 项目C：特种灯具要求

①要求灯具重量轻、体积小、电机噪声小、散热好、发光效率高、复位系统可靠；②要求0～100%平滑全调光，光圈可调，有CMY无级换色系统，DMX512控制，适合任何DMX通信协议的控制台；③要求2台灯具配一个箱子，并全部配备灯泡、附件及说明书。

1.3.1 摇头图案电脑灯

①使用575W全卤灯，色温为6200k，750h寿命，要求配备热起动灯泡，可以由灯光控制台开关灯泡；②采用椭圆/球形反光系统；③电源为200～240V AC 50Hz；④两组图案轮，10个全可双向自旋图案，应能组合出35种图形效果；⑤具有雾光功能和淡变功能；⑥透镜具有自动校正脱轨的功能；⑦具有频闪功能，无风扇散热系统；⑧具有软件升级功能；⑨数码控制的步进电动机，防水防震的菜单显示；⑩不少于24个DMX512控制通道；⑪180标准光束的透镜，可选130和300的窄、宽光束的透镜；⑫扫描角度370°×225°；光敏纠错编码器，可自动校正，使灯具归位；⑬软件应能升级，应符合UL、ETL、CE和CSA等安全及EMC标准冷气的专业灯认证的要求；⑭应具有三基色CYM调色系统功能；⑮带有电动遮菲。

1.3.2 摇头效果图案电脑灯

①采用CMY换色系统，3色混合，可进行5600K/3200K色温修正，可实现无限变色；②灯头的光学系统可由效果投影单元选择更换为染色单元，更换灯头、图案片和灯泡时不需任何工具；③电子变焦透镜电子聚焦，电子可变光圈；④色轮+色温校正，静态图案片加有刻度指示的旋转图案片，有刻度指示的旋转棱镜，紫外光效果、渐变柔光；⑤水平扫描范围为450°，最大速度为4.0s（360°）；分辨率=1.76°、微调=0.007°；⑥垂直扫描范围为252°，最大速度为3.2s（252°）；分辨率=0.98°、微调=0.004°；⑦自动化水平俯仰再定位；⑧具有频闪功能和阻断功能；⑨DMX512信号驱动，DMX通道数：16+3；⑩光输出：110000 lm。⑪电源：200～240V AC 50Hz；⑫新型1200W灯泡，色温6200K，750h寿命，要求配备热起动灯泡，可以由灯光控制台控制灯泡开关。

1.3.3 摇头染色电脑灯

①采用CMY换色系统，4色（CMY+Amber）渐变色温校正（CTC），可进行5600K/3200K色温修正，可实现无限变色、紫外光效果；②灯头的光学系统可由染色单元选择更换为效果投影单元，更换灯头、图案片和灯泡时不需任何工具；③机械调光，亮暗调节；④水平扫描范围为450°，最大速度为4.0s（360°）；⑤垂直扫描范围为252°，最大速度为3.2s（252°）；⑥具有频闪功能和柔光雾化功能，圆化光束功能；⑦DMX512信号驱动，DMX通道数：11+3式；⑧光输出为110000 lm；⑨电源为200～240V AC 50Hz；⑩新型1200W灯泡；色温6200K，750h寿命，要求配备热起动灯泡，可以由灯光控制台控制灯泡开关。

1.3.4　氙气泡追光灯

①2kW 氙气追光灯的投射光性能在 60m 时应有 3250 lx,4.3m 直径的光斑,寿命不小于 500h;②包含不少于 6 色色片架;③变焦范围为4.50～10.50;④光斑造型可调;⑤要求配备灯泡、灯架及附件、说明书。

1.3.5　金属气泡追光灯

①2.5kW,色温稳定并达到 6200K;②投射距离应达 60m 以上且照度衰减小;③包含不少于 6 色色片架;④变焦范围为 4.50～10.50;⑤光斑造型可调;⑥光圈、聚焦均可调,光圈轮廓清晰;⑦要求配备灯泡、灯架及附件、说明书。

2　功能定位,深化设计

作为多功能剧场灯光工程总协调人与设备集成商,广州斯全德灯光有限公司本着认真负责的态度,组织公司系统设计师及国内外专家顾问,根据深圳电视中心 1800m² 多功能演播厅的功能、结构和应用特点,进行了深入细致地分析、研究,最终设计出了一套完整的灯光系统方案。在灯光控制系统上选用了国际最早开发,技术较成熟先进的 ShowNET 网络化智能控制系统,主要设备全部采用国际知名品牌英国 Strand 原装进口产品,应用“无线网络”、“节点游走”等目前国际领先技术;舞台灯光设计和灯具种类数量基于现代灯光设计需求和“灯光方案快速转换”管理要求,对比当今世界上绝大部分的剧场、歌舞剧院及多功能电视剧场的经验。更主要的是本设计是参照当今在英国、中欧及东欧各大型演出场合中的灯光设备技术指标来完成。系统推荐的设备包括灯控网络、调光台、硅柜(调光和直通)、多种舞台灯具、电脑效果灯、效果器、追光灯均为世界著名品牌产品,科技含量与性能指标堪称国际一流,在全球多数著名剧院得到了充分应用。从而实现深圳电视中心多功能厅“国际先进、国内一流”灯光方案的设计和配置。

本次方案的设计思想,主要考虑系统配置的可靠性、先进性、合理性三方面。

2.1　系统配置的可靠性

深圳电视中心 1800m² 多功能演播厅,作为大型歌舞剧、话剧、音乐剧、综合文艺演出及电视节目录制,灯光系统的可靠与否尤为重要。为了确保灯光系统的可靠性,首先必须选择质量可靠的灯光设备。其次,在灯光系统的核心部分必需要有先进可靠而又合理的备份系统。

(1) 质量可靠的产品。本次方案中选用的英国 Strand 550i、520i 电脑调光台、Strand CD80SV 调光硅柜及 Strand 灯具和网络设备均获得 CE、UL、CUL 国际认证,在包括中央电视台、上海电视台等大、中型演播厅以及北京人民大会堂等众多的舞台得到了广泛的应用,并以极佳的可靠性和稳定性得到了广大用户的赞许。

(2)先进可靠的备份系统。一个完整的灯光系统设计方案,必须考虑系统核心部分的备份方案。调光系统的可靠与否将直接影响整场演出的正常进行。因此,本方案中选用了目前世界领先技术的网络调光技术,即由主控台 Strand 550i、备份台 Strand 520i 与 CD80SV 之间通过网络设备 Strand SN103 等构成灯光控制网络。灯光师在编辑灯光效果时,可以远程调用打印资料并对灯光系统运行状态进行监控(如灯具、调光柜的工作情况)和实施纠错;另外,Strand 550i 与 520i 两电脑调光台之间可相互学习、相互备份,即可实现实时同效果的完全跟踪备份,确保演出安全可靠;Strand CD80SV 调光立柜在其核心部分——电子处理器亦采用双触发双电源热备份设计,以确保整个立柜安全、稳定的运行;Strand CD80SV 还具有控制信号掉电保护及 99 个备份场记忆功能,使其成为系统的二级备份,确保演出万无一失。

2.2　系统配置的先进性

在灯光系统的设计中,应充分考虑灯光技术未来不断发展升级的需要和系统的可扩展能力与兼容性,尽可能在不增加硬件的前提下,满足用户将来因演出规模增大等原因带来的灯光扩容和技术升级的需要。本设计方案中选用的 Strand 550i、520i 调光台均采用奔腾Ⅱ处理器,通过软件升级可以同时控制 6000 个光路通道,2000 个换色器或电脑灯,在同一定义的关系台上可有 18000 个控制回路,完全可以满足用户未来扩容及技术升级的需求。主副调光台均能兼容灯光设计软件和 TCP/IP 网络通信协议,支持未来 ACN 通信协议;控制系统还配有无线遥控器,方便灯光师现场对光及效果编辑,有效提高装台效率;本方案选用的灯具均为 Strand 公司近年来技术改良的最新产品,科技含量、制作工艺与性能指标具国标领先水平;所有螺纹聚光灯、单凸镜聚光灯、成像灯、灯体结构均为铝合金压铸成型,采用镀膜光学玻璃透镜的高效镜头,光效好,色温稳定。

2.3　系统配置的科学性和合理性

灯光系统设计除了考虑其可靠性和先进性,还必须考虑系统是否科学、合理与实用,本设计方案主要考虑了以下几个方面：

(1)系统最大限度地满足用户的使用要求。本项目灯光系统设计能满足歌剧、舞剧、话剧、音乐剧及大型综艺节目制作的要求，灯光布局设计重点考虑了提供给使用者的灯光系统输出终端(插座)的分布是否合理，数量是否足够等关键问题，可以满足国内外不同灯光设计师在不同的艺术表演形式时不同灯具布局的要求。

(2)方便灯光设计师实现灯光艺术创作。Strand 550i、520i 电脑调光台都具有强大的一体化电脑控制网络、2000 个场、1000 个组、2000 个宏、600×99 步灯光效果、99 个灯具资料库、3000 个 SMPTE 事件、9 个远距离视频。为灯光师提供了一个完善的方便创作的工作平台，极大地满足了灯光师的创作欲望；先进的无线遥控装置，方便灯光师对光及效果编辑现场，在遥控模式下，每个控制台有其自己独立的输入命令和显示，并可把控制回路的数据进行“Partitioned”(分割)并加以记录。这种功能容许一个控制台独立记录控制回路于主 CUE 场上，而与此同时，其他灯光师可利用他们的回路分割并执行在同一个 CUE 场上。带着独自的显示及唯一的回路列表，每个控制台的回路分割可以是整个系统的任意一部分，从而满足舞台上各种需求。灯光控制网络方便灯光师查询、储存和打印设计资料。

(3)场灯控制系统采用皮密亚系统为核心，并跟 ShowNET 系统平行架设于调光柜 Strand CD80SV 上，能够提供与民用控制一样简便直观的界面，又可在功能编程上增加功能运行连串逻辑于一个按键下。这种独特的设计更加方便灯光师进行现场舞台灯光与剧场观众照明灯光的切换，营造一个浓厚的艺术气氛。

(4)ShowNET 网络系统中有一台电脑平台作为整个网络中 DMX 信号输入、输出间光路的分配及监控，人机界面容易操作，可让 DMX 硅路号之间作自由组合，大大提高了系统的灵活性。

综上所述，本设计方案根据深圳电视中心 1800m^2 演播厅多功能，高档次定位的要求，包含了下列国际高科技手段：①最新的无线网络系统；②最新发表的工作电源于网络线材中游走的标准；③TCP/IP 网络通信技术；④DMX 优先配置；⑤风机无级变速；⑥高效滤波扼流；⑦高速率晶闸管响应与高精度数字触发。

该灯光系统设计内容包括如下先进理念：①网络化全跟踪式备份模式；②最新的无线场景遥控；③控制台回路分割理念；④网络浏览与监控体系；⑤多点多人控制与监察；⑥舞台与观众席同台控制；⑦功率点与节点合理广泛性分布；⑧高光效冷光束成像灯铺光方案；⑨灯光方案快速转换计划；⑩节目排练与场地维护照明计划。

深圳电视中心 1800m^2 多功能厅灯光方案系统的设计与设备配置，充分应用了灯光厂商网络化、智能化、模块化的最新研究成果和设计理念，充分考虑了系统的可靠性、先进性和合理性，以其高质、先进、灵活和多方位的特色，体现了灯光系统的现代化、智能化。

3 精心策划，规范施工

灯光工程的特点是：与土建等项目比，工程量不算大，但工程技术含量高；需要严格的设计与选材，需要合格的预埋、穿管技术；需要可靠的焊接技术；需要科学的调试检测手段等；工程灵活性强，但承担的责任重。无论电视台或剧院，多数为各级政府重点工程，对施工质量、技术及安全生产要求特别高；工期一般较紧，施工场地多受限制，高空作业，多工种交叉，所以有关施工管理人员必须提前安排好施工工序，合理配备劳务人员;综合施工工程,破墙及地面土建加填、架子搭设等,在装修过程中都需土建专业和其他设备安装队伍密切配合,确保施工的进度和安全;与舞台机械、舞台普通灯具和特效灯具关系密切,无论在工艺设计、安装施工与设备调试过程都必需协调好。

3.1 灯具安装注意事项

(1)严格检查每台灯具的零配件是否完备,有无松脱现象,可调部位是否灵活,确认完好才进行安装;

(2)灯具固定以后,还要确保灯具能在固定点上可以上下左右灵活地调节投射角度;

(3) 用灯尾线将灯具与调光输出插座连接的时候,要确保有良好的接触,灯尾线要预留适当长度,确保灯体可以灵活转动;

(4)安装灯泡的时候,应避免用手直接接触灯泡的玻璃部分。必要的时候要戴上手套。

3.2 电脑调光台和数字调光柜的安装

调光台控制室和数字调光硅柜控制室要作防静电地面;电缆地沟深度应大于0.5m,硅柜按尺寸作基座施工;硅柜距后墙和侧墙大于1m,离地20cm;控制室和硅柜室要有通风设备以保持干爽,硅柜和控制台电源用专用变压器,与音、视频电源相隔离。

3.3 灯光控制系统的调试

对于复杂的剧场灯光系统,由于涉及人物和舞台布景的照明以及不同需要的灯光造型,所以这方面的调试包括了灯光的色调、色彩、色温、亮度、投射范围、调光台的场景、序列程序的编辑等多方面的内容,不是一般实用工程所能简单调试的,其中控制系统的调试是工程调试的关键,该系统涉及的设备最多,调试的部位也最多,遇到的问题也可能最多,所以要首先集中精力完成它。需要准备的仪器和工具有:电流表、DMX发生器、示波器、万用表、网络线校正器、绝缘检测仪器等。

网络线路检测无误后,就将调光硅柜、电脑灯、换色器等设备逐一接入系统,在较小的负载下,逐一检查调光硅柜、电脑灯、换色器等设备,为下面的调试作好准备。

3.3.1 电脑灯的调试

首先,应仔细检查每台设备的单独运行状况,电脑灯的灯泡和镀膜玻璃都要求佩带棉线手套安装,不允许直接用手去接触;安装要牢固,保护措施要完备,必须确保安全。因为电脑灯内部的控制系统和机械部件比较精密,灯光耗电功率大,保护措施也相对比较完善,所以如果由于运输或安装的原因造成内部控制元件或灯泡损伤,电脑灯一般不会正常工作,而想要在复杂灯光系统中确认这种有故障的电脑灯的故障原因比较麻烦,因此要在系统连接或安装以前就单独检查每台设备的状况,这样才能达到既检查灯具又检查控制台的目的。

其次,要正确进行灯具的设置。可以说所有的电脑灯都要在正确的设置下才能正常工作,所以要使单元和系统处在正常有序的状态下,正确的设置非常重要。设置的内容包括:灯具的控制形式,电源的供应方式,运动范围、灯具在系统中的地址,控制线终端的处理。其中,灯具在系统中位置的设定在工程中经常发生错误,它的设定是以地址码的选择来进行的,即灯具上DIP开关必须严格按照产品说明书提供的表格进行设定,不能草率行事。

3.3.2 舞台灯具的调试

①认真检查各舞台灯具的外部连接是否正确及外观是否完好;②仔细检查单机运行状况及整体运行状况;③严格符合合同所述舞台灯具的技术要求。

在上述项目进行完成后,需要检查一遍网络电脑调光台以及电脑灯控制台的运行速度和现场的灯具,电脑灯、换色器、烟机等在线受控设备的动作响应时间是否一致,电脑灯、换色器、烟机自检是否正常等,另外还要注意灯光系统与音响系统和视频系统相互有无干扰,若有,则记录下产生干扰的时间和具体设备的型号,以利于日后解决。

4 结束语

目前,深圳电视中心的1800m^{2}多功能演播剧场已于2004年5月竣工并投入使用。实践证明,目标明确、设计先进、精选设备、严于管理是工程项目取得成功的几个重要环节。

参考文献

1 深圳市国际招标有限公司.深圳电视中心1800m^{2}多功能演播剧场舞台灯光系统及设备采购招标文件(招标编号:0658-SZ021197),2002年4月10日

2 广州斯全德灯光有限公司.深圳电视中心1800m^{2}多功能演播剧场舞台灯光系统及设备采购投标文件(投标编号:GZSL020523),2002年5月23日

攀枝花学院学生会堂光、电设计

攀枝花市规划建筑设计研究院　徐兆峰

攀枝花学院学生会堂的观众厅有效容积为 8032m³，满场时可容纳观众 1068 人，是集各类会议、小型表演、电影放映等多种需要于一体的多功能大厅。综合性强、技术性高，光、声、电设计比较专业、系统。设计的理念是：门厅，青春的殿堂，迎合校园的氛围，展现知识与青春，诠释庄重和现代；观众厅，迎合多功能的需求，庄重而不失活力，豪放而不拘小节。选用较经济的材料，构成现代沉稳的典范。风格定位尤如夏日冰茶，清凉而浅淡。

1　光——照明设计

由舞台照明、门厅照明、观众厅照明及疏散照明组成。

（1）学生会堂的照明重点是舞台照明，它比较注重功能性。

（2）门厅的照明注重于装饰性，高档影剧院使用花吊灯，显得较豪华；一般影剧院可以使用格栅发光顶棚或光带（学生会堂由于门厅层高受限，故采用此种方式）。这样做，比较经济且有开阔的视野。

（3）应根据观众厅的功能用途，进行合理的照明设计，以满足不同用途的照明要求。使用调光或控制线路，可以根据需要开关一定数量的照明器，调节照明水平。

（4）设计疏散照明，其主通道上的照度不应低于0.5lx，以满足安全疏散的要求。

（5）能满足摄影摄像的照度和合理的用光要求（考虑到总体投资预算和实际使用情况，对歌舞表演等作常规舞台机具、舞台灯光设计）。

1.1　舞台灯光照明

下面分别对舞台灯光的名称、安装部位、功能及设计要求进行简单介绍，各部位舞台灯光相应的功能及灯具配置见表1。舞台照明主要是解决舞台演出、表演以及特技所需要的照明。设计中采用高亮度散光灯具，以使照度分布均匀。

灯光的艺术与气氛的处理：面光、顶光、侧光、逆光等主照明灯具选用八色数字换色器，灯光设计师巧

表1　各部位舞台灯光相应的功能及灯具配置

种类	部位	功能	灯具
面光	置于舞台大幕之外，观众厅顶部	光线从正面投射到舞台前表演区，以观看演员的立体效果	聚光灯为主，回光灯为辅
侧面光	在观众厅挑台两翼和楼厢上设置	光线从楼上左右两侧投向舞台表演区，作为面光的补充	聚光灯为主，回光灯为辅
耳光	舞台大幕之外，左右两侧靠近台口位置	光线从侧面左右交叉地投向舞台表演区，用来加强舞台布景、道具和人物的立体感	聚光灯为主，回光灯为辅
顶光	装在大幕后顶部，灯光渡桥（吊杆）上的灯具可升降	光线自上部投射于舞台前、中、后表演区，作强光照明用	聚光灯
柱光	装于舞台台口大幕内两侧（可升降）、左右移动的活动台口，或立式铁架上	光线从台口内侧投向表演区，弥补面光、耳光之不足，还可更换色片或作追光用	聚光灯为主，回光灯为辅
侧光	设在舞台两侧一层天桥上	光线从高处左右两面投至舞台表演区，是照射演员面部、场景，增加立体感的辅助灯光	聚光灯
脚光	大幕外台唇部位的条灯，装在舞台前沿的灯槽内	光线从台板向上投向演员面部，以消除鼻下阴影，弥补顶光、侧光之不足，闭幕时还可以打出色光改变大幕的颜色	由球面、抛物面或椭圆形反射器组成的成排灯具
天排光	为台口上部天幕前（3～6m）吊杆上和特制顶光渡桥上的灯，从外向里有一道、二道天排光	光线从上部俯射天幕，作天空布景照明用。要求灯具功率大，光色变换多	泛光灯，且要求照度均匀，投光角度大
地排光	指舞台衬景后、天幕（3～4m）前边台板上，或专门设立的地沟槽内的灯光	光线从下部仰射天幕，用来表现高山、地面、日出、日落的景观，并能显示出天空和地平线“无限遥远”的效果	泛光灯、云灯、效果灯、特制的幻灯（自下而上地照射）
流动光	放置在舞台侧面边幕处、台板上带有灯架、可自由移动的灯光，其插座装于台板里并加盖	光线从舞台左、右两侧照射演员，角度可任意调整，以满足演出中对特定艺术气氛的要求	聚光灯、柔光灯

妙地运用红、绿、蓝、白等色光，通过光线强弱和混合光量的比例变化，便可制造出各种理想的色光。运用智能化电脑灯控制台的操控能使舞台上的灯光颜色、图案千变万化，实现舞台染色的智能化，灯光设备数字化，灯具功能多样化，灯光效果立体化。

1.1.1 面光

用作舞台人物造型，使观众可以清楚地看见演员的艺术形象，要求能射进舞台进深3/5的位置。对面光的投射角度有一定要求，表演前区的演员面部（在表演区的1/3处取1.5m高）面光投射角最好取45°为宜，最小不少于30°，最大不超过50°。投射角越小，则越能消除面部阴影，但会变得呆板平淡，人物在布景上也会留下繁杂的阴影。相反，如果投射角在45°以上（特别是60°以上），布景的阴影虽被消除，但作为正面的远程会议摄像专用冷光束灯的效果却相应减弱了，增加了阴影，使演员表情显得冷酷，令人不愉快。

1.1.2 耳光

一般分三层，由台面上2.2m算起，每层高度约2.2～2.5m。中间层的角度最好，灯光也最多，一层和三层次之。耳光角度取25°～30°较理想。计算角度时，要考虑假台口(应离台口20cm)，打出光圈的切线不受台口侧墙的妨碍。耳光开口宽度为1～1.5m，具体情况视灯具多少而定。灯光中心应能射至表演区的2/3深处。

1.1.3 顶光

紧靠大幕的幕布后面装第一排顶光灯，以后按大约2m间隔在各檐幕后装二排、三排、四排顶光灯。

自上而下的照明类似夏日正午日光直射，光照物体投影小，明暗对比强烈。

1.1.4 脚光

位于缩进台口1～1.5m处。演出时，能迅速投入使用，不用时又可隐藏起来。此灯设在舞台地面上，会使舞台视野受到阻碍，如果嵌入舞台，又会产生暗区，因此，常使用半嵌入式或在灯具上加装椭球反射器，这样既可避免产生暗区又不影响观众的视野。

1.1.5 侧光（桥光）

侧光投照以舞台中心轴线的30°为宜，最大不超过45°。光线自左右及左上、右上、左下、右下方向的照射，光照物体投影明确，立体感较强，层次丰富，是人们最容易接受的光照方式。

站灯（侧光）是补充桥光由上至下不均匀的地方。

1.1.6 逆光

来自正后方的照明，光照物体的外轮廓分明，具有艺术魅力的剪影效果，是摄影艺术和舞台天幕中常用的配光方式。

1.1.7 追光

追光一般设置在面光桥的中心区，大型剧场的追光灯设置在观众席后面的二层楼上。

1.1.8 天排光

天排光灯装于天幕前舞台上部的吊杆上，发出专门俯射大幕的灯光。天幕水平灯装在吊杆和灯光渡桥上，自上部照射天幕，作为天空布景照明用。

1.1.9 地排光

地排光灯装在衬景后面，天幕前边的台板上或专设的地板槽内，是仰射天幕的灯具。用来表现地平线、水平线、高山、日出、日落等场景。

1.2 攀枝花学院学生会堂舞台灯具选型设计说明

（1）以2kW电影回光灯为光源的主光，以聚光灯作基本（底）光。

（2）选用灯色温高，显色指数合理。2kW电影回光灯色温在3200K左右，2kW电影聚光灯色温在3000K以上，能够满足会议、文艺演出的需要（目前摄像机的标准色温要求有两种：①3200K标准色温的普通摄像机；②3200K标准色温并且兼容5400K标准色温的摄像机）。

（3）调光设备为国内知名品牌CEE，选用当前先进的舞台数码控制设备，具有线性好、触发精确度高、稳定性强等特点。

（4）为满足演出的人物造型或物体的立体效果需要，选用了电影回光灯作为面光照明和顶光照明；电影回光灯适应大型歌舞晚会需要强烈照明的场合，以增强歌舞剧布景层次。

（5）为了突出气氛和满足一般歌舞晚会多姿多彩的艺术效果，选用8台HMI-1200电脑扫描灯用作舞台定点光及特殊光。

（6）舞台设备用电负荷约270kW，舞台表演区垂直照度不低于100 lx，不但满足了一般现场节目的制作和文艺节目演出、排练的需要，而且为大型的歌舞晚会提供了较合适的照度，使整个舞台呈现多彩的灯光艺术风格。

1.3 会议灯光

远程会议摄像采用专用冷光束灯（3200K标准色温，2.5kW石英泡）分色平铺在主席台上前方，为会议提供标准照度的照明（含重点照明与气氛烘托照明）。重点照明主要是为会议主席台上讲话的人服务，该照明是以基本光为主,适应对人物造型的处理。

背景照明,主要是对主席台背景或徽标(会标、会旗)的照明,以营造庄重、温馨的氛围。

1.4 观众厅照明

学生会堂有多种用途。若用作放电影,则照度可减少到 20~30 lx;如用作报告厅,则需要书写记录,观众厅的照度就必须增加到 100~300 lx。

进行观众厅的照明设计时应注意:

(1)光源的亮度要低,使观众不感到眩目,否则会影响观众观看演出;

(2)在观看演出时,光源不能出现在视野中,因此一般使用嵌入顶棚的下射式灯具;

(3)观众厅的照明不能防碍舞台照明和放映;

(4)要便于从顶棚内部进行维修,以便于平时清洁照明器和更换损坏的光源。

观众厅的照明器排列布置应与顶棚的建筑结构相结合,进行合理的设计,以获得理想的照明效果。可以使用灯具组合成各种图案,给人一种华丽的感觉;对于其建筑结构是由许多平面按顺序层次排列而成的顶棚,可采用荧光灯横向线状排列,并依据顶棚的横向走向形成自然的光带,显得自然而华丽;一般顶棚都是分层式的,带有安装隐藏光源的地方,使整个观众厅显得光线柔和;如果顶棚有雕花灯等其他建筑装饰,将更显雅致。

观众厅常设有壁灯,主要是用于照亮两侧的走道,同时美化整个剧场,其布置的形式可根据剧场的高度、场地的大小而定,主要的原则是美观。

在厅间通道上应设置对号地排灯,一般设 24~36W的白炽灯,也可以作为夜行灯,以引导观众。

观众出入口一般不设置照明灯,以免演出时光线漏入观众厅,影响观看效果,常设置太平门标志灯,以指示出入口。

良好的会议照明系统是必不可少条件之一,攀枝花学院学生会堂观众厅照明设计要点如下:

(1)根据国家标准 GB50034—2004《建筑照明设计标准》5.2.4 条,影剧院观众厅照明在 0.75m 水平面的照度值应大于 200 lx。该项目为学校会堂,有可能进行视频会议及多媒体报告,参照学校建筑照明标准 5.2.7 条,多媒体教室照明应大于 300 lx,故本项目设计照度值为 300 lx。

(2)观众厅顶棚高度在 10~15m,灯具维护较困难,故灯具的寿命和品质十分重要。

(3)考虑到举行视频会议及多媒体报告会的需要,观众厅灯具采用可调光电子镇流器,配合适当的

调光系统，可方便演讲、多媒体演示、观众做笔记等众多灯光场景的切换。

2 电——学生会堂的供电

2.1 舞台灯光设计中应注意的几个问题

（1）舞台灯光的供电电源，要根据剧场的等级和舞台灯光回路数来确定是否采用双路供电。

（2）舞台灯光以单相照明负荷为主，三相负荷不平衡的情况较为严重，且晶闸管调光设备将产生较大的谐波分量。因此，剧场的供电变压器宜采用 D，ynll 的接线方式，并且晶闸管柜的供电电源中性线截面应不小于相线截面的 2 倍。

（3）剧场对音响的质量、效果要求较高，为了防止晶闸管设备对音响系统设备的干扰，应选用每一调光回路带有滤波装置的调光设备。并宜采用电声、电视传播设备的电源与舞台灯光供电电源引自不同的变压器的做法，以使舞台电机启动引起的电压波动不超过±3%，或者为这些设备设置变比为 1 的隔离屏蔽变压器。在条件允许的情况下，加装 UPS 电源，会大大提高扩声系统的供电质量。

（4）因调光柜的配出线较多，一般采用柜底下出线方式，且晶闸管室宜采用架空地板，以方便布线，并应考虑散热及通风设施。

（5）舞台调光回路的配电线路，宜采用单相配电。由于舞台灯光配电回路较多、较长，配电线路宜采用铜芯绝缘护套导线，沿金属线槽布线。

（6）晶闸管室应有专用的接地干线引至接地极，以保证调光柜内电子元器件工作的可靠性。

工程接地型式采用 TN-S 系统。防雷接地、电力系统工作接地、电子设备接地共用一个接地系统，利用建筑物基础内的钢筋作接地极。机房设备采用 40mm×4mm 镀锌扁钢作室内等电位连接线，并在机房留出接地端子，联合接地系统接地电阻不大于 1Ω。

为防止扩声系统的交流声，应避免设备多点接地，应采用单点接地。为更好地满足这一要求，在音响控制室内设单独的接地端子箱，扩声系统所有设备的接地均由此而来。用截面积不小于 $25mm^2$ 铜芯电缆与室外接地极可靠连接，接地电阻不大于 1Ω。

2.2 舞台灯光的配电及控制

舞台灯光的配电系统主要由舞台灯光的电源配电柜、晶闸管调光柜、灯光控制台及灯光专用电源插座组成。舞台灯光的电源，通常由低压配电室采用专用回路供电。专用回路配电按每回路 2～6kW 计算。

灯光控制：为了满足不同用途对照度的要求，需要不同的灯光控制，即在已定的灯具布置下实现不同的用途、不同照度所需要的开灯方案。一般灯光控制有继电—接触器控制、微机—晶闸管控制两种方式。继电—接触器控制：技术比较简单，开灯方案单一且操作不便，不能满足多功能堂馆灯光灵活多变的要求。微机—晶闸管控制：能预先设置开灯方案，也可根据现场情况调整设置，能对大多数光源(白炽灯、高强气体放电灯等)进行自动调光，使室内照明达到最佳。

为了尽量缩短灯光的配电线路，调光柜和舞台配电设备应设在靠近舞台的单独房间内。攀枝花学院学生会堂设计采用远程数字控制方式，而不是将灯具电源线全部到达控制机房的传统做法，从而减少干扰、降低造价。

传统模拟控制方式如图 1 所示。

现代数字控制方式如图 2 所示。

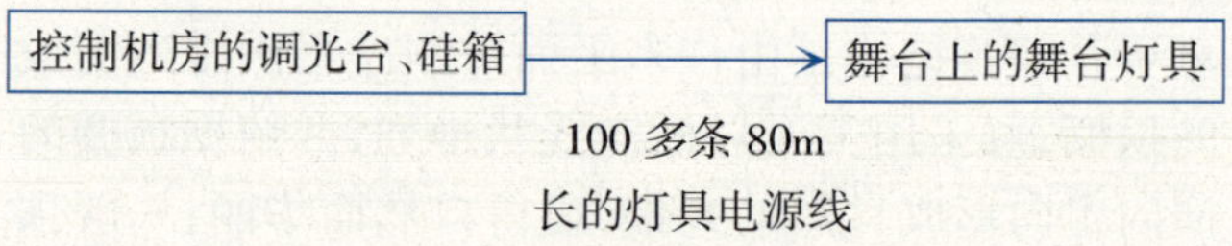

图 1 传统模拟控制方式

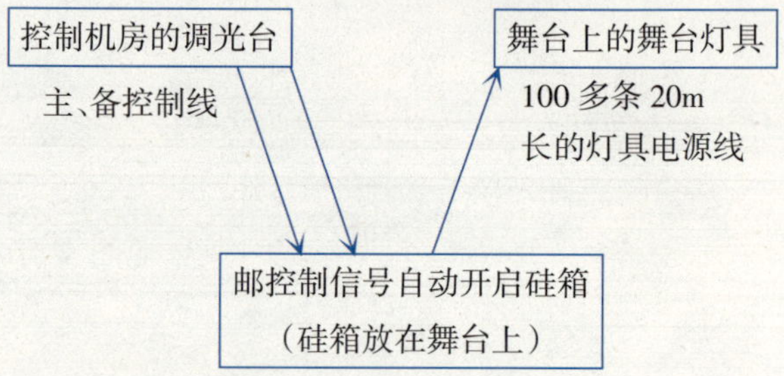

图 2 现代数字控制方式

参考文献

1 梁华.建筑弱电工程设计手册.北京：中国建筑工业出版社

2 周太明等.电气设计照明.上海：复旦大学出版社

3 钱祺，胥正祥.体育馆扩声系统设计.2001 年建筑电气技术文集.北京：中国电力出版社

4 任红.剧场舞台灯光的电气设计.建筑电气.2003(1)

5 陈日失宏，蔡楚珍.大中型多功能体育馆电声系统设计.建筑电气.2003(4)

办公建筑的照明节能

中国建筑科学研究院建筑物理研究所　张绍纲

办公建筑包括的范围比较广泛，各级政府机构、企事业单位、金融机构、通用写字楼等均属办公建筑。在我国，办公建筑的建筑面积仅次于居住类建筑的总建筑面积，特别是在我国实行改革开放政策之后，随着我国经济建设的快速发展，兴建了大量现代化、智能化的办公建筑。与此同时，各种既有的办公建筑也在不断地改建和翻修，办公建筑照明的用电量也随之增长。新颁布实施的《建筑照明设计标准》，大幅度提高了办公建筑的照度标准并规定了办公室的用电指标，是以照明功率密度（LPD）作为评价指标的强制性执行标准。在办公建筑中实施照明节能，对于把我国建设成为一个节约型社会和环境友好型社会具有重要的意义和深远的影响。为此，笔者就办公建筑照明用能现状、存在问题以及应采取的技术措施作如下论述。

1 办公建筑照明用能现状

1.1 重点调研和普查结果

2002 年，有关单位对我国六大地区和 187 所办公建筑进行了重点调研和普查，现将采用 LPD 方法进行评价的调查结果列于表 1 和表 2。

1.1.1 重点调查结果

各类房间的照明功率密度及其所占比例如表 1 所示。

1.1.2 普查结果

各类房间的设计照明功率密度及其所占的百分比如表 2 所示。

另据 2000 年对北京市 10 幢现代化办公大楼的调研结果表明，这些办公场所的照明功率密度在 13.0~31.5W/m² 范围之间，平均照明功率密度为 22W/m²。

1.2 国内外办公建筑的照明功率密度值

国内外办公建筑照明功率密度值如表 3 所示。

1.3 调研结果分析

(1)我国办公建筑照明光源 98%采用直管形荧光灯，既有卤粉荧光灯，也有三基色荧光灯，灯管管径大多为 T8 型(26mm)和 T12 型(38mm)，少量采用 T5 型(16mm)荧光灯。很少有采用紧凑型荧光灯的。所采用光源的色温既有高色温(6200K)的，也有中间色温(4000K)的。光源的一般显色指数在 70~80 之间。

(2)灯具多采用格栅灯具，既有嵌入式安装方式，又有吸顶式安装方式，很少采用悬吊式安装。大多为直接型灯具，灯具的效率不是太高。

(3)所采用的镇流器多为普通电感镇流器，少量采用节能电感式或电子式的镇流器，特别是电子镇流器的应用比例较小。

(4)从照度水平上来看，有相当多数量的办公室照度达不到国家现行新标准规定的照度标准值，但是在照度均匀度方面均能满足规定的要求。

(5)从照明功率密度方面看，重点调查对象多为高档办公室，其平均照明功率密度为 20W/m²，而我国新标准为了节能定为 18W/m²，而一般办公室定为 11W/m²。对于会议室的调研结果显示，其照明功率密度在 10~18W/m² 之间，而我国新标准定为 11W/m²(现行值)和 9W/m²(目标值)。

2 存在问题及应采取的技术措施

总的看来，大多数办公室的照明功率密度值高于国家标准的规定，少数在规定的强制性标准值以下。2005 年对北京市的 10 幢办公建筑照明节能诊断的

表 1 各类房间实测的照明功率密度及其所占比例

照明功率密度 LPD/(W/m²)		LPD<10	10≤LPD<18	18≤LPD<22	22≤LPD<28	28≤LPD<32	LPD≥32
各类房间数量及所占的百分比	会议室	3(10.3%)	10(44.8%)	3(10.3%)	5(17.2%)	1(3.4%)	4(13.8%)
	办公室	4(9.5%)	20(47.6%)	5(11.9%)	4(9.5%)	3(7.1%)	6(14.3%)
	辅助用房	1(33.3%)	1(33.3%)	—	—	1(33.3%)	—

表 2 各类房间的设计照明功率密度及其所占的百分比

照明功率密度 LPD/(W/m²)		LPD<10	10≤LPD<18	18≤LPD<22	22≤LPD<28	28≤LPD<32	LPD≥32
各类房间数量及所占的百分比	会议室	8(13.1%)	33(54.1%)	10(16.4%)	7(11.5%)	1(1.6%)	2(3.3%)
	办公室	16(11.3%)	87(61.7%)	14(9.9%)	14(9.9%)	7(5.0%)	3(2.1%)
	库房	3(60%)	2(40%)	—	—	—	—
	营业厅	5(38.5%)	4(30.8%)	2(15.4%)	—	1(7.7%)	1(7.7%)
	复印、文整	1(9.1%)	5(45.5%)	5(45.5%)	—	—	—
	资料档案	—	3(75%)	1(25%)	—	—	—
	消防室、配电室	6(46.2%)	6(46.2%)	1(7.7%)	—	—	—

表 3 办公建筑国内外照明功率密度值（W/m²）

<table>
<tr><th rowspan="3">房间或场所</th><th colspan="2">调查级别</th><th rowspan="3">北京市绿照规程DBJ 01-607-2001</th><th rowspan="3">美国ASHRAE/IESNA-90.1-1999</th><th rowspan="3">日本节能法1999</th><th rowspan="3">俄罗斯MTCH 2.01-98</th><th colspan="3">中国标准</th></tr>
<tr><th rowspan="2">重点</th><th rowspan="2">普查</th><th colspan="2">照明功率密度</th><th rowspan="2">对应照度/lx</th></tr>
<tr><th>现行值</th><th>目标值</th></tr>
<tr><td>普通办公室</td><td rowspan="2">10~18（47.6%）
18~22（11.9%）
平均 20</td><td rowspan="2">10~18（61.7%）
18~22（9.9%）</td><td>13</td><td rowspan="2">11.84（封闭）
13.99（开敞）</td><td rowspan="2">20</td><td rowspan="2">25</td><td>11</td><td>9</td><td>300</td></tr>
<tr><td>高档办公室</td><td>20</td><td>18</td><td>15</td><td>500</td></tr>
<tr><td>会议室</td><td>10~18（44.8%）
18~22（10.3%）
平均 20.1</td><td>10~18（54.1%）
18~22（16.4%）</td><td>—</td><td>16.14</td><td>20</td><td>—</td><td>11</td><td>9</td><td>300</td></tr>
<tr><td>营业厅</td><td>—</td><td>10~18（30.8%）
<10（58.5%）</td><td>—</td><td>15.07</td><td>30</td><td>35</td><td>13</td><td>11</td><td>300</td></tr>
<tr><td>文件整理、复印、发行室</td><td>平均 17.9</td><td>10~18（45.5%）
18~22（45.5%）</td><td>—</td><td>—</td><td>—</td><td>25</td><td>11</td><td>9</td><td>300</td></tr>
<tr><td>档案室</td><td>—</td><td>10~18（75%）</td><td>—</td><td>—</td><td>—</td><td>—</td><td>8</td><td>7</td><td>200</td></tr>
</table>

结果也是如此，这是目前我国办公建筑照明节能存在的最主要的问题。究其原因无非与照明器材的选用、照明控制以及照明设计这几个方面有关，现分述如下。

2.1 关于光源的管理

有些建筑仍选用管径粗（38mm）的光源，特别是在未经改造的既有建筑中，造成了能源的极大浪费。而在 20 世纪 90 年代中末期及 21 世纪初建成的办公建筑中多采用细管径（26mm）T8 荧光灯，它比 T12 荧光灯节电约 10%左右。在 21 世纪初，我国开始推广更细管径（16mm）的 T5 荧光灯，基本上都采用三基色荧光粉，光效更高。在环境温度为 35℃条件下，其极端最大光效可达 104 lm/W。因此，建议在办公建筑中应多采用细管径的 T8 和 T5 荧光灯，以利于更好地节能。

2.2 关于光源的色温

过去人们对光源色温的理解存在误区，因此在许多既有建筑中，有相当数量的办公建筑照明采用高色温（6200K）的光源。但是，36W T8 卤粉高色温荧光灯的光通量为 2500 lm；而 T8 卤粉中间色温（4000K）的荧光灯的光通量为 2850 lm，它的光效比前者提高了 12%。因此，除南方炎热地区及有特殊要求的场所宜采用高色温的荧光灯外，办公建筑一般均应采用 4000K 的 T8 或 T5 荧光灯。

2.3 关于光源的显色性

光源的显色性涉及采用何种荧光粉制灯的问题。国家新标准已淘汰了卤粉荧光灯，因为卤粉荧光灯的光效比三基色荧光灯的光效约低 15%～20%。目前，一些办公建筑照明中还在使用卤粉制成的荧光灯，其一般显色指数 Ra 在 70 左右，而新标准规定在长期有人工作的场所中，其光源的一般显色指数 Ra 不应低于 80。T8 三基色荧光灯比 T8 卤粉荧光灯的光效能提

高15%~20%，而且三基色荧光灯的一般显色指数大于80。为了节能，建议今后均应采用三基色荧光灯。

2.4 关于灯具

在灯具选型方面，存在着选用灯具的配光不合理、与照明场所的室形指数不适应、灯具效率低、灯具的利用系数相对较低以及灯具的光通量维持率不高等问题。为了实现灯具节能，建议采用效率高、配光合理、利用系数大、光通量维持率好、不带遮光及漫射等附件的直接型灯具。灯具安装方式采用吸顶式安装比嵌入式安装更为节能。

2.5 关于镇流器

目前，在办公建筑照明中所采用的镇流器有普通电感式、节能电感式和电子式三种，其中普通电感式镇流器在办公建筑照明中被大量使用。虽然有价格低、寿命长、可靠等优点，但自身功耗大是其致命的弱点，此外，还具有频闪和噪声等缺点。节能型电感镇流器功耗较低、价格中等、寿命长，虽然目前在我国应用量不大，但有着非常好的应用前景。电子式镇流器功耗最低，而且无噪声和频闪现象(但有谐波影响)，因此，办公建筑应采用低谐波含量的电子镇流器。为了节约电能，建议根据不同情况和条件，合理选用电子式镇流器或节能电感式镇流器。

2.6 关于照明控制

目前，办公建筑多采用单灯或多灯照明，按每个回路控制，但是有的办公室回路灯的控制垂直于侧窗，这样即使阳光充足，靠窗灯也不能关，不利于节能。在房间安装两列或多列灯具时，为了节电，所控灯列应与侧窗平行。办公建筑照明宜采用集中控制与智能化控制，以利于节约电能。天然采光良好的办公室，应按办公室所规定的照度自动开关灯或调光。个人使用的办公室宜采用人体感应或动静感应等方式自动开关灯。

2.7 关于照明设计

新建办公建筑有的进行科学合理的照明设计与计算；而有的凭经验设计装灯；另外，有的照明器具生产厂家为设计所提供的光度数据不全、不准甚至错误，是照明设计不合理的重要原因之一。还有照度标准值的选用不当，照明方式种类以及光源、灯具和镇流器的选型不适当。所有这些因素均造成能源的浪费和照明光环境条件的不佳。

3 结束语

总之，我国的办公建筑照明节能工作大有潜力可挖。目前，我国已具备较为先进的技术条件，只要我们能认真执行国家现行的照明节能标准，进行科学合理的照明设计，正确选用照明器具，合理控制以及维护管理，照明节电工作就大有可为。

参考文献

1 中国建筑科学研究院主编. 建筑照明设计标准. GB50034—2004.北京：中国建筑工业出版社，2004
2 张绍纲主编.绿色照明工程实施手册.北京：中国建筑工业出版社，2003
3 建筑照明设计标准编制组编. 建筑照明设计标准培训座.北京：中国建筑工业出版社，2004
4 张绍纲.关于修订办公建筑照明标准和建议.照明技术与管理.北京照明学会，2001

刍议办公室照明

上海同济大学建筑与城市规划学院　李奇峰　杨公侠　俞丽华

摘　要　文章讨论了办公室照明对视觉效能、视觉满意度和人体健康的影响，回顾了照明工作者在此领域内所做的一系列研究，并提出了在办公室照明中充分利用天然采光的重要性。

关键词　办公室照明　视觉　视觉效能　视觉满意度　眩光　健康照明　天然采光

现代化的工作方式使办公室成为大部分人的固定工作场所，阅读和书写成为最主要的工作内容。因此，办公室照明水平是否优良也直接关系到工作人员的工作效率。近年来，随着办公条件的改善及工作压力的增加，办公室工作人员的身体健康也倍受人们关注，为办公室营造一个舒适健康的工作环境越来越受到人们的重视。

1 照度水平与视觉作业

在所有的可以量化表征的照明指标中,照度无疑是最经常采用、也是最容易控制的指标之一,它表明了单位作业面所接受的光量。考虑到照度在设计和评价中应用的便利性,国内外几乎所有的办公室照明设计标准和技术指南中,都把照度作为最重要的指标。但是,多高的照度才能满足我们的视觉需求呢?一系列的照明效能试验可以给我们提供一些参考。

Tinker 曾考察了照度对于阅读速度的影响。试验的过程是在不同的照度水平下,测试被试人员在 105s 内正确地阅读由 30 个字组成的段落的平均数,结果如图 1 所示。

我们可以看到,当照度由 30 lx 上升到 100 lx 时,视觉效能略有改进,但是当照度大于 100 lx 之后,照度水平对视觉效能的影响就微乎其微了。这个试验是针对年轻的被试者进行的,对不同年龄组所做的同类试验的结果表明,随着照度的提高,只有老年人的视觉效能有显著改善,但是到 120 lx 时,这种变化就停止了,如图 2。

这两个试验表明,在 100~1000 lx 之间的范围内,照度水平对于短时间视觉作业的影响很小,甚至可以忽略不计。

但是办公室的工作并不是上述试验中所假定的简单视觉作业,工作人员所处的环境和工作内容也要复杂得多,上述试验结果也就不能作为办公室照明的参考标准。Saunders 所进行的试验揭示了工作人员在复杂环境下对办公室照明水平的反应。

他将一间无窗的房间布置成办公室,用传统的吸顶灯具照明,被试者进入房间后先适应一段时间,再坐在一张桌子旁阅读一本书。然后要求被试者提出他们对于照明是否适合阅读以及对照明质量的意见。之后,被试者又转到另一张桌子前,重复这些问题,并比较这两张桌子的差别。图 3 是对于照明质量的评价。我们可以看出低于 200 lx 的照度被认为是差的,当照度增加到 800 lx 以上时,对照明质量的满意度保持在一个较高的水平。

这些试验的结果表明, 对于多数办公室来讲,500~1000 lx 之间的照度水平可以得到令人满意的视觉效果。但是研究表明,仅仅通过这些实验的结果就给出室内工作所需照度的推荐值是不可能的。“标准”的视觉工作是不存在的,实际的视觉工作不但要复杂得多,而且彼此之间也有很大的差异。此外,办公室内工作人员的视线不可能永远集中在固定的工作面上,照度的推荐值也就不能被限制在工作区域之内,工作区

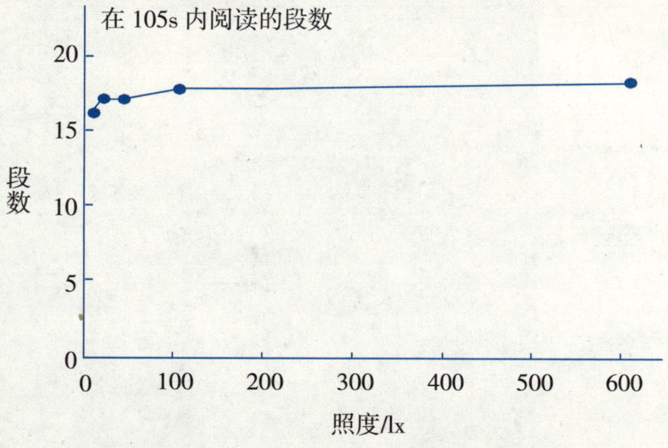

图 1 在 105s 内正确地阅读 30 字的段落的平均数

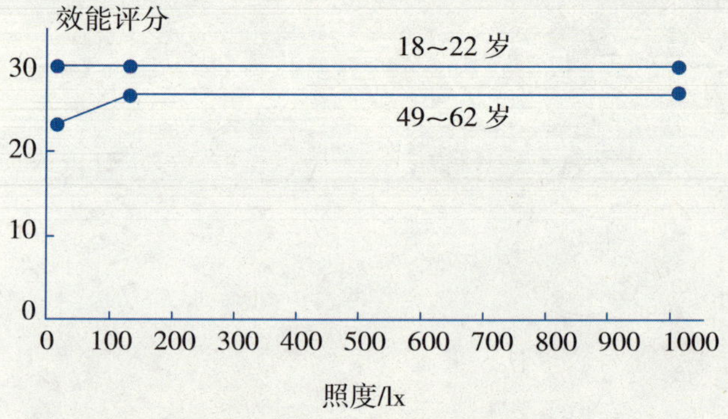

图 2 不同年龄测试者的测试结果对比

注:由年轻的(18~22 岁)和老年(49~62 岁)的被试者在不同照度下进行校对工作的平均效能评分。效能评分是根据阅读的准确性和速度的加分,可能的最佳效能评分为 35。

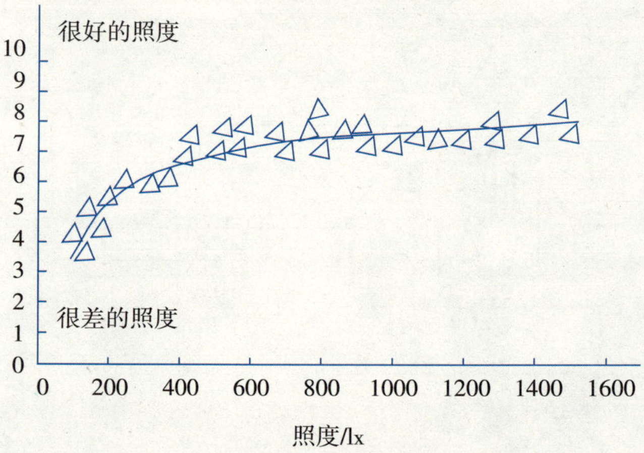

图 3 不同桌面照度对照明质量的平均评分

域之外的环境照明必须被考虑在内，但是这些区域内不能采用视觉效能的判断准则。随着对照度水平主观评价实验研究的不断深入，照明满意度成为评价环境质量优劣的一个附加准则而被人们所广泛接受，特别是随着近年来科学研究的不断发展，办公室照明质量评价的考察范围逐渐延伸到与工作人员身体健康相关的其他领域。

2 眩光限制

眩光是影响办公室照明质量的重要因素。特别是在照度提高后，不仅存在光源的直接眩光，并且还有严重的反射眩光和光幕反射等问题。可见度不仅没有提高，反而降低了。视觉功效学家们希望按照传统的研究方法个别地来解决眩光和光幕反射等问题，眩光方面的研究结果包括1957年Hopkinson提出的*GI*(眩光指数)法，1966年Iesna提出的VCP(视觉舒适概率)法，1965年～1973年欧洲的Sollner和Fischer提出的亮度曲线法等。这些方法循着老路以模拟的环境和发亮的光斑进行试验，但只能评价点光源，而解决不了实际的眩光问题。接着，在20世纪70年代，由于中东能源危机的出现，CIE内建立了一个由Blackwell领导的TC，试图降低照度并营造良好的视觉环境，以可见度和阈值对比等作为参数建立了RCS(相对对比敏感度)函数并发表了19及19/2号报告(1972年及1981年)，试图通过RCS(相对对比敏感度函数)的TAF(瞬时适应因数)、DGF(不舒适眩光因数)和CRF(对比显现因数)等来解决这些问题，并在此基础上导出了ESI(等效球照度)作为解决光幕反射的工具。这些概念通过CIE的推荐而成为全球的标准，但终于因为复杂烦琐不切实用而为实践所抛弃。

眩光评价研究的最新进展是以UGR(统一眩光评价系统)的提出为代表。UGR系统CIE T3-13是由Sorensen于1987年在GI法基础上提出来的，于1993年批准，1995年出版。1991年CIE又成立了TC3.01“小光源和大光源的眩光”技术委员会并提出用它来建立一套完整的眩光评价系统。该系统于1998年完成，对于小光源、大光源和介于二者之间的一般光源的眩光评价均提出了合理可行的方法。

3 视觉满意度与健康照明

医学研究表明，几乎所有的人类生理和心理周期的变化都与自然界的日夜更替、季节变化有不可分割的联系。地球的旋转确定了地球生物的循环周期，人类的大脑活动也包括了这种与地球旋转同步的内在的生物钟。2002年的一项科学研究揭示，人体生物钟与人的眼睛对外部光线的感知是一致的，人类视网膜上除了分布有影响视觉的锥体细胞和杆体细胞外，还存在第三种感知光线刺激的细胞——Cirtopic（可以称之为“司辰细胞”），这种细胞虽然不会对人类的视觉产生影响，但是它们接受光线刺激产生的信号同时传导给控制褪黑激素(一种控制睡眠的激素)、皮质醇(一种控制应激反应的激素)的各种腺体，无形中控制着人类的各项身体反应。有迹象表明，绿色和蓝色的光谱更能刺激生物钟的正常工作，这一点与自然界的光色变化是一致的，早晨色温低，这使人体内部的生物钟与外界的自然变化保持一致。

如果办公室内白天的照明不足，与工作人员的人体生物钟无法保持一致，其结果是需要精力集中的时候却萎靡不振，降低了工作效率和警觉度，进而影响到睡眠的质量。长此以往，会对健康造成危害。相反地，在白天保证与人体生物钟的同步，接受到充足的照明，则能为身体各器官活动提供所需的刺激，保持身体的健康。

显然，人体生物钟的改善能给我们带来诸多好处，我们需要通过照明的手段来促进这种改善，这是人类最基本的需求之一。但是，什么才是真正的健康照明呢？一项关于“办公室照明的偏好”的调查向我们揭示了一系列有趣的事实。首先，尽管我们已经习惯于白天天然光线在照度水平和持续时间上的巨大差异，但是目前办公室照明的经验却似乎忽视了这一点。例如，夏天的日照可以达到 100 000 lx 的照度，而阴暗的冬季却只有数千 lx，持续时间可能是几个小时，也可能超过 20 个小时。实际上，办公室内工作人员喜欢的照度水平比完全来自天然光线的照明要平均高出 800 lx，达到 1500~2500 lx，这相当于阴暗的白天室外的照度水平。其次，天然光线具有丰富的光谱构成，实验也显示出人们更喜欢人工照明在色温上有所变化，人们喜欢的色温随着照度水平的提高而提高。第三，天然光线是富有动态变化的，人们似乎随时感知到这种变化，以保持与外界的沟通。最后，研究显示，不同年龄的人群在敏感度和偏好上均有很大的不同。

4 天然光的应用

结合视觉试验和医学研究的结果、自然界的日夜变化和人们的偏好，可以推导出这样的假设：办公室内的“健康”照明需要达到 2000 lx 的照度，这个照明水平要远远高于目前被广泛接受的办公室照明标准。那么，我们只能通过人工照明的方式来提高办公室的照度水平吗？答案显然是否定的。因为，目前全球都面临着能源紧缺的压力，提高办公室的照度水平则意味着需要消耗更多的能源；另一方面则是因为人类自身对自然日光的客观需要。

如上所述，人类对天然光所达到的照明水平的偏爱，不仅提高了照度，还因为天然光线的光谱、光色对人体生物钟的影响，这来源于人类进化的历史，与人们的健康息息相关，虽然不易被察觉，但却是客观存在的事实。

由此可见，在办公室照明中充分引入天然光是非常重要的。要达到这一目标，加大窗口的面积、减少房间的进深是最为简单的方法。通过采用可调节角度的遮阳板、百叶窗或者压花玻璃则可以人为地控制光线在室内的分布。对于无窗空间，则可以采用光导管等现代技术，将天然光引入室内。而在冬季天然光照明减弱后，则必须采用人工照明加以弥补，当采用天然光照明和人工照明相结合时，人工照明采用稳定的高色温光线对保持工作人员良好的工作状态是有利的。

参考文献

1 同济大学建筑光学实验室.视觉工效学
2 Yang Gongxia Yu Lihua Li Qifeng,Illumination Level and Lighting Design, China Illuminating Engineering Journal. May. 2003
3 Gerrit van Beld.Light and Health.International Lighting Review 011

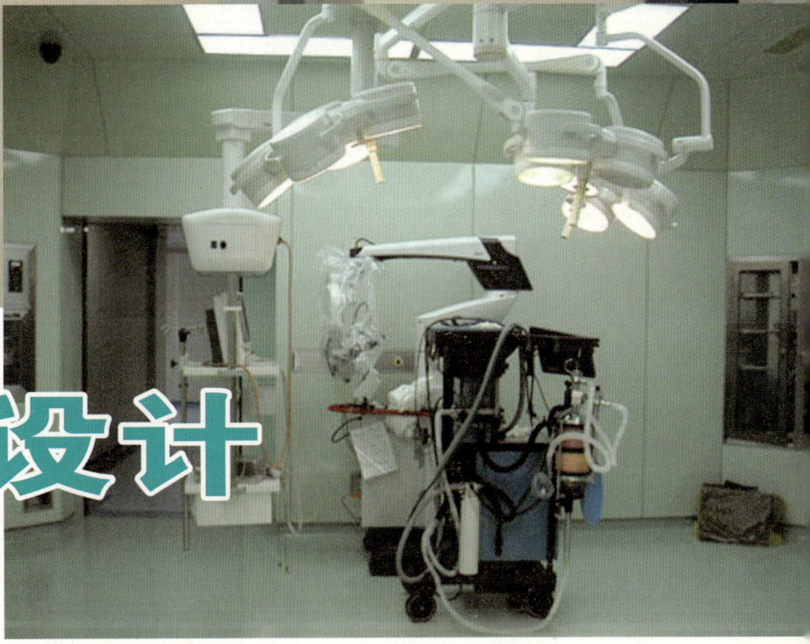

医院照明设计

中国航空工业规划设计研究院　张　琪

由于医院的功能与其他民用建筑的不同，在设计中有其特殊性。而医院的照明是体现医院现代化的一个重要标志，在设计中既要考虑医院各种治疗的照明要求，也要考虑病人对照明环境的反应，避免因照明布置或照度选择不当引起病人的不适反应，尽可能营造一个和谐舒适的就医和休养场所。

医院部门很多，照度要求差别较大，一般照明、局部照明、特殊场所指示照明等也因功能不同而要求不同，需要全面考虑。《综合医院建筑设计规范》由于制定较早，对医疗照明照度值的有关规定已不适应当前要求。刚刚颁布实施的《建筑照明设计标准》(GB 50034—2004)中第5.2.6条关于“医院建筑照度标准值”，是对我国64所医院进行调查并且参考一些国家的照明标准，经综合分析研究制定的，基本达到了现代医疗环境的要求，具有指导意义。照度标准参数如表1所示。

现结合《建筑照明设计标准》的相关规定就医院照明谈几点个人看法。

1　典型场所的照明

1.1　门(急)诊楼

门(急)诊楼的大厅应处理好自然光与人工照明的平稳转换，避免引起视觉不适，并且由于大厅四周通常设有“挂号”、“付款”、“划价”等窗口，为了方便病人看清划价付款的数量等要求，这些窗口内外的照度应在300 lx左右，且以荧光灯为主，当然还应兼顾美观。

表 1 医院建筑照度标准参数

房间或场所	参考平面及其高度	照度标准值/lx	UGR	*Ra*
治疗室	0.75m 平面	300	19	80
化验室	0.75m 平面	500	19	80
手术室	0.75m 平面	750	19	90
诊　室	0.75m 平面	300	19	80
候诊室、挂号厅	0.75m 平面	200	22	80
病　房	地面	100	19	80
护士站	0.75m 平面	300	—	80
药　房	0.75m 平面	500	19	80
重症监护室	0.75m 平面	300	19	80

门(急)诊楼的公共走道照明主要依靠人工照明，但由于其两侧诊室的一般照度较高，走道照度太低会使人在出入诊室、走道两个相邻区域时眼睛不适，并且通常病人拿到处方或医疗通知单会在走廊边走边看，故设计时照度不宜与诊室相差太多。并且为了避免躺在病车上的病人看到顶棚裸露的灯泡而产生眼花心烦的感觉，一般选用防眩光灯具嵌入式安装在吊顶内。另外，医院走廊较其他建筑物走廊要宽，若将灯具安装在中间，会造成走廊两侧照度较暗，因此可以将灯具安装在走廊两侧(见图 1)。这样既可以避免躺在病车上的病人直接见到灯具，又可以保证在诊室外候诊的人们所在位置的照度。

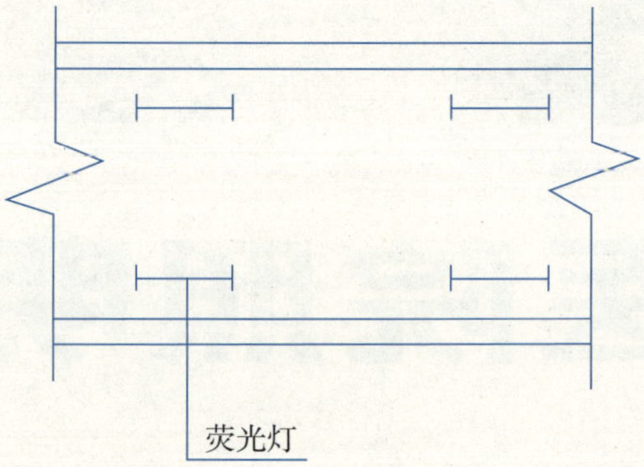

图 1 走廊照明布置图

门(急)诊室的照明一般应充分利用自然光，考虑到阴雨天和急诊室的夜间使用，诊室的照度应在 300 lx 以上，便于医生看清病人身体各部位的异常细小变化等，一般以高显色性、色温在 3500K 的荧光灯为主，急诊观察室、治疗室宜采用漫反射型灯具，以减少眩光。医生办公室内需装设观片灯，这一点不容忽视。

1.2 病房

病房的照明要求光线柔和，防止对病人产生刺激，并且灯具应避开病床正上方，以免灯光对卧床病人产生眩光，一般照度为 100 lx。医生检查时可使用床头灯(安装在床头综合线槽上)做局部照明。为了便于护士夜间巡视，病房门下侧应设置脚灯，此灯应为双面，以便病房和走道都能照顾到。脚灯最好由护士站控制，也可在走道控制。两种典型病房照明布置如图 2 所示。

病房走廊照明不同于门诊走道照明，照度一般在 75lx 左右，并且灯具尽量避开病房门口。

1.3 手术部照明

手术部一般包括手术室、麻醉室、器械室、消毒室等房间，照明一般采用洁净荧光灯。手术室内观片灯嵌墙安装，术中记录柜内安装一个联动照明灯，打开柜门，柜内灯同时点亮。手术室内灯具均应在情报面板上控制。手术室照明布置见图 3。在手术部门外还应设置指示灯，说明“手术正在进行中”。

1.4 医技部分

以往的医技室会顾虑荧光灯对医技设备的干扰，从而采用直流电源或白炽灯，但根据对一些医疗设备

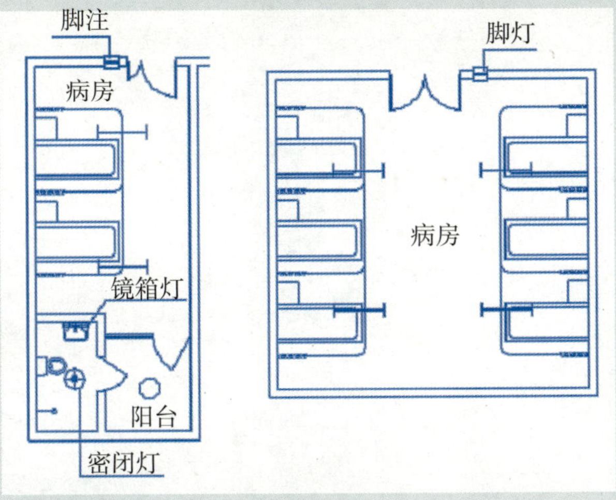

图 2 病房照明布置

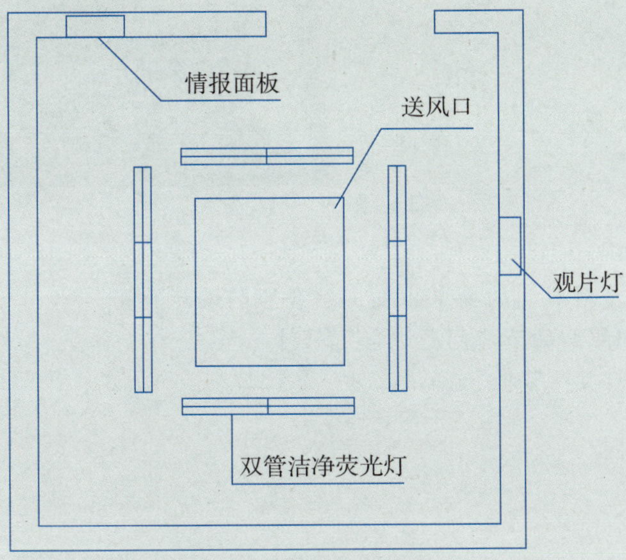

图 3 手术室照明布置

生产厂的调查及对设备使用环境的查看，现在很多设备均有较强的抗干扰能力。一些小型的医疗设备，如：心电图仪、脑电图仪、医用超声波等均无特殊照明要求。但对于核磁共振扫描室、理疗室、脑血流图室等需要电磁屏蔽的地方仍要用直流电源；测听室照明采用白炽灯；眼科暗室可采用可调光的白炽灯。很多医疗设备照度要求在 100～150 lx，甚至更低，但为了维护修理方便及有可能进行辅助性介入手术或治疗，有时照度仍有 300 lx 的要求，因此较理想的是监控室内除安装一般照明外，另有一套调光装置，以满足不同需求。具体设计还应根据不同设备需求而定，并且每个医技室门上方要安装指示灯，以防无关人员冒然闯入，引起不必要的事故。

2 应急照明

门(急)诊楼大厅、公共走道及病房走廊等处，由于人员集中，活动无序，应设置一定数量的应急照明，并且安全出口、指向通道和拐角处应设置出口指示灯及疏散指示灯，以便有突发事件时人员能够及时疏散。随着新技术的推广，蓄光型疏散灯由于节约能源、应用灵活的特点在公共建筑的应用已越来越广泛。有条件的医院建议在走廊地面设置蓄光型诱导灯带，作为辅助的指向标志。但由于病人的疏散速度较慢，应急照明持续的时间应较其他建筑相应延长。

3 紫外线杀菌灯设计

紫外线杀菌灯是目前医院中广泛使用的一种杀菌方法。使用场所有门诊室、处置室、治疗室、抢救室、手术室、传染病房、妇产科、烧伤病房、肿瘤病房等，主要是对空气、物体表面和水进行消毒。规范中有关紫外线灯数量的计算方法由于室内人数不好确定，灯具效率也因不同品牌产品而不同。以 30W 的紫外线灯为例，一般卫生要求时杀菌面积为 15m^2 左右，高度杀菌要求时(如手术室)照明功率密度为其一倍。紫外线灯安装方式有两种：一为无罩悬吊式固定安装，此种方式效果最好；另一种为移动式安装，此种方式使用灵活。对于固定安装的紫外线灯其开关不应与普通照明灯开关并排安装，以防室内有人时误点亮紫外线灯，对其造成伤害。

4 节能措施

近年来，随着"绿色照明"概念的兴起，节约能源也越来越引起人们的重视。在设计中我们应认真考虑合适的光源和灯具。医院使用的荧光灯数量多，从提高光效来看设计时应选用三基色荧光灯，并且灯具尽可能为下开放式、高放射率的，而且从提高功率因数、没有频闪的角度考虑希望采用电子镇流器，但为了避免对一些医疗设备产生电磁干扰，个别场所建议选用节能型电感镇流器。照明线路既要经济可靠又要为发展留有余地。

总之，医院照明设计内容繁多，要求各异，需要我们医疗工程设计人员不断学习，有必要对医院具体要求充分了解，深入调查研究。只有掌握了医院不同部门的照明要求后才能使医院电气设计尽可能合理、完善。

工厂照明的节能设计

江苏南京工业大学　高逸峰

摘　要　文章从工业厂房对照明的要求出发，结合照明设计的具体内容，对车间照明的节能问题进行了深讨。

关键词　照明　光源　灯具　节能

1　前言

照明用电是工厂企业最为基本的电力需求，照明的好坏对生产安全、劳动生产率、产品质量和劳动卫生都有直接关系。近几年来随着我国经济的发展，对能源需求比重急剧加大，电能作为使用最广泛的一种能源越发显得重要，而在这其中工厂企业用电往往占有很大的比例，提倡节能高效已成为照明科技发展的主线，世界各国都先后开展了以节能和保护环境为主题的绿色照明工程。因此评价一套照明设计方案是否合理实用，不仅要满足设计对象对照明的要求，同时还要实施广泛有效的照明节能措施，真正体现节能的意义。

2　工厂照明的基本要求

工业厂房是生产重地，其结构高大、灯具悬挂高、照明空间广、灯具数量多等诸多特点决定了其对照明的基本要求。

(1)由于识别对象的不同，照明方式要合理，照明质量要高(包括：显色性指数、光效)；照度分布均匀合理、眩光小等，同时合理选择照明灯具的种类，使照明设计做到既经济又适用，能满足各种不同场合的照明需要。

(2)选用使用寿命长、安全可靠、维护简单方便的电光源和照明灯具;光源品种尽可能少,以减少维护工作量、节约运行费;照明灯具要合理布置,有效地发挥灯具的作用。

(3)选择合理的照明配电网络设计,能够保证各种光源的正常工作,同时提供必要的供电保障,以满足电光源对电压质量的要求;选择合理、方便的控制方式,便于照明系统的管理和维护。

3　工厂照明节能设计

目前,照明节能评价指标采用照明功率密度(LPD)来衡量,实际计算的照明功率密度值应该符合《建筑照明设计标准》(GB50034—2004)的要求。节能途径主要有:大力采用高效节能电光源及其照明电器配件;选用高效率、配光合理的照明灯具;科学的节能照明设计;良好的维护管理。

3.1　采用高效节能电光源及其照明电器配件

(1)电光源种类繁多,用途各异,但均要求“三高”,即:高发光效率,高寿命,高显色性。

光源的光效,高强度气体放电灯最高,细管直管形荧光灯其次,紧凑型荧光灯相对较低。在工厂照明中,应优先选用高强度气体放电灯(高压钠灯和金属卤化物灯),尤其是金属卤化物灯是第3代光源中的佼佼者,是光色和显色指数要求较高的仪表装配车间、机加车间、汽机房运转层等工业厂房的首选光源。当一种光源不能满足色温或显色性要求时,也可采用两种光源的混光光源,混光光源能充分发挥高强度气体放电灯的优点,达到节约能耗、提高照度、改善光色的照明效果。

(2)推广实用低损耗、性能优的灯用电器附件(包括电子镇流器、电子变压器、电子触发器等)。

采用电子镇流器具有比传统的电感镇流器更能提高能效,减少能耗的效果,宜优先采用。

3.2　选用高效率、配光合理的照明灯具

评价灯具的关键指标是灯具效率,灯具的效率及配光曲线取决于灯具反射面的材质、加工精度及外形。如图1 所示为:从发射材料光谱反射率可看出抛光铝对可见光的反射率最高,在工厂照明设计中宜优先采用。灯具外型要求:第一配光曲线适中,一般选用介于深照和广照之间的宽口灯具最为合适;第二灯具的外形不应是单抛物面反射型,因为这样会将大部分的光能发射回灯泡,导致灯具效率下降。在工厂照明设计中,灯具的选用应根据使用方法和使用环境的不同,在满足眩光和配光要求条件下,选用高效且安装维护方便的灯具,同时还应达到与建筑相协调一致的目的。

3.3　科学的节能照明设计

3.3.1　合理的设定照度值

按《建筑照明设计标准》(GB50034—2004)的规定,依据各个工作场所对视觉工作的要求,确定各个场所的照度标准值(平均照度值),在实际设计当中,允许设计照度值与标准值有±10%偏差。当然选定照度值应该考虑人在此环境下进行工作的感受,保证有一定的视觉满意度,500～1000 lx 范围是大多数连续工作的室内作业场所的合适照度。在工业厂房中,照度的分配要保证有合理的均匀性,一般情况下,工作区域最低照度与平均照度之比值不应小于0.7,工作区域与非工作区域的照度之比不宜大于3:1。

3.3.2　采用合理、综合的照明方式

在满足标准照度的条件下,为节约电力,应该认真调查光源的使用场所。不能一味追求均匀布灯方式,而是要在充分了解被照场所的工艺布置情况、厂房空间内各部位对照度的不同要求的情况下,一方面综合利用一般照明加局部照明的混合照明方式,一般照明只是满足最基本的照度要求,应该在有特殊要求的场所多设置局部照明(比如说工厂的检验、划线、钳工台及机床照明),既能够节省电能,又能够达到很高的照度要求,也避免了因亮度分布不均而影响视觉功能的弊端。另一方面,在建筑厂房中,如果可能,窗户

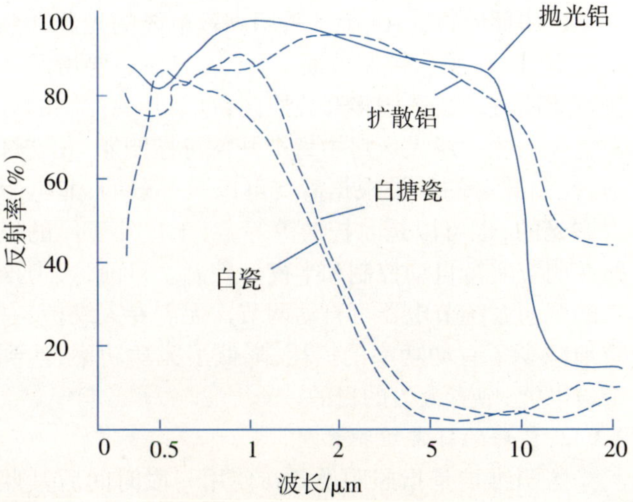

图1　反射材料的光谱反射率图

以及窗户的配置应使最大量的阳光，从多点而不是从一点射入厂房，而又无强烈刺眼光。最好阳光从两侧射入，这样光线均匀。在照度方面，也还要考虑与日光分布相对应的工人的方位，以尽量避免任何不舒适和不利的工作强光。与厂房设计相配合，照明设计中要设单独开关，以关闭窗子附近的照明灯具，或在照明系统中采用光电管以传感空间亮度水平的变化，并控制使用照明系统，白天补光，夜里照明。不难想象，充分、合理而有效地使用自然光是最经济实惠的设计选择。

3.3.3　采用合理的照明控制手段

厂房照明设计中，除了采用高效节能的光源和照明灯具外，在照明控制方面，厂区内应在必要情况下实行照明分区或采用多开关控制，每个开关控制的灯数宜少一些，像大厂房中每个开关可控制4~6支灯泡，控制开关的种类根据需要可以是一般的，非电阻式调光的，也可以是时控的等等，对于户外工厂的道路照明应实行自动控制和半夜灯控制。目前，大力推广的照明系统节电器可自动调节，无需专人维护，有效地减少了有功功率的损耗，降低了无功功率，达到节省电能、节省人力的目的。

3.3.4　良好的日常维护管理

照明维护是指照明设备在使用一段时间后其照度值将会下降，需要清洁灯具和更换光源。初期设计时其照度值可略高于设计照度值，因为在使用过程中出现光源的衰减、光源的污损、照明灯具的污损及光学特性的劣化、室内主要反射面的污损等，使照明效率大大降低，在加大耗电量的同时，又不能满足场所对照度的要求。所以需要定期清洁照明灯具，并依照正常维护程序更换光源；定期检查照明灯具的灯罩，若其老化或变色，应及时予以更换，以提高透光效率；使用便于维护、清洁的新型灯具更换老式或损毁的灯具，当然也可以分区域进行装表计量和考核用电，能有效地节约电能。进行良好的日常维护管理，在节省电能的同时，也能保证设计场所照明质量的要求。

工厂电气照明是一门综合性的学科，设计人员应充分了解建筑物结构以及生产工艺要求，综合考虑经济性、节能性、合理性要求。经济性上不能仅着眼于初投资的多少，而应该考虑到年度总的照明费用（设备折旧费、管理费及照明电费的总和）；面对目前大力提倡的实施绿色照明工程，在同一照度条件下，应该优先选用最省电的照明光源和灯具，同时要从照明设计、控制、利用天然光等加强维护管理与广为宣传，才能获得好的照明与节能双重效益。当然这一目的的实现，是与合理的照明设计分不开的，设计人员不能只图省时省力，大量沿用以往的设计图纸，而应该研究新的节能照明方案，应用新的节能产品，不断运用新技术，最终才能够交出一份合格的照明设计图纸。

参考文献

1　庞蕴繁，毕晶权.照明节能与环境保护.北京：照明 2004(4)：P37~P40

2　马志溪．电气工程设计．北京：机械工业出版社，2002

3　刘桂芳，刘莉.照明设计与节能.北京：低温建筑技术，1996；2

4　孙建民.电气照明技术.北京：中国建筑工业出版社，1998

5　冯晓英.实施绿色照明工程.更新工厂照明灯具.中国绿色照明工程，1997；7

谈洁净厂房照明设计

中国电子工程设计院　王晓红

随着科学技术的日新月异，新技术、新工艺、新产品的不断涌现，对生产环境有洁净要求的建筑工程越来越多。洁净技术已广泛应用于微电子、生物制药、手术医疗、精密仪器制造等重要部门。下面就常见的大空间密闭型洁净厂房的照明设计谈一点看法。

1　洁净厂房照度等级的确定和光源的选择

洁净厂房一般为大柱网、大跨度、大空间、无采光窗的密闭厂房。《洁净厂房设计规范》GB50073—2001中对无采光窗洁净厂房的照度值有明确规定（见该规范中的表9.2.3），第9.2.4条规定："无采光窗洁净区混合照明中的一般照明，……≥200 lx，"比GBJ73—1984中第8.2.4条规定的≥150 lx提高了一级。国际照明委员会（CIE）"室内照明指南"规定，无窗厂房的照度最低不能<500 lx。根据新的国标《建筑照明设计标准》GB50034—2004，对电子、制药等生产场所规定照度标准的500或300 lx，比较符合实际。实际上最近一些中外合资和国外独资企业的洁净厂房照度都达到300～500 lx。对于在密闭洁净厂房工作的操作人员来说，为他们提供明亮、舒适的视觉环境，可提高生产效率和精细产品的成品率。因此，适当提高洁净厂房的人工照明照度水平，改善工作人员的视觉卫生条件，促进国民经济的发展都是有利的。考虑到与生产车间的明暗相适应，洁净厂房的走道、休息室的照度与工作间的照度等级不能相差太大，一般相差1～2个等级较合适，但最低不能小于100 lx。有窗洁净厂房的照度标准与普通生产厂房一样按现行国家标准《建筑照明设计标准》GB50034—2004执行。

不同的洁净工业厂房照度按工艺要求的不同也有较大的差异，如显像管工厂的电子枪装配车间混合照明的照度要达到1000～3000 lx，除设置一般照明外，还需设置局部照明。局部照明占混合照明照度的比例不能太大，一般照明照度占混合照度值的10%～15%。我国由于电力较紧张扩大了局部照明在混合照明中的照度比例，但如果空间照度低，容易产生眩光，使人感到疲劳，所以光源亮度不能太高，常选用荧光灯或带磨砂玻璃的白炽灯。

其次，洁净厂房中对光源有特殊要求的车间，如：显像管厂的荧光粉涂敷间、半导体厂房中的光刻间，为了防止感光材料的感光，必须使用黄色或红色光源，常选用内壁涂黄色荧光粉的黄色荧光灯管或低压钠灯，黄色荧光灯的光通量比一般荧光灯要低。

2　洁净厂房一般照明灯具的选型及布置

为了做好高洁净等级的洁净室的照明设计，首先介绍一下洁净厂房洁净度等级和洁净空气气流流型。新的《洁净厂房设计规范》GB50073—2001中，对空气洁净度等级的规定作了较多的修改，GBJ73—1984中规定空气洁净度分为4个等级，即100级、1000级、10000级、100000级。随着微电子、集成电路工业的高速发展，洁净厂房对空气洁净度的要求越来越高，要求控制尘粒的粒径到0.1μm以下，为了与国际接轨，新规范等同

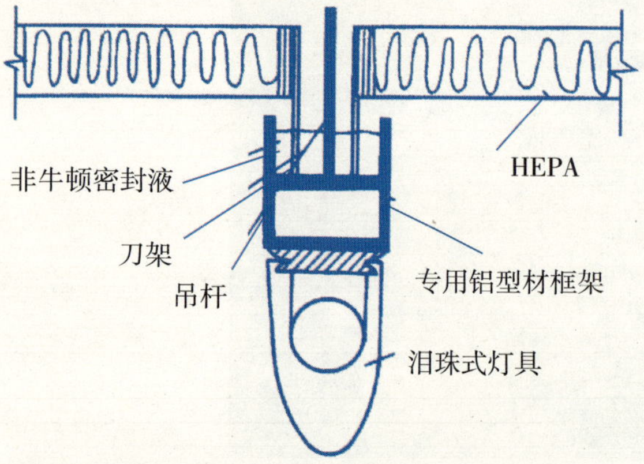

图 1　泪珠式灯具与高效过滤器在顶棚上的布置

采用国际标准 ISO14644—1 中的有关规定，空气洁净度等级从 4 个等级增加为 9 个等级，即 1 级、2 级……9 级。

规范第 6.3.1 条对洁净空气气流流型的设计也作了明确的规定“对于空气洁净度等级要求 1～4 级时，应采用垂直单向流；空气洁净度等级要求为 5 级时，应采用垂直单向流或水平单向流；6～9 级时，宜采用非单向流”。所谓气流流型就是对洁净室内空气的流动形态和分布进行合理的设计。其特点：应考虑避免或减少涡流，有利于迅速有效地排除污染物，应尽量限制和减少室内污染源散发的灰尘和细菌的扩散，维持室内生产环境所要求的空气洁净度等级。

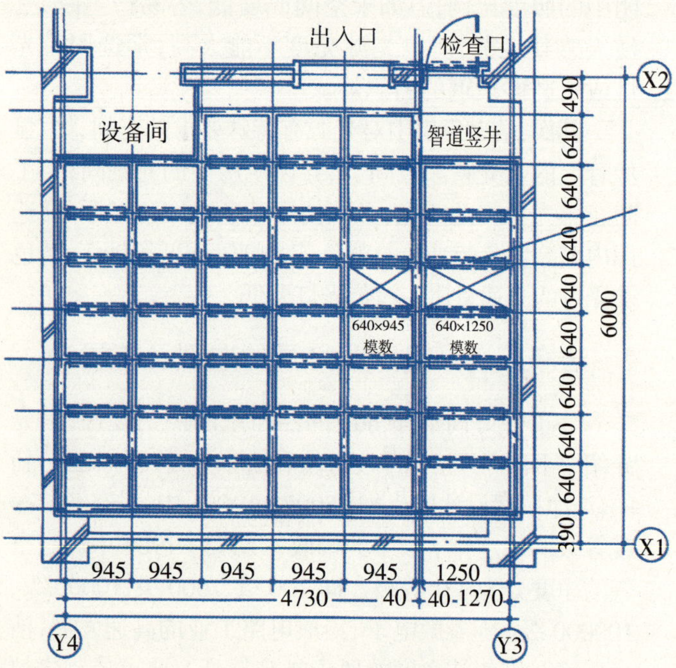

图 2　泪珠式灯具安装的局部放大

由于洁净室的特殊性，一般照明灯具的选型应选用外型表面光滑、凹凸面少、不易积灰、容易清扫且用不易产生静电的材料制成的灯具。在满足照度要求外，灯具的选型和布置主要还应根据室内气流流型来考虑，当顶棚为垂直单向流送风口时，如：超大规模集成电路厂的光刻车间等，其高效过滤器送风口的面积有时可达顶棚面积的 80%以上，这样就给灯具的布置带来了困难，此时宜选用泪珠式荧光灯，这种灯具对气流影响较小，可安装在高效过滤器专用铝型材框架下侧（如图 1、图 2 所示），既不妨碍送风又有效利用了仅有的顶棚空间，根据顶棚模数不同，可以选择不同长度的灯具。

最近，松下电工（中国）有限公司又推出一种新型洁净灯 JFC41808，与泪珠式荧光灯相近，采用了避免乱流、涡流产生的流线型设计，既可防止灰尘堆积，又可得到通畅稳定的气流，工程中也可以采用。

对非单向流洁净室宜采用三角型吸顶荧光灯或盒式吸顶荧光灯。灯具的布置最好采用连续光带型或断续光带型，并与火灾报警探测器、空调风口等统一安排。例如：显像管工厂的电子枪装配车间的面积 2160m^2（60×36），采用三管三角型吸顶荧光灯，以 12 排断续光带，每排 20 只布灯，效果比较好。

水平单向流洁净室，建筑层高不太高，送、回风口均安装在侧墙，顶棚便于灯具布置，可采用嵌入式荧光灯，尽量减少对气流的影响。安装时要注意用密封胶加衬垫的办法，做到密封安装，维持洁净室的压差，免受污染。

3　洁净厂房应急照明灯具的选型及布置

洁净厂房是一个相对的密闭体，室内人员流动路线复杂，为了便于在事故情况下，人们能在最短的时间内撤离事故现场，保证生命安全，应设置供人员疏散用的疏散照明。《建筑设计防火规范》GBJ16—1987（2001 版）第 10.2.9 条规定“疏散指示标志宜放在太平门的顶部或疏散走道及其转角处距地面高度 1m 以下的墙面上，走道上的指示标志间距不宜大于 20m。”、《建筑照明设计标准》GB50034—2004 第 5.4.2-3 条“疏散通道的疏散照明的照度标准值不低于 0.5 lx”，《洁净厂房设计规范》中没有明确规定其照度标准，根据洁净厂房的特殊性，按 0.5 lx 的照度设置疏散照明有些偏低，宜适当提高。洁净厂房一般为 24h 三班工作制，疏散照明应选用自带蓄电池的“常明灯”方式。

专用消防口是供消防人员为灭火而进入建筑物的专用入口。设置专用消防口是为了一旦发生火灾时使消防人员能够迅速有效地直接进入厂房的核心部位扑救,《洁净厂房设计规范》中第9.2.7条规定“在专用消防口处应设置红色应急照明灯”。在实际工程中,多数设计者都能注意到疏散照明的设置,但却常常忽略专用消防口红色应急照明灯的设置。

洁净厂房内应设置备用照明,用以确保正常照明失效时能够继续进行正常活动的照明。洁净室内的备用照明应按比例均匀布置,其照度不应低于一般照明的10%。对于设有柴油发电机装置的洁净厂房,备用照明电源可以由柴油发电机提供;对于没有柴油发电机装置的洁净厂房,备用照明的电源可以采用蓄电池的方式。蓄电池也可以有两种方式:一种可以采用自带蓄电池的灯具,灯具型号与洁净室一般照明灯具型号相同,内带蓄电池,平时作为正常照明工作,停电时自动转入应急照明,这种方式功能独立、布线简单、应用灵活,受外接电源限制少;另一种是集中电源型应急照明,是由集中的蓄电池电源装置对分散的应急照明灯具(不带电池)进行供电,正常状态下由市电供电,当市电停电时,自动强切至应急电源上;当市电恢复供电时,该电源装置自动转成市电供电。集中电源型应急照明的优点在于维护管理方便、寿命长、供电电压稳定能力强、保护功能完善,比柴油发电机起动快、占地小、环保。缺点是需要另布线路,不如自带电源型应急照明灵活,一旦出现故障影响范围大。与自带电源型应急照明相比的综合比价稍高,可在洁净厂房设计中推广。

4 洁净厂房照明的节能

洁净厂房照明照度要求比一般厂房高,室内顶棚较矮,照明所消耗的能量大,普遍采用荧光灯作为光源是比较适合的。但是选择不同种类的荧光灯管,对提高光效、节约能量也是很重要的。建议选用三基色荧光粉的T8型(36W)灯管,或T5型(28W)灯管。我国20世纪80年代末生产出的T8型灯管,其光效比我国生产几十年的T12 (40W) 型灯管提高了15%~30%,已在逐步取代T12灯管,90年代中又研制出T5型灯管。最近又研制出T2型灯管。我国生产T8管已有十几年的历史,质量已趋稳定,产量也比较大,T5管将是发展方向,但生产时间还不长,可以选择使用。灯管中的荧光粉材料,从普通粉发展到三基色稀土荧光粉,也是技术进步的重要标志。以飞利浦用三基色粉生产的36W超级直管灯为例,光效比普通粉生产的T8管提高17.5%,寿命延长50%,显色性从63提高到85,但单支灯管价格要提高约140%,尽管如此,从经济上也具有其合理性。

选用电子镇流器或节能电感镇流器也可以达到节能的目的,荧光灯用电子镇流器及节能电感镇流器与传统电感镇流器相比,自身功耗小、能效因数高、可明显节约电费开支,但价格高。

如:洁净工程中使用5000只镇流器(光源功率36W),三班工作制,24h用电,那么使用电子镇流器或节能电感镇流器可节约的电能如表1所示。

表1 T8荧光灯(36W)的电子镇流器或节能电感镇流器可节约电能对比

参数及效益 \ 镇流器类别	传统电感镇流器	电子镇流器	节能型电感镇流器
自身功耗/W	9	1	5
使用数量/只	5000	5000	5000
年使用时间/h	8760	8760	8760
每年镇流器能耗/kW·h	394200	43800	219000
相对于传统电感镇流器每年节电量/kW·h	—	350400	175200

注: 高频电子镇流器提高了灯管光效,使其输入功率为36~37W,这里认为使用电子镇流器输入功率比36W灯管功率只增加1W。

从表1可以看出，使用电子镇流器一年可节约电能350900kW·h,以0.5元/kW·h的电价计算，一年可节约17.52万元；使用节能电感镇流器一年可节约电能175200kW·h,一年可节约8.76万元。

另外，照明节能的措施还包括：

(1)选取合理的照度标准值；

(2)选用合适的照明方式，照度要求较高的场所采用混合照明方式；

(3)合理选择照明控制方式，按照明使用特点采用分区控制灯光和适当增加照明开关点等。

5 洁净厂房照明布线应注意的问题

洁净厂房照明布线应同各类电气线路、各专业管道一样，遵循“隐蔽”的原则。

洁净室气流流型不同，它的建筑结构也不相同，非单向流洁净室，一般只有上技术夹层或吊顶；垂直单向流洁净室，设有上下技术夹层，上技术夹层是送风静压箱，循环风处理装置、高效过滤器，部分电力、照明、通信管线也在此敷设；下技术夹层是回风静压箱(回风道)，一般敷设水管、气体管道、电气管线、电缆桥架、封闭式母线等；与洁净室相毗邻设有技术夹道或技术竖井，敷设竖向管道或放置那些不宜放在洁净厂房内的辅助生产设备。

照明配电箱一般设在走廊暗装或明装在技术夹道内，当上技术夹层较高时，也可设在上技术夹层，这样容易接近负荷中心，水平布线短。

只设有吊顶的洁净室，吊顶内管线复杂，注意电气管线敷设时要注意尽量远离爆炸性气体管道或采取相关措施。

必须在洁净室内安装的照明配电箱、开关等应尽量暗装；电线、电缆管线穿过吊顶处必须进行密封处理，防止吊顶内灰尘和细菌等进入洁净室。

6 结论

洁净厂房的管线多、专业技术复杂、要求严格，其设计需要多种专业技术协同配合，是综合性极强的工程设计。照明是洁净工程的一个重要组成部分，照明照度的确定、光源和灯具的选择、灯具的布置与建筑、设备专业的协调都是洁净厂房照明设计中的重要课题，一个好的洁净厂房照明设计做到照度适当、空间明亮，并且合理使用顶棚空间，巧妙排列布置、才能做到美观、舒适、照度均匀、气流组织合理，也才能保证洁净厂房的洁净度要求，既节能又方便维护管理。

参考文献

1 洁净厂房设计规范 GB 50073—2001

2 建筑照明设计标准 GB 50034—2004

3 建筑设计防火规范 GBJ16—1987(2001版)

4 洁净厂房的设计与施工.北京：化学工业出版社

5 照明设计手册.北京：中国电力出版社

汽车工厂照明节能设计探讨

机械工业部第九设计研究院　申屠玉正

1　概述

近几年，随着我国汽车工业的高速发展，工厂照明水平逐年提高，照明电能消耗量也在逐年上升。但电能供需矛盾却越来越突出，能源的缺乏已严重制约包括汽车工业在内的各行各业的发展，节能问题已成为我国一项长远的战略方针，照明节能设计已成为每位电气设计人员必须认真考虑的问题。

本文主要针对汽车工厂照明节能设计进行探讨。

在汽车工厂中，主要有三类照明设计工程：厂房照明设计工程、综合办公场所照明设计工程、厂区道路照明设计工程。下面分别予以论述。

2　厂房照明工程节能设计

2.1　高效节能光源的选用

汽车工厂厂房一般属于高大工业厂房，无特殊要求时，应优选金属卤化物灯为代表的高强度气体放电灯（HID）。因为金属卤化物灯具有光效高、显色性好、功率大、寿命长等特点，适用于大面积场所照明。

汽车工厂单层厂房高度一般为 8～15m，常采用 250W、400W 两种光源。

2.2　高效节能照明灯具的选用

根据国际照明委员会(CIE)的建议，灯具按光通量在上下空间分布比例分为五类：直接型、半直接型、全漫射型、半间接型和间接型。

由于汽车工厂厂房一般比较高大，维护不太方便，故应当选用利用系数高、配光合理、反射效率高、耐久性好的直接式灯具。优先选用板块式灯具，板块的作用是使反射光改变路径、离开灯泡，增加光输出，提高灯具效率，延长灯泡寿命。一般板块灯具比光滑面灯具效率提高约 5%～20%。应合理选择灯具的配光，根据厂房一般比较高大的特点，可选择窄配光的灯具，以提高利用系数。

灯具宜带玻璃防护罩，灯具效率不宜低于 55%。灯具的结构应便于安装、维护和更换光源。

2.3　高效节能电器附件的选用

2.3.1　使用节能电感镇流器和电子镇流器

厂房照明应采用低能耗、性能优的光源用电附件，如电子镇流器、节能型电感镇流器、电子触发器等，气体放电灯宜采用电子触发器。

一般电感式镇流器自身能耗为光源的 10%～15%，而电子镇流器本身能耗极低，并且有恒功率输出的特点。目前厂房中占90%左右气体放电灯配用电感镇流器,如果用节能电感镇流器、电子镇流器、电子触发器取代传统的高能耗电感镇流器将获得很大的节能效益。

2.3.2　实行单灯电容补偿

厂房灯具单灯补偿就是在每套灯具上并联一个电容器进行补偿,将功率因数提高到0.85以上,这样既能减少电路无功功率,又能降低线损和电压损耗,同时因为线路电流降低,可选用较小截面的导线。

2.4　灯具布置及回路控制的节能设计

汽车工厂涂装车间、冲压车间高大设备较多,灯具布置时,应当考虑高大设备对照明的影响,灯具布置应躲开高大设备。总装车间生产线一般要求有较高的照度,这三种车间宜采用厂房一般照明与通道、设备或生产线局部照明相结合的混合照明方式。屋面采用金属卤化物灯具,通道、设备或生产线局部照明灯具采用节能型荧光灯。

厂房内应按车间、工段或生产线工艺流程进行照明分区控制,适当增加照明开关,每个照明开关控制灯具不宜太多,控制箱要设置在便于工作人员操作的通道上。警卫照明回路单独集中控制。

2.5　其他照明节电措施

2.5.1　选择合理的照度和功率密度值

新修订的《建筑设计照明标准》(GB50034—2004)规定了一般照明照度的标准值,局部照明应按该场所一般照明照度值的1~3倍选取。

新标准规定了建筑物的照明功率密度最大允许值,应当严格遵守。

2.5.2　减少供电线路上的损耗

照明回路分配应保证三相用电基本平衡,以减少线路损耗。

2.5.3　建筑设计与照明节能

进行厂房设计时,电气设计人员应同建筑专业人员协商,通过改变开窗(含天窗、墙窗)面积,合理、充分地利用自然光以节省照明用电。

3　综合办公场所照明设计工程

3.1　高效节能光源的选用

一般汽车工厂办公房间应优先采用高效节能荧光灯(如T5、T8管),应尽量减少白炽灯的使用量。设计时主张采用T8稀土三基色荧光灯管取代T12。这是由于T8灯管与T12灯管相比,具有更高的显色指数和光效,光衰小、寿命长、用汞量少,更符合节能、环保要求。另外,由于灯管功率越大,光效越高,一般应优选36W光源。

门厅、走廊等场所以紧凑型荧光灯(包括"H"型、"U"型、"D"型、环形等)为主,替代白炽灯。

在开闭频繁、面积小、照明要求低的情况下,可采用白炽灯。由于双螺旋灯丝型白炽灯比单螺旋灯丝型白炽灯光通量高10%,故应当优先选用。

3.2　高效节能照明灯具的选用

一般办公区优先选用直接式灯具,在有吊顶的办公场所应优先选用高光效格栅灯具。

合理选择灯具的配光。当室空间比RCR值较小时(房间矮又宽),宜选用宽配光的灯具;反之,当室内空间比RCR值较大时(房间窄又高),应选用窄配光的灯具,以提高利用系数。

3.3　高效节能电器附件的选用

对于一体化节能灯和单端小功率荧光灯(即功率小于或等于25W),由于对它们的谐波要求、异常保护功能以及预热要求均比较低,可选电子镇流器,但其谐波含量高的问题应予特别注意。对于25~65W的直管形荧光灯,可选节能型电感镇流器。因为节能型电感镇流器与电子镇流器相比具有更高的性价比。电子镇流器除在自身功耗、光效比、无频率、功率因数高等占有明显优势外,有一些方面不如节能电感镇流器。如接通时浪涌电流大、存在对外电磁干扰、电源电流谐波含量高、耐电源中的瞬时过电压能力低、使用寿命短等。

3.4 灯具布置及回路控制的节能设计

(1)房间靠窗一侧单独设照明开关控制,以便根据自然光的变化,控制照明灯点亮范围。

(2)适当增加每个房间照明开关的数量,以实现分区控制。

(3)公共场所如门厅、楼梯、卫生间、走廊等照明宜集中控制,适当使用节电开关(如声控、时控、光控开关等)。

(4)个人使用的办公室,采用人体感应或动静感应等方式自动开关灯。

3.5 其他照明节电措施

(1)房间装修影响照明节能。房间顶棚和墙面对照明效果的影响与房间面积有关。小房间顶棚在视野所占比例小,对照度影响小,而墙面在视野所占比例大、对照度影响大,因此,小 房间可使用高反射比的墙面、低反射比的顶棚。反之,大房间使用高反射比的顶棚、低反射比的墙面。

(2)充分利用自然光论述同厂房照明工程。

4 厂区道路照明设计工程

4.1 高效节能光源的选用

目前,汽车工厂路灯照明所采用光源的主要类型有:金属卤化物灯、高压钠灯、荧光高压汞灯等。其中高压钠灯具有寿命长(24000h)、发光效率高、透雾性强、节能、色温适中等优点,适于在显色性要求不高的道路照明,使用非常广泛。近几年来,金属卤化物灯开始在路灯照明系统中采用,它以高光效、高亮度、高显色性、多色调、长寿命的特点,成为理想的高效光源之一。

4.2 高效节能照明灯具的选用

路灯照明灯具应有较高的利用系数,合理选择灯的配光,优先选用块板式灯具,尽量选择不带附件的灯具,而选用具有高保持率的灯具。灯具防护等级至少为IP44。

4.3 布灯方式的设计

一般有四种基本布灯形式:单侧布灯、中央布灯(包括中央单灯布灯、中央对称布灯)、交错布灯和对称布灯。

对称布置比较美观,但缺点是照度不够均匀,适合较宽的道路。交错布置美观上虽然不如对称布灯,但照度比较均匀。

汽车工厂道路路灯一般可采用高8~10m杆,灯具间距30~40m左右。主干道采用两侧对称布置,次干道采用单侧布灯,试车跑道交错布灯,停车场采用35m飞蝶形高杆灯,路灯位置以不影响正常通车为宜。

4.4 路灯控制方式的节能设计

由于汽车工厂厂区面积一般较大,无法用一个路灯照明控制箱控制全厂区的路灯。因此把厂区分为若干个区域,设立若干个路灯照明控制箱控制本区域的路灯。每个照明控制箱内设置一套智能照明调控装置。

在供电节能方面主要有两种控制方式:采用半夜灯和采用调压。

半夜灯控制方式是指在下半夜关掉一部分路灯的方法来达到节能,它具有简单易行的特点;缺点是使得道路照明不均匀。另外由于工厂昼夜电压变化幅度常在5%~12%,半夜后线路电压一般要高3%~5%,此时运行的照明灯功率常超过额定值的10%,高电压不但浪费了电能,还缩短了灯泡的使用寿命。

调压控制方式是指通过降低供电电压的方法实现节能,延长光源的使用寿命,是一种较好的节能控制方式。

4.5 其他照明节能措施

气体放电光源应实行单灯就地电容补偿,将功率因数提高到0.85以上,降低无功损耗。

在配电线路的设计上,适当加大电缆截面,不仅可以减少因线路较长引起的电压降,同时由于压降小,线路损耗也小,系统稳定性提高,既延长了整个系统的寿命,同时还节约了电能。

5 结束语

通过对以上汽车工厂三类主要照明工程节能设计的探讨,可以发现建筑电气的节能设计潜力很大。作为工程设计人员,应当努力学习新技术、新方法,依靠自身掌握的先进科技知识,在设计工作中精心考虑,反复比较,在满足功能需求的前提下,设计出最优方案,为我国建设节约型社会、实现可持续发展贡献自己的一份力量。

现代家居装修照明设计

福建省泉州市城市规划设计研究院 温锦忠

摘 要 文章讨论了在现代家居二次装修照明设计中，如何根据房间不同的功能进行照明设计及选择不同照明灯饰，以达到美观大方，经济实惠的照明效果。

关键词 家居装修 照明设计 照明灯饰

近年来,随着我国国民生活水平不断提高,住宅装饰档次也不断提升,从而对居住照明的要求也越来越高。

要想把家庭这个小天地装扮得舒适、温馨、充满活力,装修是十分重要的,而照明又是其中极为重要的手段,因为照明对环境气氛具有表现力和感染力。居室风格由家具造型、布局,室内装修形式,窗帘、床罩、沙发等织物的颜色,灯光的运用和灯具艺术造型等共同表现出来,灯光起到烘托作用和艺术渲染作用。

住宅照明应兼有功能性和艺术性,应使人有华丽感、宁静感、温馨感、舒适感等。

在进行家居照明设计中,既要遵循《民用建筑电气设计规范》JGJ/T16—1992,《建筑照明设计标准》GB50034—2006,又要满足人们的审美要求和建筑装饰效果,充分合理地利用优美的灯饰,将现代照明技术与装饰艺术完美巧妙地有机结合起来,给人们的生活空间增添光彩,从而产生独特的艺术效果。

1 住宅照明的照度水平

照度的高低对室内气氛有着极其明显的影响,高的照度通常能增加活力,并且是视觉活动所需要的,而低的照度则能形成适合于休息、交谈、看电视或听音乐的愉快气氛。表1是根据《建筑照明设计标准》列出的住宅建筑照明的照度标准值。

2 住宅照明的方式

住宅照明的方式有一般照明、局部照明、重点照明和装饰照明。

2.1 一般照明

"一般照明"是将整个房间照亮的照明。要求舒适、照度均匀、无眩光等。

一般照明可采用安装在天花板中央的吸顶灯或吊灯,一般采用直接—间接型照明,以增加顶棚和空间的亮度,也可采用带扩散格栅的荧光灯照明。

2.2 局部照明

局部照明是附加的对工作区域的照明,需要比较高的照度,如餐桌、梳妆台、厨房等。

照明灯可采用导轨灯、台灯、落地灯、吊灯以及柜子下方照明灯。

2.3 重点照明

利用光线集中照射,对雕塑、绘画、壁饰、照片、植物或建筑物本身(如砖块、石头、窗帘等的材料质地)进行照射,使之更加醒目或更加鲜艳,或产生阴影,增加立体感。

重点照明常采用低压卤钨灯、白炽灯、壁灯等一般安装在顶棚上、墙上、架子上等处。

2.4 装饰照明

装饰照明是利用具有特色的装饰性灯具安装在房间不同地点,用于增添居室的活力、特色及韵味。

3 家居照明光源的选择

住宅照明以选用小功率光源为主。常用的光源有白炽灯、低压卤钨灯、紧凑型荧光灯、直管式荧光灯和环形荧光灯等。一般应采用节能光源。

选择光源时应考虑照度的高低、点灯时间的长短、开关的频繁程度、光色和显色的符合程度以及光源的形状、寿命、节能效果等。

表1 住宅建筑照明的照度标准值

房间或场所		照度标准值/lx	注释	显色指数 *Ra*
客厅	一般活动	100		80
	书写、阅读	300	宜设局部照明	
卧室	一般活动	75		80
	床头阅读	150	宜设局部照明	
厨房	一般活动	100		80
	操作台	150	宜设局部照明	
餐 厅		150		80
卫生间		100		80

4 各功能场所照明设计

为了满足生活和家居的需求，不同功能的居室，需要采用不同照明设计和选择不同的灯饰(参见表1)。下面，就现代家居各功能场所照明设计和灯饰选择一一介绍。

门厅：家居的门厅，是整个家庭的门面，是进入居室的第一空间，照明气氛应明快怡人，给人以宾至如归的感觉。因此，门厅灯饰应采用艺术造型灯饰与嵌入式或吸顶灯具。并伴有少量闪耀眩光，使门厅显得比较华丽，而且还可安装造型优美的壁灯，以增加气氛。

客厅：客厅是家里的公共活动空间，也是生活起居的重心。客厅照明一般分为：会客照明、娱乐照明、装饰照明及休息照明。因此，在进行客厅照明设计时，应充分考虑各种照明的特点，以适应各种功能的需要。会客照明采用一般照明方式，照度以看清客人面部表情为宜，此时，可点亮客厅中间吸顶灯，让客人尽得一片亮丽的温馨。娱乐照明：看电视、听音乐时需要较低照度，以暗淡柔和的效果为佳，看电视时需要适当的背景照度，此时应采用功能照明方式。光源一般选用节能灯、白炽灯等。装饰照明：客厅中的艺术品、花草、照片和家具等需要重点照明，以突出其装饰作用。此时应采用重点照明方式，以凸显艺术品味。光源一般选用石英灯、玻璃射灯等。休息照明：看书品茶时需要局部区域有较高的照度，此时应采用局部重点照明。光源一般选用节能灯、球形灯泡等。

餐厅：餐厅是进餐、欢宴及游艺的空间，其照明宜使人们的情绪集中在餐桌上。同时，餐厅的灯光照明可以影响家人的食欲和交谈的气氛。一般来说，用餐的灯光以餐桌为重心。因此，选择灯饰时，一般选用以碗形反射灯具与吊灯，安装在桌子上方80～100cm为宜，且宜选用可调节高度的灯具。若设有吧台或酒柜，则可用轨道射灯或嵌入式灯具加以局部照明，以突出气氛。

现今的许多开放式餐厅，使客厅、餐厅成为两个相通的空间。这样，灯光的利用就应该考虑搭配合理，使餐厅的吊灯与客厅的照明可以相互辉映。一般来说，风格的一致和统一很重要。

卧室：照明光线要低柔，应构成宁静、温馨、柔和、舒适的气氛，使人有安全感。灯具以壁灯、落地灯及台灯为宜。最好是能微调的灯具，随着灯光的调节，可以制造出别样的效果。而且灯具的金属部份不宜有太强的反光，灯光也不需要太强烈，以创造出一种平和的气氛，减少疲劳和紧张，以达到休息的目的；卧室里的更衣区：更换衣物的地方光线要均匀明亮，灯光最好从穿衣者与镜面之间照射，不要只从穿衣者或镜子后方照射。光线角度最好是45°，以免造成刺目的反光；梳妆台：梳妆台的灯应尽量放在靠近自然光源的地方，并应在梳妆台两侧设置辅助灯具。

书房：书房照明应有利于人们精力充沛地学习与工作，光线要柔和明亮，避免眩光。书房的主体照明，可选用乳白色罩的吊灯，安装在书房的中央。另在书桌上设置一盏台灯作为局部照明，供阅读和写作使用。书桌照明一般用台灯或其他可任意调节方向的局部照明灯具，有时也可采用壁灯，安装的位置为书桌的左上方，有利于阅读书报和写作活动。另外，书橱或摆饰可用射灯加以局部照明，以加强效果。

儿童房：儿童房需要的灯较多，伴随孩子的成长，不同时期需要具备不同的照明效果的灯具。婴儿期，室内灯具应加装光源调节器，夜晚将光线调暗一些，方便哺乳孩子的同时，还可以增加婴儿的安全感。孩子稍大一些，应在床头添置一盏足够亮度的灯，这样可以满足孩子在入睡前翻阅读物的需求。还可以在儿童房添置一盏低瓦数的夜明灯，方便宝宝夜间起来。当然，书桌上供学习使用的台灯是必备的，书桌光线适度对孩子的视力等方面是尤为重要的。

厨房：厨房照明应明亮、无阴影。工作区要有足够的亮度，才能保证工作有效安全。厨房一般采用吸顶灯或吊灯作一般照明，同时采用独立开关的轨道射灯系统在厨房各个角落发挥光照作用。由于厨房水汽大，灰尘、油烟较多，所以，应选择外形简洁、容易清洗的灯具。而且灯具材料应具有较好的表面保护层。

卫浴间：需用明亮柔和的光线均匀地照亮整个浴室。面积小的浴室，只要安装一盏天花灯就足够了；面积较大的浴室，可以采用发光天棚漫射照明或采用顶灯加壁灯的照明方式。化妆镜上方的镜前灯不宜太亮，光线宜柔和。由于室内的湿度较大，灯具应选用防潮型的，以塑料或玻璃材质为佳，灯具也宜选用密封式，光源优先采用一触即亮的光源。

阳台：阳台照明有助于扩大夜间生活的场地，一般采用吸顶灯（也可用壁灯），开关设在阳台门内。阳台的灯具应简洁，宜选用白炽灯，灯具材料最好选用不怕潮湿的玻璃片。

另外，家居装修时，选择灯饰还应考虑到以下几个方面的因素：

(1)要考虑节能省电，应该选用高效节能型灯具或节能光源；

(2)在不影响学习、生活、工作的前提下，适当降低照度；

(3)提高灯具的利用系数和选择合适的维护系数，选择高质量，结实耐用的灯具，以避免频繁更换和维修。

总之，每个家庭成员的年龄、职业、爱好，家庭环境布局名异，应根据自家的布局及装饰选用不同的灯具，充分利用灯光的明与暗，冷与暖，营造出室内空间彼此协调一致的气氛和意境，使家居更加舒适，更加温馨，以展示居室的文化品位和主人的个性情趣。

参考文献

1 建筑照明设计标准 GB50034—2004.北京：中国建筑工业出版社，2004

2 民用建筑电气设计规范 JGJ/T16—1992. 北京：中国计划出版社，1992

3 赵振民编著.实用照明工程设计.天津：天津大学出版社，2003

4 北京照明学会照明设计专业委员会编. 照明设计手册.北京：中国电力出版社，1998

5 谢浩编著.现代家居照明设计.北京：机械工业出版社，2004

电子智能照明控制系统在家居智能中的应用

澳大利亚邦奇电子工程有限公司

1 前言

作为人类生存基本需求之一，住宅已逐步从解困、安居型向现代化智能住宅发展。住宅照明在现代化智能住宅中已不再单纯是担负保证饮食起居、文化娱乐、业余学习、家务劳动等功能，而且可以通过对住宅照明的智能化控制，通过不同居室不同灯光回路的明暗搭配，形成不同的灯光场景，营造舒适优雅的环境气氛，丰富人们不同的居住需要；衬托出居住者高雅的艺术修养、气度不凡的性格品质。Dynalite 智能照明控制系统可以与安保、音像、电动大门、电动窗帘集成控制，可以与家庭电脑互联，通过电脑监控所有照明回路以及相关控制设备，实现家居照明的智能化。

2 现代智能住宅照明要求

现代智能住宅已经与传统的住宅不一样，更多地以应用功能来区分不同的区域，可以通过装饰吊顶、墙壁和地面的风格不同来区分，在不同区域，因采用不同的照明方式，通过智能控制系统实现不同的灯光场景，使居住环境更加舒适新颖。

根据现代智能住宅的应用功能不同，对于各种类型的房型，包括二房一厅、二房二厅、三房一厅、三房二厅、复式房、复式跃层房型等，都可以划分为几个功能块，如卧室区、休息区、就餐区、生活区等，对于各个功能块的灯光需求，将随着应用要求而异，智能灯光控制可以最大限度地满足人们对于灯光的需求，以下是对于各个功能区的照明要求及灯光控制效果描述。

2.1 卧室区

现代智能住宅中卧室可以分为主卧、次卧、辅卧。作为卧室,往往具有休息与工作两方面的功能,在休息时需要低照度而工作时又需要足够的照度。卧室一般照明可采用吸顶灯、嵌入式顶灯,房间较高时可采用吊灯布置。为了考虑床头阅读照明,应选择安装床头灯作为局部照明,在部分卧室还应安装壁灯或照画灯,配合全卧室的灯光实现不同需要时的灯光场景。

通过对卧室的灯光亮度控制,可以预设置不同的灯光场景,例如:"休息"、"阅读"、"工作"等,将卧室的不同灯光回路设置成不同的照度,通过灯光的亮暗搭配形成不同的灯光场景,以适应不同的需要。使用者只需选用控制面板上预置场景的按键,即可调用出相应的灯光效果。同时,通过选择在卧室的灯光控制面板上的"渐亮"和"渐暗"按键,还可以随时调亮或调暗卧室的灯光。

2.2 休闲区

现代智能住宅中休闲区一般都兼有会客及娱乐功能,在房间的功能分配上常以客厅为主,装修中刻意装饰出如文化墙面、精品橱、酒吧等点缀性装饰,或者通过进门的玄关以及客厅与其他的区域的房间的割断及延续,创造一个集休闲、会客、娱乐于一体的空间。

休闲区的照明配置上,一般地采用装饰性的吊顶,通过吊顶内置的灯带反射的光衬托吊顶的形状,增加整个立体空间的层次感。客厅的中央可采用带装饰件的豪华吊灯与客厅的装饰相协调,吊顶周围还可采用下投射的筒灯,在电视柜两边可以配合壁灯以及其他墙面的照画灯。精品柜或酒吧或文化石墙面可单独配置一路下射光的低压石英灯,控制灯光亮度可以突出视觉重点,烘托整个区域环境的气氛。

休闲区域照明的智能控制,可以通过对休闲或会客的各种需要将各回路的灯光按需要调整至合适的照度,我们将各回路各种灯光的搭配产生各种不同的灯光效果称之为场景,例如可以设置为"休闲"、"娱乐"、"会客"、"电视"等场景供随时选用。通过控制面板的"渐亮"、"渐暗"按键,可以随时调亮或调暗灯光。现代智能住宅在休闲区域还可以装有智能探测器,可以随时用手持式遥控器对灯光场景进行变换,使人们在休闲区域中放松身心,随心所欲地按人们的需求随时变换,营造出温馨、浪漫、高雅的光环境。

2.3 就餐区

现代智能住宅就餐区常与休闲区相连,或者是在一个大的空间内通过隔断及装饰的不同将两个区域分割。就餐区照明配置宜采用向下直接照明配光的灯具,照明的主要目的将人们的情绪集中在餐桌,并可以配置壁灯补充照明。通过对就餐区灯光的智能控制,可以在就餐时,将下照光的筒灯调整至合适的亮度,能够突出菜肴的色、香、味,烘托就餐气氛。就餐区的灯光控制可由休闲区的控制面板或遥控器完成,针对一些较大面积或控制要求较高的住宅,也可独立控制。

2.4 生活区

现代智能住宅中生活区统指以下一些特定功能的房间,如厨房、浴室、厕所、走廊等,对于生活区的照明可以按传统控制方式,采用开关方式,根据需要随时开启或关闭照明回路。

对于豪华装修的住宅中需要实现生活区域的照明智能控制则可参照相似的功能区域进行灯具布置及照明控制。

2.5 其他控制设备

现代智能住宅中的照明控制系统,还可以与安保、音像、电动大门、电动窗帘集成控制;还可以与家庭电脑互联,通过电脑监控所有照明回路以及相关的控制设备;系统还可以与电话系统互联,由用户在远程通过电话对住宅的照明设备及相关的其他设备进行控制;系统可以采用时钟控制,能定时按顺序及按不同需要对照明回路进行控制,例如:在全家外出时,为了安全起见,可以自动模拟每晚家中正常的亮/灭灯的操作。

3 现代智能住宅照明控制方式介绍

现代智能住宅照明控制方法与传统的照明控制方式在强电接线,控制接线方面有区别,传统的控制方式为直接开关型(见图 1)。

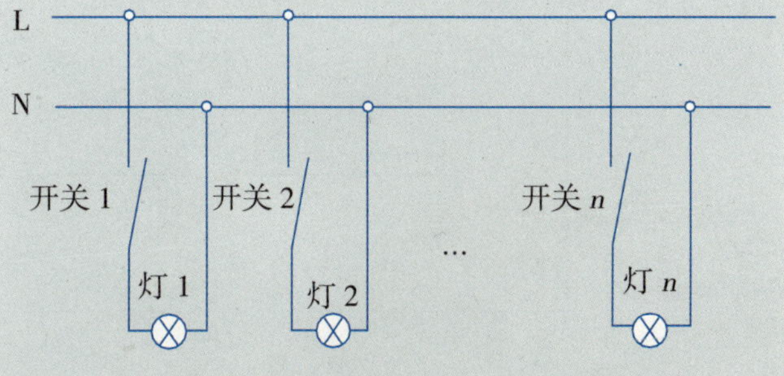

图 1 传统的直接开关型控制方式

从图1可以看出传统照明控制方式中，供电火线直接进入开关，通过开关回到灯回路再到零线，开关面板中有强电线（AC220V）直接通过。

现代智能住宅照明控制方式，控制面板中没有强电通过，而是通过控制电缆与调光模块相连，所有的照明回路由调光模块输出供电（见图2）。

从图2可以看出，在现代智能照明控制系统安装及接线中，调光模块独立引出一对电源线直接接到所对应的灯回路，在接线中不允许共用零线及地线。安装在每个区域的控制面板可以通过一根STP5类数据线与调光模块相连，改变了传统控制方式中强电线必须接入开关面板的方式，提高了安全性；通过按控制面板的按键，就可以直接控制对应区域的灯光回路，选择所需要的灯光场景。

4 现代智能住宅照明实例介绍

以下选取两种有代表性的房型，介绍Dynalite智能照明系统在现代住宅的应用，其他的房型可作参考，在设备的配置中除了基本配置外，还列出可选配置供选择。作为未来的发展方向，将来还可与其他设备构成集成控制。

4.1 二房一厅型住宅

现代智能住宅在房间的功能设计上已更加合理，多采用大厅小房间的布局，在二房一厅的房型中，厅的面积普遍比较大，多为25～35m²，因此，在这类房型中，照明控制的范围适合于客厅，根据实际配置的情况可以选用：

DTK406×1　4回路　5A/路调光模块（见图3）

HPM882×1　8键控制面板其客厅的平面图及灯具布置图（见图4）

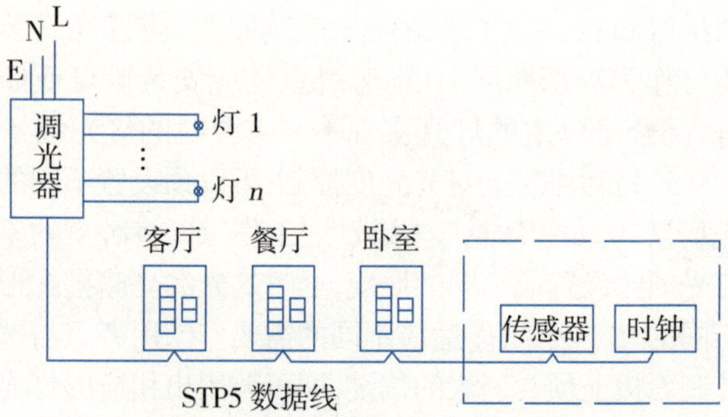

图2　现代智能住宅照明控制方式

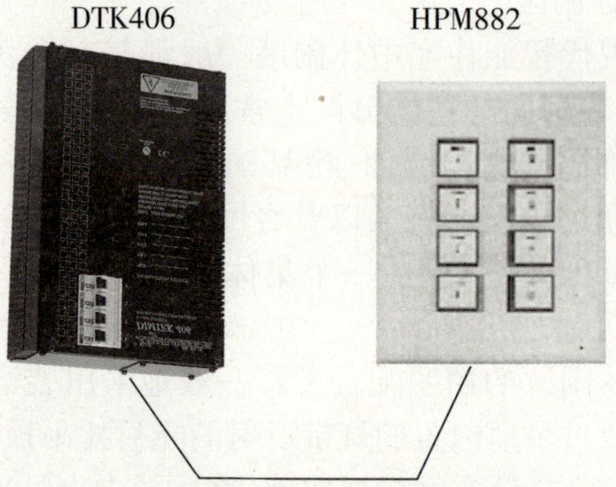

图3　DTK406与HPM882布置图

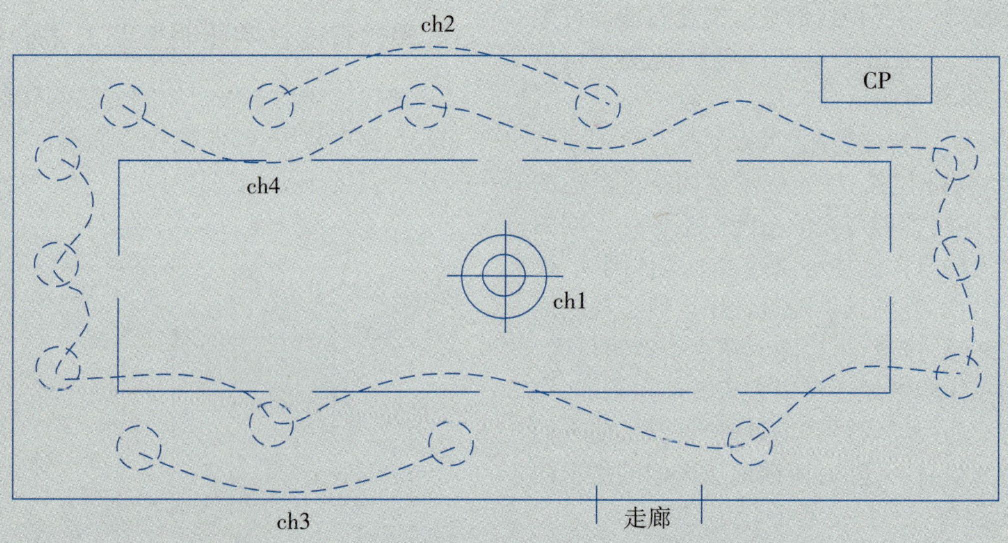

图4　二房一厅型住宅的客厅平面图及灯具布置示意图

ch1　吊灯　　选用白炽灯 60W/只×5 只=300W

ch2　照画灯　选用白炽灯 40W/只×2 只=80W

ch3　壁灯　　选用白炽灯 40W/只×2 只=80W

ch4　筒灯　　选用低压石英灯 35W/只×10 只 =350W

cp　控制面板　选用 8 键控制面板

4.2　三房二厅型住宅

三房二厅型住宅的房间功能上已通过空间的分隔成为两个厅,一个是客厅,另一个则作为餐厅,在功能上分别以休闲会客及就餐为主,照明控制系统的控制范围可以选择为客厅、餐厅及主卧房。实际配置情况(见图 5),其布置图(见图 6)。

DTK902×1　12 回路　2A/路调光模块

HPM882×1　8 键控制面板

HPM841×2　4 键控制面板

系统功能配置:客厅配置有 8 键控制面板,餐厅及主卧室分别配有 4 键控制面板。客厅中还可配置智能探测器及便携遥控器,便于主人遥控或进行光照补偿、动静探测。

ch1　餐厅吊灯　白炽灯　60W/只×5 只=300W

ch2　餐厅　低压石英射灯 12V/35W/只×8 只=280W

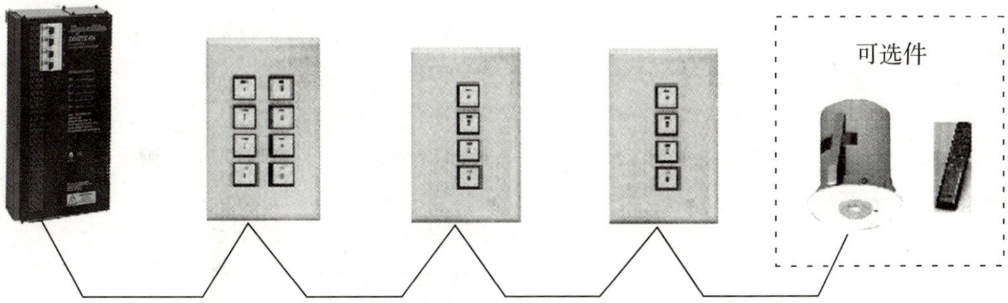

图 5　三房二厅型住宅的照明实际配置图

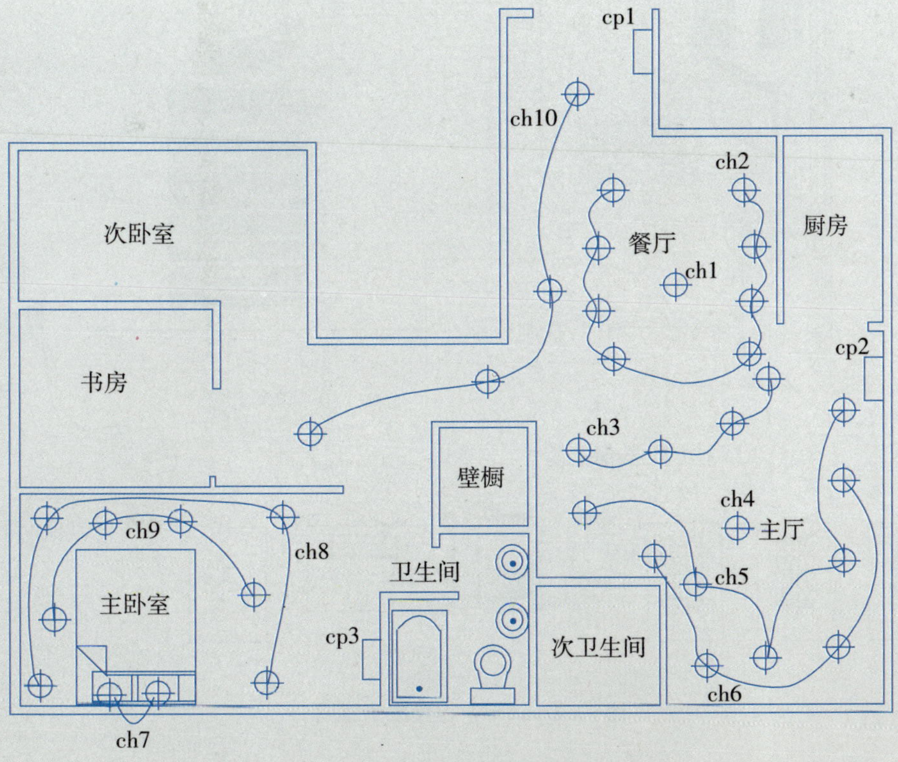

图 6　三房二厅型住宅照明布置示意图

ch3 酒吧、精品橱 石英低压灯 12V/35W/只×4 只=140W

ch4 客厅吊灯 白炽灯 40W/只×8 只=320W

ch5 客厅 下射灯 12/35W/只×5 只=175W

ch6 客厅 下射灯 12/35W/只×4 只=140W

ch7 主卧 床头灯 下射石英灯 50W/只×2 只=100W

ch8 主卧 下射筒灯 40W/只×4 只=160W

ch9 主卧 下射筒灯 40W/只×4 只=160W

ch10 走道灯 筒灯 40W/只×4 只=160W

cp1 餐厅控制面板 HPM841 4 键控制面板

cp2 客厅控制面板 HPM882 8 键控制面板

cp3 主卧控制面板 HPM841 4 键控制面板

S Sensor （选配件） 智能传感器

TCK DTK601 （选配件） 液晶显示触摸屏

4.3 照明控制系统与其他控制设备相连

Dynalite 系统集成示意图(见图 7)。

由图 7 可以看出,Dynalite 照明控制系统可以通过集成控制器 DTK933 控制电动大门、电动窗帘、挂屏、HAVCT 等设备,并可接受由第三方控制器发来的控制信号。

5 结束语

智能照明控制系统在现代住宅的推广应用,可以满足人们对于居住环境在视觉方面提出的日益丰富的要求，可以按人们在不同的时间不同的环境需求而设置不同的灯光环境,使住宅照明不单是照亮,更成为美化人们生活环境的特殊手段。照明控制系统还可以通过调光实现,节能,通过对灯具的软关闭软启动技术保护灯具,真正实现住宅的“绿色照明”。照明控制系统在家居的应用具有广阔的前景，与其他控制设备的相连，也将在未来的家庭中得到广泛的应用。

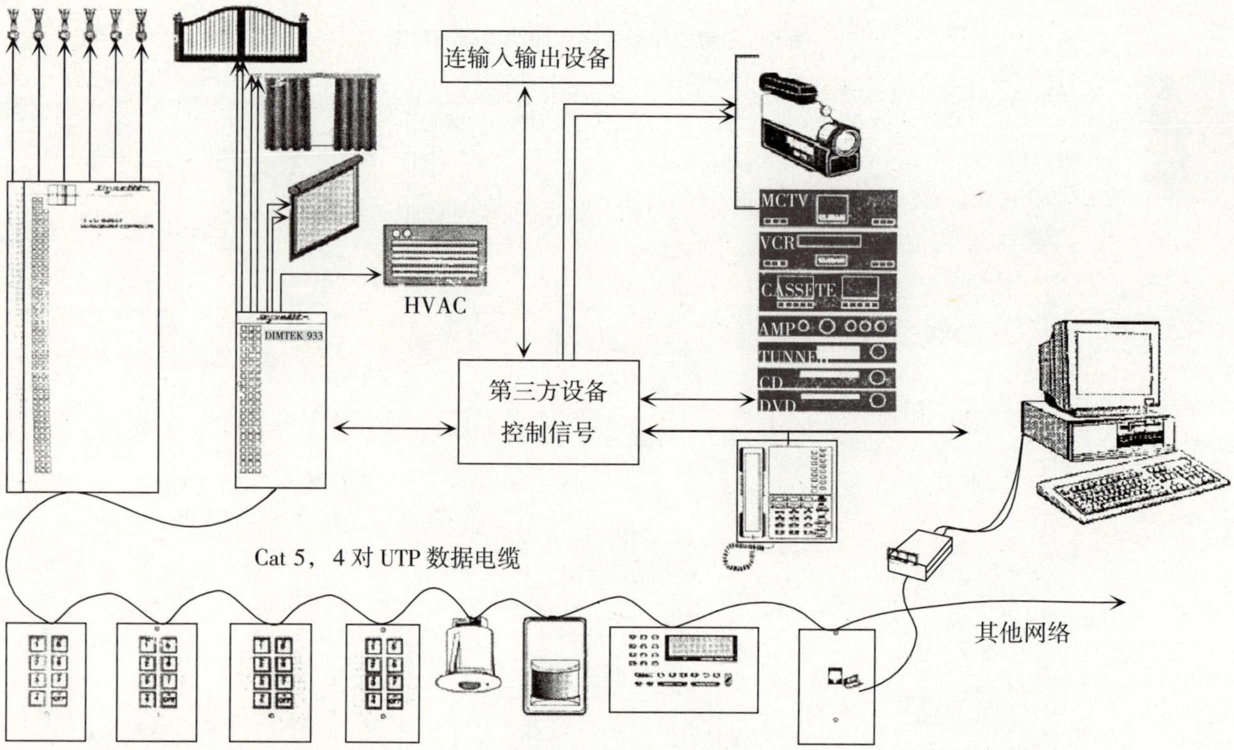

图 7 Dyalite 系统集成示意图

户外广告标识照明的现状、趋势和问题

中国建筑科学院物理所　肖辉乾

广告标识是城市繁荣的象征之一，被誉为城市夜景的点睛之笔，备受世人关注。

1　现状

1.1　广告标识离不开光

在当今高度发达的信息社会里，随着市场经济的不断发展，户外广告与标识作为现代经济社会信息的重要载体和城市形象的重要组成部分，其照明领域越来越引起人们的高度重视。据统计，人们80%以上的信息是通过视觉获得的，无照明广告的功效仅是有照明广告效果的50%。

1.2　现状调查概况

目前，我国的广告标识及其照明状况如何呢？据调查，自1979年以来，我国广告业发展十分迅速。到1993年底，全国广告经营单位猛增到3.1万家，广告经营额达134亿人民币；1995年我国广告经营单位增至4.8万家，从业人员达47万，经营额达273亿人民币；1996年经营广告单位又上升到5.28万家，从业人员为51.2万，年经营额达366亿人民币；到2003年中国广告经营额突破1000亿元人民币，其中室外广告又是所有广告媒体中增幅最大的（增速每年均在2位数以上），达到126亿人民币，经营室外广告的单位达6.3万家，作品达208万个(件)。

以上数字说明我国户外广告和标识业的发展之快，可谓前所未有。那么，户外广告和标识的照明状况又如何？笔者对国内外广告和标识比较集中的若干地区，如商业街、干道或广场做了详细调查，调查结果如表1所示。表中第1～9行为北京部分地区的广告标识照明情况。北京的数据由2005年和1999年两部分组成，表中第10～28行的数据为笔者1999年前所作的调查。被调查的地区共28个，其中国外8个，国内20个。从调查结果看出：

第一，无照明广告标识越来越少。户外广告和标识照明的形式、种类明显增多，无灯光照明的广告和标识相应减少，其中无照明的广告只占广告总数的14%，无照明的景标约占景标总数的37%，而无照明的功能标就更少，只占功能标总数的28%。

第二，霓虹灯广告面临挑战。近百年来，商业街的霓虹灯广告较多、其他灯光广告较少的现象在悄悄地发生变化。在表1所列28个地区中，霓虹灯广告只占广告总数的26%，国外8个地区为35%，国内20个地区为25.2%。但是，各个城市的情况也不一样。如：香港弥敦道的霓虹灯广告还是最多，约占广告总数的50%；而台北的士林夜市街的霓虹灯广告最少，只占广告总数的25%。美耐灯、光纤、导光管、爆光灯、EL灯带和LED光源在广告标识中的应用，形成对霓虹灯广告的挑战（见表2）。

表 1　广告和标识照明状况的调查

序号	调查地点	时间/年	广告(含店名)部分：广告总数	投光照明广告①	霓虹灯广告②：动态	霓虹灯广告②：静态	灯箱广告：柔性	灯箱广告：其他	显示屏广告：LED	显示屏广告：其他	特种照明广告③	混合照明广告④	无照明广告	其他⑤	标志部分：标志总数	景标①：投光照明	景标①：内透光	景标①：无照明	功能标②：投光照射	功能标②：逆反光③	功能标②：内透光	功能标②：无照明
1	北京王府井大街	2005	196	45	36	13	52	8	8	0	8	6	18	4	74	8	4	2	12	18	18	12
		1999	117	5	27	12	38	3	无	无	无	无	32	无	35	2	无	无	无	14	3	16
2	北京前门大街（至天桥）	2005	194	24	36	18	64	4	12	0	6	4	26	0	52	0	6	10	10	0	16	10
		1999	91	3	12	9	44	2	无	无	无	无	21	无	29	无	无	8	无	无	9	12
3	北京西单北大街	2005	218	28	29	16	85	15	8	0	4	4	29	0	62	6	10	4	10	0	16	16
		1999	154	18	16	13	63	11	无	无	无	无	33	无	32	2	8	无	无	无	6	18
4	首都机场大楼及广场	2005	73	12	6	8	28	3	4	0	0	0	12	0	12	4	6	2	未查	未查	未查	未查
		1999	34	4	4	2	12	2	无	无	无	无	10	无	3	2	1	无				
5	北京国门路（机场至三元桥）	2005	176	65	6	4	24	3	31	0	12	2	29	0	132	8	15	6	20	51	18	14
		1999	107	15	2	2	12	2	20	无	12	无	42	无	116	6	2	8	16	48	16	20
6	北京火车站（北站）	2005	74	16	8	6	32	4	4	0	0	0	4	0	16	2	4	10	未查	未查	未查	未查
		1999	43	5	4	2	20	2	3	1	无	无	6	无	8	无	无	8				
7	长安街（建国门至复兴门）	2005	424	18	10	11	213	124	28	0	0	0	20	0	206	14	28	24	36	82	12	10
		1999	346	16	12	6	168	84	16	2	24	无	18	无	152	12	14	16	28	62	8	12
8	北京二环路(44 路公交车行驶线路）	2005	505	84	16	12	274	36	18	0	3	8	42	12	366	18	34	18	24	186	22	64
		1999	413	24	6	2	202	18	4	无	无	6	39	12	274	11	23	14	4	108	18	86
9	北京三环路两侧	2005	632	252	56	24	156	26	36	0	4	10	68	0	518	24	38	36	38	264	36	82
		1999	296	103	48	11	62	4	无	无	无	4	64	无	297	3	2	8	6	200	12	66
10	天津滨江道	1998	107	6	38	12	28	7	无	无	无	无	16	无	22	2	6	无	无	无	4	10

（续下表）

（续表）

序号	调查地点	时间/年	广告(含店名)部分												标志部分							
			广告总数	投光照明广告①	霓虹灯广告②		灯箱广告		显示屏广告		特种照明广告③	混合照明广告④	无照明广告	其他⑤	标志总数	景标①			功能标②			
					动态	静态	柔性	其他	LED	其他						投光照明	内透光	无照明	投光照射	逆反光③	内透光	无照明
11	天津曲阜道	1998	96	8	22	6	36	无	2	无	无	10	14	无	46	7	4	无	2	12	6	15
12	上海南京东路	1998	287	8	103	31	79	13	9	4	4	3	33	无	97	9	16	22	3	27	12	8
13	广州环市中路	1999	156	14	43	17	30	8	3	无	无	无	41	无	105	6	12	18	4	32	9	14
14	深圳人民南路	1999	146	12	38	12	31	2	6	无	2	3	38	无	18	2	4	12	未查	未查	未查	未查
15	珠海拱北商业街	1999	80	8	27	8	16	4	无	无	无	2	14	无	49	1	6	10	7	无	6	19
16	宁波中山路商业街	1998	129	16	24	12	36	10	2	无	无	4	24	无	54	2	8	7	8	12	4	13
17	重庆解放碑商业街	1998	176	18	36	18	48	6	7	4	2	9	31	无	105	18	12	16	11	17	12	21
18	香港弥敦道	1997	287	21	112	23	21	18	14	8	12	6	41	11	157	23	17	15	25	32	19	26
19	台北士林夜市街	1997	119	6	18	12	46	12	2	无	无	9	11	3	未查	未查	未查	未查	未查	未查	未查	未查
20	澳门步行商业街	1998	101	8	20	16	23	9	4	无	无	4	15	2	48	11	3	9	2	4	7	12
21	巴黎香榭丽舍大街	1997	292	49	89	17	42	8	19	无	7	23	25	3	137	15	21	9	13	47	21	11
22	罗马民族大街	1998	112	13	23	6	19	4	8	4	11	6	16	2	39	3	6	11	7	无	3	9
23	米兰拱廊商业街	1998	93	19	31	4	17	无	11	无	3	无	8	无	14	3	5	6	未查	未查	未查	未查
24	慕尼黑商业街	1997	127	11	42	7	13	7	9	4	7	10	13	5	83	9	13	4	11	14	17	15
25	伦敦凯恩商业街	1997	195	17	31	13	42	8	21	5	9	6	30	13	108	15	9	13	17	21	14	19
26	纽约时代广场	1998	156	37	19	25	18	6	13	9	15	11	无	3	71	14	6	无	21	13	17	无
27	拉斯维加斯狭地街	1998	324	38	38	31	26	9	11	6	42	17	21	15	未查	未查	未查	未查	未查	未查	未查	未查
28	渥太华斯帕克街	1998	324	29	29	16	56	16	5	3	19	11	7	4	未查	未查	未查	未查	未查	未查	未查	未查

注：广告(含店名)部分中1.含泛光照明、多面翻、立体模型和悬幕式广告；2.含美耐灯广告；3.指光纤照明和隐形广告等；4.综合运用多种照明方法的广告；5.本表未包括的其他照明广告。

标志部分中1.指街道、广场或交通路口设立的造型景牌或装饰性景标；2.指标准的公共信息、安全和交通标识；3.详见本文文字说明。

表 2 几种广告照明灯与霓虹灯的比较

种 类	用 法	性能和特征	照明效果	应用实例
霓虹灯管	用不同直径和颜色的霓虹灯做成各种造型、图案和文字	光效较低，但灯管的亮度高，醒目；灯的寿命长，颜色丰富，可重复瞬时启动，灯的启动电压高，变压器重量较大，安全保护要求高；耗能灯管¢10～11mm为10W/m	照明效果好，特别是照明的颜色效果和动态照明效果较好，维修工作量较大，照明的夜间效果好，而白天的外观效果较差	北京彩虹门、南京时空隧道、美国拉斯维加斯瑞费莱大楼等
美耐灯（彩虹管、塑料霓虹灯）	用不同管径和颜色的美耐灯做成各种造型、图案和文字	与霓虹灯相比可塑性好、寿命长（据称1万h）；灯的表面亮度较低，电耗在15~20W/m之间；技术简单，投资少(约10~25元/lm)	与霓虹灯相比，夜间照明效果较好，白天外观效果一般，但灯的颜色和光线可变，动态照明效果较好	望京路牌楼、各类店名牌匾和灯光雕塑等
通体发光的光纤管（彩虹光纤）	用不同管径的光纤管做成不同的造型、图案和文字	与霓虹灯相比可塑性好，可自由曲折、不怕水、不易破损、不带电只传光；灯的表面温度较低，颜色多变、省电、安全、检修方便	与霓虹灯相比，照明效果好，一管可现多种颜色，动态效果好，光纤表面亮度较低，一次投资大	美国纽约时代广场可口可乐广告、德国奔驰广告、电信广告和香港怡和广告等
通体发光的导光管或发光管	将通体发光的导光管或发光管做成不同的造型、图案和文字	与霓虹灯相比，导光管或发光管的管径远大于光纤、美耐灯或霓虹灯；表面亮度高，安全、省电、寿命长、检修方便	与霓虹灯相比更加醒目，颜色可变，设备技术较复杂，一次投资大	巴黎路标、美国Libert大楼和法国法兰克福博物馆大楼广告
镭射管（爆光灯）	将镭光管沿广告轮廓连续安装，形成动感很强的闪光轮廓	一般管径为49mm，长1500mm，管内安装多只脉冲氙灯；程序闪光、亮度很高、动感强；节能、光型可变、安装方便	动态照明效果好，可组成各种闪光图案，表现各种造型的建筑轮廓	上海大千美食林广告、香港荃湾广告和珠海银都酒店广告等
EL 灯带	将EL发光灯带沿广告轮廓粘贴安装形成发光带	与霓虹灯相比，起动电压为AC35V，最大电压AC135V，尺寸长600m，宽35cm；节电、轻薄、不易碎、颜色丰富、可自选；寿命为3~5年	与霓虹灯相比发光均匀柔和，色彩鲜艳，照明效果好	台北灯箱广告和标识、苏州亚细亚肯德基标识广告、美国夏洛特市联合银行总部大楼广告等
LED 灯带	用LED灯带或LED发光面做成各种造型或显示屏广告	与霓虹灯相比光效高、色彩丰富、寿命长（3~5万h）；电压低、安全、无污染、单个LED体积太小，寿命有问题，价格昂贵	与霓虹灯比，照明的变化和动态效果较好，具有很强的视觉冲击力	王府井四联理发店广告、天安门广场2005年国庆花坛的LED灯饰、上海震旦大厦广告等

第三,外投光照明和灯箱广告大幅度增加。表1所列28个地区的统计数字表明，这两类广告占了广告总数的43.2%,成为目前灯光广告的大户。国内20个地区使用的投光灯广告和灯箱广告所占比例更大,达到47.2%,将近广告总数的一半。台北士林夜市街甚至超过并达到53.7%。

表1的28个地区中，北京9个地区在1999年的室外投光照明广告为193个,到2005年猛增到544个,增加了1.8倍;另外1999年灯箱广告为749个,到2005年增加到1151个。在短短的几年里,增加的幅度这么大是十分惊人的。其他广告的变化情况如表3所示。

第四,外投光、自发光和内透光广告成为广告照明的主角。表1所示国外8个地区的投光照明和内透光照明的景标数达到了总数的70%,国内20个地区,这类景标所占比例也达到59.6%；国外的8个地区,逆反射光的功能标所占比例为34%,其次是内透光功能标比例为23%，再次是投光照明的功能标比例为20%;在国内,逆反射光功能标的比例为48%,内透光功能标为12%,投光照明功能标为9.7%。

第五,显示屏、光纤、导光管、LED灯和隐形广告等新媒体崛起。1980年以前为数稀少的显示屏广告、光纤灯广告、隐形广告及混合照明广告,在最近10多年里使用的数量不断上升。表1所列28个地区,这几种广告的数量也占了广告总数的10.8%。国外8个地区,这几类广告所占比例更大,达到19.3%。国内20个地区,这几类广告所占比例为6.9%。

2　发展趋势

随着科学技术和社会经济的迅猛发展,当今世界的广告和标识业正朝着优质、快捷、低能耗、电子化、信息化和跨国的方向发展。照明作为广告和标识不可缺少的组成部分，随着广告标识业和照明技术的进步,室外广告标识照明的发展趋势将是照明方法的多样化、表现方式的艺术化、设计的科学化、规模的大型化、控制与管理的智能化以及照明的规范化。

2.1　照明方法和形式的多样化

由于照明技术的进步和室外广告与标识媒体固有的特征,如广告效果的持续性、造型的多样化和安装场所的广阔性等,从而导致室外广告和标识的种类不断增加,如店面广告、屋顶广告、广告塔、广告牌、杆式(灯杆、电线杆等)广告、动态立体广告、空中广告以及各类景观标识和功能标识等等。因此广告和标识照明的方法也不断增多,形成霓虹灯、投光灯、内透光灯箱、光纤照明、LED照明、隐形照明等多种照明方法并存的发展趋势。

2.1.1　霓虹灯照明广告将有新的发展。

霓虹灯广告问世已有近百年的历史,随着霓虹灯技术的不断进步,霓虹灯的新品种不断出现,预计在今后一个相当长的时期内不仅不会被其他照明所取代,而且还会有新的发展。据预测,未来20~30年内,变色霓虹灯、光纤霓虹灯、彩虹光源霓虹灯、无极霓虹灯和低压电子霓虹灯会相继问世,这对霓虹灯广告照明将是一个有力的促进。此外,霓虹灯的应用范围除广告外,在建筑物的夜景照明、艺术装饰和信号标识等方面也具有广泛的应用前景。

2.1.2　不断进步的广告投光(泛光)照明

它的发展趋势:其一是照明系统不断更新,推出新的卤钨灯、荧光灯、显色性改进型汞灯和金卤灯等多种照明系统；其二是广告投光照明技术日趋成熟,照明设计更加规范;其三,广告投光照明的照度或亮度标准、耗能标准、照明的均匀度以及使用的光源、灯具和控制设备逐步定型和标准化。

表3　北京王府井等9个地区广告照明总况

种类 时间	投光	霓虹	灯箱	显示屏	其他(注)	总数
1999年	193	190	749	46	127	1305
2005年	544	315	1151	149	333	2492
增加(倍)数	1.8	0.7	0.5	2.2	1.6	0.9
1999年占总数(%)	14.7	14.5	57.4	3.5	9.7	100
2005年占总数(%)	21.8	12.6	46.2	5.9	13.4	106

注:其他照明广告指特种照明、混合照明、无照明和本表未包括的照明广告。

2.1.3　灯箱广告和标识的激增

柔性灯箱广告以它独特的优点，在广告照明领域中，倍受青睐，应用前景十分理想。原因是柔性灯箱和铁皮灯箱、胶片灯箱、磨砂玻璃灯箱、漫透射有机玻璃板灯箱乃至霓虹灯广告相比，具有以下突出优点：

（1）布料漫透光性能好，从不同角度观看，视觉效果均佳；利用热转印技术，将电脑绘制的各种文字和彩色图案转印在布面上，不论是白天或黑夜，其视觉效果都一样好。

（2）布料柔软、强度高、防紫外线老化和抗静电，在无直接破坏或气候影响下，使用时间长。如德国产的欧特龙4型灯箱布，保证期5年，使用期达10～15年。

（3）布料的卷束方式使运输更加安全、经济、方便，并配以铝合金或不锈钢箱架。其安装简便，耐候性好，如欧特龙4型灯箱布，可抗风速100km/h。

（4）由于灯箱布防微生物生长，抗污染、易清洁，因此维护管理方便。清扫布面、检修和更换光源不需拆卸布料，只要打开灯箱上盖或下盖即可进行。

2.1.4　光纤照明技术在广告和标识中的应用

20世纪80年代以来，世界广告业开始应用光导纤维技术制作广告。光导纤维具有传光范围广、重量轻、体积小、用电省、不受电磁场干扰，而且频带宽等优点。美国纽约时代广场上的可口可乐光纤照明广告，画面图像清晰、色彩鲜艳、栩栩如生，而且可使图像在电脑控制下变幻无穷，广告效应显著。又如北京国门路光纤照明的限速标识，体积小、视距大、非常醒目，颇受欢迎。行家们认为，光纤广告的出现，意味着“静止性的路牌广告”将逐步被淘汰，室外广告媒体将面临巨大变革。

2.1.5　独具特色的导光管照明广告和标识

20世纪90年代初，在德国慕尼黑机场、法国和西班牙高速公路上出现了一种用导光管将光导入广告或道路标识灯箱内进行照明的技术。这种广告和路标画面图案清晰，色彩鲜艳，检修特别方便，不需打开灯箱，维修人员在地面打开导光管的光源盒盖即可检修或更换光源。

2.1.6　大屏幕显示屏广告

20世纪80年代出现了一种完全不同于霓虹灯广告的大屏幕显示屏广告。这是一种利用单个发光器件作单元组合而成的大面积矩阵视频显示系统。这种系统用于广告显示，不仅画面亮度高、对比度大、色彩鲜艳，而且和电视一样可显示动态画面和文字，具有很强的视觉冲击力。

显示屏随使用发光器件的不同也有所不同，它的种类很多，主要有发光二极管（LED）显示屏、阴极射线管（CRT）、荧光放电管（FDT）、白炽灯泡显示屏和液晶显示屏等。常用发光器件的技术参数如表4所示。

表4　显示屏发光器件技术参数

参数＼器件	LED	FDT	CRT
亮度/（cd/m^2）	200～300	1000～5000	1300～4000
像素密度/（光点/m^2）	9800～19000	200～3000	200～1300
功耗/（kW/m^2）	2.0～2.3	2.0～3.0	0.5～1.2

这种广告媒体已广泛用于人流密集的公共场所、交通要道。其功能除广告宣传外，还可发布信息，丰富人们的文化娱乐生活，是观众较喜爱的广告媒体，目前已在我国不少城市推广应用，收到了很好的效果。

2.1.7　奇妙的隐形广告和标识

这是利用隐形幻彩颜料绘制的广告或标识。它在自然光照射下不能显现图案，只有用紫外光照射时，方能显现其色彩斑斓、形象逼真的广告或标识的画面。这是一种较特殊的广告媒体，在上海南京路、巴黎香榭丽舍大街和纽约时代广场等不少地方都有应用，收到了神奇的广告和装饰效果。

2.1.8　全新的全息图广告和标识

这是利用全息图技术设计制作的广告标识，其图形轮廓清楚，画面三维立体感特别强。目前，这一技术虽然尚未大量推广应用，但是它的独特性已引起广告界和照明界的高度重视。

2.1.9　前途无量的太阳能广告和路标

这是利用非晶硅太阳能电池，将太阳光能转换为电能，作为路标发光器件的电源，并使之发光而形成的广告和道路标识。北京天安门广场东侧国家博物馆大门前的2008年奥运会倒计时牌、北京长安街和二环路隔离带设置的路标、天津南开电教中心宣传栏广告和广东珠江河道上的航行标识等均利用了这一技术，不仅节能效果十分显著，而且照明的视觉效果也不错，并预示着它将成为未来广告照明的方向。

2.1.10　独具一格的空中广告

近年推出的高空气球广告颇有新意。在气球内安装照明光源可作为空中广告照明。这类照明电源一种是利用自备电池，另一种是利用特制电源线将电由地面送至球内供照明光源使用。

综上所述,除广告照明种类的多样化外,在应用过程中,随着安装位置和要求的不同,布灯形式和数量、照明设备的外形及色彩也都呈现出多样化的发展趋势。

2.2 广告照明的艺术化和科学化

广告艺术是广告设计的灵魂。在五彩缤纷的广告世界里,广告作为视觉信息的传播媒体,不仅要引人注目,在瞬间给消费者留下过目难忘的印象,而且还要通过设计人员的独特创意、艺术构思、强烈的色彩效果和最佳的照明艺术设计,使人从中得到艺术感染和美的享受,最后激发消费者求购或追捧的欲望。

广告照明的艺术化要求的不仅仅是照亮,而且还要照得美,照得富有艺术魅力。一件艺术构思巧妙、加工制作精细的广告作品,只有通过科学而艺术的照明设计,选用显色性好的光源和配光合理的灯具,按最佳的亮度水平和亮度分布确定布灯方案,从而艺术地将作品展现在观众面前。如果照明用光、用色不当,或造成眩光,使观众感到难受,那么即使是优秀的广告作品也会失去其艺术风采,甚至变得光怪离奇。

关于霓虹灯广告的照明艺术,由于已有专著和大量论文做过阐述,笔者就不再重复了。值得一提的是变色霓虹灯的应用,将对霓虹灯照明艺术产生深远的影响。因为传统的霓虹灯一支灯管只能发出一种颜色,若要改变霓虹灯广告上的图案或文字的颜色,就得使用多根不同颜色的霓虹灯管在同一图案或文字前面,重叠排列组合,再通过电源控制设备使各支霓虹灯管点亮,实现变化颜色的目的。这样重叠组合的霓虹灯管不仅设备安装复杂、故障点多、外观不佳,而且变色时光的跳动感强。而变色霓虹灯的同一灯管可产生多种不同颜色,对霓虹灯广告和标识的照明无疑极为有利,因而深受用户的欢迎。笔者考察法国、英国、北京和中国香港地区使用的变色霓虹灯广告标识和装饰照明后,深感它独特的艺术效果绝妙神奇,值得推广应用。

大型广告牌是公共场所和交通要道常见的媒体,它的照明不是简单地在广告牌的上方或下方装几个灯照亮。牌面的照度和照度分布,光源灯具的光学性能、色彩效果、安装位置,灯具支架的外观造型和色彩不仅要艺术化,更要科学化。如国际照明委员会(CIE)对广告标识的最大亮度值都做了严格的科学规定,如表5所示。又如美国室外广告协会对室外广告牌的尺寸、照度和照明均匀度,所用光源、灯具及设备安装等按不同广告内容与所在位置均有严格规定,详见表6、表7所示。

表5 广告标识的最大亮度值

照明面积/m²	亮度/(cd/m²)
≤0.5	1000
≤2	800
≤10	600
>10	400

表6 广告牌尺寸

广告牌类型	外形尺寸/m²
招贴板	3.7×7.5
广告牌	4.25×14.5

表7 广告牌照度标准

广告材料反射率	推荐照度/lx	
	明亮环境	暗环境
低	1000	500
高	500	200

注:照明均匀度即最大照度/最小照度为4:1。

再如灯箱广告和标识的照明,为了使广告画面达到最佳的艺术效果,广告画面的亮度也有标准(如表8、表9所示),并根据画面亮度设计计算灯箱内的光源灯具及安装方式。灯箱画面亮度、均匀度由下式计算:均匀度=光源附近亮度/远离光源部分的亮度。均匀度为1最好,均匀度为2是可容忍的最大值,对于大多数的广告灯箱的均匀度为1.3~1.5即可产生满意的效果。

由于室外灯光广告数量的迅速增多,广告照明的耗能引起人们的高度重视,美国加州还专门颁布了限制不同照明区的广告照明的能耗标准如表10所示。

表8 灯箱广告画面亮度标准(亮背景)

广告画面亮度/(cd/m²)	灯箱安装场所
70~350	建筑物的正立面和围墙上的灯箱广告
250~500	购物中心建筑物围墙上的灯箱广告
450~700	低亮度地段,即暗背景的灯箱广告
700~1000	一般商业广告灯箱,如加油站标牌灯箱
1000~1400	高层建筑上方的广告灯箱及闹市区的广告灯箱
1400~1700	重要交通枢纽场所的灯箱广告

表 9　室外广告标识牌的表面亮度

广告标识的区域	E_1	E_2	E_3	E_4
表面亮度/(cd/m^2)	50	400	800	1000

区域分类中 E_1~E_4 区的环境状况

区域	周围环境	环境亮度	举例
E_1	自然	天然黑夜	自然公园、保护区
E_2	乡下、乡村	低区域亮度	工业或居住性乡村
E_3	郊区	中区域亮度	工业或居住性城郊
E_4	城区	高区域亮度	城市中心、商业区

表 10　广告标识照明能耗标准(LPD 值)

区域(注) / 广告名称	LZ_1	LZ_2	LZ_3	LZ_4
内发光广告标识	每个 20W	43.28W/m^2	64.92W/m^2	86.56W/m^2
外投光广告标识	每个 20W	10.82W/m^2	21.64W/m^2	43.28W/m^2

注:1.表中 LZ 的划分和北美照明学会(IESNA)及 CIE 的划分相似;
LZ_1:原始的黑天空区域(较少的或者没有街道路灯照明的居住区);
LZ_2:低环境亮度的区域(地区边缘或者农村地区、居住区);
LZ_3:中等环境亮度的区域(城区内的居住区,低交通量或者较高交通量的区域);
LZ_4:高环境亮度的区域(城区内商业区和居住区及高交通量区域)。
2.本表引自美国加州城市室外照明能耗标准(LPD 值)。

2.3　广告照明规模的大型化

中国台湾《中时专刊》曾阐述日本大阪的店面广告及其发展趋势,归纳为大型化、娱乐化、醒目化三大特色。其中第一大特色就是出奇地大。不论是日本式的灯笼、西式的招牌或人偶,一定要比任何都市所见到的都来得大。以“闲散居”的河豚招牌(广告)为代表,从头到尾十几米,挂在半空中摇摇晃晃的,百米外就看到它诱人的风姿,令人印象深刻。

日本广告招牌的大型化、娱乐化和醒目化的发展趋势在国际上也颇有代表性。笔者联想到在巴黎看到的埃菲尔铁塔上“2000 年倒计时牌”标识,德国方区广场周围的高楼墙面上的投影广告,日本千叶县一幢 12 层大楼整个墙面的广告照明,香港熊猫大酒店(悦来宾馆)外墙上的熊猫广告的投光照明、弥敦道和香港岛摩天大楼上的霓虹灯广告,拉斯维加斯桑法斯饭店、凯撒宫、亚瑟女神剑、马戏团大酒店前的超大型灯光广告,上海人民广场东南侧一个上百平方米的大屏幕显示屏广告,北京西便门顺峰酒楼墙上的大龙虾广告以及 1997 年天安门广场上的巨型柔性灯箱等,无不以巨型示人,醒目异常,给人留下极为深刻的印象。广告和广告照明的大型化趋势越来越明显。

2.4　广告照明控制和管理的智能化

笔者在《举世瞩目的上海不夜城》一文中曾提到,上海无线遥控外滩和人民广场夜景照明,以及美国 WHITECO 室外广告公司利用卫星定位技术统一遥控全美数千个高架广告灯箱和广告牌的例子。从中可以看出,随着电脑网络技术的发展,今后广告照明控制和管理的发展方向就是智能化。所谓智能化,就是利用计算机网络技术,有线或无线控制和管理广告照明。它的最大优点就是科学、高效、可靠。它不仅可按用户要求定时开关,而且可对动态照明广告,按设定的程序,变化照明节奏,改变灯箱内光源的亮度、颜色、控制灯箱或三面翻、多面翻广告牌的旋转时间、速度和角度等,颇受用户欢迎。

对智能化控制和管理的设备和实施方法,用户可根据自身情况和财力确定选用高、中、低三个不同档次的设备。财力许可的话,可采用无线遥控,甚至通过卫星定位无线遥控方法;财力有限时,可用有线连接,或有线和无线遥控相结合的方法。目前,我国多数单位采用有线和无线遥控相结合的折衷方法。采用这种方法时在主机内设置雷达发射器。在单个广告牌或灯箱内安装半载单片机晶闸管开关,每组广告可包容几个至几十个单体广告。每组配置雷达接收器一台,接收主机指令并转译为控制信号,再用有线方式控制单体广告的照明。这样不仅节省投资,而且架线、挖槽埋线问题也可基本得到解决。所以,这是目前比较切实可行的办法。

2.5 广告照明的规范化

广告的种类和形式很多,广告照明随之也是多种多样。笔者调查过国外几个城市,当地政府对室外广告及照明均有统一的总体规划和单体规划。也就是针对不同的街道或地区的文化内涵、街道功能、地区环境状况、历史背景等,对广告的形式、内容、大小及位置均有统一规划。因此广告标识整齐划一,有条不紊,成为美化城市市容的重要因素。比如美国纽约的街道广告等公用设施以往因缺乏统一规划,显得零乱不规范。后按米利亚尼市长提出的规范化、多样化、艺术化和电子化的要求统一进行了整顿,统一配置照明,成效显著。另外日本东京银座及韩国汉城步行街的广告尽管种类很多,但都是按规划设置,无论是白天还是夜晚的景观效果都相当不错。

我国北京的王府井大街、上海的南京路、南京的湖南路、天津的和平路以及大连人民路等地区的室外灯光广告(含橱窗广告)五颜六色,形式多样,矩形的、圆形的、菱形的、平面的、立体的、跨街桥式的、立柱的,真可谓应有尽有。由于统一规划得比较好,使人感到整齐有序,因而独具特色,成为该地区的夜景一景。相反,有些城市的灯光广告,尽管数量不少,由于缺少统一的规划,而且产品粗糙,以致杂乱不堪,造成视觉干扰和光污染现象严重,扰乱了街景,令人感到遗憾。

广告照明产品的标准化是广告照明规范化的物质保证,也是保证产品质量的重大措施。因此,这个问题也越来越引起人们的重视。比如德国广告协会要求广告照明产品和产品生产企业都要严格按 ISO 标准生产和管理,建立起一套较完整的产品质量保证体系,得到了 ISO 的认可和高度评价。

3 存在的问题

室外广告标识照明发展很快,形势喜人,但是存在的问题不少,也令人担忧。笔者在调查中发现以下 6 个方面需特别引起关注。

3.1 照明缺少统一的规划

关于室外广告照明的规划问题,从表 1 所列的一些国内外城市广告照明的调查结果分析,国外城市广告照明基本都有总体规划或单体规划,而国内除个别城市或少数步行街外,对广告的密度和高低、形态和造型、色彩和亮度则基本上没有统一的规划,设置室外广告处于各自为政、各行其是的状况,以致城市广告的夜景显得十分零乱,加上广告照明产品粗糙,管理不善,导致耗能惊人,视觉干扰和光污染严重,成为城市夜景中一个很不和谐的音符。

因此,借鉴国际上广告照明规划做得好的城市,如巴黎的香榭丽舍大街、纽约

的时代广场、日本东京银座等城市或街道广告照明规划的经验，在规划城市照明时，把广告和标识照明作为一个重要内容或子项，进行统一的规划，特别是将广告的整体控制、密度控制、形态控制、亮度和色彩控制性规划要到位，并严格按规划建设和发展城市广告照明，成为当前我国广告和标识照明需注意和解决的首要问题。目前，清华大学规划设计研究院正在编制的《城市照明规划规范》中，将广告标识照明规划作为分项规划列入编制大纲，此举不仅填补了我国广告标识照明规划规范的空白，而且对我国广告标识照明持续健康的发展定将产生重要影响。

3.2 照明设计无标准可依

国际上也十分重视广告照明的标准问题。目前国外不少国家，如美国、英国、日本、俄国和澳大利亚等都有自己的广告照明标准规范，特别是国际照明委员会（简称 CIE）在 136 号技术文件（城区照明指南）和 150 号技术文件（限制室外照明光污染指南）中对广告照明都推荐了相应的亮度标准。

为制定好标准，国外不少单位和学者进行了大量的调查和科学试验，如德国 Udo Fischer 博士通过大量的调查和科学试验，对灯光广告，特别是动态广告（如旋转式与翻板式灯光广告）的表面亮度和眩光对人的视觉影响进行了深入的分析研究，最后得出“广告表面最大亮度为 500cd/m^2，阈限增量 TI 为 10%”的结论，为广告照明标准的制定提供了重要的依据。

我国目前尚无这一标准，只是上海、天津和重庆等少数城市在夜景照明地方规范中有所规定。因此，尽快制定我国城市室外广告照明标准成为发展我国广告照明的一个重要课题。据悉，建设部正在组织中国建筑科学研究院等单位编制我国城市夜景照明设计标准，在该标准中有一章的内容是广告标识照明设计标准，盼望这一标准早日推出，以满足广告照明发展的需要。

3.3 广告照明专用器材品种太少

据调查发现，目前可供广告照明用的专用灯具品种太少，比如近年大量建设的投光照明广告的灯具，除好乐灯外，几乎见不到其他专用灯具；又如广告灯箱照明用的灯具根本就找不到；至于广告照明的新技术和器材，如光纤、导光管、EL 发光带、变色霓虹灯、隐形灯彩涂料和高空灯球基本上是空白，几乎全靠进口。这样设计人员只好选用其他非广告照明灯具和器材作广告照明。

由于使用非广告照明器材作广告照明，其后果不仅使照明效果（照度或亮度水平、照明均匀度等）往往难以达到要求，而且还浪费能源，详见表 11 所示数据。此外，照明系统的安全和 IP 等级，灯的外观与环境景观不协调等均有问题。因此，广告照明的发展和水平的提高急需研制开发相应的广告照明专用器材。

3.4 广告照明的节能和光污染

笔者调查时，曾向相关人士询问有关广告照明的设计情况，得到的回答往往是只有创意设计，没有照明设计，经常是电工凭经验装上灯能照亮就完事。因此不少有照明的广告，不是太亮就是过暗，广告面亮度分布不均，光斑明显，照明用光配色跟效果经常出现和广告的创意脱节的现象。比如背景较暗的市郊机场路的投光照明广告的亮度有的高出标准好几倍，每平方米达上千坎德拉；另外灯具配光和投光方向设计不当，造成大量的溢散光或形成眩光。这样既污染了环境，而且也浪费了大量电能。

以城市室外投光照明广告为例，特别是屋顶和建筑工地围挡的投光照明广告，由于无规划控制，这几年是成倍甚至几倍的速度增长。比如北京三环路的投光照明广告在 1999～2005 年之间，由 103 组猛增至 252 组，400W 金卤灯的用灯量达 16930 个，共耗电 6772kW，成了三环路耗能大户，远远超过了该地区城市建筑的夜景照明用电。这不能不令人深思和堪忧。

广告照明和城市夜景照明一样经常出现扰民的现象，而且数量日趋增多。比如 2005 年 7 月 5 日北京信报第 12 版报导“广告牌的灯光夜间直照居民家中，打扰居民休息。”另据北京环保局有关负责人介绍，北京市“光污染”的情况比较严重，他们每年都能接到几十起相关投诉（详见 2005 年 7 月 5 日“信报”中《城市光污染尚无法可治》一文）。如果按规划精心设计广告照明，这些问题和现象是完全可以避免的。

表 11 同一广告 2 种灯具的耗电和费用的比较

<table>
<tr><th>广告牌尺寸/m×m</th><th>灯具型号</th><th>灯数/只</th><th>耗电/W</th><th>年电费/元</th><th>灯参考价</th><th>节电率（%）</th></tr>
<tr><td rowspan="2">长×高（16×4）</td><td>代用型灯具</td><td>10</td><td>4000</td><td>4380</td><td>5000</td><td></td></tr>
<tr><td>快鹿灯（专用品）</td><td>4</td><td>1600</td><td>1752</td><td>5600</td><td>60</td></tr>
</table>

注：1.每天开灯 3h，电费按 1 元/h 计，每年节约 2628 元。
2.本表引自快鹿灯生产厂家（武进飞亚灯具厂）的样本。

3.5 广告照明管理体制不健全

《2004 年首届户外广告论坛述评》一文称中国户外广告零乱、无序、条块分割、多头管理的问题在广告照明管理上也同样存在。比如 1995 年 2 月 1 日起实施的《广告法》,2004 年 10 月 1 日实施的《北京市户外广告设置管理办法》及一些广告方面的地方法规,对广告的设置、建设的设计与施工以及建成后的管理均有明文规定,但实际上往往是有法不依,有规定不执行,其原因之一就是管理体制不健全所致。

又如设计、建设和管理分离,机制不完善,设计无人管、建设又不重视设计、对广告照明的科学性、艺术性及工程质量的可靠性和维修的便利性考虑甚少,致使广告照明工程留下许多隐患;再如维护管理和保障机制不到位,加上重建设轻管理倾向的影响,经常出现广告照明设施无人管、随意开关灯、大白天也亮的“长明灯”、灯坏了无人修的“瞎眼灯”和照明器材被盗被破坏现象时有发生。这样不仅影响了广告照明的形象,而且对广告照明的发展和水平的提高也是很不利的。

3.6 对广告照明的认识有待提高

近年来广告部门开始注意到广告的照明问题,而且认识也有所提高,但总体说来还是不够。从上面说的规划、标准、设计、器材、能源浪费和管理方面的存在的问题分析,根源还是在于对广告照明的意义和作用认识不够到位。因此,只有相关领导、户外广告商、业主和有关技术人员,特别照明工作者要统一思想,提高对广告照明重要性的认识,明确责任,都来关注广告照明,并采取切实可行的措施,解决好目前存在的一些问题

4 结束语

综上所述,我国户外广告与标识照明随着广告和标识业的崛起与迅猛发展,已开始引起社会、广告标识业的领导、管理者及工程技术人员,特别是照明界同行们的重视。尽管这仅仅是开始,但对广告标识照明的发展定将产生重要影响。

参考文献

1 JF.Caminada,光是广告的媒体.ILR1989;No.4
2 首届户外广告论坛述评.中国广告.2004;No.8
3 Ron Graham,户外媒体发展的趋势和机会.中国广告.2004;No.8
4 M.A.Newman,纽约时代广场的广告标识照明.LD+A.1997;No.2
5 周广郁.室外广告投光照明.灯与照明.2004;No.2
6 M.R.Muller,软性灯箱广告技术.Licht.1997;No.12
7 日本照明学会编.照明ハンドブック.第 2 版.Ohmsha 2003
8 IESNA,Lighting Handbook,2000,Ninth Edition
9 张威等译.限制室外照明装置干扰光指南.照明技术与管理.2005(2)
10 小智.直击 2004 年 39 届世界广告大会.中国广告.2004;No.8
11 陈刚.中国户外广告的问题和出路.中国广告.2005;No.1
12 马中红.城市户外广告规划的控制性.中国广告.2005;No.2
13 北京市政管委.北京市户外广告设置管理文件汇编.2005;No.7
14 魏开永.中国户外广告的荣耀时代即将来临.中国广告.2005;No.1

LED在照明工程中的应用分析

上海复旦大学光源与照明工程系　林燕丹　周太明

摘　要　本文结合LED的发光原理和特性，从塑造合理光环境的要素出发，客观分析在各种照明工程中如何根据LED的特点合理应用LED，以及进一步推进LED在照明工程中的应用所要解决的重点问题。

关键词　LED　照明工程　健康　舒适　动态　人体功效学

1　引言

LED诞生于20世纪60年代，作为一种具有巨大发展潜力的固体发光光源，LED的长寿命、牢固的结构、较低的功耗和灵活的外形尺寸等优点得到了人们越来越多的关注，从最初的指示应用的阶段，到近几年来LED特别是单色LED被广泛地应用在大屏幕显示、信号灯和景观照明中。到目前为止，指示、信号和显示仍是LED最主要的应用领域，在这些方面LED的用量十分巨大。随着LED技术的不断发展，白光LED的光效、显色性、色温及单颗LED的功率和LED模块的光通量不断取得了新的突破，人们对将LED应用于传统领域的照明充满了期待。

然而，将LED应用于照明工程中也面临着一系列的挑战，例如单颗LED的光通量还难以满足普通照明的需求、单位成本过高、光效比气体放电灯低、色差大、稳定性不足等，虽然各厂家对实验室研究成果频频刷新，但对于真正的符合照明要求的市场化产品仍需一定的时间，这是LED研发人员、生产商和使用者都无法回避的事实。

因而，要将LED应用在照明工程中，一定要充分考虑LED的发光原理和特性，从塑造合理光环□的要素出发，合理利用LED的优点，灵活应用LED，使不同的照明工程中可以充分发挥LED的优势，塑造优秀的照明工程作品。

2　LED的发光原理及特点

LED（Light Emitting Diode）的结构主要由PN结芯片、电极和光学系统组成，是一种电致发光光源，图1为LED的发光原理图。当外加一足够高的正向直流电压V，电子和空穴将克服在PN结处的势垒，分别流向P区和N区。在PN结处，电子和空穴相遇、复合，产生发光，光子的波长λ由能带间隙E所决定

$$\lambda=1240/E$$

式中　E——的单位是电子伏特（eV）；

　　　λ——的单位是纳米（nm）。

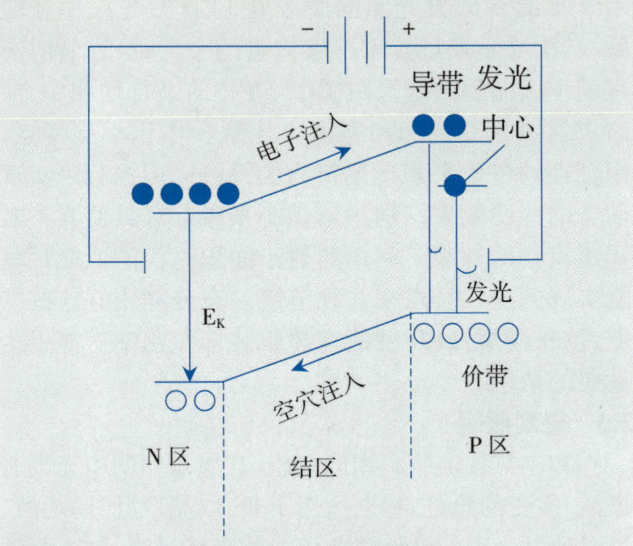

图 1 LED 发光原理图

不同的 PN 结材料决定了能带间隙 E 的大小，从而决定了 LED 发光的颜色。历史上第一个 LED 所使用的材料是砷化镓(GaAs)，其正向 PN 结压降 V_F 为 1.424V，发出的光线为红外光谱。另一种常用的 LED 材料为磷化镓(GaP)，其正向 PN 结压降为 2.261V，发出的光线为绿光。图 2 所示为不同材料的 PN 结做成的 LED 所具有的不同的发光颜色。

在能带结构中，由于导带和价带都呈抛物线的形状，因此在 LED 的单色光谱的两边都会有不同程度的加宽现象，其半宽度一般为几十纳米。因而，在 LED 发明到应用的最初的三十年间，LED 一直以单色发光的身份出现，从一开始应用于指示照明中，到逐渐用于信号灯和大屏幕显示中，以及部分彩色景观照明中。直到 20 世纪 90 年代，蓝光 LED 的开发成功，使白光 LED 的实现成为了可能。1996 年日亚公司首先使用 InGaN 蓝光芯片加 YAG(钇铝石榴石)的方法制成白光 LED，使 LED 在照明工程中的应用有了更

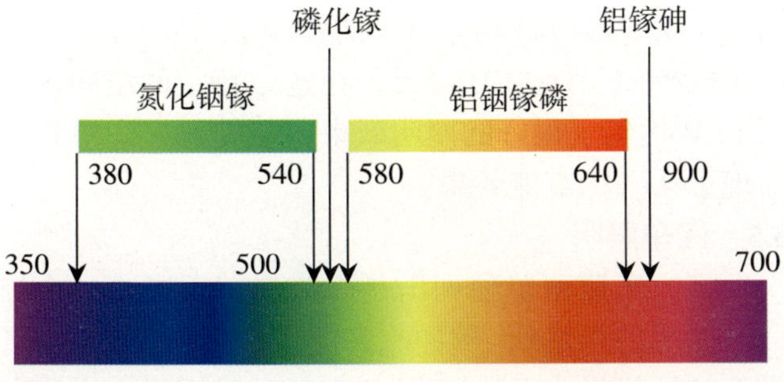

图 2 不同材料的 LED 的发光主波长

多的选择性。此后，白光 LED 的制成方法不断得到补充，可以通过红(R)、绿(G)和蓝(B)三色芯片混光制成或采用远紫外 LED 激发 RGB 荧光粉的方式获得。

LED 的发光原理决定了在将其应用于照明工程中时，应对 LED 的特点进行客观地剖析而非盲目地使用，应充分考虑以下特点：

2.1 低压直流驱动

LED 是低压器件，驱动单颗 LED 的电压仅需 2.5～3V，驱动电流为几十毫安，不会造成触电事故，因而比较安全，也适用于低电压电源的场所，如汽车、火车等的车厢照明，并可与太阳能发电装置配合使用。另外，在不需要大功率的场合，LED 充分具有耗电量小的优势。但是，另一方面，目前这种小电压低输出器件在需要高光通的场合则面临着封装、散热和价格等多方面的挑战。

2.2 外形尺寸小

作为固体发光器件，LED 在外形尺寸上的优势是毋庸置疑的，其体积小、重量轻和厚度薄的特点大大拓展了其应用空间，在背光源和显示系统的应用中游刃有余，在传统照明领域也使灯具的设计更为灵活多样。

2.3 结构牢固，寿命长

具有固态结构的 LED 不同于一般的热辐射光源或气体放电光源那样具有易碎的泡壳和易断的灯丝或支架，其结构牢固，在使用期一般不会破裂或爆裂，具有安全的保障和很长的寿命。一般 LED 的寿命在 10000～100000h，与传统光源相比相差一个数量等级，应用在照明工程中可以大大降低维护费用。

2.4 色彩选择性多

不同的芯片材料可以获得不同的单色 LED；而相同的芯片材料在不同的外延片部位生长出来的 LED 的光色也各不相同。另外，只要芯片合金组分有细微的变化，也会造成 LED 的发光颜色有较大的改变。理论上可以在可见光范围内获得各种单色光和白光的 LED。这一特点一方面使 LED 的色彩和白光 LED 的色温及显色性具有很大的选择范围，但另一方面在需要单一颜色的 LED 时，各颗粒之间的色差控制难度增大。

2.5 响应快

电致发光的原理赋予了 LED 只有几个 ms 的响应时间，使 LED 能在瞬间达到全光通输出，作为信号照明具有强大优势。结合其色彩多样性，LED 产品更

便于实现色彩和亮度的控制，从而可以用到很多需要实现控制的领域中。

2.6 发光效率潜力大

LED 自 20 世纪 60 年代诞生以来，以每 10 年亮度提高 30 倍，价格下降 10 倍的“海兹定律”快速发展。据报道，目前白光 LED 光效的实验室数据已超过 100 lm/W，而进入商业领域的大功率白光 LED 也达到 40 lm/W。随着关键技术的突破，未来大功率 LED 的光效仍具有很大的上升空间，最高有可能达到 150～200 lm/W。应该看到，目前 LED 发光效率虽然已经超过了白炽灯的发光效率，但仍然不及气体放电光源，所以目前为止，在节能方面 LED 并不具有完全的优势。

3 不同照明工程中 LED 的应用

结合不同照明工程的要求，我们应该充分分析目前阶段 LED 的技术特点，理性地将 LED 应用于各种照明工程中，才能最大限度发挥 LED 照明的优点，而避免盲目使用所带来的负面的影响。例如在一个商店照明中，如果把 LED 用于某些展台的背景照明，做衬托气氛之用，应该可以达到很好的效果；但如果强行将整个商店的大面积照明全部换成白光 LED，则需要大量颗粒的 LED 才能满足一定的照度水平，不管价格还是能耗比使用节能灯或荧光灯都大出很多，也未必能够满足顾客的视觉舒适度的要求。下面就不同的照明工程分析 LED 的应用。

3.1 指示、信号和显示照明

LED 在指示照明中的应用已经非常成熟，随着 LED 亮度的增加，LED 在信号灯和显示装置中的应用也日趋广泛。但严格来讲，指示、信号和显示照明都不属于一般意义的照明工程，因为对于一般照明，我们要观察的是受光源照明的物体，而不象这几种应用方式要求对光源本身进行直接观察。但是无论如何，LED 以其颜色的多样性和可选性、极短的响应时间、灵活的控制方式、较小的体积、超长的寿命和合适的能耗等特点，在未来的应用中，LED 在指示、信号和显示照明中必将占有不可替代的一席；这也是 LED 进入传统照明领域之前主要的应用场所。

3.2 建筑装饰照明

最初 LED 被用于建筑物的装饰照明中是由于其颜色的多变性和可控制及体积小等优点；随着 LED 大功率模块的开发和光通量的增加，逐渐也被用于小面积的投光照明中。在 LED 发光效率还较低、二次光学设计技术不够先进的今天，LED 暂时不宜用于大面积的泛光照明中。在建筑装饰照明中，应该仍然紧抓其色彩和亮度可控制和体积小等特点，用合理的色彩来表达建筑物的特色；用控制来实现动态的照明效果；利用体积小来藏好灯具使其不破坏建筑物的外观；利用照射小面积时仅需低能耗就能实现的这一特点来实现节能。充分利用好这些特点，扬长避短，LED 就能在建筑装饰照明中扮演更为重要的角色。

3.3 景观照明

和建筑装饰照明相似，LED 在景观照明中充当着灵活、多变的角色，特别适用于非“以亮取胜”的场所，可以通过合理的设计塑造美丽的夜间景观；加上附件比较简单，LED 可以用于各种个性化灯光雕塑和灯光小品的塑造。值得一提的是，由于 LED 的低压直流的工作特性，使其在一些景观照明的场合中更为安全，例如在喷泉、广场水池中的照明。另外，也可以很方便地和太阳能发电装置结合使用，如使用太阳能草坪灯，从而达到节能的效果。

3.4 移动式照明

移动式照明指对照明的需求不是在固定的地理位置上的照明方式；最常见的例子是手电筒、工矿工人携带的矿灯、电梯、汽车车厢、火车车厢和飞机机舱等的照明。这些场所由于光源和电源处于移动状态，供电电压一般为直流低压，要求光源具有寿命长、体积小、结构牢固等特点；通常为小面积照明。这些特点正好是 LED 相比其他光源所具有的非常明显的优势，合理的二次光学设计可以使 LED 灯具的出光率和配光分布很好地满足人眼视觉功能的需要。例如空中客车 A320 系列在 20 世纪 90 年代就开始了白光 LED 作为阅读灯的应用。随着二次光学设计技术的发展和白光 LED 光效和光色的进一步改善，LED 在移动式照明领域应该具有更大的发展空间。图 3 是一款用于电梯照明的 LED 灯具，在这一特定的空间内使用 LED 达到了很好的照明效果，与使用白炽灯相比实现了 45%的节能效果。

3.5 汽车照明

将汽车照明单独列出是因为汽车无疑是一个综合的照明应用场所，例如汽车尾灯、刹车灯和转向灯属于信号照明的领域；而从汽车的移动特性来说汽车照明属于移动式照明的领域，车内灯的照明既有指示

图3　美国 Rensselaer 工学院 LRC 研究开发的一款用于电梯照明的 LED 灯具;比原来的白炽灯节能 45%

照明又有显示照明和小面积投射照明;汽车前灯则要求的是大面积的照明而非小面积照明,对光通量和光效要求也较高,出于安全的考虑,要求观测者在该照明下具有很好的视觉特性。因此,车内的指示灯和仪表盘显示灯的 LED 应用目前已是比较成熟的技术;LED 作为尾灯、刹车灯和转向灯等信号灯在近几年也得到很广泛的应用。未来 LED 在车内的阅读灯方面应该能得到较大的发展,而在汽车前灯方面,一方面要考虑 LED 功率模块的光输出;另一方面要考虑 LED 的光色和显色性;在其眩光和可见度方面尚存争议,因而在普及应用方面还需时日。

3.6　室外功能性照明

室外功能性照明指为考虑观测者视觉功能而需要满足一定照度或亮度的室外空间的照明,典型场所如道路照明。道路照明是保障夜间交通安全的重要措施,因此在照度/亮度水平、照明均匀度、眩光等方面都具有严格的规定。在照明水平要求较高的公路等级,显然 LED 目前的指标不适用于这些道路的照明,因为在光通量、光效、价格方面 LED 都不能与传统的气体放电灯媲美甚至具有很大的差距;在造成能源的浪费的同时在光分布特性上也不具有优势,需要很大的代价才能达到规定的照明均匀度,且极易造成眩光。但是在等级较低的道路特别是居民小区道路照明,由于对照明水平和均匀度的要求相对较低,若利用太阳能发电装置,可以很好地发挥 LED 照明节能作用。图4是在一个公交车站利用太阳能 LED 实现功能性照明的一个例子。

图4　太阳能 LED 在公交车站的应用

3.7　室内照明

在室内娱乐场所,一般不需要太高的照明水平,重视用颜色及颜色的变化来营造各种静态和动态的照明效果,在这一场合中 LED 可以得到很好的应用,LED 在营造气氛方面有着极佳的优势。而在一般的室内场所,装饰照明、展示照明和重点照明将是目前 LED 应用于室内照明的重点,合理利用 LED 的优势可以使照明达到出乎意料的效果。例如在商店照明中,LRC 通过对 700 多位商店顾客的调查研究表明,利用 LED 的彩色光进行背景照明,并适当降低展示物品的照度水平,顾客对商品的吸引力、舒适度和整体效果等评价都增加了,如图5。这一合理的照明设计改善了商店照明的印象,在降低了 30%能耗的同时增加了顾客的满意度且不降低销售量,还可以更好地吸引潜在顾客。

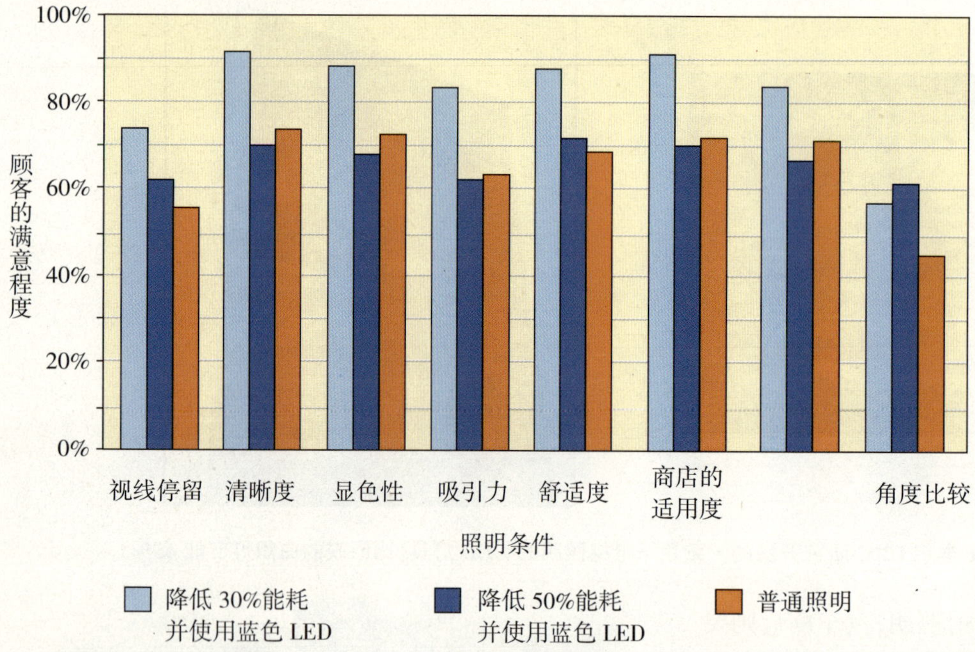

图 5　LRC 对商店照明效果的调查结果（700 多位顾客参与了调查）

4　推动 LED 照明要解决的关键问题

结合各种照明工程的特点可以看到，LED 比较适合于装饰性照明，通过颜色和亮度的控制、合理的设计和应用可达到良好的结果。但是在大面积投射和整体照明方面则由于其发光效率、输出光通、颜色一致性及配光控制等方面尚存不足而不大适合。进一步推动 LED 照明还要解决一些关键性的问题。

4.1　LED 发光效率的提高

与气体放电灯的光效相比，LED 的发光效率仍然还较低，这使 LED 在照明工程中的应用从单位流明的能耗上来说并不具有节能的优势。LED 发光效率的提高应该通过多方面的技术来实现。应通过改进外延工艺和新材料来提高内量子效率；同时通过提高光子取出效率来增加外量子效率。从长远来说，LED 的发光效率潜力非常可观。白光 LED 的光效在提高到 80lm/W 以上后应该能在照明领域有更大的竞争力。

4.2　高功率高光通 LED

限制 LED 扮演普通照明角色的最大因素之一是 LED 的光输出仍然较低，这与单个 LED 的能耗较低有直接关系。为了获得高光通的 LED，通过采用多个 LED 的阵列或其他结构来进行照明应用，但随着输入功率的增大，LED 的发热增加，使芯片的温度升高，造成 LED 可靠性下降，光输出效率降低。因此，应优化封装技术、解决发热问题以确保大功率的同时实现真正的高光通。此外，解决发热问题也可以减少温度对正向电压、主波长、峰值波长、峰值光强等的影响。要用于更大面积的照明，LED 模块应在保证光效和其他参数的前提下努力突破 1000 lm。

4.3　LED 特别是白光 LED 光色的稳定性

人眼对于光的颜色及亮度特别是其差异和变化具有很高的分辨能力，因此对于需要光色一致的照明场合，对 LED 的颜色一致性要求就特别高。因而从 LED 制造工艺本身来说，从外延生长开始的每一个工艺都非常重要，严格控制每一个工艺过程将影响生成的芯片的色差范围。对于白光 LED，采用荧光粉生成白光的工艺要求荧光粉有更好的稳定性和转化率；对 RGB 三芯合成，则对芯片控制技术有更高的要求。

除了通过改进生产工艺来获得颜色一致性较好的 LED 产品，还应该通过提高分选技术来实现主波长、发光强度、色温等几个参数的测试和分选。这是目前许多 LED 芯片和封装厂商的产能瓶颈，是使 LED 价格居高不下的重要原因之一，但也是实现 LED 光色稳定的非常重要的一步。

4.4　二次光学设计

LED 照明应用中一项关键的技术是 LED 二次光学设计技术，通过二次光学设计，能优化 LED 的配光分布，避免眩光的同时使 LED 的出射光线更加合理高效，达到照明的要求。图 6 所示是利用合理的二次光学设计提高光输出的利用率的一个很好的例子。LED 的小体积使灯具的设计具有更高的自由度和更高的利用率。

4.5　LED 照明电源和控制电路技术

电源是影响 LED 光源可靠性的一个重要的组成部分，必须做重点考虑。电源的稳定程度对 LED 的光通、光强的维持特性具有很大的影响；目前很多 LED 电源和驱动器的市场产品在低驱动电流下仍能维持

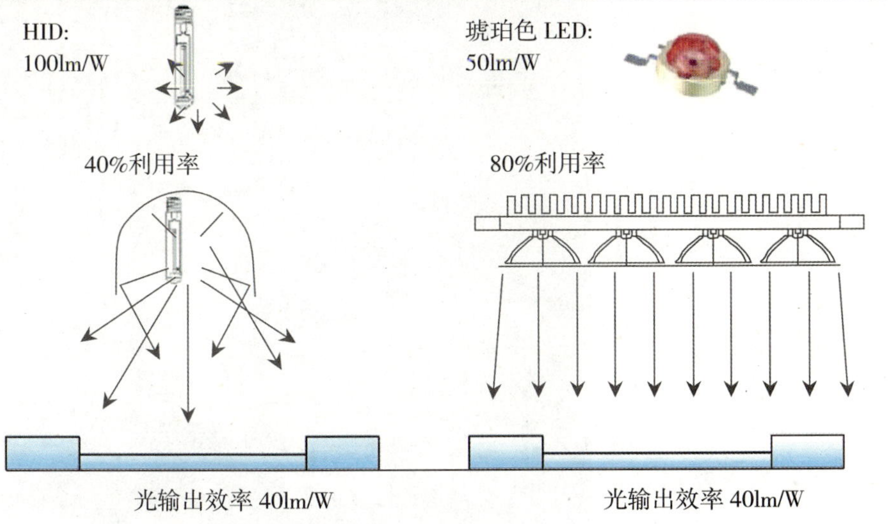

图 6　合理的二次光学设计可以提高光输出的利用率(Lumileds2004)

LED 的流明效率,但是对于高功率模块,特别是与混合控制系统相结合方面,稳定性尚欠佳。因此,对于 LED 电源和驱动电路及控制电路的设计,要为 LED 提供稳定的正向电流输出,要保证较高的转换效率,要向集中控制、标准模块化和系统可扩展性三方面发展。

4.6　LED 照明的人体功效学研究

照明工程的最终目的是为人服务,因此一定要考虑照明的人体功效学的研究,即要充分考虑照明光环境对人们需求的满足程度。良好的光环境应该从人的视觉、心理和生理的需要出发,综合考虑多项因素,否则就对人们工作的效率、心理或生理健康会造成不良的影响。LED 是否能更广泛地应用于普通照明的领域,关键是看人们对 LED 照明的效果是否认可,LED 是否能为人们提供一个健康而舒适的光环境。国外特别是美国和日本非常注重照明效果的人的因素的考虑,我国也已逐渐开展了这方面的研究。在发展 LED 的其他技术的同时,我们应该加强对 LED 在不同工程中的效果的主观评价,用统计分析的科学方法为 LED 在照明工程中的进一步应用提供可靠的依据。

5　小结

LED 在照明领域中已经占有了一席之地,在指示、信号和显示领域有着毋庸置疑的优势,在装饰性照明和重点照明、气氛营造等方面也具有独特的优点。在未来的应用中,应该抓住 LED 的优点,合理应用 LED,同时通过对重点技术的进一步研究,进一步开拓 LED 在普通照明工程中的应用。就视觉功能的需要而言,目前 LED 的光通量和光效还难以满足大面积普通照明的需要。应用者一定要重视合理的照明设计,应同时结合人类视觉功能、心理和生理的需要,扬长避短,缔造健康的舒适的光环境,使 LED 为创造适合人居的光环境方面真正发挥其积极的作用。

参考文献

1　赵清泉. 半导体发光二极管及其在照明的应用. 光源与照明,2005,3:18～19
2　周太明. 半导体照明的曙光. 照明工程学报,2004,15(2):1～6
3　周太明,宋贤杰,周伟,周永业. LED–21 世纪照明新光源. 照明工程学报,2001,12(4):37～40
4　中国半导体照明产业发展报告. 机械工业出版社,2005
5　照明工程师社区: http://www.5izm.net
6　http://www.lrc.rpi.edu/programs/solidstate
7　Boyce P. Human Factors in Lighting. Taylor & Francis, 2003: 360～378
8　Dyble, M., N. Narendran, A. Bierman, and T. Klein. Impact of dimming white LEDs: Chromaticity shifts due to different dimming methods. Fifth International Conference on Solid State Lighting, Proceedings of SPIE 5941, 2005: 291～299
9　Gu, Y., and N. Narendran. Design and evaluation of an LED–based light fixture. Third International Conference on Solid State Lighting, Proceedings of SPIE 5187. 2004 : 318～329
10　Lumileds. The Emergence of LEDs Luminance to Illumination. IES 2004, TP40
11　Narendran, N. Improved performance white LED. Fifth International Conference on Solid State Lighting, Proceedings of SPIE 5941. 2005: 45～50
12　Taylor, J. New lighting solutions save energy in retail windows. Energy User News 2005. 30(4): 25

建筑照明与节能设计

北京城建设计研究总院 王 鑫

摘 要 文章阐述了电气照明及其在我国的发展方向，讨论了最新照明节能的设计标准及其要点，提出了绿色照明在实际应用中的几种节能方案，并对节能型LED光源进行了工程实例的分析。

关键词 绿色照明 节能照度 照明控制

电气照明广泛地应用于当代生产和生活的各个方面，如厂房、商城、学校、车站、宾馆、家庭等。它是一门综合性的艺术，涉及电工学、机械工程学、化学工程学、建筑工程学、气象学、人类功效学、光学、环境科学、生物学和照明艺术等。专业照明设计还涉及各专业领域的知识，如机场照明涉及航空学、舞台照明涉及影视科学等，可见照明设计涵盖的领域是十分广泛的。

随着照明技术的进步和变革，以及人们对物质生活需要的不断增长，对电气照明的要求也越来越严格。我国照明标准也随之变化。适当提高原标准的照度水平，向国际和发达国家的标准水平靠拢；提高照明质量，采用国际上先进的照明质量指标等措施，力求技术先进、经济合理、使用安全和维护方便，达到节约能源、保护环境、提高照明环境质量目的。

最新实施的国标《建筑照明设计标准》GB50034—2004就是基于以上的建筑照明设计与节能标准考虑而制定的，体现了以人为本的思想。

新标准对照明的具体要求有较大幅度的提高。主要表现在：

(1)照度标准值的提高。居住、办公、商业等建筑物照明的照度标准值提高了50%~200%甚至更多，将原标准的三个标准植统一为一个，但在一定条件下，及建筑功能等级要求不同的房间或场所，可提高或降低一级，具有一定的选择性。

(2)照明质量标准有较大的提高和改变。如对长期工作或停留的房间或场所，照明光源的显色指数(Ra)不宜小于80。在灯具安装高度大于6m的工业建筑场所，Ra可低于80，但必须能够辨别安全色。常用房间或场所的显色指数规定了最小允许值。另外对眩光的限制也提高了，公共建筑和工业建筑常用房间或场所的不舒适眩光应采用统一眩光值(UGR)评价。

(3)增加了最大允许照明功率密度值，规定了现行值和目标值。这是出于照明节能的考虑，并在最大程度上满足照度与照明质量的要求。同时强调在有条件时，宜利用各种导光和反光装置将天然光引入室内进行照明或随室外天然光的变化自动调节人工照度。

1 绿色照明的理念

绿色照明是指通过科学的照明设计，采用效率高、寿命长、安全和性能稳定的照明电器产品(电光源、灯用电器附件、灯具、配线器材，以及调光控制设备和控光器件)，尽可能利用自然光，最终达到改善和提高人们工作、学习、生活的条件和质量，从而创造一个高效、舒适、安全、经济、有益的环境并充分体现现代文明的照明。

早在1972年，Lemons等人在报告中就提出警告：人类从地球上能得到的能源是有限的。因此消除能源浪费是今后一个重要课题，在不降低或提高照明质量的同时，减少能源的使用，即减少电能的消耗。

美国于1991年1月首先提出绿色照明计划，美国环保署的目标是通过提高照明效率，减少一半照明电量,减少空气污染。同时在税收上对促进节能设施的投资采取优惠政策。“绿色照明工程(Green Lights Program)”的概念,很快得到联合国的支持和许多发达国家及发展中国家的重视,并积极采取相应的政策和技术措施,推进绿色照明工程的实施和发展。1993年11月,我国国家经贸委开始启动“中国绿色照明工程”,并于1996年正式列入国家计划。在过去的几年中,中国照明电器产品在质量和产量方面已经得到了大幅度的提高,在国际市场上的性能价格比已占据第一,在全球的市场份额最大,已成为世界上照明电器产品的最大生产国。在国内,自1996年中国绿色照明一期工程实施以来,高效照明产品正在被越来越多的人所认识和使用,特别是在商贸、服务行业,如大型公共场所、宾馆饭店、大型写字楼、政府办公楼等得到了广泛的应用,取得了良好的节能环保效益和社会效益。

2　具体的节能方案

照明节能的原则是必须在保证有足够的照明数量和质量的前提下,尽可能节约照明用电。

遵循这一原则,笔者在长期的设计、施工配合工作中,积累了一定的经验,总结了几点切实可行的措施与方案,使用这些方法可较好地解决照明节能问题。

2.1　节能灯具的使用

节能灯指消耗较少的电能而达到较高的光照效果的照明产品,如荧光灯、环型灯、直管型荧光灯、紧凑型荧光灯等。光通维特率是指灯在规定的条件下燃点,灯在寿命期间内特定时间的光通量与该灯的初始光通量之比以百分数来表示。

国标要求:2000h≥78%。

国外先进水平:2000h≥90%。

美国能源之星:40%额定寿命时≥80%。

国内水平:注重质量的企业,并采用保护膜工艺,基本都能达到国标。根据规格的不同有一些差别,2U/12mm管径/9W、11W节能灯2000h达到87%。

从理论上讲,照明用电量(L)可用下式表示:

$$L=WT(EA/FK)=EAT/K\eta$$

式中　W——每台灯具消耗的电功率(kW/台);

T——开灯时间(h);

E——平均设计照度(lx);

A——地板面积(m^2);

F——每台灯具的灯泡流明(lm);

K——维护系数;

η——灯泡的综合效率(F/W)。

因此,欲降低照明电耗,必须设法使用高效灯泡,提高灯具的维修率;或者减少开灯时间,保持适当的照度和尽量采用局部照明等。但是,照明节能的原则是在保证足够的照明亮度和质量的前提下节约能源。所以,选择合理照度(E)、高效灯泡流明(F)和提高综合效率(η)、加强运行管理等,对于建筑照明节能具有非常重要的意义。

2.1.1　采用高效节能的电光源

(1)用卤钨灯取代普通照明白炽灯(节电50%~60%);

(2)用自镇流单端荧光灯取代白炽灯(节电70%~80%);

(3)用直管型荧光灯取代白炽灯和直管型荧光灯的升级换代(节电70%~90%);

(4)大力推广高压钠灯和金属卤化物灯的应用;

(5)低压钠灯的应用;

(6)推广发光二极管——LED的应用。

2.1.2　采用高效节能照明灯具

(1)选用高反射率反射器灯具;

(2)选用与光源、电器附件协调配套的灯具。

2.1.3　采用高效节能的灯用电器附件

用节能电感镇流器和电子镇流器取代传统的高能耗电感镇流器。

2.1.4　采用各种照明节能的控制设备或器件

(1)光传感器;

(2)热辐射传感器;

(3)超声传感器;

(4)时间程序控制;

(5)直接或遥控调光。

2.2　选择合理的照度标准

我国于1994年6月发布了最新《建筑照明设计标准》,新标准的照度按0.5、1、3、5、10、15、20、30、50等分级,与原标准相比变化很大,设计过程中要把握好标准值。但要注意并不是所有情况都要保持一个照度标准值,在建筑等级和功能要求较低或作业精度或速度无关紧要时,作业面或参考面的照度可以降低一级。同时我们在考虑作业面邻近周围的照度时,可低于作业面的照度。

另外,对特定的建筑物进行照明设计时,要考虑不同房间的照度需求。如医院建筑照明:化验室为500 lx;诊疗室的照度只需300 lx,而病房只有在检查和阅读时可提高到200 lx,也可采用局部照明,所以我们把病房的照度标准定为100 lx。

2.3 使用智能照明控制系统

自从 1983 年第一座带有智能化概念的建筑物在美国落成后，楼宇智能化就成为当今建筑发展的主流技术。通过调光、场景控制等功能来提高照明质量。

就照明管理系统而言，它不仅要控制光源的发光时间、亮度来配合不同应用场合做出相应的灯光场景，而且还要考虑到管理智能化和操作简单化，以及灵活适应未来照明布局和控制方式变更等要求。一个优秀的智能照明系统可以提升照明环境的品质，改善和提高人们工作、学习、生活的条件和质量。

照明控制系统可以作为一个单独的系统运行，也可以与多个计算机一起运行，组建局域网或远程网络。系统的操作和监视既可在现场完成，也可远程完成。通过照度变送器检测室内外照度，并将光线信号转变成 4～20mA 标准信号。在选用时，需考虑其设备的防护等级，设备精确度在 5%以内，环境温度的幅度以-20～+50℃为宜，从而达到最佳节能效果。

使用智能化照明管理系统，结合系统软件包，即可形成集成和控制环境。这种建筑照明管理方案是可靠、经济和灵活的。智能照明控制系统可节约能源，降低运行维护费用。由于系统中应用了智能化的运行模式，使整个系统可以按照经济有效的最佳方案来准确运作，不但大大降低运行管理费用，而且最大限度地节约能源，与传统的照明控制方式相比较，可以节约电能 20%～30%。

2.4 使用计算机辅助照明设计

计算机技术的应用，可以说已渗透到各个领域。对照明技术而言，计算机技术的应用已很成熟，各类建筑在初步设计时即可上机计算照度。根据计算结果调整灯具的布置和组合，使设计的照度、均匀度等指标满足要求；在设备订货之后要落实初步设计确定的灯具，如有变化应进行复合计算。但目前很多重要工程并没有这样做，致使到工程后期才被动地发现照度太低或太高。因此普及计算机辅助照明设计势在必行。

2.5 加强照明设计方案的审查和效果验收

建设单位邀请具有专业设计能力的机构根据总体规划纲要、相关标准和所设计建筑的特点进行照明设计并报送设计方案。设计方案包括：设计计算书、设计说明、照明效果图、照度(亮度)分布图、灯位图、布线图、照明器材说明、控制方法以及实施方法等详细资料。

在审查时重点审查设计方案是否符合总体规划的要求；照明是否采用高效节能的照明器材；控制方法是否符合规定，是否科学合理；灯位布置和选用灯具的配光曲线是否能达到照明效果的要求；用电量是否合理；是否产生眩光和光污染等等。

根据审查意见，批复给建设单位，确定该项照明工程是改进设计还是立即实施。

竣工后，组织专家组进行效果验收，建设方进行工程验收。

3 应用新产品、新技术

笔者在长期的设计实践中，经常关注国内外照明产业的动向，认识到善于将新技术、新产品应用到工程中的重要性，这对照明的节能亦起到推动作用。

3.1 长寿命 高显色性 无排气管的金卤灯

日本某照明公司推出平均寿命达 30000h 的长寿命、高显色性的金属卤化物灯，使用标准的金卤灯镇流器。GE 公司推出高显色性能(*Ra*=94)陶瓷金卤灯，同时做到不降低光效和寿命，适用于对颜色还原要求较高的场所。先锋光源公司推出其 Uni—Form 300 脉冲之星金卤灯，在光效、寿命等不降低的情况下比 400W 标准金卤灯节电 132W 系统(含镇流器)功率。该公司的无排气管金卤灯，在光效和显色性等方面已接近陶瓷金卤灯，寿命达 20000h。飞利浦公司研制了按照高压钠灯镇流器设计的陶瓷金卤灯，其显色指数可在 90 以上，寿命达 20000h，光通维持率为 85%。

3.2 电灯泡形荧光灯

一家日本公司开发电灯泡形荧光灯（新球 Z）100W，可进一步降低耗电，实现小形化。这种产品，和 100W 白炽灯泡有同等的光通量，耗电仅为其过去产品的 1/4，进一步降低 2～3W，(新球 Z)100W 型和过去改进的 40W 及 60W 共计有 8 个类型、26 个品种。(新球 Z)100W 型的耗电，A 形 22W（过去产品 25W）G，D 形 21W(过去产品 23W)降低 2～3W，得到进一步的节能效果。

3.3 “减排”照明灯

英国剑桥大学科学家正研制的新型照明灯，可把二氧化碳等“温室气体”的排放量减少 15%。氮化镓是一种可以释放强光的化合物，它有可能成为继硅之后最重要的新型电子材料。使用氮化镓的晶体制造 LED，可以提高照明灯亮度，减小能耗，而且更加耐用。

4 节能照明设计实践(LED 光源)

笔者在中关村西区综合管廊及地下空间开发的系统工程中，与英国比诺伊设计公司合作完成照明智能化配电方案。

此工程属于商业照明。商业电气照明的原则是应选用显色性高、光束温度低、寿命长的光源，如荧光灯、高显钠灯、金属卤化物灯等，同时宜采用可吸收光源辐射热的灯具。营业厅照明应由一般照明、功能性照明和重点照明组合而成，不宜把装饰商品用的照明兼作一般照明，对布匹、服装以及货架上的商品应考虑垂直面上的照度。当显示在天然光下使用的商品时，以采用高显色性光源、高照度水平为宜；而显示在室内照明下使用的商品时，可采用荧光灯、白炽灯或混光照明。重点照明的照度应为一般照明照度的3～5倍，柜台内照明照度为一般照明照度的2～3倍。

在此工程中，设计师选用了节能型LED光源。超高亮度的LED以其优异的节能特点和极长的使用寿命，一直被灯光设计师和业主们青睐。

LED光带技术参数见表1。

LED光源的特点：

(1)发光均匀性好，发射光角在100°，光效率在40～50 lm/W；

(2)光源平均寿命数万小时，不出现严重的光衰现象；

(3)发光波长应一致，光色RGB的发光强度应能连续变化。

红光：λ=630～650nm

黄光：λ=585～593nm

绿光：λ=525～528nm

蓝光：λ=467～473nm

LED发光二极管有着柔和的光色，艺术效果较好，它不仅为使用者提供舒适的视觉条件，更需要通过各类光色的协调，体现景观照明风格，增加艺术美感，达到照明设计意图所刻意创造的空间景观，满足人的视觉需求、审美需求、心理需求。

由此可见照明设计师的工作是进一步丰富建筑的内涵，而非简单地完成一项工程。尽管建筑设计、照明设计是由建筑师、照明设计师分别在不同时间段内完成的，事实上，二者无论是设计思想、设计风格和设计水平等方面都存在差异。但应强调后者对建筑师设计思想承前启后的重要作用，强调尊重建筑设计师的创作，在照明设计进行之前，充分理解、领会建筑师的设计意图，最终将建筑做成一件完美的艺术品。

5 结束语

综上所述，照明工程必须实施可持续发展战略，把节约放在首位，提高资源利用效率。因为绿色照明能节约电能，所以对保护环境具有重要意义。绿色照明能提高照明效率，所以又能改善和提高人们工作、学习、生活的质量。

只要我们电气工程师们携起手来，共同挖掘建筑照明节能之潜力，包括电光源潜力、灯具潜力以及设计、运行管理等方面之潜力，中国的节能和照明事业就能不断向前发展，我们建设节约型社会、和谐社会的目标就能早日实现。

参考文献

1 建筑照明设计标准.GB50034—2004 12,31～36

2 日本照明学会编.照明手册.北京：中国建筑工业出版社，1995 339～373

3 CIE Publication No.29/2,Guide on Interior Lighting. 1996

表1 LED光带技术参数

型号	规格/mm	光源	输入电压/V	功耗	亮灯色彩	外罩材质
BT/ZT	φ50×1000 φ50×500	超亮度LED发光二极管	220	单色8W/m	蓝色	有色蓝罩聚碳酸酯
标准工作温度/℃	**防护等级**	**平均使用寿命(万h)**	**光强(mcd)**	**光动态效果**	**特 点**	**适 用**
40～120正常工作	IP65	8～10	20～20000可选	单色、多色、全彩程，控变化，动静皆可	环保、节能、长效、亮丽、光动态模式，12种以上可动可静，外形美观，安装方便	建筑物轮廓、市政公用设施、路桥护栏、舞台艺术、室内外装饰、庭园

LED在酒吧等娱乐场所的应用

中山市格林曼营销中心　黄　云

作为西方经济与文化的产物，酒吧一进入中国就成为时尚、文化的代名词。“有音乐、有酒、还有很多人”，人们对酒吧的最初认识似乎仅限于此。20世纪90年代，酒吧越来越多地出现在中国大都市。它与随后兴起的迪厅、慢摇吧等娱乐场所受到青年人的青睐，也是都市上班族的休闲场所。酒吧等娱乐场所的兴旺同整个中国的经济、社会、文化的发展密不可分。

氛围的营造是这类场所的经营者首要考虑和不懈追求的，它包括音乐、表演、酒水、装饰和灯光等各种元素；求新求变，独树一帜，既是每个设计者也是每个娱乐场所经营共同追寻的目标。LED作为一种新兴的光源已经成为装饰酒吧、慢摇等娱乐场所和营造个性化氛围的时尚元素。但是，由于LED产品的技术与传统光源不同，许多操作人员对它的特性并不十分了解，加上目前专门为娱乐场所设计的产品还很少，因此，如何正确选择与合理使用LED，成为娱乐场所灯光设计应重点考虑的问题。

1 全彩 LED 屏

全彩动态 LED 显示墙,也叫全彩酒吧灯屏,是现在酒吧、慢摇吧、迪厅、舞台等场所争相应用的一种产品,甚至成为新兴娱乐的代名词。

全彩 LED 显示墙的特点是显示色彩艳丽逼真,效果出众,显示内容极为丰富,可以迎合现场气氛,根据不同时段的需要,显示或平和或动感的变化。早期的 LED 全彩屏组合比较单一,接线复杂,稍有不慎就会造成整屏不亮,控制系统的人性化程度也不高,经常需要厂家技术人员长时间的调试才能正常工作,而且在使用过程中容易出现问题,给营业场所带来诸多不方便。

第二代 LED 全彩显示系统采用了灵活的组合模式,采用 8cm×8cm 或者 5cm×5cm 等尺寸的发光模块,可以根据实际安装环境和客户预算调整显示屏的分辨率;接线也非常简单,只需一条信号线就能稳定传输全部信号,像蜘蛛网一样的场面一去不复返了;控制系统更加方便,所有参数和效果设置全部在电脑屏幕上实时完成,真正达到"让人人都能使用"的目的。所有这些,都使得全彩 LED 显示墙能真正方便地应用于大型的娱乐场所。

2 LED 微电脑多彩地板(幕墙灯地板)

LED 微电脑多彩地板(幕墙灯)采用多彩 LED 光源模块,配合微电脑控制系统,可以实现五颜六色的动态变幻,使得原本平凡普通的地板顿时变得多姿多彩的世界。利用人的趋光特性,引起参与者强烈的表现冲动,无论是在上面翩翩起舞还是尽情狂欢,都可以配合订制的变幻效果,使参与者的个人魅力得到充分的展示。适合有舞台、舞池、领舞台的娱乐场所的环境装饰和氛围营造。

3 LED 多彩墙面

LED 多彩墙面一般使用乳白亚克力或磨砂、布纹玻璃面板,内置不同的特丽龙管显示核心,配合控制器实现墙体变色、多彩、追逐、扫描等效果,是大面积墙体 LED 装饰的首选方案。可以通过有限的投入,为整个场所的环境进行了氛围的定义。

4 LED 洗墙灯

LED 洗墙灯是一种新型灯饰,它采用独特的超高亮扁型聚光 LED,配合独特设计的弧形聚光透明外管,可以达到很高的亮度、均匀的洗墙效果。适合在娱乐场所应用。

优质的洗墙灯首先发光强度要高,一般要直射在 5m 的距离产生明亮的光斑;其次要聚光好,发光角度要严格控制在 35°以内;最后,要均匀照射,光线照射在物体上要均匀透亮,绝对不能产生暗斑和暗纹。只有满足这些条件,才算得上是优质的洗墙灯。

结合设计者的创意和整个环境的和谐搭配,LED 产品也适合其他墙面、柱面、地面、卡坐、过道、门头的设计。为了保证营业氛围,LED 产品质量非常重要,否则,将会对正常营业产生负面影响。因此,在选择产品以及服务时要考察厂商在娱乐场所装饰产品上的研发实力、生产经验和服务保障,生产的产品能否符合娱乐场所特定环境的需要,为设计、施工提供经验丰富的技术指导等。所有这些,都是一个时尚、个性、成功的娱乐场所装饰所必须考虑和注意的。

LED的应用优势及存在问题

中国建筑科学研究院建筑物理所　王书晓

摘　要　文章对LED的优势以及其目前所面临的技术难题进行了简要的介绍、分析，并结合LED在照明设计领域内的应用提出个人的观点以供探讨。

关键词　LED　优势　技术难题

1　前言

能源危机、温室效应以及生态环境的日益恶化时刻提醒着人们，地球已经疲惫不堪，改变人们的能源获取方式以及提高能源利用率已经成为当前世人的共识。

由于在世界电力的使用结构中，照明用电约占总用电量的19%；英国布赖恩·爱德华兹在其编写的《可持续性建筑》中指出，在英国消耗的全部能源当中，大约有一半与建筑有关，而建筑的人工照明耗能则占其建筑耗能总量的15%～50%；在我国照明用电约占全国总用电量的12%，而且我国每年的照明用电增速保守估计大约为5%。从上面的数据我们可以看出，虽然因各国经济发展的水平不同，照明用电所占比重也有所差别，但是照明耗能已经成为了各国能源消费的重要组成部分。照明节能问题也就成了各国政府及专业人员必须面对的问题。

新型高效光源，特别是白色光源（适用于一般照明）的发展对于大幅度降低照明用电量具有很重要的作用，因为它可以降低电能消耗增长速度，进而减少新增电网容量的费用，降低能源消耗以及减少向大气中排放的温室气体及其他污染物。LED，特别是白色光LED，因其与传统光源相比所具有的理论以及现实的优越性，受到广大专业人士的青睐。它的出现也为照明界开拓出了一个全新的技术领域，并为照明节能设计提供了更多的选择。笔者将就LED的性能、现状等作简要的介绍和分析。

2　LED的优势

正如上文所述，作为一种冷光源，LED具有很多传统光源所不能比拟的优势。

（1）不需要充气，不需要玻璃外壳，抗冲击性好，抗震性好，不易破碎，便于运输。

（2）灯源单元较小，使得布灯更为灵活，而且能够更好地实现夜景照明中“只见灯光不见光源”的效果。

（3）能够较好地控制发光光谱组成，从而能够很好地用于博物馆以及展览馆中的局部或重点照明，如图1所示。

（4）理论上具有与传统光源相比更高的光效，理论上LED的光效大于200 lm/W，这个理论数值有可能在未来若干年达到或趋近，从而具有相当巨大的节能潜力。

（5）寿命更长，实验室寿命可达100000h，且光源可以频繁地亮灭，而不会影响其寿命，并且启动速度非常快。

(6)可以通过控制半导体发光层半导体材料的禁止带幅的大小,从而发出各种颜色的光线,且彩度更高,如图2所示。

(7)光源中不添加汞,有利于保护环境。

(8)LED发光具有很强的方向性,从而可以更好地控制光线,提高系统的照明效率。比如,Chips Chipalkatti在美国光电产业发展协会(OIDA)举办的半导体照明研讨会上发表的《LED Systems for Lighting: Where the Rubber Hits the Road》指出:尽管15W荧光灯的发光效能大约为60lm/W,但是经过灯具的折减就变为了35lm/W,如果再考虑照射到目标区域以外的光线,则只有30lm/W。而半导体光源在这些环节上的折减则会少很多。

(9)使用低压直流电,具有负载小、干扰弱的优点。

与传统光源相比,LED特别是白光LED在一般照明领域中的优势和节能潜力日益受到政府部门及相关专业人员的关注,也成为了当前半导体研究领域以及照明产业中的热点。

图1 艺术馆局部照明

图2 Béthune钟楼

继美国发起了Solid-State Lighting (SSL) R&D Por-tfolio以支持本国的LED研究、开发项目后,欧洲、韩国、日本也都纷纷制定了政府资助的研究计划以支持半导体照明产业的迅速发展。正是在各国政府的支持以及巨大的市场潜力引导下,各大照明企业也纷纷投入巨大的财力和研究力量,以期在这个新兴市场上获得先机。

也正是由于这种竞争,才促使半导体照明业取得了迅猛发展和突破:Cree公司开发出发光效能为74 lm/W的白色LED,Lamina Ceramics公司也封装出额定光通为120 lm的当前最紧凑的RGB型LED光源…一系列技术上的突破向我们预示着一个新的照明时代的到来。

但是作为一个新兴的技术领域,半导体照明行业还处于一个快速发展阶段,科技进步令我们感到欣喜,但是我们还要意识到无论是技术环节还是行业的规章制度,与传统的光源相比,都还不成熟不健全。要真正实现用LED代替传统光源还有一段很长的路要走,还有很多技术难题需要解决。

3 LED技术难题

理论上LED的发光效能可以高达200 lm/W,而现有的白光LED最高也只有70 lm/W左右,与节能型荧光灯相比还有一定差距;而且其价格与传统光源相比也有很大的劣势,见下表。

因此如何尽快把LED的优势真正发挥出来也就成为现在相关从业人员所必须要面对的技术难题。而要真正开拓出一个全新的半导体照明时代,还要从以下几个方面努力攻克技术难题以及进一步规范半导体照明市场。

3.1 LED芯片

芯片是LED的核心,它的内部量子效率的高低直接影响到LED的发光效能,非辐射复合率则决定着芯片产热的大小。可以说只有制造出具有良好质量的LED芯片,才可能有性能优越的LED光源。

为了能够尽量提高内部量子效率以及减少无辐射复合率,主要从两个方面来改善芯片质量,也就是选择合理的芯片结构和控制芯片的缺陷密度。

各类光源每klm成本比较表

光源类型	白炽灯	荧光灯	HID	LED
成本/($/klm)	0.60	0.73	1.27	30~43

LED 芯片的结构有单异质结构、双异质结构以及量子阱结构等,它对发光效率具有很大的影响。目前使用最为广泛且最有效率的芯片结构为多量子阱结构(Multi-Quantum Well Structure)。

对于 LED 而言, 外延片与衬底的晶格常数以及热涨系数是否匹配、外延片制备工艺等都会直接影响晶格的缺陷密度。这些缺陷可能在某些条件下,特别是对于Ⅲ-氮的发光可能有利, 但是就大部分情况而言,因为这些缺陷的存在,会缩短芯片的连续工作寿命,减少载流子密度进而降低发光输出,以及可能成为无辐射复合中心。

因此如何选择合理的芯片结构,了解晶格缺陷对 LED 芯片发光的影响机理从而更好地控制不利缺陷的产生,也就成为了当前我们所必须面对的重要课题之一。

3.2 封装与散热

LED 的封装必须要处理好:应该尽量减少光线在 LED 内部全反射,增加衬底基板反射率,从而使尽量多的光线能够透射出来,提高 LED 的外部量子效率,也就是增加 LED 的发光效能。现有技术包括衬底剥离技术(Lift-off)、Flip-Chip 技术等。

还应该选择新型的封装材料,以减少因为紫外线照射而引起的封装材料发黄等带来的颜色变化。

LED 的散热问题是影响 LED 驱动电流提升的一个重要因素。根据下列公式:

$$T_J=T_A+P_D(\theta_{J\text{-}P}+\theta_{P\text{-}A})=T_A+P_D\theta_{J\text{-}A}$$

式中 T_J——PN 结处的温度;

T_A——环境温度;

P_D——耗散功率;

$\theta_{J\text{-}P}$——结点与阴极插头之间的热阻;

$\theta_{P\text{-}A}$——阴极插头与空气之间的热阻。

LED 芯片结点处的温度 T_A 直接影响到 LED 的寿命,因此 LED 的散热能力强弱就限制了 LED 功率的大小,以及安装使用环境的温度。

3.3 白光 LED

如何能制备出具有高显色性、高发光效能的白光 LED, 是 LED 能够在一般照明中广泛使用的一个前提。对于白光 LED 而言,发光效能、显色性以及成本都决定着它在照明市场中的竞争力。当前制备白光 LED 的方法可以分为三种:红、绿、蓝(RGB)多芯片组合白光技术,单芯片加荧光粉合成白光技术以及 MOCVA 直接生长多有源区的白光 LED 技术。

几种技术相比而言,除了正在处于研究探索阶段的 MOCVA 直接生长多有源区的白光 LED 技术外,虽然 RGB 型 LED 具有发光效能高、显色性好等优点,但是三种芯片性能的不同, 使得它们因驱动电流或温度等因素的影响而发生色漂移,影响照明稳定性。

而对于单芯片加荧光粉合成白光技术,又分为了蓝光芯片与黄光荧光粉型 LED 和紫外线 LED 加 RGB 荧光粉 LED。蓝黄光 LED 缺失红光部分,因而有很难发出具有高显色性白光(R85),同时还会产生 Halo 效应(有方向性的 LED 出光和荧光粉的散射光角分布不一样)等缺陷;而紫外线 LED 加 RGB 荧光粉 LED 则克服了这些不足,成为了当前性能较好的一种白光 LED。

4 结束语

LED 以其巨大的节能潜力以及良好的照明性能为我们打开了一个全新的技术领域。但是它也面临着上文所提出的诸多技术和制度上的障碍, 使得 LED 产品的价格仍然非常的昂贵,性能容易受到外部环境条件的影响,而且由于对晶体性能的研究仍然未完全成熟,制约着 LED 的进一步推广。当然这一切都不能阻止一个全新照明时代的到来,LED 是属于 21 世纪的绿色光源。但它可能更多地属于未来,正如美国能源部 2002 年编写的《Light Emitting Diodes (LEDs) for General Illumination》中预期的,LED 要到 2012 年左右才能够在照明中逐步取代荧光灯。

在我们的照明设计过程中,我们应该以一种理性的态度去看待 LED 的应用,应该在真正了解 LED 性能前提下,根据环境的条件,合理地选择使用 LED,才能真正创造出一个节能而优质的照明光环境。

参考文献

1 徐叙瑢等.发光学与发光材料.北京:化学工业出版社

2 李农等.照明手册.北京:科学出版社

3 美国能源部.Light Emitting Diodes(LEDs) for General Illumination, 2002

4 美国能源部.e Lighting Program Planning Workshop Report

5 徐金福.微米尺寸氮化铟镓/氮化镓发光二极体之制作与特性研究:[硕士论文].中国台湾.国立中央大学

6 张国义等. 固体照明光源的主要技术及其特点.照明.2005;3

绿色照明先锋——太阳能半导体照明

台湾寰宇辛巴达科技股份有限公司　李　锦

摘　要　文章从市场、技术、成本三个方面进行分析，说明在太阳能照明系统中使用不同光源所达到的效果也各不相同，并重点对太阳能半导体照明系统的可行性与高效性进行了论证。

关键词　Solar Energy　LEDs　Lighting　PV panel 太阳能

太阳能作为一种清洁、无污染、安全的可再生能源，是 21 世纪比较理想的新能源。几百年来，人类不断尝试对太阳能的开发与利用，到 20 世纪 70 年代，常规能源供给日趋紧张，环保压力不断增加，加之太阳能利用技术获得瓶颈突破，全球再一次掀起了开发利用太阳能的热潮。

本文主要研究太阳能光伏技术在照明系统中的应用，通过分析不同光源的选取对太阳能照明系统整体效率的影响，论证了太阳能光伏技术与半导体照明(LED)技术的结合将成为太阳能照明系统最优化的配置。

1　现状分析

太阳能光伏(PV)技术是利用半导体器件的发光效应原理，把太阳的辐射能转化为电能。利用太阳能光伏技术为源动力的照明系统已有多年的历史，但事实上这一技术至今也没有得到广泛的应用。分析其原因可以归纳为二个方面：①此系统初期的投入太大；②太阳能的利用在技术上还存在着诸多难点。例如：如何利用 PV 模组产生的直流(DC)电为普通的光源(设计为交流供电模式)供电，便是以太阳能光伏(PV)技术为源动力的照明系统所面临的问题之一。目前，PV 供电的照明系统多应用于小路标记照明和居住区花园照明、便携式道路标示照明、独立式乡村区域照明等，在其他的照明领域还没有得到推广与应用。

半导体照明光源 LED(即发光二极管)是一种能够将电能转化为可见光的半导体器件，它不同于白炽灯钨丝发光、节能灯三基色粉发光的原理，而是采用电场发光原理。LED 具有功耗低、寿命长、光效高、光色纯、稳定性高、安全性好、无辐射、抗震、耐打击等优点，自1960年研制成功后很快被商品化，并形成了光电子领域中引人瞩目的新兴产业，在发光与显示中占据了一席之地。

LED与太阳能光伏电池具有同为直流电、电压低并能互相匹配等特点，它们的结合使用不需要变频器将PV电池产生的直流电转化成交流电，大大提高了整个照明系统的效率。因此，太阳能半导体照明将成为新一代光源与新一代能源的完美结合。

2 市场分析

太阳能半导体照明产品是新一代绿色环保照明产品，它的主要部件包括两个部分：其一是太阳能光电池（PV技术）；其二是半导体照明光源（LED）。

2004年对于太阳能光电池和LED来说都是飞速发展的一年。全球太阳能光电（PV）安装市场达到了9270MW，比2003年的安装量增加了62%。德国和日本两大PV安装国占了据全球市场总额的69%，并且从各国的年增长率来看，德国已取代日本，占据了市场领先地位（尽管日本在PV安装的总量上仍居于全球首位）。美国市场的增长率也达到了27%，占全球总增长率的9%，比2003年增长了十个百分点，如图1所示。

预计到2010年全球的年PV安装率将比2003年翻3倍，达到3.2×10^3MW，PV产业的年营业额也将从2004年的65亿美元增加到185亿美元。

同样，2004年也是全球半导体照明产业形势最好的一年。全球总销售额高达3800亿美元，与2003年相比，其增长率达到36%，见图2。据预测，到2008年，LED的销售总额将达到甚至超过6000亿美元。

随着新材料及半导体工业技术的发展，LED尤其是白光LED的发光效率不断提升。目前，OSRAM公司实验室的研究成果白光LED光效已能达到107 lm/W，

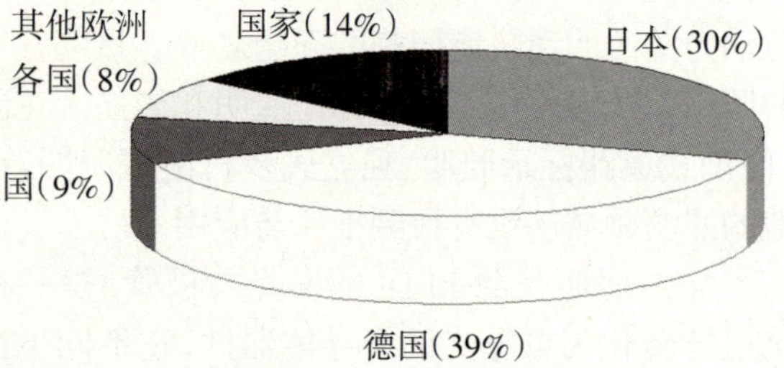

图1 2004年各国PV安装市场所占份额（MW）

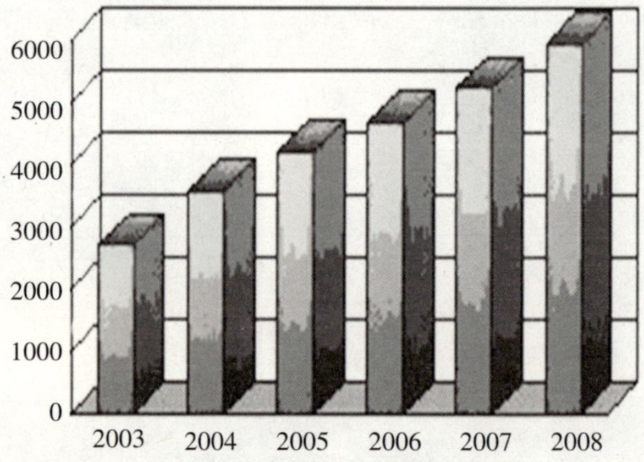

图2 全球LED销售额预测

完全可以取代传统光源在各种照明领域中的应用。台湾寰宇SINBAD公司也凭借自己研发的有机荧光粉专利技术，不仅将白光LED的光效进一步提高，而且还增加了同批产品的稳定性和可靠性，目前已经批量生产的产品光效可达45 lm/W，使得高亮度LED不仅可应用于汽车灯、显示照明、装饰照明灯等特殊照明区域，还可大量用于办公区域、庭院路灯等功能照明。

目前，有些厂家已经开发出一些太阳能半导体照明产品，但由于所采用的光源都是小功率LED，因此使用范围受到了很大限制。但随着高亮度LED光效的不断提高，尤其是人们节能意识的日益加强，道路、办公区等功能性要求很高的照明系统，也将逐渐被太阳能半导体照明系统所取代。

3 系统效率分析

为了进一步说明LED与PV的匹配性，我们分别选取卤素灯、紧凑型荧光灯（CFL）、线形荧光灯（LFL）和LED灯四种光源应用于PV供电照明系统中，然后对不同系统的整体效率进行评估，以此来确定影响系统效率的因素及各种应用领域中最佳的系统配置方案。初步建模形式如图3所示。

我们可以通过以下公式对整个系统的效率进行计算：

$$M=\eta_{PV}\eta_{bat}\eta_{cond}\eta_{AC}\eta_{inv}\eta_{reg}\eta_{src}\eta_{lum}$$

式中 η_{PV}——PV模组的效率，假设为15%；

η_{bat}——电池效率，假设为80%（如果系统中不包括电池则设为100%）；

η_{cond}——蓄能器效率，假设为87%（如果系统中

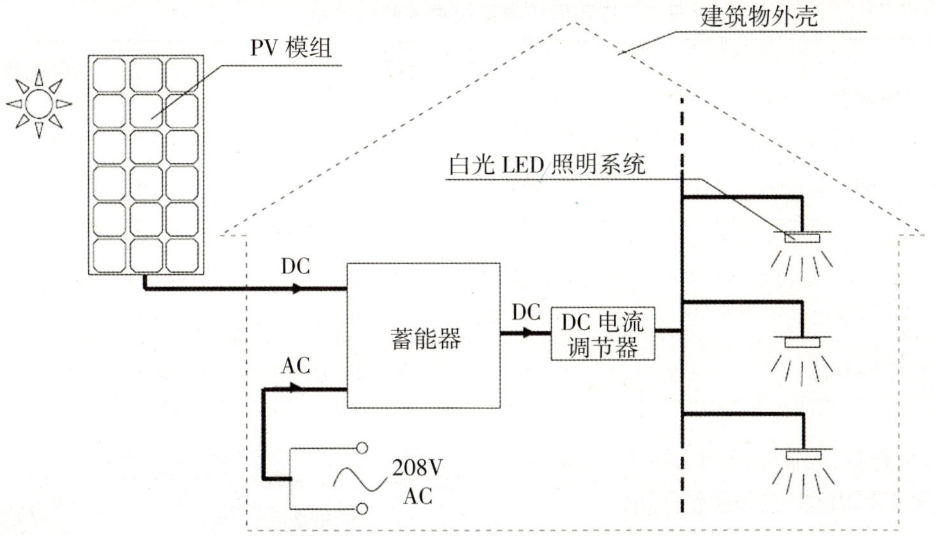

图 3　建筑物中 PV 供电照明系统的模拟

不包括蓄能器则设为 100%）;

η_{AC}——AC 负载中心效率，假设为 90%（如果系统中不包括 AC 负载中心则设为 100%）;

η_{inv}——DC-AC 变频器效率（如果光源为 LED 或白炽灯/卤素灯则设为 100%）;

η_{reg}——DC 电流调节器效率（如果光源不是 LED 则设为 100%）;

η_{src}——光源效率(lm/W)；

η_{lum}——灯具效率，从灯具中输出的流明数或光源发出的流明数。

我们将 PV 供电照明系统中各个部分的效率列入表 1。

根据以上公式及假定的数据，我们可以计算出，在指向性应用中不同光源 PV 供电照明系统的效率，结果如表 2 所示。

从表 2 可以看出，在 PV 供电的照明系统中使用高亮度白光 LED 的系统效率，要比使用卤素灯高出 1 倍，与 CFL 基本持平，但是与 LFL 相比还存在一定的差距，究其原因还是由于单颗白光 LED 的发光效率与 LFL 相比还太低，随着白光 LED 发光效率的进一步提高，相信在不久的将来，超高亮 LED 也可完全取代 LFL。

4　成本分析

通过对市场和技术可行性两个方面的分析我们发现，太阳能与半导体照明的结合使用有着广阔的市

表 1　不同电气环境下光源及灯具的效率

白光 LED		卤素灯		CFL		LFL	
LED 直流电流调节器效率	85%	无需转换器或调节器		DC-AC 变频器效率	80%	DC-AC 变频器效率	80%
LED 交流驱动效率	80%						
带直流电源的光源效率/(lm/W)	45	带 AC 或 DC 电源的光源效率/(lm/W)	20	带直流电源的光源效率/(lm/W)	65	带直流电源的光源效率(lm/W)	85
灯具效率（指向性照明）	85%	灯具效率（指向性照明）	80%	灯具效率（指向性照明）	60%	灯具效率（指向性照明）	70%
灯具效率（通用照明）	85%	灯具效率（通用照明）	80%	灯具效率（通用照明）	70%	灯具效率（通用照明）	80%

表 2 在不同供电系统中光源的效率

系统配置	DC 光源		AC 光源	
	白光 LED	卤素灯	CFL	LFL
AC 供电系统/(lm/W)	30.6	16.0	39.0	60.0
独立型系统(PV+电池)/(lm/W)	4.0	1.9	3.7	5.7
并网型系统(PV+电网,无需电池)/(lm/W)	4.3	2.1	4.2	6.4
混合型系统(PV+电网+电池)	根据电网与电池的使用比例不同而不同			

场前景。但这种高效、环保的绿色照明方式是否能与常规照明系统竞争还需要做详细的成本分析。

在太阳能半导体照明系统中，最主要的部件为 PV 模组和半导体光源。近几年来 PV 模组的效率在不断提升,同时成本也在逐渐降低,如图 4 所示。从图4 我们可以看出,2004 年随着 PV 需求量的进一步增加,PV 模组的价格又一次大幅度下降。据预测,到 2008 年可降低至 2 美元。

光源种类的选取不仅会影响整个系统的效率,还会影响整个系统的构成。例如选取卤素灯和 LED 的照明系统无需电流转换器，但选取 LED 为光源即需要 AC 驱动器等。因此,用不同光源构成的太阳能照明系统成本会有比较大的区别。在此,我们简单地将 LED 与其他几种传统光源的初始成本进行比较见表 3。从表中我们可以看出,在 LED 初始成本大幅度降低的同时,LED 的光效已远远超过卤素灯，与 CFL、LFL 的距离也越来越小。虽然从绝对值上来看,其初始成本跟传统光源相比还略微高一点,但从照明成本(COL)(包括电光源所消耗的能源成本、光源的维护管理费用以及光

源无法正常工作时更换电光源所需的劳动成本）来看，由于 LED 具有较长的使用寿命,2003 年 LED 灯的 COL 已低于卤素灯，大约到 2007 年,LED 灯的 COL 得从现在稍低于 27 美元/Mlmh 的水平再降低约 75%，将与荧光灯的 7 美元/Mlmh 大致相同。综合分析表明，

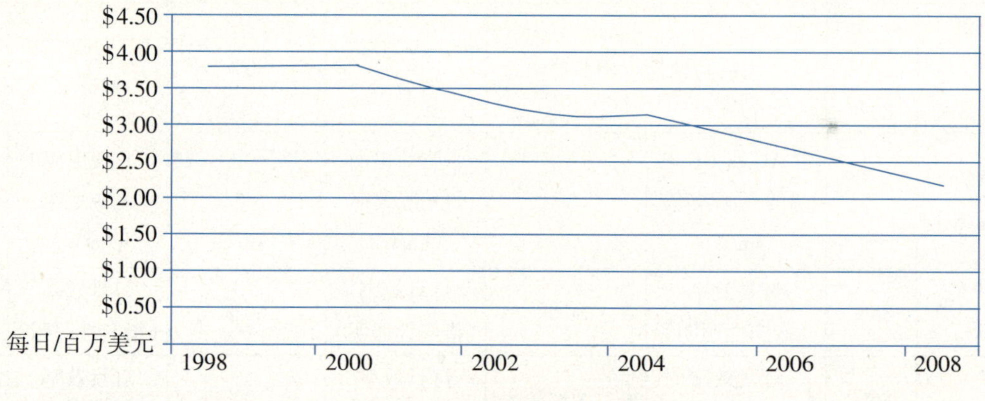

图 4 PV 模组的成本预测

表 3　不同光源光效及成本比较

技术指标	LED2004	LED2005	LED2008	LED2010	LED2022	卤素灯	CFL	LFL
发光效率/(lm/W)	25	45	110	200	500	20	65	85
寿命/kh	5	20	50	80	200	2	5	10
光通量/(lm/lamp)	25	130	500	1600	5000	1200	2600	3400
输入功率/(W/lamp)	1	3	5	8	10	75	30	40
单灯成本/($/lamp)	4	6.2	<4.1	<3.5	<2.5	0.25	1.5	1.75
显色指数/*Ra*	75	80	>80	>80	>80	100	80	75
每千流明成本/($/km)	160	138.7	<37.5	<17.5	<2.5	5	0.75	0.92
可渗透的照明市场	①低光通量要求领域 ②手电筒 ③头灯	白炽灯市场	荧光灯市场	所有照明领域	①所有照明领域 ②HID 领域			

LED 将有进军传统照明领域的巨大潜力。到 2010 年,高光效 LED 不仅从技术上来说能应用于所有照明领域,而且从成本上来看,也能被广大用户所接受。

5　小结

太阳能利用技术和半导体照明产业已经由技术开拓期步入蓬勃发展时代。通过从市场、技术、成本三个方面的分析,我们完全可以相信,集合了新一代能源和新一代光源优点的太阳能半导体照明系统,定将会以前所未有的速度发展,引领我们进入一个绿色节能的新时代。

参考文献

1　Historical Review of Solar Energy. China New Energy, 2004(5)

2　2004 World PV Market Report Highlights4

3　Yutao Zhou, Nadarajah Natendran. Performance of PV-powered LED Lighting System for Building. Fourth international conference on SSL, proceedings of SPIE, 296-307

4　Christopher O'Brien. Opportunity for Clean Solar Future.NREL/ACORE Renewable Energy Modeling Series.12(6),2004

5　James M. Gee. What the PV Specialists Might Like to Know About Solid-State Lighting.NREL/CD-520-33586,140

开发天然采光新技术 推进绿色照明新发展

南京春辉科技实业有限公司　张文进

摘　要　文章从节能、环保、促进可持续发展以及自然、生态、促进人类身心健康两个方面，阐述了天然光采集照明的意义和价值。在此基础上，作者介绍了国内在光纤系统、镜面反射系统等天然采光新技术方面的最新科研成果，最后呼吁广大建筑师和工程技术人员，以“绿色奥运”为契机，大力开发天然采光新技术，为绿色照明工程的实施提供技术支撑，推进绿色照明新发展。

1　天然采光意义和价值

1.1　节能、环保与可持续发展

节约能源,保护环境,促进经济发展协调一致,是可持续发展战略的核心。

据《中国新能源与可再生能源1999白皮书》介绍,百年来全球能源消耗平均每年以3%的指数递增,平均能耗的持续增长带来的后果十分严重。一方面伴随着化石燃料消耗的增加,大气中CO_2含量相应增加,地球不断变暖,生态环境日益恶化,自然灾害及其损失逐年增多;另一方面将愈来愈快地消耗不可再生的化石能源储量。潜在的能源危机和生态环境的恶化使世界各国积极开发包括太阳能在内的新能源及可再生能源。

世界人口的不断增加和全球经济的持续发展使人类对照明的需求迅速增长。照明是人类所有需求中消耗能量最多的一项,然而,对室内照明的需求高峰却恰恰是在白天太阳高悬、日照充裕的时候,照明用电的40%消耗在这一时间段。除了很少一部分太阳光通过普通玻璃窗、天窗射入室内以外,大部分阳光白白流失。当人们为能源日趋减少和环境日益恶化而深感忧虑的时候,我们为何不考虑最大限度地利用高挂于天穹之上的太阳这一取之不尽、用之不竭的"绿色"能源呢?

1.2　自然、生态与人类健康

阳光、空气、水是人类社会生存和发展的三大要素,人类在长期的生活过程中,不断地从大自然获取阳光这一基本能源,演绎着生命的延续、进化。可以说没有大自然,就没有人类社会的今天。

国内外很多机构对于阳光促进人类身心健康这一问题的认识也已经进行了深入的研究,虽然还有一些细节尚无定论,但是已经得到了很多的关于生理、心理效应的确定性成果。例如:

自然光能向人们提示一天的时间变化,使人们感受到生物钟的周期,利于人体健康。

人的精神状态与接受的光照息息相关,而精神状态又影响着饮食量。

"考的松"与"褪黑素"分泌的生物节律与每天的光照度密切关联。"褪黑素"的合成对于调节视觉对光线的感应起重要作用,"考的松"起着对机体的动员作用,而且它在血中的浓度是随着机体实际的需要而产生变化。

长期生活在没有自然光的地下室中的人们就很容易产生沉闷压抑的心理感受,感官灵敏度下降,生产力降低。而射入房间的自然光线能够使人感受到自然的温暖,体会到人与自然的沟通与交流,满足人们回归自然的心理需求。

甚至,在现代医疗气象学中,"光治疗法"已经成为一种新颖的治疗技术。通过阳光的照射,可以对人体内的细胞产生一定的影响,从而对身体健康起到积极的维护作用和明显的治疗效果等。

上述天然光照明中的生理、心理效应告诉我们,接近阳光将会使人们更有效率,更有生机,生活更有情趣,可以说没有生态的阳光,人们的生活就不会如此的精彩和健康。现在面临的问题就在于如何把这些原理应用于实践。

2　天然采光新技术

基于阳光对于人类社会可持续发展和人类身心健康两大作用,一直以来,国内外建筑采光工作者提出了不少利用天然光的采光方法和设想,从传统的天窗、大面积使用玻璃、镜面反射法等发展到最近的光导纤维法、棱镜组反射法、导光管法。国外在采光新技术方面进行了大量的理论和实践研究,然而,在我国真正从事这方面技术研究的人并不多见,更不要说在市场上出现成熟的商业化产品;幸运的是,最近几年来,我们一直关注并从事这方面的研究,期望发展出适合我国国情的天然采光高新技术,推动建筑采光技术的进步,促进新技术的推广和应用。

2.1　光纤采光系统

基于光纤的传光原理,人们很自然地想到:利用光纤不就可以将太阳光引到所需要的场所照明吗?光纤采光系统由此诞生。

2.1.1　原理

光纤采光系统基本原理就是将自然的太阳光在不进行能量转换的前提下,经聚光采光器高效汇聚后直接由传光光纤传输至使用场所采光,系统运用光电传感技术,精密地跟踪太阳,其工作原理如图1所示,系统设备外观如图2所示,安装及传输如图3所示。

2.1.2　特点

光纤采光系统采用灵敏性高、无探测盲区的四方位光纤光敏传感器作为太阳光跟踪传感器,达到0.2°的跟踪精度。系统具有体积小巧、借助于光纤可以形

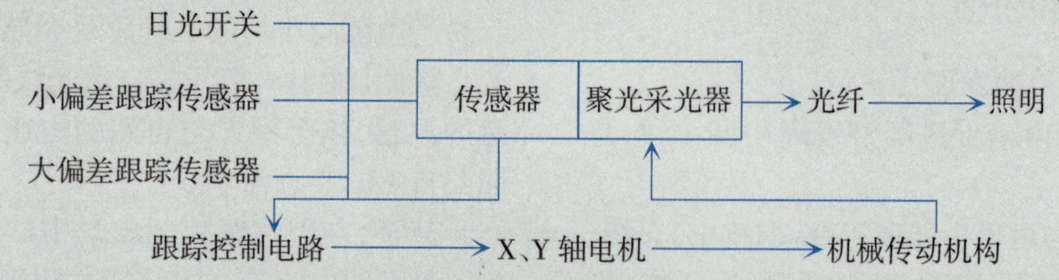

图 1　光纤采光系统工作原理图

图 2　系统设备外观

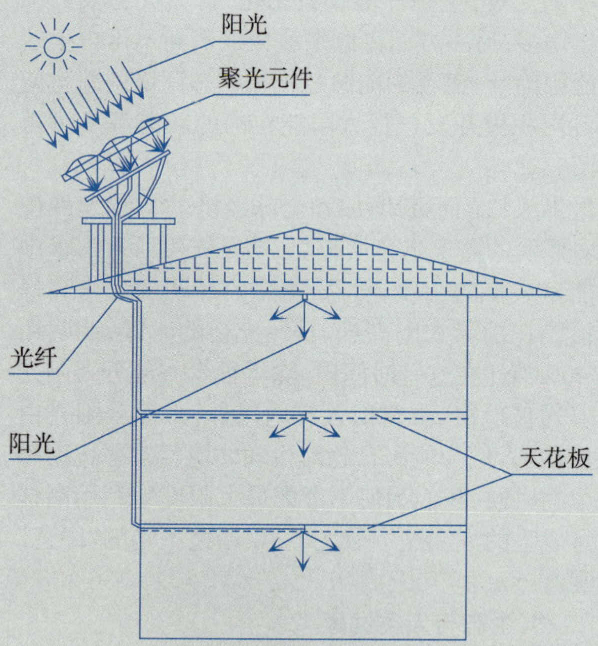

图 3　安装及传输示意

成比较丰富的照明方式、对建筑结构破坏性小、现场施工可操作性强等优点，相对于日本的同类装置，性能价格比领先。

2.1.3　结果

在总采光面积为 $0.09m^2$、直射太阳光照度为 90000 lx 条件下，总光通量可达 4000 lm 以上，光纤传输损耗为 200dB/km，可以传输太阳光至 30m 远处。典型的采光效果如图 4 所示。

2.2　镜面反射系统

镜面反射是比较古老的采光方式，在这里，我们进行了创新，发明出一种可以朝设定方向投射太阳光的新型镜面反射系统，其外观如图 5 所示。

2.2.1　原理

根据几何光学，在要求反射光方向不变的前提下，平面镜的转动角度必须是入射光方向变化角度的一半。将这个基本原理运用在空间立体内，因为太阳的方位角和高度角时刻都发生变化，所以如果要求平面镜的反射光始终能投射在某个区域，平面镜的方位角变化量、高度角变化量应该分别是太阳的方位角变化量、高度角变化量的一半。

2.2.2　特点

系统结构相对较大，利用时要求一定的建筑空间，传输距离远，甚至可达 100m 以外。在利用可见光的同时引入了太阳光中的红外线，致热效应明显，对冬天采暖意义更大，成本相对比较经济。

如果仅要求照明类似天井这样的空间，即垂直向下采光时，该系统还可以在上述原理基础上进行简化，使得结构更简化，工艺技术更简单。

图 4 典型的采光效果

图 5 新型镜面反射系统产品外观

2.2.3 结果

采光面积可以根据要求任意设计,目前单套系统的采光面积最大已经做到 $20m^2$,镜面反射率在 90% 以上,实现太阳自动精确跟踪,朝设定方向准确定点投射太阳光。而且可以在此基础上进一步进行光路反射转换,以满足建筑结构特征要求。

3 结束语

上面介绍的两项采光新技术成果,目前正朝着商品化方向开发,它带来了建筑采光技术进步的希望,也从一个侧面带来"生态建筑"和"绿色奥运"实施的技术支撑,但是能否变成真正意义上的福音,还在于我们的建筑师、工程技术人员、建筑业主等所有人能不遗余力地去推动其应用,这样才能得到进一步完善和优化,为设计改进提供经验。我们相信,随着人们认识水平、生活水平的提高,创造以人为本、健康、舒适、节能的自然光环境将会成为未来建筑照明设计的主流,绿色照明工程由于得到这些新技术的支持,得到更大的发展。

参考文献

1 张耀明.采集太阳光的照明系统研究[J].中国工程科学.2002;4(9):63~68

2 姜肇中,邹宁宇等.玻璃纤维应用技术[M].北京:中国石化出版社,2004

3 Zhang Yaoming, etc.Sunlight Tracking Sensor and Its Application.PROCEEDINGS OF SPIE "Advanced Photonic Sensors Technology and Application", 2000;4220:240~244

4 张文进等.全自动跟踪太阳的采光照明装置[J].江苏化学建材.2002;24(5):35~36

绿色照明——导光管技术的应用

中国建筑科学研究院建筑物理研究所 罗 涛 王书晓 林若慈

摘 要 天然光是取之不尽,用之不竭的绿色能源。随着20世纪70年代的能源危机以及日益严重的环境污染问题的出现,建筑采光技术日益受到人们的重视。近年来,伴随着天然采光技术的快速发展,导光管已越来越多的应用于无窗和地下建筑。本文简要介绍了天然光导光管的原理及其特点,并利用计算机模拟技术对导光管系统进行了分析和模拟。

关键词 天然光 导光管 节能 计算机模拟

1 前言

光,特别是天然光除了能够保证人们的视觉需要以外,还对人的生理节律、身心健康等都有着重要的影响。随着我国经济的快速发展,能源问题日益突出,如何实现能源的“开源”与“节流”成为了当前的热点。统计表明我国照明用电约占全国总用电量的12%,2004年北京市照明用电为49亿kWh,也占到全市用电总量的11%。2008年北京奥运会提出了“绿色奥运,科技奥运,人文奥运”的三大理念,从而对我们的建筑照明技术,特别是那些诸如地下建筑等黑房间的照明技术提出了更高的要求。

近十几年伴随着导光管技术的快速发展,大量具有可推广性的导光管产品不断涌现,使得导光管在某些采光不利的空间使用成为了可能。通过利用天然导光技术,可以减少照明用电以及降低照明运营费用,同时对于减少温室气体的排放等也有着相当的现实意义。另一方面,对长期在地下与无窗建筑中工作的人员来说,光靠人工照明,长期缺少阳光照射对身体健康十分不利。近年的研究进一步表明由于缺少阳光照射甚至还会影响人的生命节律以及造成心理抑郁等诸多心理问题。通过导光管将天然光导入地下以及无窗空间,无疑可以提高空间内环境质量,有利于该类场所内工作人员的身心健康。可以说,导光管技术的使用也是可持续发展战略在建筑领域的一个重要实践。

我国的天然光资源丰富。以北京地区为例,全年室外水平照度在5000 lx以上的时间平均3707h。

表1为我国各大城市的天然光利用时数。天然采光技术在我国有着巨大的利用、开发潜力。合理使用导光管等技术对空间进行天然光照明,对于减少照明用电,缓解我国用电紧张,特别是白天用电高峰期的用电紧张问题具有重要意义。

表1　室外不同临界照度值时的全年天然光利用时数

地点	纬度(°)	室外天然光临界照度值/lx		
		3000	5000	10000
		全年天然光利用时数(h)		
北京	40	4013	3707	2892
西安	34	3812	3614	2880
上海	31	4004	3723	3064
重庆	30	3543	3139	2035
广州	24	3806	3559	3039

2　基本原理

传统的采光,是利用窗户等采光构件直接将天然光引入到室内。对于地下浅层的建筑,可以直接利用采光天窗、采光天井或者采光罩对地下室进行照明。为了节约照明用电和改善室内光环境,对地下或无窗建筑利用天然光还可以采用以下天然导光系统。

天然光导光技术的目的是收集天然光,并利用合理的技术将其传送到需要的空间进行照明。天然光导光系统主要分为集光器、传送系统、照明末端三个部分。天然导光系统可以有多种形式,如平面反光镜、定日镜、棱镜组、光导纤维以及导光管等。

(1)用平面反光镜一次将太阳光反射到地下或无窗建筑室内用光的地方,这种方法设备简单,一次投资少,但是采光效率低。

(2)定日镜采光法是利用定日镜将阳光反射到地下或无窗建筑的室内。这种方法采光效率高,能恒定地将阳光反射到室内用光的位置。但是设备比较复杂,需要占用较大的场地。

(3)还可以利用棱镜组将收集的太阳光经多次反射与透射将光线传送到地下或无窗建筑的室内。这种方法的光路设计比较复杂,采光与照射面积均比较小,而且投资也较大。

(4)导光纤维法则是利用全反射的原理,用导光纤维束把收集的阳光传送到地下或无窗建筑的室内。此法的采光量小,投资大,只适用于少数特殊的场所。

(5)导光管法是利用导光管把收集的阳光传送到地下或无窗建筑的室内。此法适合大面积的一般采光。采光口可设置在地面或高处地面,同时可与景观相配合(如图1所示)。

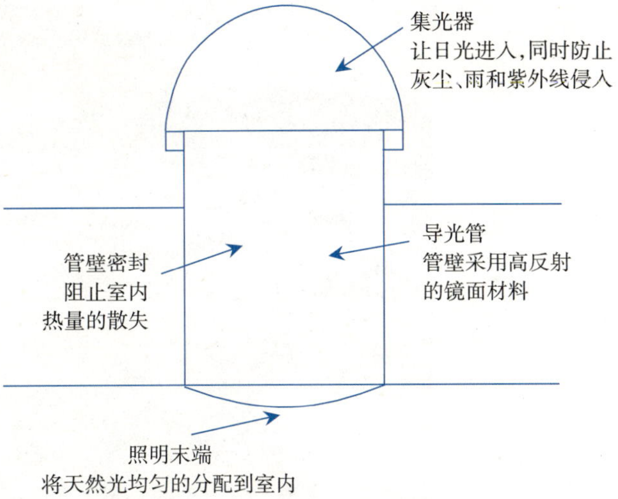

图1　导光管系统原理图

相对其他系统而言,导光管系统比较简单,造价低,采光效果好。根据其管壁使用材料的不同,导光管又可分为金属反射式、部分反射式、棱镜折射式、全内反射式四类。金属反射式通过在玻璃或塑料上镀一层高反射率的金属涂层,通过多次反射将光传送到需要的空间,其传输效率较低,适合于短距离的传输。部分反射式通过使用大量的镀层产生高的反射,现已不常使用。棱镜折射式通过利用一系列高效的棱镜,将光折射到需要的空间,其造价较高。全内反射式利用全反射的原理,类似光纤,经 Whitehead 博士等人在外层增加三棱形结构后可进一步提高传输效率。其传输效率高,但造价较高。从性价比上来看,金属反射式导光管具有一定的优势,其相关产品也较为成熟,在国外的许多项目中得到了应用。

3　国内外应用情况

国外早在几十年前就提出了导光管技术的概念,随着这些年技术的发展,导光管产品已日渐成熟,CIBSE 的 Building Journal 发表的调查表明,截止到2003年9月全球已安装了大约300万套导光管产品。以下是一些应用实例(如图2所示)。

国内学者也对导光管技术开展了积极的研究。中国建筑科学研究院建筑物理研究所经过多年的研究,在总结分析国内外有关阳光采光科研成果后,研制出了采用定日镜技术的导光系统。天津大学沈天行教授等人对无缝棱镜导光管开展了相关研究。但目前在国内尚无大规模使用导光管的工程案例。

图 2　国外导光管应用实例

4　模拟分析

导光系统总的采光效率可以用下式来描述：

$$\eta=F_t/F_0$$

式中　F_t——是供室内照明的总光通量(lm)；

F_0——是集光器收集的入射光通量(lm)。

总的采光效率是集光器的效率、出光部分及导光管的效率的乘积。其中，导光管的设计和效率是最关键的部分。导光管的效率与管壁材料的反射率，管径及管长相关。

以下是我们利用 SkyVision 软件对不同半径、长度及反射率的导光管传输效率进行了分析。

以 3m 长的导光管为例，当集光器透射比为 0.9，出光口效率为 0.8，内壁反射率为 0.95 时，不同管径的导光管效率(如图 3 所示)。

以管径为 1m 的导光管为例，当集光器透射比为 0.9，出光口效率为 0.8，内壁反射率为 0.95 时，不同管长的导光管效率(如图 4 所示)。

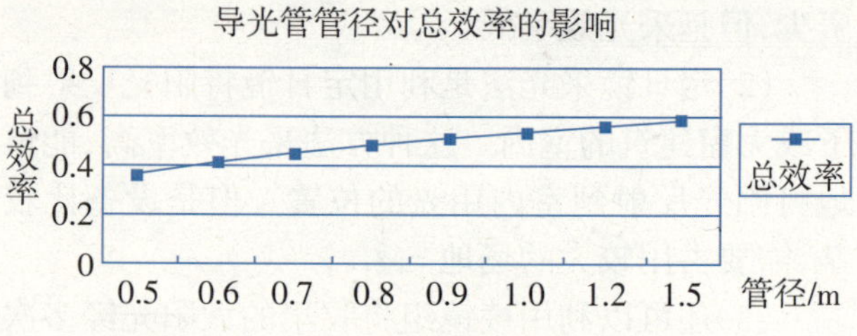

图 3　不同管径对于效率的影响

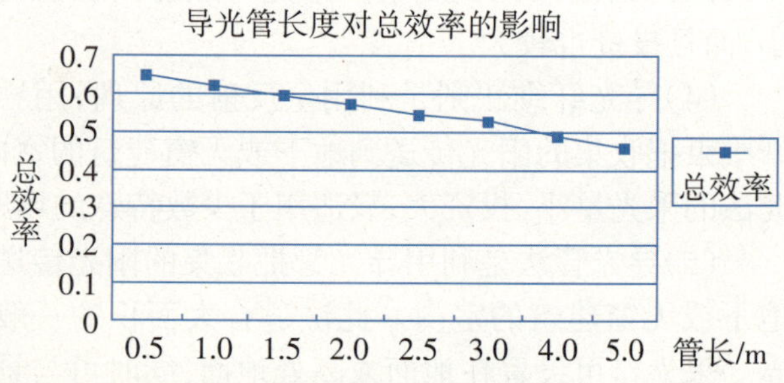

图 4　不同长度对于效率的影响

以 3m 长,管径为 1m 的导光管为例,当集光器透射比为 0.9,出光口效率为 0.8,不同管壁反射率的导光管效率(如图 5 所示)。

以下通过对某小区地下车库为例,对导光管应用于实际工程进行了分析和模拟(如图 6 所示)。

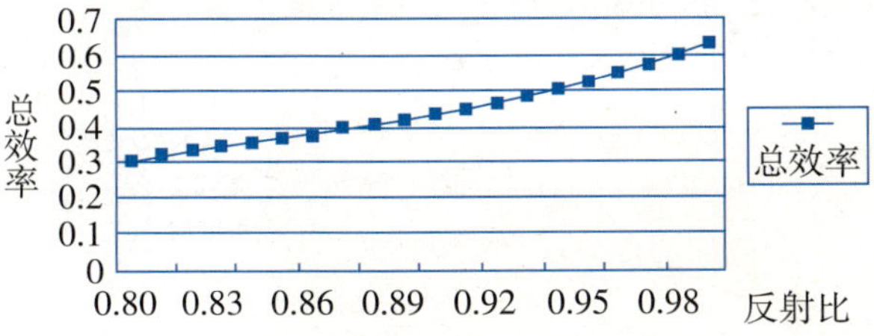

图 5 不同反射率对于效率的影响

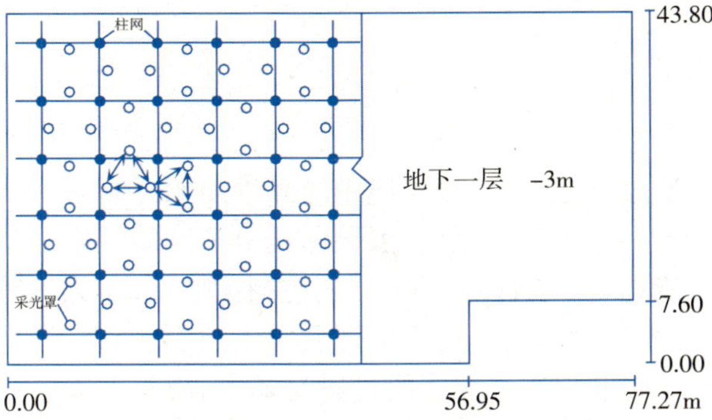

图 6 导光管在某小区地下车库的应用模拟分析

该小区内有面积较大,集中的绿地,地下车库的分布也很集中。为了充分利用天然光资源,可以在小区绿地区域设置一些导光管采光系统,利用天然光为地下车库提供照明。周围建筑会造成一定的遮挡,因而绿地区域集光器应设置在采光较好的区域并结合景观布置。通过在小区地面设置集光口,通过导光管传输,为下方的地下车库提供照明,不足部分由人工照明补充。

考虑到绿地建筑前方建筑物的遮挡等不利因素,通过采光计算分析,小区地面的平均采光系数在 40% 左右。进而通过软件计算可以得到,导光管半径为 0.6m 时,照明系统效率为 0.291。

而根据《建筑采光设计标准》GB/T50033—2001,车库采光系数的规定为 0.5%。以车库采光系数为 0.5%进行采光设计,通过进一步设计布置,车库内安装 114 套半径为 0.6m 的导光管系统后,按照室外照度为 10000 lx 的情况下进行模拟,其平均照度为 54 lx,即采光系数为 0.54%,符合《建筑采光设计标准》GB/T50033—2001 之要求,具体计算结果如图 7 所示。

通过计算机对车库区域上方地面全年的日照和导光效率进行相应的模拟,从而可对导光管的全年的节能效果进行分析。

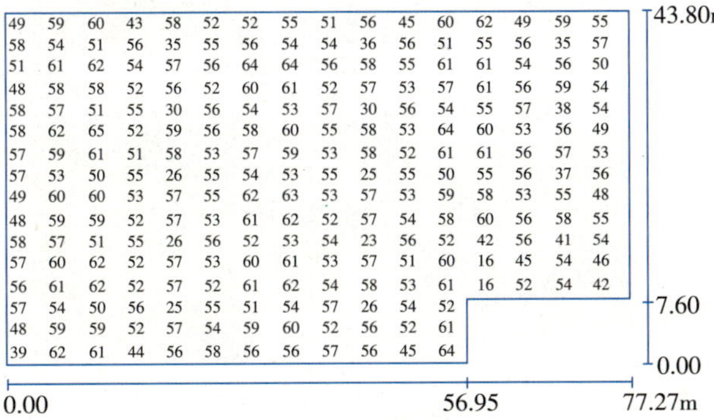

图 7 室内点照度分布图

在车库的地面上大部分区域内,除冬天以外都可以得到较长时间的日照,从而使得导光管照明系统的优势能够得到最大发挥,实现节能最大化之目的(如图 8 所示)。

根据《建筑采光设计标准》GB/T50033—2001 规定,以北京地区日照光环境量分析可知日均天然光利用时数为 11.6h。伴随着新的《建筑照明设计标准》的颁布,为了能够提高进一步提高车库的照明质量,按照照明标准对于车库内照度之规定为 75 lx,因此如表 2 所示天然光日均利用时数为大约 9h 左右。

从上表数据来看,预计全年有 8.5×365=3100h 不需要人工照明(地下车库按 75 lx 照度设计),有 (11.6−8.6)×365=1132h 需开启部分照明,其余时间由人工光源提供车库的全部照明。

按提供 3000m² 照明面积,人工照明功率 5W/m² 进行计算,导光管系统的节能效果如表 3 所示。

通过合理使用、设计导光管照明系统,每年可节约大量的照明能耗。另外,由于采用了导光管系统,人工照明时间减少,相当于延长了人工照明系统的使用寿命,减少了更换和维护照明设备的费用。

在车库内人工照明系统的设计中,还应该充分考虑以下几点因素:

首先,光源的选择应考虑与天然光光色相接近,并符合照度、显色性、眩光等要求;

其次,灯具的布置应该与导光管相结合,以达到

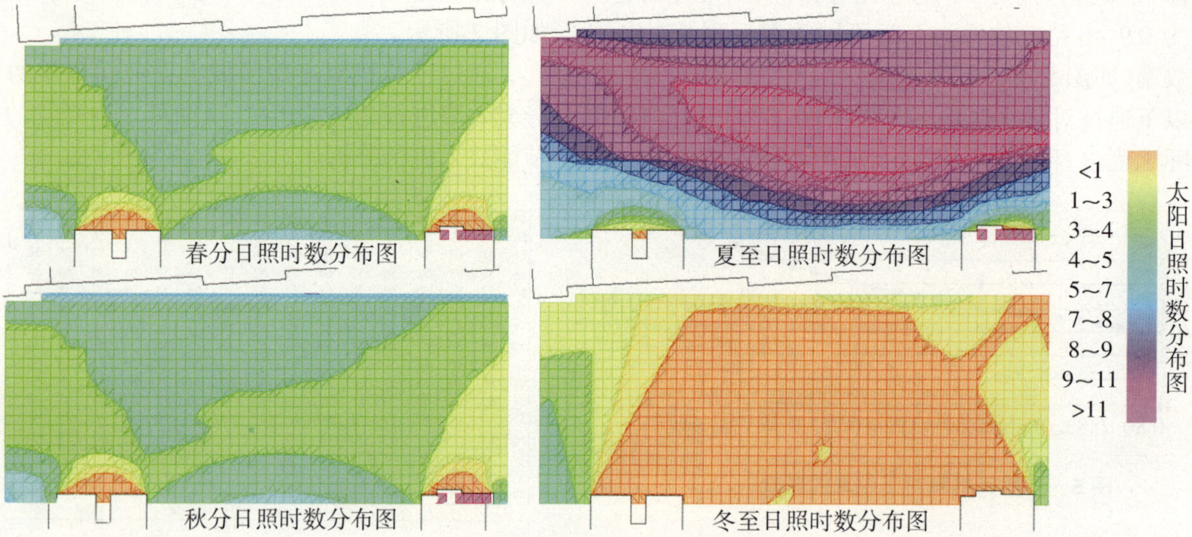

图 8 导光管区域日照状况

表 2 采光效果分析

照度标准/lx	平均采光系数(%)	室外临界照度/lx	室内平均照度/lx	天然光利用时数/h
75	0.5	5000	25	11.6
		10000	50	9.9
		20000	100	8.5

注: 根据 CIE 昼光效能利用曲线计算。

表 3 导光管系统的节能效果

比较项目	导光管系统	人工照明
照明面积/m²	3000	3000
照明安装功率/W	15000	15000
地面照度/lx	75~100	75~100
年人工照明时间/h	1132*+4528	8760
年耗电量/kW·h	76410	131400
电费/元	42025.5	72270

注: 按只开 50%的人工照明用电计算。

良好的视觉效果和舒适性;

第三,在合理的采用天然光与人工照明相结合的控制策略,进一步保证电能消耗的最小化。

通过上述计算分析,使用导光管照明系统来为小区内地下车库提供照明,可保证地下车库的平均采光系数能达到 0.5%以上。在照明控制策略上,在天气较好,采光充足的情况下可不开启人工照明;阴雨天,采光较差时开启一半照明既可满足要求;夜间车库照明全部由人工光源提供。

5 结束语

天然光是取之不尽、用之不竭的绿色能源。我国的天然光资源丰富,建筑采光技术的开发和应用潜力巨大。导光管技术的应用对于节约用电、减少污染以及保护环境,都将有着积极的意义。

参考文献

1 建筑采光设计标准.GB/T 50033—2001
2 建筑照明设计标准.GB 50034—2004
3 萧辉乾等. 地下和无窗建筑天然采光的试验研究.(物理所研究报告)
5 沈天行,李伟.一种无缝棱镜导光管及其光线传输原理和应用研究.照明工程学报.2005,6
6 Light-pipe prediction methods Applied Energy 79 (2004) 77 86 David Jenkins Tariq Muneer
4 CIE 164:2005 Hollow light guide technology and application

太阳能照明的原理、组成及发展趋势

郑州市市政工程勘测设计研究院　魏文信

1　太阳能照明概述

太阳能是“取之不尽，用之不竭”的，无污染的可再生能源，每天送到地球表面的辐射能大约相当于2.5亿万桶石油。在很长一段时间内，太阳能都白白地从人们身边“溜走”了。随着科学技术的飞速发展，太阳能逐渐被开发利用，并已成为最有发展前景的环保能源之一。

目前，太阳能的利用方式主要有两种。

(1)通过太阳能电池将太阳能转化为电能用于发电，即光伏发电，如太阳能照明、太阳能发电站等。

(2)通过集热器把太阳能转换为热能加以利用，例如太阳能热水器、太阳灶等。

其中，太阳能照明是利用太阳能最重要的途径之一，也是我们主要关注和研究的对象。

在室外照明中，太阳能照明的发展势头强劲。太阳能路灯(非主干道)、太阳能庭院灯、太阳能草坪灯、太阳能交通信号灯、太阳能广告灯等已不鲜见，均成为绿色照明中的亮点。我们所说的太阳能灯，既指灯具、光源，也包括太阳能电池、蓄电池、控制器、逆变器、灯杆等配套器件。

太阳能照明最显著的特点是节能、经济、环保，无需由传统的公共电力系统获取电能，节省了变配电设备、缆线、开关等的投资，基本没有运行费用。太阳能转化为电能，避免了煤、油、核等发电导致的大气和环境污染。在当今技术条件下，太阳能照明尤其适合应用于供电距离较远或不易供电的地方。

2　太阳能照明原理

太阳能电池板把太阳能转化为电能，经过大功率二极管及控制系统给蓄电池充电。充电到一定程度时，控制器内的自保系统动作，切断充电电源。晚间，太阳能电池板充当了光电控制器，启动控制器，蓄电池给照明灯供电，点燃照明灯；凌晨，太阳能电池板又充当了光电控制器，启动控制器，切断照明灯电源，重新开始进行转化太阳能为电能的工作。在太阳能灯燃亮时，还能够根据设置进行调光。

3　太阳能照明组成

太阳能照明由太阳能电池板、蓄电池、太阳能灯专用控制器、发光体及灯杆等组成。下文重点介绍太阳电池、蓄电池、逆变器(交流照明灯泡用)、太阳能灯专用控制器、发光体等。图1为太阳能照明原理图。

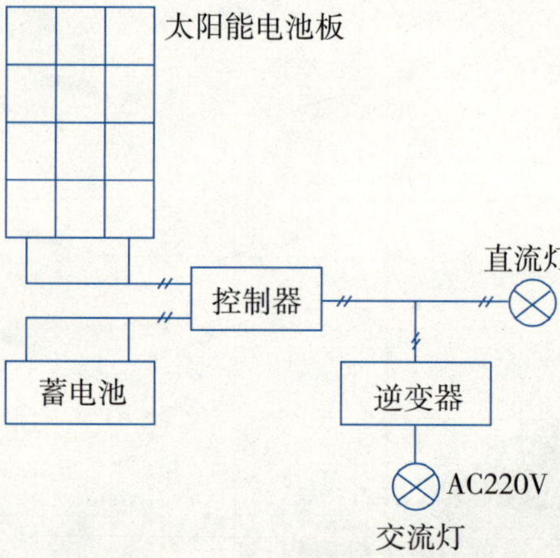

图1　太阳能照明原理图

3.1　太阳能电池

3.1.1　太阳能电池原理

太阳能电池是利用光电转换原理使太阳的辐射光通过半导体物质转变为电能的器件，这种光电转换过程通常叫做"光生伏打效应"，太阳能电池又称为"光伏电池"。

当太阳光照射到由PN型两种不同导电类型的同质半导体材料构成的PN结上时，在一定条件下，太阳能辐射被半导体材料吸收，形成内建静电场。如果从内建静电场的两侧引出电极并接上适当负载，就会形成电压和电流，这就是太阳能电池的基本原理，如图2所示。

单片太阳能电池就是一薄片半导体PN结。标准光照条件下，额定输出电压为0.48V。为了获得较高的输出电

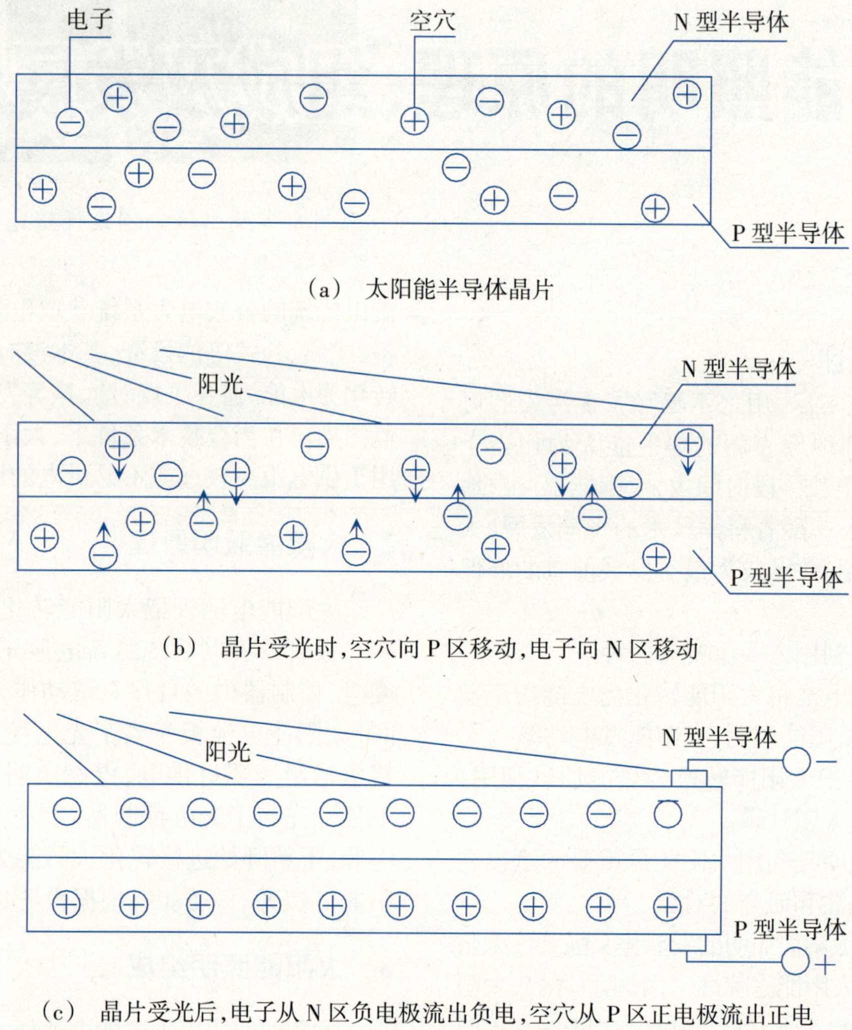

图2　太阳能电池发光原理图

注：⊕——空穴；　⊖——电子。

压和较大容量，往往把多片太阳能电池连接在一起。

太阳能电池的输出功率是随机的。不同时间、不同地点、不同安装方式下，同一块太阳能电池的输出功率也是不同的。

目前，太阳能电池的光电转换率一般在百分之十几以上，个别发达国家的太阳能电池光电转换率已经可以达到30%左右。

3.1.2　太阳能电池分类

（1）硅太阳能电池；

（2）以无机盐如砷化镓III–V化合物、硫化镉、铜、铟、硒等多元化合物为材料的电池；

（3）功能高分子材料制备的太阳能电池；

（4）纳米晶太阳能电池等。

硅太阳能电池技术相对较成熟，半导体材料的禁带不是太宽，光电转换率较高，材料本身不造成污染，所以硅是目前最理想的太阳能电池材料。以其他材料为基础的太阳能电池也正在研制和发展过程中。

3.1.3　硅太阳能电池

（1）单晶硅电池：目前，单晶硅太阳能电池光电转换率最高（20%左右），技术最为成熟，但由于单晶硅材料价格过高，制造工艺繁琐，造成单晶硅成本价格居高不下，成为发展单晶硅太阳能电池的一大障碍，现在正在逐渐被多晶硅薄膜太阳能电池和非晶硅薄膜太阳能电池等取代。

目前，单晶硅太阳能电池在道路照明、交通信号等室外照明中的应用较为普遍，光电转换率为11%～24%，使用年限较长。

（2）多晶硅电池：多晶硅薄膜电池由于所使用的硅比单晶硅少很多，不存在效率衰退等问题，而且有可能在廉价衬底材料上制备。多晶硅薄膜太阳能电池的成本远低于单晶硅电池，光电转换率近20%，高于非晶硅薄膜电池。因此，多晶硅薄膜电池将有望成为太阳能电池的主导产品。

多晶硅太阳能电池在室外照明中的应用将越来越广泛。

（3）非晶硅电池：非晶硅薄膜太阳能电池制作简单，成本较低，便于大规模生产，普遍受到人们的重视并得以迅速的发展，光电转换率在14.5%以上，但稳定性较差。提高转换率和稳定性是非晶硅薄膜太阳能电池的发展方向。目前，非晶硅电池在低功率电力系统中应用较多。

3.1.4　研制中的其他太阳能电池

（1）纳米晶化学太阳能电池：纳米晶化学太阳能电池是新型太阳能电池，目前仍在研制过程中，其中纳米晶TiO_2太阳能电池倍受关注。纳米晶TiO_2太阳能电池光电效率在10%以上，制作成本为硅太阳电池的1/5～1/10，寿命可达到20年以上。

（2）聚合物多层修饰电极型太阳能电池：原材料为有机材料，柔性好，制作容易，材料来源广泛，成本较低。性能和寿命远不如硅电池，但有可能提供廉价电能。此项研究刚刚起步。

（3）多元化合物薄膜太阳能电池：有些金属化合物如硫化镉、碲化镉多晶薄膜电池的效率比非晶硅薄膜太阳能电池效率高，成本较单晶硅电池低，并且也易于大规模生产，但由于镉有剧毒，会造成严重污染，因此，不能开发应用。

3.1.5　太阳能电池的容量选择

太阳能电池功率必须比负载功率高出4倍以上，系统才能正常工作。

3.2　蓄电池

3.2.1　太阳能照明必须配备蓄电池

太阳能照明必须配备蓄电池才能工作，这是因为：

（1）太阳能电池只能在白天进行光电转化工作，电能在夜晚才能用于照明，因此必须储备在蓄电池内。储备的容量要足够当地连续几个阴天的照明需要。

（2）太阳能电池板的输出能量极不稳定，配备蓄电池后，太阳能灯等负荷才能正常工作。

3.2.2　蓄电池的种类和应用

（1）铅酸蓄电池：传统蓄电池，能量密度较低，对环境污染较为严重，将逐渐被淘汰。

（2）Ni–Cd（镍–镉）蓄电池：性能较铅酸蓄电池优越，但能量密度不足，镉的污染严重，多数国家严格控制此类蓄电池的生产和使用。

（3）Ni–H（镍–氢）蓄电池：具有能量密度高、重量轻、寿命长、无环境污染等优点，各国正在积极开发。发达国家在20世纪90年代已经进入产业化阶段。

（4）锂电池：新型高能化学电源，具有高容量、高功率、小型化、无污染的特点。锂电池主要用于笔记本电脑和手机。

目前，我国室外照明大量使用全封闭、免维护的铅酸蓄电池。小型照明工程、笔记本电脑和手机等大量使用锂电池、镍氢电池。锂电池的应用领域正在逐步扩大。

研制、推广无污染蓄电池是发展太阳能照明迫切需要解决的一个重大课题。

3.2.3 蓄电池容量选择

我国地域广阔，气候差异很大，蓄电池白天储存的电能应能满足夜晚照明的需求，同时应该满足当地连续阴雨天气时夜晚照明的需求。但是，所选蓄电池容量也不必过大，否则，蓄电池经常处于亏电状态，将影响蓄电池的寿命，造成不必要的浪费。

对蓄电池容量大小的选择，我国西部地区建议高出照明灯日耗电量的 4 倍以上；北方地区建议高出照明灯日耗电量 5 倍以上；南方地区建议高出照明灯日耗电量 6 倍以上。

3.3 控制器

控制器的作用是控制太阳能灯系统的工作状态，如照明灯的光控或设置开关、调光、雷电保护、电路短路保护，对蓄电池进行过充电保护、反充电保护、过放电保护、温度补偿等。

控制器是太阳能灯的“大脑”。有了合格的控制器，太阳能灯才能顺利工作，同时延长蓄电池等器件的寿命。

3.4 逆变器

逆变器是把蓄电池输出的直流电变成交流电的装置，照明负载为直流时不必设置，照明负载为交流负载时必须使用。根据我国现状，一般蓄电池为 24V（或 12V、36V），室外照明灯泡（灯管）为 220V、50Hz 交流，因此，逆变器多为 DC24V（或 12V、36V）/AC220V 的电压形式。逆变器也应具有电路短路保护、欠压保护、过流保护、反接保护及雷电保护等功能。

3.5 照明负载

由于太阳能照明存在光电转换率较低，成本价格较高等因素，使得目前其应用范围仅限于交通信号灯、景观照明、装饰照明等范围，以草坪灯、庭园灯、小功率路（非主干道）灯等为主。太阳能照明光源以 LED 发光二极管、三基色高效节能灯为主，也可能使用低压钠灯、无极灯，个别情况采用小功率 HID 灯。

LED 与节能灯相比，前者寿命较长、光效较低；后者寿命较短、光效较高。在不同情况下，要经过经济技术比较，从中选择合适的光源。

太阳能交通信号灯光源采用 LED 发光二极管，寿命长，发光性能符合信号灯的要求。

有调节明暗、频繁开关功能的 1W 以下的小功率太阳能草坪灯，一般应该使用 LED 作为光源。对于功率较大的太阳能草坪灯，目前使用三基色高效节能灯比较合理。

庭园灯和路灯以装饰为主时，建议选择 LED 发光二极管；以照明为主时，建议选择三基色高效节能灯或低压钠灯。

随着 LED 发光二极管光效的提高，太阳能照明的配套光源将越来越多地使用 LED 发光二极管。

4 太阳能照明的发展趋势

（1）提升电池板的光电转换率。

（2）加大系统容量，满足大功率室外照明灯的要求。

（3）降低成本。目前，一套太阳能照明灯（全套）是普通照明灯（全套）的几倍，影响了太阳能照明的推广使用。

（4）延长蓄电池等器件的寿命，从而延长太阳能照明系统的寿命。

（5）减小电池板、蓄电池等的体积，美化杆型。

（6）逐步淘汰严重污染的铅酸蓄电池、Ni-Cd 蓄电池等，加快开发研制无污染蓄电池，实现真正意义的环保。

（7）太阳能照明在经过技术进步和降低价格后，将成为新世纪的主导光源之一。

太阳能照明技术的应用要点与发展方向剖析

南京理工大学 梁人杰 李 坚

当前,随着国民经济的快速发展和人民生活水平的日益提高,对能源需求的增长已经达到了史无前例的程度,能源危机越演越烈。据可靠统计,我国现有的空调如果同时全部运行,仅此一项就需要耗电达 9000 万 kW,几乎相当于 5 座三峡发电站的装机容量。如果仅仅为了满足用电的需求而一味地新建水电站,将会严重破坏人类赖以生存的自然生态环境;而若建设更多的燃煤或燃油电站,则会使本来已岌岌可危的煤炭和石油的蕴藏量快速耗尽,提前枯竭。届时,人类如果尚未有效突破新型电能的供给技术,如:核聚变发电、可再生能源发电等,人类的生存将会面临真正的危机。目前,应对能源危机的主要途径,一是有效节能;二是快速发展太阳能、风能等可再生的自然能发电技术。节约用电与用电设备和工程的节能设计,已成为当前社会发展的主题之一。可再生能源的利用已成为当务之急。

本文引入"综合照明成本"的概念，以园林景区照明中太阳能灯具应用为例，对太阳能技术的应用要点与发展方向展开讨论，揭示了在园林景区照明中，园林面积较大时太阳能的积极意义。探讨了太阳能利用中的太阳能电池、储能装置、控制系统和LED光源等器件，分析了目前太阳能利用中影响经济效益的因素，为加快太阳能的利用，同时实现社会效益与经济效益提供了有益的思路。

1 照明项目长期经济投入的指标分析

1.1 普遍意义的"综合照明成本"概念

为了科学合理地分析和比较任何节能照明项目长期的经济投入，这里我们首先给出一个普遍意义上的"综合照明成本"的概念。其定义如下：

综合照明成本=初期投资+运行耗电费用+光源更换费用+其他维修费用

"综合照明成本" 可以按5年期、10年期、20年期、25年期等计算，对节能照明项目的经济投入进行分析与比较。在以下例子中，我们根据目前灯具整体寿命的普遍情况，暂时按10年期进行分析。为了简化，略去"其他维修费用"一项。

1.2 某旅游园林景区采用常规灯具与采用太阳能灯具的经济性分析与比较

某旅游园林景区，根据绿化园林景观的面积，以及园内丰富的山丘、河道、小溪、曲径、干道、草坪等资源布局规划，简单的夜景照明需要安装庭园灯100只，园林灯200只，需用多芯电缆约9000m。我们首先分析比较采用普通灯具与采用太阳能灯具的费用支出状况（如表1～表7所示，其中表1～表3为传统庭园灯和园林灯的费用；表4～表6为太阳能庭园灯和园林灯的费用；表7为传统灯和太阳能灯具的经济性比较）。

根据表1～表7的数据分析，可得出以下四个初步结论：

（1）本例中的园林景区，粗看起来太阳能灯具与传统灯具相比"综合照明成本"似乎大致相当或略有节省。

表1 传统庭园灯和园林灯"初期投资"估算

开支项目	单价/元	总量	总价/万元
庭园灯的投入	1800	100只	18
园林灯的投入	320	200只	6.4
输电电缆投入	14/m（5芯）	9000m	12.6
电控机柜投入	1000	2台	0.2
电缆铺埋费用	4.2/m	9000m	3.78
庭园灯安装费	200/只	100只	2.0
园林灯安装费	60/只	200只	1.2
初期投资估算	—	—	44.18

注：表中的报价参考2005年9月最新价位做了适当合并。

表2 传统庭园灯和园林灯10年"运行耗电费用"估算

计算方式	光源功率×数量×每天开灯小时×10年总天数×电费千瓦时单价
10年耗用电能费用/万元	0.012W×300只×10h×365天×10年×0.6元(kW·h)=7.884

表3 传统庭园灯和园林灯10年运行中"光源更换费用"估算

计算方式	10年总运行小时数÷光源寿命时数×光源数量×光源单价
10年更换光源费用/万元	365天×10年×10h÷4000h×300只×24元=6.57

表4 太阳能庭园灯和园林灯"初期投资"估算

开支项目	单价/元	总量	总价/万元
太阳能庭园灯的投入	4200	100只	42
园林灯的投入	600	200只	12
输电电缆投入	—	—	—
电控机柜投入	—	—	—
电缆铺埋费用	—	—	—
太阳能庭园灯安装费	200元/只	100只	2.0
园林灯安装费	10/只(插置)	200只	0.2
初期投资估算	—	—	56.2

注:表中的报价参考2005年9月最新价位做了适当合并。

表5 太阳能庭园灯和园林灯10年"运行耗电费用"估算

计算方式以及过程	光源功率×数量×每天开灯小时×10年总天数
10年耗用电能费用	太阳能庭园灯和园林灯没有耗用电网电能,此项为零

表6 太阳能庭园灯和园林灯10年运行中"光源更换费用"估算

计算方式以及过程	10年总运行小时数÷光源寿命时数×光源数量×光源单价
10年更换光源价格	太阳能庭园灯和园林灯基本没有

表7 传统庭园灯和园林灯与太阳能庭园灯和园林灯的费用比较

	初期投资/万元	运行耗电费用+光源更换费用/万元	综合照明成本/万元
传统庭园灯和园林灯	44.18	14.545	58.725
太阳能庭园灯和园林灯	56.2	(基本没有)	56.2

(2)露天或室外照明中应用太阳能的另一个重要优点是节省了电缆投资。在露天或室外照明的条件下,利用太阳能的好处除了高节省电网电能外,还能大幅减少高昂的输电电缆投资,从而有利于节省有色金属。对常规照明中电缆用量较大的室外照明或者道路照明工程,则应首先斟酌利用太阳能一体化灯具的可行性,因为这样将大量节省电缆投资,应给予高度的重视。

(3)露天或室外照明中应用太阳能的另一个重要优点是节省电控箱的投资。由于采用了一体化太阳能灯具,实现了单灯自动控制,因此节省了传统电网供电系统中必需的输配电控制箱,总体上可对节约投资有所贡献。

(4)园林景区中节省"初期投资"中的电缆、"运行耗电费用"和"光源更换费用"的投入是降低太阳能照明系统"综合照明成本"的关键因素。在上述例子中,太阳能灯具"综合照明成本"的节省或者说与传统灯具"综合照明成本"所取得的平衡,主要得益于节省了对"初期投资"中的电缆投入、十年"运行耗电费用"以及"光源更换费用"的投入。

实际上,这仅仅是对所提供的例子进行直观的分析所得出的结论。

在上述结论中,对第二、第三和第四条结论,显然是不容置疑的。但是对第一条结论,实际情况未必如此简单,在出现各种不同的或不利的具体情况时,可能会出现逆变。

2 对旅游园林景区利用太阳能的实例进行分析

太阳能灯具实现了对可再生能源的利用，其目的首先是节约电网电能，以节省日益紧缺的一次性资源，如：燃煤或燃油的消耗，同时减少污染排放，以净化人类的生存环境。这是一种社会效益。但是推广太阳能的应用还需要强有力的经济作用，或经济上的诱惑力，也就是说既要节电，又要省钱，真正降低“综合照明成本”。实现社会效益与经济效益双丰收。

显然，人们对采用太阳能灯具能节约电网电能和减少环境污染的社会效益是不会有争议的。但是，应用太阳能灯具的综合经济效益，是否能在多种应用条件下始终优于传统灯具的“综合照明成本”呢？按目前的技术水平，可能仍然存在诸多变数。我们在下面具体进行分析。

2.1 园林景区照明“初期投资”中电缆投资的节省、“运行耗电费用”、“光源更换费用” 等投入的降低，取决于园林景区面积大小

由上述例子可知，在园林景区中，由于面积较大，灯具较多，电缆较长，节约的“电缆投入”、“运行耗电费用”和“光源更换费用”较大，方能使得在十年运行期间，太阳能灯具与传统灯具的“综合照明成本”大致相当，换句话说，节约总投入的经济效益并不显著，尽管社会效益是肯定的。

据此，对于面积较小，用灯较少的园林景区，则使用太阳能灯具的经济效益必定不如传统灯具。其主要原因是目前太阳能灯具本身价格较高，造成第一次投入就较大，仅仅依靠不用电缆和以后节约的电费，仍然不足以抵消太阳能灯具的价格差，无法降低“综合照明成本”。

2.2 太阳能电池板和蓄电池的寿命是降低“综合照明成本”的“瓶颈”

在上例中，我们还未涉及太阳能电池板和蓄电池的寿命。而实际上这是一个不可回避的重要问题。

2.2.1 太阳能电池板

如今，影响太阳能电池板寿命的因素主要是太阳能电池板的封装工艺，其他还有安装方式、“热岛效应”、维护保养、天灾（冰雹等较重的跌落物）和异常损坏等因素。为节省篇幅，本文仅讨论太阳能电池板的封装工艺对其寿命的影响（如表8所示）。

由表8可知，采用不同封装工艺的太阳能电池板，对于应用太阳能灯具的照明项目的“初期投资”影响较大，最终将体现为“综合照明成本”的高低。而且，如果采用普通的太阳能电池板，寿命较短，则“综合照明成本”的计算式中还要加上一项“太阳能电池板更新费用”，对太阳能灯具应用的总“综合照明成本”必然不利。

2.2.2 储能装置

在太阳能灯具中，必须要有储能装置，例如：可充电电池、蓄电池等。而这些储能装置的使用寿命，也直接影响到太阳能照明系统的“综合照明成本”。目前，不同的储能装置，对于充、放电要求和充、放电控制电路以及容量、寿命、维护、价位等方面有较大差别。本文将对有关储能装置的特点进行讨论（如表9所示）。

由表9可知，采用不同的储能装置，对于使用太阳能灯具照明项目的“初期投资”影响较大，最终将体现为“综合照明成本”的高低。而且，如果采用普通的储能装置，寿命较短，则“综合照明成本”的计算式中还要加上一项“储能装置更新费用”，对太阳能灯具应用的总“综合照明成本”必然不利。但是，如果采用高性能的储能装置，其价格目前又难以接受。而价位较低的储能装置，对充、放电的要求较为严格，任何欠充电、过放电、过充电都会影响其寿命。

2.3 LED光源的功率与实际寿命是降低“综合照明成本”的重要因素

在太阳能应用中，为降低“综合照明成本”，对LED光源有两条基本的期望：

（1）真正达到理想的寿命值，如：数万至十万小时，以将“光源更换费用”降至最低；

（2）有足够大的功率，能替代更多的传统光源，达到节电与最大限度降低“光源更换费用”的目的；

LED光源是一种非常怕热的器件。目前，由于很

表8 太阳能电池板寿命和价位与封装工艺的关系

封装工艺	层压封装	硅凝胶滴封装	普通滴胶封装
使用寿命	大于25年	10年左右	1~2年
价　位	高	中	低

表9 各种主要储能装置的寿命、容量和价位的比较

储能装置	普通蓄电池	镍镉、镍氢电池	超级电容
使用寿命	1~2年	数年左右	数年至十年或数十年
容量	可小可大	一般较小	大或极大
充放电要求	有	有	无所谓
价位	一般	一般	极高

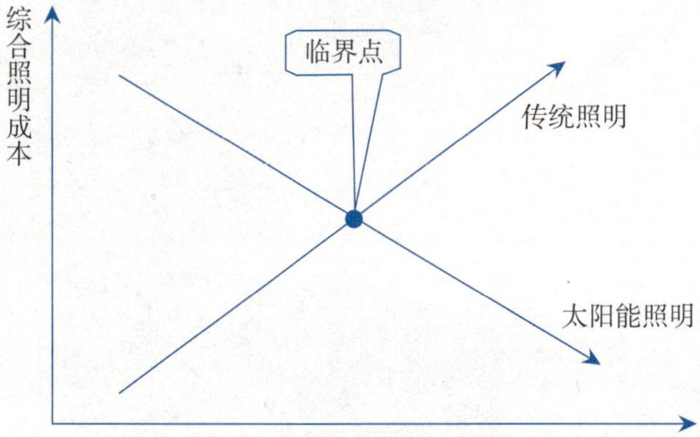

图 1 传统照明与太阳能照明的综合照明成本的曲线

注: ●照明总面积,LED 光源与灯具耐用时间。

多 LED 光源的基板热膨胀特性不匹配和热阻较大,再加上使用者对 LED 灯具散热设计的疏忽,使用时温升过高,导致 LED 提早失效,寿命变短,不能发挥经久耐用的长处。

如果 LED 基板的热性能无法突破,散热问题解决不了,LED 的面积发光密度不能提升,大功率 LED 就不能与光效很高的传统光源竞争,例如:目前优秀的小功率节能灯,光效可达 60 lm/W 左右,寿命可达 6000h。那么,在本文的园林景区例子中,庭园灯的光源究竟是用 LED,还是用节能灯呢?这个问题,目前对任何利用太阳能的照明项目都是同样存在的。实际上,这个问题对任何照明在选择光源时都会出现。

LED 低电压工作的优点,使它成为利用太阳能的最佳配偶,这是节能灯望尘莫及的。如果 LED 在单位面积发光密度上实现真正的突破,加速大功率 LED 光源的发展,特别是路灯 LED 光源,那么 LED 光源在相当长的时期内将是无可替代的。届时,采用 LED 的照明工程,将可实现最低的"光源更换费用"。LED对节省"综合照明成本"才能真正发挥作用。

3 结束语

太阳能利用技术与市场的发展,对缓和越演越烈的一次性能源的危机、减少环境污染,必然产生积极的社会影响。这就是世界各国加速发展太阳能利用的根本原因。

在室内外照明工程中,降低"综合照明成本",提高太阳能利用的经济效益与照明面积和 LED 光源的耐用年限成正比,而且如果是集中的太阳能发电还可运用"可再生能源法"与电网联网出售多余电能,更可优化经济效益。

对园林景区、道路、广场等较分散场所利用太阳能进行室外照明,为了降低"综合照明成本",照明面积越大越有利。因为与室内照明相比还可节省大笔电缆投资,同时也对一体化太阳能灯具的性能和质量要求更高,耐用年限要求更严,涉及到一系列综合技术的改进。

如图 1 中所示,"临界点"是太阳能照明取得社会与经济效益的突破点,届时太阳能照明器材的综合技术水平以及规模生产达到新的高度。

现代建筑设计中智能照明控制系统综述

摘　要　在建筑设计大力提倡“智能化”的今天，“智能照明控制系统”已成为“智能建筑”的重要组成部分。文章对目前行业中的几种智能照明控制系统做了系统化分析与比较，同时对“照明控制系统”在“智能建筑”中的应用和发展前景做了展望。

关键词　智能照明　照明控制　调光　总线

北京建筑设计研究院　徐　丹

1　前言

步入21世纪以来，随着现代建筑科学技术的不断进步，智能照明控制技术在建筑各个领域中的应用越来越广泛。智能照明控制系统，就是将计算机技术和通信技术及数字调光技术相结合，使照明系统自动化，从传统的普通开关过渡到智能化开关，并对灯光实现全面控制。其主要特点为：系统可控制任意回路连续调光或开关，可接入各种传感器对灯光进行自动控制。

应用智能照明控制系统有以下优点：照明可自动化控制、美化环境、延长灯具寿命、节约能源、照度具有一致性。照明的用电量在建筑总耗电量中占有很大比例。智能楼宇的最大特点之一便是节能，在“绿色照明工程”和“智能建筑”受到极度重视的今天，智能照明系统已经成为“智能建筑”中的重要组成部分，它所具备的功能直接反映了建筑物的智能化程度。照明控制系统多种多样，笔者将对几种不同的控制系统进行分析和比较。

2　照明控制系统的现状及存在问题

2.1　手动翘板开关与断路器控制

该控制方式是通过手动翘板开关或直接开闭低压断路器来控制照明灯具的点亮和熄灭，对于大面积应用场所，则采用两联、三联或更多的开关进行控制（如图1所示）。这种控制方式单一，需要使用者逐一开启各路照明，其局限性很大，在实际操作中很不方便。此外，低压断路器是一种不能频繁开闭的线路保

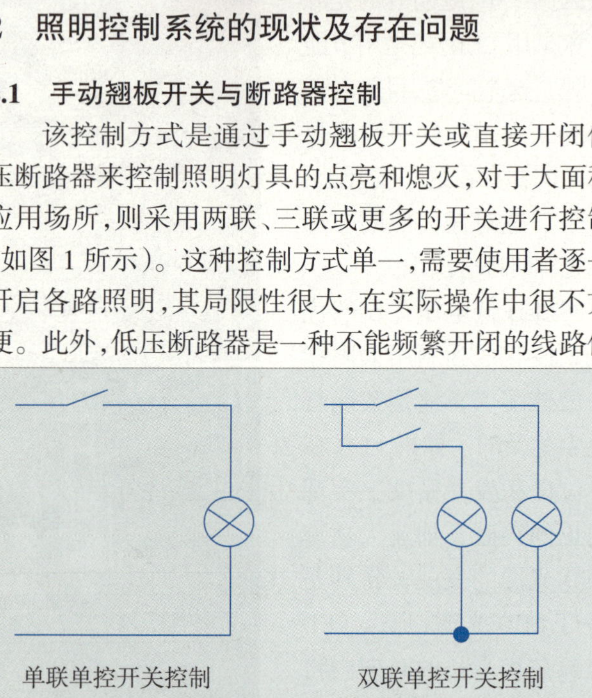

图1　手动翘板开关与断路器控制示意图

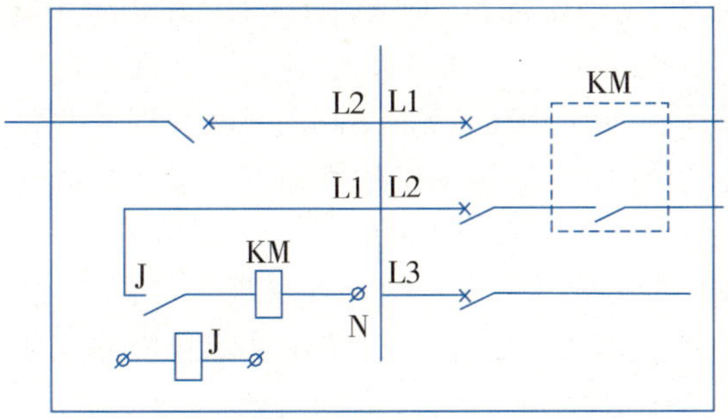

图2　继电器—接触器照明控制系统示意图

护设备,经常使用断路器来控制照明系统,势必会大大降低它的使用寿命。

2.2　继电器—接触器照明控制系统

另有一种曾经使用比较广泛的照明控制系统是“继电器—接触器”控制系统(如图2所示)。这种照明控制系统是通过使继电器线圈得电或失电，控制接触器吸合或断开,从而控制照明线路的开合。这种控制方式需要二次线路的配合,接线方式比较复杂,需要做成很大的模拟屏,而且在大型建筑物中,不能控制各个灯具的点亮顺序,所以目前已经很少采用。

目前,建设部很重视智能建筑、节能建筑的设计,大力提倡建筑智能化、节能化,这就要求照明技术也要随之发展,建立一套更为安全、智能、节能、经济的照明系统。传统的照明控制系统,必然会在建筑物中任意放置面板开关,既不美观,也不实用,而且开关面板只能单独控制一路照明，无法达到节能的效果,更不能满足智能建筑对其照明智能化的要求。

3　现代智能照明控制系统

3.1　行业现状

现代智能照明控制系统是通过全新的控制和通信技术，实现灯光开关、调光的智能控制，一般由智能照明控制产品及网络组成。智能照明控制系统中的主要部件有：开关调光模块、控制面板、智能传感器、系统集成控制器等。

这种控制系统能够达到对灯光的智能控制，对于不同规模的建筑可以配置不同的系统，并且可以通过对环境的监控来改变照明强度和方式,能有效地节约能源和降低运行费用,而且操作和管理非常方便。

现今市场上的智能照明控制系统主要有四种,即C-Bus系统、I-Bus系统、Dynalite系统、PF-X系统，这些都是非常成熟的智能照明控制系统。

3.2　C-Bus智能照明控制系统

C-Bus系统是一个二线制的智能控制系统,主要用于对照明系统的控制。它的系统为分布式控制、模块化结构、可靠性高,可以使整个照明系统按照经济有效的最佳方案来准确运作，不但可以大幅降低运行管理成本,而且能最大限度地节约能源,与传统的照明控制方式相比较,有可能节约电能20%~30%。此外,任何控制模块均内置CPU,每个输入模块都可直接与输出模块通信(发送指令→接受指令→执行指令),避免了集中式结构中央CPU一旦出现故障造成整个系统瘫痪的弱点。

C-Bus系统总线上协议为CSMA/CD(Carrier Sense Multiple Access with Collision Detection)，每个网段可接100个单元,各网段之间可以灵活连接,如采用网络桥、集线器、交换机等,网段数量不受限制。C-Bus系统协议符合OSI模型和ISO标准,系统开放性好。目前,已经开发出了多种接口单元(RS232、以太网等)和功能强大的接口程序，任何系统或软件均可方便地与C-Bus系统集成。该系统不仅能在本地维护管理,还可通过局域网甚至因特网进行远程维护,因此,采用C-Bus系统会使设计更简单、安装更快捷、使用更灵活、管理更方便。

C-Bus照明管理系统接线示意图如图3所示。

C-Bus系统采用“自由扑结构”，可设计成总线

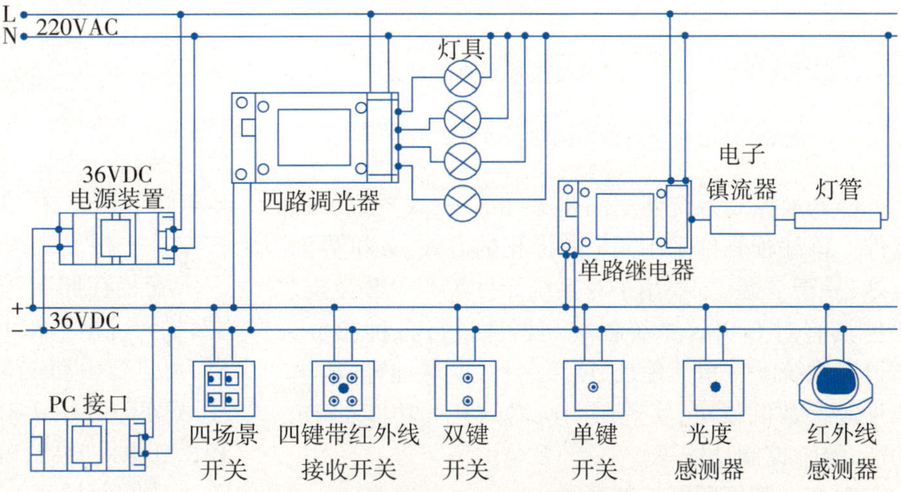

图3　C-Bus照明管理系统接线示意图

型、树型、星型等拓扑结构，组网非常方便。但系统拓扑结构中要避免出现环网，否则系统通信将会不正常。C-Bus系统可以由单个子网格组成，每个子网络内最多可以连接100个单元，控制回路地址最多为255个，最远传输距离可达1000m。如果不满足以上任一条件，须增加网络桥扩展，组成多重网。

C-Bus系统的网络结构如图4所示。

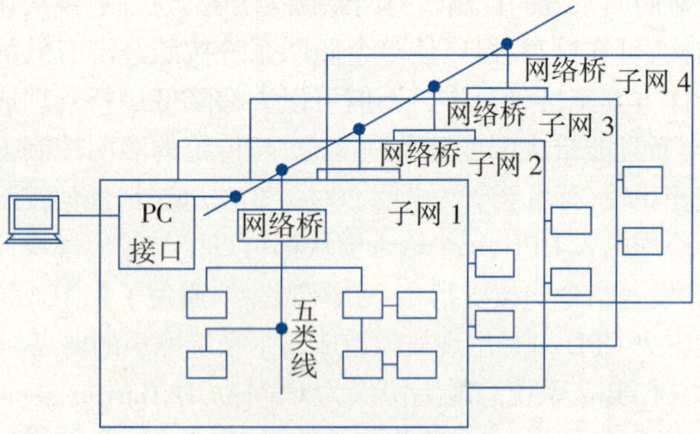

图4　C-Bus系统的网络结构图

C-Bus的开关继电器采用导轨式安装，适合安装在配电箱或类似的箱体内，安装十分方便，为开关应用提供无源触点。C-Bus驱光器可直接控制负载，它彩单相220V供电，每路可调光负载功率最大为750W。

其系统照明回路接线方式如图5所示。

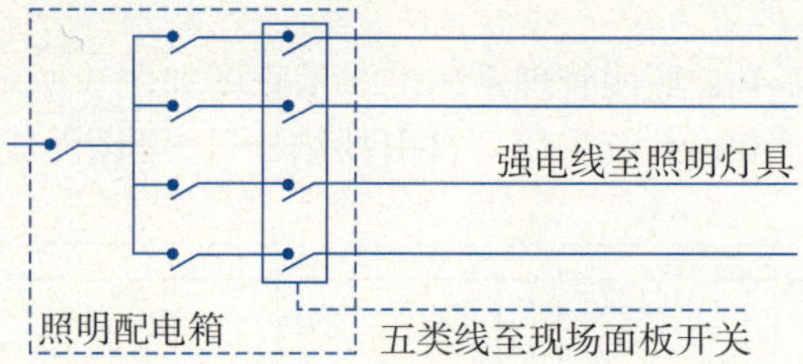

图5　C-Bus系统照明回路接线方式图

C-Bus控制系统使用的是C-Bus V2.0系统编程软件。该编程软件采用完全图形化的方式，人机界面友好，易于掌握。主要用于对系统元件进行参数设定。罗件具有对C-Bus系统各单元器件进行各种参数，通过对系统元件单元地址、项目名称、区域地址、群组地址等参数的设定，实现照明所需的开关功能、调光功能、群组控制功能等。

3.3　I-Bus智能照明控制系统

I-Bus智能照明系统属于欧洲安装总线系统。系该系统采用EIB标准（European Installation Bus），1990年5月8日，由110多个电器制造商联合成立了European Installation Bus Association，即EIBA，欧洲安装总线协会，总部设在布鲁塞尔。这些制造商占据了整个电器安装布线市场的大约80%左右。

EIB系统使用照明、调光等系统实现智能化，并成为一个完整的总线系统，可依据外部环境的变化自动调节总线中设备的状态，达到安全、节能、人性化的效果，并能在今后的使用中根据用户的要求增加或修改系统的功能，方法是连接计算机重新编程，而无须重新铺设电缆，真正成为灵活的电气安装系统，这是传统的电缆铺设方式所无法做到的。

EIB最大的特点是通过单一多芯电缆替代了传统分离的控制电缆和电力电缆，并确保各开关可以互相控制指令。

I-Bus智能照明系统的基本原理是：采用I-Bus EIB系统后，电器设备的开关将不再像传统的方式（如图1所示）那样用面板开关直接对电源线进行分断。传感器（如面板按钮）发出指令并通过2芯线总线传送给驱动器，驱动器收到指令后加以执行。该系统原理如图6所示。

EIB通信协议遵循OSI（开放式系统互联参考模型）模型，提供了OSI模型所定义的全部七层服务，即应用层、表示层、会话层、传输层、网络层、数据链路层、物理层。包括最常用的TCP/TP协议，并可通过RS232接口相互连接，实现网络联网。与此同时，I-BUS系统是一个开放的系统，可通过简单的软件调式与其他专业系统连接，例如BA系统。

采用I-BUS系统安装照明回路后，如图7所示。

I-BUS系统的基本结构是支线，一根支线最多可挂64个元件，通过线路耦合器，最多15根支线可连接成一个区域，通过干线耦合器又可将最多15个区域连接成一个最大的系统，最大容量为64×15×15，即14400个元件，可实现极其庞大工程的灯光等设备的控制。一根支线的最大长度为1000m。

安装在照明箱中的I-Bus驱动器可直接控制负载，最大可至单相16A，也可通过接触器控制大功率负载，可进行手动/自动切换，图8是一次控制回路图。图中AT/S6.6.1为I-Bus的开关驱动器，SV/S30.640.5为EIB电源供应器，LK/S3.1为线路耦合器，solo6127-82为多功能面板开关。

I-Bus系统的控制方式可以选择自动控制或者

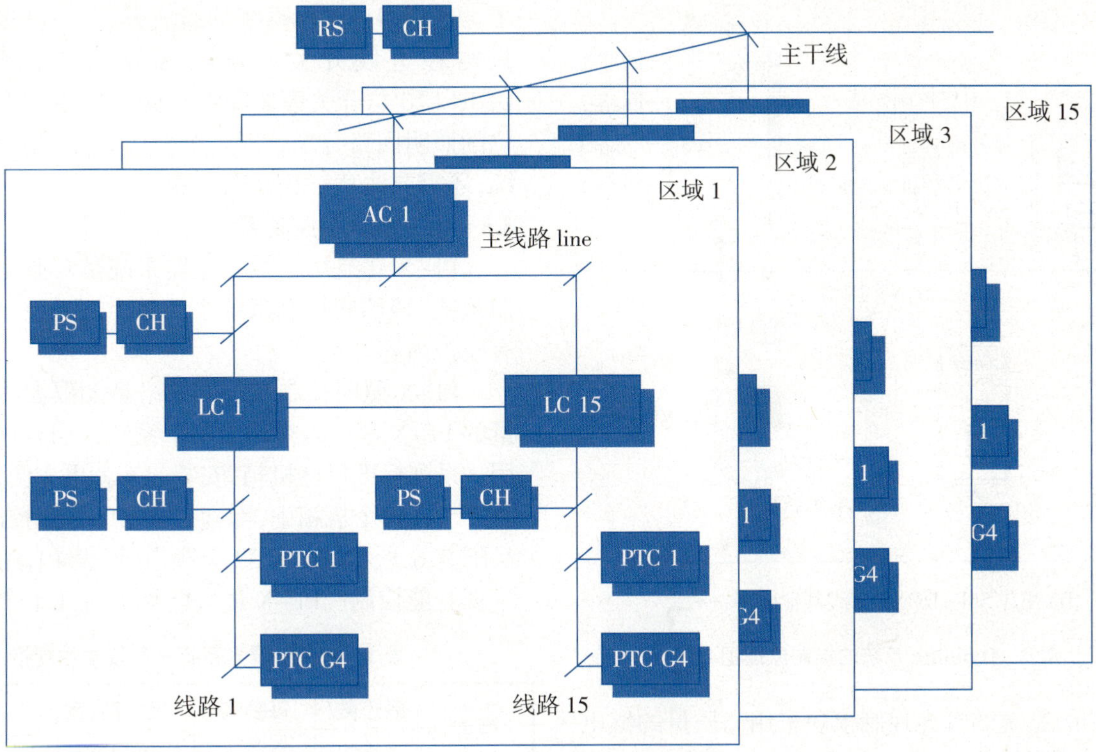

图 6　I-Bus 智能照明系统原理图

注: AC—区域耦合器;LC—线耦合器;PTC—总线设备;PS—电源;CH—Choke;n—最大值:15。

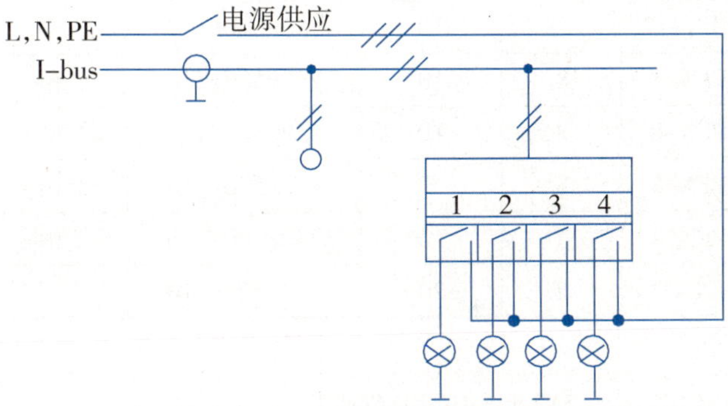

图 7　I-Bus 系统照明回路示意图

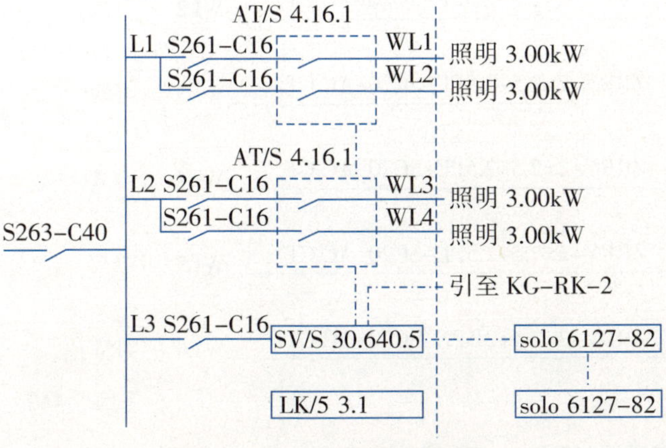

图 8　I-Bus 一次控制回路图

通过软件进行可视化集中控制。同时,系统还具有照明回路电流监测功能,可随时报告出现故障的照明回路位置,便于维护人员及时发现问题并排除故障。

3.4　Dynalite 智能照明控制系统

Dynalite 智能照明控制系统是一个真正的分布式控制系统,在 Dynalite 网络上的所有设备都是智能化模式,各设备之间均以"点对点"的方式通信。在大多数照明控制系统中,均使用集中控制方式,这种控制方式安全性很低,如果主机或者控制电缆损坏,设备就会罢工,使整个系统瘫痪。但是 Dynalite 系统可以在网络产生故障时(前提是两个设备之间的电缆是完好的)继续工作。

Dynalite 系统中有个非常值得一提的设备, 那就是网络监听器,它可以对整个网络进行监控。它是通过软件向设备传送脉冲信号, 如果设备没有接收到,就说明设备产生了故障,网络监听器会自动向监控中心报告,同时将系统转成"紧急预设状态",即系统自检功能。和别的照明控制系统不同的是,Dynalite 系统能连接上千个网络设备和上百的控制区域。Dynalite 系统的控制原理如图 9 所示。

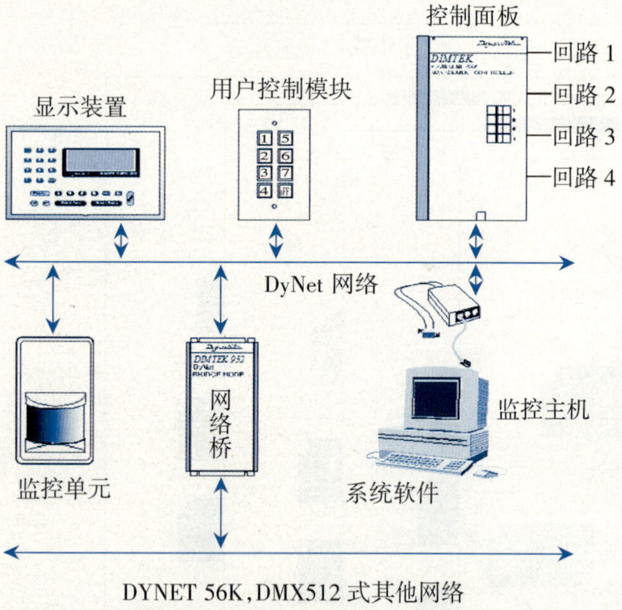

图 9　Dynalite 系统的控制原理图

Dynalite 系统的灯光控制模块采用高质量的继电器作为开关器件，它由单相或者三相电源供电，通过控制面板按设定的通断程序对其进行控制。Dynalite 系统通过 Dynet 总线网络 RS-485 通信协议构成单总线分布式控制系统。

图 10 为某工程照明普通控制系统图。选用 Dynalite 后的照明控制系统如图 11 所示。选用 Dynalite 后，系统保留了原照明回路的断路器，在原有断路器后配置了一个 DDRC620FR 多进多出开关控制器，然后通过原照明回路为 DDRC620FR 开关模块提供工作电源，再连接上网络控制线，Dynalite 就构成了。这是多进多出系统的组成方式，一进多出的系统只需在进线开关和出线断路器之间配置一个 DDRC810 总开关模块即可。此时应注意需要把同相位的照明回路分配到同一个模块上。如是三相供电系统，还需要注意三相平衡问题。

3.5　PF-X 照明控制系统

PF-X 建筑用场景调光器系统是专业化数字调光器系统。该照明控制系统中的各个灯光控制元件均没有模拟内容。

PF-X 照明控制系统的网络是无限大的，任何数量的 PF-X 都可以组建成一个系统，而且这些系统使用一系列标准尺寸机箱，安装起来就更方便，看上去更美观。在每个机箱中，都含有自己的智能控制系统，并且配有 6、8、12、16 或 32 个频道（见表 1），用以对灯光实现智能控制。PF-X 最大能够支持几千个频道的构

表 1　PF-X 调光系统—非技术性规格

类型	频道数/个	每频道负载/A	尺寸高、宽、长/（mm×mm×mm）	相位
PFX-32	32	5	980×980×150	3 相
PFX-16	16	10	950×500×110	3 相
PFX-12	12	10	750×500×110	3 相
PFX-8	8	10	750×500×110	3 相
PFX-8	8	10	750×500×110	1 相
PFX-8	8	5	750×500×110	1 相
PFX-4	4	10	750×500×110	1 相
PFX-620	6	20	750×500×110	3 相

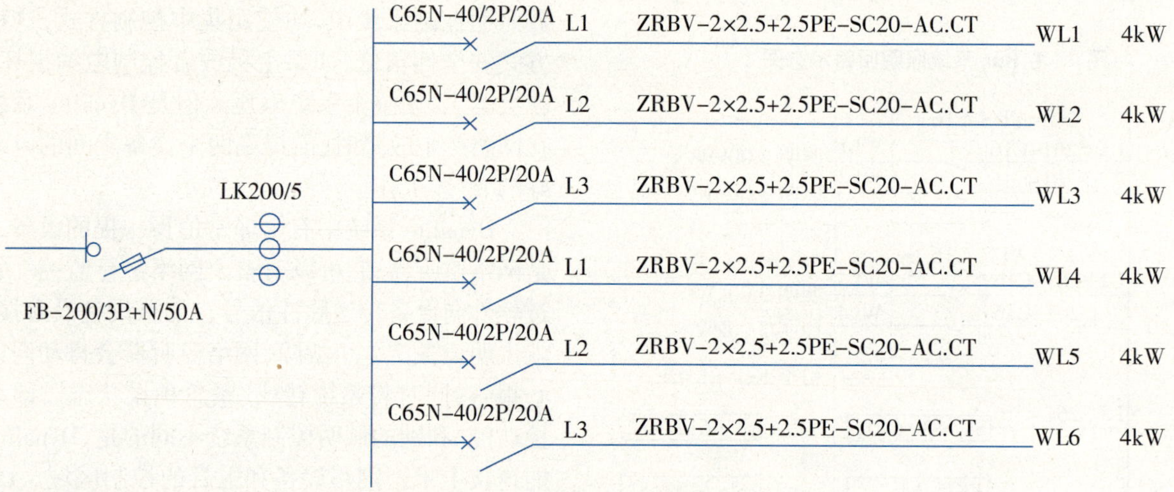

图 10　某工程照明普通控制系统

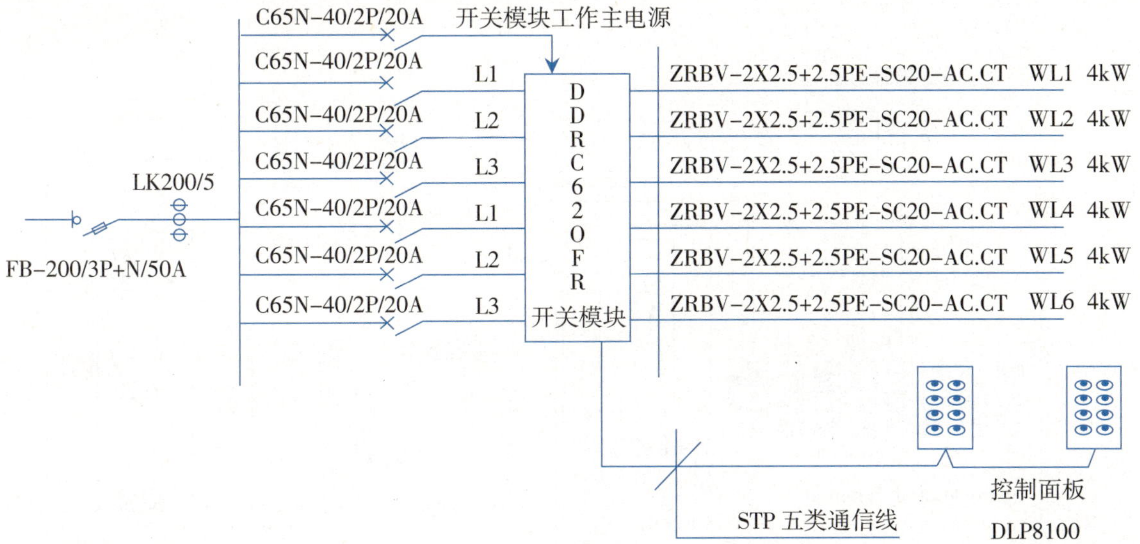

图 11 选用 Dynalite 后的照明控制系统

建,这就为扩容网络预留了充分的灵活性,并且照明控制中的任何参数都能够通过遥控器、笔记本或者 LCD 触摸屏进行设置。

PF-X 系统固有的灵活性说明这是一个非常易于配置的系统。每个 PF-X 调光器都包含 16 位控制器和固化的数字调光器回路。对于所有的渐变和交叉渐变功能,渐变分辨率都是 1024 级。PF-X 系统采用 12V 总线、4 芯电缆进行设备间的通信。系统符合 BS 和 EN 安全标准。终端用户通过安装在墙上并与墙面平齐的控制面板控制 PF-X 调光系统。任何控制面板经过设置都可以控制任何区或充当所有区的主控制器。部分控制面板带有内置显示屏和遥控接收器,最远可在 40ft 处实施控制。使用红外遥控器可从任何控制面板来预设或操作该系统。

PF-X 的编程/操作软件使用内置的 RS485 接口在 Microsoft Windows 平台下运行。在该软件内,可将任何回路设置为任何物理频道、预设为任何相位、处于任何区中或作为控制、调光频道。在每个场景中,都可对回路进行预设、临时重新调整、修改、设置以便开/关以及成块下载/上传。

PF-X 智能照明控制系统的接线原理如图 12 所示,所示为 8 频道 PF-X 调光回路。

3.6 设计体会

C-Bus 系统、I-Bus 系统、Dynalite 系统、PF-X 照明控制系统都是非常专业而且应用很广泛的智能照明控制系统,各自的特点均有所不同,有的注重于集中控制,有的则

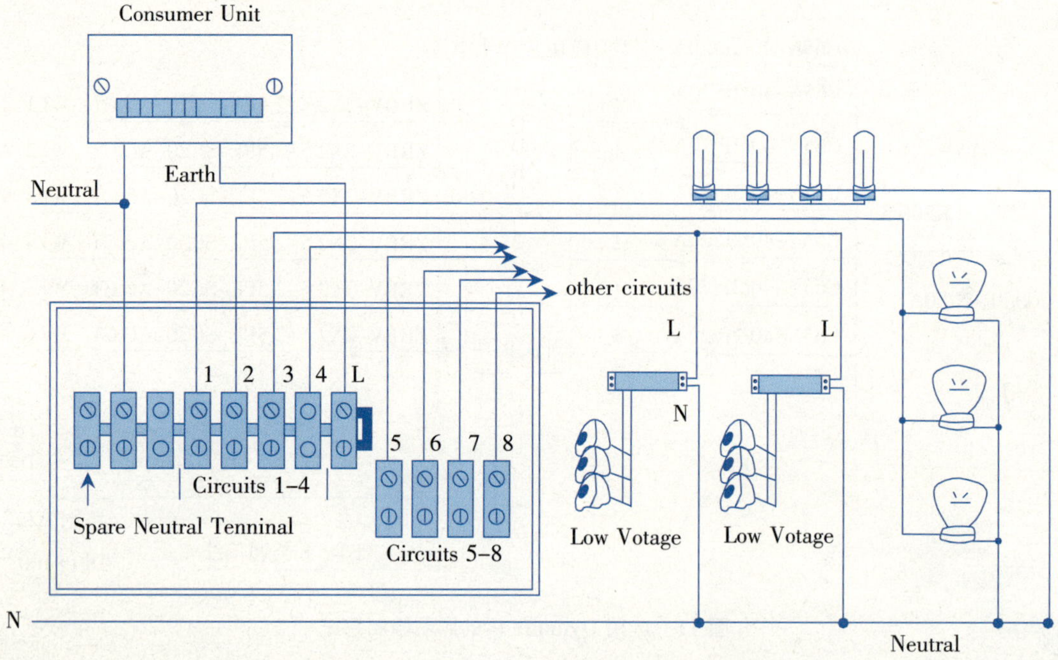

图 12 PF-X 智能照明控制系统的接线原理

完全采用分布式控制。对于不同的工程，各有所长。而且各个系统的设备元件种类都非常繁多，充分体现了智能照明控制系统对于灵活性的支持。但是有的系统的单频道支持负载容量不是很大，这对于单回路就有了一定的限制。在使用范围上，I-Bus EIB 总线系统偏重于写字楼、家用或者商场；C-Bus 比较适用于体育场馆或者商业展览场所；Dynalite 及 PF-X 则注重对酒店、会议、娱乐场所的灯光控制。当今市场上生产和开发智能灯光控制系统的厂家众多，也均有本企业自身特点，国产的智能灯光控制系统也逐渐多了起来，技术也逐渐成熟。

4 行业发展前景展望

目前，智能照明进入快速成长期，据相关预测，三四年后，智能照明的市场容量将突破 100 亿元大关。智能照明行业的高速成长，势必会使照明控制技术进一步飞跃发展。目前在市场上，从灯光控制系统的组成方式看，主要有总线型、电力线载波型、无线网络型等。从技术上来讲，无线网络有着良好的发展前景，因为它充分地摆脱了总线的束缚，各个设备元件之间只通过无线控制信号沟通，采用特定的发送和接受装置来传送指令，实现对灯光的控制。如 MCO 智能情景照明控制系统就是使用的无线网络控制方式。

智能照明控制技术虽然很先进，但是毕竟处于发展阶段，在短时间内还不能取代传统照明，所以规模效益难以形成。相信在今后的“智能建筑”领域，智能灯光控制技术还会越来越趋近于用户使用的方便性，操作会越来越简单，并且更加节约能源。

TCP/IP 灯光控制网络技术应用的发展趋势

广州市河东电子有限公司　梁国芹

摘　要　本文主要讨论近年来在国内、外的剧场、电视演播室、智能建筑应用的 TCP/IP 灯光控制网络中的几种典型方案，重点讨论系统的布线结构、信号传输与分配、系统各种灯光设备接入网络系统等问题。

关键词　模拟控制　DMX　灯光控制　TCP/IP　远程设置　网络监控　资源共享　全光纤网络　网络解码　GPRS　灯光系统信息终端

1　引言

近年来，世界上不少发达国家和发展中国家经济的发展使影视娱乐行业充满生机，同时带动了这个领域的各种应用科技的新发展。在国内外新的剧场、电视演播室、主题公园项目中，TCP/IP 网络技术在灯光控制系统的应用成为了显著的亮点。在很多最新的应用案例中，TCP/IP 网络灯光控制技术成功地解决了因为控制系统日益复杂、庞大而带来的远距离控制、远距离系统设置、设备运行信息回馈和数据处理、系统在演出（播）中的安全监控以及相关的不同系统联动等具体技术需要。

在分析最近国内外一些 TCP/IP 网络灯光控制技术的典型案例的基础上，笔者还参考了国内、外一些著名厂商的最新技术资料，希望借此机会从灯光控制系统网络结构设计、控制系统可靠性、系统演出实时

大型剧场网络灯光系统
美国盐湖城会议中心大剧场(已建成)

网络安全监控、系统历史数据库管理和系统可持续发展性等几个方面与大家一起讨论 TCP/IP 灯光控制网络技术的最新发展和应用。

2　剧场、演播室灯光控制系统网络结构设计的最新发展

新的剧场、演播室灯光网络控制系统采用以太网为主、DMX 为副的网络结构(参见图 1)。灯光控制系统以总服务器工作站为核心,通过各种主要设备安装点的网络工作站(如面光桥网络工作站、调光室网络工作站、灯栅层网络工作站和天桥网络工作站等)中的光纤(网线)网络集线器与各灯位、吊杆的 DMX 网络节点构成星型分布,数据传输介质采用多模光纤或超五类以太网信号线;各种网络、非网络灯光控制调备可通过各网络工作站的集线器或转换器接入剧场、演播室灯光控制网络系统。

新的剧场、演播室灯光网络控制系统还具备了与现代电信及演出(播)相关的控制网络系统的扩展接口,使系统具有可持续发展的扩展功能。

以下是新的剧场、演播室灯光网络控制系统在网络结构方面具有主要技术特点。

(1)全光纤(网线)布线:灯光网络控制系统结构全部取消传统的 DMX 分配器和 DMX 放大器,实现光纤(网线)到吊杆的全光纤(网线)布线。

(2)多功能 DMX 解码器:吊杆或灯位上的 DMX 解码器应同时具备网络交换机的功能,拥有 4 个以上 DMX 接口和 2 个以上 RJ45 或光纤接口,方便各种 TCP/IP 和 DMX 设备在吊杆或灯位上的接入。

(3)TCP/IP 网络化设备:灯光网络控制系统的主要设备(调光台、调光器、直通开关、配电柜、遥控器等)采用具 TCP/IP 双向通信能力的网络化设备。

(4)系统“黑匣子”:灯光网络控制系统总控室工作站具有文件总服务器和 SQL 数据库,它相当于系统的

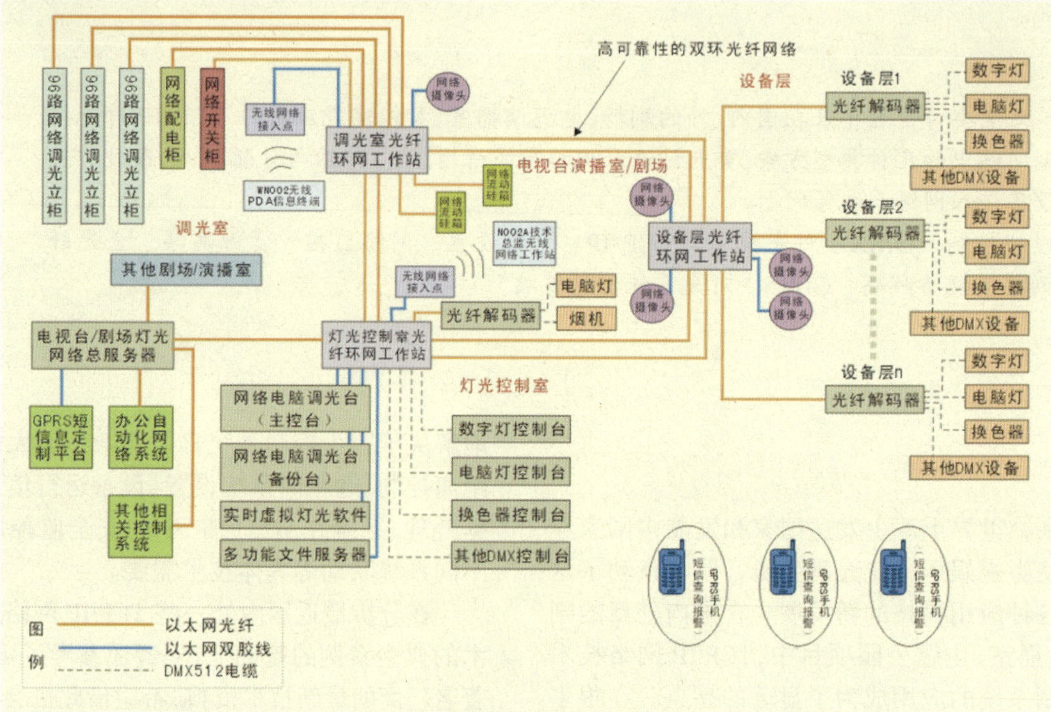

图 1　灯光控制系统网络系统示意图

灯栅层上的光纤交换机阵列
(深圳电视台 800m² 演播室)

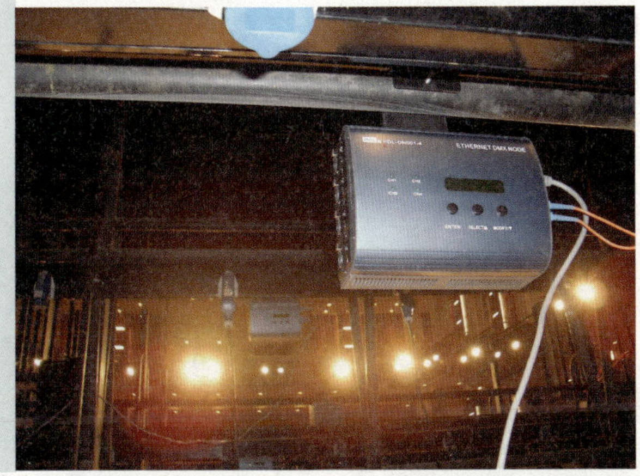

灯位上的 DMX 解码器
(深圳电视台 800m² 演播室)

“黑匣子”记录器和“信息处理中心”,定期与灯光系统的各种主要灯光网络设备交换信息,记录各种重要的设备运行工作参数,并按照用户的实际管理需求输出各种图表(关于总服务器的数据库应用软件在本文的以下部分有较详细的解释)。总服务器不正常时不会影响系统的其他设备的正常工作。总服务器是灯光控制系统网络化发展的重要里程碑,它标志着使用者开始重视灯光控制系统的信息化和系统历史资料的开发、应用。

(5)网络调光台接入:灯光网络控制系统主、备网络调光台通过总控室工作站上的集线器接入系统。

(6)其他控制台接入:电脑灯、换色器或其他传统 DMX 效果灯光控制台可通过总控室工作站上的集线器或 DMX 节点接入系统。

(7)网络化场灯控制系统接入:灯光控制系统的网络化场灯以及环境照明控制系统通过调光室工作站的网络集线器接入系统。场灯及工作灯的网络化控制、监测可实现演出、观众席灯光的联动控制和给日常照明系统维护带来极大方便。

(8)网络配置软件:灯光网络配置要求具备专用的网络配置软件,能对网络中各个信息节点统一配置、修改。

灯光控制网络总服务器(深圳电视中心导播室)

控制室的网络调光台(ETC)

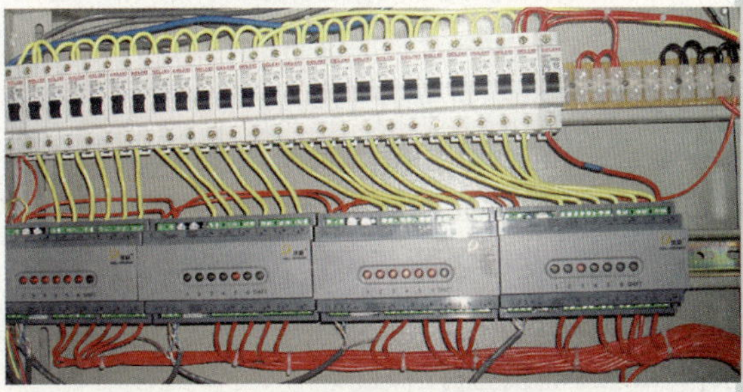

网络化场灯控制器(顺德大剧院)

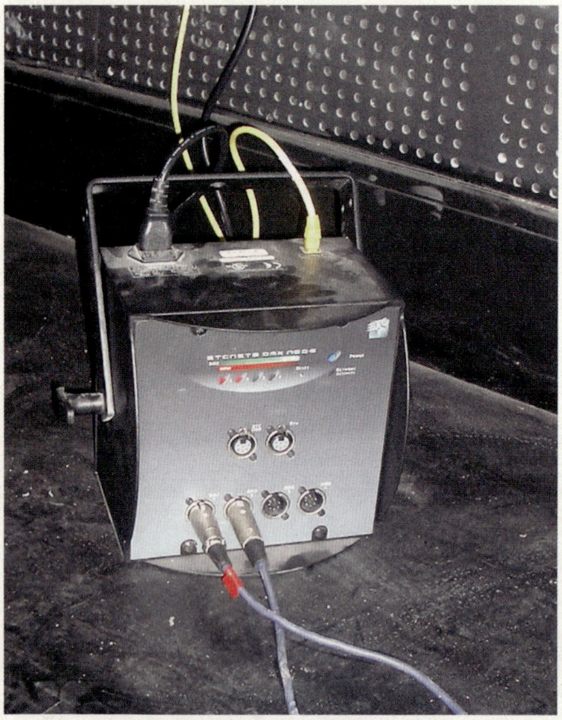

流动式 DMX 编码器(杭州大剧院)

(9)信息点网络接口:舞台各信息点(台口、台侧等)具有网络(光纤)接口、DMX 接口,方便各种不同协议的灯光控制设备的接入。

(10)无线、电信网络接口:总服务器网络工作站具有无线遥控网络(802.11b)、WAP、GPRS 电信网络、国际互联网等接口,方便使用者使用 PDA、手机和台式电脑等用户终端获取系统信息。

(11)可扩展网络接口:总服务器网络工作站具有剧场其他相关控制网络(如舞台机械控制网络)的接口。

3　灯光控制信号和功率输出可靠性方面的新技术

灯光控制信号的可靠性是系统可靠性之根本,新的剧场、演播室灯光网络控制系统采用冗余热备份、无线备份、多方位备份控制等多种信号备份控制模式,以保证演出中灯光控制的万无一失。

功率输出部分的可靠性是系统可靠性重要保证,新的剧场、演播室灯光网络控制系统采用多种信号输入、多重保障触发和多场备份等可靠性技术措施。

(1)两种控制信号:主、备调光台同时输出 DMX 和网络 DMX 两种控制信号。

(2)冗余同步热备份:主、备调光台通过网络冗余同步热备份,故障发生时无缝切换。

(3)远程调用调光台:紧急情况下通过网络调用远程调光台(电视台演播室其他远程在线调光台)支援现场调光。

(4)无线 PDA 调光:紧急情况下可通过网络调用无线 PDA 调光台备份支援现场调光。

(5)总服务器调光:总服务器同时具有网络调光台功能,紧急情况下可通过网络支援现场调光。

(6)网络开关柜控制:采用可远程开关、状态监控的网络开关柜控制电脑灯等效果灯具电源。

(7)网络和 DMX 信号输入:调光器同时具有网络 DMX 输入和传统 DMX 信号输入接口。

(8)四重保障触发:调光器同时具有两个高精度的网络 DMX 触发模块加上一个“二合一”高精度 DMX 触发模块,构成四重互为备份的网络调光器安全保障触发方式。

(9)可变正弦波功率输出模块:最新网络调光器具备可选的可变正弦波功率输出模块,正弦波。

(10)99 场后备场预设:网络调光器具备独特 99 场以上后备场预设,相当于调光系统的最后一个功能强大的应急调光台,在调光台、PDA 或所有控制信号全部失效时紧急启用调光。

使用中的冗余同步热备份:主、备调光台
(2002CCTV 春节晚会)

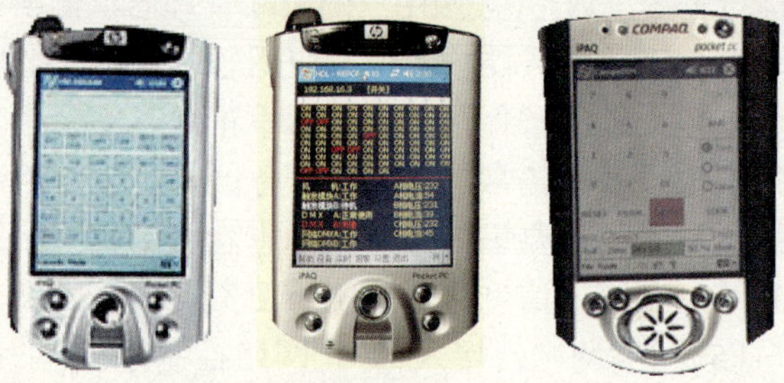

无线 PDA 调光(Strand、HDL、ETC)

使用中的光纤网络调光器(广东电视台)

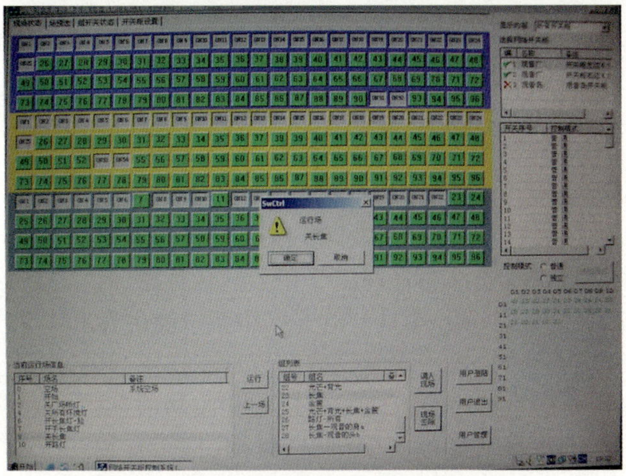
网络开关柜控制界面(海南海上观音工程)

(11)保持最后一场信息:当所有控制信号中断时,网络调光器可以瞬间保持最后一场信息。

4 灯光控制系统实时安全监控方面的新技术

最新的TCP/IP灯光控制系统设计中,在灯光控制局域网内通常配备多个终端,可以实时远程监控、远程设置系统所有设备安全工作情况,系统可在局域网内多个终端实时预警系统故障。系统还采用非常方便的个人无线信息终端对系统实时全面监控和多级预警故障。

(1)调光台网络监控调光器:在灯光网络控制系统主控和备份网络调光台上能实时监控所有调光器的工作状况。

(2)调光台操作界面的监控:可在多个终端同时监控所有系统调光台的操作界面实时变化。

(3)调光器的监控:可在灯光局域网的任一终端同时监控任何调光器的实时工作状态。

(4)开关柜的监控:可在灯光局域网的任一终端同时监控任何开关柜的实时工作状态。

(5)场灯系统的监控:可在灯光局域网的任一终端同时监控任何场灯、工作灯控制面板、控制主机的实时工作状态。

(6)配电柜的监控:可在灯光局域网的任一终端同时监控任何配电柜的安全用电(三相电流、电压、功率、电度、功率因数等24个主要工作参数)状况。

(7)控制线路的监控:可在灯光局域网的任一终端同时监控任何一段传输线路网线(光纤)的安全工作情况(在线工作或损坏)。

(8)远程设置:可在总服务器或网络任一授权终端设置系统任一设备的基本工作模式参数,这些工作模式参数包括:IP地址、DMX通道口、预热模式、调光曲线、同步方式、各种工作状态选择等。

(9)设备离线报警:任一灯光设备在工作中突然离线或不正常时系统能立即发出报警信号。

(10)控制线路安全报警:任何一段传输线路网线(光纤)断线或网络传输设备不正常工作时系统能立即发出报警信号。

(11)设备使用越限报警:在所有主要灯光设备(调光台、调光器、直通开关、配电柜等)工作参数超出使用者指定值(如超流、超压、超温、三相不平衡……)时可在灯光局域网的任一终端发出报警信号。

(12)4级预警方式:系统具有根据设备工作参数越限的程度可设置4级预警方式:①绿色系统正常安

在调光台操作界面上监测调光器(深圳电视台800m²演播室)

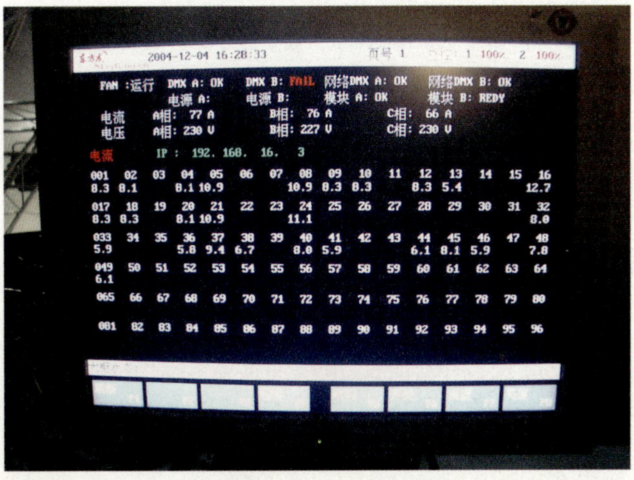

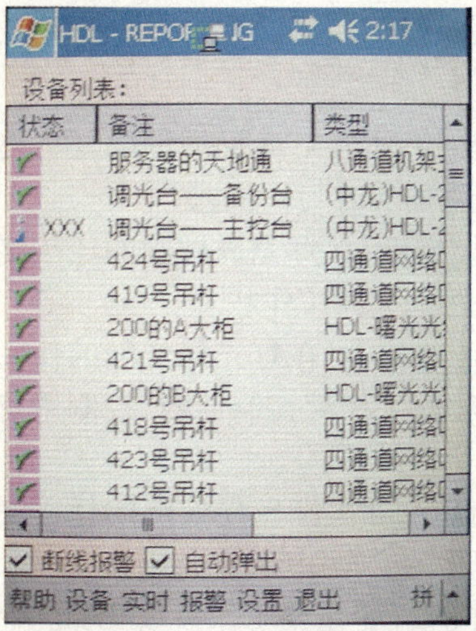

无线 PDA 设备离线报警界面(宁波大剧院)

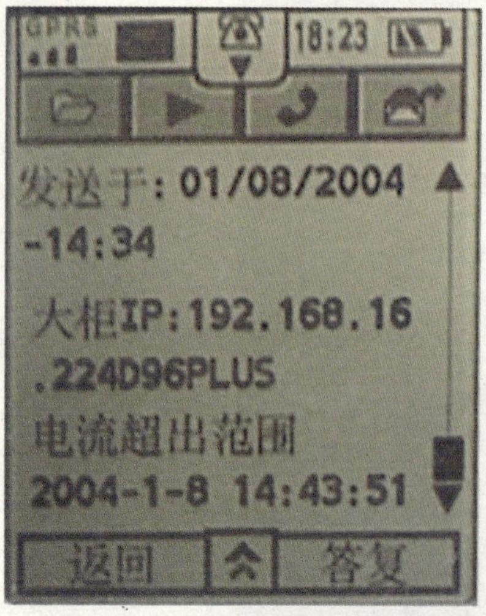

调光器回路输出超流手机报警界面
(海南海上观音工程)

技术总监无线网络工作站监控界面
(昆明剧院)

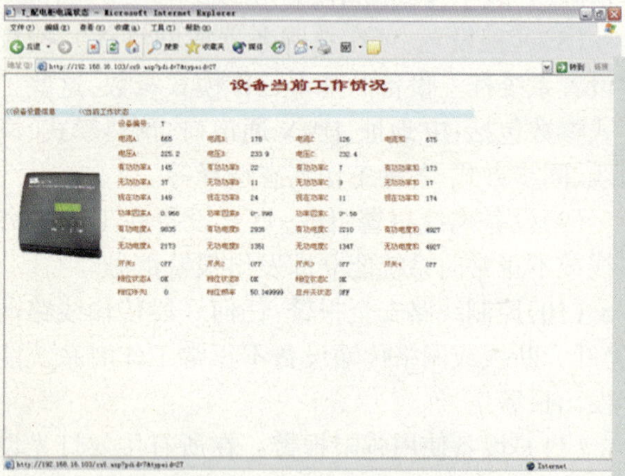

配电柜的监测界面
(天津电视台灯光监控工作站)

全提示;②黄色轻微故障预警;③红色一般故障报警;④黑色严重事故警报。系统在不同终端将发出不同的声音和屏幕提示以区别四种不同的状态。

(13)PDA 监控、预警:可采用无线 PDA 实时监控、预警整个灯光系统的实时工作状态。

(14)无线电脑监控、预警:可采用无线电脑实时监控、预警整个灯光系统的实时工作状态。

(15)手机监控、预警:采用 GPRS 手机短信、WAP 查询等现代电信终端实时监控、预警整个灯光系统的实时工作状态。

5 灯光控制系统历史数据管理方面的新技术

在新的灯光控制系统中,文件总服务器通过光纤或网线接入各个剧场、电视演播室控制室网络工作站,一方面,它具有 SQL 数据库,是灯光总系统的“黑匣子”,通过软件系统的配合,实现对每个剧场、演播室网络系统所有设备的工作情况的监测、设置、记录和故障预警功能。在各种根据用户需求而设计的数据库应用软件的支持下,剧场、电视台管理者可以从文件总服务器获得与管理需要相关的各种图、表。另一方面,文件总服务器具有灯光网络系统路由器和 Web 浏览功能,它按用户的设定和规划交换不同的剧场、电视演播室网络系统之间的控制和监测信息;允许不同的用户按一定的权限浏览、查询、打印有关系统的各种信息。以下是灯光控制系统一些最新的数据处理软件的主要功能。

(1)灯光总服务器基本软件:调光系统所有设备的工作状态基本监控、远程设置和不在线报警功能。

(2)灯光总服务器 Web 浏览功能软件:支持多个网络终端获取系统信息,无需在网络终端安装特别软件。

(3)信息订制平台软件模块:根据使用者的权限和需求订制相关的信息如设备运行状态、分析报表和事件报警等。

(4)手机短信发射器及软件:支持信息订制平台软件定时或在事件发生时把短信发送到相应的手机上。

(5)安全用电历史数据分析软件模块:实时记录所有配电柜安全用电数据,手机短信、无线 PDA 系统安全用电的历史资料报表。

(6)调光器历史数据分析软件模块:根据用户需

求量身订做与系统所有调光器运行数据相关的软件、如灯位分析、灯泡寿命分析等。

(7)网络开关柜历史数据分析软件模块:根据用户需求量身订做与系统所有网络开关柜运行数据相关的软件、如效果灯灯位使用分析等。

(8)调光台历史数据分析软件模块:根据用户需求量身订做与系统所有网络调光台运行数据相关的软件、如调光台操作过程回放等。

(9)网络设备使用历史分析软件模块:根据用户需求量身订做与系统所有网络灯光设备在线使用数据相关的软件、如在线时段表格、使用率分析图等。

6　灯光控制网络系统的扩展性和持续发展性

新的灯光控制系统具有TCP/IP协议、开放式SQL数据库和Web浏览三大特征,因此应具有与剧场控制和管理相关的其他子系统扩展的接口能力,灯光系统的可持续发展性是灯光控制网络系统的重要标志之一。

近几年来,国内、外大型主题公园项目的发展异常迅猛,不少新建的综合性景观照明演示控制系统,其被控设备的分散在几平方公里甚至几十平方公里的范围内中。在这些项目中,各种不同控制系统之间的联动和系统信息共享这两大问题已成了投资者和系统设计师最关心的问题之一。灯光控制网络系统一方面被要求同音响、喷泉、激光、环境照明、LED、烟雾、舞台机械控制及其他特殊效果系统实行网络化联动以获得完美和谐的主题演示效果和最节省的运营成本;另一方面同所有其他相关控制系统一样,灯光控制系统必须具备与总控室交换各种设备的主要运行技术数据的功能,以便实行总系统"多网合一"的安全演出监控和设备系统的管理。

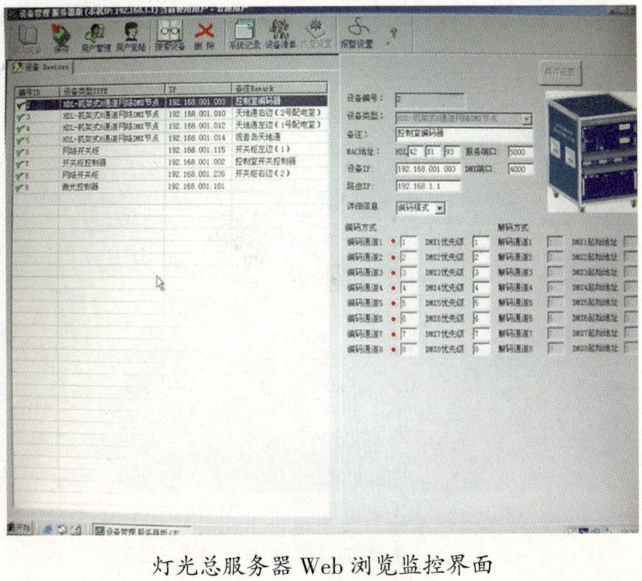

灯光总服务器Web浏览监控界面
(上海电视台)

以下是近期灯光控制网络系统在"多网合一"方面的一些发展趋势。

(1)与安全用电系统的接口扩展:最新的灯光控制网络已具有与剧场、电视台和主题公园主要设备配电柜的网络接口,可实现与安全用电网络的"两网合一,资源共享",必要时,可通过网络开关,实行中央控制远程配电柜。

(2)PDA、监视器与内部分机通话:最新的灯光控制网络已具有与剧场、电视台和主题公园"内通指挥网络"的接口实现与"内通指挥网络"和"内部电话系统""三网合一,资源共享"。

(3)PDA、监视器调用多个摄像头画面:最新的灯光控制网络已具有与剧场视频监控网络的接口实现与视频监控网络"两网合一,资源共享"。

(4)与机械控制网络的接口扩展:最新的灯光控

网络配电柜监控(上海音乐厅)

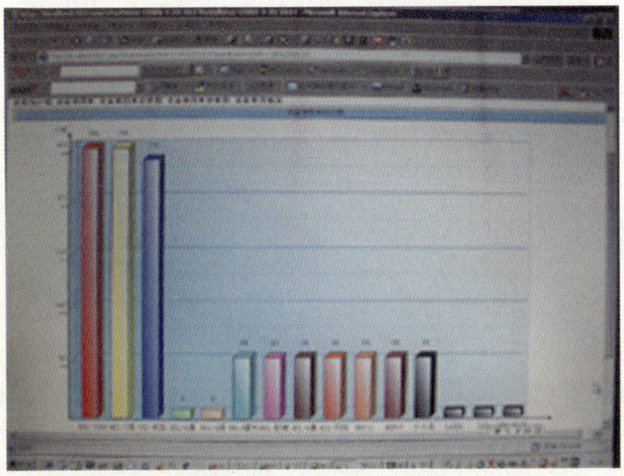

设备使用率曲线(深圳电视台)

无线 PDA 内部通话界面(深圳电视台)

制网络具有与舞台机械控制网络的接口,可实现与机械控制网络的“资源共享,集中监控”,必要时也可实施“网络联动”。

(5)与建筑调光网络的接口扩展:最新的灯光控制网络已具有与剧场建筑智能调光网络的接口实现与建筑调光网络“两网合一,资源共享”。智能环境照明与舞台灯光控制网络的联动控制已被广泛使用在最近国内、外一些大规模的城市景观照明和主题公园景观照明系统的设计方案中。

(6)与其他相关系统网络的接口扩展:最新的灯光控制网络已具有与剧场各种弱电控制网络的接口,可实现与各种弱电控制网络“多网合一,资源共享”。目前,随着网络技术的普及和发展,与剧场、电视台灯光控制相关的各种弱电控制系统网络化程度也相当高了,一般都具备网络服务器。一般来说,不同子系统的制造商经过适当的技术沟通,都比较容易实现“两网合一”和“多网合一”。在遇到有关知识产权问题及在有较大软、硬件接口改造工作量的时候,在业主的统筹和策划下,事情也会比较顺利解决。当然,业主或总设计师在项目合同未签之前及早介入这些事件,问题会更快解决!

7　结束语

信息化是现代网络系统最重要的标志之一。网络灯光设备的双向通信能力是 TCP/IP 灯光网络成功的关键。系统信息共享和信息处理是新型剧场、电视演播室网络灯光控制系统区别于传统 DMX 灯光控制系统的重要特征。网络灯光控制系统数据库在演出安全监控、业务管理和“多网合一”方面的应用将把使用者与厂商引到一种新型的需求与改变的互动关系中。这种良性循环的供求关系将推动 TCP/IP 灯光控制网络技术应用的快速发展。

值得一提的是,近年来,国内灯光控制生产商在灯光控制系统 TCP/IP 网络化及“多网合一”的进程中基本上保持了与世界同步发展的先进水平,甚至在某些方面,中国人已起到领跑世界的作用,外国产品在灯光控制行业占绝对优势的日子已成历史。这是非常值得我们庆幸的事情!

TCP/IP 灯光网络作为新的一代灯光控制系统技术,已开始向人们展示其巨大的应用潜力!

与剧场灯光网络联动的建筑智能调光控制面板(顺德大剧院)

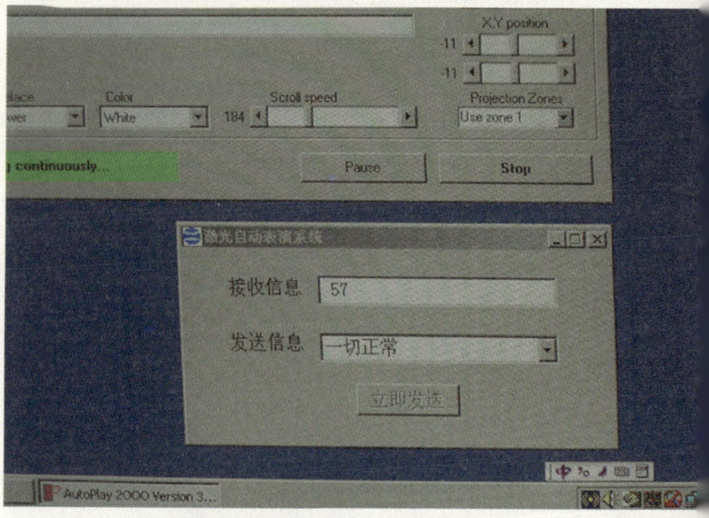

灯光控制系统与激光演示系统的联动控制
(海南南山海上观音项目)

C-BUS 灯控系统在工程中的应用

天津市建筑设计研究院　温海水　董维华

摘　要　智能灯控系统的应用越来越广泛。文章针对实际设计中的应用方法提出了个人体会和建议。

关键词　C-Bus　灯控　总线　应用

1 C-Bus 系统原理

C-Bus 系统是一个二线制的智能控制系统，主要用于对照明系统的控制。除此之外还可以与空调、消防、保安等系统联动。

系统所有的单元器件（除电源外）均内置微处理器和存储单元，由一对信号线（UTP5）连接成网络。每个单元均设置唯一的单元地址并用软件设定其功能，通过输出单元控制各回路负载。输入单元通过群组地址和输出组件建立对应联系。当有输入时，输入单元将其转变为 C-Bus 信号在 C-Bus 系统总线上传播，所有的输出单元接收并做出判断，控制相应回路输出。C-Bus 系统原理如图 1 所示。

2 C-Bus 系统组成

一个 C-Bus 系统是由系统单元、输出单元、输入单元三部分组成。

系统单元主要包括网络桥、系统电源、PC 接口。

输出单元主要包括输出继电器、调光器、模拟输出单元；输入单元主要包括单键开关、双键开关、四键开关、四场景开关、遥控器、四键遥控开关、红外线接收开关、红外线感应器、亮度传感器等。

3 灯控系统与常规照明控制相比所具有的优势

（1）线路简单、安装方便、易于维护、安装工期短；

（2）不但可实现异地控制、场景设置及控制、定时开关控制、亮度手/自动调节控制、红外线探测、集中监控、遥控等多种照明控制任务，而且可以优化能源的利用，降低运行费用；

（3）根据用户需求和外界环境的变化，只需修改软件设置，而非改造线路，就可以调整照明布局扩充功能，大大降低改造费用，缩短改造周期；

（4）灯控系统可在工作站通过图形化的界面，直观地进行远程控制。并具有开放性，可以和其他物业管理系统（BMS）、楼宇自控系统（BA）、保安及消防系统结合起来，符合智能大厦的发展趋势。

4 灯控系统的应用

4.1 室内一般照明的应用

（1）照明要求高或功能比较复杂的场所，例如：展厅、大型会议室、多功能厅、报告厅、大堂、中庭等。

展厅照明按照“民规”的规定，宜采用光电控制的自动调光系统，随天然光的变化自动控制或调节照明的强弱，保持照度的稳定和节约能源。同时，亦宜考虑

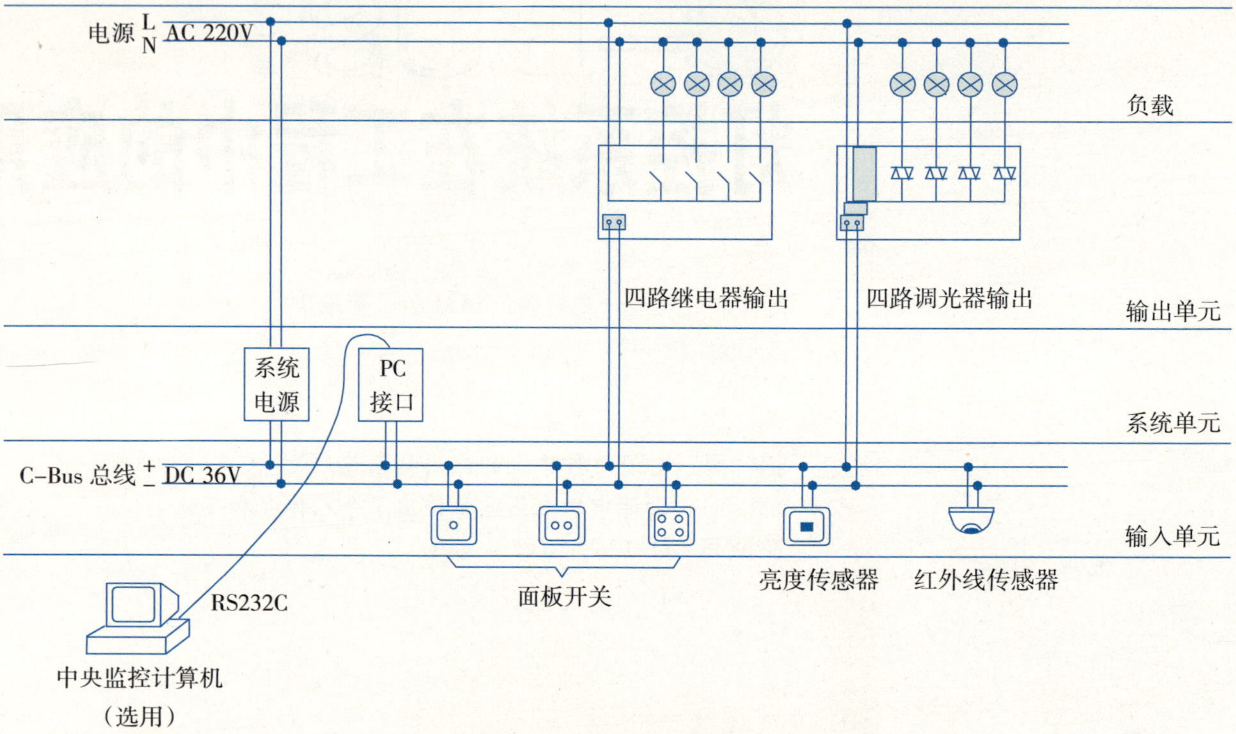

图 1 C-Bus 系统原理图

在特殊情况下的采用程序控制各展厅照明的开启和关闭,以方便较小规模展览的灯光管理。

大型会议室、多功能厅、报告厅根据使用的功能可进行场景照明的预设定,使用时只需在场景开关上的一键控制即可完成。例如:最大照度的报告模式、局部调光的幻灯模式、清扫模式、全闭模式等。

大堂、中庭通过场景灯光控制可增强艺术性,给人丰富的视觉效果和美感。

(2)大空间照明的控制。例如:商场。大型商场照明控制,由于面积偏大,人为控制会费时费力,经济的办法是在照明层配电箱的主开关处设置灯控,可根据季节、作息时间等对照明系统进行自动化管理。

(3)大开间办公场所的照明控制。现今大开间办公越来越普及,灯控系统在该场合的应用也具有一定的优越性,按照模数单元划分照明回路,并设置输入开关。一方面不论如何划分办公隔断,只要尽量按照布灯的模数单元分割,无须重新布线,只需对输入开关重新设定逻辑关系即可完成照明部分的改造;另一方面在出入口处设置场景开关后,全开、全关、清扫模式能很方便地进行控制。

(4)大型车库的照明控制。大型公共车库的照明,按功能可分为车道照明、车位照明、出入口照明三部分,其中部分车道照明、楼梯间出入口照明为消防应急照明的一部分。这种大型车库通常设置在地下,一般情况下采光条件较差,基本依赖人工照明装置,部分照明处在常明状态,为达到使用要求,而又能实现照明节能控制,根据工程经验可采取以下控制方式:

消防安全出口、疏散指示为常明。每个防火分区车道上的应急照明设总控,可开可关,消防时通过消防信号控制强制点亮,点亮时可维持车库内的基本照度要求,应急照明约占车道照明的1/3,车道上的一般照明在该防火分区配电箱中设一总控,这样在不同时间段,车道上的照明可实现1/3、2/3及全开三种控制方式,可根据时间段自动控制也可进行手控。

车位上的照明有两种控制方式,一种为就地设置输入开关,设定功能为延时关断。根据情况一个照明回路控制适当数量的灯具,既不要过多也不要过少。为方便控制,2个或2个以上的输入开关可控制一个区域的灯具即可实现异地控制。另一种为红外自动感应控制,这种控制方式造价相对较高且红外探测器的选择要求也较高。

合理的设计需要的造价,占工程投资比例不大,但节能所带来的是长期的经济效益。灯控总控设在值班室,控制简单、方便、灵活。

4.2 室内公共区域应急照明的应用

灯控系统用于公共区域应急照明有其独到的地方,传统的应急照明控制有两种方式。一种为单独设置应急照明灯具,平时不亮但消防时强制点亮,其缺点为:①只为消防所用,平时不用,利用率不高;②平时疏于对应急照明灯具的检修,消防时不一定能及时发挥作用。另一种为把走道照明的一部分作为应急照明,为实现消防应急照明在消防时不论在什么状态，都必须强制点亮，不论在配电箱末端回路设置接触器控制还是在末端设置双控开关控制，控制及线路均比较复杂，采用灯控控制，不仅控制简单灵活，也能可靠地满足消防要求。事故照明可锁定在由消防中心的计算机控制，而禁止在本系统的监控计算机及现场控制面板控制，也可以解锁、开禁。

4.3　室外泛光照明的应用

主要应用于对室外复杂的泛光照明进行场景控制，可根据时间段和季节进行开闭的自动控制，实现无人值守。

4.4　与其他弱电系统联动控制的应用

灯控系统可通过专用接口软件与其他系统连接，例如：消防控制室在确认火灾发生后，应向 C-Bus 系统发送一对信号接点，C-Bus 系统通过辅助输入单元，将消防控制室发送来的接点信号转变为 C-Bus 总线上传播的信号，以控制相应的应急照明回路。C-Bus 系统与火灾自动报警系统的集成如图 2 所示。

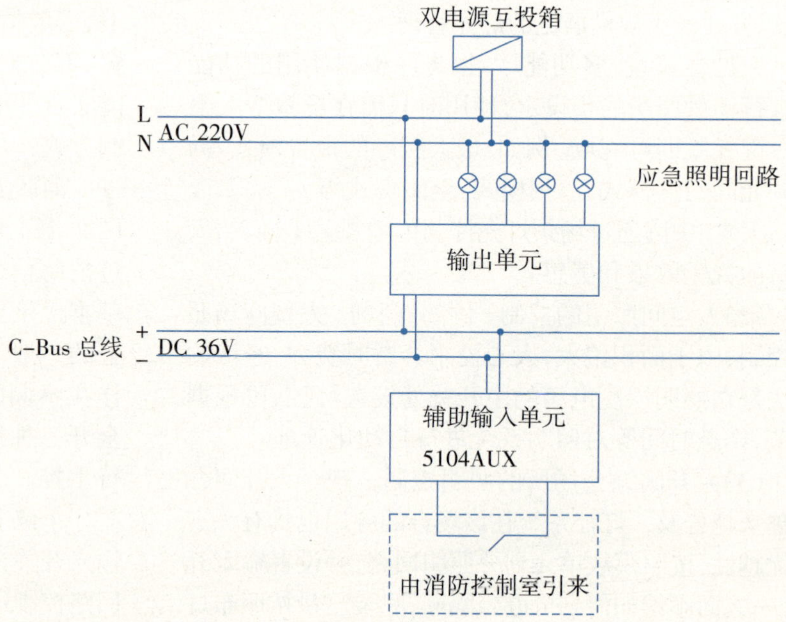

图 2　C-Bus 系统与火灾自动报警系统集成示意图

同样，C-Bus 系统可以方便地与其他系统，如保安监控、楼宇自控等系统相连。与保安监控系统联动可实现防盗报警装置或门禁控制器发生报警信号，会联动就地的照明控制点亮该区域的照明并进行监控录像。

5　应用中的注意事项

（1）系统设计时一般照明子网与应急照明子网分别独立设置，对于重要场合照明设计，要考虑系统可靠性。

消防控制时，由于一般照明与应急照明的控制要求及可靠性要求是不同的，所以两种控制要分别设置子网，尤其是大型的灯控系统。一级照明负荷及特别重要照明负荷在强电中采用双电源互投，因而在灯控系统中从系统构成到线路敷设都要考虑系统的可靠性，不能因为控制失效而影响到重要照明的可靠性。例如：具有国家、国际比赛资格的体育场馆的场地照明及超高层建筑的消防应急照明等，为保证照明控制的可靠性，该照明部分采用双网络冗余、双系统单元冗余。每个子网均为双系统单元运行，提高系统运行的可靠性。

控制与消防布线不同，应尽可能在竖井配电间布置。

（2）线路敷设。由于每一个子网最大传输距离为 1000m，线路超长或为防止电磁干扰可通过光缆在子网之间进行传输。应急照明的灯控线缆采用阻燃型穿钢管在混凝土中暗敷设，如受条件限制无法暗敷设，明敷设时应采用经防火处理的钢管敷设。

（3）系统供电。C-Bus 系统通过两根总线连接成网络。总线上不仅加载了控制信号，而且为每个组件提供 36V 直流电源。该电源模块设置在某个照明箱内，并由独立的照明回路提供电源，经电源模块变压整流后提供给总线，每一个电源模块可以给 17 个 C-Bus 单元提供电源，如发生故障，该部分系统就会失效。为使系统可靠运行，为系统提供电源的可靠性至少不低于被控照明的负荷等级，并具有明确的标识，防止操作开关时的误动作。

（4）灯控装置安装时的散热问题。对末端照明回路的控制有两种方式，其一为智能继电器直接接入照明强电供电回路中，只需注意其工作电流不小于该回路的断路器整定电流即可。该种做法比较经济，但在安装、调试过程中接线稍有不慎容易烧毁继电器；其二为采用多回路小电流的智能继电器，通过对控制照明供电主回路中的模块化接触器进行控制，这种方式要求模块化接触器的性能比较高，而好的产品往往价格稍贵些，因而投资比前者稍高，但由于智能继电器作为小电流的控制元件，不会出现烧继电器的故障，大系统中采用较多。模块化接触器由于结构紧凑，要求配电箱(柜)的通风良好，最好有强制通风装置，如不具备条件，模块化接触器在安装时，相互间必须留有等宽的间距，以利于散热。

(5)设计时考虑与其他弱电系统的联动控制。照明灯控系统与其他弱电系统有联动关系时，在设计时注意各系统间的协调关系。包括平面设计和说明中要明确联动关系。

6　灯控系统设计

6.1　灯控设计范围

包括走道照明、会议室、泛光照明部分。

6.2　灯控系统组成

(1)灯控系统按照一般照明与应急照明至少划分为两个不同的子网。灯控系统自成系统组网后集成到楼宇自控系统中。

(2)灯控系统工作站设置在楼宇自控机房中。系统硬件主要由输入元件、输出单元及系统单元三部分组成。其中输入元件包括输入开关、场景控制器、触摸屏、亮度传感器、温度传感器、红外线传感器、辅助输入单元等;输出单元包括智能继电器、智能调光器、模拟输出等;系统单元包括系统电源、PC 接口、网络桥、以太网接口等。系统软件包括图形化操作平台软件及与系统集成的接口软件等。

(3)公共走道应急照明按照防火分区与消防系统联动，为达到可靠性的要求，必须采用硬件电路及元件进行联动。为达到消防要求，灯控线路要采用阻燃型线缆(UTP5+)或(及)多模光纤穿钢管 KBG20 在吊顶内敷设，钢管要经过防火处理。

(4)灯控智能继电器作为控制元件，照明主回路采用模块化接触器时，接触器间要增加散热模块或留有间隙并具有强制通风设备。

6.3　灯控控制方式

灯控按照场合不同有以下控制方式：

(1)楼梯间及走道照明。通过亮度传感器。亮度充足时，灯具不可控，不亮状态;消防信号控制时，不受亮度传感器控制，灯具点亮状态;亮度不够时，受输入开关控制，延时关断。

(2)会议室照明。场景控制，调光控制。

(3)展厅照明。根据亮度传感器自动进行回路控制，场景控制。

(4)泛光照明。场景控制，定时开关控制。

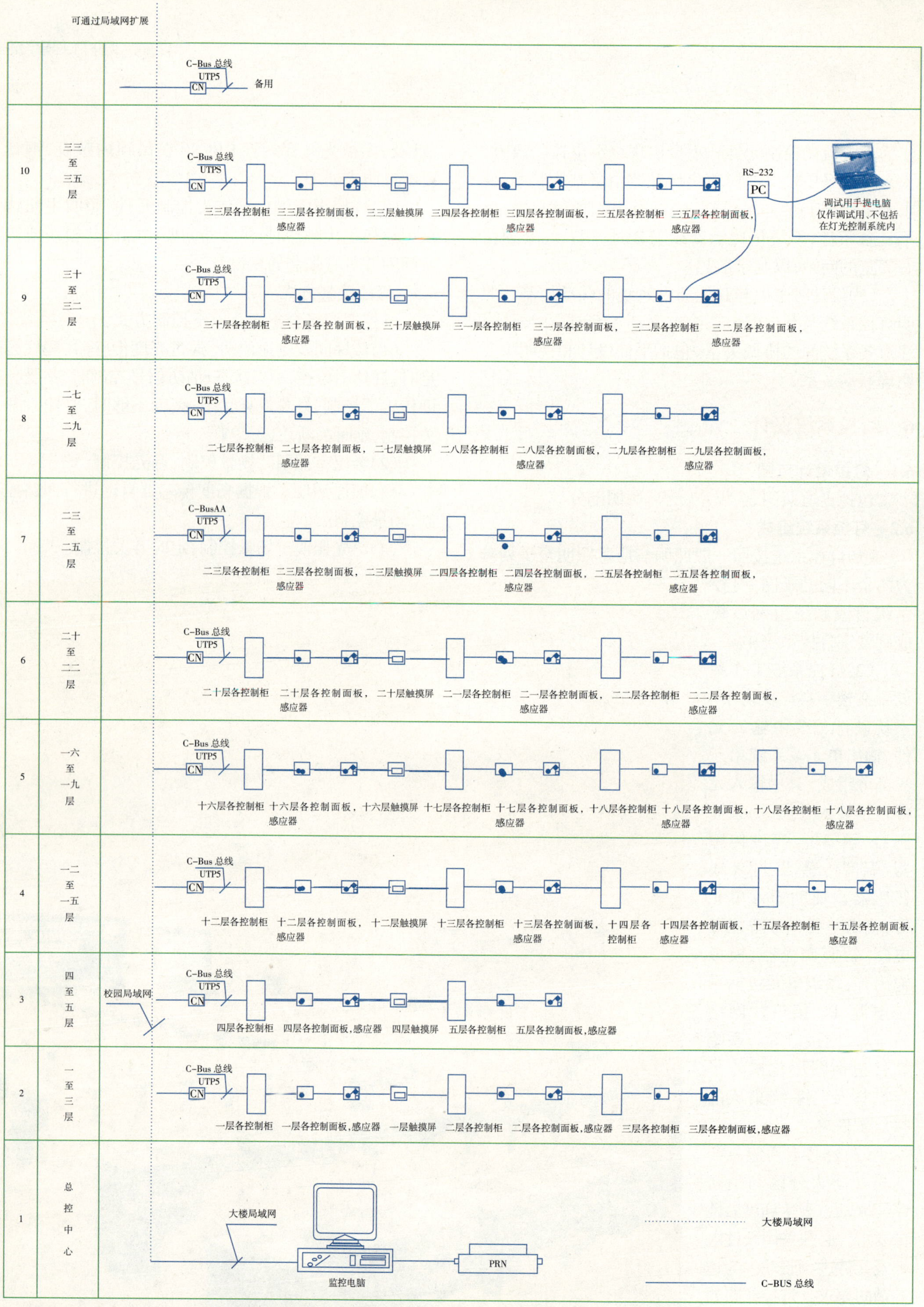

图 3　智能照明系统控制原理

海南南山海上观音

——网络化智能环境艺术照明控制系统解决方案

广州市河东企业　张　谦　王海兵

摘　要　本文介绍了南山海上观音工程系统存在的几大特点，并从现实的角度出发，提出了HDL“多网合一”系统的综合TCP/IP网络灯光控制解决方案，将舞台灯光控制中“系统联动”、“安全负载监控”和“运行数据处理”等重要灯光网络技术应用于智能环境艺术照明及相关网络控制系统中，解决了大型景观照明中的多系统同步问题。

关键词　智能环境艺术照明　多网合一　全光纤灯光控制网络　声光电同步

1　项目基本概况

2005年4月24日，来自两岸及港澳的108位高僧大德齐聚三亚南山文化旅游区，共同为这尊世界上最高的海上观音圣像开光。南山海上观音是一体化三尊的三面观音造型，创下三项世界纪录：世界最高的海上观音像、一体化三尊的“白衣观音形象”和面积达1.5万m^2海上圆通宝殿。高108m的南山海上观音像，比美国纽约自由女神像高12m。

南山海上观音圣像开光大典《佛光普照》晚会更是盛况空前，烟花礼炮迎空绽放，束束灯光五彩缤纷，犹如火树银花不夜天。在100多种光束的交相辉映下，南海边的沙滩铺展金银长堤，浪花堆起白玉山峦。圆通宝殿前，绿色光雾覆盖慈航大道，有的灯光如莲花状，有的如金字塔状，形态各异，多姿多彩；在多彩灯光的辉映下，远看108m的南山海上观音圣像，端庄肃穆，似凌万顷波涛慈航，踏千里云程普济。整个观音像和周边园区在灯光调控下浑然天成，更显庄严、大气，充满梦幻般的佛教意境。南山花巨资打造亚洲第一灯光水景，总投资达7000多万元的南山佛教文化苑大型灯光系统，使人惊叹不

已，其中“全光纤网络系统”、“多网合一，联动控制”和“总服务器演出监控”等多项技术都达到世界领先水平。其景观灯光控制系统的设计、设备提供和系统调试由广州河东企业负责。河东企业与珠海泰立公司合作的整个项目包含5000多个回路的各种灯具、LED灯等。该项目已成为国内外网络化主题环境照明的示范工程。

2　项目特点

河东企业在此整个项目中提供网络化智能环境艺术灯光控制系统，同时利用“多网合一”信息管理技术，将项目中的各系统与灯光控制系统进行信息共享，在最低的运营成本下，利用“多网合一”技术将各子系统实现联控，达到方便管理以及灯光效果的同步。在此项目中，河东企业还专门为南山海上观音主题景观项目自主研制成功了主题公园专用电脑灯、效果灯控制台，这也将为今后各地大型主题公园或景观项目工程提供更为有力的灯控技术手段（见图1）。

海南三亚南山海上观音工程系统存在以下几个特点：

（1）控制的距离远：总控室在妙金山上，距离大佛直线距离近1km。向南边，总控室要控制到佛头的光芒、背光；向东西两侧，要控制到沙坝两边的探照灯；岛上，要控制金箧、莲花瓣、space电脑灯等；在广场，要控制100只探照灯，以及所有的环境灯光；分布距离超过2000m²。

（2）控制的光路多：由于电脑灯数目多，总的光路数近2048光路，不包括对所有灯具电源开关的控制，开关的路数为384；还有采用专用协议的灯光设备。

（3）控制的种类多样：要控制的设备有：不同厂家的电脑灯，LED灯，普通调光灯具，激光，普济桥上的光亮泉机械，环境灯（庭园灯、地角灯等）；美国大功率激光灯等。

（4）控制方式的独特性：在工程交给甲方后，不可能经常邀请专业灯光师来。这对业主存在运作成本的问题，但没有灯光师又无法保证演出的质量。所以要求控制系统在交给业主时，应该是一个操作人员按一下“表演”，所有的表演就自动完成；

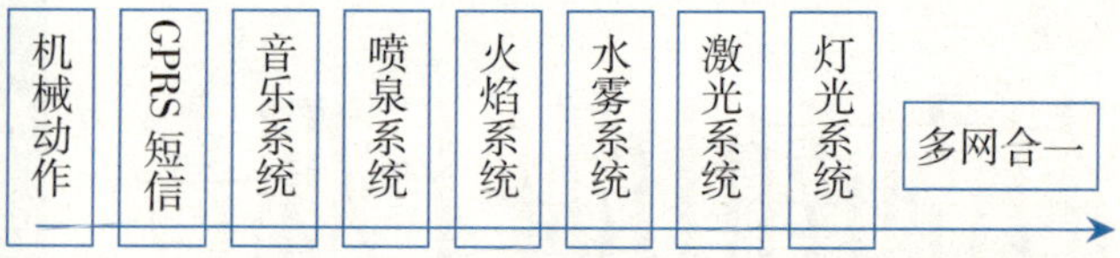

图1

（5）系统的监视：由于范围大，如何保证演出时每个设备都正常工作，并且在某个设备如某个灯出问题的情况下，能够保证演出的顺利进行。必须有反馈信号。

3　系统解决方案

（1）系统控制对象分类。该大型景观照明，众多的控制种类按照控制方式分为：

与各个厂家进行交流，统一的网络协议。对于电脑灯具，将网络信号转换为DMX信号。

各种协议的特点比较图（见图2）。

（2）采用光纤分段传输，将DMX信号通过TCP/IP转换实现远距离传输，将其他协议也转换为标准的TCP/IP协议，来实现高速，远距离，双向传输信号，系统中共用了6个HDL网络工作站。

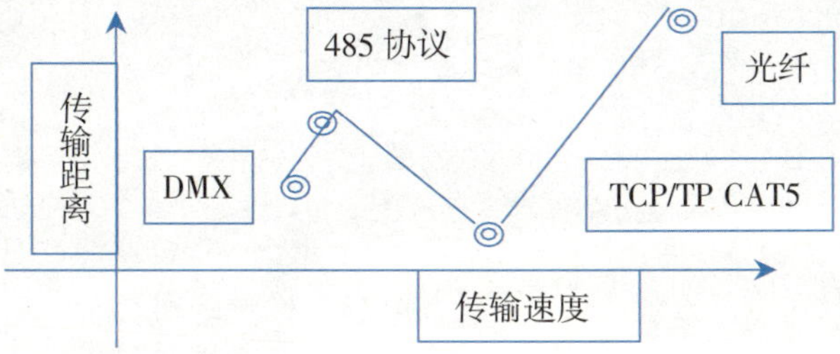

图 2

开关量灯具	调光灯具	电脑灯 /LED 灯 / 喷泉马达 / 闪电灯 / 光芒灯 /	LED 灯 / 激光器 / 摄像头
继电器	调光器	DMX 协议	TCP/IP 协议转换

(3)充分利用光纤的抗干扰性，防感应雷，施工方便的特点，大量采用光纤传输，整个工程共采用 1.6 万米光纤。

(4)利用 TCP/IP 组网技术，在网内建立灯光总服务器：能够对系统中的所有网络设备的每个细节进行监视，并且两个光纤工作站互为备份，提高可靠性。

(5)建立无线局域网，实现 PDA 无线对光，利用 GPRS 网，实现将一些设备以及回路故障实时地通过手机短信报告给相关人员。

(6)专门设计灯光控制台：2048 光路作为总控制台，用户只要按一下“表演”，控制系统中的设备就能自动完成所有的演出。

(7)网络开关柜接收控制台的网络控制信号，根据表演的剧情，对如金篋，莲花瓣，探照灯光设备的电源进行控制。

4　结束语

南山海上观音主题景观项目的复杂程度可以说是空前绝后，整个工程涉及多个领域的合作，其难度可想而知，仅控制距离就达 2km 以上，在历时一年多的时间里，河东解决了多重困难，成功实现了全光纤灯光控制网络、声光电同步、控制设备冗余热备份、设备工作状态报告、出错预警等“多网合一”技术，这宣告了一个时代的来临：中国主题照明灯光控制已进入网络化时代。

参考文献

1　现代电视照明.第 1 版.北京：中国广播电视出版社，2005

2　中国佛教史.第一卷.北京：中国社会科学出版社，1981

3　余嘉锡.世说新语笺疏.北京：中华书局.1983

第五篇　地区发展篇

上海的璀璨与繁荣
——2000～2005年照明工程发展篇

上海市市容环境卫生管理局
上　海　市　照　明　学　会

1　规模与特点

目前，上海市的景观灯光观灯路线总长度达100多km，全面贯通了浦东、浦西的10个中心区域不同路段的夜景点；拓展了郊区夜景灯光和郊县城镇的景观灯光。外滩等十个地区的主要景观区域实行了“天天亮灯”。并已形成了八大类的城市景观形态灯光。这就是：以外滩为代表的建筑泛光照明群体；以浦东新区陆家嘴为代表的现代建筑灯光群体；以淮海路为代表的灯光隧道；以豫园为代表的中国古典建筑灯光；以徐家汇为代表的舞美效果灯光；以人民广场、新华路为代表的庭院绿地灯光；以南京路步行街为代表的商业旅游休闲灯光和以东方明珠、南浦、杨浦大桥、高架道路为代表的标志性建筑灯光群体。

景观灯光的建设和管理，从某种程度上体现了城市现代化的综合管理水平。从1998年开始，上海建立了景观灯光监控中心，对重要地区的景观灯光，采用无线通信远动技术和计算机自动化控制管理。这个中心已具备了集中开灯关灯控制、电流量监控、数据查询、安全报警、多媒体实景演示和控制方案选优等功能，实行了全天候运行，现代化管理。同时市中心10个区及部分具备条件的郊区也成立了景观灯光分中心，实现了与市监控中心的联动。

上海，是中西方文化的融会之地，她的“中和、兼容”的海派文化，不仅凸显在鳞次栉比的建筑风格上，同时也反映在形态各异、争奇斗艳的灯饰上。其品种按不同的光源灯具分有泛光灯、霓虹灯、频闪灯、探照灯、珠珠灯、美纳灯、礼花灯，按使用场所及功能分有商厦橱窗灯、绿化庭园灯、广场音乐喷泉灯以及广告灯箱、激光、LED大屏幕等等。凭临上海，每当夜晚华灯齐放时，你会感悟到夜上海的璀璨、大都市的繁荣，充满着现代化的气息，以及夜幕之下生活的浪漫。上海景观灯光已形成了“兼容并蓄，海纳百川，都市风情，雅俗共赏”等的特点。

景观灯光已成为营造上海城市精神“海纳百川，追求卓越”不可缺少的一部分。

2　发展过程

上海景观灯光的概念是随着20世纪90年代初大规模的灯光工程建设而出现的。由“政府统一组织、统一规划、统一管理”的上海景观灯光大规模建设，已有10多年的历程。大致经历了四个阶段。

(1)1989~1992年是初创阶段,以启动外滩“万国博览”建筑泛光照明和南京路霓虹灯一条街建设为标志;

(2)1993~1996年是拓展阶段,建成市中心景观灯光“小环线”,全长约40km,包括新建徐家汇、衡山路、新华路、淮海路、四川北路和新客站地区的灯光工程为标志;

(3)1997~2003年是全面发展阶段,以建成覆盖市中心11个区,包括浦东新区的景观灯光“大环线”,全长100多km,并全面实施“浦江映辉”“星光灿烂”“窗口形象”三大景观灯光工程为标志;

(4)2004年至今为第四阶段,即全面提高科技含量和艺术水平的阶段,开始大规模运用新光源、新材料、新工艺,以及新的控制手段。

四个阶段就其建设而言,也经历了从“亮起来”到“美起来”,从分散建设到有规划地推进这样的过程,从追求灯光数量到讲究景观质量和艺术效果,从一般光源使用到融入新科技手段。

总之,上海的景观灯光建设正在迈入可持续发展的新阶段。

3 上海景观灯光的运作

目前,上海市市容环境卫生管理局是代表市政府主管景观灯光的职能部门,局内设置“灯光广告管理处”和“服务中心”,专门负责城市景观灯光的建设和管理。区、县还成立了灯光广告管理所等事业单位,负责具体管理事务。景观灯光的建设是按照城市定位来规划建设。规划分为总体规划和分区规划。市负责总体规划,区、县实施分区规划。规划中强调“三个重点”。即:重点规划车站、机场、码头等对外窗口单位;重点规划商业街区;重点规划标志性建筑所在地、市中心广场和景观道路两侧。具体地区或路段的景观灯光布局做到特色和功能定位相吻合。

景观灯光涉及面广、综合性强、资金投入大,在建设和管理的过程中,上海以每年重大活动为契机,把灯光工程列入政府“实事”项目,不断掀起建设高潮。各区、县地方政府和沿街各单位也把落实灯光工程资金、建设工期、管理人员到岗等纳入考核目标。在资金投入上,凡是在公共区域由政府建设的工程项目全部由政府财政出资;在企业或社会单位的区域内由政府要求建设的纯公益性的景观灯光工程,往往也是企业或社会单位自己出一部分资金,政府补贴一部分;其他由企业或社会单位自行设置的灯光,则一般全部由其自行出资。当然在遇到特殊情况,社会效益非常重大的项目,比如APEC时的60幢楼宇的“内光外透”工程,就是通过市政府的多次协调,电力部门也做了电费的优惠处理。而不论是何种景观灯光的工程,我们在更新维护和保养上一律采取的是“谁建设,谁维护”的政策。

4 加强国际、国内交流与合作

4.1 正式加入LUCI协会(国际灯光城市协会)

2001年末,市容环卫局受上海市政府委托,代表上海市政府参加了由法国里昂市发起成立的国际灯光城市协会。该协会主要由成员城市的政府部门组

成,也有一部分照明、光源等相关行业的国际知名企业参加。2002年正式加入LUCI协会(国际灯光城市协会)。6月在匈牙利会议上,上海市被推选为国际灯光城市协会技术发展委员会主席城市,将全面负责该委员会今后2年的工作。10月,上海作为该委员会的主席城市,在协会第一次全体大会上作了述职报告,阐述了委员会的工作目标和宗旨,工作内容及方式等相关问题,得到了与会代表的积极响应。

2004年1月10~12日在上海胜利召开技术发展委员会小组会议。LUCI协会的总协调Lavande Machabert小姐代表总部和匈牙利布达佩斯市等城市参加了本次会议,建设部城建司、上海、杭州、南京、成都、广州、深圳、武汉等城市负责景观灯光建设和管理的有关负责同志以及上海市照明学会、飞利浦公司、德赛公司、碧谱公司和华刚光电的代表都参加了本次

会议。上海市市容环卫局景观处处长郭骅作了主题演讲,与会代表围绕"照明技术与城市发展"这个主题,进行了积极的交流和探讨。本次会议旨在鼓励有关的企业单位进行技术革新,不断开发和运用新光源、新技术和新手段,有效控制或避免光污染,为市民创造更舒适和谐的生活空间;为不同历史文化背景和技术经验的照明设计企业和灯具制造商们提供合作舞台,使他们真正进行文化和技术的交流,共同开展照明工程,帮助会员城市进行城市照明的规划设计或照明工程的实施;并探讨城市照明的发展趋势和它对社会经济、文化发展和人体健康的影响等领域。

4.2 成功举办2001年上海国际夜景照明研讨会(ILIC)

由上海市容环卫局、上海市照明学会和复旦大学光源与照明工程系联合筹办和组织的2001年上海国际夜景照明研讨会于2001年11月13~14日在上海复旦大学逸夫楼科技楼国际会议厅成功地举办。这次国际会议主题为"新世纪照明与人类发展在同一节奏中前进",其英文缩写名称为ILiC(International Lightscape Conference)。这届会议是上海有城市夜景灯光历史以来照明学术领域最高层次的国际会议。到会代表有约300人,共交流论文28篇。参加的国家有:美国、荷兰、丹麦、日本、匈牙利、瑞典、澳大利亚等。其中著名专家有:国际照明委员会(CIE)主席(第25届)、

瑞典Gälve大学Löfberg.Hans Allan教授,国际照明委员会(CIE)副主席,荷兰飞利浦公司Wout Van Bommel教授,国际照明委员会(CIE)副主席,澳大利亚悉尼大学Warren Jnilan教授国际照明委员会(CIE)第五分部主席,匈牙利Jozsef Horvath博士,前国际照明委员会(CIE)第四分部主席,荷兰D.A Schrender博士。香港和台湾等著名照明专家约50人,中国照明学会所有副理事长,中国照明电器协会理事长、副理事长,北京、天津、重庆、深圳、香港、上海等地方照明学会理事长和城市照明市政负责人全部到会,著名高校清华大学、天津大学、东南大学、重庆大学、同济大学、交通大学、香港理工大学和复旦大学都有代表参加。

上海市市容环境卫生管理局局长胥传阳致开幕词,市政协副主席、复旦大学校长王生洪致欢迎词,CIE主席间夫伯克教授致贺词,上海市照明学会理事长章海骢致闭幕词。

上海市韩正市长出席开幕式,并接见到会的国际友人和代表上海市人民政府在开幕式上致祝贺词。

与会代表观赏了浦东地区和浦江两岸等处的灯光,外国友人出自内心地评价:"我到过许多国家,参观过无数照明工程,但今晚的上海良宵美景使我感到这是世界超一流的照明工程水平。"

4.3 积极参加与国内各城市间的学术与工作交流

北京、上海、天津、重庆于2001年成立了"四直辖市照明学会联谊会议",每年举行一次"照明科技论坛",上海、江苏、浙江于2003年成立长三角照明学会联谊会,每年举行一次"照明科技论坛",上海市照明学会作为上海的主要代表积极承办或参与会议,与国内各方面的领导、专家、工程技术人员、企业家进行学术与工作交流,学习兄弟城市的经验,促进上海的工作。

5 制定规范、提高城市景观灯光设计、管理水平

2002年市容环卫局与上海市照明学会合作,编制了《城市环境(装饰)照明规范》(DB31/T316—2004),由市技术监督局于2004年6月29日发布,2004年9月1日起实施。

全市景观灯光经过10余年的建设已形成一定规模,但由于没有统一的技术标准,部分地区出现了不顾周围环境盲目追求亮的情况,甚至不少单位设置的景观灯光影响了居民的正常生活,我们感到照明设计在解决美化城市的同时必须考虑安全、生态和环保等

方面的要求，为此，通过《城市环境（装饰）照明规范》的实施，以期对全市的景观灯光在设计、安装、设置、维护等阶段起到指导作用。

规范对景观灯光的亮度和对住宅区居民窗户上的照度提出一个限制范围，但由于其本身只是个推荐性的地方技术标准，而相关法规又未赋予我们对超标的设置者采取强制手段，而国家也没有相关技术标准和法律法规，所以目前我们对光污染还缺乏有力的控制手段，一旦发生纠纷，只能靠协调解决或者向法院起诉。为此，我们希望国务院有关部门能够尽快出台有关人造光源造成的光污染的标准规范和有关行政法规，以利于我们工作的开展。

6 景观照明与节约能源

城市景观照明是城市公共设施的组成部分，其质量和水平反映了社会进步和现代化程度的一个标志。上海市市委市政府领导多次指示，希望上海市景观灯光控制工作在节能方面有所推进。照明主管部门一定要充分认识景观照明节电工作的重要性。要把大力加强上海市景观照明的节约用电。提高照明能效、改善照明质量，建立优质高效、经济舒适、安全可靠、生态环保的照明环境，作为一项重要工作抓实抓好。

据统计，目前由市容部门直接控制的各类景观灯光设施的耗电量为$(1.6\sim1.7)\times10^4$kW·h，加上各类社会单位自行控制的景观灯光，全市景观灯光的耗电量约为3×10^4kW·h。

2004 年由于全国用电紧张，上海市的用电负荷也面临很大压力，为了缓解电力供应的紧张局面，经市政府 43 次常务会议决定，在必要时关闭景观灯光，以保证居民用电。根据会议精神，为确保本市夏季的安全、有序用电，经与有关部门商量，7 月初决定根据上海中心气象台预报，当天最高温度达到或者超过 35℃时，全市停止开放景观灯光。据统计，2004 年夏季共关闭景观灯光达 35 天。“关闭景观灯光，点亮万家灯”，对景观灯光实施正确的控制开放的方式，确保了全市居民的正常用电。但是景观灯光对旅游业的影响也在去年的限制情况中显现。目前每个月到上海旅游的外国游客达 40～50 万人次，国内游客近 500 万人次，而观看上海夜景已成为主要的旅游节目之一，在 2004 年夏季，我们每天都接到数个旅行社和市民的来电，询问当天是否正常开放景观灯光，得到否定回答时都表示非常遗憾。

（1）2005 年 3 月由上海市市容环境卫生管理局灯光广告管理处组织，上海市照明学会负责，由上海市黄浦区灯光广告管理办公室，上海市浦东新区城市景观管理署、松下电工（中国）有限公司上海分公司照明事业集团、飞利浦照明有限公司等单位组成的项目组，对浦西外滩 22 幢建筑及浦东小陆家嘴地区 21 幢建筑的外观照明现状进行了实地勘踏与测量，找出存在问题，提出改进意见和措施，为今后几年的节能改造提供了详实可行的方案。

调研报告提出的节能措施和方法归纳为：

①选用高光效节能照明产品：高效的电光源、高效节能灯具、智能化控制设备等方面。

②提供节能的照明设计：确定合适的照度和亮度、选择最佳的照明方式。

③加强管理、维护、减少维护期内的光衰减，提高节能效果。

④采用新能源如风能、太阳能等。

（2）景观灯光节能改造

示范工程:

为推动景观灯光节能改造、倡导绿色照明,近几年市政府主管部门重点抓了几项示范工程。

①东方明珠广播电视塔外观灯光照明节能改造。东方明珠广播电视塔外立面灯光工程在2002年底开始委托法国西铁卢灯光设计有限公司进行改造的设计,市市容环卫局组织了专家组,对改造方案进行完善,设计完成后由上海交技发展有限公司负责制作和安装,由上海城市之光灯光设计有限公司负责系统的集成,2003年10月1日前正式完工亮灯。

东方明珠广播电视塔外立面灯光节能改造主要以球体表面灯光改造为主。球体表面原有发光体576点,共16层,每个发光体采用直径3cm的端发光光导纤维,分配到每个端头功率200W,由于光导纤维使用寿命较短且采用进口产品,维修费用很高。这次改造采用了环保节能发光体LED,LED的使用寿命理论上可达10万h,新的发光体增加到660只,每只发光体功率50W,直径25cm。

改造后的东方明珠广播电视塔二个球外立面灯光不仅提高了亮度、增加了灯光色彩与动态的变化,最主要的是现在的总功率还不到原有的30%,大大节约了电能。

②淮海路景观灯光节能改造。对于35座跨街景观灯的节能改造,在不影响整体亮度及效果的前提下,采用新型3W冷阴极荧光灯来替代原有的40W和25W白炽灯泡,按每座跨街景观灯176个白炽灯泡计算,每年估计可节电约10×10^4kW·h,现用电量仅为原来的10%。并且该荧光灯汞用量较少,在处置时可减少汞对环境的污染。

同时运用无线远程控制技术对淮海路(西藏路—常熟路)沿线的内光外透楼宇、跨街景观灯、商业橱窗等照明设施进行集中控制,既满足了创造不同光环境的需要又达到节能的目的。同时3W冷阴极荧光灯寿命长,光通维持率高。

③淮海公园景观照明风光互补供电系统。上海要建成经济节约型城市,新能源在景观照明中的使用是一个重要的选择。尽管新能源如风力发电、光伏发电与常规能源发电相比,目前在市场上仍然缺乏竞争力,但使用这些新能源带来的外部效益如环境效益、社会经济效益是很明显的。

为了弥补单独使用太阳能或风力发电的不足,在淮海公园使用风光互补系统,即将风力发电与太阳能发电结合起来,向景观灯光供电。

示范工程为:淮海公园的21盏景观灯,总功率为1260W,现建设了一套可满足每天使用12h的独立于城市电网的供电系统向其供电。该风光互补系统可在连续10天无风和无阳光的气候条件下正常使用,一旦由于连续10天以上的恶劣气候条件不能满足充电需要,该系统会自动接入城市电网以保证景观灯的正常工作。

以上示范工程虽然项目不多,但对于推广节电新技术新产品、降低城市景观照明能耗,推进绿色照明已起到其应有的示范作用。

7 结束语

2006年初上海市人大会议已提出:在党中央、国务院、市委、市政府的领导下,“十一五”时期的主要奋斗目标是:形成国际经济、金融、贸易、航运中心基本框架,办好一届成功、精彩、难忘的世博会,实现经济社会又快又好发展。这一发展目标,描绘了未来5年上海现代化建设的灿烂前景,表达了上海人民追求幸福的美好愿望。实现这一奋斗目标,上海的城市国际竞争力将显著增强,服务全国的能力将显著增长,城市文明程度将显著提高,人民生活将显著改善。

上海的城市景观灯光为提升城市形象、营造:“海纳百川,追求卓越”的城市精神将发挥更重要的作用。

山城重庆夜景照明建设

重庆照明学会　陈仲林　杨春宇　何　荥

摘　要　该文以山城重庆夜景照明建设为例，阐述了重庆夜景照明发展，以及在夜景照明规划、广告照明规划和夜景照明技术规范的指导下，使重庆夜景照明建设更加科学合理地向前发展，并成为重庆市的一张名片。

关键词　夜景照明规划　广告照明规划　夜景照明技术规范　绿色照明

1　山城重庆夜景

重庆古为巴国首府，距今已有3000多年的历史。重庆现为我国中西部唯一的直辖市，也是西南地区最大的工商业重镇，并已成为长江上游的经济中心城市。

重庆主城区由长江和嘉陵江两江环抱，地势起伏，渝中区形似半岛，建筑依山而建，道路傍山而行。重庆城市布局独特，“凿岩为城，沿江为池”，多中心、组团式布局模式，即是星座状布局模式。渝中区集中了大礼堂、三峡博物馆、枇杷山公园、鹅岭公园、朝天门广场等国内外著名的景点，而分布在长江南岸真武山的一棵树观景台是重庆夜景观景效果最好的观景点之一，站在一棵树观景台上，可以饱览渝中区半岛的绚丽光彩的夜景。

自1995年起重庆实施了第1期的城市“光彩工程”，至今已实施了12期“光彩工程”。在1999年以前，城市夜景照明建设尽管完成了7期“光彩工程”的任务，投入了较多的资金，取得了一定的成绩，但是由于缺乏夜景照明规划的指导和城市夜景照明技术规范的约束，没有解决好城市夜间形象、夜景经济、夜景照明和持续发展等多方面问题，夜景的总体效果也不尽如人意。为此，根据市政府部署，2000年进行了重庆市第一个区域性城市夜景照明规划，我校通过大量的调查研究，提出山地城市的夜景照明规划方法是纵向分层、横向分区、点线面体相结合的方法，2001年完成了“重庆市南山一棵树视线范围内夜景照明规划”。为加强城市夜景照明建设的规范化、标准化管理，促进重庆市夜景建设的健康发展，重庆市市政管理委员会委托重庆大学建筑城规学院编制“重庆市城市夜景照明技术规范”，在该技术规范中，对于镜面光泽度大于5的建筑物贴面材料，即对于现代化的建筑物外表面首创了不同方向的亮度修正系数，来解决不同观察方向的视看亮度大小与光的照射方向、视看方向和材料表面的镜面光泽度大小等有关的问题。在2002年，为了使重庆市户外广告设置规范化、科学化，我校承担了重庆市机场高速路和重庆市红旗河沟——渝洲宾馆路段等多条路段的户外广告设置规划研究，有力地推动了重庆市户外广告朝着高品质、多样化、科学化、艺术化方向发展。

2　城市夜景照明规划

2.1　重庆市城市夜景照明规划

山城重庆依山而建,建筑物错落有序,空间感、层次感极为丰富,为城市夜景照明提供了得天独厚的载体。远眺山城,具有丰富的景观层次,建筑物以山体为背景,或以建筑群体为背景,层层叠叠,空间变化丰富,是平原城市外部空间无法比拟的。山城重庆以巨大的体量、丰富的景深,给人们以巨大的震撼力。独特的山地城市的地形地貌造就了山城重庆夜景照明的特色,该特色就是一幅美丽的立体图画。因此,在进行重庆城市夜景照明设计时,首先要处理好天际线建筑物的夜景照明设计,即不仅要处理好临街立面的夜景照明,而且还要处理好其他立面,尤其是面向主要观景点的立面和顶部建筑小品的夜景照明设计,使单幢建筑的泛光照明也具有立体层次感,满足山地城市登高俯瞰或仰视的多层次、多方位观景需要。

为了在重庆夜景灯光设计中,凸显出丰富而错落有致的立体层次感,必须采用纵向分层、横向分区、点线面体结合等多种方法进行规划。

2.1.1　纵向分层

长江南岸真武山的一棵树观景台是重庆视觉效果最好的观景点,它距重庆主城区约3km。在一棵树观景台上可以饱览两江和半岛雄姿,并可以以此视点把重庆主城区亮化载体分为5个层次:

第一层是渝中区半岛天际轮廓线,它主要由现代风格的多、高层建筑物组成,包含了繁华的商业区,规划采用橙黄光作为主色调,并根据颜色退晕推移处理手法,使天际线第一层次在颜色上逐渐过渡,避免色彩突变给人造成不愉快的视觉落差影响。为了体现建筑物的文化内涵和平静中跳跃、统一中变化,有些建筑还采用了其他色光来点缀处理。

半岛中部建筑构成第二层次,由重庆市解放路和陕西路沿线住区组团组成,规划采用居家照明的内透光照明和部分建筑的轮廓灯照明,它与第一层次的投光照明为主的照明方式不同,并且以白色光作为主色调,对于待修复的湖广会馆古建筑群,规划用轮廓灯勾画出丰富的古建筑轮廓线,并适当采用投光照明亮化一些立面较好的建筑物,突出传统民居的典雅造型。

第三层次就是长滨路沿线建筑,这些建筑以住宅为主,立面一般较差,近期不宜刻意设置夜景照明。

第四层次是水际线,由长滨路和堡坎泛光照明、江中囤船上彩色照明等组成,给重庆夜景照明构成一条亮丽的水际线,以展现重庆作为山水城市的特色。

第五层次是真武山一棵树下面的南岸上新街片区,由于第五层次仅是起到陪衬整个渝中半岛夜景照明效果的作用。这里仅考虑少量的古建筑照明,并限制高亮度的轮廓灯。

2.1.2　横向分区

城市用地性质及其地理状况对于城市夜景照明规划有重要的指导作用,并可按行政办公、商业、居住、度假、文化娱乐和风景等不同的功能进行横向分区。现将重庆市渝中区分成11个分区:解放碑、临江门、朝天门、临华村、人民广场、解放路沿线、长滨路沿线、两路口和菜园坝、鹅岭公园和浮图关、南坪、上新街和弹子石。根据不同的功能分区,给予不同的视亮度水平,使山城重庆夜景照明在整体上产生适宜的明暗关系,具有良好的艺术效果,避免因亮度一致而造成单调、呆板的感觉,也可避免因亮度突变而引起视觉上不愉快,从而形成在整体上有重点,不同片区有亮点,主次分明、统一协调的良好夜间景观。

每一个城市的夜景照明有一个夜景标志物,或称为视觉中心,它顶部的亮度最大。根据CIE夜景照明的有关规划,以及从一棵树观景台实测结果和重庆地区气溶胶多、能见度差等特点,确定标志物亮度为48cd/m^2。同时,按亮度大小分成十个相对等级,最高等级10级的对应亮度为48cd/m^2。

其中解放碑、较场口和临江门等城市节点是本市最繁华的商业区,且地势较高,高楼林立,亮化等级为9级和8级。

朝天门和长江大桥北桥头均为旅游、交通节点,且分别位于一棵树观景台视看主城区时视线范围的两侧,为渝中区夜景照明的次重点,取7级作为其亮化等级。上新街片区采用较低亮度(亮化等级为2级)来陪衬主城区的夜景照明效果。

2.1.3　点线面体结合

山地城市的景观和观景方面与平原城市既有共同点,又有不同处。山城重庆因地势高差不同形成了多视点、多视角的立体视觉特点,俯视和仰视是山城重庆观景的主要视看方式。因此使山城建筑外部空间产生出丰富的景观层次感,所以,平原城市的夜景照明规划方法点、线、面方法不能凸显山城重庆夜景中不同景深的景物和建筑群体的夜景照明效果,因此,在对重庆的夜景照明规划应在点线面的基础上加上立体方法即点线面体法。

点是景点，也就是进行重点夜景照明的建（构）筑物、码头、江面船只等；线就是道路和桥梁的照明效果；面是进行夜景照明的建筑立面和景观片区（景区）；在夜景照明宏观效果上，视看到的不同景深的景物和建筑群体的夜景立体综合效果为体。如果运用点、线、面、体方法，山城重庆夜景照明将凸显出一个多层次、多侧面、立体化、远近互衬、高低错落的独具山水城市特色的璀璨夜景，从而大大提升重庆城市文化的品位。

除了上述的纵向分层、横向分区、点线面体结合的原则外，还要注意对街道、道路、桥梁、广场、绿化、小品、广告、建（构）筑物等的明暗关系和照明方式进行统一规整，使夜景照明协调统一；并在每个功能分区选择其中心区作为重点，同时在中心区中选择位置显要、造型独特的载体作为夜景照明的重点，做到重点突出，使夜景照明起到掩饰瑕疵、画龙点睛的作用。

3　城市照明总体规划

城市照明总体规划应综合研究城市性质、城市规模及空间发展的形态，并研究城市区位、自然景观及人文景观特色，统筹安排城市照明艺术风格和照明水平，处理好远期发展与近期建设的关系，指导城市照明的建设，并为城市照明建设、管理、维护、可持续发展提供指导和法律依据。

城市照明总体规划具体内容：

（1）确定规划范围与规划时限，并根据城市总体规划与相关专项规划明确城市性质及城市发展方向，从而确定规划指导思想与规划设计原则。

（2）通过对规划范围内现状与城市照明状况进行实地调查测试，并作出综合评价与分析。

（3）提出照明规划城市的视觉形象定位，确定城市夜景照明的主色调。

（4）城市照明总体规划应遵循自然生态与城市发展规律，以可持续发展为目标、以生态学为基础、以人与自然为核心、以现代技术为手段，综合协调城市及其所在区域的社会、经济及自然复合生态系统，以促成健康、安全、文明、宜人的夜间光环境。

（5）依据城市总体规划中确立的景观构成，并结合规划城市的地理位置、自然景观与人文景观特色及现场踏勘获得的城市夜间活动需求；综合分析，确定城市照明建设的布局与氛围。

（6）城市功能性照明规划，通过对城市道路照明及其他功能性照明场所进行现场测量分析，参考国家相关照明规范或标准进行比较，并作出调整。

（7）根据山地城市纵向分层和横向功能分区原则，结合规划城市的市民夜间需求，确定重要景观轴线与重要景观节点（包含城市门户、城市标志、桥梁景观及重要道路交叉节点等），并作出城市照明概念性设计，为下一步城市照明详细规划提供指导。

（8）根据城市经济实力、环境改造建设状况及市民夜间需求，对城市照明分期建设提出指导性建议，并进行城市照明概算及用电负荷概算。

（9）对城市照明实施中所涉及到的照明技术指标进行量化，确定合理的亮度的分级，着重处理好“光”与“影”的明暗对比，从而为城市照明规划实施提供了操作上的保证。

城市照明总体规划就是在本城市的建设和发展总体规划的基础上，从宏观上对城市照明——功能照明和夜景照明建设的定位、目标、特色、水平、建设步骤与政策措施作出的综合性总体规划。

4 城市照明详细规划

城市照明详细规划是以城市照明总体规划为依据，按照城市照明总体规划已经确定的照明规划原则，详细规定建设用地照明的各项指标，作出定点项目的概念性设计，提出城市照明的管理控制及维护规划要求，为规划对象的照明建设项目提供设计依据。

城市照明详细规划主要内容：

(1)根据总体规划要求及实际调研结果，确定规划区域内夜间观景点，重要景观轴线（包含街道、河流）、重要景区、重要节点(包含广场、公园绿地和桥梁等)及重要节点建筑。

(2)确定各景观区域、轴线及节点的照明主题，对各照明节点亮度等级、城市照明色彩进行确定，遵循慎用彩色光原则，并与建筑功能和建筑物表面相协调，采用颜色的退晕处理方法；同时对道路照明进行规划。

(3)城市照明详细规划遵循了自然生态与城市发展规律，以可持续发展为目标、以生态学为基础、以人与自然为核心、以现代技术为手段，综合协调城市及其所在区域的社会、经济及自然复合生态系统，以促成健康、安全、文明、宜人的夜间光环境。

(4)对详细规划确定的重要景区、重要节点及重要节点建筑进行概念性设计，并提供规划效果图，同时对照明灯具、光源选择提供指导性建议；从而指导下一步施工图的编制。

(5) 对规划区域内城市照明建设提出分期建设意见，并作出分期用电负荷及费用概算，并分析投资效益。

(6)对规划区域内照明管理、控制及维护提出控制性建议。

城市照明详细规划是在城市照明总体规划的基础上，对城市在近期建设的城市照明——功能照明和夜景照明的景区、景点或景观工程作出的具体规划。

广告照明和标志照明是城市照明中的一个重要组成部分，所以应对广告照明和标志照明规划进行研究。城市户外广告照明和标志照明的规划内容：

(1)确定规划范围与规划时限，并根据城市总体规划与相关专项规划明确城市性质及城市发展方向，从而确定规划指导思想与规划设计原则。

(2)通过对规划范围内区位、用地性质、道路交通及建筑现状进行分析，从而确定区域功能属性。

(3)综合该区域功能属性及建筑景观现状，确定规划设计指导思想、规划设计原则及规划设计目标。

(4)根据规划区域内城市景观要素分布及功能分区要求，确定广告载体在城市景观中的作用，并分类，同时对每一类建筑确立广告设置标准。

(5)确定规划区域内广告设置种类与设置位置。

(6) 户外广告照明也是城市照明的重要组成部分，规划对确定户外广告照明技术进行量化处理，从而为户外广告照明规范化、合理化及统一化提供了实施指导，也为管理部门提供了参考。

(7)确定规划与维护管理措施。

5 结束语

城市照明规划的内容很多，但它是城市照明科学化、有序化的重要前提。城市照明规划既是城市规划的一个组成部分，但又是不同于城市规划的一项专业技术性极强的专项规划。为了使城市照明达到绿色照明工程的要求，不仅要有一个优秀的城市照明规划，而且还要有一个适宜的城市照明建设措施。城市照明建设包含三项主要内容，一是城市照明设计；二是城市照明实施(施工)；三是城市照明建筑管理。

城市照明只有通过城市照明规划和城市照明建设措施规范其各项行为，使城市照明满足功能要求，美化城市，丰富人们夜间的文化生活，促进经济发展。良好的城市照明不但可以创造出有品位的、有特色的城市光文化，而且还能达到节约电能、减少光污染，实现绿色照明工程的目的。为了虚拟仿真城市照明的节电和照明效果，应采用数字城市照明规划方法，这样可使城市照明规划更为合理、更为先进。

参考文献

1 陈仲林，杨春宇等.从“亮起来”到“美起来”——重庆夜景照明设计构想. 灯与照明，2001，Vol.25 No.1 13～15

2 肖辉乾，张绍纲.夜景照明的术语和定义.照明工程学报，2004，Vol.15 No.4 55～59

3 陈仲林. 夜景照明中颜色设计原则. 灯与照明，2001，Vol.25 No.3 6～9

4 杨春宇，陈仲林.中国城市照明建筑研究.灯与照明，2004，Vol.28 No.3 2～7

5 陈仲林. 数字城市夜景照明规划综述. 灯与照明. 2003，Vol.27 No.1 17～20

天津市城市景观照明灯光建设

天津市照明学会　何秉云　郭源芬

1　前言

随着城市环境的日益改善和社会经济的不断发展，城市景观照明的功能作用越来越受到人们的普遍重视。它给城市带来勃勃生机，既是城市经济实力的象征，也是城市建设管理水平的体现。城市景观照明工程建设是社会经济发展到一定历史阶段的必然，已经成为重要的环境资源，与城市经济发展同步迈入一个新的历史阶段。她通过"光"这一艺术的生命，将文化艺术、科学技术与城市环境融为一体，使城市形象在夜晚得到艺术的再现，营造升华了城市浓厚的文化氛围，展现了城市的历史文化底蕴和现代文化内涵。

回顾天津市城市景观照明灯光建设的发展历程，与全国其他城市大致相同，基本上可以划分成"萌芽期、初始期、发展期、提高期、稳定期"五个发展阶段。经历了从"无"到"有"，从"小"到"大"，从"亮"到"美"，从"俗"到"雅"，从"建设实践"到"理论研究"的历史历程。

2　天津市景观照明工程建设的回顾

天津市的景观照明工程建设起始于1989年。学习了上海外滩建筑群景观照明的经验以后，市政府委托天津市照明学会对海河沿岸百货大楼、劝业场、天津站、老干部活动中心等14栋建筑进行了灯光装饰，当时叫建筑物"立面照明"，实现了我市夜景灯光建设零的突破。作为对新事物的尝试，开辟了天津市城市景观照明工程的先河。

1992年天津市政府批转了市市容委《关于进一步加强我市夜景灯光建设的实施意见》，该文件中明确提出了我市景观照明灯光建设的总体规划构思。当年，市政府决定把夜景灯光建设正式纳入市容建设和管理的轨道。由此，天津市景观照明灯光建设工程开始全面启动。

特别是1995年，中共中央政治局委员、天津市委书记张立昌同志做出"让天津白天绿起来，晚上亮起来"的指示，促使灯光建设得到了迅速发展，相继完成

了“金街”及“和平路”灯光改造等一批重点夜景灯光建设项目。以十大灯光景点为标志，以1000多幢大中型建（构）筑物灯光、2000多块户外广告灯光、20000多家商店牌匾灯光为基础，初步构筑了天津市夜景灯光“亮起来”的基础框架，为建设具有“天津特色、国内一流、单项冠军、国际领先”的建设目标打下了坚实的基础，景观照明灯光建设开始进入了全面发展的历史阶段。

1999～2002年发展期阶段，天津市城市景观照明灯光建设迅速发展，管理工作也逐步纳入科学化、规范化、持久化、法制化的轨道。天津市市容环境管理委员会委托天津市照明学会组织有关照明领域的专家和技术人员成立了专家组，进行了反复调研和实地考察，多次召开论证会，吸收国内外有关文献资料，制定出《天津市七年（1999～2005年）夜景灯光发展规划》和《天津市夜景照明技术规范》。2001年又编制了《天津市中心城区夜景照明、户外广告、门脸牌匾发展控制规划要点》。经过广泛研讨、征求各方面的意见，八次修改，于2001年6月由市容委下发（办字2001）120号文件，成为天津市的正式规划文本颁布试行。与此同时，还制定了《天津市中心城区夜景照明、户外广告、门脸牌匾设置规范》，作为1999年制定并试行的《天津市夜景照明技术规范》的补充内容与规划要点一并试行。此阶段实施了“4260工程”、“136工程”、“411工程”等重点照明工程建设，灯光建设无论从规模和投资力度方面都日益加大。提出，“不但要照得亮，而且要照得美”，照明载体更加丰富，照明方法多元化，先进技术得到应用，进入“美起来，照明与艺术结合”阶段。

2002～2004年遵照总体规划和技术规范平稳建设和发展，实施了“里光外透”“双百”及“路灯改造”等工程项目，逐步形成了城市整体夜景景观，技术水平提高，光污染得到控制，融入了“以人为本”、“光文化”理念，进入了建设实践与理论研究相结合阶段。与此同时，《天津市夜景照明技术规范》截至2004年5月市建委再次组织评审专家组审定，又进行了两次修改，最终完稿。本规范最后定名为《天津市城市景观照明工程技术规范》，2004年8月3日由天津市建设管理委员会下发“建科教（2004）802号”文件《关于颁布〈天津市城市景观照明工程技术规范〉的通知》，自10月1日起做为天津市工程建设标准（DB29-71-2004），一部正式的技术性法规开始施行。

2005年市容委又委托天津市照明学会组织了对《天津市城市景观照明工程技术规范》大规模的培训。

3　天津市城市景观照明灯光特色的定位

夜景灯光的特色应定位于城市自身的自然环境、人文环境、历史环境，并应反映城市发展、技术水平和经济实力。天津市是一座地处华北平原、环渤海湾地区的大型现代化港口城市，有着三江汇合、九河下梢、内外交流、海河沿岸六国租界古迹的商埠发展历史和建筑散点分布、中西合璧、水系环绕的历史文脉。

因此，天津市城市景观照明灯光的特色构思定位为：依据天津地处平原、环渤海中心陆水合一的自然环境，依据中西合璧、南北交融的人文环境，依据海河商埠经济发展的历史环境，构筑“以人为本”，朴实、稳重、大气、豪爽、传统文化与现代文明浑然一体的夜景灯光。重点是构筑以海河为主要载体，水绕城转，城在水中的水系夜景灯光景观体系；构筑以“一、二号观光线”为骨架，以“十大光团”和“十条特色街”为节点的平面夜景灯光景观体系；构筑以天塔为观景平台，以六大景观区为主视点的立体夜景灯光景观体系；构筑以集中控制和实时监控为手段的智能化景观控制体系。努力建成以海河为中心轴线，市区道路和水系组成的灯光廊道为基础框架，灯光组团和特色街区为节点，标志性公共建筑群里光外透为重点，以四大景观体系为目标，主题突出，具有天津特色，国内一流、国际先进的“北方不夜城”。

4　规划设计与建设遵循的基本原则

（1）把握“光”与“影”、“光”与“色”、“光”与“文化”、“光”与“艺术”巧妙结合的“和谐”原则。

(2)体现特色美、和谐美、层次美、自然美、朦胧美和动感美的“六美”原则。

(3)突出城市特色的“城市性”、“以人为本”的“市民性”、“绿色照明”的“科学性”和对城市经济潜在拉动作用的“经济性”的“四性”原则。

(4)以高显色指数的白色光作为城市灯光夜景的主色调,黄色光为基本辅助光,根据不同功能的要求,适度点缀彩色光的“突出主色调”原则。

(5)严格按照城市夜景照明有关技术规范的要求,对各功能区制定科学的照度分布标准,避免光污染的“合理布光”原则。

5 重点工程建设项目

5.1 海河风景轴线夜景灯光建设工程

以海河为轴线，结合海河两岸综合开发改造,同步实施海河夜景灯光建设,以壮观、大气、多姿多彩为主基调,用水面、桥梁、堤岸、绿地、广场以及沿岸建、构筑物等多形式、多层次的灯光照明,构成海河夜景灯光的特色。

5.2 天塔观景平台夜景灯光建设工程

以天塔为标志性建筑和夜景眺望点。天塔是目前我市最高的标志性建筑物，也是重要的旅游观光景点。塔上可大范围地观赏市区灯光夜景,具有三维立体的视觉效果。观景平台以天塔为圆心,以中环线、友谊路、宾水道、水上公园西路范围为近视点,以海河沿线、解放路、黑牛城道、红旗路范围内为远视点,规划建设六大灯光景区:

都市景观区——以中心商业商务区为主视点,突出表现天津是一座繁华、繁荣的城市。通过对中心城区所有高层建筑顶部进行特色灯光照明,标志性区域大型公共建筑和商用建筑实施里光外透照明及商业灯光装饰,配装激光灯、游射灯、频闪灯,构成大空间、大视野的动感照明,生动形象地展示欣欣向荣、跨越发展的现代大城市风范。

风貌建筑景观区——以“五大道”为主视点,突出表现天津是一座历史文脉丰厚的城市。通过对马场道典型风貌建筑和名人故居的灯光照明,凸现建筑造型与风格,集中展示天津风貌建筑的文化品位和历史文化名城保护的突出成就。

学府景观区——以天大、南大、师大为主视点,突出表现天津是一座人文荟萃的城市。通过校园标志性建筑的特色照明、教学建筑里光外透和环境的功能照明,传递高等学府宁静优雅、睿智开放的文化气息。

生态景观区——以水上公园为主视点,表现天津是一座自然亲和的城市。通过对堤、亭、路、桥、树、水等生态要素的景观照明,把水景、绿景和山景融为一体,在夜色中再现山光水色、绿树环绕的自然景观。

运动休闲景观区——以天津乐园为主视点,表现天津是一座充满激情和活力的城市。通过对大型公建的景观照明和游乐设施的灯光装饰以及周边建筑的点缀照明，展示人们追求健康文明生活时尚的现代情趣。

居住景观区——以体院北居住区为主视点,表现天津是一座安居乐业的城市。通过全面改善和提升住宅区的功能照明,适度增加景观照明,为居民营造祥和温馨的家园氛围。

5.3 夜景灯光观光网络“一”、“二”号线建设工程

夜景灯光观光网络“一”、“二”号线是两条环形的夜景观光通道,累计全长 26km,包括 29 条道路(一号线 18 条,二号线 20 条,其中 9 条道路重合)。路经景点 15 个,较大绿地广场 13 处,桥梁 20 座,繁华区 11 个。该网络基本覆盖了南京路、和平路、小白楼、天津站、五大道风貌建筑区等重要的景观道路和景观区,人文景观较为丰富,此项工程重点建设包括十大特色光团:小白楼地区、人民公园地区、天津站地区、意式风情区、抗震纪念碑地区、海光寺地区、佟楼地区、天塔地区、体育中心地区和乐园地区。还包括 10 条特色街:和平路金街、解放路金融街、五大道风貌建筑保护

街、食品街、旅馆街、古文化街、鼓楼商业街、估衣街、鞍山西道科贸街和十一经路、曲阜道广告街。

5.4 路灯和桥梁夜景灯光建设工程

按照功能灯光与景观灯光有机结合、协调发展的原则,对中心城区 105 条原没有路灯的道路全部补装了路灯设施,对 600 余条道路的现有路灯以提高光照度、实现景观化为主,进行升级改造。市区 20 余座大型桥梁加装景观装饰灯光。

5.5 窗口地区夜景灯光建设工程

此项工程包括机场、港口、火车站和卫国道、解放南路、友谊南路、复康路、新宜白大道、金钟河大街 6 个主要入市口及迎宾线。工程根据不同区域的周边环境和建筑特色,设计主题、重新创意,整合沿线路灯、建筑物外体照明灯光、商业灯光、广告灯光、园林灯光以及公益灯光等资源,形成具有一定规模、各具特色的灯光组团。

5.6 居住区光环境建设工程

分期分批补齐住宅区甬路和楼道的公共灯光设施,消灭居民区和楼道的照明盲点。积极创造条件,建设了一批美化小区环境、提升文化品位的灯光设施。

5.7 津门之光"大型灯光广场建设工程

设想在海河两岸中心地段一处较大空间, 建设"津门之光"大型灯光广场。作为夜景灯光建设的精品项目, 借鉴国外大城市夜景景观建设的成功经验,依托海河兴建一座大型转盘式观光缆车,作为"津门之光"项目的主体工程,使其成为我市夜景灯光建设的一座标志性建筑和海河观景平台。以此为基础,利用声、光、水、雾、电、火等现代科技手段,建成能充分展示天津综合实力和大都市形象的大型夜景灯光组团,形成我市一个新的特色旅游观光景点。

5.8 灯光控制中心建设工程

目前我市的灯光控制中心建设规模:建成了全部中枢设施和 1411 处受控终端与 20 处图像终端,可对 1411 处灯光景点实行统一启闭, 对 20 个重点部位实现有效图像监控。总投资约 2500 万元,形成了景观观光网络的全程控制。

6 推进景观照明灯光工程建设的可行性措施

(1)以市场运作为导向,搭建景观照明灯光建设工程的资金平台。

(2)以科学技术为手段,搭建景观照明灯光建设工程的现代化平台。

(3)以法律法规为依据,搭建景观照明灯光建设工程的管理平台。

（4）发挥新闻媒体的作用，搭建景观照明灯光建设工程的宣传平台。

（5）依托天津市照明学会，成立天津市夜景灯光专家委员会，搭建景观照明灯光建设工程的科技保障平台。

（6）组织人员培训，加强队伍建设，搭建景观照明灯光建设工程的组织和人力保障平台。

7　对城市景观照明工程建设的思考

（1）天津市城市景观照明工程建设工作的实践经验表明，没有一个科学而又合理的城市景观照明总体发展控制规划，就形不成城市的整体景观效果。局部规划与短期规划毕竟不是总体发展控制规划，缺乏全面性、整体性、协调性和宏观控制指导性。

城市夜景照明是一个较完整的系统工程，制定好总体规划，按总体发展控制规划搞建设，就能避免资金投向不集中，亮度分布不合理，色彩搭配不协调，个性特征不突出，施工技术不规范，形不成整体格局等问题。

（2）建设具有城市个性特色的光环境，必须确定城市轴线、肌理、天际线、边缘与入口、视野、道桥、中心景区、特色景区、滨水界面、夜景眺望点、标志性建筑、开放空间、节点、生态绿化、象征景观。对城市街道、公园绿地、建（构）筑物、历史古迹、公共艺术、导引系统、牌坊、广告、招牌等景观要素做好准确定位。

（3）灯光建设发展到一定历史阶段，应融入"光文化"理念。这是对城市景观照明内涵的飞跃，外延的拓展，底蕴的挖掘，层次的提高，形式的转化，意义的创新，品位的升华；是自然科学与人文社会科学发展的结晶，是照明领域两科联盟的重大尝试，是理论与科学实践研究相结合的新起点，对促进城市景观灯光建设具有极大的推动作用和深远的历史意义。

（4）应对新建、扩建、改造的大中型公建、公共设施的景观照明，实行"三同步"，由市建委、市容委、规划局、照明学会共同把关，实行景观照明灯光建设的前置管理。

（5）由于城市景观照明建设工作是一项新兴事物，因此也存在着建设队伍良莠不齐，有些技术人员基本素质较低，企业资质较差的现象。从而导致一些照明工程施工质量低、照明效果差，有些照明设施存在着火灾、触电等不安全隐患和浪费电能、环境光污染超标问题。必须从根本上解决建设队伍的素质问题，培养技术力量，加强队伍建设。

（6）应定期对景观照明工程项目进行设施安全检查，加强维修、防护工作，特别是对高层建筑顶部、居民楼、广告牌灯光设施的安全接地、防雷检查整改尤为重要。

8　结束语

城市夜景照明创建了"光环境"、"光艺术"和"光文化"，同时给城市带来生机。夜幕降临，华灯齐放，明暗相生，高低相宜的建筑玲珑剔透，虚无缥缈。使夜晚亮了，美了。美丽的夜景给我们带来了无限的遐想空间，使人流连忘返，营造了诗一般的意境，同时也给商家带来了商机，促进了旅游等经济的发展。

随着科技的进步，时代的发展，人们对城市景观照明也会有新的认知，新的要求和期盼。

让我们为实施绿色照明、节约能源、保护环境、实现稳步建设、科学管理、持续发展做出贡献！

厦门的夜景照明规划、建设与管理

厦门 LED 促进中心

城市夜景是城市景观在夜间的再次表现，是白天城市景观的延续和发展。随着人们文化品位与社会审美水平的提高以及技术进步，人们对城市夜景的要求得到应有的重视。一个好的城市夜景不仅仅是一种照明效果，更是精神文明与物质文明建设有机的统一，是城市品位的提升，是人居特色的重要组成部分。

厦门城市夜景照明建设始于 1994 年，1997 年后取得了长足的进步。得到了兄弟城市、游客、访问者的肯定。但是城市管理者清醒地看到：厦门夜景现状仍存在许多不足之处：

(1)缺乏整体性。景观之间、片区之间结合不紧密，过分讲究局部，各区域夜景差别大，显得零碎。

(2)缺乏特色。厦门定位是港口风景旅游城市。各夜景区普遍景观中心不突出、缺乏个性。

(3)亮度普遍不够，景区用于衬托绿树成荫的绿色灯光过多，使人觉得阴沉。景区中往往存在“盲点”。

(4)动感不足，较单一，局限于灯光投射。

(5)不均衡。许多娱乐场所、高楼夜景欠缺，几个街心公园高杆灯千篇一律。市区广告档次低，常给人的印象是一边是灯火辉煌，一边是残灯余火。

(6)残缺不全。缺损部分未及时补上。

2000 年 8 月市政府向市民征集厦门市夜景规划建设管理意见。绝大多数市民对于厦门市夜景的总体印象给予肯定；其中 19.73%市民认为很好，72.90%市民认为还好。但是还指出了以上不足之处，及以后应在以下几方面下功夫：

(1)做好前期规划设计；

(2)政府适度扶持；

(3)提高档次、增加科技含量、增加动感；

(4)要有专门的管理部门和行政法规。

1 厦门的夜景照明规划

2003 年 3 月厦门市编制了夜景总体规划，响应由海岛型城市向海湾型城市转变，制定了“温馨浪漫，朝气蓬勃；山海港城，交相辉映；海湾明珠，流光溢彩”的城市夜景目标；形成“七彩繁星”的整体夜景框架。

1.1 夜景结构(见图 1)

“七彩繁星”——形成厦门市独特的海湾城市夜景总体形态意象。

七彩(七条彩带)：

(1)环厦门岛彩带；

(2)环海湾彩带；

(3)同集路彩带；

(4)集灌路彩带；

(5)东通道彩带；

(6)翁角路彩带；

(7)马青路彩带。

繁星：繁花似锦的中心区夜景。

1.2 夜景布局(见图 2)

夜景总体布局的规划原则是：突出重点，片线结合。形成一个中心景区观，四个山体，景观面，七条一级观景线，若干条二级观景线，13 个一级观景节点，35 个二级观景节点。

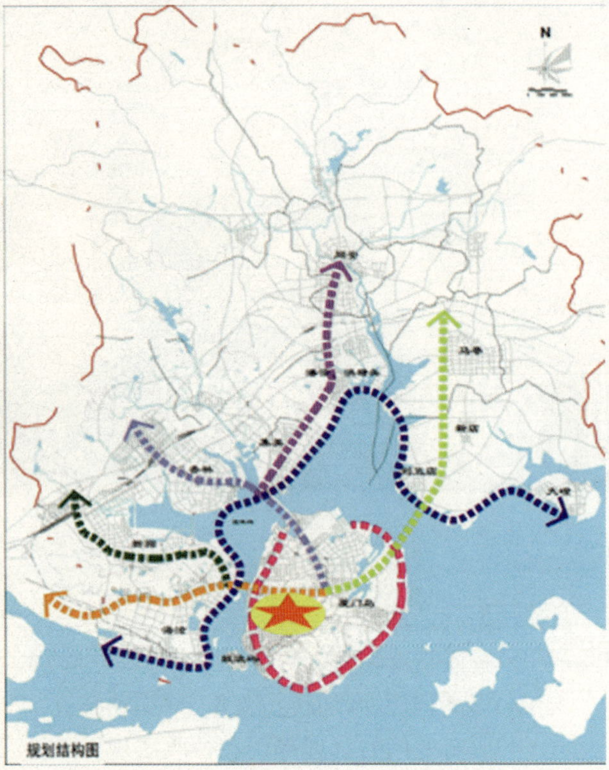

图 1

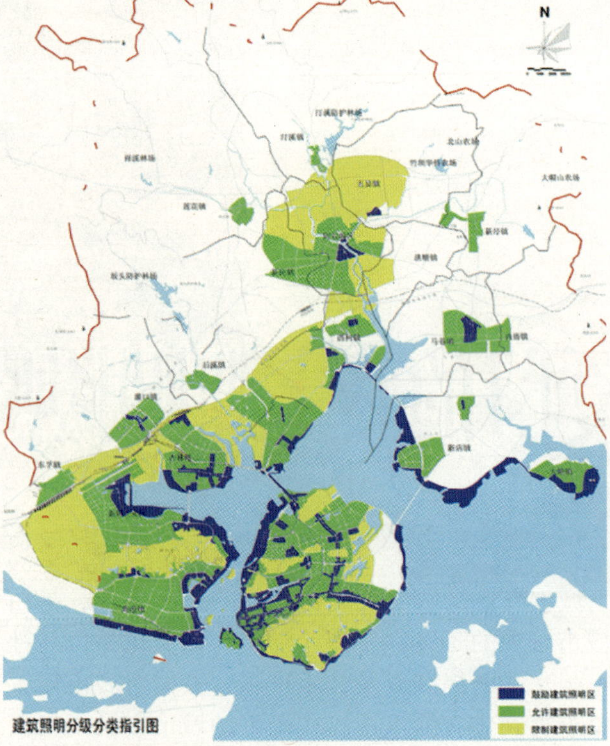

图 3

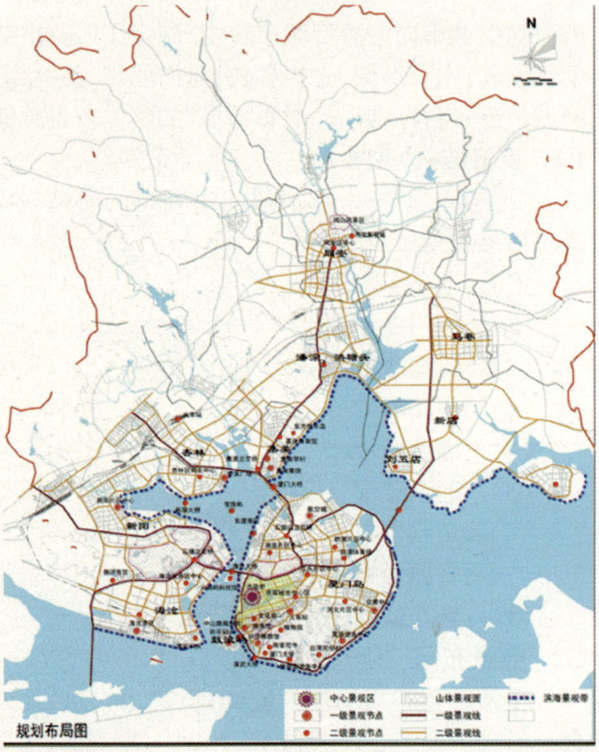

图 2

(1)中心夜景区:筼筜湖中心区;

(2)山体、夜景面:狐尾山及仙岳山,万石山南麓,太平山及蔡尖尾山南麓,同安梅山;

(3)一级夜景线:即七条彩带;

(4)二级夜景线:其他城市主干道;

(5)一级夜景节点:鼓浪屿、中山路商业街等 13 个;

(6)二级夜景节点:植物园等 35 个。

1.3　亮度分级(见图 3)

厦门市分设三级环境亮度等级,即最高环境亮度级为 12cd/m² 其次为 6cd/m²,再次为 4cd/m²。这与国际照明委员会(CIE)推荐的环境亮度分类相符。当景物亮度小于环境亮度时,景观效果不突出而过亮不但会带来眩光,浪费能源,而且使景物失去层次感,达不到预期效果,因此确立相应合理的亮度等级才能有效抑止过度攀比,保证突出重点,塑造城市夜景特色。市中心区、江头副中心区、会展中心及"七条彩带"采用最高环境亮度级 12cd/m²;鼓浪屿、黄厝风景旅游区、高崎航空城等七节点及其他城市主干道采用中等亮度 6cd/m²,生活区和工业区(高科技区)采用较暗亮度 4cd/m²。

1.4　夜景观景系统(见图 4)

城市夜景观景系统是为人们提供一个美的城市

图 4

夜景之观景环境。通过二次创造的城市夜间景观,与日间形态相比,展现了更具灵活性和多样性的艺术效果。具备高质量的令人赏心悦目的景观效果的形成,必须是景观、景物与观景点(线)的有机结合,它们是相互依存,缺一不可。

规划分为海上、陆地、空中三套观景系统。

(1)海上系统:建立环厦门岛的主干观景线和四条支线——环鼓浪屿线、环筼筜湖线、环钟宅湾线和环马銮湾线。通过主线和支线将规划布局的鹭江道、鼓浪屿等沿途 12 节点和各旅游码头串联成一个整体,形成一套完整的海上动态观景线网络。

(2)陆地系统:由动态观景系统和静态观景系统构成。

①动态观景系统又分为机动车观景系统和自行车观景系统两套子系统。

机动车观景子系统,原则上沿联系各主要一、二级观景点之城市主干路网线性展开布置;

自行车观景子系统,原则上布局与城市滨海(水)地区之间之生活岸线,如筼筜湖沿岸、环岛路海滨、环海湾大道海滨等。

②静态观景系统,由自然观景点和人工观景点组成。

自然观景点有太平岩、日光岩等 11 处;

人工观景点有中山路口、会展中心等 10 处。

空中系统:开辟空中游览线,即设立直升飞机或飞船空中游览专线。

2　厦门的夜景建设与管理

厦门由海岛型城市向海湾型城市的战略转变,壮大了厦门经济,拓展了发展空间,优化了产业布局,也催生了厦门市夜景总体规划。而新技术的发展则推动了大规模夜景建设。

2004 年 4 月厦门获批成为"国家半导体照明工程产业化基地",即国家 LED 产业化基地。LED 是种新型光源,它具有光色靓丽、节能、长寿命、易管理、无污染的特点,近年来发展很快,而且若干年内也将势头不减,它将日益渗透到日常生活中,以及商业、旅游、通信、照明等领域而备受重视。这对于定位为"港口及风景旅游城市"、拥有"国际花园城市"、"国际人居城市"、"全国文明城市",还拥有"国家半导体照明产业化基地"的厦门来说,把 LED 灯使用到夜景照明中去十分恰当。政府 2005 年 4 月起先后在禾祥西路和中山路两条商业街的部分路段主要采用 LED 灯用于半导体照明示范工程,取得了很大的成功,吸引了大批市民,激活了商业街,群众满意,商家高兴;也证明了"LED 夜景工程可省钱省电,易于管理,寿命长,值得借鉴推广"(市委会议纪要)。在此基础上,市领导适时地于 2005 年 9 月部署"2006 年春节亮灯工程"对中心夜景区和一级夜景节点开展了大规模夜景照明工程建设。

2.1　目标

(1)提高城市品位;

(2)提高市民生活质量;

(3)激活旅游市场;

(4)繁荣商业;

(5)扶持和壮大 LED 产业,夯实厦门的国家 LED 产业基地。

2.2　组织实施

2.2.1　领导机制

市委、市政府成立市夜景工程建设领导小组,确定夜景工程的重点区域和项目;确定资金安排及在建设和管理过程中的重大事项。领导小组下设"市夜景办",挂靠市城管办,负责贯彻落实领导小组的决定,具体组织实施市建项目,督促检查市、区合建项目的

落实；根据进度和合同拨付资金，协调各方问题，及时向市领导和领导小组汇报进展情况。各区相应成立区夜景工程领导小组，辖领本区夜景工作。

2.2.2　专家评审与指导机制

（1）方案设计评审机制。由市夜景办聘请国内规划、建筑和景观照明专家组成“市夜景工程设计方案评审专家组”，负责编制项目设计指引、参加项目评审。

（2）LED应用示范指导与检测机制。由市科技局组建“市LED应用示范与指导专家组”指导全市夜景工程中LED及其他高效节能材料的运用；提出产品准入技术指标及生产产商准入条件，制定安装技术要求；在施工过程中对所用的LED材料及其安装进行检测、监控。

2.3　资金的使用和管理

市财政局制定《关于夜景工程建设资金使用管理办法》，原则上采用政府出一部分，企业出一部分的方式。即属公益性项目及居民住宅等夜景照明工程资金由政府承担；企事业（商场）单位的夜景照明工程由企事业单位自行筹措资金。如果确有困难的，根据实际情况，经过报批可适当予以补助。

2.4　质量控制体系

鉴于此次夜景照明采用了大量LED灯产品，这是新光源、新技术拓展到新领域，国家尚无技术标准，质检部门无法鉴定，产品良莠不分，设计没有依据，再加上施工队伍素质不高，监理部门对LED产品性能不了解，使得LED灯具行业处于一种无序管理状态。这是LED灯这种绿色、节能、靓丽、长寿命、易管理的灯具的推广使用的难点。市科技局知难而进建立了“市LED应用示范与指导专家组”，组织专家组出台“关于建立厦门市夜景工程质量保证体系的若干意见”等一系列的文件，率先在全国制定了“厦门市夜景工程半导体照明器件部件产品技术要求”和“厦门市夜景工程施工质量验收技术要求”等两份“准标准”，作为夜景工程质量控制的标准文件。专家组还制定了企业准入条件，分别对LED生产企业，LED应用与装配企业，施工企业及监理企业提出资格（质）认证。对整个夜景工程进行全过程的有序管理和控制。

市质检所依据“厦门市夜景工程半导体照明器件部件产品技术要求”进行检测；施工企业依据“厦门市夜景工程施工质量验收技术要求”进行作业；监理依据上述两个技术要求进行验收和监督；专家组阶段性对LED安装过程进行巡查，随时监控工程质量，提出改进意见。使整个夜景照明工程在采用新光源LED灯中从无序竞争变成有序管理，变难点为亮点。夜景照明工程质量有了显著的提高。

2.5　工程管理机制

市夜景办负责统筹协调全市的夜景工程建设与管理。夜景工程所需的主材和大宗辅材，由市夜景办牵头，组织政府采购，市财政局、科技局配合，根据“谁建设谁管理”的原则，由市夜景办制定《厦门市夜景灯光建设和管理办法》，负责日常维修管理。并将市容考评机制延伸到夜景灯光管理工作中，对夜景质量及维护管理情况进行考核，建立夜景灯光建设长效管理机制，使夜景管理法制化、规范化。

深圳城市照明发展概况

深圳市照明学会　庞蕴繁

在市委市政府和市城管局的正确领导下，近几年来深圳市的城市照明事业得到了迅猛的发展。根据城市特点和城市定位，深圳环境建设的总体思路确定为：以塑造城市繁荣景象、提升城市艺术品位、建设优美灯光景观为目的，以政府引导推动、业主担当主角、社会各界参与为基本模式，通过大楼灯光、市政灯光、道路路灯和广告灯光的有序组合，突出城市风貌和建筑特点，运用现代科技和灯光艺术，形成既有深圳特色，又有现代城市魅力的灯光景观。经过几年不懈的努力，深圳目前已形成了以道路照明为城市骨架，以楼宇灯光为主要空间景观，以绿化、商业照明为点缀，具有自己独特特点的城市照明景观；并已建设了深南大道灯光长廊、上海宾馆灯光景区、中心区灯光景区、荔枝公园灯光景区等具有一定水平的城市照明景点。

从2000年至今，深圳市的城市照明以建设现代化国际化城市为契机，每年都有新思路、新成果。2000年，为深圳经济特区成立20周年庆祝活动，完成了“三横两纵”的路灯建设；2001年，为迎接国际花园城市评比，完成了华富路灯光景区的建设；2002年为迎接省运会的召开，完成了大剧院片区、彩田南路及中心公园周边片区灯光的建设；2003年，为迎接高交会的召开，完成了中心区灯光景区的建设；2004年，为迎接园博会的召开，完成了音乐喷泉及灯笼工程；2005年，为配合皇岗口岸综合整治完成了皇岗口岸路灯整治工程等。在完成各项建设任务的同时，深圳市并已完成新的《道路照明规划》和今后五年的《城市景观照明规划》，今后，深圳将以这两个规划为指导，把深圳市的城市照明工作推向新的高度。

深圳市灯光环境管理中心作为深圳市城市灯光夜景和道路照明的专业管理机构，担负灯光环境的规划、设计、管理和维护等职责，并负责全市灯光行业协调、政府投资灯光工程的组织实施和维护管理等工作。

深圳市灯光环境管理中心成立于1981年，最初名为深圳市路灯管理所，1994年更名为深圳市路灯管理处（副处级），1997年加挂“深圳市灯光环境管理中心”，实行一套人马，两块牌子管理模式；1999年正式更名为“深圳市灯光环境管理中心”加挂“深圳市路灯管理处”，定位为正处级单位，直属深圳市城市管理局。

深圳市灯光环境管理中心直接管理特区内罗湖区、福田区、盐田区和南山区部分路灯及灯光照明设施，在灯光中心指导下，南山区及特区外宝安区和龙岗区设路灯管理处，维护和管理辖区内的城市照明设施。

1　路灯、灯光设施及维护情况

深圳市城市照明事业随着城市建设的发展，得以迅猛发展，截至2005年年底深圳市灯光环境管理中心共接管维护特区内331条市政道路路灯约4.9万盏、景观灯光5.9万盏，专用变压器315台，电缆线路约174万米，负责督促管理100多幢楼宇灯光，并实现了特区内主要路段的路灯和灯光的“三遥”统一监控。特区外，龙岗区自行管理路灯49788盏，宝安区自行管理路灯75105盏，另由南山路灯管理所、一些开发区和工业区等单位自行管理的市政及非市政路灯15960盏，全市路灯总计189948盏。

近年来，深圳市灯光环境管理中心坚持实施四级巡灯制度，保证维护及时到位，使亮灯率和设备完好率分别保持在99%和97%，处于同行业先进水平。

2　2000年～2005年城市照明发展概况

2.1　2000年城市照明建设概况

2000年随着城市建设的不断发展，深圳城市照明在维护管理、灯光建设、路灯改造以及迎接第二届高交会、深圳特区成立二十周年庆典活动等方面取得了较好成绩。

（1）规范维护管理程序。市灯光中心制定了《工区量化考核制度》，理顺了中心业务管理运作机制，确保了亮灯率和设备完好率分别达到99%及97%以上。

（2）科学调整半夜灯，合理安排亮灯时间，有效节约了能源。根据季节变化及时调整开关灯时间，对全市62条道路合理安排了半夜灯，既保证了照明又节约了能源。

（3）积极配合市政府城建工程，高标准、高质量完成灯光建设任务。

①配合市交通综合整治，完成了上步工业区微循环路的路灯改造工程。

②配合市委、市政府为民办实事“三横两纵”建设，完成了三横两纵路段的路灯验收工程。

③完成向西路、新安路、八卦二路路灯建设工程。

④配合市交通局路容路况整治，完成了中航路、和平路等6条道路的路灯改造工程。

（4）不断提高灯光建设与维护管理的科技含量，在科技开发、科技管灯上狠下功夫，积极开发了灯光环境监控系统，完成了灯光环境监控系统第一期工程，建设了监控中心，首次实现了对深南大道路灯、灯光夜景的三遥监控。

（5）充分发挥城市照明协会的桥梁作用，对市灯光中心直接管辖范围外的各村、镇、开发区、住宅区路灯及灯光建设管理进行监督、指导、协调。

①加大了与大楼业主的协调力度，确保业主大楼夜景灯光与市政夜景灯光统一开放关闭，和谐一致。

②对宝安、龙岗两区下辖各镇的路灯建设与管理情况进行了摸底调查，有针对性地进行行业指导。

2.2　2001年城市照明建设概况

2001年是深圳城市照明事业取得新突破的一年。在迎接高交会、九运会、国际花园城市决赛评比以及各项检查活动中为深圳赢得了荣誉。

（1）规范维护管理程序，建立了灯光环境长效管理机制。

①建立了三级巡灯制和领导每周巡查制。

②针对路灯设施被盗频繁的情况，中心采取了人防加技防相结合的办法，较好地抑制了设施被盗现象的发生。

（2）发挥灯光环境专业机构优势，加强了灯光夜景规划设计力量。自行组织设计和建设了华富路灯光长廊、沙河西立交桥、人民南人行天桥、金田、益田立交桥、新秀立交桥、深南东路绿地、“和平之光”和“日月同辉”等九处灯光景点，赢得了社会各界的好评。

（3）充分发挥行业管理作用，使全市灯光环境形成了和谐一致的有机整体

①在夜景灯光建设过程中，中心主动走访业主，多次召开了深南东路、和平路、建设路有关业主灯光

建设协调会,帮助业主解决灯光建设中的问题,提供有关技术支持和经费补贴,及时完成业主电费补贴工作,激发业主参与灯光建设的热情,使全市灯光夜景又上新台阶。

②督促协调各区、镇做好灯光建设。

③努力提高城市道路装灯率,组织力量对市区内长期“有路无灯,有灯不亮”的市政道路及工业区、开发区、住宅区道路进行了调查统计,并向市计划局申请立项,推动我市光亮水平的进一步提高。

④精心组织,确保了灯光接待任务的完成。一年来,中心三遥控制范围扩大,性能稳定,特殊灯光景点和市政灯光得到正常维护,并在各业主单位的积极配合下,成功参与接待了中央领导及国内外视察团队58次。

(4)积极配合市政府的各项城建工作,高标准、高质量地完成了路灯改造和建设任务。

①配合市政府地铁一期工程,完成了金田站等15个站点、区间的路灯、灯光拆迁工程。

②配合市路容路况整治工作,完成了中兴路、梅林西路、桂园北路、华强南路等路段的路灯拆迁工程。

③配合城管办完成了雅园立交、银湖立交桥、芙蓉大桥等15个路灯、灯光工程的验收工作。

(5)经过两年来的不懈努力,中心“城市灯光CDPD网络监控系统”科研成果荣获市科技进步三等奖。北环大道、滨海大道等26个供电点的“三遥”二期建设已开始运行,效果良好;深南大道大部分业主灯光也已纳入监控系统实行统一监控,大大节约了人力、物力,提高了工作效率。

2.3　2002年城市照明建设概况

2002年是全面落实长效管理模式,立足主业、开拓进取的一年,深圳市城市照明工作在迎高交会、“国家卫生城市”复查和省运会等重大活动中做出了贡献。

(1)重拳出击,整治灯容灯貌。按照市城管办的统一部署,重点开展了整治灯杆乱悬挂、乱张贴现象及清理废旧灯杆工作,中心发动四个工区干部职工,历时三个月,共清除废旧灯杆257杆、乱悬挂500多宗、乱张贴12600多张,确保了灯容灯貌整洁美观。

(2)发挥专业优势,搞好规划工作。制定了《电子显示屏规划方案》、《2002年灯光建设方案》、《中心区路灯改造规划方案》等,切实做到规划先行,成竹在胸,在充分的调研和论证基础上建设优美灯光夜景。

(3)根据总体规划选定大剧院片区、彩田南路和中心公园周边片区作为灯光建设重点,投资1032万元,在全国范围公开进行设计方案及施工工程招标。营造了两大片区金碧辉煌的灯光景观,赢得了社会各届的好评。同时,中心采用建设经费补贴的方式,发动深南大道两侧的11栋楼宇业主对夜景灯光进行了新建、扩建和改造,进一步提升了深南大道灯光长廊的整体水平。

(4)切实抓好工程管理,较好地完成了灯光设施改造和建设任务。

①配合路容路况整治工作,完成了景田东路、煤场路、清水河1号路等14条路的路灯配合改造工程。

②是配合交通整治工程,完成了布吉路、梅林8号路、南环快速路、北环路等路灯配合改造工程。

③是配合地铁工程,完成了福民站、益田站、皇岗站、民俗村站等多处路灯拆迁工程。

④完成了罗湖区三条道路、景田片区七条道路、延芳路等“有路无灯”的建设任务。

⑤是完成了上步路雕塑灯光、红岭大厦电源改造、爱国路人行天桥灯光的建设任务。

⑥完成了彩田、福田立交桥灯光改造、罗芳立交电缆改造、文锦路、爱国路灯光电源改造等工程的招标前期工作。

⑦完成了市政府一办大楼灯光、东门路三座天桥灯光的设计工作。

(5)切实做好灯光设施的接管工作,按照市城管办的要求,针对市民投诉反映的情况,中心急市民所急,现状接管了莲塘片区、景田片区、清水河片区等路灯毁损严重的“有灯不亮”路段。同时,中心还接管了文锦路、爱国路灯光、东门步行街灯光、盐田区市政灯光、深南路、上步路、华富路灯光长廊、中心公园灯海及城市雕塑灯光共6321盏,接管了27条市政道路路灯994盏。

(6)加强科技开发力度,提高“科学管灯”水平。

①继续完善灯光“三遥”监控系统。继“三遥”二期建设之后,我中心又完成了无委大厦等6处摄像头的安装工作,新增了10幢大楼、3座立交桥、2片绿地“三遥”监控,同时对深南大道16处业主灯光的监控系统进行了修复,实现了市区主干道实景监控和深南路灯光夜景的统一监控,并保持了良好的运行状态。

②建立了中心灯光信息网站。利用网站进行信息和技术交流,使资源优势共享,同时也加大了中心对外宣传力度。

(7)开展了全市路灯行业安全生产和亮灯率大检查。通过对3个区级路灯管理单位、10多个镇级路灯管理单位、2个物业管理单位及1个工业区进行的安全生产及亮灯率检查,发现了不少共性问题,提出了整改意见,有力促进了区、镇的路灯维护管理工作。

2.4 2003年城市照明建设概况

2003年是贯彻落实市委市政府全面建设国际化城市宏伟目标的一年,也是深圳市灯光环境建设和管理水平不断前进,取得显著成绩的一年。

(1)建立并贯彻四级巡灯检查制度。保证了亮灯率99%,设备完好率97%。

(2)2003年市政府和市城管办下达中心的建设资金共3400万元,为历年之最。中心确定了三项重点工程,中心严格规划设计,精心核算经费,严格执行工程招标管理规定。较好地完成了各项工程建设任务。

①积极推进中心区灯光夜景建设。中心本着“系统规划、分期建设、找准观赏点、建设灯光精品、营造有深圳特色的文化、艺术、科学之灯光夜景”的理念,把中心区灯光景区作为2003~2005年灯光夜景建设的重点。经过多次的现场调研和专家论证,确定了中心区及其周边地区灯光景区第一期建设的总体思路。完成了中心区内29个建筑群84栋大楼的实地调研和资料收集,进行了概念设计方案招标。

②努力完成深南大道路灯改造工程。深南大道是深圳市的主要迎宾大道,也是灯光夜景相对集中的“灯光长廊”,陈旧的路灯杆和路灯照度与深南大道的定位极不匹配。中心决定对深南大道(田面村—侨城东)路灯改造。并在全国范围内征集灯型杆型,首次在深南大道上竖立了5款造型新颖的路灯,供市民上网投票,结合专家意见,选出了款式新颖、富有时代气息的灯型,改造后的深南大道路灯,达到了照明功能与审美情趣的和谐统一,为深圳又添了一道亮丽的风景线。

(3)切实解决特区52条市政道路“有路无灯、有灯不亮”问题。

(4)较好地完成了2003年度路灯和灯光工程建设任务。

①完成了莲塘片区、景田片区14条道路路灯建设任务,解决了两个片区接管后的遗留问题。

②完成了春风高架桥、北环新洲立交、科苑立交、泥岗立交等交通综合整治的路灯配合工程任务。

③三是完成了华侨城两个地铁站的路灯配合工程建设任务。

④完成了深南路彩田立交、福田立交的灯光改造工程、罗芳立交路灯电缆改造工程、爱国路和文锦路灯光电源改造工程、水田一街等三条道路路灯建设任务。

⑤配合罗湖区政府完成了湖贝路、宝岗路、宝安北路、桂园路、人民南等道路路灯改造工程任务,配合市城管办完成了金湖路路灯建设任务。

⑥完成了激光地标改造工程的设计和招标工作。

⑦完成了国庆、高交会、元旦、春节等节日灯光装饰工程任务,增添了节日喜庆气氛。

(5)切实为市民办好事、办实事

①积极办理提案议案。一年来,中心共办理了4件提案,满意率为100%。

②在黄木岗立交桥通道首次采用太阳能灯,24h解决通道亮灯问题,受到市民的一致好评。

2.5　2004 年城市照明建设概况

2004 年是市委市政府全面推进国际化城市建设的一年，也是深圳市城市照明事业取得长足进步，设施管理水平不断提高的一年。

(1)积极开展路灯设施“梳理行动”。按照深圳市市容环境综合治理“梳理行动”的总体部署，中心组织各工区人员力量，全线上阵，有步骤有计划地对辖区路灯、灯光设施进行了地毯式梳理：

一是对辖区范围内 242 个供电点及周边环境进行清理，清除了大量垃圾和杂草；二是对生锈腐化的箱变进行了除锈喷漆，并加喷安全警示标语；三是清理灯杆上的乱粘贴和乱涂写；四是对管辖范围内的乱悬挂进行了清拆。灯容灯貌焕然一新，确保了设施的安全运行。

(2)大力开展节能工作。在全国性的能源紧缺形势下，中心积极推进节能工作进程，首次在 9 座立交桥的人行通道安装了太阳能灯，有效解决了人行通道白天昏暗的问题；不断扩大半夜灯实施范围，节能省电立竿见影；参与政府节能计划，加快在供电点安装省电机步伐，并制定了政府零投资安装省电机方案上报财政局；在供电高峰期间，主动关闭了夜景灯光，有效节约了能源。

(3)认真办理提案议案，妥善处理各类投诉，为市民提供健康环保的照明环境。2004 年灯光中心共受理 5 件提案，提案办理满意率达到了 100%。中心对投诉电话、信访及城管 110 转来的投诉函态度诚恳、反应迅速，一年中共处理了各类投诉 100 多件。

(4)认真组织实施了 2004 年灯光工程建设。完成了中心区及周边区域灯光景区工程。此外，还完成了景田立交、沙河西立交灯光夜景设计和改造工程；国庆节组织建设了深南大道中心环岛“巨型灯笼”，增添了节日气氛；春节，在多条主要道路和两个口岸悬挂近 6000 只大红灯笼，为新春佳节送上祝福。

(5)狠抓工程管理，较好地完成路灯设施改造和建设任务。

①完成了市民中心周边 4 条道路路灯改造和建设任务，香梅路、景田路、华强北路、太白路、红荔路等 5 条道路的水泥杆换杆工作和荔香街的路灯改造工程，逐步改善了路灯设施，优化了照明环境。

②完成园博园音乐喷泉建设工程。灯光中心组织援建的灯光音乐喷泉为园博园景观增添了亮点，给参观客人美的享受，并获得了园博园组委会评选的金奖。

③规范验收程序，严把验收质量。完成了深圳湾、大学城、留仙大道、丽水路等多条道路路灯竣工验收工作，新增接管箱变 12 台，路灯 1538 盏。

2.6　2005 年城市照明建设概况

2005 年是灯光中心创新管理模式，落实市委、市政府“科学、严格、精细、长效”的八字方针，全面开创深圳城市照明事业新局面的一年。

(1)以创新的精神认真履行城市照明设施维护管养职，形成了各工区之间你追我赶的良好态势。

①开展了亮灯率流动红旗竞赛活动，机关组成了 8 个检查小组，每周 2 个小组分头对 4 个工区的辖区进行亮灯率检查，月底汇总评比，并颁发流动红旗。

②推行《路灯设施维护责任到人制度》，将路灯维护区域分片区后分到工区一线维护人员，并制定了相应的检查扣分办法。维护人员骑自行车到自己的责任区内进行巡查，对片区内所有路灯设施的安全、设备

完好、灯容灯貌负责。

③中心制定了《外接电源用户管理规定》、《大面积灭灯事故处理办法》、《非正常亮灯管理办法》，防漏补缺，从制度上规范管理工作，确保设施运转正常，努力降低灭灯率。

（2）在全市电力供应紧张、能源紧缺的形势下，中心主动配合，严格控制夜景开启时间，全年亮灯156天，亮灯时间624h。

（3）重点加强了外接电源的管理，出台了《外接电源用户管理规定》，明确了外接电源用户的安全责任、管理责任。对所有外接电源进行了逐一检查，全部加装了漏电开关，并与业主单位签订了安全责任书，切实保证了外接电源的安全用电。

（4）全面完成了繁重的招标项目。2005年中心完成了1700多万元的政府招标任务，共22个项目。

（5）为更好对市政路灯、灯光进行“三遥”监控，中心对“三遥”监控进行了通信方式的改造，改用GPRS通信系统。

（6）积极开展皇岗口岸灯光环境专项整治工作。按照市委、福田区区委关于开展皇岗口岸综合环境专项整治工作的有关精神，中心立即组织进行了皇岗口岸市政道路路灯改造工程，对皇岗口岸原有400W灯具全部进行了更换，共计更换灯具124套，并新增2×40W日光灯36套，为皇岗口岸提供了高质量的道路照明，受到福田区委、区政府的表扬及出入境旅客的赞许。

（7）进一步扩大防粘贴涂料的范围，对特区内48条道路，2556基灯杆粉刷防粘贴涂料，确保了灯容灯貌的整洁。

（8）中心成立联动执法大队，充实了防盗力量，加大了偷盗行为的打击力度，当年共抓获偷盗人员共115人，其中被判刑的5人。

（9）城市照明协会更名为城市照明学会，并继续发挥桥梁作用，围绕行业协调、监督检查、技术指导和信息交流的目标，在行业管理方面取得了较好成绩。

①积极筹办并圆满召开了全国道路照明委员会第二小组2005年工作会议，促进了各省路灯单位的交流。

②在各区城管局的配合下，对全市路灯行业进行了一次安全生产检查和亮灯率检查，促进了全市路灯行业的安全防范意识和设施管理水平的提高。

③进一步加强了对全市开发区、工业区、各区、镇路灯行业管理和沟通，形成了良好的互动局面，逐步实现了全市路灯、灯光统一管理的大格局。

第六篇 照明相关机构介绍篇

照明学会、协会介绍

中国照明学会

中国照明学会(China Illuminating Engineering Society,缩写为CIES)成立于1987年6月1日,是中国科学技术协会所属全国性一级学会之一。学会于成立当年,即以中华人民共和国国家照明委员会(China National Commission on Illumination)的名义加入国际照明委员会(CIE),是在国际照明委员会中代表中国的惟一组织。

中国照明学会拥有一批国内照明领域的专家、学者,主要从事照明技术的科研、教学、设计、生产、开发以及推广应用工作。学会的宗旨是:组织和团结广大照明科技工作者及会员,积极开展学术交流活动;关心和维护照明科技工作者及会员的合法权益,为繁荣和发展我国照明事业,加速实现我国社会主义现代化建设做出贡献。其主要任务是,在照明领域开展学术交流、技术咨询、技术培训,编辑出版照明科学技术书刊、普及照明科技知识,促进国内外照明领域的学术交流活动和科技工作者之间的联系,并通过科技项目评估论证和举办照明科技博览会,积极为企业服务。学会现有团体会员573名,设立《中国照明网》,以加强信息交流。《照明工程学报》为其主办的刊物,面向全国发行。

学会设有六个工作委员会和十个专业委员会,即组织工作委员会;学术工作委员会;国际交流工作委员会;编辑工作委员会;科普工作委员会;咨询工作委员会等六个工作委员会以及视觉和颜色专业委员会;计量测试专业委员会;室内照明专业委员会;交通运输照明和光信号专业委员会;室外照明专业委员会;光生物和光化学专业委员会;电光源专业委员会;灯具专业委员会;舞台、电影、电视照明专业委员会和图像技术专业委员会。

学会成立之后,经过十五年的艰苦奋斗和探索,特别是二届理事会以来,学会坚持民主办会的原则,调整和健全了组织机构,完善了规章制度,建立了精干、高效、团结的常设办事机构,充分发挥学会集体领导和学会群体的作用,按照自主活动、自我发展、自我约束的改革思路,牢牢抓住机遇,在竞争中求生存、求发展,积极开展学会业务范围内的各项活动,使学会工作步入良性循环的轨道。由于学会多年来对我国照明科技事业做出了卓有成就的贡献,2000年1月和2003年8月两次被中国科协授予“先进学会”的荣誉称号。

北京照明学会

北京照明学会成立于1979年3月2日,是在北京市科协领导下,经民政局注册并批准的具有独立社团法人资格的学术性群众团体,缩写为IESB。

北京照明学会办会宗旨是:在中国共产党领导下,民主办会,团结、动员广大照明科技工作者,以经济建设为中心,通过开展多种学术活动为市政建设服务,为企业服务,为广大科技工作者服务。为发展首都北京照明事业而努力。

北京照明学会下设一个办公室、五个工作部、八个专业委员会,即学会办公室、组织工作部、编辑工作部、咨询工作部、学术交流工作部、科普工作部,室内照明专业委员会、室外照明专业委员会、影视舞台照明专业委员会、计量测试专业委员会、环境艺术照明专业委员会、建筑施工照明专业委员会、电光源专业委员会、灯具附件专业委员会。拥有一批照明专家、学者和科技工作者,长期从事于照明技术的科研、教学、照明工程设计、生产、开发和推广应用工作。现有个人会员900余名,团体会员98个。

北京照明学会的主要任务是在照明领域开展照明技术理论研究、学术交流、科学考察、科普宣传、技术培训、咨询服务、项目评估、方案论证、新产品、新技术推广应用、编辑出版专业书籍和照明科技期刊等,促进国内外照明领域的科技工作者的学术交流和联系。

20多年来,北京照明学会在市科协领导下,各项工作取得了显著成绩。结合照明行业的发展,广泛开展学术交流;大力开展科普宣传活动;《金桥工程》活动取得硕果,坚持不懈地为市政府的中心工作服务,协助市政管委全面落实北京城市夜景照明的技术工作,推动了北京照明事业的发展。

北京照明学会多次被评为先进学会,是北京市先进社会团体,被首都精神文明建设委员会命名为“首都文明单位标兵”。

北京照明学会的会刊是《照明技术与管理》。

北京照明学会办公地址:北京西城区白云观街7号　　**邮　　编:**100045

电　　话:010-63392500-205　　**E-mail:**szzmxh@126.com

中国照明电器协会

中国照明电器协会(China Association of Lighting Industry)是由照明电器行业的企业、事业单位自愿组成的社会团体,是经中华人民共和国民政部正式注册的全国唯一的照明电器行业的社团组织,具有社会团体法人资格。中国照明电器协会成立于1989年,是全国性的,不受地区、部门和所有制限制的非营利性社会团体,协会的上级主管部门是国家经贸委。

协会的宗旨是遵守宪法、法律、法规和国家政策,遵守社会道德风尚,沟通企业之间、行业之间、企业与政府之间的关系,协调同行业利益,维护会员的合法权益和行业的整体利益,促进行业发展,繁荣社会主义市场经济。

协会下设5个专业委员会,即电光源专业委员会、灯具专业委员会、灯头灯座专业委员会、电器附件专业委员会和专用材料专业委员会,两个工作委员会及信息工作委员会和人才培训专业委员会。

协会的主要业务范围包括:

(1)开展对国内外同行业发展状况的调查研究,向政府部门反映会员的愿望和要求,提出制定行业规划、政策、立法等方面的建议。

(2)开展行业调查统计,收集和发布行业信息。

(3)创办行业协会出版物。

(4)参与制定和修订行业的产品标准。

(5)组织本行业的产品展览和订货,开展技术交流和合作。

(6)开展咨询服务。为会员提供国内外技术、经济、管理、市场等方面的信息。

(7)组织管理与技术方面的人才培训。

(8)与国外同行业及相关组织建立联系,开展国际交流与合作。

(9)维护会员合法权益,协调会员关系,商定行规行约。

(10)承办政府及有关部门委托的工作。

根据协会宗旨和业务范围,十几年来协会在全行业开展了大量工作。目前协会拥有1000余名会员,会员中几乎包括了所有行业内的骨干企业。照明电器行业"八五"、"九五"、"十五"的发展计划均出自协会;行业权威的统计也全部出自协会;协会目前办有三个刊物,即《中国照明电器》、《照明电器简报》和《中国灯饰》;协会组织行业标准和国家标准的制定工作,协会理事长任全国照明电器标准化技术委员会主任;协会连续十年每年在国内组织照明电器展览会,连续十几年每年组织全行业订货会,连续七年每年组织行业内企业参加在国外举办的国际照明展。同时协会每年均举办不同形式的学术研讨会、市场研讨会、产品发布会,以促进企业间的交流与合作。协会每年为国内外照明界包括PHILIPS、GE、OSRAM等大型跨国公司提供大量咨询。协会的人才培训工作委员会每年均举办技术培训;协会与国外同行业组织和企业建立了密切的联系;协会经常营会员企业的要求,为会员企业提供免费服务,在会员企业中具有很高威信。

协会的优势是全面、细致地了解行业企业的生产、经营状况,产品的标准、认证、质量状况,企业技术、设备、原材料供应状况,市场销售状况。

中国照明电器协会愿同国内外同行一起努力,共促行业发展!

河南省照明学会

河南省照明学会成立于1989年6月。业务主管单位为河南省科学技术协会。河南省民政厅社管局注册登记的具有独立法人地位的学术性社会团体。学会涵盖视觉与颜色、光生物与光化学、室内照明、室外照明、图像技术、电光源与霓虹灯技术、灯具。道路照明、电影电视与舞台照明等专业领域。

本届(第三届)理事会由51名理事组成。

理 事 长: 崔元日
副理事长: 孟铁成　王继援　兰天一　刘祥吉　刘孝宏　于　冰
秘书长(兼): 于冰
副秘书长: 祝永朝、姚凯

陕西省照明学会

陕西省照明学会成立于2004年5月18日，办有"西部照明网"，网址：www.xbzhaoming.com，下设四个委员会。分别是：科普工作委员会、学术工作委员会、组织工作委员会、咨询工作委员会。还拟成立四个专业委员会，分别是：照明工程专业委员会、光源专业委员会、路灯及道路照明专业委员会、照明测试专业委员会。

陕西省照明学会挂靠于西安应用光学研究所。学会现有理事83名，常务理事31名。

理 事 长：王小鹏

副理事长：霍小平　刘德法　陆治国　肖建国　杨德才　杨庆福　杨照金　杨文军　王甫奇

秘 书 长：吴宝宁

陕西省照明学会办公地点：

西安市电子三路西段9号通信地址：西安市123信箱重庆照明学会

邮　编：710065　**电　话：**88288183　**传　真：**88288000

E-mail：zhaomingxuehui@126.com

上海市照明学会

简介：本刊是上海市照明学会主办的有关照明领域的综合性学术刊物，它的任务是及时报导国内外照明工程、电光源、灯具、元器件、材料等照明领域的先进科学技术成就和最新动态、信息。

《光源与照明》是由国内照明界著名专家学者参与编撰众多知名企业加盟的专业期刊。

地　址：上海市北宝兴路75号　**邮　编：**200083

传　真：021-56383251　**电　话：**021-56338283　**电子邮件：**shlled@eastday.com

江苏省照明学会

江苏省照明学会成立于1987年5月21日，现有团体会员单位228个，个人会员200多人，学会理事69人，常务理事23人。学会业务主管单位为江苏省科协、管理部门为省民政厅，挂靠单位为江苏省轻工资产管理公司。

江苏省照明电器行业是我国照明电器生产大省，年产值达100多亿元、灯泡总产量达20亿只、灯泡原材料配套件供应全国；灯具、电器配件品种齐全；产品质量、技术装备、科研技术力量等在国内、外有一定的知名度。

江苏省照明学会拥有一批国内照明领域的专家、学者和工程技术人员。我会主要任务是将科研、生产、应用等领域的科技人员组织在一起，共同研究、探讨照明电器领域的发展、规划；在照明领域开展学术交流、技术咨询、技术培训、编制标准、编辑出版照明科技资料及信息；促进国内、外照明领域的学术交流活动和科技工作者之间的联系，举办科技成果和新产品展览会；维护企业利益、积极为企业服务；发挥企业与政府之间的桥梁和纽带作用。

通过学会十几年的工作，使我会有一定的向心力和凝聚力，受到会员单位的好评，获得省民政厅、省科学技术协会的嘉奖，被评为省级先进单位，在国内同级学会中有一定的知名度。

江苏省照明学会办公地点：南京市北京西路72号

邮　编：210024　**电　话（传真）：**025-83244317　**E-mail：**jszmxh@sina.com

浙江省照明学会

浙江省照明学会是经有关部门批准成立的民间组织，它成立于1984年，是中国照明学会的成员单位。是由本省照明领域内涉及科研、教学、设计、生产、开发、测试等方面的单位和个人自愿组成的全省性、科技性、公益性、非营利性的法人社会团体，是党和政府联系照明工作桥梁和纽带，是发展我省照明产业的重要力量。学会紧紧依靠广大照明工作者和会员积极开展各项活动：如技术咨询与培训、研讨与交流（包括学术、技术、产品信息等）技术攻关等，为发展我省的照明产业繁荣社会主义市场经济做贡献。

浙江省照明学会领导成员：

理 事 长：叶关荣　　**副 事 长：**陈哲良　潘建根　陈志明

秘 书 长：陈志明（兼）　　**副秘书长：**李学丹　吴幼卿　董建平

浙江省照明学会分支机构　　浙江省照明学会电光源与灯具专业委员会

主任委员：吴永强　　**副主任委员：**潘水苗　唐寅轩　邵运洪　杭　军　杜国红

浙江省照明学会光环境与照明设计专业委员会

主任委员：朱时光　　**副主任委员：**卢庆新　尹文斌

浙江省照明学会计量试技术专业委员会

主任委员：陈志明　　**副主任委员：**侯民贤

深圳市照明学会

深圳市照明学会于1996年经市民政局批准成立，社团登记管理机关为深圳市民政局，业务主管机关为深圳市科学技术协会，本团体为中国照明学会的团体会员也为理事单位，在业务上与其保持密切联系，并为其推荐高级会员。

本团体的性质：由照明工程和技术领域的企业、事业单位的科学技术人员和管理人员组成的照明科技专业学术性的非营利性的自愿结成的地方性组织。

本团体的宗旨：遵守宪法、法律、法规和国家政策、遵守社会道德风尚的社会组织，团结和组织广大照明科技人员和管理人员，以经济建设为中心，贯彻科技是第一生产为的方针，为深圳市照明科技和生产发展服务。本团体对外代表深圳市与全国各省市和台港澳的照明学会，以及国外和国内照明行业组织进行友好往来，使深圳市照明行业更快的走入国际市场和科技领域。

本团体的工作：根据《深圳市总体规划》开展决策论证，提出政策建议；积极开展科技咨询活动，为城市建设和经济建设服务；充分发挥工作委员会、专业委员会和专家委会的作用；及时传达政府的方针政策，反映会员的意见和呼声。

本学会所属的专家委员会成员70多位，绝大多数具有国家高级技术职称，他（她）们在与照明专业有关的各种活动中发挥着积极作用。参与学会的工程方案设计、工程验收、工程制标、招标、投标和评标工作，为全国的照明工程的投资方和设计施工方做出了积极的贡献；为深圳市的照明电器产品，尤其是LED半导体照明产业，承担着产品鉴定、科技成果鉴定，以及人才的推荐和选定进行着咨询和服务，为政府把好技术关和人才关。本学会每年定期开展“深圳市优秀照明工程单位”、“深圳市优秀照明新科技和新节能产品”及“深圳市优秀照明景点”等优秀产品与项目的评选活动；为企业提供技术咨询服务；推荐企业高新技术产品及技术，积极开展国内外学术交流活动；组织重点学术课题和高新技术的讨论和研究；举办各类不同层次的培训班、讲习班和进修班，以提高广大会员的学术水平；出版刊物《照明视界》及创办网站（中国照明科技网，http://www.lightingtec.com）；普及照明技术知识；加强与港澳台及国外照明的科技交流；大力普及照明技术知识，积极发展与国内外相关的技术经济组织的关系与合作，举办照明展览会和照明专业论坛进行技术交流，并组织协助会员单位参加国内外照明展览（展销）会。

联系方式：

地　址：深圳市罗湖区宝岗路祥福雅居彩云阁1812　　**邮　编：**518029

电　话：25979960、25979740　　**传　真：**25979814

促进经验交流　引导技术创新　推动行业进步

中国建筑学会建筑电气分会

中国建筑学会成立于1953年，是经国家民政主管部门批准注册的独立法人社团，其中学会直属机构建筑电气分会成立已有20余年，作为沟通政府、设计单位、产品企业及其他部门的桥梁，分会一贯秉承百花齐放、百家争鸣的方针，积极开展各种学术活动，并对重大科研问题及工程项目进行咨询、评估等工作。

20余年间，建筑电气分会在历届委员会的努力下，对于促进建筑电气的科技进步，推动经济建设和社会全面发展做出了积极的贡献。特别是近10年来，随着我国经济的快速发展，以公共建筑物为代表的现代都市标志性建筑的兴起，由于其功能、结构的复杂，给照明、供配电、消防、防雷接地、楼宇控制等带来了很多技术新课题，就建筑电气分会而言，要处理与解决这些技术问题，都极具挑战。为引导建筑电气行业不断健康、有序地发展，通过研究、交流，总结上述重要问题的经验，以此提高本行业的技术创新和竞争能力，具有十分重要的社会意义。

中国建筑学会建筑电气分会是一个充满活力的学术团体，真诚期望与国内外同行及企业界共同协作努力，为构筑人类美好的未来做出更大的贡献。

中国建筑学会建筑电气分会
第七届理事会成立时间：2005年10月
挂靠单位：北京建筑设计研究院
主任委员：洪元颐
秘 书 长：杨维迅
地　　址：北京市南礼士路62号
邮　　编：100045

中国建筑科学研究院建筑物理研究院

中国建筑科学研究院建筑物理研究所是建筑物理环境和节能领域集科研开发、标准编制、工程设计、工程承包、检测评价于一体的科技型企业。

建所50余年，特别是改革开放以来，共完成了150多项科研项目，主编和修订了50多本国家和行业标准，其中有60多项课题、标准和工程项目分别获国家、部、局(院)级奖；并拥有多项专利、专著和检测技术；广泛开展四技服务并承接了多项建筑环境和节能工程的设计和施工任务，为国民经济和社会发展做出了应有的贡献。

物理所技术力量雄厚，人员级配合理。全所技术人员48名，其中研究员、研究员级高级工程师9名，高级工程师10名，工程师14名。具有硕士学位以上的科技人员14名。有不少高级专家分别担任了有关建筑声、光、热、门窗专业学会或行业协会的领导职务，其中有的学会、协会分会或专业委员会长期挂靠在我所。

几十年来，物理所在建筑声环境方面，开展了隔声、吸声、管道消声、隔振、噪声控制、厅堂音质及音质模型等方面的研究、设计、检测、咨询工作；并主编和参编了相应的国家和行业标准，为改善我国各类建筑的声环境，为人们创造安静、舒适的生活、学习和工作条件做出了应有的贡献；在建筑光环境方面，开展了我国天然光资源和如何利用天然光的系统研究，研究各类公共建筑、居住建筑、工业建筑以及机场、道路、立交、广场、港口、隧道等室内外照明的数量和质量要求以及照明方式、方法，研究和评价类建筑的采光设计的合理性，开展了室内外照明以及光源、灯具及附件测试方法的研究，还进行视环境评价方法、光源显色性评价方法、建筑色彩体系和色卡的研究，并制定了相关的国家标准。近10年来，由物理所组建的中国建筑技术集团有限公司照明音响分公司，凭籍拥有国内知名照明专家等优势，积极投入北京市乃至全国许多城市的夜景照明的规划、设计和工程建设工作，为我国夜景照明的蓬勃健康发展作出了卓越贡献；在建筑热环境方面，主要研究建筑材料与构件的热工性能、建筑围护结构的传热和水分迁移过程、建筑室内的热舒适性以及建筑节能，并主编和参编了相关的国家标准和手册，自行研制了专用的检测设备。近年来，先后完成了《民用建筑节能设计标准》、《公共建筑节能设计标准》的编制和修订工作，对推动建筑业节能工作的发展发挥了重要的作用。成功开发了建筑节能达标评审、建筑热过程动态模拟、建筑围护结构传热分析等计算机软件，为推广建筑节能提供检测手段和计算方法。取得了良好社会效益和经济效益。从20世纪70年代末，物理所率先在国内开展建筑门窗物理性能方面的研究，成立了国内第一个专业研究室，编制了国内第一批建筑门窗物理性能检测方法标准，从日本引进先进的门窗幕墙动风压检测设备，使检测技术水平与世界同步。目前，自行研制了国内最先进的建筑幕墙检测设备，承接了首都机场、中央电视台等大型建筑幕墙的建筑物理性能、抗震性能以及爆炸性能等的检测，继续保持了在国内幕墙检测领域的领先地位。

经国家质量技术监督局授权、通过中国实验室国家认可委员会认可的国家建筑工程质量监督检验中心所属的建筑幕墙门窗质检部、采光和照明工程质检部以及建筑节能和环境质检部均以我所为技术依托，多年来完成了大量用户委托的有关产品和工程的检测任务以及国家质量管理部门下达的产品抽检任务。除此之外还积极研发检测设备，其中幕墙门窗质检部拥有自主知识产权的建筑门窗动风压性能现场检测设备已进入检测市场。

作为科技型企业，今后在与社会各界交往中将一如既往地重信誉，守合同，高效优质地作好服务工作。

地　址：北京市西城区车公庄大街19号(100044)
电　话：(010)88386960　　88386959
传　真：(010)88386960
网　址：www.cabr.com.cn　　www.cabribp.com.cn

国家建筑工程质量监督检验中心
建筑采光照明工程质检部

国家建筑工程质量监督检验中心是通过国家技术监督局审查认可及计量认证，国家依法授权的有公正地位的建筑工程质量监督检验机构。

建筑采光照明工程质检部作为国家建筑工程质量监督检验中心所属质检部门，可承担建筑采光、建筑日照、照明工程及相关采光照明材料、设备的质量监督检验工作。其职能主要包括：各类建筑相关项目的工程验收和技术鉴定、国家监督抽查，仲裁、新产品鉴定、实行生产许可证产品的检验及有关单位的委托检验工作；编制有关标准、规程，研究开发新的检验技术和方法。

建筑采光照明工程质检部在检验工作中，以技术标准为依据，以独立的组织机构为保证，以完善的检测手段和熟练的检测技术为基础，真实客观地评价建筑工程、工程产品质量水平，准确及时地提供检验报告，确保质量检验工作的“公正”、“科学”、“准确”。

检测项目

工程类型	体育场馆照明	道路照明	机场停机坪照明	建筑物室内照明	夜景照明	建筑采光	建筑日照
工程产品	泛光灯具	路灯灯具	隧道灯具	室内灯具	机场灯具	LED显示屏	建筑材料

地　址：北京市西城区车公庄大街19号(100044)
电　话：(010)88386963　　(010)88364840
传　真：(010)88386963
信　箱：cbjlighting@vip.sina.com

工程实例

第九届全国运动会主会场

国际网球ATP总决赛场(2005)

北京丰台2008奥运垒球主场

2006世界青年田径锦标赛主赛场

北京清华城市规划设计研究院

北京清华城市规划设计研究院（原称清华大学城市规划设计研究院）成立于1993年，取得建设部授予的城市规划设计甲级资质（证书编号021004），2003年取得国家旅游局授予的国家旅游规划设计甲级资质（证书编号：旅规甲03–2003）。

植根于清华大学的学习研究环境，依托于清华大学的人才优势，我院一直坚持城市规划工程实践与科研、教育相结合的发展思想，充分发挥我校长期参与国家许多重大城市规划工作积累起来的丰富的实践经验、较强的技术优势和突出的学术特色。目前，我院已形成城乡总体规划设计、详细规划与城市设计、景观园林规划、风景旅游规划、城市交通规划、物流规划、城市照明规划、环境与市政规划、能源规划、城市声环境设计等专业规划设计所。专业技术人员100余人，其中绝大部分拥有硕士或博士学位。

在大型城市规划项目的编制过程中，清华规划院已形成一种特色突出的工作方法，即在“清华规划”的平台上集合清华大学以及北京市其他研究机构城市规划相关学科、专业的技术优势，组成优势技术团队，并与地方兄弟设计单位紧密合作，相互配合。针对各个不同的项目，我院组成的团队包含有：建筑、规划、经济、社会、地理、生态、景观、能源、交通、物流、环境等多学科的技术人员，深入进行专题研究。

近年来，我院主要完成的作品包括城市发展战略研究、城市总体规划、城市新区及重点地区详细规划及城市设计、风景区及旅游度假区规划设计、旧城保护与改造规划、居住区规划、校园规划、产业园区规划、城市物流园区规划、城市交通规划与交通影响评价、城市照明规划、环境与生态规划、景观规划与设计等多项内容。

城市照明研究所

光环境研究所是我院进行城市光环境设计的专业分所，由詹庆旋教授（清华大学建筑学院教授；前中国照明学会副理事长；国际照明委员会委员；国家一级注册建筑师）担任所长，荣浩磊博士（清华建筑学院建筑技术科学博士，中国照明学会理事）担任副所长，与数名研究生、本科生设计人员组成了一支专业化的精英队伍。本所依托于清华大学的技术力量，融合我院的城市规划、建筑学、园林景观等专业的设计理念，在城市照明规划、建筑与景观照明设计等领域具有强大的设计实力，整体研究力量居全国首列；2003年由建设部规划司指定为“城市照明规划规范”的唯一主编单位。

在近年来全国蓬勃发展的城市夜景建设热潮中，我院充分发挥自身的技术优势，承接了众多大型设计项目，主要有：北京东城区夜景照明总体规划、北京市商务中心区夜景照明总体规划、北京王府井商业街夜景照明总体规划（一期获北京城市建设奖）；皇城根遗址公园及王府井大街北段夜景照明规划设计、北京朝外大街夜景照明规划、北京清华科技园照明规划与设计、郑州市夜景照明总体规划、温州市城市夜景照明规划、宁波科技园区夜景照明规划、深圳市城市景观照明规划、金昌市城市广场与公园照明规划设计等。

通过大量的设计实践，我们的队伍具备了丰厚的设计经验与先进的创作理念，同时也在专业领域树立了典范形象，我们的设计宗旨是：技术与艺术融合，合理运用照明手段，创造可持续发展的城市光环境。

复旦大学光源与照明工程系

复旦大学光源与照明工程系暨电光源研究所是我国从事这一领域教学和科研的专门机构，同时，又是中国照明电器协会的人才培训中心。我系与国内外学术界有着广泛的联系和交流，被公认为我国光源与照明领域的权威研究单位之一。建系10多年来，已经培养和造就了一支较强的教学和科研师资队伍。全系副教授以上高级职称占全体教师50%以上。其中，有硕士生导师8名，包括两名博士生导师。我系共为国家培养了六百多名（包括博士、硕士、本科、大专）高层次的照明电器人才，并为国内近4000名在职科技人员举办了各种类型的以知识更新和科技交流为目的的研讨会和培训班，“八五”、“九五”计划期间，我系承担了国家照明电器的开发任务，取得了突出成绩，在照明电器领域的开发研究一直处于国内领先地位。尤其是在绿色照明领域取得了杰出的成就，先后完成了几十项重大项目，获国家级、省部级的发明奖和科技进步奖15项，并出版了20多部专著和译著，在国内外重要刊物上发表论文百余篇。我系研究的各种节能光源，尤其是紧凑型荧光灯在国内大量推广使用，产生了显著的经济效益和社会效益。为此，荣获国家教委科技进步一等奖和国家科技进步（推广类）三等奖。最近又成功地开发出最新的节能光源——微波流灯。我系在教学科研方面的成就不仅在国内产生较大影响，而且在国际照明领域的学术界和工业界素享盛名。为了适应我国经济建设和科技发展的需要，推动“绿色照明工程”的深入实施，本着拓宽专业口径，培养复合人材，增强学生工程技术和工程实践能力的目的，教育部于2003年3月批准将“光源与照明专业”拓宽为“电气工程与自动化专业”。并保留光源与照明工程研究方向的特色。该专业的设立，将为我系开辟更广阔的发展前景。

光源与照明是一门为人类带来光明的边缘交叉学科，在工农业生产、科学研究、交通运输、国防、医疗卫生、商贸办公、文化娱乐和日常生活等国民经济的各个领域都有着其特殊和重要的地位。光源与照明工程系建立于1984年，设有目前国内高等院校中唯一的光源与照明专业，现该专业拓宽为电气工程与自动化专业。该系的前身是由著名电光源专家蔡祖泉教授领导的电光源研究所，曾为我国新光源的诞生和照明事业的发展做出重大的贡献。

该系与国内外照明学术界有广泛交流和联系，被公认为我国光源与照明领域的权威单位。现有四个研究室和一个中心：光源研究室、光源工艺与材料室、光源电气和电子学研究室、照明CAD设计与测量研究室以及上海市汽车照明工程中心。作为复旦大学特色学科，该系在发扬自身特色的基础上，巩固和发展复旦大学在光源领域中的领先地位。通过发挥已有的声誉和技术优势，研究方向涉及绿色照明研究、照明工程设计、汽车照明工程研究、光电测试技术研究、中间视觉研究等领域。

该系在科研方面先后完成了数十项重要项目，获得国家技术发明奖、教育部科技进步一等奖等国家和省部级科技奖励18项，出版了20多部专著和译著，在国内外重要杂志上发表论文百余篇，编写的教材获上海市普通高校优秀教材奖。

中国国家技术监督局授权检测照明电器产品的国家级检测和认证机构

序号	机构名称	地址	邮编	电话	电传	联系人	法人代表
1	国家电光源质量监督检验中心(北京) National center for Quality Superrision and Tast of Electric Light Sourse (Beijing China) 中国照明电器产品(北京)认证检测站 China station of Certifica-tion and Testing Lighting Electrical Product(Beijing China)	北京市东三环市路21号	100020	65064094	65024077	张任水 张蔼若	肖友才
2	国家灯具质量监督检验中心 China National Lighting Fitting Quality Superrision and Testing Centre 中国电工产品认证委员会电器检测(1)站 First Testing Station for Lighting Electrical Apparatus of China Commission for Conformity Certification of Electrical Equipment	上海市苍梧路381号	200233	(021) 51097935	(021) 54264342	陈超中	
3	中国电气设备检测所、广州电气安全检测站 Guangzhou Testing and inspection Station for Electrical Safety of China Testing and Inspection Institute for Electrical Equipment	广州市海珠区南村路泰山庙前3号	510220	(020) 84437443	(020) 84420604	陈伟升	马坚
4	中国家用电器检测所、广州家用电器检测站 Guangzhou Testing Inspection Station for Household Electrical Appltionces	广州新港西路204号	510302	(020) 84451692 84451711 -691 -496	84183160	吴国平	汤宝流
5	国家电光源质量监督检测中心(上海) National center for Quality Superrision and Tast of Electric Light Sourse (Shanghai China)	上海市苍梧路381号	200233	(021) 51097935	(021) 54264342	陈超中	
6	国家轻工业电光源材料质量监督检验中心 China National Light Industry Electric Light Source material Quality Supervision and Testing Center 江苏省电光源灯具质量监督检测站 Jiangsu Quality Supervision & Inspection Station of Electric Light Sources & Luminaries	南京市下关区金川门外5号	210015	(025) 8806434	(025) 8806406	朱宪忠	王海波

加强产学研联合

全方位搭建半导体照明自主创新交流合作公共平台

在国家半导体照明工程协调领导小组的引导和支持下，国家半导体照明工程研发及产业联盟（以下简称联盟）于2004年10月12日成立，联盟由国内40余家从事半导体照明行业的骨干企业和科研院所按照“自愿、平等、合作”的原则发起成立。联盟实行常务理事会领导下的执行主席负责制，目前常务理事会由11家常务理事单位组成，常务理事会设1名产业执行主席、1名研发执行主席和1名秘书长，秘书长主持开展联盟日常工作，组织实施年度计划。

联盟旨在通过“联合、创新、求实、发展”，以推进半导体照明的技术进步和产业化为目标，充分利用现有资源，通过建立各类信息、知识产权等资源共享机制，探索搭建公共技术服务平台，以共赢的商业模式提倡上下游企业的联盟合作、集聚创新式的区域合作和全球范围内资源整合的国际合作，为政府出台相关产业政策提供决策参考，实现行业自律，拓展海内外市场，提升产业的国际竞争力。

联盟通过举办会展等工作，为业界搭建国际交流合作平台，已在上海、厦门、深圳成功举办三届国际半导体照明论坛暨展览，累计参会人数达到1200多人。在7月12日-14日在深圳举办的第三届中国国际半导体照明论坛暨展览上，包括美国、日本、韩国在内的各主要国家半导体照明计划起草人，以及Osram、Philips、Cree、LG等国际知名企业负责人等524名代表参会，157家国内外知名企业参展，中国国际半导体照明论坛暨展览已成为国内规模最大、内容最全、影响最广的专业盛会。

联盟还分别邀请海外专家、国家知识产权局专家，在北京、南昌、上海等地对进行了300余人次专题培训。联盟代表多次参加美国、韩国、马来西亚，以及我国台湾地区的10余次半导体照明国际会议，产业界首次出现在国际舞台，确立了我国半导体照明产业的国际地位。

目前，联盟按产业链不同环节和领域组建了工作小组，以加强技术、市场、产业信息的交流，规范市场，探讨行业急需制修订的标准，制定包含我国自主知识产权、规避外国专利技术的行业标准，积极与外国大公司搞合作开发，参与国际标准的制定。

联盟秘书处设在“中国半导体照明网”（www.china-led.net），中国半导体照明网成立于2004年10月，是国家半导体照明工程唯一网上信息门户，由协调领导小组办公室负责指导工作。

网站目前开通了“资讯中心”、“政府视窗”、“企业名录”、“产品展示”、“商机在线”、“会议会展”、“LED讲堂”、“专利标准”、“猎头招聘”九大网络频道，为政府、企业、研究机构、投资商等提供“LED产业资讯联播、企业上网直通车、产品网上博览会、人才招聘、产业研究报告、电子杂志”等服务内容。已形成遍及世界几十个国家和地区的稳定的浏览群体，累计点击率超过10万人次，日点击量超过5000人次。

“十一五”是我国半导体照明自主创新、实现跨越式发展的关键时期，科技部领导明确提出“要重点支持建立以企业为主体的体系，要支持建立企业间的战略联盟”。联盟将通过产业链上下游企业对竞争中技术的紧密配合攻关，加强产学研合作、培育企业作为技术创新主体；通过产业链主要环节重点企业的联合研发投入，形成联盟研发基金与国家研发平台互动的模式，建立竞争前技术的专利联盟，使目前仍然弱小的企业，有可能成为创新投入主体和拥有较强的持续创新能力。

“十一五”期间，联盟将继续加强产学研联合，搭建半导体照明自主创新交流合作公共平台。通过产业发展战略与知识产权战略研究，以及推动标准体系建设，积极配合半导体照明工程重大项目的实施，使半导体照明成为高新技术领域成功开展自主创新的一个典型范例，为我国创新体系建设探索可行的建设思路和发展模式，为建设有国际竞争力的半导体照明新兴产业贡献一份力量。

第七篇　照明工程案例篇

南京奥林匹克体育中心是2005年第十届全国运动会的主赛场，是江苏省建国以来最大规模的社会公用事业项目，也是南京这座历史名城的标志性建筑，建成后的南京奥体中心是2008年北京奥运会举办前国内最具规模、功能最全、技术标准最高、环境最美的综合性大型体育建筑群和体育公园。

南京奥体中心照明工程

项目名称

南京奥体中心照明工程

项目主要承担者

江苏省杰出经济发展有限公司
江苏天禧景观照明工限公司
大连美通照明设备有限公司

产品供应商

欧司朗（中国）照明有限公司
澳大利亚邦奇电子工程有限公司

1 项目背景

奥体中心地处南京城西新区中心区域，东临江东南路，南毗青石埂路，西连上新河路，北接纬八路，其西南部为正在建设中的地铁一号线终点站，规划中的二号线将在其东面。工程总占地面积89.6公顷，总建筑面积约40.1m^2，主要包括体育场、体育馆、游泳馆、网球中心、体育科技中心以及交通工程、环境景观、能源中心等配套工程。工程总投资约合人民币20.88亿元。

1.1 体育场

主体育场建筑面积13.6万m^2，可容纳8万观众，它两条跨度近400m的大拱举世无双，像两条彩虹高挂在体育场的上空，具有飘逸的动感。

体育场的重要特征是多功能性、灵活性、通用性。通过双曲面顶部构造，超越所有看台，确保观众席取得良好的视觉效果。

田径、足球热身场按国内目前最高标准建设，看台带有3000个观众席，有8道的400m跑道，并有地下通道与主赛场连接。

1.2 体育馆

体育馆外观犹如一只开启的扇贝，体现了流动性和动态感。体育馆建筑面积近6万m^2，可容纳18000名观众，设有两块标准体操场地和长江以南最大的两个人工冰场，体育馆分为主馆、副馆。

主馆为综合性的正式比赛用场馆，有活动看台，可容纳超过13000名观众。在这里将举办国际级的篮球、排球、室内田径、室内足球、手球、羽毛球、乒乓球、网球、体操、拳击、武术、柔道、举重等比赛。而且除比赛外，这个综合馆还能够适应集会、展览等多种用途。

副馆为训练馆，分为两层，上层为综合馆，下层为冰场。

1.3 游泳馆

游泳馆是一个具有创造性的地标建筑，总面积约3万m^2，可容纳4000名观众，设计师通过它的造型、材料和建筑设计语言，与其他游泳运动设施融为一体。

游泳馆内有标准池、跳水池、训练池及戏水池各一座，其中跳水池水深6m，是目前国内第一个按国际泳联最新标准建造的跳水池。同时也是国内首个在一个建筑空间内设有以上四个泳池的游泳馆。

1.4 网球中心

网球中心符合举办国际比赛的要求，其建筑面积近40000m^2，可容纳10000名观众，设有一个决赛场、二个半决赛场、十四个露天球场以及四个室内场地，它造型别致，与周边水景环境遥相呼应。其规模和标准目前居国内首位。

网球中心决赛场可容纳4000名观众，每个半决赛场可容纳2000名观众。

1.5 体育科技中心

体育科技中心建筑面积约23000m^2，它将为举办各种国内、国际赛事活动提供新闻发布、新闻传送和会务等服务。另外它也是奥体中心的管理中枢。

体育科技中心是一个外观现代感很强的建筑物，在它的南部设有143m高的观光电梯塔，置身观光平台内，奥体中心、河西新城区以及附近江景尽收眼底。

2 南京奥体中心泛光照明

2.1 主体育场

主体育场是广场内最状观的主体建筑。两个巨大的结构拱弧优雅地自北至南横跨顶部，形成了一个现代的体育建筑，成为奥体中心乃至南京城市的独特标志。是在夜色中完美地表达出大抛物拱结构，在此区域的照明手法上，我们采用高显色性、高色温白光表达出大红拱的本色，使其更加鲜艳明亮，夺人醒目，而支撑体则采用了变色处理。

室内体育馆是现代、动态的建筑，体现了体操的优雅和动感。我们采用LED线条将顶部的内凹成为表现的重点，在一些小退层的地方采用小功率的投光灯表现其退层之间的相互关系。

2.2 体育科技中心

体育科技中心（新闻中心）的高耸并富有创造力的外形，在与其他的体育建筑保持一致建筑语言的同时，形成了强烈的视觉反差，科技中心如同南京奥林匹克体育中心的一座灯塔，引领人们进入一个全新体育和景观设计世界。主要突出其建筑高度，使其成为体育中心远景的视觉焦点。采用明亮的兰色光对建筑顶部进行高亮度突出表现，表现出建筑的天际线。

2.3 网球中心

网球中心就像一颗珍珠镶嵌在人工亭中央，亭子靠近大平台，引导观众走向主赛场。我们表现了三个重点：

（1）决赛场的顶部碟层：LED投光灯将其结构完美的表现出来；

（2）入口的立柱：高照度照明；

（3）室内馆的玻璃顶：采用在内部安装投光灯的方式将其材质完美表现。

2.4 游泳中心

游泳中心的建筑外观类似一个巨大的贝壳，半埋在景观之中。人造的水景形成室内外空间，环绕在建筑周围，增强了建筑的视觉特点。其夜景照明主要是突出其独特的建筑曲线，同时点点星光源的照明结合流动的水，使无论是建筑的外形结构还是建筑寓意都得到较好的表达，采用突出主馆顶部的手法使整体建筑犹如一条刚浮出水面的鱼，与幅馆顶部的白光相互辉映。内部内透光的使用使整体建筑玲珑剔透，呈现水晶般的质感。

2.5 照明设计理念、方法等的创新点

（1）全新的设计理念。

一个整体（南京奥体中心体育公园）。

二个中心（体育场和科技中心）。

三个重点（体育场大拱、观光塔和入口广场）。

四个层次（广场、大平台、建筑物和绿化）。

五个建筑（体育场、科技中心、体育馆、网球中心、游泳馆）。

（2）提出了一种新的设计方式。

①舒适的夜间照明环境。

②白色主基调，使第五代体育建筑在夜间得到完美的表达。

③采用多元化的照明手法（建筑泛光照明、"内光外透"的应用、"点"、"线"与"面"的结合表现）。

④低耗节能。

⑤精心布置安装位置和投射方向，对环境的不良影响降到最低。

（3）照明宣传口号。绿色喜庆、生机无限。

2.6 照明设计中的节能措施

（1）大量的使用LED产品，使总体功率消耗大量降低。

（2）多种开关模式的设计，满足不同功能需求，节约能源。

（3）选用高效率的投光灯具，最高光效可达81%以上。

（4）在满足效果的同时，设计中尽量减少投光灯的用灯数量。

3 体育场比赛照明

3.1 设计方案分析

(1)南京奥体中心体育场的照明设计完全按高清电视转播的要求设计，在国内的体育场照明中首次兼顾FIFA的要求，对至少9个固定摄像机和垂直于场地四边的垂直照度提出要求，固定摄像机／垂直于四边的平均垂直照度大于1500 lx ／ 1000 lx.

(2)设计在满足照度均匀性的同时，首次在国内的体育场中正式考虑了照度梯度的要求，并满足CIE和奥运会的照明要求。

(3)首次在国内的体育场照明设计中提出场地中某一点上四边垂直照度的任意两边照度之比的概念，并满足最小值大于0.5的要求，以提高转播质量，增加照明立体感。

(4)首次在国内外大型体育场照明中采用双回路互为备用、同时工作、各带全场50%灯具的照明设计（图1），满足照度及均匀度要求。这种方法不但解决了应急彩电转播照明，又大大降低成本(国外动辄使用热起动灯具)，为中国、乃至整个体育照明的应急照明开创了一条全新之路。

图 1

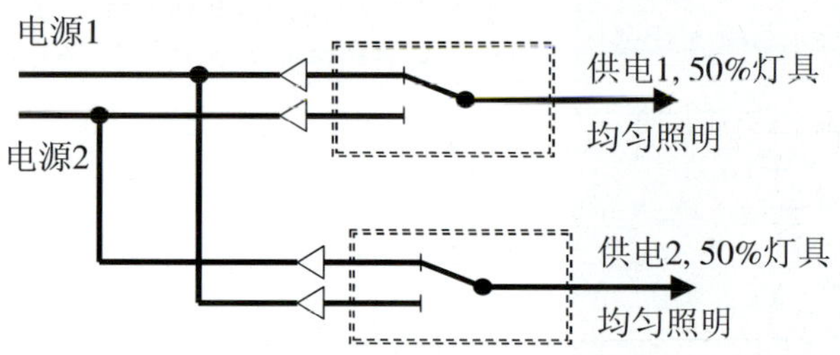

(5)首次在国内的体育场照明设计中提出了向上光比例的概念，并满足CIE No.126 的要求，ULR仅为2%。同时又降低了照明对大显示屏的影响。

3.2 具体实施分析

南京奥林匹克体育中心体育场的照明设计完全按照FIFA2002的照明标准、CIE No.83 和 CIE No.112的照明标准，同时参照2004年雅典奥运足球场照明的要求， 以HDTV为标准，整个体育场的照明不但满足运动员／裁判及观众的要求，为运动员创造佳绩提供良好的照明条件，同时也满足了多个摄像机的转播要求，为更多的电视观众提供了最佳的转播画面，也考虑了赞助商、广告商、媒体等对现场灯光的要求。在为场地提供充分照明的同时，又兼顾了不需要照明的地方，控制了灯光对显示屏的影响，及上射光对光污染的影响。

3.3 照明马道位置设计

利用东西两侧两条主钢结构布置照明马道，马道高度最高为39m，离场地中心79m，与场地中心夹角为26.3°，基本满足彩电转播照明对灯具位置的要求。为满足高清电视转播的要求，符合场地内多个摄像机的照明要求，并最大限度地减少灯具数量，降低运行成本，在场地的四个角上又各增加了两个灯具安装点，高度为33m和28m，以满足场地长边方向的垂直照度及田径场跑道的照明要求并大大减少灯具数量。同时为满足田径比赛终点线实时摄影系统的需要，在与终点平行的马道上增加一组照明灯具，以满足捕捉运动员间极小差距时对照明的要求。

3.4 照明灯具布置

在东西直马道上各布置了150套 MVF403/2kW投光灯具，16套1000W应急照明卤钨灯具，71套400W观众席照明投光灯具，12套1000W观众席照明投光灯具。

在四角的两个点上各布置了16套MVF403/2kW 投光灯具。

在与百米终点线平行的西侧马道上布置了3 套MVF403/2kW 投光灯具。

3.5 照明开关模式

共设计了13种照明开关模式，以满足不同功能的要求，满足节能要求。各模式及各模式照明用电量见表1。

表1

编号	开关模式	MVF403 A1 /2kW	MVF403 A3 /2kW	MVF403 A5 /2kW	总数量	耗电量 /kW
1	清扫		12	4	16	34.6
2	足球训练		36	8	44	95.3
3	田径训练		64	8	72	155.9
4	足球比赛		56	12	68	147.2
5	田径比赛		88	20	108	233.8
6	国内足球比赛 － CTV	16	84	20	120	259.8
7	国内田径比赛 － CTV	36	128	32	196	424.3
8	国际足球比赛 － CTV	20	176	24	220	476.3
9	国际田径比赛 － CTV	48	279	40	367	794.6
10	HDTV － 全场灯光	48	279	40	367	794.6
11	应急疏散照明				32pcs QVF416/1kW	32.0
12	供电回路1	28	124	28	180	389.7
13	供电回路2	20	152	12	184	398.4

3.6 照度梯度

国际足球CTV和国际足球HDTV（奥运标准）模式下的最大照度梯度(5m间距)见表2。

表2

国际足球CTV	水平照度	9%
	垂直照度 － 主摄像机	19%
	垂直照度 － +X方向	14%
	垂直照度 － −Y方向	19%
国际足球HDTV	水平照度	6%
	垂直照度 － +X方向	14%
	垂直照度 － −Y方向	17%
	垂直照度 － 主摄像机	16%

3.7 观众席垂直照度

看台前12排观众席垂直照度：

(南北／东西)(对主摄像机)： 343 lx ／ 499 lx

观众席的照明满足了雅典奥运会的前12排观众席垂直照度应为场地垂直照度的10% ～ 25%的要求。

3.8 眩光

足球场HDTV模式下(奥运标准)的最大眩光满足CIE及FIFA的要求，最大眩光 $GR = 46.3$。

3.9 广告牌照明

为满足赞助商、广告商的照明要求，场地两旁的广告牌上的垂直照度大于1200 lx(对主摄像机)。

3.10 上射光及对大显示屏照度

而在为场地提供充足照明的同时，照明应尽量减少向场地以外的光线。在本工程中，照明对体育场大显示屏的影响仅为48 lx，而上射光比例小于全光通量的2%，充分满足节能和环保的要求。

3.11 应急彩电转播照明设计

为满足应急彩电转播的要求，我们独创了双回路供电、互为备用的照明设计，两独立且互为备用的回路各负责全场50%的灯具，且这两回路上的50%的照明灯具必须保证场地应急彩电转播要求的照度水平及照度均匀度要求，满足应急转播。

两独立供电回路下的足球场照明质量结果见表3。

这种方法在不增加照明投资的情况下，非常良好地解决了应急彩电转播的照明要求，同时也为日后的发电机组、EPS/UPS的使用提供了直接的接口。但这种方法给照明设计带来了非常大的挑战，南京奥体中心体育场是世界上这种设计方法应用的最成功、最大型的综合体育场。

表3

开关模式	计算值	单位	平均值	最小值	最大值	均匀度（最小值／平均值）	均匀度（最小值／平均值）
供电回路1	水平照度	lx	1047	926	1175	0.88	0.79
	垂直照度（主）	lx	1170	890	1365	0.76	0.65
供电回路2	水平照度	lx	1368	1232	1569	0.90	0.79
	垂直照度（主）	lx	1201	845	1492	0.70	0.57

4 体育馆比赛照明

4.1 照明方式

主馆的屋顶范围为 110m × 100m；最大比赛区域为 70m 长，40m 宽。场馆较大，马道高度足够，投射距离较远，在计算过程中，发现水平照度十分充足，本案对垂直照度要求甚高， 而光带投光方式垂直照度较高。综合考虑下来，我们决定采用纯光带方式较为有利。最终本案设计照明方式为：

主馆 – 采用光带布灯方式；

副馆 – 采用顶上均匀布灯方式。

4.2 照度计算

我们为主场馆设置了多达 26 个开灯模式，以满足复杂的使用要求。并选择其中 11 个模式的计算结果见表 4。

表 4

开灯模式	开灯数量	水平照度 /lx		U1 E_{min}/E_{max}		U2 E_{min}/E_{max}		主摄像机垂直照度		边摄像机垂直照度		U1 E_{min}/E_{max}		U2 E_{min}/E_{max}		结论
		要求值	计算值	要求值	计算值	要求值	计算值	要求值	计算值	要求值	计算值	要求值	计算值	要求值	计算值	
篮排球 HDTV 转播	112	3500	4097	0.7	0.73	0.8	0.83	2000	2143	1500	1508	0.6	0.61	0.7	0.76	✓
篮排球彩电转播	60	2000	2161	0.6	0.69	0.7	0.78	1000	1221	750	761	0.4	0.51	0.6	0.64	✓
手球彩电转播	88	2000	2013	0.6	0.71	0.7	0.78	1000	1046	750	776	0.4	0.5	0.6	0.68	✓
体操彩电转播	128	2000	2090	0.6	0.67	0.7	0.77	1000	1033	750	814	0.4	0.57	0.6	0.66	✓
体操比赛	44	750	757	0.5	0.65	0.7	0.75	–	–	–	–	–	–	–	–	✓
体操训练	28	300	404	0.4	0.59	0.5	0.76	–	–	–	–	–	–	–	–	✓
冰球彩电转播	124	2000	2089	0.6	0.67	0.7	0.77	1000	1033	750	814	0.4	0.57	0.6	0.66	✓
冰球比赛	64	750	757	0.5	0.65	0.7	0.75	–	–	–	–	–	–	–	–	✓
冰球训练	28	300	404	0.4	0.59	0.5	0.76	–	–	–	–	–	–	–	–	✓
技巧彩电转播	28	2000	2504	0.6	0.66	0.7	0.78	1000	1198	750	919	0.4	0.57	0.6	0.68	✓
观众席	78	100	139	–	–	–	–	250	332							✓

4.3 眩光计算

要求场地照明对运动员、工作人员、观众不能产生不允许的眩光，标书要求为灯具的直接眩光限制等级为 II 级。我们提供的 EF2000 灯具有内置防眩光隔栅，符合要求；观众席灯具为非对称型，也符合要求。而且，我们把顶棚也照亮，在观众和运动员的眩光主观感觉上，会舒适很多。

一般室内场地要求 *GR* 值 < 30 为可接受的。南京奥林匹克体育中心主体育馆各照明模式眩光计算结果见表 5。

表 5

模式	观察者	观察点坐标			眩光指数 *GR* 值	评价
		X/m	*Y*/m	*Z*/m		
篮球 HDTV	正面看台观众	0	35	5	18.7	符合标准
	场内运动员	8	6	1.5	23.3	
体操转播	正面看台观众	0	35	5	23.4	符合标准
	场内运动员	0	15	1.5	28.0	
乒乓球决赛	正面看台观众	0	35	5	15.7	符合标准
	场内运动员	0	4	1.5	21.8	
乒乓球预赛	正面看台观众	0	35	5	23.4	符合标准
	场内运动员	10	10	1.5	26.8	

注：1.此表内数据为选取各观察点中最大眩光值的点；
2.被注视点均为该处最大眩光方向，其余方向眩光均低于此值（详见眩光分布图）；
3.篮球、体操地面漫反射系数按照 0.4 计算；乒乓球反射系数按照 0.1 计算；

4.4 配电系统

（1）回路及控制柜设置。场地照明灯具控制采用 4 台配电柜，安装于控制室中。参考各灯的开灯模式和瞄准点，灯具均匀分布在 1 号（或 3 号）配电柜和 2 号（或 4 号）配电柜中，一路供电断开时，另外一路供电控制的灯具就可在场地内实现均匀照度。观众席照明配置 5 号和 6 号配电柜，灯具按安装位置均匀分为 8 个回路，5 号柜控制其中 4 个，6 号柜控制另外 4 个。

（2）回路按照就近原则接线，场地照明灯具采用 220V 供电，每相接入一盏灯。回路采用单极断路器保护，三极交流接触器控制。

（3）配电柜内安装 DDRC810DT–MOT–8 路继电器干触点式单极单掷（SPST）无电源开关输出控制器，该器件控制每个回路的交流接触器，实现对灯具的控制；场地照明配电柜内安装 BJ6CD–6 通道监测控制器，各灯具回路相线穿过该器件的检测孔，采用一灯一检。

4.5 控制系统

控制系统采用了澳大利亚 Dynalite 智能照明控制系统。

4.6 光源特性

光源采用欧司朗公司双端金卤灯HQI–TS/1000W/D/S（见图 2），其光源特性见表 6。

表 6

光源型号：	HQI–TS1000W/D/S	光源功率：	1000W
显色指数：	*Ra*>90	色温：	5900K
初始光通：	90000lm	维持光通（1000h）：	81000
额定平均寿命：	6000h	电源电压：	220V/50Hz
灯电流：	9.6A	允许电压波动：	5%
输入总功率：	1065W	功率因数：	0.938

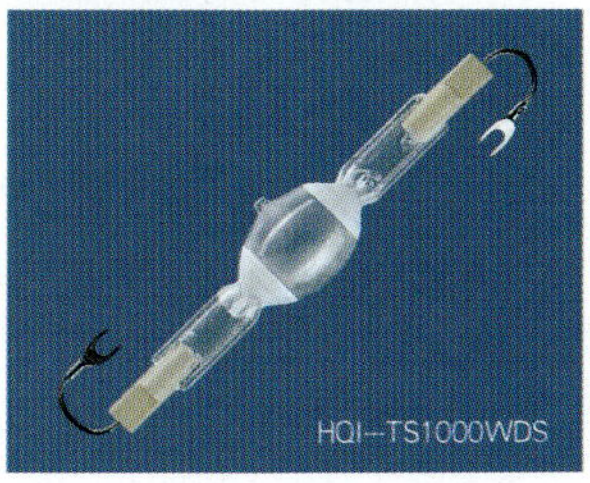

图 2

5 田径训练场、网球中心比赛照明

5.1 田径训练场

位于南京奥林匹克中心田径训练场位于主体育场西北侧，为一标准塑胶田径场地，当主体育场举办大型田径赛时，该场地即做训练场。

（1）照明方式：采用四塔32m高杆灯照明，灯杆设于跑道外圈四角外。

（2）灯具采用：每基灯杆配有40套意大利产RAY2000W灯具，共160套灯具。

（3）光源采用：欧司朗HQI—TS2000W/D/S产品，共160套。

（4）配电系统：主电源由配电室引来，每基灯杆1路供电，配电室采用双电源供电，保证一路停电时，仍可继续工作，且保持场内仍有均匀的照度。

（5）应急照明：每基灯杆上设有4套1500W应急照明灯，以备停电时，可做疏散照明。

（6）控制系统：采用澳大利亚邦奇Dynalite公司产品，该装置设置在灯控室。在灯控室内设置主计算机一台。每基灯杆配有手动控制装置，控制模式为6种。

5.2 网球决赛场

（1）照明方式：灯具安装在莲花型挑蓬下。

（2）场地灯具采用：共安装44套意大利产RAY2000W灯具。

（3）配套光源采用：44套欧司朗HQI—TS2000W/D/S产品。

（4）观众席灯具采用：72套广州胜亚产FGD021—400W灯具。

（5）配套光源采用：72套欧司朗HQI—BT400W/D产品。

（6）配电系统：电源采用二路进线，双电源在配电柜切换互投。

（7）控制系统：采用澳大利亚邦奇Dynalite公司产品，该装置设置在灯控室。在灯控室内设置主计算机一台。该系统设有6个变程模式及手动控制方式。观众席灯光控制有亮、中、暗3个模式。

5.3 网球半决赛场

（1）照明方式：网球半决赛场地为两块标准场地，在每块场地外侧设4个9m灯杆。

（2）灯具采用：每基灯杆配有美国产TSP1500W灯具4套，2套广州胜亚产FGD021—400W灯具。

（3）光源采用：欧司朗HQI—BT400W/D。

（4）控制方式：手动控制。

5.4 光源特性(如表7)

表7

光源型号	HQI—TS2000W/D/S	HQI—BT 400W/D	HQI—BT 400W/N
光源功率	1950	420	400
显色指数	$Ra \geqslant 90$	90	65
色温	5800K	5200K	4000K
初始光通	200000lm	32000lm	36000lm
维持光通(1000h)	170000	28800	32400
额定平均寿命	4000h	12000h	10000h
电源电压	380V/50Hz	220V/50Hz	230V/50Hz
灯电流	11.3A	4A	3.25A
允许电压波动	5%	−8%～+6%	−8%～+6%
输入总功率	2030	455	426
功率因数	≥0.9	≥0.9	≥0.9

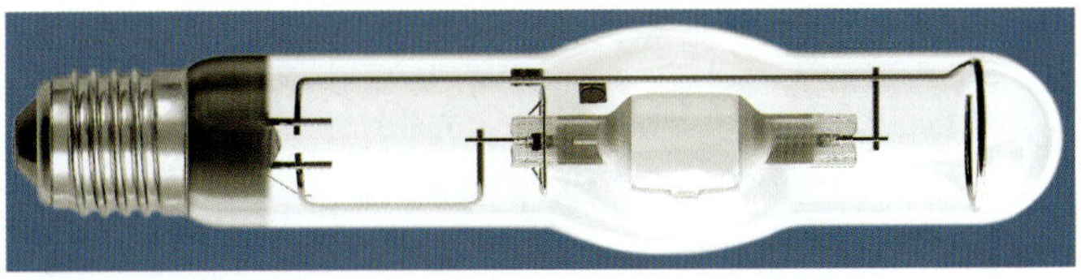

HQI—BT 400WD

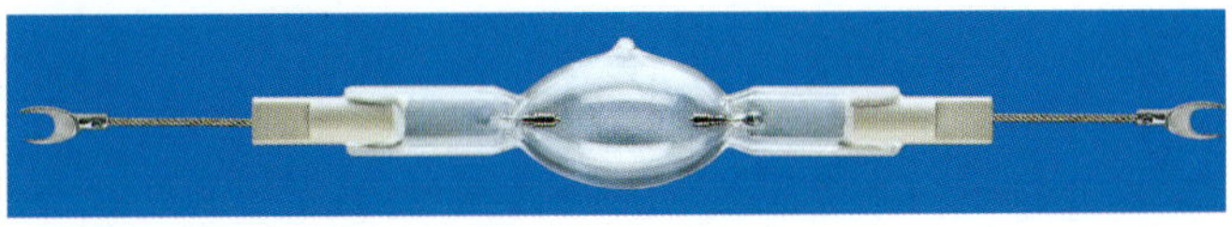

HQI—TS2000WDS

6 体育场比赛照明控制系统

南京奥林匹克体育中心，作为2008年北京奥运会举办前国内最具规模、功能最全、技术标准最高的体育建筑群，不仅要满足各类体育比赛对场地的照度要求，而且照度、光色、眩光都要求达到一定的国际标准，不但可以给正常比赛和训练照明提供先进、可靠的使用和技术支持，而且可以为将来其它用途提供丰富的功能扩展。通过对多功能各体育场馆的各类照明灯具，按各自不同的要求进行智能照明控制，是这座现代化多功能体育场馆的必要选择，南京奥林匹克体育中心体育场以及各比赛场馆采用了澳大利亚邦奇电子工程有限公司提供的Dynalite职能照明控制系统。

6.1 控制方式

主体育场内的比赛照明灯具采用了一灯一控的控制方式，左右马道各配置了8个配电箱，采用两路进线分别供电。观众席照明则采用了三灯一控的控制方式，配置了2个配电箱，采用两路进线分别供电。控制方式如图2所示。所有配电箱均安放在马道上，回路按照就近原则接线。

马道上所有的配电箱均带有手自动功能，手自动功能有两级：一级是模块内部自带的，即模块上有手动开关；另一级在控制室内，由马道上引入控制线，可进行手动开关和自动切换，在马道上的配电箱中增加了信号继电器，克服了由于引线长而引起的电压损耗。

在本系统配置中，一灯一检测。由于开灯模式较多，故配置2个12按键的带锁面板，共可调用24种开关模式。

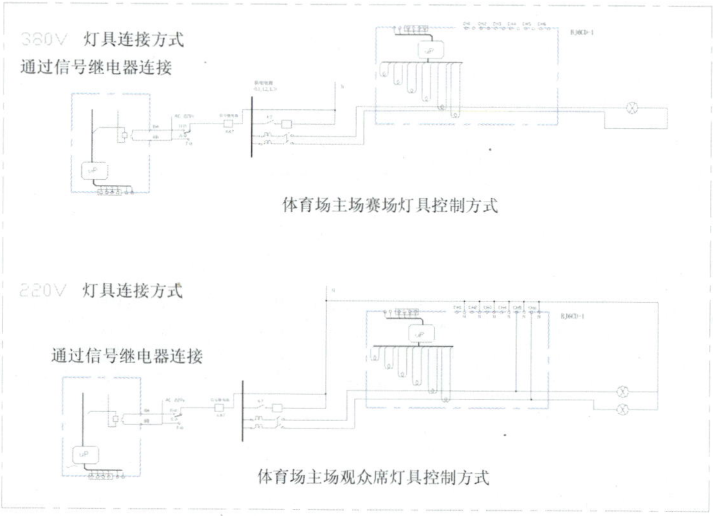

图2　体育场比赛照明系统控制方式

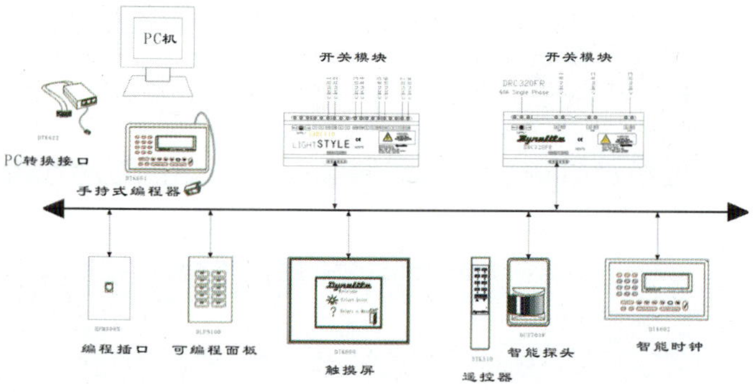

图3　控制系统示意图

6.2 系统优势

(1)控制方式。DYNALITE智能照明控制，采用低压二次小信号控制，控制功能强、方式多、范围广、自动化程度高。通过实现场景的预设置和记忆功能，操作时只须按一下控制面板上某一个键即可启动一个灯光场景模式，即各照明回路不同的搭配组成一种灯光效果，如正式比赛、一般比赛、训练、场地准备等，各照明回路就能自动变换到相应的状态，也可以通过其它界面如遥控器等进行控制。

(2)管理方式。系统可根据各类比赛及其他各功能的需要，通过分布式网络，对灯光进行自动化管理。

(3)节省能源，降低维护成本。由于使用自动化照明控制手段，减少了不必要的耗电开支；同时，也降低了相当的运行维护费用，DYNALITE智能照明控制系统比传统开关控制节电可达20%～50%以上。

(4)保护灯具。由于照明灯具上的电源经过调光器控制和调整，因此电源质量较高，可以避免电网冲击电压和浪涌电压，引入的软启动和软关闭技术，可延长灯具寿命2～4倍。

(5)减少安装布线的开支。Dynalite开关模块具有按序启动功能，避免灯具集中启动时的浪涌电流。系统能自动调节各种场地灯光打开的先后顺序，避免由于同时点亮而引起的启动大电流冲击。例如，游泳比赛开始前，全场的灯光将按指定的顺序依次点亮。Dynalite开关模块具有金卤灯延时启动功能，系统能限制金卤灯再启动的间隔时间，有利于提高金卤灯的寿命。观众席碘钨灯可任意调节亮暗，并且由于系统能抑制电网的冲击电压和浪涌电压以及软启动和软关闭技术的实现，可以使碘钨灯寿命提高2～4倍。

6.3 系统特点

(1)模块化、全分布式系统结构。Dynalite智能照明控制系统为总线式模块化、全分布式系统结构，所有设备均配有各自独立的CPU，它可将系统配置的所有模块分散安装在不同的区域，只需通过一根五类线便将所有设备连接成一网络，监控室的电脑可以作为整个系统中的一个单元进行系统管理及维护。控制网络的规模可灵活地随照明系统的大小而改变，对于大型照明控制网络，可将图3所示的典型系统视作一个子网，每个子网通过一台网桥与主干网相连。由于Dynalite网络能通过对网桥编程和设置，能有效地控制各子网和主干之间的信息流通、信号整形、信号增强，调节传输速率和执行各种特定的逻辑功能，大大提高了大型照明控制网络的可靠性。

(2)系统控制多样化。系统除了用户要求的面板控制及中央控制室控制方式外，还可以配置其它各种辅助设备，如触摸屏、光信号探头及电话控制等。

①中央控制室设中央控制设备，配备电脑通过全中文图形界面或表格形式软件直观地对上述照明进行集中控制及管理。

②每个场馆设有现场手动控制面板，对其管辖区域内的照明设备实现现场场景控制，只需轻触按键便可实现如全开、半开、训练、比赛、休息、清洁、应急照明等模式的自由切换。

③如果室外控制区域较大，考虑到管理方便，除了配置本地控制面板外，还在室外场馆照明、室外环境照明等区域可另配置一台触摸屏控制管理器，方便地选择不同区域的开灯模式及在此基础上通过输入平面图形进行任一回路的开关控制，触摸屏内含365天天文时钟功能，使用者直接通过触摸屏的操作就可实现不同时间段不同任务的编程。

④系统对场馆靠近建筑物外围区域及室外自然光线较充足区域，可采用感光探测器进行日照补偿、光信号探测的控制。

上述功能可同时使用，对于某些需要本地控制的区域仍可实现本地面板控制，同时，相对应的该区域的总监控室的PC机也能对该本地区域进行监控，从真正意义上实现了本地、异地、中央三级控制手段。

(3)系统可靠性高

①由于采用全分布式控制系统，各分区就地控制的模块完全独立工作，互不干扰，如果一个分区停止工作时，丝毫不影响其他分区和设备的正常运行，任意一个器件损坏也不会影响本区其它设备的正常工作，中央监控系统停止工作时，既不影响各分区功能及设备运行，网络通信控制也不因此而中断，因此故障率大为降低。

②场景切换操作面板选用特有的通用型面板(UPanel)，根据应用不同，一个按键可以实现各种区域及灯光回路任意编排组合，不仅如此，这种面板还能对作为发送命令的讯号进行整形，大大降低了操作命令的误码率，提高了大型网络的可靠性。

③Dynalite网络线采用五类线，利用其中的三对。接线如图4所示，通信线的屏蔽层仅在第一个调光模块的端子上接地，避免了截波传输信号受外界干扰大的特点，这在大型网终中显得尤为重要。

(4)运行环境

Dynalite所有产品均通过CE认证，可在湿度为98%，温度为40℃环境下正常运行。

(5)自动化管理

Dynet网络特有的实时在线检测功能，一旦网络出现问题系统通过软件将会自动报警。

(6)操作维护简便

系统在操作及维护上具有高度灵活和方便性，首先在操作上，开灯模式的调用以及任一回路的开关只需轻触按键即可完成；其次，维护与编程人员可在控制系统总线上任意控制点通过手提电脑进行程序的修改及编程、开灯模式的调用及监控；也可通过便携式手动编程器进行开灯模式的调用与修改。

(7)扩展性高

由于Dynaltie系统采用分布式控制，因此在系统扩展性方面具有很大的优越性，系统按分子网与主干网划分，构成很大的控制网络结构，该网络具有无限扩展性见图5所示。

(8)设备说明

Dynalite所有控制模块均自带12V电源，因此避免了由于电源的损坏而引起大面积的回路失控。

①Dynalite所有控制模块为标准DIN导轨安装。Dynalite所有设备均含有各自独立的存储器。如系统失电压后再来电，控制模块可保持开关在原来位置或使其在打开位置，或在闭合位置，但所有数具不会丢失。

②Dynalite所有设备均自带单元，每个独立模块可存储96种场景，无须另配存储器件。

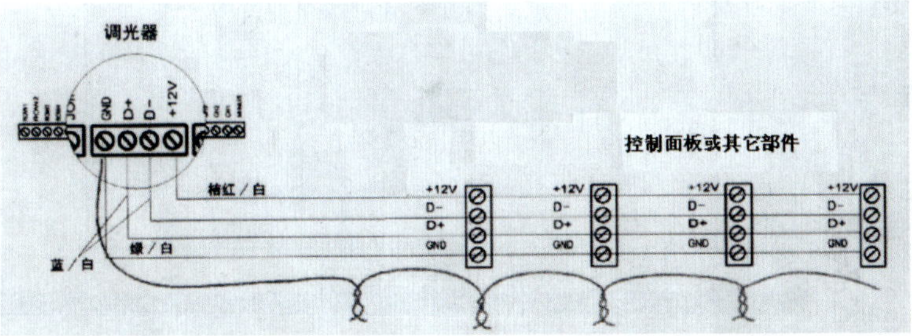

图4　Dynalite网络线接线示意图

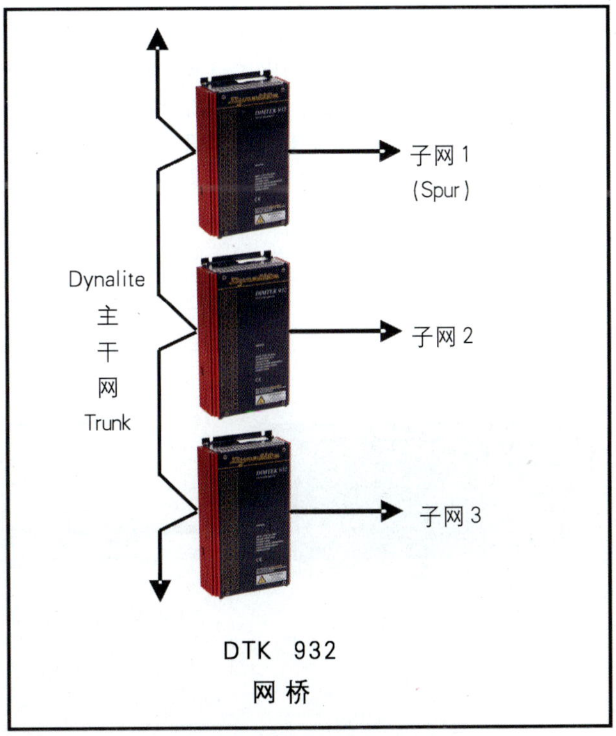

图5　Dynaltie系统控制网络结构

（9）坏灯检测

Dynalite特有的电流检测功能，能够帮助管理人员更加全面的了解每个回路的工作状态，可实时查验照明回路的电流情况；它可对每盏灯的开灯时间进行累计，并同灯具使用寿命时间比较，如灯具运行时间超过设定寿命，系统通过软件自动提示管理人员要更换光源；同时，系统还具有坏灯检测功能，一旦发现有灯损坏，软件将自动报警。

（10）BA 集成和开放协议

Dynalite的产品与一般的BAS如Johnson，Honeywell和Satchwell等相互兼容。系统以最简单的菊花链式连接将DyNet网络通过RS232或485通讯口接入BAS 。这就使得照明控制系统和BA系统可以实现无缝连接。

6.4 产品明细及技术参数

型号	模块说明	数量
DDRC810DT—MOT	8路单刀单掷转换开关Free输出可编程控制器（导轨式安装）	58
BJ6CD	监控检测器	102
DPN8121D	12键预设置控制面板	2
BJ500	中文监控软件	1
PC机		1

(1) DDRC810DT—MOT。8路单刀单掷转换开关Free输出可编程控制器（导轨式安装）

① 230V 50/60Hz 单相电源 工作电流0.5A

② 8通道输出，每通道10A继电器输出（最大总负载40A）

③继电器是干触点式单极单掷（SPST）无电源开关输出

④可编程逻辑控制器（8任务）

⑤ 170个场景预置存贮

⑥一个RS485 DyNet串行口

⑦一个可编程干触点AUX输入口

⑧ 365天时钟选件，具有日出／日落和夏时制功能

⑨每通道有BYPASS开关；LED状态指示灯

⑩结构ABS塑料DIN导轨安装（12模数）

⑪86(高)mm × 210(宽)mm × 66(深)mm

⑫重量1kg

(2)BJ6CD，监控检测器

① 1 × RS485 DyNet串行口（Grand，D+，D−，+12V）

② 6通道检测

③电流检测范围每通道0～40A

④坏灯分辨率1/5

⑤每通道可记忆16套灯具运行时间

⑥服务开关按钮（用于检查控制器与纲络连接情况）

⑦温度40℃

⑧湿度0～90%

⑨塑壳DIN导轨

⑩ 87(高)mm × 162(宽)mm × 6(深)mm

⑪重量1kg

(3)DPN8121D，12键预设置控制面板 ，按键1—11，关，锁面开／关

①功能　12键预设置控制面板— 11个预置场景，OFF按键使能钥匙开关

②品种　DPN

③键形　方形带有LED灯

④刻字　键面刻有1—11，OFF

(4)BJ500，中文监控软件

①实时查询各楼层、各区域的当前开关状态／场景

②控制各楼层、各区域的开关状态／场景

③查询控制区域中当前场景每个回路的亮度值

④查询控制区域中的场景清单

⑤查询各楼层、各区域的照明控制系统设备配置清单

⑥查询各楼层、各区域的照明控制模块及控制面板的参数

⑦用表格方式或灯光控制系统回路平面图方式显示查询和操作

⑧系统操作可分为操作员级和管理员级，能分别设置密码并可修改，实现分级管理

DDRC810DT—MOT

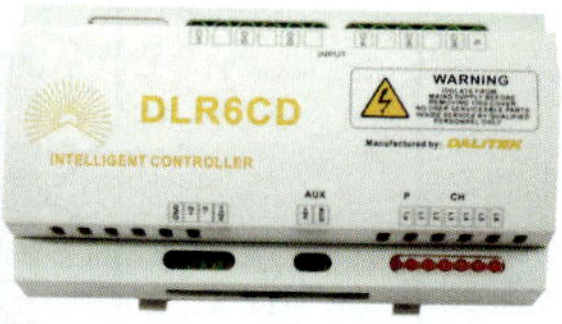

BJ6CD，监控检测器

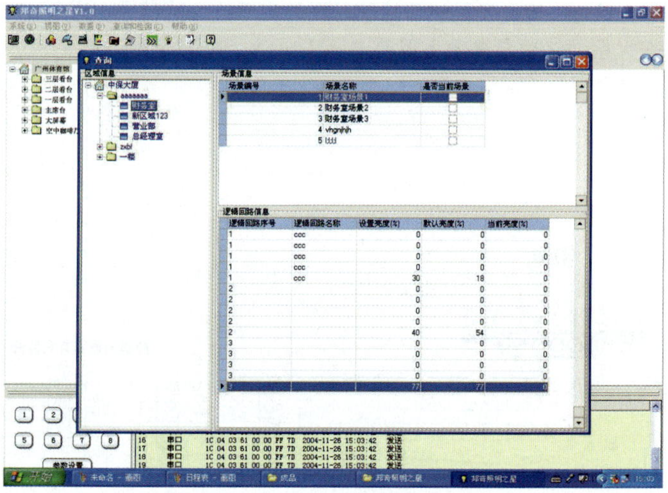

DPN8121D，12键预设置控制面板

璀璨耀山城

——重庆人民大礼堂及人民广场照明设计方案

本项目照明设计荣获中国“中照奖”二等奖

项目名称

重庆人民大礼堂及人民广场照明设计

项目承担者

北京易禾永颐环境艺术设计有限公司
BEIJING YIHEYONGYI ENVIRONMENT ARTISTIC DESIGN CO.LTD.

1项目背景

重庆市人民大礼堂位于重庆市核心地段，建成于1954年，原名为“西南行政委员会大礼堂”，该建筑风格集成中西建筑特点，气魄庄严宏大，建筑美学与实用风格完美统一，于1987年载入英国皇家建筑师学会和伦敦大学合编的世界建筑史册。

作为中国西南地区最著名的近现代建筑，重庆人民大礼堂集政治、文化等诸多使用功能于一身。时至2005年，为了迎接“亚太市长峰会”的召开，有关部门决定对其进行夜景照明改造，使之在山城夜色中重现夺目光彩。

2 照明设计方案分析

（1）从环境上来说：重庆人民广场地处环抱之中，从高处俯瞰的视线比较集中，但现在广场照明规划不强，整体性较差。

存在的主要问题有：入口牌楼的照明没有起到引导作用；建筑主楼与配楼的照度差别很大；景观功能不突出；建筑照明与景观照明各自为“阵”；部分灯具使用年限过长或风格与建筑不匹配，没有形成完整的照明体系，见下图。

（2）从功能上来看：在对建筑照明时，出现了因为灯光设置角度不合理所产生的眩光问题。在景观广场上，由于对人群活动的考虑不够充分，所以灯光设置出现不太合理的高照度区域（详见广场现状照度设计图）。

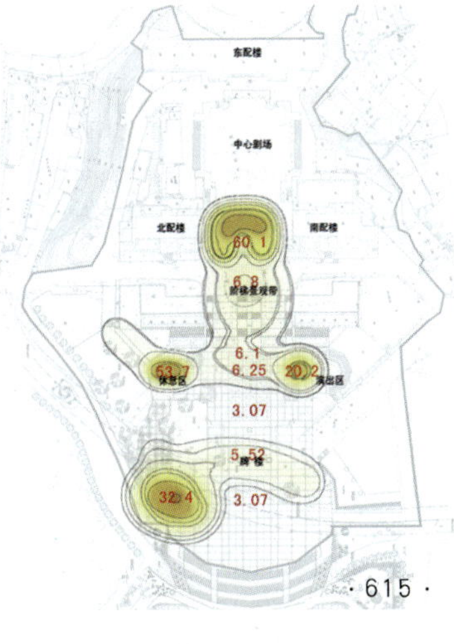

3照明手法

本次设计分为三部分，即建筑主体、广场、牌楼。

根据大会堂将来的使用功能(承担大型集会及演出)以及广场的功能定位(市政广场、文化广场、休闲广场)，我们认为，人民广场是一个包括了众多功能的建筑空间，各功能区域共同组成了广场环境的整体。所以在光环境的处理上，我们在保持广场总体风格设计定位的基础上，对于各区域的设计相对地自成体系，有较强的独立性，避免了各功能区照明的相互干扰，使各区域照明效果有节奏、有韵律地变化。新的照明方案包括对建筑照明的分级。对广场的景观照明功能分区因为地势的不同，使得场景内的物象层次分明。根据现场勘测分析，本次照明设计的视线范围确定为以下三个层次：

①近距离内观看效果；②广场内观测效果；③远距离观看效果。

4具体设计

(1)建筑：沿用了东方宫殿的建筑风格，却采用西方建筑的元素加以体现。灯光以突出恢弘大气的建筑风格为主。精确控制灯光，不造成光污染。设计中适度采用LED光源以及大范围使用冷阴极灯，可以大幅度减少耗电量。

① 中心剧场

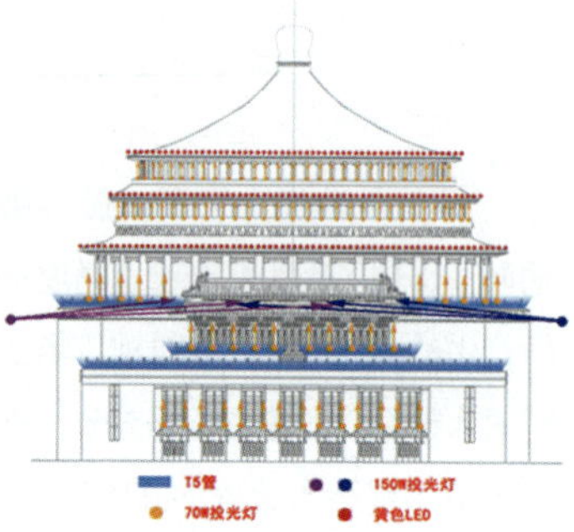

中心剧场立面灯位图 1

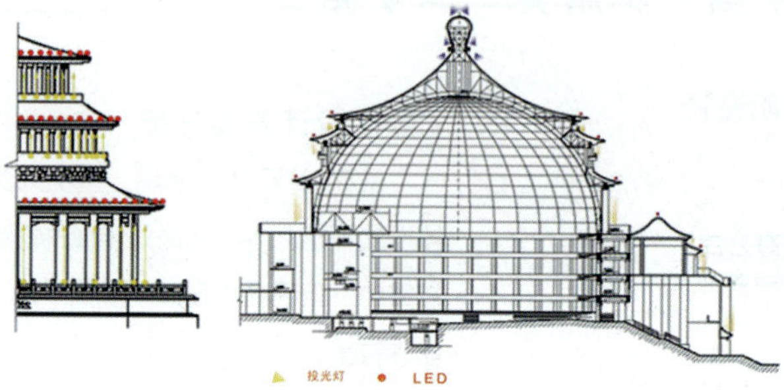

中心剧场立面灯位图 2

投光照明：针对建筑轮廓线的特色，强调屋顶轮廓线、檐、彩绘、屋面与台基的划分。屋面用点状悬挂灯具突出东方建筑的特有色彩；台基采用金卤灯投光表现空间感。

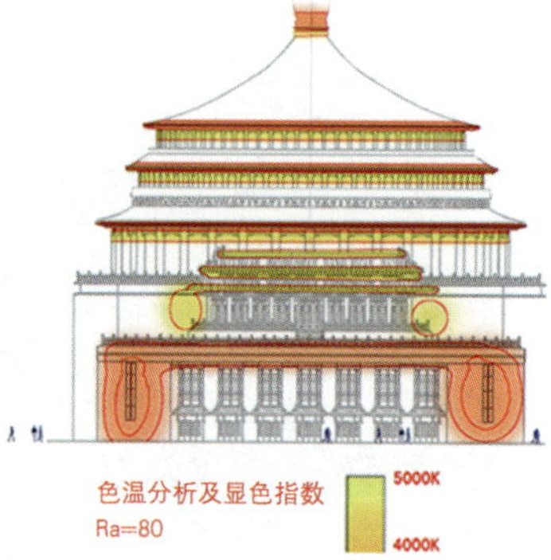

中心剧场立面灯位图 3

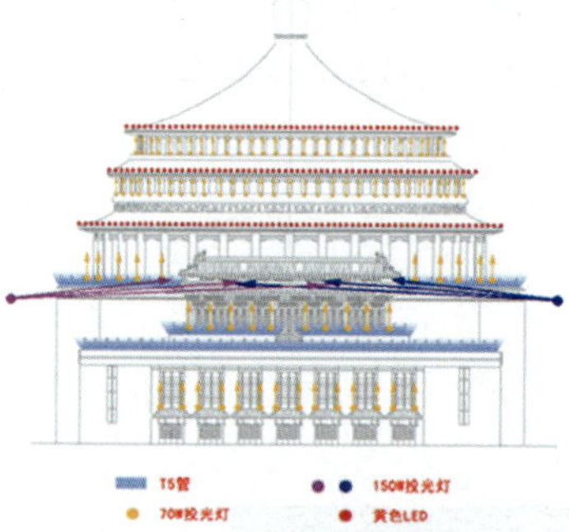

中心剧场立面灯位图 4

根据照明效果的需要，光源的选择成为保证表现效果的重要条件。

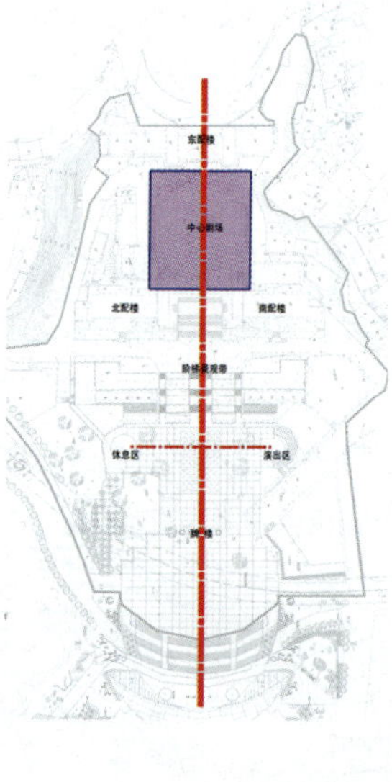

②南、北配楼。根据照明的不同需要，光源的色温及对色彩的还原能力成为表现效果的重要条件。

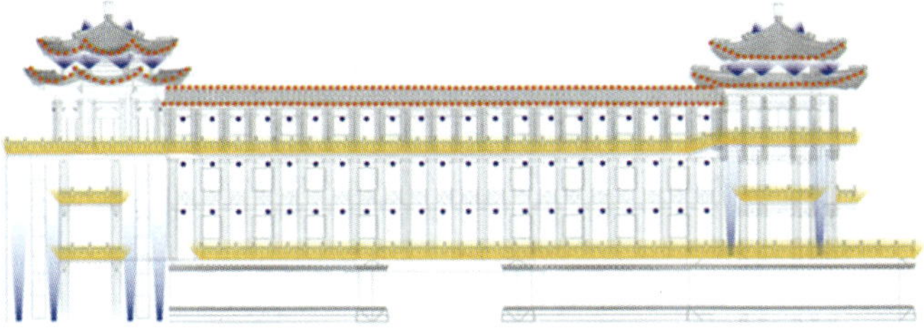

南北配楼立面灯位图 1

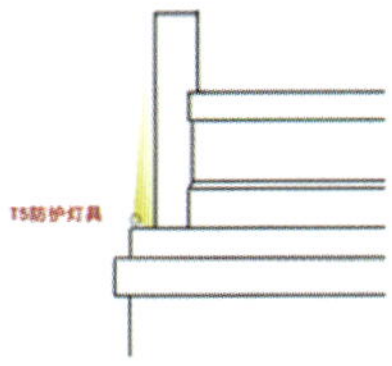

栏杆洗灯示意

● 走廊内透吸顶灯加泛光灯　　T5洗墙灯

投光灯　　● LED灯

南北配楼立面灯位图 2

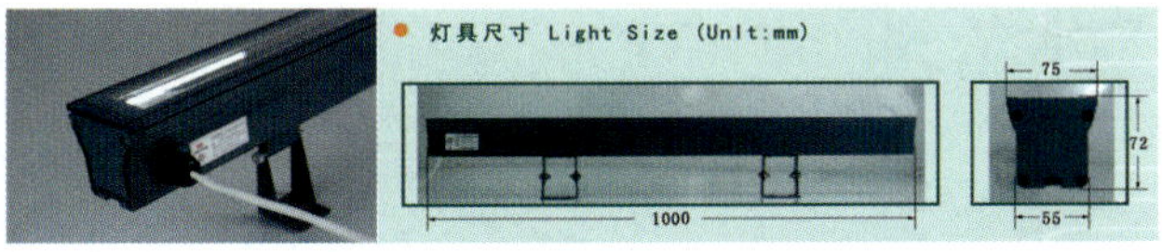

欧格冷阴极高效节能投光灯

投光照明：针对建筑轮廓线进行塑造，勾勒出角亭、建筑脊线、檐下彩绘及栏杆，强调建筑的横向扩张。

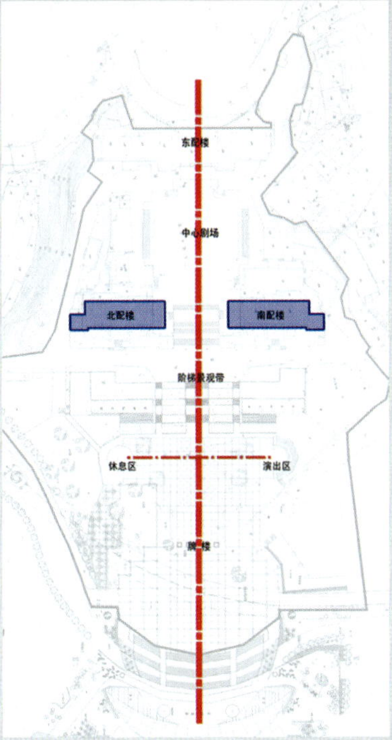

序号	照明部位	照明方式	色温 T/K	显色指数 Ra
1	宝顶	投光灯	5400	90
2	宝顶	投光灯	3000	90
3	屋顶	LED	黄色LED	
4	屋檐彩绘	节能灯	5400	90
5	汉白玉栏杆	T5防护灯	6000	90
6	三楼走廊	吸顶灯	4200	70
7	内透光	泛光灯	3000	80
8	一、二楼	吸顶灯	4200	70
9	走廊内透光	泛光灯	5000	80
10	一楼大厅外墙面	泛光灯	3000	80

色温分析及显色指数

③阶梯及景观地带。阶梯及景观地带是建筑与广场的过渡区，应提供必要的功能照明，同时将人们的视线引向建筑。方案建议保留现有灯具，更换新光源。

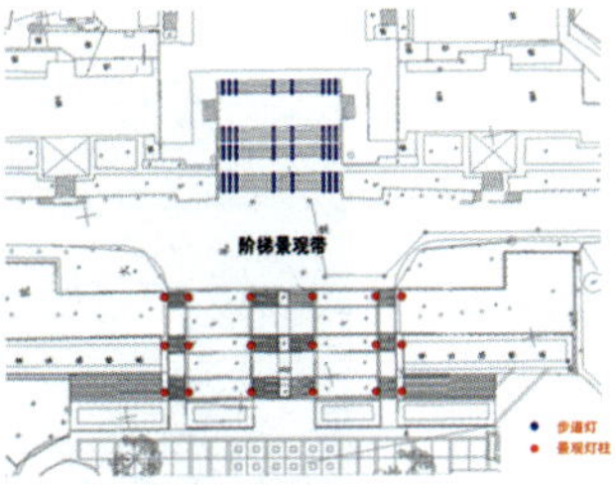

阶梯景观带平面灯位图

用灯光照射植物，形成视线的焦点。

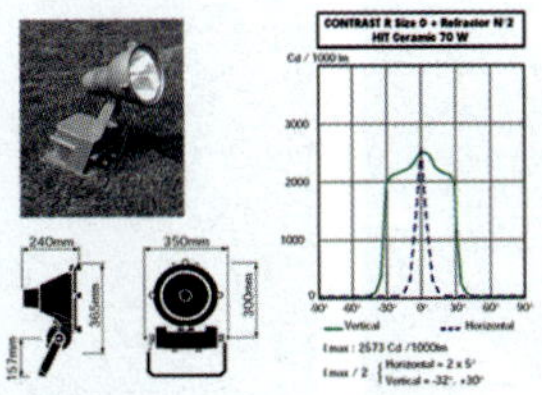

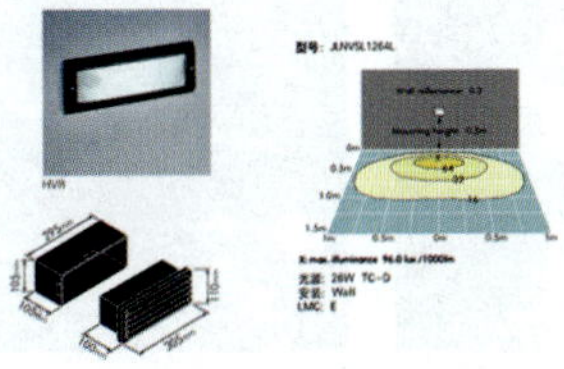

不同灯具及其光学参数

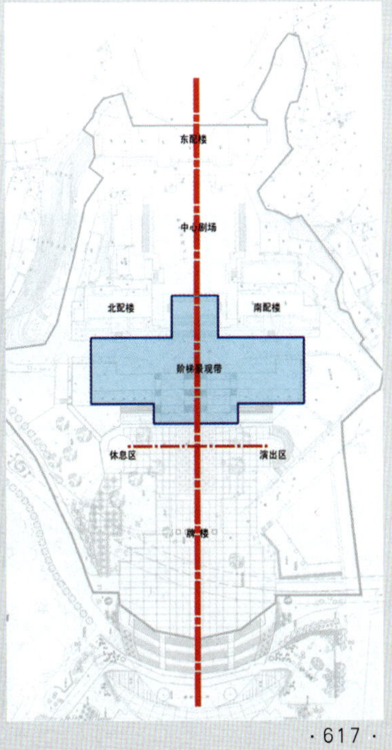

④牌楼。强调牌楼的立体感。光线针对额枋及彩绘。

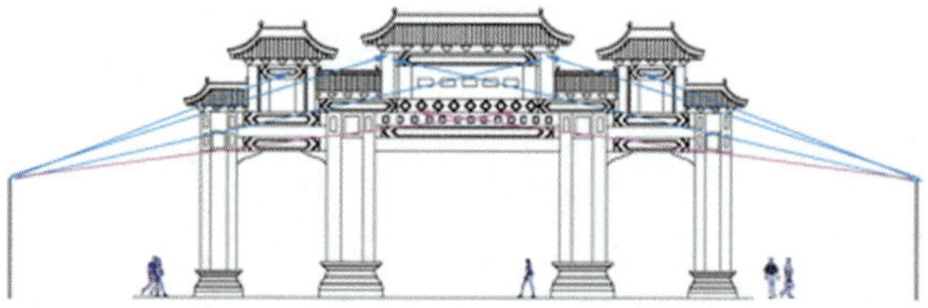

牌楼的立面灯位示意图

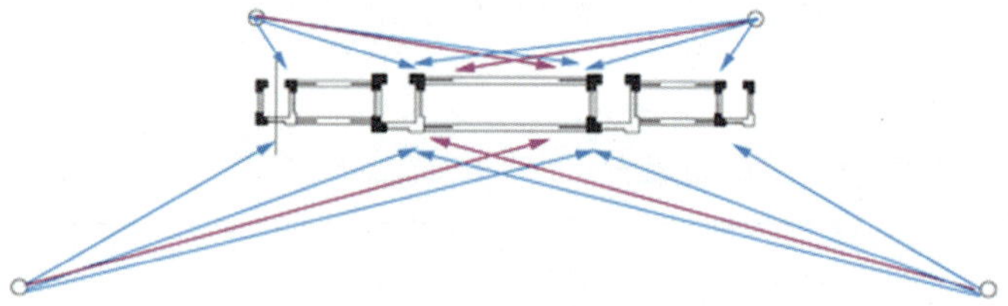

牌楼的平面灯位示意图

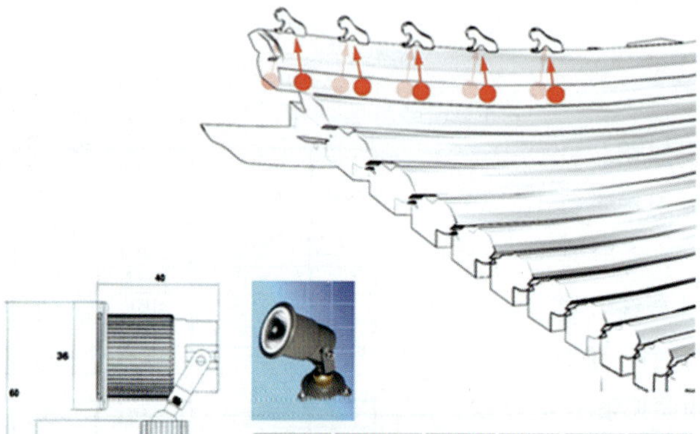

LED	Luxoon	外壳颜色	灰	功率	1.2W
LED颜色	红黄绿蓝白	IP值	67	外壳	铝压铸
外壳颜色	灰 墨绿 土黄				

小型LED投光灯从屋脊两边向脊兽投光，光色为琥珀色，以与牌楼整体色调相统一。

屋脊投光示意图及投光灯具介绍

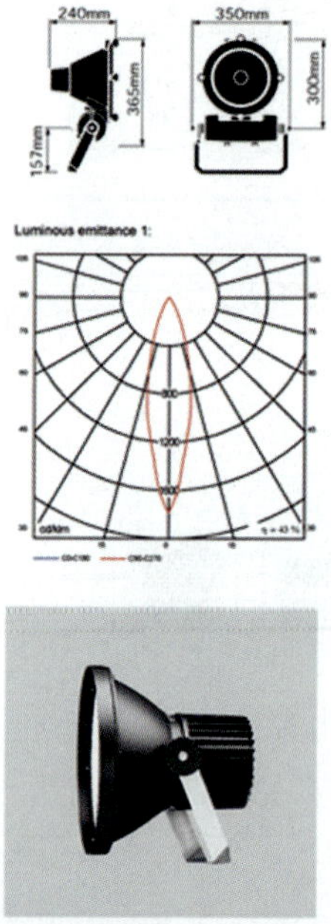

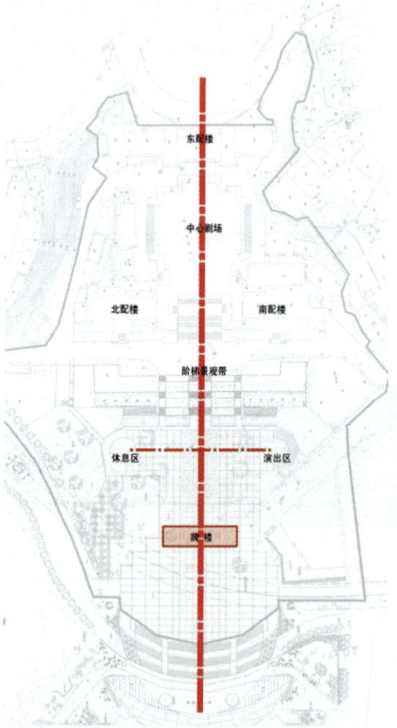

实景照片

实景照片5

实景照片6

实景照片7

实景照片8

实景照片9

5项目承担者

地处北京CBD核心区的北京市易禾永颐环境艺术设计有限公司，是一家从事夜景照明设计的专业机构。隔街相邻的清华美院为公司提供了东方传统的艺术积淀以及大量的专业人才。经验丰富的精英设计团队方案及其表现力的严格要求，使满足客户较之满足自我更显轻易。对于与照明相关的建筑、景观、室内等各领域的统一理解及全面分析，将使您的工程项目计划具备完事的适应性和生命力。在光环境设计领域的大量经验及专业技术，成为易禾永颐的鲜明旗帜。诸如虚拟漫游、全景动画、效果图纸等手段为方案提供了丰富完美的表现形式。在长期的合作中，公司与澳洲著名的COX设计集团，等著名设计单位建立了广泛、深入、牢固的战略合作伙伴关系。并吸取国外先行的项目服务理念，结合中国国情，优质高效的为业界服务。

北京市易禾永颐环境艺术设计有限公司是中国照明学会及中国照明电器协会专业团体会员，成立4年来，通过社会各界朋友支持与鼓励，共完成国内专业光环境设计类大小项目300余个，为全国各地的设备厂商、经销商、工程公司以及大、中型设计院所提供了专业、优质的设计服务，并得到业主方的一致好评。

在公司未来的发展过程中，易禾人将本着专业、严谨、高效、负责的态度，对国内光环境设计领域的方案艺术性以及制作专业性进行坚持不懈的研发和开拓。公司的每一个工作人员将抱着对所有客户完全负责的工作态度，一起为中国的夜景照明事业增光添彩。

项目总设计：　史陈昱

史陈昱先生个人简历：

1997～2001年　就读于清华大学美术学院（原中央工艺美院术学院）环境艺术设计系

2002年至今　创办北京市易禾永颐环境艺术设计有限公司，担任业务副总兼设计总监

主持设计的作品：

宁波三江口夜景照明规划

北京东大桥CBD文化广场景观及景观照明设计

西安芙蓉园夜景照明设计

无锡崇安寺整体商业街区照明设计

重庆市人民大礼堂夜景照明设计

中国电影博物馆LED照明工程

■项目名称

中国电影博物馆LED照明工程

■项目承担者

大连路明光电科技有限公司

项目负责人：姜连福

灯光设计师：郑永义　吕广键　刘研

电气设计师：马胜

1 项目背景

中国电影博物馆是国家广电总局与北京市政府合建、由北京广电局管理的国家级专业博物馆，是迎接2005年中国电影诞生一百周年的标志性建筑。其设计新颖、气势恢宏、功能齐全，突出电影特性，具有电影艺术博览、电影文化教育、电影艺术交流和电影放映四大功能，馆内分为：展示中国电影百年发展历程的电影展览区；以电影技术发展为主线的电影博览区；设有（IMAX）巨幕影厅及数字影厅和3座100DI50座位影厅的电影放映区；以及库藏品区、业务科研区、综合服务区等。世界上建筑规模最大的电影博物馆，将为首都增添一处展示中国电影百年发展历程和传世精品力作，开展国际、国内交流的重要的公益性公共文化设施，是青少年爱国主义教育的基地。

2 设计依据

《供配电系统设计规范》GB50052—1995、《低压配电设计规范》GB50054—1995、《电气工程施工质量验收规范》GB2002—50303及其他设计资料。

3 设计说明

在博物馆中央大厅幕布灯光的设计中，通过一种色彩变化形式，来体现中国电影从1905年诞生以来所走过的百年历程，通过一种色彩渐变的形式，使人们在不知不觉中感受到中国电影随着季节和岁月变化所散发出的活力体现了电影艺术的古老性、创新性、多样性、及其特殊性。所以在光源的选择上我们选择LED数码管。

通过光、景、色相互交融的一种极富内在空间的开放性，欣赏性，创作出一种成熟的思考象位。通过多角度观照，以实景形式体现、诠释出中国电影的发展史，营造出中国电影事业无限光明的睿思空间。

4 布灯图

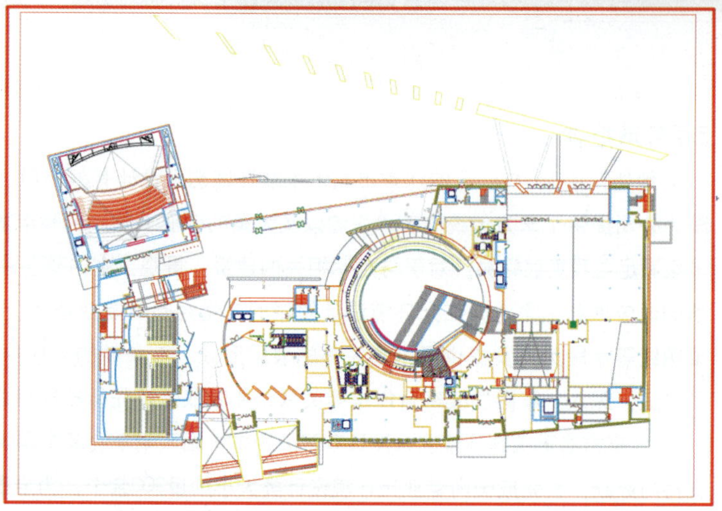

5 照度计算

中国电影博物馆由于在灯光设计中，希望设计目标与周围和谐统一。以1m幕布灯光为例：

灯具型号：　LED发光二极管

A=1000mm

B=1000mm

H=600mm

U=0.3

K=0.8

两组LED光源亮

$E=3\times15\times0.3\times0.8/1=11$ lx

由于幕布的遮光性取30%，透光率则E=3.2 lx

三组LED光源亮

$E=3\times25\times0.3\times0.8/1=18$ lx

由于幕布的遮光性取30%，透光率则E=5.4 lx

6 配电系统

（1）总用电负荷PE=45 kW；

（2）功率因数：　大于0.9；

（3）配电柜采用：下进下出的供电方式；

（4）配电系统图采用：　树干式与放射式相结合的供电方式。

7 控制方式

采用总控与分控相结合形式。

北京邮电大学教三楼照明工程

■项目名称

北京邮电大学教三楼

■项目设计

清华大学建筑设计研究院

工程主持人：叶彪、张红

电气、照明设计：徐华

■供应商

环球迈特照明电子有限公司

1 项目背景

北京邮电大学教三楼，建设地 点位于北京邮电大学校区内，西临学院路，地上9层，主要为教室、办公室等，地下2层，主要为人防、车库、变电所、冷冻站等。全部集中空调，框架结构，建筑面积为41600m^2，建筑高度45m。

2 照明设计

本楼教室照明中，除考虑教学区的黑板和学生区照明之外，教学区中大多采用投影等多种形式，学校以白天教学为主，灯具布置及控制考虑有效利用自然采光以利节能。主要场所照度标准：教室、办公室300 lx。

2.1 光源的选择

教室照明推荐采用稀土三基色荧光粉的T8直管荧光灯，具有显色性好、光效高、寿命长等特点，易于满足显色性、照度水平及节能的要求。

2.2 灯具选择

本楼教室采用带格栅（格片）型灯具，其灯具效率不低于60%。

本楼设有一般照明和应急照明。一般照明的光源以荧光灯为主，考虑到投资因素，主要灯具为T8型三管荧光灯。

2.3 镇流器的选择

教楼T8荧光灯管主要配用的是环球迈特18W与36W电子镇流器，该镇流器输入输出均采用导线结构，安装方便，灌胶结构，散热，防潮，抗震，良好的预热特性可有效的提高灯管寿命。

3 照明控制

为有利节能，便于管理，本楼公共照明采用了楼宇控制系统进行管理，在总控室可以进行总控，在每层电气竖井可就地控制，并对公共照明可进行定时控制，避免学生随意控制公共区域照明。

4 产品型号及技术参数

产品型号	数量／支	技术参数
FBS-136	486	预热启动时间：≥0.4s 功率因数：≥0.97 总谐波失真：≤15% 波峰系数：<1.7 具有异常保护功能 电磁干扰符合标准
FBS-236	1758	
FBS-336	1300	
FBS-118	64	

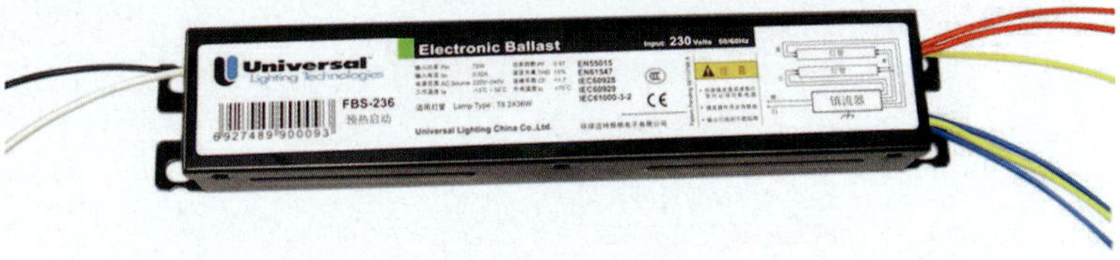

广东奥林匹克中心体育场场地照明

■项目名称

广东奥林匹克中心体育场场地照明

■项目承担者

飞利浦照明（中国）

1 项目背景

该场位于广州市天河区东圃镇广东奥林匹克中心南部，占地30万m^2，可容纳观众80012人，这里举行九运会的开幕式和田径比赛。

2 照明工程设计功能和依据

广东奥林匹克体育场采用飘带式设计，盖顶为东西两片钢屋架，弯曲地坐落在21组塔柱上。21组环场立柱，象征着21世纪第一次全国体育盛会在此召开。屋顶自由飘逸的锻带造型如龙舞半空，寓意广东新世纪腾飞。

看台每个小区像花瓣，合起像广州市的市花木棉花。无论观众站在看台的哪个位置，都可以清晰看到运动场内的情景，享受观看竞技的乐趣。

体育场除能举办国际最高级别的赛事外，还设有体育科技中心、新闻会议中心、药检中心、体育俱乐部、会所、商场、宾馆以及大型休闲、娱乐、康复设施、建成后将与整个广东奥林匹克体育中心共同构成集竞技体育、群众体育、旅游观光、医疗康复、休闲娱乐于一体的大型体育文化中心。

地灯具须满足比赛时运动员的视觉要求，满足观众的视觉要求，眩光控制使灯光对观看比赛时所引起的不适感觉降到最低程度，同时满足国际比赛彩电转播的照明要求，尽可能高的照度、照度均匀度以及高显色性确保得到稳定、清晰而又鲜艳的转播画面。

3 灯具技术参数

场地选用PHILIPS体育场照明专用灯具MVF406共396套，安装于两侧屋檐下方的专用灯槽内，光源显色指数 *Ra* 高达92，色温5600K，最适合摄像和拍照，由于MVF406具有7种宽窄不同的配光，始终可以找到适合不同安装高度的灯具，因此才能获得较高的照度均匀度。为控制眩光，所有灯具的投射角度均不大于65°，绝大部分灯具的投射角度不超过58°。

4 开关模式共11种

即：安全应急（灯具配热启动器）
田径维护
娱乐活动
足球训练
田径训练
足球比赛
田径比赛
足球紧急转播
田径紧急转播
足球转播
田径转播
多种开关模式为场地灯光的使用
提供了灵活性 （灯具安装于屋架的灯槽内）

5 验收结果

验收项目	平均值 /lx	$U1$	$U2$
足球场水平照度	2370	0.74	0.83
足球场垂直照度	2104	0.71	0.81
田径场水平照度	2108	0.50	0.62
田径场垂直照度	1711	0.45	0.60
眩光限制值 GR_{max}	40		

上海F1国际赛车场照明工程

■项目名称

上海F1国际赛车场照明工程

1 项目背景

上海F1赛车场是一个采用元素象征主义的工程。这个工程的完工使它成为21世纪中国文化生活面向世界的一个标志性建筑。其由艺术之国提供的技术所营造的魅力可以与世界上任何其他发达工业国家同等项目相比毫不逊色。上海F1不仅仅是一个理性的思考结果，更重要的是它在一定程度上超越了目前人类技术和人类控制技术的局限性。

上海F1赛车场决不是一个现有的其他F1赛场的简单复制，毫无疑问它不仅仅是多增加了一个F1的赛车场，更是一个面向世界的窗口。上海的F1赛车场是独一无二的，它是一个建立在建筑学概念上经过深思熟虑的决定，这个建筑学概念是源自中华民族传统文化和上海地区自身的文化特点，是对这片土地特殊的贡献。这些更可以从灯光工程和灯光设计概念中得到体现。

从这方面来说，上海F1的灯光设计是意大利风格的灯光设计实践和象征艺术国度的传统文化元素的完美结合。尤其是对中华民族的传统文化在特定地区的敏感，使得设计师感知并发展了这个优秀的设计理念。

现在，我们诚恳地邀请大家来了解这个设计理念，同时也了解这个世界上独一无二的项目。

■项目承担者

灯光设计：

Consuline 米兰

Francesco Iannone

Serena Tellini

Piero Ceratti

Alejandra Gardella

灯光工程总承包单位：

深圳创先照明科技有限公司

负责人：陈海生 （Johnny Chen）

■供应商

澳大利亚邦奇电子工程有限公司

2 建筑概述

2004年9月第一次在中国举行的F1比赛所使用的上海国际赛道的总体设计方案，其灵感来自于中文字符“上”，蕴含“向上”、“超越”之意。到了晚上，这个世界上最大的象形文字被聚光灯照亮。这组灯具是为了此项工程专门设计的，并在施工过程中进行安装。这项工程的设计和把构思变成现实都需要高度的灵感，建筑物的象征特质来源于亚洲文化。整个建筑包含了F1与生俱来的高科技特性以及中国化的历史和人文元素，所有这些都体现在建筑的形状、颜色和使用的建筑材料上。

赛道共有4个门。主楼包括主看台、贵宾看台、控制塔、行政塔、空中餐厅以及新闻中心。每个门的左右两侧各有一个塔楼，如同守护在门口的雄狮。通往主看台的通道和通往后排看台供车队人员使用的入口分别被两棵有楼梯的红色柱子和两座玻璃办公塔楼“守护”着。每座红色柱子都以桥梁结构与玻璃塔楼连接，从而将新闻中心与空中餐厅分隔开。这种设计加高了两条深层的通道。它的寓意在于显示上海成为中国通向世界的桥梁，同时也是通向国际赛车界的桥梁。

生活区在后排看台的后侧，这里是F1周末的时候车队驻扎的地方。在2004年剩下的时间里，这里的房间将作为公寓出租。这些雅致的小楼座落在湖畔，周围的景色仿照上海豫园的旧貌而建。这一块宁静安详的地方使得因竞赛带来的紧张和喧嚣得以消退。

在赛场最长的直线赛道末端两侧，建有两座相对的正面看台。看台上屋顶的延长部分被设计成荷叶状，这象征了科技不可剥夺的保护自然的本质。红色和黄色的运用贯穿始终。这样选择颜色是有目的的，因为红色和黄色是中国传统上象征好运和力量的颜色。在顶部的柱是镂空设计，看起来像是以阳光为光源的灯笼。

上海赛道最著名之处还在于它基于动力学设计的建筑外形以及建筑材料的选用，例如抛光的铝材、不锈钢和玻璃，这些都强调了赛车的高科技特征。看台后面的几道墙组成著名的出入口，观众就是从这里进出赛场的。这些墙由不锈钢丝网编成，以便透光透气。这种精致的网状结构使建设的外观在一天的不同时间里会产生不同的变化，白天自然光会使网墙发出金属光泽甚至变得透明，而晚上则靠精心设计的灯光来装饰。

3 设计功能

于2004年9月落成的上海F1国际赛道无疑是一座具有标志性的现代赛事建筑。它位于上海东北部地区，从上海市中心驱车1个多h便可以抵达，它传递给人们的第一印象是“宏伟、巨大”。这一由德国赛道体育建筑设计师Hermann Tilke与意大利灯光设计师Consuline共同设计完成的塞道，让人们充分感受到了奇迹以及对先进的技术水平和人类所能掌控的极限敬畏，它是的最先进的科技成果与中国的传统文化的完美结合。

赛场的入口处，为建筑物的重要组成部分，它的照明采用了套西特科Mirrortec®二次反射系统，每个系统皆由两个功率分别为1000W和2000W的投光灯和一组SiSTAR反射镜组成。照明区域为30mx350m，平均照度为84 lx。灯杆间距为13m。他们的安装位置都经过了西特科专业照明设计师的精确计算，因此可以充分的满足舒适的照明视觉需求。此外由于照明用的灯具安装在相对位置较低的地方，大大降低了日后维护的难度

此系统最终的照明效果实现了极高的均匀度且极大的降低了眩光。夜空里，经反射镜反射的光芒清晰的勾勒出道路的边缘，为道路上行人带来极为舒适的视觉享受。此外经过精心设计的反射镜外观从侧面看去呈现出眼睛的形状，与后方观众台的主体设计风格融为一体，灯杆顶部装饰的红色LED与同在赛场入口处的荷尖状灯具交相呼应。

4 6个概念

4.1 第一个概念："上"字符的形状

对中国传统文化熟悉的人都知道，F1 整体灯光的概念基于中国汉字 "上" 的形状。古代文化中， "上" 字意味上方的、提高的、 努力的和向上的。"上" 字符不仅是一种形状，更是一种去执行的哲学。 "上" 字符概念来源于F1 车道围绕着灯光蜿蜒向上的想法， 所以代表着传统的信仰和意识形态。

灯光设计符合建筑的表意。灯光工程包括巨大的 "上" 字符的形状以及媒体办公室和餐厅的建筑外观轮廓。入夜以后，它们与颜色变换的主看台延长屋顶构成建筑夜景的重要部分。

绕赛道一周而立的是 LOTO 莲花灯，体现了类似于莲花的设计。Artemide 是 LOTO 灯的设计者．灯杆中心有 12 个 LED，它们可以从两个不同方向发光；8 个 1W 的 LEDs 灯形成向上的灯源，一个特制的聚光灯头向上形成一个很窄的光柱，由此决定灯被照亮的形状。 同时一个 LED 灯光可以照射到灯杆从莲花瓣向上的部位，形成一个红色的、向上的光柱，即使在距离地面 10000m 的高空也可以看到 "上" 字符的形状。

LOTO 灯的下部分由三个 LEDs 灯组成，通过朝向地面的圆盘产生间接光， 红色光意味高贵。 LOTO 在中国传统文化中象征着开花结果，它是当代建筑和现代技术的完美结合。LOTO 灯是太阳能灯，因此又被称为自然灯。

4.2 第二个概念："眼睛"

欧洲的符号文化同样适用与中东文化、梵语文化、中国和亚洲文化，这种符号主题联系着欧洲与中国。 两种文化基于不同的文化概念，但分享相同的教育和启迪体系。两种文化中，眼睛是宇宙的符号， 连接大地和天空，人类和神灵；是心灵和智慧的窗户，就像一只神秘的眼睛注视着跑道，这种感觉吸引着全世界数以万计的观众来关注 F1 比赛。每当夜幕降临时，灯光勾画出建筑侧面影像，和两个不对称的玻璃塔交相辉映。灯光设计师使用荧光灯来产生 "眼睛" 的效果，灯的排列布置是为了体现整个建筑的轮廓。眼睛作为整个项目中最重要的一个器官来指引我们。

用来实现眼睛动态效果的灯被透光膜分成不同的长度，是为了减小灯的对比度。这是为了体现与人的眼睛类似，实现眼睛闪烁而有神韵的效果。眼睛的效果和观众观看它的距离有关系，在主建筑上还有一个对比于眼睛的光度，即：在建筑一端的塔楼中间，为了实现月光洒在地上的效果，我们特地安装了淡蓝色的灯。

4.3 第三个概念：柔和与光亮

在入口处设计的是高杆的二次反射系统，这些杆灯和主看台遥相呼应。设计帅主要想实现的效果是柔和与光亮，这些效果就是用二次反射系统来实现的。在入口处的广场就像被披上了统一而柔软的地毯一样。二次反射系统高杆灯是为了使主看台和“眼睛”相呼应。为了实现这种效果，采用了一些比较先进的灯光设计元素。高质量的光源被安装在介于地面和反射板之间的部位。而红色的反射板又结合中国传统文化，使人们可以很容易把它想象成莲花瓣。从远处看，二次反射系统的效果非常的光亮。还有一个考虑就是在入口处采用二次反射系统是为了在检票时候有足够的亮度。

4.4 第四个概念：莲花灯

建造在副看台的26个直径为32m的类似莲花的大遮雨蓬座落在最主要的跑道旁，这个路段是整个跑道中最长的一段直道，最高速度将在这里产生。这个地方以前是片沼泽地，盛产莲花。而莲花是东方文化的标志，代表着纯洁和能力，能让人们陷入深深的思考之中。莲花是整个灯光设计中最关键的部分。

整个遮雨蓬的形状和莲花的形状非常相似，而灯光更加加强了这个概念，不同的颜色代表了在赛道上举行的不同比赛或者发生的不同事件。莲花的大遮雨蓬从很远就可以看到，各种各样不同的LED灯都用来装饰它。在它中间的“茎”上使用了40W的HELIOS灯来装饰，250W的Pegasus用来装饰花瓣，还有一个250W的Pegasus是朝下安装，用来装饰莲花下面“茎”的部分。

这是整个设计中唯一一个采用动态灯光效果的部分。通过一个灯光控制程序对所有灯进行同步控制，从而实现安装在318m长、160m宽的副看台两侧所有26个莲花灯的灯光颜色的变化。

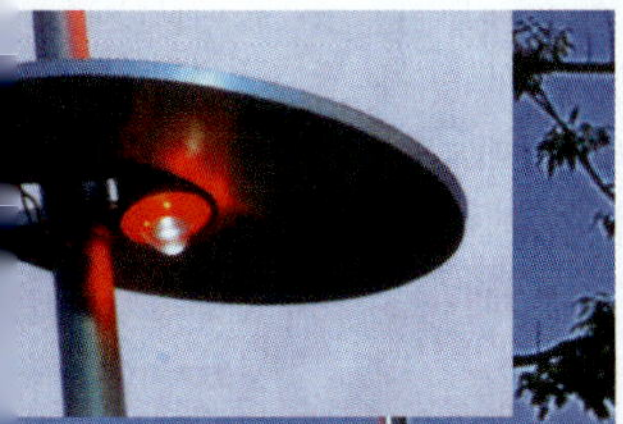

4.5 第五个概念：半透明的墙

在主建筑正面的两边是两座巨大的玻璃塔楼，白天可以看见建筑内部的事物。正面的墙上安装了不锈钢的金属网。在晚上，灯光效果别有一番风情，玻璃塔楼变成了透明的，而不锈钢的金属网就是隔开内外的一堵墙。灯光设计方面采用的是朝下的250W高对比度的投光灯。闪烁的金属网和主建筑使整个灯光工程增色不少。

4.6 第六个概念：生活区

设计师设计生活区的时候，其灵感是来自于上海市中心的豫园。这里包含了26个雅致的小房子，提供给各个车队工作人员和车手。这里的灯光设计基本上是采用主建筑渗过来的光，采用了自然光的概念——月光。

在夜幕降临之后，由线性荧光灯发出的蓝色的灯光使屋顶变成一片蓝色。几个在水中的小灯的点缀使视觉上增添了几分情趣和纵深感。当建筑物内部的灯光点亮之后，情景发生了变化。房屋看上去好像是变成了中国传统建筑旁边悬挂的灯笼。蓝色的光和黄色的光在水里营造出一种别样的魅力。

4.7 设计师Francesco Iannone的话

我非常注意灯光工程和古中国文化的结合。F1这个项目对我来说的确是一个非常好的体验。这个项目是我们将中国2000多年的文化积累和最新的灯光技术结合的经典的例子。

5 无线智能照明控制系统

工程采用邦奇智能照明控制系统，工程控制的区域包括整个赛车场景观，共计14个配电箱，要求在控制中心实现总控。如果采用传统的有线照明控制方式，需要将14个配电箱的控制设备以及总控室设备通过五类线以手拉手的方式连接起来，由于赛车场面积较大，且布线走管十分不便，但如果采用无线基站的方式，费用大且麻烦，综合考虑以上因素后，系统最终通过GSM网络实现无线连接。邦奇照明控制系统与GSM平台集成，通过发送短信的形式控制所有区域灯光场景的调用，同时具有优先级选用的功能，能够控制细至每一个回路。系统设计了1个BJ100(GSM信号发射器，放置在控制中心)，以及14个BJ300(GSM信号接收器，放置在各配电箱中)。

在总控室通过接口可以与电脑连接，使其通过邦奇GSM中文界面图形软件BJ800轻松实现对系统的监测与控制，能够简便地对灯光场景进行场景变换。配合各区域以及各时间段不同的使用情况，利用BJ800自带的时钟功能，定时定日对灯光场景组合进行适合的切换控制。系统按照日期（普通、节日、重大节日），时间段（傍晚、夜晚、深夜、子夜、清晨），景观照明节约能源以及其他现场因素综合考虑，预设置多种灯光场景。场景的变幻灵活简便，时间控制辅以手动在电脑上选择，满足任何时间任何场合的灯光变化要求。

开关控制模块导轨式安装于配电箱内，GSM接收模块挂在配电箱内。同一个配电箱内的开关控制模块以及GSM接收模块通过五类线连接起来；控制中心电脑通过接口与GSM发射器连接起来，该系统可在任何时候进行扩展，不必进行重新配置或更改原有线路，只需将增加GSM接收模块连接开关控制器便可。安装简单，节省布线，易于扩展。

6 配置清单

位置	GSM设备配置	开关控制配置
控制中心	BJ800(GSM中文软件)×1	
	BJ100(GSM信号发射器)×1	
能源中心	BJ300(GSM信号接收器)×1	12回路开关控制
27#卫生间	BJ300(GSM信号接收器)×1	6回路开关控制
21#卫生间	BJ300(GSM信号接收器)×1	6回路开关控制
卡丁车场配电室	BJ300(GSM信号接收器)×1	6回路开关控制
9#卫生间	BJ300(GSM信号接收器)×1	6回路开关控制
2#卫生间	BJ300(GSM信号接收器)×1	6回路开关控制
主看台五层东	BJ300(GSM信号接收器)×1	6回路开关控制
主看台五层西	BJ300(GSM信号接收器)×1	6回路开关控制
新闻中心北	BJ300(GSM信号接收器)×1	6回路开关控制
新闻中心南	BJ300(GSM信号接收器)×1	6回路开关控制
空中餐厅北	BJ300(GSM信号接收器)×1	6回路开关控制
空中餐厅南	BJ300(GSM信号接收器)×1	6回路开关控制
生活区1（车队）	BJ300(GSM信号接收器)×1	96回路开关控制
生活区2（车队）	BJ300(GSM信号接收器)×1	54回路开关控制

杭州城隍阁夜景灯光改造工程

■项目名称

杭州城隍阁夜景灯光改造工程

■项目承担者

杭州伟阳照明工程有限公司

1 项目背景

城隍阁为七层仿古建筑面积3789m^2，高41.6m。它通过各层的多个翘角，体现凌空飞升的气势，顶部又设计成飞阁，象征凤凰展翅和仙山琼阁，从而让人联想起"龙飞凤舞到钱塘"的神话传说，堪称江南第四大名楼。

城隍阁建筑整体造型具有南宋和元代的建筑风格，它的洞门，用蘑菇石砌造而成，底部呈块石状垒筑的坚实基座，象征着古老的杭州城墙所蕴涵的悠久历史。它的斗拱、栏杆和排门的雕刻，采用香樟、椴木和美国洋松制作。城隍阁的建造，起到了为西湖山水风光补景的宏观效果，它平衡了整个湖光山色大面貌的造景布局，在功能上不仅可以登临观光，而且又与山、湖、城相互呼应、相互配合，使得人们不论是从西湖远眺，还是从城区各个方向观望，都有美好的视角。尤其是它作为吴山广场的背景和延安路的对景，城隍阁优美的造型、飞动的气势，将成为杭州的标志性建筑。

2 照明设计功能和依据

城隍阁屋顶部分采用LED灿光带勾画出飞檐，既屋顶轮廓。再在顶层屋面安装灿光带勾画出飞檐，既屋顶轮廓。再在顶层屋面安装150W投光钠灯（暖色）用于照亮屋投光钠灯（暖色）用于照亮屋顶造型，城隍阁主顶端为葫芦状宝瓶造型，4个副顶顶端为凤凰造型，夜晚在金黄色的灯光照射下，整座楼阁仿佛一群展翅翱翔的凤凰，又如仙山琼阁倚天耸立，令人神往。

城隍阁灯光采用进口智能调光系统和进口的灯具及设备，对灯光场景进行控制滚动，体现了光的视觉冲击力，达到了一种飘渺浮动的感觉，整个阁楼采用了暖色光源，达到了吴山与西湖边的一种温馨氛围，也体现了古色古乡的文化内涵，这种效果在杭州属首创在全国也是独一无二，真正达到了海市蜃楼的效果及理念，在美丽的西湖边又增添了一道亮丽的风景线。

2～6层采用LED灿光带（暖色）勾画出各层屋顶飞檐轮廓，在仿宋代斗拱结构下面横梁上均匀布置灿光带（暖色）勾画出各层屋顶飞檐轮廓，在仿宋代斗拱结构下面横梁上均匀布置T5线条投光灯（暖色）照亮的仿宋接线条投光灯（暖色）照亮的仿宋结构造型。

3～6层屋面瓦槽间均匀布置50W卤钨灯（暖色）照亮城隍阁三止五层屋面。卤钨灯（暖色）照亮城隍阁3～5层屋面。

主楼入口立面采用150W投光钠灯（暖色）投射。

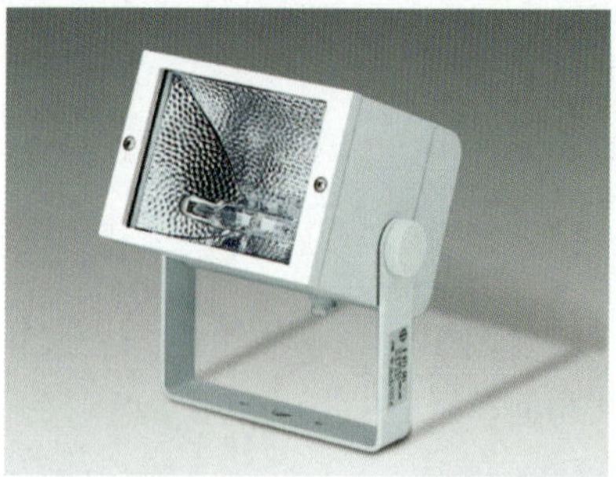

屋顶照明（150W）
特点：体积小，非对称配光
灯具颜色：黑色
数量：共84套
总功率：12.6kW

建筑轮廓勾边（4W／m）

特点：美国进口LED芯片，亮度高
灯具颜色：乳白色
数量：共1430m
总功率：5.72kW

屋面照明（50W／套）

特点：灯具小巧，外形美观
灯具颜色：黑色
数量：共2094套
总功率：104.70kW

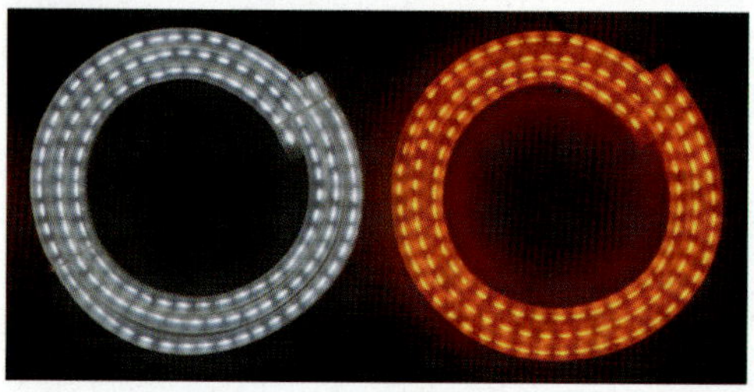

重庆市北碚新城行政中心大楼立面照明工程

项目名称

重庆市北碚新城行政中心大楼立面照明工程

设计承担者

重庆大学建筑城规学院　严永红　李江林
深圳市凯铭电器照明有限公司　何宏光

1 工程概述

北碚新城行政中心大楼为重庆市北碚区政府办公大楼。行政中心地处北碚市政广场中央，为一幢12层的仿欧式风格的办公建筑，总建筑面积达47278.9 m^2。建筑体量舒展，气势宏大，四周开阔，无任何遮挡。从建筑高度和所处区位来看，行政中心是市政广场中轴线的终点，是整个片区的区域中心和具有地标意义的建筑。

2 设计思路

在本工程的照明规划中，考虑到重庆地区特殊的地形地貌，从节能和减少投资出发，重点、次重点建筑的立面照明采用突出建筑顶部和下部，弱化建筑中部的照明手法。

从正立面构图骨架来看，主楼及两个侧翼的顶部细节丰富，特别适合照明重点表现。此外，主楼的半圆形入口及对应的建筑中部也应进行重点照明。为使建筑的骨架更清晰，还考虑对主楼及配楼的通高圆柱进行适当表现。在正立面的其余部分不设置照明装置，以形成足够暗的照明背景，反衬出明亮的重点部位（骨架）照明。

3 具体设计

（1）建筑上部照明。将250W HID灯（或T5线状投光灯）安装在主楼及配楼上部的檐口装饰线条中，对扶壁柱进行重点照明。

（2）建筑入口及对应的中部。在该部位采用了泛光照明与LED壁灯照明相结合的新形式。建筑入口的圆弧形门头采用T5线状投光灯连续安装的照明形式，可形成均匀的泛光照明，同时，可突出门头上的国徽。

（3）建筑顶部照明。在建筑的最高处，考虑以泛光照明为主，以表现顶部的装饰纹饰。

（4）两个主楼侧翼。为使建筑体量更丰满，各设计了两盏1000W的HID泛光灯对侧翼进行均匀泛光照明。

（5）建筑下部照明。为使建筑的骨架更清晰，对建筑主体及配楼的通高圆柱进行重点泛光照明。

4 灯具及光源选择

（1）1000W金黄色高压钠灯，用于通高圆柱照明。

（2）250W金黄色高压钠灯或白色金卤灯用于建筑主楼上部扶壁柱和主楼顶部装饰纹饰的重点照明。

（3）双管T5荧光灯泛光灯具，对局部进行泛光照明或重点照明。

（4）LED特制壁灯，用于建筑主楼中部装饰照明和建筑主楼顶部最高处矩形纹饰的装饰照明。

5 照明控制

为节约能源，立面照明采用智能控制，实现平时、周末、节日三种不同状态的切换：平时可只开主楼上部照明，周末加开配楼上部照明，节日全部开启。在节日，还设定了多套照明方案。

西安小寨天桥夜景艺术照明设计方案

■项目名称

西安小寨天桥夜景艺术照明设计方案

■项目承担者

深圳施贝特艺术设计有限公司

1 项目背景

小寨环形人行天桥是西安市2004年人行通道工程中13座人行天桥中唯一的一座环形天桥，也是其中规模最大的一座。该桥的工程总造价为800万元，主体为钢梁结构，上部总用钢量达600多t，全桥整体结构牢固，造形美观。它的建成，将有效缓解小寨十字人车矛盾，疏导交通，为市民出行提供方便。

古色古香的小寨天桥位于长安路小寨十字上，是一座环形天桥，桥体外观呈“宝瓶”状，楼梯梁中部设有平台，桥面为塑胶铺面，桥梁的设计尽显人文理念和艺术特色，周边现代商业街区商业氛围浓厚，功能上同时满足了周边商业环境景观要求。

2 项目说明

小塞天桥的照明设计主要在于表现现代商业气氛和西安古城历史文化特色，在主体桥的护拦外侧安装一圈圆形造型LED灯具组合，该灯具可产生不同色彩的滚动变化，象征着古城西安历史的车轮在不断地前进，体现了西安是在不断改革、开放、解放思想、迎接新观念的思想主题。

阶梯外侧安装LED护拦灯，勾勒出接替外侧护拦造型，平时为紫色，节假日可七彩变化，增添了节日气氛。

在主体桥的护拦下侧安装双向节能壁灯，色彩以白色为主，突显桥体的宏伟气势。

桥墩以包箍的形式，让光线产生光怪陆离的光色效果，并有效的避免弦光的产生，不会影响行人和车辆交通。

本次照明设计包涵整个天桥，主要内容有桥墩、桥面、桥体外立面、桥体栏杆等装饰性景观灯光。

为了提升西安城市文化品位、美化城市环境，以表现繁华璀璨的新城市形象。国内先进水准和现代化，是未来社会经济与城市建设发展总体目标的核心。

在灯光设计中，各项技术指标应符合和接近国内外发达城市的标准，照明功能和艺术效果达到国内发达城市最高水平。符合时代潮流，表现强烈的时代精神。不仅是物质形态的现代化，更包括设计理念的现代化。采取当代最先进的照明技术、设备、手段、设计概念和方法，以及对最新灯光景观审美观念和设计管理手段的及时理解、鉴别和反馈利用。

在设计灯光方案中遵循我们“环保”、“节能”、“新颖”的设计理念：

(1)环保－体现照明的科学性（实现绿色照明，减少光污染）。

(2)节能－体现照明的经济性（强调新型照明灯具及控制系统的应用）。

(3)新颖－体现照明的艺术性（创新是设计的灵魂，用独特的设计思维营造一个富有艺术气息的灯光 环境）。

随着商品经济的飞跃发展和人民生活水平的不断提高，作为现代城市精神文明和物质文明的重要组成部分，城市美化照明越来越受到人们的高度重视。古城西安旧城改造与城市化进程的加快，正大踏步向国际化大都市迈进。

小寨商圈的发展，无疑会成为西安经济增长的一个助推器，而小寨天桥因设计精巧、大气而备受市民关注。我们将充分运用各种现代照明艺术形式及独特的设计思维营造一个富有艺术气息的灯光环境。

3 配电控制

照明控制系统设置一个中央控制台集中控制照明，在中控室对整个泛光进行控制，系统的所有功能均可在操作台面板上实现。

系统可根据不同场合的要求，即平时照明状态、平时省电照明状态和节假日照明状态的不同要求，设置不同的场景组合，在需要相应的场景组合，只需转换一个开关即可实现，展现现代建筑夜景工程作为城市夜景的重要部分，提升城市文化品位的技术保证。场景设置可随时调整，只需修改相应软件，非常方便。

灵活的照明控制系统，分状态的控制原理，可防止出现节日亮丽、平日无光的现象，力求高要求、高标准、高品位。并可智能利用自然光以及自动实现合理的能源管理功能，可以节电30%～70%以上。利用软启动和软关闭技术可使灯具延长寿命2～4倍。

4 灯具造型

照明灯具造型充分体现区域文化特色，使灯具本身成为区域景观的一部分，本方案中的灯具可采用太阳能供电方式实现供电，在造型上也在不断追求新颖、创新。并采用效率高、寿命长、安全和性能稳定的照明电器产品，安装的方式，既考虑了白天的景观效果，在夜间又减少了眩光的产生，从而真正体现绿化照明的主题。

广州国际会展中心展厅照明工程

工程名称

广州国际会展中心展厅照明工程

1 项目背景

广州国际会议展览中心（首期）位于广州市东南部琶洲岛地区的国际博览区 B 区，总用地面积 70 万 m^2，总建筑面积约 50 万 m^2（其中，展示场部分建筑面积 30 万 m^2，会议、商务及附属设施建筑面积约 20 万 m^2）；首期总用地面积 43.9 万 m^2，首期总建筑面积 39.5 万 m^2。建成之后的广州国际会议展览中心将成为中国最大的国际会展、投资贸易基地。成为 21 世纪广州城市标志性建筑和旅游观光景点之一。

首层为 1～8 号展厅

其中 1～5 号 120m × 5m × 13m

6 号、8 号展厅 105m × 85m ×（11～15）m

7 号展厅 40m × 85m ×（7～13）m

四层为 9～13 号展厅 120m × 85m ×（18～22）m

项目承担者

飞利浦照明（中国）

2 项目说明

（1）舒适性要求。对于大空间直接照明，最容易产生不舒适的就是眩光，应为人在大空间里，视野范围很大，对整个空间的亮度平衡非常敏感，为降低眩光，避免选择功率过大的光源，灯具的玻璃罩为毛面，增加了散射，既降低了灯具的表面亮度，又增加了光束的宽度，结果是整个展厅的垂直照度增加，整个环境的亮度得到提高。

（2）内透光。由于整个建筑都是通透的，内透光对于展览中心的景观作用非常关键，实现内透光的两个必要条件是反射面和足够的垂直照度。从灯光方面考虑，选用了宽光束性灯具，以保证足够的垂直照度，同时有利于整个照明的均匀度。

（3）安全性要求。高功率带来了高热量，使灯具的工作环境变的恶劣，同时增加了玻璃罩爆裂的风险。为此，灯具结构上作了特殊的技术处理来保证散热，同时解决了玻璃罩爆裂的危险。

在照明的设计阶段，采用专用的照明CAD设计软件，准确设定灯具的布置间距，并于现场布置灯具，检验各种照明指标。

我们非常幸运有机会在设计的前期阶段能够和建筑师、电气工程师交流，为一个成功的大空间照明打下了良好的基础。愿更多的建筑师、电气工程师更加重视照明，为我们创造更美的环境空间。

3 灯具技术参数

展厅照明作为一般照明，需要满足下列要求：

(1)基本照明，地面满足500 lx的水平照度，较高的基础照明水平为将来的展览场布置节省了大量的补充照明，使布展和撤展工作效率更高；选择光色为白色，色温约4000K，尽量表现展品的本来色彩，同时避免大空间带来的空旷、冷清感；均匀度$(E_{min}/E_{ave})>0.8$，显色指数$Ra>65$。

(2)降低安装、运行、维护成本。为此选用1000W金卤灯作为主要照明光源，除了满足色温、显色性要求外，还满足了节能要求，其发光效率＞90 lm/W，同时，由于选用大功率光源，使灯具的数量骤减，为安装、维护提供了极大方便。

对于直接照明，在舒适度要求较高的情况下，灯具的功率和安装高度基本上存在线性规律，比如3m的高度的走廊，多考虑小功率节能筒灯，5m的大厅选35W金卤灯为宜；7m的大堂，可以选70W金卤灯；9m的大堂，可以选150～250W金卤灯；12m的大堂，可以选400W金卤灯；15m的大堂选1000W金卤灯；30m的大堂，可以选2000W金卤灯；此展厅的高度多为15m，因此选用1000W；再大功率的光源将产生眩光，因此不予考虑；很多体育馆的空间和该展厅的空间非常相似，由于安装高度都在20m以下，为了得到舒适的照明，都采用400～1000W灯具。

沈阳世界园艺博览会百合塔灯光工程

■项目名称

沈阳世界园艺博览会百合塔灯光工程

■项目承担者

大连路明光电科技有限公司

项目负责人：姜连福

灯光设计师：郑永义

电气设计师：马胜

1 项目背景

沈阳世博园在总体景观规划上是以自然生态为切入点，以林木葱郁、山型起伏、沟壑纵横的自然景观为依托，形成一个鸟语花香、山清水秀，具有空间立体感和时间感，又充满活力的园林景观，在公共景观上以四季分明的北方景观特色为背景，以大气的林海、山水、丘陵突出宏伟深厚的北方景观特色，在地方特色上，融入历史文脉和地方文化。

百合塔是世博园最具代表性的建筑之一，位于整个园区的最高点，在沈阳市内便可看到其秀美的身姿，整个塔高128m，中间是一个长轴直径9.2m，宽轴直径8.1m的圆柱体。百合塔的前面是玻璃后面是金属穿孔板，其透光率为下25%，上50%。整个塔身由钢结构与混凝土支撑。塔的西侧是一个400m^{2}的喷泉，东侧是一个2000m^{2}的广场，北侧临近湖区与湿地，自然景观独特秀美，依顺山势更显俊伟。我们根据建筑本身以及自然特色选择灯具和灯光设计。

2 设计功能依据

国际照明委员会CIE标准照度，《供配电系统设计规范》GB50052—1995、《低压配电设计规范》GB50054—1995、《电气工程施工质量验收规范》GB2002—50303及其他设计资料。

3 总体构思

百合塔的整体灯光设计以蓝白色为主基调，高贵典雅的外观形象与周围大片的百合花坛相映成趣、交相互应，充分运用建筑材料透光、反射等特点，结合内外打光的手段使整个百合塔变得晶莹剔透，在夜色中光影与周围环境融为一体，创造出和谐、完美的视觉效果。

4 设计立意

用光的手段体现出百米景观标志塔“百合塔”的晶莹剔透、素雅高贵的气质、和和美美的寓意，以及政通人和的历史丰碑和沈阳无限广阔的未来。寓意沈阳百业兴盛和谐发展。

5 照明手法

（1）整个塔身由下至上用深碧色的金卤灯打光，灯光由第8节渐进地变蓝，再渐进地变浅到18节处变为白光。整个主体柱身采用半透明的材质，远远望去整个百合塔，亭亭玉立，晶莹剔透。仿佛一个水晶的百合花雕塑。

（2）塔的后侧是透光穿孔金属板，在其尾部跟塔身一样用金卤灯内透光，颜色也是碧绿色，在透光金属板的孔眼处嵌上LED像素灯（七彩），用电脑控制灯色的过度，使它看起来如水晶般晶莹剔透。

（3）以流动的LED灯为主要手段由底部向上缓缓流动，仿佛从大地之中吸引着灵气，让它吸收上升，喷薄而出。

（4）在塔顶的平台上，我们用5000W的空中玫瑰使整个百合塔更加富有活力，显的摇曳多姿，与坡下的百合花坛交相互应，形影不离，花坛用LED轮廓灯勾勒出一个美丽的百合花，就象塔的倒影。

（5）在百合塔的19～20层，采用照明白光为主的手段、照亮花瓣，这两层都不是太亮，人们可以在这里观赏整个世博园的美景，在电梯间的顶延处加白光照明，远远望去它就象百合花美丽的花瓣。

（6）塔的北侧有一个占地400m^{2}的喷泉，由40套LED水下灯，相互辉映打出的灯光随着水的舞动而变化颜色，象征着沈阳市民丰富多彩的人生，水舞的灵性又是那么的出尘脱俗，就像沈阳市日益丰富的文化内涵。

（7）在塔的右侧是一个占地2000m^{2}的广场。广场上只有柔和的庭院灯在发挥着作用，就象如水的月光，更加显现了他的晶莹剔透，营造一种幽静淡雅的气氛，意寓着祥和的盛世，并见证了世界园艺博览会这个丰碑的历史。

6 采用专用照明软件

我们采用DLV3.5照度分析软件进行仿真计算，在达不到建筑表面范围所要求的照度值或照度分布不佳、明暗反差很大的情况下再调整灯具布点的位置，调整光束角度大小或更改灯具、调整光源光通量等办法，以实现完美的照度分布效果。

7 配电系统

（1）配电箱采用：下进下出的供电方式。

（2）配电系统图采用：树干式与放射式相结合的供电方式。

（3）总用电负荷PE=80kW。

（4）功率补偿：采用单灯补偿，使其cos $\phi \geqslant 0.85$ 电容放在灯体内。

8 控制系统

根据百合塔夜景灯光效果，工程采用我们公司的MCU控制系统。此系统抗干扰能力强，当需要改变变化的模式时只需要对EPROM重新写入程序就可实现业主的不同要求，对于任一时刻的颜色灯光的切换则利用几个触摸开关即可实现，

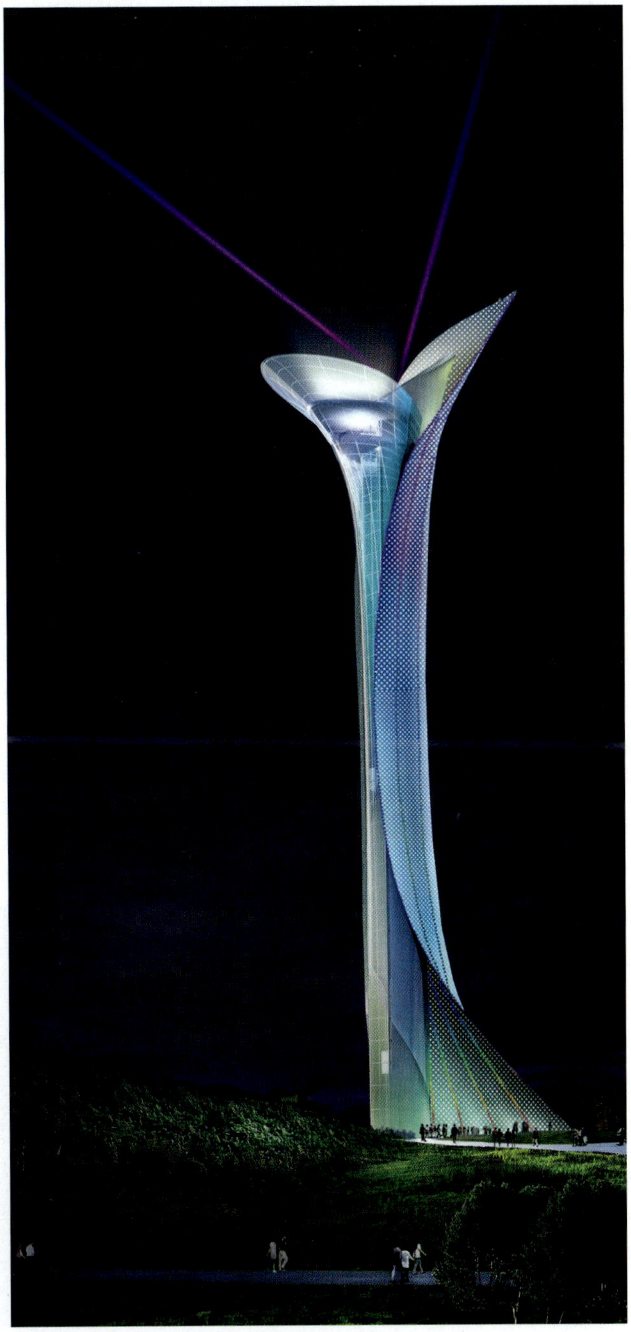

上海复旦大学大功率投光灯应用

■工程名称

上海复旦大学大功率投光灯应用

■项目承担者

上海百立机电设备有限公司(中天照明)

■供应商

品能光电技术（上海）有限公司

1 项目背景

复旦大学新江湾城校区位于上海市东北部新江湾城，原为空军部队江湾机场用地，现作为上海城市建设发展用地。复旦大学新江湾城校区南起殷行路，北接军工路南侧的支路，西临国江路，东至松沪路。基地划定面积1500亩，规划总建筑面积30万m^2。

2 项目说明

2.1 主要功能

(1)国际化办学及文化交流。

(2)若干新型（学科）的专业学院、研究院。

(3)若干研究中心及传统学科（院）的布局调整与事业拓展。

2.2 设计主题确定

(1)设计依据

①现场调研、现场实拍图片及相关建筑图纸。

②《城市夜景景观规划与设计》东南大学2001.1。

③CIE国际照明技术委员会NO92　NO115。

④《IES lighting hand book》北美照明协会。

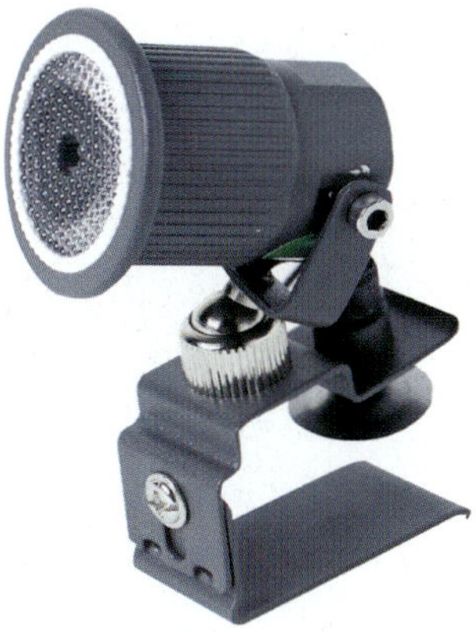

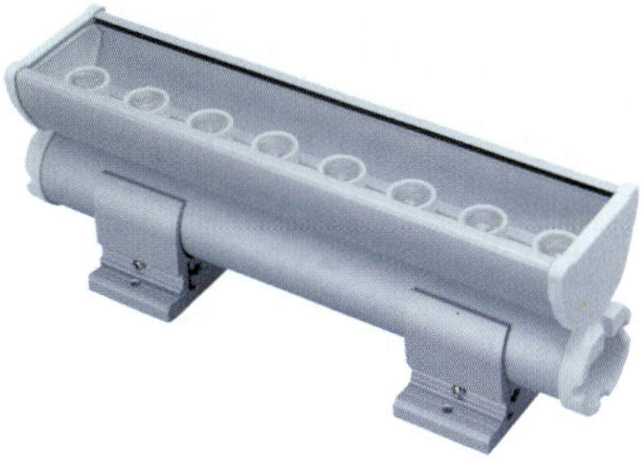

（2）主题思想。现代建筑已经早已不仅仅是简单的工作和生活的场所，而是一种艺术的展现。建筑设计师赋予了现代建筑以生命和灵魂。就建筑照明设计来讲，通常会考虑从三个方面展现加强建筑的美：结构美、造型美、历史美。

本案的古典建筑风格，厚重的石材，稳重的石头纹理是我们要表现的主要手段，以简洁的局部投光照明来最大化建筑本身。

（3）设计企图。设计师意图使用全彩渐变投光将观察者带入一个不同季节或不同氛围的空间。

3 配电和控制

（1）控制器说明。七彩星光控制系统LAE-1000，其变化功能分为：关、红、绿、蓝、红绿、红蓝、绿蓝、全开、渐变等九组内建程序循环变化控制。除去电源开关，还有四个控制开关和一个速度调整旋扭。控制开关可以实现自动/手动控制LED的亮/灭，其余三个控制开关分别实现对红、绿、蓝三色灯的亮/灭的控制。

（2）系统设计说明。校门口部分全彩灯具的系统连接图，使用了一台LAE1000控制所有灯具，每只灯具单独配一台防水电源盒供电（DC24V），所有灯具信号线并接在由LAE1000出来的信号总线上。

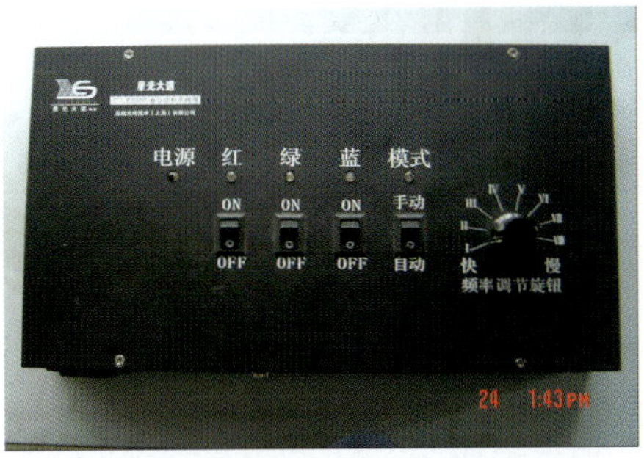

扬州火车站夜景泛光照明设计工程

■项目名称

扬州火车站夜景泛光照明设计工程

■项目承担者

惠州雷士光电科技有限公司

1 项目背景

扬州火车站位于江苏省扬州市，建筑面积共2万多m^2，车站铁路中心里程全长1.7km。该建筑风格独特，结构和谐流畅，立面现代又富于变化，是扬州的代表性建筑之一。

2 项目说明

2.1 设计原则

（1）符合城市建筑物泛光照明要求；

（2）整体性综合泛光照明（地理位置环境及功能性）与建筑物的个性照明（建筑物自身建筑特点）相结合；

（3）泛光照明设计具有超前意识（先进的照明产品及功率经济性的分级控制等）；

（4）夜间照明与白天环境相结合（照明产品尽量不影响建筑物白天的效果）。

2.2 设计构思

泛光照明方案设计又称为艺术照明设计，需要配合建筑设计方案，突显建筑设计的特色，并使整个建筑在夜间表现出与白天不同的景观。

扬州火车站在白天凭借其建筑特色成为人们远观及近视的焦点。夜间泛光照明设计应充分展现其整体美感，通过色调的转换、照度的亮暗变化，整体照明与局部重点照明之间的对比来实现各立面、顶部等不同部分之间的相互呼应，相互烘托，使建筑本身错落有致，富有层次感，使泛光照明的不同部分达到和谐统一，营造出楼体卓然超群的夜景照明整体效果，使其在夜间也成为代表城市形象的泛光工程。

夜景的视角为远观，重点是楼体的整体照明效果，用由浅入深的手法从建筑物的外围到内围逐层进行细化，同时从下到上运用现代照明手段体现建筑的现代特色，做到步移景异，整体效果和谐统一。

（1）建筑特点。扬州火车站建筑外墙材质以香槟色铝板及不同颜色的钢化玻璃为主墙体，辅以玻璃窗，造型现代、整体协调。周边分布了较宽的广场及绿化带。根据车站的功用特征，灯光设计效果应动静相宜。

（2）建筑灯光形象的塑造。从总体上来看，该建筑的照明效果要求强调建筑物主体、顶、立面的纹理感，也就是说用泛光灯突出钢化玻璃墙钢架构及钢化玻璃的特点。强调整个建筑物的立体感及高度感，立面自下而上的照明亮度要形成渐弱的变化。

（3）楼体照明手法。由于楼体大部分面积是由玻璃幕墙构成，设计灯光时考虑到有外投光与内透光两种手法，由此衍生的变化层出不穷、千姿百态。外投光可以构建建筑的色彩与形体，突出建筑的质感及结构内透光则增加其通透性，显露内在结构。两种手法综合运用即可创造出独特的艺术效果。

楼体地面部分采用埋地灯对香槟色铝板立柱照明，在不影响行人行走的前提下，突出玻璃墙间柱子的照明。在2层雨蓬处安装金卤灯光源的宽光束泛光灯对2层及2层以上的墙体进行泛光照明，同时与透出室外的大面积的采光相呼应，体现建筑的活力及玻璃墙钢结构的大致轮廓，与屋顶弧形的香槟色铝板质感形成极好的反衬，进一步强化屋顶的形态。

（4）楼顶照明。楼顶为建筑精心处理的高潮部分，细致而轻巧的弧形结构为楼体的精华之处。照明处理分为两个部分：弧形顶部两侧内凹部分照明和弧形顶7个天窗部分的照明。具体布灯如下：对内凹及玻璃幕墙部分采用高显色性的金卤灯光源进行补充照明；对屋顶菱形天窗部分，在屋顶内部的钢构件上安装400W金卤灯光源泛光灯对其直射照明，使光束透过天窗发散到高空中，达到一种辉煌的光环境；同时也弥补了楼体生硬这一缺陷，当然也满足了楼体对灯光的要求，不会干扰正常工作和人员的流动，即使远观也能使楼体在夜色中特别醒目。

圆锥屋顶是最具有特点的部分，根据此处圆锥顶中玻璃幕墙的结构，沿每个贴近玻璃墙的钢结构处安装最新高科技、长寿命的侧光光纤，以平均勾勒圆锥，且在光纤尾端形成点点星光，在夜色中静悄悄地变化着、活动着。

（5）环境照明。车站广场与建筑绿化带之间，建议采用庭园灯单向灯光照明。选择约4m高的庭园灯对整个广场以15m的等距离分布；在小草坪上安装小庭园灯，选用节能灯光源，约5～6m等距离布置。

从以上描述与照明效果图表达的设计构思可以看出：楼体部分采用了泛光表现气氛，综合体现车站在夜间的远距离效果，使大楼的建筑特色在夜间能够得到充分体现，以便达到更深层次的灯光效果。整个照明系统采用分级控制，能够很好地控制能耗，节约照明费用。另外，局部建筑构件重点照明能突显出车站的形象。

西安城墙西门古建筑大功率LED应用

项目名称

西安城墙西门古建筑大功率LED 应用

项目承担者

设计方：品能光电技术（上海）有限公司

实施方：南京荣文顺昌机电工程有限公司

供应商

品能光电技术（上海）有限公司

1 项目背景

西安城墙，是明代洪武七至十一年（公元1374～1378年）间在唐长安城的皇城基础上建筑起来的，是中世纪后期中国历史上最著名的城墙建筑之一。它和古罗马、雅典、埃及合称为世界的四大古都，城墙建筑雄伟，闻名于世。

城的四面正中开辟有门，东门名长乐，西门称安定，南为永宁门，北是安远门，每座门外设有箭楼，内建有城楼，两楼之间建瓮城；城楼高33m，面阔7间，宽40m，顶歇山式，重檐回廊，气势雄伟。

2 设计依据

（1）现场调研、现场实拍图片及相关建筑图纸。

（2）《城市夜景景观规划与设计》东南大学2001.1。

（3）CIE 国际照明技术委员会NO92 NO115。

（4）《IES lighting hand book》北美照明协会。

3 项目说明

3.1 灯光载体分析

城墙用黄土分层夯筑，最底层用石灰、土和糯米混合夯打，十分坚固。西墙长2631m，城墙周长为11.9km；城墙高12m，厚16.5m，城内面积近12km^2。

西门内：再现盛唐风韵。

受火车站城墙连接工程的影响，城墙中段被阻拦。返回南门，再赶赴西门。西门外，车流有序流动，远处没有突兀的高楼，视野也开阔了不少。西门内，正在修建的西大街，白墙红瓦，高屋建瓴的复古风格，似乎又回到了盛唐时代。

3.2 主题思想

夜景照明要以人为本，节约能源，提升艺术效果，充分体现中华民族传统文化和现代科技的结合，弘扬民族精神、昭示社会进步，将现代历史文化名城和国际化大都市融为一体，营造庄重、大气、恢弘、和谐的气氛。夜景照明也应体现民族精神，妥善处理民族景观与照明方式的关系，表现出厚重、深远的中华民族文化意境。

3.3 设计意图

设计师意图运用造型、灯光、景观艺术、通过色彩、线条、比例、构图、空间、位置、质感等设计元素，创造出符合中国古建筑结构、层次、韵律、文化内涵的雄伟壮观的灯光艺术景观。

3.4 产品介绍

屋顶部分采用F1002投光灯如（见图1）每个瓦沟中间隔50cm布置，由于这个屋顶面结很大全场近10m，同时目前F1002的光效还是有些弱，同时在屋檐口加了一排70W钠灯，作为补充。灯具的安装方式针对中国古建筑的瓦片尺寸及结构设计，在不破坏建筑结构的同时展现建筑屋面的明暗光影变化。最终的照度情况如表1所示。

勾边全部采用灯串（见图2），龙头和小兽采用F1002及F1114，15° 发光角度，单盏功率数1W的大功率LED投光灯，取色温5500K，见图3。具体照度分布参见图4。

3.5 最终完成效果

2005年12月29日晚，西安城墙西门城楼被绚丽的彩灯点亮了，古城西安夜色又增添了一处新景观。

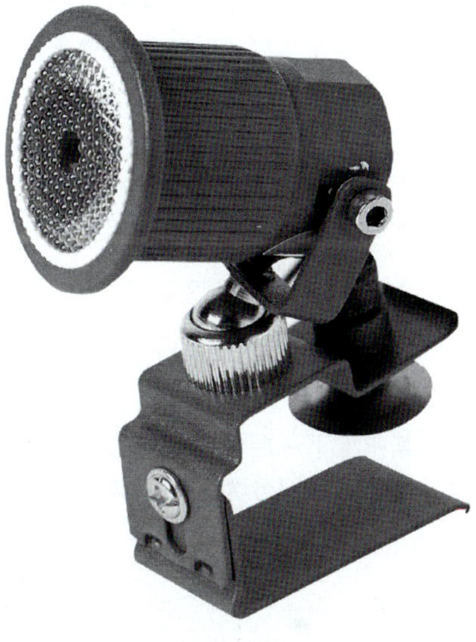

图 1

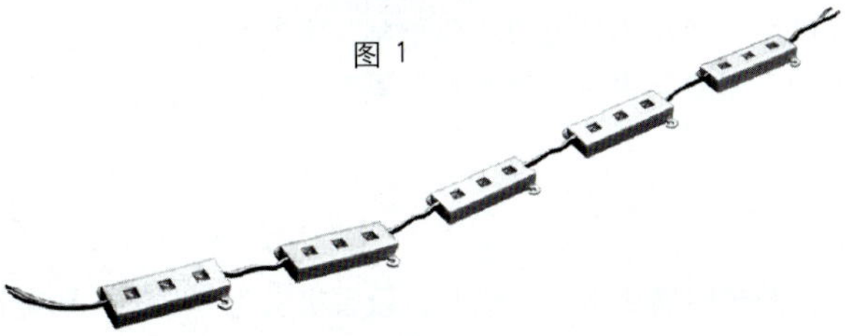

图 2

图 3

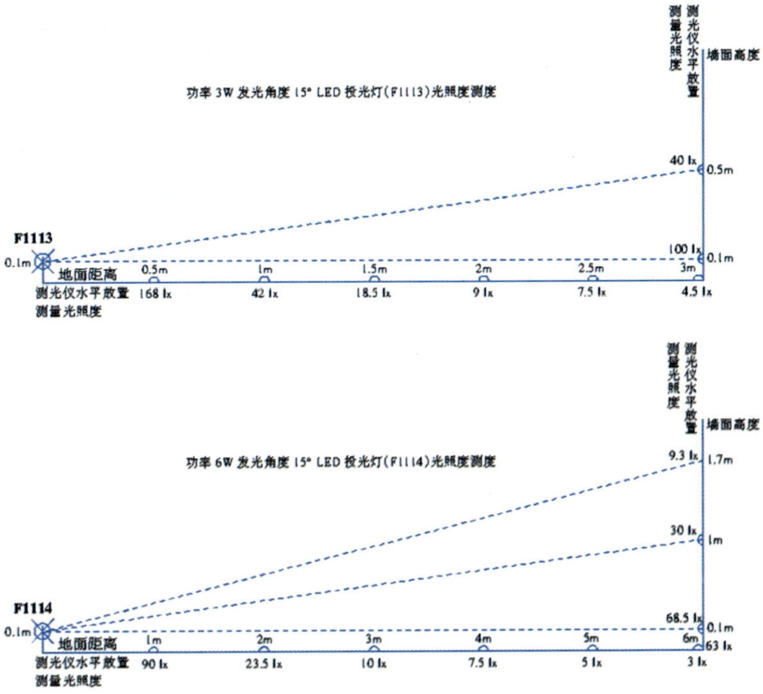

图 4

表1　F1002光照度测试表　（单位：lx）

琥珀色	光源与墙面之间的间距					
	1.5m		1.0m		0.5m	
	水平照度	垂直照度	水平照度	垂直照度	水平照度	垂直照度
	3.4	75.00	7.80	178.00	37.00	642.00

中关村 e 世界照明工程

项目名称

中关村 e 世界照明工程

设计承担者

北京市建筑设计院六所

产品供应商

佛山电器照明股份集团公司

1 项目背景

中关村 e 世界位于北京市海淀区中关村西区东侧中段，东侧邻中关村大街，北侧邻四通大厦与海龙大厦相望。建筑分东西两座，并通过中部连接体联成一体。投资商致力于将中关村 e 世界打造成一个提供一站式消费的 IT—MALL。投资商注重营造一个与众不同的购物环境。它打破传统的电子商城的设计，采取透明的设计，让自然光无限进入宽敞的内部空间，首层拉高至 7m，地下 1 层 6m，2～4 层 5.6m。其富有凝聚力和感染力的积极购物空间，独有的导购系统，完善的触摸屏以及吊旗指引，将消除因为拥挤造成的急躁感，充分体验一站式购物的愉悦。

2 工程概况

占地面积 22000m^2，地上部分东座主体 14 层，高 73m，西座 12 层，高 57m。地上一至五层为商业区，六层以上为办公区，地下共四层，其中地下一层为商业中心，地下二层为各类机房及自行车库、汽车库，地下三层为汽车库，地下四层部分为人防，其余为汽车库。总建筑面积为 156000m^2。

3 设计思路

本案室外及屋面设有夜景照明设施，并采用计算机程序控制。本案的夜景照明的设计应与整个中关村西区的夜间景观相协调，需要与甲方、建筑师、景观设计师、专业照明公司共同确定照明方案。

4 照度标准

标准办公间设计照度为 500 lx，配套附属用房为 300 lx，设备机房为 150 lx，弱电机房为 300 lx，走道为 75 lx，车库为 50 lx。商业部分可根据使用情况确定。

5 光源选用

本工程主要包括一般照明、应急照明、疏散照明。产品主要选用佛山电器股份有限公司的产品。办公间、地下车库、机电用房、附属用房采用荧光灯，配低损耗镇流器及补偿电容。楼梯间，公共走道及其他公共区域采用高效节能灯，配低损耗镇流器及补偿电容。

6 照明配电系统

照明电源均引自变电室低压配电柜，一般照明采用单路放射与树干式相结合的供电方式，应急照明采用双路末端互投，疏散照明采用应急电源集中供电方式，应急电源连续供电时间应不少于90min。其中车库部分的车辆疏散导流标志及商业部分的人员疏散导流标志采用蓄光型标志。办公部分各层分设照明配电箱，可根据使用情况分层分区供电，地下车库分区设照明控制箱，集中控制；商业部分根据功能及管理划分分设照明配电箱。楼梯间照明采用就地延时控制，消防状态下可瞬间开启。

7 产品技术参数

	T8 三基色荧光灯 36W	T5 三基色荧光灯 28W
型号	F36T8/865	F28T5/865
功率/W	36	28
显色指数/mm	82	82
色温/k	6500	6500
初始光通/Lm	3250	2550
维持光通(2000h 后)	90%	85%
额定平均寿命/h	12000	10000
电源电压/V	220	220
灯电流	0.43	0.17

	格栅灯 T8/36W × 3	格栅灯 T5/28W × 3	T8 豪华型电感支架
型号	MQ1-Y36W × 3/S	MQ2-Y28W × 3	MW6-Y36
功率/w	36 × 3	28 × 3	36
显色指数/mm	82	82	82
色温/k	6500	6500	6500
初始光通/Lm	3250	2550	3250
维持光通(2000h 后)	90%	85%	90%
额定平均寿命/h	12000	10000	12000
电源电压/v	220	220	220
原始电压波动	220V $^{+6\%}_{-8\%}$	220V $^{+6\%}_{-8\%}$	220V $^{+6\%}_{-8\%}$
功率因素	>85%(电感镇流器) 95%(电子镇流器)	95%	>85%
外形尺寸/(mm×mm×mm)	1200 × 600 × 85	1200 × 600 × 55	1225 × 60 × 77
开孔尺寸/(mm×mm×mm)	1180 × 580	1180 × 580	----------
光源	T8 三基色荧光灯	T5 三基基色荧光灯	T8 三基色荧光灯
总功率/W	108	84	36

设计师介绍：

王晖，男，36岁，1990/7毕业于北京建筑工程学院机电系电气自动化专业。目前在北京市建筑设计院六所承担电气专业强、弱电系统及平面的设计，是北京照明学会理事和中国照明学会室外照明专业委员会委员，多次担任大型民用建筑电气（强电、弱电）的设计工作并任电气专业负责人。所负责的项目多次荣获院优秀工程奖。

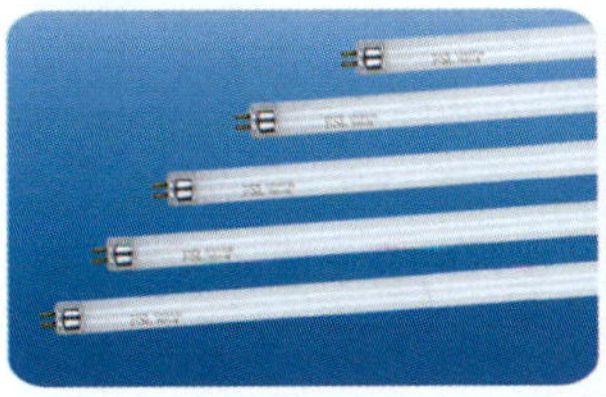
T5 直管三基色

T8 直管三基色

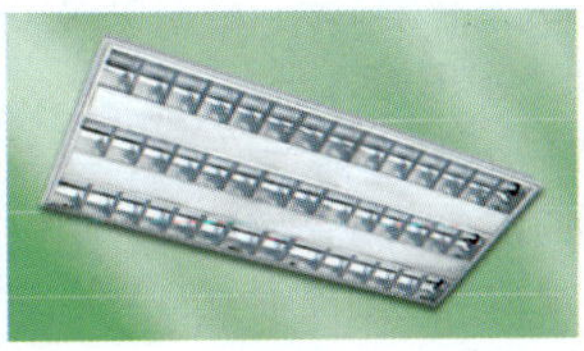
T5 28W 3

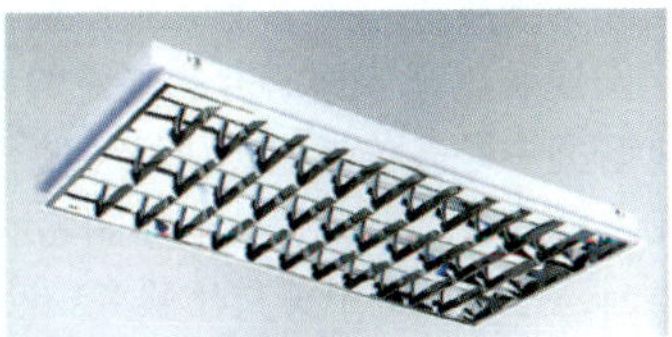
T8 36W 3

霍普金斯大学中美文化交流中心

■项目名称

霍普金斯大学中美文化交流中心

■项目承担者

苏州金螳螂设计研究院

■供应商

江苏史福特照明电器有限公司

1 项目背景

在南京大学鼓楼校区的西北角上，坐落着一幢建筑面积 13197m^2，建筑总高度50.8m的一类高层建筑。它就是中国和美国的两所著名大学南京大学和约翰斯·霍普金斯大学共同创办的教学与研究机构：中美文化研究中心。

中美文化研究中心旨在培养从事中美双边事务和国际事务的专门人才，同时它也培养有关领域的教学科研人员。多年来，已经有来自中国、美国和其他国家的1000多名具有杰出才能的学生从中美研究中心毕业，他们活跃在中美两国以及世界各地的政府、企业、高校、科研机构、媒体、非政府组织等各个部门。

中美文化研究中心具有良好的教学条件，它拥有各种电子数码教学设备。图书馆内中英文藏书多达80000余册。南大和霍大每年为这个图书馆购买大量最新出版的中英文图书、期刊和声像资料，并提供国际联网数据库和国际馆借服务。图书馆全部开架，每天开馆16h，是在中国境内从事国际问题和美国问题研究的最好的专业图书馆之一。

中美文化研究中心多年来的实践经验使“中心”形成了规范的、与国际教育体制接轨的管理制度。是国际知名的跨国教学与研究机构。今天，无论在美国还是中国，中美文化研究中心都被看作是高等教育国际合作的典范。

2 技术标准

满足美方 PERKINS EASTMAN & HLW《中美文化研究中心设计初步设计》的要求。

3 设计主题

愉悦、对话、共融。

4 设计思路

(1)艺术与功能相结合。中美文化研究中心，是文化交流中心，同样也是艺术交流中心，照明设计在满足功能需求的基础上，尽可能做到与建筑空间融为一体，体现建筑美学，并使人造光环境成为室内装修艺术的一次升华。

(2)体现设计主题，营造开放、自由、轻松、舒适的氛围。本案将寻找该建筑空间的精神本质作为设计的出发点，使建筑设计中所追求的开敞、明丽、轻松、自然的氛围在室内设计中得以扩延。考虑到该建筑的使用性质，把光与色的交织，不同材质的巧妙结合作为形式设计的主要表现手法，以此来隐喻愉悦、对话、共融之多元聚合的设计主题。

(3)创造良好的视觉环境。采用科学、合理的照明方式，合理的亮度分布与对比度，严格限制眩光的产生，营造舒适的光环境，为学员交流创造良好的视觉空间。

(4)倡导环保、节约能源。选择符合节能要求的灯具、光源与电器，并依据不同区域的功能需求，合理规划照度标准等级，以合理化的节能能源。

5 重点区域方案说明

（1）大厅。作为首先给人留下第一印象的大厅，米色大理石和铝板吊顶的简洁装修设计，给人轻松的感觉，正面米色大理石墙壁上采用特制装饰型壁灯，灯具简洁的几何线条给平面的大理石墙壁增加了立体感，灯具的表面线型发光与顶部射灯投射光起到的分割和点缀墙壁的作用，增加了视觉趣味性。天花照明采用吸顶式筒灯，以规则的分布与铝板天花结合，增加了大厅空间的立体感，避免大面积的平面天花给人的平淡感觉。

（2）图书馆。图书馆是中心的重要基础设施，也是照明设计的重点，照明设计的主要任务是为学员查找图书提供方便快捷，阅读图书感到轻松舒适。馆藏室藏书架照明采用SFT－X01－240SD吊装式柔光灯带，吊装式安装与书架形成顶面与地面的呼应，连续性光带，为书架提供均匀的照明和足够的垂直照度，保障学员方便查找图书。过道区照明采用嵌入式筒灯，为人员的流动提供合适的照明。阅览室照明同样也采用柔光灯具，柔和的光线有效地避免眩光的产生，使学员阅读资料更加舒适。

（3）报告厅。报告厅作为学术交流的重要场所，照明环境更是至关重要。照明采用X02－428RPC－D嵌入灯具，为直接／间接型灯具，直接照明提供了足够的桌面照度，间接照明提高了足够的垂直照度，减少人脸面部的阴影，使人脸更加清晰，有利于人与人之间的沟通，直接照明与间接照明折中的结合，达到平衡的照明效果，营造出舒适的交流环境。

6 主要产品介绍

产品型号	额定电压	光源	色温
SFT－X02－428RPC－D	220/230V AC 50Hz	4 × T5 28W	4000K
产品尺寸 L × W × H（mm）	1200 × 595 × 102		
产品特性格	栅灯罩科学的抛物线设计，有效的限制眩光的产生，直接／间接照明合理结合，提高了空间环境的立面照度，减少阴影，使光线更加柔和、舒适。		

产品型号	额定电压	光源	色温
SFT－X01－240SD	220/230V AC 50Hz	2 × T8 36W	5400K
产品尺寸 L × W × H（mm）	1221 × 257 × 72		
产品特性灯	体设计精巧，安装方便，采用高透光率的PMMA柔光板，可单独吸顶吊装，也可连接、组合成光带。		

产品型号	额定电压	光源	色温
SFT－6106F1 × 13W	220/230V AC 50Hz	1 × TC－D 13W	4000K
产品尺寸 A × H（mm）	Φ190 × 214.5	开孔直径（mm）	Φ175
产品特性铝	合金压铸灯体，表面氟磷喷涂处理，精确设计的进口高纯度铝反射器，表面阳极氧化处理，并涂有保护层，具有良好的配光性能和眩光限制，卡压式安装方式，更加方便、快捷。		

过道区

图书馆

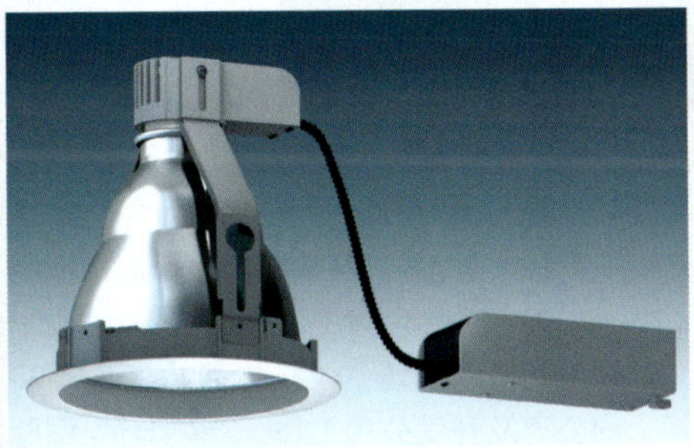
SFT－6106F1 × 13W

SFT－X02－428RPC－D

SFT－X01－240SD

大厅

报告厅

华沙“Rondo1”国际金融大厦照明管理系统

■项目名称

“Rondo1”国际金融大厦照明管理系统

■项目承担者

Luxmatsp.zo.o

锐高公司(TridonicAtco)

■供应商

锐高照明电子（上海）有限公司

1 项目背景

作为欧洲发展速度最快的城市之一，华沙对于一流办公空间的需求不断增长。这种发展无不得益于其优越的地理位置，波兰非常接近正处于发展中的东欧市场，仅在首都就有近20000位经理和专家在为西欧顶尖的咨询公司及开发公司工作。“Rondo1”国际金融大厦－这幢高194m的建筑由波兰建筑师AZO和来自Skidmore的美国公司Owings & Merill的建筑师们共同设计完成。这个“未来派”的建筑赋予华沙中央车站旁的金融中心全新的面貌，使华沙一个色彩单调的古老城市变成了现代国际大都市。

2 工程概况

“Rondo1”国际金融大厦，总建筑面积为75000m^2，高40层的大楼，由Hochtiel Polska Sp.z.o.o项目发展公司承建，其亮点就在于大楼外部安装了可运行18部电梯的3个透明井道和通往各个楼层的“天空之桥”。“Rondo1”国际金融大厦在波兰首都被誉为“最高雅的多层停车场”，其6层楼面大约有230m^2停车空间（每层）和商店群一起形成大楼别具一格的特色。

“Rondo1”正面的玻璃结构和几个4层楼高的中庭将充足的自然光“投”射进这个兼具办公及购物功能的大楼。只要把楼梯井依据设计的位置固定好，58000m² 的办公空间就可以自由地、极富弹性地被划分，即便是洗手间都可以重新安排——这使开敞式平面布置办公室、复合办公室和个人办公室空间都可以得到最大限度的、最理想的利用。

“Rondo1”国际金融大厦另一个亮点来自大楼的照明管理。常规照明和应急照明系统被整合在简单的DALI系统中，715个DALI线路的中央控制、监控及评估为其带来了相当可观的收益。

3 winDIM@net 照明管理系统的功能特色

3.1 具有对所有灯具的开关和调光功能

“Rondo1”国际金融大厦内所有的灯具都可以进行自动开关和自动调光，为使用者提供了完全的自由度。如果有新的承租人入驻或者内部格局发生变化时，灯光安排组可以通过对系统的重新编程作出相应调整。这对单独的房间和整栋楼面都非常适用。因此，办公室可以拥有各种工作灯光，而且任何不同的活动和任务都可以找到最适宜的灯光场景。

winDIM@net 照明管理系统使DALI功能可以在中央监控（中央控制、监控和评估）得到充分应用。管理人员无需离开办公室就可以通过中央监控区域开启或关闭照明灯；也可以改变灯光颜色以使大楼在晚上从外面看上去会有所不同；还可以获取每一个工作器件的状态信息。对于新的配置只需要winDIM@net软件就够了，即使照明系统及办公室塔楼里多达666条的DALI线路与辅楼的49条线路复杂地组合在一起，81个和11个网关分别能够可靠地保证了DALI系统和TCP/IP网络的平稳传输。

3.2 整合普通照明和应急照明系统

winDIM@net 照明管理系统的独到之处还在于在大厦内普通照明系统和应急照明系统一改往日独立、分开安装、使用和控制的历史，被整合成了一个完整的DALI系统，同时winDIM@net软件保证了每个组成部分都可以协调工作。这个独特的管理系统为日益复杂、影响广泛的照明系统提供了一个具有出色整合功能的平台，使开关、调光、应急照明紧密结合，方便协调，操作自如。

3.3 具有强大的中央监控功能

winDIM@net 中央监控功能对于大面积建筑（如“Rondo1”国际金融大厦）更加实用。所有状态信息都可以从控制器件中找回，例如灯的故障、电流值减小和硬件成分的故障等。大大简化了照明系统的维护工作。

在winDIM@net 解决方案里集成的EM PRO应急照明单元使方案的监控功能得到有效的扩展，与应急照明系统一样简单。适用于监控所有的经济照明设备，并在有关标准的支持下激活所有应急照明测试。包括每周对模块、电池、灯的可操作性进行检查，每年的服务寿命测试和安装后伴随着按IEC 62034标准自我测试的试运转测试。此外，错误信息将通过E-mail立即传送给相关设备经理。

3.4 更具经济性、智能性

这种单个系统内的整合不仅是一项先进技术，更是一种能够提供许多益处的方法：整合后，安装和启动阶段更易完成，因为只需要一条控制线路，便可减少安装费用和时间成本；因为有统一的用户界面，使系统更容易操作；因为有锐高完备系统的监控、所有应急照明测试的记录以及革新的照明控制组件，使照明控制更趋于智能、经济、友善。

4 产品技术参数

winDIM@net 照明管理系统由锐高(TridonicAtco)公司提供技术支持并由其在华沙的合作商Luxmat Sp.z.o.o负责安装完成，凭籍17000个智能控制单元在DALI界面和winDIM@net下的出色表现，这个革新的解决方案因其特立独行给人们留下了深刻的印象。

型号	主楼数量/个	辅楼数量/个
PCA EXCEL one4all 可调光电子镇流器	5247	434
EM PRO 应急照明单元	1842	247

EM PRO

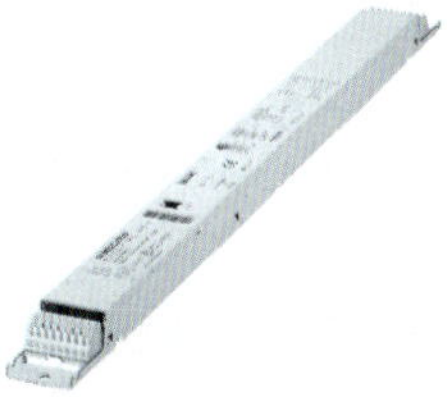

PCA T5 EXCEL one4all IP

深圳地铁一期照明工程

■项目名称

深圳地铁一期照明工程

■项目承担者

铁道第三勘察设计院　吕小征

中铁一局

中铁二局

中铁四局

中铁十七局

中铁隧道局

■供应商

广州市九佛电器有限公司

1 工程背景

深圳市地处广东省南部沿海，东临大鹏湾，西连珠江口，南与香港新界接壤，北靠东莞、惠州两市，是我国主要进出口岸之一。深圳市下辖6个区。其中罗湖区、福田区、南山区、盐田区位于经济特区内，宝安区、龙岗区地处经济特区外。

城市布局结构：以特区为中心，西、中、东三条放射发展轴为基本骨架，三级圈呈梯度发展的功能性组团集合布局结构。

城市功能定位：将深圳建设成为区域性金融中心、信息中心、商贸中心、运输中心和旅游胜地，以及我国南方高新技术产业开发基地。

功能组团结构：特区内划分成3个功能组团；特区外依托三条发展轴，结合各自的自然条件，按区位相邻，功能互补，设施共用，资源共享的原则把二十个城镇组合提升为八大功能组团。

根据《深圳市综合交通与轨道交通规划》，全市远景轨道网络由14条线路组成，总里程约390km，2020年全部建成。深圳市近中期轨道网络由8条线路组成，包括地铁1、2、3、4号线，轻轨8号线，城市铁路5号线以及西北方向城际线和东北方向城际线。线路共246.4km，2010年建成。其中在建一期工程及延长线21.6km，新建线路156.4km。预留城际轨道线路68.4km。

规划珠江三角洲城际快速轨道网采用放射性网络构架，核心线路是广深主轴、广珠主轴以及主轴联络线。

2 深圳地铁一期工程概况

深圳地铁一期工程由1号线东段和4号线南段组成，总长21.4km，全部为地下线。工程总投资115.526亿元。1998年获国家批准立项，1998年12月28日试验段市民中心站开工建设，1999年12月～2000年12月全线陆续开工，2004年12月28日一期工程建成开通试运营，建设总工期5年。

1号线东段东起罗湖、西至世界之窗全长17.37km，沿线设有罗湖、国贸、老街、大剧院、科学馆、华强路、岗厦、会展中心、购物公园、香蜜湖、车公庙、竹子林、侨城东、华侨城、世界之窗共15座车站，设竹子林车辆段和控制中心以及两座主变电站，世界之窗站为地铁一期工程1号线的终点站。其中老街站、会展中心站、世界之窗站分别为1号线与地铁3号线、4号线和2号线的换乘站。

4号线南段南起皇岗北至少年宫全长4.012km，设有皇岗、福民、会展中心、市民中心、少年宫共5座车站。

深圳地铁一期工程初期配置车辆22列，采用A型车、6辆编组，机电设备系统由供电、通信、信号、通风与空调、屏蔽门、设备监控、防灾报警、综合监控（又称三合一系统，BAS+FAS+SCADA）、自动售检票、自动扶梯和电梯、气体消防、给排水和水消防、安防、乘客资讯、导向标识等系统组成。

3 设计思路

3.1 照明分类

本案的照明分为正常照明、应急照明、广告照明及安全电压照明等；其中站厅站台公共区的正常照明包括基本照明和叠加照明，应急照明包括备用照明、疏散照明和疏散指示照明。

3.2 地铁系统照度标准如下表所示

名称	平均照度的平面位置	平均照度/lx	应急照明/lx
车站站厅，自动扶梯	地面	200	≥20
车站站厅	地面	200	≥20
出入口通道及公共区楼梯	地面	200	≥20
站长室、车站综合控制室	工作面	250	≥100
售票机	工作面	250	≥25
进出站闸机	工作面	250	≥30
机械风道	地面	≥50	≥0.5
通信、信号机械室	工作面	≥150	≥15
办公区走廊	地板	≥100	≥5
一般办公管理用房	工作面	≥100	0
变电所及配电室	工作面	≥100	≥10
各种机房	工作面	≥100	≥10

3.2 具体设计方法

3.2.1 正常照明

为了保证地铁系统的正常运营，在站厅站台公共区、生产办公用房、设备用房、出入口通道和区间隧道等处设正常照明。其中站厅站台公共区照明主要包括正常照明和疏散照明，其中正常照明由基本照明和叠加照明两部分构成，各占整个正常照明容量的一半左右；正常状态下，疏散照明作为基本照明的一部分设置，在运营高峰时，全部打开；在运营高峰过后可停掉叠加照明，由基本照明和疏散照明作为公共区照明；在运行结束后可根据需要全部停掉正常照明，由疏散照明作为公共区值班和保安人员的照明。

3.2.2 应急照明

为了充分地利用资源、减少投资，保持美观，本案在布置灯具时将备用照明和疏散照明作为正常照明的一部分进行设计。

为了确保发生灾害或出现故障时，工作人员能正常工作，在站长室、重要值班室、公安用房、车站综合控制室、变电所、配电室、信号机械室和通信机械室设备用照明，其中备用照明的照度根据其所处场所的需要按正常照明的10%～50%设置。

为了确保发生灾害或出现故障时，能及时顺利地疏散旅客，组织抢险救援工作，在站厅站台公共区、出入通道和楼梯间等处设置疏散照明，其中站厅站台公共区疏散照明照度为其正常照明照度的10%左右，其它区域疏散照明照度≥0.5 lx；在站厅站台公共区、出入通道、楼梯和人行通道拐弯处等处设置疏散指示灯，其中车站内通道每隔20m设一盏指示灯，距地面高度小于1m。疏散指示灯的布置应满足视觉连续要求，即在疏散通道的任意位置都能使至少一个指示灯进入视线范围。

3.2.3 广告照明

为了充分地发挥地铁的投资效益，在地铁车站的站厅站台公共区、出入口通道及地面风厅等处设广告照明。

3.2.4 安全电压照明

为了保证检修安全，在建筑净高小于1.8m的电缆通道设安全电压照明；安全电压照明由24V安全电压变压器供电，并在安全电压变压器的24V侧设过电压保护器。

3.3 照明系统配电及控制系统

照明系统采用放射式与树干式相结合的供电方式。正常照明采用由降压变电所两段照明母线上各引一路电源至照明配电室内的正常照明配电总箱，经照明配电总箱配电至不同功能的正常照明配电箱，再由正常照明配电箱分回路供电至照明灯具。

应急照明由带有蓄电池的应急电源柜作为备用电源。正常时由变电所两段0.4kV母线各引一路交流电源末端切换供电，蓄电池处于浮充状态；当正常的交流电源断电后，蓄电池通过逆变器逆变为380/220V交流电源继续为应急照明供电。蓄电池容量满足60min供电的需要。应急电源柜应具有由防灾报警系统集中强启应急照明的功能。应急电源柜采用EPS柜，蓄电池采用铅酸免维护蓄电池。

车站公共区正常照明、车站广告照明、出入口正常照明等由设在车站综合控制室的照明集中控制装置控制；应急照明由EMCS系统控制；其它照明采用就地或就近控制。发生灾害时应急照明系统可由防灾报警系统强启。

3.4 照明产品的选择

（1）光源选择。车站照明光源以节能型日光灯为主，白炽灯为辅，高净空场所采用金属卤化物灯；站台板下检修照明光源采用24V荧光灯。

（2）灯具选择。车站站厅站台公共区照明以嵌入式格栅灯和筒灯为主；无吊顶的房间照明以管吊式荧光灯和吸顶灯为主；有吊顶的房间照明以嵌入式格栅灯、筒灯和吸顶灯为主。

3.5 产品技术参数

荧光灯灯具主要采用广州九佛的格栅灯，其他还有吸顶灯、筒灯、射灯进行装饰。荧光灯全线共20000多套。光源以荧光灯为主，荧光灯镇流器主要采用广州九佛的产品。

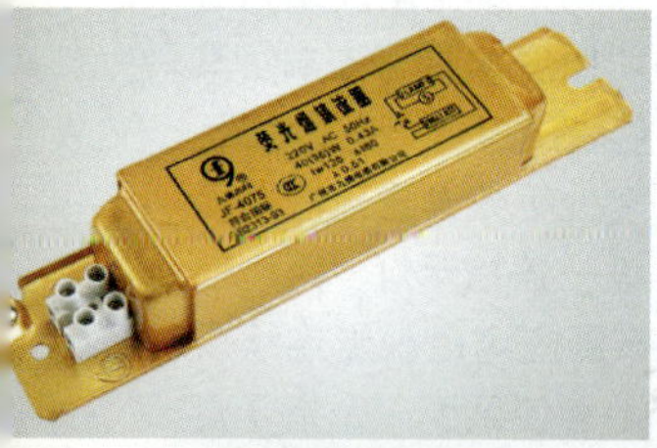

200/240V 50/60Hz 20（18）W 30W 40（36W）

产品采用优质进口矽钢片进行特殊工艺处理

自身功率损耗小于5W

正常使用的温升小于30℃，异常温升小于80℃

具有防潮、防霉、防震功能在206V电压下可长期工作

比普通电感镇流器节能20%以上，且使用寿命达15～20年

北京市大兴文图馆舞台灯光工程

项目名称

北京市大兴文图馆舞台灯光工程

项目承担者

北京星光影视设备科技股份有限公司

1 项目背景

大兴文图馆工程是北京市大兴区政府为了丰富大兴区人民精神文化生活开展的大兴区重点项目，由大兴区文化委员会主持建设建筑面积 $14000m^2$，位于北京市大兴区中心繁华地带。

2 工程概述

文图馆小剧场舞台灯光系统设计配置与设备性能，应达到专业化的高水准，同时又具有鲜明的多用途、多功能特性。主要以会议、学术报告的需求为主，同时考虑演出、放映的不同需求，照度满足电视转播的需要。另外，应具备在不同场合下都能运用自如的高度灵活性和统一性。

该小剧场的设备尽可能地选用目前舞台专业设备中较先进、性能价格比高的设备，以使各系统达到当前国内一流水平，以保证剧场在十年左右的时间内处于较高的水平，十年后仍不落伍。

3 设计分析

本设计为小剧场的舞台灯光系统。包括舞台灯光方案、舞台电气方案、灯光调光系统。

工程总体指标达到：

(1) 文图馆小剧场舞台灯光系统以满足各种使用功能的需要进行设计、配置。

(2) 设备配置和系统构成设计具有超前性，所选用的调光系统、演出灯具等设备都具有高可靠性、扩展性和通用性。

(3) 系统具有完备的电磁兼容特性设计，确保灯光系统与音、视频系统设备同时使用，互不干扰。

4 具体实施分析

4.1 灯位布置

舞台灯光灯位布置为全方位立体分布，面光、耳光、脚光、顶光、逆光、天排光、地排光、侧光、流动光等灯位构成全方位的布光阵列，舞台各部位均有布光点，杜绝照度盲区，可灵活多变地按需组合。舞台主要表演区平均白光照度大于1200 lx，会议照明平均照度大于500 lx。

舞蹈教室

展厅

阅览室

台口外布光，考虑到投射距离、照度等问题，灯具选用照度较高，投射距离较远的远程聚光灯及5°成像灯。

顶光与台口外面光及耳光相衔接，照明主演区。灯具选用舞台聚光灯和舞台柔光灯。

逆光主要为了打出背射逆光效果，灯具选用多功能帕灯。另配备换色器，起到活跃舞台气氛的作用。

天排光与地排光相衔接投射天幕，用于表现天空及渲染背景色彩。灯具选用1.25kW天排灯及1.25kW地排灯。

侧光解决舞台表演区侧向灯光照度问题，作用是从舞台侧面造成光源的方向感，灯具选用2kW回光灯。

流动光是根据剧情需要临时增设的灯具，主要是为了解决舞台表演需要从侧向投射特殊灯光效果。灯具选用舞台聚光灯和舞台柔光灯。

追光是根据剧情需要，在演出中追踪演员形体工作而配备的特殊灯具。本剧场配置两台2kW氙气追光灯。

考虑剧场会议功能满载顶光灯杆上设置会议灯光，灯具选用多功能帕灯。

效果灯光是为了烘托演出气氛的需要，在演出中设置的特殊灯具。可实现全方位投射。灯具选用1.2kW电脑摇头灯和1.2kW电脑扫描灯。

4．2 调光方案

设置调光回路228路，直通60路。设置调光系统和直放电源系统两套系统合为一套系统，即插座号不分调光号和直放号，每个插座号即可作为调光号又可做直放号，选用调光立柜每个回路既可用于调光又可作为直放。

为方便演出使用，保证演出连贯及高可靠性，调光台选用二台调光台，主调光台与备份调光台互为备份，保证不会因调光设备的故障影响演出。

DYJ–2000 远程聚光灯

DWTJ 系列舞台聚光灯

DWLJ 系列舞台柔光灯

DHG–2000 回光灯

5 灯具明细以及技术参数

5.1 DYJ–2000 远程聚光灯

5.1.1 主要规格

名称	外形尺寸/mm×mm×mm A×B×C	重量/kg	接头/mm	功率/W	灯插脚型号
DYJ–2000 舞台聚光灯	302×482×612	10	ϕ21×75	2000	G22

5.1.2 光学性能

窄焦距						
光束直径	0.9	1.3	1.7	2.2	2.6	m
照度	8625	3833	2156	1381	958	lx
距离	10	15	20	25	30	m
宽焦距						
光束直径	5.8	11.5	17.3	23.1	28.9	m
照度	2025	506	225	127	81	lx
距离	5	10	15	20	25	m

5．2 DWTJ 系列舞台聚光灯

5.2.1 主要规格

名称	外形尺寸/mm×mm×mm A×B×C	重量/kg	接头/mm	功率/W	灯插脚型号
DWTJ–1200 平凸聚光灯	370×240×410	7.7	ϕ21×75	1200	GX9.5
DWTJ–2000 平凸聚光灯	302×482×512	10	ϕ21×75	2000	G22

5.2.2 光学性能

规格	光源功率/W	色温/K	光学性能（参考值）			
			测试距离/m	光束性质	中心照度/lx	光场直径/m
DWTJ–1200	1200	3200	5	聚光	4500	0.7
				散光	600	4
DWTJ–2000	2000	3200	10	聚光	1600	2.5
				散光	320	8.8

5．3 DWLJ 系列舞台柔光灯

5.3.1 主要规格

规格	外形尺寸/mm×mm×mm A×B×C	重量/kg	接头/mm	光源功率/W	光源插脚	
					国内标准	国际标准
DWLJ–1000	387×350×590	6	ϕ21×70	1000	G15	G38
DWLJ–2000	425×400×640	12	ϕ21×70	2000	G15	G38

5.3.2 光学性能

规格	光源功率/W	色温/K	光学性能（参考值）			
			测试距离/m	光束性质	中心照度/lx	光场直径/m
DWTJ–1000	1000	3200	4	聚光	7800	1.09
				散光	1800	4.05
DWTJ–2000	2000	3200	5	聚光	12250	1.37
				散光	2800	4.9

5.4 DHG–2000 回光灯

5.4.1 光学性能

型号	光源功率/W	重量/kg	光学性能		
			测试距离/m	光束性质	中心照度/lx
DHG–2000	2000	5.5	5	聚光	19000
				散光	2100

5.5 DZG-X2000 氙气追光灯

5.5.1 主要参数

灯泡型号	额定功率	工作电压	工作电流	光源光通量	色温
XQ2000	2000W	DC 28V	70A	75000 lm	6000K

5.6 电脑摇头灯

5.6.1 技术特性

(1)额定电压：220/230V AC 50Hz；

(2)额定功率：1200W；

(3)灯泡规格：MSR1200SA/DE、MSI 1200W/S、HMQ1200/SK；

(4)色温：6000K，可控5600K+3200K；

(5)控制模式：屏幕显示功能/DMX512信号模式，16通道/22通道两种通道控制（可手动设置）；

(6)效果：多棱光、柔光多种效果及功能；

(7)颜色：颜色轮1=7颜色+open，颜色轮2=3200k+5600K+4种颜色+UV+Pink+Cyan+open；

(8)图案：图案轮1=4种图案+Open，可自转和滚动图案轮2=4种图案+open，可自转和滚动；

(9)水平扫描：540°；

(10)垂直扫描：270°；

(11)尺寸(W×D×H)：708mm×517mm×509mm；

(12)重量：45kg。

5.7 Venis 系列电脑扫描灯

5．7．1 技术参数

(1)额定电压：220/230V AC 50Hz；

(2)额定功率：1200W；

(3)灯泡规格：HMI 1200W、HMQ1200/2、SFC15 5；

(4)色温：6000K，可选5600K+3200K；

(5)颜色：两个图案轮 wheel 1=8个颜色+open；
wheel 2=3200k+5600k+4-color+uv+pink+cyan+open；

(6)图案：两个图案轮 wheel 1=5个图案+open 可滚动；
wheel 2=4个图案+open 可滚动和自转；

(7)DMX512信号控制：有柔光效果；有多棱镜；

(8)三个可控出光角度：13°、18°、25°；

(9)8通道/16通道两种控制（可手动设置）；

(10)水平扫描：180°；

(11)垂直扫描：70°；

(12)尺寸（W×D×H）：1170mm×330mm×225mm；

(13)重量：43kg。

6 调光系统控制方式说明

为使调光系统可靠工作选用两台电脑调光台主备机工作，主调光台72/144个光路，可控制1024个回路，并有10/100M以太网及DMX-512接口，可控制电脑灯；备用调光台48/96个光路，可控制512个回路，调光柜使用每个回路既可用于调光又可作为直放，方便各种演出团体的使用；并在每根灯具吊杆上预留网络接口及相应的信号插座，以备灯光控制系统适应各种国际化和国内演出团体的需要，对整体系统升级做好准备。

6.1 主控电脑调光台主要功能特点

(1)紧凑型结构；

(2)72/144个光路；

(3)2组自动/手动场控；

(4)定位功能；

(5)16位定位精度；

(6)LTP最近操作光路优先；

(7)X/Y双轨触摸板可控制电脑灯和换色器；

(8)扩展编辑模式；

(9)用户自定义调光曲线。

6.1 主控调光台

如果在演出中出现问题时，可使用备用调光台操作，在主、备调光台输出保持一致的情况下能有效保证演出不间断，从而实现整体系统的安全性，使整体调光系统更为稳定。

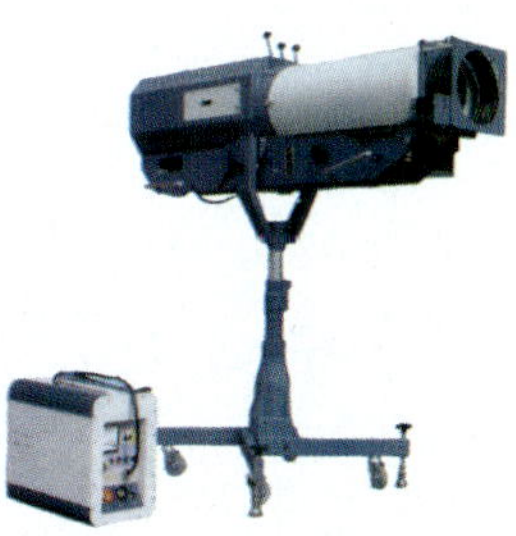

DZG-X2000 氙气追光灯

电脑摇头灯

Venis 系列电脑扫描灯

展厅

观众厅

多功能厅

金汤桥会师公园引桥夜景照明工程

项目名称

金汤桥会师公园引桥夜景照明工程

1 项目背景

横跨海河的金汤桥全长76.3m，是全国少有的平转式开启跨钢桥。

无框架的玻璃引桥体现了当今全新的建筑理念。开放式的建筑开阔了行人的视野，钢桥优美的曲线、镂空的体态与通透明快的玻璃引桥形成强烈的对比与冲击，使建筑丰富生动，实现了公共建筑功能性的同时，其本身也是一件艺术品。

项目承担者

北京维特佳照明工程公司

北京维特佳照明工程有限公司成立于2004年3月，是一家专门从事照明工程的专业公司。服务范围包括城市建筑照明、广场照明、园林照明、道路照明、体育场馆照明和室内各种场所照明等。

电子邮件：weitejia@126.com

2 照明手法

2.1 梦境般蓝色的基调

玻璃桥除了发挥作为桥梁通道的功能之外，还要体现观景平台宁静闲逸的意境。在这里，蓝色与河水的结合最为融洽，而且河水对蓝光的反射效果也令人惬意。蓝色，作为冷色调，较之暖色有着更深邃的内涵，更容易牵动人们的心弦。

2.2 迷人的自发光阶梯

在玻璃阶梯侧面安装掐槽，运用了单颗0.2W的LED蓝色模块共5550个；先后制作了13套模具以适应不同厚度的玻璃及安装位置，然后将LED置于其中。光线由截面进入厚度为40mm的踏步玻璃。由于单颗光源排列紧密，所以出光效果均匀，晶莹通透，且行人在上下桥时眼睛不会与发光点直接接触，根本不存在由于眩光所带来的眼睛不舒适感和对安全产生丝毫的威胁。

2 3 蓝色海洋般的桥面

桥面部分采用了条形灯打亮大面积的玻璃平面，充分利用玻璃桥自身的结构，将条形灯安放在桥身结构的“工”字梁上。为了与踏步部分LED的蓝色光相配合，选用了蓝色荧光灯管，并在其表面裹上一层舞台灯光用的蓝色色纸，使桥面与蓝色的阶梯颜色相统一。整个桥面就像平静的海面，深远而宁静，实现了观景平台的标准和要求。

2.4 精致而通透的护栏

选择由下向上的打光方式。在护栏玻璃的下方固定铝合金灯槽，再将3000K的T4灯管置于槽内，上下打光。向上打亮护栏玻璃，同时也在玻璃底部形成均匀的白色光带。白色与蓝色形成冷静的组合，与桥体浑然一体。且白色在这里更容易被行人感知，形成明显的分界线。

3 工程项目设计构思、功能

对于金汤桥的设计概念是创造完美的观景平台，通过光的引导和表达，建筑可以被感知从而被赋予生命。玻璃引桥位于海河之上，行走于桥上，海河两岸的景色会尽收眼底，作为玻璃材质的观景平台，对光的照度、光色均匀度、以及防眩光，尤其是安全性都有很高的要求。桥面凸点磨砂防滑玻璃为光线的承载提供了有利条件，更好地实现光的高效传导及高饱和的颜色承载，使玻璃特性在夜晚被完美充分地展现出来。

无论是阶梯、桥面还是护栏，灯具的安装实现了高隐蔽性，日景灯具零显现，在白天丝毫没扰乱整座桥的外观形态，打造了一个完美景观。

这是一座被蓝色赋予梦幻美丽的桥梁，它依附于天津美丽的海河之上，它为这座城市的重塑而生，为了居民的快乐而生。无论是白天还是黑夜，都一样绽放着它独特的丰采。我们利用桥梁本身的各种元素，做了蓝色的渲染，打造了金汤桥更前卫的展现方式。

青岛黄岛海关大楼室外泛光照明工程

■项目名称

青岛海关大楼室外泛光照明工程

■项目承担者

广东东松三雄电器有限公司

1 工程背景

该项目位于青岛市黄岛开发区，是青岛海关的新办公大楼，阿里山路和长江路交叉处，为该处标志性建筑。总用地面积：16062m^2，总建筑面积：33000m^2，地上建筑面积：23460m^2，地下建筑面积：9540m^2，容积率：1.46，建筑密度：33%，绿化率：35%，停车位：182 辆。

2 工程概述

2.1 设计理念与目的

我们希望通过此次光彩工程设计和实施，营造出一幅立体化，明暗互衬，错落有致的夜间视觉景观，以期在夜晚使机关大楼更加雄伟壮观，塑造夜间美丽的外形，凝聚人气，树立机关单位形象，表现构建和谐社会的终极目标，成为城市标志性景观。

坚持高水平、高标准、高起点与自然相协调的原则，设计出有品位、有一定科技含量、结合自身建筑特色的户外夜景照明工程。

2.2 设计原则

（1）以人为本。青岛黄岛海关大楼室外泛光照明工程设计的目的就是使其在人们的视野中成为一个亮点，成为城市的一个新的标志。因此，从亮度、用光、用色及安全等方面要体现以人为本的原则。同时从美学的观点看，从白天看建筑到晚上看建筑照明的效果，都要给人们一种美的享受，照明灯具的布置要做到隐藏性、科学性。

（2）轻重分明、层次清晰。准确把握总体形象特征与局部效果的关系，做到主次分明，特点突出，力求形成自身独特的照明风格。选择局部区作为设计重点，从而在夜间景观照明中突出，起到画龙点睛的作用。

（3）绿色节能。在灯具及光源的选择上，注意灯具及光源绿色节能，节省运行费用，实现经济运行。

（4）艺术创新与雅俗共赏结合。遵循雅俗共赏、张驰有度的设计原则，既要营造出热烈的气氛，又要注意整体设计的艺术品位；同时夜景照明还应参照国内外有关标准进行设计和建设。

3 具体实施分析

3.1 裙楼

本部分建筑秉承了主楼的建筑风格，纵向的框架结构，子视觉上提升了楼体本身的高度，给人坚固稳健的感觉。

裙楼照明设计主要以体现建筑结构特色为目标，充分表现建筑设计师设计理念和功能特色。采用专为此项目设计的云石壁灯，内置T8三基色暖色光源，上下透光的云石壁灯，表现出良好的纵深感、立体感。

而大楼地下车库的引入口部分，为了避免眩光对司机造成的不舒适，我们采用了地埋灯和壁灯作为指引照明，低功率的灯具，既起到了照明作用，又不会影响司机驾驶。

3.2 主楼

主楼照明设计以体现建筑结构特色为目标，充分表现建筑结构和表面材质，为了体现大楼的庄重与严肃，采用泛灯具进行照明。

设计采用PAK—L83—1K0L—AD—LN高压钠灯置于正立面草坪内，并采用对称配光的银弧系列PAK—L83—400L—AD—LN高压钠灯对主楼下部补光，充分表现建筑高大、刚劲的建筑立面，通过灯具的合理布置和控制，体现建筑立体效果。

主楼上部中间结构后退，形成独有的建筑风格，在这部分使用PAK—L07—400L—AE—LN钠灯投射，当下部投射的灯光在此处弱化后，通过高亮度的钠灯效果达到良好的视觉效果。

3.3 主楼顶部

本部分建筑结构完美体现建筑设计师的设计理念，通过对机房的设计，形成了以中间建筑为中心，两侧建筑对称簇拥的独特风格，象征了一种仪器——天平，寓意了海关的公正与廉明，构成极具特色的主楼顶部。

为了更好地反映建筑设计师的意图，主楼顶部照明设计以体现建筑顶部结构特色为目标，多形状的建筑特点成为灯光设计的良好载体，最终形成视觉冲击的效果。所有灯具均采用三雄.极光照明专业照明灯具。

设计使用PAK—L83—250L—AD—LN和PAK—L07—150A—AE—LN钠灯通过光色的明暗变化强化各个部位。

4 灯具选取原则

美观性：选用美观大方，品质优良的灯具。

安全性：将视觉舒适性和安全防护性放到首位。

隐蔽性：尽量采用体积小，隐蔽性较好的灯具。

高品质性：灯具具备抗冲击，耐腐蚀及优良的电气性能和高防护等级，安全可靠，便于维护。

技术先进性：选取新材料、新工艺、新技术的灯具。

5 光源选取原则

按照光色的照明和心理功能，以及城市照明设计的基本原理，建筑照明的光色呈现与功能相对应的规律：交通性区域采用高色温光色，生活区采用较低色温的光色，同时灯光光色还与周边建筑环境密切相关，统一考虑。

6 照明控制

为了更好地达到节能效果及智能化控制，本工程的控制系统采用智能照明管理系统，实现了灯光照明的集中、统一、智能化的管理方式。

(1)系统由输入单元、输出单元、系统单元三部分组成。

(2)主要用于对照明系统的控制。系统所有的单元器件（除电源外）均内置微处理器和存储单元，由一对信号线（UTP5）连接成网络。

(3)可以记忆对其设定的参数。每个元件在网络中均有唯一的地址码以供识别。可以单独对每个元件进行编程。对照明系统的设定被分散存储在各个元件中。

(4)每个单元均设置唯一的单元地址并用软件设定其功能，通过输出单元控制各回路负载。输入单元通过群组地址和输出组件建立对应联系。

(5)遵从国际通讯协议标准 IEEE Standard 802.3 'CSMA/CD'，组成以太网结构。

(6)通过软件编程实现双控、多点控制、区域控制等功能时非常简单，简化了设计。

7 灯具数量

产品名称	规格	型号	尺寸/mm	数量/套
投光灯	400W/220V	PAK-L07-400L-AE-LN	481 × 420 × 169	16
壁灯	40W/220V	PAK-M14-040K	230 × 125 × 95	12
泛光灯	400W/220V	PAK-L83-400L-AD-LN	481 × 421 × 169	24
投光灯	150W/220V	PAK-L07-150A-AE-LN	394 × 318 × 128	72
泛光灯	1000W/200V	PAK-L83-1K0L-AD-LN	560 × 480 × 280	34
投光灯	250W/220V	PAK-L07-250L-AE-LN	481 × 420 × 169	47
埋地灯	70W/220V	PAK-N05-070A-LN	ϕ 150(210 × 210 × 350)	72

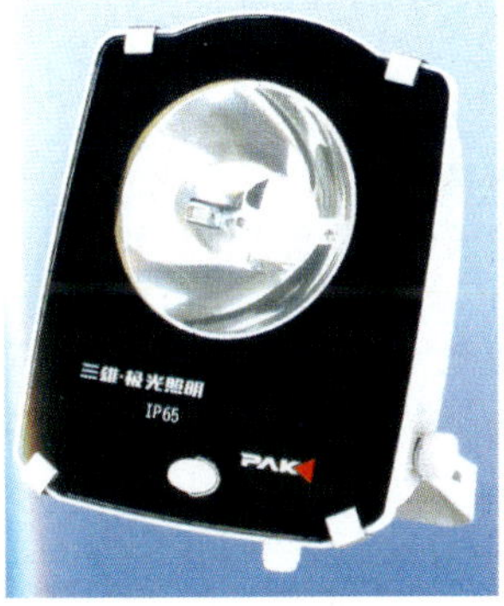

PAK-L07-150A-AE-LN

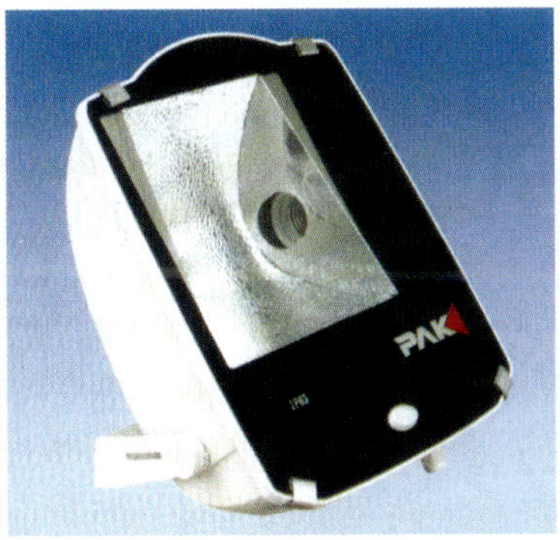

PAK-L83-400L-AD-LN

PAK-L07-400L-AE-LN

PAK-N05-070A-LN

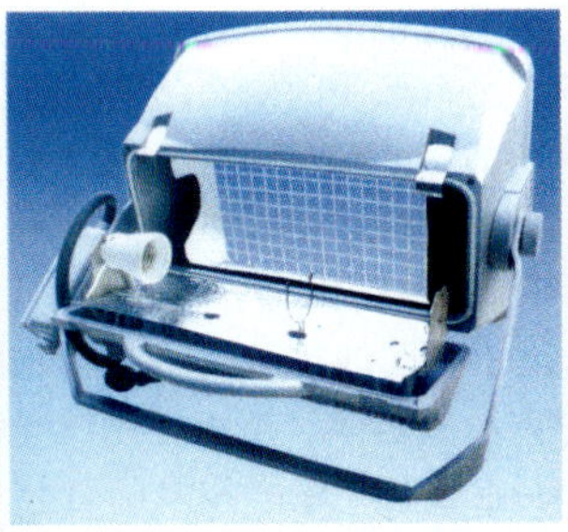

PAK-L83-1K0L-AD-LN

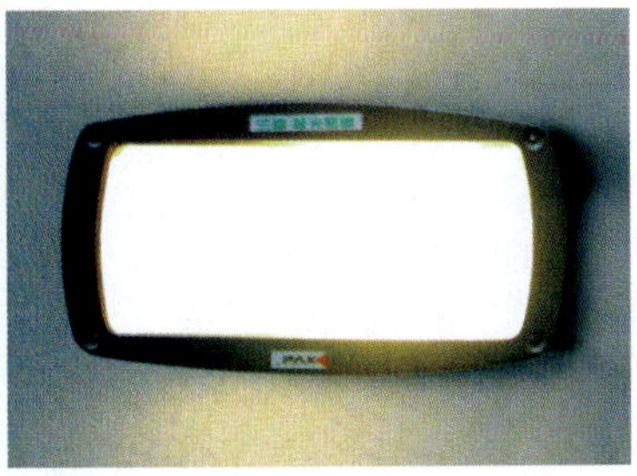

PAK-M14-040K

东便门桥夜景照明工程

■项目名称

东便门桥夜景照明工程

■项目承担者

北京星光影视设备科技股份有限公司

1 项目背景

东便门立交桥位于北京市东南二环路与崇文门东大街相交处的喇叭型立交桥，同时有京广、京山两条铁路及护城河在立交范围内穿过。东便门区域林立时尚写字楼、宾馆和公建住宅及餐饮娱乐设施，同时，其周边还有历史遗迹东便门角楼和元大都遗址公园。地理位置十分显著，是北京市市区重要的交通枢纽。

东便门桥结构复杂经典，造型流畅美观。是一座机动车与非机动车分道行驶的非对称的喇叭型立交桥。立交桥共有供单向行驶的桥梁15座，其中连续箱梁桥7座，最大跨度为35m，采用分段浇筑施工，3座是连续弯箱梁结构，采用设置偏心距的单支承独柱墩，有利地改善了主梁的受力状态。道路之间是精心设计的绿化景观。桥体舒展、气势宏大，桥身好似盘龙横跨护城河，贯通于二、三环路面，使周围道路四通八达，交通畅通无阻。

2 设计主题

古城新貌、发展进步

3 设计目的

满足东便门桥夜景照明需求，显现出该区域古韵新辉的特有风采，将立交桥塑造成北京城市变革发展中的一个精致性灯光设计工程。

4 设计理念

东便门桥的夜景照明设计，把夜景照明作为一种文化，以人为本，强调照明的艺术性、科学性和视觉上的舒适性，注重照明对象景观形象的塑造，在设计风格上倡导简约与现代艺术及审美的契合。

结合桥体栏杆构造，利用简洁的形体，通过形体的材料及内部细节的刻画，使简洁中显出精致，再塑和美化了城市形象，为桥体注入新的生机和活力，呈现出强烈的时代气息，展示了京城丰厚的文化底蕴。

5 设计方案分析

（1）符合首都夜景照明规划、体现北京文化特色、具有古城新貌的特色，成为反映大都市风貌的重点景区，并符合绿色照明要求。

（2）塑造东便门桥在北京的区位形象，强调照明的品味、内涵、技术含量。以功能性照明为主，兼顾艺术、装饰性；采用简洁明快的手法，既保持和周围环境的风格统一，又与沿线建筑相映生辉、独立成景。

（3）结合区域的特殊环境进行个性化的设计，挖掘并体现出独特的功能，给行人、车辆以地区的指示和标识，使乘火车进京的游人对北京留下深刻印象，同时满足人们对审美的需求。严格控制眩光和亮度，防止光污染。

（4）在设计手段的技术层面上，对色彩、明暗、体量、形态等要素采用主次、均衡、对比、韵律、比例、变化等造型方法，营造出完美的视觉环境和特定的氛围，满足人们心理上和精神上的需求。

（5）节约用电，采用节能型新光源和高效灯具，在灯具和光源的选用和安装上，做到应用高新技术，便于安装、维护、控制，同时保障安全，具有较高的可靠性。整体效果简洁大方、新颖独特、高档次、安全节能。光色慎用彩色光，减少光污染。

6 具体实施分析

（1）扶手灯。数量：2821m。采用特制灯具，出光部位使用高新技术的PC外罩，不锈钢灯体，具有强烈的质感，牢固耐用。光源选用乳白色冷阴极灯，每套1.2m，10W。灯具采用抱箍形式与扶手固定。

（2）节点灯。数量：3171个。晶莹剔透树脂灯体，造型简单，简约大方，具有很强的立体感观效果，以7个单体灯具组成一组，光源采用白色LED，每组49W，灯具安装间隔6.2m。采用抱箍形式与栏杆固定。

（3）沿板灯。数量：820套。采用4000K T5/28W荧光灯连续排列，安装于高架桥区沿板位置。

（4）汉白玉桥线条灯、节点灯。数量：线条灯67套，节点灯34套。线条灯采用黄色LED光源，每套2W，安装于扶手下侧；节点灯采用白色大功率LED光源，每套5W，安装于桥区立柱外侧。

7 照明控制方式说明

（1）采用2组配电箱，总功率71.2kW。

（2）采用三级控制：平日、节日及重大节日。

8 设计软件

（1）3ds max 7

（2）Adobe Photoshop CS

青岛海信广场
LED 全彩轮廓灯显示大屏

■项目名称

青岛海信广场LED 全彩轮廓灯显示大屏

■项目承担者

青岛益和照明工程有限公司

■供应商

品能光电技术(上海)有限公司

1 项目背景

海信广场位于青岛市中山路19号，1997年7月1日成立，总投资近2亿元，是一个专营中高档国际名品、精品的大型高级百货店。海信广场日臻日善，凭借高雅文化、高档特色定位和高效消费网络的三架马车，在激烈的商业竞争中牢牢树立了高档百货店的业界形象，在山东省商界已占据了高档商场的首位，在全国同行业中享有盛誉。

2 设计施工依据

（1）现场调研、现场实拍图片及相关建筑图纸。

（2）《城市夜景景观规划与设计》东南大学 2001.1。

（3）CIE 国际照明技术委员会 NO92　NO115。

（4）《IES lighting hand book》北美照明协会。

3 项目说明

3.1 主题思想

海信广场作为青岛最高档的商业购物中心之一，其夜景观照明设计必须随时跟随购物中心的功能定位。商场入口处的照明须担负引导消费者且最大程度上展现商业氛围的重任，采用类似于大屏显示的照明处理。

因为周围光环境相对较亮，这将不利于LED灯具对效果的表达，所以利用海信广场主入口处大型矩形玻璃幕墙，使用LED全彩轮廓灯组成一面高 9m，宽 20m 的 LED 全彩显示大屏。

在设计中，该大屏共用C1006灯具468套，分为52列，每列9条灯管，组成一个72 × 52像素点的LED显示屏，通过七彩星光控制系统LAP–3000对灯管进行控制，实现所需要的效果。

海信广场作为青岛最高档的商业购物中心之一，此大屏为海信广场日后的品牌营销、推广活动、重大庆典等搭建了一个良好的媒体平台。

3.2 设计意图

设计师意图使用全彩渐变的LED全彩显示大屏来将观察者带入一个拥有热烈繁华的商业氛围的空间。

海信广场裙房部分的特点是一楼为透明玻璃的橱窗，二楼的外立面为广告展示区域，三楼、四楼为大块面的实体墙入口处的部分为透明玻璃结构，基于这种结构的组成，决定了一、二楼的广告照明与厨窗照明加之环境照明的影响，其照度已经足够高，三、四楼实体墙的部分以传统钠灯投光灯进行投光，其照度不难做到与一、二楼的协调，这样入口处大块面的玻璃便成了海信广场景观照明的盲点。故此我们有必要在原来照明的基础上对这个部分进行重新的定位和设计。

4 灯具技术参数

此案所用全彩C1006灯具为新型产品，LED为三合一芯片，灯具长度为1000mm，共144颗芯片，灯具作为独立像素点，变化为彩屏变化方式。

5 控制系统

（1）彩星光控制系统LAP–3000。此控制器可读取CF卡中文件从而控制分控制器，并通过分控直接驱动灯具实现程序设定的各种变化。

（2）控制电气系统设计。七彩星光控制系统LAP–3000，采用大规模可编程逻辑器件和高性能数字信号处理器（DSP），内置大容量CF闪存卡用来存放控制程序。可实现全彩渐变，文字及超大视频脱机成像等各种效果，根据需求编辑各式花样。本系统支持多台控制器联机同步控制，可组合控制任意数量的LED轮廓灯。

山东省广播电视局演播室灯光系统工程

■项目名称

山东省广播电视局演播室灯光系统工程

■项目承担者

北京星光影视设备科技股份有限公司

1 工程背景

山东省广播电视局1200m² 数字高清演播室，位于山东省广播电视局大院内，东邻原有山东省广播电视中心，整个建筑分为地下1层，地上1～5层，建筑面积8000m²。

1200m² 演播室具有面积大、功能全、信息量大、结构复杂、时效性强等特点，灯光系统必须形成完整的、合理的、独立的，集现代化技术和表演艺术于一身的综合性系统。

2 设计指导思想

(1)技术先进、意识超前；

(2)简洁实用、控制方便；

(3)安全可靠、功能全面，且充分考虑今后发展。

3 设计依据

(1)山东省广播电视局和山东电视台提供的有关资料、会议纪要及修改意见；

(2)《电视演播室灯光系统设计规范》—中华人民共和国广播电视行业标准（GYJ45－1992）；

(3)《电视中心制作系统运行维护规程》中华人民共和国广播电视行业标准（GY/T152－2000）；

(4)《舞台灯光电视、电影及摄影场所（室内外）用灯具安全要求》中华人民共和国国家标准（GB7000.15－2000）；

(5)《民用建筑电气设计规范》中华人民共和国国家标准（GB/T16－1992）。

4 设计分析

为顺应演播室高清技术的发展，1200m² 演播室按照数字高清演播室的标准进行设计和安装。

1200m² 演播室主要功能是大型歌舞、综合晚会和大型会议的录制或直播。演播室是按照主演区和观众区两个景区设计的，每个景区都能满足数字高清的录制需要，以满足观众和演员在录制节目时的互动要求。整个演播室共设置了灯光吊笼2台，铝合金桁架吊杆24台，多功能可伸缩水平吊杆30台，多功能水平吊杆30台，音箱、监视器吊杆共5台，景幕吊杆11台，环幕提升系统一套，灯墙一套，在天桥上设置了4×32A插座箱8台；共设置了3kW数字聚光灯100台，进口DESISTI 4×1.25kW天幕灯24台、4×1.25kW地排灯24台、4×1.25kW双反射柔光灯20台，1kW光束灯152台（详见灯光平面布置图）。演播室共设置了调光回路484个（包括3个24路流动硅箱），直通回路261个（包括数字灯控制直通回路）针对演播室的整个系统说明如下：

4.1 灯光悬吊系统

灯光悬吊系统采用多功能灯光吊笼，水平吊杆和单机吊点三种不同功能、不同结构的悬吊装置混合布置。以满足1200m² 多功能演播室的使用要求。

（1）灯光吊笼的结构主要由提升机、导向滑轮架、伸缩器、钢丝绳及升降平台组成。升降平台能够吊挂各种灯具，并且能够作为追光灯操作平台。

（2）多功能水平吊杆

1200m² 演播室共有三种水平吊杆即：三角形桁架水平吊杆、多功能可伸缩水平吊杆和多功能水平吊杆。

①三角形桁架吊杆设计说明。该吊杆是一种高强度型多功能水平吊杆。其结构主要由三角形桁架主体、插座体、收缆筐、吊挂部件等组成。可以吊挂各种类型的灯具，包括电脑灯、变色灯、换色器及数字灯具。此类吊杆是大中型演播室吊挂灯具的主选设备。

②多功能可伸缩水平吊杆。杆体采用日子型铝合金型材制成，强弱电分开走各自的线槽，其上装有调光、直通和多路DMX512信号及数字的控制插座及网络插座。

③多功能水平吊杆。其技术要求除了没有伸缩副杆外，其他技术要求同多功能可伸缩水平吊杆一样。

（3）音箱、监视器吊杆

该演播室采用了长度为2.5m的水平吊杆作音箱、监视器吊杆，其优点是：采用水平吊杆作音箱、监视器吊杆除了能上下升降外，音箱、监视器还可以根据用户的需要左右移动，使用更加灵活方便。

（4）单机吊点

为了增添1200m²演播室所设置的功能和便于今后节目制作范围的扩展。在主演区栅灯层上预留了12个单机吊点孔，并配置了防护盖，在不用时盖上防护盖。根据演出现场的布光需要，通过任意两个或两个以上单机吊点安装电动起重机（电葫芦），并与不同规格的桁架部件，组合成各种几何图形悬吊组合桁架（有多边形、四边形、三角形等），以满足特殊的灯光效果要求。

在灯栅层上设置了2台30路调光、直通转接柜，通过插座组合体为电动起重机（电葫芦）所吊挂的灯光设备提供调光、直通电源及DMX512信号。

4.2 环幕提升系统

该型环幕提升系统，由提升机，传动轴、钢丝绳滚筒、万向联轴器、环幕固定架、环幕提升架等部分组成。其提升原理属多点提升。

4.3 灯墙

在演播室的主演区设置了3面可组接式灯墙，以吊挂效果灯为主，也可吊挂其他类型的灯具。就是在演播室主演区靠近墙壁处，上下左右一定区域内，架设可以吊挂灯具的网格框架。其主要材料为钢管和连接件。立柱的间距，左右方向间隔不超过3m一档，挂灯横杆间距为1.2m一档，灯墙上吊挂的灯具由3台24路流动硅箱供电。在不使用灯墙时，把流动硅箱及电缆收起，使演播室更加整齐干净。

5 灯具明细及技术参数

5. 1三动作数字聚光灯

5.1.1 技术参数

	转速/(r/min)	额定转角/(°)	输出扭矩/N.m
水平	2.4	360	14
俯仰	1.3	90	24
调焦	21	900	1.6

5.1.2 主要规格

产品名称	外形尺寸/(mm×mm×mm)	灯具重量	灯具接头	卤钨灯泡国际标准
DTJ II 2000-SK 聚光灯	538×400×664	28kg	φ28X70	CP41/G38

5.1.3 光学性能

	功率/W	色温/K	测试距离/m	光束性质	中心照度/lx	光场直径/m
DTJ II 2000-SK	2000	3200	5	聚光	12000	1.4
				散光	2150	5.6

5.2DESISTI灯具

5.2.1Giotto 1250W×4天幕灯 Duccio 1250W×4地排灯

(1)反射镜：反光镜有三部分组成，每部分有不同的反射效果，由特殊的包层金属的铝制成，以保证灯泡的使用过程中的最佳光学效果。

(2)灯体耐高温，耐热，黑色环氧粉防静电。

(3)符合国际CE/UL安全品质标准。

5.2.2Botticelli 1250W×4柔光灯

①反射镜：电解抛光的特殊铝材用于保证特柔反射，降低光损失。反光镜有三部分组成，每部分有不同的反射效果，由特殊的铝制成，以保证灯泡的使用过程中的最佳光学效果。

②灯体耐高温，耐热，防静电黑色有氧化喷塑，手动型U形管是黄色喷塑。

③模数系统：这一组光源组合是模数的，可以自由组合。

5.3AR64光束灯

5.3.1 各种参数

规格	外形尺寸/(mm×mm×mm)	重量/kg	接头/mm	光源功率/W (MAX.)
PAR-64SP/SP	280×270×340	1.3	φ15×50	1000

6 全数字布光控制系统

采用集散式控制系统构架，应用变频调速技术、微电脑控制技术、语音识别技术等高新技术构成的全数字位置闭环布光控制系统。

6. 1布光系统特点

（1）系统结构简单

（2）采用了先进的变频调速技术

（3）位置闭环控制

（4）控制方式多样化

（5）可靠性高

（6）具备返错功能（返馈功能）

（7）通用性强

（8）操作方便

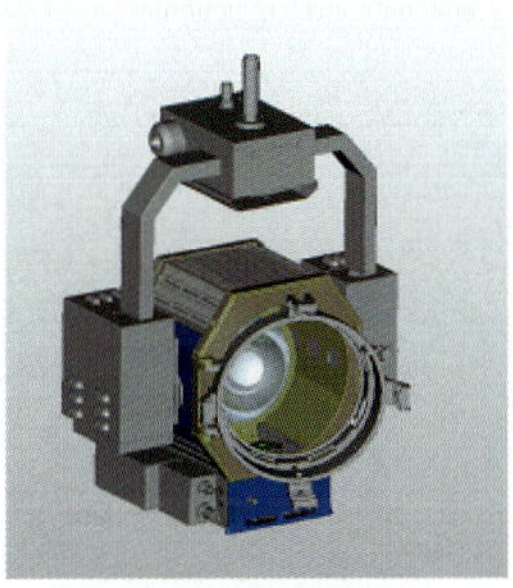

DTJ II 2000-SK聚光灯

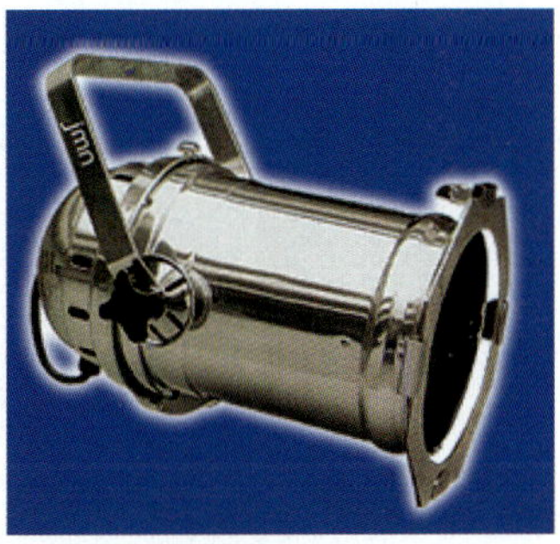

AR64光束灯

6．2 系统框图如下

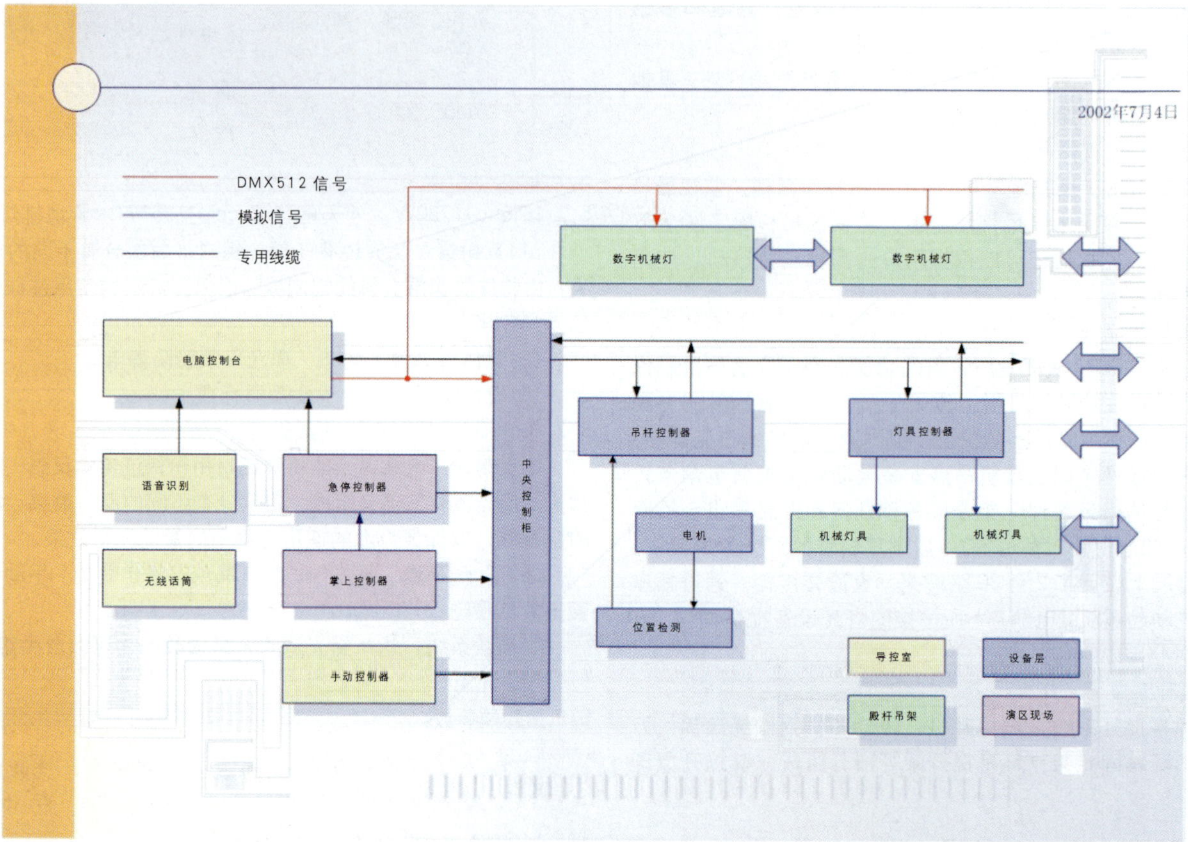

SEEV 布光系统框图

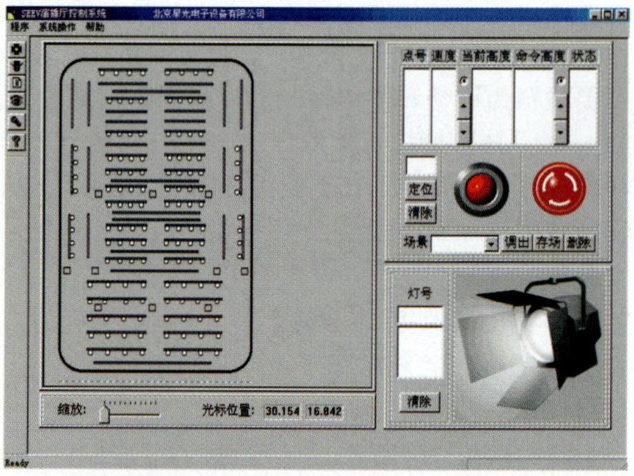

布光控制系统电脑操作界面

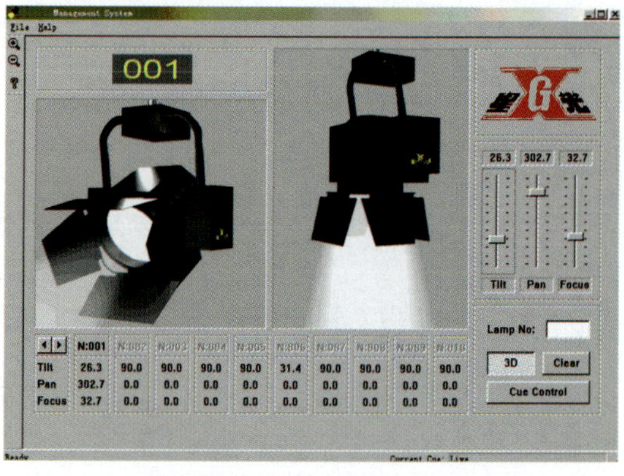

数字化机械灯电脑操作界面

7 配电设计

山东省广播电视局1200m²演播室灯光系统调光回路共有484路（包括3个24路流动硅箱）、直通回路261路（包括数字灯直通电源回路），有96路调光立柜5台；96路直通立柜3台；24路流动硅箱3台；电动起重机（电葫芦）控制柜1套；灯光控制系统1套。

用电量计算：调光回路共有412路，每路3kW计算，总负荷为1236kW，乘以70%的使用系数为865kW；直通回路共有261路，其中：173路每路2kW计算，总负荷为346kW；88路每路0.5kW计算，总负荷为44kW，直通总负荷为390kW，乘以50%的使用系数为195kW；演播室总功率为865+195＝1060kW。

UT 斯达康
杭州研发生产基地照明控制系统

■项目名称

UT 斯达康杭州研发生产基地照明控制系统

■项目承担者

澳大利亚邦奇电子工程有限公司

1 工程背景

UT 斯达康通讯有限公司是专门从事现代通信领域前沿技术和产品的研究、开发、生产、销售的国际化高科技通信公司。公司总部位于美国硅谷，共有十多个研发中心分布在美国、中国、印度、韩国和加拿大。2004 年 10 月，UT 斯达康全球最大的运营、研发、生产基地在杭州的钱塘江畔竣工。该建筑总面积为 23 万 m^2，是目前亚洲最大的单体建筑。其智能化系统居国内领先水平。

UT 斯达康杭州研发生产基地主体结构分为三段：Ⅰ段共有地面四层，主要是研发与行政办公区域，地下一层停车库及设备机房；Ⅱ段为营销展览及多功能会议区域；Ⅲ段共有地面六层，主要是生产区域，地下一层停车库及设备机房。室外有大面积广场、绿化景观。

2 照明控制系统

工程的照明控制采用了澳大利亚邦奇电子有限公司提供的 Dynalite 智能照明控制系统。

（1）控制区域包括：大厅、所有走廊、办公室、会议室、研发办公室、实验室、资料室、计算机房、多功能厅、展览大厅、生产车间、地下停车库、大楼室外泛光、室外景观照明等。

（2）系统共有 1560 条照明回路，60 个安防报警输入点，1600 门程控电话链接控制点。系统采用 10 个子网络与主干高速网相连，共配置 270 个负载控制模块、90 个控制面板、1 个光照度传感器、22 个安防报警接口设备 24 个电话控制适配器、10 台网桥、一台照明控制系统服务器。

（3）整个照明控制系统的网络如图照明职能控制系统图所示：

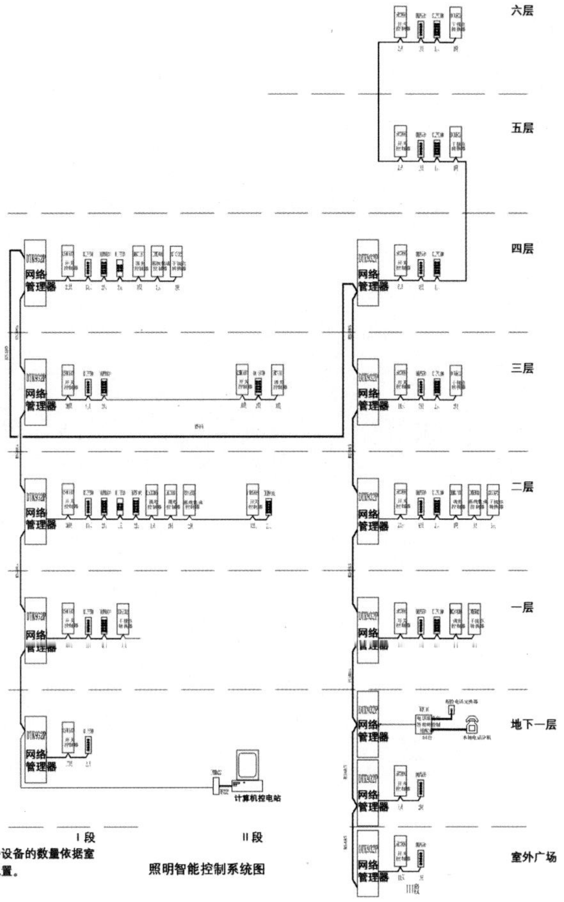

说明：该系统图中各设备的数量依据室内照明回路配置。

照明智能控制系统图

（4）实现功能：

①各照明控制区域分别安装了场景控制面板，对本地区域的照明实现就地控制。

②照明控制系统与电话程控交换系统连接，对于大开间办公室、研究室的区域的照明可以通过各工位的电话机对该工位的照明实现开关灯控制，由此可以大大节约了能源及工作效率。另外系统能自动识别各工位的地址信息及遇忙转移功能，大大提高控制效率。要对就地的照明控制，只要拨打一个统一的开灯／关灯号码（开灯拨打“2001”，关灯拨打“2002”）无需等待电话摘机，听到回铃音系统即响应开关灯动作。

③与安防系统联动，接受安防系统信号，响应对应区域照明控制。

④系统配置光照度传感器，自动调整灯光照度。

⑤系统配置时钟管理器，根据预定日程对照明管理。

⑥系统配置界面友好功能强大的监控软件。

⑦系统与 BMS 系统集成，提高了管理水平。

3 小结

Dynalite 智能照明控制系统在 UT 斯达康杭州研发生产基地的运用，其先进性和高效性为企业在灯光与节能方面管理的充分发挥提供了保障。

天津市建国道快速路的照明控制系统工程

■项目名称

天津市建国道快速路的照明控制系统工程

■项目承担者

锐高照明电子（上海）有限公司

1 项目背景

2004年，天津历史上规模最大的城市道路—快速路系统工程全面展开。快速路作为城市路网系统中的骨架道路，由两环、两横、两纵、两条联络线组成，全长220km，设计车速60～80km/h。为2007年全线贯通创造了有利条件。

2 设计理念、目的

在道路照明中，为了节约能源，道路照明分时分段控制已经成为非常有效的方法。国际通行的TPO管理（TIME/PLACE/OCCASION）理论，其核心思想为：在繁忙的时段，控制路灯保持较强的照度；接近午夜时分，开始自动调光，在后半夜车稀人少的时候，则控制路灯保持较低的照度。工程中采用的由锐高公司（Tridonicatco）推出的ZRM U6M 功率切换器正是秉承了这一理念。在天津建国道快速路的路灯照明工程中，索恩（天津）公司采用锐高公司的ZRM U6M 功率切换器应用在建国道快速路上。

3 产品性能特点

3.1 人性化

以往的调光理论简单的将时间分为午夜前繁忙时段和午夜后非繁忙时段，所以有的功率切换器的功能局限在亮灯后若干小时后切换至低功率运行，然后就一直到凌晨关灯。该工程中考虑到了晨曦时分必须出来工作的人群（如环卫工人等等），ZRM U6M功率切换器能够在凌晨时分功率会切换回满功率运行，确保了这部分人群的照明需求。

3.2 科学性

以往的调光方式是确定了每天的切换时间，切换时间是固定的，但是随着春夏秋冬季节的变化，凌晨5点的亮度是变化的，如果不随时调整的话，就会出现天亮了还会切换到满功率亮灯的情况。该工称中选择的ZRM U6M功率切换器能自动计算3天的点灯时间来确定午夜时间，国内部分路灯所的亮灯控制系统是根据地球自转时，随着太阳照射地球经纬度的不同来确定每天的开关灯时间，ZRM U6M可以很好的同步配合这套系统来确定调光时段。

3.3 便捷性

ZRM U6M可以控制调光时段，并通过电网在中央控制室集中调整，对于一个回路上的路灯可以一次调整完成，而且每次调整的时间只需要5～10min。

3.4 灵活性

ZRM U6M调光时段宽：2～18h，基本可以满足从我国从海南到黑龙江所有地域的调光时段要求，也基本可以满足特殊地域特殊客户的对调光时间段的苛刻要求。

4 调光效果检测

双方人员于实地检测调光效果数据，在功率切换前（21：30）实测最大照度数据为31 lx，最小照度数据为18 lx；功率切换后实测最大照度数据为15 lx，最小照度数据为11 lx。基本上功率的减少和流明输出的减少是同比例的。

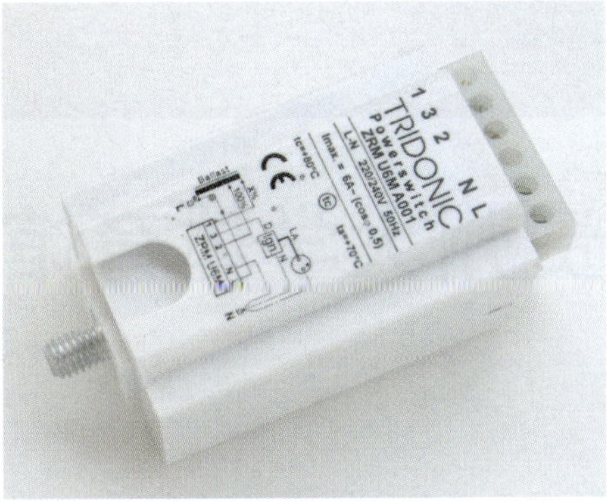

ZRM U6M 功率切换器

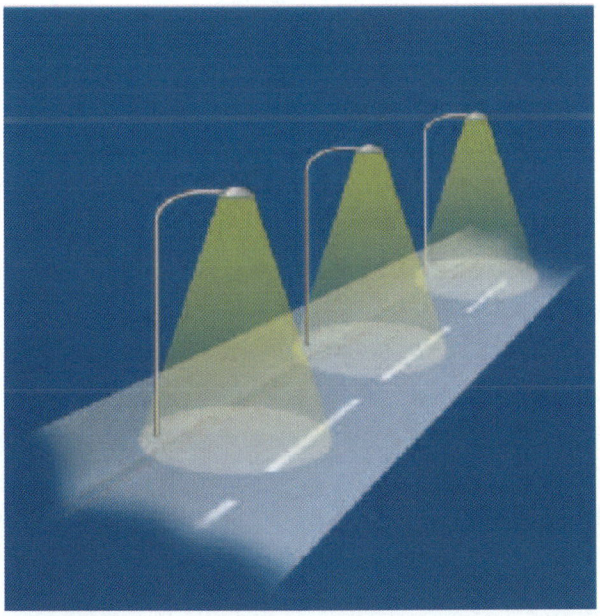

100% 光输出

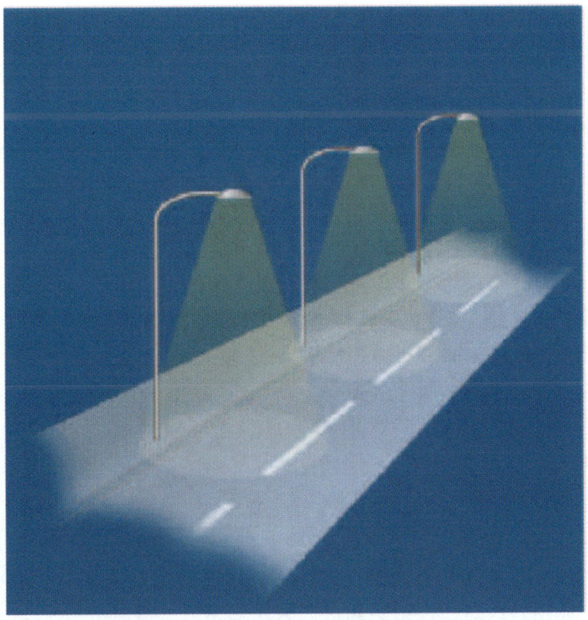

50% 光输出

贵州大学体育馆照明工程

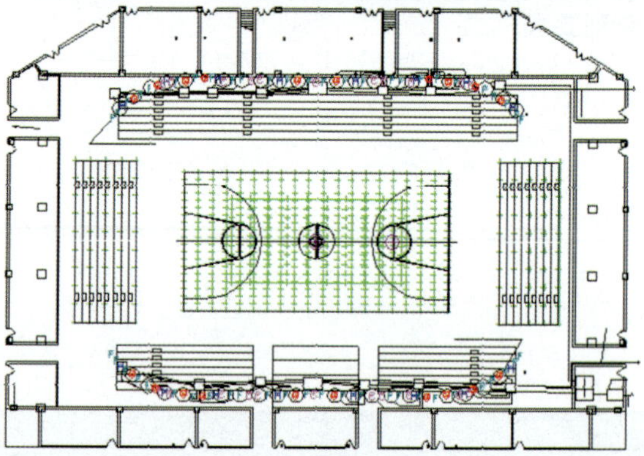

灯位图

■项目名称

贵州大学体育馆照明工程

■项目承担者

贵州辉雅灯具照明有限公司

■供应商

广东东松三雄电器有限公司

1 项目概况

贵州大学体育中心总投资13567万元。总占地面积257亩。一期工程占地面积157亩，包括建筑面积1万m^2的中心体育馆和建筑面积2万m^2的标准运动场；二期工程占地100亩，包括综合训练馆、室内游泳馆和25m宽的城市景观大道。体育中心、集教学、科研、训练、比赛、会议功能于一体。

2 照明方式的选择

（1）顶上均匀布灯方式；

（2）两侧灯带投光照明方式；

（3）均匀布灯与光带投光照明相结合方式。

场馆较大时，投射距离远，采用光带方式有利，光带投光方式垂直照度较高。本设计照明方式为两条光带布灯方式，灯具布置位置见灯位图。

3 照度计算

按照投标要求，主场馆将灯光控制按照以下数组进行控制，计算结果如下：

3.1 篮球场地

模式	灯具型号	开灯数量	要求照度	计算照度	$U2$ min/ave	$U1$ min/max
转播	泛光灯	4	1000	1600	0.7	0.5
	投光灯（比赛）	72				
比赛	泛光灯	40	700	850	0.6	0.4

3.2 观众席照明

模式	灯具型号	开灯数量	设计照度	计算照度	$U2$ min/ave	$U1$ min/max
观众席	泛光灯	14	100	146	0.12	0.06

3.3 应急照明

模式	灯具型号	开灯数量	设计照度	计算照度	$U2$ min/ave	$U1$ min/max
应急	卤钨灯	32	150	200	0.7	0.6

4 眩光计算

眩光指标按CIE推荐的*GR*值确定，一般要求*GR*值低于50为可接受的，计算公式为：

$GR=27+24\log\ (L_{vi}/L_{ve}0.9)$

式中 L_{vi} 由灯具产生的光幕亮度

L_{ve} 由环境产生的光幕亮度

5 供电系统

(1)主场馆照明

体育比赛22套1000W34° 泛光灯具，20套1000W投光灯具，每2～3套灯具为一个回路，共计18个回路。

(2)观众席照明（与比赛共用）

观众席24套400W灯具，每4套灯具为一个回路，共计6个回路 。

(3)应急照明卤钨灯，2–3套灯具为一个回路，共18个回路 ，由EPS智能应急电源供电。

(4)本供配电系统为两路单独电源进行正常照明和一路单独的双电源互投箱给应急照明供电。

6 控制系统

智能照明管理系统，实现了灯光照明的集中、统一、智能化的管理方式。

(1)系统所有的单元器件（除电源外）均内置微处理器和存储单元，由一对信号线（UTP5）连接成网络。

(2)可以记忆对其设定的参数。每个元件在网络中均有唯一的地址码以供识别。可以单独对每个元件进行编程。对照明系统的设定被分散存储在各个元件中。

(3)每个单元均设置唯一的单元地址并用软件设定其功能，通过输出单元控制各回路负载。输入单元通过群组地址和输出组件建立对应联系。

(4)系统遵从国际通讯协议标准IEEE Standard 802.3 “CSMA/CD”，组成以太网结构。

(5)通过软件编程实现双控、多点控制、区域控制等功能时非常简单，简化了设计。

(6)系统由输入单元、输出单元、系统单元三部分组成。

7 系统软件介绍

(1)系统编程软件采用完全图形化的方式，人机界面友好，易于掌握。主要用于对系统元件进行参数设定。通过对系统元件单元地址、项目名称、区域地址、群组地址等参数的设定，实现照明所需的开关功能、调光功能、群组控制功能等。

(2)智能主机软件可将系统中各个回路的状态实时反映在图形化界面上，可以直接在计算机上控制各个回路。

(3)另外还可根据编好场景程序自动控制照明。

8 灯具与光源的选择

8.1 场地灯具

采用三雄极光投光和泛光PAK–L07–400L–AE–LJ、PAK–L83–1LOL–AD–LJ两种灯具，此两款灯具适合大型体育场馆的应用，灯具特性：

(1) 高反射率铝反射器，灯具效率高

(2) 内置式防眩光溢出控制装置

(3) 背后开启式换灯泡装置，用防腐固定件

(4) 防护等级 IP65

(5) 灯具重量，灯具与镇流器共计19.6kg

(6) 灯上带角度刻度，便于白天安装

(7) 光源特性

PAK–L07–400L–AE–LJ

光源型号	光源功率	显色指数	色 温	初始光通	维持光通	额定平均寿命
MHN–LA1000	1000W	*Ra*>90	5600K	105000lm	85000lm	12000h
电源电压	线电流	启动电流	输入总功率	功率因数	允许电压波动	
220V/50Hz	5.2A	4.4A	1090W	>0.9	+10%	

8.2 观众席和屋顶灯具

选用三雄极光400W灯具PAK–L83–1KOL–AD–LJ，灯具特性：

(1) 灯具外壳为高压铸铝，抗冲击、抗老化

(2) 金属构件作防腐处理

(3) 灯上带刻度盘，便于安装维护

(4) 灯具带密封垫，防护等级：IP65

(5) 光源特性

PAK–L83–1KOL–AD–LJ

型 号	光源初始光通	额定平均寿命	色 温	显色指数
PAK–MH–T400W–640	35000lm	10000h	4200K	*Ra*>65

8.3 应急照明

选用三雄极光PAK–L521K–500W灯具，灯具特性：

(1) 高压压铸铝外壳，铝反射器

(2) 钢化平玻璃

(3) 灯具黑色

(4) 适合潮湿区域，标准配置为IP65

(5) 光源使用卤钨灯，可以立即启动

(6) 光源特性

型 号	光源初始光通	额定平均寿命	显色指数
K4/Q1500/T3/CL	34000lm	2000h	*Ra*>65

9 灯具列表

用途	灯具型号	光源功率	数量
场地灯具	泛光灯	1000W	46
	投光灯	1000W	10
观众席	泛光灯	400W	24
应急	卤钨灯	500W	32

上海浦东财富广场大功率 3W LED 应用

■项目名称
上海浦东财富广场

■项目承担者
上海百立机电设备有限公司（中天照明）

■供应商
品能光电技术（上海）有限公司

1 项目背景

财富广场项目位于上海浦东金融贸易中心，浦明路和东昌路的西南角，北靠黄浦江，东临东昌轮渡站；北边可望到外滩风景，南边则可观南浦大桥，广场二层以上可见江景，与规划建设中的世博会会址隔江相望。沿黄浦江400m江岸线，铺设有木地板，绿化带中各类雕塑小品精致美观、灯光树群别具一格，无论白天黑夜、不管站在哪个角度都可将外滩建筑一览无余；陆家嘴金融贸易区内的金茂大厦、东方明珠、汇丰银行、中银大厦等众多中外银行、金融机构与财富广场交相辉映，不远的将来将成为上海世博会主要的办公场所。

财富广场的7幢全景观办公楼通过透明双层玻璃幕墙的灵活运用，形成了不同的现代主义造型建筑群，她的每幢建筑均贯穿有独特的智能、环保、节能、绿化等设计理念，为国际金融机构、世界500强跨国公司、大企业集团度身定做。财富广场采用钢筋混凝土构造，部分钢结构屋顶；主要外立面由双层玻璃幕墙、局部不锈钢板、最新技术的陶土砖墙面和不锈钢建筑嵌条组成。居中的两幢加上了一个UFO造型的连廊，其结构采用了钛合金材料，造型独特，是整个财富广场建筑群中的亮点。

2 项目说明

2.1 设计依据

（1）现场调研、现场实拍图片及相关建筑图纸。

（2）《城市夜景景观规划与设计》东南大学 2001.1。

（3）CIE 国际照明技术委员会 NO92　NO115。

（4）《IES lighting hand book》北美照明协会。

2.2 主题思想

UFO造型的太空舱，长26m，宽15m，由澳大利亚设计师所设计，多块钛金属板拼接而成。设计师希望夜晚能在外滩体现太空舱的轮廓。我们在考虑周边的灯光环境和太空舱结构特点后，故采用了3W的LED点光源C2102在其节点上安装，共560套，这也是率先在国内使用大功率LED单颗3W的成功案例。

2.3 设计意图

对建筑结构和特点的诠释，体现夜间财富广场在灯光下的栩栩生辉，为黄浦江的夜景增添了一道新的景观，使财富广场在夜与昼的交替中挥洒着她梦幻般的无尽浪漫。

3 配电和控制

3.1 控制系统设计

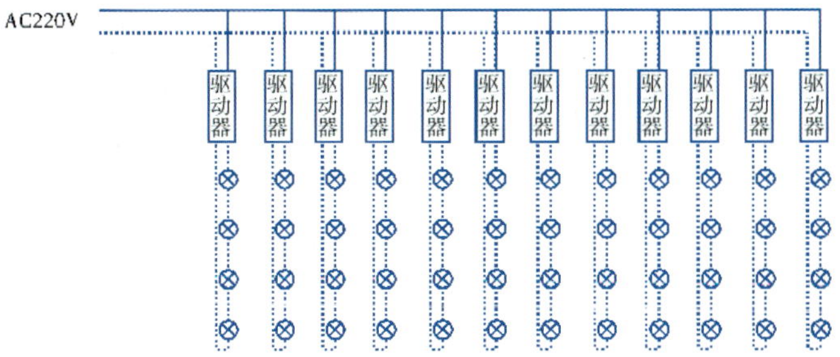

接线原理图

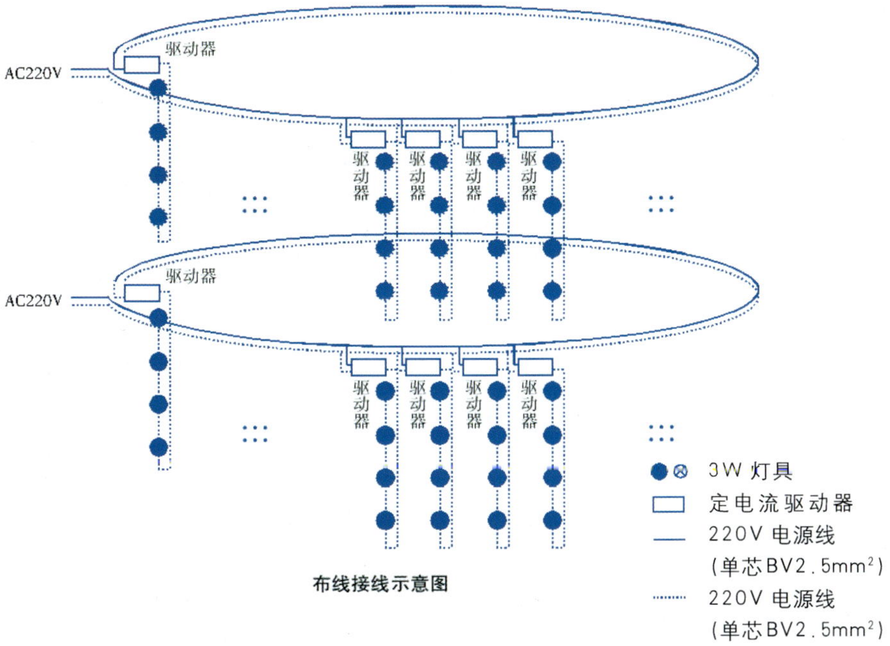

布线接线示意图

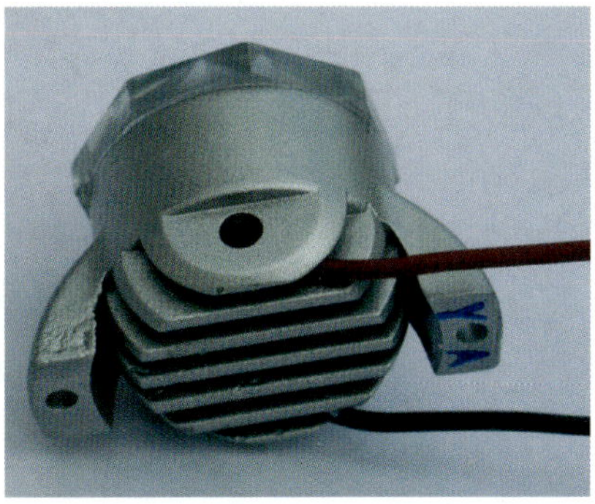

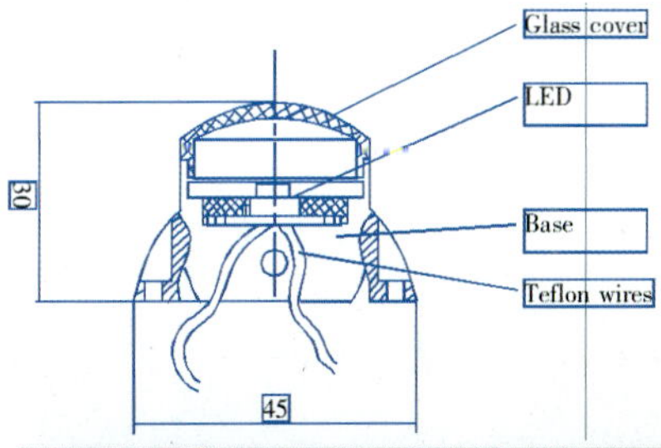

3.2 设计说明

（1）椭圆形建筑布灯点可大略分为12层，沿椭圆形状排开，布线时可根据此特性布三对线缆，即每四层放一对单芯BV2.5mm的线。

（2）因为我们的驱动器只能带4颗灯，所以就一列而言，每四层共用一个驱动器。串联后接到驱动器上，驱动器再并联接入铺设的AC220V线路上。

（3）驱动器要求防水，因此需放置在里面。布线可沿不锈钢壳体的接缝穿PVC管进行。

4 灯具参数

此款灯具选用Luxeon 3W LED光源C2102。

（1）使用寿命长，功耗低，绿色环保；独特外观，优异散热设计。

（2）环境温度范围广：−20℃～+45℃。

（3）多种光源颜色方案，满足不同光色需求。

（4）IP65防护等级，满足恶劣环境使用需求。

（5）多边型玻璃上盖，铝压铸外壳。

中国银行总部大楼照明设计

■项目名称

中国银行总部大楼照明设计

■项目承担者

灯光设计师　杰里·库格勒（Jerry　Kugler）

■供应商

路创电子有限公司

1 项目背景

位于长安街的中国银行总部大楼自1999年竣工以来，已成为北京的标志性建筑之一。该建筑由美国纽约贝氏建筑师事务所（Pei Partnership Architects）设计，它将一个重要的新概念引入到亚洲的建筑风格中，即将中国传统的建筑要素与企业现代化的灵感标志结合在一起。在考虑如何将办公大楼与公共服务机构结合在一起时，建筑师们把开放性融入到了该项目的设计之中。建筑物的核心部分一年四季可供公众欣赏，它具有传统中国园林的精华，一种对自然世界的艺术表达。此外，其设计上的总体灵活性有助于时刻满足银行及租户在21世纪的商务活动中的各种技术要求。

2 项目说明

为享有盛誉的中国银行北京总部设计一套既能突出其庄严而且富有灵感的空间，又能体现一种对公众具有吸引力的开放感觉的照明控制系统，极富挑战性。项目要求：

（1）一种能对所有公共区域和私人办公空间的灯光，包括全部楼层的荧光灯提供灵活调光和开关的照明控制系统；

（2）该系统的功能应当非常强大，除了可应付公共区域和私人办公空间大量的不同的灯光要求之外，还要具有显著的节能效果；

（3）该套照明控制系统应当能够承受电力质量波动并确保高质量调光性能。

建筑师和灯光设计师选用了美国路创电子公司的 GRAFIK6000照明控制系统来满足上述复杂要求，并创造出所需要的传统园林的感觉。他们还选择了路创HWI照明控制系统来控制 1.35 万 m^2 的办公空间的光源。这两种控制系统不但很容易使用，而且通过对受控照明场景进行自动化控制，既增强了建筑的效果，又节约了能源。由64个调光电柜协同工作，GRAFIK6000 照明场景充分展现了该大楼的建筑细节并为楼内工作人员和来访者指明通道。在上述各楼层，系统的软件利用时钟和传感器对超过 1300 个回路进行控制。

这座 15.8 万 m^2 的大楼由两个 L 形翼组成，环抱着中间高达 45m 的园林天井。大楼内有庞大的银行业务大厅，拥有 2000 个座位的礼堂、接待厅、行政办公室以及可供 2500 多名员工使用的停车场、餐厅和其他服务设施。各公共区域均有最大的开放空间、清晰的线条和日光照射，整幢大楼的内外墙全部采用暖色的凝灰石饰面。

灯光设计师杰里·库格勒（Jerry Kugler）说："对于如此大的空间，最主要的挑战是要显示出其规模来。在夜间，您既希望能领略其空间的宏伟，又能通过多层的灯光来增加其魅力。" 因此，他决定让许多灯光通过地面反射来照亮墙壁。而通过直接照明一些更重要的墙壁，例如高大的玻璃幕墙对面的墙壁和大门入口两侧的墙壁可引导来访者穿过开放天井进入电梯间和出入口区域。

宏伟的天井形成该大楼的功能和标志核心，天井内的水、岩石和植物代表传统的中国园林。空中有许多不显眼的 PAR56 光束照亮天井的地面和银行业务大厅。这些向下照射的光束最后消失在巨大的锥状桁架结构的透明天窗中。高达 10m 自行车车轮状装饰灯悬吊在上层银行业务大厅地板的眼洞窗上方，装饰灯上镶嵌有很小的 MR16 灯泡。1000W 的 PAR64 灯从上面通过装饰灯向下照射，使线缆闪闪发光，并通过眼洞窗照亮下面的银行业务大厅。

由于空间规模大、光投射的距离长，而且考虑到节能和维护等因素，卤素光源可能不是最合理的选择。但是，整个空间必须看上去非常漂亮，而“HID光源根本不可能让暖色的石头变得漂亮”。库格勒解释说，“我们可以从这些较大的PAR灯获得细窄的光束，因此可以将灯光投射到我们需要的地方。所有表面都有一样的灯光颜色，色调统一，效果非常漂亮。”此外，按照一天中的时间进行调光可节省能源同时延长了灯的寿命。“通过天窗可进来非常多的日光，因此无须在全部时间都开着灯”，库格勒补充说。

考虑到电力不稳定的因素，路创的专利RTISS™（实时照明稳定系统）增强设计，可滤除输给调光器的线路噪声，以确保一致、高质量的调光性能。

另外，该系统的中央控制功能使系统中的任何负载都能从600多个墙控器或墙控站中的任何一点进行开关。每个继电器都有单独的地址码，使光区的设定非常灵活。GRAFIK6000系统的灵活性使其能进行本地控制，超越普通预设，例如：由时钟触发的开关，这对行政办公室和礼堂尤其有用。该系统还具有自动开关全部楼层荧光灯的功能，只有在有人的时候才点亮空间的照明，既延长了灯的寿命，又节省了维护的费用，为中国银行及其租户节省了大量的能源费用。

3 Lutron 产品

(1) GP Panels (64)
(2) 开关用 HWI 照明控制系统 (456)
(3) GRAFIK6000 照明控制系统 处理器电柜 (1)
(4) Architectural 2B Control (470)
(5) NTGRX 4B (22)
(6) NTGRX 4S (35)
(7) KP5 (136)
(8) KP10 (42)
(9) KP15 (5)

中国人民大学
仁达科研楼照明工程

效果图

项目名称
中国人民大学仁达科研楼照明工程

项目承担者
香港皇家城市照明设计工程公司
北京广灯照明电器有限公司
北京广灯迪赛照明设备安装工程公司

1 项目背景

“仁达科教中心”工程位于人大校园动门北侧，建筑正面朝向中关村大街，面向当代商城，与中关村数码大厦、友谊宾馆等建筑隔桥相望。

大厦高82.75m，占地面积5.85万m^2，是一座集出版、科研、培训、会议、展示、办公、金融证券及相应配套设施于一体的多功能数字化知能大厦。

2 项目说明

现代城市中的每一个建筑，均是构成城市发展乐章的重要音符，因此如何使其夜景照明景观有机地融入这个城市的总体乐章之中，是我们首先面对的课题，在充分考虑这一命题之后，在我们的作品中，还要力求达到光与影、点与面、历史文化的沉积与现代科技的张扬等等在这一件作品中达到完美的统一。

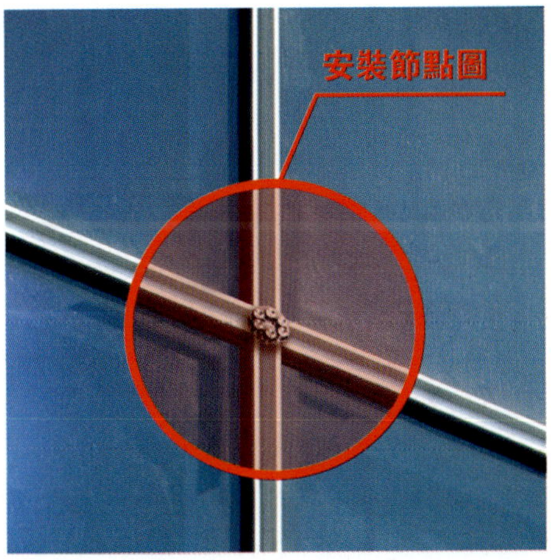

3 配电和控制

在该大厦的照明策划实践中，我们充分考虑了建筑本身的特点、用途、周围环境情况及业主性质等因素，对于大厦主体色彩选用了高显色性（$Ra \geqslant 85$）色温（F=4200K）金卤灯为光源，表现大厦整体风貌，在大厦东南、东北立面有规则分布的窗框的交汇点处安装了331套纯兰色LED灯具做为点缀照明，从而营造出繁星满天的效果，在设计中考虑节能因素，我们对整个大厦的照明进行了分档控制，在平常，除少数传统灯具开启外，大厦主要依靠LED来实现夜晚光环境的营造，其功率仅为11.7kW。

4 技术参数

4.1 选用设备功率选择表

泛光灯	400W/台　或　2000W/台
地埋灯	150W/台
LED灯具	1W/台　或　5W/台

4.2 大厦夜景照明功率分配表

内透光部分	15.37kW
泛光部分	52.44kW
LED部分	0.4kW
合　计	68.21kW

昆明滇池高尔夫球场照明工程

工程名称

昆明滇池高尔夫球场照明工程

项目承担者

玛斯柯照明设备（上海）有限公司

设计师：Dave Alexander、杨波

项目经理：David Harvey

1 项目背景

昆明滇池高尔夫球会位于滇池北岸，湖对岸是有"睡美人"之称的昆明标志性景观西山。球会的LOGO非常形象地突出了这一绝佳的地理位置：上方一条"身材曼妙"的曲线就是西山在蓝天背景下的轮廓，下方的线条则是滇池北岸的曲线。滇池湖畔球场总占地为1391亩，其中有391亩将作为房地产项目开发，18洞球场的面积为1000亩，球道长7260码，标准杆72杆，后9洞为灯光球场，果岭全部为本特草。整个球场由一条人工溪流贯穿，会所位于球场中央，设计风格非常现代。滇池高尔夫球会是昆明首家都市灯光高尔夫球场。

2 项目说明

照明设计采用玛斯柯照明公司自主研发的照明设计软件Pro—Aim、NewAim。设计师在灯光设计过程中综合考虑球场的环境，选择最佳的布灯位置，使灯杆完美的融入到周围环境中。设计过程中不仅考虑到地面的良好照度和均匀度，而且更重要的是考虑到场地上空间的照度，使球员能够非常清晰地看到高尔夫球的飞行轨道。照明系统采用的是玛斯柯照明公司的Light Structur—2照明系统。Light Structur—2照明系统包含5个基本组件：预制混凝土桩基、灯杆、电器箱、杆内线束、杆顶组件。预制混凝土桩基在工厂内生产完成，减少在现场制作基础的时间。电器箱内元器件在工厂安装，并进行电气测试，提高系统的可靠性。灯头安装于杆顶组件上，并根据设计时灯具投射角度，在工厂内调整好每个灯具的投射角度，现场安装完毕调试时，只需作简单微调即可，减化现场施工难度。

场地照明标准根据玛斯柯公司推荐：发球台照度为200～250 lx，网格为5m × 5m，均匀度（最小值／平均值）大于0.5；球道照度为80～100 lx，网格为10m × 10m，照度梯度小于3；果岭照度为250～300 lx，网格为5m × 5m，均匀度（最小值／平均值）大于0.55。

3 配电和控制

滇池灯光球场工程共用了373套1.5kW的金卤灯，总负荷为596.8kW（每盏灯消耗功率为1.6kW）。采用18.3m的灯杆26根，和15.2m灯杆56根。在场地内放置4个低压配电柜，分别从两个不同的变压器取电，并在球场出发台处配置一个集中控制箱。在低压配电柜控制每一个单独回路，并在集中控制箱中进行集中管理控制。集中控制采用可编程逻辑控制器PLC来实现。采用PLC来进行控制的优势是：控制方式灵活、方便，用户能够随时根据自己要求来设置控制方式。集中控制箱预设12种控制模式，其中1～9号模式设置为分别控制10～18号球道，另外3种控制模式为设定一个时间间隔依次开启或关闭9个球道的灯光。

4 灯具性能、技术参数

（1）灯具系统具有防紫外线功能。

（2）高功率因数（>0.9）。

（3）快速无障碍安装—出厂前灯具角度设定，附件生产，提供灯具连线，全部测试。

（4）维修方便—灯具与整流器系统分离；光源更换不需要任何工具。

（5）灯具防护等级IP65。

另外，玛斯柯照明公司还为灯具配备了两种专业的防眩光控制器LV-8和TLC。防眩光控制器能够有效减少外溢光，减少光污染，降低眩光对球员的影响。

光学特性

初始流明	155000
平均流明	142000
平均寿命	6000h
色温	3700K
显色指数	65
CIE 色度坐标	X-0.396　Y-0.390
光效(lm/W)	103

电气特性

光源瓦数	1500W
光源电压	268V
光源电流	6.2A
输出80%时启动时间	3～5 min
重新启动时间	10～15 min
电气箱类型	ANSI　M48
灯具最大功率	1600W
最小运行温度	-30℃
参考电气箱阻抗	57.9 Ω（开路电压为440V时）

物理特性

BULB 标准	BT-56
ANSI 标准	M48
最大长度（MOL）	15.375in(391mm)
灯管长度（LCL）	9.125in(232mm)
弧光管被点亮长度	3.3125(84mm)
弧光管的材料	Fused Silica
光源允许最高温度	4000℃(7520F)
光源正常工作温度	2100℃(4100F)
灯泡最大偏心角	30°
最大弧光管偏心角	300°　±30°

深圳聚豪会高尔夫球场照明工程

■项目名称

深圳聚豪会高尔夫球场照明工程

■项目承担者

玛斯柯照明设备（上海）有限公司。

设计师：Dave　Alexander、杨波。

项目经理：David　Harvey。

1 项目背景

深圳聚豪会高尔夫球会是香港中旅国际投资有限公司全资附属机构，于1999年3月20日正式开业。球场由A、B、C三个9洞组成的27洞球场，球会在2002年底对C场9洞进行改造，并增加灯光设施。

2 项目说明

照明设计采用玛斯柯照明公司自主研发的照明设计软件Pre–Aim、NewAim，玛斯柯照明公司的Light Structur–2照明系统。Light Structur–2照明系统包含5个基本组件：预制混凝土桩基、灯杆、电器箱、杆内线束、杆顶组件。预制混凝土桩基在工厂内生产完成，减少在现场制作基础的时间。电器箱内元器件在工厂安装，并进行电气测试，提高系统的可靠性。灯头安装于杆顶组件上，并根据设计时灯具投射角度，在工厂内调整好每个灯具的投射角度，现场安装完毕调试时，只需作简单微调即可，减化现场施工难度。

场地照明标准根据玛斯柯公司推荐：发球台照度为200～250 lx，网格为5m × 5m，均匀度（最小值／平均值）大于0.5；球道照度为80～100 lx，网格为10m × 10m，照度梯度小于3；果岭照度为250～300 lx，网格为5m × 5m，均匀度（最小值／平均值）大于0.55。

3 配电和控制

聚豪会灯光球场工程共用了341套1.5kW的金卤灯，总负荷为545.6kW（每盏灯消耗功率为1.6kW）。采用18.3m的灯杆20根，15.2m灯杆70根。在场地内放置5个低压配电柜，并在球场出发台处配置一个集中控制箱。能够实现现场就地控制每一独立灯杆灯具，和出发台远程控制每一球道灯具。

4 灯具技术参数

（1）灯具系统具有防紫外线功能。

（2）高功率因数（大于0.9）。

（3）快速无障碍安装—出厂前灯具角度设定，附件生产，提供灯具连线，全部测试。

（4）维修方便—灯具与整流器系统分离；光源更换不需要任何工具。

（5）灯具防护等级IP65。

物理特性

BULB 标准	BT-56
ANSI 标准	M48
最大长度（MOL）	15.375in(391mm)
灯管长度（LCL）	9.125in(232mm)
弧光管被点亮长度	3.3125(84mm)
弧光管的材料	Fused Silica
光源允许最高温度	400℃(752°F)
光源正常工作温度	210℃(410°F)
灯泡最大偏心角	3°
最大弧光管偏心角	30° ±3°

光学特性

初始流明	155000
平均流明	142000
平均寿命	6000h
色温	3700K
显色指数	65
CIE 色度坐标	X-0.396 Y-0.390
光效(lm/W)	103

电气特性

光源瓦数	1500W
光源电压	268V
光源电流	6.2A
输出80%时启动时间	3~5 min
重新启动时间	10~15 min
电气箱类型	ANSI M48
灯具最大功率	1600W
最小运行温度	-30℃
参考电气箱阻抗	57.9 （开路电压为440V时）

另外，玛斯柯照明公司还为灯具配备了两种专业的防眩光控制器 LV-8 和 TLC。防眩光控制器能够有效减少外溢光，提高场地上灯光的利用率，减少光污染，降低眩光对球员的影响。

104 国道路灯照明工程

■项目名称

104 国道路灯照明工程

■项目承担者

皇明太阳能光电事业部售后服务部

1 项目背景

位于德州市东开发区至陵县边界段的104国道，长约6000m，市委市府为了环保节能，倡导绿色文化，在国道上共安装太阳能路灯303盏，是中国迄今乃至世界最长的采用太阳能灯具照明的路。此段路面平均宽度25m，采用双侧对称布灯，灯具间距40m，路面平均照度30 lx。

2 设计施工的依据

技术标准：

GB 2297—1989	太阳光伏能源系统术语
GB/T6497—1986	地面用太阳电池标定的一般规定
GB 126390	单晶硅太阳电池总规范
GB/T9535 — 1998	地面用晶体光伏组件　设计鉴定和定型
GB/T7000.1～7000.6 — 1996	灯具安全要求与试验
JB/T 9653—1999	储能用铅酸蓄电池
GB/T5008.2 — 2005	启动用铅酸蓄电池产品品种和规格
GB/T5008.3—2005	启动用铅酸蓄电池端子的尺寸和标记

3 设计说明

德州市东（晶华路与东风路交口）至高速桥段安装的 42 盏太阳能路灯有主、辅两个灯头，灯具主体材料主要采用优质钢材，表面采用热镀锌、喷塑处理。主灯距离地面 9m，辅灯距离地面 6m；工作方式采用光控开、时控关，控制器采用高性能智能充放电控制系统。光控开后 4h 内主、辅灯全工作，4h 后辅灯及主灯的 80W 光源停止工作，仅亮主灯 40W，主灯 40W 工作到天亮，所用太阳电池组件 440W。此外，该款路灯太阳电池组上配装有彩色 LED 线条灯，勾勒出太阳电池组件的优美轮廓，线条灯工作方式相同于主灯 40W 光源。

高速桥至白桥大桥（德州市东约 1000m）段 104 国道安装有 25 盏太阳能路灯，其仅有一个灯头，内安装 80W 和 40W 光源各一个，灯源距地面 9m，工作方式为光控＋时控：光控开，4h 内两个光源同时工作，4h 后仅 40W 光源工作到天亮。采用 348W 的太阳电池组件，同时太阳电池组件上安装有彩色 LED 线条灯，线条灯仅工作 4h。

白桥大桥以东到陵县边界安装灯源高度为 9m 的太阳能路灯 236 盏，灯源采用 80W ＋ 40W 光源：光控开，前 4h 双光源亮，4h 后到天亮采用 40W 光源照明，共采用太阳电池组件 364W。

4 技术参数

灯具名称	光源功率	电池组件	蓄电池	灯具高度	阴雨天数
HZL010－21	40W+80W+40W	进口单晶硅电池组件	胶体蓄电池	10	4

重庆工学院花溪校区照明

■项目名称

重庆工学院花溪校区照明工程

■项目承担者

中建二局二公司

■供应商

浙江正泰建筑电器有限公司

1 项目背景

重庆工学院花溪校区是为适应教育事业快速发展要求而规划建设的一所崭新的大学校园，位于重庆市主城区李家沱组团内，坐落在美丽的花溪河畔，背靠真武山，西临长江，依山傍水，环境幽雅，是读书治学的理想之地.

2 工程概括

重庆工学院花溪校区总体规划设计方案由华南理工大学何镜棠院士担纲设计，校园占地面积1700余亩，总建筑面积44万m^2，建筑密度为10.8%，绿地率为63.4%，建筑层数为4～6层，容积率为0.54。规划设计方案立足于对原有地形地貌的充分利用与保护，配合重庆地区气候特色，在朴实、理性的建筑形式中融入高技术和重庆山地建筑的特色，力求做到建筑与生态环境的完美结合。

3 设计理念分析

用简洁的照明使学习、生活充满轻松和愉快，并减少不必要的干扰。

4 照明设计依据

参照GB 50034—2004。其中教室课桌面上的平均照度值大于150 lx，其照度均匀度大于0.7；教室黑板设局部照明灯，其平均垂直照度大于200 lx，照度均匀度大于0.7；由于重庆是一个多雾的地区，教室课桌面上的采光系数最低值大于2%。

5 配电系统

整体与局部相结合的方式，每层一个单独控制，每栋设计一个总控系统。

6 照明控制系统

通过手动面板开关、声光控开关及时控开关相结合的照明控制方式。这样达到既节能又方便的目的。

7 产品技术参数

采用正泰公司提供的格栅灯NEP1—320B与支架灯NEP2—140P、NEP2—240P等相结合的方式。

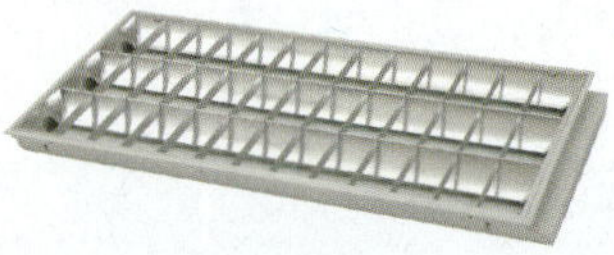

NEP1—320B

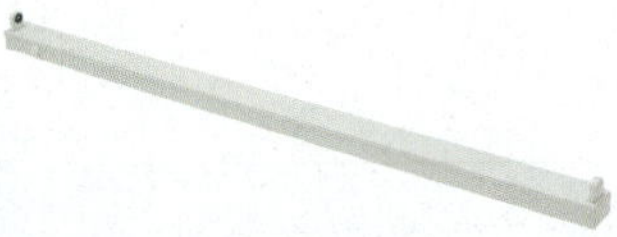

NEP2—140P

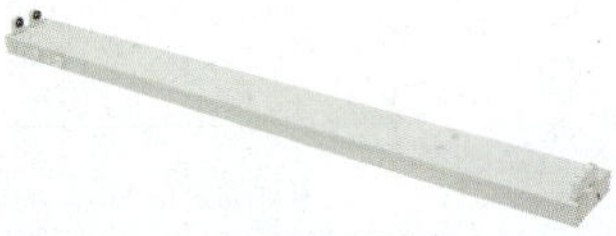

NEP2—240P

北京天坛夜景照明工程

■项目名称

北京天坛夜景照明工程

■项目承担者

北京平年照明技术有限公司

1 项目背景

祈年殿是一座三重檐尖顶圆形大殿。是天坛的主体建筑，皇帝祈祷五谷丰登的所在。祈年殿上层用蓝色、中层用黄色、下层用绿色琉璃瓦，代表上天、中君、下臣民。殿高32m，直径32.72m，为圆形建筑。大殿结构特殊，中央四根龙井柱，高19.2m。

整个大殿建在高6m的三层汉白玉圆形台基上，上层台面直径68.8m，中层74.4m，下层80m，周围栏板420块.南北各有三个台阶，东西各有一个。殿北为皇乾殿五间，蓝琉璃瓦顶，殿内展出部分祭天文物，有香帛亭和誉为"玉振金声"的范金铸钟，碧玉特磬等。内谴墙东门外，有长廊七十二间，神厨、林亭、宰牲亭等。南面有七星石，山形朵云纹，为明嘉靖时的镇石。祈年殿区，洁白的栏板，天蓝色的屋檐，朱红色的漆柱，辉煌的彩画，金灿灿的屋顶，使得整个建筑显得无比华丽，端庄和崇高。

2 项目说明

2.1 设计功能与要求

(1)突出古建筑的特色和文化内涵，尊重历史，层次清晰，主次分明，设计独特，构思新颖，注重宏观效果和立体美感，体现现代化大都市古建筑天坛夜晚的独特魅力和艺术特色，同时考虑便于维护和管理，能确保安全用电，注重节能及高新技术的应用。

(2)在工程中适当采用高新技术，加强夜景照明工程的科技含量。

(3)夜景照明的开灯模式应符合《北京市夜景照明管理办法》三级控制的有关规定。

(4)保持环境原貌，隐蔽照明设施，选用著名品牌产品，降低工程费用，维护方便。

(5)选用节能高效产品，降低运行费用。寿命长、维修简单，达到绿色照明、节能、环保要求。

(6)照明设计中，为了使照明灯具不影响整体景观效果，首次采用液压升降灯杆，在灯具开启时设备自动升起，同时给检修带来很大的方便。

(7)电缆、灯具以及辅助设施远离文物古建筑。

(8)采用高效金属卤化物光源，高级阳极氧化铝反射器，大大的提高了灯具的工作效率。

3 灯具设备一览表

PRT 2000R THORN	HQI-TS/D/S	2000W	OSRAM
OQI THORN	HQI-T/W	1000W	OSRAM
CTS THORN	HQI-T	400W	OSRAM

天津泰达足球场照明工程

■项目名称

天津泰达足球场照明工程

■项目承担者

玛斯柯照明设备（上海）有限公司

1 项目背景

泰达足球场的设计符合国际足联的有关标准，可以承接奥林匹克运动会和世界杯的比赛；弧状看台和顶棚塑造出具有太空时代和高科技气质的外观。其设计宗旨是成为文物性建筑，为参赛者、观众、官员和新闻媒体提供最先进的设施。

大球场的外观气势宏伟、充满吸引力，一共6层。其主要的设计创新体现在弧形柱架的构成和应用。柱环绕球场，在观众席的后方形成拱状，然后在悬臂式的屋顶上方形成桅杆状，从弓形桅杆接出的钢缆紧拉住弧形屋顶的桁架。这种弧状看台和屋顶为体育场塑造出具有太空时代和高科技的外观，独特的建筑设计为大球场增添了一个醒目的标志。

泰达足球场的主要入口位于面向津滨轻轨车站的台阶式广场上，观众经由正面的台阶或坡道如临盛会般步入体育场二层。台阶约宽80m，足以容纳赛前和赛后大量拥挤的人潮。同时，观众也可以由位于球场四角的坡道、楼梯和电梯通往二层和其他楼层。

体育场的正面看台座区设有36390个观众席位，分为3层。在第2层和第3层观众席之间，另外设有团体贵宾包厢席共有1150个席位。

2 项目说明

照明设计采用玛斯柯照明公司自主研发的照明设计软件Pre–Aim、NewAim。布灯方式采用四角布灯方式和带形布灯方式相结合。4个灯塔分别布置在场地的4个角上，灯杆高度为68m，每个灯杆上安装90盏灯具。足球场地两侧马道上各安装60盏灯具。整个场地配置480盏2kW灯具。每4盏灯具共用一个电器箱（配备4个镇流器），灯塔电器箱分别集中放置在灯塔配电房内，马道上电器箱挂在马道栏杆上。电器箱内元器件在工厂安装，并进行电气测试，提高系统的可靠性。灯头安装于杆顶组件上，并根据设计时灯具投射角度，在工厂内调整好每个灯具的投射角度，现场安装完毕调试时，只需作简单微调即可，减化现场施工难度。

照明设计参照国际体联（GAISF）、国际足联（FIFA）等场地照明标准，能够满足奥运会和世界杯等高级别比赛对照明的要求，能够进行彩电转播。其具体照度标准如下表。

		照度		均匀度			
		E_v	E_{h-ave}	水平		垂直	
				E_{min}/E_{max}	E_{min}/E_{ave}	E_{min}/E_{max}	E_{min}/E_{ave}
彩电	Cam1	2169	2888	0.78	0.85	0.638	0.742
	Cam2	2204				0.633	0.739
国内比赛		——	1850	0.81	0.87	——	——
观众席照明		——	1135	0.48	0.64	——	——
训练		——	534	0.73	0.83	——	——
清扫		——	142	0.56	0.70	——	——
应急		——	1318	0.77	0.85	——	——

3 配电和控制

泰达足球场灯光工程共用了480套2kW的金卤灯，总负荷为1056kW（每盏灯消耗功率为2.2kW）。共用16个抵压配电柜，其中每个灯塔配电房各放3个，每侧马道各放2个。每个灯塔放置24个电器箱（镇流器箱），每个马道放置16个电器箱。照明控制系统采用先进的智能照明控制系统C–Bus。C–Bus智能照明控制系统是澳大利亚奇胜电器公司在1994年初开发，至今，在体育场馆的照明中具有广泛的应用。C–Bus照明系统是一个开放的系统，通过专用接口软件，能够实现与楼宇系统、安防系统的连接，实现集中管理、监控。本足球场照明控制系统提供8种照明控制模式，能够实现手动、自动控制，在灯塔配电房、马道上配备四联面板开关，供调试和检修使用。并在灯光控制室配备一台电脑，对场地照明系统进行集中控制。

4 灯具和光源性能

(1)灯具系统具有防紫外线功能。

(2)高功率因数（大于0.9）。

(3)快速无障碍安装—出厂前灯具角度设定，附件生产，提供灯具连线，全部测试。

(4)维修方便—灯具与整流器系统分离；光源更换不需要任何工具。

(5)灯具防护等级IP65。

5 灯具的技术参数

(1) 灯具重量 7.718kg

(2) 结构强度 200kHM

(3) 压铸铝灯体喷塑，不锈钢连接件，高纯铝反射器

6 灯具镇流器的参数

(1) 灯具工作电流为电路中最大电流（启动无冲击电流）

(2) 工作电压380V（50Hz），工作电流6.3A

(3) 输入功率2160W

(4) 功率因数大于0.9（带自补偿电路）

7 光源的参数

7.1 物理特性

点燃位置	水平
BULB标准	T9
ANSI标准	M1
标准灯管直径	1.14in(29mm)
灯管长度（LCL）	4.29in(109mm)
最大长度（MOL）	10.00in(254mm)
弧光管被点亮长度	4.45in(113mm)
光源允许最高温度	950C（1742F）
最大正常工作温度	450C（842F）
标准正常工作温度	400C(752F)

7.2 电气特性

光源功率	2000W
光源电压	250V +/–10V
光源电流	8.5A
最大尖峰电压	4–5kV
3600V时脉宽	1 μs
最小脉冲电压	4000V

7.3 光学特性

初始流明	170,000
平均寿命	3000h
色温	5600K
显色指数	90
启动时间	2min
CIE色度坐标X–	0.376
CIE色度坐标Y–	0.370

另外，玛斯柯照明公司还为灯具配备了专业的防眩光控制器LV–8。防眩光控制器能够有效减少外溢光，提高场地上灯光的利用率，减少光污染，降低眩光对球员的影响。

北京南中轴路夜景照明工程

树阵灯防护栏

■项目名称

北京南中轴路夜景照明工程

■项目承担者

北京平年照明技术有限公司

1 项目背景

南中轴路照明规划设计范围以永定门原址为中心，北起南纬路，南至燕墩遗址及其周边绿地，总长约1.7km，东西两侧以永定门（现状）东西两座跨河桥，天坛外坛坛墙，先农坛坛墙为界，首期规划面积22万m^2，灯光紧密地把永定门、天坛、先农坛及中轴线上的正阳门、天安门等古建筑融合为一体，延续了古都的文化和绿化轴线，并充分体现了北京皇家古建园林的文化特色。

2 项目说明

2.1 照明工程分析

观音寺和佑圣寺照明

通过有效地控制整体环境光色，区域亮度及动感变化，确立具有中轴统一的景观单元原则，将照度与色温合理运用来明确照明的关系与层次，烘托具有时代特征的区域景观特色与文化内涵，体现中轴路神圣、尊贵的气度，从而使中轴路夜景照明设计达到层次清晰、主次分明、设计独特、构思新颖的理想效果，力求协调统一，又富有变化，结合独特地貌，丰富、突出、重塑城市自然轮廓线、建筑轮廓线和水际轮廓线，强化层次感，形成立体化夜间景观及衔接性灯光延伸。并根据交通的要求来分析人类光学心理特性，创造人文光环境；避免破坏环境原貌，尽量隐蔽照明设施，选用质量可靠的灯具，简化维护技术、方法、过程，展现中轴路夜晚的独特风情和艺术魅力。

应用新观念，在技术手段上个性创新的原则，积极运用新工艺、新光源、新材料，特别是应用高新技术，来提高景观灯光设施的科技含量，将光纤照明产品大面积应用与古建照明工程的概念，探讨解决古建照明工程问题的方法。

2.2 永定门城楼瓦面

光纤照明具有以下显著的特点

1.单个光源可具备多个发光特性相同的发光点；

2.光源易更换，简化维修作业；发光器可以放置在非专业人员难以达到的场所，因此具有防破坏性；

3.无紫外线、红外线，减少对某些物品文物、纺织品的破坏；

4.无电磁干扰，可被应用在核磁共振室、雷达控制室等有电磁屏蔽要求的特殊场所之内；

两坛坛墙的照明采用了平实简约的照明手法，产生了良好的对景介质；埋地灯为整个区域的灯光掩映作了天然的舞台背景，营造出一种缥缈的周界光，并为这卷古老书卷附上优美的续篇。

佑胜寺和观音寺两处小型保护古建坐落于御道西侧，掩映在百年古树的婆娑枝影之中。采用12套250W 的EF25 250 SAS型灯具对建筑外立面的照明处理，不仅勾勒出两座古寺舒缓起伏的立面轮廓，而且进一步丰富了照明景观层次，突出了该地段的历史文化氛围。该灯具合理的配光曲线和IP65的防护等级适合用于建筑外立面照明，28500h 的光源寿命大大节省了照明开支，2000K色温的高压钠灯照明，使两座古寺在暖色基调的光环境中显得和谐静谧。

基于以上理论，我们进行试验，效果图如下：

光纤的运用效果比较

光纤的运用——实验

试灯地点	灯具名称	光源	色温	结论
北海西门售票处瓦面	SWAROVSKI	OSRAM HQI-T/150W，光纤直径6～9mm	3000K	亮度适中；照度102 lx
北海西门售票处瓦面	PHILIPS	CDM-R/830 35W	3000K	照度148 lx

2.3 御道

御道是中轴线的主线，广场的所有场景皆以它为中心。路面以青灰色花岗岩铺装。宽12m，总长大于400m。御道的气势宏大，周围景色迷人，游人集中于此参观游览，东西两侧分别是国家级和市级文物保护单位天坛和先农坛，天坛是中国明清两朝皇帝祭祀天地之神和祈祷五谷丰登的地方，1998年11月被列入《世界遗产名录》，坐落于中轴路南端的永定门城楼是北京古城的标志性建筑。

为配合上述三组保护性古建而特别设计的景观灯具，抽取了中国古代建筑的营造法式和装饰风格，体现出该区域神圣庄严、古朴肃穆的空间氛围。高大的灯具体量和方正沉稳的造型，呼应了永定门城楼的恢宏气势和皇家御道的严谨法度，天然石材和仿铜质感的金属材质，烘托出深沉的历史文化气息。

御道灯

御道灯具顶部安装的MH70/TD/UVC830/RX7S型光源，配合特制的非对称反射器，使14m宽的御道中间的照度也达到12 lx，保证了道路的安全通畅；灯体选用100Lm/W的CMH35/PAR20/UVC/830/E27/SP型窄光束陶瓷金卤PAR灯，不仅有效消除了灯具自身的阴影，而且为周围环境提供了柔和的辅助照明。取材于古典门窗的装饰纹样在灯光的衬托下，呈现出细腻的剪影效果和雍容典雅的东方神韵。*Ra* 80以上的显色性能较好地还原了御道地面的色泽、肌理，以及青砖材质特有的古朴气质。3000K的偏暖色温融解了北方冬季的清冷，营造出温馨舒适的视觉效果。

2.4 绿地照明

规划后，南中轴路的魅力来源于各大元素的完美结合，其中提供的大量林荫休闲空间，很大程度上满足了市民对绿地的需求，市民在感受皇家建筑的深沉宏大之后，林间小憩也将成为中轴路段别有韵味的解读。

配合青石铺装的园林步道而设计的草坪灯，采用和御道灯具相同的米色石材，表面做烧毛处理；灯具造型端庄素雅，两侧镂刻中国传统装饰纹样，富有民族风韵。

灯具内部安装7W的F7BX/827/2P/STD型节能光源，出色的节能性和8000h光源寿命有效控制了替换成本；*Ra* 80以上的显色性能较好地呈现了青石地面的色泽和肌理；2700K的偏暖色温，在相对私密的园林中营造出宾至如归的舒适感受，为市民提供了放松身心的休闲漫步空间。

单方向下照式灯具不仅有效避免了眩光干扰，而且提高了路面照度，在灯具间距7m的情况下，路面平均照度可达到2 lx，保证了行人的安全通过。同时，适当控制园林区域的照度也烘托出永定门城楼和御道的主体地位，丰富了照明景观层次。

照明工程的意义在于创造环境，美化环境。仿古建筑的周围如果出现很多现代的照明设备只会另人感到不协调。我们除了按照夜景观规划方案自行设计与景观相匹配的灯具外，为了尽量减少裸露灯具对景观的破坏，还要对外部不具备隐蔽条件下安装的灯具采取一定防护措施。

2.5 桥区照明

在历史上，北京护城河不仅具有输水、排水、保障城市安全的功能，而且在交通、运输、观光游览、美化环境等方面都起到过很好作用。如今，对永定门段护城河桥区进行夜景照明规划，不仅是对古文化的再次诠释，更使其成为南中轴路段深邃古韵不可或缺的重要元素之一。35w金卤PAR灯洗亮了跨河桥上的仿汉白玉栏杆，俨然两条凌波舒展的玉带跃然护城河之上；将两组节能长寿命的低压LED光源运用在邻水一侧的桥体栏杆和堤岸上，大大降低了维护成本。倒影的介入也是整个区域增色的重要因素，创造了奇妙无穷的光景效果。烘托出永定门城楼和御道的主体地位，丰富了照明景观层次。

永定门城楼照明

3 配电和控制

照明控制采用手动、自动（微电脑时钟控制），亮灯方式分平时、一般节日、重大节日三种型式。

4 产品应用

永定门城楼瓦面采用的光纤：

A.9942NR.040502 光源发生器，φ 6mm～9mm 玻璃光纤.Swarovski

永定门城楼游廊采用的洗墙灯：

OPTUS 128A,THORN

永定门城墙采用的埋地灯：

MA–005/35W,杰友升

御道顶部采用的双端金卤光源：

MH70/TD/UVC830/RX7S.GE(General Electric)

御道顶部采用的陶瓷金卤光源：

CMH35/PAR20/UVC/830/E27/SP.GE(General Electric)

草坪灯采用的节能光源：

F7BX/827/2P/STD.GE(General Electric)

佑胜寺和观音寺立面：

EF25 250 S AS，GE(General Electric)

跨河桥栏杆和堤岸采用的 LED 光源：

F1002 1W,品能

树阵及古树采用的金卤光源：

CDM–R/830 35W PHILIPS，HQI–T250W/WDL，OSRAM

5 获奖明细

在 2005 年北京照明学会举办的“北京优秀城市夜景照明工程”的评定中，南中轴（含永定门）夜景照明工程项目荣获“2005 年度北京优秀城市夜景照明工程三等奖”。

草坪灯

跨河桥与护城河堤岸照明夜景照明

更新前出入境柜台一景

行李提领区合成模拟

中国台湾中正国际机场照明工程

■项目名称

中国台湾中正国际机场照明工程

■项目承担者

姚仁恭

1 项目背景

中国台湾中正国际机场第一航厦兴建于1975年，直至2000年仍是中国台湾唯一的国际机场。新建的第二航厦启用后，第一航厦面临修建更新之需。机场管理局于2002年举办设计竞标，以更新第一航厦一楼出、入境大厅顶棚及照明设备。

2 项目说明

为减少对于营运中入出境作业及旅客的干扰，设计团队规划了可拆卸重复使用的临时性工作平台，工作平台横跨大厅柱距间范围，以区隔施工及营运空间。此工作平台同时有隔绝工程噪声的设计，因此施工期间可减低对下方出入境作业区之影响。待柱距间范围施工完成后，此工作平台可再移至接续范围继续施工。

出入境大厅空间的整体照明，主要来自隐设于金属天化板造型内的T5高输出（High–Output）荧光灯。小孔径之嵌入式金属卤化物灯（Metal Halide）灯具安置于票务柜台上方顶棚，以提供柜台面的照度需求。

3 获奖明细

本案的照明设计荣获2004年IALD年度最高评鉴奖（Radiance Award）暨照明设计卓越奖（Award of Excellence）。

入境大厅合成模拟

票务柜台合成模拟

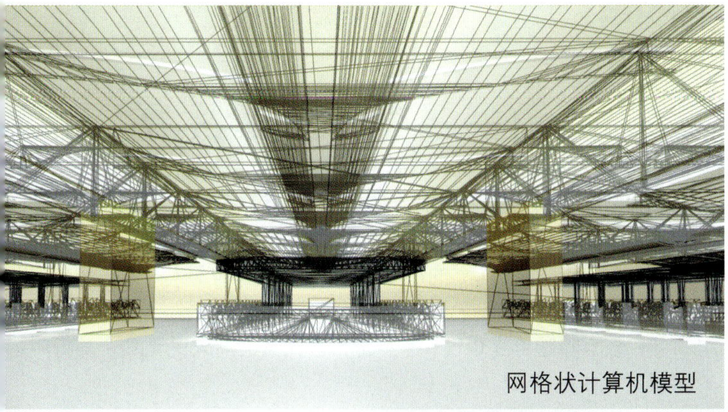
网格状计算机模型

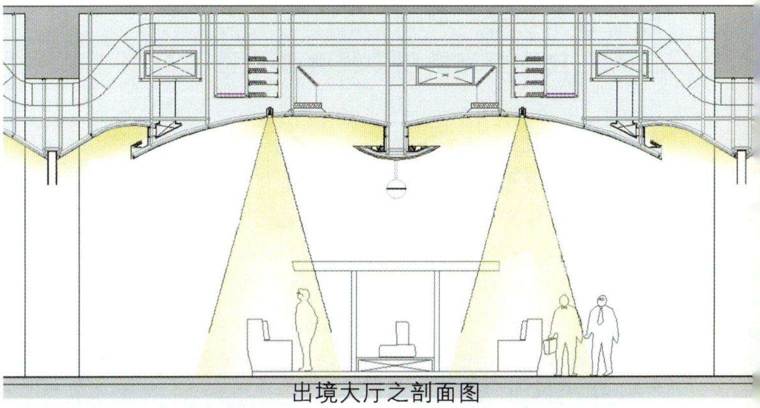
出境大厅之剖面图

概念设计阶段计算机仿真图

上海南站照明工程

■项目名称

上海南站照明工程

■项目承担者

上海广茂达灯光景观工程有限公司

1 项目背景

铁路上海南站是小海铁路枢纽南大门，区域内除铁路南站外，还包括长途汽车站、3条轨道交通线路站点以及几十条公交线路站点等，占地面积60hm^2，站房高42m，直径达278m，建筑面积58000m^2，目前世界上独一无二的圆形火车站，整个工程历时近4年，于2006年7月投入正式运营。此项目为上海十五重大项目，设计时间历时4个月，研发与产品区别时间历时5个月，工程施工安装时间历时2个月，该工程的胜利竣工有效提升了上海南站形象，提升上海形象。

2 照明设计理念

项目设计主题：宁静中孕育活力，川流间闪现精致；体现简约、大气、朴素、活力的设计风格；诠释个性化，人性化，艺术化的设计理念。

3 布灯说明

截面呈卵形象征着“生命”，梭型柱体代表速度，力量，与梭型柱体相结合体现出生命的成长与发展。

（1）灯柱表面上布满圆孔，体现出我国传统祝福“圆圆满满”这一美好祝愿。

（2）12尊，高度20m的广场灯柱，安装5700颗LED，采用分布式LED智能连续变色技术，宛如一首生命绚丽之歌。

（3）整个雕塑群星璀璨，星罗密布寄托着上海人民无数个美好的愿望。

步道灯巧妙嵌入建筑结构，典雅精致。

繁华中，有静静的光，静静的影。

铁轨造型护墙的刚，鹅卵石的灵动，有效营造了铁轨的视觉感受。

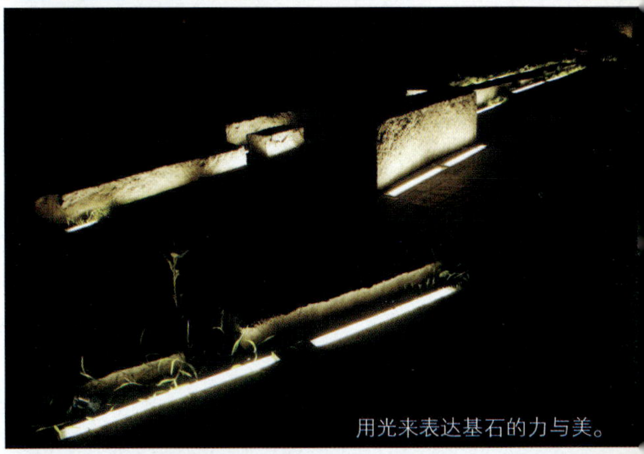

用光来表达基石的力与美。

明暗对比强烈的光影，优美的剪影效果。

不造成任何视觉破坏的地埋泛光灯有效营造了树林之美。

蓬莱海滨东路夜景照明设计

图 1

■项目名称

蓬莱海滨东路夜景照明设计

■项目设计

天津大学建筑学院　沈天行　刘海静　李旭佳　刘　宾

1 项目背景

蓬莱向以“人间仙境”著称于世。如在唐朝白居易《长恨歌》中就有“……为感君王辗转思,遂教方士殷勤觅。排云驭气奔如电，升天入地求之遍。上穷碧落下黄泉，两处茫茫皆不见。忽闻海上有仙山，山在虚无缥缈间。楼阁玲珑五云起，其中绰约多仙子……昭阳殿里恩爱绝，蓬莱宫中日月长”的诗句。诗中的仙山、楼阁，就是指蓬莱及蓬莱阁。蓬莱又是神话故事中“八仙过海”的渡海口。所以，虽然蓬莱的城市不大，却是“山海名邦”。

图 2

图 3

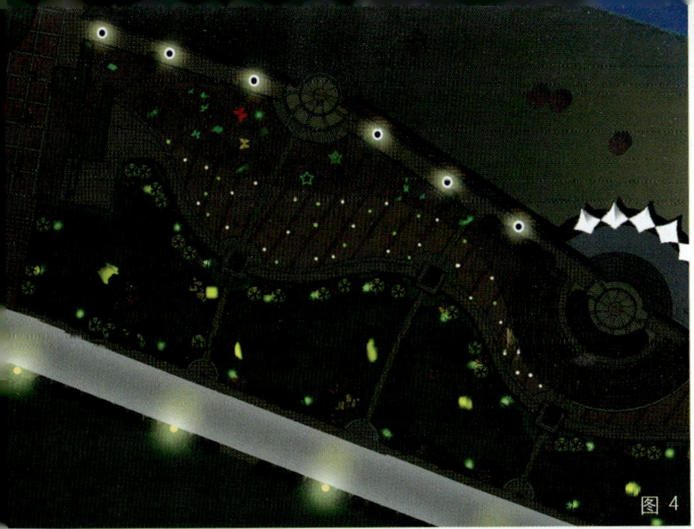

图 4

图 5

2 项目说明

蓬莱市海滨风景区夜间景观照明设计的范围为：西起画河出海口，经八仙雕塑，东至八仙渡口，正是景色最美的所在（图1）。

2.1 方案构思

2.1.1 创造清新、优美、梦幻的人间仙境

（1）保留原有的八仙雕塑的灯光设计（图2），只是在上面加了两台烟雾发生器，使其产生云雾缭绕的感觉从而增加了“仙气”（图3）。

（2）在八仙雕塑的西边沿海有一片空地，一部分是在卵石地上铺了一些储能发光的海洋生物，如螃蟹、贝壳、海星、海马等，另一部分是将一些发光二极管随机地埋在卵石缝内使其闪烁。整个光线暗淡，创造出一种既像天空又像在海中的梦幻仙境的感觉（图4）。

（3）靠近八仙渡口处在人行道上用发光树酯做了一串八仙的足迹（图5），由于每个神仙的足迹不同（图6～图9），游客在白天可以仔细揣摩。夜间灯光还可营造出一种步履艰难的韵律，使人们感觉到八仙渡海的艰辛，体会到八仙发扬团队作用，克服困难的精神。

（4）在八仙雕塑东至画河靠马路的一侧放了一排图案为“八仙过海”的铁艺柱灯（图10），从柱灯的展开图上可看到八仙们不惧艰险在惊涛骇浪中渡海的情景（图11）。

（5）用大型激光将“八仙过海”及海市蜃楼再现于海面的云层上。当海面的云量不足时，可用船载烟雾发生器以补足（图12）。

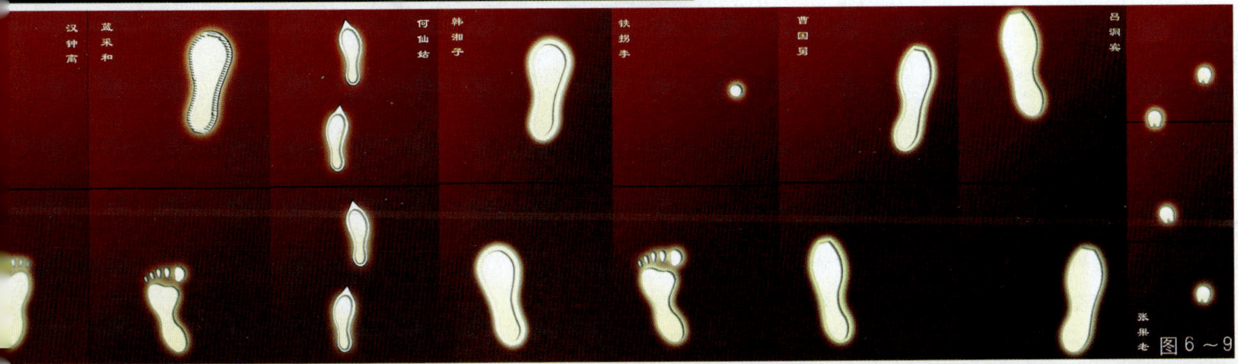

图 6～9

图 11

图 10

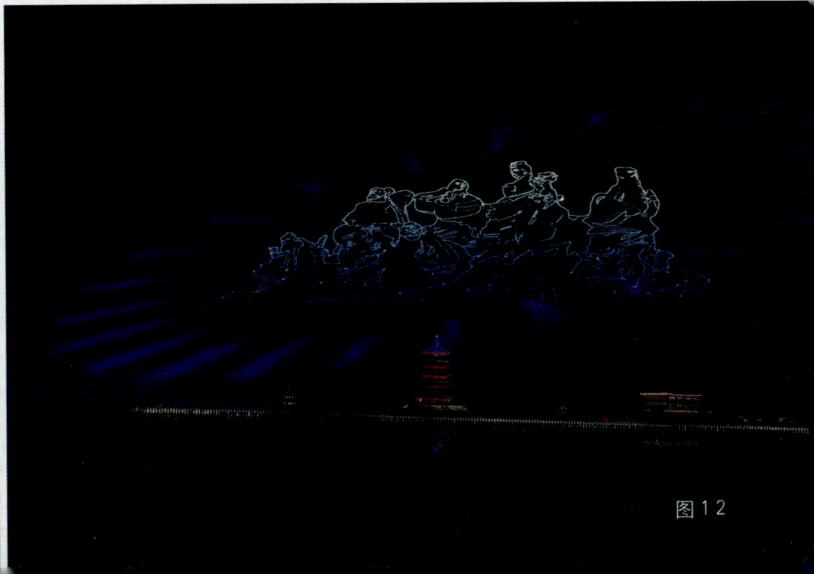

图 12

图13

2.1.2 突出滨海夜景的休闲性及亲水性

（1）重点照亮浴场：蓬莱阁以东至八仙渡海口，为月牙形自然海岸，岸滩长2000多m。湾内滩缓沙细，浪小水稳，海滨浴场为人们提供了亲水的场地。在两个更衣室附近，安装两台反射式的投光灯向海面投射（图13），其照度分布（图14）。人们夜间返航时目标明确，且无眩光干扰，整个海岸线以此处照度最高，重点突出（图15）。

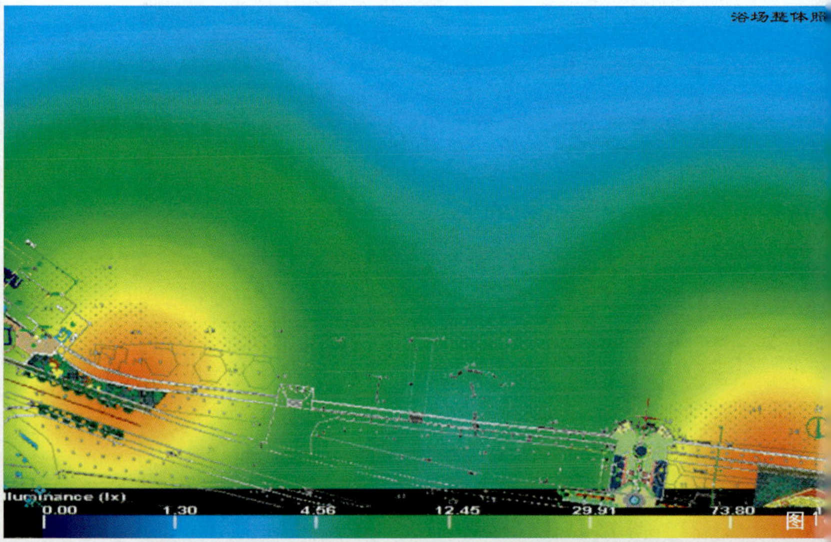

图1

图15

图16

（2）加强海岸线的层次感：结合人们在海边散步的要求，在人行道边，采用一排导光管式柱灯，这种灯发光面较大，因此表面亮度低，不会引起眩光，而垂直照度较高，适合人们交往活动，同时可将海岸线勾画出来。沿着堤岸装了一道向下投射的T5檐板灯，一方面可使堤下沙滩不太暗；另一方面其规律性的光影又增加了海岸线的层次感（图16）。随着堤岸形式的变化，照明方式也相应变化（图17），同时在画河堤上安装石头灯，与T5檐板灯结合，利用河岸倒影增加景观层次（图18）。

图17

图18

图19

图20

图21

图22

（3）创造良好休闲环境，座椅处的灯光不能把坐在上面的人照得太亮，因此在座椅边上安装了一些座椅灯（图19）。

（4）用灯光装扮节点，增加环境的亮点和兴奋点（图20～图22）。

2.1.3 节约能源保护环境

目前，本工程段照明的功率密度为0.295W/m^2，所采用的节能措施是：

（1）尽量采用内透光的手法，使光在满足室内照明要求的同时也满足室外照明的要求。

（2）把握好照度标准，不轻易提高照度。目前主要干道的照度为15 lx，沿海海堤上垂直照度平均为4 lx，整个绿地照度低于干道及海边的照度。用“以暗托亮”的手法，只要在节点处稍加一点灯光就能形成亮点、兴奋点，同时这也是营造“仙境”氛围的首要条件。

（3）利用先进技术，采用高效节能的光源和灯具。如仙人足迹、闪烁的星光、主要节点的投光灯、屋顶上的亮点、栏杆上的亮点等都是采用LED。卵石地上铺的海洋生物用有储能能力的釉烧制而成，白天吸收天然光，晚上发光。所选用的灯具无论是形状古典的路灯，还是导光管的柱灯或是反射式的投光灯，都要求配光合理，能把光投射到需要的地方，既防止光污染，又不产生眩光。

3 小结

蓬莱滨海风景区的夜景照明设计原则应是立足当代，尊重历史，挖掘城市的文化根源，我们正在找寻一个合理的解决方案。目前，本工程的内容未包括蓬莱阁及其城墙，因而还未能将它营造成“仙阁”的感觉。希望将来能通过我们的灯光设计，更全面地突显蓬莱的风格特征和特有的地域文化。

常州市怀德广场光环境工程

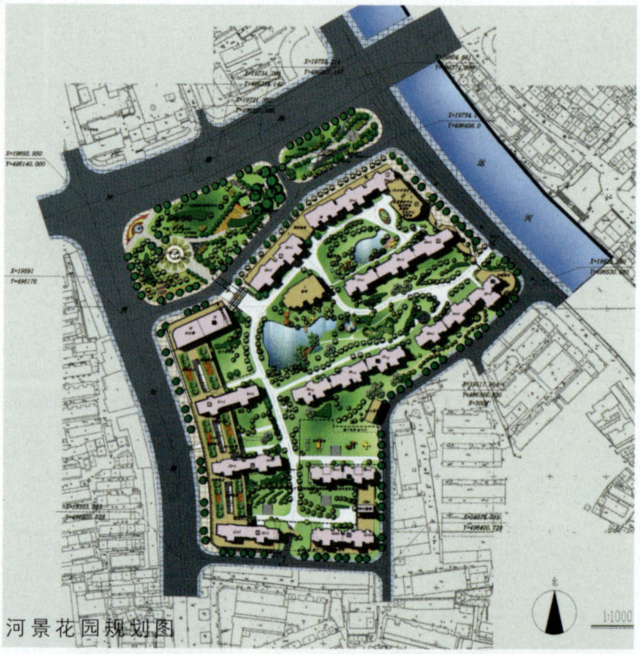

河景花园规划图

■项目名称

常州市怀德广场光环境工程

■项目承担者

北京东芝照明设计中心有限责任公司

1 项目背景

随着现代都市功能的完善和人们审美的不断需求，良好的光环境营造日益受到人们的关注，公园的照明设计更是如此。如何将自然景观与夜景照明高度融合在一起，表现出独特的公园光环境是我们设计的前提。

本项目占地面积15000m²，周边即将建成商业经贸区，同时还处在交通枢纽中心。业主为常州市市政规划局。

下沉广场示意图

2 项目说明

2.1 空间构造

怀德广场地处常州市中心西部，位于两条主干路——怀德路与劳动西路的交汇处，东枕京杭大运河，紧邻跨河大桥怀德桥，南接大型高层居住区——河景花园。随着经济的发展，怀德广场的周围将形成一个商贸区。

中心区——下沉广场

怀德广场主要由三个区域构成：西侧的下沉广场、中部水景区和东部的绿化区。以由西向东的路线构成主轴线，再在周围巧妙地搭配相致的景观元素。下沉广场是整个景观区域的中心点，广场的构思精巧别致，整体以一个围合的圆形为构架。上下分为三层，身临上层，凭栏下望，别有雅致。从南侧入口可以进入下沉广场，广场的柱子支撑着中层的圆形走廊和广场的整体空间高度。柱子下的座椅，让人倍感温馨。从下沉广场依据蜿蜒的小路向东延伸，便是水景和绿化区，潺潺流水，给景观增添了许多活泼的气息。东侧的绿化区，绿树成荫，一排高大的乔木成为该区的轴线。

2.2 光环境构思

如何将一个凝固的夜景营造出恬静、温馨、愉快等审美情感，这是照明设计师构思的灵魂。一个公园的光环境设计也是如此，让光和影来讲述设计师和景观的情感对话更是关键。依据怀德广场的景观特性和功能，以步道、草地、流水、植栽为纽带，依次向东延伸。力求整体营造出轻松、温馨、愉悦的夜景氛围。

根据下沉广场的圆形空间布局，以环状光带为主要布局手法，上层步行道外围安放景观灯，在美化绿化的同时还给人以引导性；中层的平台运用壁灯，既可满足照明的功能需求，又可防止眩光。玻璃栏杆外侧安放单束壁灯，保证下层的广场照明。南侧的主要入口，两侧配以阶梯灯，给人以引导性。广场中心的埋地灯，特制分光罩将光线分散发射出来，形成下沉广场的视觉中心点，成为广场的"点睛"之光。外围安放的LED埋地灯犹如众星围绕。依势蜿蜒的小路向东伸展到水景区，根据跌水的高度安放水下灯，高低错落，水下映射光随波浪在影墙上活泼地摇曳着，生动有趣。绿化区的照明气氛稍区别于水景区的幽静。前侧植栽的照明并未惯性的简单使用埋地灯向上照明，而是在树下运用不同配光方式埋地灯，展露出新颖别致的夜景……

2.3 感受实景

黄昏时分，站在跨河大桥桥上静心感悟，随着夕阳落下，喧闹的汽笛声慢慢地稀落了，整个城市渐渐地安歇了下来，远处跳跃的灯光正指引着人们心灵深处回家的路……

不经然中，运河中摇曳的倒影渐渐变得明丽起来，广场的光和影也开始翩翩起舞。光、影和那些流动的音符一起奏起了欢快的夜曲。

广场的灯光并没有独立于景观而显得独特和不适，相反，是灯光的光和影与自然景观高度巧妙地融合在一起，渲染出虚实不同的新景观，使整个广场散发出优雅而内敛的气质。

水景区的景墙照明

绿化区照明

水景区配置物照明

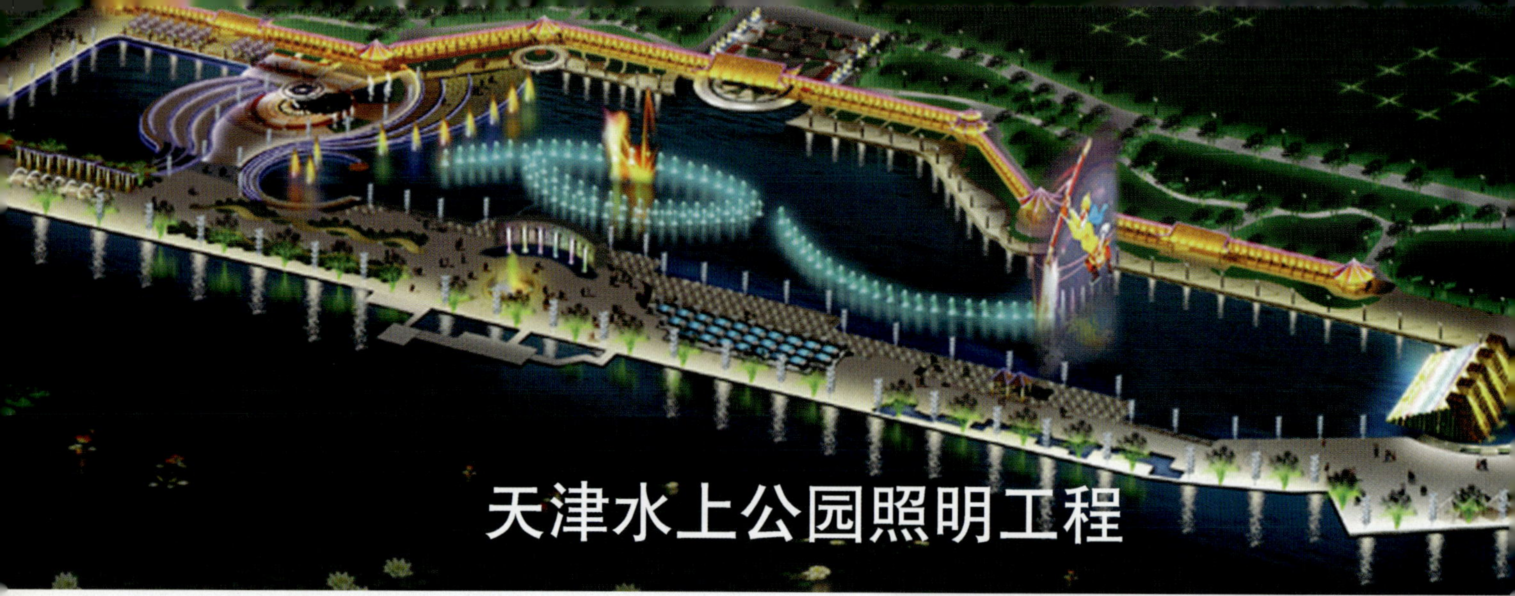

天津水上公园照明工程

工程名称

天津水上公园照明工程

项目承担者

深圳市名家汇城市照明科技有限公司

1 项目背景

天津水上公园是天津中心城区内最大的综合性城市公园，是天津对外交流和精神文明的重要窗口之一。公园总占地面积281.20hm^2。公园以中国传统山水园林风格为依托，以自然水景为特色，东与天津电视塔相望，南临奥体中心。水上公园在天津市民心中素有"龙潭浮翠"之美称，被誉为"津门十景"之一。

2 项目说明

作为水上公园一大亮点的水晶广场位于公园西北部，总面积6.5万m^2，其中水面面积约2.6万m^2。它沿长条湖的纵深方向形成景观序列轴，并沿这一轴线构建了水晶叠水墙、湖心水幕电影、叠水瀑布、塔亭、蝶形广场等多组科技含量和观赏价值均很高的景点。其采用国内先进的微机全自动控制，实现水景造型、灯光演示、激光展演、水中光焰、金世音响的梦幻组合，并以此贯穿总长近300m的天水流霞、水上精灵、龙腾盛世、群星聚首等17大主题水景景观主线。

水晶广场的景观照明，重点突出一个轮，三条带。矗立在景区最北端的摩天轮，直径60m，总高82m，为目前亚洲之最。根据其建筑风格和结构特点，采用动感强劲、节奏明快的跑马灯表现其主题轮廓，采用目前最先进的CMY颜色渐进技术并由微电脑和程式驱动控制，实现七彩变幻、多程式光影扫描和跑马灯旋转、放射、爆炸、追逐等多种效果的融合，成为水上公园夜晚最富特色的景观。长条湖灯景呈现一条彩龙连接两个光团的格局。西端的蝶型广场采用冰花发光纤维进行轮廓勾勒，以LED埋地灯点缀。东端的水晶叠水瀑布，采用数码光管及程式控制台，在潺潺流水叠落的长33m，宽22.7m，高9.6m的钢化玻璃幕墙内进行通透式照明，并不断变幻色彩和光扫描方式。

天津水上公园以其独特的地理位置与其优美的轮廓设计布局，给夜景照明提供了广阔的设计空间。既体现深刻的文化内涵，又反映现代照明的特色，让人沉浸在喜庆、多彩的艺术氛围里。

（1）根据人体工程学中光对视觉的影响，有效地控制眩光，杜绝光污染，起用绿色照明，强化环保概念。

（2）根据各个区域的功能特点、建筑风格和对周边环境的考虑，把握基本色调，让其与环境融为一体。

（3）照明方式的多元化。本项工程设计运用了多种照明方式，如投光照明、动态渲染照明、轮廓照明、构筑物自发光照明、声光电一体化的照明方式。多种照明方式的组合运用使园区夜间景观更加扑朔迷离、更增加了趣味性。

（4）采用集中－分散无功率补偿方法来解决网络的无功损耗。

（5）采用多种控制状态，分列出平日、节假日、重大节日三级控制用电指标；保证负荷末端的电压质量（一般情况下，不能低于额定电压的5%）。

（6）在满足灯光艺术效果的前提下，优先选用节能和长寿命光源以及高效率灯具。

（7）控制与四周环境和城市发展相协调的总体亮度，不盲目追求高亮度，只求重点突出即可。

方案中运用高科技照明手法体现照明行业的发展趋势和鲜明的时代感。灯具造型风格及光源类型统一，做到灯具灯型和环境的融合，光线色调有对比又有协调，同时注重区域之间的灯具款型的变化，运用了新型高亮度LED光管、高科技导光TS管，光纤数码光管、水幕电影等。注重永久性和时效性，设计的灯具造型突出装饰性，要么进行巧妙的隐藏，并能与建筑、雕塑、水体、树木及其他景观完美的结合起来，丰富园区夜间的空间色彩和气氛，强调绿色照明概念，科学地控制投光的角度和范围建立空间的构图秩序，改善空间比例，增加空间层次。

3 节能环保措施

可持续发展已成为城市建设的基本原则，照明规划应提出相应对策，在满足需要的同时，避免过度照明或不适当的照明设计造成光污染。减少有害物资的排放，以及能源的消耗。对整个区域的外景照明回路进行集中控制，形成一个整体的照明环境。

防止光污染：主要防治手段有采用截光型灯具截断上射光线，减少杂散光。以及在满足安全需要的前提下，入夜后关掉不必要的照明。

防止光干扰：主要防治手段有精心选择，定位和安装照明灯具，控制灯具的视亮度，设定眩光限制等。

环保：对换下的含有害物质的光源应以环保方式处理，在选择灯具及安装方式时，应尽量减少对动植物的影响。

节能：可通过分级控制，能耗标准，自动控制，选择高光效的光源以及各种高科技手段，适时适量的使用能源，达到节能目的。

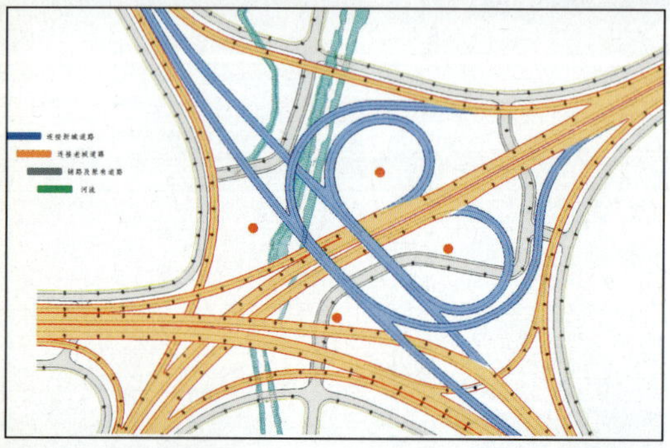

河南郑州
107 国道金水桥照明工程

■项目名称

河南郑州 107 国道金水桥照明工程

■项目承担者

北京东芝照明设计中心有限公司

照明设计师：植田庆幸　许东亮　颜华　常瑛

1 项目背景

河南位于黄河中下游地区，是华夏文明主要发祥地之一。郑州作为河南省省会，早在3000年前，就是商朝的重要都邑，因此郑州也有商都之称。而在科技高速发展的今天，郑州成为了我国公路、铁路、航空、信息兼具的综合性交通通信枢纽城市，是沟通、促进全国各经济区域交流、联合的中枢地区之一。

作为中原第一桥的金水桥，它连接着郑州旧城和即将建成的郑东新区，是郑州历史与未来的纽带。同时金水桥是107国道的必经之路，是郑州与外界联系的桥梁，增加了南北地区的联系，使更多的人认识、了解郑州。并且金水桥还是通向机场的要道，是向世界展示郑州的重要环节。

2 项目说明

作为专业照明设计公司，在完成郑州市金水桥107国道立交桥夜景照明设计方案的过程当中，主要侧重于两个方面：一是在自然照度不足时，通过人工照明来保证桥梁作为道路的功能性；二是在完成功能性照明设计的同时，通过特殊的照明设计效果，突出和张显桥梁作为建筑艺术的个性化结构美。功能性照明在确定设计方案时必须考虑到各项相关标准，以此为设计依据，采用新型、先进的照明器具，实现高性能的光环境。桥梁的建筑结构美具有舒缓、自然、流畅的曲线美是其他建筑类型望尘莫及的。彰显这种自然、流畅的曲线美是这次金水桥照明设计的根本出发点。通过黑夜的掩饰，利用灯光照明的突显，幻化了完美的艺术效果。不仅展示了桥梁自身的曲线，同时也弥补了自然光下桥梁无法十全十美的缺憾。这次设计中还有几点是必需说明的：

（1）此次设计方案中用高栏照明代替了路灯照明，解决了光照污染的问题；

（2）桥体的照明是通过侧面照明实现的（可参看实景图片），照明灯具安置在桥体下方，这种设计方案的优点在于它很好地修正了桥体的曲线弧度，使其更接近完美；

（3）在桥梁照明设计的时候，将灯光营造的金字塔型照明效果作为郑州的标志型景观，成为城市的代名词。

所有的设计都必须考虑到桥梁自身的特点，选择适合它的设计方案，来强化它的美，弥补它自身原有的不足，尽量达到完美的视觉效果，来抒发美好的深层寓意。

效果与安排 图片	效果	周一～周五	周六～周日	节日
	不管是郑州人还是来郑州的人，即使在很远的地方也会看到这如梦的灯光.要表现一种都市的效果	整点点灯，每次5min（18：00～22：00）	整点点灯，每次5min（18：00～24：00）	（18：00～2：00）
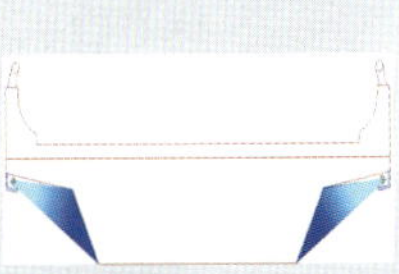	通过灯光展现的魅力，通过白色展现都市风貌，通过兰色再现水中都市，要表现与平日不同的郑州	白色，点灯时间（18：00～凌晨）	整点变蓝色，每次5min，其余时间白色	18：00起点灯，每30min变换一次
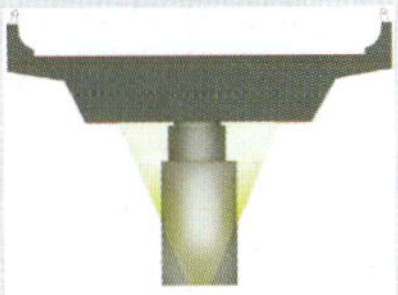	通过灯光展现桥的魅力，通过白色展现都市风貌；展现郑州都市风格	白色，点灯时间（18：00～凌晨）	白色，点灯时间（18：00～凌晨）	白色，点灯时间（18：00～凌晨）

江苏省第三届园艺博览会热带植物温室照明工程

项目名称

江苏省第三届园艺博览会热带植物温室照明设计

项目承担者

北京东芝照明设计中心有限责任公司

1 项目背景

热带植物温室展馆结构形式为钢网架结构外玻璃幕墙。在整个园艺博览会展区以及恐龙园中占有相当重要的地位。

2 项目说明

园艺博览会温室建筑外形酷似一个晶莹碧透的恐龙蛋，和附近的恐龙园相互呼应并且有机地融合为一体。照明设计的着眼点就是把这个晶莹碧透的卵形在夜间突现出来，由于建筑结构以钢框架玻璃体建成，故考虑利用内透光来体现其通透的质感；作为博览会建筑，更注重其观赏性，因此，在各个结构的结合点尚无法放置灯具的特殊情况下，考虑在地面或通廊的侧面放置灯具以满足其景观灯光照明效果，营造出一个水、火、阳光、绿色植物共同孕育的生命世界，和原建筑的主题（孵化中的恐龙蛋）相统一。

从这个角度出发，在照明设计理念上，突出其标志性，并使其能够和整个园区的夜景景观相呼应。力图实现该展馆和整个园区景观照明环境的“绿色”和“可持续性”，达到和本次园艺博览会主旨的和谐与统一。

恐龙园和园艺博览会的互相交融，既扩大了游览区域，又增添了双方的内涵。

2.1 入口步道照明

引导性：目的是为了引导游客达到主景观区。

标志性：作为整个景观区的一个标志。

装饰性：用点与线的组合构思方式点缀了整个入口景观。

2.2 喷泉水景照明

水景是景观环境的重要组成部分，夜晚的水景通过照明可以产生另一种截然不同的感觉。

2.3 温室植物环境照明

这部分的照明不是简单地将植物打亮，而是应该针对不同的植物和所处的地形等因素做相应考虑。

2.4 周围环境区域

（1）草地埋地灯的选用，既能保证良好的视觉效果又不破坏草坪整体的美感。

（2）低矮的庭园灯在造型上不仅具有亲和力又恰好和灌木丛等植物相匹配。

所有的设计都必须经过实地施工的检验，在此次项目的施工过程中，我们也遇到了同类问题，为了追求更好的照明施工效果，在施工现场，根据实际的照明效果，对我们原先的方案做了部分调整，使其更加接近完美。所以可以看到设计方案和最终竣工实景图片有部分出入，这是我们为了得到更好的效果而做的实地改动。

水景照明参考案例

植物环境照明参考案例

亲水平台参考案例

夜景参考案例

喷泉照明参考案例

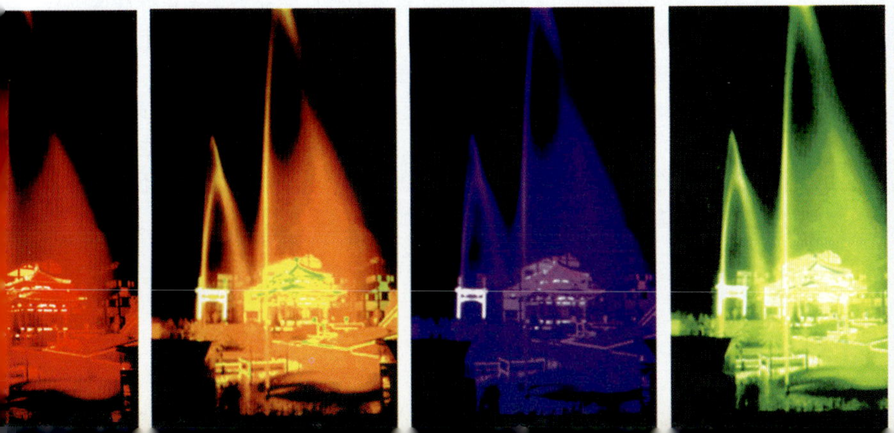

围栏照明参考案例

郑州黄河二桥照明工程

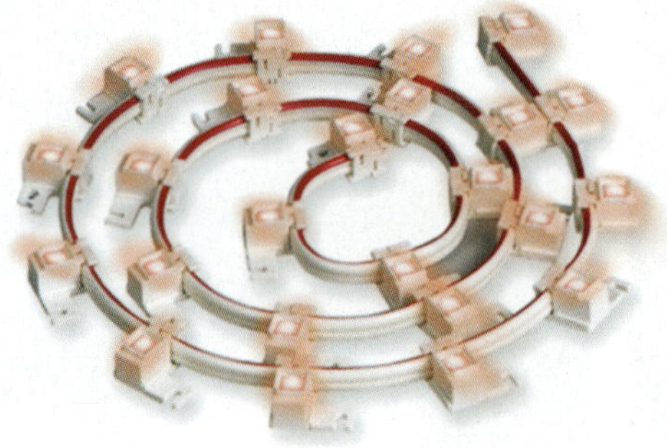

GE Tetra LED

■项目名称

郑州黄河二桥照明工程

■项目承担者

通用电气照明系统（上海）有限公司

1 项目背景

郑州黄河二桥是京珠国道主干线新乡至郑州高速公路（简称新郑高速）的重要组成部分，是跨越黄河天堑的咽喉要道。尤其重要的是，新郑高速是京珠高速的最后一段工程，此路一通，京珠高速将全线贯通，从而解决了京珠大动脉上的交通瓶颈问题，同时与连霍高速形成互通，搭建了中国交通的黄金十字。

黄河二桥是目前黄河上第一座钢管拱形特大桥，该桥全长9848.16m，宽48.16m，行车宽度为42m，双向8车道，是亚洲目前最长、最宽的高速公路大桥，也是目前高速公路桥梁中设计标准最高的一座。其中主桥全长800m，采用国内为数不多的钢管混凝土拱桥造型，桥体由8个跨度各为100m的巨型钢管混凝土拱组成。

2 项目说明

在整个黄河二桥的基础照明及美化亮化中，GE 照明及经销商始终积极与业主方密切配合，经过效果试验，最终业主方在整个工程中选用了 GE 的 SKY—GEN 1 路灯，MARINER T5 三防灯及高新产品 —LED。GE LED 产品与国内外其他产品相比，具备了以下优点：

GE LED使用软线条连接，整个LED没有线路板，没有电阻，采用并联方式连接。当出现颗粒损坏时不会影响其他颗粒。国内外大多数其他品牌采用线路板串联方式；

GE LED正常使用寿命为10万h，光衰为5年15%，比采用串联方式每年光衰10%减少了很多；

GE 对整个LED系统进行质量保证，包括电源、电源线、连接件GE LED颗粒等；

GE LED在美国是唯一通过UL认证的可以直接替换霓虹灯的照明产品。

在这次工程中，GE LED 首次在中国被运用于大桥修边装饰。3200m 蓝色的LED被使用在8个桥拱的内侧，夜间与GE的其他灯具相辅相成，蓝色的LED光带与蓝色的桥体相互辉映，像一颗颗闪亮的蓝宝石镶嵌在整个大桥的两侧，高贵典雅，自然流畅，美景天成，得到了甲方的充分认可。

唐山市抗震纪念广场照明工程

工程项目名称

唐山市抗震纪念广场照明工程

项目承担者

北京甲尼国际照明工程有限公司

1 项目背景

唐山市抗震纪念广场坐落于唐山市中心，占地1000亩，最早建成于20世纪70年代末。是为纪念唐山大地震而建造，具有深远的纪念意义和教育意义。已经成为唐山市主要的爱国主义教育基地。

近年来由于城市的发展，原来抗震纪念广场在保留了其历史纪念意义的同时，又衍生出了一个新的功能，那就是它日渐成为广大人民群众休息、娱乐的场所，成为了大型演出、集会等活动的主要场所，更是一年一度的国际唐瓷博览会的主要会场。可以说，其已经发展成为肩负历史及现实任务的综合体，是唐山市的一张名片。

但是由于其建造至今已将近30年，许多基础功能已无法满足当今的使用需要，所以急需改造。唐山市政府于2004年提出全面改造计划。

改造工程于2004年初动工，截止到2004年底竣工，历时一年。其中照明改造是重点之一。

2 项目说明

2.1 照明重点部分

该广场的照明主要分为以下几部分：

（1）纪念碑：主纪念碑高 28m（用以纪念当年在地震中罹难的 28 万人），对其照明的主要要求是简洁、干净、凝重。

（2）浮雕：同纪念碑一样，它也时刻提醒人们不要忘记那次灾难。所以其照明也强调简洁、干净、凝重。

（3）广场及道路：主要考虑使用时的功能性，强调的是实用性，同时由于是人群最多到达的地方，所以其照明也要考虑美观性。

（4）园林及水景：强调美观。

2.2 照明设计理念、方法以及创新点

（1）主要照明设计理念。通过运用不同的光语言营造不同的氛围空间，不过度的夸张、修饰。

（2）方法。合理地使用灯具，控制灯具的数量及分布。

（3）创新点。不运用任何辅助工具，成功地控制金卤灯的表面温度，不会对与其有接触的人或物造成烫伤。

2.3 照明设计中节能措施

（1）尽量少地采用大功率的灯具。

（2）多采用高流明的金卤光源及节能灯。

（3）将灯具数量控制在合理范围内。

（4）通过照明计算合理分布灯具，提高有效光利用率，尽量做到少浪费光。

2.4 设计中采用了新技术、新材料、新设备、新工艺

采用了进口灯具发光角度及表面温度控制都非常出色。例如：金卤埋地灯表面温度控制在 70℃以下，绝对不会有灼伤事件发生。这样的温度控制技术只有少数进口产品能够做到；再如：发光角控制精确，可以不借助任何遮光板等产品而只靠本身反射罩精确控制光的发射方向及角度。

2.5 照明设计中采用了环保安全措施

（1）通过灯具对发光角的精确控制，提高了光的有效使用率，从而避免了光能的浪费，更有效避免了光污染。

（2）通过灯具对表面温度的成功控制，避免了灼伤事件发生的可能性。

拱北海关业务技术综合楼夜景照明工程

项目名称

拱北海关业务技术综合楼夜景照明工程

项目承担者

杭州中企环境艺术设计有限公司

供应商

浙江中企实业有限公司

1 项目背景

拱北海关业务技术综合楼位于珠海拱北水湾路，总建筑面积33638m^2，建筑高度97.9m，共分26层.大楼建筑整体结构严谨，楼体层次分明又浑然一体，建筑造型别具一格。

为营造大楼在夜间与众不同的艺术效果，提高大楼在夜间的可观赏性，我们在照明方案设计上抛开了以往单一的外墙泛光照明手法，结合大楼自身的结构特点以及各楼层的功能划分，以庄重、大方、简洁为主题，注重与周围环境的协调一致，在静与动、明与暗、重点与非重点的对比变化中凸现了大楼伟岸挺拔同时又不失南国佳丽的秀气之美。

2 设计说明

(1)对于大楼的底部墙体照明，采用的是250W、色温4200K白色调的地埋灯和2.5m立杆式泛光灯对墙体进行局部照明处理，我们采用光束角较小的灯具，很好地控制光分布面，避免眩光对室内休息场所的影响，体现了照明“以人为本”的设计理念。

对于门前的四根立柱，采用250W中光束的泛光灯由上部进行泛光处理，这样即可以有效的避免眩光污染，又可以将其庄重、大方、简洁的主题思想表现的淋漓尽致。

(2)裙楼正面则采用的是70W泛光灯整体打亮，辅以400W的聚光灯进行补光处理，突出重点"中国海关"几个大字及其海关标志。裙楼的顶部采用58W T5节能型荧光灯勾勒出边缘，这样既可以将裙楼的顶部照亮又表达出不同的立体层次感。

(3)大楼的主楼则是采用1000W窄光束的聚光灯处理，为避免造成眩光，我们将灯具的瞄准点控制在钟楼以上部分，形成自下而上鲜明的明暗对比，很好地实现裙楼与钟楼的过渡衔接，产生隐然的刚柔并济之美，衬托出楼顶与裙楼的效果。

(4)顶部是大楼的重点，其建筑本身具有强烈的欧式风格以及仿古色彩，因此在照明处理上，我们采用了多种照明手法与技术，多色彩、多角度、多层次来展现。

(5)钟楼的顶部是玻璃穹顶结构，造型古朴美观，我们采用七色变化的250W和300W的意大利天弓灯进行重点内透处理。在夜幕降临的时候可以通过控制器实现多姿多彩的变化.

(6)钟楼的主体则是采用的泛光处理手法，将其整体照亮，钟盘采用的250W高压钠灯投光处理，这样可以很好地将其整体照亮而不会留下明显的阴影。钟楼的下部运用大型激光表演系统-- 空中玫瑰进行动态旋转照明，在夜幕中突出顶部的悬浮效果，如同仙界楼阁、亦真亦幻；亦如神秘的天外来客、光环萦绕。夜晚举手可摘漫天星辰，俯首可揽华夏神秀，象征着海关的永远如日中天。

(7)连接钟楼与主楼的边缘部位，带有明显的建筑层次感，我们选用蓝色调的柔光管进行勾边处理，使其层次感在夜晚更得以凸现。在喧嚣和纷繁的环境中追求一份宁静与清幽，使浓者更浓，幽者更幽；同时蓝色代表着科技创新与睿智，很好地体现出海关作为国家大门和对外窗口的形象。

(8)在大楼整体的边缘采用的是LED变色轮廓灯，将各个部分有机统一起来使其成为和谐、统一的整体，同时可以将整个大楼的轮廓清晰的勾勒出来，使得夜色中大楼的建筑轮廓在远处仍然清晰可见。

3 灯具技术参数

灯具编号	项目名称	单位	数量	型号	功率	光源	色温
1	地埋灯	套	40	ZQ7705	250	金卤灯	4200
2	地埋灯	套	20	ZQ7711		LED	变色
4	线条灯	套	16	ZQ7431	70	金卤灯	4200
5	泛光灯	套	12	西顿CLL6005	70	双端金卤灯	4000
6	泛光灯	套	32	POWERSPORT	1000	金卤灯	4200
8	泛光灯	套	64	EF25	250	高压钠灯	2000
9	泛光灯	套	8	EF40	400	高压钠灯	2000
10	泛光灯	套	34	EF25	250	金卤灯	4200
14	空中玫瑰	套	4	LP2000A	2000		白色
16	荧光灯	套	138	MARINER 防尘防水荧光灯	58	T5	4000
17	柔光管	套	600	ϕ50			蓝色
18	筒灯	套	8	ZQ9527	70×2	金卤灯	4200
19	轮廓灯	套	500	ϕ80		LED	变色
20	聚光灯	套	8		70	高压钠灯	2000
22	CITYCOLOR250 电脑灯	套	12	003021	250	七彩变色	
24	CITYCOLOR300 电脑灯	套	12	000103	300	七彩变色	
	配电箱	套	1	L1		B1层	
	配电箱	套	1	L2		5层	
	配电箱	套	1	L3		26层	
	配电箱	套	1	L4		26层	
	立杆	根	24			不锈钢	

4 小结

通过对大楼外部照明的设计使原本雄壮挺拔的拱北海关业务技术综合楼在灯火通明，星光璀璨的都市夜景中展现出与白天截然不同的艺术效果，在刚劲中透露出几分秀气与柔情，在喧闹中平添了几许幽静与祥和。使每一个见到她的人都能为之倾倒，把中国海关深深地印刻在心里。

万生园别墅家居照明工程

■项目名称

万生园别墅家居照明工程

■照明设计

总参第四设计研究院　郭利平

1 项目背景

建筑概况：建筑面积312m^2，跃层式住宅。一层由门厅、客厅、餐厅、茶室、厨房组成，二层由卧室、儿童房、书房组成。一、二层均设卫生间。

2 项目说明

随着社会的不断发展，人们越来越注重衣食住行的更广泛的内涵，尤其是居住和装修中照明，开始充分显示出极其重要又极赋魅力的作用。它在满足基本的照明的同时，以千变万化的姿态装扮着我们的环境。

本住宅的照明即是一个以各种综合设计方式来满足了视觉的明亮要求，同时使照明与环境相统一，营造出不同情调、舒适宜人的照明空间，而具体实施的一个范例。

2.1 光源的选择

光源可以是任何样式，点式、面式、线式等，它的安装可以是明装也可以暗置，但必须能与家居装饰巧妙地配合，和自然光相辅相成，产生心理和视觉的舒适感。

在居室中，一般照明要求是明亮、舒适、无眩光而且照度均匀，主要采用三基色节能灯来提供。

对于学习、阅读、工作、烹饪、个人护理等需在一般照明的基础上附加一系列局部照明，主要采用显色性良好的陶瓷金卤灯。

居室内墙壁的颜色一般以浅色为宜，因为其光反射比高，会使室内更明亮。

不同场所的光环境既是生理的也是心理的要求，需要根据不同场所，将各种照明方式、各种照明灯具合理搭配起来，进行与环境相协调的照明设计。

2.2 卧室

卧室是家人休息的地方，灯光要柔和、温暖、亲切，容易使人放松，利于休息，促进睡眠。本设计一般照明光源采用色温4200K左右（中性色调）22W的节能吸顶灯，利用浅蓝色磨砂玻璃做均匀漫放射材料，经过滤后的光线达到柔和的效果，因此没有眩光，给人细致柔和的感觉。在床头设置三盏色温在2700～3000K（暖色调）25W可调光的陶瓷金卤灯，通过反射率为10%左右的深褐色装饰墙反射到床头，更平添了一种温馨、浪漫的气氛。

2.3 客厅

客厅的功能主要是家人聚会、娱乐、待客，是一个开放性的活动场所，所以照明设计要求与室内其他装饰协调，应根据区域的功能和面积有效布置。整体照明采用显色指

数 $Ra \geqslant 80$ 的三基色节能灯制成的外观考究有金属质感的半嵌入式灯具，使客厅光线明亮，且能避免灯光在来访者脸上出现阴影，再现真实自然的颜色。在客厅顶棚的四周均匀布置、分区域控制的嵌入式陶瓷金卤灯，使客厅显得更宽阔。当家人看电视或希望环境的光线要暗淡一些时，只需打开一部分灯具或利用调光器进行调节。

2.4 书房

书房是陶冶情操、修身养性的地方。家人在书房内从事学习、阅读、写作，以及操作计算机等活动。因此，书房要有较高的照度值，减轻长时间阅读造成的视疲劳。在室内正中悬挂一盏色温较接近自然且不闪的三基色节能灯。工作用的台灯宜放在作业面左前方，以免遮挡视线。

2.5 厨房

厨房的灯光要明亮。炉灶、炉架、洗涤盆、操作台都要有足够的照度，使备菜、洗菜、切菜、烧菜都能安全有效地进行。厨房一般照明采用三基色节能灯，炉灶利用抽油烟机自带的照明灯照亮，洗涤盆的上方设可独立开关的陶瓷金卤灯，避免阴影的干扰，满足洗涤时的照度需要。厨房的灯具宜选择密闭型灯具。

2.6 浴室

浴室灯具要具有防潮、防霉、防锈、防触电功能，且不易碎。灯具开关最好装在室外，若一定要装在浴室内，开关应设在水淋不到或溅不到之处，且需加装防潮盖。浴室照明还可利用浴霸自带的照明灯。

2.7 儿童房

儿童房应选择适合儿童心理特征的灯具，且照度比成人房适当高一些。由于儿童活泼好动，房间内应尽量避免使用落地灯和有电线插头的灯具，以免其被绊倒发生意外。

宜兴市云溪楼照明工程

■项目名称

宜兴市云溪楼照明工程

■项目承担者

苏州园林设计院

宜兴光辉灯饰有限公司

■供应商

品能光电技术（上海）有限公司

1 项目背景

宜兴宜园是团氿风景区的重要组成部分。建成后的宜园分东、中、西三大区，建有各式古典亭、台、楼、榭、桥及柳堤春晓、荆溪揽胜等32个主要景点。每一处都把江南水的灵韵演绎得淋漓尽致，人置身其中，仿佛就在水墨山水画中畅游一般，感觉宁静、安详。同时宜园的建设还注入了诸多宜兴地方特色的文化元素，园内分布的百来处楹联、匾额、刻石，向人们集中展示了宜兴市深厚的文化底蕴。

宜园不仅是团氿风景区的重要组成部分，更是宜兴市"一山一水工程"重要组成部分，是新世纪、新宜兴的一个标志性工程。

云溪楼位于宜园三面环水，一面泾桥通向公园，是该园的主景建筑。

此建筑地处公园深处，四周环境很是空旷，故视点基本上都确定在离”云溪楼“较远的点。

2 项目说明

2.1 设计依据

（1）现场调研、现场实拍图片及相关建筑图纸。

（2）《城市夜景景观规划与设计》东南大学 2001.1。

（3）CIE 国际照明技术委员会 NO92 NO115。

（4）《IES lighting hand book》北美照明协会。

2.2 照明设计理念

云溪楼从建筑类型上分析，其属于中国仿古建筑。

（1）中国古建筑有如下特点：建筑布局独特，内向含蓄、多层次，并力求均衡对称。

建筑构架独特，用纵横交错的短木相叠而成的斗拱，结构形式独特，传达出优美的节奏，形成特殊美感。

通过对建筑结构特征和文化表象的分析，确定景观照明的目的既要显现出建筑物优美的轮廓，又要尽可能清晰展现建筑物的关键部位，如宝顶、檐部、斗拱等细部特征，并使照明具有最佳的层次感和立体感，通过照明体现古建筑的文化内涵和艺术风格。建筑物的轮廓，充分展现建筑优美的形态，体现出民族审美情趣。

（2）兼故节能的原则，充分利用LED的亮度。从总体的LED亮度分布情况分析，共分五个明暗层次，将云溪楼的层次极好地展现出来，由明至暗依次是最高层次的宝顶、每层屋顶轮廓线、每次的斗拱、每层屋面以及每层走廊处栏杆。

设计师通过对建筑物轮廓及关键部位的清晰勾勒，及对照明层次感和立体感的营造，充分展现古建筑的文化内涵和艺术风格。

宝顶

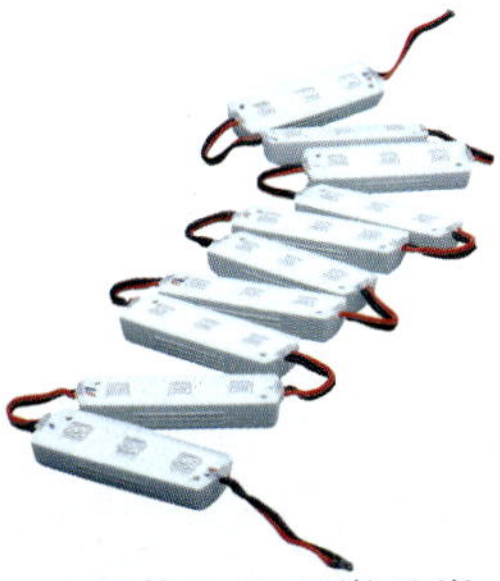

屋檐口和顶脊垂脊

基础平台的石柱

屋面

3 灯具性能技术参数及其他

3.1 宝顶

云溪楼的宝顶高2.6m，LED分9层安装，共装96只品能单颗1W发光角度为110°的琥珀色LED模组MD1001A，足够的光强度在3km外仍能清楚的看到皇冠般光亮效果，环绕每一个层次，进一步完善其空间框架。

3.2 屋檐口和顶脊垂脊

屋檐口、顶脊、垂脊是体现建筑外在形态的最基本组成部分，要突出空间造型，首要条件就是使其能与背景空间清晰的分辨出来，我们在所有屋檐口和顶脊垂脊用品能的单颗0.2W，发光角度为110°。

LED灯串XS1002A、XS1002W，黄、白光交错安装正面发光，该部分配合系统可作黄、白间交替亮灯，刻画出整个楼体的轮廓，由此组成楼体较饱满的基本空间轮廓，突出外在形态，可变色的效果亦为古建筑注入了一丝轻快的现代风格。

3.3 基础平台的石柱

云溪楼位处在三面环水的一个平台上，在云溪楼基础平台的石柱外侧用F1002B 单颗1W发光角度10°白光将其照亮，是为楼本体奠定一个支撑力的基础。

3.4 屋面

屋面的每条瓦背上间隔8cm安装黄、白交错发光的5mm LED光源，可定时黄、白变色，与前部分组成较完整的外部灯光装饰。

屋檐下的横梁采用的是传统灯具的照明，2000K左右的色温，不仅为楼洒上一片金黄，亦将该部分的结构纤毫毕现的展示出来。

3.5 斗拱

考虑层次的明暗过渡，避免视觉的不适应的突兀感，每一层次的斗拱的下方安装非标的LED灯具，为做到很好地隐藏，灯具外表颜色处理成与建筑本身一致，每个灯具长度为1m，其中安放8个单颗1W发光角度为45°的LED模组MD1001B，将斗拱部分打亮，做到明暗的衔接层次的过度。充分展现古建筑斗拱的光影变化。

斗拱

北京友谊医院门、急诊综合楼照明工程

■项目名称

北京友谊医院门、急诊综合楼照明工程

■设计承担者

北京建筑设计研究院

德国B＋B 公司

■供应商

环球迈特照明电子有限公司

1 工程背景

北京首都医科大学附属友谊医院始建于1952年。位于北京市宣武区天桥地区，是新中国成立后，斯大林元帅和毛泽东主席亲自商定，由前苏联政府和苏联红十字会援助，党和政府在首都建立的第一所大医院。1970年，周总理亲自为医院定名为"北京友谊医院"。目前是一所学科齐全、集医疗、教学、科研、保健于一体，具有三级甲等资质的综合性教学医院。

2 工程概况

医院院区被城市道路（东经路）分为东、西两区，西区多数为20世纪50年代苏式风格的建筑，东区原有建筑为一灰色儿科门诊楼和医院的一部分附属用房。北京友谊医院门、急诊教学综合楼（下文简称本工程）建于全部拆改的东区用地上。

本工程总建筑面积5.30 万m^2，总用地面积1.28万m^2，地上九层，地下二层。本工程建成之后将承担友谊医院全部的门、急诊业务以及检验、透析、部分手术、行政办公等工作。

3 平面布局

首层：北部为门诊大厅，布置有门诊、收费、药房及小型商业性医疗服务设施。南部的急诊区设计有各功能室、治疗室、急诊检验室、医护值班、休息室等。

二层：北部为门诊医疗、检验区。南部与首层结合，为急诊留观用房，布置有高档急诊留观病房和开放性重症监护室。本层中部空间东侧，设计了可容220人的大型学术报告厅，不仅提供一个学习交流空间，也为远程医疗、网络会诊创造了良好条件。

三层：北部为外科诊室及检查、治疗附属用房，南部为全院影像诊断中心。

四层：北部布置了有独立出入口的产科及妇科、神经内科，南部为普通内科。

五层：北部为手术中心及超声波检查室，南部为心脏内科及内镜中心。

六层：北部为耳鼻喉及中医科，南部为口腔、理疗科。

七层：北部为全院的检验中心，南部为泌尿及皮肤科。

八层：北部为透析中心，南部为干部门诊及特需门诊。

九层：北部为医院职能办公区，南部为院长办公区。

屋顶层：在北侧设计有钢结构支承并以金属板材与阳光板材相间覆盖的玻璃顶盖的室外活动场地，供医护人员休息、交流、活动之用。南侧设有直升机坪。

4 设计理念

医院的功能与其他民用建筑的不同，在设计中有其特殊性。而医院的照明是体现医院现代化的一个重要标志，在设计中既要考虑医院各种治疗的照明要求，也要考虑病人对照明环境的反应，避免因照明布置或照度选择不当引起病人的不适和反感，尽可能营造一个和谐舒适的就医和休养场所，人性化设计理念被切实、有效地贯彻在本工程设计的方方面面。

5 设计依据

《建筑照明设计标准》(GB 50034-2004）中第5.2.6条关于"医院建筑照度标准值"是对我国64所医院进行调查并且参考一些国家的照明标准经综合分析研究制定的，基本达到了现代医疗环境的要求，照度标准参数如下表所示。

房间或场所	参考平面及其高度	照度标准值	UGR	Ra
治疗室	0.75m 平面	300	19	80
化验室	0.75m 平面	500	19	80
诊　室	0.75m 平面	300	19	80
候诊室、挂号厅	0.75m 平面	200	22	80
药　房	0.75 平面	500	19	80
重症监护室	0.75m 平面	300	19	80

6 具体设计

(1) 北部的门、急诊楼大厅要处理好自然光与人工照明的平稳转换，避免引起视觉不适，在大厅设有"挂号"、"付款"、"划价"等窗口，为了方便病人看清划价并准确付款，这些窗口内外的照度设计在300 lx左右，且以荧光灯为主，当然还应兼顾美观。

(2) 南部的门、急诊诊室的照明一般应充分利用自然光，考虑到阴雨天和急诊室的夜间使用，诊室的照度应在300 lx以上，便于医生看清病人身体各部位的异常细小变化等，一般以高显色性，色温在3500K的荧光灯为主，急诊观察室、治疗室宜采用漫反射型灯具，以减少眩光。

(3) 门、急诊楼的公共走道照明主要依靠人工照明，但由于其两侧诊室的一般照度较高，走道照度太低会使人在出入诊室、走道两个相邻区域时眼睛不适，并且通常病人拿到处方或医疗通知单会在走廊边走边看，故设计时照度不宜与诊室相差太多。

(4) 门（急）诊楼大厅、公共走道及病房走廊等处，由于人员集中，活动无序，应设置一定数量的应急照明，并且安全出口、指向通道和拐角处应设置出口指示灯及疏散指示灯，以便有突发事件时人员能够及时疏散。由于病人的疏散速度较慢，应急照明持续的时间应较其他建筑相应延长。

7 照明控制方式

(1) 诊室：采用开关面板就地控制。

(2) 大厅和会议室采用I-BUS灯光智能控制系统。

(3) 机房和走道的灯光控制由楼宇自控系统解决。

8 光源、灯具以及镇流器的选择

近年来，随着"绿色照明"概念的兴起，节约能源也越来越引起人们的重视。在设计中我们认真考虑了采用合适的光源和灯具。医院使用的荧光灯数量多，从提高光效来看设计时应选用三基色荧光灯，并且灯具尽可能为下开放式、高反射率的，而且从提高功率因数、没有频闪的角度考虑，希望采用电子镇流器，本案采用了环球迈特照明电子有限公司的电子镇流器。公司建立了完善的质量保证体系并通过ISO9001国际质量认证体系。产品符合国内、国际标准。

9 产品及技术参数

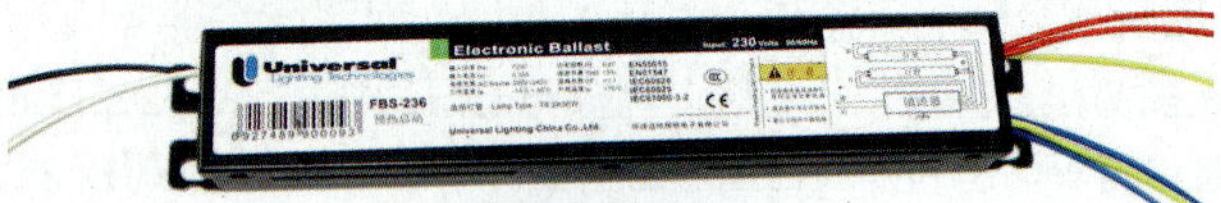

FBS 系列

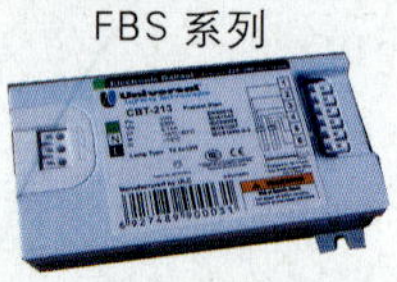
CBT 系列

产品名称	单位	数量	备注
FBS-136	支	4039	功率因数 ≥ 0.97
FBS-236	支	2975	
FBS-118	支	324	波峰系数 < 1.7
FBS-218	支	355	
FBS-318	支	380	良好的启动特性，延长灯管寿命
FBS-130	支	18	
FBS-336	支	1153	总谐波量小，功率因数高，异常态保护，电磁干扰符合标准
CBT-113	支	3664	
CBT-218	支	355	

设计师介绍

罗继军，男，毕业于北京建工学院，于1993年8月进入北京市建筑设计研究院，2004年晋评为高级工程师，并担任电气主任工程师，先后参与了大量的公共建筑的电气设计工作，得到甲方及施工单位的认可，多次荣获国家级、部级优秀工程设计奖。北京友谊医院门急诊教学综合楼工程于2005年荣获北京市规划委员会颁布的第十二届优秀工程设计项目三等奖。目前已完成了奥体中心综合训练馆工程的设计工作。

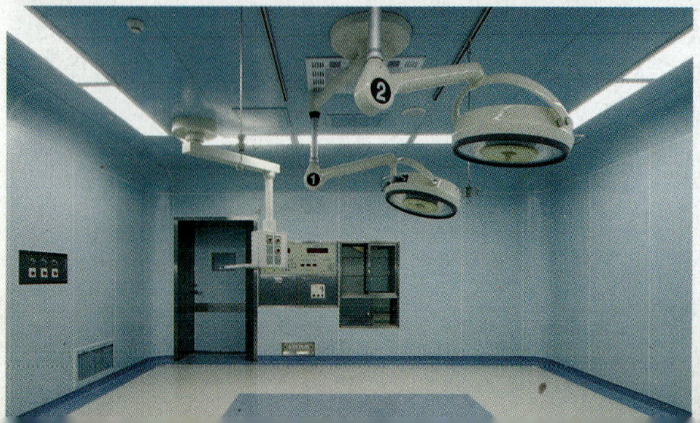